TURING 图灵程序设计丛书

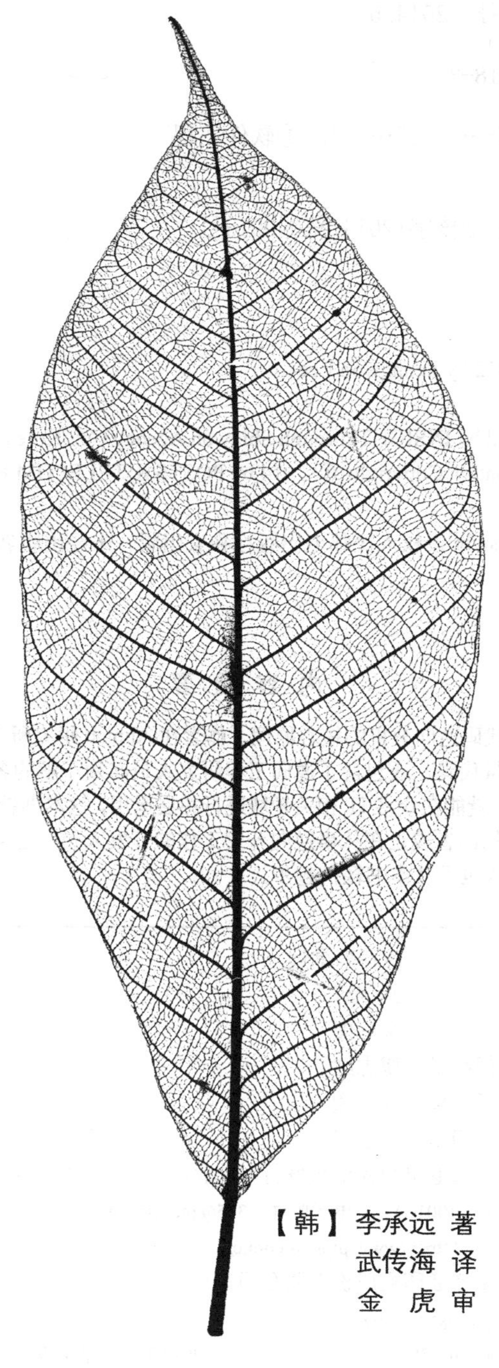

逆向工程核心原理

[韩] 李承远 著
武传海 译
金 虎 审

人民邮电出版社
北 京

图书在版编目（CIP）数据

逆向工程核心原理 / (韩) 李承远著 ; 武传海译.
-- 北京 : 人民邮电出版社, 2014.5
(图灵程序设计丛书)
ISBN 978-7-115-35018-3

Ⅰ. ①逆… Ⅱ. ①李… ②武… Ⅲ. ①软件工程
Ⅳ. ①TP311.5

中国版本图书馆CIP数据核字(2014)第049919号

内 容 提 要

本书十分详尽地介绍了代码逆向分析的核心原理。作者在 Ahnlab 研究所工作多年，书中不仅包括其以此经验为基础亲自编写的大量代码，还包含了逆向工程研究人员必须了解的各种技术和技巧。彻底理解并切实掌握逆向工程这门技术，就能在众多 IT 相关领域进行拓展运用，这本书就是通向逆向工程大门的捷径。

想成为逆向工程研究员的读者或正在从事逆向开发工作的开发人员一定会通过本书获得很大帮助。同时，想成为安全领域专家的人也可从本书轻松起步。

◆ 著　　　　[韩] 李承远
　译　　　　武传海
　审　　　　金　虎
　责任编辑　傅志红
　执行编辑　陈　曦
　责任印制　焦志炜

◆ 人民邮电出版社出版发行　　北京市丰台区成寿寺路11号
　邮编　100164　　电子邮件　315@ptpress.com.cn
　网址　https://www.ptpress.com.cn
　北京盛通印刷股份有限公司印刷

◆ 开本：787×1092　1/16
　印张：43.75　　　　2014年5月第1版
　字数：1 202千字　　2025年1月北京第42次印刷
　著作权合同登记号　图字：01-2013-8251 号

定价：129.80元

读者服务热线：(010)84084456-6009　印装质量热线：(010)81055316

反盗版热线：(010)81055315

广告经营许可证：京东市监广登字 20170147 号

推 荐 语

向安全技术专家迈出第一步的必选书！

最近，越来越多的人开始关心信息技术安全，但是相关领域的安全技术专家仍然十分匮乏。主要有两方面原因导致这种现象形成：一方面是因为必须做大量准备，努力学习；另一方面是因为市面上缺乏系统讲解这类内容的专业书籍。

信息技术安全领域的图书很少有讲解恶意代码分析的，本书恰好填补了这一空白。无论是刚开始学习恶意代码分析的朋友，还是从事恶意代码分析的专家，都会为本书面世而激动。

虽然读者阅读本书时需要具有基本的汇编语言知识，但是本书内容讲解非常细致，涵盖了从恶意代码分析基础知识到高级技术的全部内容，系统而有条理，语言简洁，通俗易懂，并在讲解中选配了恰当的示例程序，使内容更易理解。对于最近出现的恶意代码中的各种常用技术，本书都做了详细讲解，无论你是初学者还是分析专家，都能从中获益。

信息安全技术涉及各领域，需要知识渊博、经验丰富的专家。本书将帮你轻松迈出成为安全技术专家的第一步。

——韩昌奎，ASEC 中心主任

如果此刻你手上正捧着这本书，说明你已经被代码逆向分析的魅力深深吸引了！

对于刚开始学习代码逆向分析技术的人而言，需要学习的内容很多，这容易让人心生畏惧、止步不前。其实不需担心，本书在学习过程中给出了大量提示，各位借助这些提示可以更好地理解所讲的内容。

本书比较重视代码逆向分析者的心态引导与培养，在内容讲解上也与其他书籍不同，并不是单纯的技巧罗列，而是深刻讲解了相关技术的深层含义、技术的工作原理以及内部实现结构，这也是本书的重点所在。同时配合丰富示例，让内容变得更具体形象、更易理解，作者的良苦用心可见一斑。

你想成为代码逆向分析员吗？如果你感到困惑："我是开发人员，难道也需要读它吗？"不妨试试，它将成为你最好的同伴。

——郑官真，CISCO 高级研究员

前　言

本书将指引你进入美妙又刺激的代码逆向分析世界，开启一段神奇之旅！

软件逆向工程（代码逆向分析）是一种探究应用程序内部组成结构及工作原理的技术。欢迎各位来到代码逆向分析世界，经历各种神奇的冒险，迎接各种富有趣味的挑战。

不论是我们自己编写的程序，还是其他人编写的无源码程序，只要运用逆向分析技术，我们就能轻松窥探程序内部结构、掌握工作原理。灵活运用逆向分析技术可以在程序的开发与测试阶段发现 Bug 和漏洞，并直接修改程序文件或内存解决这些隐含的问题。而且，我们还可以借助逆向分析技术为程序添加新功能，使程序更强大。这就像是一种魔法，魅力无限。

学习逆向分析技术前并不需要准备太多。下面给各位讲讲我的经历。几年来，我一直维护着一个逆向分析技术学习博客，访客们问得最多的问题是："究竟该怎样学习逆向分析技术？"我结合自身经验并分析了一些学习失败的案例后发现，失败的最大原因并不是学习本身的难度与要学内容的数量，而是对学习逆向技术的恐惧与忧虑——"我连 C 语言还不懂呢"、"一定要掌握汇编语言吗"、"OS 架构我还没搞明白"、"不知道怎么用调试器"、"学完这么多内容才能真正开始学逆向分析技术啊"，以上这些担心正是迫使学习者们中途放弃的主要原因。其实，学习逆向分析技术与学习 C 语言、汇编语言、OS 架构、调试器用法等内容是一样的。将这些内容全部掌握的人已经是专家了，当然不需要这个入门过程。

你仍对逆向分析技术一无所知？没关系，不必沮丧，这反而是件好事。因为你会在以后的学习过程中学到很多东西，会变得更聪明、更有价值，谁说这不是件好事呢？

如果你梦想成为逆向分析工程师，但不知如何入门；如果你是一名程序开发者，又对逆向分析技术非常感兴趣，那么本书将非常适合阅读。学习逆向分析技术并不像公式一样背下来就可以了，死记硬背的结果是你会不知道如何灵活运用。学习某些知识技术时，不仅要掌握其本身，还要知道它们的内部机制与工作原理，既知其然又知其所以然，这才是最重要的。所以，本书讲解相关知识与技术时，将讲解重点放在对其工作原理的分析与说明上，这将更有利于各位真正掌握它们。为什么本书非常适合作为逆向分析技术的入门书呢？以下是我的几点理由。

第一，开发与分析的经验。一名逆向分析工程师不仅要具备专业的逆向分析技术，还要具有一定的程序开发能力。我以前从事网络应用程序开发，后来开始做恶意代码分析工作，慢慢就对逆向分析技术熟悉起来。可以说，我是从程序开发者转变为逆向分析员的为数不多的人之一。程序开发与逆向分析这两项技术相辅相成、互为补充、共同发展，形成相得益彰的效果。日常工作中，它们就像一双翅膀应用于各类业务。分析程序时，人们自然就会从程序开发与逆向分析这两个角度着手。书中用到的几乎所有示例都基于我在逆向分析实践中获得的知识与经验，是我亲自开发的程序，紧扣各章主题，绝无累赘。

第二，培训与演讲的经验。我在公司慢慢有了资历，随之而来的培训、研讨会、演讲也逐渐多起来。我进行逆向分析技术培训时，面对的学员大都是初学者，这些机会非常有利于我了解他们遇到的困难与想知道的东西。所以，我一直在用心思考，如何用更易理解的方式传授要讲解的知识，这样就慢慢形成了自己特有的讲解技巧与风格。编写本书时，我又将这些培训经验应用到本书的组织结构、内容讲解、示例选择等各方面，以求将较为难懂的技术以更易懂的方式呈现给各位。

第三，丰富的沟通经验。我几年前就开设了一个逆向技术学习博客并运营至今。刚开始的想法非常简单，就是想归纳整理自己学到的逆向分析技术。后来访客越来越多，留下的问题也多起来。我感到很惊讶，之前一直以为韩国是逆向分析技术的“不毛之地”，结果关注逆向分析技术的人比我想得要多，并且他们关注的范围也非常广泛。这大大拓宽了我的视野，于是我开始访问其他逆向分析技术学习博客，接触到了更多文章与问题，慢慢了解了他们关注的部分。我在此过程中逐渐认识到，初学者们想知道的是逆向分析技术的系统的学习方法。他们入门之后迫切要学习的是专业的逆向分析技术与内部工作原理。有感于此，我就萌生了写一本系统学习逆向分析技术书的想法，就这样，在逆向分析与开发、培训、演讲、交流等经验基础上，这本逆向分析技术学习入门书诞生了。

那么，读者应该如何使用本书学习逆向分析技术呢？对此，我给出如下几点建议，供各位参考。

第一，技术书不是装饰书架的道具，它们是提高各位技术水平的工具。所以阅读时要勾画出重要部分，在书页空白处写下自己的想法与心得等。阅读时，在书页上记录相关技术、注意事项、技术优缺点、与作者的不同见解等，让它成为只属于你的书。读完这样一本逆向分析技术书后，不知不觉间就构建出自己独特的逆向分析世界，最终成为代码逆向分析专家。

第二，拥有积极乐观的心态。逆向分析是一项深奥的技术，会涉及OS底层知识。要学的内容很多，并且大部分内容需要亲自测试并确认才能最终理解。必须用积极乐观的心态对待这一过程，学习逆向技术无关聪明与否，只跟投入时间的多少有关。学习时，不要太急躁，请保持轻松的心态。

第三，不断挑战。逆向分析不尽如人意时，不要停下来，要尝试其他方法，不断挑战。要相信一定会有解决的方法，可能几年前早已有人成功过了。搜索相关资料并不断尝试，不仅能提高自身技术水平，解决问题后，心里还能感受到一种成就感。这样的成功经验一点点积累起来，自信心就会大大增强，自身的逆向分析水平也会得到明显提高。这种从经验中获得的自信会不知不觉地对逆向分析过程产生积极影响，让逆向分析往更好的方向发展。

希望本书能够帮助各位把“心愿表”上的愿望一一实现，也希望各位把本书讲解的知识、技术广泛应用到逆向分析过程中，发挥更大的作用。谢谢。

感谢

动笔容易写完难。我只身一人是无法完成本书的，写作过程中得到了很多人的关心、支持与鼓励，没有他们就不会有本书。借此机会，我向所有给予帮助的人表示最诚挚的谢意。

首先，感谢爱妻素英，谢谢你一直以来相信我、默默支持我，你的微笑是我的能量之源。还要感谢我的两个宝贝儿子浩俊、姜宪，你们的陪伴让疲劳烟消云散，让我心里始终充满幸福。还有我的父母，你们总是关心着我和我的工作。正是你们给了我战胜一切困难的勇气，衷心感谢你们。

其次，要感谢崔景哲先生，您的称赞与鼓励一直激励着我写完全书。还要感谢韩昌圭先生与郑宽镇先生，两位前辈写的推荐词使本书增色不少。我早在动笔时就嘱托二位为本书写推荐语了。请一定允许我为两位的新书写推荐语。

再次，向 Insight 出版社的韩基晟社长以及所有员工，特别是赵岩熹编辑表示最诚挚的谢意。他将一块粗糙的原石打磨成了珍贵的宝石，我以后写书也会无条件请他负责。

最后，对关注本书的同事、公司实习生，以及博客访客们表示感谢。你们总是热心地询问："什么时候出书啊？"你们的关心最终促成我写完全书。还要感谢购买本书的读者们，你们的梦想与热情一直鼓舞着我。

李承远

目　录

第一部分　代码逆向技术基础

第六部分 高级逆向分析技术

第一部分

代码逆向技术基础

第1章 关于逆向工程

1.1 逆向工程

逆向工程（Reverse Engineering，简称RE）一般指，通过分析物体、机械设备或系统，了解其结构、功能、行为等，掌握其中原理并改善不足之处、添加新创意的一系列过程。

1.2 代码逆向工程

代码逆向工程（Reverse Code Engineering，简称RCE）是逆向工程在软件领域中的应用，目前还没有准确而统一的术语，实际交流中经常出现混用的情况，常用术语有RCE、RE、逆向工程等，使用起来较为随意。

本书中将统一使用RCE、RE，或为了方便起见，直接使用逆向工程、逆向分析等表达。从个人的喜好来说，我更喜欢使用“分析”或“深入分析”这样的词语，后续内容中将大量出现，因为对软件的逆向工程实质就是对软件进行深入细致的分析。

1.2.1 逆向分析法

分析可执行文件时使用的方法大致分为两种：静态分析法和动态分析法。

1. 静态分析法

静态分析法是在不执行代码文件的情形下，对代码进行静态分析的一种方法。静态分析时并不执行代码，而是观察代码文件的外部特征，获取文件的类型（EXE、DLI、DOC、ZIP等）、大小、PE头信息、Import/Export API、内部字符串、是否运行时解压缩、注册信息、调试信息、数字证书等多种信息，如图1-1所示。此外，使用反汇编工具（Disassembler）查看内部代码、分析代码结构也属于静态分析的范畴。

我们通过静态分析方法会获得多种信息，这些信息是进行动态分析的重要参考资料，对代码的动态分析非常有帮助。

2. 动态分析法

动态分析法是在程序文件的执行过程中对代码进行动态分析的一种方法，它通过调试来分析代码流，获得内存的状态等。通过动态分析法，我们可以在观察文件、注册表（Registry）、网络等的同时分析软件程序的行为，如图1-2所示。此外，动态分析中还常常使用调试器（Debugger）分析程序的内部结构与动作原理。

我在逆向分析代码时，通常先采用静态分析法收集代码相关信息，然后通过收集到的信息推测程序的结构与行为机制。这些推测对动态分析具有非常高的参考价值，能为动态分析提供很多创意。对程序代码进行逆向分析的过程中，灵活使用静态与动态两种分析方法，动静结合，可以极大地提高代码的分析效率，增加分析的准确性，缩短代码分析时间。

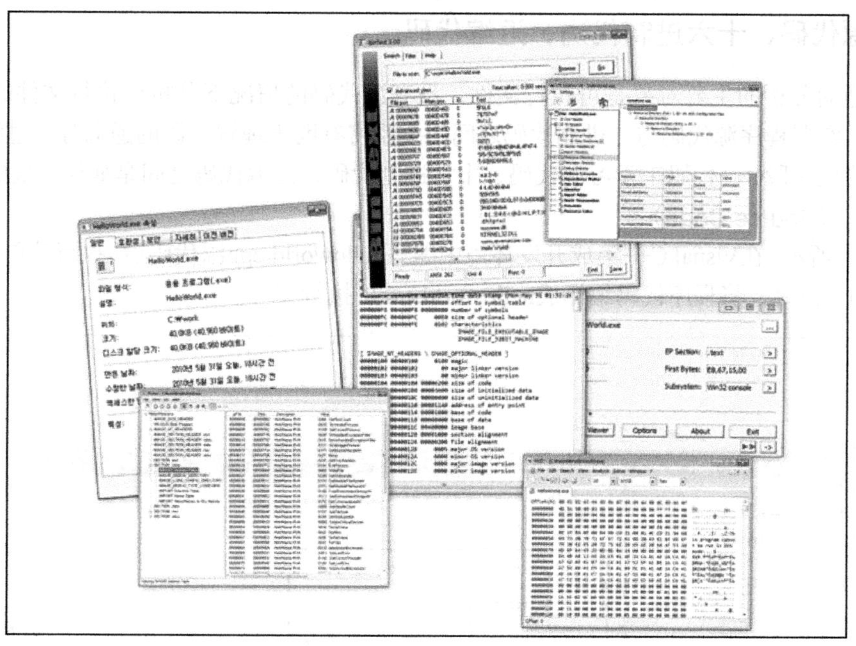

图1-1 静态分析工具

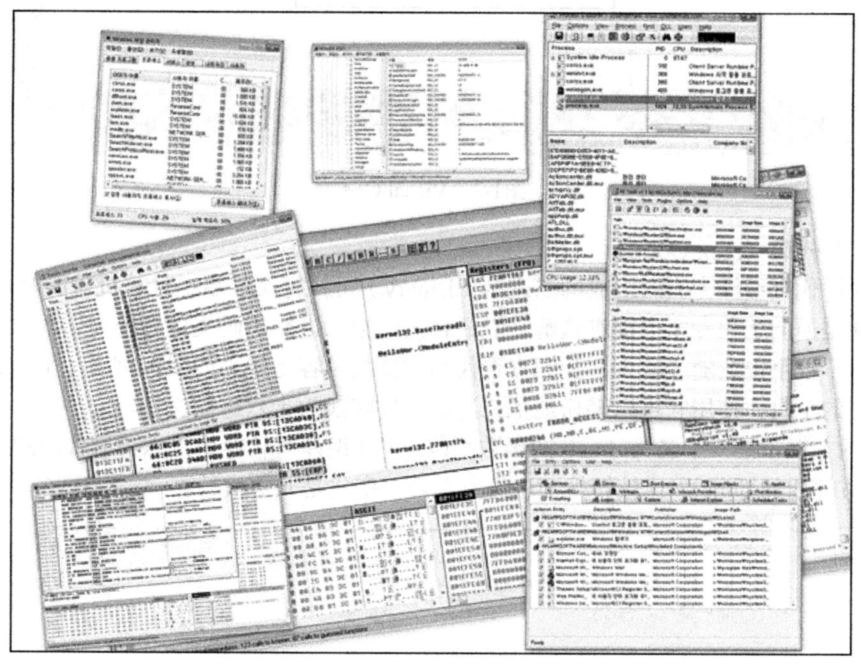

图1-2 动态分析工具

提示

有人会误认为代码逆向分析就是调试代码。虽然代码调试在代码逆向分析过程中占据很大比重，也十分有意思，但它只是代码逆向分析的一个从属概念。请记住，代码逆向分析的方法多种多样，实际的代码逆向分析过程中通常会同时使用多种分析方法。

1.2.2　源代码、十六进制代码、汇编代码

代码逆向分析的主要对象是可执行文件，没有源代码的情况下分析可执行文件的二进制代码。因此，掌握程序源代码与二进制代码之间的关系将有助于理解代码的逆向分析过程。

下面构建一段C++代码来学习源代码、十六进制代码、汇编代码之间是如何转换的。

源代码（Source Code）

如图1-3所示，在Visual C++集成开发环境中编写helloworld.cpp源代码后，执行菜单栏中的“生成”（Build）命令，将程序代码编译成helloworld.exe可执行文件。

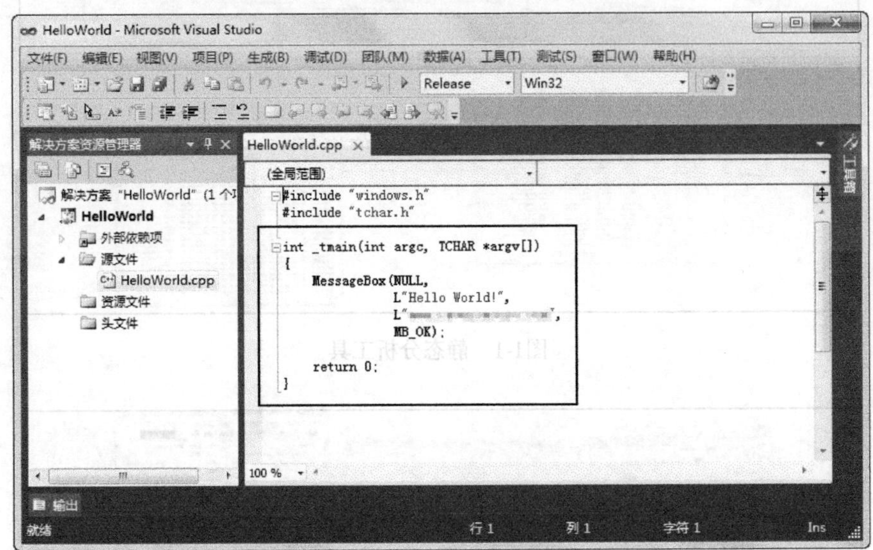

图1-3　Visual C++

十六进制代码（Hex Code）

把程序源代码编译为0和1组成的二进制（Binary）可执行文件后，计算机就能够很好地识别它，但即便是逆向工程专家也很难理解它们的含义。把二进制代码文件转换为十六进制（Hex）代码文件后，数字位数随之减少，我们查看代码时要相对容易些。如图1-4所示，Hex Editor是一个简单易用的工具，使用它可以轻松地把二进制文件转换为十六进制文件。

图1-3的方框中是一个名为_tmain的函数源码，它在编译后转换为十六进制代码的形式，如图1-4所示（方框内的部分）。比较转换前后可以发现，变化是非常大的。

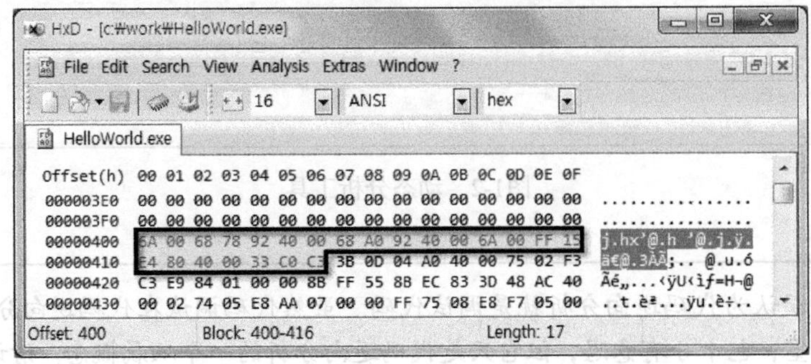

图1-4　Hex Editor

汇编代码（Assembly Code）

对我们而言，十六进制代码仍然不够直观。与十六进制代码相比，汇编代码更利于理解。下面仍以helloworld.exe程序为例，查看一下它对应的汇编代码，首先用调试器打开它。

图1-5是程序的调试界面，图1-4中的十六进制代码经过反汇编后转换为汇编代码，方框中的汇编代码对应图1-3中的_tmain()函数。

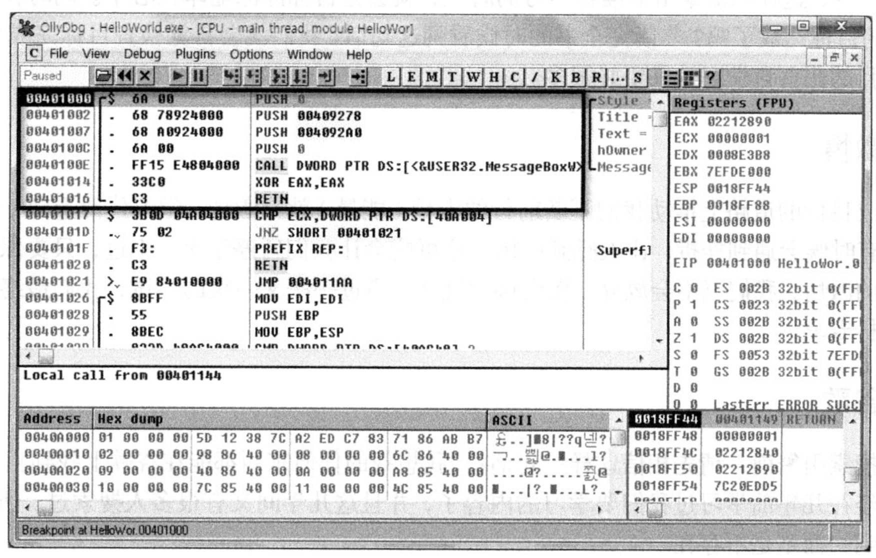

图1-5 调试器

在代码的逆向分析中，我们经常会像这样把待分析的代码转换为汇编代码后再分析。

1.2.3 “打补丁”与“破解”

对应用程序文件或进程内存内容的更改被称为“打补丁”（Patch），“破解”（Crack）与其含义类似，但后者的意图是非法的、不道德的，故有所区分。微软的Windows更新就是一个“打补丁”的例子。显然，打补丁的主要目的在于修复程序漏洞；反之，破解是对著作权的一种侵害（非法复制、使用等）。

学习软件逆向工程技术的人首先要明白，它是一柄双刃剑，像其他技术（大部分科学技术）一样，如果被恶意使用，它就会损害其他人的合法权益，所以学习逆向技术必须先培养伦理道德意识，提高个人的道德修养水平。

提示

本书不涉及正版软件的破解方法，主要讲解逆向技术原理、OS内部体系结构等内容。

1.3 代码逆向准备

进行代码逆向分析前，需要准备好目标（Goal）、激情（Passion）、谷歌（Google）。

1.3.1　目标

首先要回答自己为什么学习代码逆向分析技术。这并不需要多么华丽、宏大的理由，不管何种原因，只要理由充分就可以了。最重要的是，你的理由一定要明确。在学习这条艰辛的道路上，明确的目标会不断鼓励你前行，为你指引方向。确定目标后，把它写在书的封面上，字体要大一些、醒目一些，这样每次拿出书准备学习的时候，就会把目标深深地印在心中。同时在书的封底写上“我的目标达成了吗？”读完全书的时候看到这句话，我们就会自觉检查目标完成率。显然，带有明确目的比盲目学习效果要好很多。

1.3.2　激情

在达成目标的道路上推动我们不断前行的力量（能量）就是激情。学习代码逆向分析技术的过程中，有时候会遇到挫折，让人感到厌倦，这可能会让我们暂停学习。不过，只要保持对逆向分析技术的激情，我们就不会放弃，而会再次挑战。通过一次又一次的尝试，我们最终会成为代码逆向分析专家。

1.3.3　谷歌

使用搜索引擎前，请先相信这样一句话：“我想找的任何东西都能在谷歌上找到！”事实上，某个人已经在几年前学习过我们要学习的内容了，并且这几年间又有很多人搜索过。所以，只是暂时查不到，而不是不存在。

1.4　学习逆向分析技术的禁忌

下面了解一下代码逆向分析学习过程中的几点禁忌。

1.4.1　贪心

与其他IT技术相比，代码逆向技术对我们来说还是个比较陌生的领域。开始会遇到大量陌生的概念，这些都不可能一下子掌握。要习得一种知识，往往需要大量的基础知识做铺垫，而学习这些基础知识又需要大量的背景知识。如果是初学者就想掌握所有内容，那么会在学习时陷入痛苦的泥潭。刚开始要循序渐进，“嗯，先学这些概念吧，其他慢慢学。”这才是学习逆向技术的正确态度。

1.4.2　急躁

逆向分析技术涵盖的内容很多，学习过程中有时会出现这样的想法：“我学习逆向分析技术都几天了，怎么到现在连这种问题都解决不了！”有些问题还解决不了是正常的。用吃的打个比方，逆向分析技术不是快餐（Fast food），而是有益于健康的慢餐（Slow food）。做起来要花费相当长的时间，需要足够的耐心。只要熬过了这段等待的时间，谁都可以成为优秀的逆向分析专家。

1.5　逆向分析技术的乐趣

代码逆向分析过程中，由高级语言（如：C++、VB、Delphi等）编写的程序会先被转换为低级语言（Assembly）的形式，然后再加以分析研究。这样，即使程序的开发者未公开程序源码，只提供了程序的可执行文件，有实力的逆向分析人员也能掌握程序的内部组成结构。换言之，对极少数人来说，程序的源码是一览无余的，这也正是学习逆向分析技术的乐趣所在吧！

不懂的东西总是看上去很难，而了解其运行原理与内部结构后，又发现原来如此简单，世间万物皆通此理。当然，“了解”这个词包含了许多内容，所以只是刚开始比较辛苦而已。后面章节会结合示例讲解，希望大家亲自尝试，体验逆向分析技术的魅力（本书用到的示例文件与源代码可在本书图灵社区页面下载）。

第2章　逆向分析Hello World!程序

“Hello World!”程序大概是世界上最有名的程序了，下面调试“Hello World!”程序来开始学习逆向分析技术的旅程，希望大家能从中切身体验到逆向分析的乐趣。

2.1　Hello World!程序

学过编程的人编写的第一个程序大概都是“Hello World!”，如图2-1所示。这个程序非常简洁，每当看到“Hello World!”的源码，都会让人回想起初次学习编程语言的情景，以及当时成功运行时的感动与兴奋。下面，我们也将通过逆向分析“Hello World!”程序来开始学习，它非常简单，很适合做入门例题。

图2-1　HelloWorld.exe运行界面

首先在Visual C++中打开HelloWorld项目，如图2-2所示。

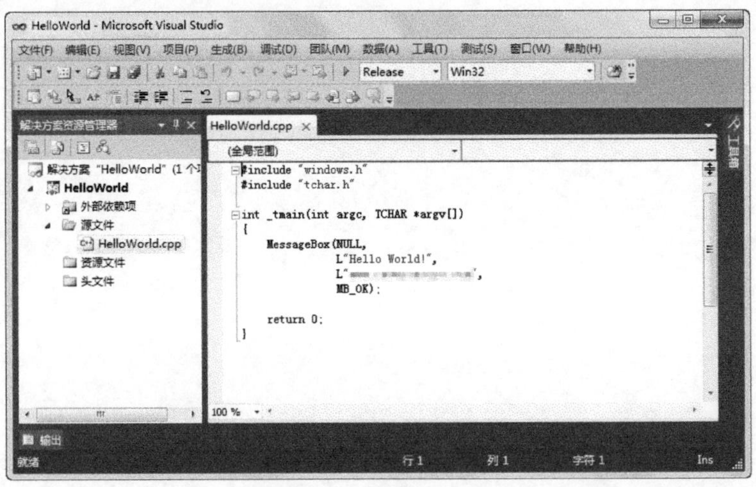

图2-2　HelloWorld.cpp

在工具栏的“解决方案配置”中选择“Release”，在“生成”菜单中单击“生成HelloWorld”，即可创建出HelloWorld.exe可执行文件（选择“Release”模式生成可执行文件，将使程序代码更加简洁，方便调试）。

提示

不熟悉Visual C++开发工具的读者可省略上述创建过程，直接使用提供的HelloWorld.exe文件。

调试器与汇编语言

如上所示，借助Visual C++开发工具，我们可以轻松地将HelloWorld.cpp源码编译成

HelloWorld.exe可执行文件。HelloWorld.cpp源码文件是用C语言编写的，我们很容易理解它；而HelloWorld.exe可执行文件是二进制文件，计算机很容易读懂并执行。分析二进制文件时，为了更好地读懂它，常常要使用调试器（Debugger）实用工具。调试器中内嵌了反汇编（Disassembler）模块，借助它我们可以把二进制代码转换为汇编语言（Assembly）指令代码。

提示

不论是用哪种语言编写的程序，编译后都会生成二进制的可执行文件。借助调试器我们可以把任意一种可执行文件转换为汇编语言代码，因此，代码逆向分析人员必须掌握汇编语言。只要掌握了汇编语言，就能通过调试的方式分析可执行程序，而不用考虑程序是用哪种语言编写的。

汇编语言依赖于 CPU。广泛用于 PC 的 Intel x86 系列 CPU 和移动产品中常用的 ARM 系列 CPU 就具有不同形态的汇编指令。

2.2 调试 HelloWorld.exe 程序

2.2.1 调试目标

调试（Debugging）HelloWorld.exe可执行文件，在转换得到的汇编语言代码中查找main()函数。这一过程中，我们要了解基本的调试方法和汇编指令。

2.2.2 开始调试

首先使用OllyDbg调试工具打开HelloWorld.exe程序，如图2-3所示。

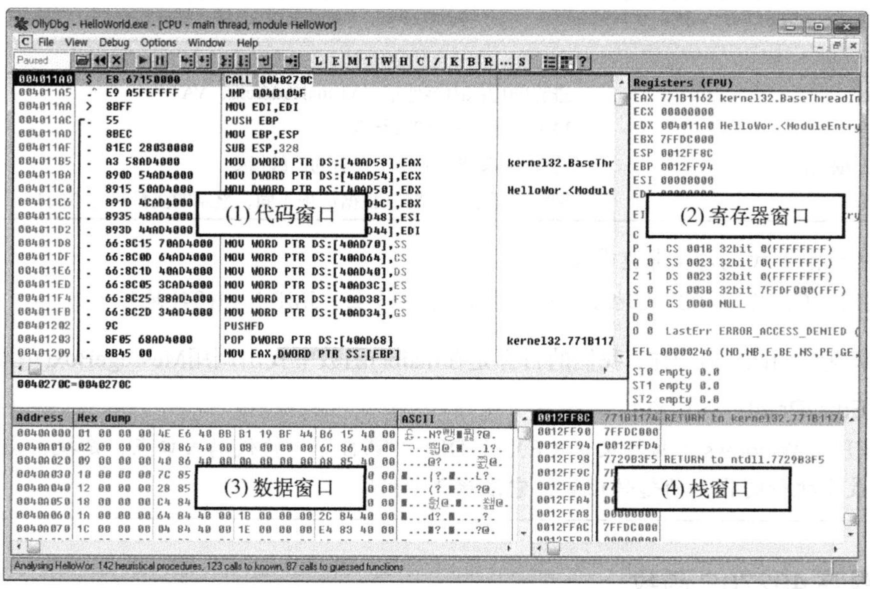

图2-3 OllyDbg基本界面

提示

- 代码逆向分析人员分析程序文件时一般是没有源代码的，他们只有程序的可执行文件，分析时需要使用 OllyDbg 这类强大的 Win32 专业调试工具。
- OllyDbg 是一种强大的 Win32 调试工具，用户界面直观、简洁，支持插件扩展功能，用户可以免费下载。它体积小，运行速度快，很多逆向分析人员都喜欢使用。
- 你的逆向分析技术达到一定水平后，我建议使用 Hex-Rays 公司的 IDA Pro，它是一个非常棒的反编译工具，提供了众多实用的调试功能，但它是一个付费软件，性能越强大需要支付的费用也越高。

图2-3为OllyDbg调试工具的运行界面，后面的程序调试过程中我们会经常见到。调试前，先简单介绍一下图2-3中的OllyDbg调试工具运行界面。

代码窗口	默认用于显示反汇编代码，还用于显示各种注释、标签，分析代码时显示循环、跳转位置等信息
寄存器窗口	实时显示CPU寄存器的值，可用于修改特定的寄存器
数据窗口	以Hex/ASCII/Unicode值的形式显示进程的内存地址，也可在此修改内存地址
栈窗口	实时显示ESP寄存器指向的进程栈内存，并允许修改

2.2.3　入口点

调试器停止的地点即为HelloWorld.exe执行的起始地址（4011A0），它是一段EP（EntryPoint，入口点）代码，其中最引人注意的是CALL与JMP两个命令，如下所示。

```
Address    Instruction  Disassembled code  comment
--------------------------------------------------------------------
004011A0   E8 67150000  CALL 0040270C     ; 0040270C  (调用40270C处的函数)
004011A5   E9 A5FEFFFF  JMP 0040104F      ; 0040104F  (跳转至40104F地址处)
```

地址	进程的虚拟内存地址（Virtual Address，VA）
指令	IA32（或x86）CPU指令
反汇编代码	将OP code转换为便于查看的汇编指令
注释	调试器添加的注释（根据选项不同，显示的注释略有不同）

上面两行汇编代码含义非常明确。

“先调用（CALL）40270C地址处的函数，再跳转至（JMP）40104F地址处。”

接下来继续调试，请记住，我们的目标是在main()函数中找出调用MessageBox()函数的代码。

EP（EntryPoint，入口点）

EP 是 Windows 可执行文件（EXE、DLL、SYS 等）的代码入口点，是执行应用程序时最先执行的代码的起始位置，它依赖于 CPU。

2.2.4　跟踪 40270C 函数

正式调试前，先熟悉一下OllyDbg基本指令的使用方法。

OllyDbg基本指令（适用于代码窗口）

指 令	快捷键	含 义
Restart	Ctrl+F2	重新开始调试（终止正在调试的进程后再次运行）
Step Into	F7	执行一句OP code（操作码），若遇到调用命令（CALL），将进入函数代码内部
Step Over	F8	执行一句OP code（操作码），若遇到调用命令（CALL），仅执行函数自身，不跟随进入
Execute till Return	Ctrl+F9	一直在函数代码内部运行，直到遇到RETN命令，跳出函数

在EP代码的4011A0地址处使用Step Into(F7)指令，进入40270C函数，如图2-4所示。

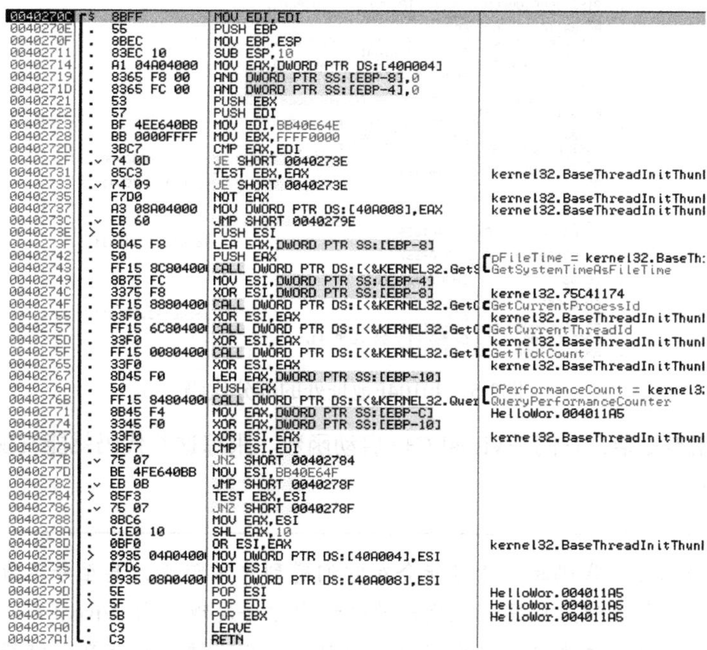

图2-4 40270C函数

这是一段看上去有些复杂的汇编代码。由于大家尚未掌握汇编语言，所以暂时无法全部理解这段汇编代码的含义。现在不理解没关系，不用担心，随着学习的不断深入，大家慢慢就会熟悉它，并理解它代表的含义（我刚开始学的时候就是这样的，请大家相信我）。

图2-4最右侧区域中是OllyDbg的注释，其中红字部分是代码中调用的API函数名称，在注释部分只看被调用的API函数名称就可以了。它们并不是我们在源代码中调用的函数，也不是我们要查找的main()函数。其实，这些函数是Visual C++为了保证程序正常运行而自动添加（我们的源码中并没有）的Visual C++启动函数（Stub Code，根据不同的编译器类型与版本，启动函数也会有所不同）。现在并不需要关注它们，我们的目标是main()函数，接下来继续查找。

提示

刚开始学习时可以先忽略 Win32 API 函数（OllyDbg 注释中的红色 API 函数调用部分），因为它们很容易让人产生困惑，直接按 Step over(F8)命令跳过即可。

4027A1地址处有一条RETN指令，它用于返回到函数调用者的下一条指令，一般是被调用函数的最后一句，即返回4011A5地址处，如图2-3所示。在4027A1地址处的RETN指令上执行Step over

（F8）或Execute till Return(Ctrl+F9)命令，继续操作。按F7/F8执行RETN指令，程序会跳转到4011A5地址处，如图2-3所示（这与C语言中“调用函数然后返回到调用处的下一条命令”的情形类似）。

2.2.5 跟踪40104F跳转语句

如图2-3所示，执行4011A5地址处的跳转命令JMP 0040104F，跳转至40104F地址处，结果如图2-5所示。

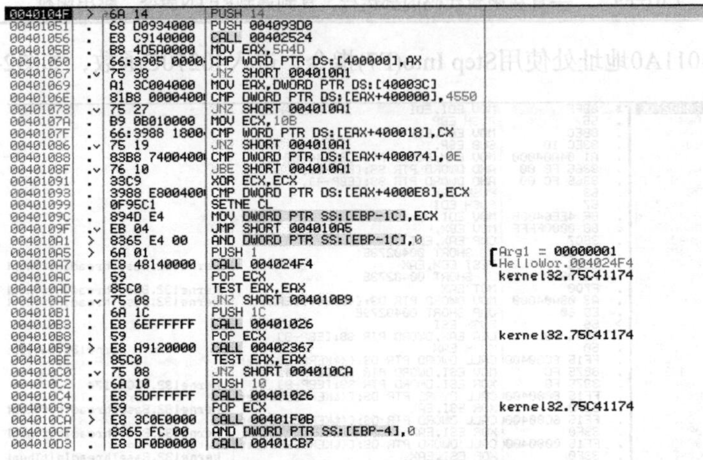

图2-5 40104F地址处的部分代码

代码看上去相当复杂，它们是Visual C++启动函数。跟踪这些代码就能发现我们要查找的目标——main()函数。

> **提示**
>
> 第一次接触上述代码时，你可能会对它们感到非常陌生，甚至分不清它们是用户代码还是启动函数。但是反复调试代码的过程中你会发现，由 Visual C++编写的可执行文件大都与上述形式类似。熟悉了这些启动函数后，再调试代码时就能快速识别并跳过。此外，不同的开发工具生成的启动函数不同，即使是同一种开发工具，产生的启动函数也随版本的不同而不同。如果有额外的时间与精力，建议大家多尝试几种开发工具，熟悉并掌握它们生成的文件特征。

2.2.6 查找main()函数

从图2-5的40104F地址处开始逐条分析各函数调用指令，就能够查找到我们要查找的main()函数，虽然这种方法略显笨拙，但这是初学者学习调试时的必经阶段，后面会介绍更高效的方法。

> **提示**
>
> 初学者在调试代码的过程中使用 StepIn(F7)/StepOver(F8)命令，可能会对代码感到困惑，特别是过分深入到函数调用中时，这种困惑会更加明显。此时可以使用Restart(Ctrl+F2)命令重新打开待调试的文件，再次从头调试。前面我们已经提到过，每种编译器产生的启动函数是不同的，熟悉这些启动函数后，实际调试过程中可以快速跳过类似启动函数的部分。就像刚开始学习C语言时，编译文件会遇到许多错误信息，熟悉这些错误信息后，再次出现相同错误信息时，就能利用之前的经验快速解决问题。

前面我们介绍过OllyDbg的4种指令，分别为Restart、Step Into、Step Over、Execute till Return，下面用它们来查找main()函数。

如图2-6所示，从40104F地址开始，每执行1次Step Into(F7)命令就下移1行代码，移动到401056地址处的CALL 402524函数调用指令时，执行Step Into(F7)命令，进入402524函数。

```
0040104F  >  6A 14           PUSH 14
00401051  .  68 D0934000     PUSH 004093D0
00401056  .  E8 C9140000     CALL 00402524
0040105B  .  B8 4D5A0000     MOV EAX,5A4D
00401060  .  66:3905 00004000 CMP WORD PTR DS:[400000],AX
```

图2-6　调试40104F

```
00402524 r$  68 80254000     PUSH 00402580
00402529  .  64:FF35 00000000 PUSH DWORD PTR FS:[0]
00402530  .  8B4424 10       MOV EAX,DWORD PTR SS:[ESP+10]
00402534  .  896C24 10       MOV DWORD PTR SS:[ESP+10],EBP
00402538  .  8D6C24 10       LEA EBP,DWORD PTR SS:[ESP+10]
0040253C  .  2BE0            SUB ESP,EAX
0040253E  .  53              PUSH EBX
0040253F  .  56              PUSH ESI
00402540  .  57              PUSH EDI
00402541  .  A1 04A04000     MOV EAX,DWORD PTR DS:[40A004]
00402546  .  3145 FC         XOR DWORD PTR SS:[EBP-4],EAX
00402549  .  33C5            XOR EAX,EBP
0040254B  .  50              PUSH EAX
0040254C  .  8965 E8         MOV DWORD PTR SS:[EBP-18],ESP
0040254F  .  FF75 F8         PUSH DWORD PTR SS:[EBP-8]
00402552  .  8B45 FC         MOV EAX,DWORD PTR SS:[EBP-4]
00402555  .  C745 FC FEFFFFFF MOV DWORD PTR SS:[EBP-4],-2
0040255C  .  8945 F8         MOV DWORD PTR SS:[EBP-8],EAX
0040255F  .  8D45 F0         LEA EAX,DWORD PTR SS:[EBP-10]
00402562  .  64:A3 00000000  MOV DWORD PTR FS:[0],EAX
00402568 L.  C3              RETN
```

图2-7　402524函数

正如在图2-7中看到的，我们很难把402524函数称为main()函数，因为在它的代码中并未发现调用MessageBox() API的代码。执行Execute till Return(Ctrl+F9)指令，调试转到402568地址处的RETN指令，然后使用Step Into(F7)（或者Step Over(F8)）命令执行RETN指令，跳出402524函数，返回至40105B地址处，如图2-6所示。

同样，在40105B地址处执行Step Into(F7)命令调试，遇到函数调用就进入函数查看代码（使用Step Into(F7)命令），确认是否为main()函数。若不是main()函数，则使用Execute till Return (Ctrl+F9)命令跳出相关函数，继续以相同方式调试。调试过程中会遇到以下代码，如图2-8所示。

```
004010DA  .v 7D 08          JGE SHORT 004010E4
004010DC  .  6A 1B          PUSH 1B
004010DE  .  E8 4D020000    CALL 00401330
004010E3  .  59             POP ECX                                HelloWor.00401F0A
004010E4  > >E8 C80B0000    CALL <JMP.&KERNEL32.GetCommandLineW>   [GetCommandLineW
004010E9  .  A3 D8B84000    MOV DWORD PTR DS:[40B8D8],EAX
004010EE  .  E8 670B0000    CALL 00401C5A
```

图2-8　调用API

4010E4地址处的CALL Kernel32.GetCommandLineW指令是调用Win32 API的代码。现在，我们还不需要进入被调用的函数，直接使用Step Over(F8)命令跳过。

提示

4010EE 地址处是调用 00401C5A 函数的指令，执行后进入函数，再按 Ctrl+F9 跳出函数，由于 00401C5A 函数中含有循环语句，所以跳出函数时需要花费一些时间。

若调试一切正常，则会看到以下代码，如图2-9所示。

```
0040112C  .  59              POP ECX
0040112D  >  A1 8CAF4000     MOV EAX,DWORD PTR DS:[40AF8C]
00401132  .  A3 90AF4000     MOV DWORD PTR DS:[40AF90],EAX
00401137  .  50              PUSH EAX
00401138  .  FF35 80AF4000   PUSH DWORD PTR DS:[40AF80]
0040113E  .  FF35 78AF4000   PUSH DWORD PTR DS:[40AF78]
00401144  .  E8 B7FEFFFF     CALL 00401000
00401149  .  83C4 0C         ADD ESP,0C
0040114C  .  8945 E0         MOV DWORD PTR SS:[EBP-20],EAX
0040114F  .  837D E4 00      CMP DWORD PTR SS:[EBP-1C],0
00401153  .~ 75 06           JNZ SHORT 0040115B
```

图2-9　调用401000函数

401144地址处有一条CALL 401000指令，用于调用401000函数，使用Step Into(F7)命令进入401000函数，如图2-10所示。

```
00401000 r$  6A 00           PUSH 0
00401002  .  68 78924000     PUSH 00409278
00401007  .  68 A0924000     PUSH 004092A0
0040100C  .  6A 00           PUSH 0
0040100E  .  FF15 E4804000   CALL DWORD PTR DS:[<&USER32.MessageBoxW>]
00401014  .  33C0            XOR EAX,EAX
00401016  L. C3              RETN
```

图2-10　main()函数

401000函数内部出现了调用MessageBoxW() API的代码，该API函数的参数为“www.reversecore.com”与“Hello World!”两个字符串。这与图2-2中HelloWorld.cpp的源码内容一致，由此可以断定，401000函数就是我们一直在查找的main()函数。

大家也找到main()函数了吗？没找到也没关系。通过这个调试示例，主要想让大家对调试有一个大致的感受，只要能达成这一目标就足够了。如果尚未完全掌握调试的操作与步骤也没关系，经过几次调试就会很快熟悉起来。后面会讲解更多调试器指令，它们将使整个调试更加轻松（初学者经历一定的困惑是必经过程，所以上面的调试示例并未向大家详细介绍）。

2.3　进一步熟悉调试器

2.3.1　调试器指令

到现在为止，我们已经对调试有了大致印象，接下来学习更多调试指令。

调试器操作命令（适用于代码窗口）

指　　令	快捷键	含　　义
Go to	Ctrl+G	移动到指定地址，用来查看代码或内存，运行时不可用
Execute till Cursor	F4	执行到光标位置，即直接转到要调试的地址
Comment	;	添加注释
User-defined comment		鼠标右键菜单Search for User-defined comment
Label	:	添加标签
User-defined label		鼠标右键菜单Search for User-defined label
Set/Reset BreakPoint	F2	设置或取消断点（BP）
Run	F9	运行（若设置了断点，则执行至断点处）
Show the current EIP	*	显示当前EIP（命令指针）位置
Show the previous Cursor	-	显示上一个光标的位置
Preview CALL/JMP address	Enter	若光标处有CALL/JMP等指令，则跟踪并显示相关地址（运行时不可用，简单查看函数内容时非常有用）

2.3.2 “大本营”

每次重新运行调试器时，调试都会返回到EP处，并从此处开始新的调试，使用起来相当不方便。经验丰富的代码逆向分析专家需要在调试代码时设置某个重要的点（地址），使调试能快速转到设置点上。在代码中设置好这样的点后，再次调试时，调试流能够经过这些指定的点，快速达到目标。

这些在代码中设置的点就像在登山途中设置的营帐一样，以登喜马拉雅山为例，登顶过程中需要设置多个营帐充当据点，如“大本营”–“前进营1”–“前进营2”–“最终突击营”–“峰顶”。同样，调试代码量非常巨大时，整个调试过程可能需要好几天时间，那么在相应位置上设置这些“据点”将非常方便调试。下面向大家介绍几种在代码中设置“据点”的方法，并学习如何快速转到这些“据点”。首先运行OllyDbg，打开HelloWorld.exe可执行文件并调试，将40104F地址设置为basecamp（大本营）。

2.3.3 设置“大本营”的四种方法

1. Goto命令

请记住，我们要设置为“大本营”的地址为40104F。执行Go to(Ctrl+G)命令，打开一个Enter expression to follow（输入跟踪表达式）对话框，如图2-11所示，在文本框中输入“40104F”，然后单击OK按钮。

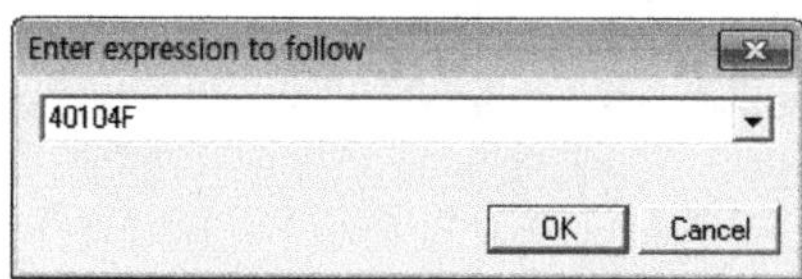

图2-11 Go to对话框

输入地址单击OK按钮后，光标自动定位到40104F地址处，执行Execute till cursor(F4)命令，让调试流运行到该处，然后从40104F处开始调试代码就变得非常方便了。

2. 设置断点

调试代码时，还可以设置BP（Break Point，断点）（快捷键F2）让调试流转到“大本营”，这种方法非常方便，也很常用，如图2-12所示。

图2-12 设置断点

设置断点后，调试运行到断点处将会暂停（若未在代码中设置断点则继续调试）。

在OllyDbg菜单栏中依次选择View-Breakpoints选项（快捷键(ALT+B)），打开Breakpoints对话框，列出代码中设置的断点，如图2-13所示。

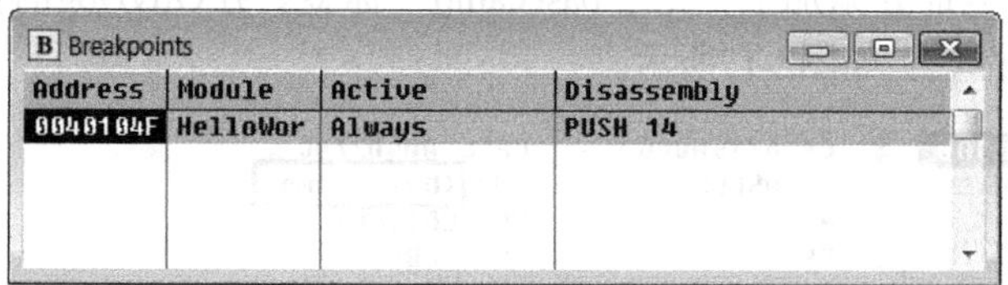

图2-13 断点

在断点列表中双击某个断点会直接跳转到相应位置。

3. 注释

按键盘上的“;”键可以在指定地址处添加注释，还可以通过查找命令找到它。

```
0040104F  > 6A 14              PUSH 14                          => base camp
00401051  . 68 D0934000        PUSH 004093D0
00401056  . E8 C9140000        CALL 00402524
0040105B  . B8 4D5A0000        MOV EAX,5A4D
00401060  . 66:3905 00004000   CMP WORD PTR DS:[400000],AX
00401067  .v 75 38             JNZ SHORT 004010A1
00401069  . A1 3C004000        MOV EAX,DWORD PTR DS:[40003C]
0040106E  . 81B8 00004000 504  CMP DWORD PTR DS:[EAX+400000],4550
00401078  .v 75 27             JNZ SHORT 004010A1
0040107A  . B9 0B010000        MOV ECX,10B
0040107F  . 66:3988 18004000   CMP WORD PTR DS:[EAX+400018],CX
00401086  .v 75 19             JNZ SHORT 004010A1
```

图2-14　注释

调试过程中添加的注释如同编程过程中添加的注释一样重要。如图2-14所示，在重要代码上添加注释将会使整个调试变得非常轻松。首先移动光标到另一个位置（地址40104F之外的任一地方），在鼠标右键菜单中依次选择Search for-User defined comment，这样就能看到用户输入的所有注释，如图2-15所示（用户输入的注释会被保存在OllyDbg内部，每当再次运行时就会显示，调试过程中使用起来非常方便）。

R User-defined comments

Address	Disassembly	Comment
0040104F	PUSH 14	=> base camp
00401091	XOR ECX,ECX	(Initial CPU selection)

图2-15　用户的注释

红字显示部分即是光标所处位置。注释位置与光标位置重合时，将仅以红字方式显示（所以刚开始的时候需要把光标暂时移动到其他位置）。双击相应注释，光标将自动定位到相应位置。

4. 标签

我们可以通过标签提供的功能在指定地址添加特定名称。移动光标至40104F地址处，按“:”键输入标签，如图2-16所示。

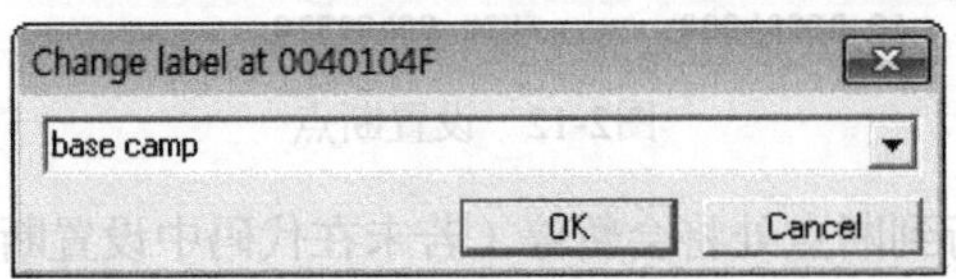

图2-16　标签

这样就在40104F地址处添加上一个“basecamp”标签。在OllyDbg的代码窗口中可以看到40104F地址处添加的标签，如图2-17所示。

```
004011A0   $ E8 67150000    CALL 0040270C
004011A5   .^ E9 A5FEFFFF   JMP <base camp>
004011AA   > 8BFF           MOV EDI,EDI
004011AC  ┌. 55            PUSH EBP
```

图2-17　添加的标签

图2-17显示出了EP代码，刚开始只显示地址40104F，添加标签后，代码变得非常直观，调试起来也更加轻松。

提示

若不想如图 2-17 那样显示出标签，可以在 OllyDbg 的 Options 菜单中选择 Disasm 选项卡，点选 Show symbolic address 项，如图 2-18 所示。

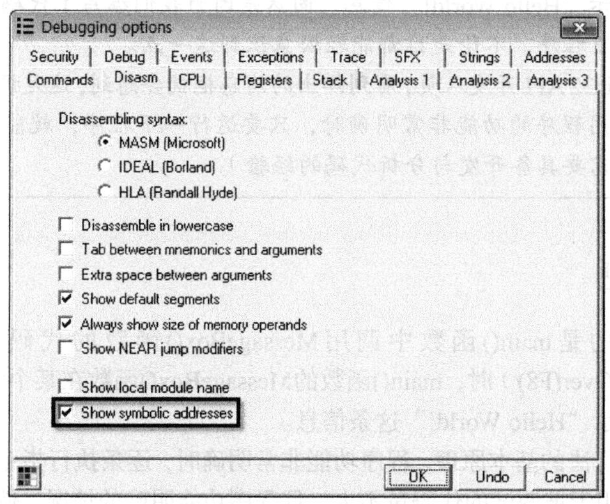

图2-18　调试选项

与注释一样，标签也可以检索。单击鼠标右键，依次选择Search for\User defined labels菜单即可打开User defined labels窗口，该窗口列出了用户设置的标签，如图2-19所示（名为Initial CPU selection的部分为光标当前位置）。

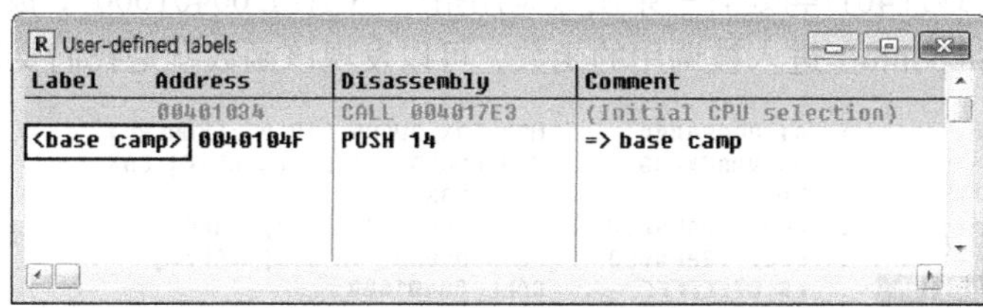

图2-19　User-defined labels

在User defined labels窗口中双击某个标签，光标即移动到相应位置。光标移动到标签处的地址时，执行Execute till cursor(F4)命令即可从该地址开始调试程序。

我们已经学习了如何快速转到指定地址（basecamp）并调试，这些方法在程序调试中经常使用，它们使整个调试过程变得更加轻松。希望大家牢记这些方法并多加练习，直至熟练掌握。

2.4　快速查找指定代码的四种方法

如何在大量代码中快速查找到指定代码呢？下面为大家介绍4种方法。调试代码时，main()函数并不直接位于可执行文件的EP位置上，出现在此的是开发工具（Visual C++）生成的启动函数。我们需要查看的main()函数距离EP代码很远，如果有一种方法可以帮助我们快速查找到main()

函数，那么必定会为调试带来极大帮助。

每个人在调试中快速查找所需代码时都有不同方法，但是归结起来，最基本、最常用的方法只有4种。

提示

学习这4种方法之前先思考一下。我们已经知道，运行HelloWorld.exe程序会弹出一个消息框，显示“Hello World!”信息。固然是因为我们编写了代码，可在这种情形下，只要运行一下程序，不论是谁都能轻松意识到这一点。

如果你是Win32 API开发人员，看到弹出的消息框就会想到，这是调用MessageBox() API的结果。应用程序的功能非常明确时，只要运行一下程序，就能大致推测出其内部结构（当然这需要具备开发与分析代码的经验）。

2.4.1 代码执行法

我们需要查找的是main()函数中调用MessageBox()函数的代码。在调试器中调试HelloWorld.exe（Step Over(F8)）时，main()函数的MessageBox()函数在某个时刻就会被调用执行，弹出消息对话框，显示“Hello World!”这条信息。

以上就是代码执行法的基本原理，程序功能非常明确时，逐条执行指令来查找需要查找的位置。代码执行法仅适用于被调试的代码量不大、且程序功能明确的情况。倘若被调试的代码量很大且比较复杂时，此种方法就不再适用了。

下面使用代码执行法来查找代码中的main()函数。从“大本营”（40104F）开始，按F8键逐行执行命令，在某个时刻弹出消息对话框，显示“Hello World!”信息。按Ctrl+F2键再次载入待调试的可执行文件并重新调试，不断按F8键，某个时刻一定会弹出消息对话框。弹出消息对话框时调用的函数即为main()函数。

如图2-20所示，地址401144处有一条函数调用指令“CALL 00401000”，被调用的函数地址为401000，按F7键（Step Into）进入被调用的函数，可以发现该函数就是我们要查找的main()函数。

```
0040112D  >  A1 8CAF4000    MOV EAX,DWORD PTR DS:[40AF8C]
00401132  .  A3 90AF4000    MOV DWORD PTR DS:[40AF90],EAX
00401137  .  50             PUSH EAX
00401138  .  FF35 80AF4000  PUSH DWORD PTR DS:[40AF80]
0040113E  .  FF35 78AF4000  PUSH DWORD PTR DS:[40AF78]
00401144  .  E8 B7FEFFFF    CALL 00401000
00401149  .  83C4 0C        ADD ESP,0C
```

图2-20 main()函数EP

地址40100E处有一条调用MessageBoxW() API的语句，如图2-21所示。地址401002与401007处分别有一条PUSH语句，它们把消息对话框的标题与显示字符串保存到栈（Stack）中，并作为参数传递给MessageBoxW()函数。

```
00401000  r$  6A 00           PUSH 0                                   rStyle = MB_OK|MB_APPLMODAL
00401002  |.  68 78924000     PUSH 00409278                            |Title = "[illegible]"
00401007  |.  68 A0924000     PUSH 004092A0                            |Text = "Hello World!"
0040100C  |.  6A 00           PUSH 0                                   |hOwner = NULL
0040100E  |.  FF15 E4804000   CALL DWORD PTR DS:[<&USER32.MessageBoxW>] LMessageBoxW
00401014  |.  33C0            XOR EAX,EAX
00401016  L.  C3              RETN
```

图2-21 main()函数

这样就准确查找到了main()函数。

提示

Win32 应用程序中，API 函数的参数是通过栈传递的。VC++中默认字符串是使用 Unicode 码表示的，并且，处理字符串的 API 函数也全部变更为 Unicode 系列函数。

2.4.2 字符串检索法

鼠标右键菜单 – Search for – All referenced text strings

在程序中查找指定字符串的方法很多，这里向大家介绍OllyDbg中提供的字符串检索法。

OllyDbg初次载入待调试的程序时，都会先经历一个预分析过程。此过程中会查看进程内存，程序中引用的字符串和调用的API都会被摘录出来，整理到另外一个列表中，这样的列表对调试是相当有用的。使用All referenced text strings命令会弹出一个窗口，其中列出了程序代码引用的字符串，如图2-22所示。

```
Text strings referenced in HelloWor:.text
Address   Disassembly             Text string
00401002  PUSH 00409278           UNICODE "
00401007  PUSH 004092A0           UNICODE "Hello World!"
004011A0  CALL 0040270C           (Initial CPU selection)
00401227  MOV DWORD PTR DS:[      ASCII "I=牒D"
0040135E  PUSH 00408154           UNICODE "mscoree.dll"
0040136D  PUSH 00408144           ASCII "CorExitProcess"
0040169D  PUSH 00408710           ASCII "Runtime Error!WnWnProgram: "
004016E5  PUSH 004086F8           ASCII "<program name unknown>"
0040172A  PUSH 004086F4           ASCII "   "
```

图2-22　All referenced text strings

地址401007处有一条PUSH 004092A0命令，该命令中引用的004092A0处即是字符串“Hello World!”。双击字符串，光标定位到main()函数中调用MessageBoxW()函数的代码处，请参照图2-21。

在OllyDbg的Dump窗口中使用Go to (Ctrl+G)命令，可以进一步查看位于内存4092A0地址处的字符串。首先使用鼠标单击Dump窗口，然后按Ctrl+G快捷键，打开Enter expression to follow in Dump窗口，如图2-23所示。

```
Address   Hex dump                                          ASCII
004092A0  48 00 65 00 6C 00 6C 00 6F 00 20 00 57 00 6F 00  H.e.l.l.o. .W.o.
004092B0  72 00 6C 00 64 00 21 00 00 00 00 00 00 00 00 00  r.l.d.!.........
004092C0  48 00 00 00 00 00 00 00 00 00 00 00 00 00 00 00  H...............
004092D0  00                                            00  ................
004092E0  00    Enter expression to follow in Dump      00  ................
004092F0  00    4092a0                                  00  .............■?.
00409300  B0                                            0C  컮@.￣...RSDS■'?
00409310  3D                                            00  ='.@봀??2 ..
00409320  44                        OK      Cancel      76  D:WLSWWWRCEWRev
00409330  65                                            9B  erseCoreWbookW?
00409340  90 EA B3 A0 5C 34 5F EB B3 B8 EB AC B8 5C 42 30
```

图2-23　“Hello World!”字符串

灰色部分即是“Hello World!”字符串，它是以Unicode码形式表示的，并且字符串的后面被填充上了NULL值（后面将讲解如何把“Hello World!”字符串更改为其他字符串，届时会再次涉及这块地址空间）。

提示

VC++中，static 字符串会被默认保存为 Unicode 码形式，static 字符串是指在程序内部被硬编码（Hard Coding）的字符串。

图2-23中还需要注意的是4092A0这个地址，它与我们之前看到的代码区域地址（401XXX）不同。HelloWorld.exe进程中，409XXX地址空间被用来保存程序使用的数据。大家要明白一点，代码与数据所在的区域是彼此分开的。

提示

若想了解代码与数据在文件中是如何保存的，以及如何加载到内存的，就需要学习 Windows PE 文件格式的相关内容（请参考第 13 章）。

2.4.3 API 检索法（1）：在调用代码中设置断点

鼠标右键菜单 – Search for – All intermodular calls

Windows编程中，若想向显示器显示内容，则需要使用Win 32 API向OS请求显示输出。换言之，应用程序向显示器画面输出内容时，需要在程序内部调用Win32 API。认真观察一个程序的功能后，我们能够大致推测出它在运行时调用的Win32 API，若能进一步查找到调用的Win32 API，则会为程序调试带来极大便利。以HelloWorld.exe为例，它在运行时会弹出一个消息窗口，由此我们可以推断出该程序调用了user32.MessageBoxW() API。

在OllyDbg的预分析中，不仅可以分析出程序中使用的字符串，还可以摘录出程序运行时调用的API函数列表。若只想查看程序代码中调用了哪些API函数，可以直接使用All intermodular calls命令。如图2-24所示，窗口中列出了程序中调用的所有API（根据OllyDbg选项设置的不同，显示形式会略微不同）。

Found intermodular calls

Address	Disassembly	Destination
0040100E	CALL DWORD PTR DS:	USER32.MessageBoxW
00401046	CALL 00401384	(Initial CPU selection)
004010E4	CALL <JMP.&KERNEL3	kernel32.GetCommandLineW
00401265	CALL DWORD PTR DS:	kernel32.IsDebuggerPresent
0040127A	CALL DWORD PTR DS:	kernel32.SetUnhandledExceptionFilter
00401285	CALL DWORD PTR DS:	kernel32.UnhandledExceptionFilter
004012A1	CALL DWORD PTR DS:	kernel32.GetCurrentProcess
004012A8	CALL DWORD PTR DS:	kernel32.TerminateProcess
004012F7	CALL DWORD PTR DS:	kernel32.SetUnhandledExceptionFilter
0040130C	CALL DWORD PTR DS:	kernel32.Sleep

图2-24　Intermodular calls

可以看到调用MessageBoxW()的代码，该函数位于40100E地址处，它是user32.MessageBoxW() API。双击它，光标即定位到调用它的地址处（40100E）。观察一个程序的行为特征，若能事先推测出代码中使用的API，则使用上述方法能够帮助我们快速查找到需要的部分。

提示

对于程序中调用的 API，OllyDbg 如何准确摘录出它们的名称呢？首先，它不是通过查看源代码来摘取的，若要了解其中的原理，需要理解 PE 文件格式的 IAT（Import Address Table，导入地址表）结构（请参考第 13 章）。

2.4.4 API检索法（2）：在API代码中设置断点

鼠标右键菜单 – Search for – Name in all modules

OllyDbg并不能为所有可执行文件都列出API函数调用列表。使用压缩器/保护器工具对可执行文件进行压缩或保护之后，文件结构就会改变，此时OllyDbg就无法列出API调用列表了（甚至连调试都会变得十分困难）。

提示

- 压缩器（Run time Packer，运行时压缩器）

  压缩器是一个实用压缩工具，能够压缩可执行文件的代码、数据、资源等，与普通压缩不同，它压缩后的文件本身就是一个可执行文件。

- 保护器

  保护器不仅具有压缩功能，还添加了反调试、反模拟、反转储等功能，能够有效保护进程。若想仔细分析保护器，分析者需要具有高级逆向知识。

这种情况下，DLL代码库被加载到进程内存后，我们可以直接向DLL代码库添加断点。API是操作系统对用户应用程序提供的一系列函数，它们实现于C:\Windows\systems32文件夹中的*.dll文件（如kernel32.dll、user32.dll、gdi32.dll、advapi32.dll、ws2_32.dll等）内部。简言之，我们编写的应用程序执行某种操作时（如各种I/O操作），必须使用OS提供的API向OS提出请求，然后与被调用API对应的系统DLL文件就会被加载到应用程序的进程内存。

在OllyDbg菜单栏中依次选择View-Memory菜单（快捷键Alt+M），打开内存映射窗口。

如图2-25所示，内存映射窗口中显示了一部分HelloWorld.exe进程内存。在图底部的方框中可以看到，USER32库被加载到了内存。

Memory map

Address	Size	Owner	Section	Contains	Type	Access	Initial
00400000	00001000	HelloWor		PE header	Imag	R	RWE
00401000	00007000	HelloWor	.text	code	Imag	R	RWE
00408000	00002000	HelloWor	.rdata	imports	Imag	R	RWE
0040A000	00002000	HelloWor	.data	data	Imag	R	RWE
0040C000	00001000	HelloWor	.rsrc	resources	Imag	R	RWE
00410000	00101000				Map	R	R
005B0000	00003000				Priv	RW	RW
005C0000	0005C000				Map	R	R
012A0000	00003000				Priv	RW	RW
75520000	00001000	KERNELBA		PE header	Imag	R	RWE
75521000	00043000	KERNELBA	.text	code,imports,exports	Imag	R	RWE
75564000	00002000	KERNELBA	.data	data	Imag	R	RWE
75566000	00001000	KERNELBA	.rsrc	resources	Imag	R	RWE
75567000	00003000	KERNELBA	.reloc	relocations	Imag	R	RWE
756A0000	00001000	GDI32		PE header	Imag	R	RWE
756A1000	00048000	GDI32	.text	code,imports,exports	Imag	R	RWE
756E9000	00002000	GDI32	.data	data	Imag	R	RWE
756EB000	00001000	GDI32	.rsrc	resources	Imag	R	RWE
756EC000	00002000	GDI32	.reloc	relocations	Imag	R	RWE
756F0000	00001000	USP10		PE header	Imag	R	RWE
756F1000	0005A000	USP10	.text	code,imports,exports	Imag	R	RWE
7574B000	00002000	USP10	.data	data	Imag	R	RWE
7574D000	0002B000	USP10	Shared		Imag	R	RWE
75778000	00012000	USP10	.rsrc	resources	Imag	R	RWE
7578A000	00003000	USP10	.reloc	relocations	Imag	R	RWE
75980000	00001000	USER32		PE header	Imag	R	RWE
75981000	00068000	USER32	.text	code,imports,exports	Imag	R	RWE
759E9000	00001000	USER32	.data	data	Imag	R	RWE
759EA000	0005B000	USER32	.rsrc	resources	Imag	R	RWE
75A45000	00004000	USER32	.reloc	relocations	Imag	R	RWE

图2-25 内存映射窗口

使用OllyDbg中的Name in all modules命令可以列出被加载的DLL文件中提供的所有API。使用Name in all modules命令打开All names窗口，单击Name栏目按名称排序，通过键盘敲出MessageBoxW后，光标会自动定位到MessageBoxW上，如图2-26所示。

N All names

Address	Module	Section	Type	Name
759DE9C3	USER32	.text	Export	MessageBoxIndirectW
759DE7F5	USER32	.text	Export	MessageBoxTimeoutA
759DE76D	USER32	.text	Export	MessageBoxTimeoutW
004080E4	HelloWor	.rdata	Import	USER32.MessageBoxW
759DEABF	USER32	.text	Export	MessageBoxW
756D6EC9	GDI32	.text	Export	MirrorRgn
759812AC	USER32	.text	Import	GDI32.MirrorRgn
76E63ED2	msvcrt	.text	Export	_mkdir
76E31BBD	msvcrt	.text	Export	_mkgmtime

图2-26　All names窗口

USER32模块中有一个Export类型的MessageBoxW函数（不同系统环境下函数地址不同）。双击MessageBoxW函数后就会显示其代码，它实现于USER32.dll库中，如图2-27所示。

```
759DEABF USER32.MessageBoxW   8BFF                  MOV EDI,EDI
759DEAC1                      55                    PUSH EBP
759DEAC2                      8BEC                  MOV EBP,ESP
759DEAC4                      833D 749A9E75 00      CMP DWORD PTR DS:[759E9A74],0
759DEACB                    ˅ 74 24                 JE SHORT 759DEAF1
759DEACD                      64:A1 18000000        MOV EAX,DWORD PTR FS:[18]
759DEAD3                      6A 00                 PUSH 0
759DEAD5                      FF70 24               PUSH DWORD PTR DS:[EAX+24]
759DEAD8                      68 A49E9E75           PUSH 759E9EA4
759DEADD                      FF15 34149875         CALL DWORD PTR DS:[<&KERNEL32.Inter
759DEAE3                      85C0                  TEST EAX,EAX
759DEAE5                    ˅ 75 0A                 JNZ SHORT 759DEAF1
759DEAE7                      C705 A09E9E75 01      MOV DWORD PTR DS:[759E9EA0],1
759DEAF1                      6A 00                 PUSH 0
759DEAF3                      FF75 14               PUSH DWORD PTR SS:[EBP+14]
759DEAF6                      FF75 10               PUSH DWORD PTR SS:[EBP+10]
759DEAF9                      FF75 0C               PUSH DWORD PTR SS:[EBP+C]
759DEAFC                      FF75 08               PUSH DWORD PTR SS:[EBP+8]
759DEAFF                      E8 49FFFFFF           CALL MessageBoxExW
759DEB04                      5D                    POP EBP
759DEB05                      C2 1000               RETN 10
```

图2-27　USER32.MessageBoxW代码

观察MessageBoxW函数的地址空间可以发现，它与HelloWorld.exe使用的地址空间完全不同。在函数起始地址上按F2键，设置好断点后按F9继续执行，如图2-28所示。

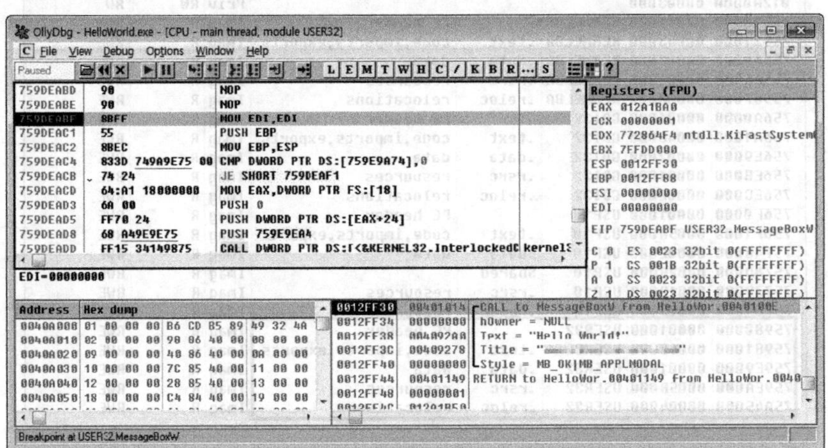

图2-28　程序暂停在USER32.MessageBoxW代码中的断点处

提示

若 HelloWorld.exe 应用程序中调用了 MessageBoxW() API，则调试时程序运行到该处就会暂停。

与预测的一样，程序执行到MessageBoxW代码的断点处就停了下来，此时寄存器窗口中ESP的值为12FF30，它是进程栈的地址。在右下角的栈窗口中能够看到更详细的信息，如下列代码所示。

```
Stack
address     Value       Comment
-------------------------------------------------------------
0012FF30    00401014    CALL to MessageBoxW from HelloWor.0040100E
                        = MessageBoxW在40100E地址处被调用，
                          且执行完毕后返回到401014地址处。
0012FF34    00000000    hOwner = NULL
0012FF38    004092A4    Text = “Hello World!”
0012FF3C    0040927C    Title = “www.example.com”
0012FF40    00000000    Style = MB_OK|MB_APPLMODAL
```

提示

第 5 章和第 7 章中将详细讲解函数调用及栈动作原理。

ESP 值的 12FF30 处对应一个返回地址 401014，HelloWorld.exe 的 main() 函数调用完 MessageBoxW 函数后，程序执行流将返回到该地址处。按 Ctrl+F9 快捷键使程序运行到 MessageBoxW 函数的RETN命令处，然后按F7键也可以返回到401014地址处。地址401014的上方就是地址40100E，它正是调用MessageBoxW函数的地方，如图2-21所示。

上面就是快速查找代码的4种方法，接下来，我们将学习使用调试器更改“Hello World!”字符串。

2.5 使用“打补丁”方式修改“Hello World!”字符串

下面我们将学习如何通过调试器简单修改程序内容。

2.5.1 “打补丁”

代码逆向分析中，“打补丁”操作是不可或缺的重要主题。利用“打补丁”技术不仅可以修复已有程序中的Bug，还可以向程序中添加新功能。“打补丁”的对象可以是文件、内存，还可以是程序的代码、数据等。本示例中，我们将使用“打补丁”技术把HelloWorld.exe程序消息窗口显示的“Hello World!”字符串更改为其他字符串。

提示

其他章节中有更多“打补丁”技术使用示例。

请记住，我们的目标是把消息对话框中显示的“Hello World!”字符串更改为其他字符串。前面我们已经查找到了调用MessageBoxW的部分和“Hello World!”字符串的地址，这已经算成功了一半。

按Ctrl+F2快捷键重新调试，并使调试流运行到main函数的起始地址处（401000）。在401000

地址处按F2键设置断点，再按F9执行程序。main()函数的地址401000被用作“大本营”（40104F）后第一个“前进营”，如图2-29所示。

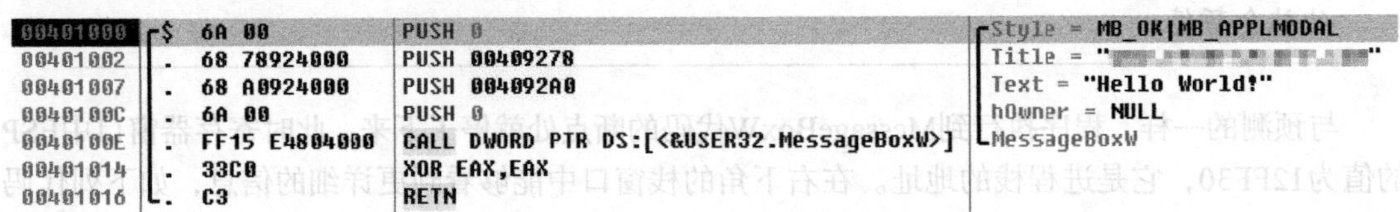

图2-29　main()函数

2.5.2　修改字符串的两种方法

下面介绍2种简单的修改字符串的方法。

① 直接修改字符串缓冲区（buffer）。

② 在其他内存区域生成新字符串并传递给消息函数。

以上2种方法各有优缺点，下面分别了解一下。

1. 直接修改字符串缓冲区

MessageBoxW函数的字符串参数“Hello World!”保存在地址4092A0处的一段缓冲区中，只要修改这段内容，就可以修改MessageBoxW函数显示出的字符串。在Dump窗口中按Ctrl+G快捷键执行Go to命令，在弹出窗口中输入4092A0进入字符串缓冲区。然后使用鼠标选中4092A0地址处的字符串，按Ctrl+E快捷键打开编辑窗口，如图2-30所示。

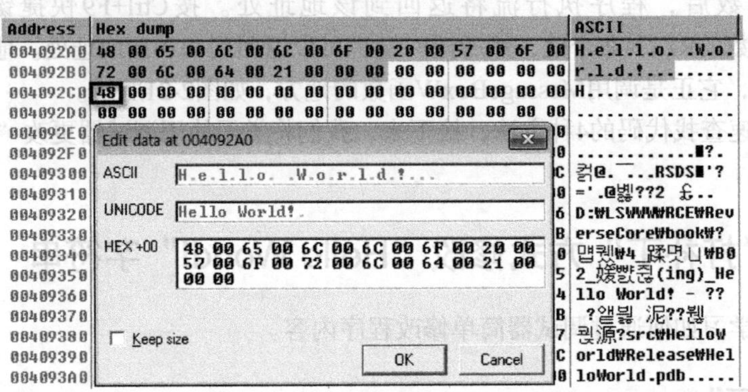

图2-30　“Hello World!”字符串

从图2-30可以看出，Unicode形式的“Hello World!”字符串占据的区域为4092A0~4092B0（Unicode编码中用2字节表示1个罗马字母）。用新字符串覆写该区域。

注意

若新字符串长度大于原有字符串，执行覆盖操作时可能损坏字符串后面的数据，所以一定要小心。特别是字符串后面有非常重要的数据时，覆盖操作导致数据损坏就会引发程序内存引用错误。

在弹出的编辑窗口UNICODE文本框中输入“Hello Reversing”字符串，如图2-31所示。

请注意，Unicode字符串必须以NULL结束，它占据2个字节（添加NULL时不能直接在UNICODE文本框中进行，而要在HEX项目中添加）。

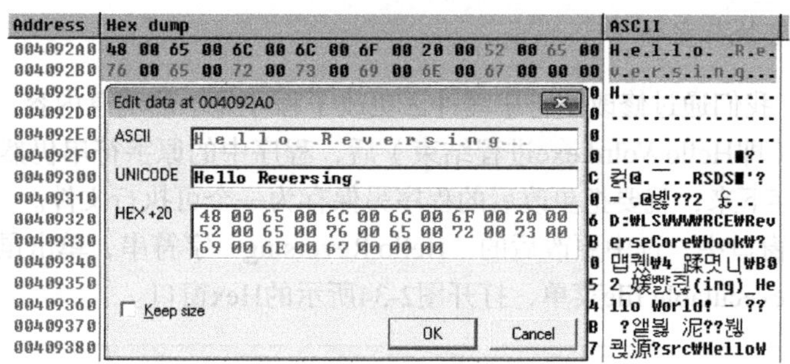

图2-31　更改字符串为“Hello Reversing”

提示

更改后的字符串“Hello Reversing”的长度要比原字符串“Hello World!”更长一些。原字符串后一般会存在某些有意义的数据，使用更长的字符串覆盖原字符串时，数据可能会遭到损坏，这是十分危险的。本示例中之所以采用更长的字符串覆盖仅仅是为了更好地向大家演示，实际操作中不建议这样做。

再返回main()函数中，如图2-32所示。（还记得第一个“前进营”吧？）

图2-32　main()函数中被修改的字符串

虽然指令保持不变，但原字符串已经被新字符串取代，用作MessageBoxW()函数的参数，并且参数的地址仍为4092A0，只是该地址空间中的内容（字符串）发生了改变。按F9键运行程序后，将弹出图2-33所示的消息窗口，可以看到显示出的新字符串。

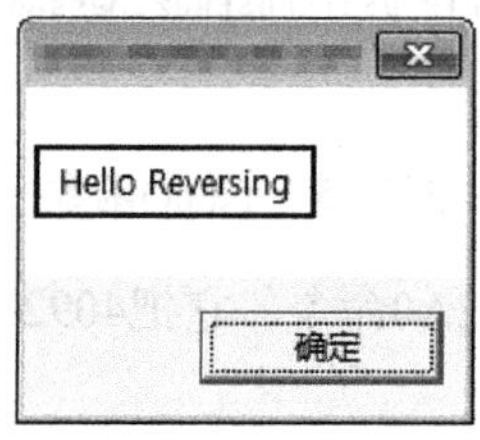

图2-33　显示新字符串

以上就是直接更改字符串缓冲区来修改的方法。这种方法的优点是使用起来十分简单，但缺点是它对新字符串的长度有限制，新字符串的长度不应比原字符串长。

提示

可执行文件保存字符串时一般会给字符串多留出一些空间，图2-30中的HelloWorld.exe程序就是如此。所以，如果你的运气足够好，使用更长的字符串覆盖原字符串时，即使原字符串后面的部分空间被侵占，程序仍然能正常运行。但是我们不建议大家这样做，随着这些不安定因素逐渐增多，整个系统的稳定性最终会遭到破坏。请记住，我们是解决问题的人，而不是制造麻烦的。

● 保存更改到可执行文件

上面的调试中，我们通过修改字符串缓冲区更改了程序显示的消息内容，但是这种更改只是暂时的，终止调试（即HelloWolrd.exe进程结束）后，程序中的原字符串仍然没有改变。如果想把这种更改永久保存下来，就要把更改后的程序另保存为一个可执行文件。

图2-31的Dump窗口中，选中更改后的“Hello Reversing”字符串，单击鼠标右键，在弹出的菜单中选择Copy to executable file菜单，打开图2-34所示的Hex窗口。

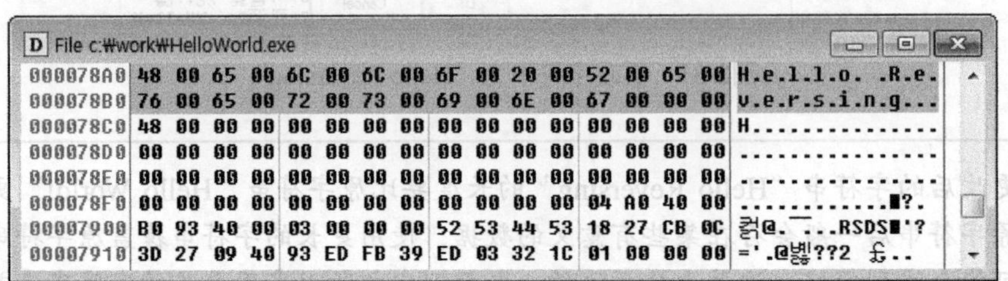

图2-34　Copy to executable file

在弹出的Hex窗口中单击鼠标右键，选择Save file菜单，在Save file as对话框中输入文件名“Hello Reversing.exe”后保存为.exe可执行文件。然后运行该文件，弹出图2-33所示的消息窗口，显示的字符串已经变为“Hello Reversing”。

2. 在其他内存区域新建字符串并传递给消息函数

如果要用“Hello Reversing World!!!”替换原字符串“Hello World!”，上述方法就不适用了。此时我们可以换一种方法。

按Ctrl+F2快捷键重启调试，再按F9运行，由于之前在main()函数的起始地址处（401000）设置了断点，所以调试流自动转到main()函数处。再看一下main()函数，如图2-35所示。

图2-35　main()函数

401007地址处有一条PUSH 004092A0命令，它把4092A0地址处的“Hello World!”字符串以参数形式传递给MessageBoxW()函数。

向MessageBoxW()函数传递字符串参数时，传递的是字符串所在区域的首地址。如果改变了字符串地址，消息框就会显示变更后的字符串。在内存的某个区域新建一个长字符串，并把新字符串的首地址传递给MessageBoxW()函数，可以认为传递的是完全不同的字符串地址。

提示

上面的想法相当不错，但还要考虑另一个问题：“应该在内存的哪块区域创建新字符串呢？”要想解开答案，需要掌握PE文件格式与虚拟地址（Virtual Address）结构的相关知识，后面章节中会详细讲解。此处任选一块区域即可。

我们在方法①中修改的字符串地址为4092A0，下面再用Dump窗口查看该部分（参见图2-30）。向下拖动滑动条，相应内存区域由NULL填充（NULL padding）结束，如图2-36所示。

Address	Hex dump	ASCII
00409F50	00 00 00 00 00 00 00 00 00 00 00 00 00 00 00 00	....
00409F60	00 00 00 00 00 00 00 00 00 00 00 00 00 00 00 00	....
00409F70	00 00 00 00 00 00 00 00 00 00 00 00 00 00 00 00	....
00409F80	00 00 00 00 00 00 00 00 00 00 00 00 00 00 00 00	....
00409F90	00 00 00 00 00 00 00 00 00 00 00 00 00 00 00 00	....
00409FA0	00 00 00 00 00 00 00 00 00 00 00 00 00 00 00 00	....
00409FB0	00 00 00 00 00 00 00 00 00 00 00 00 00 00 00 00	....
00409FC0	00 00 00 00 00 00 00 00 00 00 00 00 00 00 00 00	....
00409FD0	00 00 00 00 00 00 00 00 00 00 00 00 00 00 00 00	....
00409FE0	00 00 00 00 00 00 00 00 00 00 00 00 00 00 00 00	....
00409FF0	00 00 00 00 00 00 00 00 00 00 00 00 00 00 00 00	....

图2-36 内存中的NULL填充区域

这就是程序中未使用的NULL填充区域。

提示

应用程序被加载到内存时有一个最小的内存分配大小，一般为1000。即使程序运行时只占用100内存，它被加载到内存时仍然会分到1000左右的内存，这些内存一部分被程序占用，其余部分为空余区域，全部被填充为NULL。

最好将此处用作字符串缓冲区并传递给MessageBoxW函数，用快捷键Ctrl+E向结尾部分适当位置（409F50）写入新字符串（“Hello Reversing World!!!”）即可，如图2-37所示。

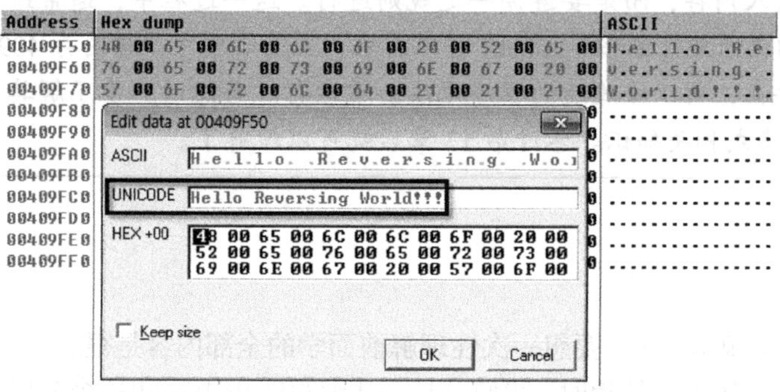

图2-37 “Hello Reversing World!!!”字符串

仅进行上述操作无法更改消息框中的字符串。既然已经新建了缓冲区，接下来就应该把新的缓冲区地址（409F50）作为参数传递给MessageBoxW()函数。为此，我们需要在代码窗口中使用汇编命令修改代码。如图2-38所示，将光标置于地址401007处，按空格键打开Assemble窗口。

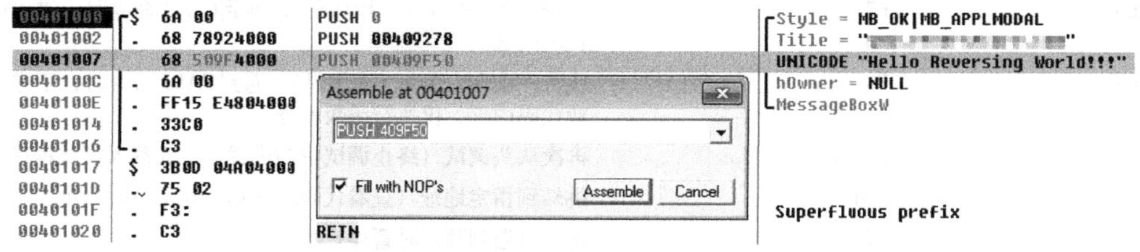

图2-38 “Hello Reversing World!!!”字符串地址

在打开的Assemble窗口中输入“PUSH 409F50”指令，地址409F50为新字符串“Hello Reversing World!!!”的首地址。

提示

用户可以在Assemble窗口中输入任何想输入的汇编指令，输入当时就能在代码中体现出来，也可以被执行。这种“在运行过程中动态修改进程代码”的方式正是调试最强大的功能之一。

在OllyDbg中按F9键运行程序，弹出如图2-39所示的消息窗口。

图2-39 显示新字符串

现在，我们就可以修改长字符串了（当然还需要积累更多更准确的基础知识）。

提示

若把修改后的代码重新保存为程序文件，可以发现程序无法正常运行，这是由409F50这一地址引起的。可执行文件被加载到内存并以进程形式运行时，文件并非原封不动地被载入内存，而是要遵循一定规则进行。这一过程中，通常进程的内存是存在的，但是相应的文件偏移（offset）并不存在。上面示例中，与内存409F50对应的文件偏移就不存在，所以修改后的程序无法正常运行。若想进一步了解其中原理，需要学习PE文件格式相关知识。学过第13章后就可以理解了。

2.6 小结

大家学到这里都很辛苦了，要想一次性理解前面学的全部内容是很难的，希望各位能够反复阅读、亲自操作。学习C语言编程时，我们总是会从编写Hello World!这个简单的程序开始。同样，学习调试时，我们仍然从它开始调试。希望读者们能够像征服C编程一样征服调试。

其实，调试在代码逆向分析中占据着非常大的比重，也是最有意思的。希望本书能够为大家传递些许调试的乐趣。

归纳整理：OllyDbg常用命令

指　令	快 捷 键	说　明
Step Into	F7	执行一条OP Code（操作码），遇到CALL命令时，进入函数代码内部。
Step Over	F8	执行一条OP Code（操作码），遇到CALL命令时，不进入函数代码内部，仅执行函数本身。
Restart	Ctrl+F2	再次从头调试（终止调试中的进程，重新载入调试程序）
Go to	Ctrl+G	跳转到指定地址（查看代码时使用，非运行时命令）
Run	F9	运行（遇到断点时暂停）
Execute till return	Ctrl+F9	执行函数代码内的命令，直到遇到RETN命令，用于跳出函数体
Execute till cursor	F4	执行到光标所在位置（直接转到要调试的位置）
Comment	;	添加注释

（续）

指令	快捷键	说明
User-defined comment	鼠标右键菜单Search for - User-defined comment	查看用户输入的注释目录
Label	:	添加标签
User-defined label	鼠标右键菜单Search for - User-defined label	查看用户输入的标签目录
Breakpoint	F2	设置或取消断点
All referenced text strings	鼠标右键菜单Search for - All referenced text strings	查看代码中引用的字符串
All intermodular calls	鼠标右键菜单Search for - All intermodular calls	查看代码中调用的所有API函数
Name in all modules	鼠标右键菜单Search for - Name in all modules	查看所有API函数
Edit data	Ctrl+E	编辑数据
Assemble	Space	编写汇编代码
Copy to executable file	鼠标右键菜单Copy to executable file	创建文本副本（修改的项目被保留）

Assembly（汇编语言）基础指令

指令	说明
CALL XXXX	调用XXXX地址处的函数
JMP XXXX	跳转到XXXX地址处
PUSH XXXX	保存XXXX到栈
RETN	跳转到栈中保持的地址

修改（Patch）进程数据与代码的方法

使用OllyDbg的编辑数据与汇编功能。

术语	说明
VA（Virtual Address）	进程的虚拟地址
OP code（OPeration code）	CPU指令（字节码byte code）
PE（Portable Executable）	Windows可执行文件（EXE、DLL、SYS等）

Q&A

Q. 我使用的OllyDbg软件的用户界面与书中不同，需要设置某个特别的显示选项吗？

A. 在OllyDbg软件窗口中选择鼠标右键菜单的Appearance选项，可以为OllyDbg设置颜色、字体、高亮等，定制个性化的用户环境。大家可以在本书源文件包OllyDbg.ini文件中看到我使用的设置。

Q. OllyDbg软件中，快捷键F4与F9的区别是什么？

A. 首先，两个都是“运行”命令，F9为Run（运行），F4为Run to Cursor（运行到光标处），F9是运行整个程序的命令，而F4仅运行到当前光标所在位置，可以把F4看作断点与F9命令的组合。

Q. 什么是启动函数？

A. 首先，启动函数（Stub code）不是用户编写的代码，而是编译器任意添加的代码。编译程序时，不同编译器会根据自身特点添加不同启动函数，特别是EP代码区域中存在着许多启动函数，它们也被称为启动代码（StartUp code）。调试程序时，我们不需要仔细分析这些启动函数，但是初学者有必要分清程序中哪些是启动函数，哪些是用户代码。希望大家调试时多看一看这些代码，熟悉后就能轻松区分。

Q. 到底什么是PE文件，为什么要等到后面才讲解？如果不懂得PE文件是否就无法调试？

A. PE是Portable Executable的简称，它是Windows操作系统下的可执行文件的格式，主要包含了对文件规格的描述，代码逆向分析技术的初学者学习它会感到非常吃力、无趣。所以我们并没有在前面详细讲解，更重要的是先让大家感受到调试的乐趣，然后再一点点地学习。此外，如果不了解PE文件结构的相关知识，将无法进行高级调试。

第3章　小端序标记法

计算机领域中，字节序（Byte Ordering）是多字节数据在计算机内存中存储或网络传输时各字节的存储顺序，主要分为两大类，一类是小端序（Little endian），另一类是大端序（Big endian）。

3.1　字节序

如前所言，字节序是多字节数据在计算机内存中存放的字节顺序，它是学习程序调试技术必须掌握的基本概念之一。字节序主要分为小端序与大端序两大类。请先看如下一段简单的示例代码。

代码3-1

```
BYTE    b      = 0x12;
WORD    w      = 0x1234;
DWORD   dw     = 0x12345678;
char    str[] = "abcde";
```

以上代码中共有4种数据类型，它们大小不同。下面看看同一个数据根据不同字节序保存时有何不同。

表3-1　大端序与小端序的不同

TYPE	Name	SIZE	大端序类型	小端序类型
BYTE	b	1	[12]	[12]
WORD	w	2	[12][34]	[34][12]
DWORD	dw	4	[12][34][56][78]	[78][56][34][12]
char []	str	6	[61][62][63][64][65][00]	[61][62][63][64][65][00]

提示

查看ASCII码表可知，字母a的ASCII码的十六进制表示为0x61，字母e的ASCII码的十六进制表示为0x65。此外，请记住，字符串最后是以NULL结尾的。

数据类型为字节型（BYTE）时，其长度为1个字节，保存这样的数据时，无论采用大端序还是小端序，字节顺序都是一样的。但是数据长度为2个字节以上（含2个字节）时，采用不同字节序保存它们形成的存储顺序是不同的。采用大端序存储数据时，内存地址低位存储数据的高位，内存地址高位存储数据的低位，这是一种最直观的字节存储顺序；采用小端序存储数据时，地址高位存储数据的高位，地址低位存储数据的低位，这是一种逆序存储方式，保存的字节顺序被倒转，它是最符合人类思维的字节序。比较表3-1中存储在变量w与dw中的值就能了解大端序与小端序的不同。

再次强调一下，数据为单一字节时，无论采用大端序还是小端序保存，字节存储顺序都一样。只有数据长度在2个字节以上时，即数据为多字节数据（multi-bytes）时，选用大端序还是小端序会导致数据的存储顺序不同。代码3-1中，字符串“abcde”被保存在一个字符（Char）数组str中，字符数组在内存中是连续的，此时向字符数组存放数据，无论采用大端序还是小端序，存储顺序都相同。

3.1.1　大端序与小端序

采用大端序保存多字节数据非常直观，它常用于大型UNIX服务器的RISC系列的CPU中。此外，网络协议中也经常采用大端序方式。了解这些，对从事x86系列应用程序的开发人员以及代码逆向分析人员具有非常重要的意义，因为通过网络传输应用程序使用数据时，往往都需要修改字节序。

如果字节序仅有大端序这一种类型，那么就没什么可说的了。但不幸的是，它还包括另一种类型——Intel x86 CPU采用的小端序。所以，对我们这些从事Windows程序逆向分析的人来说，切实掌握小端序是十分必要的。小端序采用逆序方式存储数据，使用小端序进行算术运算以及扩展/缩小数据时，效率都非常高。

3.1.2　在 OllyDbg 中查看小端序

首先编写一个简单的测试程序，代码如下：

代码3-2　LittleEndian.cpp

```
#include "windows.h"

BYTE    b       =   0x12;
WORD    w       =   0x1234;
DWORD   dw      =   0x12345678;
char    str[]   =   "abcde";

int main(int argc, char *argv[])
{
   byte    lb    =   b;
   WORD    lw    =   w;
   DWORD   ldw   =   dw;
   char    *lstr =   str;

    return 0;
}
```

编完代码后，生成LittleEndian.exe文件，然后用OllyDbg调试，用Go to命令（快捷键Ctrl+G）跳转到401000地址处，如图3-1所示。

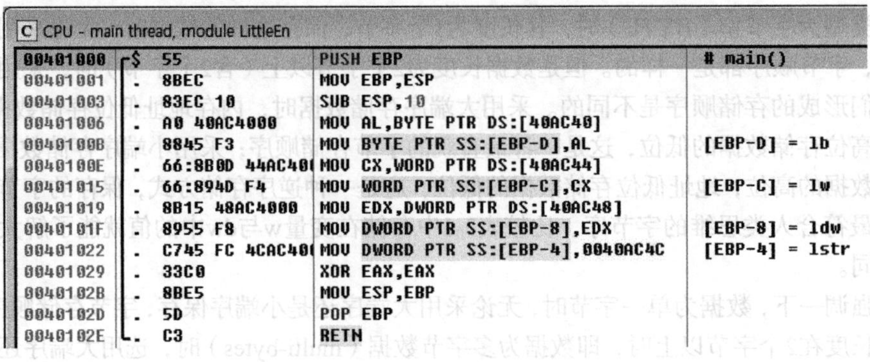

图3-1　main()函数

main()函数地址为401000，全局变量b、w、dw、str的地址分别为40AC40、40AC44、40AC48、40AC4C。下面通过OllyDbg的数据窗口来分别查看它们所在的内存区域，先使用Go to命令（快捷键Ctrl+G）跳转到40AC40地址处，如图3-2所示。

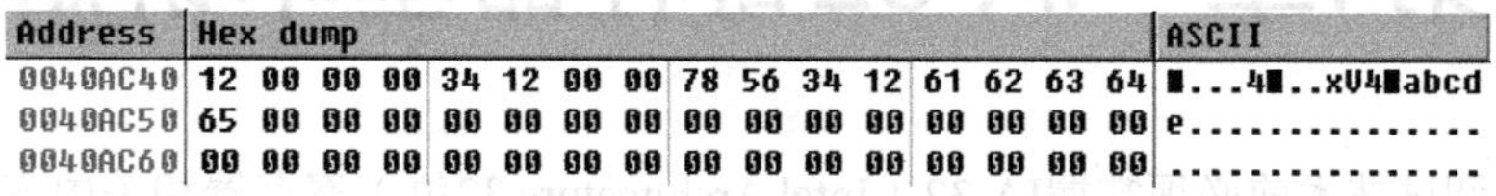

Address	Hex dump	ASCII
0040AC40	12 00 00 00 34 12 00 00 78 56 34 12 61 62 63 64	■...4■..xV4■abcd
0040AC50	65 00 00 00 00 00 00 00 00 00 00 00 00 00 00 00	e...............
0040AC60	00 00 00 00 00 00 00 00 00 00 00 00 00 00 00 00	....

图3-2　全局变量的内存区域

从图3-2中可以看到，变量w与dw中的数据采用小端序存储。

请注意，本书之后内容默认所有数据都采用小端序方式存储，希望大家可以熟练掌握。

提示

使用OllyDbg查找（由MS Visual C++编写的）PE文件EP地址的方法请参考第2章。

第4章 IA-32寄存器基本讲解

学习程序调试技术前必须掌握IA-32（Intel Architecture 32位）寄存器相关内容。

4.1 什么是 CPU 寄存器

寄存器（Register）是CPU内部用来存放数据的一些小型存储区域，它与我们常说的RAM（Random Access Memory，随机存储器、内存）略有不同。CPU访问（Access）RAM中的数据时要经过较长的物理路径，所以花费的时间要长一些；而寄存器集成在CPU内部，拥有非常高的读写速度。

为什么要学习寄存器

要想在学习代码逆向分析技术初期就掌握好程序调试技术，必须学习调试器解析（Disassemble，反汇编）出的汇编指令。IA-32为我们提供了数量非常庞大的汇编指令，一次性掌握它们是非常不现实的。我学习时采用逐个击破的策略，调试时，每当遇到不懂的指令就去翻看Intel提供的用户手册，在其中查找相关指令的说明。学习中遇到不懂或忘记的命令就去反复查看，这样就会对众多指令越来越熟悉。

我最初学习汇编命令时，最想了解的内容之一就是寄存器。大部分汇编指令用于操作寄存器或检查其中的数据，必须掌握寄存器的相关内容才能真正明白这些汇编指令的含义。

4.2 IA-32 寄存器

IA-32是英特尔推出的32位元架构，属于复杂的指令集架构，它提供了非常丰富的功能，并且支持多种寄存器。下面列出了IA-32支持的寄存器类型。

IA32寄存器类型

```
Basic program execution registers
x87 FPU registers
MMX registers
XMM registers
Control registers
Memory management registers
Debug registers
Memory type range registers
Machine specific registers
Machine check register
...
```

以上寄存器列表中，我们先要学习基本程序运行寄存器的相关内容，这是程序调试中最常见的寄存器，是学习程序调试初级技术必须掌握的内容。后面学习中、高级程序调试技术时，我们将继续学习有关控制寄存器（Control registers）、内存管理寄存器（Memory management registers）、调试寄存器（Debug registers）的知识。

基本程序运行寄存器

图4-1来自IA-32用户手册，描述了基本程序运行寄存器的组织结构，它由4类寄存器组成。

- 通用寄存器（General Purpose Registers，32 位，8 个）
- 段寄存器（Segment Registers，16 位，6 个）
- 程序状态与控制寄存器（Program Status and Control Register，32 位，1 个）
- 指令指针寄存器（Instruction Pointer，32 位，1 个）

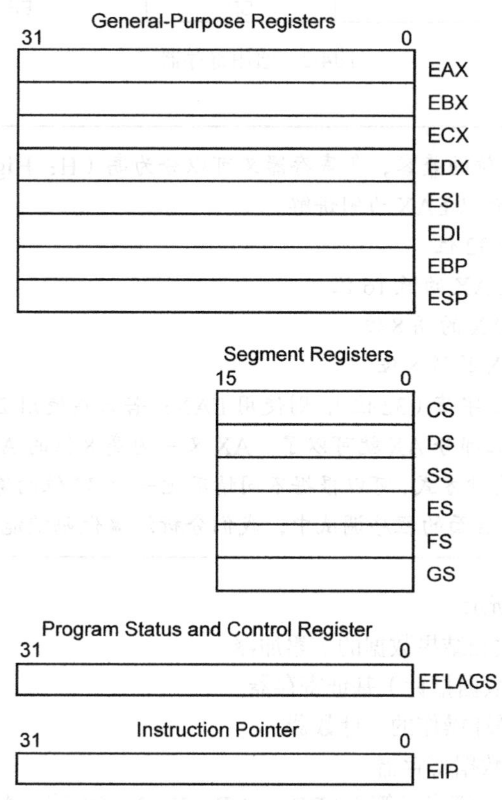

图4-1 基本程序运行寄存器

提示

如图 4-1 所示，在寄存器名称缩略语之前添加字母 E（Extended，扩展），表示该寄存器在 16 位 CPU（IA-16）时就已经存在，并且其大小在 IA-32 下由原 16 位扩展为 32 位。

下面分别介绍一下各种寄存器。

1. 通用寄存器

顾名思义，通用寄存器是一种通用型的寄存器，用于传送和暂存数据，也可参与算术逻辑运算，并保存运算结果。IA-32中每个通用寄存器的大小都是32位，即4个字节，主要用来保存常量与地址等，由特定汇编指令来操作特定寄存器。除常规用途外，某些寄存器还具有一些特殊功能，请看图4-2（该图来自IA-32用户手册）。

General-Purpose Registers

31 … 16	15 … 8	7 … 0	16-bit	32-bit
	AH	AL	AX	EAX
	BH	BL	BX	EBX
	CH	CL	CX	ECX
	DH	DL	DX	EDX
	BP			EBP
	SI			ESI
	DI			EDI
	SP			ESP

图4-2　通用寄存器

提示

为了实现对低16位的兼容，各寄存器又可以分为高（H：High）、低（L：Low）几个独立寄存器。下面以EAX为例讲解。

- EAX：（0~31）32位
- AX：（0~15）EAX的低16位
- AH：（8~15）AX的高8位
- AL：（0~7）AX的低8位

若想全部使用4个字节（32位），则使用EAX；若只想使用2个字节（16位），只要使用EAX的低16位部分AX就可以了。AX又分为高8位的AH与低8位的AL两个独立寄存器。借助这种方式，可以根据不同情况把一个32位的寄存器分别用作8位、16位、32位寄存器。后面的程序调试中，我们分析汇编代码就能很容易地理解它们。

各寄存器的名称如下所示。

- EAX：（针对操作数和结果数据的）累加器
- EBX：（DS段中的数据指针）基址寄存器
- ECX：（字符串和循环操作的）计数器
- EDX：（I/O指针）数据寄存器

以上4个寄存器主要用在算术运算（ADD、SUB、XOR、OR等）指令中，常常用来保存常量与变量的值。某些汇编指令（MUL、DIV、LODS等）直接用来操作特定寄存器，执行这些命令后，仅改变特定寄存器中的值。

此外，ECX与EAX也可以用于特殊用途。循环命令（LOOP）中，ECX用来循环计数（loop count），每执行一次循环，ECX都会减1。EAX一般用在函数返回值中，所有Win32 API函数都会先把返回值保存到EAX再返回。

请注意！

编写Windows汇编程序时，Win32 API函数在内部会使用ECX与EDX，调用这些API时，ECX与EDX的值就会改变。所以，ECX与EDX中保存有重要数据时，调用API前要先把这些数据备份到其他寄存器或栈。

通用寄存器中其他几个寄存器的名称如下所示。

- EBP：（SS段中栈内数据指针）扩展基址指针寄存器

- ❑ ESI：（字符串操作源指针）源变址寄存器
- ❑ EDI：（字符串操作目标指针）目的变址寄存器
- ❑ ESP：（SS段中栈指针）栈指针寄存器

以上4个寄存器主要用作保存内存地址的指针。

ESP指示栈区域的栈顶地址，某些指令（PUSH、POP、CALL、RET）可以直接用来操作ESP（栈区域管理是程序中相当重要的部分，请不要把ESP用作其他用途）。

EBP表示栈区域的基地址，函数被调用时保存ESP的值，函数返回时再把值返回ESP，保证栈不会崩溃（这称为栈帧（Stack Frame）技术，它是代码逆向分析技术中的一个重要概念，后面会详细讲解）。ESI和EDI与特定指令（LODS、STOS、REP、MOVS等）一起使用，主要用于内存复制。

2. 段寄存器

段（Segment）这一术语来自IA-32的内存管理模型，学习段寄存器前，先了解一下段的有关知识。

> **提示**
>
> 段寄存器的相关知识对刚学习代码逆向分析技术的人而言比较难。所以阅读本部分内容时，并不需要完全掌握。随着代码逆向分析技术水平的提高，需要学习段寄存器时再深入学习亦可。

IA-32的保护模式中，段是一种内存保护技术，它把内存划分为多个区段，并为每个区段赋予起始地址、范围、访问权限等，以保护内存。此外，它还同分页技术（Paging）一起用于将虚拟内存变更为实际物理内存。段内存记录在SDT（Segment Descriptor Table，段描述符表）中，而段寄存器就持有这些SDT的索引（index）。

请看图4-3（来自IA-32用户手册），它描述了保护模式下的内存分段模型。段寄存器总共由6种寄存器组成，分别为CS、SS、DS、ES、FS、GS，每个寄存器的大小为16位，即2个字节。另外，每个段寄存器指向的段描述符（Segment Descriptor）与虚拟内存结合，形成一个线性地址（Linear Address），借助分页技术，线性地址最终被转换为实际的物理地址（Physical Address）。

> **提示**
>
> 不使用分页技术的操作系统中，线性地址直接变为物理地址。

各段寄存器的名称如下。

- ❑ CS：Code Segment，代码段寄存器
- ❑ SS：Stack Segment，栈段寄存器
- ❑ DS：Data Segment，数据段寄存器
- ❑ ES：Extra（Data）Segment，附加（数据）段寄存器
- ❑ FS：Data Segment，数据段寄存器
- ❑ GS：Data Segment，数据段寄存器

顾名思义，CS寄存器用于存放应用程序代码所在段的段基址，SS寄存器用于存放栈段的段基址，DS寄存器用于存放数据段的段基址。ES、FS、GS寄存器用来存放程序使用的附加数据段的段基址，如图4-3所示。

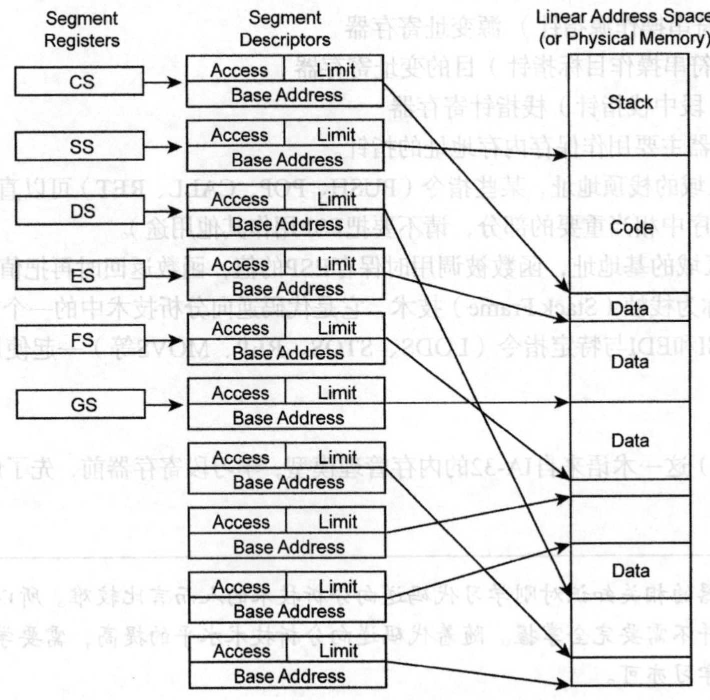

图4-3　分段内存模型

程序调试中会经常用到FS寄存器，它用于计算SEH（Structured Exception Handler，结构化异常处理机制）、TEB（Thread Environment Block，线程环境块）、PEB（Process Environment Block，进程环境块）等地址，这些都属于高级调试技术，以后会为大家详细讲解。

3. 程序状态与控制寄存器

● EFLAGS：Flag Register，标志寄存器

IA-32中标志寄存器的名称为EFLAGS，其大小为4个字节（32位），由原来的16位FLAGS寄存器扩展而来。

如图4-4所示，EFLAGS寄存器的每位都有意义，每位的值或为1或为0，代表On/Off或True/False。其中有些位由系统直接设定，有些位则根据程序命令的执行结果设置。

提示

Flag一词具有“旗帜”、“旗标”的意思，“升旗”时设为1（On/True），“降旗”时设为0（Off/False）。

如上所述，EFLAGS寄存器共有32个位元，掌握每位的含义是相当困难的。学习代码逆向分析技术的初级阶段，只要掌握3个与程序调试相关的标志即可，分别为ZF（Zero Flag，零标志）、OF（Overflow Flag，溢出标志）、CF（Carry Flag，进位标志）。

提示

以上3个标志之所以重要，是因为在某些汇编指令，特别是Jcc（条件跳转）指令中要检查这3个标志的值，并根据它们的值决定是否执行某个动作。

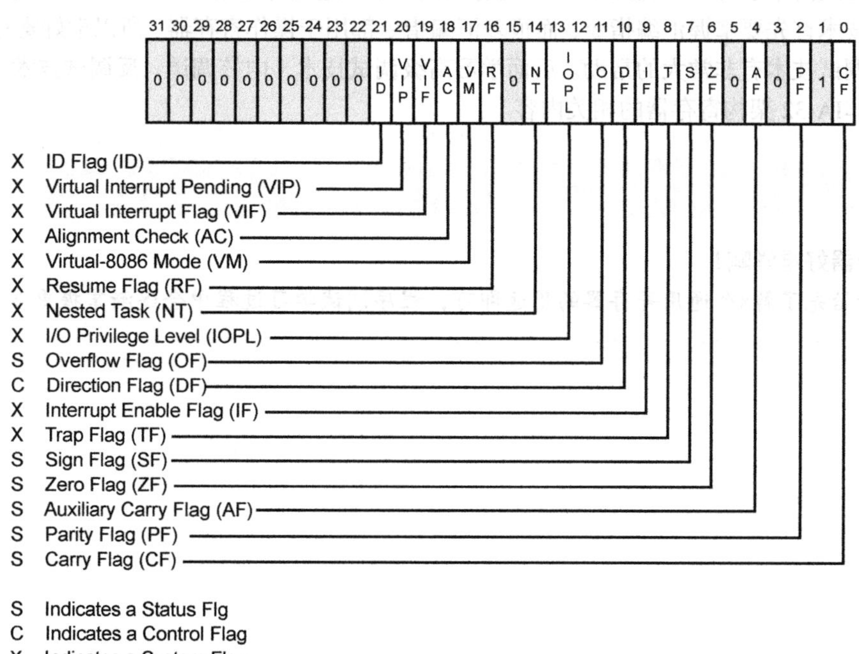

图4-4 EFLAGS寄存器

- ZF

  若运算结果为0，则其值为1（True），否则其值为0（False）。

- OF

  有符号整数（signed integer）溢出时，OF值被置为1。此外，MSB（Most Significant Bit，最高有效位）改变时，其值也被设为1。

- CF

  无符号整数（unsigned integer）溢出时，其值也被置为1。

刚开始会混淆OF和CF的发生条件，导致结果不尽如人意。不断积累调试经验就能明确区分了。

4. 指令指针寄存器

- EIP：Instruction Pointer，指令指针寄存器

指令指针寄存器保存着CPU要执行的指令地址，其大小为32位（4个字节），由原16位IP寄存器扩展而来。程序运行时，CPU会读取EIP中一条指令的地址，传送指令到指令缓冲区后，EIP寄存器的值自动增加，增加的大小即是读取指令的字节大小。这样，CPU每次执行完一条指令，就会通过EIP寄存器读取并执行下一条指令。

与通用寄存器不同，我们不能直接修改EIP的值，只能通过其他指令间接修改，这些特定指令包括JMP、Jcc、CALL、RET。此外，我们还可以通过中断或异常来修改EIP的值。

4.3　小结

我们已经简单学习了一些关于IA-32寄存器的知识，这些都是学习程序调试必须掌握的内容。学习调试技术首先要掌握汇编指令，而很多汇编指令都用于操作寄存器，所以学好寄存器相关知识对学习调试技术有非常大的帮助。后面学习高级调试技术（内核调试、反调试技术）时，还会学习其他非IA-32架构寄存器的相关内容。

Q&A

Q. 寄存器好难学啊！

A. 刚开始先了解8个通用寄存器的用途即可，程序调试学习过程中会逐渐掌握更多用法。

第5章　栈

栈（Stack）的用途广泛，通常用于存储局部变量、传递函数参数、保存函数返回地址等。调试程序时需要不断查看栈内存，所以掌握栈的运行原理对于提升程序调试水平是非常有帮助的。

5.1　栈

栈内存在进程中的作用如下：

(1) 暂时保存函数内的局部变量。

(2) 调用函数时传递参数。

(3) 保存函数返回后的地址。

栈其实是一种数据结构，它按照FILO（First In Last Out，后进先出）的原则存储数据。后面会通过一个示例向大家证明这一点。

5.1.1　栈的特征

栈内存的结构一般如图5-1所示，下面简单讲解一下。

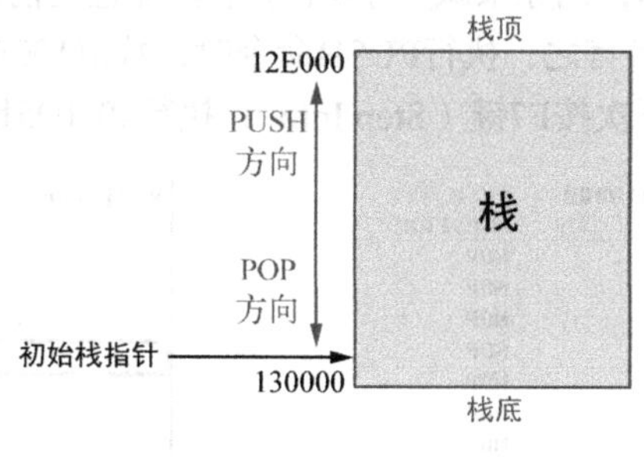

图5-1　栈

一个进程中，栈顶指针（ESP）初始状态指向栈底端。执行PUSH命令将数据压入栈时，栈顶指针就会上移到栈顶端。执行POP命令从栈中弹出数据时，若栈为空，则栈顶指针重新移动到栈底端。换言之，栈是一种由高地址向低地址扩展的数据结构，图5-1中，栈是由下往上扩展的。由于栈具有这种特征，所以我们常常说“栈是逆向扩展的”，向栈中压数据就像一层层砌砖，每向上砌一层，砖墙就增高一点儿。

5.1.2　栈操作示例

栈实际是怎样操作的呢？下面利用OllyDbg为大家准备了一个简单示例（Stack.exe），以帮助各位理解。

提示

请注意，Stack.exe是为验证栈工作原理而编写的文件，我已经修改了其内部运行代码，直接双击运行它会发生错误。此外，调试过程中，寄存器的初始值与栈的初址等会随运行环境的不同而不同。

图5-2显示了栈的初始状态，栈顶指针的值为12FF8C，观察右下角的栈窗口，可以看到ESP指向的地址及其值。

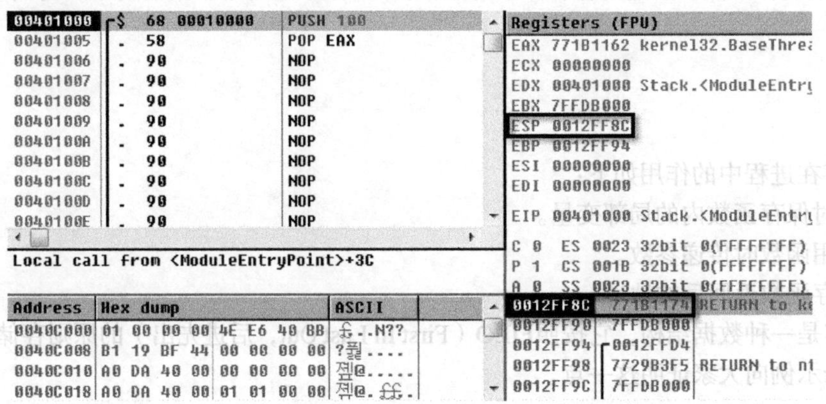

图5-2　栈的初始状态

在代码窗口中按F7键（Step Into），执行401000地址处的PUSH 100命令。

图5-3中ESP值变为12FF88，比原来减少了4个字节。并且当前的栈顶指针指向12FF88地址，该地址中保存着100这个值。换言之，执行PUSH命令时，数值100被压入栈，ESP随之向上移动，即ESP的值减少了4个字节。再次按F7键（Step Into），执行401005地址处的POP EAX命令。

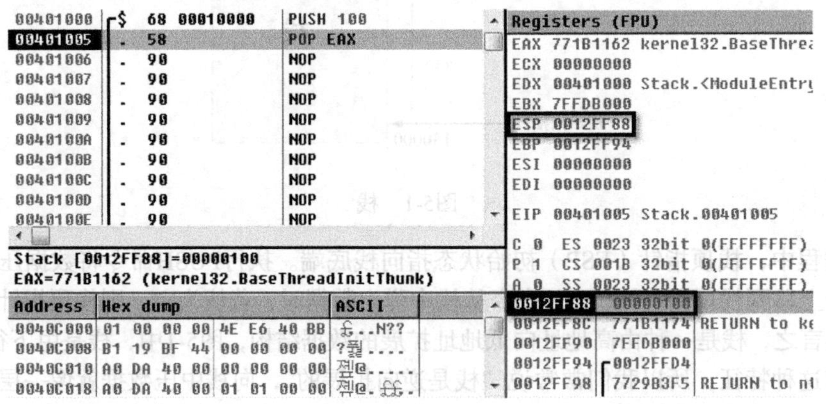

图5-3　PUSH命令

执行完POP EAX命令后，ESP值又增加了4个字节，变为12FF8C，栈又变为图5-2中的初始状态，如图5-4所示。换言之，从栈中弹出数据后，ESP随之向下移动。向栈压入数据与从栈中弹出数据时，栈顶指针的变化情形归纳如下：

> 向栈压入数据时，栈顶指针减小，向低地址移动；从栈中弹出数据时，栈顶指针增加，向高地址移动。

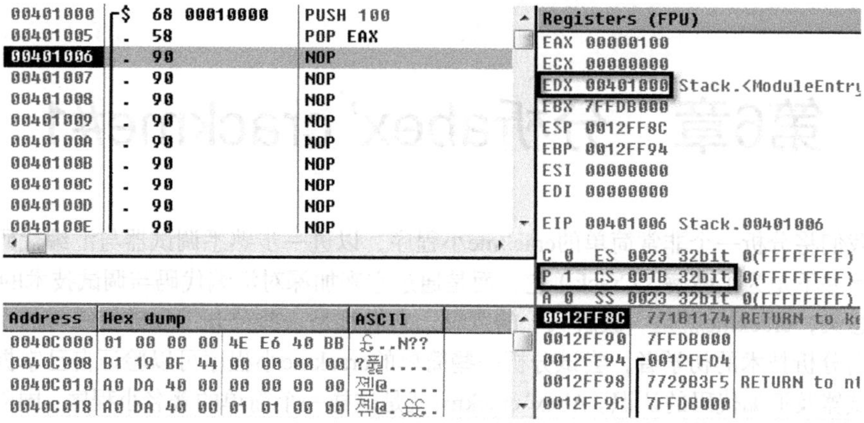

图5-4 POP命令

还请记住，栈顶指针在初始状态下指向栈底。这就是栈的特征。

上面这个简单示例验证了栈的工作原理，展现了向栈压入或弹出数据时栈顶指针的变化规律。程序调试中，栈与栈顶指针的变化是十分重要的，调试时要密切关注。

第6章　分析abex' crackme#1

本章我们将分析一个非常简单的crackme小程序，以进一步熟悉调试器与汇编代码。当然，我们的目标并不是为了破解（Crack）它，而是通过它来加深对汇编代码与调试技术的认识。

顾名思义，crackme就是“破解我”的意思，它们都是一些公开用作破解练习的小程序。作为代码逆向分析技术的初学者，尝试分析一些简单的crackme小程序可以验证自己掌握的技术，加深对调试器及汇编代码的认识。Abex' crackme就是这样一个简单的著名小程序，国内外有许多网站都对它进行了详细讲解与说明。将自己的破解方法与其他人的相比较，这样能进一步提高自己的水平。

6.1　abex' crackme #1

调试前先运行abex' crackme #1这个程序，大致了解一下它。

如图6-1所示，双击运行程序后弹出一个消息窗口，显示“Make me think your HD is a CD-Rom”消息。我刚开始并不理解这句英文。

图6-1　运行程序

消息的最后部分出现了“CD-Rom”这个词，我们只能根据它大致推测出前面的HD为HDD（Hard Disk Drive）的意思。由于没有更多选择，我们继续按消息窗口中的“确定”按钮。

如图6-2所示，程序弹出Error消息窗后就终止运行了。但是abex到底想要干什么（要怎样破解什么）仍然不得而知。下面直接调试分析它，把握这个小程序的意图。

图6-2　弹出消息窗

提示

大多数 crackme 小程序都让我们猜测序列号（serial key），但是 abex#1 稍显特殊。

6.1.1 开始调试

首先运行OllyDbg软件载入小程序，代码窗口中可以看到程序的汇编代码，如图6-3所示。

```
00401000  $ 6A 00          PUSH 0                                  Style = MB_OK|MB_APPLMODAL
00401002  . 68 00204000    PUSH 00402000                           Title = "abex' 1st crackme"
00401007  . 68 12204000    PUSH 00402012                           Text = "Make me think your HD is a CD-Rom."
0040100C  . 6A 00          PUSH 0                                  hOwner = NULL
0040100E  . E8 4E000000    CALL <JMP.&USER32.MessageBoxA>          MessageBoxA
00401013  . 68 94204000    PUSH 00402094                           RootPathName = "c:\\"
00401018  . E8 38000000    CALL <JMP.&KERNEL32.GetDriveTypeA>      GetDriveTypeA
0040101D  . 46             INC ESI
0040101E  . 48             DEC EAX                                 kernel32.BaseThreadInitThunk
0040101F  . EB 00          JMP SHORT 00401021
00401021  > 46             INC ESI
00401022  . 46             INC ESI
00401023  . 48             DEC EAX                                 kernel32.BaseThreadInitThunk
00401024  . 3BC6           CMP EAX,ESI
00401026  . 74 15          JE SHORT 0040103D
00401028  . 6A 00          PUSH 0                                  Style = MB_OK|MB_APPLMODAL
0040102A  . 68 35204000    PUSH 00402035                           Title = "Error"
0040102F  . 68 3B204000    PUSH 0040203B                           Text = "Nah... This is not a CD-ROM Drive!"
00401034  . 6A 00          PUSH 0                                  hOwner = NULL
00401036  . E8 26000000    CALL <JMP.&USER32.MessageBoxA>          MessageBoxA
0040103B  . EB 13          JMP SHORT 00401050
0040103D  > 6A 00          PUSH 0                                  Style = MB_OK|MB_APPLMODAL
0040103F  . 68 5E204000    PUSH 0040205E                           Title = "YEAH!"
00401044  . 68 64204000    PUSH 00402064                           Text = "Ok, I really think that your HD is a CD-ROM! :p"
00401049  . 6A 00          PUSH 0                                  hOwner = NULL
0040104B  . E8 11000000    CALL <JMP.&USER32.MessageBoxA>          MessageBoxA
00401050  > E8 06000000    CALL <JMP.&KERNEL32.ExitProcess>        ExitProcess
```

图6-3 EP代码

EP代码非常短，它与我们前面分析的HelloWorld.exe有非常大的不同。这是因为abex' crackme程序是使用汇编语言编写出来的可执行文件。

使用VC++、VC、Delphi等开发工具编写程序时，除了自己编写的代码外，还有一部分启动函数是由编译器添加的，经过反编译后，代码看上去就变得非常复杂。但是如果直接使用汇编语言编写程序，汇编代码会直接变为反汇编代码。观察图6-3中的代码可以看到，main()直接出现在EP中，简洁又直观，充分证明了这是一个直接用汇编语言编写的程序。

6.1.2 分析代码

由于代码非常简短，我们一点点地分析，重点看图6-3中右上部分关于Win32 API调用的内容。

```
MessageBox("Make me think your HD is a CD-Rom.")
GetDriveType("C:\\")
...
MessageBox("Nah... This is not a CD-ROM Drive!")
MessageBox("OK, I really think that your HD is a CD-ROM! :p")
ExitProcess()
```

如果之前大家从事过Windows应用程序的开发，那么对以上几个函数的含义应该非常了解。从上述代码的分析中，我们能够准确把握程序制作者的真正意图。在消息窗口按“确定”后，程序会调用GetDriveType() API，获取C驱动器的类型（大部分返回的是HDD类型），然后操作它，使之被识别为CD-ROM类型，再在消息窗口中输出“OK, I really think that your HD is a CD-ROM!:p”消息。下面逐行分析crackme的代码。

```
; 调用MessageBoxA()函数
00401000    PUSH 0            ; Style = MB_OK|MB_APPLMODAL
00401002    PUSH 402000       ; Title = "abex' 1st crackme"
00401007    PUSH 402012       ; Text = "Make me think your HD is a CD-Rom."
0040100C    PUSH 0            ; hOwner = NULL
0040100E    CALL 00401061     ; MessageBoxA
                              ; 在函数内部ESI被设置为FFFFFFFF
```

```
; 调用GetDriveType()函数
00401013     PUSH 402094           ; RootPathName = "c:\\"
00401018     CALL 00401055         ; GetDriveTypeA
                                   ; 返回值（EAX）是3（DRIVE_FIXED）

0040101D     INC ESI               ; ESI = 0
0040101E     DEC EAX               ; EAX = 2
0040101F     JMP SHORT 00401021    ; 无意义的JMP命令（垃圾代码）
00401021     INC ESI               ; ESI = 1
00401022     INC ESI               ; ESI = 2
00401023     DEC EAX               ; EAX = 1

; 条件分支（401028或40103D）
00401024     CMP EAX,ESI           ; 比较EAX(1)与ESI(2)
00401026     JE SHORT 0040103D     ; JE（Jump if Equal）条件分支命令
                                   ; 若两值相等，则跳转到40103D，
                                   ; 若两值不等，则从401028继续执行
                                   ; 在40103D地址为消息框输出代码

; MessageBoxA()函数调用失败
00401028     PUSH 0                ; Style = MB_OK|MB_APPLMODAL
0040102A     PUSH 402035           ; Title = "Error"
0040102F     PUSH 40203B           ; Text = "Nah... This is not a CD-ROM Drive!"
00401034     PUSH 0                ; hOwner = NULL
00401036     CALL 00401061         ; MessageBoxA
0040103B     JMP SHORT 00401050

; MessageBoxA()函数调用成功
0040103D     PUSH 0                ; Style = MB_OK|MB_APPLMODAL
0040103F     PUSH 40205E           ; Title = "YEAH!"
00401044     PUSH 402064           ; Text = "Ok, I really think that your HD
                                              is a CD-ROM! :p"
00401049     PUSH 0                ; hOwner = NULL
0040104B     CALL 00401061         ; MessageBoxA

; 终止进程
00401050     CALL 0040105B         ; ExitProcess
```

上述代码中使用的汇编指令并不难，但是对尚未熟悉汇编代码的朋友来说还是有一定难度的，所以我们在代码中添加了注释，阅读注释就能轻松理解各命令含义了。

提示

上述代码中使用的汇编指令说明如下。

指　令	说　明
PUSH	入栈指令
CALL	调用指定位置的函数
INC	值加1
DEC	值减1
JMP	跳转到指定地址
CMP	比较给定的两个操作数 *与SUB命令类似，但操作数的值不会改变，仅改变EFLAGS寄存器（若2个操作数的值一致，SUB结果为0，ZF被置为1）
JE	条件跳转指令（Jump if equal）*若ZF为1，则跳转

6.2 破解

下面修改汇编指令代码来破解这个小程序。

提示

> 代码逆向分析技术中，我们把有意将已有代码（或数据）覆盖为其他代码的行为称为“打补丁”（patch）。

首先移动光标到401026地址处，按空格键，在打开的汇编窗口中将汇编指令JE SHORT 0040103D更改为JMP 0040103D，如图6-4所示。

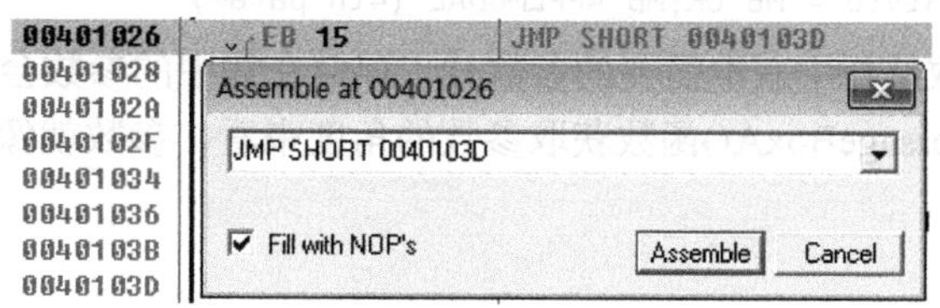

图6-4 修改汇编命令

换言之，通过汇编命令窗口将条件分支语句（JE）替换为无条件跳转语句（JMP），非常简单。

在OllyDbg中使用Copy to executable命令，可以把修改后的代码保存为文件，具体操作可以参考前面HelloWorld.exe中的相关内容。

6.3 将参数压入栈

结束本章前，再向大家介绍一个代码逆向分析中比较重要的内容——函数调用时将函数参数压入栈的方法。

首先，请看地址00401000~0040100E之间的命令，可以发现调用MessageBoxA()函数之前使用了4个PUSH命令，把函数需要的参数逆序压入栈。

```
00401000    PUSH 0              ; Style = MB_OK|MB_APPLMODAL
00401002    PUSH 402000         ; Title = "abex' 1st crackme"
00401007    PUSH 402012         ; Text = "Make me think your HD is a CD-Rom."
0040100C    PUSH 0              ; hOwner = NULL
0040100E    CALL 00401061       ; MessageBoxA
```

将上述汇编代码转换为C语言函数调用代码，如下所示。

```
MessageBox(NULL, "Make me think your HD is a CD-Rom.", "abex' 1st
crackme", MB_OK|MB_APPLMODAL);
```

比较C语言代码与汇编代码可以看到，函数调用时的参数顺序（正序）与参数入栈时的顺序（逆序）相反。那么参数入栈时，为什么要采用这种逆序的方式呢？要想理解这个问题，想想栈内存结构（FILO，First In Last Out或LIFO，Last In First Out）即可。

> “栈的结构是FILO（先进后出），所以把参数压入栈时，只有按照逆序的方式压入，MessageBoxA()函数才能以正确的顺序接收到这些参数。”

利用调试器执行到EIP=0040100E地址处，观察右下角栈窗口，如图6-5所示。

```
0012FFB4  00000000  hOwner = NULL
0012FFB8  00402012  Text = "Make me think your HD is a CD-Rom."
0012FFBC  00402000  Title = "abex' 1st crackme"
0012FFC0  00000000  Style = MB_OK|MB_APPLMODAL
```

图6-5　栈

x86环境下，栈向低地址延伸（即向栈压入数据时，ESP值减小，向低地址方向移动），观察图6-5中的栈窗口可以看到，MessageBoxA()函数的第一个参数在栈顶位置，最后一个参数（第四个参数）在其他参数下面，从PUSH命令执行的顺序可以很容易地理解这点。

```
0012FFB4    00000000    hOwner = NULL (1st param)
0012FFB8    00402012    Text = "Make me think your HD is a CD-Rom." (2nd param)
0012FFBC    00402000    Title = "abex' 1st crackme" (3rd param)
0012FFC0    00000000    Style = MB_OK|MB_APPLMODAL (4th param)
```

MessageBoxA()函数从栈中获取需要的参数时，存储在栈中的参数会按照FILO（先进后出）的规则依次弹出。从MessageBoxA()函数获取参数的角度来看，参数就像按照原来顺序被存入栈一样。

6.4　小结

本章的破解方法虽然简单，但为初次接触这方面内容的朋友进行了详细讲解。此处的破解仅仅是为了更好地学习代码逆向分析技术而做的练习，希望大家将重点放在进一步学习高级代码逆向分析技术上，打好基础。

Q&A

Q. 分析代码时，从MessageBoxA()函数的注释中可以看到，ESI被设置为了0xFFFFFFFF，这是怎么知道的呢？

A. 在调用MessageBoxA()函数的地址处按F8键（StepOver），ESI就会改变。实际上，Win32 API被调用后，某些特定寄存器的值就会改变，编写Win32汇编程序时要特别注意这一点。

Q. 为什么会有垃圾代码？

A. 调试时，这些代码被故意插入汇编代码来迷惑代码逆向分析人员。

Q. 调试时，将401023地址处的“DEC EAX”命令替换为NOP命令，然后按F9命令运行程序，程序破解成功。但把更改保存为文件后执行时，破解却失败了，请问为什么会出现这种情况？

A. 首先，这种破解尝试是非常值得表扬的。但本例中选择在401023处破解是不合适的，这是因为在不同版本的操作系统，如Win XP/7中，结果值是不同的，而且在不同版本的OllyDbg 1.1/1.2中也是不一样的。虽然破解方法多种多样，但最好从受外部影响最小的条件分支语句入手破解。强烈的好奇心与实践精神是学好代码逆向分析技术的原动力，经历过很多错误后，方能成为一名出色的代码逆向分析专家。

第7章　栈帧

本章我们将学习栈帧（Stack Frame）相关知识，栈帧在程序中用于声明局部变量、调用函数。理解了栈帧，就能轻松掌握保存在其中的函数参数和局部变量，这对我们调试代码也是很有帮助的。

目标

- ❑ 理解栈帧的运行原理。
- ❑ 编写简单的程序，通过调试观察栈帧情况。
- ❑ 详细讲解几个简单的汇编指令。

7.1　栈帧

简言之，栈帧就是利用EBP（栈帧指针，请注意不是ESP）寄存器访问栈内局部变量、参数、函数返回地址等的手段。通过前面关于IA-32寄存器的学习我们知道，ESP寄存器承担着栈顶指针的作用，而EBP寄存器则负责行使栈帧指针的职能。程序运行中，ESP寄存器的值随时变化，访问栈中函数的局部变量、参数时，若以ESP值为基准编写程序会十分困难，并且也很难使CPU引用到准确的地址。所以，调用某函数时，先要把用作基准点（函数起始地址）的ESP值保存到EBP，并维持在函数内部。这样，无论ESP的值如何变化，以EBP的值为基准（base）能够安全访问到相关函数的局部变量、参数、返回地址，这就是EBP寄存器作为栈帧指针的作用。

接下来看看栈帧对应的汇编代码。

代码7-1　栈帧结构

```
PUSH EBP                    ; 函数开始（使用EBP前先把已有值保存到栈中）
MOV EBP, ESP                ; 保存当前ESP到EBP中

...                         ; 函数体
                            ; 无论ESP值如何变化，EBP都保持不变，可以安全访问函数的局部变量、参数

MOV ESP, EBP                ; 将函数的起始地址返回到ESP中
POP EBP                     ; 函数返回前弹出保存在栈中的EBP值
RETN                        ; 函数终止
```

借助栈帧技术管理函数调用时，无论函数调用的深度有多深、多复杂，调用栈都能得到很好的管理与维护。

提示

- 最新的编译器中都带有一个“优化”（Optimization）选项，使用该选项编译简单的函数将不会生成栈帧。
- 在栈中保存函数返回地址是系统安全隐患之一，攻击者使用缓冲区溢出技术能够把保存在栈内存的返回地址更改为其他地址。

7.2　调试示例：stackframe.exe

下面调试一个非常简单的程序来进一步了解栈帧相关知识。

7.2.1 StackFrame.cpp

代码7-2　StackFrame.cpp

```
// StackFrame.cpp

#include "stdio.h"

long add(long a, long b)
{
    long x = a, y = b;

    return (x + y);
}

int main(int argc, char* argv[])
{
    long a = 1, b = 2;

    printf("%d\n", add(a, b));

    return 0;
}
```

提示

为了更好地适用栈帧，必须先关闭 Visual C++的优化选项（/Od）后再编译程序。

使用OllyDbg调试工具打开StackFrame.exe文件，按Ctrl+G快捷键（Go to命令）转到401000地址处，如图7-1所示。

```
00401000  ┌$ 55            PUSH EBP                         # add()
00401001  │. 8BEC          MOV EBP,ESP
00401003  │. 83EC 08       SUB ESP,8
00401006  │. 8B45 08       MOV EAX,DWORD PTR SS:[EBP+8]     [EBP+8] => param 'a'
00401009  │. 8945 F8       MOV DWORD PTR SS:[EBP-8],EAX     [EBP-8] => local 'x'
0040100C  │. 8B4D 0C       MOV ECX,DWORD PTR SS:[EBP+C]     [EBP+C] => param 'b'
0040100F  │. 894D FC       MOV DWORD PTR SS:[EBP-4],ECX     [EBP-4] => local 'y'
00401012  │. 8B45 F8       MOV EAX,DWORD PTR SS:[EBP-8]
00401015  │. 0345 FC       ADD EAX,DWORD PTR SS:[EBP-4]
00401018  │. 8BE5          MOV ESP,EBP
0040101A  │. 5D            POP EBP
0040101B  └. C3            RETN
0040101C     CC            INT3
0040101D     CC            INT3
0040101E     CC            INT3
0040101F     CC            INT3
00401020  ┌$ 55            PUSH EBP                         # main()
00401021  │. 8BEC          MOV EBP,ESP
00401023  │. 83EC 08       SUB ESP,8
00401026  │. C745 FC 0100  MOV DWORD PTR SS:[EBP-4],1       [EBP-4] => local 'a'
0040102D  │. C745 F8 0200  MOV DWORD PTR SS:[EBP-8],2       [EBP-8] => local 'b'
00401034  │. 8B45 F8       MOV EAX,DWORD PTR SS:[EBP-8]
00401037  │. 50            PUSH EAX                         ┌Arg2 = 00000002
00401038  │. 8B4D FC       MOV ECX,DWORD PTR SS:[EBP-4]     │
0040103B  │. 51            PUSH ECX                         │Arg1 = 00000001
0040103C  │. E8 BFFFFFFF   CALL 00401000                    └add()
00401041  │. 83C4 08       ADD ESP,8
00401044  │. 50            PUSH EAX
00401045  │. 68 84B34000   PUSH 0040B384                    ASCII "%d₩n"
0040104A  │. E8 18000000   CALL 00401067                    printf()
0040104F  │. 83C4 08       ADD ESP,8
00401052  │. 33C0          XOR EAX,EAX
00401054  │. 8BE5          MOV ESP,EBP
00401056  │. 5D            POP EBP
00401057  └. C3            RETN
```

图7-1　调试器画面

提示

图 7-1 右侧的注释是我添加的，各位的调试环境中可能有不同标注。

对于尚不熟悉汇编语言的朋友来说，图7-1中的代码可能有些复杂，下面我们会详细讲解。通过与C语言源代码的对照讲解，分析代码执行各阶段中栈内数据的变化，帮助大家更好地理解。

7.2.2 开始执行 main()函数&生成栈帧

首先从StackFrame.cpp源程序的主函数开始分析，代码如下。

```
int main(int argc, char* argv[])
{
```

函数main()是程序开始执行的地方，在main()函数的起始地址（401020）处，按F2键设置一个断点，然后按F9运行程序，程序运行到main()函数的断点处暂停。

开始执行main()函数时栈的状态如图7-2所示。从现在开始要密切关注栈的变化，这是我们要重点学习的内容。

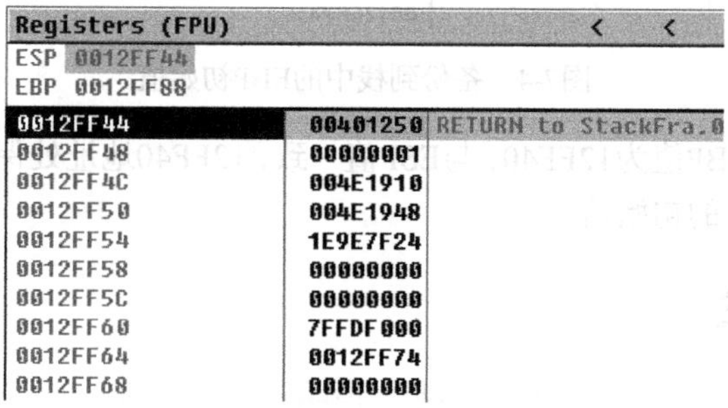

```
Registers (FPU)
ESP 0012FF44
EBP 0012FF88

0012FF44  00401250  RETURN to StackFra.0
0012FF48  00000001
0012FF4C  004E1910
0012FF50  004E1948
0012FF54  1E9E7F24
0012FF58  00000000
0012FF5C  00000000
0012FF60  7FFDF000
0012FF64  0012FF74
0012FF68  00000000
```

图7-2 栈初值

当前ESP的值为12FF44，EBP的值为12FF88。切记地址401250保存在ESP（12FF44）中，它是main()函数执行完毕后要返回的地址。

提示

大家的运行环境不同，这意味着看到的地址可能会与图 7-2 中的不一样。

main()函数一开始运行就生成与其对应的函数栈帧。

```
00401020    PUSH EBP                    ; # main()
```

PUSH是一条压栈指令，上面这条PUSH语句的含义是“把EBP值压入栈”。main()函数中，EBP为栈帧指针，用来把EBP之前的值备份到栈中（main()函数执行完毕，返回之前，该值会再次恢复）。

```
00401021    MOV EBP,ESP
```

MOV是一条数据传送命令，上面这条MOV语句的命令是“把ESP值传送到EBP”。换言之，从这条命令开始，EBP就持有与当前ESP相同的值，并且直到main()函数执行完毕，EBP的值始终保持不变。也就是说，我们通过EBP可以安全访问到存储在栈中的函数参数与局部变量。执行完401020与401021地址处的两条命令后，函数main()的栈帧就生成了（设置好EBP了）。

进入OllyDbg的栈窗口，单击鼠标右键，在弹出菜单中依次选择Address-Relative to EBP，如图7-3所示。

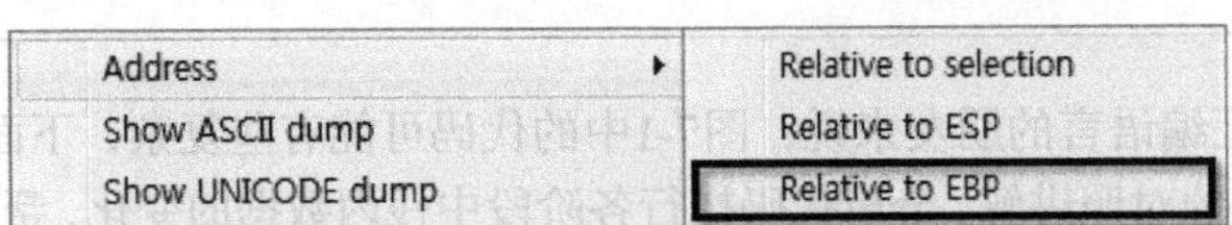

图7-3　选择Relative to EBP菜单

接下来，在OllyDbg的栈窗口中确认EBP的位置。程序调试到现在的栈内情况如图7-4所示，把地址转换为相对于EBP的偏移后，能更直观地观察到栈内情况。

```
Registers (FPU)
ESP 0012FF40
EBP 0012FF40

EBP ==>  0012FF40   0012FF88
EBP+4    0012FF44   00401250  RETURN to StackFra.0
EBP+8    0012FF48   00000001
EBP+C    0012FF4C   004E1910
EBP+10   0012FF50   004E1948
EBP+14   0012FF54   1E9E7F24
EBP+18   0012FF58   00000000
EBP+1C   0012FF5C   00000000
EBP+20   0012FF60   7FFDF000
EBP+24   0012FF64   0012FF74
```

图7-4　备份到栈中的EBP初始值

如图7-4所示，当前EBP值为12FF40，与ESP值一致，12FF40地址处保存着12FF88，它是main()函数开始执行时EBP持有的初始值。

7.2.3　设置局部变量

下面开始分析源文件StackFrame.cpp中的变量声明及赋值语句。

```
long a = 1, b = 2;
```

main()函数中，上述语句用于在栈中为局部变量(a,b)分配空间，并赋初始值。代码7-2main()函数中声明的变量a、b是如何在函数栈中生成的，又是如何管理的呢？下面一起来揭晓其中的秘密。

```
00401023    SUB ESP,8
```

SUB是汇编语言中的一条减法指令，上面这条语句用来将ESP的值减去8个字节。如图7-4所示，执行该条命令之前，ESP的值为12FF40，减去8个字节后，变为12FF38。那么为什么要将ESP减去8个字节呢？从ESP减去8个字节，其实质是为函数的局部变量（a与b，请参考代码7-2）开辟空间，以便将它们保存在栈中。由于局部变量a与b都是long型（长整型），它们分别占据4个字节大小，所以需要在栈中开辟8个字节的空间来保存这2个变量。

使用SUB指令从ESP中减去8个字节，为2个函数变量开辟好栈空间后，在main()内部，无论ESP的值如何变化，变量a与b的栈空间都不会受到损坏。由于EBP的值在main()函数内部是固定不变的，我们就能以它为基准来访问函数的局部变量了。继续看如下代码。

```
00401026    MOV DWORD PTR SS:[EBP-4],1      ;  [EBP-4] = local 'a'
0040102D    MOV DWORD PTR SS:[EBP-8],2      ;  [EBP-8] = local 'b'
```

对于刚刚接触汇编语言的朋友来说，上面两条命令中的“DWORD PTR SS:[EBP-4]”部分可能略显陌生。其实没什么难的，只要把它们看作类似于C语言中的指针就可以了。

表7-1 汇编语言与C语言的指针语句格式

汇编语言	C 语 言	类型转换
DWORD PTR SS:[EBP-4]	*(DWORD*)(EBP-4)	DWORD (4个字节)
WORD PTR SS:[EBP-4]	*(WORD*)(EBP-4)	WORD (2个字节)
BYTE PTR SS:[EBP-4]	*(BYTE*)(EBP-4)	BYTE

上面这些指针命令很难用简洁明了的语言描述出来，简单翻译一下就是，地址EBP-4处有一个4字节大小的内存空间。

提示

DWORD PTR SS:[EBP-4]语句中，SS是Stack Segment的缩写，表示栈段。由于Windows中使用的是段内存模型（Segment Memory Model），使用时需要指出相关内存属于哪一个区段。其实，32位的Windows OS中，SS、DS、ES的值皆为0，所以采用这种方式附上区段并没有什么意义。因EBP与ESP是指向栈的寄存器，所以添加上了SS寄存器。请注意，“DWORD PTR”与“SS:”等字符串可以通过设置OllyDbg的相应选项来隐藏。

再次分析上面的2条MOV命令，它们的含义是“把数据1与2分别保存到[EBP-4]与[EBP-8]中”，即[EBP-4]代表局部变量a，[EBP-8]代表局部变量b。执行完上面两条语句后，函数栈内的情况如图7-5所示。

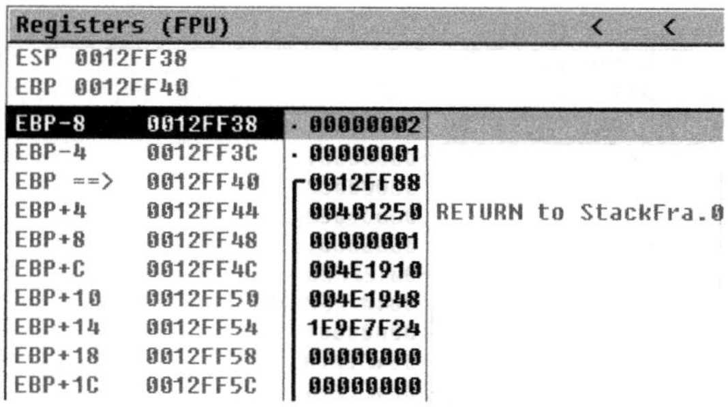

```
Registers (FPU)
ESP 0012FF38
EBP 0012FF40

EBP-8     0012FF38  00000002
EBP-4     0012FF3C  00000001
EBP ==>   0012FF40  0012FF88
EBP+4     0012FF44  00401250  RETURN to StackFra.0
EBP+8     0012FF48  00000001
EBP+C     0012FF4C  004E1910
EBP+10    0012FF50  004E1948
EBP+14    0012FF54  1E9E7F24
EBP+18    0012FF58  00000000
EBP+1C    0012FF5C  00000000
```

图7-5 变量a与b

7.2.4 add()函数参数传递与调用

StackFrame.cpp源代码中使用如下语句调用add()函数，执行加法运算并输出函数返回值。

```
printf("%d\n", add(a, b));
```

```
00401034    MOV EAX,DWORD PTR SS:[EBP-8]    ; [EBP-8] = b
00401037    PUSH EAX                        ; Arg2 = 00000002
00401038    MOV ECX,DWORD PTR SS:[EBP-4]    ; [EBP-4] = a
0040103B    PUSH ECX                        ; Arg1 = 00000001
0040103C    CALL 00401000                   ; add()
```

请看上面5行汇编代码，它描述了调用add()函数的整个过程。地址40103C处为“Call 401000”命令，该命令用于调用401000处的函数，而401000处的函数即为add()函数。代码7-2中，函数add()接收a、b这2个长整型参数，所以调用add()之前需要先把2个参数压入栈，地址401034~40103B之间的代码即用于此。这一过程中需要注意的是，参数入栈的顺序与C语言源码中的参数顺序恰好相反（我们把这称为函数参数的逆向存储）。换言之，变量b（[EBP-8]）首先入栈，接着变量a（[EBP-4]）再入栈。执行完地址401034~40103B之间的代码后，栈内情况如图7-6所示。

```
Registers (FPU)
ESP 0012FF30
EBP 0012FF40
EBP-10    0012FF30  00000001  Arg1 = 00000001
EBP-C     0012FF34  00000002  Arg2 = 00000002
EBP-8     0012FF38  00000002
EBP-4     0012FF3C  00000001
EBP ==>   0012FF40  0012FF88
EBP+4     0012FF44  00401250  RETURN to StackFra.0
EBP+8     0012FF48  00000001
EBP+C     0012FF4C  004E1910
EBP+10    0012FF50  004E1948
EBP+14    0012FF54  1E9E7F24
```

图7-6　传递add()函数的参数

接下来进入add()函数（401000）内部，分析整个函数调用过程。

返回地址

执行CALL命令进入被调用的函数之前，CPU会先把函数的返回地址压入栈，用作函数执行完毕后的返回地址。从图7-1中可知，在地址40103C处调用了add()函数，它的下一条命令的地址为401041。函数add()执行完毕后，程序执行流应该返回到401041地址处，该地址即被称为add()函数的返回地址。执行完40103C地址处的CALL命令后进入函数，栈内情况如图7-7所示。

```
Registers (FPU)
ESP 0012FF2C
EBP 0012FF40
EBP-14    0012FF2C  00401041  RETURN to StackFra.0
EBP-10    0012FF30  00000001
EBP-C     0012FF34  00000002
EBP-8     0012FF38  00000002
EBP-4     0012FF3C  00000001
EBP ==>   0012FF40  0012FF88
EBP+4     0012FF44  00401250  RETURN to StackFra.0
EBP+8     0012FF48  00000001
EBP+C     0012FF4C  004E1910
EBP+10    0012FF50  004E1948
```

图7-7　函数add()的返回地址

7.2.5　开始执行 add()函数&生成栈帧

StackFrame.cpp源代码中，函数add()的前2行代码如下：

```
long add(long a, long b)
{
```

函数开始执行时，栈中会单独生成与其对应的栈帧。

```
00401000    PUSH EBP
00401001    MOV EBP,ESP
```

上面2行代码与开始执行main()函数时的代码完全相同，先把EBP值（main()函数的基址指针）保存到栈中，再把当前ESP存储到EBP中，这样函数add()的栈帧就生成了。如此一来，add()函数内部的EBP值始终不变。执行完以上2行代码后，栈内情况如图7-8所示。

```
Registers (FPU)
ESP 0012FF28
EBP 0012FF28

EBP ==>  0012FF28  0012FF40
EBP+4    0012FF2C  00401041  RETURN to StackFra.0
EBP+8    0012FF30  00000001
EBP+C    0012FF34  00000002
EBP+10   0012FF38  00000002
EBP+14   0012FF3C  00000001
EBP+18   0012FF40  0012FF88
EBP+1C   0012FF44  00401250  RETURN to StackFra.0
EBP+20   0012FF48  00000001
EBP+24   0012FF4C  004E1910
```

图7-8　函数add()的栈帧

可以看到，main()函数使用的EBP值（12FF40）被备份到栈中，然后EBP的值被设置为一个新值12FF28。

7.2.6　设置 add()函数的局部变量（x, y）

> StackFrame.cpp源代码中有如下代码。
>
> **long x = a, y = b;**

上面一行语句声明了2个长整型的局部变量（x, y），并使用2个形式参数（a, b）分别为它们赋初始值。希望大家密切关注形式参数与局部变量在函数内部以何种方式表示。

```
00401003    SUB ESP,8
```

上面这条语句的含义为，在栈内存中为局部变量x、y开辟8个字节的空间。

```
00401006    MOV EAX,DWORD PTR SS:[EBP+8]     ; [EBP+8] = param a
00401009    MOV DWORD PTR SS:[EBP-8],EAX     ; [EBP-8] = local x
0040100C    MOV ECX,DWORD PTR SS:[EBP+C]     ; [EBP+C] = param b
0040100F    MOV DWORD PTR SS:[EBP-4],ECX     ; [EBP-4] = local y
```

add函数的栈帧生成之后，EBP的值发生了变化，[EBP+8]与[EBP+C]分别指向参数a与b，如图7-8所示，而[EBP-8]与[EBP-4]则分别指向add()函数的2个局部变量x、y。执行完上述语句后，栈内情况如图7-9所示。

```
Registers (FPU)
ESP 0012FF20
EBP 0012FF28

EBP-8    0012FF20  00000001
EBP-4    0012FF24  00000002
EBP ==>  0012FF28  0012FF40
EBP+4    0012FF2C  00401041  RETURN to StackFra.0
EBP+8    0012FF30  00000001
EBP+C    0012FF34  00000002
EBP+10   0012FF38  00000002
EBP+14   0012FF3C  00000001
EBP+18   0012FF40  0012FF88
EBP+1C   0012FF44  00401250  RETURN to StackFra.0
```

图7-9　函数add()的局部变量x、y

7.2.7　ADD 运算

> StackFrame.cpp源代码中，下面这条语句用于返回2个局部变量之和。
>
> return **(x + y);**

```
00401012    MOV EAX,DWORD PTR SS:[EBP-8] ; [EBP-8] = local x
```

上述MOV语句中，变量x的值被传送到EAX。

```
00401015    ADD EAX,DWORD PTR SS:[EBP-4] ; [EBP-4] = local y
```

ADD指令为加法指令，上面这条语句中，变量y（[EBP-4]=2）与EAX原值（x）相加，且运算结果被存储在EAX中，运算完成后EAX中的值为3。

第14章中我们将详细学习EAX寄存器，它是一种通用寄存器，在算术运算中存储输入输出数据，为函数提供返回值。如上所示，函数即将返回时，若向EAX输入某个值，该值就会原封不动地返回。执行运算的过程中栈内情况保持不变，如图7-9所示。

7.2.8　删除函数 add()的栈帧&函数执行完毕（返回）

> “删除函数栈帧与函数执行完毕返回”对应于StackFrame.cpp文件中的如下代码。
>
> ```
> return (x + y);
> }
> ```

执行完加法运算后，要返回函数add()，在此之前先删除函数add()的栈帧。

```
00401018    MOV ESP,EBP
```

上面这条命令把当前EBP的值赋给ESP，与地址401001处的MOV EBP, ESP命令相对应。在地址401001处，MOV EBP, ESP命令把函数add()开始执行时的ESP值（12FF28）放入EBP，函数执行完毕时，使用401018处的MOV ESP,EBP命令再把存储到EBP中的值恢复到ESP中。

提示

> 执行完上面的命令后，地址401003处的SUB ESP,8命令就会失效，即函数add()的2个局部变量x、y不再有效。

```
0040101A    POP EBP
```

上面这条命令用于恢复函数add()开始执行时备份到栈中的EBP值，它与401000地址处的PUSH EBP命令对应。EBP值恢复为12FF40，它是main()函数的EBP值。到此，add()函数的栈帧就被删除了。

执行完上述命令后，栈内情形如图7-10所示。

```
Registers (FPU)
ESP 0012FF2C
EBP 0012FF40

EBP-14    0012FF2C    00401041  RETURN to StackFra.0
EBP-10    0012FF30    00000001
EBP-C     0012FF34    00000002
EBP-8     0012FF38    00000002
EBP-4     0012FF3C    00000001
EBP ==>   0012FF40    0012FF88
EBP+4     0012FF44    00401250  RETURN to StackFra.0
EBP+8     0012FF48    00000001
EBP+C     0012FF4C    004E1910
EBP+10    0012FF50    004E1948
```

图7-10　删除函数add()的栈帧

可以看到，ESP的值为12FF2C，该地址的值为401041，它是执行CALL 401000命令时CPU存储到栈中的返回地址。

```
0040101B    RETN
```

执行上述RETN命令，存储在栈中的返回地址即被返回，此时栈内情形如图7-11所示。

从图7-11中可以看到，调用栈已经完全返回到调用add()函数之前的状态，大家可以比较一下图7-11与图7-6。

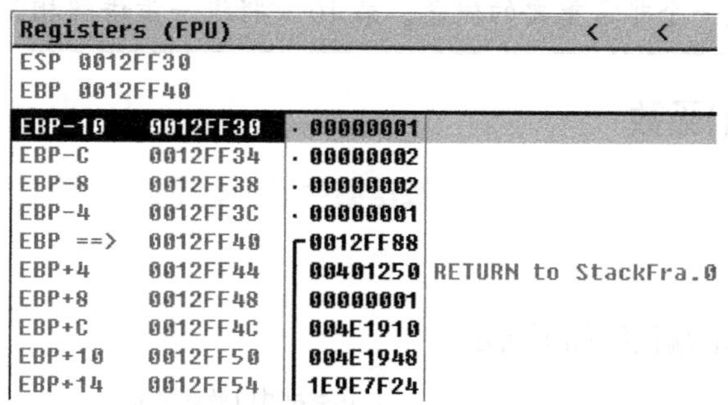

图7-11　函数add()返回

应用程序采用上述方式管理栈，不论有多少函数嵌套调用，栈都能得到比较好的维护，不会崩溃。但是由于函数的局部变量、参数、返回地址等是一次性保存到栈中的，利用字符串函数的漏洞等很容易引起栈缓冲区溢出，最终导致程序或系统崩溃。

7.2.9 从栈中删除函数 add()的参数（整理栈）

现在，程序执行流已经重新返回main()函数中。

```
00401041    ADD ESP,8
```

上面语句使用ADD命令将ESP加上8，为什么突然要把ESP加上8呢？请看图7-11中的栈窗口，地址12FF30与12FF34处存储的是传递给函数add()的参数a与b。函数add()执行完毕后，就不再需要参数a与b了，所以要把ESP加上8，将它们从栈中清理掉（参数a与b都是长整型，各占4个字节，合起来共8个字节）。

> **提示**
>
> 请记住，调用 add()函数之前先使用 PUSH 命令把参数 a、b 压入栈。

执行完上述命令后，栈内情况如图7-12所示。

```
Registers (FPU)
ESP 0012FF38
EBP 0012FF40

EBP-8     0012FF38   00000002
EBP-4     0012FF3C   00000001
EBP ==>   0012FF40   0012FF88
EBP+4     0012FF44   00401250  RETURN to StackFra.0
EBP+8     0012FF48   00000001
EBP+C     0012FF4C   004E1910
EBP+10    0012FF50   004E1948
EBP+14    0012FF54   1E9E7F24
EBP+18    0012FF58   00000000
EBP+1C    0012FF5C   00000000
```

图7-12　删除add()的2个参数

提示

被调函数执行完毕后，函数的调用者（Caller）负责清理存储在栈中的参数，这种方式称为cdecl方式；反之，被调用者（Callee）负责清理保存在栈中的参数，这种方式称为stdcall方式。这些函数调用规则统称为调用约定（Calling Convention），这在程序开发与分析中是一个非常重要的概念，第10章将进一步讲解相关内容。

7.2.10　调用printf()函数

StackFrame.cpp源文件中用于打印输出运算结果的语句如下所示。

```
printf("%d\n", add(a, b));
```

调用printf()函数的汇编代码如下所示。

```
00401044    PUSH EAX                        ; 函数add()的返回值
00401045    PUSH 0040B384                   ; "%d\n"
0040104A    CALL 00401067                   ;  printf()
0040104F    ADD ESP,8
```

地址401044处的EAX寄存器中存储着函数add()的返回值，它是执行加法运算后的结果值3。地址40104A处的CALL 401067命令中调用的是401067地址处的函数，它是一个C标准库函数printf()，所有C标准库函数都由Visual C++编写而成（其中包含着数量庞大的函数，在此不详细介绍）。由于上面的printf()函数有2个参数，大小为8个字节（32位寄存器+32位常量=64位=8字节），所以在40104F地址处使用ADD命令，将ESP加上8个字节，把函数的参数从栈中删除。函数printf()执行完毕并通过ADD命令删除参数后，栈内情形如图7-12所示。

7.2.11　设置返回值

StackFrame.cpp中设置返回值的语句如下。

```
return 0;
```

main()函数使用该语句设置返回值（0）。

```
00401052    XOR EAX,EAX
```

XOR命令用来进行Exclusive OR bit（异或）运算，其特点为“2个相同的值进行XOR运算，结果为0”。XOR命令比MOV EAX,0命令执行速度快，常用于寄存器的初始化操作。

提示

利用相同的值连续执行2次XOR运算即变为原值，这个特征被大量应用于编码与解码。后面的代码分析中我们会经常看到XOR命令。

7.2.12　删除栈帧&main()函数终止

本节内容对应StackFrame.cpp中的如下代码。

```
return 0;
}
```

最终主函数终止执行，同add()函数一样，其返回前要先从栈中删除与其对应的栈帧。

```
00401054    MOV ESP,EBP
00401056    POP EBP
```

执行完上面2条命令后，main()函数的栈帧即被删除，且其局部变量a、b也不再有效。执行至此，栈内情形如图7-13所示。

```
Registers (FPU)
ESP 0012FF44
EBP 0012FF88
EBP-44   0012FF44   00401250 RETURN to StackFra.0
EBP-40   0012FF48   00000001
EBP-3C   0012FF4C   004E1910
EBP-38   0012FF50   004E1948
EBP-34   0012FF54   1E9E7F24
EBP-30   0012FF58   00000000
EBP-2C   0012FF5C   00000000
EBP-28   0012FF60   7FFDF000
EBP-24   0012FF64   0012FF74
EBP-20   0012FF68   00000000
```

图7-13　删除main()函数的栈帧

图7-13与main()函数开始执行时栈内情形（请参考图7-2）是完全一样的。

```
00401057    RETN
```

执行完上面命令后，主函数执行完毕并返回，程序执行流跳转到返回地址处（401250），该地址指向Visual C++的启动函数区域。随后执行进程终止代码。请各位自行查看该过程。

请大家阅读上面内容的同时动手调试，认真观察栈的行为动作，相信各位的调试水平会得到很大提高。

7.3　设置 OllyDbg 选项

OllyDbg提供了丰富多样的选项，是个名副其实的动态调试工具。下面看一下其中显示代码窗口反汇编代码的选项。

7.3.1　Disasm 选项

打开OllyDbg的Debugging options对话框（快捷键Alt+O），如图7-14所示。

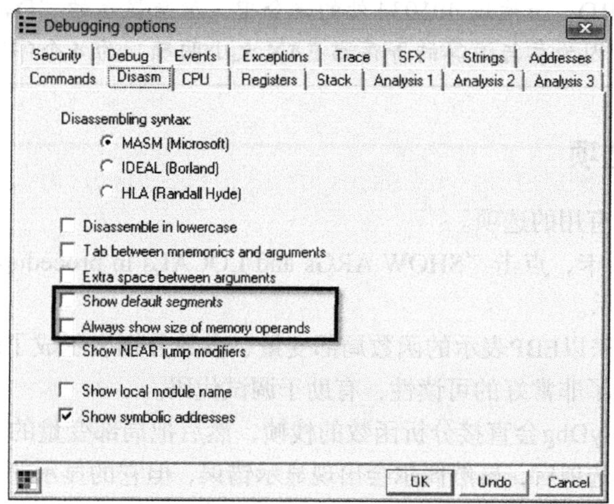

图7-14　OllyDbg的Debugging options对话框–Disasm选项卡

在Debugging options对话框中选择Disasm选项卡后，分别点击“Show default segments”与“Always show size of memory operands”左侧的复选框，取消选择。观察代码窗口可以发现，原来代码中显示的默认段与内存大小都不再显示了，如图7-15所示。

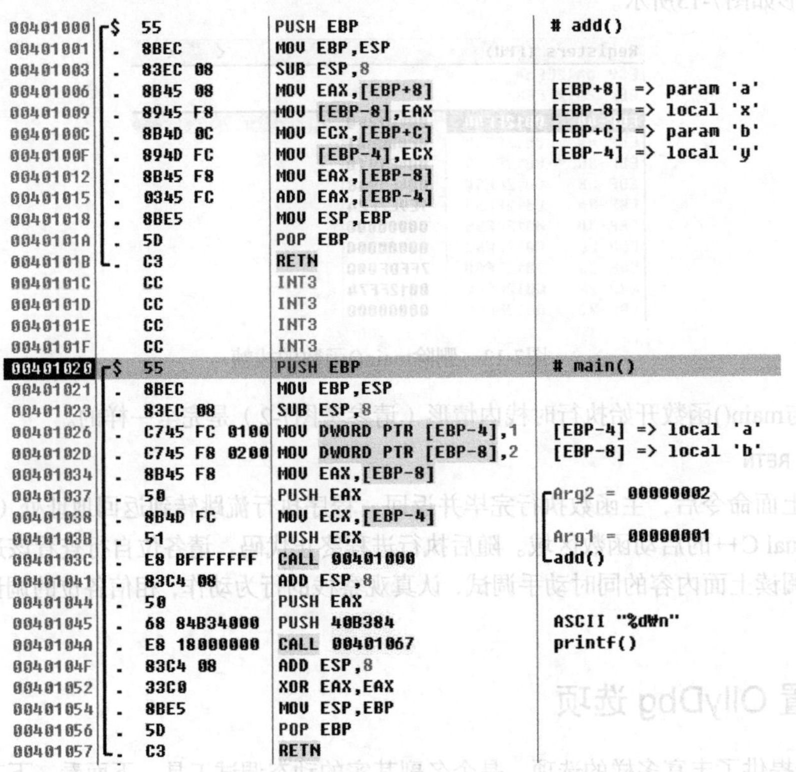

图7-15　选项变更后的代码窗口

提示

如图7-15所示，401026与40102D地址处的命令中仍然保留着“DWORD PTR”。若将其删除，解析后面常量1、2的大小时就会产生歧义，无法确认它们是BYTE，还是WORD、DWORD。而地址401034处的命令中，原来显示的“DWORD PTR”字符串被省略了，这是因为参与运算的寄存器EAX大小明确，为4个字节。

7.3.2　Analysis1 选项

再介绍另一个比较有用的选项。

选择Analysis 1选项卡，点击“SHOW ARGs and LOCALs in procedures”左侧的复选框，启用该选项，如图7-16所示。

如图7-17所示，原来以EBP表示的函数局部变量、参数分别表示成了LOCAL.1、ARG.1的形式。该选项为代码提供了非常好的可读性，有助于调试代码。

启用该选项后，OllyDbg会直接分析函数的栈帧，然后把局部变量的个数、参数的个数等显示在代码窗口。启用该选项后，虽然偶尔会出现显示错误，但它的显示非常直观，故常常能为代码调试提供帮助。现在我们连它的运行原理也学习了，真可谓锦上添花。

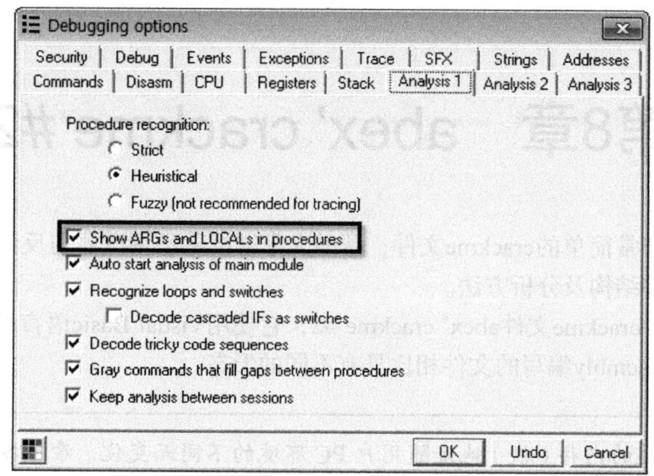

图7-16 OllyDbg的Debugging options对话框Analysis 1选项卡

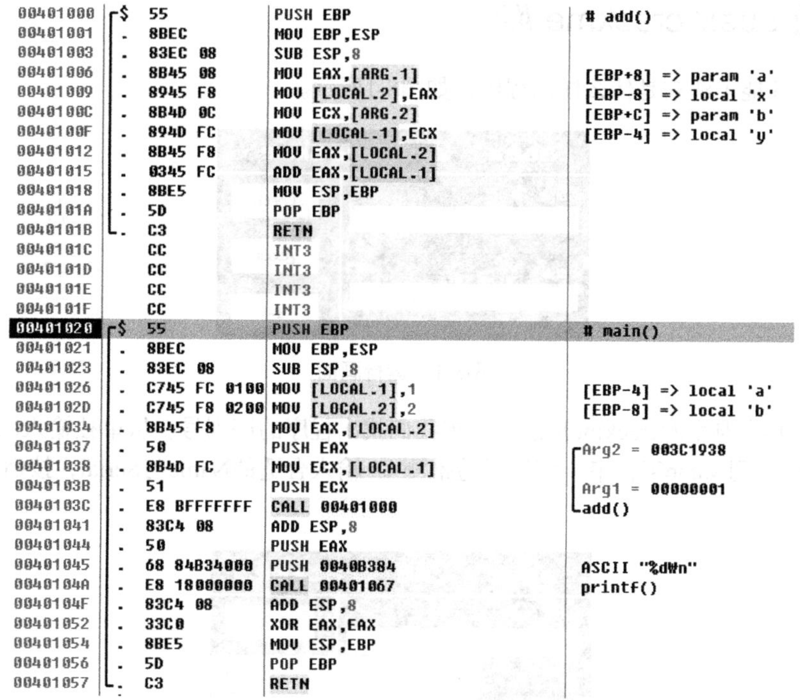

图7-17 局部变量与参数的表示形式

7.4 小结

我们在本章学习了有关栈帧的内容，一边阅读讲解内容，一边又要动手调试，各位真是辛苦了。

简言之，栈帧技术使用EBP寄存器（而非ESP寄存器）管理局部变量、参数、返回地址等。我也是在学习栈帧的过程中开始对代码调试有了自信。因为，理解函数参数、局部变量、返回值等处理原理的过程中，调试水平也得到了明显提高。也许大家也会有同样感受。

第8章　abex' crackme #2

本章分析一个非常简单的crackme文件，帮助大家继续熟悉调试器与反汇编代码。先简单介绍Visual Basic的文件结构及分析方法。

本章分析第二个crackme文件abex' crackme #2，它使用Visual Basic语言编写，你会感受到与使用Visual C++或Assembly编写的文件相比具有不同的形态。

提示

讲解中出现的内存（栈）地址随用户PC环境的不同而变化。希望各位调试时注意这一点。你现在感到调试很难是正常的，投入大量时间和精力后，就会逐渐熟悉起来。

8.1　运行 abex' crackme #2

运行之后才能了解它是什么样的程序，如图8-1所示。

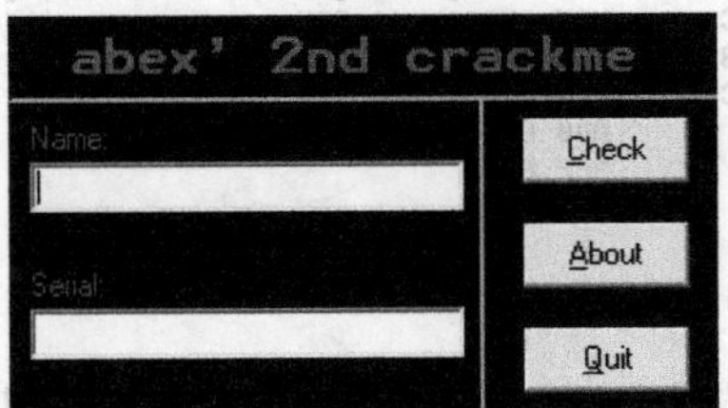

图8-1　运行画面

这个程序具有典型的crackme形态，要求我们找出程序的序列号。从单独输入Name来看，生成Serial时才会用到Name字符串（依据经验推测）。输入合适的Name与Serial，按Check按钮，如图8-2所示。

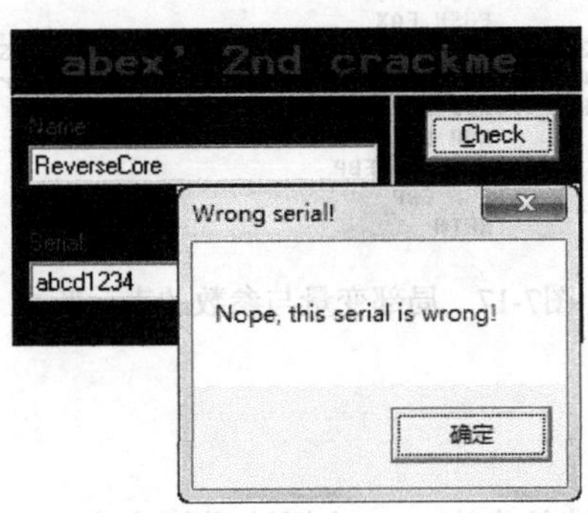

图8-2　"Wrong serial!"消息框

弹出"Wrong serial!"消息框，即使多次尝试其他值也依然是这个结果。下面通过调试仔细分析其代码。

提示

若上述示例文件（abexcm2-voiees.exex）无法运行，请先把附带的MSVBVM60.dll文件复制到示例文件相同路径下再操作。

8.2 Visual Basic文件的特征

要调试的abex's crackme #2文件由Visual Basic编写而成。调试前最好先了解Visual Basic文件的特征。

8.2.1 VB专用引擎

VB文件使用名为MSVBVM60.dll（Microsoft Visual Basic Virtual Machine 6.0）的VB专用引擎（也称为The Thunder Runtime Engine）。

举个使用VB引擎的例子，显示消息框时，VB代码中要调用MsgBox()函数。其实，VB编辑器真正调用的是MSVBVM60.dll里的rtcMsgBox()函数，在该函数内部通过调用user32.dll里的MessageBoxW()函数（Win32 API）来工作（也可以在VB代码中直接调用user32.dll里的MessageBoxW()）。

8.2.2 本地代码和伪代码

根据使用的编译选项的不同，VB文件可以编译为本地代码（N code）与伪代码（P code）。本地代码一般使用易于调试器解析的IA-32指令；而伪代码是一种解释器（Interpreter）语言，它使用由VB引擎实现虚拟机并可自解析的指令（字节码）。因此，若想准确解析VB的伪代码，就需要分析VB引擎并实现模拟器。

提示

伪代码具有与Java（Java虚拟机）、Python（Python专用引擎）类似的形态结构。使用伪代码的好处是非常方便代码移植（编写/发布针对特定平台的引擎，用户代码借助它几乎可以不加任何修改地在指定平台上运行）。

8.2.3 事件处理程序

VB主要用来编写GUI程序，IDE用户界面本身也最适合于GUI编程。由于VB程序采用Windows操作系统的事件驱动方式工作，所以在main()或WinMain()中并不存在用户代码（希望调试的代码），用户代码存在于各个事件处理程序（event handler）之中。

就上述abex' crackme #2 而言，用户代码在点击Check按钮时触发的事件处理程序内。

8.2.4 未文档化的结构体

VB中使用的各种信息（Dialog、Control、Form、Module、Function等）以结构体形式保存在文件内部。由于微软未正式公开这种结构体信息，所以调试VB文件会难一些。

8.3 开始调试

运行OllyDbg，查看abex' crackme #2文件的反汇编代码，如图8-3所示。

```
00401202  .- FF25 B0104000  JMP DWORD PTR DS:[4010B0]   MSVBVM60.__vbaVarDup
00401208  .- FF25 34104000  JMP DWORD PTR DS:[401034]   MSVBVM60.rtcMsgBox
0040120E  .- FF25 08104000  JMP DWORD PTR DS:[401008]   MSVBVM60.__vbaVarMove
00401214  .- FF25 78104000  JMP DWORD PTR DS:[401078]   MSVBVM60.rtcVarBstrFromAnsi
0040121A  .- FF25 10104000  JMP DWORD PTR DS:[401010]   MSVBVM60.__vbaEnd
00401220  .- FF25 68104000  JMP DWORD PTR DS:[401068]   MSVBVM60.EVENT_SINK_QueryInterface
00401226  .- FF25 54104000  JMP DWORD PTR DS:[401054]   MSVBVM60.EVENT_SINK_AddRef
0040122C  .- FF25 60104000  JMP DWORD PTR DS:[401060]   MSVBVM60.EVENT_SINK_Release
00401232  $- FF25 A0104000  JMP DWORD PTR DS:[4010A0]   MSVBVM60.ThunRTMain
00401238  $  68 141E4000    PUSH 401E14                 => EP
0040123D  .  E8 F0FFFFFF    CALL 00401232               <JMP.&MSVBVM60.#100>
00401242  .  0000           ADD BYTE PTR DS:[EAX],AL
00401244  .  0000           ADD BYTE PTR DS:[EAX],AL
00401246  .  0000           ADD BYTE PTR DS:[EAX],AL
00401248  .  3000           XOR BYTE PTR DS:[EAX],AL
0040124A  .  0000           ADD BYTE PTR DS:[EAX],AL
0040124C  .  40             INC EAX
```

图8-3　EP

执行程序后，在EP代码中首先要做的是调用VB引擎的主函数（ThunRTMain()）。

```
00401232  FF25 A0104000  JMP DWORD PTR DS:[4010A0]   ; MSVBVM60.ThunRTMain
00401238  68 141E4000    PUSH 401E14                 ; = EP
0040123D  E8 F0FFFFFF    CALL 00401232               ; JMP.&MSVBVM60.#100
```

EP的地址为401238。401238地址处的PUSH 401E14命令用来把RT_MainStruct结构体的地址（401E14）压入栈。然后40123D地址处的CALL 00401232命令调用401232地址处的JMP DWORD PTR DS:[4010A0]指令。该JMP指令会跳转至VB引擎的主函数ThunRTMain()（前面压入栈的401E14的值作为ThunRTMain()的参数）。

以上3行代码是VB文件的全部启动代码。虽然非常简单，但有3个方面需要各位留意。

8.3.1　间接调用

40123D地址处的CALL 401232命令用于调用ThunRTMain()函数，这里使用了较为特别的技法。不是直接转到MSVBVM60.dll里的ThunRTMain()函数，而是通过中间401232地址处的JMP命令跳转。

```
00401232    FF25 A0104000    JMP DWORD PTR DS:[4010A0]
```

这就是VC++、VB编译器中常用的间接调用法（Indirect Call）。

提示

4010A0 地址是 IAT（Import Address Table，导入地址表）区域，包含着 MSVBVM60.ThunRTMain()函数的实际地址。第 13 章将详细讲解 IAT。

8.3.2　RT_MainStruct 结构体

要注意的是ThunRTMain()函数的参数RT_MainStruct结构体。这里，RT_MainStruct结构体存在于401E14地址处，如图8-4所示。

```
Address   Hex dump                                         ASCII
00401E14  56 42 35 21 F0 1F 56 42 36 44 45 2E 44 4C 4C 00  VB5!?VB6DE.DLL.
00401E24  00 00 00 00 2A 00 00 00 00 00 00 00 00 00 00 00  ....*...........
00401E34  00 00 0A 00 07 04 00 00 09 04 00 00 00 00 00 00  ................
00401E44  B8 1E 40 00 16 F0 B0 00 00 FF FF FF 08 00 00 00  ?@..............
00401E54  01 00 00 00 01 00 00 00 E9 00 00 00 C4 1D 40 00  ........?...?@.
00401E64  C4 1D 40 00 44 12 40 00 78 00 00 00 85 00 00 00  ?@.D.@.x...?..
00401E74  97 00 00 00 98 00 00 00 00 00 00 00 00 00 00 00  ?..?............
```

图8-4　RT_MainStruct

微软未公开RT_MainStruct，但是有国外的逆向分析高手已经完成了对RT_MainStruct结构体的分析，并公布在网络上。

RT_MainStruct结构体的成员是其他结构体的地址。也就是说，VB引擎通过参数传递过来的RT_MainStruct结构体获取程序运行需要的所有信息。

此处省略对RT_MainStruct结构体的详细说明。

8.3.3　ThunRTMain()函数

前面提到了ThunRTMain()函数，下面了解一下。

图8-5显示了ThunRTMain()代码的开始部分，可以看到内存地址完全不同了。这是MSVBVM60.dll模块的地址区域。换言之，我们分析的不是程序代码，而是VB引擎代码（现在还不需要分析如此庞大的代码）。对VB文件的讲解到此为止，继续回到abex' crackme #2。

```
733735A4 MSVBVM60.ThunRTMain  55                PUSH EBP
733735A5                      8BEC              MOV EBP,ESP
733735A7                      6A FF             PUSH -1
733735A9                      68 D0973873       PUSH MSVBVM60.733897D0
733735AE                      68 FDBA4573       PUSH MSVBVM60.7345BAFD
733735B3                      64:A1 00000000    MOV EAX,DWORD PTR FS:[0]
733735B9                      50                PUSH EAX
733735BA                      64:8925 0000000(  MOV DWORD PTR FS:[0],ESP
733735C1                      51                PUSH ECX
733735C2                      51                PUSH ECX
733735C3                      83EC 4C           SUB ESP,4C
733735C6                      53                PUSH EBX
733735C7                      56                PUSH ESI
733735C8                      57                PUSH EDI                          ntdll.7C940208
733735C9                      8965 E8           MOV DWORD PTR SS:[EBP-18],ESP
733735CC                      8B75 08           MOV ESI,DWORD PTR SS:[EBP+8]      abexcm2-.<ModuleEntryPoint>
733735CF                      8935 70E84773     MOV DWORD PTR DS:[7347E870],ESI
733735D5                      8365 FC 00        AND DWORD PTR SS:[EBP-4],0
733735D9                      8D45 A0           LEA EAX,DWORD PTR SS:[EBP-60]
733735DC                      50                PUSH EAX
733735DD                      FF15 A0103773     CALL DWORD PTR DS:[<&KERNEL32.G   kernel32.GetStartupInfoA
733735E3                      0FB745 D0         MOVZX EAX,WORD PTR SS:[EBP-30]
733735E7                      A3 6CE84773       MOV DWORD PTR DS:[7347E86C],EAX
733735EC                      FF35 D8E74773     PUSH DWORD PTR DS:[7347E7D8]      abexcm2-.00400000
733735F2                      56                PUSH ESI
733735F3                      BE 70E44773       MOV ESI,MSVBVM60.7347E470
733735F8                      8BCE              MOV ECX,ESI
733735FA                      90                NOP
```

图8-5　ThunRTMain()代码开始

8.4　分析 crackme

要“打补丁”的代码到底在哪呢？应该先找到解决问题的线索。以各位现在的水平，分析RT_MainStruct结构体不是件容易的事，要想一个更简单的方法才行。这种思路就是利用图8-2中的错误消息框与字符串。

8.4.1　检索字符串

使用OllyDbg中的字符串检索功能（选择All referenced text strings），显示出图8-6所示的窗口。

```
Text strings referenced in abexcm2-:.text
Address   Disassembly                        Text string
00402D88  MOV DWORD PTR SS:[EBP-CC],abe      UNICODE "About"
00402DC9  MOV DWORD PTR SS:[EBP-AC],abe      UNICODE "abex' 2nd crackme"
00402DD9  MOV DWORD PTR SS:[EBP-BC],abe      UNICODE "coded on 19th September 1999"
00403066  MOV DWORD PTR SS:[EBP-E4],abe      UNICODE "Error!"
0040307E  MOV DWORD PTR SS:[EBP-D4],abe      UNICODE "Please enter at least 4 chars as name!"
00403372  MOV DWORD PTR SS:[EBP-E4],abe      UNICODE "Congratulations!"
0040338A  MOV DWORD PTR SS:[EBP-D4],abe      UNICODE "Yep, this key is right!"
00403458  MOV DWORD PTR SS:[EBP-E4],abe      UNICODE "Wrong serial!"
00403476  MOV DWORD PTR SS:[EBP-D4],abe      UNICODE "Nope, this serial is wrong!"
```

图8-6　All referenced text strings

可以在上面窗口中看到消息框显示的字符串。双击相应字符串，转到其地址处，如图8-7所示。

```
00403458  .  MOV DWORD PTR SS:[EBP-E4],abexc  UNICODE "Wrong serial!"
00403462  .  MOV DWORD PTR SS:[EBP-EC],EBX    MSVBVM60.rtcMidCharVar
00403468  .  CALL EDI
0040346A  .  LEA EDX,DWORD PTR SS:[EBP-DC]
00403470  .  LEA ECX,DWORD PTR SS:[EBP-9C]
00403476  .  MOV DWORD PTR SS:[EBP-D4],abexc  UNICODE "Nope, this serial is wrong!"
00403480  .  MOV DWORD PTR SS:[EBP-DC],EBX    MSVBVM60.rtcMidCharVar
00403486  .  CALL EDI
00403488  .  LEA EDX,DWORD PTR SS:[EBP-CC]
0040348E  .  LEA EAX,DWORD PTR SS:[EBP-BC]
00403494  .  PUSH EDX
00403495  .  LEA ECX,DWORD PTR SS:[EBP-AC]
0040349B  .  PUSH EAX
0040349C  .  PUSH ECX
0040349D  .  LEA EDX,DWORD PTR SS:[EBP-9C]
004034A3  .  PUSH 0
004034A5  .  PUSH EDX
004034A6  .  CALL DWORD PTR DS:[<&MSVBVM60.#  MSVBVM60.rtcMsgBox
```

图8-7　403458地址

消息框的标题（“Wrong serial!”）、内容（“Nope，this serial is wrong!”），还有实际调用消息框函数的代码（4034A6）都显示出来了。

从编程的观点来看，使用某种算法生成序列号，通过比较用户输入的序列号与字符串，代码分为TRUE（序列号相同）与FALSE（序列号不同）两大部分。换言之，上述代码的前后存在字符串比较代码，且序列号正确时程序代码会调用消息框输出成功消息（序列号正确时调用消息框，这一点可由图8-6中的字符串类比推测出来）。

在图8-7中略微向上拖动滚动条，果然（如前预测）看到了包含条件转移语句的代码（参考图8-8）。

```
00403321  .  LEA EDX,DWORD PTR SS:[EBP-44]
00403324  .  LEA EAX,DWORD PTR SS:[EBP-34]
00403327  .  PUSH EDX
00403328  .  PUSH EAX
00403329  .  CALL DWORD PTR DS:[<&MSVBVM60._  MSVBVM60.__vbaVarTstEq
0040332F  .  TEST AX,AX
00403332  .v JE abexcm2-.00403408             =>  条件分支
00403338  .  MOV EAX,80020004
0040333D  .  MOV EBX,0A
00403342  .  MOV DWORD PTR SS:[EBP-EC],EDI
00403348  .  MOV EDI,DWORD PTR DS:[<&MSVBVM6  MSVBVM60.__vbaVarDup
0040334E  .  LEA EDX,DWORD PTR SS:[EBP-EC]
00403354  .  LEA ECX,DWORD PTR SS:[EBP-AC]
0040335A  .  MOV DWORD PTR SS:[EBP-C4],EAX
00403360  .  MOV DWORD PTR SS:[EBP-CC],EBX    MSVBVM60.rtcMidCharVar
00403366  .  MOV DWORD PTR SS:[EBP-B4],EAX
0040336C  .  MOV DWORD PTR SS:[EBP-BC],EBX    MSVBVM60.rtcMidCharVar
00403372  .  MOV DWORD PTR SS:[EBP-E4],abexc  UNICODE "Congratulations!"
0040337C  .  CALL EDI                         <&MSVBVM60.__vbaVarDup>
0040337E  .  LEA EDX,DWORD PTR SS:[EBP-DC]
00403384  .  LEA ECX,DWORD PTR SS:[EBP-9C]
0040338A  .  MOV DWORD PTR SS:[EBP-D4],abexc  UNICODE "Yep, this key is right!"
00403394  .  MOV DWORD PTR SS:[EBP-DC],8
0040339E  .  CALL EDI
004033A0  .  LEA ECX,DWORD PTR SS:[EBP-CC]
004033A6  .  LEA EDX,DWORD PTR SS:[EBP-BC]
004033AC  .  PUSH ECX
004033AD  .  LEA EAX,DWORD PTR SS:[EBP-AC]
004033B3  .  PUSH EDX
004033B4  .  PUSH EAX
004033B5  .  LEA ECX,DWORD PTR SS:[EBP-9C]
004033BB  .  PUSH 0
004033BD  .  PUSH ECX
004033BE  .  CALL DWORD PTR DS:[<&MSVBVM60.#  MSVBVM60.rtcMsgBox
```

图8-8　条件转移指令

调用403329地址的__vbaVarTstEq()函数，比较（TEST命令）返回值（AX）后，由403332地址的条件转移指令（JE指令）决定执行“真”代码还是“假”代码。

上述代码使用的汇编指令说明

- TEST：逻辑比较（Logical Compare）

与 bit-wise logical 'AND' 一样（仅改变 EFLAGS 寄存器而不改变操作数的值）

若 2 个操作数中一个为 0，则 AND 运算结果被置为 0→ZF=1。

- JE：条件转移指令（Jump if equal）

若 ZF=1，则跳转。

8.4.2　查找字符串地址

图8-8中403329地址处的__vbaVarTstEq()函数为字符串比较函数，其上方的2个PUSH指令为

比较函数的参数，即比较的字符串（联想到C语言的strcmp()函数而推测出的）。

调试至403329地址处。

```
00403321    LEA EDX,DWORD PTR SS:[EBP-44]
00403324    LEA EAX,DWORD PTR SS:[EBP-34]
00403327    PUSH EDX                                  ; 0012FBDC
00403328    PUSH EAX                                  ; 0012FBEC
00403329    CALL DWORD PTR DS:[&MSVBVM60.__           ; MSVBVM60.__vbaVarTstEq
```

00403321地址处的SS:[EBP-44]表达的是什么呢？“IA-32基本说明”与“栈帧”中讲过，SS是栈段，EBP是基址指针寄存器。换言之，SS:[EBP-44]指的是栈内地址，它恰好又是函数中声明的局部对象的地址（局部对象存储在栈区）。在此状态下查看栈，如图8-9所示（栈地址会随调试环境的不同而改变）。

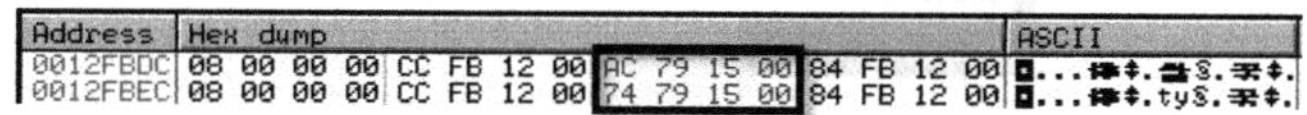

0012FAB4	0012FBEC
0012FAB8	0012FBDC

图8-9　栈

查看存储在栈中的内存地址（12FBDC、12FBEC），如图8-10所示。

Address	Hex dump	ASCII
0012FBDC	08 00 00 00 CC FB 12 00 AC 79 15 00 84 FB 12 00	■...■‡.■§.■‡.
0012FBEC	08 00 00 00 CC FB 12 00 74 79 15 00 84 FB 12 00	■...■‡.ty§.■‡.

图8-10　栈内存

提示

OllyDbg中有一个更方便的查找命令，使用时不需要输入地址。在代码窗口或栈窗口中使用鼠标选中指定地址，使用右键菜单中的Follow in dump或Follow in dump→Memory address命令即可。

与C++的string类一样，VB字符串使用可变长度的字符串类型。所以就像在图8-10看到的一样，直接显示的不是字符串，而是16字节大小的数据（这就是VB中使用的字符串对象）。

不同的值被这样统一起来，仅方框显示的值是不同的，看上去就像内存地址一样（可变长度字符串类型内部持有实际动态分配的字符串缓存地址）。

在OllyDbg的Dump窗口中选择右键菜单Long -Address with ASCII dump命令。该命令可以把Dump窗口的查看形式变得与栈窗口一样，特别是针对字符串地址时可以将相应字符串显示出来（若想返回原视图，使用鼠标右键菜单的Hex-Hex/ASCII（16个字节）命令即可）。

如图8-11所示，EDX（0012FBDC）最终是实际的serial值，EAX（0012FBEC）是用户输入的serial值（请注意VB使用Unicode字符串）。进入字符串所在地址可以看到实际的字符串。

Address	Value	ASCII	Comment
0012FBDC	00000008	■...	
0012FBE0	0012FBCC	■‡.	
0012FBE4	001579AC	■§.	UNICODE "B6C9DAC9"
0012FBE8	0012FB84	■‡.	
0012FBEC	00000008	■...	
0012FBF0	0012FBCC	■‡.	
0012FBF4	00157974	ty§.	UNICODE "abcd1234"
0012FBF8	0012FB84	■‡.	

图8-11　Long -Address with ASCII dump

Address	Hex dump	ASCII
0015872C	42 00 36 00 43 00 39 00 44 00 41 00 43 00 39 00	B.6.C.9.D.A.C.9.

Address	Hex dump	ASCII
001586F4	61 00 62 00 63 00 64 00 31 00 32 00 33 00 34 00	a.b.c.d.1.2.3.4.

图8-12　Serial字符串

提示

图 8-10~图 8-12 中的 Unicode 字符串地址是不一样的。原因在于它们不是在同一调试过程中截图的，而是经过多次调试重启截取的，所以字符串的地址发生了变化。VB 默认使用基于 Unicode 的可变长度字符串对象。可变长度字符串对象会根据需要在内部随时动态分配/释放内存。因此，每次运行时字符串的地址会有所不同。此外，调试时无法一眼看全实际字符串，这也是调试的困难之一。

运行Crackme程序，输入Name=“ReverseCore”、Serial=“B6C9DAC9”，会弹出成功的消息框，如图8-13所示。

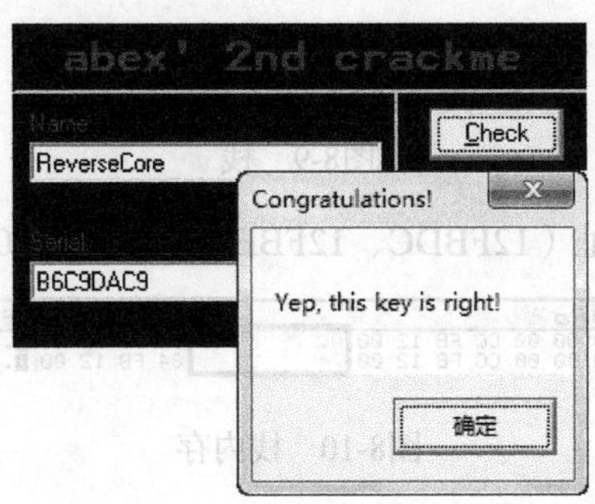

图8-13　“Congratulations!”消息框

消息框表明找到了正确的Serial并破解成功。但Name与Serial之间是什么关系呢？为了测试，向Name中输入另一个值，Serial保持不变，程序显示错误信息。这证明了最初的推测，即程序采用了“以Name字符串为基础随时生成Serial”的算法。

8.4.3　生成 Serial 的算法

本节讲述生成Serial字符串的算法。

查找函数开始部分

很显然，图8-8中的条件转移代码属于某个函数。该函数可能就是Check按钮的事件处理程序。原因在于选择Check按钮后，该函数会被调用执行，且含有用户代码来弹出成功/失败消息框。

最好倒着向上一点点地查找函数开始部分。向上拖动滚动条即可见到图8-14所示的代码。仔细看一下00402ED0地址处的命令。

```
00402ED0    PUSH EBP            ; = [Check] button event handler
00402ED1    MOV EBP,ESP
```

上述代码是典型的栈帧代码，开始执行函数就会形成栈帧。由此得知该位置就是函数开始部分，即Check按钮的事件处理程序。

汇编指令

VB 文件的函数之间存在着 NOP 指令（图 8-14 的 402ECC~402ECF 地址区）。

NOP：No Operation，不执行任何动作的指令（只消耗 CPU 时钟）。

为了准确分析代码，在402ED0处设置断点后开始调试。

```
00402ECC     90              NOP
00402ECD     90              NOP
00402ECE     90              NOP
00402ECF     90              NOP
00402ED0   > 55              PUSH EBP                                    => [Check] button event handler
00402ED1   . 8BEC            MOV EBP,ESP
00402ED3   . 83EC 0C         SUB ESP,0C
00402ED6   . 68 06114000     PUSH <JMP.&MSVBVM60.__vbaExceptHandler>     SE handler installation
00402EDB   . 64:A1 000000(   MOV EAX,DWORD PTR FS:[0]
00402EE1   . 50              PUSH EAX
00402EE2   . 64:8925 0000(   MOV DWORD PTR FS:[0],ESP
00402EE9   . 81EC 4401000(   SUB ESP,144
00402EEF   . 53              PUSH EBX
00402EF0   . 56              PUSH ESI
00402EF1   . 57              PUSH EDI
00402EF2   . 8965 F4         MOV DWORD PTR SS:[EBP-C],ESP
00402EF5   . C745 F8 F010(   MOV DWORD PTR SS:[EBP-8],abexcm2-.00401(
00402EFC   . 8B75 08         MOV ESI,DWORD PTR SS:[EBP+8]
00402EFF   . 8BC6            MOV EAX,ESI
00402F01   . 83E0 01         AND EAX,1
00402F04   . 8945 FC         MOV DWORD PTR SS:[EBP-4],EAX
00402F07   . 83E6 FE         AND ESI,FFFFFFFE
00402F0A   . 56              PUSH ESI
00402F0B   . 8975 08         MOV DWORD PTR SS:[EBP+8],ESI
00402F0E   . 8B0E            MOV ECX,DWORD PTR DS:[ESI]
00402F10   . FF51 04         CALL DWORD PTR DS:[ECX+4]
00402F13   . 8B16            MOV EDX,DWORD PTR DS:[ESI]
00402F15   . 33FF            XOR EDI,EDI
00402F17   . 56              PUSH ESI
00402F18   . 897D DC         MOV DWORD PTR SS:[EBP-24],EDI
00402F1B   . 897D CC         MOV DWORD PTR SS:[EBP-34],EDI
00402F1E   . 897D BC         MOV DWORD PTR SS:[EBP-44],EDI
```

图8-14 按钮的事件处理程序

8.4.4 预测代码

如果你有编程或逆向分析经验，就可以预测出生成序列号的方法。若是Win32 API程序，则有如下特点。

- 读取 Name 字符串（使用 GetWindowText、GetDlgItemText 等 API）。
- 启动循环，对字符加密（XOR、ADD、SUB 等）。

上述文件使用VB引擎函数编写而成，也有类似的原理。若预测正确，从图8-14的事件处理程序起始代码开始调试，查找到读取Name字符串的部分后，紧接着就会出现加密循环。

提示

调试前先预测代码的实现，这是个好习惯。若预测有误也没关系，从头开始调试即可。但若是有幸预测正确，则可以节省大量调试时间。

8.4.5 读取 Name 字符串的代码

我们预测到程序使用VB引擎的API获取用户输入的字符串，下面以CALL指令为主进行调试（请注意观察此时传递给API的参数及返回值）。开始调试后，遇到第四条CALL指令，如下所示。

```
00402F8E    LEA EDX,DWORD PTR SS:[EBP-88]      ; = 用于保存Name字符串的字符串对象
00402F94    PUSH EDX
00402F95    PUSH ESI
00402F96    MOV ECX,DWORD PTR DS:[ESI]
00402F98    CALL DWORD PTR DS:[ECX+A0]         ; = 获取Name
```

查看00402F8E地址处的代码可以看到，函数的局部对象SS:[EBP-88]地址传递（PUSH）给了函数的参数。查看该地址。

要查找的是Name字符串，在VB中，字符串使用字符串对象（这与C语言使用char数组不同），如图8-15查看内存，很难认出实际的字符串。因此把OllyDbg的Dump窗口更改为Long -Address with ASCII dump视图模式。

```
Address   Hex dump                                          ASCII
0012FB98  00 00 00 00 00 00 00 00 3C 15 D0 00 00 00 00 00  ........<§?....
0012FBA8  10 00 00 00 00 00 00 00 17 B3 D0 77 01 00 00 00  ►.......‡▄w0...
0012FBB8  01 00 00 00 00 00 00 00 E8 FB 12 00 76 47 42 73  0.......■‡.vGBs
```

图8-15 SS:[EBP-88]

Address	Value	ASCI	Comment
0012FB98	00000000	....	
0012FB9C	00000000	....	
0012FBA0	00D0153C	<S?	
0012FBA4	00000000	....	

图8-16　Long -Address with ASCII dump

像如图8-16所示更改视图方式后，就可以直接看到VB字符串对象存储实际字符串的缓存地址了。在该状态下运行到402F98地址处的CALL命令，值存储到字符串对象，如图8-17所示。

Address	Value	ASCI	Comment
0012FB98	00156FB4	■S.	UNICODE "ReverseCore"
0012FB9C	00000000	....	
0012FBA0	00D0153C	<S?	
0012FBA4	00000000	....	

图8-17　Name字符串

Name字符串（以字符串对象形式）存储到[EBP-88]地址。

8.4.6　加密循环

继续调试，遇到如下循环，即一系列循环语句。

```
00403102   MOV EBX,4                                    ; EBX = 4 (loop count)
...
0040318B   CALL DWORD PTR DS:[&MSVBVM60.__vbaVarForInit]
00403191   MOV EBX,DWORD PTR DS:[&MSVBVM60.#632]   ; MSVBVM60.rtcMidCharVar
00403197   TEST EAX,EAX                                 ; loop start
00403199   JE abexcm2-.004032A5
...
0040329A   CALL DWORD PTR DS:[&MSVBVM60.__vbaVarForNext]
004032A0   JMP abexcm2-.00403197                          ; loop end
004032A5   MOV EAX,DWORD PTR SS:[EBP+8]
```

简单讲解上述循环的动作原理，就像在链表中使用next指针引用下一个元素一样，__vbaVarForInit()、__vbaVarForNext()可以使逆向分析人员在字符串对象中逐个引用字符。并且设置loop count（EBX）使其按指定次数运转循环。

提示

实测仅使用接收的Name字符串中的前4个字符。在代码内检查字符串的长度，若少于4个字符，就会弹出错误消息框。

至此我们已经查找到了所有希望查看的部分，接下来了解一下加密方法。

8.4.7　加密方法

输入的Name字符串为“ReverseCore”。

```
004031F0    CALL DWORD PTR DS:[&MSVBVM60.__vbaStrVarVal]
004031F6    PUSH EAX                          ; 从Name字符串中获取的一个字符 (UNICODE)
                                              ; 'R'
004031F7    CALL DWORD PTR DS:[&MSVBVM60.#516]  ; rtcAnsiValueBstr() Unicode - ASCII 变换
                                              ; 'R'= 52
00403221    LEA EDX,DWORD PTR SS:[EBP-54]
00403224    LEA EAX,DWORD PTR SS:[EBP-DC]
0040322A    PUSH EDX                          ; EDX = 52
0040322B    LEA ECX,DWORD PTR SS:[EBP-9C]
```

```
00403231    PUSH EAX
00403232    PUSH ECX                                ; dest
00403233    MOV DWORD PTR SS:[EBP-D4],64
0040323D    MOV DWORD PTR SS:[EBP-DC],EDI           ; [EBP-DC] = EAX = 64
```

调试到此，看一下栈。

```
0012FAB0    0012FB84    ; ECX
0012FAB4    0012FB44    ; EAX
0012FAB8    0012FBCC    ; EDX
```

查看各内存地址，如下所示。

```
0012FB84    00000000 .... ; ECX
0012FB88    00000001 #...
0012FB8C    00000001 #... ; 用于保存结果的缓冲区
0012FB90    77D098CF ??
0012FB44    00000002 #... ; EAX
0012FB48    00000000 ....
0012FB4C    00000064 d... ; 密钥 (64)
0012FB50    00000000 ....
0012FBCC    00000002 #... ; EDX
0012FBD0    00000000 ....
0012FBD4    00000052 R... ; Name字符串首字符的ASCII值
0012FBD8    00000000 ....
```

运行如下函数，将加密后的值存储到ECX寄存器所指的缓冲区。

```
00403243    CALL DWORD PTR DS:[&MSVBVM60.__vbaVarAdd]  ; __vbaVarAdd() : 52 + 64 = B6
```

此时栈如下。

```
0012FB84    00000002 #... ; ECX
0012FB88    00000001 #...
0012FB8C    000000B6 ?..  ; 计算结果: 52 + 64 = B6
0012FB90    77D098CF ??
```

计算结果B6是原值52（'R'）加上密钥64生成的值，就像在图8-13中看到的一样，表示真Serial的前2个字符。以下代码把数字B6转换为字符串B6（Unicode）。

```
00403250    LEA EDX,DWORD PTR SS:[EBP-54]
00403253    LEA EAX,DWORD PTR SS:[EBP-9C]
00403259    PUSH EDX                               ; EDX = 12FBCC (参考上面栈地址)
0040325A    PUSH EAX                               ; EAX = 12FB84
0040325B    CALL DWORD PTR DS:[&MSVBVM60.#573] ; rtcHexVarFromVar(): 变更为Unicode!
```

调用函数后，查看EAX所指缓冲区（0012FB84），生成B6字符串，如下所示。

```
0012FB84    73470008 #.Gs
0012FB88    0012FBCC 悸#.
0012FB8C    001577B4 悸#. Unicode "B6"
0012FB90    0012FB84 悸#.
```

查看实际字符串的地址（001577B4）。数字B6变为Unicode字符串B6。

```
001577B4    00360042 B.6.
```

下列代码把生成的字符串连接起来。

```
0040326C    LEA ECX,DWORD PTR SS:[EBP-44]
0040326F    LEA EDX,DWORD PTR SS:[EBP-54]
00403272    PUSH ECX                                    ; old
00403273    LEA EAX,DWORD PTR SS:[EBP-9C]
00403279    PUSH EDX                                    ; add
0040327A    PUSH EAX                                    ; serial
```

```
0040327B   CALL DWORD PTR DS:[&MSVBVM60.__vbaVarCat] ; __vbaVarCat()：连接字符串
                                                     ; serial(EAX) = old(ECX) + add(EDX)
```

最后执行循环，生成如下序列号。

```
serial = old("B6C9DA") + add("C9") = "B6C9DAC9" (最终形成的serial字符串)
```

加密方法整理如下。

(1) 从给定的Name字符串前端逐一读取字符（共4次）。

(2) 将字符转换为数字（ASCII代码）。

(3) 向变换后的数字加64。

(4) 再次将数字转换为字符。

(5) 连接变换后的字符。

8.5　小结

从破解层面看，示例是个很容易说明的文件。但对于代码逆向分析初学者而言，其中包含了大量内容（VB文件、字符串加密），若要一一学习，分量就显得非常多。

若跟随调试时进展不顺，请不要轻易放弃。看着上面的说明，各位可能会觉得我调试得过于简单了（特别是讲解有关事件处理程序代码的部分），但是我为了编写该章节已经重启了10多次。

错过要查找的代码时就要重启调试，需要不断重启以跟踪VB字符串对象内部的字符串缓冲区。各位也要经历这样一个过程才能提高调试水平。因此，现在暂时跳过还不懂的部分，达到一定水平后再挑战。

Q&A

Q. 除了前面介绍的方法，还有别的方法吗？

A. 当然，还有很多呢。破解方法不是一成不变的。即便是同一个文件，也可以尝试使用不同方法，不断尝试才能提高水平。

Q. 破解很多crackme文件能够帮助提高逆向分析水平吗？

A. 的确对提高逆向分析水平有一定帮助，但我建议初学者分析crackme是想让他们感受代码逆向分析的乐趣。代码逆向分析领域中要学习的内容非常多，若感受不到其中的乐趣很容易半途而废。所以，如果通过分析crackme文件感受到了逆向分析的乐趣，学习起来就不会觉得太难。但也不要过分沉溺于crackme程序的分析，只要能从中感受到乐趣足矣。

Q. "调试到403329"的含义是"在403329地址处设置断点，然后运行Run(F9)命令"吗？

A. 使用断点可快速到达指定位置。也可使用StepInto(F7)/StepOver(F8)命令调试到相应地址处。

Q. 如图8-10所示，若想查看栈内存，该怎么办呢？

A. 在OllyDbg的Dump窗中使用移动命令（Ctrl+G）即可。或者在图8-9的栈窗口中选择12FAB8，再选择鼠标右键菜单中的Follow in dump项。抑或在图8-8中选择403321地址后，使用鼠标右键菜单中的Follow in dump-Memory Address命令。

Q. 为何要在"TEST AX, AX"指令中比较2个一样的项？

A. 为了检测AX是否为0。只要把它想成汇编语法的特征即可。比如图8-8的40332F地址处有如下指令：

```
TEST AX, AX
JE 403408
```

将上述汇编代码转换为C语言语句，如下所示：

```
If(AX==0)
    goto 403408
```

“原来汇编语法是这样子啊”，这样想就好。

Q. 您如何在图8-14的代码中查找到了Check按钮的事件处理程序？

A. 参考图8-6~图8-8的代码，把“Wrong serial”字符串定为目标，然后查找引用该字符串的代码（因为代码所属区域即是按钮的事件处理程序）。从查找到的代码开始，向上拖动滑动条，找到生成栈帧（函数开始）的部分。

Q. 加密字符串的代码复杂难懂，看也看不明白，您是怎么知道的呢？

A. 我找出“ReverseCore”字符串的地址后，在查找访问该字符串的代码过程中发现了加密代码。而且，仔细逐行调试也能发现。对于初学者而言，这些不是一下子就能理解的内容。不断努力、反复调试，就会慢慢明白。

Q. 读取Name的位置是StackFrame形成后第四个call语句，您是如何知道的？

A. 先找到处理程序再反复调试该代码。在此过程中边注意观察寄存器、栈边调试代码，就会看到如下指令。

```
00402F8E    LEA EDX, DWORD PTR SS:[EBP-88]
...
00402F98    CALL DWORD PTR DS:[ECX+A0]
...
00402FB6    MOV EAX, DWORD PTR SS:[EBP-88]
```

上面00402FB6地址处的命令把字符串的地址设置到EAX寄存器。由此可以推出[EBP-88]变量即是字符串对象，且值是由00402F98地址处的CALL指令设置的。只要反复调试就会知道这一点，各位不断挑战后也终将了解。

Q. 其他部分都明白，但加密部分太难了。除了不断调试外，还有别的方法吗？

A. 有些读者初次接触这些汇编代码形式的加密代码，感到很难是十分正常的，我也一样。但可以明确告诉大家，即便一再抱怨，只要不断看代码，一个月、两个月……一年后就会觉得简单一些了。坚持就是胜利。

Q. 为什么402ED0地址处没有Check按钮的注释？

A. 这个注释是我为便于讲解手动添加的。由于没有特别说明，可能让大家误以为它是OllyDbg默认提供的注释。

第9章 Process Explorer ——最优秀的进程管理工具

9.1 Process Explorer

Process Explorer是Windows操作系统下最优秀的进程管理工具。

它是Mark Russinovich开发的进程管理实用程序。Mark Russinovich创办了著名的sysinternals（目前已并入微软旗下），他有着渊博的Windows操作系统知识，开发并公布了许多实用程序（FileMon、RegMon、TcpView、DbgView、AutoRuns、RootKit Revealer等），也是《深入解析Windows操作系统》一书的合著者。他曾公开过FileMon与RegMon的源代码。在Windows操作系统缺乏各种信息资料的早期，这些源码对系统驱动开发者而言就像沙漠中的绿洲。

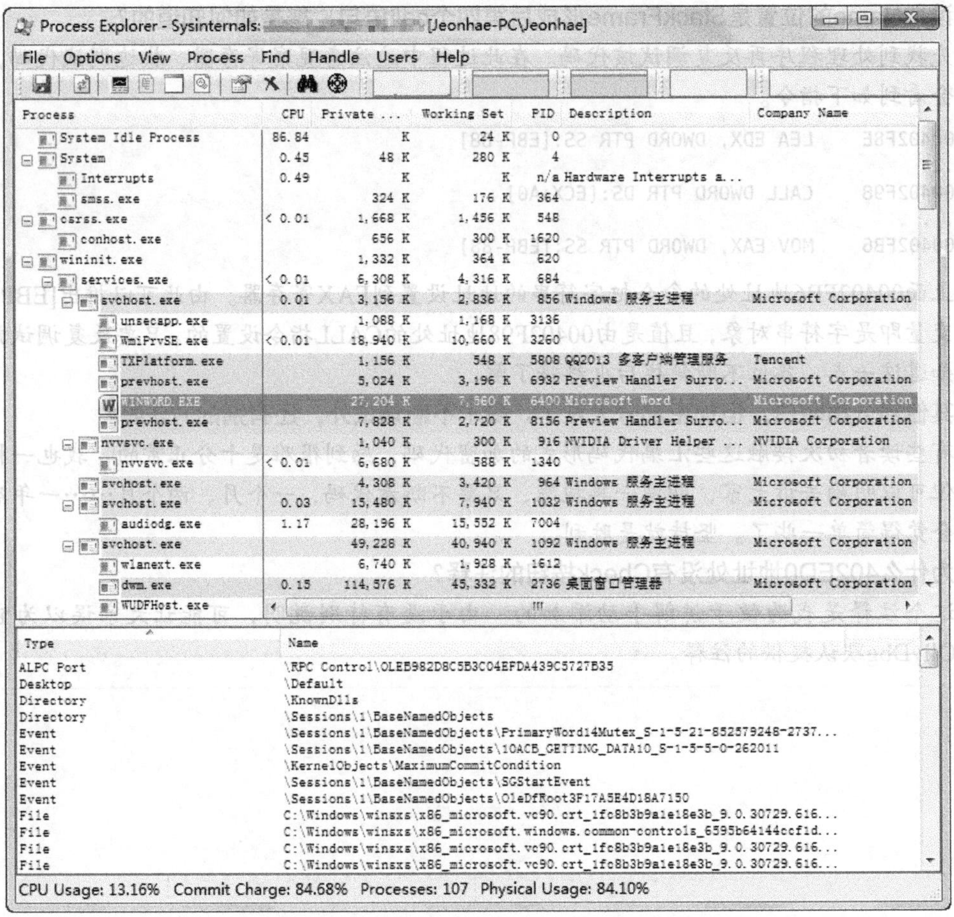

图9-1 Process Explorer运行画面

言归正传，一起看一下Process Explorer的运行界面（参考图9-1）。它拥有Windows任务管理器无法比拟的优秀界面组织结构。画面左上侧以Parent/Child的树结构显示当前运行的进程。右侧显示各进程的PID、CPU占有率、注册信息等（可通过Option添加）。画面下方（选项）显示的是加载到所选进程中的DLL信息，或者当前选中进程的所有对象的句柄。

9.2 具体有哪些优点呢

用户界面看上去更漂亮了，各位一定想知道具体有哪些优点。我在逆向分析代码时常常会同时打开Process Explorer，原因就在于它有以下这些优点。

- Parent/Child 进程树结构。
- 以不同颜色（草绿/红色）显示进程运行/终止。
- 进程的 Suspend/Resume 功能（挂起/恢复运行）。
- 进程终止（kill）功能（支持 Kill Process Tree 功能）。
- 检索 DLL/Handle（检索加载到进程中的 DLL 或进程占有的句柄）。

此外还提供了其他多样化的功能，但是上面列举的这些是代码逆向分析时最常用的。该软件还可以不断更新（修正Bug、添加新功能），这也是非常大的优点。

9.3 sysinternals

进入sysinternals网站，你会看到迷你控制台版本的Process Explorer（PsKill、PsSuspend、PsList等）。请下载并运行这些实用小程序。它们是非常棒的控制台版本小程序，对Process Explorer的功能做了删减。

那些因学习代码逆向技术而学习Windows内部结构的读者，可以学习并尝试编写这些控制台程序。这能够加深各位对进程与DLL等的理解（从经验来说，跟着动手操作是提高自身技术水平的最好方法）。

第10章 函数调用约定

本章学习函数调用约定（Calling Convention）的相关知识。

10.1 函数调用约定

Calling Convention译成中文是“函数调用约定”，它是对函数调用时如何传递参数的一种约定。

我们通过前面的学习已经知道，调用函数前要先把参数压入栈然后再传递给函数。栈就是定义在进程中的一段内存空间，向下（低地址方向）扩展，且其大小被记录在PE头中。也就是说，进程运行时确定栈内存的大小（与malloc/new动态分配内存不同）。

提问1. 函数执行完成后，栈中的参数如何处理？

回答1. 不用管。

由于只是临时使用存储在栈中的值，即使不再使用，清除工作也会浪费CPU资源。下一次再向栈存入其他值时，原有值会被自然覆盖掉，并且栈内存是固定的，所以既不能也没必要释放内存。

提问2. 函数执行完毕后，ESP值如何变化？

回答2. ESP值要恢复到函数调用之前，这样可引用的栈大小才不会缩减。

栈内存是固定的，ESP用来指示栈的当前位置，若ESP指向栈底，则无法再使用该栈。函数调用后如何处理ESP，这就是函数调用约定要解决的问题。主要的函数调用约定如下。

- cdecl
- stdcall
- fastcall

应用程序的调试中，cdecl与stdcall的区别非常明显。不管采用哪种方式，通过栈来传递参数的基本概念都是一样的。

术语说明

- 调用者——调用函数的一方。
- 被调用者——被调用的函数。

比如在main()函数中调用printf()函数时，调用者为main()，被调用者为printf()。

10.1.1 cdecl

cdecl是主要在C语言中使用的方式，调用者负责处理栈。

代码10-1 cdecl示例

```
#include "stdio.h"

int add(int a, int b)
{
    return (a + b);
}
```

```
int main(int argc, char* argv[])
{
    return add(1, 2);
}
```

使用VC++（关闭优化选项）编译代码10-1生成cdecl.exe文件后，使用OllyDbg调试。

从图10-1中401013~40101C地址间的代码可以发现，add()函数的参数1、2以逆序方式压入栈，调用add()函数（401000）后，使用ADD ESP,8命令整理栈。调用者main()函数直接清理其压入栈的函数参数，这样的方式即是cdecl。

```
00401000  ┌$  55            PUSH EBP                          # add()
00401001  │.  8BEC          MOV EBP,ESP
00401003  │.  8B45 08       MOV EAX,DWORD PTR SS:[EBP+8]
00401006  │.  0345 0C       ADD EAX,DWORD PTR SS:[EBP+C]
00401009  │.  5D            POP EBP
0040100A  └.  C3            RETN
0040100B      CC            INT3
0040100C      CC            INT3
0040100D      CC            INT3
0040100E      CC            INT3
0040100F      CC            INT3
00401010  ┌$  55            PUSH EBP                          # main()
00401011  │.  8BEC          MOV EBP,ESP
00401013  │.  6A 02         PUSH 2                            ┌Arg2 = 00000002
00401015  │.  6A 01         PUSH 1                            │Arg1 = 00000001
00401017  │.  E8 E4FFFFFF   CALL 00401000                     └cdecl.00401000
0040101C  │.  83C4 08       ADD ESP,8
0040101F  │.  5D            POP EBP
00401020  └.  C3            RETN
```

图10-1　cdecl.exe示例文件

提示

cdecl 方式的好处在于，它可以像 C 语言的 printf()函数一样，向被调用函数传递长度可变的参数。这种长度可变的参数在其他调用约定中很难实现。

10.1.2　stdcall

stdcall方式常用于Win 32 API，该方式由被调用者清理栈。前面讲解过C语言默认的函数调用方式为cdecl。若想使用stdcall方式编译源码，只要使用_stdcall关键字即可。

代码10-2　stdcall示例

```
#include "stdio.h"

int _stdcall add(int a, int b)
{
    return (a + b);
}
int main(int argc, char* argv[])
{
    return add(1, 2);
}
```

使用VC++（关闭优化选项）编译代码10-2生成stdcall.exe文件后，使用OllyDbg调试。从图10-2中的代码可以看到，在main()函数中调用add()函数后，省略了清理栈的代码（ADD ESP,8）。

栈的清理工作由add()函数中最后（40100A）的RETN 8命令来执行。RETN 8命令的含义为RETN+POP 8字节，即返回后使ESP增加到指定大小，如图10-2所示。

```
00401000  ┌$ 55            PUSH EBP                          # add()
00401001  │. 8BEC          MOV EBP,ESP
00401003  │. 8B45 08       MOV EAX,DWORD PTR SS:[EBP+8]
00401006  │. 0345 0C       ADD EAX,DWORD PTR SS:[EBP+C]
00401009  │. 5D            POP EBP
0040100A  └. C2 0800       RETN 8
0040100D     CC            INT3
0040100E     CC            INT3
0040100F     CC            INT3
00401010  ┌$ 55            PUSH EBP                          # main()
00401011  │. 8BEC          MOV EBP,ESP
00401013  │. 6A 02         PUSH 2                           ┌Arg2 = 00000002
00401015  │. 6A 01         PUSH 1                           │Arg1 = 00000001
00401017  │. E8 E4FFFFFF   CALL 00401000                    └stdcall.00401000
0040101C  │. 5D            POP EBP
0040101D  └. C3            RETN
```

图10-2　stdcall.exe示例文件

像这样在被调用者add()函数内部清理栈的方式即为stdcall方式。stdcall方式的好处在于，被调用者函数内部存在着栈清理代码，与每次调用函数时都要用ADD ESP,XXX命令的cdecl方式相比，代码尺寸要小。虽然Win 32 API是使用C语言编写的库，但它使用的是stdcall方式，而不是C语言默认的cdecl方式。这是为了获得更好的兼容性，使C语言之外的其他语言（Delphi(Pascal)、Visual Basic等）也能直接调用API。

10.1.3　fastcall

fastcall方式与stdcall方式基本类似，但该方式通常会使用寄存器（而非栈内存）去传递那些需要传递给函数的部分参数（前2个）。若某函数有4个参数，则前2个参数分别使用ECX、EDX寄存器传递。

顾名思义，fastcall方式的优势在于可以实现对函数的快速调用（从CPU的立场看，访问寄存器的速度要远比内存快得多）。单从函数调用本身来看，fastcall方式非常快，但是有时需要额外的系统开销来管理ECX、EDX寄存器。倘若调用函数前ECX与EDX中存有重要数据，那么使用它们前必须先备份。此外，如果函数本身很复杂，需要把ECX、EDX寄存器用作其他用途时，也需要将它们中的参数值存储到另外某个地方。

前面我们学习了函数调用约定的相关知识。若想进一步学习栈与寄存器，请参考相关章节内容。

第11章　视频讲座

一位名叫Lena的人在tuts4you网站公示板上贴了40个crackme讲座，以帮助初学者学习代码逆向分析技术。这些讲座非常受欢迎，因为所有讲座都以Flash视频形式呈现出来，且让学习者感到非常亲切。各位可以到tuts4you网站观看这些视频讲座，这对学习代码逆向分析技术非常有帮助。

11.1　运行

首先运行要破解的文件。

弹出消息对话框，显示2条信息。

- 删除所有烦人的 Nags（唠叨）
- 查找 registration code

选择“确认”按钮，显示主窗口，如图11-2所示。

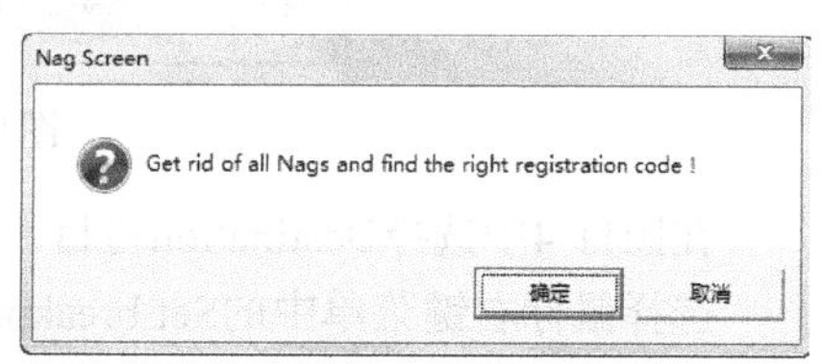

图11-1　初始消息框

这是个典型的serial crackme程序。阅读画面中的蓝色文字，要求使用SmartCheck注册（SmartCheck是Numega公司制作的实用程序，是破解者喜欢使用的工具之一。本书仅使用调试器进行调试破解）。

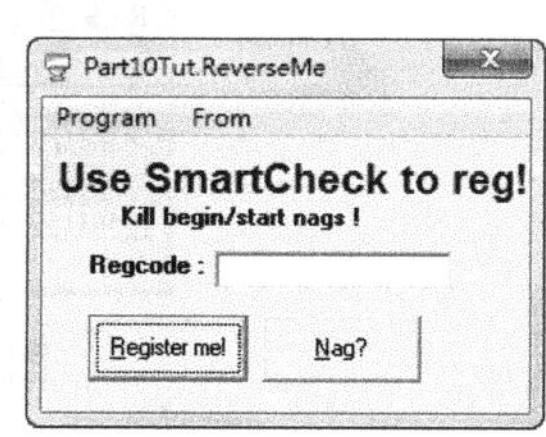

图11-2　主画面

> **提示**
>
> 若示例文件（Tut.ReverseMe1.exe）无法运行，请先将附带的 MSVBVM50.dll 文件复制到示例目录下再运行。

11.2　分析

11.2.1　目标（1）：去除消息框

第一个目标是去掉Nag消息框，即图11-1中的消息框。开始运行程序，或单击图11-2中的“Nag?”按钮时，就会弹出该消息框。使用OllyDbg打开文件。

图11-3的代码看上去非常眼熟，其实就是abex crackme 2中看到过的Visual Basic代码。（看到00401162地址的MSVBVM50.ThunRTMain函数了吗？）

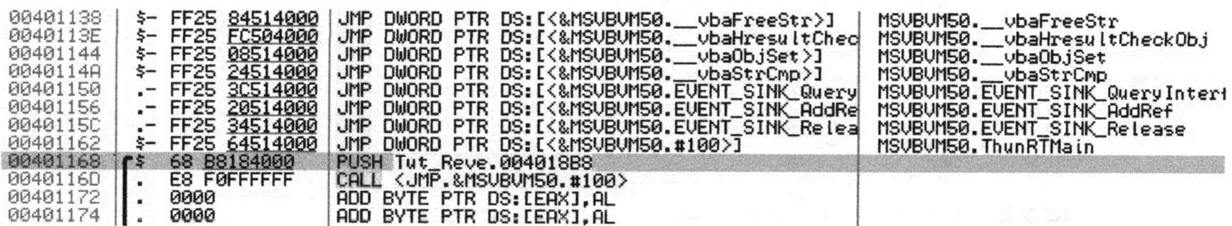

图11-3　EP代码

这一次也来预测一下代码。要去除消息框，只要操作调用消息框的函数部分即可。Visual Basic中调用消息框的函数为MSVBVM50.rtcMsgBox。

在OllyDbg中使用鼠标右键菜单的Search for-All intermodular calls命令，将会列出程序中调用的API目录，如图11-4所示。

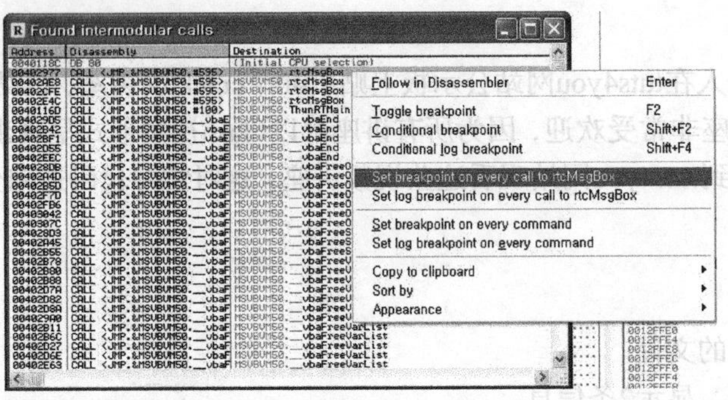

图11-4　All intermodular calls

在图11-4中选择Destination栏目，根据函数名称排序。共有4处调用要找的rtcMsgBox函数。

选择鼠标右键菜单中的Set breakpoint on every call to rtcMsgBox菜单，在所有调用rtcMsgBox的代码处设置断点，如图11-5所示。

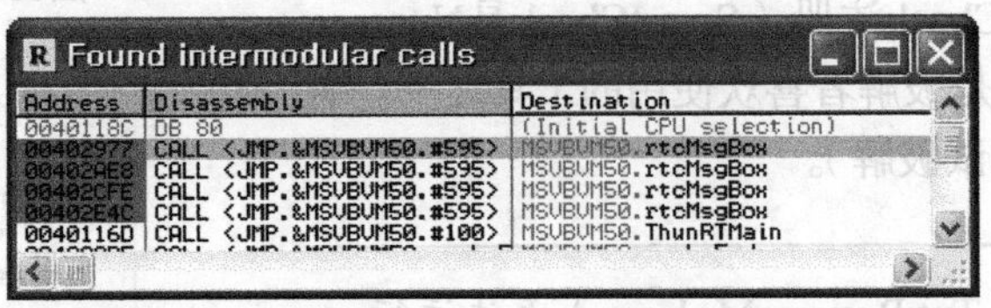

图11-5　在调用rtcMsgBox代码处设置断点

然后在调试器中按F9键运行程序。程序运行到设有断点的地方就停下来，如图11-6所示。

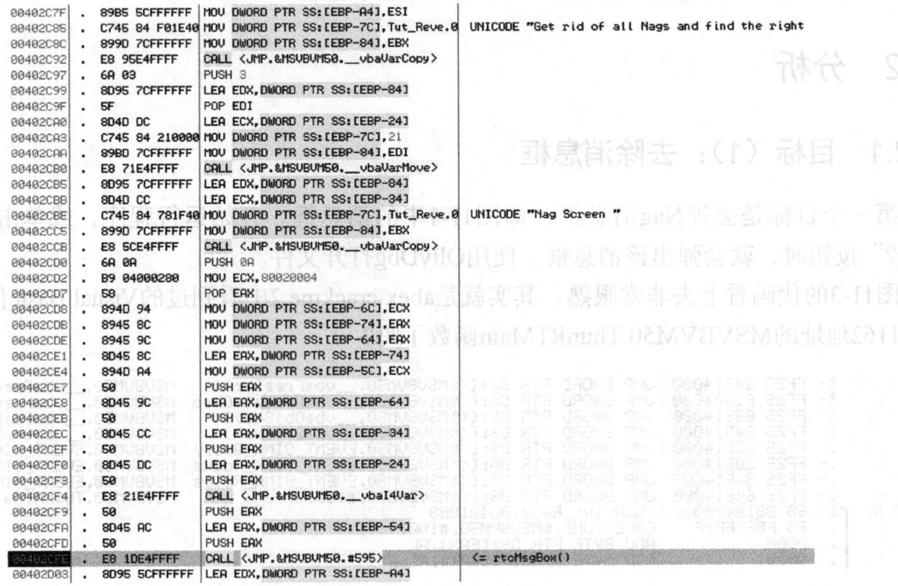

图11-6　运行到402CFE地址处停止

程序运行到402CFE地址处就停下来，稍微向上拉一下滚动条，可以看到图11-1消息框中显示的字符串。该部分就是程序开始运行时用来显示消息框的代码部分，终于找到了。

继续运行程序（F9），弹出图11-1中的消息框，选择“确定”按钮，显示出图11-2的主画面。在主画面中按下“Nag?”按钮会发生什么呢？程序运行到图11-6的地址（402CFE）处停下来。最初显示的消息框与按主画面中“Nag?”按钮显示的消息框有相同的运行代码。所以只要对一处“打补丁”即可。

11.2.2 打补丁（1）：去除消息框

打补丁的方法很多。

第一次尝试

先修改402CFE地址处的CALL命令，如下所示。

```
原来
00402CFE    E8 1DE4FFFF      CALL <JMP.&MSVBVM50.#595>     ;  <= rtcMsgBox()
```

```
修改后
00402CFE    83C4 14          ADD ESP,14                    ; 整理栈
00402D01    90               NOP                           ; No Operation
00402D02    90               NOP                           ; No Operation
```

402CFE地址处的ADD ESP, 14命令的含义是，按照传递给rtcMsgBox()参数的大小（14）清理栈。并用NOP填充其余2个字节，以保证代码不会乱（原来CALL命令的大小为5字节，ADD命令用3个字节，还余下2个字节）。

看上去没有什么问题，但结果却“发生错误”。原因在于没有正确处理rtcMsgBox()函数的返回值（EAX寄存器）。

如图11-7，在402CFE地址处调用rtcMsgBox()函数后，402D06地址处将返回值（EAX）存储到特定变量（EBP-9C）。此处消息框的返回值应该是1（表示“确定”按钮）。若存储的为1之外的值，则表示程序终止。那么最好试试其他方法。

```
00402CFE  .  E8 1DE4FFFF     CALL <JMP.&MSVBVM50.#595>          <= rtcMsgBox()
00402D03  .  8D95 5CFFFFFF   LEA EDX,DWORD PTR SS:[EBP-A4]
00402D09  .  8D4D BC         LEA ECX,DWORD PTR SS:[EBP-44]
00402D0C  .  8985 64FFFFFF   MOV DWORD PTR SS:[EBP-9C],EAX
00402D12  .  89BD 5CFFFFFF   MOV DWORD PTR SS:[EBP-A4],EDI
```

图11-7 402CFE地址处的rtcMsgBox()调用

提示

(1) 可以修改 402CFE 地址处的指令，如下所示。

ADD ESP,14 (Instruction:83C414)

MOV EAX,1 (Instruction:B801000000)

以上两行汇编代码产生的结果与调用 rtcMsgBox()函数后用户按“确定”按钮的结果相同（栈与返回值相同）。之所以没有这样做是因为指令长度不合适。源文件 402CFE 地址处的命令长度为 5 字节，但上面 2 行汇编命令的长度为 8 个字节，因此会侵占到后面的代码。

(2) x86（IA-32）系统中使用 EAX 寄存器传递函数的返回值。

(3) 关于 IA-32 指令的说明请参考第 49 章。

第二次尝试

在图11-6的代码中略微向上拖动滚动条，可以看到402C17地址处表示函数开始的栈帧prologue，如图11-8所示。

```
00402C13  |L.  C9               LEAVE
00402C14  |L.  C2 0400          RETN 4
00402C17  | >  55               PUSH EBP
00402C18  | .  8BEC             MOV EBP,ESP
00402C1A  | .  83EC 0C          SUB ESP,0C
00402C1D  | .  68 66104000      PUSH <JMP.&MSVBVM50.__vbaExceptHandler>   SE handler ins
00402C22  | .  64:A1 00000000   MOV EAX,DWORD PTR FS:[0]
00402C28  | .  50               PUSH EAX
00402C29  | .  64:8925 000000   MOV DWORD PTR FS:[0],ESP
00402C30  | .  81EC 98000000    SUB ESP,98
00402C36  | .  8B45 08          MOV EAX,DWORD PTR SS:[EBP+8]
00402C39  | .  8365 08 FE       AND DWORD PTR SS:[EBP+8],FFFFFFFE
00402C3D  | .  83E0 01          AND EAX,1
00402C40  | .  C745 F8 181040   MOV DWORD PTR SS:[EBP-8],Tut_Reve.00401(
00402C47  | .  53               PUSH EBX
00402C48  | .  8945 FC          MOV DWORD PTR SS:[EBP-4],EAX
00402C4B  | .  8B45 08          MOV EAX,DWORD PTR SS:[EBP+8]
00402C4E  | .  56               PUSH ESI
00402C4F  | .  57               PUSH EDI
00402C50  | .  8B08             MOV ECX,DWORD PTR DS:[EAX]
```

图11-8　栈帧

402CFE的rtcMsgBox函数调用代码也是属于其他函数内部的代码。所以如果上层函数无法调用，或直接返回，最终将不会调用rtcMsgBox函数。像下面这样修改401C17处的指令（使用Assemble Space指令）。

```
原来
00402C17    55       PUSH EBP
00402C18    8BEC     MOV EBP,ESP
```

```
修改后
00402C17    C2 0400  RETN 4     ; 直接返回
```

注意

要根据传递给函数的参数大小调整栈（RETN XX）。

至此就成功去除消息框。

如何查看402C17函数的参数个数

确认402C17函数的起始代码存储在栈中的返回地址（7401E5A9），如图11-9所示。

```
0012F4E4  7401E5A9  RETURN to MSVBVM50.7401E5A9
0012F4E8  0014D411  ASCII "B@"
0012F4EC  0012F4FC
0012F4F0  00402649  Tut_Reve.00402649
0012F4F4  0014D450
0012F4F8  00000030
```

图11-9　返回地址

```
7401E59A  55      PUSH EBP
7401E59B  8BEC    MOV EBP,ESP
7401E59D  2BE1    SUB ESP,ECX
7401E59F  2BE1    SUB ESP,ECX
7401E5A1  D1E9    SHR ECX,1
7401E5A3  8BFC    MOV EDI,ESP
7401E5A5  F3:A5   REP MOVS DWORD PTR ES:[EDI],DWORD PTR DS:[ESI]
7401E5A7  FFD0    CALL EAX                                         EAX = 402656
7401E5A9  8BE5    MOV ESP,EBP
7401E5AB  5D      POP EBP
```

图11-10　MSVBVM50.dll模块

如图 11-10 所示进入返回地址（7401E5A9）。该代码区域是 MSVBVM50.dll 模块区域。执行 7401E5A7 地址处的 CALL EAX 指令后即返回 7401E5A9 地址处。再次运行调试器（Ctrl+F2），在 7401E5A7 地址处设置断点后运行程序（F9），可以得知 EAX 的值为 402656。

转到 402656 地址处，最终跳转到 402C17 地址，如图 11-11 所示。

```
0040263C  .  816C24 04   SUB DWORD PTR SS:[ESP+4],3B
00402644  .v E9 CB010000 JMP Tut_Reve.00402814
00402649  .  816C24 04   SUB DWORD PTR SS:[ESP+4],3F
00402651  .v E9 C1050000 JMP Tut_Reve.00402C17
00402656  .  816C24 04   SUB DWORD PTR SS:[ESP+4],33
0040265E  .v E9 B4050000 JMP Tut_Reve.00402C17
00402663  .  816C24 04   SUB DWORD PTR SS:[ESP+4],43
0040266B  .v E9 45070000 JMP Tut_Reve.00402DB5
00402670  .  816C24 04   SUB DWORD PTR SS:[ESP+4],4F
00402678  .v E9 31080000 JMP Tut_Reve.00402EAE
0040267D  .  816C24 04   SUB DWORD PTR SS:[ESP+4],0FFFF
00402685  .v E9 88080000 JMP Tut_Reve.00402F12
0040268A  .  816C24 04   SUB DWORD PTR SS:[ESP+4],0FFFF
00402692  .v E9 41090000 JMP Tut_Reve.00402FD8
```

图11-11 402656地址处的代码

综合图 11-10 与图 11-11 可以发现，7401E5A7 地址的 CALL EAX 命令最终调用的是 402C17 地址处的函数。所以，确认 CALL EAX 命令（7401E5A7）调用前后的栈地址即可得知 402C17 函数参数的个数（因使用的是 stdcall 调用方式，所以栈由被调用者负责清理）。

11.2.3 目标（2）：查找注册码

第二个目标是查找注册码（Registration Code）。先如图11-12所示输入任意值试试。

图11-12 “RegCode is wrong!”消息框

弹出对话框显示，输入的是错误的注册码。在OllyDbg中检索错误消息字符串（鼠标右键菜单Search for - All referenced text strings），如图11-13所示。

查看402A69地址处的代码，如图11-14所示（双击鼠标）。

Text strings referenced in Tut_Reve:.text

Address	Disassembly	Text string
00402294	DD Tut_Reve.00401D68	ASCII "mnuexit"
004022BC	DD Tut_Reve.00401D70	ASCII "Label3"
004022E4	DD Tut_Reve.00401D78	ASCII "Label1"
004028BD	PUSH Tut_Reve.00401DDC	UNICODE "I'mlena151"
004028F5	MOV DWORD PTR SS:[EBP-84],Tut_Re	UNICODE "Yep ! You succeeded registering !"
00402934	MOV DWORD PTR SS:[EBP-84],Tut_Re	UNICODE "Congratz !!!!"
00402A2A	PUSH Tut_Reve.00401DDC	UNICODE "I'mlena151"
00402A69	MOV DWORD PTR SS:[EBP-84],Tut_Re	UNICODE "Sorry ! Wrong registration code !"
00402AA9	MOV DWORD PTR SS:[EBP-84],Tut_Re	UNICODE "RegCode is wrong!"
00402C85	MOV DWORD PTR SS:[EBP-7C],Tut_Re	UNICODE "Get rid of all Nags and find the right regist
00402CBE	MOV DWORD PTR SS:[EBP-7C],Tut_Re	UNICODE "Nag Screen "
00402E28	MOV DWORD PTR SS:[EBP-5C],Tut_Re	UNICODE "ReverseMe Tutorial Part10 lena151 "
00402F9A	PUSH Tut_Reve.00401FEC	UNICODE "Visible"
00403060	PUSH Tut_Reve.00401FEC	UNICODE "Visible"
004030A0	ASCII "■■",0	

图11-13 All referenced text strings

```
00402A27  >  FF75 A8         PUSH DWORD PTR SS:[EBP-58]
00402A2A  .  68 DC1D4000     PUSH Tut_Reve.00401DDC                    UNICODE "I'mlena151"
00402A2F  .  E8 16E7FFFF     CALL <JMP.&MSVBVM50.__vbaStrCmp>
00402A34  .  F7D8            NEG EAX
00402A36  .  1BC0            SBB EAX,EAX
00402A38  .  8D4D A8         LEA ECX,DWORD PTR SS:[EBP-58]
00402A3B  .  F7D8            NEG EAX
00402A3D  .  F7D8            NEG EAX
00402A3F  .  8985 48FFFFFF   MOV DWORD PTR SS:[EBP-B8],EAX
00402A45  .  E8 EEE6FFFF     CALL <JMP.&MSVBVM50.__vbaFreeStr>
00402A4A  .  8D4D A4         LEA ECX,DWORD PTR SS:[EBP-5C]
00402A4D  .  E8 E0E6FFFF     CALL <JMP.&MSVBVM50.__vbaFreeObj>
00402A52  .  66:83BD 48FFFF  CMP WORD PTR SS:[EBP-B8],0
00402A5A  .v 0F84 E7000000   JE Tut_Reve.00402B47
00402A60  .  8D95 74FFFFFF   LEA EDX,DWORD PTR SS:[EBP-8C]
00402A66  .  8D4D AC         LEA ECX,DWORD PTR SS:[EBP-54]
00402A69  .  C785 7CFFFFFF   MOV DWORD PTR SS:[EBP-84],Tut_Reve.00401E70   UNICODE "Sorry ! Wrong registration code !"
00402A73  .  C785 74FFFFFF   MOV DWORD PTR SS:[EBP-8C],8
00402A7D  .  E8 AAE6FFFF     CALL <JMP.&MSVBVM50.__vbaVarCopy>
00402A82  .  8D95 74FFFFFF   LEA EDX,DWORD PTR SS:[EBP-8C]
00402A88  .  8D4D DC         LEA ECX,DWORD PTR SS:[EBP-24]
00402A8B  .  C785 7CFFFFFF   MOV DWORD PTR SS:[EBP-84],10
00402A95  .  899D 74FFFFFF   MOV DWORD PTR SS:[EBP-8C],EBX
00402A9B  .  E8 86E6FFFF     CALL <JMP.&MSVBVM50.__vbaVarMove>
00402AA0  .  8D95 74FFFFFF   LEA EDX,DWORD PTR SS:[EBP-8C]
00402AA6  .  8D4D CC         LEA ECX,DWORD PTR SS:[EBP-34]
00402AA9  .  C785 7CFFFFFF   MOV DWORD PTR SS:[EBP-84],Tut_Reve.00401EB8   UNICODE "RegCode is wrong!"
00402AB3  .  C785 74FFFFFF   MOV DWORD PTR SS:[EBP-8C],8
```

图11-14 402A69地址处的代码

看图中代码，402A2A地址处有“I' mlena151”字符串，其下方的402A2F地址处是__vbaStrCmp()函数调用代码。__vbaStrCmp() API是VB中比较字符串的函数，在本例中用于比较用户输入的字符串与“I' mlena151”字符串。出乎意料的是很容易就发现了它。向上略微拖动滚动条。

输入正确的注册码后，图11-15中的代码用于弹出成功消息框。（“Yep! You succeeded registering !”）

```
004028BD  .  68 DC1D4000     PUSH Tut_Reve.00401DDC                        UNICODE "I'mlena151"
004028C2  .  E8 83E8FFFF     CALL <JMP.&MSVBVM50.__vbaStrCmp>
004028C7  .  8BF8            MOV EDI,EAX
004028C9  .  8D4D A8         LEA ECX,DWORD PTR SS:[EBP-58]
004028CC  .  F7DF            NEG EDI
004028CE  .  1BFF            SBB EDI,EDI
004028D0  .  47              INC EDI
004028D1  .  F7DF            NEG EDI
004028D3  .  E8 60E8FFFF     CALL <JMP.&MSVBVM50.__vbaFreeStr>
004028D8  .  8D4D A4         LEA ECX,DWORD PTR SS:[EBP-5C]
004028DB  .  E8 52E8FFFF     CALL <JMP.&MSVBVM50.__vbaFreeObj>
004028E0  .  66:3BFE         CMP DI,SI
004028E3  .v 0F84 F3000000   JE Tut_Reve.004029DC                          <=条件分支
004028E9  .  6A 08           PUSH 8
004028EB  .  8D95 74FFFFFF   LEA EDX,DWORD PTR SS:[EBP-8C]
004028F1  .  5E              POP ESI                                       0012F4EC
004028F2  .  8D4D AC         LEA ECX,DWORD PTR SS:[EBP-54]
004028F5  .  C785 7CFFFFFF   MOV DWORD PTR SS:[EBP-84],Tut_Reve.00401E08   UNICODE "Yep ! You succeeded re
004028FF  .  89B5 74FFFFFF   MOV DWORD PTR SS:[EBP-8C],ESI
00402905  .  E8 22E8FFFF     CALL <JMP.&MSVBVM50.__vbaVarCopy>
0040290A  .  6A 03           PUSH 3
0040290C  .  8D95 74FFFFFF   LEA EDX,DWORD PTR SS:[EBP-8C]
00402912  .  5B              POP EBX                                       0012F4EC
00402913  .  8D4D DC         LEA ECX,DWORD PTR SS:[EBP-24]
00402916  .  C785 7CFFFFFF   MOV DWORD PTR SS:[EBP-84],31
00402920  .  899D 74FFFFFF   MOV DWORD PTR SS:[EBP-8C],EBX
00402926  .  E8 FBE7FFFF     CALL <JMP.&MSVBVM50.__vbaVarMove>
0040292B  .  8D95 74FFFFFF   LEA EDX,DWORD PTR SS:[EBP-8C]
00402931  .  8D4D CC         LEA ECX,DWORD PTR SS:[EBP-34]
00402934  .  C785 7CFFFFFF   MOV DWORD PTR SS:[EBP-84],Tut_Reve.00401E50   UNICODE "Congratz !!!!"
0040293E  .  89B5 74FFFFFF   MOV DWORD PTR SS:[EBP-8C],ESI
00402944  .  E8 E3E7FFFF     CALL <JMP.&MSVBVM50.__vbaVarCopy>
00402949  .  6A 0A           PUSH 0A
0040294B  .  8D45 84         LEA EAX,DWORD PTR SS:[EBP-7C]
0040294E  .  5E              POP ESI                                       0012F4EC
0040294F  .  BF 04000280     MOV EDI,80020004
00402954  .  50              PUSH EAX
00402955  .  8D45 94         LEA EAX,DWORD PTR SS:[EBP-6C]
00402958  .  50              PUSH EAX
00402959  .  8D45 CC         LEA EAX,DWORD PTR SS:[EBP-34]
0040295C  .  50              PUSH EAX
0040295D  .  8D45 DC         LEA EAX,DWORD PTR SS:[EBP-24]
00402960  .  50              PUSH EAX
00402961  .  897D 8C         MOV DWORD PTR SS:[EBP-74],EDI
00402964  .  8975 84         MOV DWORD PTR SS:[EBP-7C],ESI
00402967  .  897D 9C         MOV DWORD PTR SS:[EBP-64],EDI
0040296A  .  8975 94         MOV DWORD PTR SS:[EBP-6C],ESI
0040296D  .  E8 A8E7FFFF     CALL <JMP.&MSVBVM50.__vbaI4Var>
00402972  .  50              PUSH EAX
00402973  .  8D45 AC         LEA EAX,DWORD PTR SS:[EBP-54]
00402976  .  50              PUSH EAX
00402977  .  E8 A4E7FFFF     CALL <JMP.&MSVBVM50.#595>                     <= rtcMsgBox()
```

图11-15 弹出成功消息框的代码

地址4028BD处也存在“I' mlena151”字符串，其下即是__vbaStrCmp函数。因此可以肯定注册码就是“I' mlena151”字符串。

如图11-16所示，成功找到正确注册码。

图11-16　成功消息框

11.3　小结

本示例中的crackme用作练习程序，破解起来相当简单。各位可以访问前面介绍的tuts4you网站，观看程序原作者lena的视频讲解，这对了解整个程序非常有帮助。此外，每个人分析程序的方法各不相同，大家可以多学习别人是如何分析程序的，这对提高自身的逆向分析水平非常有用。

Q&A

Q. 图11-8中要跳转的地址显示为红色，这是如何做到的呢？

A. 在OllyDbg的CPU选项卡中点选Show jump path、Show grayed path if jump is not taken、Show jumps to selected command项即可。

第12章　究竟应当如何学习代码逆向分析

经常有人问：“怎么开始学代码逆向分析啊？帮帮我吧！”我开博客、写技术类书籍都是为了尽自己绵薄之力，帮助大家提高代码的逆向分析水平，并广泛传播逆向分析技术。这些若能给代码逆向技术的初学者们带来一点帮助，我就再无他求了。那么，到底如何才能学好代码逆向分析技术呢？下面我与各位分享自己的一点心得。

12.1　逆向工程

12.1.1　任何学习都应当有目标

自己需要有一个明确的目标，如“为了成为逆向技术专家”、“为了就业”、“感兴趣”、“想成为黑客”等。若无这样的明确目标，很难坚持学下去（半途而废的可能性很大）。并且，目标也能给大家指明方向。希望各位跟着自己的目标，一步步地往前走。

12.1.2　拥有积极心态

有些人有时会有一些误解与偏见。

- “我不懂 C 语言……能学代码逆向分析吗？”→ 当然能。
- “我没接触过汇编，就不能学代码逆向分析了吧？”→ 谁说的？能学好啊！
- “我一点儿也不懂 Windows 的结构……也能学代码逆向分析吗？”→ 能学得很好的。

类似上面这些“我不懂XXX”、“我没接触过XXX”的话对开始学习代码逆向分析技术毫无意义。其实，这些话会让人产生恐惧、失去挑战的意识。也就是说，这些否定的话语会让各位还未尝试就放弃了。希望各位多做正向思考：“因为不懂XXX才想学啊！”

要学的内容超过数十种，可一个代码逆向技术初学者从一开始就要把这些内容全都学会吗？那将是十分困难的，并且还非常容易让人厌倦。每次遇到新的内容都不要妄想全部解决，先默记在心里，继续往前学习才是最重要的。在反复学习的过程中逐一把握即可。

比如，经过几次调试后自然就会明白“XOR EAX,EAX”的含义了。初次接触会有些陌生，也很有意思。但如果看过100次，就会理所当然地接受它。看到具有类似含义的“MOV EAX,0”指令反而感到奇怪，会想：“为什么不用XOR EAX, EAX呢？也太不专业了吧？”

12.1.3　要感受其中的乐趣

越是初学者，越要从代码逆向分析的学习中寻找乐趣。若只觉得难、烦，那如何继续呢？应当去发现代码逆向分析的乐趣，逐一学习不懂之处，下定决心在为程序“打补丁”的过程中获得乐趣。如果人们对一件事感兴趣，无论别人怎么阻拦都会坚持。

12.1.4 让检索成为日常生活的一部分

"检索便知九成。"

我在某处看到这句名言就铭记在心。我们学习逆向技术的过程中，常常要通过大量检索去掌握各种知识。代码逆向技术历史短、相关专家少，也几乎没有参考书。希望各位先相信并习惯使用检索，一定能查找到想要的内容。

12.1.5 最重要的是实践

"Just Do it."

这是谁都明白的一句话。若要下定决心做成某事，一定要有所行动，而且是马上行动。请先跟着本书从头学起，起初当然一点也不懂，会对一切都感到陌生（特别是汇编指令看上去真像火星文）。

第一个目标是使用调试器查找main()函数。为了熟悉调试器，先要逐一学习它的菜单，随意尝试跟踪（使用Step In(F7)、Step Out(F8)指令）。逐渐有了感觉，最后查找main()函数。同时确认C源代码与反汇编代码的区别。好的开始是成功的一半！然后查找简单的crackme、patchme、unpackme等程序分析学习。起初先修改一下常见的日记本、计算器等（非常简单，做到限制假设功能的程度就行），然后再逐渐扩大对象范围。

12.1.6 请保持平和的心态

代码逆向分析技术的初学者最容易犯的毛病是急躁。总想快速出成果，结果学习却不见起色，技术水平原地踏步。自己究竟还有多少不懂、能不能顺利进行下去，这都让人一头雾水、心烦不已。汇编、Windows内部结构、PE文件格式、API 钩取等都不是易学的内容，仅汇编一项就学无止境。此时心浮气躁就很容易放弃目标。

事实上，像我这样的逆向分析人员也无法100%地掌握汇编指令并灵活运用。虽然有极少数人会用汇编语言编写程序，但其实大部分人是不会的。即便如此，仍然能学好代码逆向分析。

不懂指令就查，运用这种方法可以分析、了解应用程序的行为动作。坚持使用这种方式学习几年，相信那个时候会比现在做得更好。重要的是，我以及认识的逆向分析人员刚开始的时候（同各位一样）条件都差不多。经过不懈努力，技术水平自然会得到一定提高。切忌急躁！

还等什么？马上开始吧！一定会有显著效果的。各位可能想知道是什么让我这样充满信心，因为我见过了许多这样成功的例子。维护博客过程中收到了许多人的感谢信，阅读并了解其中的故事后，我受到的感动就像一股电流洋溢全身。

- 以代码逆向分析为主题进行了大学毕业设计，被选为学院最优秀作品。
- 在公司产品的开发项目中使用"钩取"（hooking）技术，很轻松地完成了项目。
- 因对代码逆向分析感兴趣，获得了 XX 软件会员资格。
- 在大学的兴趣小组中成功完成逆向分析项目（文件加密）。
- 其他……

这些人全都是代码逆向分析技术的初学者，他们凭借自己饱满的热情、不懈的努力与钻研，获得了巨大成就。因此我可以肯定地说，各位也一定能行。学习过程中遇到不懂的内容了吗？请善用搜索、提问。我也喜欢倾听各位的不同想法，一起思考学习。

来，现在就行动起来吧！

第二部分

PE 文件格式

第13章　PE文件格式

本章将详细讲解Windows操作系统的PE（Portable Executable）文件格式相关知识。学习PE文件格式的过程中，也一起整理一下有关进程、内存、DLL等的内容，它们是Windows操作系统最核心的部分。

13.1　介绍

PE文件是Windows操作系统下使用的可执行文件格式。它是微软在UNIX平台的COFF（Common Object File Format，通用对象文件格式）基础上制作而成的。最初（正如Portable这个单词所代表的那样）设计用来提高程序在不同操作系统上的移植性，但实际上这种文件格式仅用在Windows系列的操作系统下。

PE文件是指32位的可执行文件，也称为PE32。64位的可执行文件称为PE+或PE32+，是PE（PE32）文件的一种扩展形式（请注意不是PE64）。

13.2　PE 文件格式

PE文件种类如表13-1所示。

表13-1　PE文件种类

种　类	主扩展名	种　类	主扩展名
可执行系列	EXE、SCR	驱动程序系列	SYS、VXD
库系列	DLL、OCX、CPL、DRV	对象文件系列	OBJ

严格地说，OBJ（对象）文件之外的所有文件都是可执行的。DLL、SYS文件等虽然不能直接在Shell（Explorer.exe）中运行，但可以使用其他方法（调试器、服务等）执行。

提示

根据 PE 正式规范，编译结果 OBJ 文件也视为 PE 文件。但是 OBJ 文件本身不能以任何形式执行，在代码逆向分析中几乎不需要关注它。

下面以记事本（notepad.exe）程序进行简单说明，首先使用Hex Editor打开记事本程序。

图13-1是notepad.exe文件的起始部分，也是PE文件的头部分（PE header）。notepad.exe文件运行需要的所有信息就存储在这个PE头中。如何加载到内存、从何处开始运行、运行中需要的DLL有哪些、需要多大的栈/堆内存等，大量信息以结构体形式存储在PE头中。换言之，学习PE文件格式就是学习PE头中的结构体。

提示

书中将以 Windows XP SP3 的 notepad.exe 为例进行说明，与其他版本 Windows 下的 notepad.exe 文件结构类似，但是地址不同。

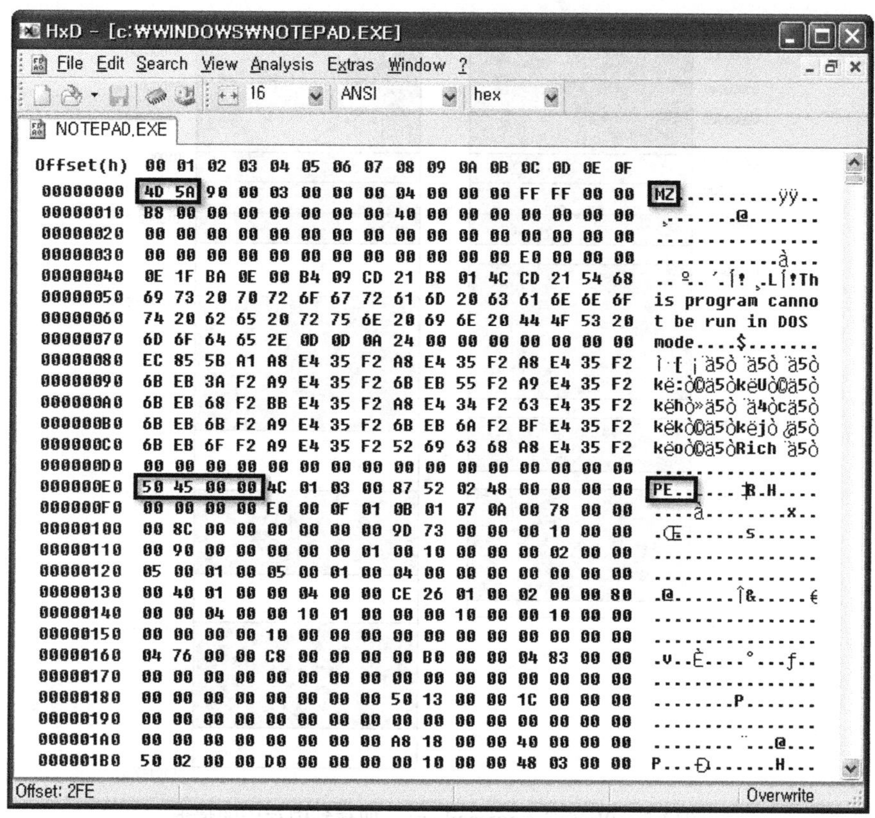

图13-1 notepad.exe文件

13.2.1 基本结构

notepad.exe具有普通PE文件的基本结构。图13-2描述了notepad.exe文件加载到内存时的情形。其中包含了许多内容，下面逐一学习。

从DOS头（DOS header）到节区头（Section header）是PE头部分，其下的节区合称PE体。文件中使用偏移（offset），内存中使用VA（Virtual Address，虚拟地址）来表示位置。文件加载到内存时，情况就会发生变化（节区的大小、位置等）。文件的内容一般可分为代码（.text）、数据（.data）、资源（.rsrc）节，分别保存。

提示

根据所用的不同开发工具（VB/VC++/Delphi/etc）与编译选项，节区的名称、大小、个数、存储的内容等都是不同的。最重要的是它们按照不同的用途分类保存到不同的节中。

各节区头定义了各节区在文件或内存中的大小、位置、属性等。

PE头与各节区的尾部存在一个区域，称为NULL填充（NULL padding）。计算机中，为了提高处理文件、内存、网络包的效率，使用“最小基本单位”这一概念，PE文件中也类似。文件/内存中节区的起始位置应该在各文件/内存最小单位的倍数位置上，空白区域将用NULL填充（看图13-2，可以看到各节区起始地址的截断都遵循一定规则）。

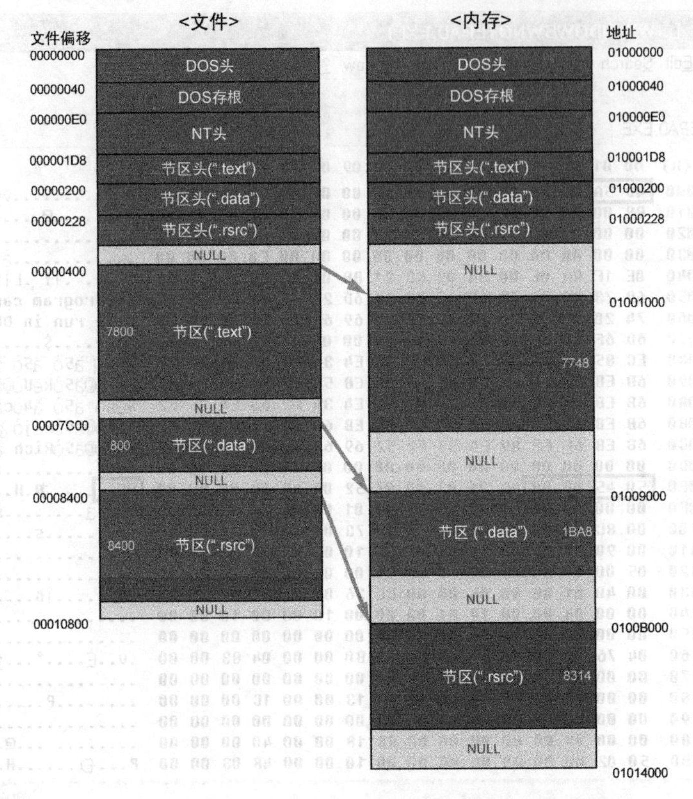

图13-2 PE文件（notepad.exe）加载到内存中的情形

13.2.2 VA&RVA

VA指的是进程虚拟内存的绝对地址，RVA（Relative Virtual Address，相对虚拟地址）指从某个基准位置（ImageBase）开始的相对地址。VA与RVA满足下面的换算关系。

RVA+ImageBase=VA

PE头内部信息大多以RVA形式存在。原因在于，PE文件（主要是DLL）加载到进程虚拟内存的特定位置时，该位置可能已经加载了其他PE文件（DLL）。此时必须通过重定位（Relocation）将其加载到其他空白的位置，若PE头信息使用的是VA，则无法正常访问。因此使用RVA来定位信息，即使发生了重定位，只要相对于基准位置的相对地址没有变化，就能正常访问到指定信息，不会出现任何问题。

提示

32 位 Windows OS 中，各进程分配有 4GB 的虚拟内存，因此进程中 VA 值的范围是 00000000~FFFFFFFF。

13.3 PE头

PE头由许多结构体组成，现在开始逐一学习各结构体。此外还会详细讲解在代码逆向分析中起着重要作用的结构体成员。

13.3.1 DOS头

微软创建PE文件格式时，人们正广泛使用DOS文件，所以微软充分考虑了PE文件对DOS文件的兼容性。其结果是在PE头的最前面添加了一个IMAGE_DOS_HEADER结构体，用来扩展已有的DOS EXE头。

代码13-1 IMAGE_DOS_HEADER结构体

```
typedef struct _IMAGE_DOS_HEADER {
    WORD   e_magic;              // DOS signature : 4D5A ("MZ")
    WORD   e_cblp;
    WORD   e_cp;
    WORD   e_crlc;
    WORD   e_cparhdr;
    WORD   e_minalloc;
    WORD   e_maxalloc;
    WORD   e_ss;
    WORD   e_sp;
    WORD   e_csum;
    WORD   e_ip;
    WORD   e_cs;
    WORD   e_lfarlc;
    WORD   e_ovno;
    WORD   e_res[4];
    WORD   e_oemid;
    WORD   e_oeminfo;
    WORD   e_res2[10];
    LONG   e_lfanew;             // offset to NT header
  } IMAGE_DOS_HEADER, *PIMAGE_DOS_HEADER;
```

出处：Microsoft Platform SDK - winnt.h

IMAGE_DOS_HEADER结构体的大小为64字节。在该结构体中必须知道2个重要成员：e_magic与e_lfanew。

> e_magic：DOS签名（signature，4D5A=>ASCII值“MZ”）。
> e_lfanew：指示NT头的偏移（根据不同文件拥有可变值）。

所有PE文件在开始部分（e_magic）都有DOS签名（“MZ”）。e_lfanew值指向NT头所在位置（NT头的名称为IMAGE_NT_HEADERS，后面将会介绍）。

提示

一个名叫Mark Zbikowski的开发人员在微软设计了DOS可执行文件，MZ即取自其名字的首字母。

使用Hex Editor打开notepad.exe，查看IMAGE_DOS_HEADER结构体，如图13-3所示。

```
Offset(h) 00 01 02 03 04 05 06 07 08 09 0A 0B 0C 0D 0E 0F
00000000  4D 5A 90 00 03 00 00 00 04 00 00 00 FF FF 00 00  MZ..........ÿÿ..
00000010  B8 00 00 00 00 00 00 00 40 00 00 00 00 00 00 00  ¸.......@.......
00000020  00 00 00 00 00 00 00 00 00 00 00 00 00 00 00 00  ................
00000030  00 00 00 00 00 00 00 00 00 00 00 00 E0 00 00 00  ............à...
```

图13-3 IMAGE_DOS_HEADER

根据PE规范，文件开始的2个字节为4D5A，e_lfanew值为000000E0（不是E0000000）。

提示

Intel系列的CPU以逆序存储数据，这称为小端序标识法。

请尝试修改这些值，保存后运行。可以发现程序无法正常运行（因为根据PE规范，它已不再是PE文件了）。

13.3.2　DOS 存根

DOS存根（stub）在DOS头下方，是个可选项，且大小不固定（即使没有DOS存根，文件也能正常运行）。DOS存根由代码与数据混合而成，图13-4显示的就是notepad.exe的DOS存根。

```
00000040  0E 1F BA 0E 00 B4 09 CD 21 B8 01 4C CD 21 54 68   ..º..´.Í!¸.LÍ!Th
00000050  69 73 20 70 72 6F 67 72 61 6D 20 63 61 6E 6E 6F   is program canno
00000060  74 20 62 65 20 72 75 6E 20 69 6E 20 44 4F 53 20   t be run in DOS 
00000070  6D 6F 64 65 2E 0D 0D 0A 24 00 00 00 00 00 00 00   mode....$.......
00000080  EC 85 5B A1 A8 E4 35 F2 A8 E4 35 F2 A8 E4 35 F2   ì.[¡¨ä5ò¨ä5ò¨ä5ò
00000090  6B EB 3A F2 A9 E4 35 F2 6B EB 55 F2 A9 E4 35 F2   kë:ò©ä5òkëUò©ä5ò
000000A0  6B EB 68 F2 BB E4 35 F2 A8 E4 34 F2 63 E4 35 F2   këhò»ä5ò¨ä4òcä5ò
000000B0  6B EB 6B F2 A9 E4 35 F2 6B EB 6A F2 BF E4 35 F2   këkò©ä5òkëjò¿ä5ò
000000C0  6B EB 6F F2 A9 E4 35 F2 52 69 63 68 A8 E4 35 F2   këoò©ä5òRich¨ä5ò
000000D0  00 00 00 00 00 00 00 00 00 00 00 00 00 00 00 00   ................
```

图13-4　DOS存根

图13-4中，文件偏移40~4D区域为16位的汇编指令。32位的Windows OS中不会运行该命令（由于被识别为PE文件，所以完全忽视该代码）。在DOS环境中运行Notepad.exe文件，或者使用DOS调试器（debug.exe）运行它，可使其执行该代码（不认识PE文件格式，所以被识别为DOS EXE文件）。

打开命令行窗口（cmd.exe），输入如下命令（仅适用于Windows XP环境）。

debug C:\Windows\notepad.exe

在出现的光标位置上输入“u”指令（Unassemble），将会出现16位的汇编指令，如下所示。

```
-u
0D1E:0000 0E        PUSH   CS
0D1E:0001 1F        POP    DS
0D1E:0002 BA0E00    MOV    DX,000E   ; DX = 0E : "This program cannot be
                                                 run in DOS mode"
0D1E:0005 B409      MOV    AH,09
0D1E:0007 CD21      INT    21        ; AH = 09 : WriteString()
0D1E:0009 B8014C    MOV    AX,4C01
0D1E:000C CD21      INT    21        ; AX = 4C01 : Exit()
```

代码非常简单，在画面中输出字符串“This program cannot be run in DOS mode”后就退出。换言之，notepad.exe文件虽然是32位的PE文件，但是带有MS-DOS兼容模式，可以在DOS环境中运行，执行DOS EXE代码，输出“This program cannot be run in DOS mode”后终止。灵活使用该特性可以在一个可执行文件（EXE）中创建出另一个文件，它在DOS与Windows中都能运行（在DOS环境中运行16位DOS代码，在Windows环境中运行32位Windows代码）。

如前所述，DOS存根是可选项，开发工具应该支持它（VB、VC++、Delphi等默认支持DOS存根）。

13.3.3　NT 头

下面介绍NT头IMAGE_NT_HEADERS。

代码13-2 IMAGE_NT_HEADERS结构体

```
typedef struct _IMAGE_NT_HEADERS {
    DWORD Signature;                          // PE Signature : 50450000 ("PE"00)
    IMAGE_FILE_HEADER FileHeader;
    IMAGE_OPTIONAL_HEADER32 OptionalHeader;
} IMAGE_NT_HEADERS32, *PIMAGE_NT_HEADERS32;
```

出处：Microsoft Platform SDK - winnt.h

IMAGE_NT_HEADERS结构体由3个成员组成，第一个成员为签名（Signature）结构体，其值为50450000h（“PE” 00）。另外两个成员分别为文件头（File Header）与可选头（Optional Header）结构体。使用Hex Editor打开notepad.exe，查看其IMAGE_NT_HEADERS，如图13-5所示。

```
000000E0  50 45 00 00 4C 01 03 00 87 52 02 48 00 00 00 00  PE..L....R.H....
000000F0  00 00 00 00 E0 00 0F 01 0B 01 07 0A 00 78 00 00  ....à.........x..
00000100  00 8C 00 00 00 00 00 00 9D 73 00 00 00 10 00 00  .Œ......s.......
00000110  00 90 00 00 00 00 00 01 00 10 00 00 00 02 00 00  ................
00000120  05 00 01 00 05 00 01 00 04 00 00 00 00 00 00 00  ................
00000130  00 40 01 00 00 04 00 00 CE 26 01 00 02 00 00 80  .@......Î&.....€
00000140  00 00 04 00 00 10 01 00 00 00 10 00 00 10 00 00  ................
00000150  00 00 00 00 10 00 00 00 00 00 00 00 00 00 00 00  ................
00000160  04 76 00 00 C8 00 00 00 00 B0 00 00 04 83 00 00  .v..È....°...ƒ..
00000170  00 00 00 00 00 00 00 00 00 00 00 00 00 00 00 00  ................
00000180  00 00 00 00 00 00 00 00 50 13 00 00 1C 00 00 00  ........P.......
00000190  00 00 00 00 00 00 00 00 00 00 00 00 00 00 00 00  ................
000001A0  00 00 00 00 00 00 00 00 A8 18 00 00 40 00 00 00  ............@...
000001B0  50 02 00 00 D0 00 00 00 00 10 00 00 48 03 00 00  P...Ð.......H...
000001C0  00 00 00 00 00 00 00 00 00 00 00 00 00 00 00 00  ................
000001D0  00 00 00 00 00 00 00 00                          ........
```

图13-5 IMAGE_NT_HEADERS

IMAGE_NT_HEADERS结构体的大小为F8，相当大。下面分别讲解文件头与可选头结构体。

13.3.4 NT头：文件头

文件头是表现文件大致属性的IMAGE_FILE_HEADER结构体。

代码13-3 IMAGE_FILE_HEADER结构体

```
typedef struct _IMAGE_FILE_HEADER {
    WORD    Machine;
    WORD    NumberOfSections;
    DWORD   TimeDateStamp;
    DWORD   PointerToSymbolTable;
    DWORD   NumberOfSymbols;
    WORD    SizeOfOptionalHeader;
    WORD    Characteristics;
} IMAGE_FILE_HEADER, *PIMAGE_FILE_HEADER;
```

出处：Microsoft Platform SDK - winnt.h

IMAGE_FILE_HEADER结构体中有如下4种重要成员（若它们设置不正确，将导致文件无法正常运行）。

#1. Machine

每个CPU都拥有唯一的Machine码，兼容32位Intel x86芯片的Machine码为14C。以下是定义在winnt.h文件中的Machine码。

代码13-4 Machine码

```
#define IMAGE_FILE_MACHINE_UNKNOWN      0
#define IMAGE_FILE_MACHINE_I386         0x014c  // Intel 386.
#define IMAGE_FILE_MACHINE_R3000        0x0162  // MIPS little-endian, 0x160 big-endian
#define IMAGE_FILE_MACHINE_R4000        0x0166  // MIPS little-endian
#define IMAGE_FILE_MACHINE_R10000       0x0168  // MIPS little-endian
#define IMAGE_FILE_MACHINE_WCEMIPSV2    0x0169  // MIPS little-endian WCE v2
```

```
#define IMAGE_FILE_MACHINE_ALPHA         0x0184  // Alpha_AXP
#define IMAGE_FILE_MACHINE_POWERPC       0x01F0  // IBM PowerPC Little-Endian
#define IMAGE_FILE_MACHINE_SH3           0x01a2  // SH3 little-endian
#define IMAGE_FILE_MACHINE_SH3E          0x01a4  // SH3E little-endian
#define IMAGE_FILE_MACHINE_SH4           0x01a6  // SH4 little-endian
#define IMAGE_FILE_MACHINE_ARM           0x01c0  // ARM Little-Endian
#define IMAGE_FILE_MACHINE_THUMB         0x01c2
#define IMAGE_FILE_MACHINE_IA64          0x0200  // Intel 64
#define IMAGE_FILE_MACHINE_MIPS16        0x0266  // MIPS
#define IMAGE_FILE_MACHINE_MIPSFPU       0x0366  // MIPS
#define IMAGE_FILE_MACHINE_MIPSFPU16     0x0466  // MIPS
#define IMAGE_FILE_MACHINE_ALPHA64       0x0284  // ALPHA64
#define IMAGE_FILE_MACHINE_AXP64         IMAGE_FILE_MACHINE_ALPHA64
```

出处：Microsoft Platform SDK - winnt.h

#2. NumberOfSections

前面提到过，PE文件把代码、数据、资源等依据属性分类到各节区中存储。

NumberOfSections用来指出文件中存在的节区数量。该值一定要大于0，且当定义的节区数量与实际节区不同时，将发生运行错误。

#3. SizeOfOptionalHeader

IMAGE_NT_HEADERS结构体的最后一个成员为IMAGE_OPTIONAL_HEADER32结构体。SizeOfOptionalHeader成员用来指出IMAGE_OPTIONAL_HEADER32结构体的长度。IMAGE_OPTIONAL_HEADER32结构体由C语言编写而成，故其大小已经确定。但是Windows的PE装载器需要查看IMAGE_FILE_HEADER的SizeOfOptionalHeader值，从而识别出IMAGE_OPTIONAL_HEADER32结构体的大小。

PE32+格式的文件中使用的是IMAGE_OPTIONAL_HEADER64结构体，而不是IMAGE_OPTIONAL_HEADER32结构体。2个结构体的尺寸是不同的，所以需要在SizeOfOptionalHeader成员中明确指出结构体的大小。

提示

借助 IMAGE_DOS_HEADER 的 e_lfanew 成员与 IMAGE_FILE_HEADER 的 SizeOfOptionalHeader 成员，可以创建出一种脱离常规的 PE 文件（PE Patch）（也有人称之为"麻花"PE 文件）。

#4. Characteristics

该字段用于标识文件的属性，文件是否是可运行的形态、是否为DLL文件等信息，以bit OR形式组合起来。

以下是定义在winnt.h文件中的Characteristics值（请记住0002h与2000h这两个值）。

代码13-5 Characteristics

```
#define IMAGE_FILE_RELOCS_STRIPPED           0x0001  // Relocation info stripped from file.
#define IMAGE_FILE_EXECUTABLE_IMAGE          0x0002  // File is executable
                                                     // (i.e. no unresolved externel
                                                        references).
#define IMAGE_FILE_LINE_NUMS_STRIPPED        0x0004  // Line numbers stripped from file.
#define IMAGE_FILE_LOCAL_SYMS_STRIPPED       0x0008  // Local symbols stripped from file.
#define IMAGE_FILE_AGGRESIVE_WS_TRIM         0x0010  // Agressively trim working set
#define IMAGE_FILE_LARGE_ADDRESS_AWARE       0x0020  // App can handle >2gb addresses
#define IMAGE_FILE_BYTES_REVERSED_LO         0x0080  // byte of machine word are reversed.
#define IMAGE_FILE_32BIT_MACHINE             0x0100  // 32 bit word machine.
#define IMAGE_FILE_DEBUG_STRIPPED            0x0200  // Debugging info stripped from
```

```
                                                    // file in .DBG file
#define IMAGE_FILE_REMOVABLE_RUN_FROM_SWAP    0x0400  // If Image is on removable media,
                                                    // copy and run from the swap file.
#define IMAGE_FILE_NET_RUN_FROM_SWAP          0x0800  // If Image is on Net,
                                                    // copy and run from the swap file.
#define IMAGE_FILE_SYSTEM                     0x1000  // System File.
#define IMAGE_FILE_DLL                        0x2000  // File is a DLL.
#define IMAGE_FILE_UP_SYSTEM_ONLY             0x4000  // File should only be
                                                       run on a UP machine
#define IMAGE_FILE_BYTES_REVERSED_HI          0x8000  // byte of machine word are reversed.
```

出处：Microsoft Platform SDK - winnt.h

另外，PE文件中Characteristics的值有可能不是0002h吗（不可执行）？是的，确实存在这种情况。比如类似*.obj的object文件及resource DLL文件等。

最后讲一下IMAGE_FILE_HEADER的TimeDateStamp成员。该成员的值不影响文件运行，用来记录编译器创建此文件的时间。但是有些开发工具（VB、VC++）提供了设置该值的工具，而有些开发工具（Delphi）则未提供（且随所用选项的不同而不同）。

IMAGE_FILE_HEADER

在Hex Editor中查看notepad.exe的IMAGE_FILE_HEADER结构体。

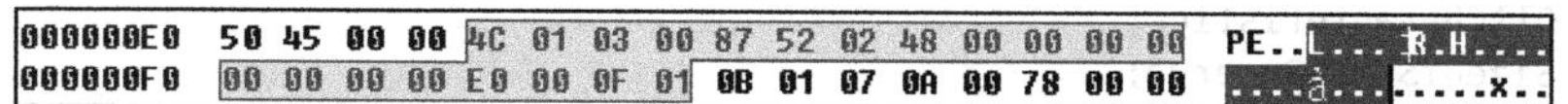
```
000000E0  50 45 00 00 4C 01 03 00 87 52 02 48 00 00 00 00  PE..L....R.H....
000000F0  00 00 00 00 E0 00 0F 01 0B 01 07 0A 00 78 00 00  ....à......x..
```

图13-6 IMAGE_FILE_HEADER

为使大家理解图13-6，以结构体成员的形式表示如下。

```
[ IMAGE_FILE_HEADER ] - notepad.exe

 offset   value   description
-------------------------------------------------------------------------------
000000E4      014C machine
000000E6      0003 number of sections
000000E8 48025287 time date stamp (Mon Apr 14 02:35:51 2008)
000000EC 00000000 offset to symbol table
000000F0 00000000 number of symbols
000000F4      00E0 size of optional header
000000F6      010F characteristics
                       IMAGE_FILE_RELOCS_STRIPPED
                       IMAGE_FILE_EXECUTABLE_IMAGE
                       IMAGE_FILE_LINE_NUMS_STRIPPED
                       IMAGE_FILE_LOCAL_SYMS_STRIPPED
                       IMAGE_FILE_32BIT_MACHINE
```

13.3.5 NT头：可选头

IMAGE_OPTIONAL_HEADER32是PE头结构体中最大的。

代码13-6 IMAGE_OPTIONAL_HEADER32结构体

```
typedef struct _IMAGE_DATA_DIRECTORY {
    DWORD   VirtualAddress;
    DWORD   Size;
} IMAGE_DATA_DIRECTORY, *PIMAGE_DATA_DIRECTORY;

#define IMAGE_NUMBEROF_DIRECTORY_ENTRIES    16

typedef struct _IMAGE_OPTIONAL_HEADER {
```

```
    WORD    Magic;
    BYTE    MajorLinkerVersion;
    BYTE    MinorLinkerVersion;
    DWORD   SizeOfCode;
    DWORD   SizeOfInitializedData;
    DWORD   SizeOfUninitializedData;
    DWORD   AddressOfEntryPoint;
    DWORD   BaseOfCode;
    DWORD   BaseOfData;
    DWORD   ImageBase;
    DWORD   SectionAlignment;
    DWORD   FileAlignment;
    WORD    MajorOperatingSystemVersion;
    WORD    MinorOperatingSystemVersion;
    WORD    MajorImageVersion;
    WORD    MinorImageVersion;
    WORD    MajorSubsystemVersion;
    WORD    MinorSubsystemVersion;
    DWORD   Win32VersionValue;
    DWORD   SizeOfImage;
    DWORD   SizeOfHeaders;
    DWORD   CheckSum;
    WORD    Subsystem;
    WORD    DllCharacteristics;
    DWORD   SizeOfStackReserve;
    DWORD   SizeOfStackCommit;
    DWORD   SizeOfHeapReserve;
    DWORD   SizeOfHeapCommit;
    DWORD   LoaderFlags;
    DWORD   NumberOfRvaAndSizes;
    IMAGE_DATA_DIRECTORY DataDirectory[IMAGE_NUMBEROF_DIRECTORY_ENTRIES];
} IMAGE_OPTIONAL_HEADER32, *PIMAGE_OPTIONAL_HEADER32;
```

出处：Microsoft Platform SDK - winnt.h

在IMAGE_OPTIONAL_HEADER32结构体中需要关注下列成员。这些值是文件运行必需的，设置错误将导致文件无法正常运行。

#1. Magic

为IMAGE_OPTIONAL_HEADER32结构体时，Magic码为10B；为IMAGE_OPTIONAL_HEADER64结构体时，Magic码为20B。

#2. AddressOfEntryPoint

AddressOfEntryPoint持有EP的RVA值。该值指出程序最先执行的代码起始地址，相当重要。

#3. ImageBase

进程虚拟内存的范围是0~FFFFFFFF（32位系统）。PE文件被加载到如此大的内存中时，ImageBase指出文件的优先装入地址。

EXE、DLL文件被装载到用户内存的0~7FFFFFFF中，SYS文件被载入内核内存的80000000~FFFFFFFF中。一般而言，使用开发工具（VB/VC++/Delphi）创建好EXE文件后，其ImageBase的值为00400000，DLL文件的ImageBase值为10000000（当然也可以指定为其他值）。执行PE文件时，PE装载器先创建进程，再将文件载入内存，然后把EIP寄存器的值设置为ImageBase+AddressOfEntryPoint。

#4. SectionAlignment，FileAlignment

PE文件的Body部分划分为若干节区，这些节存储着不同类别的数据。FileAlignment指定了节区在磁盘文件中的最小单位，而SectionAlignment则指定了节区在内存中的最小单位（一个文件中，FileAlignment与SectionAlignment的值可能相同，也可能不同）。磁盘文件或内存的节区大小必定为FileAlignment或SectionAlignment值的整数倍。

#5. SizeOfImage

加载PE文件到内存时，SizeOfImage指定了PE Image在虚拟内存中所占空间的大小。一般而言，文件的大小与加载到内存中的大小是不同的（节区头中定义了各节装载的位置与占有内存的大小，后面会讲到）。

#6. SizeOfHeaders

SizeOfHeaders用来指出整个PE头的大小。该值也必须是FileAlignment的整数倍。第一节区所在位置与SizeOfHeaders距文件开始偏移的量相同。

#7. Subsystem

该Subsystem值用来区分系统驱动文件（*.sys）与普通的可执行文件（*.exe, *.dll）。Subsystem成员可拥有的值如表13-2所示。

表13-2 Subsystem

值	含 义	备 注
1	Driver文件	系统驱动（如：ntfs.sys）
2	GUI文件	窗口应用程序（如：notepad.exe）
3	CUI文件	控制台应用程序（如：cmd.exe）

#8. NumberOfRvaAndSizes

NumberOfRvaAndSizes用来指定DataDirectory（IMAGE_OPTIONAL_HEADER32结构体的最后一个成员）数组的个数。虽然结构体定义中明确指出了数组个数为IMAGE_NUMBEROF_DIRECTORY_ENTRIES(16)，但是PE装载器通过查看NumberOfRvaAndSizes值来识别数组大小，换言之，数组大小也可能不是16。

#9. DataDirectory

DataDirectory是由IMAGE_DATA_DIRECTORY结构体组成的数组，数组的每项都有被定义的值。代码13-7列出了各数组项。

代码13-7 DataDirectory结构体数组

```
DataDirectory[0] = EXPORT Directory
DataDirectory[1] = IMPORT Directory
DataDirectory[2] = RESOURCE Directory
DataDirectory[3] = EXCEPTION Directory
DataDirectory[4] = SECURITY Directory
DataDirectory[5] = BASERELOC Directory
DataDirectory[6] = DEBUG Directory
DataDirectory[7] = COPYRIGHT Directory
DataDirectory[8] = GLOBALPTR Directory
DataDirectory[9] = TLS Directory
DataDirectory[A] = LOAD_CONFIG Directory
DataDirectory[B] = BOUND_IMPORT Directory
DataDirectory[C] = IAT Directory
DataDirectory[D] = DELAY_IMPORT Directory
DataDirectory[E] = COM_DESCRIPTOR Directory
DataDirectory[F] = Reserved Directory
```

将此处所说的Directory想成某个结构体数组即可。希望各位重点关注标红的EXPORT/IMPORT/RESOURCE、TLS Direction。特别需要注意的是IMPORT与EXPORT Directory，它们是PE头中非常重要的部分，后面会单独讲解。其余部分不怎么重要，大致了解一下即可。

IMAGE_OPTIONAL_HEADER

前面简要介绍了重要成员组。现在查看notepad.exe的IMAGE_OPTIONAL_HEADER整个结构体。

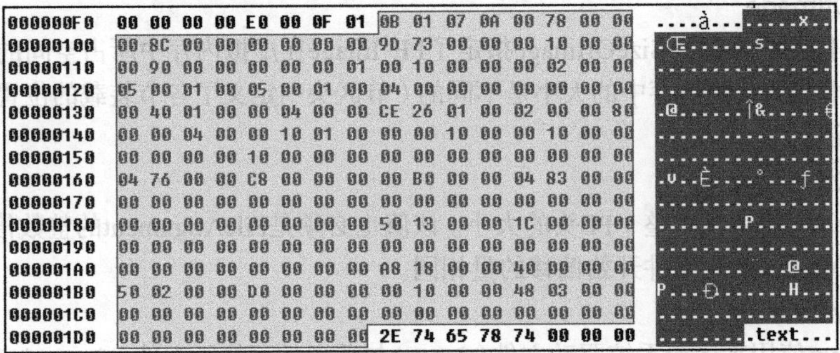

图13-7　notepad.exe的IMAGE_OPTIONAL_HEADER

图13-7中，Hex Editor（HxD）描述的是notepad.exe的IMAGE_OPTIONAL_HEADER结构体区域。结构体各成员的值及其说明如代码13-8所示。

代码13-8　notepad.exe文件的IMAGE_OPTIONAL_HEADER

```
[ IMAGE_OPTIONAL_HEADER ] - notepad.exe

 offset   value   description
-------------------------------------------------------------------------------
000000F8      010B magic
000000FA        07 major linker version
000000FB        0A minor linker version
000000FC 00007800 size of code
00000100 00008C00 size of initialized data
00000104 00000000 size of uninitialized data
00000108 0000739D address of entry point
0000010C 00001000 base of code
00000110 00009000 base of data
00000114 01000000 image base
00000118 00001000 section alignment
0000011C 00000200 file alignment
00000120      0005 major OS version
00000122      0001 minor OS version
00000124      0005 major image version
00000126      0001 minor image version
00000128      0004 major subsystem version
0000012A      0000 minor subsystem version
0000012C 00000000 win32 version value
00000130 00014000 size of image
00000134 00000400 size of headers
00000138 000126CE Checksum
0000013C      0002 subsystem
0000013E      8000 DLL characteristics
00000140 00040000 size of stack reserve
00000144 00011000 size of stack commit
00000148 00100000 size of heap reserve
0000014C 00001000 size of heap commit
00000150 00000000 loader flags
00000154 00000010 number of directories
00000158 00000000 RVA  of EXPORT Directory
0000015C 00000000 size of EXPORT Directory
00000160 00007604 RVA  of IMPORT Directory
00000164 000000C8 size of IMPORT Directory
```

```
00000168 0000B000 RVA  of RESOURCE Directory
0000016C 00008304 size of RESOURCE Directory
00000170 00000000 RVA  of EXCEPTION Directory
00000174 00000000 size of EXCEPTION Directory
00000178 00000000 RVA  of SECURITY Directory
0000017C 00000000 size of SECURITY Directory
00000180 00000000 RVA  of BASERELOC Directory
00000184 00000000 size of BASERELOC Directory
00000188 00001350 RVA  of DEBUG Directory
0000018C 0000001C size of DEBUG Directory
00000190 00000000 RVA  of COPYRIGHT Directory
00000194 00000000 size of COPYRIGHT Directory
00000198 00000000 RVA  of GLOBALPTR Directory
0000019C 00000000 size of GLOBALPTR Directory
000001A0 00000000 RVA  of TLS Directory
000001A4 00000000 size of TLS Directory
000001A8 000018A8 RVA  of LOAD_CONFIG Directory
000001AC 00000040 size of LOAD_CONFIG Directory
000001B0 00000250 RVA  of BOUND_IMPORT Directory
000001B4 000000D0 size of BOUND_IMPORT Directory
000001B8 00001000 RVA  of IAT Directory
000001BC 00000348 size of IAT Directory
000001C0 00000000 RVA  of DELAY_IMPORT Directory
000001C4 00000000 size of DELAY_IMPORT Directory
000001C8 00000000 RVA  of COM_DESCRIPTOR Directory
000001CC 00000000 size of COM_DESCRIPTOR Directory
000001D0 00000000 RVA  of Reserved Directory
000001D4 00000000 size of Reserved Directory
```

13.3.6 节区头

节区头中定义了各节区属性。看节区头之前先思考一下：前面提到过，PE文件中的code（代码）、data（数据）、resource（资源）等按照属性分类存储在不同节区，设计PE文件格式的工程师们之所以这样做，一定有着某些好处。

我认为把PE文件创建成多个节区结构的好处是，这样可以保证程序的安全性。若把code与data放在一个节区中相互纠缠（实际上完全可以这样做）很容易引发安全问题，即使忽略过程的烦琐。

假如向字符串data写数据时，由于某个原因导致溢出（输入超过缓冲区大小时），那么其下的code（指令）就会被覆盖，应用程序就会崩溃。因此，PE文件格式的设计者们决定把具有相似属性的数据统一保存在一个被称为“节区”的地方，然后需要把各节区属性记录在节区头中（节区属性中有文件/内存的起始位置、大小、访问权限等）。

换言之，需要为每个code/data/resource分别设置不同的特性、访问权限等，如表13-3所示。

表13-3 不同内存属性的访问权限

类　别	访问权限
code	执行，读取权限
data	非执行，读写权限
resource	非执行，读取权限

至此，大家应当对节区头的作用有了大致了解。

IMAGE_SECTION_HEADER

节区头是由IMAGE_SECTION_HEADER结构体组成的数组，每个结构体对应一个节区。

代码13-9　IMAGE_SECTION_HEADER结构体

```
#define IMAGE_SIZEOF_SHORT_NAME              8

typedef struct _IMAGE_SECTION_HEADER {
    BYTE    Name[IMAGE_SIZEOF_SHORT_NAME];
    union {
            DWORD   PhysicalAddress;
            DWORD   VirtualSize;
    } Misc;
    DWORD   VirtualAddress;
    DWORD   SizeOfRawData;
    DWORD   PointerToRawData;
    DWORD   PointerToRelocations;
    DWORD   PointerToLinenumbers;
    WORD    NumberOfRelocations;
    WORD    NumberOfLinenumbers;
    DWORD   Characteristics;
} IMAGE_SECTION_HEADER, *PIMAGE_SECTION_HEADER;
```

出处：Microsoft Platform SDK - winnt.h

表13-4中列出了IMAGE_SECTION_HEADER结构体中要了解的重要成员（不使用其他成员）。

表13-4　IMAGE_SECTION_HEADER结构体的重要成员

项　目	含　义
VirtualSize	内存中节区所占大小
VirtualAddress	内存中节区起始地址（RVA）
SizeOfRawData	磁盘文件中节区所占大小
PointerToRawData	磁盘文件中节区起始位置
Characteristics	节区属性（bit OR）

VirtualAddress与PointerToRawData不带有任何值，分别由（定义在IMAGE_OPTIONAL_HEADER32中的）SectionAlignment与FileAlignment确定。

VirtualSize与SizeOfRawData一般具有不同的值，即磁盘文件中节区的大小与加载到内存中的节区大小是不同的。

Characterisitics由代码13-10中显示的值组合（bit OR）而成。

代码13-10　Characterisitics

```
#define IMAGE_SCN_CNT_CODE                 0x00000020 // Section
                                                      contains code.
#define IMAGE_SCN_CNT_INITIALIZED_DATA     0x00000040 // Section contains
                                                      initialized data.
#define IMAGE_SCN_CNT_UNINITIALIZED_DATA   0x00000080 // Section contains
                                                      uninitialized data.
#define IMAGE_SCN_MEM_EXECUTE              0x20000000 // Section is
                                                      executable.
#define IMAGE_SCN_MEM_READ                 0x40000000 // Section is
                                                      readable.
#define IMAGE_SCN_MEM_WRITE                0x80000000 // Section is
                                                      writable.
```

出处：Microsoft Platform SDK - winnt.h

最后谈谈Name字段。Name成员不像C语言中的字符串一样以NULL结束，并且没有“必须使用ASCII值”的限制。PE规范未明确规定节区的Name，所以可以向其中放入任何值，甚至可以填充NULL值。所以节区的Name仅供参考，不能保证其百分之百地被用作某种信息（数据节区的名称也可叫做.code）。

下面看一下notepad.exe的节区头数组（共有3个节区），如图13-8所示。

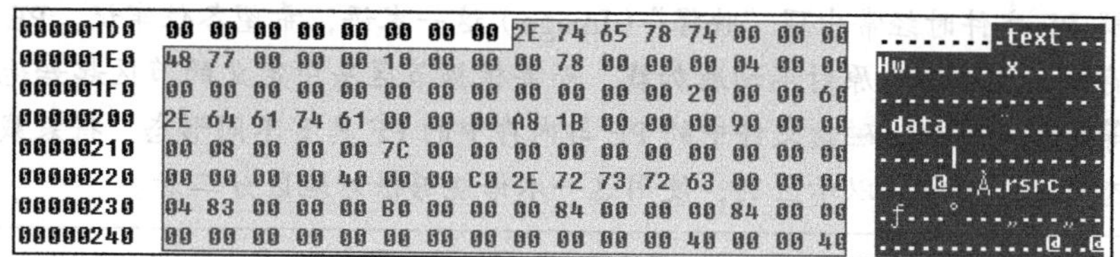

图13-8 notepad.exe的IMAGE_SECTION_HEADER结构体数组

接着看一下各结构体成员，如代码13-11所示。

代码13-11 notepad.exe的IMAGE_SECTION_HEADER结构体数组的实际值

```
[ IMAGE_SECTION_HEADER ]

 offset   value    description
-------------------------------------------------------------------------------
000001D8 2E746578 Name (.text)
000001DC 74000000
000001E0 00007748 virtual size
000001E4 00001000 RVA
000001E8 00007800 size of raw data
000001EC 00000400 offset to raw data
000001F0 00000000 offset to relocations
000001F4 00000000 offset to line numbers
000001F8     0000 number of relocations
000001FA     0000 number of line numbers
000001FC 60000020 characteristics
                    IMAGE_SCN_CNT_CODE
                    IMAGE_SCN_MEM_EXECUTE
                    IMAGE_SCN_MEM_READ

00000200 2E646174 Name (.data)
00000204 61000000
00000208 00001BA8 virtual size
0000020C 00009000 RVA
00000210 00000800 size of raw data
00000214 00007C00 offset to raw data
00000218 00000000 offset to relocations
0000021C 00000000 offset to line numbers
00000220     0000 number of relocations
00000222     0000 number of line numbers
00000224 C0000040 characteristics
                    IMAGE_SCN_CNT_INITIALIZED_DATA
                    IMAGE_SCN_MEM_READ
                    IMAGE_SCN_MEM_WRITE

00000228 2E727372 Name (.rsrc)
0000022C 63000000
00000230 00008304 virtual size
00000234 0000B000 RVA
00000238 00008400 size of raw data
0000023C 00008400 offset to raw data
00000240 00000000 offset to relocations
00000244 00000000 offset to line numbers
00000248     0000 number of relocations
0000024A     0000 number of line numbers
0000024C 40000040 characteristics
                           IMAGE_SCN_CNT_INITIALIZED_DATA
                           IMAGE_SCN_MEM_READ
```

提示

讲解 PE 文件时经常出现“映像”（Image）这一术语，希望各位牢记。PE 文件加载到内存时，文件不会原封不动地加载，而要根据节区头中定义的节区起始地址、节区大小等加载。因此，磁盘文件中的 PE 与内存中的 PE 具有不同形态。将装载到内存中的形态称为“映像”以示区别，使用这一术语能够很好地区分二者。

13.4 RVA to RAW

理解了节区头后，下面继续讲解有关PE文件从磁盘到内存映射的内容。PE文件加载到内存时，每个节区都要能准确完成内存地址与文件偏移间的映射。这种映射一般称为RVA to RAW，方法如下。

(1) 查找RVA所在节区。

(2) 使用简单的公式计算文件偏移（RAW）。

根据IMAGE_SECTION_HEADER结构体，换算公式如下：

```
RAW - PointerToRawData = RVA - VirtualAddress
                   RAW = RVA - VirtualAddress + PointerToRawData
```

Quiz

简单做个测试练习。图13-9描绘的是notepad.exe的文件与内存间的映射关系。请分别计算各个RVA（将计算器calc.exe切换到Hex模式计算会比较方便）。

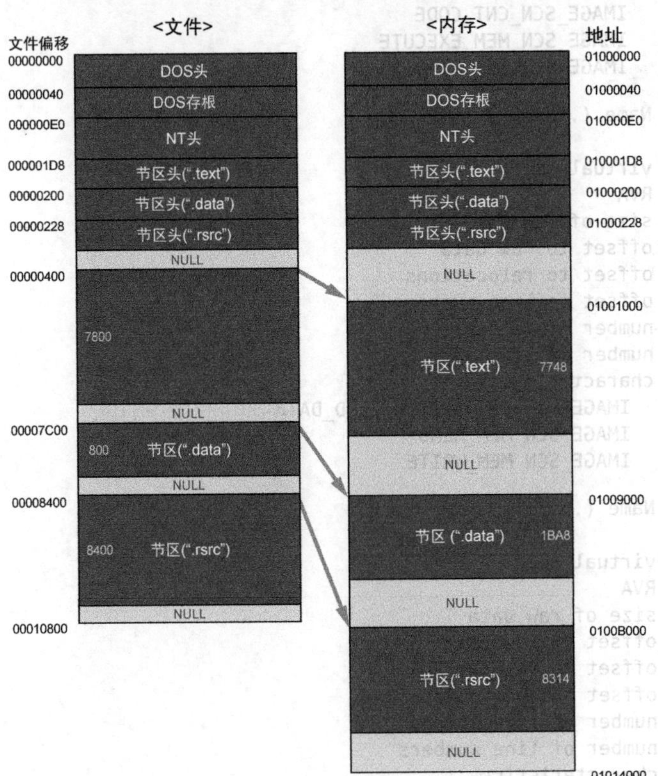

图13-9　notepad.exe的文件与内存间的映射

Q1. RVA=5000时，File Offset=?

A1. 首先查找RVA值所在节区。

→ RVA 5000位于第一个节区（.text）（假设ImageBase为01000000）。

使用公式换算如下：

→ RAW=5000(RVA)–1000(VirtualAddress)+400(PointerToRawData)=4400

Q2. RVA=13314时，File Offset=?

A2. 查找RVA值所在节区。

→ RVA 13314位于第三个节区（.rsrc）。

使用公式换算如下：

→ RAW=13314(RVA)–B000(VA)+8400(PointerToRawData)=10714

Q3. RVA=ABA8时，File Offset=?

A3. 查找RVA值所在节区。

→ RVA ABA8位于第二个节区（.data）。

使用公式换算如下：

→ RAW=ABA8(RVA)–9000(VA)+7C00(PointerToRawData)=97A8(×)

→ 计算结果为RAW=97A8，但是该偏移在第三个节区（.rsrc）。RVA在第二个节区，而RAW在第三个节区，这显然是错误的。该情况表明“无法定义与RVA（ABA8）相对应的RAW值”。出现以上情况的原因在于，第二个节区的VirtualSize值要比SizeOfRawData值大。

提示

RVA 与 RAW（文件偏移）间的相互变换是 PE 头的最基本的内容，各位一定要熟悉并掌握它们之间的转换关系。

像Q3一样，PE文件节区中因VirtualSize与SizeOfRawData值彼此不同而引起的奇怪、有趣的事还有很多（后面会陆续讲到）。

以上就是对PE头基本结构体的介绍，接下来将继续学习PE头的核心内容——IAT（Import Address Table，导入地址表）与EAT（Export Address Table，导出地址表）。

13.5 IAT

刚开始学习PE头时，最难过的一关就是IAT（Import Address Table，导入地址表）。IAT保存的内容与Windows操作系统的核心进程、内存、DLL结构等有关。换句话说，只要理解了IAT，就掌握了Windows操作系统的根基。简言之，IAT是一种表格，用来记录程序正在使用哪些库中的哪些函数。

13.5.1 DLL

讲解IAT前先学习一下有关DLL（Dynamic Link Library）的知识（知其所以然，才更易理解），它支撑起了整座Windows OS大厦。DLL翻译成中文为“动态链接库”，为何这样称呼呢？

16位的DOS时代不存在DLL这一概念，只有“库”（Library）一说。比如在C语言中使用printf()

函数时，编译器会先从C库中读取相应函数的二进制代码，然后插入（包含到）应用程序。也就是说，可执行文件中包含着printf()函数的二进制代码。Windows OS支持多任务，若仍采用这种包含库的方式，会非常没有效率。Windows操作系统使用了数量庞大的库函数（进程、内存、窗口、消息等）来支持32位的Windows环境。同时运行多个程序时，若仍像以前一样每个程序运行时都包含相同的库，将造成严重的内存浪费（当然磁盘空间的浪费也不容小觑）。因此，Windows OS设计者们根据需要引入了DLL这一概念，描述如下。

- 不要把库包含到程序中，单独组成 DLL 文件，需要时调用即可。
- 内存映射技术使加载后的 DLL 代码、资源在多个进程中实现共享。
- 更新库时只要替换相关 DLL 文件即可，简便易行。

加载DLL的方式实际有两种：一种是“显式链接”（Explicit Linking），程序使用DLL时加载，使用完毕后释放内存；另一种是“隐式链接”（Implicit Linking），程序开始时即一同加载DLL，程序终止时再释放占用的内存。IAT提供的机制即与隐式链接有关。下面使用OllyDbg打开notepad.exe来查看IAT。图13-10是调用CreateFileW()函数的代码，该函数位于kernel32.dll中。

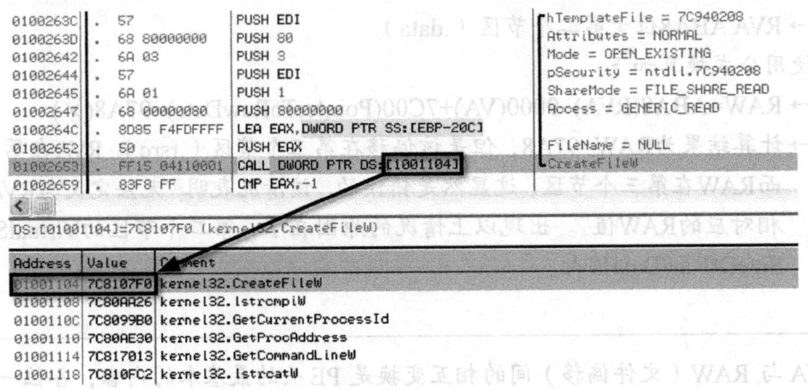

图13-10　调用CreateFileW()函数的代码

调用CreateFileW()函数时并非直接调用，而是通过获取01001104地址处的值来实现（所有API调用均采用这种方式）。

地址01001104是notepad.exe中.text节区的内存区域（更确切地说是IAT内存区域）。01001104地址的值为7C8107F0，而7C8107F0地址即是加载到notepad.exe进程内存中的CreateFileW()函数（位于kernel32.dll库中）的地址。此处产生一个疑问。

“直接使用CALL 7C8107F0指令调用函数不是更好、更方便吗？”

甚至还会有人问：“编译器直接写CALL 7C8107F0不是更准确、更好吗？”这是前面说过的DOS时代的方式。

事实上，notepad.exe程序的制作者编译（生成）程序时，并不知道该notepad.exe程序要运行在哪种Windows（9X、2K、XP、Vista、7）、哪种语言（ENG、JPN、KOR等）、哪种服务包（Service Pack）下。上面列举出的所有环境中，kernel32.dll的版本各不相同，CreateFileW()函数的位置（地址）也不相同。为了确保在所有环境中都能正常调用CreateFileW()函数，编译器准备了要保存CreateFileW()函数实际地址的位置（01001104），并仅记下CALL DWORD PTR DS:[1001104]形式的指令。执行文件时，PE装载器将CreateFileW()函数的地址写到01001104位置。

编译器不使用CALL 7C8107F0语句的另一个原因在于DLL重定位。DLL文件的ImageBase值一般为10000000。比如某个程序使用a.dll与b.dll时，PE装载器先把a.dll装载到内存的10000000（ImageBase）处，然后尝试把b.dll也装载到该处。但是由于该地址处已经装载了a.dll，所以PE装载器查找其他空白的内存空间（ex:3E000000），然后将b.dll装载进去。

这就是所谓的DLL重定位，它使我们无法对实际地址硬编码。另一个原因在于，PE头中表示地址时不使用VA，而是RVA。

提示

实际操作中无法保证DLL一定会被加载到PE头内指定的ImageBase处。但是EXE文件（生成进程的主体）却能准确加载到自身的ImageBase中，因为它拥有自己的虚拟空间。

PE头的IAT是代码逆向分析的核心内容。希望各位好好理解它。相信大家现在已经能够掌握IAT的作用了（后面讲解IAT结构为什么如此复杂时，希望各位也能很快了解）。

13.5.2 IMAGE_IMPORT_DESCRIPTOR

IMAGE_IMPORT_DESCRIPTOR结构体中记录着PE文件要导入哪些库文件。

提示

- Import：导入，向库提供服务（函数）。
- Export：导出，从库向其他PE文件提供服务（函数）。

IMAGE_IMPORT_DESCRIPTOR结构体如代码13-12所示。

代码13-12 IMAGE_IMPORT_DESCRIPTOR结构体

```
typedef struct _IMAGE_IMPORT_DESCRIPTOR {
    union {
        DWORD   Characteristics;
        DWORD   OriginalFirstThunk;     // INT(Import Name Table) address
                                        (RVA)
    };
    DWORD   TimeDateStamp;
    DWORD   ForwarderChain;
    DWORD   Name;                       // library name string address (RVA)
    DWORD   FirstThunk;                 // IAT(Import Address Table) address (RVA)
} IMAGE_IMPORT_DESCRIPTOR;

typedef struct _IMAGE_IMPORT_BY_NAME {
    WORD    Hint;                       // ordinal
    BYTE    Name[1];                    // function name string
} IMAGE_IMPORT_BY_NAME, *PIMAGE_IMPORT_BY_NAME;
```

出处：Microsoft Platform SDK - winnt.h

执行一个普通程序时往往需要导入多个库，导入多少库就存在多少个IMAGE_IMPORT_DESCRIPTOR结构体，这些结构体形成了数组，且结构体数组最后以NULL结构体结束。IMAGE_IMPORT_DESCRIPTOR 中的重要成员如表13-5所示（拥有全部RVA值）。

表13-5 IMAGE_IMPORT_DESCRIPTOR结构体的重要成员

项 目	含 义
OriginalFirstThunk	INT的地址（RVA）
Name	库名称字符串的地址（RVA）
FirstThunk	IAT的地址（RVA）

提示

- PE头中提到的“Table”即指数组。
- INT与IAT是长整型（4个字节数据类型）数组，以NULL结束（未另外明确指出大小）。
- INT中各元素的值为IMAGE_IMPORT_BY_NAME结构体指针（有时IAT也拥有相同的值）。
- INT与IAT的大小应相同。

图13-11描述了notepad.exe之kernel32.dll的IMAGE_IMPORT_DESCRIPTOR结构。

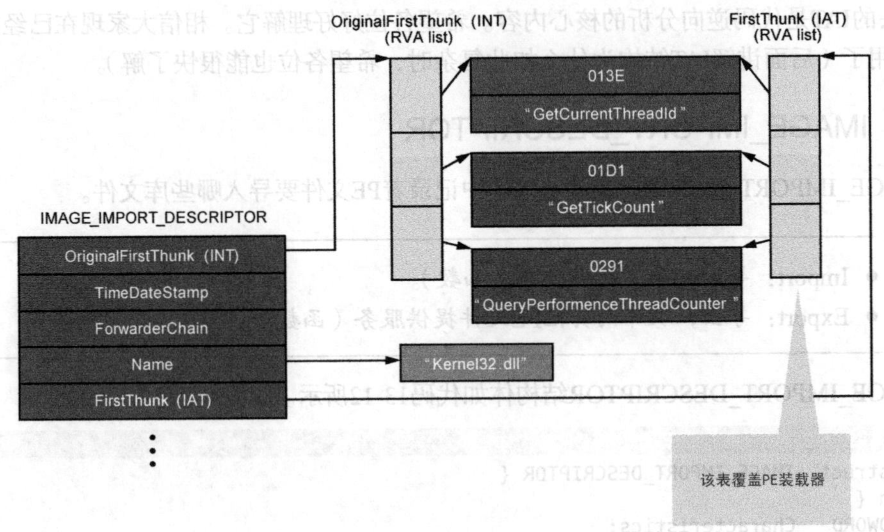

图13-11　IAT

图13-11中，INT与IAT的各元素同时指向相同地址，但也有很多情况下它们是不一致的（后面会陆续接触很多变形的PE文件，到时再逐一讲解）。

下面了解一下PE装载器把导入函数输入至IAT的顺序。

代码13-13　IAT输入顺序

```
1. 读取IID的Name成员，获取库名称字符串（"kernel32.dll"）。
2. 装载相应库。
   → LoadLibrary("kernel32.dll")
3. 读取IID的OriginalFirstThunk成员，获取INT地址 。
4. 逐一读取INT中数组的值，获取相应IMAGE_IMPORT_BY_NAME地址（RVA）。
5. 使用IMAGE_IMPORT_BY_NAME的Hint（ordinal）或Name项，获取相应函数的起始地址。
   → GetProcAddress("GetCurrentThreadId")
6. 读取IID的FirstThunk（IAT）成员，获得IAT地址。
7. 将上面获得的函数地址输入相应IAT数组值。
8. 重复以上步骤4~7，直到INT结束（遇到NULL时）。
```

13.5.3　使用 notepad.exe 练习

下面以notepad.exe为对象逐一查看。先提一个问题：IMAGE_IMPORT_DESCRIPTOR结构体数组究竟存在于PE文件的哪个部分呢？

它不在PE头而在PE体中，但查找其位置的信息在PE头中，IMAGE_OPTIONAL_HEADER32.DataDirectory[1].VirtualAddress的值即是IMAGE_IMPORT_DESCRIPTOR结构体数组的起始地址（RVA值）。IMAGE_IMPORT_DESCRIPTOR结构体数组也被称为IMPORT Directory Table（只有了解上述全部称谓，与他人交流时才能没有障碍）。

IMAGE_OPTIONAL_HEADER32.DataDirectory[1]结构体的值如图13-12所示（第一个4字节为虚拟地址，第二个4字节为Size成员）。

```
00000150  00 00 00 00 10 00 00 00 00 00 00 00 00 00 00 00
00000160  04 76 00 00 C8 00 00 00 00 B0 00 00 04 83 00 00
00000170  00 00 00 00 00 00 00 00 00 00 00 00 00 00 00 00
```

图13-12 notepad.exe的IMAGE_OPTIONAL_HEADER32.DataDirectory[1]

整理图13-12中的IMAGE_OPTIONAL_HEADER32.DataDirectory结构体数组的信息以便查看，如表13-6所示（加深的部分是与导入相关的信息）。

表13-6 notepad.exe文件的DataDirectory数组 - Import

偏 移	值	说 明
00000158	00000000	RVA of EXPORT Directory
0000015C	00000000	size of EXPORT Directory
00000160	00007604	RVA of IMPORT Directory
00000164	000000C8	size of IMPORT Directory
00000168	0000B000	RVA of RESOURCE Directory
0000016C	00008304	size of RESOURCE Directory

像在图13-12中看到的一样，因为RVA是7604，故文件偏移为6A04。在文件中查看6A04，如图13-13所示（请使用“RVA to RAW”转换公式）。

```
00006A00  00 01 CC CC 90 79 00 00 FF FF FF FF FF FF FF FF
00006A10  AC 7A 00 00 C4 12 00 00 40 78 00 00 FF FF FF FF
00006A20  FF FF FF FF FA 7A 00 00 74 11 00 00 80 79 00 00
00006A30  FF FF FF FF FF FF FF FF 3A 7B 00 00 B4 12 00 00
00006A40  EC 76 00 00 FF FF FF FF FF FF FF FF 5E 7B 00 00
00006A50  20 10 00 00 B8 79 00 00 FF FF FF FF FF FF FF FF
00006A60  76 7C 00 00 EC 12 00 00 CC 76 00 00 FF FF FF FF
00006A70  FF FF FF FF 08 7D 00 00 00 10 00 00 58 77 00 00
00006A80  FF FF FF FF FF FF FF FF EC 80 00 00 8C 10 00 00
00006A90  F4 76 00 00 FF FF FF FF FF FF FF FF 5E 82 00 00
00006AA0  28 10 00 00 54 78 00 00 FF FF FF FF FF FF FF FF
00006AB0  3C 87 00 00 88 11 00 00 00 00 00 00 00 00 00 00
00006AC0  00 00 00 00 00 00 00 00 00 00 00 00 A2 7C 00 00
```

图13-13 notepad.exe的IMAGE_IMPORT_DESCRIPTOR结构体数组

图13-13中，阴影部分即为全部的IMAGE_IMPORT_DESCRIPTOR结构体数组，粗线框内的部分是结构体数组的第一个元素（也可以看到数组的最后是由NULL结构体组成的）。下面分别看一下粗线框中IMAGE_IMPORT_DESCRIPTOR结构体的各个成员，如表13-7所示。

表13-7 notepad.exe文件的第一个IMAGE_IMPORT_DESCRIPTOR结构体

文件偏移	成 员	RVA	RAW
6A04	OriginalFirstThunk(INT)	00007990	00006D90
6A08	TimeDateStamp	FFFFFFFF	-
6A0C	ForwarderChain	FFFFFFFF	-
6A10	Name	00007AAC	00006EAC
6A14	FirstThunk(IAT)	000012C4	000006C4

由于我们只是为了学习IAT，所以没有使用专业的PE Viewer，而是使用Hex Editor逐一查看（为方便起见，结构体的值（RVA）已经被转换为文件偏移。希望各位亲自转换一下）。下面依序看看吧。

1. 库名称（Name）

Name是一个字符串指针，它指向导入函数所属的库文件名称。在图13-14的文件偏移6EAC（RVA:7AAC→RAW:6EAC）处看到字符串comdlg32.dll了吧？

```
00006E90  70 65 6E 46 69 6C 65 4E 61 6D 65 57 00 00 12 00  penFileNameW....
00006EA0  50 72 69 6E 74 44 6C 67 45 78 57 00 63 6F 6D 64  PrintDlgExW.comd
00006EB0  6C 67 33 32 2E 64 6C 6C 00 00 03 01 53 68 65 6C  lg32.dll....Shel
00006EC0  6C 41 62 6F 75 74 57 00 1F 00 44 72 61 67 46 69  lAboutW...DragFi
```

图13-14　“comdlg32.dll”字符串

2. OriginalFirstThunk – INT

INT是一个包含导入函数信息（Ordinal，Name）的结构体指针数组。只有获得了这些信息，才能在加载到进程内存的库中准确求得相应函数的起始地址（请参考后面EAT的讲解）。

跟踪OriginalFirstThunk成员（RVA:7990→RAW:6D90）。

图13-15是INT，由地址数组形式组成（数组尾部以NULL结束）。每个地址值分别指向IMAGE_IMPORT_BY_NAME结构体（参考图13-11）。跟踪数组的第一个值7A7A（RVA），进入该地址，可以看到导入的API函数的名称字符串。

```
00006D80  16 7B 00 00 06 7B 00 00 2A 7B 00 00 00 00 00 00  .{...{..*{......
00006D90  7A 7A 00 00 5E 7A 00 00 9E 7A 00 00 50 7A 00 00  zz..^z..žz..Pz..
00006DA0  40 7A 00 00 8A 7A 00 00 6A 7A 00 00 14 7A 00 00  @z..Šz..jz...z..
00006DB0  2C 7A 00 00 00 00 00 00 DC 7B 00 00 D4 7B 00 00  ,z......Ü{..Ô{..
00006DC0  CA 7B 00 00 C2 7B 00 00 B6 7B 00 00 EA 7B 00 00  Ê{..Â{..¶{..ê{..
```

图13-15　INT

3. IMAGE_IMPORT_BY_NAME

RVA: 7A7A即为RAW：6E7A。

文件偏移6E7A最初的2个字节值（000F）为Ordinal，是库中函数的固有编号。Ordinal的后面为函数名称字符串PageSetupDlgW（同C语言一样，字符串末尾以Terminating NULL['\0']结束）。

如图13-16所示，INT是IMAGE_IMPORT_BY_NAME结构体指针数组（参考代码13-12）。数组的第一个元素指向函数的Ordinal值000F，函数的名称为PageSetupDlgW。

```
00006E60  46 69 6E 64 54 65 78 74 57 00 15 00 52 65 70 6C  FindTextW...Repl
00006E70  61 63 65 54 65 78 74 57 00 00 0F 00 50 61 67 65  aceTextW....Page
00006E80  53 65 74 75 70 44 6C 67 57 00 0A 00 47 65 74 4F  SetupDlgW...GetO
00006E90  70 65 6E 46 69 6C 65 4E 61 6D 65 57 00 00 12 00  penFileNameW....
```

图13-16　IMAGE_IMPORT_BY_NAME

4. FirstThunk - IAT（Import Address Table）

IAT的RVA:12C4即为RAW：6C4。

```
000006B0  00 00 00 00 3C 64 F5 72 40 4D F5 72 91 50 F5 72  ....<dõr@Mõr'Põr
000006C0  00 00 00 00 06 49 32 76 CE 85 31 76 84 9D 32 76  .....I2vÎ…1v„.2v
000006D0  E1 C3 31 76 06 23 30 76 9D 7B 31 76 02 86 31 76  áÃ1v.#0v.{1v.†1v
000006E0  36 00 31 76 2B 7C 31 76 00 00 00 00 AE 2D 40 4D  6.1v+|1v....®-@M
000006F0  9A 9E 40 4D CE 9E 40 4D CF AE 41 4D 69 AB 41 4D  šž@MÎž@MÏ®AMi«AM
```

图13-17　FirstThunk - IAT

图13-17中文件偏移6C4~6EB区域即为IAT数组区域，对应于comdlg32.dll库。它与INT类似，由结构体指针数组组成，且以NULL结尾。

IAT的第一个元素值被硬编码为76324906，该值无实际意义，notepad.exe文件加载到内存时，准确的地址值会取代该值。

提示

- 其实我的系统（Windows XP SP3）中，地址76324906即是comdlg32.dll!PageSetupDlgW函数的准确地址值。但是该文件在Windows7中也能顺利运行。运行notepad.exe进程时，PE装载器会使用相应API的起始地址替换该值。
- 微软在制作服务包过程中重建相关系统文件，此时会硬编入准确地址（普通的DLL实际地址不会被硬编码到IAT中，通常带有与INT相同的值）。
- 另外，普通DLL文件的ImageBase为10000000，所以经常会发生DLL重定位。但是Windows系统DLL文件（kernel32/user32/gdi32等）拥有自身固有的ImageBase，不会出现DLL重定位。

下面使用OllyDbg查看notepad.exe的IAT，如图13-18所示。

Address	Value	Comment
010012B8	72F54D40	WINSPOOL.ClosePrinter
010012BC	72F55091	WINSPOOL.OpenPrinterW
010012C0	00000000	
010012C4	76324906	comdlg32.PageSetupDlgW
010012C8	763185CE	comdlg32.FindTextW
010012CC	76329D84	comdlg32.PrintDlgExW
010012D0	7631C3E1	comdlg32.ChooseFontW
010012D4	76302306	comdlg32.GetFileTitleW
010012D8	76317B9D	comdlg32.GetOpenFileNameW
010012DC	76318602	comdlg32.ReplaceTextW
010012E0	76310036	comdlg32.CommDlgExtendedError
010012E4	76317C2B	comdlg32.GetSaveFileNameW
010012E8	00000000	

图13-18 notepad.exe的IAT

notepad.exe的ImageBase值为01000000。所以comdlg32.dll!PageSetupDlgW函数的IAT地址为010012C4，其值为76324906，它是API准确的起始地址值。

提示

若在其他OS（2000、Vista等）或服务包（SP1、SP2）中运行XP SP3 notepad.exe，010012C4地址中会被设置为其他值（相应OS的comdlg32.dll!PageSetupDlgW地址）。

进入76324906地址中，如图13-19所示，可以看到该处即为comdlg32.dll的PageSetupDlgW函数的起始位置。

以上是对IAT的基本讲解，都是一些初学者不易理解的概念。反复阅读前面的讲解，并且实际进入相应地址查看学习，将非常有助于对概念的掌握。IAT是Windows逆向分析中的重要概念，一定要熟练把握。后面学习带有变形IAT的PE Patch文件时，会进一步学习IAT相关知识。

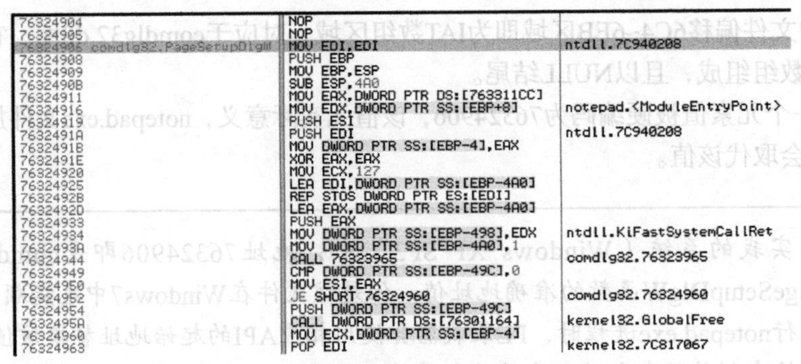

图13-19　comdlg32.PageSetupDlgW

13.6　EAT

Windows操作系统中，“库”是为了方便其他程序调用而集中包含相关函数的文件（DLL/SYS）。Win32 API是最具代表性的库，其中的kernel32.dll文件被称为最核心的库文件。

EAT是一种核心机制，它使不同的应用程序可以调用库文件中提供的函数。也就是说，只有通过EAT才能准确求得从相应库中导出函数的起始地址。与前面讲解的IAT一样，PE文件内的特定结构体（IMAGE_EXPORT_DIRECTORY）保存着导出信息，且PE文件中仅有一个用来说明库EAT的IMAGE_EXPORT_DIRECTORY结构体。

提示

用来说明 IAT 的 IMAGE_IMPORT_DESCRIPTOR 结构体以数组形式存在，且拥有多个成员。这样是因为 PE 文件可以同时导入多个库。

可以在PE文件的PE头中查找到IMAGE_EXPORT_DIRECTORY结构体的位置。IMAGE_OPTIONAL_HEADER32.DataDirectory[0].VirtualAddress 值即是 IMAGE_EXPORT_DIRECTORY 结构体数组的起始地址（也是RVA的值）。

图13-20显示的是kernel32.dll文件的IMAGE_OPTIONAL_HEADER32.DataDirectory[0]（第一个4字节为VirtualAddress，第二个4字节为Size成员，参考代码13-6）。

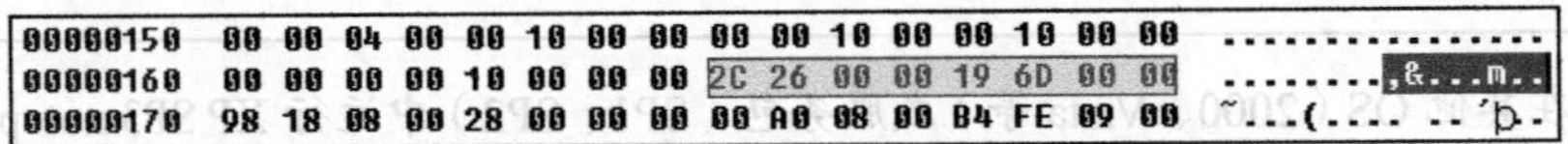

00000150 00 00 04 00 00 10 00 00 00 00 10 00 00 10 00 00 ....
00000160 00 00 00 00 10 00 00 00 2C 26 00 00 19 6D 00 00 ....,&...m..
00000170 98 18 08 00 28 00 00 00 00 A0 08 00 B4 FE 09 00 ˜...(.... ..´þ..

图13-20　IMAGE_OPTIONAL_HEADER32.DataDirectory[0]

为便于查看，将图13-20中的IMAGE_OPTIONAL_HEADER32.DataDirectory结构体数组信息整理如下表13-8（深色部分为“导出”相关信息）。

表13-8　kernel32.dll文件的DataDirectory数组 - Export

偏　移	值	说　明
00000160	00000000	loader flags
00000164	00000010	number of directories
00000168	0000262C	RVA of EXPORT Dirctory
0000016C	00006D19	size of EXPORT Directory
00000170	00081898	RVA of IMPORT Directory
00000174	00000028	size of IMPORT Directory

由于RVA值为262C，所以文件偏移为1A2C（希望各位多练习RVA与文件偏移间的转换过程）。

13.6.1 IMAGE_EXPORT_DIRECTORY

IMAGE_EXPORT_DIRECTORY结构体如代码13-14所示。

代码13-14 IMAGE_EXPORT_DIRECTORY结构体

```
typedef struct _IMAGE_EXPORT_DIRECTORY {
    DWORD   Characteristics;
    DWORD   TimeDateStamp;              // creation time date stamp
    WORD    MajorVersion;
    WORD    MinorVersion;
    DWORD   Name;                       // address of library file name
    DWORD   Base;                       // ordinal base
    DWORD   NumberOfFunctions;          // number of functions
    DWORD   NumberOfNames;              // number of names
    DWORD   AddressOfFunctions;         // address of function start address
                                           array
    DWORD   AddressOfNames;             // address of function name string array
    DWORD   AddressOfNameOrdinals;  // address of ordinal array
} IMAGE_EXPORT_DIRECTORY, *PIMAGE_EXPORT_DIRECTORY;
```

出处：Microsoft Platform SDK - winnt.h

下面讲解其中的重要成员（全部地址均为RVA），如表13-9所示。

表13-9 IMAGE_EXPORT_DIRECTORY结构体的重要成员

项 目	含 义
NumberOfFunctions	实际Export函数的个数
NumberOfNames	Export函数中具名的函数个数
AddressOfFunctions	Export函数地址数组（数组元素个数=NumberOfFunctions）
AddressOfNames	函数名称地址数组（数组元素个数=NumberOfNames）
AddressOfNameOrdinals	Ordinal地址数组（数组元素个数=NumberOfNames）

图13-21描述的是kernel32.dll文件的IMAGE_EXPORT_DIRECTORY结构体与整个EAT结构。

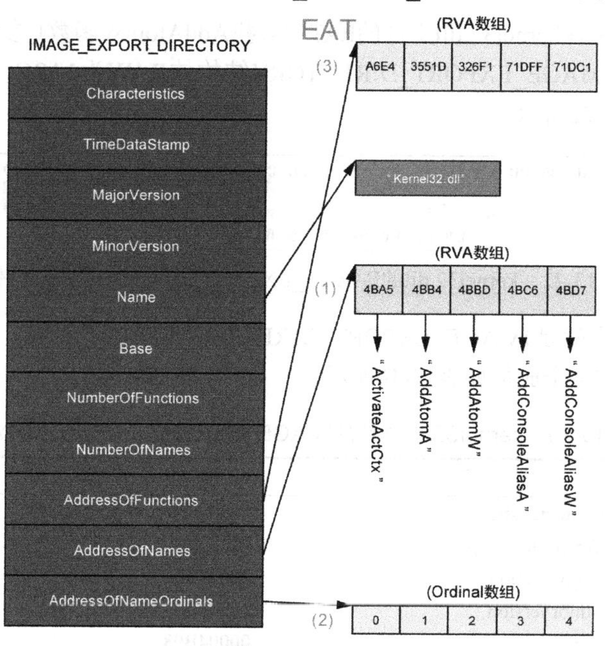

图13-21 EAT

从库中获得函数地址的API为GetProcAddress()函数。该API引用EAT来获取指定API的地址。GetProcAddress() API拥有函数名称，下面讲解它如何获取函数地址。理解了这一过程，就等于征服了EAT。

GetProcAddress()操作原理

(1) 利用 AddressOfNames 成员转到“函数名称数组”。

(2)“函数名称数组”中存储着字符串地址。通过比较（strcmp）字符串，查找指定的函数名称（此时数组的索引称为 name_index）。

(3) 利用 AddressOfNameOrdinals 成员，转到 ordinal 数组。

(4) 在 ordinal 数组中通过 name_index 查找相应 ordinal 值。

(5) 利用 AddressOfFunctions 成员转到“函数地址数组”（EAT）。

(6) 在“函数地址数组”中将刚刚求得的 ordinal 用作数组索引，获得指定函数的起始地址。

图13-21描述的是kernel32.dll文件的情形。kernel32.dll中所有导出函数均有相应名称，AddressOfNameOrdinals数组的值以index=ordinal的形式存在。但并不是所有的DLL文件都如此。导出函数中也有一些函数没有名称（仅通过ordinal导出），AddressOfNameOrdinals数组的值为index!=ordinal。所以只有按照上面的顺序才能获得准确的函数地址。

提示

对于没有函数名称的导出函数，可以通过 Ordinal 查找到它们的地址。从 Ordinal 值中减去 IMAGE_EXPORT_DIRECTORY.Base 成员后得到一个值，使用该值作为“函数地址数组”的索引，即可查找到相应函数的地址。

13.6.2　使用 kernel32.dll 练习

下面看看如何实际从kernel32.dll文件的EAT中查找AddAtomW函数（参考图13-21）。由表13-8可知，kernel32.dll的IMAGE_EXPORT_DIRECTORY结构体RAW为1A2C。使用Hex Editor进入1A2C偏移处，如图13-22所示。

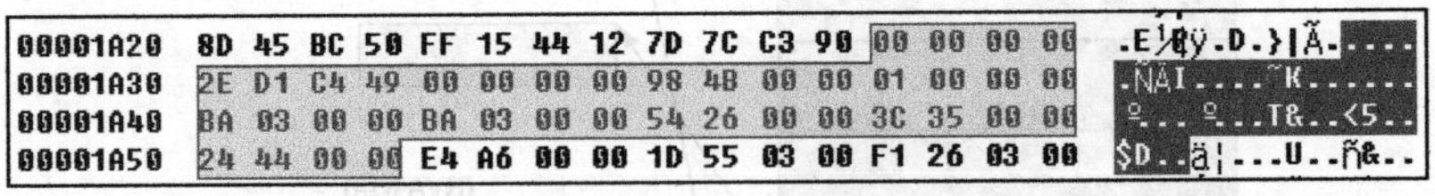

```
00001A20  8D 45 BC 50 FF 15 44 12 7D 7C C3 90 00 00 00 00  .E¼Pÿ.D.}|Ã.....
00001A30  2E D1 C4 49 00 00 00 00 98 4B 00 00 01 00 00 00  .ÑÄI....˜K......
00001A40  BA 03 00 00 BA 03 00 00 54 26 00 00 3C 35 00 00  º...º...T&..<5..
00001A50  24 44 00 00 E4 A6 00 00 1D 55 03 00 F1 26 03 00  $D..ä¦...U..ñ&..
```

图13-22　kernel32.dll的IMAGE_EXPORT_DIRECTORY结构体

图13-22深色部分就是IMAGE_EXPORT_DIRECTORY结构体区域。该IMAGE_EXPORT_DIRECTORY结构体的各个成员如表13-10所示。

表13-10　kernel32.dll文件的IMAGE_EXPORT_DIRECTORY结构体

文件偏移	成　员	值	RAW
1A2C	Characteristics	00000000	-
1A30	TimeDateStamp	49C4D12E	-
1A34	MajorVersion	0000	-
1A36	MinorVersion	0000	-
1A38	Name	00004B98	3F98

（续）

文件偏移	成　员	值	RAW
1A3C	Base	00000001	-
1A40	NumberOfFuctions	000003BA	-
1A44	NumberOfNames	000003BA	-
1A48	AddressOfFunctions	00002654	1A54
1A4C	AddressOfNames	0000353C	293C
1A50	AddressOfNameOrdinals	00004424	3824

依照前面介绍的代码13-15的顺序查看。

1. 函数名称数组

AddressOfNames成员的值为RVA=353C，即RAW=293C。使用Hex Editor查看该地址，如图13-23所示。

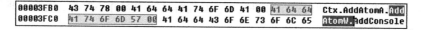

```
00002930  56 BE 00 00 56 BE 00 00 A9 9A 00 00 A5 4B 00 00
00002940  B4 4B 00 00 BD 4B 00 00 C6 4B 00 00 D7 4B 00 00
00002950  E8 4B 00 00 07 4C 00 00 26 4C 00 00 33 4C 00 00
00002960  4F 4C 00 00 5C 4C 00 00 76 4C 00 00 86 4C 00 00
00002970  9F 4C 00 00 AD 4C 00 00 B8 4C 00 00 C3 4C 00 00
00002980  CF 4C 00 00 E7 4C 00 00 01 4D 00 00 22 4D 00 00
00002990  39 4D 00 00 51 4D 00 00 68 4D 00 00 86 4D 00 00
000029A0  A0 4D 00 00 B4 4D 00 00 CD 4D 00 00 EC 4D 00 00
000029B0  F1 4D 00 00 06 4E 00 00 1B 4E 00 00 34 4E 00 00
000029C0  42 4E 00 00 5B 4E 00 00 74 4E 00 00 82 4E 00 00
```

图13-23　AddressOfNames

此处为4字节RVA组成的数组。数组元素个数为NumberOfNames（3BA）。逐一跟随所有RVA值即可发现函数名称字符串。

2. 查找指定函数名称

要查找的函数名称字符串为“AddAtomW”，只要在图13-23中找到RVA数组第三个元素的值（RVA:4BBD→RAW:3FBD）即可。

进入相应地址就会看到“AddAtomW”字符串，如图13-24所示。此时“AddAtomW”函数名即是图13-23数组的第三个元素，数组索引为2。

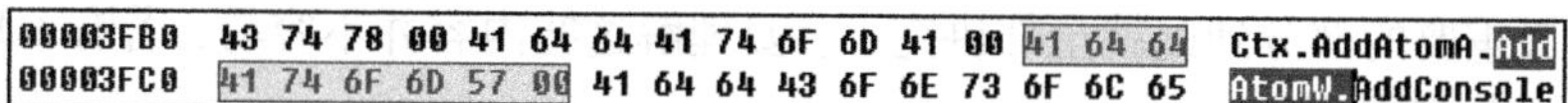

图13-24　“AddAtomW”字符串

3. Ordinal数组

下面查找“AddAtomW”函数的Ordinal值。AddressOfNameOrdinals成员的值为RVA:4424→RVA:3824。

在图13-25中可以看到，深色部分是由多个2字节的ordinal组成的数组（ordinal数组中的各元素大小为2个字节）。

```
00003820  08 90 00 00 00 00 01 00 02 00 03 00 04 00 05 00
00003830  06 00 07 00 08 00 09 00 0A 00 0B 00 0C 00 0D 00
00003840  0E 00 0F 00 10 00 11 00 12 00 13 00 14 00 15 00
00003850  16 00 17 00 18 00 19 00 1A 00 1B 00 1C 00 1D 00
```

图13-25　AddressOfNameOrdinals

4. ordinal

将2中求得的index值(2)应用到3中的Ordinal数组即可求得Ordinal(2)。

AddressOfNameOrdinals[index]=ordinal (index=2,ordinal=2)

5. 函数地址数组 - EAT

最后查找AddAtomW的实际函数地址。AddressOfFunctions成员的值为RVA:2654→RVA:1A54。图13-26深色部分即为4字节函数地址RVA数组，它就是Export函数的地址。

```
00001A50  24 44 00 00 E4 A6 00 00 1D 55 03 00 F1 26 03 00  $D..ä¦...U..ñ&..
00001A60  FF 1D 07 00 C1 1D 07 00 12 94 05 00 F6 92 05 00  ÿ...Á....”..ö’..
00001A70  11 BF 02 00 11 90 00 00 51 24 07 00 D4 F6 05 00  .¿......Q$..Ôö..
00001A80  7F 59 03 00 5A E4 02 00 39 26 07 00 5A 72 05 00  .Y..Zä..9&..Zr..
00001A90  40 63 05 00 B5 78 05 00 77 68 01 00 46 CF 06 00  @c..µx..wh..FÏ..
```

图13-26　AddressOfFunctions

6. AddAtomW函数地址

图13-26中，为了获取“AddAtomW”函数的地址，将图13-25中求得的Ordinal用作图13-26数组的索引，得到RVA=00326F1。

AddressOfFunctions[ordinal]=RVA(ordinal=2,RVA=326F1)

kernel32.dll的ImageBase=7C7D0000。因此AddAtomW函数的实际地址（VA）为7C8026F1（7C7D0000+326F1=7C8026F1）。可以使用OllyDbg验证，如图13-27所示。

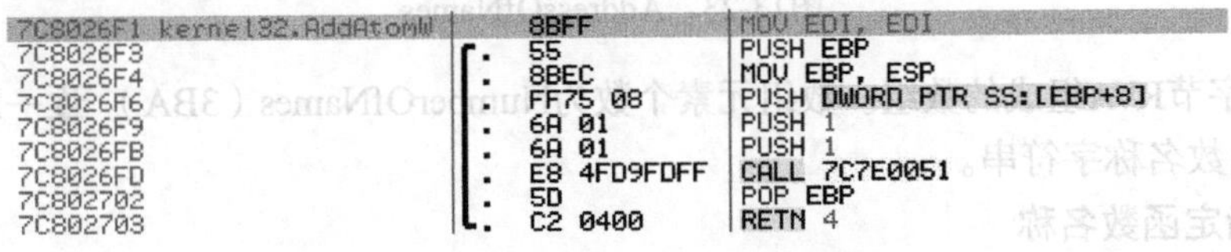

7C8026F1 kernel32.AddAtomW　8BFF　MOV EDI, EDI
7C8026F3　55　PUSH EBP
7C8026F4　8BEC　MOV EBP, ESP
7C8026F6　FF75 08　PUSH DWORD PTR SS:[EBP+8]
7C8026F9　6A 01　PUSH 1
7C8026FB　6A 01　PUSH 1
7C8026FD　E8 4FD9FDFF　CALL 7C7E0051
7C802702　5D　POP EBP
7C802703　C2 0400　RETN 4

图13-27　AddAtomW()函数地址

如图13-27所示，7C8026F1地址（VA）处出现的就是要查找的AddAtomW函数。以上过程是在DLL文件中查找Export函数地址的方法，与使用GetProcAddress() API获取指定函数地址的方法一致。

最基本、最重要的部分到此就全部讲完了。要理解这些内容并不容易，若有不理解的暂且保留，通过实际操作慢慢理解。

13.7　高级 PE

前面我们花了相当长时间来学习PE文件格式相关知识。虽然可以根据PE规范逐一学习各结构体成员，但前面的学习中仅抽取与代码逆向分析息息相关的成员进行了说明。其中IAT/EAT相关内容是运行时压缩器（Run-time Packer）、反调试、DLL注入、API钩取等多种中高级逆向主题的基础知识。希望各位多训练使用Hex Editor、铅笔、纸张逐一计算IAT/EAT的地址，再找到文件/内存中的实际地址。虽然要掌握这些内容并不容易，但是由于其在代码逆向分析中占有重要地位，所以只有掌握它们，才能学到高级逆向技术。

13.7.1　PEView.exe

下面向各位介绍一个简单易用的PE Viewer应用程序（PEView.exe）（个人编写的免费公开SW）。

图13-28是PEView.exe的运行界面。

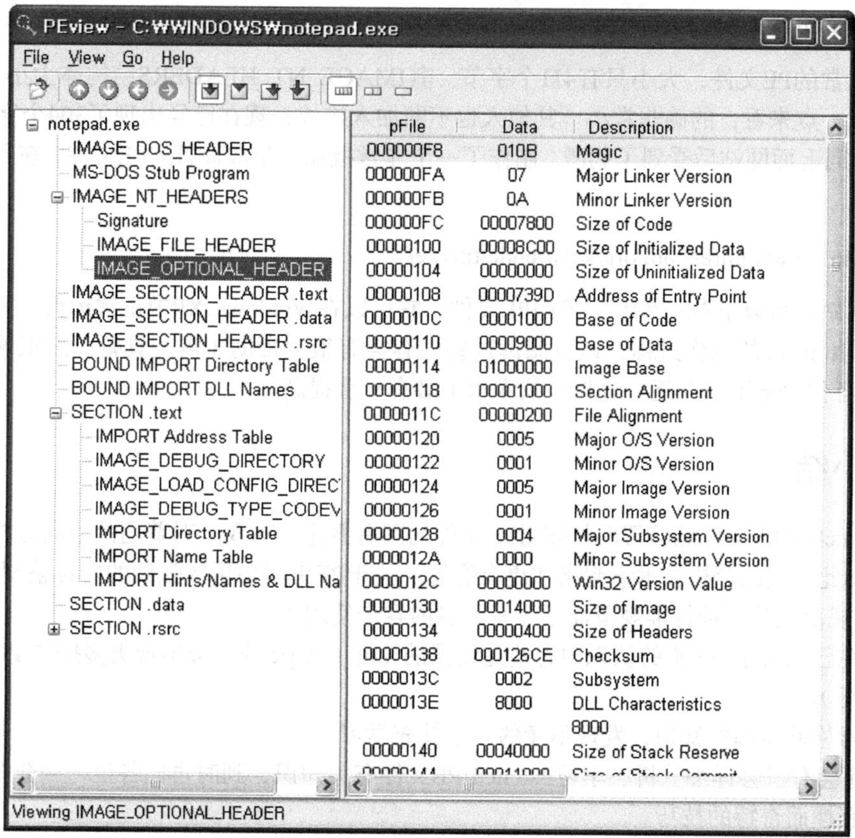

图13-28 PEView

PEView中，PE头按不同结构体分类组织起来，非常方便查看，也能非常容易地在RVA与文件偏移间转换（与前面讲解的内容与术语略微不同。若二者都能熟练掌握，与他人沟通时会更加顺畅）。

强烈建议各位自己制作一个PE Viewer。我刚开始学习PE头时（为了验证）就制作了一款基于控制台的PE Viewer，使用至今。亲手制作PE Viewer可以学到更多知识，纠正理解上的错误，更有利于进步。

13.7.2 Patched PE

顾名思义，PE规范只是一个建议性质的书面标准，查看各结构体内部会发现，其实有许多成员并未被使用。事实上，只要文件符合PE规范就是PE文件，利用这一点可以制作出一些脱离常识的PE文件。

Patched PE指的就是这样的PE文件，这些PE文件仍然符合PE规范，但附带的PE头非常具有创意（准确地说，PE头纠缠放置到各处）。代码逆向分析中，Patched PE涉及的内容宽泛而有深度，详细讲解须另立主题。

这里只介绍一点，但是足以颠覆前面对PE头的常规理解（但仍未违反PE规范）。

在下列网站制作一个名为“tiny pe”的最小PE文件。

http://blogs.securiteam.com/index.php/archives/675

它是正常的PE文件，大小只有411个字节。其IMAGE_NT_HEADERS结构体大小只有248个字节，从这一点来看，的确非常小。其他人也不断加入挑战，现在已经出现了304个字节的PE文件。有人访问上面网站后受到了刺激，制作了一个非常极端、非常荒唐的PE文件，在下列网址中可以看到。

http://www.phreedom.org/solar/code/tinype/

进入网站后可以下载一个97字节的PE文件，它可以在Windows XP中正常运行。并且网站记录了PE头与tiny pe的制作过程，认真阅读这些内容会有很大帮助（需要具备一点汇编语言的知识）。希望各位全部下载并逐一分析，技术水平必有显著提高。

13.8　小结

这些Patched PE文件能够帮助打破对PE文件的固有概念，对我、对普通的逆向分析人员都一样。正因如此，逆向分析技术学起来才更有意思。关于PE头需要再次强调的内容整理如下。

- PE规范只是一种标准规范而已（有许多内容未使用）。
- 现在已知关于PE头的认识中有些是错误的（除tiny pe外，会出现更多操作PE头的创意技巧）。
- 经常检验掌握的知识，发现不懂的马上补充学习。

后面还会有机会详细分析、学习Patched PE文件有关知识，到时再向各位一一介绍有关操作PE头更多有趣而奇特的技巧。

Q&A

Q.　前面的讲解中提到，执行文件加载到内存时会根据Imagebase确定地址，那么2个notepad程序同时运行时Imagebase都是10000000，它们会侵占彼此的空间区域，不是这样吗？

A.　生成进程（加载到内存）时，OS会单独为它分配4GB大小的虚拟内存。虚拟内存与实际物理内存是不同的。同时运行2个notepad时，各进程分别在自身独有的虚拟内存空间中，所以它们彼此不会重叠。这是由OS来保障的。因此，即使它们的Imagebase一样也完全没问题。

Q.　不怎么理解“填充”（padding）这一概念。

A.　相信会有很多人想了解PE文件的“填充”这一概念，就当它是为了对齐“基本单位”而添加的“馒头”。“基本单位”这个概念在计算机和日常生活中都常见。

比如，保管大量的橘子时并不是单个保管，而是先把它们分别放入一个个箱子中，然后再放入仓库。这些箱子就是“基本单位”。并且，说橘子数量时也很少说几个橘子，而说几箱橘子，这样称呼会更方便。橘子箱数增加很多时，就要增加保管仓库的数量。此时不会再说几箱橘子，而是说“几仓库的橘子”。事实上，这样保管橘子便于检索，查找时只要说出“几号仓库的几号箱子的第几个橘子”即可。也就是说，保存大量数据时成“捆”保管，整理与检索都会变得更容易。这种“基本单位”的概念也被融入计算机设计，还被应用到内存、硬盘等。各位一定听说过硬盘是用“扇区”这个单位划分的吧？

同样，“基本单位（大小）”的概念也应用到了PE文件格式的节区。即使编写的代码（编译为机器语言）大小仅有100d字节，若节区的基本单位为1000d（400h）字节，那么代码节区最小也应该为1000d。其中100个字节区域为代码，其余900个字节区域填充着NULL（0），后者称为NULL填充区域。内存中也使用“基本单位”的概念（其单位的大小比普通文件要略大一些）。那么PE文件中的填充是谁创建的呢？在开发工具（VC++/VB等）中生成PE文件时由指定的编译选项确定。

Q. 经常在数字旁边见到字母“h”，它是什么单位？

A. 数字旁边的字母“h”是Hex的首字母，表示前面的数字为十六进制数。另外，十进制数用d（Decimal）、八进制数用o（Octal）、二进制数用b（Binary）标识。

Q. 如何只用Hex Editor识别出DOS存根、IMAGE_FILE_HEADER等部分呢？

A. 根据PE规范，IMAGE_DOS_HEADER的大小为64字节，DOS存根区域为40~PE签名区域。紧接在PE签名后的是IMAGE_FILE_HEADER，且该结构体的大小是已知的，所以也可以在Hex Editor中表示出来。也就是说，解析PE规范中定义的结构体及其成员的含义，即可区分出各组成部分（多看几次就熟悉了）。

Q. IMAGE_FILE_HEADER的TimeDateStamp值为0x47918EA2，在PEView中显示为2008/01/19,05:46:10 UTC，如何才能这样解析出来呢？

A. 使用C语言标准库中提供的ctime()函数，即可把4个字节的数字转换为实际的日期字符串。

Q. PE映像是什么？

A. PE映像这一术语是微软创建PE结构时开始使用的。一般是指PE文件运行时加载到内存中的形态。PE头信息中有一个SizeOfImage项，该项指出了PE映像所占内存的大小。当然，这个大小与文件的大小不一样。PE文件格式妙处之一就在于，其文件形态与内存形态是不同的。

Q. 不太明白EP这一概念。

A. EP地址是程序中最早被执行的代码地址。CPU会最先到EP地址处，并从该处开始依次执行指令。

Q. 用PEView打开记事本程序（notepad.exe）后，发现各节区的起始地址、大小等与示例中的不同，为什么会这样呢？

A. notepad.exe文件随OS版本的不同而不同（其他所有系统文件也如此）。换言之，不同版本的OS下，系统文件的版本也是不同的。微软可能修改了代码、更改了编译选项，重新编译后再发布。

Q. 对图13-9及其下面的Quiz不是很理解。如何知道RVA 5000包含在哪个节区呢？

A. 图13-9是以节区头信息为基础绘制的。图（或节区头信息）中的.text节区是指VA 01001000~01009000区域，转换为RVA形式后对应于RVA 1000~9000区域（即减去Imagebase值的01000000）。由此可知，RVA 5000包含在.text节区中。

Q. 讲解节区头成员VirtualAddress时提到，它是内存中节区头的起始地址（RVA），VirtualAddress不就是VA吗？为什么要叫RVA呢？

A. “使用RVA值来表示节区头的成员VirtualAddress”，这样理解就可以了。节区头结构体（IMAGE_SECTION_HEADER）的VirtualAddress成员与虚拟内存地址（VA，Virtual Address）用的术语相同才引起这一混乱。此处“VirtualAddress成员指的是虚拟内存中相应节区的起始地址，它以RVA的形式保存”，如此理解即可。

Q. 查看某个文件时，发现其IMAGE_IMPORT_DESCRIPTOR结构体的OriginalFirstThunk成员为NULL，跟踪FirstThunk成员，看到一个实际使用的API的名称字符串数组（INT）。跟踪FirstThunk应该看到的是IAT而不是INT，这是怎么回事呢？

A. PE装载器无法根据OriginalFirstThunk查找到API名称字符串数组（INT）时，就会尝试用FirstThunk查找。本来FirstThunk含义为IAT，但在实际内存中被实际的API函数地址覆盖掉了（此时INT与IAT虽然是相同区域，但仍然能够正常工作）。

Q. 使用Windows7的notepad.exe测试，用PEView打开后，IAT起始地址为01001000，而用OllyDbg查看时IAT出现在00831000地址处。请问这是怎么回事呢？

A. 这是由Windows Vista、7中使用的ASLR技术造成的。请参考第41章。

Q. EAT讲解中提到的Ordinal究竟是什么？不太理解。

A. 把Ordinal想成导出函数的固有编号就可以了。有时候某些函数对外不会公开函数名，仅公开函数的固有编号（Ordinal）。导入并使用这类函数时，要先用Ordinal查找到相应函数的地址后再调用。比如下面示例(1)通过函数名称来获取函数地址，示例(2)则使用函数的Ordinal来取得函数地址。

示例(1) pFunc=GetProcAddress(“TestFunc”);

示例(2) pFunc=GetProcAddress(5);

第14章　运行时压缩

运行时压缩器（Run-Time Packer）是软件逆向分析学的常见主题。为了理解好它，需要掌握有关PE文件格式、操作系统的基本知识（进程、内存、DLL等），同时也要了解有关压缩/解压缩算法的基本内容。其中许多部分已经在前面讲解过了，学习运行时压缩能够进一步帮助大家把前面学过的逆向分析知识系统化，做到融会贯通。

14.1　数据压缩

大家对于数据压缩都比较熟悉，下面简单梳理一下相关知识。数据压缩（Data Compression）是计算机工程的主要研究内容，经过数十年发展已经有了深入研究，今后还会不断出现更多、更好的算法。

如果日常生活中能够非常容易地压缩某个物体该多么方便啊！也就不再需要仓库、停车场、集装箱了，当然，得能压缩才行。而在数码世界，（只要不是压缩过的信息）任何信息都能轻松压缩。

不论哪种形态的文件（数据）都是由二进制（0或1）组成的，只要使用合适的压缩算法，就能缩减其大小。经过压缩的文件若能100%恢复，则称该压缩为“无损压缩”（Lossless Data Compression）；若不能恢复原状，则称该压缩为“有损压缩”（Loss Data Compression）。

14.1.1　无损压缩

无损压缩用来缩减文件（数据）的大小，压缩后的文件更易保管、移动。使用经过压缩的文件之前，需要先对文件解压缩（此过程中应该保证数据完整性）。

各位肯定用过类似7-zip、“面包房”的压缩程序，用它们压缩文件就是无损压缩算法。最具代表性的无损压缩算法有Run-Length、Lempel-Ziv、Huffman等。此外还有许多其他压缩算法，它们都是在上面3种压缩算法的基础上改造而成的。只要准确理解了上面3种，就能轻松掌握其他各种压缩算法。ZIP、RAR等是具有代表性的压缩文件格式，它们最根本的压缩理念也是Run-Length、Lempel-Ziv、Huffman，然后应用了一些各自特有的技术（压缩率、压缩/解压时间）。

14.1.2　有损压缩

相反，有损压缩允许压缩文件（数据）时损失一定信息，以此换取高压缩率。压缩多媒体文件（jpg、mp3、mp4）时，大部分都使用这种有损压缩方式。从压缩特性来看，有损压缩的数据解压缩后不能完全恢复原始数据。人类的肉眼与听觉几乎无法察觉到这些多媒体文件在压缩中损失的数据。经过有损压缩后，虽然压缩文件与原文件（从数据层面上看）存在差异，但重要的是人们几乎区分不出这种微小的差别。以mp3文件为例，mp3的核心算法通过删除超越人类听觉范围（20~20000Hz）的波长区段来缩减（不需要的）数据大小。

14.2 运行时压缩器

顾名思义，运行时压缩器是针对可执行（PE，Portable Executable）文件而言的，可执行文件内部含有解压缩代码，文件在运行瞬间于内存中解压缩后执行。

运行时压缩文件也是PE文件，内部含有原PE文件与解码程序。在程序的EP代码中执行解码程序，同时在内存中解压缩后执行。表14-1列出了运行时压缩与普通ZIP压缩的不同点。

表14-1 普通压缩与运行时压缩的比较

项 目	普通压缩	运行时压缩
对象文件	所有文件	PE文件（exe、dll、sys）
压缩结果	压缩文件（zip、rar）	PE文件（exe、dll、sys）
解压缩方式	使用专门解压缩程序	内部含有解码程序
文件是否可执行	本身不可执行	本身可执行
优点	可以对所有文件以高压缩率压缩	无须专门解压程序便可直接运行
缺点	若无专门解压缩软件则无法使用压缩文件	每次运行均需调用解码程序导致运行时间过长

与普通压缩器相比，运行时压缩器的一个明显不同是“PE文件的可运行性”。

把普通PE文件创建成运行时压缩文件的实用程序称为“压缩器”（Packer），经反逆向（Anti-Reversing）技术特别处理的压缩器称为保护器（Protector）。

14.2.1 压缩器

PE压缩器是指可执行文件的压缩器，准确一点应该称为“运行时压缩器”，它是PE文件的专用压缩器。

#1. 使用目的

● 缩减PE文件的大小

文件尺寸小是其突出的优点之一，更便于网络传输与保存。

● 隐藏PE文件内部代码与资源

使用压缩器的另一个原因在于，它可以隐藏PE文件内的代码及资源（字符串、API名称字符串）等。压缩后的数据以难以辨识的二进制文件保存，从文件本身来看，这能有效隐藏内部代码与资源（当然解压缩后可以通过内存的Dump窗口查看）。

#2. 使用现状

运行时压缩的概念早在DOS时代就出现了，可当时并未广泛使用。因为那时的PC速度不怎么快，每次执行文件时，解压缩的过程会引起很大的系统开销。而现在的PC速度已经变得非常快，用户不能明显察觉运行时压缩文件与源文件在执行时间上的差别。因此，现在的实用程序、“打补丁”文件、普通程序等都广泛应用运行时压缩。

#3. 压缩器种类

下面介绍几个有名的压缩器。PE压缩器大致可分为两类：一类是单纯用于压缩普通PE文件的压缩器；另一类是对源文件进行较大变形、严重破坏PE头、意图稍嫌不纯的压缩器。这里说的“意图不纯的压缩器”是指专门用于恶意程序（如：Virtus、Trojan、Worm等）的压缩器。

本书中出现的“纯粹与不纯粹”的划分标准基于我的经验以及 www.virustotal.com 网站诊断的结果。

压缩器分类

目的纯粹的压缩器（未经VirusTotal诊断）：UPX、ASPack等。
目的不纯的压缩器（经VirusTotal诊断）：UPack、PESpin、NSAnti等。

14.2.2　保护器

PE保护器是一类保护PE文件免受代码逆向分析的实用程序。它们不像普通的压缩器一样仅对PE文件进行运行时压缩，而应用了多种防止代码逆向分析的技术（反调试、反模拟、代码混乱、多态代码、垃圾代码、调试器监视等）。这类保护器使压缩后的PE文件尺寸反而比源文件要大一些，调试起来非常难。

详细分析保护器需要丰富的逆向分析经验。当然，网络上提供了各种解除保护器的技巧，运气好的话，即便是新手也可能顺利找到源文件的OEP（Original Entry Point，原始入口点），但大多数情况没这么幸运。

#1. 使用目的

- 防止破解

相信没人愿意自己编写的程序被非法破解并使用。此时使用保护器可有效保护PE文件。

- 保护代码与资源

保护器不仅可以保护PE文件本身，还可在文件运行时保护进程内存，防止打开Dump窗口。因此，使用保护器可以比较安全地保护程序自身的代码与资源。

#2. 使用现状

这类保护器大量应用于对破解很敏感的安全程序。比如安装在线游戏时会自动安装安全保护程序，游戏安全保护程序就是为了防止游戏"破解工具"运行的。

恶意的游戏破解者总是想方设法破解游戏的安全保护程序，因为破解成功后他们可以利用"游戏内核"获取金钱回报。所以，安全保护程序为了防止恶意破解而使用各种保护器来保护自己（不断更换保护器会让游戏破解者们发疯）。

另一方面，常见的恶性代码（Trojan、Worm）中也大量使用保护器来防止（或降低）杀毒软件的检测。有些保护器还能提供"多变的代码"，每次都会生成不同形态（但功能相同）的代码，这给病毒诊断带来很大困难。

#3. 保护器种类

保护器种类多样，有公用程序、商业程序，还有专门供恶意代码使用的保护器。

保护器分类

商用保护器：ASProtect、Themida、SVKP等。
公用保护器：UltraProtect、Morphine等。

提示

压缩器与保护器在代码逆向分析学习中占有非常重要的地位。开始分析PE文件时必须先转到PE文件的OEP处才行，这就要求分析者拥有大量相关知识。此外，分析压缩器与保护器本身也能学到很多，对提高逆向分析技术有很大帮助。保护器中使用的反调试技术往往水平非常高，需要具备关于CPU与OS的精深知识。

14.3　运行时压缩测试

本节将以notepad.exe为例进行运行时压缩测试。

提示

本节示例使用的是 Windows XP SP3 中的 notepad.exe 程序。

我使用的压缩器为UPX，它操作简单、功能强大，且完全免费，受到很多人的青睐。

进入 UPX 官网，下载“Win32 Console Version”后在命令行窗口运行，出现图14-1所示的界面，显示出UPX的使用说明。

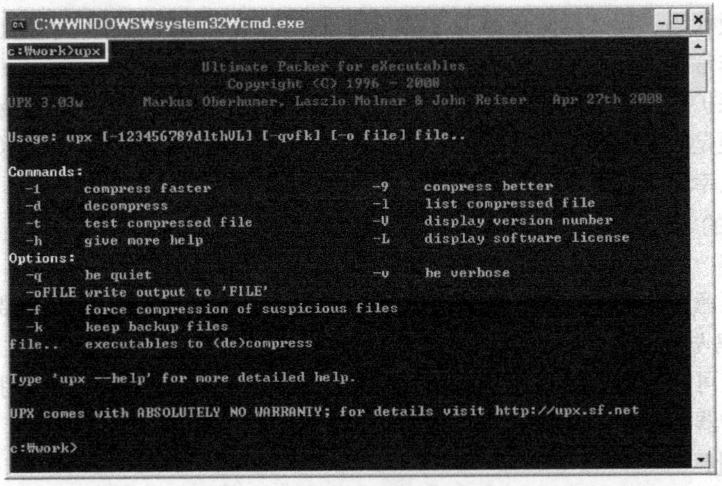

图14-1　UPX压缩器

把notepad.exe文件复制到工作文件夹后，使用如图14-2所示的命令参数，对notepad.exe文件进行运行时压缩。

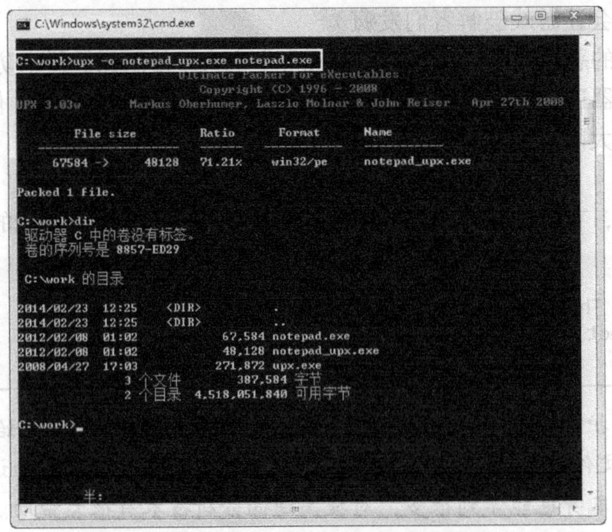

图14-2　notepad.exe运行时压缩

从列出的压缩摘要中可以看到，压缩后的文件尺寸明显减小了（67584→48128）。若使用ZIP压缩，则文件大小缩减为35231。也就是说，运行时的压缩率要比普通的ZIP压缩低一些，这是由于其压缩后得到的是PE文件，需要添加PE头，并且还要放入解压缩代码。

比较 notepad.exe 与 notepad_upx.exe 文件

图14-3是从PE文件视角比较2个文件的示意图，很好地反映出了UPX压缩器的特点（选用不同类型的压缩器与选项，运行时压缩文件的形态也不相同）。

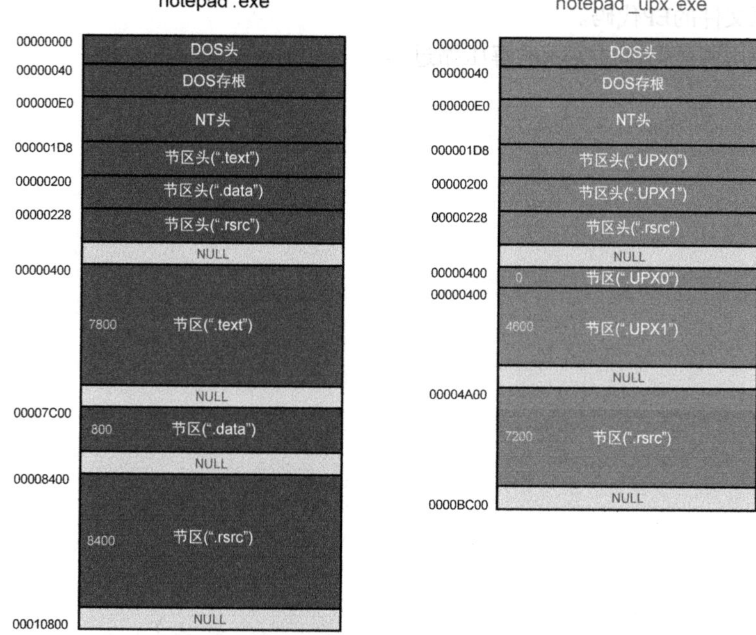

图14-3 比较notepad.exe与notepad_upx.exe

notepad.exe与notepad_upx.exe的比较项目

- PE头的大小一样（0~400h）。
- 节区名称改变（".text" → "UPX0"，".data" → "UPX1"）。
- 第一个节区的RawDataSize=0（文件中的大小为0）。
- EP位于第二个节区（原notepad.exe的EP在第一个节区）。
- 资源节区（.rsrc）大小几乎无变化。

需要引起注意的是，第一个节区（UPX0）的RawDataSize为0，即第一个节区在磁盘文件中是不存在的。UPX为何要创建这个空的节区呢？下面使用PEView查看第一个节区头，如图14-4所示。

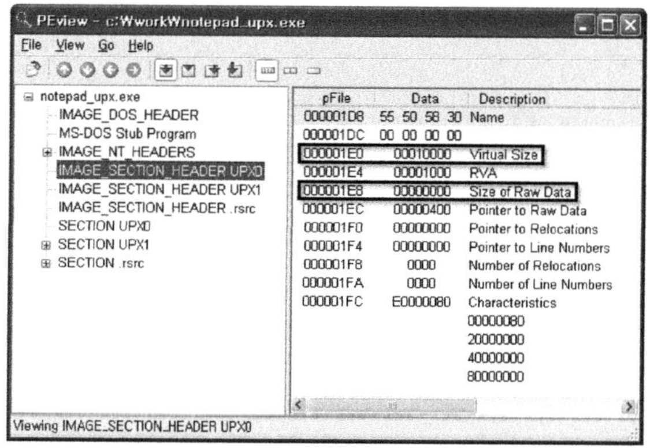

图14-4 PEView

从VirtualSize值可以发现蛛丝马迹。第一个节区的VirtualSize值竟被设置为10000（而SizeOfRawData值为0）。这就是说，经过UPX压缩后的PE文件在运行瞬间将（文件中的）压缩的代码解压到（内存中的）第一个节区。说得更详细一点，解压缩代码与压缩的源代码都在第二个节区。文件运行时首先执行解压缩代码，把处于压缩状态的源代码解压到第一个节区。解压过程结束后即运行源文件的EP代码。

下一章将使用调试器调试实际的解压缩过程。

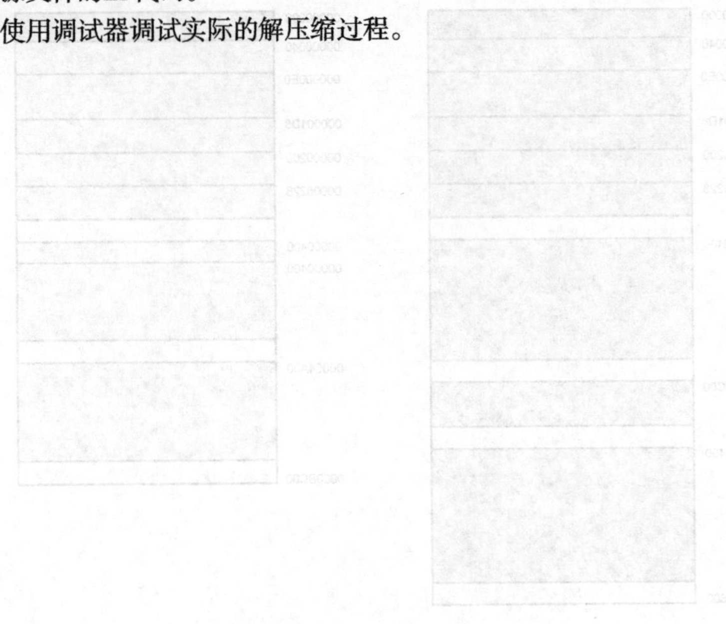

第15章　调试UPX压缩的notepad程序

本章将调试UPX压缩的notepad_upx.exe程序，进一步了解运行时压缩的相关概念。我们的目标是通过调试一点点地跟踪代码，最终找出原notepad.exe程序代码。最后再简单讲解一下经过UPX压缩的文件如何通过调试器。

提示

本章示例使用的是 Windows XP SP3 中的 notepad.exe 程序。

15.1　notepad.exe 的 EP 代码

首先看一下原notepad.exe程序的EP代码，如图15-1所示。

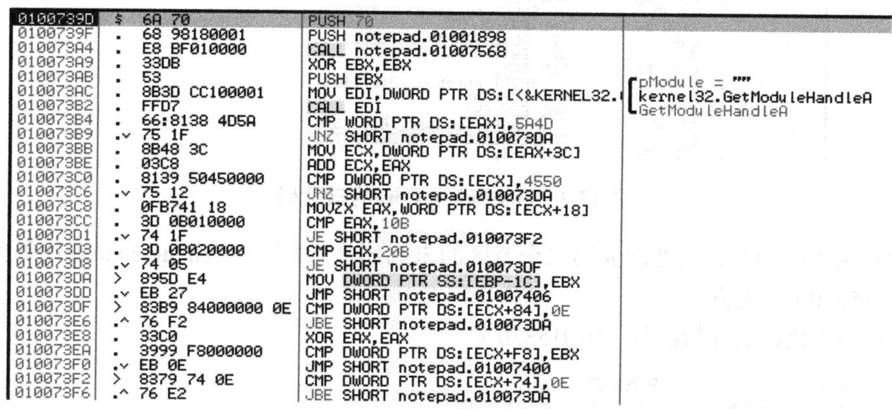

图15-1　notepad.exe的EP代码

在010073B2地址处调用了GetModuleHandleA() API，获取notepad.exe程序的ImageBase。然后在010073B4与010073C0地址处比较MZ与PE签名。希望各位熟记原notepad.exe的EP代码。

15.2　notepad_upx.exe 的 EP 代码

使用OllyDbg打开notepad_upx.exe时，弹出图15-2所示的警告消息框。

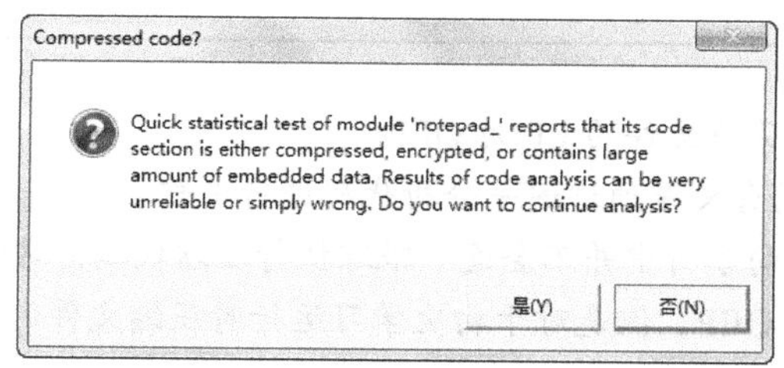

图15-2　OllyDbg警告消息框

调试器判断该文件为压缩文件，在“是”与“否”中任选一个，显示出UPX EP代码，如图15-3所示。

```
01015330  $   60             PUSHAD
01015331  .   BE 00100101    MOV ESI,notepad_.01011000
01015336  .   8DBE 0000FFFF  LEA EDI,DWORD PTR DS:[ESI+FFFF0000]
0101533C  .   57             PUSH EDI                               ntdll.7C940228
0101533D  .   83CD FF        OR EBP,FFFFFFFF
01015340  .v  EB 10          JMP SHORT notepad_.01015352
01015342      90             NOP
01015343      90             NOP
01015344      90             NOP
01015345      90             NOP
01015346      90             NOP
01015347      90             NOP
01015348  >   8A06           MOV AL,BYTE PTR DS:[ESI]
0101534A  .   46             INC ESI
0101534B  .   8807           MOV BYTE PTR DS:[EDI],AL
0101534D  .   47             INC EDI                                ntdll.7C940228
0101534E  >   01DB           ADD EBX,EBX
01015350  .v  75 07          JNZ SHORT notepad_.01015359
01015352  >   8B1E           MOV EBX,DWORD PTR DS:[ESI]
01015354  .   83EE FC        SUB ESI,-4
01015357  .   11DB           ADC EBX,EBX
01015359  >^  72 ED          JB SHORT notepad_.01015348
0101535B  .   B8 01000000    MOV EAX,1
01015360  >   01DB           ADD EBX,EBX
01015362  .v  75 07          JNZ SHORT notepad_.0101536B
01015364  .   8B1E           MOV EBX,DWORD PTR DS:[ESI]
01015366  .   83EE FC        SUB ESI,-4
01015369  .   11DB           ADC EBX,EBX
0101536B  >   11C0           ADC EAX,EAX
0101536D  .   01DB           ADD EBX,EBX
0101536F  .^  73 EF          JNB SHORT notepad_.01015360
01015371  .v  75 09          JNZ SHORT notepad_.0101537C
01015373  .   8B1E           MOV EBX,DWORD PTR DS:[ESI]
01015375  .   83EE FC        SUB ESI,-4
01015378  .   11DB           ADC EBX,EBX
0101537A  .^  73 E4          JNB SHORT notepad_.01015360
0101537C  >   31C9           XOR ECX,ECX
0101537E  .   83E8 03        SUB EAX,3
01015381  >v  72 0D          JB SHORT notepad_.01015390
01015383  .   C1E0 08        SHL EAX,8
01015386  .   8A06           MOV AL,BYTE PTR DS:[ESI]
01015388  .   46             INC ESI
01015389  .   83F0 FF        XOR EAX,FFFFFFFF
0101538C  .v  74 74          JE SHORT notepad_.01015402
0101538E  .   89C5           MOV EBP,EAX
01015390  >   01DB           ADD EBX,EBX
01015392  .v  75 07          JNZ SHORT notepad_.0101539B
01015394  .   8B1E           MOV EBX,DWORD PTR DS:[ESI]
01015396  .   83EE FC        SUB ESI,-4
```

图15-3　notepad_upx.exe的EP代码

EP地址为01015330，该处即为第二个节区的末端部分。实际压缩的notepad源代码存在于EP地址（01015330）的上方。

下面看一下代码的开始部分（01015330）。

```
01015330    60              PUSHAD
01015331    BE 00100101     MOV ESI, 01011000
01015336    8DBE 0000FFFF   LEA EDI, DWORD PTR DS:[ESI+FFFF0000]
```

首先使用PUSHAD命令将EAX~EDI寄存器的值保存到栈，然后分别把第二个节区的起始地址（01011000）与第一个节区的起始地址（01001000）设置到ESI与EDI寄存器。UPX文件第一个节区仅存在于内存。该处即是解压缩后保存源文件代码的地方。

调试时像这样同时设置ESI与EDI，就能预见从ESI所指缓冲区到EDI所指缓冲区的内存发生了复制。此时从Source（ESI）读取数据，解压缩后保存到Destination（EDI）。我们的目标是跟踪图15-3中的全部UPX EP代码，并最终找到原notepad的EP代码，如图15-1所示。

提示

- 代码逆向分析称源文件的 EP 为 OEP。
- “跟踪”一词的含义是通过逐一分析代码进行追踪。
- 实际的代码逆向分析中并不会逐一跟踪执行压缩代码，常使用自动化脚本、特殊技巧等找到 OEP。但是对于初次学习运行时压缩文件的朋友而言，逐一跟踪代码才是正确的学习方法。

15.3 跟踪 UPX 文件

下面开始跟踪代码，跟踪数量庞大的代码时，请遵循如下法则。

> “遇到循环（Loop）时，先了解作用再跳出。”

整个解压缩过程由无数循环组成。因此，只有适当跳出循环才能加快速度。

15.3.1 OllyDbg 的跟踪命令

跟踪数量庞大的代码时，通常不会使用Step Into(F7)命令，而使用OllyDbg中另外提供的跟踪调试命令，如表15-1所示。

表15-1　OllyDbg的跟踪命令

命　令	快捷键	说　明
Animate Into	Ctrl+F7	反复执行Step Into命令（画面显示）
Animate Over	Ctrl+F8	反复执行Step Over命令（画面显示）
Trace Into	Ctrl+F11	反复执行Step Into命令（画面不显示）
Trace Over	Ctrl+F12	反复执行Step Over命令（画面不显示）

除了画面显示的之外，Animate命令与跟踪命令是类似的，由于Animate命令要把跟踪过程显示在画面中，所以执行速度略微慢一些。而两者最大的差别在于，跟踪命令会自动在事先设置的跟踪条件处停下来，并生成日志文件。在UPX文件跟踪中将使用Animate Over(Ctrl+F8)命令。

15.3.2 循环 #1

在EP代码处执行Animate Over(Ctrl+F8)命令，开始跟踪代码。可以看到光标快速上下移动。

> 若想停止跟踪，执行Step Into(F7)命令即可。

开始跟踪代码不久后，会遇到一个短循环。暂停跟踪，仔细查看相应循环，如图15-4所示。

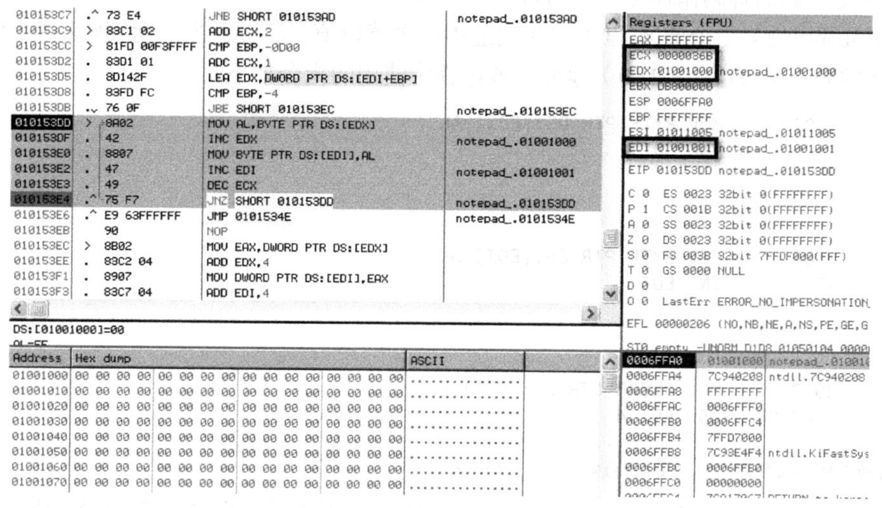

图15-4　第一个循环

循环次数ECX=36B，循环内容为“从EDX（01001000）中读取一个字节写入EDI（01001001）”。

EDI寄存器所指的01001000地址即是第一个节区（UPX0）的起始地址，仅存在于内存中的节区（反正内容全部为NULL）。

调试经过运行时压缩的文件时，遇到这样的循环应该跳出来。在010153E6地址处按F2键设置好断点后，按F9跳出循环。

15.3.3　循环 #2

在断点处再次使用Animate Over(Ctrl+F8)命令继续跟踪代码，不久后遇到图15-5所示的循环（比前面那个循环略大一些）。

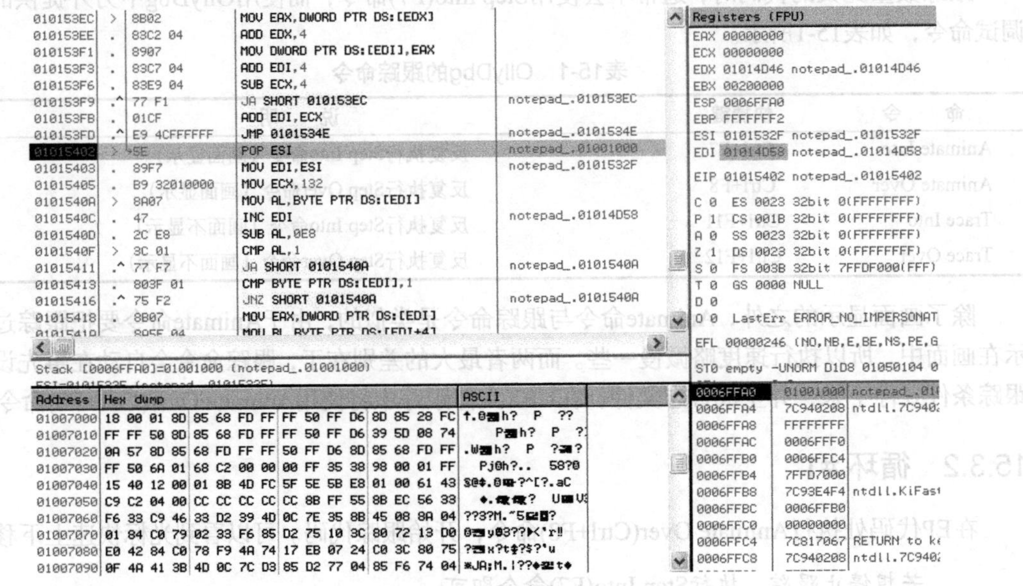

图15-5　第二个循环

该循环是正式的解码循环（或称为解压缩循环）。

先从ESI所指的第二个节区（UPX1）地址中依次读取值，经过适当的运算解压缩后，将值写入EDI所指的第一个节区（UPX0）地址。该过程中使用的指令如下：

```
0101534B    8807        MOV BYTE PTR DS:[EDI],AL
0101534D    47          INC EDI

...

010153E0    8807        MOV BYTE PTR DS:[EDI],AL
010153E2    47          INC EDI

...

010153F1    8907        MOV DWORD PTR DS:[EDI],EAX
010153F3    83C7 04     ADD EDI,4

* 解压缩后的数据在AL(EAX)中，EDI指向第一个节区的地址。
```

只要在01015402地址处设置好断点再运行，即可跳出第二个循环，如图15-5所示。运行到01015402地址后，在转储窗口中可以看到解压缩后的代码已经被写入第一个节区（UPX0）区域（01007000），如图15-5中原来用NULL填充的区域。

15.3.4 循环 #3

重新跟踪代码，稍后会遇到图15-6所示的第三个循环。

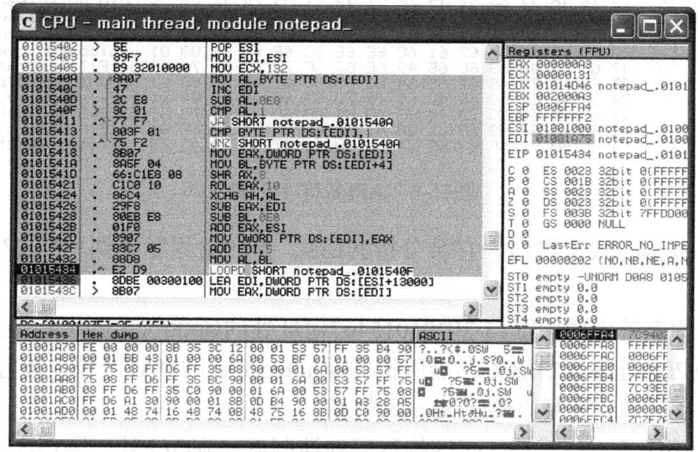

图15-6　第三个循环

该段循环代码用于恢复源代码的CALL/JMP指令（操作码：E8/E9）的destination地址。在01015436地址处设置断点运行后即可跳出循环。

到此几乎接近尾声了，只要再设置好IAT，UPX解压缩代码就结束了。

提示

对于普通的运行时压缩文件，源文件代码、数据、资源解压缩之后，先设置好 IAT 再转到 OEP。

15.3.5 循环 #4

重新跟踪代码，再稍微进行一段。

图15-7深色显示的部分即为设置IAT的循环。在01015436地址处设置EDI=01014000，它指向第二个节区（UPX1）区域，该区域中保存着原notepad.exe调用的API函数名称的字符串（参考图15-8）。

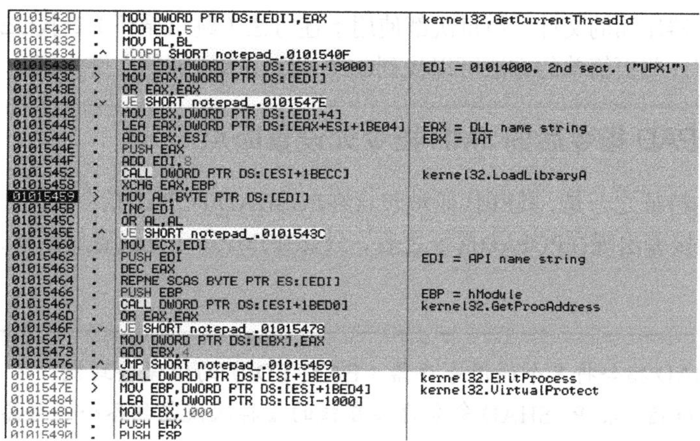

图15-7　第四个循环

```
Address  Hex dump                                         ASCII
01014000 24 01 00 00 8C 00 00 00 01 47 65 74 43 75 72 72 $0..?..0GetCurr
01014010 65 6E 74 54 68 72 65 61 64 49 64 00 01 47 65 74 entThreadId.0Get
01014020 54 69 63 6B 43 6F 75 6E 74 00 01 51 75 65 72 79 TickCount.0Query
01014030 50 65 72 66 6F 72 6D 61 6E 63 65 43 6F 75 6E 74 PerformanceCount
01014040 65 72 00 01 47 65 74 4C 6F 63 61 6C 54 69 6D 65 er.0GetLocalTime
01014050 00 01 47 65 74 55 73 65 72 44 65 66 61 75 6C 74 .0GetUserDefault
01014060 4C 43 49 44 00 01 47 65 74 44 61 74 65 46 6F 72 LCID.0GetDateFor
01014070 6D 61 74 57 00 01 47 65 74 54 69 6D 65 46 6F 72 matW.0GetTimeFor
01014080 6D 61 74 57 00 01 47 6C 6F 62 61 6C 4C 6F 63 6B matW.0GlobalLock
01014090 00 01 47 6C 6F 62 61 6C 55 6E 6C 6F 63 6B 00 01 .0GlobalUnlock.0
010140A0 47 65 74 46 69 6C 65 49 6E 66 6F 72 6D 61 74 69 GetFileInformati
010140B0 6F 6E 42 79 48 61 6E 64 6C 65 00 01 43 72 65 61 onByHandle.0Crea
010140C0 74 65 46 69 6C 65 4D 61 70 70 69 6E 67 57 00 01 teFileMappingW.0
010140D0 47 65 74 53 79 73 74 65 6D 54 69 6D 65 41 73 46 GetSystemTimeAsF
010140E0 69 6C 65 54 69 6D 65 00 01 54 65 72 6D 69 6E 61 ileTime.0Termina
010140F0 74 65 50 72 6F 63 65 73 73 00 01 47 65 74 43 75 teProcess.0GetCu
```

图15-8　API名称字符串

UPX压缩原notepad.exe文件时，它会分析其IAT，提取出程序中调用的API名称列表，形成API名称字符串。

用这些API名称字符串调用图15-7中01015467地址处的GetProcAddress()函数，获取API的起始地址，然后把API地址输入EBX寄存器所指的原notepad.exe的IAT区域。该过程会反复进行至API名称字符串结束，最终恢复原notepad.exe的IAT。

notepad.exe全部解压缩完成后，应该将程序的控制返回到OEP处。图15-9显示的就是跳转到OEP的代码。

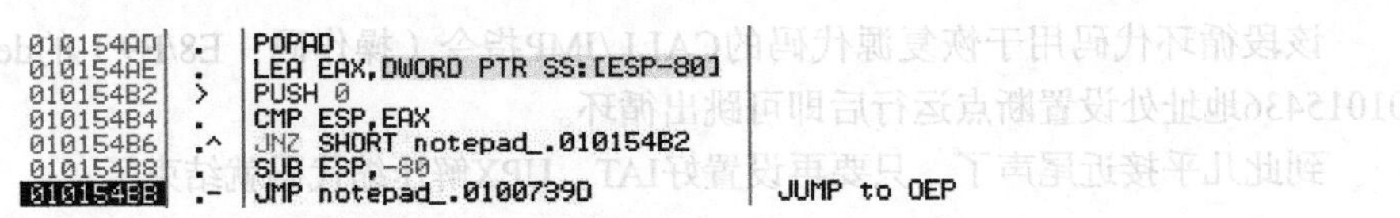

010154AD . POPAD
010154AE . LEA EAX,DWORD PTR SS:[ESP-80]
010154B2 > PUSH 0
010154B4 . CMP ESP,EAX
010154B6 .^ JNZ SHORT notepad_.010154B2
010154B8 . SUB ESP,-80
010154BB .- JMP notepad_.0100739D
JUMP to OEP

图15-9　JUMP to OEP

另外，010154AD地址处的POPAD命令与UPX代码的第一条PUSHAD命令对应，用来把当前寄存器恢复原状（参考图15-3）。

最终，使用010154BB地址处的JMP命令跳转到OEP处，要跳转到的目标地址为0100739D，它就是原notepad.exe的EP地址（请各位确认）。

15.4　快速查找 UPX OEP 的方法

各位都像上面这样顺利完成代码跟踪了吗？代码逆向技术的初学者一定要亲自试试，这有助于调试用其他压缩器压缩的文件。但每次都使用上述方法（跳出循环）查找OEP非常麻烦，实际代码逆向分析中有一些更简单的方法可以找到OEP（以UPX压缩的文件为例）。

15.4.1　在 POPAD 指令后的 JMP 指令处设置断点

UPX压缩器的特征之一是，其EP代码被包含在PUSHAD/POPAD指令之间。并且，跳转到OEP代码的JMP指令紧接着出现在POPAD指令之后。只要在JMP指令处设置好断点，运行后就能直接找到OEP。

提示

- PUSHAD 指令将 8 个通用寄存器（EAX~EDI）的值保存到栈。
- POPAD 指令把 PUSHAD 命令存储在栈的值再次恢复到各个寄存器。

15.4.2　在栈中设置硬件断点

该方法也利用UPX的PUSHAD/POPAD指令的特点。在图15-3中执行01015330地址处的PUSHAD命令后，查看栈，如图15-10所示。

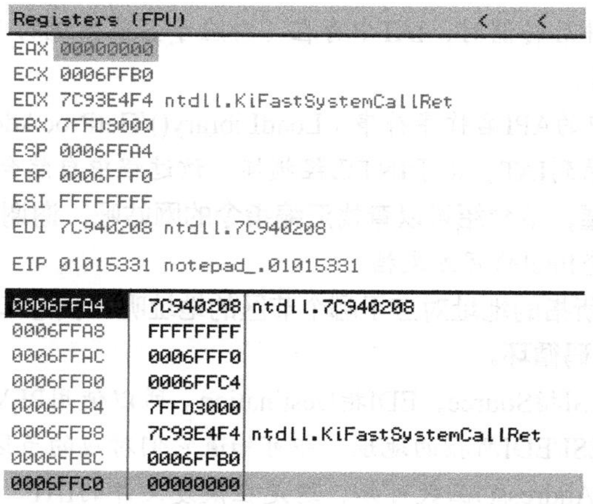

图15-10　执行PUSHAD指令后栈的情况

EAX到EDI寄存器的值依次被存储到栈。从OllyDbg的Dump窗口进入栈地址（006FFA4）。将鼠标光标准确定位到6FFA4地址，使用鼠标右键菜单设置硬件断点，如图15-11所示。

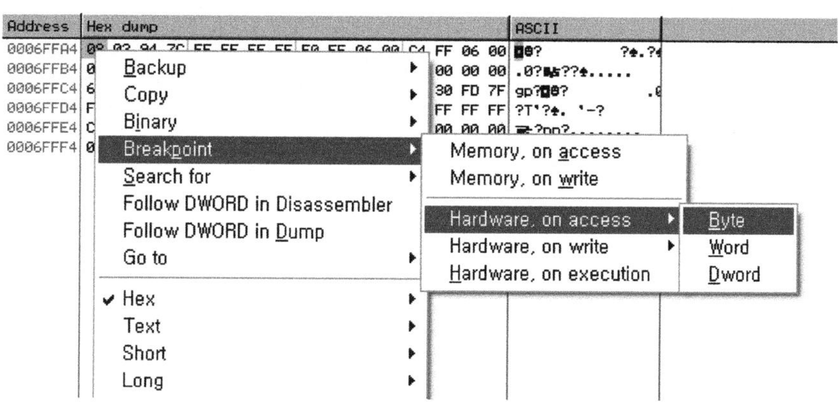

图15-11　硬件断点

硬件断点是CPU支持的断点，最多可以设置4个。与普通断点不同的是，设置断点的指令执行完成后才暂停调试。在这种状态下运行，程序就会边解压缩边执行代码，在执行POPAD的瞬间访问设置有硬件断点的0006FFA4地址，然后暂停调试。其下方即是跳转到OEP的JMP指令（熟悉该方法的操作原理才能在以后调试各种文件时得心应手）。

15.5　小结

前面学习了有关调试UPX运行时压缩文件的内容。建议各位参照书中讲解亲自操作，通过逐一跳出各循环的方法查找OEP。经过这样一系列的实际操作后，相信各位的调试水平都会得到很大提高。

Q&A

Q. 解压缩（Unpacking）过程中打开Dump窗口，若不重新设置IAT就会出现初始化错误。这到底是怎么一回事？

A. 比如，运行UPX文件后转储时，IAT中存在（对应于当前系统的）准确的API地址。但是INT却处于损坏状态。

PE装载器使用INT中的API名称字符串（LoadLibrary()/GetProcAddress()）来获取实际API地址，并将它们记录到IAT。由于INT已经损坏，该过程中自然会发生错误。

Q. 很多汇编指令都不懂，请介绍可以查找汇编指令的网站吧，谢谢！

A. 此时，我通常会去查Intel的官方文档。

Q. 如何知道ESI、EDI所指的地址对应于哪个节区的地址呢？我想知道该如何才能识别出恢复IAT的代码以及解码循环。

A. 内存复制命令中，ESI指Source，EDI指Destination。所以使用PEView（或者OllyDbg的内存映射窗口）查看ESI/EDI所指的地址，即可知道它们对应的节区。

从反复调用GetProcAddress()函数可知，这是在恢复文件的IAT。此外，如果拥有丰富的解压缩经验，就更容易预测，这是刚刚接触的人无法企及的。

第16章　基址重定位表

PE文件在重定位过程中会用到基址重定位表（Base Relocation Table），本章将学习其结构及操作原理。

16.1　PE 重定位

向进程的虚拟内存加载PE文件（EXE/DLL/SYS）时，文件会被加载到PE头的ImageBase所指的地址处。若加载的是DLL（SYS）文件，且在ImageBase位置处已经加载了其他DLL（SYS）文件，那么PE装载器就会将其加载到其他未被占用的空间。这就涉及PE文件重定位的问题，PE重定位是指PE文件无法加载到ImageBase所指位置，而是被加载到其他地址时发生的一系列的处理行为。

提示

使用 SDK（Software Development Kit，软件开发工具包）或 Visual C++创建 PE 文件时，EXE 默认的 ImageBase 为 00400000，DLL 默认的 ImageBase 为 10000000。此外，使用 DDK（Driver Development Kit，驱动开发工具包）创建的 SYS 文件默认的 ImageBase 为 10000。

16.1.1　DLL/SYS

请看图16-1，A.DLL被加载到TEXT.EXE进程的10000000地址处。此后，B.DLL试图加载到相同地址（10000000）时，PE装载器将B.DLL加载到另一个尚未被占用的地址（3C000000）处。

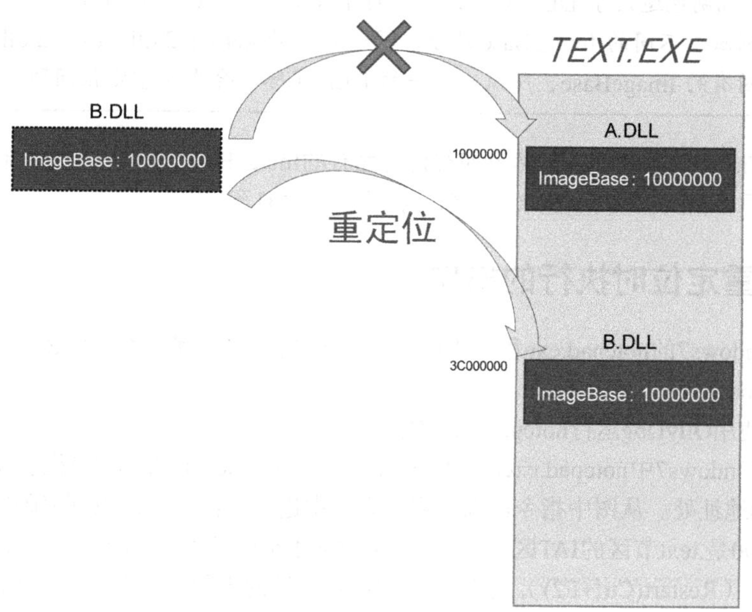

图16-1　DLL重定位

16.1.2　EXE

创建好进程后，EXE文件会首先加载到内存，所以在EXE中无须考虑重定位的问题。但是Windows Vista之后的版本引入了ASLR安全机制，每次运行EXE文件都会被加载到随机地址，这样大大增强了系统安全性。

图16-2是分别运行3次notepad.exe时的截图，可以明显发现，每次运行时程序都被加载到不同地址。

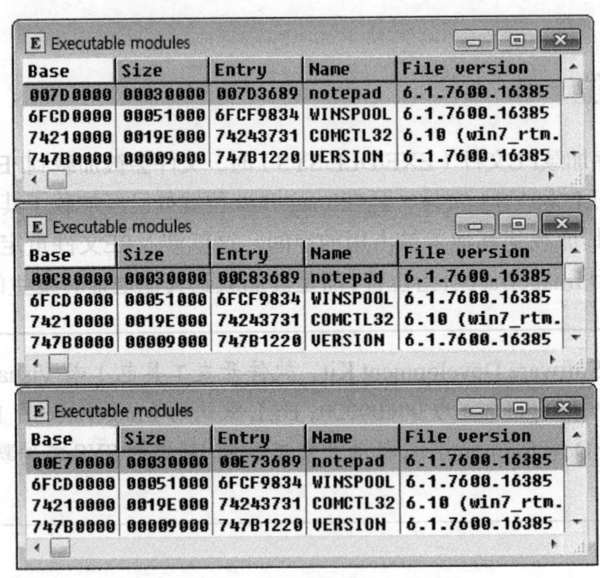

图16-2　notepad.exe文件的ASLR

提示

ASLR机制也适用于DLL/SYS文件。对于各OS的主要系统DLL，微软会根据不同版本分别赋予不同的ImageBase地址。同一系统的kernel32.dll、user32.dll等会被加载到自身固有的ImageBase，所以，系统的DLL实际不会发生重定位问题。

Windows Vista/7的系统DLL虽然也拥有自身固有的ImageBase，但是ASLR机制使每次启动时加载的地址都不尽相同。关于ASLR的详细内容请参考第41章。

16.2　PE 重定位时执行的操作

下面以Windows7的notepad.exe程序为例，看看PE重定位时都发生了什么。如图16-3所示，notepad.exe的ImageBase为01000000。

接下来，使用OllyDbg运行notepad.exe程序。

图16-4是Windows7中notepad.exe的EP代码部分。在Windows 7的ASLR机制作用下，程序被加载到0028000地址处。从图中指令可以看到，方框中进程的内存地址以硬编码形式存在。地址2810FC、281100是.text节区的IAT区域，地址28C0A4是.data节区的全局变量。每当在OllyDbg中重启notepad.exe（Restart(Ctrl+F2)），地址值就随加载地址的不同而改变。像这样，使硬编码在程序中的内存地址随当前加载地址变化而改变的处理过程就是PE重定位。

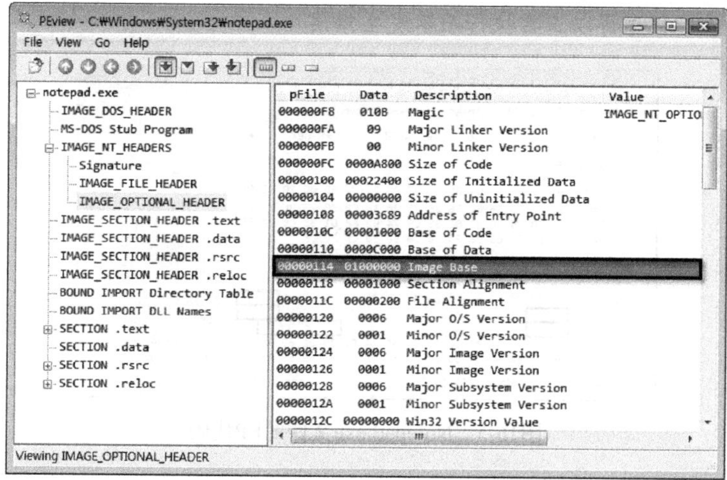

图16-3 notepad.exe的ImageBase

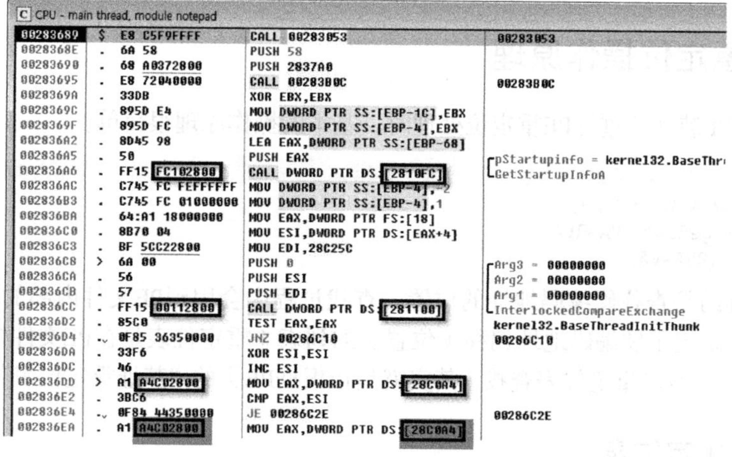

图16-4 notepad.exe的EP代码

无法加载到ImageBase地址时，若未进行过PE重定位处理，应用程序就不能正常运行（因发生“内存地址引用错误”，程序异常终止）。

提示

在 Notepad.exe 文件中查找图 16-4 中显示的 EP 区域。

比较图 16-4 与图 16-5 中显示的硬编码地址，归纳整理如下表 16-1 所示。

表16.1 文件与进程内存中显示的硬编码地址

文件（ImageBase：01000000）	进程内存（加载地址：00280000）
010010FC	002810FC
01001100	00281100
0100C0A4	0028C0A4

图 16-5 中硬编码的地址以 ImageBase（01000000）为基准。生成（构建）notepad.exe 文件时，由于无法预测程序被实际加载到哪个地址，所以记录硬编码地址时以 ImageBase 为基准。但在运行的瞬间，经过 PE 重定位后，这些地址全部以加载地址为

基准变换，最后程序得以正常执行而不发生错误。

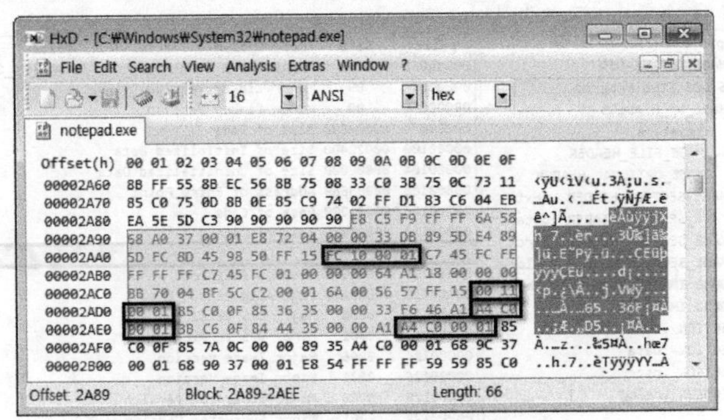

图16-5　Notepad.exe文件的EP代码

接下来了解一下PE文件的重定位操作原理。

16.3　PE重定位操作原理

Windows的PE装载器进行PE重定位处理时，基本的操作原理很简单。

PE重定位的基本操作原理

- 在应用程序中查找硬编码的地址位置。
- 读取值后，减去ImageBase（VA→RVA）。
- 加上实际加载地址（RVA→VA）。

其中最关键的是查找硬编码地址的位置。查找过程中会用到PE文件内部的Relocation Table（重定位表），它是记录硬编码地址偏移（位置）的列表（重定位表是在PE文件构建过程（编译/链接）中提供的）。通过重定位表查找，其实就是指根据PE头的“基址重定位表”项进行的查找。

16.3.1　基址重定位表

基址重定位表地址位于PE头的DataDirectory数组的第六个元素（数组索引为5），如图16-6所示。

IMAGE_NT_HEADERS\IMAGE_OPTIONAL_HEADER\IMAGE_DATA_DIRECTORY[5]

在PEView中查看notepad.exe的基址重定位表地址。

RVA	Data	Description	Value
0000014C	00001000	Size of Heap Commit	
00000150	00000000	Loader Flags	
00000154	00000010	Number of Data Directories	
00000158	00000000	RVA	EXPORT Table
0000015C	00000000	Size	
00000160	0000A048	RVA	IMPORT Table
00000164	0000012C	Size	
00000168	0000F000	RVA	RESOURCE Table
0000016C	0001F160	Size	
00000170	00000000	RVA	EXCEPTION Table
00000174	00000000	Size	
00000178	00000000	Offset	CERTIFICATE Table
0000017C	00000000	Size	
00000180	0002F000	RVA	BASE RELOCATION Table
00000184	00000E34	Size	
00000188	0000B62C	RVA	DEBUG Directory
0000018C	00000038	Size	
00000190	00000000	RVA	Architecture Specific Data
00000194	00000000	Size	

图16-6 基址重定位表地址

图16-6中基址重定位表的地址为RVA 2F000。使用PEView查看该地址，如图16-7所示。

RVA	Data	Description	Value
0002F000	00001000	RVA of Block	
0002F004	00000150	Size of Block	
0002F008	3420	Type RVA	00001420 IMAGE_REL_BASED_HIGHLOW
0002F00A	342D	Type RVA	0000142D IMAGE_REL_BASED_HIGHLOW
0002F00C	3436	Type RVA	00001436 IMAGE_REL_BASED_HIGHLOW
0002F00E	3461	Type RVA	00001461 IMAGE_REL_BASED_HIGHLOW
0002F010	3467	Type RVA	00001467 IMAGE_REL_BASED_HIGHLOW
0002F012	3475	Type RVA	00001475 IMAGE_REL_BASED_HIGHLOW
0002F014	347B	Type RVA	0000147B IMAGE_REL_BASED_HIGHLOW
0002F016	349D	Type RVA	0000149D IMAGE_REL_BASED_HIGHLOW
0002F018	34AF	Type RVA	000014AF IMAGE_REL_BASED_HIGHLOW
0002F01A	34B5	Type RVA	000014B5 IMAGE_REL_BASED_HIGHLOW
0002F01C	34BB	Type RVA	000014BB IMAGE_REL_BASED_HIGHLOW
0002F01E	34C9	Type RVA	000014C9 IMAGE_REL_BASED_HIGHLOW
0002F020	34D3	Type RVA	000014D3 IMAGE_REL_BASED_HIGHLOW

图16-7 基址重定位表

16.3.2 IMAGE_BASE_RELOCATION 结构体

图16-7的基址重定位表中罗列了硬编码地址的偏移（位置）。读取这张表就能获得准确的硬编码地址偏移。基址重定位表是 IMAGE_BASE_RELOCATION结构体数组。

IMAGE_BASE_RELOCATION结构体的定义如下。

```
//
// Based relocation format.
//

typedef struct _IMAGE_BASE_RELOCATION {
    DWORD   VirtualAddress;
    DWORD   SizeOfBlock;
//  WORD    TypeOffset[1];
} IMAGE_BASE_RELOCATION;
typedef IMAGE_BASE_RELOCATION UNALIGNED * PIMAGE_BASE_RELOCATION;

//
// Based relocation types.
//

#define IMAGE_REL_BASED_ABSOLUTE              0
#define IMAGE_REL_BASED_HIGH                  1
#define IMAGE_REL_BASED_LOW                   2
#define IMAGE_REL_BASED_HIGHLOW               3
#define IMAGE_REL_BASED_HIGHADJ               4
#define IMAGE_REL_BASED_MIPS_JMPADDR          5
#define IMAGE_REL_BASED_MIPS_JMPADDR16        9
#define IMAGE_REL_BASED_IA64_IMM64            9
#define IMAGE_REL_BASED_DIR64                 10
```

出处：MS SDK的WinNT.h

IMAGE_BASE_RELOCATION结构体的第一个成员为VirtualAddress，它是一个基准地址（Base Address），实际是RVA值。第二个成员为SizeOfBlock，指重定位块的大小。最后一项TypeOffset数组不是结构体成员，而是以注释形式存在的，表示在该结构体之下会出现WORD类型的数组，并且该数组元素的值就是硬编码在程序中的地址偏移。

16.3.3 基址重定位表的分析方法

表16-2列出了图16-7中基址重定位表的部分内容。

表16-2 基址重定位表节选

RVA	数　据	注　释
0002F000	00001000	VirtualAddress
0002F004	00000150	SizeOfBlock
0002F008	3420	TypeOffset
0002F00A	342D	TypeOffset
0002F00C	3436	TypeOffset
⋮	⋮	⋮

由IMAGE_BASE_RELOCATION结构体的定义可知，VirtualAddress成员（基准地址）的值为1000，SizeOfBlock成员的值为150。也就是说，表16-2中显示的TypeOffset数组的基准地址（起始地址）为RVA 1000，块的总大小为150（这些块按照基准地址分类，以数组形式存在）。块的末端显示为0。TypeOffset值为2个字节（16位）大小，是由4位的Type与12位的Offset合成的。比如，TypeOffset值为3420，解析如表16-3所示。

表16-3 TypeOffset

类型（4位）	偏移（12位）
3	420

高4位用作Type，PE文件中常见的值为3（IMAGE_REL_BASED_HIGHLOW），64位的PE+文件中常见值为A（IMAGE_REL_BASED_DIR64）。

提示

在恶意代码中正常修改文件代码后，有时要修改指向相应区域的重定位表（为了略去PE装载器的重定位过程，常常把Type值修改为0（IMAGE_REL_BASED_ABSOLUTE））。

TypeOffset的低12位是真正的位移，该位移值基于Virtual Address的偏移。所以程序中硬编码地址的偏移使用下面等式换算。

Virtual Address (1000)+Offset(420)=1420(RVA)

下面看一下RVA 1420处是否实际存在要执行PE重定位操作的硬编码地址，如图16-8所示。

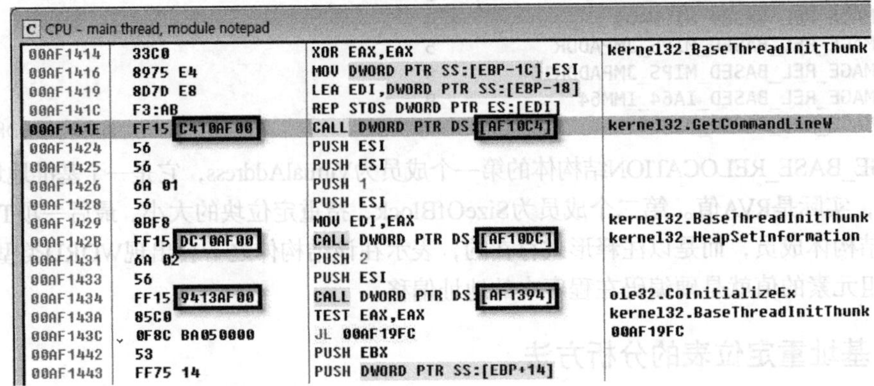

图16-8 硬编码地址示例

图16-8中notepad.exe被加载到AF0000地址处。故RVA 1420即为VA AF1420，该地址处存储着IAT地址（VA，AF10C4）。并且该值经过PE重定位而发生了变化。使用相同原理，AF142D、AF1436地址的内容也都是硬编码到程序中的地址值，该偏移可以在表16-2中求得。

提示

TypeOffset项中指向位移的低12位拥有的最大地址值为1000。为了表示更大的地址，要添加1个与其对应的块，由于这些块以数组形式罗列，故称为重定位表。

16.3.4 练习

本小节将通过简单练习进一步加深大家对PE重定位操作原理的理解。练习过程将参照本节开始内容中列出的步骤进行。运行Notepad.exe时，假设它被加载到00AF0000，而不是ImageBase地址（01000000）中。那此时PE重定位是如何进行的呢？

#1. 查找程序中硬编码地址的位置

程序中使用的硬编码地址的偏移（位置）可以通过基址重定位表查找到（此处使用上面求得的RVA 1420）。使用PEView查看RVA 1420地址中的内容，如图16-9所示。

RVA	Raw Data
000013F0	15 1A E0 3F E9 18 E0 3F 51 1B E0 3F 00 00 00 00
00001400	90 90 90 90 90 8B FF 55 8B EC 83 EC 1C 56 57 6A
00001410	06 33 F6 59 33 C0 89 75 E4 8D 7D E8 F3 AB FF 15
00001420	C4 10 00 01 56 56 6A 01 56 8B F8 FF 15 DC 10 00
00001430	01 6A 02 56 FF 15 94 13 00 01 85 C0 0F 8C BA 05
00001440	00 00 53 FF 75 14 57 E8 C0 21 00 00 50 FF 75 08
00001450	E8 11 0A 00 00 85 C0 0F 84 B5 05 00 00 56 56 FF

图16-9 RVA 1420地址的内容

从图中可以看到，RVA 1420地址中存在着程序的硬编码地址值010010C4（请将该值与图16-8中的值（00AF10C4）比较）。

#2. 读取值后，减去ImageBase值（VA→RVA）

010010C4–01000000=000010C4

#3. 加上实际加载地址（RVA→VA）

00010C4+00AF0000=00AF10C4

对于程序内硬编码的地址（010010C4），PE装载器都做如上处理，根据实际加载的内存地址修正后，将得到的值（00AF10C4）覆盖到同一位置。对一个IMAGE_BASE_RELOCATION结构体的所有TypeOffset都重复上述过程，且对与RVA 1000~2000地址区域对应的所有硬编码地址都要进行PE重定位处理（参考图16-7）。若TypeOffset值为0，则表明一个IMAGE_BASE_RELOCATION结构体结束。

对重定位表中出现的所有IMAGE_BASE_RELOCATION结构体都重复上述处理后，就完成了对进程内存区域相应的所有硬编码地址的PE重定位。重定位表以NULL结构体结束（即IMAGE_BASE_RELOCATION结构体成员的值全部为NULL）。

以上就是PE重定位的操作原理与重定位表结构体的相关内容。

第17章　从可执行文件中删除.reloc节区

本章将通过练习使大家了解从PE文件中手动删除.reloc节区的方法，这将大大加深各位对PE文件格式的理解，同时进一步熟悉Hex Editor等工具的使用。

17.1　.reloc 节区

EXE形式的PE文件中，“基址重定位表”项对运行没什么影响。实际上，将其删除后程序仍然正常运行（基址重定位表对DLL/SYS形式的文件来说几乎是必需的）。

VC++中生成的PE文件的重定位节区名为.reloc，删除该节区后文件照常运行，且文件大小将缩减（实际上存在这种实用小程序）。.reloc节区一般位于所有节区的最后，删除这最后一个（不使用的）节区不像想得那么难。只使用PEView与Hex Editor（手动删除）就足够了。

17.2　reloc.exe

若想准确删除位于文件末尾的.reloc节区，需要按照以下4个步骤操作。

操作步骤

步骤1 - 整理.reloc节区头；
步骤2 - 删除.reloc节区；
步骤3 - 修改IMAGE_FILE_HEADER；
步骤4 - 修改IMAGE_OPTIONAL_HEADER。

下面按上述步骤依序操作。

17.2.1　删除.reloc 节区头

从图17-1可以看到，.reloc节区头从文件偏移270处开始，大小为28。使用Hex Editor打开该区域（270~297），全部用0覆盖填充（使用HxD的“Fill selection...”功能会比较方便），如图17-2所示。

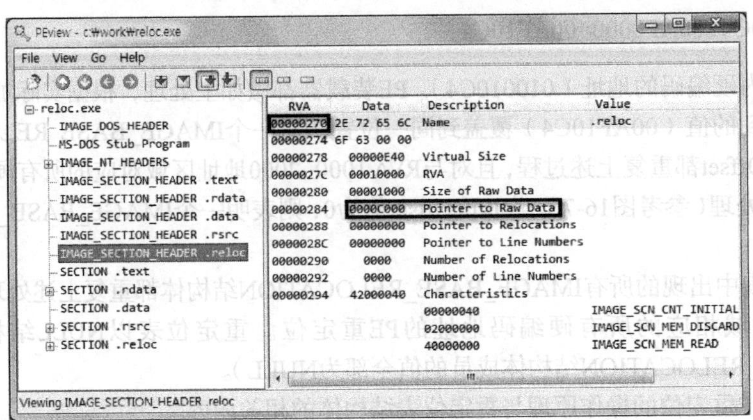

图17-1　.reloc节区头

```
Offset(h) 00 01 02 03 04 05 06 07 08 09 0A 0B 0C 0D 0E 0F
00000250  B4 01 00 00 00 F0 00 00 00 02 00 00 00 BE 00 00  ´....ð.......¾..
00000260  00 00 00 00 00 00 00 00 00 00 00 00 40 00 00 40  ............@..@
00000270  00 00 00 00 00 00 00 00 00 00 00 00 00 00 00 00  ................
00000280  00 00 00 00 00 00 00 00 00 00 00 00 00 00 00 00  ................
00000290  00 00 00 00 00 00 00 00 00 00 00 00 00 00 00 00  ................
000002A0  00 00 00 00 00 00 00 00 00 00 00 00 00 00 00 00  ................
000002B0  00 00 00 00 00 00 00 00 00 00 00 00 00 00 00 00  ................
```

图17-2　删除.reloc节区头

17.2.2　删除.reloc 节区

从图17-1可以看到，文件中.reloc节区的起始偏移为C000(由此开始到文件末尾为.reloc节区)。

从C000偏移开始一直使用Hex Editor删除到文件末端所有数据（使用HxD的“Delete”功能更方便），如图17-3所示。

```
Offset(h) 00 01 02 03 04 05 06 07 08 09 0A 0B 0C 0D 0E 0F
0000BFE0  44 49 4E 47 50 41 44 44 49 4E 47 58 58 50 41 44  DINGPADDINGXXPAD
0000BFF0  44 49 4E 47 50 41 44 44 49 4E 47 58 58 50 41 44  DINGPADDINGXXPAD
0000C000  00 10 00 00 C0 00 00 00 01 30 12 30 22 30 CF 30  ....À....0.0"0Ï0
0000C010  DA 30 EB 30 10 31 21 31 28 31 2E 31 40 31 48 31  Ú0ë0.1!1(1.1@1H1
0000C020  53 31 A4 31 A9 31 B3 31 ED 31 F2 31 F9 31 FF 31  S1¤1©1³1í1ò1ù1ÿ1
0000C030  75 32 7B 32 81 32 87 32 8D 32 93 32 9A 32 A1 32  u2{2.2‡2.2"2š2¡2
0000C040  A8 32 AF 32 B6 32 BD 32 C4 32 CC 32 D4 32 DC 32  ¨2¯2¶2½2Ä2Ì2Ô2Ü2
0000C050  E8 32 F1 32 F6 32 FC 32 06 33 0F 33 1A 33 26 33  è2ñ2ö2ü2.3.3.3&3
0000C060  2B 33 3B 33 40 33 46 33 4C 33 62 33 69 33 70 33  +3;3@3F3L3b3i3p3
```

图17-3　删除.reloc节区

这样，.reloc节区即被物理删除。但是由于尚未修改其他PE头信息，文件仍无法正常运行。下面开始修改相关PE头信息，使文件最终能够正常运行。

17.2.3　修改 IMAGE_FILE_HEADER

删除1个节区后，首先要修改IMAGE_FILE_HEADER - Number of Sections项，如图17-4所示。

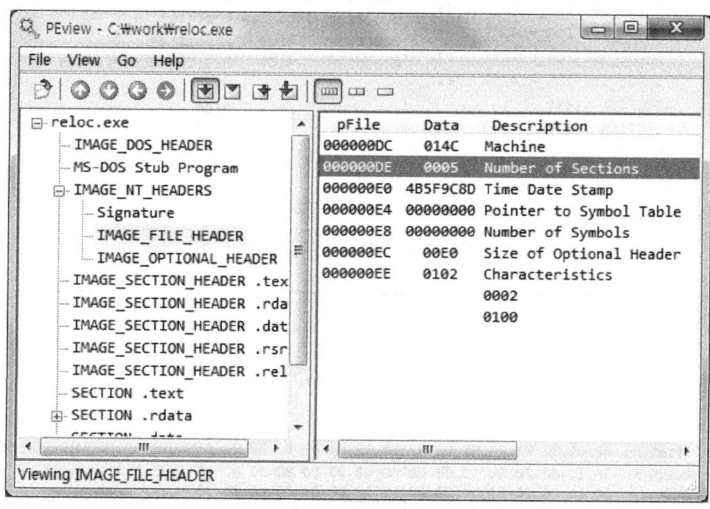

图17-4　Number of Sections

当前Number of Sections项的值为5，删除1个节区后要把其值改为4，如图17-5所示。

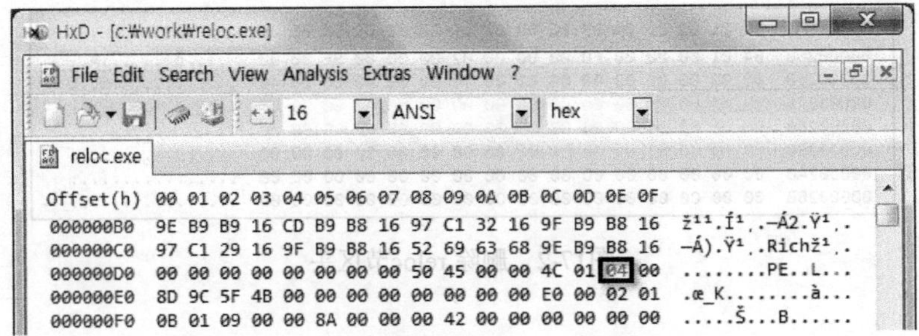

图17-5　更改Number of Sections

17.2.4　修改IMAGE_OPTIONAL_HEADER

删除.reloc节区后，（进程虚拟内存中）整个映像就随之减少相应大小。映像大小值存储在IMAGE_OPTIONAL_HEADER - size of Image中，需要对其修改。

从图17-6可以看出，当前Size of Image的值为11000。问题在于，要计算减去多少才能让程序正常运行。由图17-1可知，.reloc节区的VirtualSize值为E40，将其根据Section Alignment扩展后变为1000（练习文件的Section Alignment值为1000）。所以应该从Size of Image减去1000才正确，如图17-7所示。

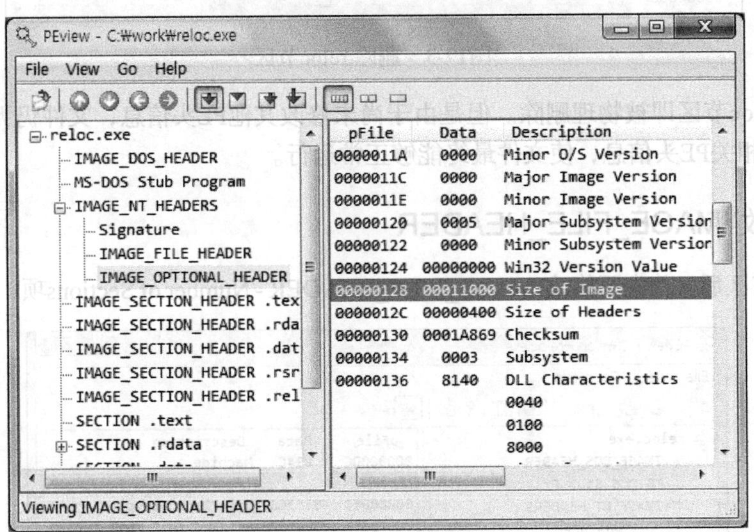

图17-6　Size of Image

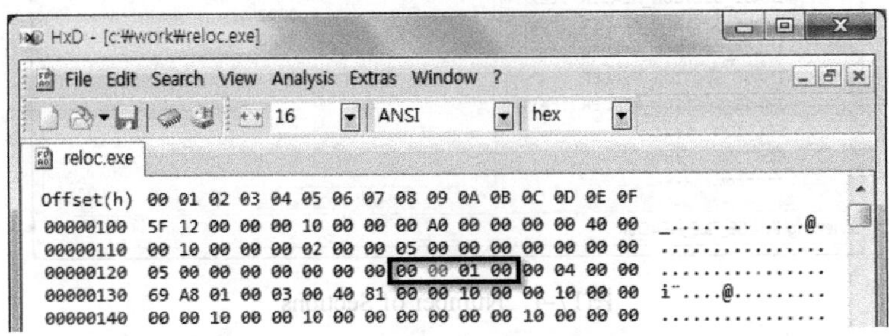

图17-7　修改Size of Image

修改后的reloc.exe文件现在能够正常运行了。像这样，只使用PEView与Hex Editor就能随心所欲地修改可执行文件。此外还可修改最后节区的大小、添加新节区等。

17.3 小结

若想再多做一些与上述内容有关的练习，可以尝试向示例文件（reloc.exe）新增1个空节区，使总节区数达到6个。参考前面讲解的内容即可顺利完成。通过这样的练习可以进一步加深对PE文件的认识、积累更多经验，以后操作PE文件就会更加得心应手。

第18章 UPack PE文件头详细分析

UPack（Ultimate PE压缩器）是一款PE文件的运行时压缩器，其特点是用一种非常独特的方式对PE头进行变形。UPack会引起诸多现有PE分析程序错误，因此各制作者（公司）不得不重新修改、调整程序。也就是说，UPack使用了一些划时代的技术方法，详细分析UPack可以把对PE头的认识提升到一个新层次。本章将完全颠覆大家之前对PE头的了解，在学习更多知识的同时，进一步感受代码逆向分析的乐趣与激情。

18.1 UPack 说明

UPack是一个名叫dwing的中国人编写的PE压缩器。

UPack的制作者对PE头有深刻认识，由其对Windows OS PE装载器的详细分析就可以推测出来。许多PE压缩器中，UPack都以对PE头的独特变形技法而闻名。初次查看UPack压缩的文件PE头时，经常会产生“这是什么啊？这能运行吗？”等疑问，其独特的变形技术可窥一斑。

UPack刚出现时，其对PE头的独特处理使各种PE实用程序（调试器、PE Viewer等）无法正常运行（经常非正常退出）。

这种特征使许多恶意代码制作者使用UPack压缩自己的恶意代码并发布。由于这样的恶意代码非常多，现在大部分杀毒软件干脆将所有UPack压缩的文件全部识别为恶意文件并删除（还有几个类似的在恶意代码中常用的压缩器）。

理解下面所有内容后再亲自制作PE Viewer或PE 压缩器/Crypter，这样就能成为PE文件头的专家了，以后无论PE头如何变形都能轻松分析。

提示

详细分析 UPack 前要先关闭系统中运行的杀毒软件的实时监控功能（大部分杀毒软件会将 UPack 识别为病毒并删除），分析完成后再打开。

18.2 使用 UPack 压缩 notepad.exe

提示

使用 Windows XP SP3 中的 notepad.exe 程序。

下面使用UPack 0.39 Final版本压缩notepad.exe。首先将upack.exe与notepad.exe复制到合适的文件中（参考图18-1），然后在命令行窗口输入命令压缩文件（压缩命令带有几个参数，但这里使用默认（default）参数即可），如图18-2所示。

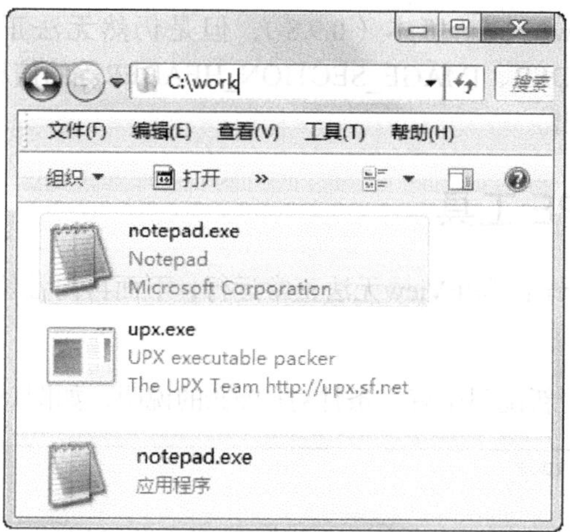

图18-1 notepad.exe & Upack.exe文件

```
C:\WINDOWS\system32\cmd.exe
Microsoft Windows XP [Version 5.1.2600]
(C) Copyright 1985-2001 Microsoft Corp.

C:\work>upack notepad.exe
+----------------------------------------------------------------------+
|Upack 0.39 >>>>>>>> Ultimate PE Packer <<<<<<<< Final Version|
|Copyright (c) 2005 by Dwing  All rights reserved  18 Dec 2005|
|!FREEware for non-commercial use with ABSOLUTELY NO WARRANTY!|
|** Homepage: http://dwing.51.net Contact me: dwing@163.com **|
|*** !WARNING: Remember backup before packing any PE file! ***|
+----------------------------------------------------------------------+
Reading notepad.exe ...... 67584 bytes OK!
Recompiling and compressing:[01000000-01014000]
        Rebuilding import table [00C8]...... OK!
        Recompiling resource [008304]...... OK!
        Removing debug data [001C]...... OK!
        Transforming code ......[E0-01-0132] OK!
        Compressing data (Use 128 KB dict) ...... OK!
        Building new PE data ...... OK!
Linking new PE file ...... 45096 bytes OK!
Completed!

C:\work>
```

图18-2 用UPack压缩notepad.exe

UPack会直接压缩源文件本身，且不会另外备份。因此，压缩重要文件前一定要先备份。

运行时压缩完成后，文件名将变为notepad_upack.exe。接下来使用PEView查看，如图18-3所示。

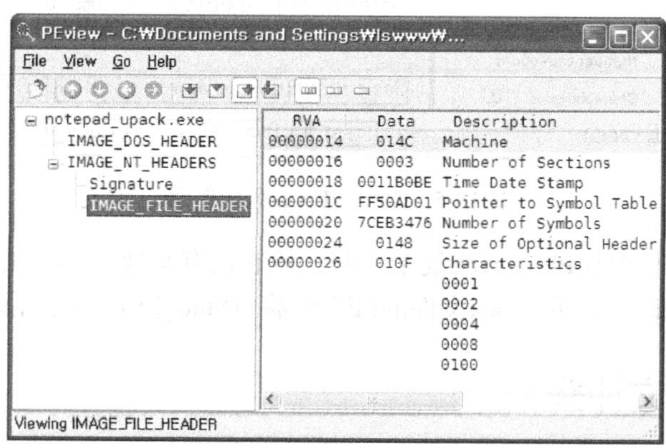

图18-3 notepad_upack.exe

这里使用的是PEView的最新版本（0.9.8），但是仍然无法正常读取PE文件头（没有IMAGE_OPTIONAL_HEADER、IMAGE_SECTION_HEADER等的信息）。而在旧版PEView中，程序干脆会非正常终止退出。

18.3　使用 Stud_PE 工具

由于最强大的PE Viewer工具PEView无法正常运行，下面再向各位介绍一款类似的PE实用工具Stud_PE。

最新版本为2.4.0.1，更新说明中有一条针对UPack的说明，如图18-4所示。

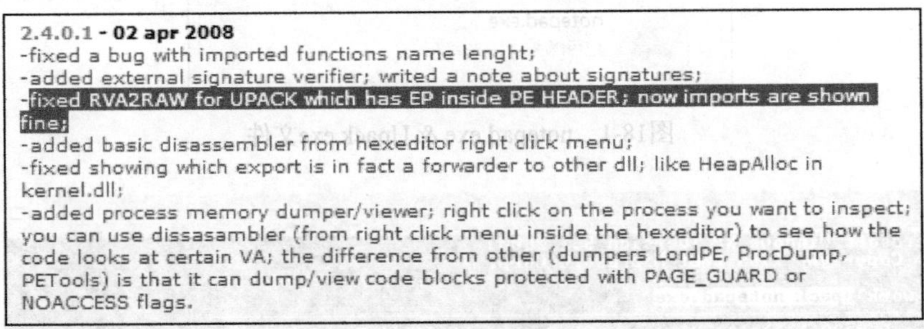

2.4.0.1 - 02 apr 2008
-fixed a bug with imported functions name lenght;
-added external signature verifier; writed a note about signatures;
-fixed RVA2RAW for UPACK which has EP inside PE HEADER; now imports are shown fine;
-added basic disassembler from hexeditor right click menu;
-fixed showing which export is in fact a forwarder to other dll; like HeapAlloc in kernel.dll;
-added process memory dumper/viewer; right click on the process you want to inspect; you can use dissasambler (from right click menu inside the hexeditor) to see how the code looks at certain VA; the difference from other (dumpers LordPE, ProcDump, PETools) is that it can dump/view code blocks protected with PAGE_GUARD or NOACCESS flags.

图18-4　Stud_PE更新介绍

更新说明中指出，针对Upack的RVA2RAW功能已得到修改（UPack到处制造麻烦）。图18-5是Stud_PE的运行界面。

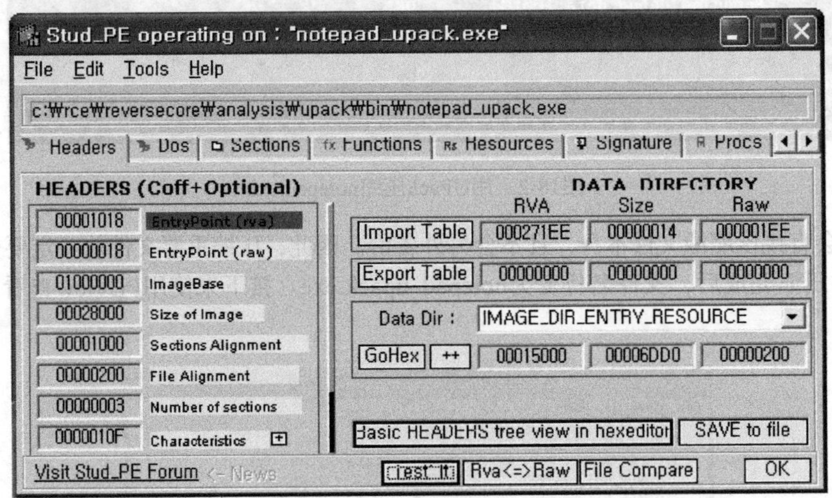

图18-5　Stud_PE.exe运行界面

Stud_PE的界面结构要比PEView略复杂一些，但它拥有其他工具无法比拟的众多独特优点（也能很好地显示UPack）。分析UPack文件的PE头时将对Stud_PE进行更加详细的说明。

18.4　比较 PE 文件头

先使用Hex Editor打开2个文件（notepad.exe、notepad_upack.exe），再比较其PE头部分。

18.4.1 原 notepad.exe 的 PE 文件头

图18-6是个典型的PE文件头，其中数据按照IMAGE_DOS_HEADER、DOS Stub、IMAGE_NT_HEADERS、IMAGE_SECTION_HEADER顺序排列。

```
Offset(h)  00 01 02 03 04 05 06 07 08 09 0A 0B 0C 0D 0E 0F
00000000   4D 5A 90 00 03 00 00 00 04 00 00 00 FF FF 00 00   MZ..........ÿÿ..
00000010   B8 00 00 00 00 00 00 00 40 00 00 00 00 00 00 00   ¸.......@.......
00000020   00 00 00 00 00 00 00 00 00 00 00 00 00 00 00 00   ................
00000030   00 00 00 00 00 00 00 00 00 00 00 00 E0 00 00 00   ............à...
00000040   0E 1F BA 0E 00 B4 09 CD 21 B8 01 4C CD 21 54 68   ..º..´.Í!¸.LÍ!Th
00000050   69 73 20 70 72 6F 67 72 61 6D 20 63 61 6E 6E 6F   is program canno
00000060   74 20 62 65 20 72 75 6E 20 69 6E 20 44 4F 53 20   t be run in DOS 
00000070   6D 6F 64 65 2E 0D 0D 0A 24 00 00 00 00 00 00 00   mode....$.......
00000080   EC 85 5B A1 A8 E4 35 F2 A8 E4 35 F2 A8 E4 35 F2   ì…[¡¨ä5ò¨ä5ò¨ä5ò
00000090   6B EB 3A F2 A9 E4 35 F2 6B EB 55 F2 A9 E4 35 F2   kë:ò©ä5òkëUò©ä5ò
000000A0   6B EB 68 F2 BB E4 35 F2 A8 E4 34 F2 63 E4 35 F2   këhò»ä5ò¨ä4òcä5ò
000000B0   6B EB 6B F2 A9 E4 35 F2 6B EB 6A F2 BF E4 35 F2   këkò©ä5òkëjò¿ä5ò
000000C0   6B EB 6F F2 A9 E4 35 F2 52 69 63 68 A8 E4 35 F2   këoò©ä5òRich¨ä5ò
000000D0   00 00 00 00 00 00 00 00 00 00 00 00 00 00 00 00   ................
000000E0   50 45 00 00 4C 01 03 00 87 52 02 48 00 00 00 00   PE..L...‡R.H....
000000F0   00 00 00 00 E0 00 0F 01 0B 01 07 0A 00 78 00 00   ....à........x..
00000100   00 8C 00 00 00 00 00 00 9D 73 00 00 00 10 00 00   .Œ.......s......
00000110   00 90 00 00 00 00 00 01 00 10 00 00 00 02 00 00   ................
00000120   05 00 01 00 05 00 01 00 04 00 00 00 00 00 00 00   ................
00000130   00 40 01 00 00 04 00 00 CE 26 01 00 02 00 00 80   .@......Î&.....€
00000140   00 00 04 00 00 10 01 00 00 00 10 00 00 10 00 00   ................
00000150   00 00 00 00 10 00 00 00 00 00 00 00 00 00 00 00   ................
00000160   04 76 00 00 C8 00 00 00 00 B0 00 00 04 83 00 00   .v..È....°...ƒ..
00000170   00 00 00 00 00 00 00 00 00 00 00 00 00 00 00 00   ................
00000180   00 00 00 00 00 00 00 00 50 13 00 00 1C 00 00 00   ........P.......
00000190   00 00 00 00 00 00 00 00 00 00 00 00 00 00 00 00   ................
000001A0   00 00 00 00 00 00 00 00 A8 18 00 00 40 00 00 00   ........¨...@...
000001B0   50 02 00 00 D0 00 00 00 00 10 00 00 48 03 00 00   P...Ð.......H...
000001C0   00 00 00 00 00 00 00 00 00 00 00 00 00 00 00 00   ................
000001D0   00 00 00 00 00 00 00 00 2E 74 65 78 74 00 00 00   .........text...
000001E0   48 77 00 00 00 10 00 00 00 78 00 00 00 04 00 00   Hw.......x......
000001F0   00 00 00 00 00 00 00 00 00 00 00 00 20 00 00 60   ............ ..`
00000200   2E 64 61 74 61 00 00 00 A8 1B 00 00 00 90 00 00   .data...¨.......
00000210   00 08 00 00 00 7C 00 00 00 00 00 00 00 00 00 00   .....|..........
00000220   00 00 00 00 40 00 00 C0 2E 72 73 72 63 00 00 00   ....@..À.rsrc...
00000230   04 83 00 00 00 B0 00 00 00 84 00 00 00 84 00 00   .ƒ...°...„...„..
00000240   00 00 00 00 00 00 00 00 00 00 00 00 40 00 00 40   ............@..@
```

图18-6 notepad.exe的PE文件头

18.4.2 notepad_upack.exe 运行时压缩的 PE 文件头

```
Offset(h)  00 01 02 03 04 05 06 07 08 09 0A 0B 0C 0D 0E 0F
00000000   4D 5A 4B 45 52 4E 45 4C 33 32 2E 44 4C 4C 00 00   MZKERNEL32.DLL..
00000010   50 45 00 00 4C 01 03 00 BE B0 11 00 01 AD 50 FF   PE..L...¾°...-Pÿ
00000020   76 34 EB 7C 48 01 0F 01 0B 01 4C 6F 61 64 4C 69   v4ë|H.....LoadLi
00000030   62 72 61 72 79 41 00 00 18 10 00 00 10 00 00 00   braryA..........
00000040   00 90 00 00 00 00 00 01 00 10 00 00 00 02 00 00   ................
00000050   04 00 00 00 00 00 39 00 04 00 00 00 00 00 00 00   ......9.........
00000060   00 80 02 00 00 02 00 00 00 00 00 00 02 00 00 80   .€.............€
00000070   00 00 04 00 00 10 01 00 00 00 10 00 00 10 00 00   ................
00000080   00 00 00 00 0A 00 00 00 00 00 00 00 00 00 00 00   ................
00000090   EE 71 02 00 14 00 00 00 00 50 01 00 D0 6D 00 00   îq.......P..Ðm..
000000A0   FF 76 38 AD 50 8B 3E BE F0 70 02 01 6A 27 59 F3   ÿv8-P‹>¾ðp..j'Yó
000000B0   A5 FF 76 04 83 C8 FF 8B DF AB EB 1C 00 00 00 00   ¥ÿv.ƒÈÿ‹ß«ë.....
000000C0   47 65 74 50 72 6F 63 41 64 64 72 65 73 73 00 00   GetProcAddress..
000000D0   00 00 00 00 00 00 00 00 40 AB 40 B1 04 F3 AB C1   ........@«@±.ó«Á
000000E0   E0 0A B5 1C F3 AB 8B 7E 0C 57 51 E9 23 EC 01 00   à.µ.ó«‹~.WQé#ì..
000000F0   56 10 E2 E3 B1 04 D3 E0 03 E8 8D 53 18 33 C0 55   V.âã±.Óà.è.S.3ÀU
00000100   40 51 D3 E0 8B EA 91 FF 56 4C 99 59 D1 E8 13 D2   @QÓà‹ê‘ÿVL™YÑè.Ò
00000110   E2 FA 5D 03 EA 45 59 89 6B 08 56 8B F7 2B F5 F3   âú].êEY‰k.V‹÷+õó
00000120   A4 AC 5E B1 80 AA 3B 7E 34 0F 82 AC FE FF FF 58   ¤¬^±€ª;~4.‚¬þÿÿX
00000130   5F 59 E3 1B 8A 07 47 04 18 3C 02 73 F7 8B 07 3C   _Yã.Š.G..<.s÷‹.<
00000140   01 75 F3 B0 00 0F C8 03 46 38 2B C7 AB E2 E5 5E   .uó°..È.F8+Ç«âå^
00000150   5D 59 46 AD 85 C0 74 1F 51 56 97 FF D1 93 AC 84   ]YF-…Àt.QV—ÿÑ“¬„
00000160   C0 75 FB 38 06 74 EA 8B C6 79 05 46 33 C0 66 AD   Àuû8.tê‹Æy.F3Àf-
00000170   50 53 FF D5 AB EB E7 C3 00 40 01 00 00 10 00 00   PSÿÕ«ëçÃ.@......
00000180   F0 01 00 00 10 00 00 00 D0 BD 01 01 CB FC 01 01   ð.......Ð½..Ëü..
00000190   32 01 00 00 60 00 00 E0 00 10 00 01 00 FD 01 01   2...`..à.....ý..
000001A0   00 20 01 00 00 50 01 00 28 AE 00 00 00 02 00 00   . ...P..(®......
000001B0   9D 73 00 01 FF 3F 01 01 28 FE 01 01 60 00 00 E0   .s..ÿ?..(þ..`..à
000001C0   5A 4B 01 01 FC 0F 00 01 00 10 00 00 00 70 02 00   ZK..ü........p..
000001D0   F0 01 00 00 10 00 00 00 98 FC 01 01 9B FC 01 01   ð.......˜ü..›ü..
000001E0   AA FC 01 01 60 00 00 E0 28 00 00 00 BE 00 00 00   ªü..`..à(...¾...
000001F0   00 00 00 00 00 00 00 00 00 00 02 00 00 00 E8 11   ..............è.
00000200   00 00 00 00 00 00 00 00 00 00 00 00 00 00 08 00   ................
```

图18-7 notepad_upack.exe的PE头

如图18-7所示，notepad_upack.exe的PE头看上去有些奇怪。MZ与PE签名贴得太近了，并且没有DOS存根，出现了大量字符串，中间好像还夹杂着代码。总之，整个文件不对劲的地方太多了。下面详细分析UPack中使用的这种独特的PE文件头结构。

18.5　分析 UPack 的 PE 文件头

18.5.1　重叠文件头

重叠文件头也是其他压缩器经常使用的技法，借助该方法可以把MZ文件头（IMAGE_DOS_HEADER）与PE文件头（IMAGE_NT_HEADERS）巧妙重叠在一起，并可有效节约文件头空间。当然这会额外增加文件头的复杂性，给分析带来很大困难（很难再使用PE相关工具）。

下面使用Stud_PE看一下MZ文件头部分。请按Headers选项卡的Basic HEADERS tree view in hexeditor按钮，如图18-8所示。

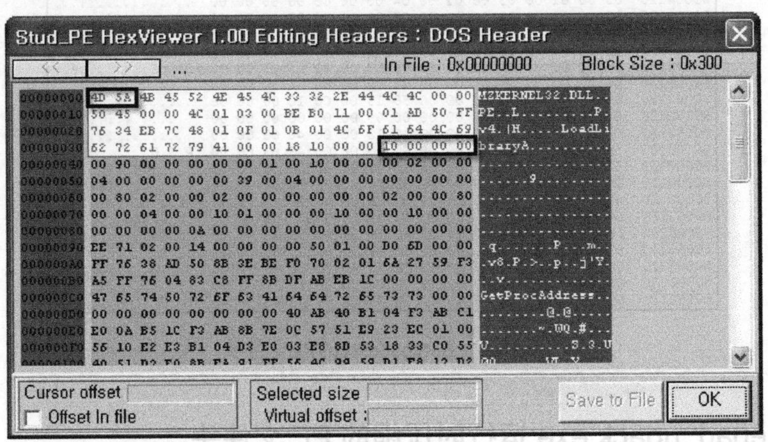

图18-8　重写文件头

MZ文件头（IMAGE_DOS_HEADER）中有以下2个重要成员。

```
(offset  0) e_magic  : Magic number = 4D5A('MZ')
(offset 3C) e_lfanew : File address of new exe header
```

其余成员都不怎么重要（对程序运行没有任何意义）。

问题在于，根据PE文件格式规范，IMAGE_NT_HEADERS的起始位置是“可变的”。换言之，IMAGE_NT_HEADERS的起始位置由e_lfanew的值决定。一般在一个正常程序中，e_lfanew拥有如下所示的值（不同的构建环境会有不同）。

```
e_lfanew = MZ文件头大小 (40) + DOS存根大小 (可变: VC++下为A0) = E0
```

UPack中e_lfanew的值为10，这并不违反PE规范，只是钻了规范本身的空子罢了。像这样就可以把MZ文件头与PE文件头重叠在一起。

18.5.2　IMAGE_FILE_HEADER.SizeOfOptionalHeader

修改IMAGE_FILE_HEADER.SizeOfOptionalHeader的值，可以向文件头插入解码代码。

SizeOfOptionalHeader表示PE文件头中紧接在IMAGE_FILE_HEADER下的IMAGE_OPTIONAL_HEADER结构体的长度（E0）。UPack将该值更改为148，如图18-9所示（图中框选的部分）。

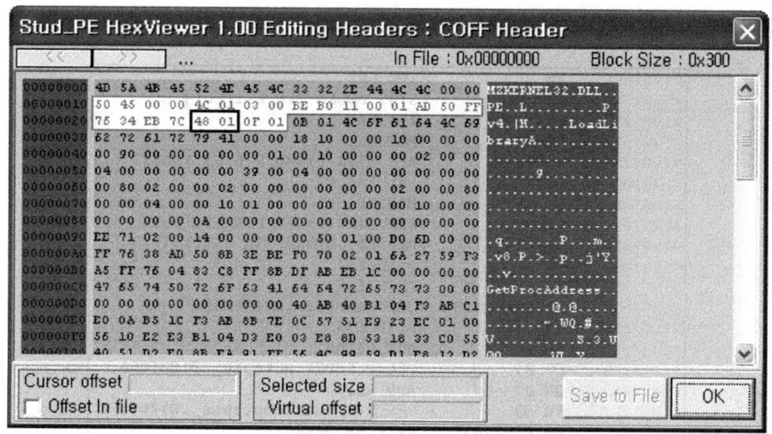

图18-9　SizeOfOptionalHeader

此处会产生一个疑问。由字面意思可知，IMAGE_OPTIONAL_HEADER是结构体，PE32文件格式中其大小已经被确定为E0。

既然如此，PE文件格式的设计者们为何还要另外输入IMAGE_OPTIONAL_HEADER结构体的大小呢？原来的设计意图是，根据PE文件形态分别更换并插入其他IMAGE_OPTIONAL_HEADER形态的结构体。简言之，由于IMAGE_OPTIONAL_HEADER的种类很多，所以需要另外输入结构体的大小（比如：64位PE32+的IMAGE_OPTIONAL_HEADER结构体的大小为F0）。

SizeOfOptionalHeader的另一层含义是确定节区头（IMAGE_SECTION_HEADER）的起始偏移。

仅从PE文件头来看，紧接着IMAGE_OPTIONAL_HEADER的好像是IMAGE_SECTION_HEADER。但实际上（更准确地说），从IMAGE_OPTIONAL_HEADER的起始偏移加上SizeOfOptionalHeader值后的位置开始才是IMAGE_SECTION_HEADER。

UPack把SizeOfOptionalHeader的值设置为148，比正常值（E0或F0）要更大一些。所以IMAGE_SECTION_HEADER是从偏移170开始的（IMAGE_OPTIONAL_HEADER的起始偏移(28)+SizeOfOptionalHeader(148)=170）。

UPack的意图是什么？为什么要改变这个值（SizeOfOptionalHeader）呢？

UPack的基本特征就是把PE文件头变形，像扭曲的麻花一样，向文件头适当插入解码需要的代码。增大SizeOfOptionalHeader的值后，就在IMAGE_OPTIONAL_HEADER与IMAGE_SECTION_HEADER之间添加了额外空间。UPack就向这个区域添加解码代码，这是一种超越PE文件头常规理解的巧妙方法。

下面查看一下该区域。IMAGE_OPTIONAL_HEADER结束的位置为D7，IMAGE_SECTION_HEADER的起始位置为170。使用Hex Editor查看中间的区域，如图18-10所示。

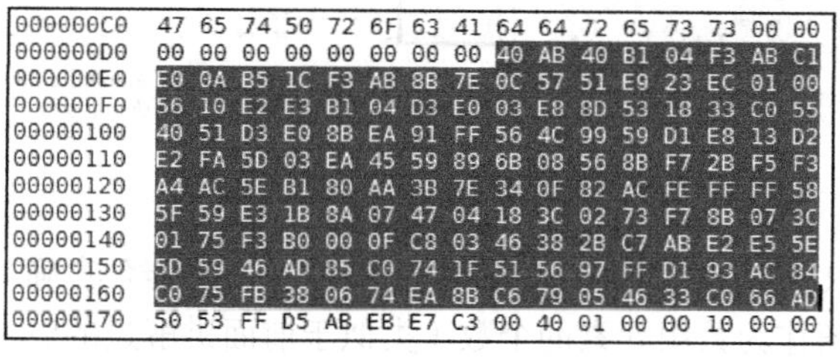

```
000000C0  47 65 74 50 72 6F 63 41 64 64 72 65 73 73 00 00
000000D0  00 00 00 00 00 00 00 00 40 AB 40 B1 04 F3 AB C1
000000E0  E0 0A B5 1C F3 AB 8B 7E 0C 57 51 E9 23 EC 01 00
000000F0  56 10 E2 E3 B1 04 D3 E0 03 E8 8D 53 18 33 C0 55
00000100  40 51 D3 E0 8B EA 91 FF 56 4C 99 59 D1 E8 13 D2
00000110  E2 FA 5D 03 EA 45 59 89 6B 08 56 8B F7 2B F5 F3
00000120  A4 AC 5E B1 80 AA 3B 7E 34 0F 82 AC FE FF FF 58
00000130  5F 59 E3 1B 8A 07 47 04 18 3C 02 73 F7 8B 07 3C
00000140  01 75 F3 B0 00 0F C8 03 46 38 2B C7 AB E2 E5 5E
00000150  5D 59 46 AD 85 C0 74 1F 51 56 97 FF D1 93 AC 84
00000160  C0 75 FB 38 06 74 EA 8B C6 79 05 46 33 C0 66 AD
00000170  50 53 FF D5 AB EB E7 C3 00 40 01 00 00 10 00 00
```

图18-10　解码代码

使用调试器查看反汇编代码，如图18-11所示。

```
010010D8    40              INC EAX
010010D9    AB              STOS DWORD PTR ES:[EDI]
010010DA    40              INC EAX
010010DB    B1 04           MOV CL,4
010010DD    F3:AB           REP STOS DWORD PTR ES:[EDI]
010010DF    C1E0 0A         SHL EAX,0A
010010E2    B5 1C           MOV CH,1C
010010E4    F3:AB           REP STOS DWORD PTR ES:[EDI]
010010E6    8B7E 0C         MOV EDI,DWORD PTR DS:[ESI+C]
010010E9    57              PUSH EDI
010010EA    51              PUSH ECX
010010EB  ˅ E9 23EC0100     JMP notepad_.0101FD13
010010F0    56              PUSH ESI
010010F1    10E2            ADC DL,AH
010010F3  ^ E3 B1           JECXZ SHORT notepad_.010010A6
010010F5    04 D3           ADD AL,0D3
010010F7  ˅ E0 03           LOOPDNE SHORT notepad_.010010FC
010010F9    E8 8D531833     CALL 3418648B
010010FE    C055 40 51      RCL BYTE PTR SS:[EBP+40],51
01001102    D3E0            SHL EAX,CL
01001104    8BEA            MOV EBP,EDX
01001106    91              XCHG EAX,ECX
01001107    FF56 4C         CALL DWORD PTR DS:[ESI+4C]
0100110A    99              CDQ
0100110B    59              POP ECX
```

图18-11　解码代码

图18-11并不是PE文件头中的信息，而是UPack中使用的代码。若PE相关实用工具将其识别为PE文件头信息，就会引发错误，导致程序无法正常运行。

18.5.3　IMAGE_OPTIONAL_HEADER.NumberOfRvaAndSizes

从IMAGE_OPTIONAL_HEADER结构体中可以看到，其NumberOfRvaAndSizes的值也发生了改变，这样做的目的也是为了向文件头插入自身代码。

NumberOfRvaAndSizes值用来指出紧接在后面的IMAGE_DATA_DIRECTORY结构体数组的元素个数。正常文件中IMAGE_DATA_DIRECTORY数组元素的个数为10，但在UPack中将其更改为了A个（参考图18-12中的框选区域）。

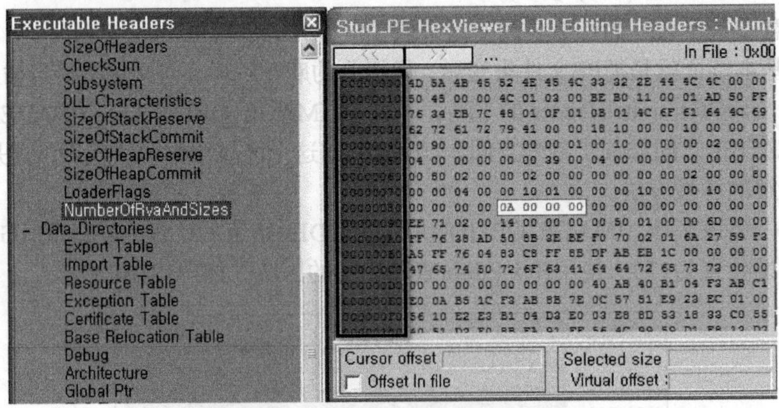

图18-12　NumberOfRvaAndSizes

IMAGE_DATA_DIRECTORY结构体数组元素的个数已经被确定为10，但PE规范将NumberOfRvaAndSizes值作为数组元素的个数（类似于前面讲解过的SizeOfOptionalHeader）。所以UPack中IMAGE_DATA_DIRECTORY结构体数组的后6个元素被忽略。

表18-1中已经对IMAGE_DATA_DIRECTORY结构体数组的各项进行了说明。其中粗斜体的项如果更改不正确，就会引发运行错误。

表18-1　IMAGE_DATA_DIRECTORY结构体数组

索　引	内　容	索　引	内　容
0	EXPORT Directory	8	GLOBALPTR Directory
1	**IMPORT Directory**	**9**	**TLS Directory**
2	**RESOURCE Directory**	**A**	**LOAD_CONFIG Directory**
3	**EXCEPTION Directory**	**B**	**BOUND_IMPORT Directory**
4	SECURITY Directory	**C**	**IAT Directory**
5	BASERELOC Directory	D	DELAY_IMPORT Directory
6	**DEBUG Directory**	**E**	**COM_DESCRIPTOR Directory**
7	COPYRIGHT Directory	F	Reserved Directory

UPack将IMAGE_OPTIONAL_HEADER.NumberOfRvaAndSizes的值更改为A，从LOAD_CONFIG项（文件偏移D8以后）开始不再使用。UPack就在这块被忽视的IMAGE_DATA_DIRECTORY区域中覆写自己的代码。UPack真是精打细算，充分利用了文件头的每一个字节。

接下来使用Hex Editor查看IMAGE_DATA_DIRECTORY结构体数组区域，如图18-13所示。

```
Offset(h) 00 01 02 03 04 05 06 07 08 09 0A 0B 0C 0D 0E 0F
00000070  00 00 04 00 00 10 01 00 00 00 10 00 00 10 00 00  ................
00000080  00 00 00 00 0A 00 00 00 00 00 00 00 00 00 00 00  ................
00000090  EE 71 02 00 14 00 00 00 00 50 01 00 D0 6D 00 00  îq.......P..Ðm..
000000A0  FF 76 38 AD 50 8B 3E BE F0 70 02 01 6A 27 59 F3  ÿv8.P‹>¾ðp..j'Yó
000000B0  A5 FF 76 04 83 C8 FF 8B DF AB EB 1C 00 00 00 00  ¥ÿv.ƒÈÿ‹ß«ë.....
000000C0  47 65 74 50 72 6F 63 41 64 64 72 65 73 73 00 00  GetProcAddress..
000000D0  00 00 00 00 00 00 00 00 40 AB 40 B1 04 F3 AB C1  ........@«@±.ó«Á
000000E0  E0 0A B5 1C F3 AB 8B 7E 0C 57 51 E9 23 EC 01 00  à.µ.ó«‹~.WQé#ì..
000000F0  56 10 E2 E3 B1 04 D3 E0 03 E8 8D 53 18 33 C0 55  V.âã±.Óà.è.S.3ÀU
00000100  40 51 D3 E0 8B EA 91 FF 56 4C 99 59 D1 E8 13 D2  @QÓà‹ê'ÿVL™YÑè.Ò
00000110  E2 FA 5D 03 EA 45 59 89 6B 08 56 8B F7 2B F5 F3  âú].êEY‰k.V‹÷+õó
```

图18-13　IMAGE_DATA_DIRECTORY结构体数组

图18-13中淡色显示的部分是正常文件的IMAGE_DATA_DIRECTORY结构体数组区域，其下深色显示的是UPack忽视的部分（D8~107区域=LOAD_CONFIG Directory之后）。使用调试器查看被忽视的区域，将看到UPack自身的解码代码，如图18-11所示。

另外，NumberOfRvaAndSizes的值改变后，在OllyDbg中打开该文件就会弹出如图18-14所示的错误消息框。

图18-14　OllyDbg错误消息框

OllyDbg检查PE文件时会检查NumberOfRvaAndSizes的值是否为10，这个错误信息并不重要，可以忽略。使用其他插件也可完全删除，仅供参考。

18.5.4　IMAGE_SECTION_HEADER

IMAGE_SECTION_HEADER结构体中，Upack会把自身数据记录到程序运行不需要的项目。这与UPack向PE文件头中不使用的区域覆写自身代码与数据的方法是一样的（PE文件头中未使用的区域比想象的要多）。

在前面的学习中，我们已经知道节区数是3个，IMAGE_SECTION_HEADER结构体数组的起始位置为170。下面使用Hex Editor查看IMAGE_SECTION_HEADER结构体（偏移170~1E7的区域），如图18-15所示。

图18-15　IMAGE_SECTION_HEADER

图18-15显示的即是IMAGE_SECTION_HEADER结构体，为便于查看，将其中数据整理如下（使用的是我亲自制作的PE Viewer）。

代码18-1　IMAGE_SECTION_HEADER结构体数组

```
[ IMAGE_SECTION_HEADER ]

-------------------------------------------------------
file      memory   data     description
-------------------------------------------------------

00000170 01000170 5053FFD5 Name(PS┌諾揖?
00000174 01000174 ABEBE7C3
00000178 01000178 00014000 virtual size
0000017C 0100017C 00001000 RVA
00000180 01000180 000001F0 size of raw data
00000184 01000184 00000010 offset to raw data
00000188 01000188 0101BDD0 offset to relocations
0000018C 0100018C 0101FCCB offset to line numbers
00000190 01000190     0132 number of relocations
00000192 01000192     0000 number of line numbers
00000194 01000194 E0000060 characteristics

00000198 01000198 00100001 Name()
0000019C 0100019C 00FD0101
000001A0 010001A0 00012000 virtual size
000001A4 010001A4 00015000 RVA
000001A8 010001A8 0000AE28 size of raw data
000001AC 010001AC 00000200 offset to raw data
000001B0 010001B0 0100739D offset to relocations
000001B4 010001B4 01013FFF offset to line numbers
000001B8 010001B8     FE28 number of relocations
000001BA 010001BA     0101 number of line numbers
000001BC 010001BC E0000060 characteristics

000001C0 010001C0 5A4B0101 Name(ZK?)
000001C4 010001C4 FC0F0001
000001C8 010001C8 00001000 virtual size
000001CC 010001CC 00027000 RVA
000001D0 010001D0 000001F0 size of raw data
000001D4 010001D4 00000010 offset to raw data
000001D8 010001D8 0101FC98 offset to relocations
000001DC 010001DC 0101FC9B offset to line numbers
000001E0 010001E0     FCAA number of relocations
000001E2 010001E2     0101 number of line numbers
000001E4 010001E4 E0000060 characteristics
```

代码18-1框选的结构体成员对程序运行没有任何意义。比如文件偏移1B0地址处的offset to relocations值为0100739D，它为原notepad.exe的EP值。此外，节区头中还隐藏着一些秘密（马上就会讲到）。

18.5.5 重叠节区

UPack的主要特征之一就是可以随意重叠PE节区与文件头（刚刚学过PE文件头基础知识的朋友可能会对这种技法感到惊慌失措）。

通过Stud_PE提供的简略视图查看UPack的IMAGE_SECTION_HEADER。请选择Stud_PE的"Section"选项卡，如图18-16所示。

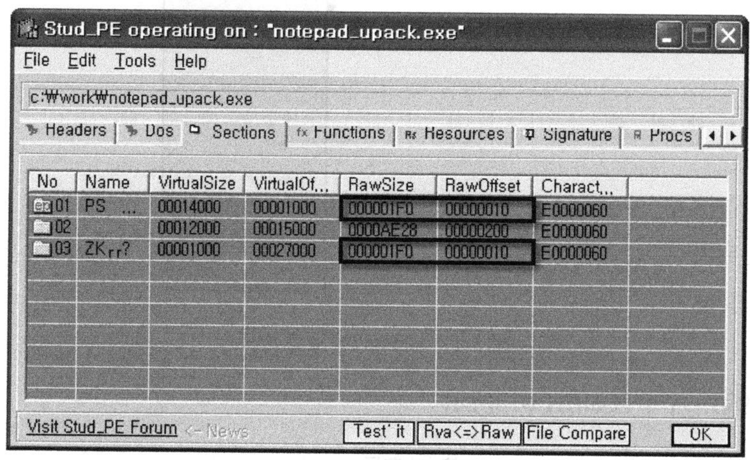

图18-16 Stud_ED的Section选项卡

从图18-16中可以看到，其中某些部分看上去比较奇怪。首先是第一个与第三个节区的文件起始偏移（RawOffset）值都为10。偏移10是文件头区域，UPack中该位置起即为节区部分。

然后让人感到奇怪的部分是，第一个节区与第三个节区的文件起始偏移与在文件中的大小（RawSize）是完全一致的。但是，节区内存的起始RVA（VirtualOffset）项与内存大小（VirtualSize）值是彼此不同的。根据PE规范，这样做不会有什么问题（更准确地说，PE规范并未明确指出这样做是不行的）。

综合以上两点可知，UPack会对PE文件头、第一个节区、第三个节区进行重叠。仅从数字上很难真正理解其中的含义，为了帮助各位更好地掌握，图18-17描述了UPack重叠的情形。

图18-17左侧描述的是文件中的节区信息，右侧描述的是内存中的节区信息。

根据节区头（IMAGE_SECTION_HEADER）中定义的值，PE装载器会将文件偏移0~1FF的区域分别映射到3个不同的内存位置（文件头、第一个节区、第三个节区）。也就是说，用相同的文件映像可以分别创建出处于不同位置的、大小不同的内存映像，请各位注意。

文件的头（第一/第三个节区）区域的大小为200，其实这是非常小的。相反，第二个节区（2nd Section）尺寸（AE28）非常大，占据了文件的大部分区域，原文件（notepad.exe）即压缩于此。

另外一个需要注意的部分是内存中的第一个节区区域，它的内存尺寸为14000，与原文件（notepad.exe）的Size of Image具有相同的值。也就是说，压缩在第二个节区中的文件映像会被原样解压缩到第一个节区（notepad的内存映像）。另外，原notepad.exe拥有3个节区，它们被解压到一个节区。

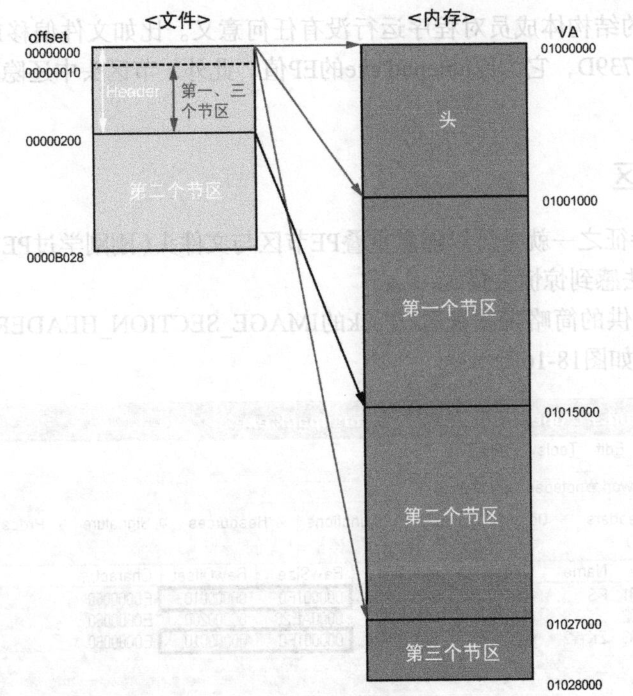

图18-17　UPack的重叠特征

解压缩后的第一个节区如图18-18所示。

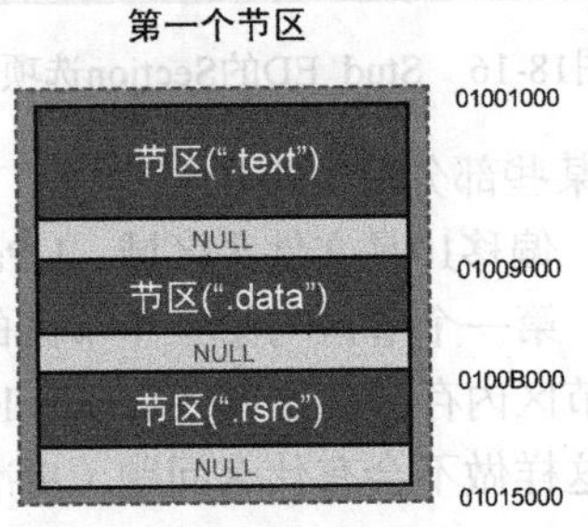

图18-18　解压缩后的第一个节区

重新归纳整理一下，压缩的notepad在内存的第二个节区，解压缩的同时被记录到第一个节区。重要的是，notepad.exe（原文件）的内存映像会被整体解压，所以程序能够正常运行（地址变得准确而一致）。

18.5.6　RVA to RAW

各种PE实用程序对Upack束手无策的原因就是无法正确进行RVA→RAW的变换。UPack的制作者通过多种测试（或对PE装载器的逆向分析）发现了Windows PE装载器的Bug（或者异常处理），并将其应用到UPack。

PE实用程序第一次遇到应用了这种技法的文件时，大部分会出现“错误的内存引用，非正常终止”（后来许多实用程序对此进行了修复）。

首先复习一下RVA→RAW变换的常规方法。

```
RAW - PointerToRawData = RVA - VirtualAddress
                   RAW = RVA - VirtualAddress + PointerToRawData
VirtualAddress、PointerToRawData是从RVA所在的节区头中获取的值，它们都是已知值（known value）。
```

根据上述公式，算一下EP的文件偏移量（RAW）。UPack的EP是RVA 1018（参考图18-19）。

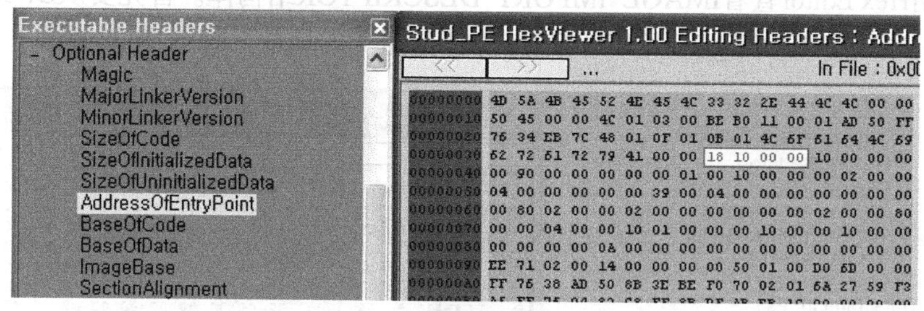

图18-19 AddressOfEntryPoint

根据代码18-1、图18-17、图18-18，RVA 1018位于第一个节区（1st Section），将其代入公式换算如下。

```
RAW = 1018 - 1000 + 10 = 28
* 1st Section的VirtualAddress为1000，PointerToRawData为10。
```

使用Hex Editor打开RAW 28区域查看，如图18-20所示。

```
Offset(h) 00 01 02 03 04 05 06 07 08 09 0A 0B 0C 0D 0E 0F
00000000  4D 5A 4B 45 52 4E 45 4C 33 32 2E 44 4C 4C 00 00  MZKERNEL32.DLL..
00000010  50 45 00 00 4C 01 03 00 BE B0 11 00 01 AD 50 FF  PE..L...¾°..Pÿ
00000020  76 34 EB 7C 48 01 0F 01 0B 01 4C 6F 61 64 4C 69  v4ë|H.....LoadLi
00000030  62 72 61 72 79 41 00 00 18 10 00 00 10 00 00 00  braryA..........
00000040  00 90 00 00 00 00 00 01 00 10 00 00 00 02 00 00  ................
```

图18-20 RAW 28区域

RAW 28不是代码区域，而是(ordinal:010B)“LoadLibraryA”字符串区域。现在UPack的这种把戏欺骗了我们（实际上，OllyDbg的早期版本并不能找出UPack的EP）。秘密就在于第一个节区的PointerToRawData值10。

一般而言，指向节区开始的文件偏移的PointerToRawData值应该是FileAlignment的整数倍。UPack的FileAlignment为200，故PointerToRawData值应为0、200、400、600等值。PE装载器发现第一个节区的PointerToRawData（10）不是FileAlignment（200）的整数倍时，它会强制将其识别为整数倍（该情况下为0）。这使UPack文件能够正常运行，但是许多PE相关实用程序都会发生错误。

正常的RVA→RAW变换如下。

```
RAW = 1018 - 1000 + 0 = 18
* PointerToRawData被识别为0。
```

使用调试器查看相应区域的代码，如图18-21所示。

```
01001018  $  BE B0110001  MOV ESI,notepad_.010011B0
0100101D  .  AD           LODS DWORD PTR DS:[ESI]
0100101E  .  50           PUSH EAX
0100101F  .  FF76 34      PUSH DWORD PTR DS:[ESI+34]
01001022  .. EB 7C        JMP SHORT notepad_.010010A0
```

图18-21 实际的EP地址代码

现在各位应该能够对UPack文件进行正常的RVA→RAW换算了。

18.5.7　导入表（IMAGE_IMPORT_DESCRIPTOR array）

UPack的导入表（Import Table）组织结构相当独特（暗藏玄机）。

下面使用Hex Editor查看IMAGE_IMPORT_DESCRIPTOR结构体。首先要从Directory Table中获取IDT（IMAGE_IMPORT_DESCRIPTOR结构体数组）的地址，如图18-22所示。

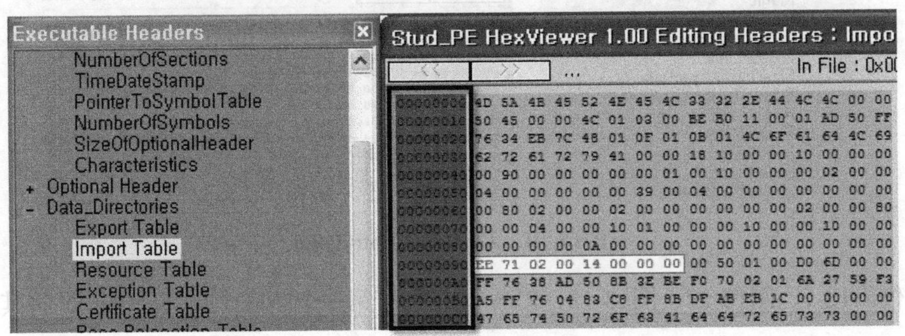

图18-22　导入表地址

图18-22右侧框选的8个字节大小的data就是指向导入表的IMAGE_DATA_DIRECTORY结构体。前面4个字节为导入表的地址（RVA），后面4个字节是导入表的大小（Size）。从图中可以看到导入表的RVA为271EE。

使用Hex Editor查看之前，需要先进行RVA→RAW变换。首先确定该RVA值属于哪个节区，内存地址271EE在内存中是第三个节区（参考图18-23）。

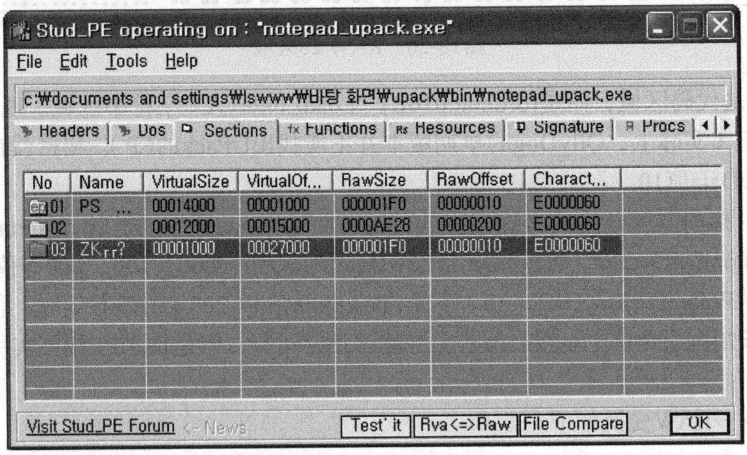

图18-23　第三个节区区域

进行RVA→RAW变换，如下所示。

```
RAW = RVA(271EE) - VirtualOffset(27000) + RawOffset(0) = 1EE
注意：3rd Section的RawOffset值不是10，而会被强制变换为0。
```

使用Hex Editor查看文件偏移1EE中的数据，如图18-24所示。

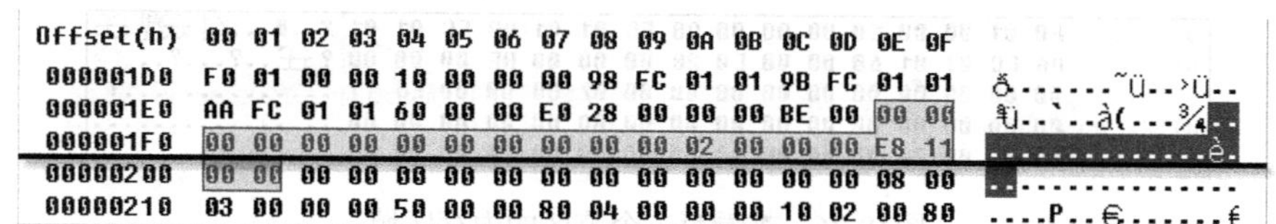

图18-24 文件偏移1EE

该处就是使用UPack节区隐藏玄机的地方。

首先看一下代码18-2中IMAGE_IMPORT_DESCRIPTOR结构体的定义，再继续分析（结构体的大小为20字节）。

代码18-2 IMAGE_IMPORT_DESCRIPTOR结构体

```
typedef struct_IMAGE_IMPORT_DESCRIPTOR {
  union {
    DWORD  Characteristics;
    DWORD  OriginalFirstThunk; // INT
  };
  DWORD  TimeDateStamp;
  DWORD  ForwarderChain;
  DWORD  Name;
  DWORD  FirstThunk;           // IAT
}IMAGE_IMPORT_DESCRIPTOR;
```

根据PE规范，导入表是由一系列IMAGE_IMPORT_DESCRIPTOR结构体组成的数组，最后以一个内容为NULL的结构体结束。

图18-24中所选区域就是IMAGE_IMPORT_DESCRIPTOR结构体数组（导入表）。偏移1EE~201为第一个结构体，其后既不是第二个结构体，也不是（表示导入表结束的）NULL结构体。

乍一看这种做法分明是违反PE规范的。但是请注意图18-24中偏移200上方的粗线。该线条表示文件中第三个节区的结束（参考图18-23）。故运行时偏移在200以下的部分不会映射到第三个节区内存。下面看一下图18-25。

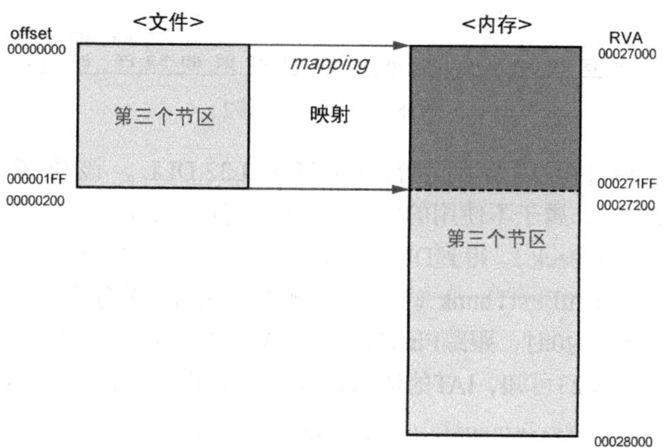

图18-25 第三个节区

第三个节区加载到内存时，文件偏移0~1FF的区域映射到内存的27000~271FF区域，而（第三个节区其余的内存区域）27200~28000区域全部填充为NULL。使用调试器查看相同区域，如图18-26所示。

```
010271D0  F0 01 00 00 10 00 00 00 98 FC 01 01 9B FC 01 01
010271E0  AA FC 01 01 60 00 00 E0 28 00 00 00 BE 00 00 00
010271F0  00 00 00 00 00 00 00 00 00 00 02 00 00 00 E8 11
01027200  00 00 00 00 00 00 00 00 00 00 00 00 00 00 00 00
01027210  00 00 00 00 00 00 00 00 00 00 00 00 00 00 00 00
```

图18-26　查看第三个节区的内存区域

准确地说，只映射到010271FF，从01027200开始全部填充为NULL值。

再次返回PE规范的导入表条件，01027202地址以后出现NULL结构体，这并不算违反PE规范。而这正是UPack使用节区的玄机。从文件看导入表好像是损坏了，但其实它已在内存中准确表现出来。

大部分PE实用程序从文件中读导入表时都会被这个玄机迷惑，查找错误的地址，继而引起内存引用错误，导致程序非正常终止（一句话——这个玄机还真是妙）。

18.5.8 导入地址表

UPack都输入了哪些DLL中的哪些API呢？下面通过分析IAT查看。把代码18-2的IMAGE_IMPORT_DESCRIPTOR结构体与图18-24进行映射后，得到下表18-2。

表18-2　UPack的IMAGE_IMPORT_DESCRIPTOR结构体的重要成员

偏　移	成　员	RVA
1EE	OriginalFirstThunk(INT)	0
1FA	Name	2
1FE	FirstThunk(IAT)	11E8

首先Name的RVA值为2，它属于Header区域（因为第一个节区是从RVA 1000开始的）。

Header区域中RVA与RAW值是一样的，故使用Hex Editor查看文件中偏移（RAW）为2的区域，如图18-27所示。

```
Offset(h)  00 01 02 03 04 05 06 07 08 09 0A 0B 0C 0D 0E 0F
00000000   4D 5A 4B 45 52 4E 45 4C 33 32 2E 44 4C 4C 00 00   MZKERNEL32.DLL..
00000010   50 45 00 00 4C 01 03 00 BE B0 11 00 01 AD 50 FF   PE..L...¾...Pÿ
```

图18-27　文件偏移2

在偏移为2的区域中可以看到字符串KERNEL32.DLL。该位置原本是DOS头部分（IMAGE_DOS_HEADER），属于不使用的区域，UPack将Import DLL名称写入该处。空白区域一点儿都没浪费（好节俭的UPack）。得到DLL名称后，再看一下从中导入了哪些API函数。

一般而言，跟踪OriginalFirstThunk（INT）能够发现API名称字符串，但是像UPack这样，OriginalFirstThunk（INT）为0时，跟踪FirstThunk（IAT）也无妨（只要INT、IAT其中一个有API名称字符串即可）。由图18-23可知，IAT的值为11E8，属于第一个节区，故RVA→RAW换算如下。

```
RAW = RVA(11E8) - VirtualOffset(1000) + RawOffset(0) = 1E8
* 注意：1st Section的RawOffset值不是10，而是被强制转换为0。
```

IAT的文件偏移1E8显示在图18-28中。

```
000001D0  F0 01 00 00 10 00 00 00 98 FC 01 01 9B FC 01 01
000001E0  AA FC 01 01 60 00 00 E0 28 00 00 00 BE 00 00 00
000001F0  00 00 00 00 00 00 00 00 00 00 02 00 00 00 E8 11
00000200  00 00 00 00 00 00 00 00 00 00 00 00 00 00 08 00
```

图18-28　文件偏移1E8

图18-28中框选的部分就是IAT域，同时也作为INT来使用。也就是说，该处是Name Pointer（RVA）数组，其结束是NULL。此外还可以看到导入了2个API，分别为RVA 28与BE。

RVA位置上存在着导入函数的[ordinal+名称字符串]，如图18-29所示。由于都是header区域，所以RVA与RAW值是一样的。

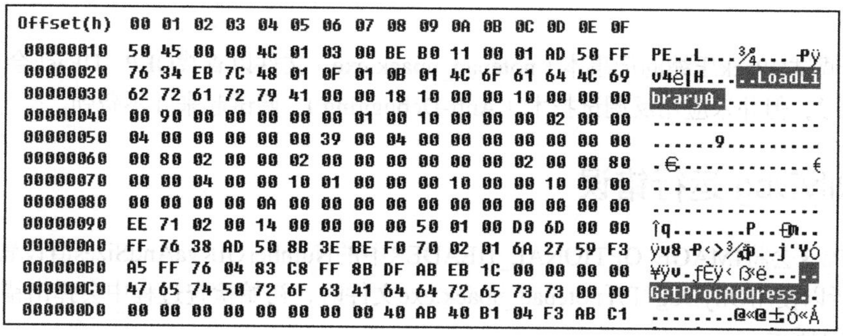

```
Offset(h)  00 01 02 03 04 05 06 07 08 09 0A 0B 0C 0D 0E 0F

00000010   50 45 00 00 4C 01 03 00 BE B0 11 00 01 AD 50 FF   PE..L...¾... Pÿ
00000020   76 34 EB 7C 48 01 0F 01 0B 01 4C 6F 61 64 4C 69   v4ë|H.....LoadLi
00000030   62 72 61 72 79 41 00 00 18 10 00 00 10 00 00 00   braryA..........
00000040   00 90 00 00 00 00 00 01 00 10 00 00 00 02 00 00   ................
00000050   04 00 00 00 00 00 39 00 04 00 00 00 00 00 00 00   ......9.........
00000060   00 80 02 00 00 02 00 00 00 00 00 00 02 00 00 80   .€.............€
00000070   00 00 04 00 00 10 01 00 00 00 10 00 00 10 00 00   ................
00000080   00 00 00 00 0A 00 00 00 00 00 00 00 00 00 00 00   ................
00000090   EE 71 02 00 14 00 00 00 00 50 01 00 D0 6D 00 00   îq.......P..Ðm..
000000A0   FF 76 38 AD 50 8B 3E BE F0 70 02 01 6A 27 59 F3   ÿv8 P‹>¾ðp..j'Yó
000000B0   A5 FF 76 04 83 C8 FF 8B DF AB EB 1C 00 00 00 00   ¥ÿv.ƒÈÿ‹ß«ë.....
000000C0   47 65 74 50 72 6F 63 41 64 64 72 65 73 73 00 00   GetProcAddress..
000000D0   00 00 00 00 00 00 00 00 40 AB 40 B1 04 F3 AB C1   ........@«@±.ó«Á
```

图18-29 导入函数的[ordinal+名称字符串]

从图18-29中可以看到导入的2个API函数，分别为LoadLibraryA与GetProcAddress，它们在形成原文件的IAT时非常方便，所以普通压缩器也常常导入使用。

18.6 小结

本章详细讲解了UPack的独特PE文件头相关知识。学习PE文件格式时虽然未涉及各结构体的所有成员，但分析UPack压缩的可执行文件的PE文件头（PE文件头变形得很厉害），会进一步加深大家对PE文件格式的了解。这些内容虽然对初学者有些难，但是如果多努力去理解并掌握这些内容，以后无论遇到什么样的PE文件头都能轻松分析。

Q&A

Q. UPack压缩器是病毒文件吗？

A. UPack压缩器本身不是恶意程序。但是许多恶意代码制作者用UPack来压缩自己的恶意代码，使文件变得畸形，所以许多杀毒软件将UPack压缩的文件全部识别为病毒文件并删除。

第19章 UPack调试 - 查找OEP

本章将调试UPack压缩的记事本（notepad_upack.exe）文件以查找OEP。UPack会对PE文件头进行独特变形，但并未应用反调试技术（Anti-Debugging），调试起来并不费劲。

19.1 OllyDbg 运行错误

由于UPack会将IMAGE_OPTIONAL_HEADER中的NumberOfRvaAndSizes值设置为A（默认值为10），所以使用OllyDbg打开notepad_upack.exe文件时，初始检查过程中会弹出错误消息对话框，如图19-1所示。

图19-1　OllyDbg的错误消息框

这不是什么非常严重的错误，按“确认”按钮关闭该对话框。上面这个错误导致OllyDbg无法转到EP位置，停留在ntdll.dll区域，如图19-2所示。

```
C CPU - main thread, module ntdll
7C93120F   C3               RETN
7C931210   8BFF             MOV EDI,EDI
7C931212   CC               INT3
7C931213   C3               RETN
7C931214   8BFF             MOV EDI,EDI
7C931216   8B4424 04        MOV EAX,DWORD PTR SS:[ESP+4]
7C93121A   CC               INT3
7C93121B   C2 0400          RETN 4
7C93121E   64:A1 18000000   MOV EAX,DWORD PTR FS:[18]
7C931224   C3               RETN
7C931225   57               PUSH EDI
7C931226   8B7C24 0C        MOV EDI,DWORD PTR SS:[ESP+C]
7C93122A   8B5424 08        MOV EDX,DWORD PTR SS:[ESP+8]
7C93122E   C702 00000000    MOV DWORD PTR DS:[EDX],0
7C931234   897A 04          MOV DWORD PTR DS:[EDX+4],EDI
7C931237   0BFF             OR EDI,EDI
7C931239 ⌄ 74 1E            JE SHORT ntdll.7C931259
7C93123B   83C9 FF          OR ECX,FFFFFFFF
```

图19-2　ntdll.dll代码区域

该现象是由OllyDbg的Bug（或者严格的PE检查）引起的，所以需要强制设置EP。首先要查找EP位于何处。下面使用Stud_PE查找EP的虚拟地址。

如图19-3所示，ImageBase为01000000，EP的RVA为1018，经过计算可知EP的VA值为01001018。在OllyDbg的代码窗口中转到01001018地址处，使用New origin here命令强制更改EIP寄存器中的值，如图19-4所示。

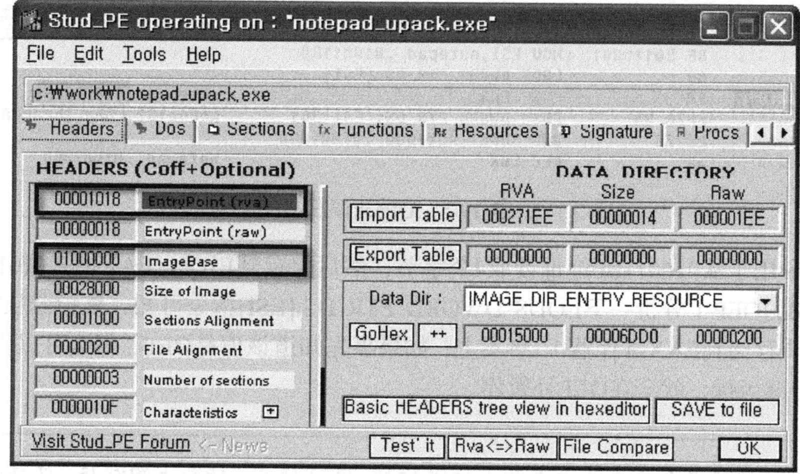

图19-3 Stud_PE

```
CPU - main thread, module notepad_
01001018  BE B0110001       MOV ESI,notepad .010011B0
0100101D  AD                LOD
0100101E  50                PUS
0100101F  FF76 34           PUS
01001022  EB 7C             JMP
01001024  48                DEC
01001025  010F              ADD
01001027  010B              ADD
01001029  014C6F 61         ADD                ,ECX
0100102D  64:4C             DEC
0100102F  6962 72 61727941  IMU                41797261
01001036  0000              ADD
01001038  1810              SBB
0100103A  0000              ADD
0100103C  1000              ADC
0100103E  0000              ADD
01001040  0090 00000000     ADD
01001046  0001              ADD
01001048  0010              ADD
0100104A  0000              ADD
0100104C  0002              ADD
0100104E  0000              ADD
01001050  04 00             ADD AL,0

Backup
Copy
Binary
Assemble            Space
Label               :
Comment             ;
Breakpoint
Run trace
New origin here     Ctrl+Gray *
Go to
Follow in Dump
Search for
Find references to
View
Copy to executable
Analysis
Appearance
```

图19-4 UPack的EP代码

执行New origin here命令时会弹出警告消息框，单击“确定”按钮，接下来就可以正常调试了。

19.2 解码循环

所有压缩器中都存在解码循环（Decoding Loop）。如果明白压缩/解压算法本身就是由许多条件分支语句和循环构成的，那么可能就会理解为何解码循环看上去如此复杂。

调试这样的解码循环时，应适当跳过条件分支语句以跳出某个循环。有些情况下循环较为复杂，无法迅速把握。调试中要仔细观察寄存器，注意相应值被写入哪些地址（其实这也需要丰富的经验）。

UPack把压缩后的数据放到第二个节区，再运行解码循环将这些数据解压缩后放到第一个节区。下面从EP代码开始调试，如图19-5所示。

```
CPU - main thread, module notepad_
01001018   BE B0110001   MOV ESI,notepad_.010011B0
0100101D   AD            LODS DWORD PTR DS:[ESI]
0100101E   50            PUSH EAX                          notepad_.0100739D
0100101F   FF76 34       PUSH DWORD PTR DS:[ESI+34]        kernel32.LoadLibraryA
01001022   EB 7C         JMP SHORT notepad_.010010A0
01001024   48            DEC EAX                           notepad_.0100739D
```

图19-5　UPack调试

前2条指令用于从010011B0地址读取4个字节，然后保存到EAX。EAX拥有值0100739D，它是原本notepad的OEP（分析一下LODS DWORD PTR DS:[ESI]指令可知，该指令从ESI所指的地址处读取4字节存储到EAX寄存器）。事实上，如果事先知道该值是OEP，那么可以直接设置硬件断点，再按F9键运行，就会在OEP处暂停。

提示

代码逆向技术人员谈及设置断点后运行时，常常使用“挂断点跑程序”这样的表达。

我们的目标是提高调试水平，所以继续调试（如果早已熟悉，挂上断点跑程序即可）。经过一阵调试后，会出现图19-6所示的函数调用代码。

```
CPU - main thread, module notepad_
0101FD11   9D            POPFD
0101FD12   C3            RETN
0101FD13   58            POP EAX
0101FD14   8D5483 58     LEA EDX,DWORD PTR DS:[EBX+EAX*4+58]
0101FD18   FF16          CALL DWORD PTR DS:[ESI]
0101FD1A   72 4F         JB SHORT notepad_.0101FD6B
0101FD1C   04 FD         ADD AL,0FD
0101FD1E   1AD2          SBB DL,DL
0101FD20   22C2          AND AL,DL

DS:[0102718C]=0101FCCB (notepad_.0101FCCB)
```

图19-6　函数调用

此时ESI的值为0101FCCB，该地址就是decode()函数的地址，后面会反复调用执行该函数。接下来略看一下decode()函数（101FCCB），如图19-7所示。

```
0101FCCB   50            PUSH EAX                          decode()
0101FCCC   8B03          MOV EAX,DWORD PTR DS:[EBX]
0101FCCE   52            PUSH EDX
0101FCCF   C1E8 0B       SHR EAX,0B
0101FCD2   F722          MUL DWORD PTR DS:[EDX]
0101FCD4   8B53 FC       MOV EDX,DWORD PTR DS:[EBX-4]
0101FCD7   8B12          MOV EDX,DWORD PTR DS:[EDX]
0101FCD9   0FCA          BSWAP EDX
0101FCDB   2B53 04       SUB EDX,DWORD PTR DS:[EBX+4]
0101FCDE   3BC2          CMP EAX,EDX
0101FCE0   5A            POP EDX
0101FCE1   76 0F         JBE SHORT notepad_.0101FCF2
0101FCE3   8903          MOV DWORD PTR DS:[EBX],EAX
0101FCE5   33C0          XOR EAX,EAX
0101FCE7   B4 08         MOV AH,8
0101FCE9   2B02          SUB EAX,DWORD PTR DS:[EDX]
0101FCEB   C1E8 05       SHR EAX,5
0101FCEE   0102          ADD DWORD PTR DS:[EDX],EAX
0101FCF0   EB 0D         JMP SHORT notepad_.0101FCFF
0101FCF2   0143 04       ADD DWORD PTR DS:[EBX+4],EAX
0101FCF5   2903          SUB DWORD PTR DS:[EBX],EAX
```

图19-7　decode()函数

仅从这部分来看，还搞不清楚这段代码的用途。使用StepInto(F7)命令继续跟踪调试，遇到图19-8所示的代码。

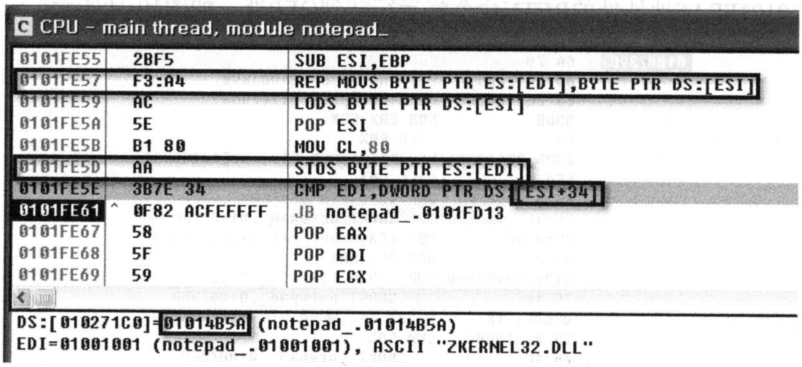

```
CPU - main thread, module notepad_
0101FE55   2BF5           SUB ESI,EBP
0101FE57   F3:A4          REP MOVS BYTE PTR ES:[EDI],BYTE PTR DS:[ESI]
0101FE59   AC             LODS BYTE PTR DS:[ESI]
0101FE5A   5E             POP ESI
0101FE5B   B1 80          MOV CL,80
0101FE5D   AA             STOS BYTE PTR ES:[EDI]
0101FE5E   3B7E 34        CMP EDI,DWORD PTR DS:[ESI+34]
0101FE61 ^ 0F82 ACFEFFFF  JB notepad_.0101FD13
0101FE67   58             POP EAX
0101FE68   5F             POP EDI
0101FE69   59             POP ECX
DS:[010271C0]=01014B5A (notepad_.01014B5A)
EDI=01001001 (notepad_.01001001), ASCII "ZKERNEL32.DLL"
```

图19-8 解压缩后的代码

0101FE57与0101FE5D地址处有“向EDI所指位置写入内容”的指令。此时EDI值指向第一个节区中的地址。也就是说，这些命令会先执行解压缩操作，然后写入实际内存。在0101FE5E与0101FE61地址处通过CMP/JB指令继续执行循环，直到EDI值为01014B5A（[ESI+34]=01014B5A）。地址0101FE61即是解码循环的结束部分。实际上，在循环反复执行时跟踪，可以随时看到向EDI所指地址写入了什么值。

19.3 设置IAT

一般而言，压缩器执行完解码循环后会根据原文件重新组织IAT。UPack也有类似过程，请看图19-9。

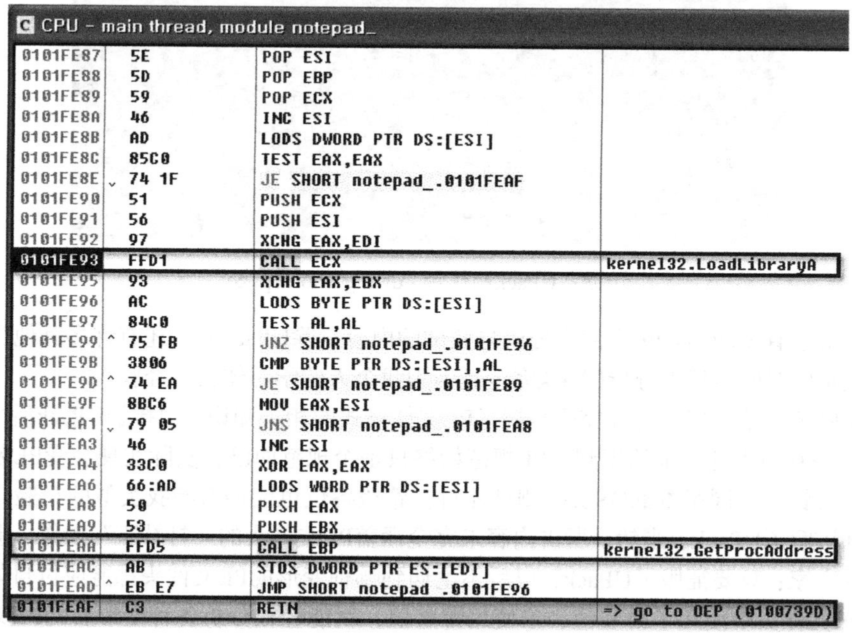

```
CPU - main thread, module notepad_
0101FE87   5E       POP ESI
0101FE88   5D       POP EBP
0101FE89   59       POP ECX
0101FE8A   46       INC ESI
0101FE8B   AD       LODS DWORD PTR DS:[ESI]
0101FE8C   85C0     TEST EAX,EAX
0101FE8E v 74 1F    JE SHORT notepad_.0101FEAF
0101FE90   51       PUSH ECX
0101FE91   56       PUSH ESI
0101FE92   97       XCHG EAX,EDI
0101FE93   FFD1     CALL ECX                          kernel32.LoadLibraryA
0101FE95   93       XCHG EAX,EBX
0101FE96   AC       LODS BYTE PTR DS:[ESI]
0101FE97   84C0     TEST AL,AL
0101FE99 ^ 75 FB    JNZ SHORT notepad_.0101FE96
0101FE9B   3806     CMP BYTE PTR DS:[ESI],AL
0101FE9D ^ 74 EA    JE SHORT notepad_.0101FE89
0101FE9F   8BC6     MOV EAX,ESI
0101FEA1 v 79 05    JNS SHORT notepad_.0101FEA8
0101FEA3   46       INC ESI
0101FEA4   33C0     XOR EAX,EAX
0101FEA6   66:AD    LODS WORD PTR DS:[ESI]
0101FEA8   50       PUSH EAX
0101FEA9   53       PUSH EBX
0101FEAA   FFD5     CALL EBP                          kernel32.GetProcAddress
0101FEAC   AB       STOS DWORD PTR ES:[EDI]
0101FEAD ^ EB E7    JMP SHORT notepad_.0101FE96
0101FEAF   C3       RETN                              => go to OEP (0100739D)
```

图19-9 设置IAT

如图19-9所示，UPack会使用导入的2个函数（LoadLibraryA与GetProcAddress）边执行循环边构建原本notepad的IAT（先获取notepad中导入函数的实际内存地址，再写入原IAT区域）。该过程结束后，由0101FEAF地址处的RETN命令将运行转到OEP处，如图19-10所示。

```
0100739D    6A 70            PUSH 70
0100739F    68 98180001      PUSH notepad_.01001898
010073A4    E8 BF010000      CALL notepad_.01007568
010073A9    33DB             XOR EBX,EBX
010073AB    53               PUSH EBX
010073AC    8B3D CC100001    MOV EDI,DWORD PTR DS:[10010CC]
010073B2    FFD7             CALL EDI
010073B4    66:8138 4D5A     CMP WORD PTR DS:[EAX],5A4D
010073B9  v 75 1F            JNZ SHORT notepad_.010073DA
010073BB    8B48 3C          MOV ECX,DWORD PTR DS:[EAX+3C]
010073BE    03C8             ADD ECX,EAX
010073C0    8139 50450000    CMP DWORD PTR DS:[ECX],4550
010073C6  v 75 12            JNZ SHORT notepad_.010073DA
010073C8    0FB741 18        MOVZX EAX,WORD PTR DS:[ECX+18]
010073CC    3D 0B010000      CMP EAX,10B
010073D1  v 74 1F            JE SHORT notepad_.010073F2
010073D3    3D 0B020000      CMP EAX,20B
010073D8  v 74 05            JE SHORT notepad_.010073DF
```

图19-10 UPack的OEP

各位辛苦了。虽然分析Upack压缩的PE文件头难度比较大，但调试却相对容易得多。希望各位反复翻看这部分内容，不断调试，直到熟练掌握。

19.4 小结

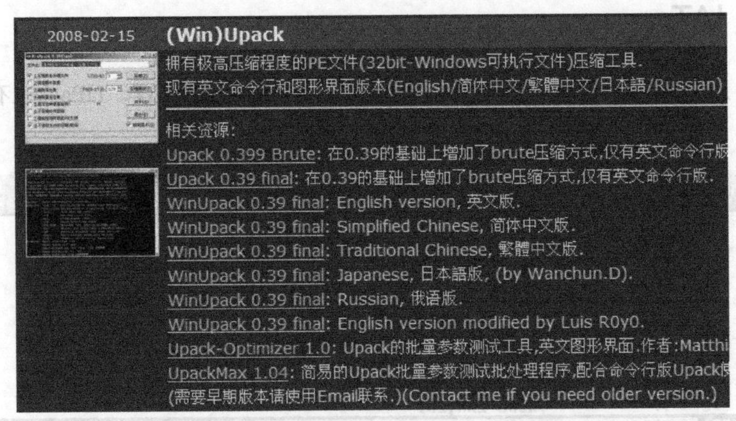

出处：UPack制作者 - dwing's homepage

本章讲解了有关UPack PE文件头分析与调试的内容。除UPack外，还有许多其他压缩器，之所以花费大量的时间与精力分析UPack完全是因为我个人的学习体会（经验）。

我学完PE知识后，以为已经完全掌握了PE文件格式的相关知识，但接触UPack后才发现，原来PE还有另一片新天地。也认识到，PE规范始终只是个规范而已，实际实现会受PE装载器的开发者左右，要针对不同版本的OS实际测试才行。希望各位也能拥有与我类似的经验与感受，所以本章详细讲解了UPack。当然，所讲内容未完全涵盖PE文件头的“打补丁”操作。但是我可以自信地告诉大家：只要征服了UPack，以后不论遇到哪种变形的PE文件头都能应付自如。只要熟练掌握了PE文件头中使用了哪些值、未使用哪些值，就能轻松分析各种变形后的PE文件头（这是我的个人经验）。

第20章 “内嵌补丁”练习

对加密文件、运行时解压缩文件“打补丁”时，经常使用“内嵌补丁”（Inline Patch）技术，本章将通过示例让读者了解、学习。

20.1 内嵌补丁

“内嵌补丁”是“内嵌代码补丁”（Inline Code Patch）的简称，难以直接修改指定代码时，插入并运行被称为“洞穴代码”（Code Cave）的补丁代码后，对程序打补丁。常用于对象程序经过运行时压缩（或加密处理）而难以直接修改的情况。详细说明参见图20-1。

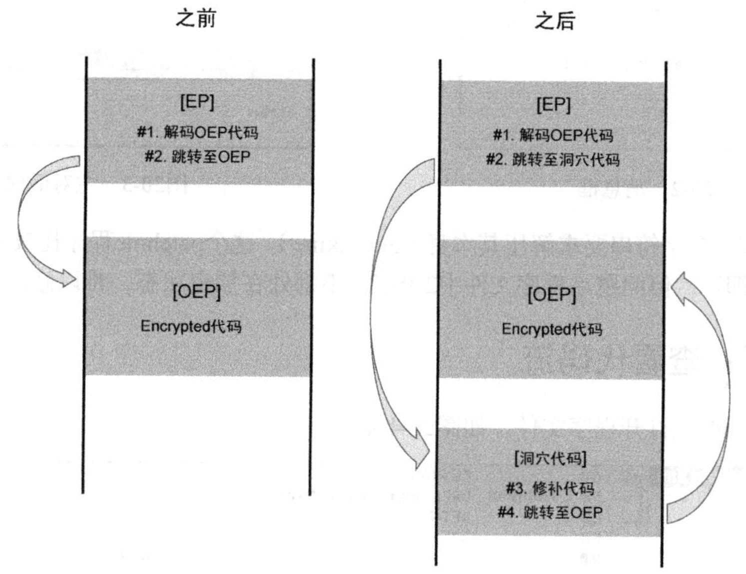

图20-1 内嵌代码补丁

图20-1左图描述的是典型的运行时压缩代码（或者加密代码）。EP代码先将加密的OEP代码解密，然后再跳转到OEP代码处。若要打补丁的代码存在于经过加密的OEP区域是很难打补丁的（即使知道代码所在位置也是如此），因为解码过程中可能会解出完全不同的结果。

解决上述问题的简单方法就是如图20-1中右图所示，在文件中另外设置被称为“洞穴代码”的“补丁代码”，EP代码解密后修改JMP指令，运行洞穴代码。在洞穴代码中执行补丁代码后（由于已经解密OEP，故可以这样修改），再跳转到OEP处。也就是说，每次运行时（运行另外的补丁代码）都要对进程内存的代码打补丁，所以这种打补丁的方法被称为“内嵌代码补丁”法或“内嵌补丁”法。这也是它与一般修改代码方法的不同。表20-1中列出了普通代码补丁与内嵌补丁的不同之处。

表20-1　代码补丁与内嵌补丁的不同

	代码补丁	内嵌补丁
对象	文件	文件&内存
次数	1次	文件中1次，内存中每次运行时
方法	直接（直接对指定位置打补丁）	间接（提前设置洞穴代码，在内存中对指定区域解密时打补丁）

20.2　练习：Patchme

一名叫ap0x的代码逆向分析者制作了一个patchme程序，它是完全公开的，用来帮助大家学习代码逆向分析技术。本小节使用这个简单的示例，向各位充分展现“内嵌补丁”这一方法。

这是一个非常简单的小程序，总共5KB。先检查它是否含有病毒代码再运行。

运行程序，弹出如图20-2所示的消息框，要求更改显示的字符串。单击“确定”按钮，弹出图20-3所示的对话框。

图20-2　消息框

图20-3　主对话框

对话框中有一个字符串要求解压其本身（unpackme）。这个patchme程序比较简单，只要修改上面2处字符串即可。但问题是程序文件中2个字符串都处在加密状态，难以修改。

20.3　调试：查看代码流

首先使用OllyDbg打开程序文件，如图20-4所示。

```
00401000  $ 60           PUSHAD
00401001  . E8 E3000000  CALL unpackme.004010E9
00401006  . C3           RETN
00401007    EC           DB EC
00401008  . 20           DB 20                             CHAR ' '
00401009  . 44 75 44 27  ASCII "DuD'ha'sont'ankb"
00401019  . 27 6F 66 74  ASCII "'oft'ebbi'jhcnan"
00401029    62           DB 62                             CHAR 'b'
0040102A    63           DB 63                             CHAR 'c'
0040102B    27           DB 27                             CHAR '''
0040102C    26           DB 26                             CHAR '&'
0040102D    26           DB 26                             CHAR '&'
0040102E    26           DB 26                             CHAR '&'
0040102F    07           DB 07
00401030    EC           DB EC
00401031    00           DB 00
00401032    42           DB 42                             CHAR 'B'
00401033    75           DB 75                             CHAR 'u'
00401034    75           DB 75                             CHAR 'u'
00401035    68           DB 68                             CHAR 'h'
00401036    75           DB 75                             CHAR 'u'
00401037    3D           DB 3D                             CHAR '='
00401038    07           DB 07
```

图20-4　EP代码

EP代码非常简单。地址401007之后即是加密代码。为了查找图20-2与图20-3中出现的消息，选择鼠标右键菜单中的Search for All referenced text strings，如图20-5所示。

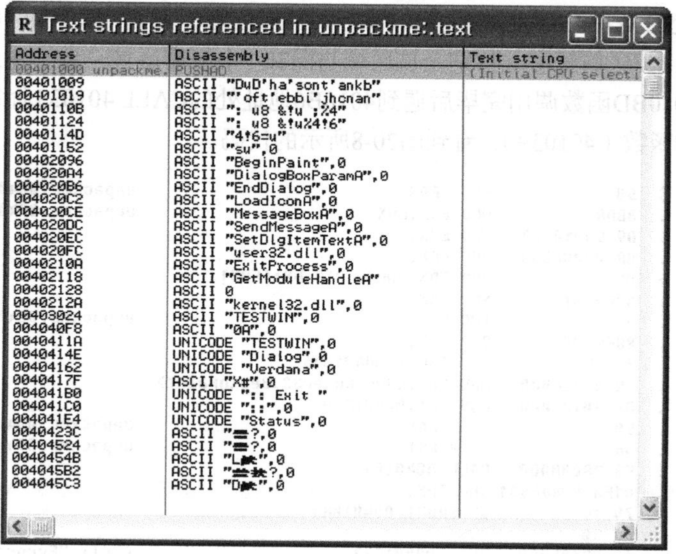

图20-5 Search for All referenced text strings

如预料的一样，所有字符串都处在加密状态，这种情形下无法查找到指定字符串。在图20-4中跟踪进入401001地址处CALL命令调用的函数（4010E9），执行一段时间后遇到图20-6所示的代码。

```
0040109B  r$ 50             PUSH EAX                          unpackme.004010F5
0040109C  .  8BD8           MOV EBX,EAX                       unpackme.004010F5
0040109E  .  B9 54010000    MOV ECX,154
004010A3  >  8033 44        rXOR BYTE PTR DS:[EBX],44
004010A6  .  83E9 01        |SUB ECX,1
004010A9  .  43             |INC EBX
004010AA  .  83F9 00        |CMP ECX,0
004010AD  .^ 75 F4          LJNZ SHORT unpackme.004010A3
004010AF  .  50             PUSH EAX                          unpackme.004010F5
004010B0  .  E8 08000000    CALL unpackme.004010BD
004010B5  .  50             PUSH EAX                          unpackme.004010F5
004010B6  .  E8 7EFFFFFF    CALL unpackme.00401039
004010BB  .  58             POP EAX                           unpackme.004010F4
004010BC  L. C3             RETN
```

图20-6 解密循环

这段代码就是解密循环。地址4010A3处的XOR BYTE PTR DS:[EBX],44语句使用XOR命令对特定区域（4010F5~401248）解密。跟踪进入地址4010B0处CALL命令调用的函数（4010BD），可以看到另外2个解密循环，如图20-7所示。

```
004010BD  r$ 50             PUSH EAX                          unpackme.004010F5
004010BE  .  BB 07104000    MOV EBX,unpackme.00401007
004010C3  .  B9 7F000000    MOV ECX,7F
004010C8  >  8033 07        rXOR BYTE PTR DS:[EBX],7
004010CB  .  83E9 01        |SUB ECX,1
004010CE  .  43             |INC EBX                          unpackme.00401249
004010CF  .  83F9 00        |CMP ECX,0
004010D2  .^ 75 F4          LJNZ SHORT unpackme.004010C8
004010D4  .  8BD8           MOV EBX,EAX                       unpackme.004010F5
004010D6  .  B9 54010000    MOV ECX,154
004010DB  >  8033 11        XOR BYTE PTR DS:[EBX],11
004010DE  .  83E9 01        SUB ECX,1
004010E1  .  43             INC EBX                           unpackme.00401249
004010E2  .  83F9 00        CMP ECX,0
004010E5  .^ 75 F4          JNZ SHORT unpackme.004010DB
004010E7  .  58             POP EAX                           unpackme.004010B5
004010E8  L. C3             RETN
```

图20-7 另一段解密代码

地址4010C8处的XOR命令用来解密401007~401085区域，然后再使用4010DB地址处的XOR命令对4010F5~401248区域解密。特别是该区域与图20-6中解密区域一致，由此可知该区域经过双重加密处理。4010BD函数调用完毕后遇到4010B6地址处的CALL 401039命令，如图20-6所示。跟踪进入被调用的函数（401039），看到图20-8所示的代码。

```
00401039  $ 50             PUSH EAX                          unpackme.00401280
0040103A  . 8BD8           MOV EBX,EAX                       unpackme.00401280
0040103C  . B9 54010000    MOV ECX,154
00401041  . BA 00000000    MOV EDX,0
00401046  > 0313           ADD EDX,DWORD PTR DS:[EBX]
00401048  . 83E9 01        SUB ECX,1
0040104B  . 43             INC EBX                           unpackme.00401280
0040104C  . 83F9 00        CMP ECX,0
0040104F  .^ 75 F5         JNZ SHORT 00401046
00401051  . B8 4A124000    MOV EAX,<JMP.&user32.BeginPaint>
00401056  . BE 80124000    MOV ESI,00401280
0040105B  . 50             PUSH EAX                          unpackme.00401280
0040105C  . 56             PUSH ESI                          unpackme.0040124A
0040105D  . E8 28000000    CALL 0040108A
00401062  . 81FA B08DEB31  CMP EDX,31EB8DB0
00401068  .v 74 19         JE SHORT 00401083
0040106A  . 6A 30          PUSH 30
0040106C  . 68 32104000    PUSH 00401032                     ASCII "Error:"
00401071  . 68 09104000    PUSH 00401009                     ASCII "CrC of this file
00401076  . 6A 00          PUSH 0
00401078  . E8 E5010000    CALL <JMP.&user32.MessageBoxA>
0040107D  . 50             PUSH EAX                          unpackme.00401280
0040107E  . E8 F1010000    CALL <JMP.&kernel32.ExitProcess>
00401083  >v E9 96010000   JMP 0040121E
00401088  . 58             POP EAX                           unpackme.00401280
00401089  . C3             RETN
```

图20-8　401039函数

401039函数中需要注意的是位于401046地址处的校验和计算循环。首先使用401041地址处的MOV EDX,0命令，将0代入（初始化）EDX。然后使用401046地址处的ADD命令，从特定地址区域（4010F5~401248）以4个字节为单位依次读入值，进行加法运算后，将累加结果存储到EDX寄存器。

循环结束时，EDX寄存器中存储着某个特定值，这就是校验和值。由前面的讲解可知，该校验和计算区域是一个双重加密区域。可以推测出，我们要修改的字符串就存在于此。

提示

EDX寄存器为4个字节大小，像这样向其中不断加上4个字节的值，就会发生溢出（overflow）问题。一般的校验和计算中常常忽略该溢出问题，使用最后一个保存在EDX的值。

位于地址401062~401068处的CMP/JE命令用来将计算得到的校验和（存储在EDX寄存器的）值与31EB8DB0比较，若相同（表示代码未被改动过），则由401083地址处的JMP指令跳转到OEP（40121E）处；若不同，则输出错误信息"CrC of this file has been modified!!!"，终止程序。

这种校验和计算方法常常用来验证特定区域的代码/数据是否被改动过。只要指定区域中的一个字节发生改变，校验和值就会改变。所以更改了指定区域中的代码/数据时，一定要修改校验和比较相关部分。

图20-9中显示的是OEP代码，用来运行对话框。执行位于40123E地址处的CALL user32.DialogBoxParamA()命令后，即弹出对话框。下面是DialogBoxParamA() API的定义。

```
0040121E  > 6A 00          PUSH 0                                    ┌pModule = NULL
00401220  . E8 55000000    CALL <JMP.&kernel32.GetModul              └GetModuleHandleA
00401225  . A3 18304000    MOV DWORD PTR DS:[403018],EA              unpackme.00401280
0040122A  . 6A 00          PUSH 0                                    ┌lParam = NULL
0040122C  . 68 F5104000    PUSH unpackme.004010F5                    │DlgProc = unpackme.
00401231  . 6A 00          PUSH 0                                    │hOwner = NULL
00401233  . 68 24304000    PUSH unpackme.00403024                    │pTemplate = "TESTWI
00401238  . FF35 18304000  PUSH DWORD PTR DS:[403018]                │hInst = NULL
0040123E  . E8 0D000000    CALL <JMP.&user32.DialogBoxP              └DialogBoxParamA
00401243  . 50             PUSH EAX                                  ┌ExitCode = 401280
00401244  . E8 2B000000    CALL <JMP.&kernel32.ExitProc              └ExitProcess
```

图20-9 OEP代码

```
INT_PTR WINAPI DialogBoxParam(
  __in_opt  HINSTANCE hInstance,
  __in      LPCTSTR lpTemplateName,
  __in_opt  HWND hWndParent,
  __in_opt  DLGPROC lpDialogFunc,
  __in      LPARAM dwInitParam
);
```

出处：MSDN

DialogBoxParamA() API的第四个参数lpDialogFunc用来指出Dialog Box Procedure的地址（在OllyDbg中显示为DlgProc）。图20-9的40122C地址处有条PUSH 4010F5命令，由此可见，函数第四个参数DlgProc的地址为4010F5。图20-10是DlgProc（4010F5）的代码，顶端粗线框部分是我们要修改的字符串（下面的方框中会使用这些字符串）。

```
004010F5  . 55                 PUSH EBP
004010F6  . 8BEC               MOV EBP,ESP
004010F8  . 83C4 C0            ADD ESP,-40
004010FB  . 817D 0C 10010000   CMP DWORD PTR SS:[EBP+C],110
00401102  .v 0F85 C8000000     JNZ unpackme.004011D0
00401108  .v EB 17             JMP SHORT unpackme.00401121
0040110A  . 59 6F 75 20 6D 75  ASCII "You must unpack "
0040111A  . 6D 65 20 21 21 21  ASCII "me !!!",0
00401121  >v EB 1C             JMP SHORT unpackme.0040113F
00401123  . 59 6F 75 20 6D 75  ASCII "You must patch t"
00401133  . 68 69 73 20 4E 41  ASCII "his NAG !!!",0
0040113F  >v EB 24             JMP SHORT unpackme.00401165
00401141  . 3C 3C 3C 20 41 70  ASCII "<<< Ap0x / Patch"
00401151  . 20 26 20 55 6E 70  ASCII " & Unpack Me #1 "
00401161  . 3E 3E 3E 00        ASCII ">>>",0
00401165  > 68 41114000        PUSH unpackme.00401141         ┌lParam = 401141
0040116A  . 6A 00              PUSH 0                         │wParam = 0
0040116C  . 6A 0C              PUSH 0C                        │Message = WM_SETTEXT
0040116E  . FF75 08            PUSH DWORD PTR SS:[EBP+8]      │hWnd = 401000
00401171  . E8 F2000000        CALL <JMP.&user32.SendMessag   └SendMessageA
00401176  . 68 C8000000        PUSH 0C8                       ┌RsrcName = 200.
0040117B  . FF35 18304000      PUSH DWORD PTR DS:[403018]     │hInst = NULL
00401181  . E8 D6000000        CALL <JMP.&user32.LoadIconA>   └LoadIconA
00401186  . A3 20304000        MOV DWORD PTR DS:[403020],EA    unpackme.00401280
0040118B  . FF35 20304000      PUSH DWORD PTR DS:[403020]     ┌lParam = 0
00401191  . 6A 01              PUSH 1                         │wParam = 1
00401193  . 68 80000000        PUSH 80                        │Message = WM_SETICON
00401198  . FF75 08            PUSH DWORD PTR SS:[EBP+8]      │hWnd = 401000
0040119B  . E8 C8000000        CALL <JMP.&user32.SendMessag   └SendMessageA
004011A0  . BB 01000000        MOV EBX,1
004011A5  . 68 0A114000        PUSH unpackme.0040110A         ┌Text = "You must unpack me !!!"
004011AA  . 6A 64              PUSH 64                        │ControlID = 64 (100.)
004011AC  . FF75 08            PUSH DWORD PTR SS:[EBP+8]      │hWnd = 00401000
004011AF  . E8 BA000000        CALL <JMP.&user32.SetDlgItem   └SetDlgItemTextA
004011B4  . 6A 40              PUSH 40                        ┌Style = MB_OK|MB_ICONASTERISK|MB_APPL
004011B6  . 68 41114000        PUSH unpackme.00401141         │Title = "<<< Ap0x / Patch & Unpack Me
004011BB  . 68 23114000        PUSH unpackme.00401123         │Text = "You must patch this NAG !!!"
004011C0  . FF75 08            PUSH DWORD PTR SS:[EBP+8]      │hOwner = 00401000
004011C3  . E8 9A000000        CALL <JMP.&user32.MessageBox   └MessageBoxA
```

图20-10 DlgProc()代码

通过以上简单的调试，我们大致把握了程序的流向，以及要修改的字符串所在的位置（40110A，401123）（像这样，在没有源代码的条件下调试二进制文件，就像迷路时寻路或猜谜一样，让人觉得非常有趣）。

该程序的各部分都做了加密处理，特别是要修改的字符串被加密过两次。并且在程序内部针对字符串区域计算校验和值，借以检验字符串是否发生更改，这些都大大增加了修改字符串的难度。对于这样的程序，使用常规的文件修改方法难以奏效，但使用"内嵌补丁"方法能够轻松地"打补丁"。

提示

像示例这种加密程序其实是相当简单的，综合考虑 XOR 加密与校验和代码后，可以直接修改。但为了学习"内嵌补丁"这一技术，我们不会使用该方法，而是按照常见做法添加"洞穴代码"修改。

20.4　代码结构

为了方便说明，首先看一下示例代码的组织结构。若把握了代码结构，就能很容易地找出如何对哪些代码打补丁。

图20-11的[A]、[B]、[C]区域为加密后的代码，[EP Code]、[Decoding Code]区域存在着用于解密的代码。

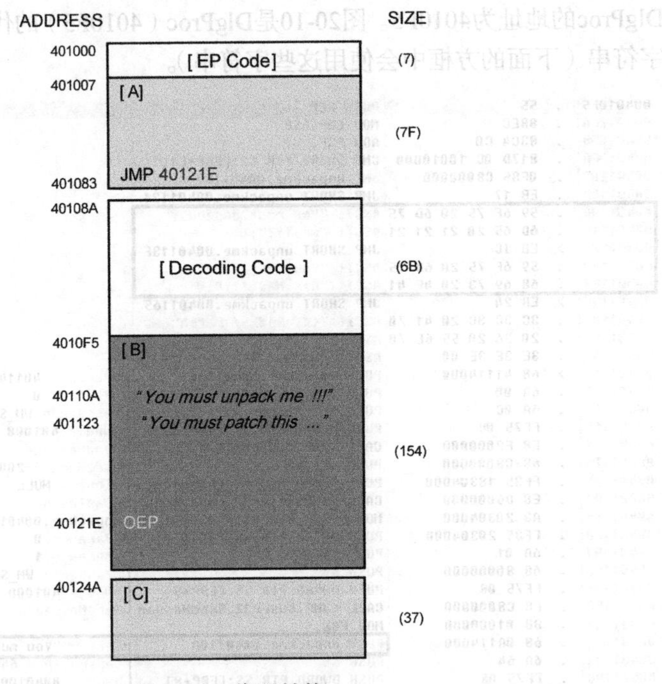

图20-11　代码结构

大致的代码流如下所示。

```
401000 [EP Code]
40109B     [Decoding Code]
4010A3         XOR [B] with 44
4010C8         XOR [A] with 7
4010DB         XOR [B] with 11
401039         [A]
401046             Checksum [B]
401090             XOR [C] with 17
401083             JMP OEP
```

[EP Code]只是用来调用[Decoding Code]的，实际的解密处理是由[Decoding Code]完成的。按照[B]-[A]-[B]的顺序解码（XOR），运行解密后的[A]区代码。在[A]区代码中会求得[B]区的校验和，并据此判断[B]区代码是否发生过更改。然后对[C]区解码（XOR），最后跳到OEP处（40121E）。

提示

建议各位根据代码结构与代码流亲自调试确认。“打补丁”之前掌握代码结构会使操作更加容易，且初学者在这一个过程中也会感受到许多乐趣。如果想进一步享受调试，建议各位调试时不要参考“代码结构”与“代码流”内容。自己动手挑战，成功的话将拥有无尽喜悦。

20.5 “内嵌补丁”练习

实际要打补丁的字符串全部位于[B]区，如前所见，[B]区是特别经过双重加密处理的，并且要通过求校验和来判断是否发生更改，所以直接修改字符串会有些困难。此时，一种更易使用的方法就是利用补丁代码的“内嵌补丁”法（这类补丁代码称为“洞穴代码”）。

简单说一下操作顺序。

首先向文件合适位置插入用于修改字符串的代码，然后在图20-11的[A]区域将JMP OEP命令修改为JMP补丁代码（当然修改时要充分考虑文件中的[A]区域处于加密状态）。若运行程序时遇到[A]区中的JMP补丁代码语句，（此时所有代码均处于解密状态且通过校验和验证，所以）就在补丁代码中更改字符串，通过JMP命令跳转到OEP处，这样整个内嵌补丁过程就完成了。

20.5.1 补丁代码要设置在何处呢

这个问题在进行内嵌补丁的过程中非常重要。有如下3种设置方法：

① 设置到文件的空白区域。

② 扩展最后节区后设置。

③ 添加新节区后设置。

补丁代码较少时，使用方法①，其他情况使用方法②或③。首先尝试方法①，使用PEView查看示例文件的第一个节区（.text）头，如图20-12所示。

000001C0	2E 74 65 78	Name	.text
000001C4	74 00 00 00		
000001C8	00000280	Virtual Size	
000001CC	00001000	RVA	
000001D0	00000400	Size of Raw Data	
000001D4	00000400	Pointer to Raw Data	
000001D8	00000000	Pointer to Relocations	
000001DC	00000000	Pointer to Line Numbers	
000001E0	0000	Number of Relocations	
000001E2	0000	Number of Line Numbers	
000001E4	E0000020	Characteristics	
		00000020	IMAGE_SCN_CNT_CODE
		20000000	IMAGE_SCN_MEM_EXECUTE
		40000000	IMAGE_SCN_MEM_READ
		80000000	IMAGE_SCN_MEM_WRITE

图20-12 第一个节区头

第一个节区的文件形态与加载到内存中的形态如图20-13所示。

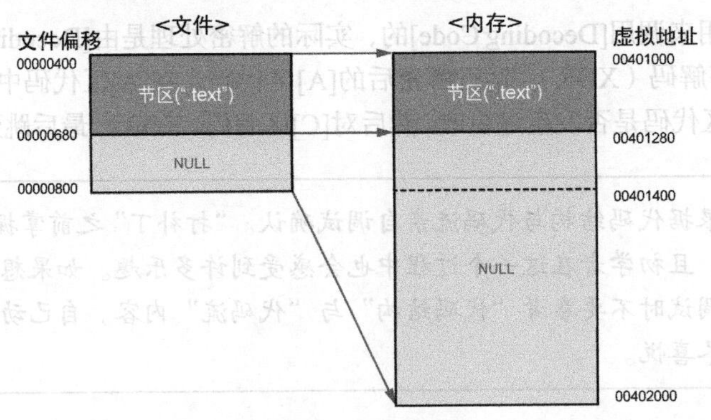

图20-13　第一个节区

第一个节区（.text）的Size of RAW Data为400，Virtual Size为280。也就是说，第一个节区（在磁盘文件中）的尺寸为400，但是仅有280大小被加载到内存，其余区域（680~800）处于未使用状态，该区域即是要查找的空白区域（NULL-Padding）。

注意

节区的 Virtual Size 为 280，这并不意味着实际节区的内存大小为 280，而要以 Section Alignment（以上示例文件为 1000）的倍数扩展，故实际大小为 1000。

使用Hex Editor打开并查看找到的空白区域，如图20-14所示。

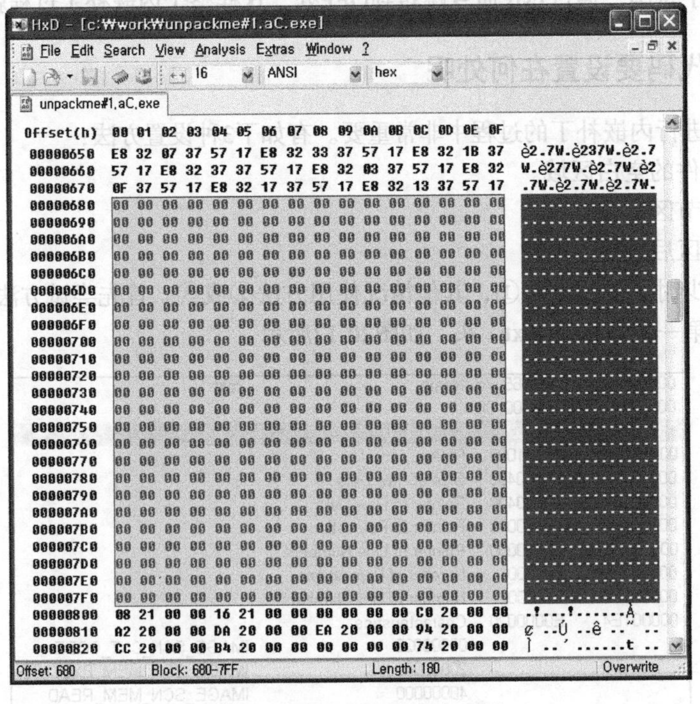

图20-14　第一节区的空白区域

从图20-14中可以看到，空白区域（680~800）全部填充着0（这种区域称为Null-padding区域）。接下来在该区域设置补丁代码（洞穴代码）。

提示

图 20-12 中还有一个需要注意的是 1E4 的属性值中添加的 IMAGE_SCN_MEM_WRITE（可写属性）。为了在程序中进行解密处理，一定要在节区头添加可写属性，获得相应内存的可写权限（当对无写权限的内存进行“写”操作时，会引发非法访问异常）。对于一个普通的 PE 文件，其代码节是无写权限的，但是包含上面示例在内的压缩工具、Crypter 等文件的代码节都有可写权限，请各位以后分析文件时注意这一点。

20.5.2 制作补丁代码

再次使用OllyDbg调试示例程序，运行到OEP处（40121E），如图20-15所示。

```
0040121E  >   6A 00          PUSH 0
00401220  .   E8 55000000    CALL <JMP.&kernel32.GetModuleHandleA>
00401225  .   A3 18304000    MOV DWORD PTR DS:[403018],EAX
0040122A  .   6A 00          PUSH 0
0040122C  .   68 F5104000    PUSH unpackme.004010F5
00401231  .   6A 00          PUSH 0
00401233  .   68 24304000    PUSH unpackme.00403024
00401238  .   FF35 18304000  PUSH DWORD PTR DS:[403018]
0040123E  .   E8 0D000000    CALL <JMP.&user32.DialogBoxParamA>
00401243  .   50             PUSH EAX
00401244  .   E8 2B000000    CALL <JMP.&kernel32.ExitProcess>
00401249      CC             INT3
0040124A  $-  FF25 1C204000  JMP DWORD PTR DS:[<&user32.BeginPaint
00401250  $-  FF25 10204000  JMP DWORD PTR DS:[<&user32.DialogBoxP
00401256  $-  FF25 24204000  JMP DWORD PTR DS:[<&user32.EndDialog>
0040125C  $-  FF25 0C204000  JMP DWORD PTR DS:[<&user32.LoadIconA>
00401262  $-  FF25 20204000  JMP DWORD PTR DS:[<&user32.MessageBox
00401268  $-  FF25 14204000  JMP DWORD PTR DS:[<&user32.SendMessag
0040126E  $-  FF25 18204000  JMP DWORD PTR DS:[<&user32.SetDlgItem
00401274  .-  FF25 00204000  JMP DWORD PTR DS:[<&kernel32.ExitProc
0040127A  $-  FF25 04204000  JMP DWORD PTR DS:[<&kernel32.GetModul
00401280      00             DB 00
00401281      00             DB 00
00401282      00             DB 00
00401283      00             DB 00
00401284      00             DB 00
00401285      00             DB 00
00401286      00             DB 00
00401287      00             DB 00
00401288      00             DB 00
00401289      00             DB 00
```

图20-15 OEP代码

前面查找到的空白区域在文件中的偏移为680~800，将其变换为进程VA后为401280~401400（参考图20-13）。从图20-15中也可以看到Null-Padding区域是从401280开始的。接下来，在401280位置处创建“补丁代码”。使用OllyDbg的Assemble(Space)命令与Edit(Ctrl+E)命令进行如下编辑。

图20-16中的汇编代码相当简单。地址40128F与4012A0处的REP MOVSB命令用于修改下面的字符串（因401123、40110A字符串处于解密状态，所以能够正常显示）。

```
(401123) "You must patch this NAG !!!"  →  (4012A8) "ReverseCore"
(40110A) "You must unpack me !!!"       →  (4012B4) "Unpacked"
```

然后由图20-16中4012A2地址处的JMP命令跳转到OEP处。至此，补丁代码全部完成。每当补丁代码运行时，进程内存中解密后的字符串（401123,40110A）就会被打补丁。在OllyDbg中保存修改的内容（Copy to executable-All modifications命令）。

```
00401280  .  B9 0C000000    MOV ECX,0C
00401285  .  BE A8124000    MOV ESI,unpackme.004012A8
0040128A  .  BF 23114000    MOV EDI,unpackme.00401123
0040128F  .  F3:A4          REP MOVS BYTE PTR ES:[EDI],BYTE PTR DS:[ESI]
00401291  .  B9 09000000    MOV ECX,9
00401296  .  BE B4124000    MOV ESI,unpackme.004012B4
0040129B  .  BF 0A114000    MOV EDI,unpackme.0040110A
004012A0  .  F3:A4          REP MOVS BYTE PTR ES:[EDI],BYTE PTR DS:[ESI]
004012A2  .^ E9 77FFFFFF    JMP unpackme.0040121E
004012A7     00             DB 00
004012A8  .  52 65 76 65 72 ASCII "ReverseCore",0
004012B4  .  55 6E 70 61 63 ASCII "Unpacked",0

Address   Hex dump                                         ASCII
004012A8  52 65 76 65 72 73 65 43 6F 72 65 00 55 6E 70 61  ReverseCore.Unpa
004012B8  63 6B 65 64 00 00 00 00 00 00 00 00 00 00 00 00  cked............
004012C8  00 00 00 00 00 00 00 00 00 00 00 00 00 00 00 00  ................
```

图20-16　编辑补丁代码

20.5.3　执行补丁代码

“内嵌补丁”技术的最后一步是直接修改文件以运行前面创建的补丁代码（洞穴代码）。修改哪部分好呢？观察前面介绍的代码流，可以发现地址401083处存在JMP OEP（40121E）指令，如图20-17所示。

```
00401078  .  E8 E5010000  CALL <JMP.&user32.MessageBoxA>
0040107D  .  50           PUSH EAX
0040107E  .  E8 F1010000  CALL <JMP.&kernel32.ExitProcess>
00401083  >. E9 96010000  JMP unpackme.0040121E
00401088  .  58           POP EAX
00401089  .  C3           RETN
```

图20-17　JMP 40121E指令

只要把JMP OEP（40121E）命令更改为JMP 洞穴代码（401280）就可以了，即在转到OEP之前先把控制交给洞穴代码，使字符串得以修改。

这里要注意的是，该区域（401083）即是原来的加密区域。由图20-11可知，地址401083属于[A]区域，是使用XOR 7加密的区域（参考代码流）。图20-17是解密后的形式，文件中实际的加密形态如图20-18所示。

```
Offset(h) 00 01 02 03 04 05 06 07 08 09 0A 0B 0C 0D 0E 0F

00000460  07 07 86 FD B7 8A EC 36 73 1E 6D 37 6F 35 17 47
00000470  07 6F 0E 17 47 07 6D 07 EF E2 06 07 07 57 EF F6
00000480  06 07 07 EE 91 06 00 00 58 C3 50 56 8B D8 8B CE
00000490  80 33 17 43 3B D9 75 F8 58 5E C3 50 8B D8 B9 54
000004A0  01 00 00 80 33 44 83 E9 01 43 83 F9 00 75 F4 50
```

图20-18　代码的加密形态

从文件偏移看，加密区域只到485，后面的00 00并不是加密区域（参考图20-11）。比较图20-17与20-18可以看到，“EE 91 06”通过XOR 7加密后变为“E9 96 01”。补丁代码的地址为401280，如图20-19修改JMP命令语句的指令。

```
00401083     E9 F8010000    JMP unpackme.00401280
```

图20-19　JMP 401280指令

照搬指令（E9 F8 01）写入是不行的，还要考虑解密处理，应该执行完XOR 7命令后再写入。

```
E9    XOR 7  =    EE
F8    XOR 7  =    FF
01    XOR 7  =    06
```

使用Hex Editor修改如图20-20所示。

```
Offset(h)  00 01 02 03 04 05 06 07 08 09 0A 0B 0C 0D 0E 0F
00000460   07 07 86 FD B7 8A EC 36 73 1E 6D 37 6F 35 17 47   ..†ý·Šì6s.m7o5.G
00000470   07 6F 0E 17 47 07 6D 07 EF E2 06 07 07 57 EF F6   .o..G.m.ïâ...Wïö
00000480   06 07 07 EE FF 06 00 00 58 C3 50 56 8B D8 8B CE   ...îÿ...XÃPV‹Ø‹Î
00000490   80 33 17 43 3B D9 75 F8 58 5E C3 50 8B D8 B9 54   €3.C;Ùuø X^ÃP‹Ø¹T
000004A0   01 00 00 80 33 44 83 E9 01 43 83 F9 00 75 F4 50   ...€3Dƒé.Cƒù.uôP
```

图20-20 解密代码

像这样，使用内嵌补丁技术完成了对整个程序的修改工作（以Unpackme#1.aC_patched.exe文件名保存）。

20.5.4 结果确认

运行打补丁后的文件（Unpackme#1.aC_patched.exe），如图20-21所示。

图20-21 运行打补丁后的文件

比较图20-21与图20-2、图20-3，可以看到字符串已经修改成功了，即通过“内嵌补丁”技术成功修改了加密文件。最后，使用调试器查看一下被修改文件的401083地址处。

原来为JMP 40121E（OEP），现在变为JMP 401280（洞穴代码）（参考图20-17、图20-22）。

```
0040107D  .  50          PUSH EAX
0040107E  .  E8 F1010000 CALL <JMP.&kernel32.ExitProcess>
00401083  >  E9 F8010000 JMP unpackme.00401280
00401088  .  58          POP EAX
00401089  .  C3          RETN
```

图20-22 JMP 401280（“洞穴代码”）

如图20-23所示，执行补丁代码（洞穴代码），字符串被修改，最后跳转到OEP处（40121E）。

```
00401280  >  B9 0C000000 MOV ECX,0C
00401285  .  BE A8124000 MOV ESI,unpackme.004012A8
0040128A  .  BF 23114000 MOV EDI,unpackme.00401123
0040128F  .  F3:A4       REP MOVS BYTE PTR ES:[EDI],BYTE PTR DS:[ESI]
00401291  .  B9 09000000 MOV ECX,9
00401296  .  BE B4124000 MOV ESI,unpackme.004012B4
0040129B  .  BF 0A114000 MOV EDI,unpackme.0040110A
004012A0  .  F3:A4       REP MOVS BYTE PTR ES:[EDI],BYTE PTR DS:[ESI]
004012A2  .^ E9 77FFFFFF JMP unpackme.0040121E
```

图20-23 JMP 40121E（OEP）

图20-24显示了被修改的字符串在对话框与消息框中使用的代码。“内嵌补丁”技术本身就是个非常有趣的主题，同时也是能够综合测评代码逆向分析水平（PE文件规范、调试、反汇编等）的好机会。内嵌补丁技术在后面学习API钩取技术时还会用到。

```
004011A5  PUSH unpackme.0040110A                    ┌Text = "Unpacked"
004011AA  PUSH 64                                   │ControlID = 64 (100.)
004011AC  PUSH DWORD PTR SS:[EBP+8]                 │hWnd = 00401000
004011AF  CALL <JMP.&user32.SetDlgItemTextA>        └SetDlgItemTextA
004011B4  PUSH 40                                   ┌Style = MB_OK|MB_ICONASTERIS
004011B6  PUSH unpackme.00401141                    │Title = "<<< Ap0x / Patch &
004011BB  PUSH unpackme.00401123                    │Text = "ReverseCore"
004011C0  PUSH DWORD PTR SS:[EBP+8]                 │hOwner = 00401000
004011C3  CALL <JMP.&user32.MessageBoxA>            └MessageBoxA
```

图20-24 被修改的字符串

第三部分

DLL 注入

第21章 Windows消息钩取

21.1 钩子

英文Hook一词，翻成中文是“钩子”、“鱼钩”的意思，泛指钓取所需东西而使用的一切工具。“钩子”这一基本含义延伸发展为“偷看或截取信息时所用的手段或工具”。下面举例向各位进一步说明“钩子”这一概念。

“钩子”的概念

假设有一个非常重要的军事设施，其外围设置了3层岗哨以进行保护。外部人员若想进入，需要经过3层岗哨复杂的检查程序（身份确认、随身物品查验、访问事由说明等）。若间谍在通往该军事设施的道路上私设一个岗哨，经过该岗哨的人员未起疑心，通过时履行同样的检查程序，那么间谍就可以坐享其成，轻松获取（甚至可以操纵）来往该岗哨的所有信息。

像这样，为了偷看或截取来往信息而在中间设置岗哨的行为称为“挂钩”（或“安装钩子”），实际上，偷看或操作信息的行为就是人们常说的“钩取”（Hooking）。

“钩取”技术广泛应用于计算机领域。其实，我们不仅可以查看来往于“OS–应用程序–用户”之间的全部信息，也可以操作它们，并且神不知鬼不觉。具体方法有很多，其中最基本的是“消息钩子”（Message Hook），下面会详细介绍。

提示

“钩取”是代码逆向分析中非常重要且有趣的主题，后面会逐一介绍各种“钩取”方法。

21.2 消息钩子

Windows操作系统向用户提供GUI（Graphic User Interface，图形用户界面），它以事件驱动（Event Driven）方式工作。在操作系统中借助键盘、鼠标，选择菜单、按钮，以及移动鼠标、改变窗口大小与位置等都是事件（Event）。发生这样的事件时，OS会把事先定义好的消息发送给相应的应用程序，应用程序分析收到的信息后执行相应动作（上述过程在《Windows程序设计》一书中有详尽说明）。也就是说，敲击键盘时，消息会从OS移动到应用程序。所谓的“消息钩子”就在此间偷看这些信息。为了帮助各位进一步理解它，下面以键盘消息为例说明。请看图21-1。

先讲解常规Windows消息流。

- 发生键盘输入事件时，WM_KEYDOWN消息被添加到[OS message queue]。
- OS判断哪个应用程序中发生了事件，然后从[OS message queue]取出消息，添加到相应应用程序的[application message queue]中。
- 应用程序（如记事本）监视自身的[application message queue]，发现新添加的WM_KEYDOWN消息后，调用相应的事件处理程序处理。

正如在图21-1中看到的一样，OS消息队列与应用程序消息队列之间存在一条“钩链”（Hook Chain），设置好键盘消息钩子之后，处于“钩链”中的键盘消息钩子会比应用程序先看到相应信息。在键盘消息钩子函数的内部，除了可以查看消息之外，还可以修改消息本身，而且还能对消息实施拦截，阻止消息传递。

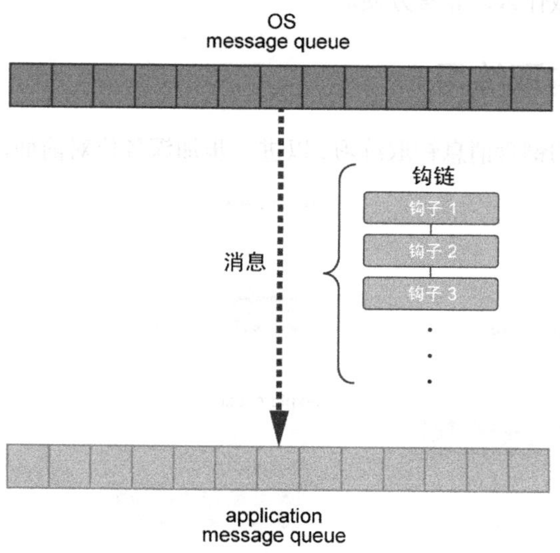

图21-1　消息钩取工作原理

提示

可以同时设置多个相同的键盘消息钩子。按照设置顺序依次调用这些钩子，它们组成的链条称为“钩链”。

像这样的消息钩子功能是Windows操作系统提供的基本功能，其中最具代表性的是MS Visual Studio中提供的SPY++，它是一个功能十分强大的消息钩取程序，能够查看操作系统中来往的所有消息。

21.3　SetWindowsHookEx()

使用SetWindowsHookEx() API可轻松实现消息钩子，SetWindowsHookEx() API的定义如下所示。

```
HHOOK SetWindowsHookEx(
    int idHook,                 // hook type
    HOOKPROC lpfn,              // hook procedure
    HINSTANCE hMod,             // hook procedure所属的DLL句柄 (Handle)
    DWORD dwThreadId            // 想要挂钩的线程ID
);
```

钩子过程（hook procedure）是由操作系统调用的回调函数。安装消息“钩子”时，“钩子”过程需要存在于某个DLL内部，且该DLL的实例句柄（instance handle）即是hMod。

提示

若dwThreadID参数被设置为0，则安装的钩子为“全局钩子”（Global Hook），它会影响到运行中的（以及以后要运行的）所有进程。

像这样，使用SetWindowsHookEx() 设置好钩子之后，在某个进程中生成指定消息时，操作系统会将相关的DLL文件强制注入（injection）相应进程，然后调用注册的“钩子”过程。注入进程时用户几乎不需要做什么，非常方便。

21.4 键盘消息钩取练习

本节将做一个简单的键盘消息钩取练习，以进一步加深各位对前面内容的理解。请看图21-2。

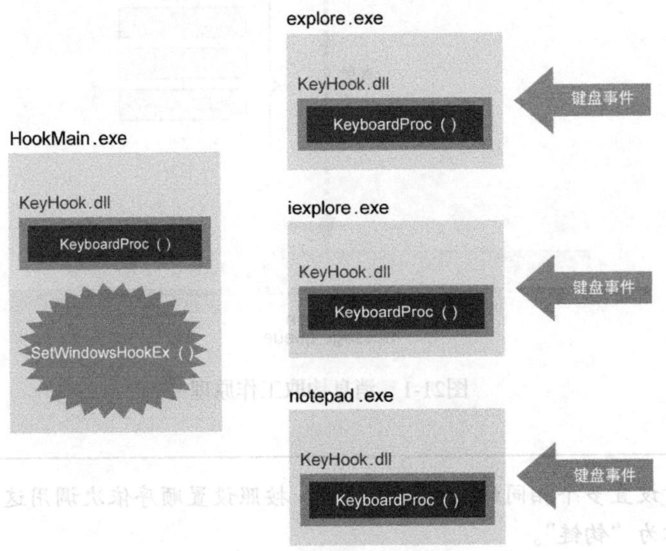

图21-2　键盘消息钩取

KeyHook.dll文件是一个含有钩子过程（KeyboardProc）的DLL文件。HookMain.exe是最先加载KeyHook.dll并安装键盘钩子的程序。HookMain.exe加载KeyHook.dll文件后使用SetWindowsHookEx() 安装键盘钩子（KeyboardProc）。若其他进程（explorer.exe、iexplore.exe、notepad.exe等）中发生键盘输入事件，OS就会强制将KeyHook.dll加载到相应进程的内存，然后调用KeyboardProc()函数。

这里需要注意的一点是，OS会将KeyHook.dll强制加载到发生键盘输入事件的所有进程。换言之，消息钩取技术常常被用作一种DLL注入技术（后面会单独讲解DLL注入的相关内容）。

21.4.1 练习示例 HookMain.exe

本节通过示例来练习一下键盘钩取技术，拦截notepad.exe进程的键盘消息，使之无法显示在记事本中。

运行HookMain.exe - 安装键盘钩子

首先运行HookMain.exe程序，如图21-3所示。

运行HookMain.exe程序后，输出“press ‘q’ to quit!”信息，提示在HookMain.exe程序中输入“q”即可停止键盘钩取。

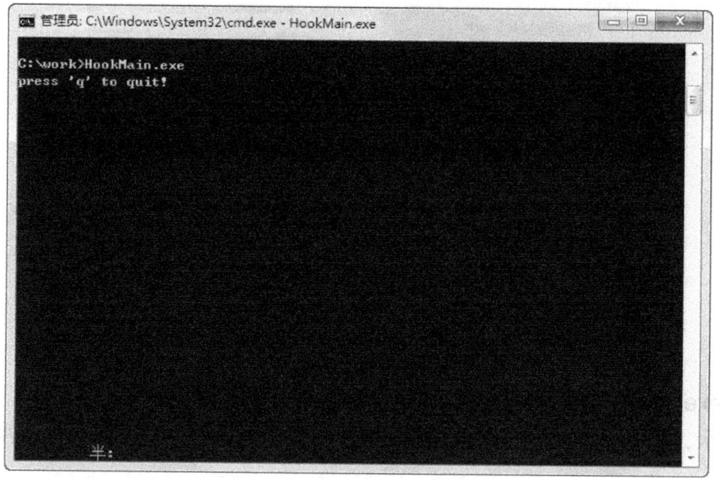

图21-3 运行HookMain.exe

运行Notepad.exe程序

当前系统中已安装好键盘钩子。运行Notepad.exe，用键盘输入。

如图所示，Notepad.exe进程忽视了用户的键盘输入。使用Process Explorer查看notepad.exe进程，可以看到KeyHook.dll已经加载其中（参考图21-4）。

图21-4 Notepad.exe进程忽视键盘输入

在Process Explorer中检索注入KeyHook.dll的所有进程，如图21-5所示。一个进程开始运行并发生键盘事件时，KeyHook.dll就会注入其中（但其实忽视键盘事件的仅有notepad.exe进程，其他进程会正常处理键盘事件）。

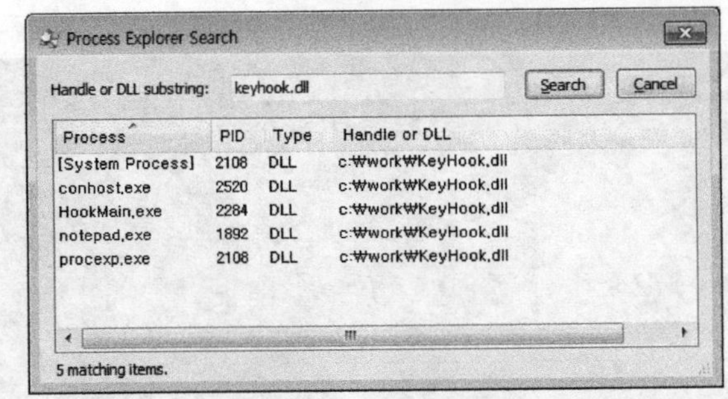

图21-5 注入KeyHook.dll的所有进程

HookMain.exe终止 – 拆除键盘钩子

如图21-6所示，在HookMain.exe程序中输入“q”命令，HookMain.exe将拆除键盘钩子，并终止运行。

图21-6 HookMain.exe进程终止

拆除键盘钩子后，在notepad.exe（记事本）中使用键盘输入，可以发现记事本又能正常接收了。在Process Explorer中检索KeyHook.dll会发现，无任何一个进程加载KeyHook.dll，如图21-7所示。

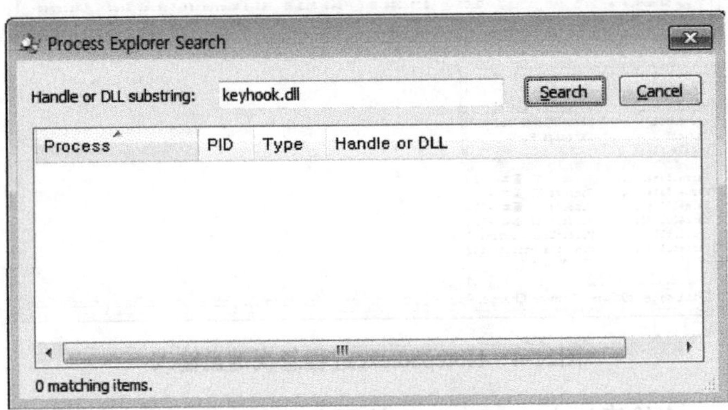

图21-7 拆除键盘钩子

拆除键盘钩子后，相关进程就会将KeyHook.dll文件全部卸载（Unloading）。

21.4.2 分析源代码

下面分析一下示例的源代码。

提示

示例是使用MS Visual C++ 2010 Express Edition编写的，已在Windows XP/7（32位）环境中通过测试。为便于讲解，我已经去除了示例代码中的返回值/错误处理语句。

HookMain.cpp

首先看一下HookMain.exe文件的源代码（HookMain.cpp）。

代码21-1 HookMain.cpp

```
// HookMain.cpp

#include "stdio.h"
#include "conio.h"
#include "windows.h"

#define DEF_DLL_NAME   "KeyHook.dll"
#define DEF_HOOKSTART  "HookStart"
#define DEF_HOOKSTOP   "HookStop"

typedef void(*PFN_HOOKSTART)();
typedef void(*PFN_HOOKSTOP)();

void main()
{
    HMODULE    hDll = NULL;
    PFN_HOOKSTART HookStart = NULL;
    PFN_HOOKSTOP HookStop = NULL;
    char    ch = 0;

    // 加载KeyHook.dll
    hDll = LoadLibraryA(DEF_DLL_NAME);

    // 获取导出函数地址
    HookStart =(PFN_HOOKSTART)GetProcAddress(hDll, DEF_HOOKSTART);
     HookStop =(PFN_HOOKSTOP)GetProcAddress(hDll, DEF_HOOKSTOP);

    // 开始钩取
    HookStart();

    // 等待直到用户输入"q"
    printf("press 'q' to quit!\n");
    while( _getch() != 'q' ) ;

    // 终止钩取
    HookStop();

    //卸载KeyHook.dll
    FreeLibrary(hDll);
}
```

源代码非常简单。先加载KeyHook.dll文件，然后调用HookStart()函数开始钩取，用户输入“q”时，调用HookStop()函数终止钩取。重要代码处添加了注释，认真查看就能轻松理解，不会遇到什么困难。

KeyHook.cpp

接下来继续看KeyHook.dll文件的源代码（KeyHook.cpp）。

代码21-2　KeyHook.cpp

```
// KeyHook.cpp

#include "stdio.h"
#include "windows.h"

#define DEF_PROCESS_NAME  "notepad.exe"

HINSTANCE g_hInstance = NULL;
HHOOK g_hHook = NULL;
HWND g_hWnd = NULL;

BOOL WINAPI DllMain(HINSTANCE hinstDLL, DWORD dwReason, LPVOID
                lpvReserved)
{
    switch( dwReason )
    {
        case DLL_PROCESS_ATTACH:
            g_hInstance = hinstDLL;
            break;

        case DLL_PROCESS_DETACH:
            break;
    }
    return TRUE;
}

LRESULT CALLBACK KeyboardProc(int nCode, WPARAM wParam, LPARAM lParam)
{
    char szPath[MAX_PATH] = {0,};
    char *p = NULL;

    if( nCode> = 0 )
    {
        // bit 31: 0 = key press, 1 = key release
        if( !(lParam & 0x80000000) ) // 释放键盘按键时
        {
            GetModuleFileNameA(NULL, szPath, MAX_PATH);
            p = strrchr(szPath, '\\');

            // 比较当前进程名称，若为notepad.exe，则消息不会传递给应用程序（或下一个"钩子"）
            if( !_stricmp(p + 1, DEF_PROCESS_NAME) )
                return 1;
        }
    }

    // 若非notepad.exe，则调用CallNextHookEx()函数，将消息传递给应用程序（或下一个"钩子"）。
    return CallNextHookEx(g_hHook, nCode, wParam, lParam);
}

#ifdef __cplusplus
extern "C" {
#endif
__declspec(dllexport) void HookStart()
{
    g_hHook = SetWindowsHookEx(WH_KEYBOARD, KeyboardProc, g_hInstance, 0);
}
```

```
__declspec(dllexport) void HookStop()
{
    if( g_hHook )
    {
        UnhookWindowsHookEx(g_hHook);
        g_hHook = NULL;
    }
}
#ifdef __cplusplus
}
#endif
```

DLL代码也非常简单。调用导出函数HookStart()时，SetWindowsHookEx()函数就会将KeyboardProc()添加到键盘钩链。

提示

MSDN中对KeyboardProc函数的定义如下：

```
LRESULT CALLBACK KeyboardProc(
    int code,           // HC_ACTION(0), HC_NOREMOVE(3)
    WPARAM wParam,      // virtual-key code
    LPARAM lParam       // extra information
);
```

上面 3 个参数中，wParam 指用户按下的键盘按键的虚拟键值（virtual key code）。对键盘这一硬件而言，英文字母“A”与“a”具有完全相同的虚拟键值。参数lParam根据不同的位具有多种不同的含义(repeat count、scan code、extended-key flag、context code、previous key - state flag、transition-state flag)。使用ToAscii() API函数可以获得实际按下的键盘的ASCII值。

安装好键盘“钩子”后，无论哪个进程，只要发生键盘输入事件，OS就会强制将KeyHook.dll注入相应进程。加载了KeyHook.dll的进程中，发生键盘事件时会首先调用执行KeyHook.KeyboardProc()。

KeyboardProc()函数中发生键盘输入事件时，就会比较当前进程的名称与“notepad.exe”字符串，若相同，则返回1，终止KeyboardProc()函数，这意味着截获且删除消息。这样，键盘消息就不会传递到notepad.exe程序的消息队列。

因notepad.exe未能接收到任何键盘消息，故无法输出。

除此之外(即当前进程名称非“notepad.exe”时)，执行return CallNextHookEx(g_hHook,nCode, wParam,lParam);语句，消息会被传递到另一个应用程序或钩链的另一个“钩子”函数。

提示

监视或记录用户键盘输入的程序被称为“键盘记录器”(Key Logger)。有些键盘记录器本身是PC恶意代码，通过钩取键盘消息，在PC用户不知情的情况下盗走用户的键盘输入，其工作原理与KeyHook.dll的工作原理基本一致。

21.5 调试练习

本节将学习有关Windows消息钩取调试的技术。

21.5.1 调试HookMain.exe

先调试用来安装键盘钩子的HookMain.exe。请使用OllyDbg打开HookMain.exe文件，如图21-8所示。

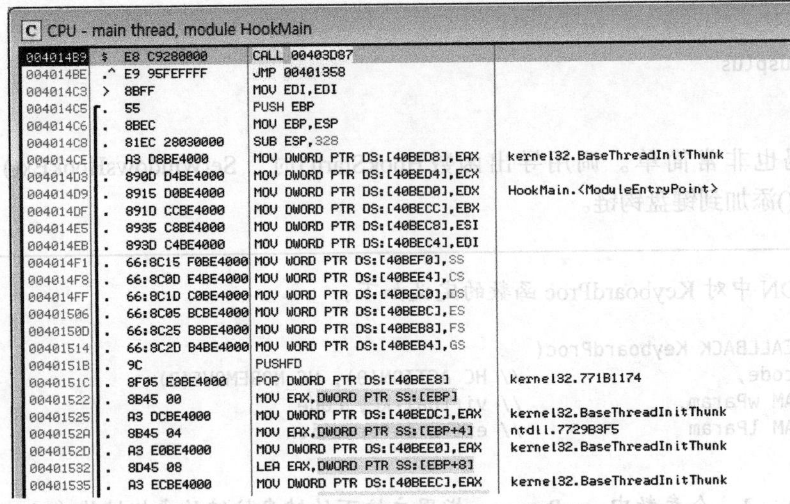

图21-8 HookMain.exe的EP代码

图21-8显示的是HookMain.exe的EP代码，它是典型的VC++启动函数，其中最受关注的是开始进行键盘钩取的部分。

查找核心代码

有几种方法可以帮助我们找到关注的核心代码：

- 逐行跟踪。
- 检索相关API。
- 检索相关字符串。

第一种方法是程序无法正常运行或难以预测时使用的下策，此处略去不谈。这样就剩下后面2种方法（检索API或字符串）了。

由于已经运行过HookMain.exe程序，我们知道了该程序的功能（键盘钩取）与输出的字符串，所以下面要使用检索字符串（图21-3的“press ‘q’ to quit!”）的方法。引用该字符串代码的前后就是我们关注的代码。在OllyDbg的代码窗口中，选择鼠标右键菜单中的Search for - All referenced text strings项（参考图21-9）。

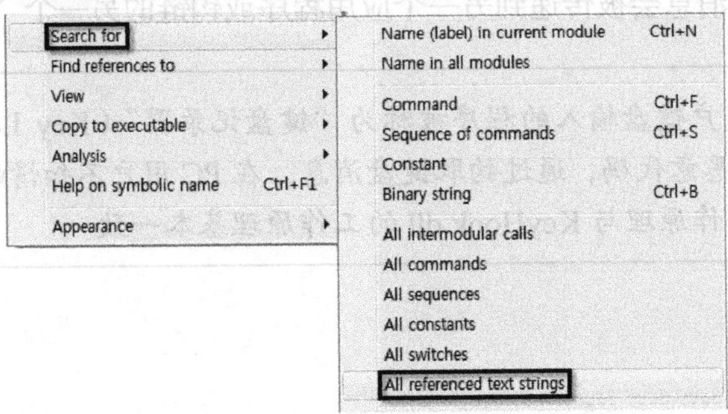

图21-9 “Search for - All referenced text strings”菜单

弹出字符串窗口，如图21-10所示。

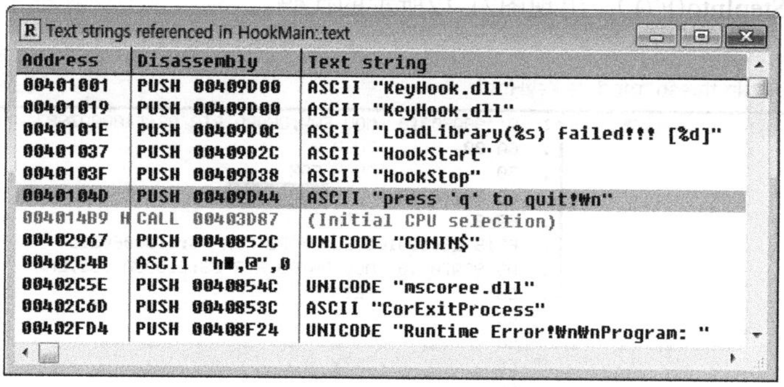

Text strings referenced in HookMain:.text

Address	Disassembly	Text string
00401001	PUSH 00409D00	ASCII "KeyHook.dll"
00401019	PUSH 00409D00	ASCII "KeyHook.dll"
0040101E	PUSH 00409D0C	ASCII "LoadLibrary(%s) failed!!! [%d]"
00401037	PUSH 00409D2C	ASCII "HookStart"
0040103F	PUSH 00409D38	ASCII "HookStop"
0040104D	PUSH 00409D44	ASCII "press 'q' to quit!\n"
004014B9	H CALL 00403D87	(Initial CPU selection)
00402967	PUSH 0040852C	UNICODE "CONIN$"
00402C4B	ASCII "h■,@",0	
00402C5E	PUSH 0040854C	UNICODE "mscoree.dll"
00402C6D	PUSH 0040853C	ASCII "CorExitProcess"
00402FD4	PUSH 00408F24	UNICODE "Runtime Error!\n\nProgram: "

图21-10 Text strings referenced in HookMain

从图21-10中可以看到，40104D地址处的指令引用了要查找的字符串。双击字符串，转到相应地址处（40104D）。

图21-11中显示的代码其实就是HookMain.exe程序的main()函数（借助OllyDbg的字符串检索功能即可轻松找到）。

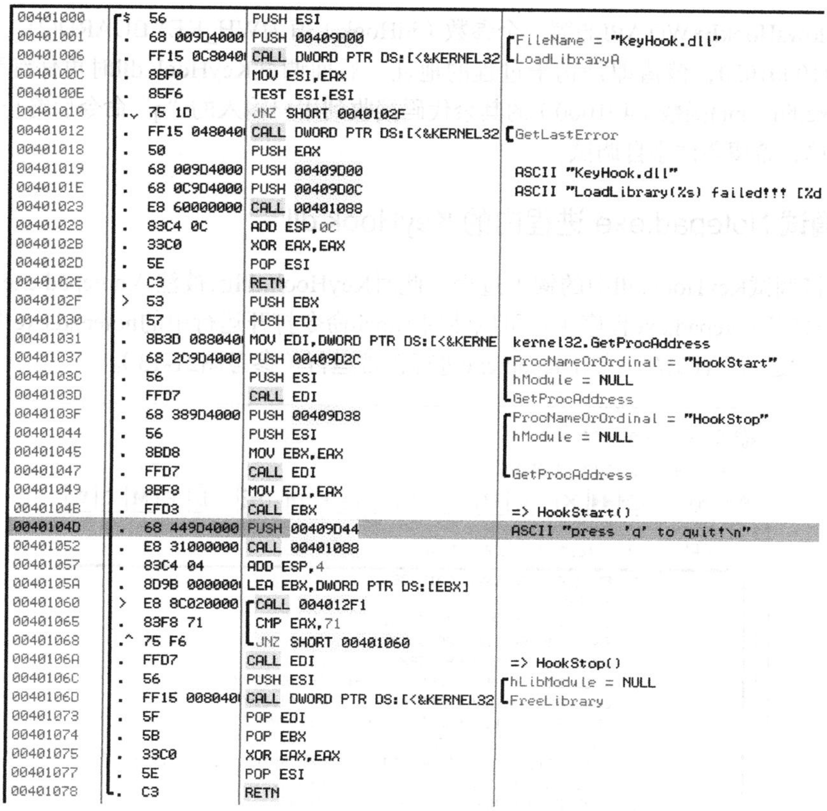

```
00401000  $ 56           PUSH ESI
00401001  . 68 009D4000  PUSH 00409D00                        FileName = "KeyHook.dll"
00401006  . FF15 0C80400 CALL DWORD PTR DS:[<&KERNEL32         LoadLibraryA
0040100C  . 8BF0         MOV ESI,EAX
0040100E  . 85F6         TEST ESI,ESI
00401010  .v 75 1D       JNZ SHORT 0040102F
00401012  . FF15 0480400 CALL DWORD PTR DS:[<&KERNEL32         GetLastError
00401018  . 50           PUSH EAX
00401019  . 68 009D4000  PUSH 00409D00                        ASCII "KeyHook.dll"
0040101E  . 68 0C9D4000  PUSH 00409D0C                        ASCII "LoadLibrary(%s) failed!!! [%d
00401023  . E8 60000000  CALL 00401088
00401028  . 83C4 0C      ADD ESP,0C
0040102B  . 33C0         XOR EAX,EAX
0040102D  . 5E           POP ESI
0040102E  . C3           RETN
0040102F  > 53           PUSH EBX
00401030  . 57           PUSH EDI
00401031  . 8B3D 0880400 MOV EDI,DWORD PTR DS:[<&KERNE        kernel32.GetProcAddress
00401037  . 68 2C9D4000  PUSH 00409D2C                        ProcNameOrOrdinal = "HookStart"
0040103C  . 56           PUSH ESI                             hModule = NULL
0040103D  . FFD7         CALL EDI                             GetProcAddress
0040103F  . 68 389D4000  PUSH 00409D38                        ProcNameOrOrdinal = "HookStop"
00401044  . 56           PUSH ESI                             hModule = NULL
00401045  . 8BD8         MOV EBX,EAX
00401047  . FFD7         CALL EDI                             GetProcAddress
00401049  . 8BF8         MOV EDI,EAX
0040104B  . FFD3         CALL EBX                             => HookStart()
0040104D  . 68 449D4000  PUSH 00409D44                        ASCII "press 'q' to quit!\n"
00401052  . E8 31000000  CALL 00401088
00401057  . 83C4 04      ADD ESP,4
0040105A  . 8D9B 0000000 LEA EBX,DWORD PTR DS:[EBX]
00401060  > E8 8C020000  CALL 004012F1
00401065  . 83F8 71      CMP EAX,71
00401068  .^ 75 F6       JNZ SHORT 00401060
0040106A  . FFD7         CALL EDI                             => HookStop()
0040106C  . 56           PUSH ESI                             hLibModule = NULL
0040106D  . FF15 0080400 CALL DWORD PTR DS:[<&KERNEL32         FreeLibrary
00401073  . 5F           POP EDI
00401074  . 5B           POP EBX
00401075  . 33C0         XOR EAX,EAX
00401077  . 5E           POP ESI
00401078  . C3           RETN
```

图21-11 main()函数

调试main()函数

在401000地址处设置断点，然后运行程序，到断点处停下来，开始调试。从断点开始依次跟踪调试代码，可以了解main()中的主要代码流。先在401006地址处调用LoadLibrary(KeyHook.dll)，然后由40104B地址处的CALL EBX命令调用KeyHook.HookStart()函数。跟踪40104B地址处的CALL EBX命令（StepInto(F7)），出现图21-12所示的代码。

```
CPU - main thread, module KeyHook
100010E0 KeyHook.HookStart  $  A1 98A70010   MOV EAX,DWORD PTR DS:[1000A798]
100010E5                    .  6A 00         PUSH 0                              Thread
100010E7                    .  50            PUSH EAX                            hModul
100010E8                    .  68 20100010   PUSH 10001020                       Hookpr
100010ED                    .  6A 02         PUSH 2                              HookTy
100010EF                    .  FF15 E060001  CALL DWORD PTR DS:[100060E0]        SetWin
100010F5                    .  A3 9CA70010   MOV DWORD PTR DS:[1000A79C],EAX
100010FA                    .  C3            RETN
100010FB                       CC            INT3
100010FC                       CC            INT3
100010FD                       CC            INT3
100010FE                       CC            INT3
```

图21-12　KeyHook.HookStart()函数

图21-12中的代码是被加载到HookMain.exe进程中的KeyHook.dll的HookStart()函数（请确认一下图中的地址区域）。在100010EF地址处可以看到CALL SetWindowsHookExW()指令，其上方10010E8与100010ED地址处的2条PUSH指令用于把SetWindowsHookExW() API的第1、2两个参数压入栈。

SetWindowsHookExW() API的第一个参数（idHook）值为WH_KEYBOARD(2)，第二个参数（lpfn）值为10001020，该值即是钩子过程的地址。后面调试KeyHook.dll时再仔细看该地址。HookMain.exe的main()函数（401000）的其余代码接收到用户输入的“q”命令后终止钩取。以上内容非常简单，希望各位亲自调试。

21.5.2　调试 Notepad.exe 进程内的 KeyHook.dll

本小节将调试KeyHook.dll中的钩子过程，此时KeyHook.dll已被注入notepad.exe进程。首先使用OllyDbg打开Notepad.exe程序（也可以使用Attach命令打开运行中的notepad.exe进程）。通过OllyDbg中的“运行”(F9)命令使notepad.exe进程正常运行（参考图21-13）。

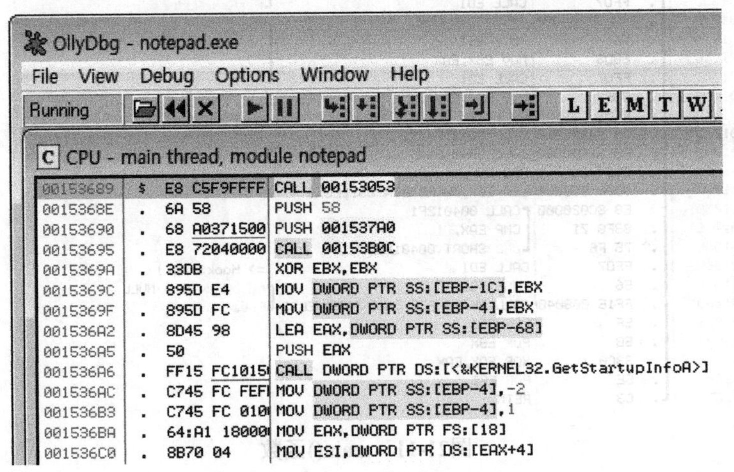

图21-13　正常运行notepad.exe进程

如图21-14所示，在OllyDbg的Debugging options中，点选Break on new module(DLL)复选框。

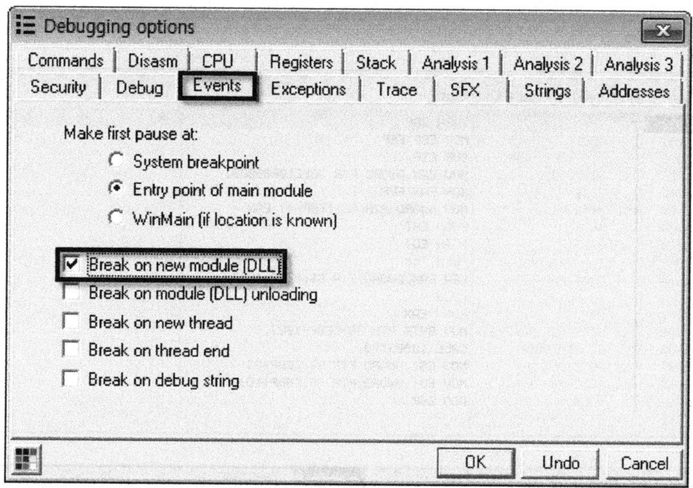

图21-14 更改OllyDbg选项：Break on new module(DLL)

开启该选项后，每当新的DLL装入被调试（Debuggee）进程时就会自动暂停调试（这在“从DLL注入时开始调试”的情况下非常有用）。

此时运行HookMain.exe（参考图21-3）。然后在notepad.exe中使用键盘输入，此时OllyDbg暂停调试，并弹出Executable modules窗口。

如图21-15所示，KeyHook.dll被加载到10000000地址处。

Executable modules

Base	Size	Entry	Name	File version	Path
00400000	00030000	00403689	notepad	6.1.7600.16385	C:\Windows\System32\notepad.exe
10000000	0000D000	10001587	KeyHook		C:\work\KeyHook.dll
6FE30000	00051000	6FE59834	WINSPOOL	6.1.7600.16385	C:\Windows\System32\WINSPOOL.DRV
71F10000	00023000	71F1FCC2	imjkapi	10.1.7600.16385	C:\Windows\system32\ime\shared\i
71F40000	00020000	71F51E95	imkrapi	8.1.7600.16385	C:\Windows\system32\ime\imekr8\i
71F60000	0005E000	71F66807	imetip	10.1.7600.16385	C:\Windows\system32\ime\shared\i
71FC0000	0008C000	71FCF118	imkrtip	8.1.7600.16385	C:\Windows\system32\ime\imekr8\i
73E70000	00013000	73E71D3F	dwmapi	6.1.7600.16385	C:\Windows\System32\dwmapi.dll
741A0000	00040000	741AA2DD	uxtheme	6.1.7600.16385	C:\Windows\system32\uxtheme.dll
74320000	0019E000	74353731	COMCTL32	6.10 (win7_rtm.	C:\Windows\WinSxS\x86_microsoft.
74890000	00009000	74891220	VERSION	6.1.7600.16385	C:\Windows\System32\VERSION.dll
75310000	0000C000	753110E1	CRYPTBAS	6.1.7600.16385	C:\Windows\System32\CRYPTBASE.dl
75520000	0004A000	75527A9D	KERNELBA	6.1.7600.16385	C:\Windows\system32\KERNELBASE.d
756A0000	0004E000	756AEC49	GDI32	6.1.7600.16385	C:\Windows\system32\GDI32.dll
756F0000	0009D000	757247D7	USP10	1.0626.7600.163	C:\Windows\system32\USP10.dll
75790000	0015C000	757E5D13	ole32	6.1.7600.16385	C:\Windows\system32\ole32.dll

图21-15 Executable modules窗口

提示

根据系统环境不同，有时不会先显示 KeyHook.dll，而是先加载其他 DLL 库。此时按(F9)运行键，直到 KeyHook.dll 加载完成。有些系统无法正常运行该功能，此时使用 OllyDbg 2.0 即可保证运行顺畅。

如图21-15所示，双击KeyHook.dll转到KeyHook.dll的EP地址处。由于我们已经知道钩子过程的地址为10001020，下面直接转到该地址处（请先在OllyDbg中取消对Break on new module(DLL)项的选择，使其处于“未选中”状态）。

如图21-16所示，向“钩子”过程（10001020）设置断点，每当notepad.exe中发生键盘输入事件时，调试就停在该处。

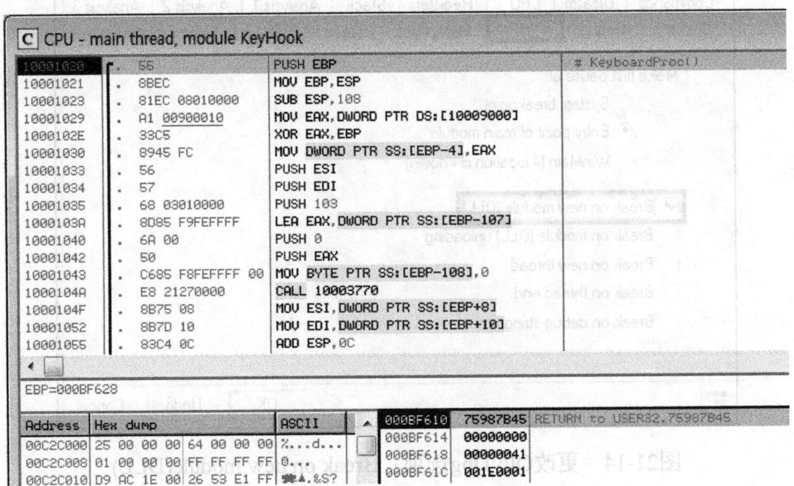

图21-16　“钩子”过程：KeyboardProc()

在栈中可以看到KeyboardProc()函数的参数。最后，将以上操作过程按顺序整理如下：

- 用 OllyDbg 运行 notepad.exe（或者 Attach 运行中的 notepad.exe）；
- 开启 Break on new module(DLL)选项；
- 运行 KeyLogger.exe→安装 global keyboard message hook；
- 在 notepad 中使用键盘输入→发生键盘消息事件（按键 a 输入）；
- KeyLogger.dll 被注入 notepad.exe 进程；
- 在 OllyDbg 中向 KeyboardProc（钩子进程）设置断点。

关于KeyboardProc()函数（10001020）可以参考前面源代码说明中的相关内容，请各位自己调试。

21.6　小结

本章讲解了Windows消息钩取技术与DLL钩子过程调试方法。这些知识在代码逆向分析中起着非常重要的作用，希望各位认真学习并掌握。特别是要反复练习“从DLL的EP代码开始调试”的方法，直到完全掌握。

Q&A

Q. 回调函数（CALLBACK）是什么？

A. 简言之，就是某个特定事件发生时被指定调用的函数。窗口Windows过程（WndProc）就是一个典型的回调函数（键盘、鼠标等事件发生时OS会调用注册的窗口过程）。

Q. 我是超级菜鸟，几乎什么都不懂，应该从哪儿开始学啊？从C语言开始吗？

A. 其实，只有具备一定的Win32编程知识，才能较好地理解示例中的代码（当然也要有一定的C语言知识）。初次接触代码逆向分析时会遇到大量术语，这些术语往往让人一头雾水、不知所措。“这些都是学习代码逆向分析技术的绊脚石”，我（直到几年）之前一直这样想。但是看到那些没有以上知识却依然能够将代码逆向分析做得很棒的人，我的想法慢慢改变了。

我认识的代码逆向分析人员中，有几个人学习逆向分析技术时根本就不怎么懂C语言，他们学习时每当遇到C语言代码就直接敲一下，不断查找询问，后面就慢慢弄懂了。学习过程中遇到不懂的术语就记下来（初次看到会觉得难，但见过10次以后就不会这样想了）。遇难而退不可取，反而应该谦虚谨慎、不骄不躁地去吸收更多新知识。他们现在都成为代码逆向分析技术的专家了呢。

Q. declspec函数是什么？

A. declspec是针对编译器的关键字，指出相应函数为导出函数。

Q. SetWindowsHookEx() API为什么在KeyHook.dll内部调用？您说它是安装钩子的API？

A. 是的。SetWindowsHookEx() API用于将指定的“钩子”过程注册到钩链中。无论在DLL内部还是外部均可调用（编程时怎么方便怎么来）。

第22章　恶意键盘记录器

不能说（经用户同意）应用在管理中的键盘记录器（Key Logger）一定是坏的，问题是那些在用户不知情的情况下、出于恶意运行的键盘记录器。本章将分析出现这种恶意键盘记录器的原因。

22.1　恶意键盘记录器的目标

就是“金钱”。键盘记录器的基本功能是记录并保存用户在键盘上输入的信息，然后将这些信息转移到指定地点。信息化社会中，“信息就是金钱”。那么，如何利用键盘记录器赚钱呢？下面先看几个示例。

22.1.1　在线游戏

现在，网吧随处可见，黑客随便去一个网吧，偷偷在一台电脑上安装好键盘记录器后离开。之后会有人用这台安装了键盘记录器的电脑玩在线游戏，用户使用这台电脑时，键盘记录器会偷偷记录下游戏账号（ID、Password），并通过邮件发送给黑客。黑客通过这些游戏账号登录在线游戏，可以把原玩家的游戏币与装备换成现金。玩过在线游戏的朋友应该对这种用游戏币和装备换钱的交易非常清楚（游戏装备的年交易额是普通人无法想象的）。

22.1.2　网上银行

那不玩在线游戏的人是不是就不会受到键盘记录器的侵害了呢？与每个人都息息相关的就是网上银行。如果网上银行的账户信息（ID、Password、账号）被盗该怎么办呢？如果存款余额神不知鬼不觉地清零了呢？

其实上述事例在国内外屡见不鲜，特别是在南美的一些国家和地区（墨西哥、巴西等），网银被盗走数万乃至数十万美元的用户相当多。虽然大部分网上银行都要求用户使用IE浏览器（Internet Explorer）连接，并且在银行网站安装了ActiveX安全模块，进行着双重、三重保护，但是仍然没有人敢断言网上银行100%安全。

22.1.3　商业机密泄露

我们有时会看到这样的报道，某大公司因核心机密被泄露到国外而遭受重大损失。虽然这类商业信息遭泄露的例子并不多见，可一旦发生，其损害是十分巨大的（耗费几年时间，投入大量财力、精力研发的核心技术一旦遭到泄露，很有可能将企业推到生死存亡的关头）。对于一个国家亦是如此，若半导体、汽车、造船等关键技术被泄露到国外，整个国家可能就会陷入危机。从普通公司的泄密事件看，大部分公司内部都会一个“内线”，有了“内线”就太方便设置键盘记录器了。

现在各位应该能感觉到键盘记录器的可怕了吧？为什么大部分杀毒软件都会把键盘记录器

识别为“恶意”文件？为什么登录网上银行（或者在线游戏）的相应网站时要安装ActiveX安全模块？一切都有了答案。

22.2 键盘记录器的种类与发展趋势

各位听说过硬件版的键盘记录器吗？它就像一个USB存储器，连接在键盘线缆的末端从而设置到PC中。

其内部有一个闪存（flash memory），能够直接接收并存储来自键盘的电子信号。最新产品还支持Wi-Fi无线连接，能够更方便地传送键盘输入信息。虽然安装起来有些不方便，但是一旦成功，安装用户根本无法觉察到自己从键盘输入的信息遭到了盗窃。谁会仔细看桌下的PC（而且是PC机箱的背面）呢？而且普通人就是看了也认不出来。事实上，仅用软件根本无法阻止这种硬件版的键盘记录器。各种杀毒软件以及键盘安全软件在阻止软件版键盘记录器方面做出了大量努力，但是恶意键盘记录器编写者的目标（=金钱）非常明确，所以不可能完全阻止所有键盘记录器。键盘记录器制作者们无限编写、散布恶意键盘记录器。对他们而言，这是一份关乎生计的“事业”，这些人会亲自测试自己编写的键盘记录器，以确保能够成功绕开各种安全软件。

这类键盘记录器未来会向着更精巧、更隐蔽的方向发展，另一方面我们却不得不一直使用键盘这类输入设备。

那么，如果不用键盘，是不是就可以不受键盘记录器的威胁呢？那些制作者们可能又会开发出全新形态的键盘记录器。若未来键盘被淘汰，大量使用“手写识别”或“声音识别”输入设备，相信那个时候一定会出现相应的“手写记录器”、“声音记录器”吧。

22.3 防范恶意键盘记录器

虽然不能100%阻止恶意键盘记录器，但我们可以努力将其破坏性降到最低。以下这些简单的行为准则是我给各位的建议。

Keylogger防范守则：

- 绝不在公共场合（网吧、学校自习室等）的 PC 中输入个人信息；
- 经常更新安全软件；
- 输入个人信息时灵活使用复制（剪切）&粘贴（*）；
- 使用个人防火墙（即使键盘输入遭到非法记录，只要不泄露信息就没有危险）。

若ID为reversecore，输入时先输入corereverse，再用鼠标选中core字符串，通过剪切&粘贴功能最后形成reversecore。各位可以把这种方法应用到每个需要输入个人信息的地方，虽然有些麻烦，但能够增强一些安全性。当然，有些强大的键盘记录器甚至可以钩取剪贴板中的信息，所以上面这个方法并不总是有效的，但用来防范一般的键盘记录器时，效果还是十分明显的。

22.4 个人信息

最后简单谈谈有关个人信息的问题。信息化社会中，个人信息即代表某个“人”。所以每个人都要重视起来，要有保护意识。特别是密码，一定要设置为只有自己知道的、较为复杂的形式（结合“数字+字符+特殊字符”，且最少8位），绝对不要告诉别人。输入密码时也要时刻注意周围情况，不要泄露。

提示

我看社会工程学技巧相关图书时，遇到过一些介绍专业黑客盗取键盘输入的例子。黑客在离目标对象一米远的地方假装看报纸，轻松盗取了受害人键盘输入的信息（登录信息）。黑客不必费劲去猜测系统管理员的密码，（可能的话）只要走近就能轻松窃取。如若得手，黑客就能很容易地获取系统管理员权限。

一定要保管好重要的个人信息。

第23章　DLL注入

DLL注入（DLL Injection）是渗透其他进程的最简单有效的方法，本章将详细讲解DLL注入的有关内容。借助DLL注入技术，可以钩取API、改进程序、修复Bug等。

23.1　DLL 注入

DLL注入指的是向运行中的其他进程强制插入特定的DLL文件。从技术细节来说，DLL注入命令其他进程自行调用LoadLibrary() API，加载（Loading）用户指定的DLL文件。DLL注入与一般DLL加载的区别在于，加载的目标进程是其自身或其他进程。图23-1描述了DLL注入的概念。

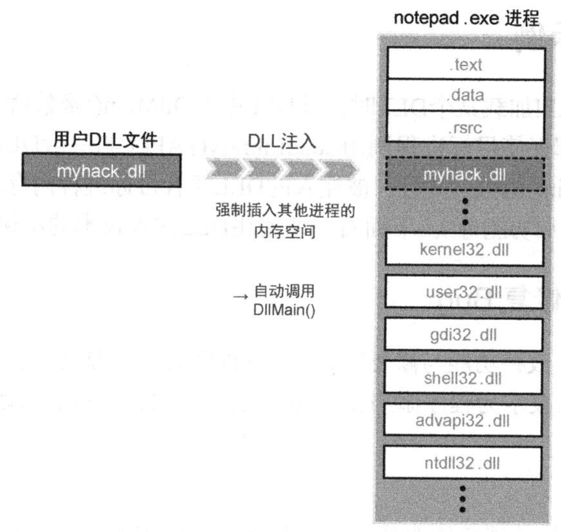

图23-1　DLL注入

从图23-1中可以看到，myhack.dll已被强制插入notepad进程（本来notepad并不会加载myhack.dll）。加载到notepad.exe进程中的myhack.dll与已经加载到notepad.exe进程中的DLL（kernel32.dll、user32.dll）一样，拥有访问notepad.exe进程内存的（正当的）权限，这样用户就可以做任何想做的事了（比如：向notepad添加通信功能以实现Messenger、文本网络浏览器等）。

DLL（Dynamic Linked Library，动态链接库）

DLL 被加载到进程后会自动运行 DllMain()函数，用户可以把想执行的代码放到 DllMain()函数，每当加载 DLL 时，添加的代码就会自然而然得到执行。利用该特性可修复程序 Bug，或向程序添加新功能。

DllMain()函数

```
BOOL WINAPI DllMain(HINSTANCE hinstDLL, DWORD dwReason, LPVOID lpvReserved)
{
    switch( dwReason )
    {
        case DLL_PROCESS_ATTACH:
        // 添加想执行的代码
        break;

        case DLL_THREAD_ATTACH:
        break;

        case DLL_THREAD_DETACH:
        break;

        case DLL_PROCESS_DETACH:
        break;
    }

    return TRUE;
}
```

23.2 DLL注入示例

使用LoadLibrary() API加载某个DLL时，该DLL中的DllMain()函数就会被调用执行。DLL注入的工作原理就是从外部促使目标进程调用LoadLibrary() API（与一般DLL加载相同），所以会强制调用执行DLL的DllMain()函数。并且，被注入的DLL拥有目标进程内存的访问权限，用户可以随意操作（修复Bug、添加功能等）。下面看一些使用DLL注入技术的示例。

23.2.1 改善功能与修复Bug

DLL注入技术可用于改善功能与修复Bug。没有程序对应的源码，或直接修改程序比较困难时，就可以使用DLL注入技术为程序添加新功能（类似于插件），或者修改有问题的代码、数据。

23.2.2 消息钩取

Windows OS默认提供的消息钩取功能应用的就是一种DLL注入技术。与常规的DLL注入唯一的区别是，OS会直接将已注册的钩取DLL注入目标进程。

提示

我曾经从网上下载过一个Hex Editor，它不支持鼠标滚轮滑动，所以我用消息钩取技术为其添加了鼠标滚轮支持。虽然可以下载更多、更好用的Hex Editor，但是利用学到的技术改善、扩展程序功能是一种非常妙的体验。这样不仅能解决问题，还锻炼了我们灵活应用技术的能力（此后我就开始对使用逆向技术改善已有程序的功能产生了浓厚兴趣）。

23.2.3 API钩取

API钩取广泛应用于实际的项目开发，而进行API钩取时经常使用DLL注入技术。先创建好

DLL形态的钩取函数，再将其轻松注入要钩取的目标进程，这样就完成了API钩取。这灵活运用了“被注入的DLL拥有目标进程内存访问权限”这一特性。

23.2.4 其他应用程序

DLL注入技术也应用于监视、管理PC用户的应用程序。比如，用来阻止特定程序（像游戏、股票交易等）运行、禁止访问有害网站，以及监视PC的使用等。管理员（或者父母）主要安装这类拦截/阻断应用程序来管理/监视。受管理/监视的一方当然千方百计地想关闭这些监视程序，但由于这些监视程序采用DLL注入技术，它们可以隐藏在正常进程中运行，所以管理员一般不用担心被发现或被终止（若用户强制终止Windows系统进程，也会一并关闭系统，最后也算达成了拦截/阻断这一目标）。

23.2.5 恶意代码

恶意代码制作者们是不会置这么好的技术于不顾的，他们积极地把DLL注入技术运用到自己制作的恶意代码中。这些人把自己编写的恶意代码隐藏到正常进程（winlogon.exe、services.exe、svchost.exe、explorer.exe等），打开后门端口（Backdoor port），尝试从外部连接，或通过键盘偷录（Keylogging）功能将用户的个人信息盗走。只有了解恶意代码制作者们使用的手法，才能拿出相应对策。

23.3 DLL 注入的实现方法

向某个进程注入DLL时主要使用以下三种方法：

DLL注入方法

- ❑ 创建远程线程（CreateRemoteThread() API）
- ❑ 使用注册表（AppInit_DLLs 值）
- ❑ 消息钩取（SetWindowsHookEx() API）

23.4 CreateRemoteThread()

本方法是《Windows核心编程》一书（素有“Windows编程圣经”之称）中介绍过的。本节通过一个简单的示例来演示如何通过创建远程线程完成DLL注入。

23.4.1 练习示例 myhack.dll

本示例将把myhack.dll注入notepad.exe进程，被注入的myhack.dll是用来联网并下载网页文件的。

复制练习文件

首先将练习文件（InjectDll.exe、myhack.dll）分别复制到工作文件夹（C:\Work），如图23-2所示。

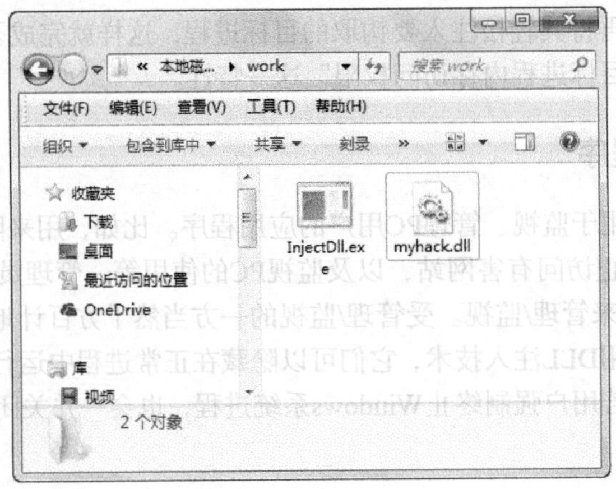

图23-2　复制练习文件

运行notepad.exe程序

先运行notepad.exe（日记本）程序，再运行Process Explorer（或者Windows任务管理器）获取notepad.exe进程的PID。

可以看到图23-3中notepad.exe进程的PID值为1016。

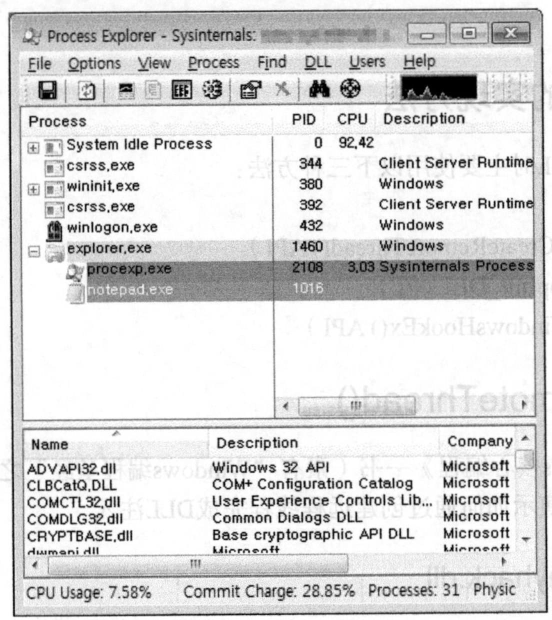

图23-3　Process Explorer

运行DebugView

DebugView是一个非常有用的实用程序，它可以用来捕获并显示系统中运行的进程输出的所有调试字符串，由大名鼎鼎的Process Explorer制作人Mark Russinovich开发而成。

示例中的DLL文件被成功注入notepad.exe进程时，就会输出调试字符串，此时使用DebugView即可查看，如图23-4所示。

提示

应当养成在应用程序开发中灵活使用 DebugView 查看调试日志的好习惯。

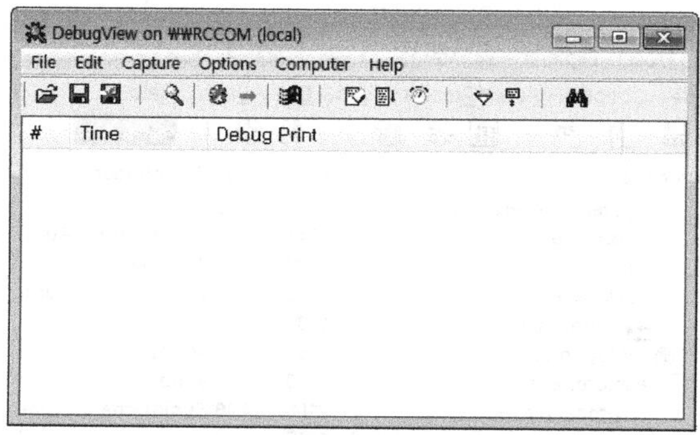

图23-4 DebugView

myhack.dll注入

InjectDll.exe是用来向目标进程注入DLL文件的实用小程序（后面会详细讲解工作原理及源代码）。如图23-5所示，打开命令窗口并输入相应参数即可运行InjectDll.exe。

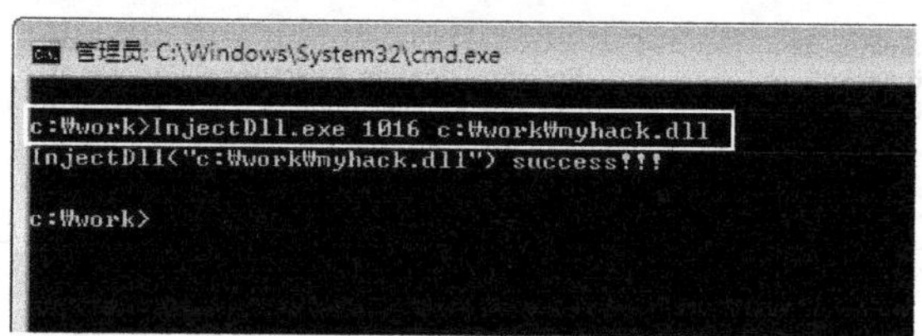

图23-5 运行InjectDll.exe

确认DLL注入成功

下面要检查myhack.dll文件是否成功注入notepad.exe进程。首先查看DebugView日志，如图23-6所示。

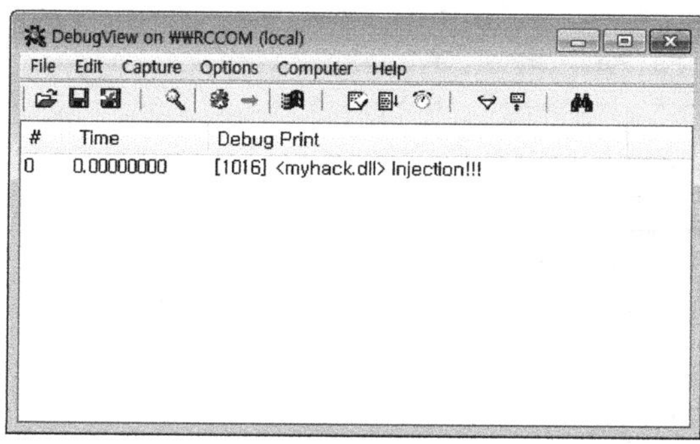

图23-6 DLL注入成功的消息

DebugView中显示出调试字符串，该字符串是由PID:1016进程输出的。PID:1016进程就是注入myhack.dll的notepad.exe进程。成功注入myhack.dll时，就会调用执行DllMain()函数的OutputDebugString() API。

在Process Explorer中也可以看到myhack.dll已经成功注入notepad.exe进程。在Process Explorer

的View菜单中，选择Show Lower Pane与Lower Pane Views - DLLs项，然后选择notepad.exe进程，就会列出所有加载到notepad.exe进程中的dll，如图23-7所示。在图中可以看到已经成功注入notepad.exe的myhack.dll文件。

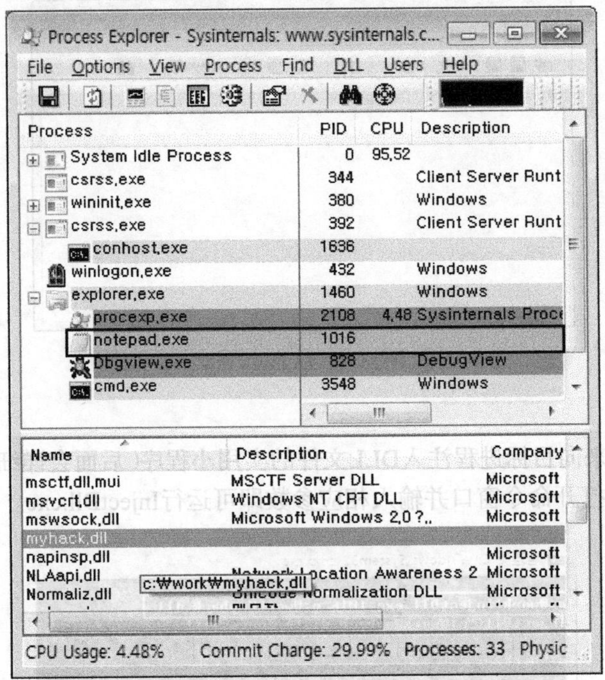

图23-7　注入notepad.exe中的myhack.dll

结果确认

下面确认一下指定网站的index.html文件下载是否正常。

双击图23-8中的Index.html文件，在IE浏览器中查看页面。

图23-8　从网站下载的index.html

图23-9看上去虽然与实际网站的主页面有些不同，但可以肯定它就是该网站的index.html文件。

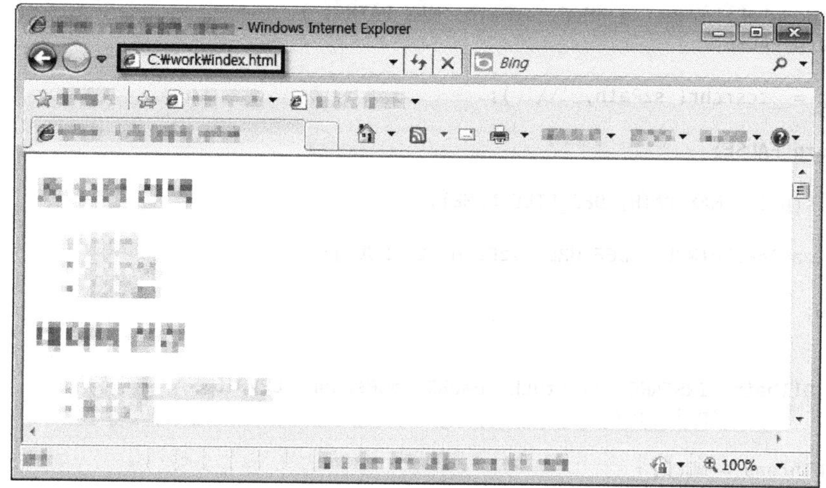

图23-9 用IE查看index.html

提示

有时会因系统用户权限、安全设置等导致无法下载 index.html 文件。

就像在上述示例中看到的一样，借助创建远程线程的方法可以成功“渗透”指定进程，进而可以随意操作。下面继续分析示例源代码，进一步学习使用CreateRemoteThread() API实施DLL注入的原理与实现方法。

23.4.2 分析示例源代码

提示

以下介绍的源代码是用 Micosoft Visual C++ Express 2010 编写的，在 Windows XP/7 32 位操作系统中通过测试。

Myhack.cpp

先分析一下myhack.dll源代码（myhack.cpp）。

代码23-1 myhack.cpp

```
// myhack.cpp

#include "windows.h"
#include "tchar.h"

#pragma comment(lib, "urlmon.lib")

#define DEF_URL           (L"输入所需网址")
#define DEF_FILE_NAME    (L"index.html")

HMODULE g_hMod = NULL;

DWORD WINAPI ThreadProc(LPVOID lParam)
{
```

```
    TCHAR szPath[_MAX_PATH] = {0,};

    if( !GetModuleFileName( g_hMod, szPath, MAX_PATH ) )
        return FALSE;

    TCHAR *p = _tcsrchr( szPath, '\\' );
    if( !p )
        return FALSE;

    _tcscpy_s(p+1, _MAX_PATH, DEF_FILE_NAME);

    URLDownloadToFile(NULL, DEF_URL, szPath, 0, NULL);

    return 0;
}

BOOL WINAPI DllMain(HINSTANCE hinstDLL, DWORD fdwReason, LPVOID
                    lpvReserved)
{
    HANDLE hThread = NULL;

    g_hMod = (HMODULE)hinstDLL;

    switch( fdwReason )
    {
    case DLL_PROCESS_ATTACH :
        OutputDebugString(L"myhack.dll Injection!!!");
        hThread = CreateThread(NULL, 0, ThreadProc, NULL, 0, NULL);
        CloseHandle(hThread);
        break;
    }

    return TRUE;
}
```

在DllMain()函数中可以看到，该DLL被加载（DLL_PROCESS_ATTACH）时，先输出一个调试字符串（“myhack.dll Injection!!!”），然后创建线程调用函数（ThreadProc）。在ThreadProc()函数中通过调用urlmon!URLDownloadToFile() API来下载指定网站的index.html文件。前面提到过，向进程注入DLL后就会调用执行该DLL的DllMain()函数。所以当myhack.dll注入notepad.exe进程后，最终会调用执行URLDownloadToFile() API。

InjectDll.cpp

InjectDll.exe程序用来将myhack.dll注入notepad.exe进程，下面看一下其源代码。

代码23-2　InjectDll.cpp

```
// InjectDll.cpp

#include "windows.h"
#include "tchar.h"

BOOL InjectDll(DWORD dwPID, LPCTSTR szDllPath)
{
    HANDLE hProcess = NULL, hThread = NULL;
    HMODULE hMod = NULL;
    LPVOID pRemoteBuf = NULL;
    DWORD dwBufSize = (DWORD)(_tcslen(szDllPath) + 1) * sizeof(TCHAR);
    LPTHREAD_START_ROUTINE pThreadProc;

    // #1. 使用dwPID获取目标进程(notepad.exe)句柄。
```

```
    if ( !(hProcess = OpenProcess(PROCESS_ALL_ACCESS, FALSE, dwPID)) )
    {
        _tprintf(L"OpenProcess(%d) failed!!! [%d]\n", dwPID,
                 GetLastError());
        return FALSE;
    }

    // #2. 在目标进程 (notepad.exe) 内存中分配szDllName大小的内存。
    pRemoteBuf = VirtualAllocEx(hProcess, NULL, dwBufSize, MEM_COMMIT,
                                PAGE_READWRITE);

    // #3. 将myhack.dll路径写入分配的内存。
    WriteProcessMemory(hProcess, pRemoteBuf, (LPVOID)szDllPath, dwBufSize,
                       NULL);

    // #4. 获取LoadLibraryW() API的地址。
    hMod = GetModuleHandle(L"kernel32.dll");
    pThreadProc = (LPTHREAD_START_ROUTINE)GetProcAddress(hMod,
                                                         "LoadLibraryW");

    // #5. 在notepad.exe进程中运行线程。
    hThread = CreateRemoteThread(hProcess,          // hProcess
                                 NULL,              // lpThreadAttributes
                                 0,                 // dwStackSize
                                 pThreadProc,       // lpStartAddress
                                 pRemoteBuf,        // lpParameter
                                 0,                 // dwCreationFlags
                                 NULL);             // lpThreadId
    WaitForSingleObject(hThread, INFINITE);
    CloseHandle(hThread);
    CloseHandle(hProcess);

    return TRUE;
}

int _tmain(int argc, TCHAR *argv[])
{
    if( argc != 3)
    {
        _tprintf(L"USAGE : %s pid dll_path\n", argv[0]);
        return 1;
    }

    // inject dll
    if( InjectDll((DWORD)_tstol(argv[1]), argv[2]) )
        _tprintf(L"InjectDll(\"%s\") success!!!\n", argv[2]);
    else
        _tprintf(L"InjectDll(\"%s\") failed!!!\n", argv[2]);

    return 0;
}
```

main()函数的主要功能是检查输入程序的参数，然后调用InjectDll()函数。InjectDll()函数是用来实施DLL注入的核心函数，其功能是命令目标进程（notepad.exe）自行调用LoadLibrary（"myhack.dll"）API。下面逐行详细查看InjectDll()函数。

● 获取目标进程句柄

```
hProcess = OpenProcess(PROCESS_ALL_ACCESS, FALSE, dwPID))
```

调用OpenProcess() API，借助程序运行时以参数形式传递过来的dwPID值，获取notepad.exe进程的句柄（PROCESS_ALL_ACCESS权限）。得到PROCESS_ALL_ACCESS权限后，就可以使用获取的句柄（hProcess）控制对应进程（notepad.exe）。

- 将要注入的DLL路径写入目标进程内存

```
pRemoteBuf = VirtualAllocEx(hProcess, NULL, dwBufSize, MEM_COMMIT, PAGE_READWRITE);
```

需要把即将加载的DLL文件的路径（字符串）告知目标进程（notepad.exe）。因为任何内存空间都无法进行写入操作，故先使用VirtualAllocEx() API在目标进程（notepad.exe）的内存空间中分配一块缓冲区，且指定该缓冲区的大小为DLL文件路径字符串的长度（含Terminating NULL）即可。

提示

VirtualAllocEx()函数的返回值（pRemoteBuf）为分配所得缓冲区的地址。该地址并不是程序（Inject.exe）自身进程的内存地址，而是 hProcess 句柄所指目标进程（notepad.exe）的内存地址，请务必牢记这一点。

```
WriteProcessMemory(hProcess,pRemoteBuf,(LPVOID)szDllName,dwBufSize,NULL);
```

使用WriteProcessMemory() API将DLL路径字符串（“C:\work\dummy.dll”）写入分配所得缓冲区（pRemoteBuf）地址。WriteProcessMemory() API所写的内存空间也是hProcess句柄所指的目标进程（notepad.exe）的内存空间。这样，要注入的DLL文件的路径就被写入目标进程（notepad.exe）的内存空间。

调试API

Windows 操作系统提供了调试 API，借助它们可以访问其他进程的内存空间。其中具有代表性的有 VirtualAllocEx()、VirtualFreeEx()、WriteProcessMemory()、ReadProcessMemory()等。

- 获取LoadLibraryW() API地址

```
hMod = GetModuleHandle("kernel32.dll");
pThreadProc = (LPTHREAD_START_ROUTINE)GetProcAddress(hMod, "LoadLibraryW");
```

调用LoadLibrary() API前先要获取其地址（LoadLibraryW()是LoadLibrary()的Unicode字符串版本）。

最重要的是理解好以上代码的含义。我们的目标明明是获取加载到notepad.exe进程的kernel32.dll的LoadLibraryW() API的起始地址，但上面的代码却用来获取加载到InjectDll.exe进程的kernel32.dll的LoadLibraryW() API的起始地址。如果加载到notepad.exe进程中的kernel32.dll的地址与加载到InjectDll.exe进程中的kernel32.dll的地址相同，那么上面的代码就不会有什么问题。但是如果kernel32.dll在每个进程中加载的地址都不同，那么上面的代码就错了，执行时会发生内存引用错误。

其实在Windows系统中，kernel32.dll在每个进程中的加载地址都是相同的。

《Windows核心编程》一书中对此进行了介绍，此后这一特性被广泛应用于DLL注入技术。

提示

根据OS类型、语言、版本不同，kernel32.dll加载的地址也不同。并且Vista/7中应用了新的ASLR功能，每次启动时，系统DLL加载的地址都会改变。但是在系统运行期间它都会被映射（Mapping）到每个进程的相同地址。Windows操作系统中，DLL首次进入内存称为“加载”（Loading），以后其他进程需要使用相同DLL时不必再次加载，只要将加载过的DLL代码与资源映射一下即可，这种映射技术有利于提高内存的使用效率。

像上面这样，OS核心DLL会被加载到自身固有的地址，DLL注入利用的就是Windows OS的这一特性（该特性也可能会被恶意使用，成为Windows安全漏洞）。所以，导入InjectDll.exe进程中的LoadLibraryW()地址与导入notepad.exe进程中的LoadLibraryW()地址是相同的。

提示

一般而言，DLL文件的ImageBase默认为0x10000000，依次加载a.dll与b.dll时，先加载的a.dll被正常加载到0x10000000地址处，后加载的b.dll无法再被加载到此，而是加载到其他空白地址空间，也就是说，该过程中发生了DLL重定位（因为a.dll已经先被加载到它默认的地址处）。

若kernel32.dll加载到各个进程时地址各不相同，那么上述代码肯定是错误的。但实际在Windows操作系统中，kernel32.dll不管在哪个进程都会被加载至相同地址。为什么会这样呢？我借助PEView软件查看了Windows操作系统的核心DLL文件的ImageBase值，罗列如下表（Windows XP SP3版本，根据Windows更新不同，各值会有变化）。

系统DLL的ImageBase与SizeOfImage

DLL文件	ImageBase	SizeOfImage
msvcrt.dll	77BC0000	00058000
user32.dll	77CF0000	00090000
gdi32.dll	77E20000	00049000
advapi32.dll	77F50000	000A8000
kernel32.dll	7C7D0000	0013D0000
shell32.dll	7D5A0000	007FD000
⋮	⋮	⋮

微软整理了一份OS核心DLL文件的ImageBase值，防止各DLL文件加载时出现区域重合，这样加载DLL就不会发生DLL重定位了。

- 在目标进程中运行远程线程（Remote Thread）

```
hThread = CreateRemoteThread(hProcess, NULL, 0, pThreadProc, pRemoteBuf, 0, NULL);
  pThreadProc = notepad.exe进程内存中的LoadLibraryW()地址
  pRemoteBuf = notepad.exe进程内存中的“c:\work\myhack.dll”字符串地址
```

一切准备就绪后，最后向notepad.exe发送一个命令，让其调用LoadLibraryW() API函数加载指定的DLL文件即可，遗憾的是Windows并未直接提供执行这一命令的API。但是我们可以另辟蹊径，使用CreateRemoteThread()这个API（在DLL注入时几乎总会用到）。CreateRemoteThread()

API用来在目标进程中执行其创建出的线程，其函数原型如下：

```
CreateRemoteThread()
HANDLE WINAPI CreateRemoteThread(
  __in  HANDLE                 hProcess,            // 目标进程句柄
  __in  LPSECURITY_ATTRIBUTES  lpThreadAttributes,
  __in  SIZE_T                 dwStackSize,
  __in  LPTHREAD_START_ROUTINE lpStartAddress,      // 线程函数地址
  __in  LPVOID                 lpParameter,         // 线程参数地址
  __in  DWORD                  dwCreationFlags,
  __out LPDWORD                lpThreadId
);
                                                              出处：MSDN
```

除第一个参数hProcess外，其他参数与CreateThread()函数完全一样。hProcess参数是要执行线程的目标进程（或称“远程进程”、“宿主进程”）的句柄。lpStartAddress与lpParameter参数分别给出线程函数地址与线程参数地址。需要注意的是，这2个地址都应该在目标进程虚拟内存空间中（这样目标进程才能认识它们）。

初次接触DLL注入技术的读者朋友可能会头昏脑涨、不知所云。本来想向其他进程注入DLL文件，这里为何突然出现线程运行函数呢？仔细观察线程函数ThreadProc()与LoadLibrary() API，可以从中得到一些启示。

```
ThreadProc与LoadLibrary函数原型比较
DWORD WINAPI ThreadProc(
  __in  LPVOID         lpParameter
);

HMODULE WINAPI LoadLibrary(

  __in  LPCTSTR        lpFileName
);
                                                              出处：MSDN
```

两函数都有一个4字节的参数，并返回一个4字节的值。也就是说，二者形态结构完全一样，灵感即源于此。调用CreateRemoteThread()时，只要将LoadLibrary()函数的地址传递给第四个参数lpStartAddress，把要注入的DLL的路径字符串地址传递给第五个参数lpParameter即可（必须是目标进程的虚拟内存空间中的地址）。由于前面已经做好了一切准备，现在调用该函数使目标进程加载指定的DLL文件就行了。

其实，CreateRemoteThread()函数最主要的功能就是驱使目标进程调用LoadLibrary()函数，进而加载指定的DLL文件。

23.4.3　调试方法

本节将介绍如何从DLL文件注入目标进程就开始调试。首先重新运行notepad.exe，然后使用OllyDbg2的Attach命令附加新生成的notepad.exe进程（使用最新版本的OllyDbg2进行DLL注入调试更方便）。

如图23-10所示，使用调试器中的Attach命令附加运行中的进程后，进程就会暂停运行。按F9让notepad.exe运行起来。然后如图23-11所示，在Option对话框的Events中复选“Pause on new module(DLL)”一项。这样一来，每当有新的DLL被加载到notepad.exe进程，都会在该DLL的EP处暂停。同样，进行DLL注入时也会在该DLL的EP处暂停。使用InjectDll.exe将myhack.dll文件注入notepad.exe进程，此时调试器将暂停，如图23-12所示。

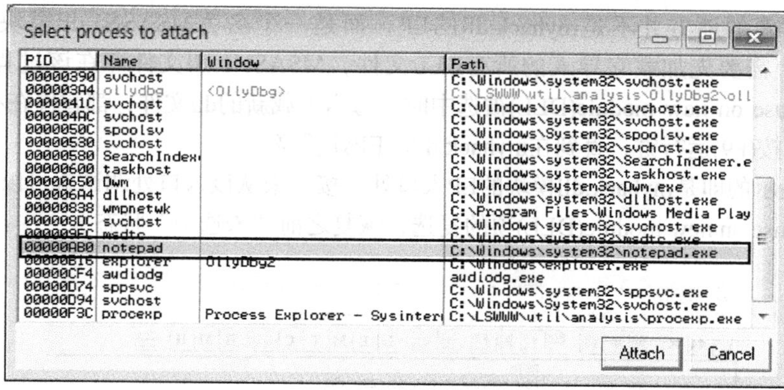

图23-10 Attach

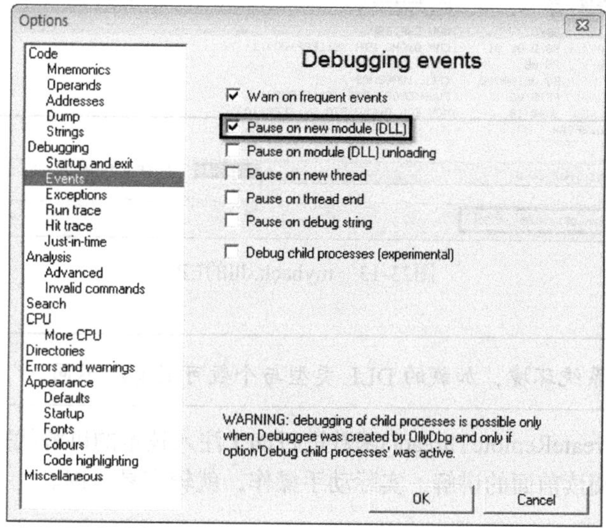

图23-11 OllyDbg2 Option: Events Pause on new module(DLL)

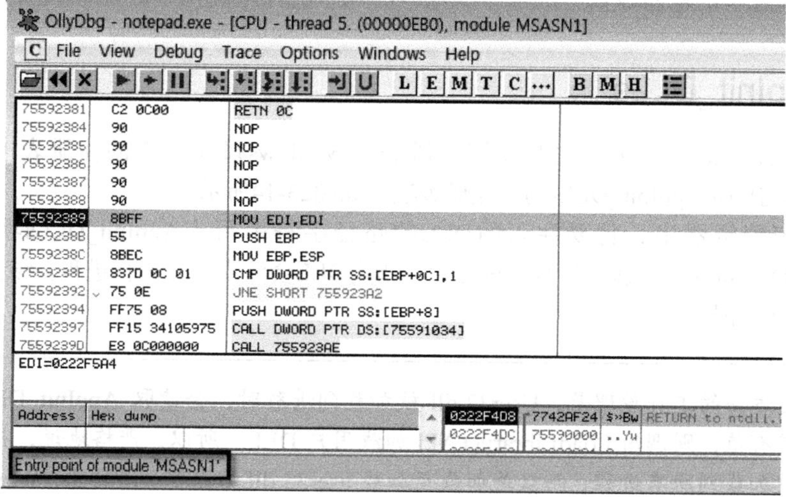

图23-12 另一个DLL的EP

调试器暂停的地方并不是myhack.dll的EP，而是一个名为MSASN1.dll模块的EP。加载myhack.dll前，需要先加载它导入的所有DLL文件，MSASN1.dll文件即在该过程中被加载。OllyDbg2的Pause on new module(DLL)被选中时，每当加载新的dll文件，都暂停在相应DLL文件的EP处。不断按(F9)运行键，直到在myhack.dll的EP处暂停。

图23-13显示的即是myhack.dll模块的EP入口处，接下来从该入口处调试就可以了（调试前，请先取消对Pause on new module(DLL)项的复选，恢复之前“未选中”状态）。

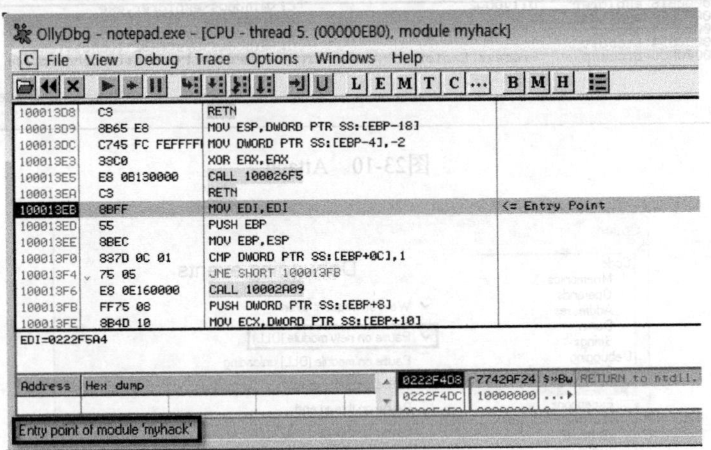

图23-13　myhack.dll的EP

提示

根据用户的系统环境，加载的DLL类型与个数可能有所不同。

至此，对于使用CreateRemoteThread()函数进行DLL注入技术的讲解就完成了。初学时可能不怎么理解，反复认真阅读前面的讲解，实际动手操作，就较容易掌握。

提示

使用CreateRemoteThread()函数注入相应DLL后，如何再次卸载注入的DLL，这部分内容请参考第24章。

23.5 AppInit_DLLs

进行DLL注入的第二种方法是使用注册表。Windows操作系统的注册表中默认提供了AppInit_DLLs与LoadAppInit_DLLs两个注册表项，如图23-14所示。

在注册表编辑器中，将要注入的DLL的路径字符串写入AppInit_DLLs项目，然后把LoadAppInit_DLLs的项目值设置为1。重启后，指定DLL会注入所有运行进程。该方法操作非常简单，但功能相当强大。

提示

上述方法的工作原理是，User32.dll被加载到进程时，会读取AppInit_DLLs注册表项，若有值，则调用LoadLibrary() API加载用户DLL。所以，严格地说，相应DLL并不会被加载到所有进程，而只是加载至加载user32.dll的进程。请注意，Windows XP会忽略LoadAppInit_DLLs注册表项。

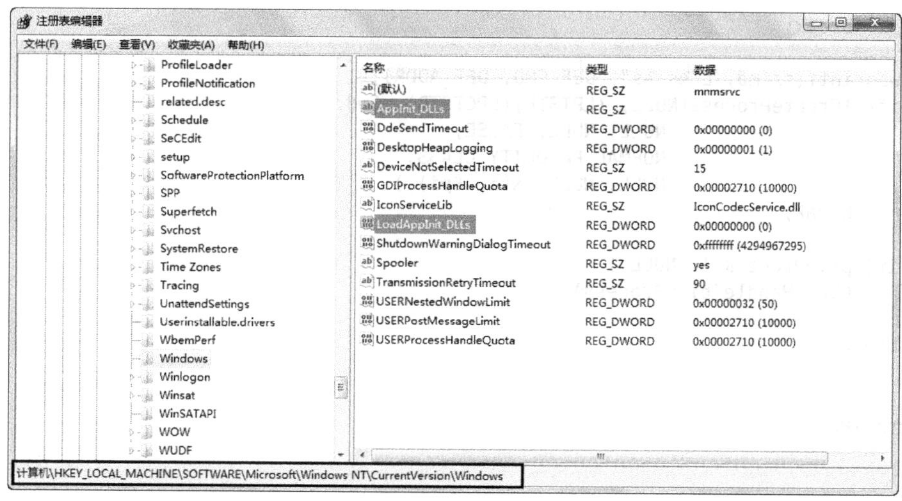

图23-14 注册表编辑器（regedit.exe）

23.5.1 分析示例源码

myhack2.cpp

下面分析一下myhack2.dll的源代码（myhack2.cpp），如代码25-3所示。

代码25-3 myhack2.cpp

```
// myhack2.cpp

#include "windows.h"
#include "tchar.h"

#define DEF_CMD  L"c:\\Program Files\\Internet Explorer\\iexplore.exe"
#define DEF_ADDR L"输入所需网址"
#define DEF_DST_PROC L"notepad.exe"

BOOL WINAPI DllMain(HINSTANCE hinstDLL, DWORD fdwReason, LPVOID
                    lpvReserved)
{
    TCHAR szCmd[MAX_PATH]  = {0,};
    TCHAR szPath[MAX_PATH] = {0,};
    TCHAR *p = NULL;
    STARTUPINFO si = {0,};
    PROCESS_INFORMATION pi = {0,};

    si.cb = sizeof(STARTUPINFO);
    si.dwFlags = STARTF_USESHOWWINDOW;
    si.wShowWindow = SW_HIDE;

    switch( fdwReason )
    {
    case DLL_PROCESS_ATTACH :
        if( !GetModuleFileName( NULL, szPath, MAX_PATH ) )
            break;

        if( !(p = _tcsrchr(szPath, '\\')) )
            break;

        if( _tcsicmp(p+1, DEF_DST_PROC) )
```

```
        break;

    wsprintf(szCmd, L"%s %s", DEF_CMD, DEF_ADDR);
    if( !CreateProcess(NULL, (LPTSTR)(LPCTSTR)szCmd,
                       NULL, NULL, FALSE,
                       NORMAL_PRIORITY_CLASS,
                       NULL, NULL, &si, &pi) )
        break;

    if( pi.hProcess != NULL )
        CloseHandle(pi.hProcess);

    break;
  }

  return TRUE;
}
```

myhack2.dll的源代码非常简单，若当前加载自己的进程为“notepad.exe”，则以隐藏模式运行IE，连接指定网站。这样就可以根据不同目的执行多种任务了。

23.5.2　练习示例 myhack2.dll

下面使用修改注册表项的方法做个DLL注入练习，注意操作顺序。

复制文件

首先将要注入的DLL文件（myhack2.dll）复制到合适位置（在我电脑中的位置为C:\work\myhack2.dll），如图23-15所示。

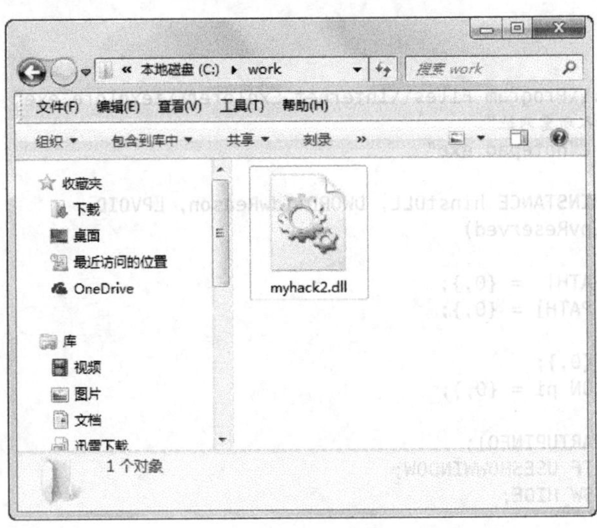

图23-15　复制myhack2.dll到工作文件夹

修改注册表项

运行注册表编辑器regedit.exe，进入如下路径。

```
HKEY_LOCAL_MACHINE\SOFTWARE\Microsoft\Windows NT\CurrentVersion\Windows
```

编辑修改AppInit_DLLs表项的值，如图23-16所示（请输入myhack2.dll的完整路径）。

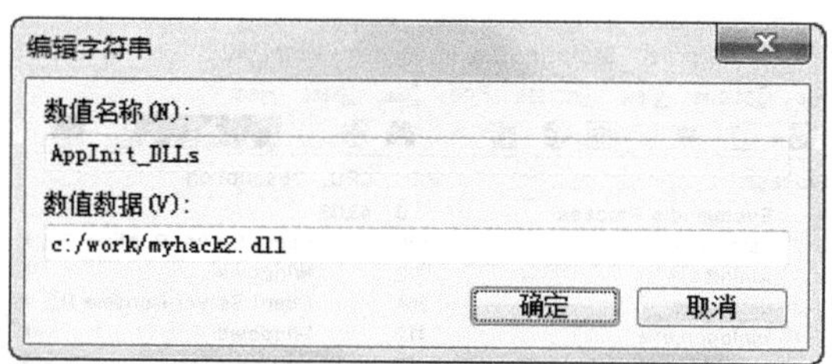

图23-16 编辑AppInit_DLLs表项

然后修改LoadAppInit_DLLs注册表项的值为1，如图23-17所示。

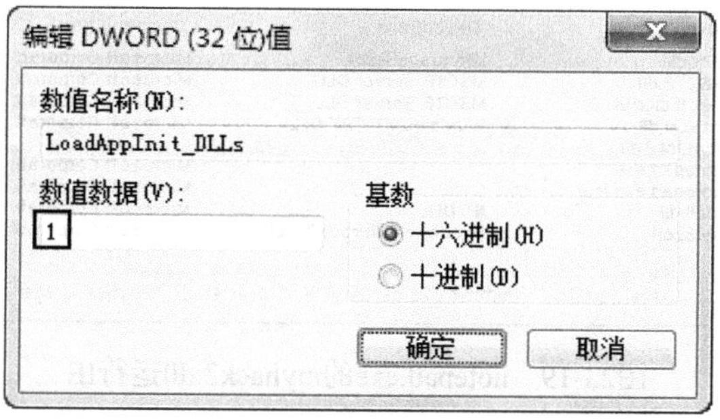

图23-17 修改LoadAppInit_DLLs值

重启系统

注册表项修改完毕后，重启系统，使修改生效。系统重启完成后，使用Process Explorer查看myhack2.dll是否被注入所有（加载user32.dll的）进程。

从图23-18可以看到，myhack2.dll成功注入所有加载user32.dll的进程。但由于它的目标进程仅是notepad.exe进程，所以在其他进程中不会执行任何动作。运行notepad.exe，可以看到IE被（以隐藏模式）执行，如图23-19所示。

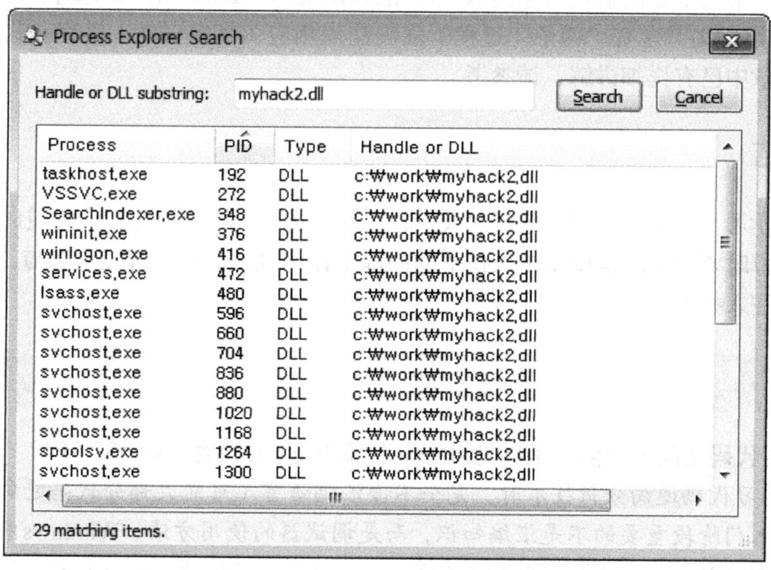

图23-18 被注入的myhack2.dll

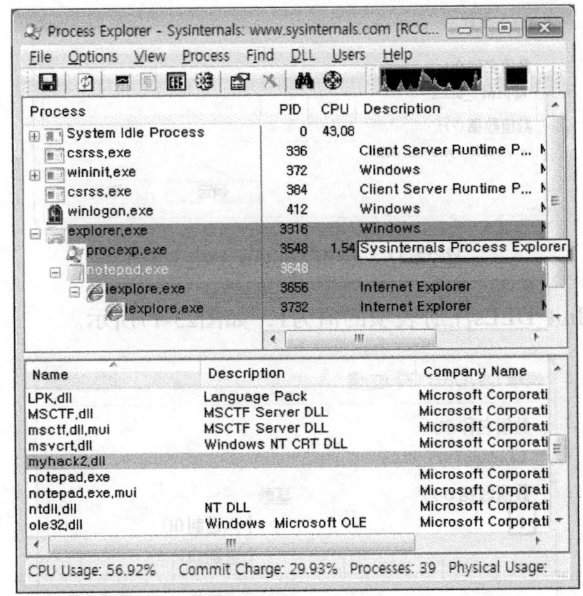

图23-19　notepad.exe的myhack2.dll运行IE

提示

AppInit_DLLs注册表键非常强大，通过它几乎可以向所有进程注入DLL文件。若被注入的DLL出现问题（Bug），则有可能导致Windows无法正常启动，所以修改该AppInit_DLLs前务必彻查。

23.6 SetWindowsHookEx()

注入DLL的第三个方法就是消息钩取，即用SetWindowsHookEx() API安装好消息“钩子”，然后由OS将指定DLL（含有“钩子”过程）强制注入相应（带窗口的）进程。其工作原理与使用方法在第21章中已有详细讲解，请参考。

23.7 小结

本章我们学习了有关DLL注入的概念及具体的实现方法。这些内容在代码逆向分析中占据着很大比重，学习时要重点理解DLL注入技术的内部工作原理。此外，进程钩取与“打补丁”中也广泛应用DLL注入技术。

Q&A

Q. 开始学习代码逆向分析前，是不是得先学汇编语言、C语言、Win32 API?

A. 我开始学习代码逆向分析技术时，完全不懂汇编语言（可能大部分代码逆向分析人员都如此）。入门阶段重要的不是汇编知识，而是调试器的使用方法、Windows内部结构等内容。C语言与Win32 API是一定要学好的，如果事先已经学过，那当然好；没学过也不要担心，遇到就随时查看并学习相关资料。初学时多碰壁反而是好事。

Q. 我编写了一个DLL文件，想注入Explorer.exe进程，但杀毒软件总是报告病毒。

A. 向系统进程注入DLL时，大部分杀毒软件会根据行为算法将其标识为病毒并查杀。

Q. 前面的讲解中提到“CreateRemoteThread()实际调用的是LoadLibrary()”，实际生成的不是线程吗？

A. 是的，会在目标进程中创建线程。与普通意义上的创建线程相比，调用LoadLibrary()占据了很大比重，所以才这样说的（这可能给大家造成了混乱）。

Q. 进程A不具有串口通信功能，我想使用DLL注入技术为进程添加该功能，这可以实现吗？

A. 从技术角度来说，问题不大。只要把串口通信功能放入要注入的DLL即可。但如需与原程序联动，设计时必须进行更准确的分析，找到合适的方案（我认为这个问题其实就是灵活运用代码逆向分析技术的一个示例，即通过代码逆向分析技术，向程序中添加新功能或修改不足之处）。

第24章　DLL卸载

DLL卸载（DLL Ejection）是将强制插入进程的DLL弹出的一种技术，其基本工作原理与使用CreateRemoteThread API进行DLL注入的原理类似。

24.1　DLL 卸载的工作原理

前面我们学习过使用CreateRemoteThread() API进行DLL注入的工作原理，概括如下：

驱使目标进程调用LoadLibrary() API

同样，DLL卸载工作原理也非常简单：

驱使目标进程调用FreeLibrary() API

也就是说，将FreeLibrary() API的地址传递给CreateRemoteThread()的lpStartAddress参数，并把要卸载的DLL的句柄传递给lpParameter参数。

提示

每个 Windows 内核对象（Kernel Object）都拥有一个引用计数（Reference Count），代表对象被使用的次数。调用 10 次 LoadLibrary(“a.dll”)，a.dll 的引用计数就变为 10，卸载 a.dll 时同样需要调用 10 次 Freelibrary()（每调用一次 LoadLibrary()，引用计数会加 1；而每调用一次 Freelibrary()，引用计数会减 1）。因此，卸载 DLL 时要充分考虑好“引用计数”这个因素。

24.2　实现 DLL 卸载

提示

下面介绍的源代码使用 Microsoft Visual C++ Express 2010 编写而成，并在 Windows XP/7 32 位系统中通过测试。

首先分析一下EjectDll.exe程序，它用来从目标进程（notepad.exe）卸载指定的DLL文件（myhack.dll，已注入目标进程），程序源代码（EjectDll.cpp）如下所示。

代码24-1　EjectDll.cpp

```
// EjectDll.exe

#include “windows.h”
#include “tlhelp32.h”
#include “tchar.h”

#define DEF_PROC_NAME (L”notepad.exe”)
#define DEF_DLL_NAME  (L”myhack.dll”)
```

```
DWORD FindProcessID(LPCTSTR szProcessName)
{
    DWORD dwPID = 0xFFFFFFFF;
    HANDLE hSnapShot = INVALID_HANDLE_VALUE;
    PROCESSENTRY32 pe;

    // 获取系统快照 (SnapShot)
    pe.dwSize = sizeof( PROCESSENTRY32 );
    hSnapShot = CreateToolhelp32Snapshot( TH32CS_SNAPALL, NULL );

    // 查找进程
    Process32First(hSnapShot, &pe);
    do
    {
        if(!_tcsicmp(szProcessName, (LPCTSTR)pe.szExeFile))
        {
            dwPID = pe.th32ProcessID;
            break;
        }
    }
    while(Process32Next(hSnapShot, &pe));

    CloseHandle(hSnapShot);

    return dwPID;
}

BOOL SetPrivilege(LPCTSTR lpszPrivilege, BOOL bEnablePrivilege)
{
    TOKEN_PRIVILEGES tp;
    HANDLE hToken;
    LUID luid;

    if( !OpenProcessToken(GetCurrentProcess(),
                          TOKEN_ADJUST_PRIVILEGES | TOKEN_QUERY,
                          &hToken) )
    {
        _tprintf(L"OpenProcessToken error: %u\n", GetLastError());
        return FALSE;
    }

    if( !LookupPrivilegeValue(NULL,             // lookup privilege on local
                                                // system
                              lpszPrivilege,    // privilege to lookup
                              &luid) )          // receives LUID of
                                                // privilege
    {
        _tprintf(L"LookupPrivilegeValue error: %u\n", GetLastError() );
        return FALSE;
    }

    tp.PrivilegeCount = 1;
    tp.Privileges[0].Luid = luid;
    if( bEnablePrivilege )
        tp.Privileges[0].Attributes = SE_PRIVILEGE_ENABLED;
    else
        tp.Privileges[0].Attributes = 0;

    // Enable the privilege or disable all privileges.
    if( !AdjustTokenPrivileges(hToken,
                               FALSE,
```

```
                              &tp,
                              sizeof(TOKEN_PRIVILEGES),
                              (PTOKEN_PRIVILEGES) NULL,
                              (PDWORD) NULL) )
    {
        _tprintf(L"AdjustTokenPrivileges error: %u\n", GetLastError() );
        return FALSE;
    }

    if( GetLastError() == ERROR_NOT_ALL_ASSIGNED )
    {
        _tprintf(L"The token does not have the specified privilege. \n");
        return FALSE;
    }

    return TRUE;
}

BOOL EjectDll(DWORD dwPID, LPCTSTR szDllName)
{
    BOOL bMore = FALSE, bFound = FALSE;
    HANDLE hSnapshot, hProcess, hThread;
    HMODULE hModule = NULL;
    MODULEENTRY32 me = { sizeof(me) };
    LPTHREAD_START_ROUTINE pThreadProc;

    // dwPID=notepad进程ID
    // 使用TH32CS_SNAPMODULE参数，获取加载到notepad进程的DLL名称
    hSnapshot = CreateToolhelp32Snapshot(TH32CS_SNAPMODULE, dwPID);

    bMore = Module32First(hSnapshot, &me);
    for( ; bMore ; bMore = Module32Next(hSnapshot, &me) )
    {
        if( !_tcsicmp((LPCTSTR)me.szModule, szDllName) ||
            !_tcsicmp((LPCTSTR)me.szExePath, szDllName) )
        {
            bFound = TRUE;
            break;
        }
    }

    if( !bFound )
    {
        CloseHandle(hSnapshot);
        return FALSE;
    }

    if ( !(hProcess = OpenProcess(PROCESS_ALL_ACCESS, FALSE, dwPID)) )
    {
        _tprintf(L"OpenProcess(%d) failed!!! [%d]\n", dwPID,
                 GetLastError());
        return FALSE;
    }

    hModule = GetModuleHandle(L"kernel32.dll");
    pThreadProc = (LPTHREAD_START_ROUTINE)GetProcAddress(hModule,
                                                         "FreeLibrary");
    hThread = CreateRemoteThread(hProcess, NULL, 0,
                                 pThreadProc, me.modBaseAddr,
                                 0, NULL);
    WaitForSingleObject(hThread, INFINITE);
```

```
    CloseHandle(hThread);
    CloseHandle(hProcess);
    CloseHandle(hSnapshot);

    return TRUE;
}

int _tmain(int argc, TCHAR* argv[])
{
    DWORD dwPID = 0xFFFFFFFF;

    // 查找process
    dwPID = FindProcessID(DEF_PROC_NAME);
    if( dwPID == 0xFFFFFFFF )
    {
        _tprintf(L"There is no %s process!\n", DEF_PROC_NAME);
        return 1;
    }

    _tprintf(L"PID of \"%s\" is %d\n", DEF_PROC_NAME, dwPID);

    // 更改privilege
    if( !SetPrivilege(SE_DEBUG_NAME, TRUE) )
        return 1;

    // eject dll
    if( EjectDll(dwPID, DEF_DLL_NAME) )
        _tprintf(L"EjectDll(%d, \"%s\") success!!!\n", dwPID, DEF_DLL_
                 NAME);
    else
        _tprintf(L"EjectDll(%d, \"%s\") failed!!!\n", dwPID, DEF_DLL_
                 NAME);

    return 0;
}
```

前面介绍过，卸载DLL的原理是驱使目标对象自己调用FreeLibrary() API，上述代码中的EjectDll()函数就是用来卸载DLL的。下面仔细分析一下EjectDll()函数。

24.2.1 获取进程中加载的 DLL 信息

```
hSnapshot=CreateToolhelp32Snapshot(TH32CS_SNAPMODULE,dwPID);
```

使用CreateToolhelp32Snapshot() API可以获取加载到进程的模块（DLL）信息。将获取的hSnapshot句柄传递给Module32First()/Module32Next()函数后，即可设置与MODULEENTRY32结构体相关的模块信息。代码24-2是MODULEENTRY32结构体的定义。

代码24-2 MODULEENTRY32结构体

```
typedef struct tagMODULEENTRY32
{
    DWORD   dwSize;
    DWORD   th32ModuleID;       // This module
    DWORD   th32ProcessID;      // owning process
    DWORD   GlblcntUsage;       // Global usage count on the module
    DWORD   ProccntUsage;       // Module usage count in th32ProcessID's
                                // context
    BYTE  * modBaseAddr;        // Base address of module in
                                // th32ProcessID's context
    DWORD   modBaseSize;        // Size in bytes of module starting at
```

```
                              // modBaseAddr
    HMODULE hModule;          // The hModule of this module in
                              // th32ProcessID's context
    char    szModule[MAX_MODULE_NAME32 + 1];
    char    szExePath[MAX_PATH];
} MODULEENTRY32;
```

出处：MSDN

szModule成员表示DLL的名称，modBaseAddr成员表示相应DLL被加载的地址（进程虚拟内存）。在EjectDll()函数的for循环中比较szModule与希望卸载的DLL文件名称，能够准确查找到相应模块的信息。

24.2.2　获取目标进程的句柄

```
hProcess=OpenProcess(PROCESS_ALL_ACCESS,FALSE,dwPID);
```

该语句使用进程ID来获取目标进程（notepad）的进程句柄（下面用获得的进程句柄调用CreateRemoteThread() API）。

24.2.3　获取 FreeLibrary() API 地址

```
hModule=GetModuleHandle(L"kernel32.dll");
pThreadProc=(LPTHREAD_START_ROUTINE)GetProcAddress(hModule, "FreeLibrary");
```

若要驱使notepad进程自己调用FreeLibrary() API，需要先得到FreeLibrary()的地址。然而上述代码获取的不是加载到notepad.exe进程中的Kernel32!FreeLibrary地址，而是加载到EjectDll.exe进程中的Kernel32!FreeLibrary地址。如果理解了前面学过的有关DLL注入的内容，那么各位应该能猜出其中缘由——FreeLibrary地址在所有进程中都是相同的。

24.2.4　在目标进程中运行线程

```
hThread=CreateRemoteThread(hProcess,NULL,0,pThreadProc,
me.modBaseAddr, 0,NULL);
```

pThreadProc参数是FreeLibrary() API的地址，me.modBaseAddr参数是要卸载的DLL的加载地址。将线程函数指定为FreeLibrary函数，并把DLL加载地址传递给线程参数，这样就在目标进程中成功调用了FreeLibrary() API（CreateRemoteThread() API原意是在外部进程调用执行线程函数，只不过这里的线程函数换成了FreeLibrary()函数）。

代码24-3　FreeLibrary()

```
BOOL WINAPI FreeLibrary(
    HMODULE hLibModule
);
```

出处：MSDN

ThreadProc函数与FreeLibrary函数都只有1个参数，以上方法的灵感即源于此。

24.3　DLL 卸载练习

本节一起做个练习，先将myhack.dll注入notepad.exe进程，随后再将其卸载。

24.3.1　复制文件及运行 notepad.exe

首先，复制下面3个文件到工作文件夹（c:\work），如图24-1所示。

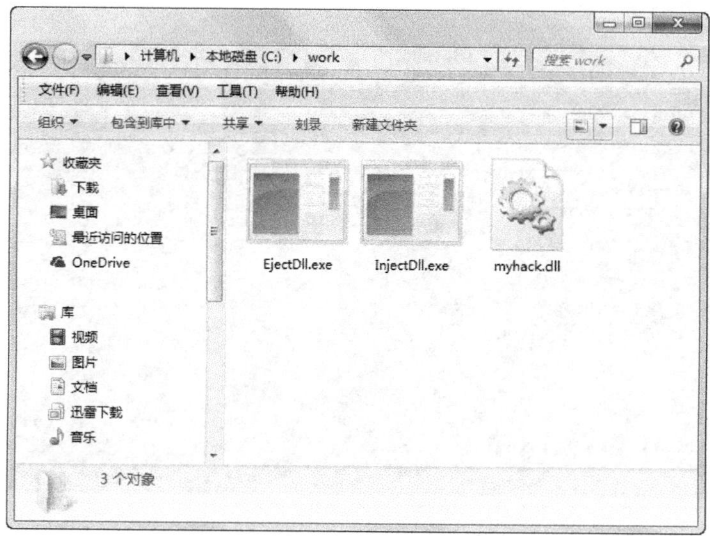

图24-1　复制文件到工作文件夹

然后，运行notepad.exe并查看其PID，如图24-2所示。

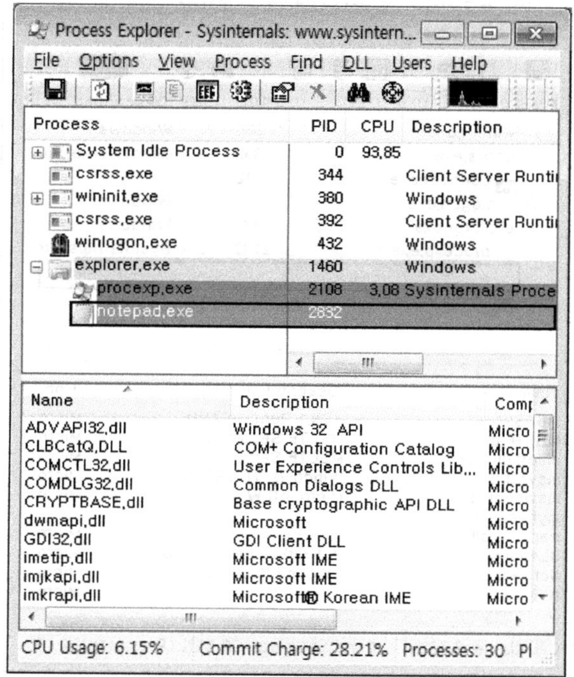

图24-2　Process Explorer

我的电脑环境中，notepad.exe的PID为2832。

24.3.2　注入 myhack.dll

打开命令行窗口（cmd.exe），输入如下参数，将myhack.dll文件注入notepad.exe进程，如图24-3所示。

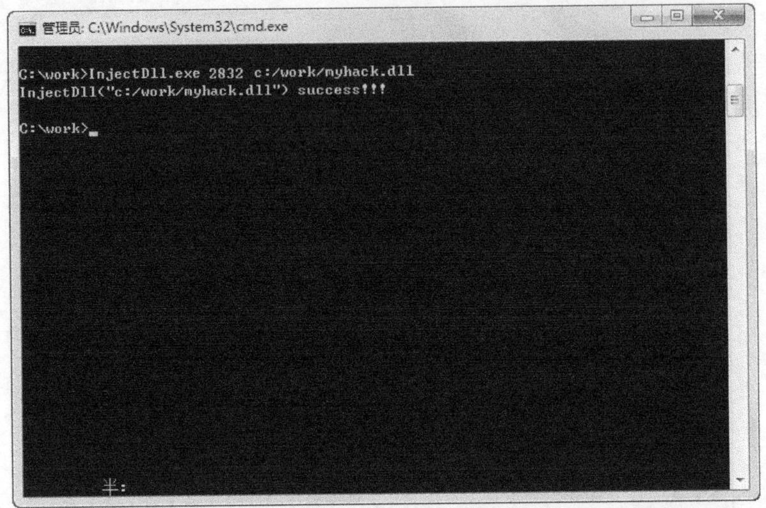

图24-3　运行InjectDll.exe

可以在Process Explorer中看到myhack.dll注入成功，如图24-4所示。

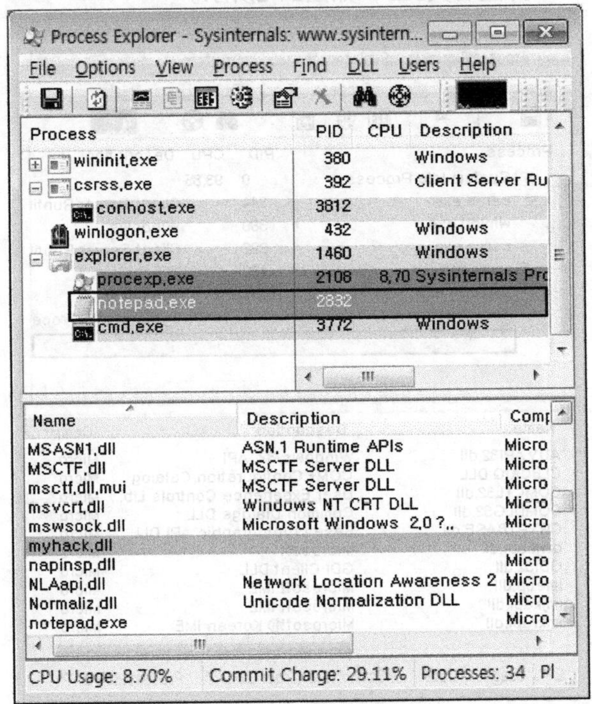

图24-4　注入成功

24.3.3　卸载 myhack.dll

打开命令行窗口（cmd.exe），输入如下参数，将注入notepad.exe进程的myhack.dll文件卸载下来，如图24-5所示。

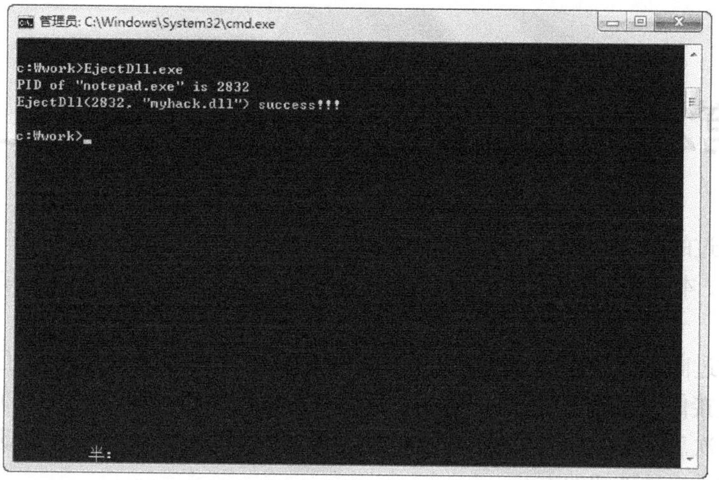

图24-5 运行EjectDll.exe

请使用Process Explorer查看是否成功卸载。DLL卸载的基本原理与DLL注入的原理相同，理解起来非常容易。请各位认真阅读上面的内容并亲自操作。

Q&A

Q. 使用FreeLibrary()卸载DLL的方法好像仅适用于使用CreateRemoteThread()注入的DLL文件，有没有什么方法可以将加载的普通DLL文件卸载下来呢？

A. 正如您所说，使用FreeLibrary()的方法仅适用于卸载自己强制注入的DLL文件。PE文件直接导入的DLL文件是无法在进程运行过程中卸载的。

第25章 通过修改PE加载DLL

除了前面讲过的DLL动态注入技术外，还可以采用“手工修改可执行文件”的方式加载用户指定的DLL文件，本章将向各位介绍这种方法。学习这种技术前，首先要掌握有关PE文件格式的知识。

前面我们学过向“运行中的进程”强制注入指定DLL文件的方法。下面我们将换用另外一种方法，通过“直接修改目标程序的可执行文件”，使其运行时强制加载指定的DLL文件。这种方法只要应用过一次后（不需要另外的注入操作），每当进程开始运行时就会自动加载指定的DLL文件。其实，这是一种破解的方法。

25.1 练习文件

本节将做个简单练习以帮助大家更好地理解要学习的内容。我们的目标是，直接修改TextView.exe文件，使其在运行时自动加载myhack3.dll文件（这需要各位事先掌握修改PE文件头的相关知识与技术）。

25.1.1 TextView.exe

TextView.exe是一个非常简单的文本查看程序，只要用鼠标将要查看的文本文件（myhack3.cpp）拖动（Drop）到其中，即可通过它查看文本文件的内容，如图25-1所示。

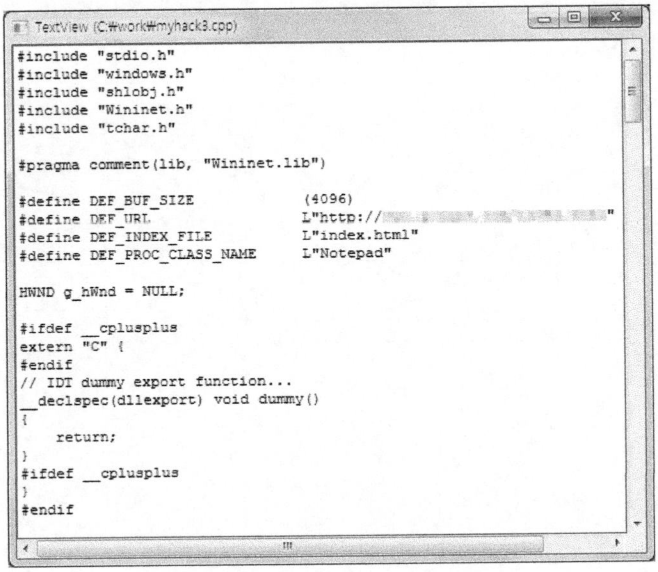

```
TextView (C:\work\myhack3.cpp)
#include "stdio.h"
#include "windows.h"
#include "shlobj.h"
#include "Wininet.h"
#include "tchar.h"

#pragma comment(lib, "Wininet.lib")

#define DEF_BUF_SIZE            (4096)
#define DEF_URL                 L"http://[illegible]"
#define DEF_INDEX_FILE          L"index.html"
#define DEF_PROC_CLASS_NAME     L"Notepad"

HWND g_hWnd = NULL;

#ifdef __cplusplus
extern "C" {
#endif
// IDT dummy export function...
__declspec(dllexport) void dummy()
{
    return;
}
#ifdef __cplusplus
}
#endif
```

图25-1 TextView.exe运行界面

各位可将任意一个文本文件拖入其中测试。接下来，使用PEView工具查看TextView.exe可执行文件的IDT（Import Directory Table，导入目录表）。

从图25-2中可以看到，TextView.exe中直接导入的DLL文件为KERNEL32.dll、USER32.dll、GDI32.dll、SHELL32.dll。

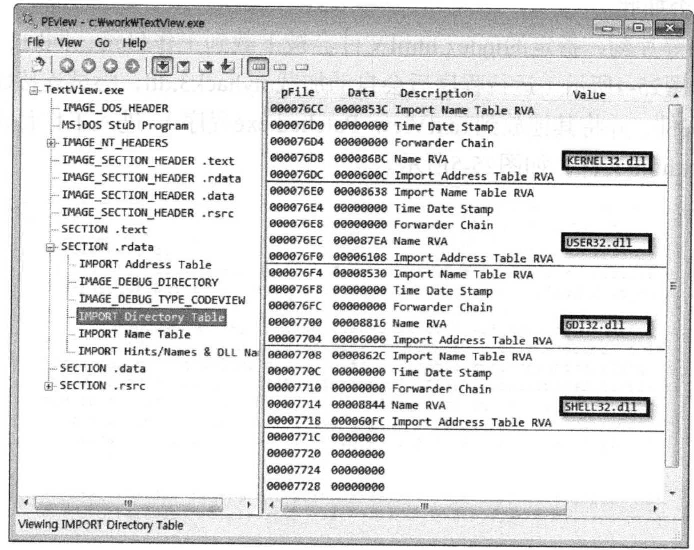

图25-2 PEView: TextView.exe的IDT

25.1.2 TextView_patched.exe

TextView_patched.exe是修改TextView.exe文件的IDT后得到的文件，即在IDT中添加了导入myhack3.dll的部分，运行时会自动导入myhack3.dll文件。使用PEView工具查看TextView_patched.exe的IDT，如图25-3所示。

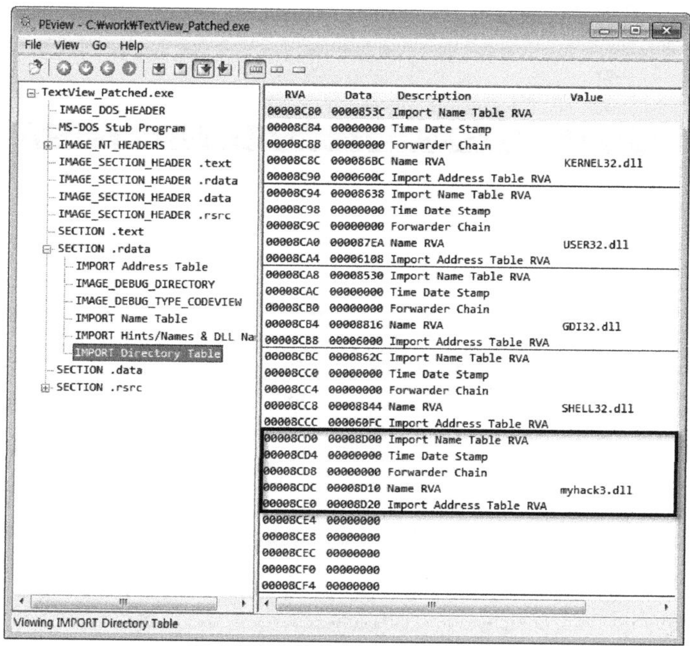

图25-3 PEView：TextView_Patched.exe的IDT

从图25-3可以看到，IDT中除了原来的4个DLL文件外，还新增了一个myhack3.dll文件。这样，运行TextView_Patched.exe文件时程序就会自动加载myhack3.dll文件。下面运行TextView_Patched.exe看看是否如此。

运行程序并稍等片刻，指定的index.html文件会被下载到工作目录，同时，文本查看程序会自动将其打开，如图25-4所示（运行程序后会自动加载myhack3.dll，尝试连接Google网站，下载网站的index.html文件，并将其拖放到TextView_Patched.exe程序）。进入工作目录，使用网络浏览器打开下载的index.html文件，如图25-5所示。

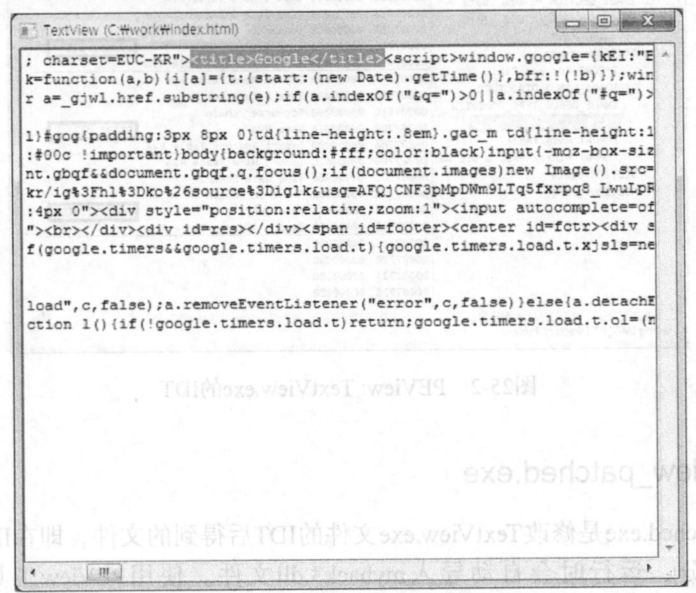

图25-4　TextView_Patched.exe运行界面

图25-5　使用网络浏览器打开index.html文件

从图25-5中可以看到，下载的的确是谷歌的index.html文件。

提示

系统环境不同（网络、防火墙策略、安全/管理程序等），可能导致 index.html 文件无法下载。若正常运行仍无法成功下载 index.html 文件，建议更换不同的系统环境再次测试。

25.2 源代码 - myhack3.cpp

本节将分析myhack3.dll的源代码（myhack3.cpp）。

提示

所有源代码均使用 MS Visual C++ 2010 Express Edition 编写而成，在 Windows XP/7 32 位环境中通过测试。

25.2.1 DllMain()

代码25-1 DllMain()

```
#include "stdio.h"
#include "windows.h"
#include "shlobj.h"
#include "Wininet.h"
#include "tchar.h"

#pragma comment(lib, "Wininet.lib")

#define DEF_BUF_SIZE            (4096)
#define DEF_URL                 L"输入所需网址"
#define DEF_INDEX_FILE          L"index.html"

DWORD WINAPI ThreadProc(LPVOID lParam)
{
    TCHAR szPath[MAX_PATH] = {0,};
    TCHAR *p = NULL;

    GetModuleFileName(NULL, szPath, sizeof(szPath));

    if( p = _tcsrchr(szPath, L'\\') )
    {
        _tcscpy_s(p+1, wcslen(DEF_INDEX_FILE)+1, DEF_INDEX_FILE);

        if( DownloadURL(DEF_URL, szPath) )
        {
            DropFile(szPath);
        }
    }

    return 0;
}

BOOL WINAPI DllMain(HINSTANCE hinstDLL, DWORD fdwReason, LPVOID
                    lpvReserved)
{
    switch( fdwReason )
    {
```

```
        case DLL_PROCESS_ATTACH :
            CloseHandle(CreateThread(NULL, 0, ThreadProc, NULL, 0, NULL));
            break;
    }

    return TRUE;
}
```

DllMain()函数的功能非常简单，创建线程运行指定的线程过程，在线程过程（ThreadProc）中调用DownloadURL()与DropFile()函数，下载指定的网页并将其拖放到文本查看程序。下面分别详细查看这2个函数。

25.2.2 DownloadURL()

代码25-2 DownloadURL()

```
BOOL DownloadURL(LPCTSTR szURL, LPCTSTR szFile)
{
    BOOL            bRet = FALSE;
    HINTERNET       hInternet = NULL, hURL = NULL;
    BYTE            pBuf[DEF_BUF_SIZE] = {0,};
    DWORD           dwBytesRead = 0;
    FILE            *pFile = NULL;
    errno_t         err = 0;

    hInternet = InternetOpen(L"ReverseCore",
                             INTERNET_OPEN_TYPE_PRECONFIG,
                             NULL,
                             NULL,
                             0);
    if( NULL == hInternet )
    {
        OutputDebugString(L"InternetOpen() failed!");
        return FALSE;
    }

    hURL = InternetOpenUrl(hInternet,
                           szURL,
                           NULL,
                           0,
                           INTERNET_FLAG_RELOAD,
                           0);
    if( NULL == hURL )
    {
        OutputDebugString(L"InternetOpenUrl() failed!");
        goto _DownloadURL_EXIT;
    }

    if( err = _tfopen_s(&pFile, szFile, L"wt") )
    {
        OutputDebugString(L"fopen() failed!");
        goto _DownloadURL_EXIT;
    }

    while( InternetReadFile(hURL, pBuf, DEF_BUF_SIZE, &dwBytesRead) )
    {
        if( !dwBytesRead )
            break;

        fwrite(pBuf, dwBytesRead, 1, pFile);
```

```
    }

    bRet = TRUE;

    _DownloadURL_EXIT:
    if( pFile )
        fclose(pFile);

    if( hURL )
        InternetCloseHandle(hURL);

    if( hInternet )
        InternetCloseHandle(hInternet);

    return bRet;
}
```

DownloadURL()函数会下载参数szURL中指定的网页文件，并将其保存到szFile目录。示例中，该函数用来连接谷歌网站，并下载网站的index.html文件。

提示

实际上，上述示例中的DownloadURL()函数是使用InternetOpen()、InternetOpenUrl()、InternetReadFile() API对URLDownloadToFile() API的简单实现。InternetOpen()、InternetOpenUrl()、InternetReadFile() API均在wininet.dll中提供，而URLDownloadToFile() API在urlmon.dll中提供。

25.2.3 DropFile()

代码25-3 DropFile()

```
BOOL CALLBACK EnumWindowsProc(HWND hWnd, LPARAM lParam)
{
    DWORD dwPID = 0;

    GetWindowThreadProcessId(hWnd, &dwPID);

    if( dwPID == (DWORD)lParam )
    {
        g_hWnd = hWnd;
        return FALSE;
    }

    return TRUE;
}

HWND GetWindowHandleFromPID(DWORD dwPID)
{
    EnumWindows(EnumWindowsProc, dwPID);

    return g_hWnd;
}

BOOL DropFile(LPCTSTR wcsFile)
{
    HWND            hWnd = NULL;
    DWORD           dwBufSize = 0;
    BYTE            *pBuf = NULL;
```

```
    DROPFILES       *pDrop = NULL;
    char            szFile[MAX_PATH] = {0,};
    HANDLE          hMem = 0;

    WideCharToMultiByte(CP_ACP, 0, wcsFile, -1,
                        szFile, MAX_PATH, NULL, NULL);

    dwBufSize = sizeof(DROPFILES) + strlen(szFile) + 1;

    if( !(hMem = GlobalAlloc(GMEM_ZEROINIT, dwBufSize)) )
    {
        OutputDebugString(L"GlobalAlloc() failed!!!");
        return FALSE;
    }

    pBuf = (LPBYTE)GlobalLock(hMem);

    pDrop = (DROPFILES*)pBuf;
    pDrop->pFiles = sizeof(DROPFILES);
    strcpy_s((char*)(pBuf + sizeof(DROPFILES)), strlen(szFile)+1, szFile);

    GlobalUnlock(hMem);

    if( !(hWnd = GetWindowHandleFromPID(GetCurrentProcessId())) )
    {
        OutputDebugString(L"GetWndHandleFromPID() failed!!!");
        return FALSE;
    }

    PostMessage(hWnd, WM_DROPFILES, (WPARAM)pBuf, NULL);

    return TRUE;
}
```

DropFile()函数将下载的index.html文件拖放到TextView_Patch.exe进程并显示其内容。为此，需要先获取TextView_Patch.exe进程的主窗口句柄，再传送WM_DROPFILES消息。总之，DropFile()函数的主要功能是，使用PID获取窗口句柄，再调用postMessage(WM_DROPFILES) API将消息放入消息队列（此处省略有关API的详细说明）。

25.2.4　dummy()

在myhack3.cpp源代码中还要注意dummy()这个函数。

代码25-4　dummy()

```
#ifdef __cplusplus
extern "C" {
#endif
// 出现在IDT中的dump export function...
__declspec(dllexport) void dummy()
{
    return;
}
#ifdef __cplusplus
}
#endif
```

dummy()函数是myhack3.dll文件向外部提供服务的导出函数，但正如所见，它没有任何功能。既然如此，为何还要将其导出呢？这是为了保持形式上的完整性，使myhack3.dll能够顺利添加到

TextView.exe文件的导入表。

在PE文件中导入某个DLL，实质就是在文件代码内调用该DLL提供的导出函数。PE文件头中记录着DLL名称、函数名称等信息。因此，myhack3.dll至少要向外提供1个以上的导出函数才能保持形式上的完整性。

一般而言，向导入表中添加DLL是由程序的构建工具（VC++、VB、Delphi等）完成的，但下面我们将直接使用PE Viewer与Hex Editor两个工具修改TextView.exe的导入表，以便更好地学习代码逆向分析知识。

25.3 修改 TextView.exe 文件的准备工作

25.3.1 修改思路

如前所见，PE文件中导入的DLL信息以结构体列表形式存储在IDT中。只要将myhack3.dll添加到列表尾部就可以了。当然，此前要确认一下IDT中有无足够空间。

25.3.2 查看 IDT 是否有足够空间

首先，使用PEView查看TextView.exe的IDT地址（PE文件头的IMAGE_OPTIONAL_HEADER结构体中导入表RVA值即为IDT的RVA）。

从图25-6可知，IDT的地址（RVA）为84CC。接下来，在PEView中直接查看IDT（在PEView工具栏中设置地址视图选项为RVA）。

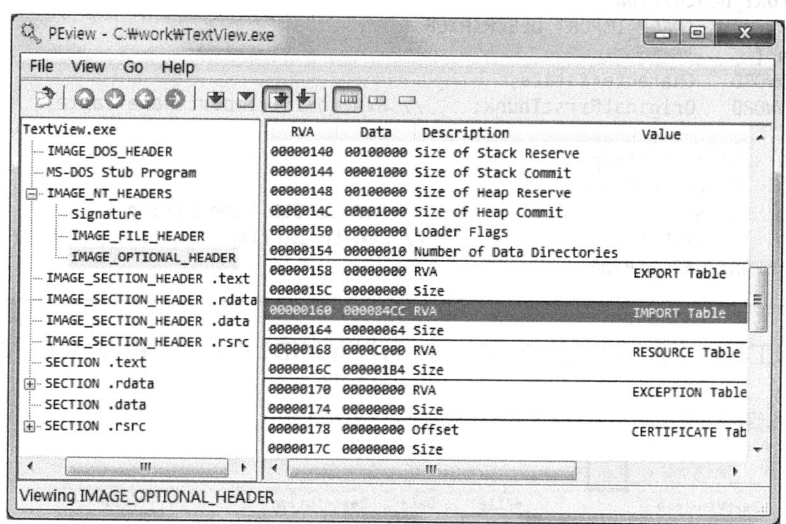

图25-6 PEView：IMAGE_OPTIONAL_HEADER中IDT的RVA值

从图中可以看到，TextView.exe的IDT存在于.rdata节区。我们在前面学过PE文件头的知识，知道IDT是由IMAGE_IMPORT_DESCRIPTOR（以下称IID）结构体组成的数组，且数组末尾以NULL结构体结束。由于每个导入的DLL文件都对应1个IID结构体（每个IID结构体的大小为0 × 14字节），所以图25-7中整个IID区域为RVA: 84CC~852F（整体大小为0 × 14*5=0 × 64字节）。

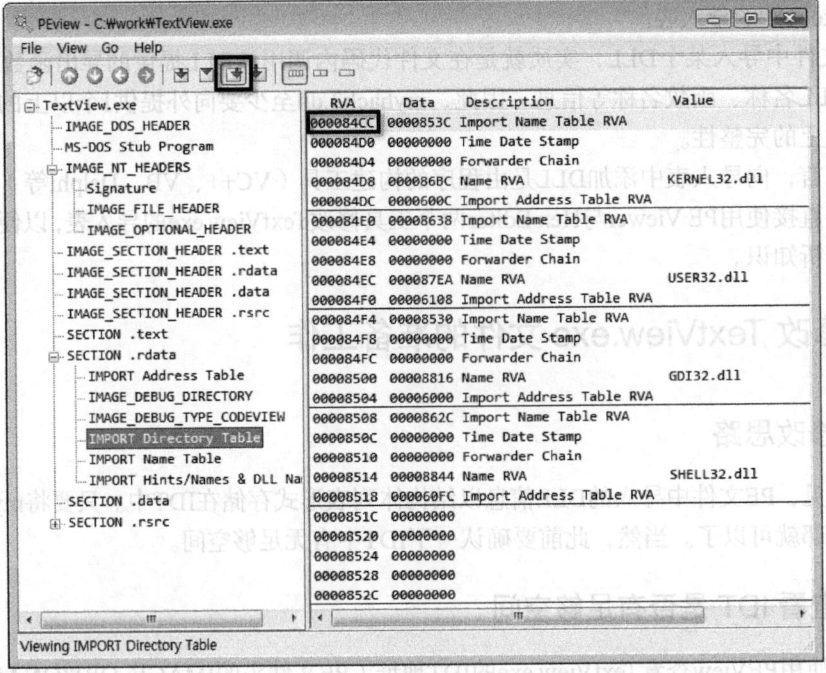

图25-7　PEView：IDT

IID结构体的定义

```
IMAGE_IMPORT_DESCRIPTOR
typedef struct _IMAGE_IMPORT_DESCRIPTOR {
    union {
        DWORD   Characteristics;
        DWORD   OriginalFirstThunk;    // RVA to INT(Import Name Table)
    };
    DWORD   TimeDateStamp;
    DWORD   ForwarderChain;
    DWORD   Name;                      // RVA to DLL Name String
    DWORD   FirstThunk;                // RVA to IAT(Import Address Table)
} IMAGE_IMPORT_DESCRIPTOR;
```

在PEView工具栏中将视图改为File Offset，可以看到IDT的文件偏移为76CC，如图25-8所示。

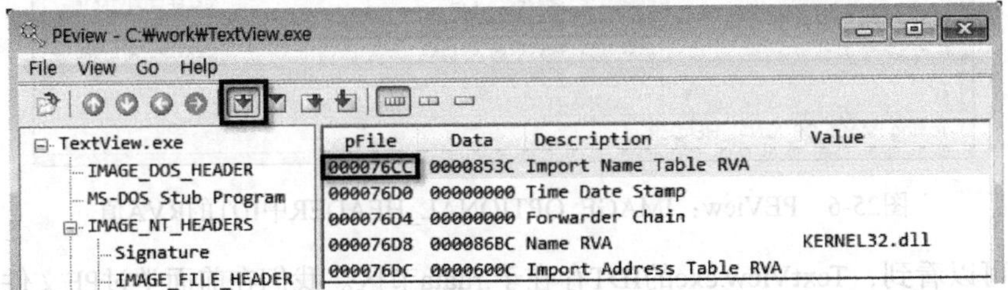

图25-8　PEView: Import Directory Table(File Offset)

使用HxD实用工具打开TextView.exe文件，找到76CC地址处，如图25-9所示。

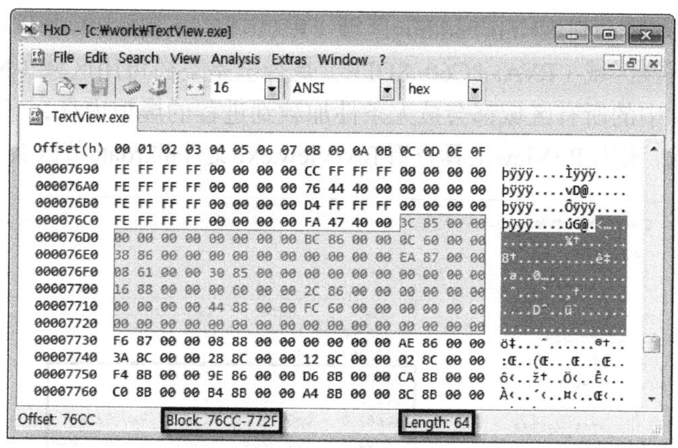

图25-9 HxD: Import Directory Table

IDT的文件偏移为76CC~772F，整个大小为64字节，共有5个IID结构体，其中最后一个为NULL结构体。从图中可以看出IDT尾部存在其他数据，没有足够空间来添加myhack3.dll的IID结构体。

25.3.3 移动 IDT

在这种情形下，我们要先把整个IDT转移到其他更广阔的位置，然后再添加新的IID。确定移动的目标位置时，可以使用下面三种方式：

- 查找文件中的空白区域；
- 增加文件最后一个节区的大小；
- 在文件末尾添加新节区。

首先尝试第一种方法，即查找文件中的空白区域（程序运行时未使用的区域）。正如在图25-10中看到的一样，.rdata节区尾部恰好存在大片空白区域（一般说来，节区或文件末尾都存在空白区域，PE文件中这种空白区域称为Null-Padding区域）。

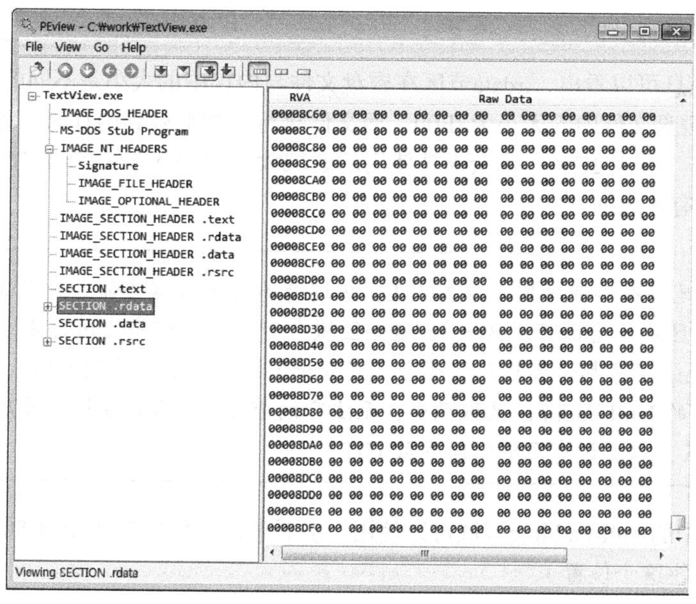

图25-10 PEView: .rdata节区尾部的Null-Padding区域

接下来，把原IDT移动到该Null-Padding区域（RVA: 8C60~8DFF）中合适位置就行了。在此之前，先要确认一下该区域（RVA: 8C60~8DFF）是否全是空白可用区域（Null-Padding区域）。请注意，并不是文件中的所有区域都会被无条件加载到进程的虚拟内存，只有节区头中明确记录的区域才会被加载。使用PEView工具查看TextView.exe文件的.rdata节区头，如图25-11所示。

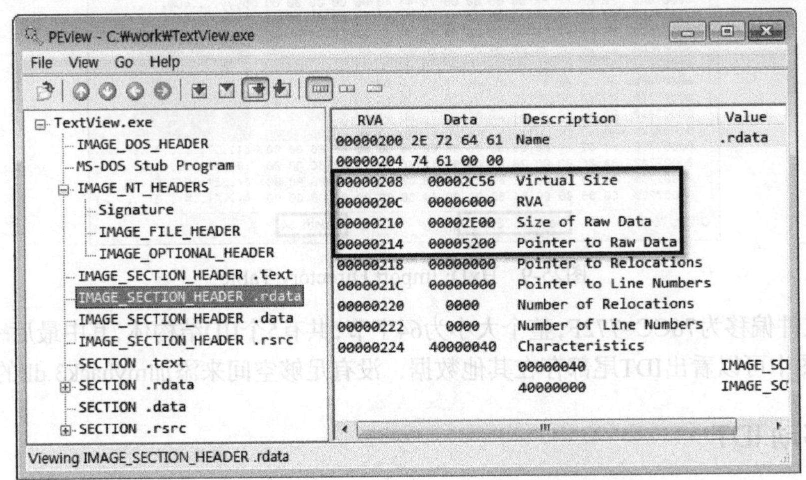

图25-11　TextView.exe文件的.rdata节区头

节区头中存储着对应节区的位置、大小、属性等信息。参照图25-11，整理.rdata节区头中信息如表25-1。

表25-1　.rdata节区头信息

条　目	值	注　释
Pointer to Raw Data	5200	[文件]节区起始位置
Size of Raw Data	2E00	[文件]节区大小
RVA	6000	[内存]节区起始位置
Virtual Size	2C56	[内存]节区大小

从节区头中信息可以看出，.rdata节区在磁盘文件与内存中的大小是不同的。

.rdata节区在磁盘文件中的大小为2E00，而文件执行后被加载到内存时，程序实际使用的数据大小（映射大小）仅为2C56，剩余未被使用的区域大小为1AA（2E00-2C56）。在这段空白区域创建IDT是不会有什么问题的。

提示

PE文件尾部有些部分填充着NULL，但这并不意味着这些部分一定就是Null-Padding区域（空白可用区域）。这些区域也有可能是程序使用的区域，且并非所有Null-Padding区域都会加载到内存。只有分析节区头信息后才能判断。如果示例中TextView.exe的Null-Padding区域很小，无法容纳IDT，那么就要增加最后节区的尺寸或添加新节区，以保证有足够空间存放IDT。

由于图25-10中的Null-Padding区域可以使用，接下来，我们要在RVA: 8C80（RAW: 7E80）位置创建IDT（请记住这个位置）。

25.4 修改 TextView.exe

先把TextView.exe复制到工作文件夹，重命名为TextView_Patch.exe。下面使用TextView_Patch.exe文件练习打补丁。基本的操作步骤是：先使用PEView打开TextView.exe原文件，查看各种PE信息，然后使用HxD打开TextView_Patch.exe文件进行修改。

25.4.1 修改导入表的 RVA 值

IMAGE_OPTIONAL_HEADER的导入表结构体成员用来指出IDT的位置（RVA）与大小，如图25-12所示。

```
00000158  00000000 RVA         EXPORT Table
0000015C  00000000 Size
00000160  000084CC RVA         IMPORT Table
00000164  00000064 Size
00000168  0000C000 RVA         RESOURCE Table
0000016C  000001B4 Size
```

图25-12 PEView: IMAGE_OPTIONAL_HEADER的IMPORT Table RVA/Size

TextView.exe文件中，导入表的RVA值为84CC。接下来，将导入表的RVA值更改为新IDT的RVA值8C80，在Size原值64字节的基础上加14个字节（IID结构体的大小），修改为78字节（参考图25-13）。

```
00000150  00 00 00 00 10 00 00 00 00 00 00 00 00 00 00 00  ................
00000160  80 8C 00 00 78 00 00 00 00 C0 00 00 B4 01 00 00  €Œ..x....À..´...
00000170  00 00 00 00 00 00 00 00 00 00 00 00 00 00 00 00  ................
```

图25-13 HxD: TextView_Patch.exe IMPORT Table RVA/Size

从现在开始，导入表位于RVA: 8C80（RAW: 7E80）地址处。

25.4.2 删除绑定导入表

BOUND IMPORT TABLE（绑定导入表）是一种提高DLL加载速度的技术，如图25-14所示。

```
000001A8  00000000 RVA         LOAD CONFIGURATION Table
000001AC  00000000 Size
000001B0  00000000 RVA         BOUND IMPORT Table
000001B4  00000000 Size
000001B8  00006000 RVA         IMPORT Address Table
000001BC  00000154 Size
```

图25-14 PEView: IMAGE_OPTIONAL_HEADER的BOUND IMPORT TABLE RVA/Size

若想正常导入myhack3.dll，需要向绑定导入表添加信息。但幸运的是，该绑定导入表是个可选项，不是必须存在的，所以可删除（修改其值为0即可）以获取更大便利。当然，绑定导入表完全不存在也没关系，但若存在，且其内信息记录错误，则会在程序运行时引发错误。本示例TextView.exe文件中，绑定导入表各项的值均为0，不需要再修改。修改其他文件时，一定要注意检查绑定导入表中的数据。

25.4.3 创建新 IDT

先使用Hex Editor完全复制原IDT（RAW: 76CC~772F），然后覆写（Paste write）到IDT的新

位置（RAW: 7E80），如图25-15所示。

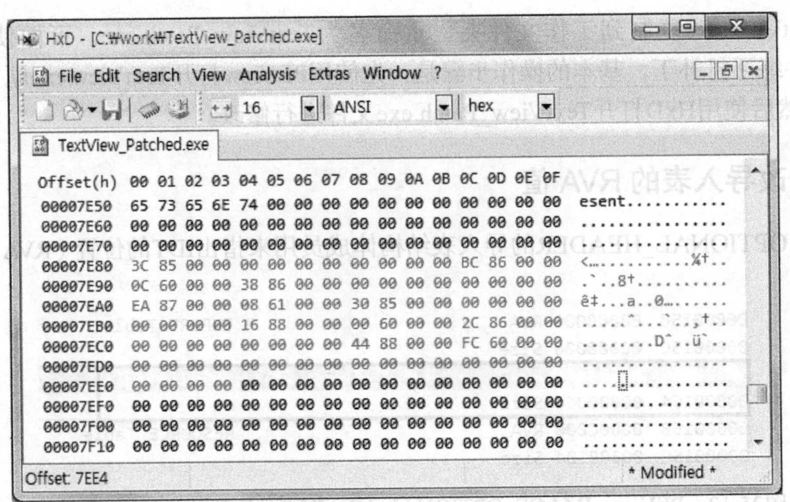

图25-15　HxD: TextView_Patch.exe的新IDT

然后在新IDT尾部（RAW: 7ED0）添加与myhack3.dll对应的IID（后面会单独讲解各成员的数据）：

代码25-5　IMAGE_IMPORT_DESCRIPTOR

```
typedef struct _IMAGE_IMPORT_DESCRIPTOR {
    union {
        DWORD   Characteristics;
        DWORD   OriginalFirstThunk;  // 00008D00 => RVA to INT
    };
    DWORD   TimeDateStamp;           // 0
    DWORD   ForwarderChain;          // 0
    DWORD   Name;                    // 00008D10 => RVA to DLL Name
    DWORD   FirstThunk;              // 00008D20 => RVA to IAT
} IMAGE_IMPORT_DESCRIPTOR;
```

在准确位置（RAW: 7ED0）写入相关数据，如图25-16所示。

```
00007E80  3C 85 00 00 00 00 00 00 00 00 00 00 BC 86 00 00   <...........%†..
00007E90  0C 60 00 00 38 86 00 00 00 00 00 00 00 00 00 00   .`..8†..........
00007EA0  EA 87 00 00 08 61 00 00 30 85 00 00 00 00 00 00   ê‡...a..0.......
00007EB0  00 00 00 00 16 88 00 00 00 60 00 00 2C 86 00 00   .....ˆ...`..,†..
00007EC0  00 00 00 00 00 00 00 00 44 88 00 00 FC 60 00 00   ........Dˆ..ü`..
00007ED0  00 8D 00 00 00 00 00 00 00 00 00 00 10 8D 00 00   ................
00007EE0  20 8D 00 00 00 00 00 00 00 00 00 00 00 00 00 00   ................
00007EF0  00 00 00 00 00 00 00 00 00 00 00 00 00 00 00 00   ................
00007F00  00 00 00 00 00 00 00 00 00 00 00 00 00 00 00 00   ................
```

图25-16　HxD：为myhack3.dll添加IMAGE_IMPORT_DESCRIPTOR结构体数据

25.4.4　设置Name、INT、IAT

前面添加的IID结构体成员拥有指向其他数据结构（INT、Name、IAT）的RVA值。因此，必须准确设置这些数据结构才能保证TextView_Patch.exe文件正常运行。由前面设置可知INT、Name、IAT的RVA/RAW的值，整理如表25-2所示。

表25-2　INT、Name、IAT

	RVA	RAW
INT	8D00	7F00
Name	8D10	7F10
IAT	8D20	7F20

提示

RVA 与 RAW（文件偏移）间的转换可以借助 PEView。但是建议各位掌握它们之间的转换方法，亲自计算（请参考第 13 章）。

这些地址（RVA: 8D00，8D10，8D20）就位于新创建的IDT（RVA: 8C80）下方。我为了操作方便才选定该区域，各位选择其他位置也没关系。在HxD编辑器中转到7F00地址处，输入相应值，如图25-17所示。

```
00007ED0  00 8D 00 00 00 00 00 00 00 00 00 00 10 8D 00 00  ................
00007EE0  20 8D 00 00 00 00 00 00 00 00 00 00 00 00 00 00  ................
00007EF0  00 00 00 00 00 00 00 00 00 00 00 00 00 00 00 00  ................
00007F00  30 8D 00 00 00 00 00 00 00 00 00 00 00 00 00 00  0...............
00007F10  6D 79 68 61 63 6B 33 2E 64 6C 6C 00 00 00 00 00  myhack3.dll.....
00007F20  30 8D 00 00 00 00 00 00 00 00 00 00 00 00 00 00  0...............
00007F30  00 00 64 75 6D 6D 79 00 00 00 00 00 00 00 00 00  ..dummy.........
00007F40  00 00 00 00 00 00 00 00 00 00 00 00 00 00 00 00  ................
00007F50  00 00 00 00 00 00 00 00 00 00 00 00 00 00 00 00  ................
```

图25-17　HxD: myhack3.dll的INT、Name、IAT

为了更好地理解以上内容，使用PEView打开TextView_Patch.exe文件查看同一区域，查看时使用RVA视图方式，如图25-18所示。


```
00008CD0  00 8D 00 00 00 00 00 00  00 00 00 00 10 8D 00 00  ............
00008CE0  20 8D 00 00 00 00 00 00  00 00 00 00 00 00 00 00  ..........
00008CF0  00 00 00 00 00 00 00 00  00 00 00 00 00 00 00 00  ...........
00008D00  30 8D 00 00 00 00 00 00  00 00 00 00 00 00 00 00  0..........
00008D10  6D 79 68 61 63 6B 33 2E  64 6C 6C 00 00 00 00 00  myhack3.dll.
00008D20  30 8D 00 00 00 00 00 00  00 00 00 00 00 00 00 00  0..........
00008D30  00 00 64 75 6D 6D 79 00  00 00 00 00 00 00 00 00  ..dummy....
00008D40  00 00 00 00 00 00 00 00  00 00 00 00 00 00 00 00  ...........
00008D50  00 00 00 00 00 00 00 00  00 00 00 00 00 00 00 00  ...........
00008D60  00 00 00 00 00 00 00 00  00 00 00 00 00 00 00 00  ...........
```

图25-18　PEView: myhack3.dll的INT、Name、IAT

下面讲解图25-18中显示的各值意义。

8CD0地址处存在着myhack3.dll的IID结构体，其中3个主要成员（RVA of INT、RVA of Name、RVA of IAT）的值分别是实际INT、Name、IAT的指针。

简单地说，INT（Import Name Table，导入名称表）是RVA数组，数组的各个元素都是一个RVA地址，该地址由导入函数的Ordinal（2个字节）+Func Name String结构体构成，数组的末尾为NULL。上图中INT有1个元素，其值为8D30，该地址处是要导入的函数的Ordinal（2个字节）与函数的名称字符串（“dummy”）。

Name是包含导入函数的DLL文件名称字符串，在8D10地址处可以看到“myhack3.dll”字符串。

IAT也是RVA数组，各元素既可以拥有与INT相同的值，也可以拥有其他不同值（若INT中的数据准确，IAT也可拥有其他不同值）。反正实际运行时，PE装载器会将虚拟内存中的IAT替换为实际函数的地址。

提示

INT 的各元素其实是 1 个 IMAGE_IMPORT_BY_NAME 结构体的指针（RVA），IMAGE_IMPORT_BY_NAME 结构体定义如下：

```
IMAGE_IMPORT_BY_NAME
typedef struct _IMAGE_IMPORT_BY_NAME {
    WORD    Hint;
    BYTE    Name[1];
} IMAGE_IMPORT_BY_NAME, *PIMAGE_IMPORT_BY_NAME;
```

出处：MSDN

Hint 成员代表函数的 Ordinal，Name 成员是要导入的函数名称字符串。

25.4.5 修改 IAT 节区的属性值

加载PE文件到内存时，PE装载器会修改IAT，写入函数的实际地址，所以相关节区一定要拥有WRITE（可写）属性。只有这样，PE装载器才能正常进行写入操作。使用PEView查看.rdata节区头，如图25-19所示。

pFile	Data	Description	Value
00000200	2E 72 64 61	Name	.rdata
00000204	74 61 00 00		
00000208	00002C56	Virtual Size	
0000020C	00006000	RVA	
00000210	00002E00	Size of Raw Data	
00000214	00005200	Pointer to Raw Data	
00000218	00000000	Pointer to Relocations	
0000021C	00000000	Pointer to Line Numbers	
00000220	0000	Number of Relocations	
00000222	0000	Number of Line Numbers	
00000224	40000040	Characteristics	
		00000040	IMAGE_SCN_CNT_INITIALIZED_DATA
		40000000	IMAGE_SCN_MEM_READ

图25-19　PEView: .rdata节区头

向原属性值（Characteristics）40000040添加IMAGE_SCN_MEM_WRITE（80000000）属性值。执行bit OR运算，最终属性值变为C0000040，如图25-20所示。

```
00000200  2E 72 64 61 74 61 00 00 56 2C 00 00 00 60 00 00  .rdata..V,...`..
00000210  00 2E 00 00 00 52 00 00 00 00 00 00 00 00 00 00  .....R..........
00000220  00 00 00 00 40 00 00 C0 2E 64 61 74 61 00 00 00  ....@..À.data...
00000230  E0 2B 00 00 00 90 00 00 00 0C 00 00 00 80 00 00  à+............€..
00000240  00 00 00 00 00 00 00 00 00 00 00 00 40 00 00 C0  ............@..À
```

图25-20　HxD: 向.text节区添加可写属性

提示

TextView.exe 文件的 IAT 原位于.rdata 节区，且.rdata 节区原本就没有可写属性，但程序仍能正常运行。可是若在 TextView_Patched.exe 中不进行上述操作，程序将无法正常运行。原因在哪？这是因为 PE 头的 IMAGE_OPTIONAL_HEADER 结构体 Data Directory 数组中存在 IAT，如图 25-21 所示。

```
000001A8  00000000 RVA              LOAD CONFIGURATION Table
000001AC  00000000 Size
000001B0  00000000 RVA              BOUND IMPORT Table
000001B4  00000000 Size
000001B8  00006000 RVA              IMPORT Address Table
000001BC  00000154 Size
000001C0  00000000 RVA              DELAY IMPORT Descriptors
000001C4  00000000 Size
000001C8  00000000 RVA              CLI Header
000001CC  00000000 Size
```

图25-21　Data Directory: IMPORT Address Table

若 IAT 存在于该地址区域（6000~6154），即使相应节区不具有可写属性也没关系。图 25-22 是 TextView.exe 文件的 IAT 区域（RVA 6000）的一部分。

RVA	Data	Description	Value
00006000	000087F6	Hint/Name RVA	020D GetStockObject
00006004	00008808	Hint/Name RVA	0041 CreateFontW
00006008	00000000	End of Imports	GDI32.dll
0000600C	000086AE	Hint/Name RVA	0052 CloseHandle
00006010	00008C3A	Hint/Name RVA	0304 IsProcessorFeaturePresent
00006014	00008C28	Hint/Name RVA	0269 GetStringTypeW
00006018	00008C12	Hint/Name RVA	0367 MultiByteToWideChar
0000601C	00008C02	Hint/Name RVA	032D LCMapStringW
00006020	00008BF4	Hint/Name RVA	02D2 HeapReAlloc
00006024	0000869E	Hint/Name RVA	0202 GetLastError
00006028	00008BD6	Hint/Name RVA	030A IsValidCodePage
0000602C	00008BCA	Hint/Name RVA	0237 GetOEMCP
00006030	00008BC0	Hint/Name RVA	0168 GetACP
00006034	00008BB4	Hint/Name RVA	0172 GetCPInfo
00006038	00008BA4	Hint/Name RVA	033F LoadLibraryW
0000603C	00008B8C	Hint/Name RVA	00EE EnterCriticalSection
00006040	00008690	Hint/Name RVA	008F CreateFileW
00006044	00008BE8	Hint/Name RVA	0418 RtlUnwind
00006048	00008684	Hint/Name RVA	03C0 ReadFile
0000604C	00008B74	Hint/Name RVA	0339 LeaveCriticalSection
00006050	00008B68	Hint/Name RVA	02D4 HeapSize
00006054	00008850	Hint/Name RVA	0186 GetCommandLineA
00006058	00008862	Hint/Name RVA	02D3 HeapSetInformation
0000605C	00008878	Hint/Name RVA	0263 GetStartupInfoW
00006060	0000888A	Hint/Name RVA	04C0 TerminateProcess
00006064	0000889E	Hint/Name RVA	01C0 GetCurrentProcess

图25-22　TextView.exe的IAT

从图 25-22 中可以看出，所有 IAT 均集中在相同区域（6000~6154）。同样，若不想在 TextView_Patched.exe 中给.rdata 节区添加可写属性，可以在已存在的 IAT 区域后面为 dummy()添加 IAT，然后将 IAT（SIZE）增加 8 个字节。建议各位将经过这样修改的文件保存为 TextView_Patched2.exe，然后再与 TextView_Patched.exe 比较。

我们至此完成了所有修改。运行TextView_Patch.exe文件将会正常加载myhack3.dll文件。

25.5 检测验证

首先使用PEView工具打开修改后的TextView_Patch.exe文件，查看其IDT，如图25-23所示。

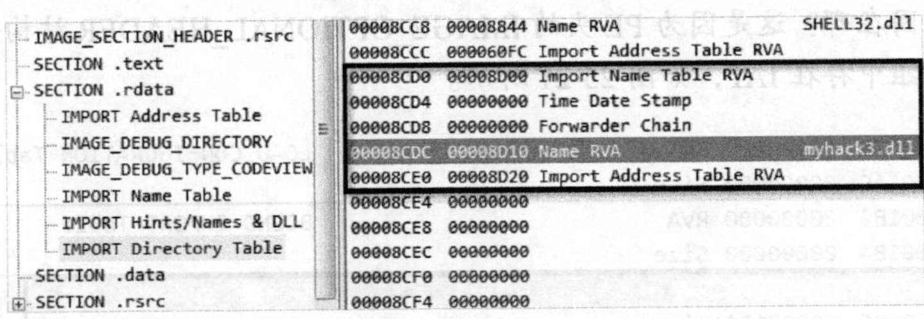

图25-23　PEView: 在TextView_Patch.exe文件的IDT中注册myhack3.dll

向IDT导入myhack3.dll的IID结构体已设置正常。在图25-24中可以看到，myhack3.dll的dummy()函数被添加到INT。

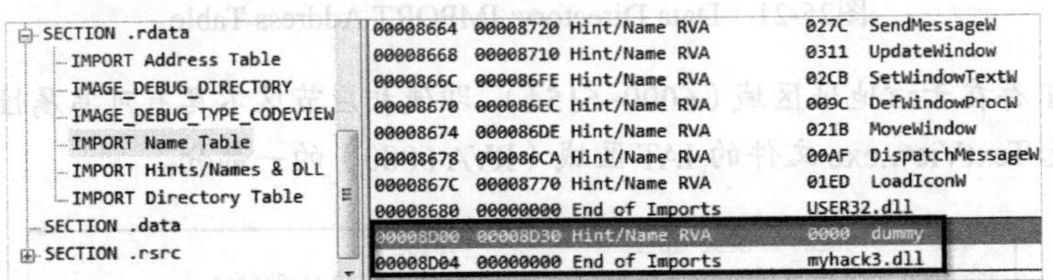

图25-24　PEView: dummy()函数被导入TextView_Patch.exe文件的INT

从文件的结构分析来看，修改成功。接下来，直接运行文件看看程序能否正常运行。先将TextView_Patch.exe与myhack3.dll放入相同文件夹，然后运行TextView_Patch.exe文件，如图25-25所示。

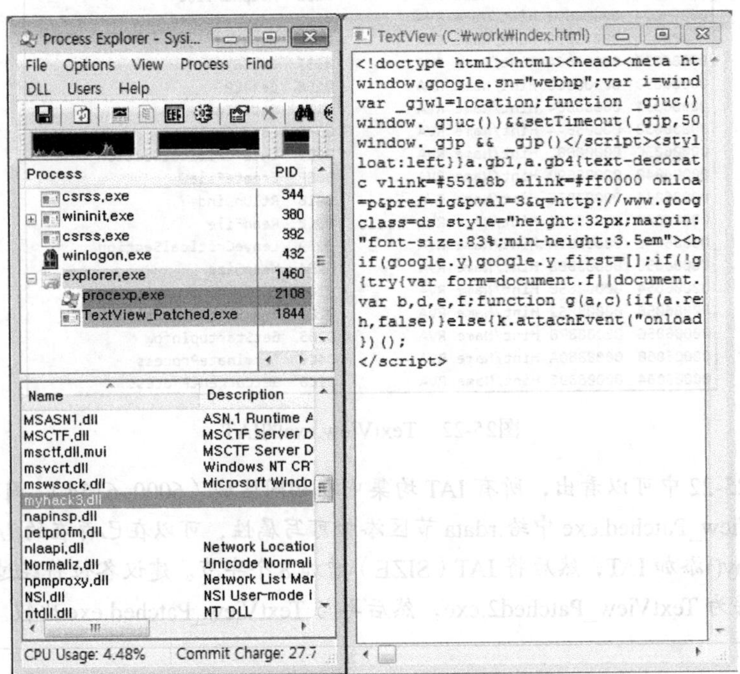

图25-25　运行TextView_Patch.exe

使用Process Explorer工具查看TextView_Patch.exe进程中加载的DLL文件，可以看到已经成功加载myhack3.dll，且被加载的myhack3.dll文件下载了指定网站的index.html文件，并在TextView_Patch.exe中显示。

25.6 小结

本章我们一起学习了直接修改PE文件来加载指定DLL文件的方法，其基本原理是将要加载的dll添加到IDT，这样程序运行时就会自动加载。只要理解了这一基本原理，再结合前面学过的有关PE文件头的知识，相信大家能够非常容易理解（关于PE文件头的知识请参考第13章）。

第26章　PE Tools

本章将讲解一款名称为PE Tools的工具（如图26-1所示），它是一款功能强大的PE文件编辑工具，具有进程内存转储、PE文件头编辑、PE重建等丰富多样的功能，并且支持插件，带有插件编写示例，用户可以自己开发需要的插件。

26.1　PE Tools

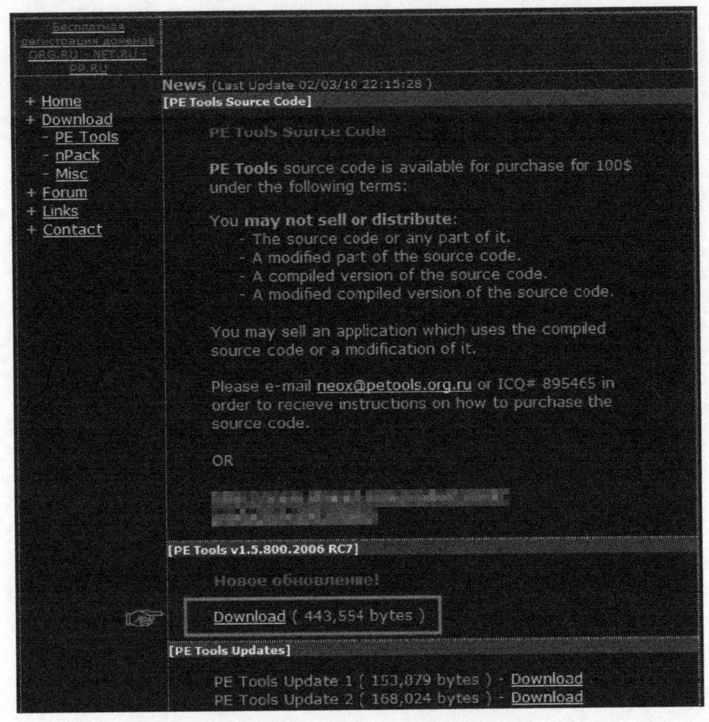

图26-1　PE Tools网站主页

运行PE Tools工具，其初始画面如图26-2所示，从其中显示的“REVERSE ENGINEER’S SWISS ARMY KNIFE”（逆向工程师的瑞士军刀）语句可以感受到，它的制作者是多么为之自豪。

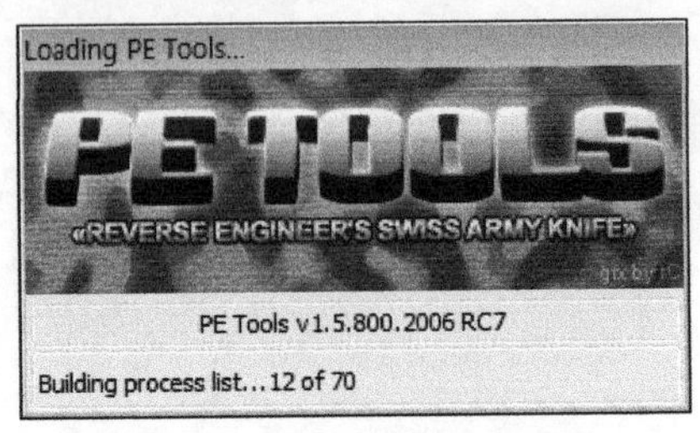

图26-2　PE Tools的初始画面

PE Tools工具可以获取系统中正在运行的所有进程的列表，并将之显示在主窗口中，如图26-3所示。

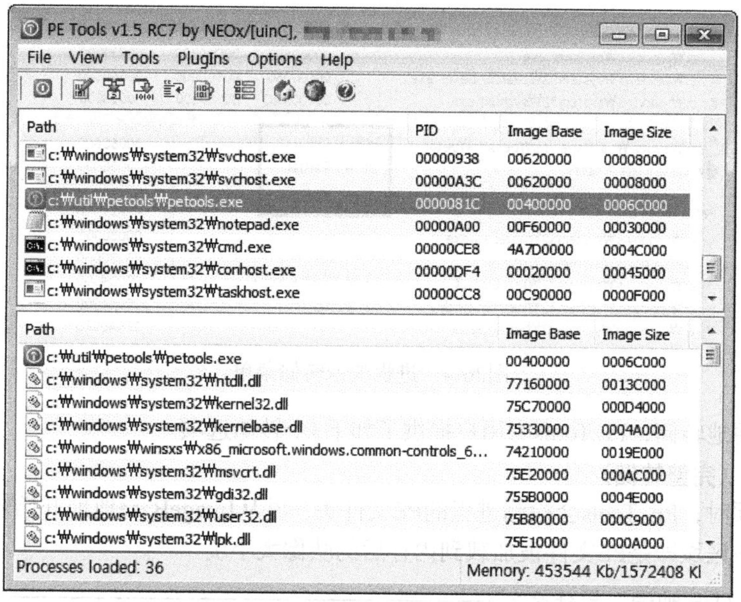

图26-3 PE Tools主窗口

我使用PE Tools的主要目的是利用它的进程内存转储功能，有时修改PE文件头时也会用到。下面简单介绍一下它的主要功能及使用方法。

26.1.1 进程内存转储

代码逆向分析中经常用到“转储”（Dump）一词，意为“将内存中的内容转存到文件”。这种转储技术主要用来查看正在运行的进程内存中的内容。文件是运行时解压缩文件时，其只有在内存中才以解压缩形态存在，此时借助转储技术可以轻松查看与源文件类似的代码与数据。

提示

- 使用PE保护器时，文件在内存中仍处于压缩与加密状态，即便应用内存转储技术也往往无法准确把握文件内容。并且常常因为使用Anti-Dump（反转储）技术而给转储带来很大困难。
- 在调试器中将正在运行的进程附加进来后，能够直接准确查看进程内存中的内容。而使用PE Tools的转储功能只是因为它比使用调试器更加容易、方便，特别是查看运行时压缩程序时，通过转储功能可以更快速、更简单地查看内存中的字符串等。

从图26-3中可以看到，程序主窗口分为上下两部分，上半部分显示的是正在运行的进程，下半部分显示的是当前所选进程中加载的DLL模块。转储进程的可执行文件映像时，先在上半窗口中选中相应进程，然后单击鼠标右键，弹出快捷菜单（参考图26-4）。

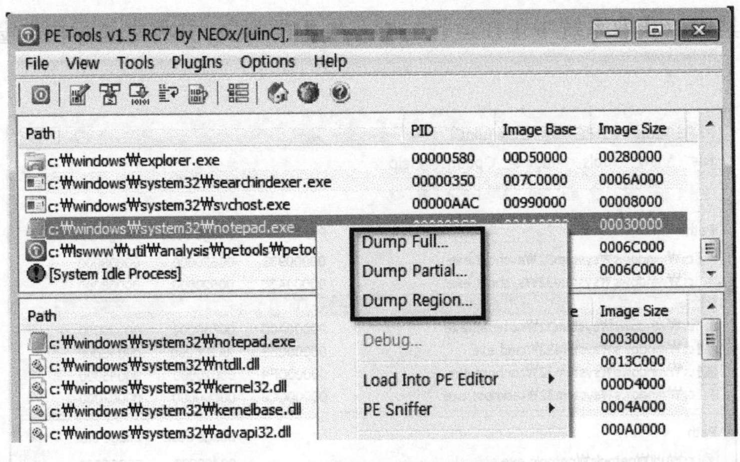

图26-4　进程映像转储菜单

为了更方便地转储，PE Tools为用户提供了如下3个转储选项。

Dump Full（完整转储）

使用该选项时，PE Tools会检测进程的PE文件头，并从ImageBase地址开始转储SizeOfImage大小的区域（该区域即是PE文件被加载到内存后的映像大小）。

PE Image（PE映像）是什么？

运行普通PE文件时，其加载到内存中的形态即为PE映像，经常用来与PE文件区分。代码逆向分析人员常常使用这个术语，请务必牢记。

Dump Partial（部分转储）

该功能用来从相应进程内存的指定地址开始转储指定大小的部分，转储起始地址与大小在如图26-5所示的窗口中设置。

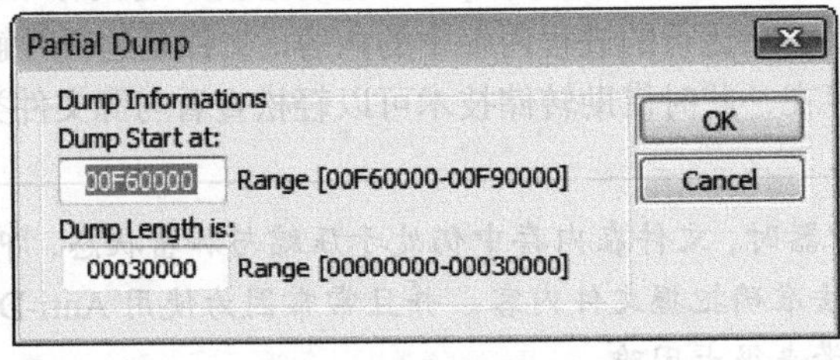

图26-5　部分转储对话框

Dump Region（区域转储）

进程内存（用户区域）中所有分配区域都被标识为某种状态，区域转储功能用于转储状态（State）标识为COMMIT的内存区域（参考图26-6）。

提示

PE Tools工具在进程内存转储方面大名鼎鼎，因为它在进程转储操作时能有效绕开反转储技术，获得非常好的转储效果。依我的个人经验，使用其他转储工具操作失败时，使用PE Tools往往能够出色完成转储。

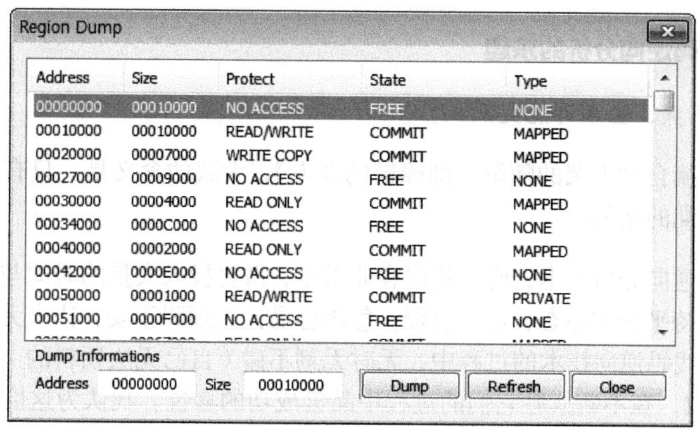
Address	Size	Protect	State	Type
00000000	00010000	NO ACCESS	FREE	NONE
00010000	00010000	READ/WRITE	COMMIT	MAPPED
00020000	00007000	WRITE COPY	COMMIT	MAPPED
00027000	00009000	NO ACCESS	FREE	NONE
00030000	00004000	READ ONLY	COMMIT	MAPPED
00034000	0000C000	NO ACCESS	FREE	NONE
00040000	00002000	READ ONLY	COMMIT	MAPPED
00042000	0000E000	NO ACCESS	FREE	NONE
00050000	00001000	READ/WRITE	COMMIT	PRIVATE
00051000	0000F000	NO ACCESS	FREE	NONE

图26-6　区域转储对话框

26.1.2　PE 编辑器

直接手动修改PE文件时，需要修改PE文件头，此时使用PE Tools的PE编辑器功能会非常方便。使用时拖动目标PE文件，或在工具栏中选择Tools-PE Editor即可。

从图26-7可以看出，PE编辑器可以列出PE文件头的各种信息，借此可以对其进行详细修改。修改PE文件时，我有时会使用Hex Editor或PE Tools（或者其他PE相关工具）。

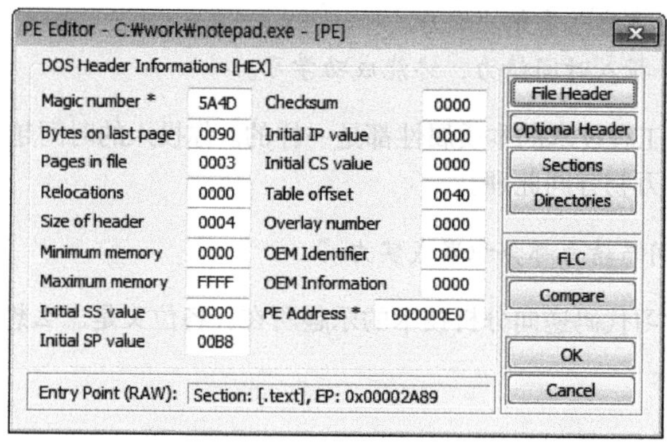

图26-7　PE编辑器对话框

26.2　小结

本章主要讲解了有关PE Tools工具的内容，它带有强大的进程内存转储功能，及PE文件头修改功能。虽然这些功能在OllyDbg与Hex Editor中也有，但是PE Tools是一款专用的PE编辑工具，它的这些功能使用起来更加方便。学会灵活运用这些有用的工具对代码逆向分析是十分有帮助的。

提示

- PE Tools 工具的其他功能不太常用，使用方法也不很直观，甚至还有些 Bug，感兴趣的朋友可以自学。
- OllyDbg 也支持插件，为它设置特定插件（如：OllyDump）也可以进行内存转储。

中场休息——代码逆向分析的乐趣

“光催不煮，生米哪能变熟饭。”

上面这句话摘自尹五荣的随笔《削棒槌的老人》，大致的含义是：只有经历了必经的过程，才能获得预期的结果。

想学好代码逆向分析技术，要学的内容非常多，需要投入大量的时间与精力。在这一过程中应当始终保持平和的心态，切忌急躁。急躁容易让人烦躁不安，让人无法面对困难、忍受失败。在学习代码逆向技术的过程中，无时无刻不碰（自己无法预料的）“壁”，要把这些“墙壁”当作挑战，在不断战胜它们的过程中品尝成功的喜悦。我认为这恰恰就是学习代码逆向分析技术的乐趣所在。

不尽如人意，也不必有压力。
代码逆向分析技术本身就“不尽如人意”。
下定决心，平复心绪，一点一点，搜集信息。
直到成功，不断努力。
头疼了，就稍事休息。
重要的是，不要放弃，坚持到底。
就像拼图游戏，
万事总有解决之理。
投入时间精力，终能成功学习。

突然觉得，所有工程技术的本质属性都是一样的。你投入的时间越多、越努力，这方面的实力就越强，世界万物皆同此理。

“投入的时间与精力都会积累成实力。”

我认为这就是学习代码逆向分析技术的乐趣所在，各位又是怎么想的呢？

第27章　代码注入

本章将讲解代码注入（Code Injection）相关技术，并借助一个练习示例向各位展示代码注入的实施原理与方法。通过比较分析，了解代码注入与DLL注入的不同点。

27.1　代码注入

代码注入是一种向目标进程插入独立运行代码并使之运行的技术，它一般调用CreateRemoteThread() API以远程线程形式运行插入的代码，所以也被称为线程注入。图27-1描述了代码注入技术的实现原理。

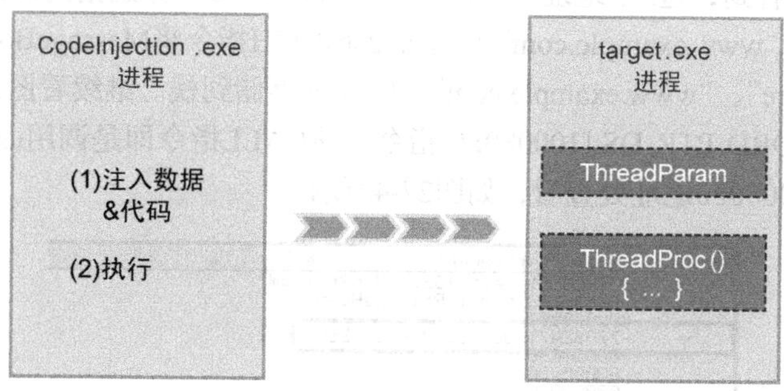

图27-1　代码注入

首先向目标进程target.exe插入代码与数据，在此过程中，代码以线程过程（Thread Procedure）形式插入，而代码中使用的数据则以线程参数的形式传入。也就是说，代码与数据是分别注入的。如上所言，代码注入的原理非常简单，但具体实现过程中有一些内容必须注意。下面就通过与DLL注入比较来讲解实现代码注入的注意事项。

27.2　DLL 注入与代码注入

请看下面这段简单的代码，它用来弹出Windows消息框。

ThreadProc()

```
DWORD WINAPI ThreadProc(LPVOID lParam)
{
    MessageBoxA(NULL, "www.example.com", "ReverseCore", MB_OK);

    return 0;
}
```

若使用DLL注入技术，则需要先把上述代码放入某个DLL文件，然后再将整个DLL文件注入目标进程。采用该技术完成注入后，运行OllyDbg调试器，查看上述ThreadProc()代码区域，如图27-2所示。

```
10001000 . 6A 00           PUSH 0                              Style = MB_OK|MB_APPLMODAL
10001002 . 68 90920010     PUSH 10009290                       Title = "ReverseCore"
10001007 . 68 9C920010     PUSH 1000929C                       Text = ""
1000100C . 6A 00           PUSH 0                              hOwner = NULL
1000100E . FF15 F0800010   CALL DWORD PTR DS:[100080F0]        MessageBoxA
10001014 . 33C0            XOR EAX,EAX
10001016 . C2 0400         RETN 4
```

图27-2　ThreadProc()

请注意图27-2代码中使用的地址。首先，10001002地址处有一条PUSH 10009290指令，紧接其下的是PUSH 1000929C指令。在OllyDbg的内存Dump窗口中查看地址10009290与1000929C，如图27-3所示。

Address	Hex dump	ASCII
10009270	72 41 70 72 4D 61 79 4A 75 6E 4A 75 6C 41 75 67	rAprMayJunJulAug
10009280	53 65 70 4F 63 74 4E 6F 76 44 65 63 00 00 00 00	SepOctNovDec....
10009290	52 65 76 65 72 73 65 43 6F 72 65 00 77 77 77 2E	ReverseCore.www.
100092A0	72 65 76 65 72 73 65 63 6F 72 65 2E 63 6F 6D 00	reversecore.com.
100092B0	48 00 00 00 00 00 00 00 00 00 00 00 00 00 00 00	H...............
100092C0	00 00 00 00 00 00 00 00 00 00 00 00 00 00 00 00	....

图27-3　字符串

从图27-3中可以看到，这2个地址（10009290与1000929C）分别指向DLL数据节区中的字符串（“ReverseCore”、“www.example.com”）。上面2条PUSH指令将MessageBoxA() API中要使用的字符串（“ReverseCore”、“www.example.com”）的地址存储到栈。继续看图27-2，1000100E地址处有一条CALL DWORD PTR DS:[100080F0]指令，该CALL指令即是调用user32!MessageBoxA() API的命令，转到100080F0地址处查看，如图27-4所示。

Address	Value	Comment
100080E4	772C0E51	kernel32.LCMapStringW
100080E8	77B36103	ntdll.RtlSizeHeap
100080EC	00000000	
100080F0	7793EA71	USER32.MessageBoxA
100080F4	00000000	
100080F8	00000000	
100080FC	00000000	

图27-4　USER32.MessageBoxA()

从图27-4可知，100080F0地址就是DLL的IAT区域（在其上方可以看到其他API的地址）。像这样，DLL代码中使用的所有数据均位于DLL的数据区域。采用DLL注入技术时，整个DLL会被插入目标进程，代码与数据共存于内存，所以代码能够正常运行。与此不同，代码注入仅向目标进程注入必要的代码（图27-2），要想使注入的代码正常运行，还必须将代码中使用的数据（图27-3、图27-4）一同注入（并且要通过编程将已注入数据的地址明确告知代码）。基于这种原因，使用代码注入技术时要考虑的事项比使用DLL注入技术要多得多。通过分析后面示例的代码，大家可以更准确地把握。

使用代码注入的原因

其实，代码注入要实现的功能与DLL注入类似，但具体实施时要考虑的事项更多，使用起来更加不便。那它的优点究竟是什么呢？

1. 占用内存少

如果要注入的代码与数据较少，那么就不需要将它们做成DLL的形式再注入。此时直接采用代码注入的方式同样能够获得与DLL注入相同的效果，且占用的内存会更少。

2. 难以查找痕迹

采用DLL注入方式会在目标进程的内存中留下相关痕迹，很容易让人判断出目标进程是否被执行过注入操作。但采用代码注入方式几乎不会留下任何痕迹（当然也有一些方法可以检测），因此恶意代码中大量使用代码注入技术。

3. 其他

不需要另外的DLL文件，只要有代码注入程序即可。大家刚开始会觉得代码注入技术生疏，熟悉之后就会觉得简单好用。

简单归纳一下：DLL注入技术主要用在代码量大且复杂的时候，而代码注入技术则适用于代码量小且简单的情况。

27.3 练习示例

本节我们学习一个代码注入示例（CodeInjection.exe），用它向notepad.exe进程注入简单的代码，注入后会弹出消息框。

27.3.1 运行 notepad.exe

首先运行notepad.exe，然后使用Process Explorer查看notepad.exe进程的PID，如图27-5所示。我的测试环境中，notepad.exe的PID为1896。

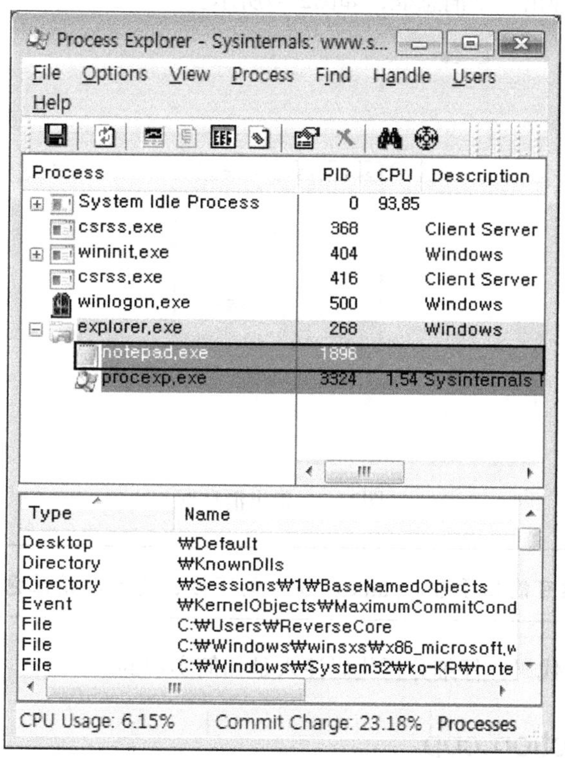

图27-5 查看notepad.exe的PID

27.3.2 运行 CodeInjection.exe

在命令行窗口中输入命令与参数（notepad.exe的PID），运行CodeInjection.exe文件，如图27-6所示。

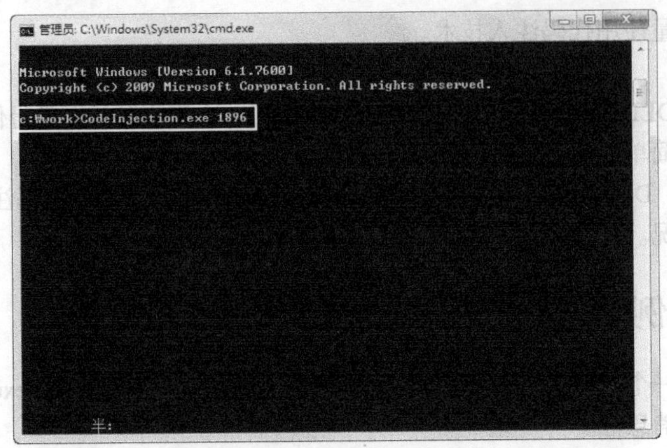

图27-6　运行CodeInjection.exe

27.3.3　弹出消息框

notepad.exe进程中弹出一个消息框，如图27-7所示。

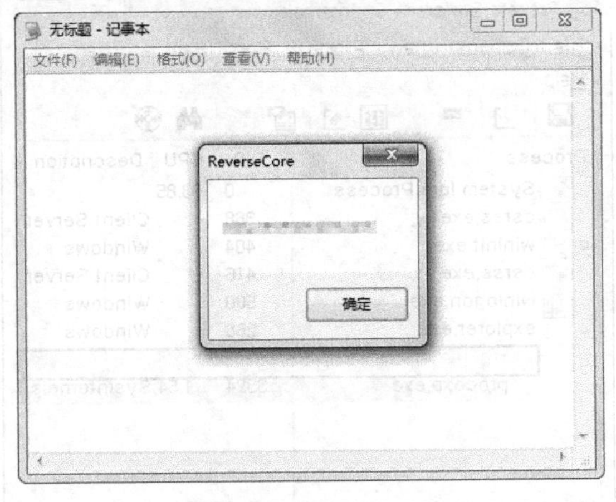

图27-7　弹出消息框

> **提示**
>
> 弹出的消息框可能位于notepad.exe窗口的下方，查看时请注意。

接下来看示例的源代码，仔细分析代码注入是如何实现的。

27.4　CodeInjection.cpp

为便于说明，下面即将介绍的源代码略去了异常处理部分，完整代码请参考本书源代码中的CodeInjection.cpp文件。

> **提示**
>
> CodeInjection.cpp使用VC++ 2010 Express Edition工具编写而成，在Windows XP/7 32位系统中通过测试。

27.4.1 main()函数

首先看一下main()函数。

代码27-1 main()函数

```
int main(int argc, char *argv[])
{
    DWORD dwPID     = 0;

    if( argc != 2 )
    {
        printf("\n USAGE  : %s pid\n", argv[0]);
        return 1;
    }

    // code injection
    dwPID = (DWORD)atol(argv[1]);
    InjectCode(dwPID);

    return 0;
}
```

main()函数用来调用InjectCode()函数，传入的函数参数为目标进程的PID。

27.4.2 ThreadProc()函数

分析InjectCode()函数之前，先看一下要注入目标进程的代码（线程函数）。

代码27-2 ThreadProc()函数

```
// Thread Parameter
typedef struct _THREAD_PARAM
{
    FARPROC pFunc[2];               // LoadLibraryA(), GetProcAddress()
    char    szBuf[4][128];          // "user32.dll", "MessageBoxA",
                                    // "www.example.com", "ReverseCore"
} THREAD_PARAM, *PTHREAD_PARAM;

// LoadLibraryA()
typedef HMODULE (WINAPI *PFLOADLIBRARYA)
(
    LPCSTR lpLibFileName
);

// GetProcAddress()
typedef FARPROC (WINAPI *PFGETPROCADDRESS)
(
    HMODULE hModule,
    LPCSTR lpProcName
);

// MessageBoxA()
typedef int (WINAPI *PFMESSAGEBOXA)
(
    HWND hWnd,
    LPCSTR lpText,
    LPCSTR lpCaption,
    UINT uType
);
```

```
// Thread Procedure
DWORD WINAPI ThreadProc(LPVOID lParam)
{
    PTHREAD_PARAM   pParam      = (PTHREAD_PARAM)lParam;
    HMODULE         hMod        = NULL;
    FARPROC         pFunc       = NULL;

    // LoadLibrary("user32.dll")
    //   pParam->pFunc[0] -> kernel32!LoadLibraryA()
    //   pParam->szBuf[0] -> "user32.dll"
    hMod = ((PFLOADLIBRARYA)pParam->pFunc[0])(pParam->szBuf[0]);

    // GetProcAddress("MessageBoxA")
    //   pParam->pFunc[1] -> kernel32!GetProcAddress()
    //   pParam->szBuf[1] -> "MessageBoxA"
    pFunc = (FARPROC)((PFGETPROCADDRESS)pParam->pFunc[1])(hMod, pParam->
                                                          szBuf[1]);

    // MessageBoxA(NULL, "www.example.com", "ReverseCore", MB_OK)
    //   pParam->szBuf[2] -> "www.example.com"
    //   pParam->szBuf[3] -> "ReverseCore"
    ((PFMESSAGEBOXA)pFunc)(NULL, pParam->szBuf[2], pParam->szBuf[3],
                           MB_OK);

    return 0;
}
```

上述代码中实际被注入的部分是ThreadProc()函数（前面的typedef语句是针对C语言语法的，不需要注入）。ThreadProc()函数代码中使用了很多函数指针，乍一看比较复杂，但稍微整理就会发现其实很简单。

```
hMod = LoadLibraryA("user32.dll");
pFunc = GetProcAddress(hMod, "MessageBoxA");
pFunc(NULL, "www.example.com", "ReverseCore", MB_OK);
```

同时参考代码27-2中的注释，相信大家能够很容易地理解ThreadProc()函数的代码。

其实，重要的是ThreadProc()代码这一概念。代码注入技术的核心内容是注入可独立运行的代码，为此，需要同时注入代码与（代码中引用的）数据，并且要保证代码能够准确引用注入的数据。从上述代码中的ThreadProc()函数可以看到，函数中并未直接调用相关API，也未直接定义使用字符串，它们都通过THREAD_PARAM结构体以线程参数的形式传递使用。

若ThreadProc()函数在一个普通程序中，其函数代码将非常简单，代码如下：

代码27-3　普通程序中的ThreadProc()

```
DWORD WINAPI ThreadProc(LPVOID lParam)
{
    MessageBoxA(NULL, "www.example.com", "ReverseCore", MB_OK);

    return 0;
}
```

编译代码27-3后，使用调试器调试生成的文件，如图27-8所示。

```
10001000  .  6A 00           PUSH 0                         ┌Style = MB_OK|MB_APPLMODAL
10001002  .  68 90920010     PUSH 10009290                  │Title = "ReverseCore"
10001007  .  68 9C920010     PUSH 1000929C                  │Text = "
1000100C  .  6A 00           PUSH 0                         │hOwner = NULL
1000100E  .  FF15 F0800010   CALL DWORD PTR DS:[100080F0]   └MessageBoxA
10001014  .  33C0            XOR EAX,EAX
10001016  .  C2 0400         RETN 4
```

图27-8　ThreadProc()

若将图27-8中的代码（10001000~10001018区域）注入其他进程，则代码将无法正常运行。原因在于，代码中引用地址（10009290、1000929C、100080F0）的内容并不存在于目标进程。要使代码能够正常工作，必须向相应地址同时注入相关字符串以及API地址。并且通过编程方式使图27-8中的代码也能够准确引用被注入数据的地址 。

为满足这样的条件，在代码27-2的ThreadProc()函数中使用THREAD_PARAM结构体来接收2个API地址与4个字符串数据。其中2个API分别为LoadLibraryA()与GetProcAddress()，只要有了这2个API，就能够调用所有库函数。

提示

上述示例可以不传递 LoadLibraryA()与 GetProcAddress()的地址，直接传递MessageBoxA()的地址使用即可。但原则上要先传递 LoadLibraryA()与 GetProcAddress()，然后使用它们加载需要的 DLL，再直接获取要用的函数地址。这种方式的好处在于可以把相关库准确加载到指定进程。若将 Windows 套接字（Socket）API 中的 ws2_32!connect()地址传递给 notepad.exe 进程之后再使用，就会发生运行错误（notepad.exe 默认不加载 ws2_32.dll）。

大部分用户模式进程都会加载kernel32.dll，所以直接传递LoadLibraryA()与GetProcAddress()的地址不会有什么问题。但是，有些系统进程（如：smss.exe）是不会加载kernel32.dll的，事前务必确认。

像kernel32.dll这样的系统库，在OS启动的状态下，所有进程都会将其加载到相同地址。但是若OS版本不同（Vista、7等），或系统重启后，即使是相同模块，加载地址也会变化。

使用调试器调试代码27-2中的ThreadProc()函数代码，如图27-9所示。

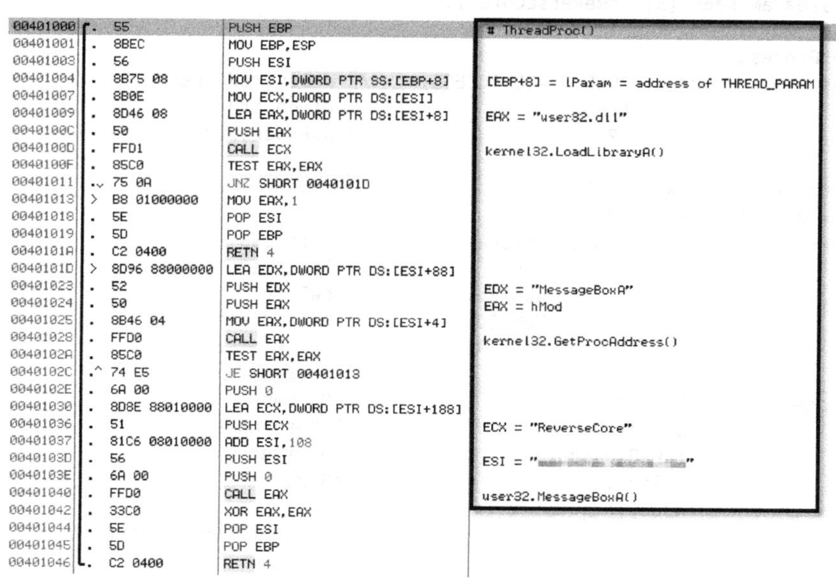

图27-9 ThreadProc()函数代码

从图27-9中的代码可以看到，所有重要数据都是从线程参数lParam[EBP+8]接收使用的。也就是说，图27-9中的ThreadProc()函数是可以独立运行的代码（不直接引用被硬编码的地址数据）。若将上图27-9与前面介绍过的图27-8比较，可以明显看到它们的不同之处。

提示

Visual C++ 2010 Express Edition 集成开发环境中，根据所用模式“Release/Debug”及“优化”选项的不同，CodeInjection.cpp 文件经过编译生成的代码可能与图 27-9 不同。

27.4.3 InjectCode()函数

InjectCode()是代码注入技术的核心部分，以下是其代码。

代码27-4　InjectCode()函数

```
BOOL InjectCode(DWORD dwPID)
{
    HMODULE         hMod            = NULL;
    THREAD_PARAM    param           = {0,};
    HANDLE          hProcess        = NULL;
    HANDLE          hThread         = NULL;
    LPVOID          pRemoteBuf[2]   = {0,};
    DWORD           dwSize          = 0;

    hMod = GetModuleHandleA("kernel32.dll");

    // set THREAD_PARAM
    param.pFunc[0] = GetProcAddress(hMod, "LoadLibraryA");
    param.pFunc[1] = GetProcAddress(hMod, "GetProcAddress");
    strcpy_s(param.szBuf[0], "user32.dll");
    strcpy_s(param.szBuf[1], "MessageBoxA");
    strcpy_s(param.szBuf[2], "www.example.com");
    strcpy_s(param.szBuf[3], "ReverseCore");

    // Open Process
    hProcess = OpenProcess(PROCESS_ALL_ACCESS,    // dwDesiredAccess
                           FALSE,                 // bInheritHandle
                           dwPID);                // dwProcessId

    // Allocation for THREAD_PARAM
    dwSize = sizeof(THREAD_PARAM);
    pRemoteBuf[0] = VirtualAllocEx(hProcess,      // hProcess
                                   NULL,          // lpAddress
                                   dwSize,        // dwSize
                                   MEM_COMMIT,    // flAllocationType
                                   PAGE_READWRITE); // flProtect

    WriteProcessMemory(hProcess,                  // hProcess
                       pRemoteBuf[0],             // lpBaseAddress
                       (LPVOID)&param,            // lpBuffer
                       dwSize,                    // nSize
                       NULL);                     // [out]
                                                  // lpNumberOfBytesWritten

    // Allocation for ThreadProc()
    dwSize = (DWORD)InjectCode - (DWORD)ThreadProc;
    pRemoteBuf[1] = VirtualAllocEx(hProcess,      // hProcess
                                   NULL,          // lpAddress
                                   dwSize,        // dwSize
                                   MEM_COMMIT,    // flAllocationType
                                   PAGE_EXECUTE_READWRITE); // flProtect
```

```
    WriteProcessMemory(hProcess,                       // hProcess
                       pRemoteBuf[1],                  // lpBaseAddress
                       (LPVOID)ThreadProc,             // lpBuffer
                       dwSize,                         // nSize
                       NULL);                          // [out]
                                                       // lpNumberOfBytesWritten

    hThread = CreateRemoteThread(hProcess,             // hProcess
                                 NULL,                 // lpThreadAttributes
                                 0,                    // dwStackSize
                                 (LPTHREAD_START_ROUTINE)pRemoteBuf[1],
                                 pRemoteBuf[0],        // lpParameter
                                 0,                    // dwCreationFlags
                                 NULL);                // lpThreadId

    WaitForSingleObject(hThread, INFINITE);

    CloseHandle(hThread);
    CloseHandle(hProcess);

    return TRUE;
}
```

代码27-4与DLL注入代码非常相似。InjectCode()函数的set THREAD_PARAM部分用来设置THREAD_PARAM结构体变量，它们会注入目标进程，并且以参数形式传递给ThreadProc()线程函数。

提示

Windows OS 中，加载到所有进程的 kernel32.dll 的地址都相同，所以 CodeInjection.exe 进程中获取的 API（“LoadLibraryA”、“GetProcAddress”）地址与 notepad.exe 进程中获取的 API（“LoadLibraryA”、“GetProcAddress”）地址是一样的，请记住这一点。

设置好THREAD_PARAM结构体后，接着调用了一系列API函数，其核心API函数归纳整理如下：

```
OpenProcess()

// data : THREAD_PARAM
VirtualAllocEx()
WriteProcessMemory()

// code : ThreadProc()
VirtualAllocEx()
WriteProcessMemory()

CreateRemoteThread()
```

上述代码主要用来在目标进程中分别为data与code分配内存，并将它们注入目标进程。最后调用CreateRemoteThread() API，执行远程线程。至此，使用代码注入技术的示例源码讲解完毕。

为便于说明，我选的示例非常基础、简单，但这丝毫不会影响我们对代码注入技术的学习与理解。恰恰相反，它能帮助我们更快速、更轻松地理解代码注入技术的原理。之后，大家可以多做些相关练习、多思考，形成自己特有的代码注入技术。

提示

我实现代码注入技术时，通常会用汇编语言编写要注入的代码，编写时可以使用复杂些的MASM，也可以使用简单的OllyDbg“汇编”命令（快捷键Space）。编好之后，再使用InjectCode()函数将Hex代码的缓冲区注入目标进程。这种方法更有利于创建更为直观的注入代码。

27.5　代码注入调试练习

本节将调试代码注入技术，了解代码注入的动态过程。

27.5.1　调试notepad.exe

用OllyDbg开始调试notepad.exe文件。如图27-10所示，按F9运行键，使notepad.exe处于“Running”（运行）状态。

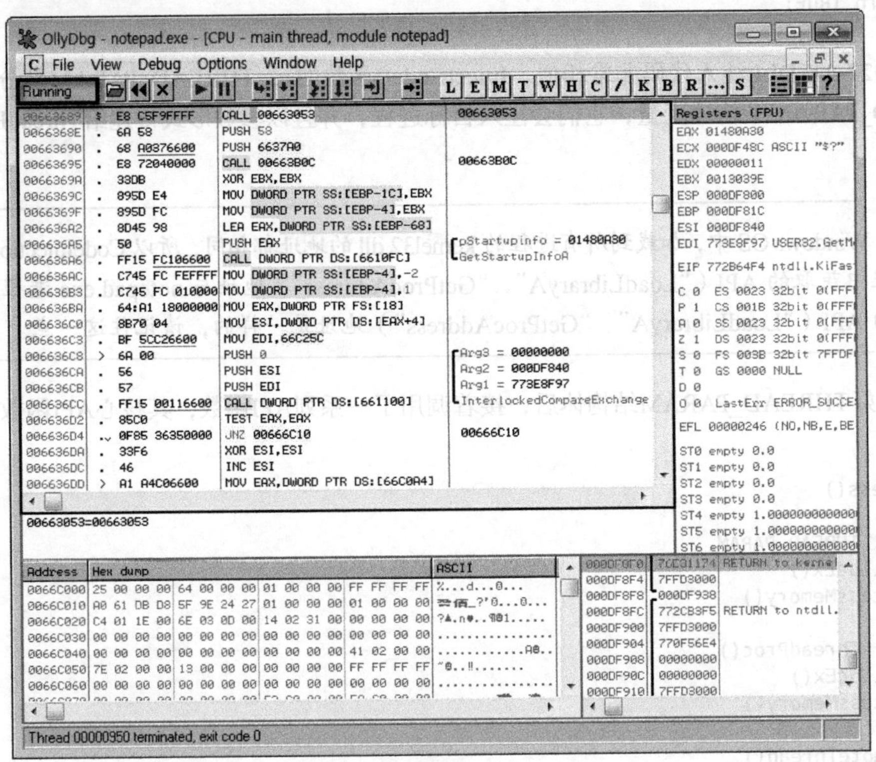

图27-10　调试notepad.exe进程

27.5.2　设置OllyDbg选项

代码注入是一种向目标进程创建新线程的技术，如图27-11所示，设置好OllyDbg的选项后，即可从注入的线程代码开始调试。

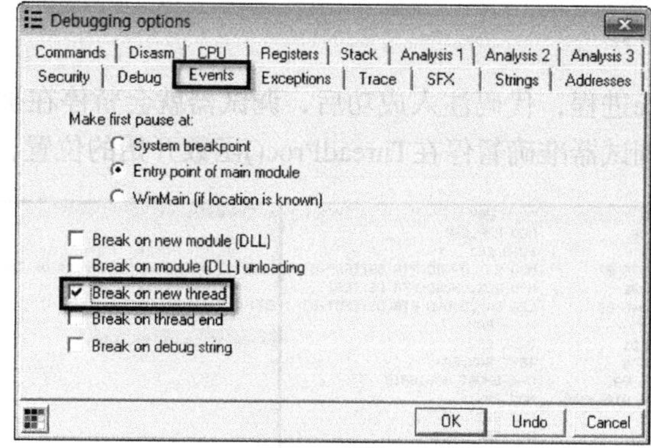

图27-11 复选Break on new thread

从现在开始，每当notepad.exe进程中生成新线程，调试器就暂停在线程函数开始的代码位置。

27.5.3 运行 CodeInjection.exe

借助Process Explorer工具查看notepad.exe进程的PID，如图27-12所示。

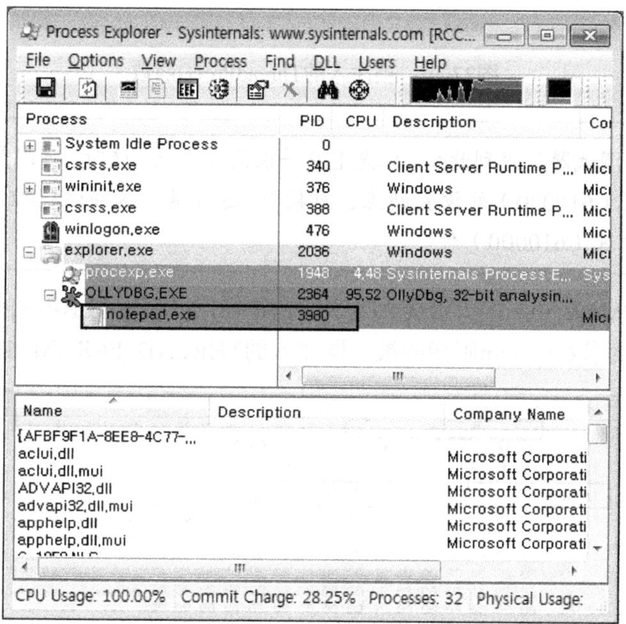

图27-12 notepad.exe进程的PID

在命令行窗口输入PID作为参数，运行CodeInjection.exe，如图27-13所示。

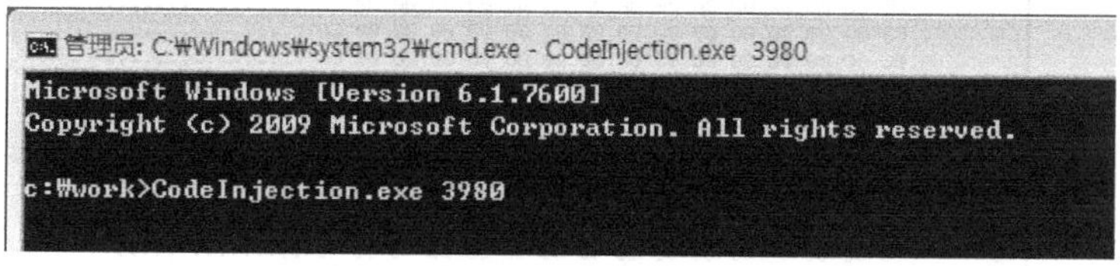

```
管理员: C:\Windows\system32\cmd.exe - CodeInjection.exe 3980
Microsoft Windows [Version 6.1.7600]
Copyright (c) 2009 Microsoft Corporation. All rights reserved.

c:\work>CodeInjection.exe 3980
```

图27-13 运行CodeInjection.exe

27.5.4　线程开始代码

运行CodeInjection.exe进程，代码注入成功后，调试器就会暂停在被注入的线程代码的开始位置，如图27-14所示。调试器准确暂停在ThreadProc()函数开始的位置，由此开始调试即可。

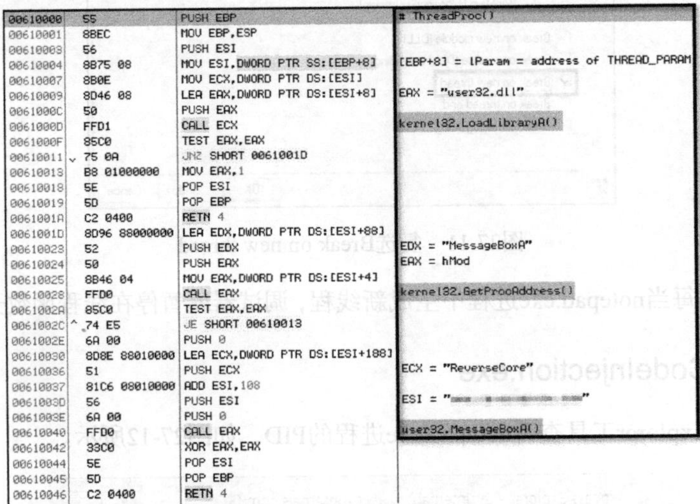

图27-14　被注入的ThreadProc()函数

注意

有时候只是调试器暂停到此处，但是EIP并未设置于此。这时，可以先在ThreadProc()函数开始的地址（610000）处设置断点，再按F9运行键，这样运行控制流就会准确到达设有断点的地址（610000）处。

610004地址处的MOV ESI,DWORD PTR SS:[EBP+8]指令中，[EBP+8]地址就是ThreadProc()函数的lParam参数，而参数lParam则指向被一同注入的THREAD_PARAM结构体（参考图27-15）。

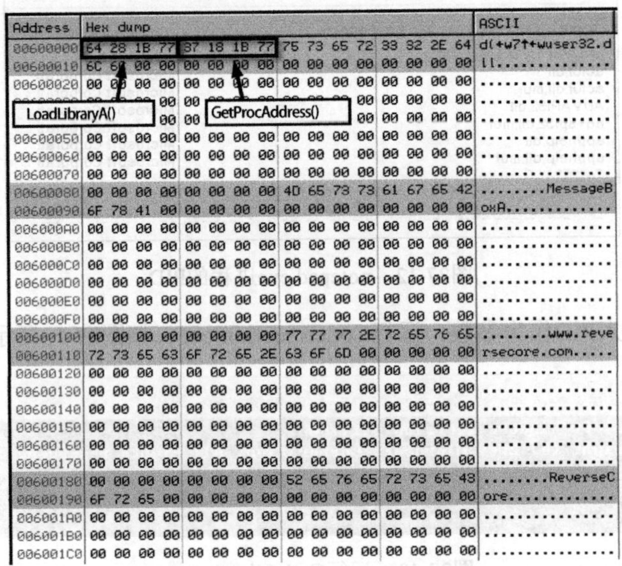

图27-15　THREAD_PARAM结构体

提示

根据不同用户的运行环境，上述地址可能标识有异。

27.6 小结

本章我们借助OllyDbg的强大功能学习了调试注入代码的方法，下一章将学习使用汇编语言（非C语言）创建注入代码。

Q&A

Q. 我不太理解InjectCode()代码中计算ThreadProc()函数大小的方法。
dwSize=(DWORD)InjectCode–(DWORD)ThreadProc;
像上面这样计算，不是只把地址值相减了吗？

A. 在MS Visual C++中使用Release模式编译程序代码后，源代码中函数顺序与二进制代码中的顺序是一致的。比如，在源代码中按照Func1()、Func2()的顺序编写，编译生成二进制代码后，二进制文件中这2个函数的顺序也是如此。查看InjectCode.cpp源代码可以注意到，我有意按照ThreadProc()、InjectCode()的顺序编写程序，所以在编译生成的InjectCode.exe文件中，这2个函数也按相同顺序排列出现。又因为函数名称就是函数地址，所以InjectCode-ThreadProc做减法运算后，所得结果就是ThreadProc()函数的大小。

第28章　使用汇编语言编写注入代码

本章将学习使用汇编语言编写注入代码的相关知识与技术。

28.1　目标

首先借助OllyDbg的汇编功能，使用汇编语言编写注入代码（ThreadProc()函数）。使用汇编语言能够生成比C语言更自由、更灵活（非标准化的）的代码（如：直接访问栈、寄存器的功能），然后将纯汇编语言编写的ThreadProc()函数注入notepad.exe进程。学习本章要注意与前面讲过的（用C语言编写的）ThreadProc()比较，了解它们的不同点。

28.2　汇编编程

大家通常使用C/C++语言编写程序，其中具有代表性的开发工具有Microsoft Visual C++与Borland C++ Builder。使用汇编语言编写程序时，常用的开发工具（Assembler）有MASM（Microsoft Macro Assembler）、TASM（Borland Turbo Assembler）、FASM（Flat Assembler）等。

就我个人而言，用C/C++语言编写程序时使用MS Visual C++开发工具，用汇编语言编写程序时使用MASM编译器。MASM编译器支持多样化的Macro函数以及库文件，编程时使用起来非常方便，其便捷程度几乎与C语言相当。

设置好MASM编译器后，就可以正常进行汇编编程（Assembly Programming）了。当然还可以在类似Visual C++的C语言开发工具中使用“内联汇编”（Inline Assembly），将汇编指令插入C语言代码。这是非常适合开发人员的方式。本章将向各位介绍一种更适合代码逆向分析的方式，就是使用OllyDbg中的汇编功能编写汇编程序。

提示

OllyDbg的汇编功能支持简单的汇编语言编程，这在代码逆向分析中相当有用（因为调试时经常需要修改各处代码）。

28.3　OllyDbg的汇编命令

本节将使用OllyDbg的汇编命令编写汇编语言程序。首先使用OllyDbg打开asmtest.exe示例文件（asmtest.exe是为进行汇编语言编程测试而编写的可执行文件（无任何功能）），如图28-1所示。

从代码区域的顶端部分（401000）开始看起，先向大家介绍一个OllyDbg的新命令New origin here，它把EIP更改为指定地址。在OllyDbg的代码窗口中移动光标到401000地址处，在鼠标右键菜单中选择New origin here(Ctrl+Gray*)菜单命令，如图28-2所示。

```
00401000 ┌$ 55              PUSH EBP                             test()
00401001 │. 8BEC            MOV EBP,ESP
00401003 │. 33C0            XOR EAX,EAX
00401005 │. 5D              POP EBP
00401006 └. C3              RETN
00401007    CC              INT3
00401008    CC              INT3
00401009    CC              INT3
0040100A    CC              INT3
0040100B    CC              INT3
0040100C    CC              INT3
0040100D    CC              INT3
0040100E    CC              INT3
0040100F    CC              INT3
00401010 ┌$ 55              PUSH EBP                             main()
00401011 │. 8BEC            MOV EBP,ESP
00401013 │. E8 E8FFFFFF     CALL 00401000
00401018 │. 5D              POP EBP
00401019 └. C3              RETN
0040101A  $ 3B0D 04A04000   CMP ECX,DWORD PTR DS:[40A004]
00401020  .v 75 02          JNZ SHORT 00401024
00401022  . F3:             PREFIX REP:
00401023  . C3              RETN
00401024  >v E9 85010000    JMP 004011AE
00401029 ┌$ 8BFF            MOV EDI,EDI
0040102B │. 55              PUSH EBP
0040102C │. 8BEC            MOV EBP,ESP
0040102E │. 833D 48AC4000   CMP DWORD PTR DS:[40AC48],2
00401035 │.v 74 05          JE SHORT 0040103C
00401037 │. E8 AB070000     CALL 004017E7
0040103C │> FF75 08         PUSH DWORD PTR SS:[EBP+8]
0040103F │. E8 F8050000     CALL 0040163C
00401044 │. 68 FF000000     PUSH 0FF
00401049 │. E8 3A030000     CALL 00401388
0040104E │. 59              POP ECX                              kernel32.771B1174
0040104F │. 59              POP ECX                              kernel32.771B1174
```

图28-1 asmtest.exe

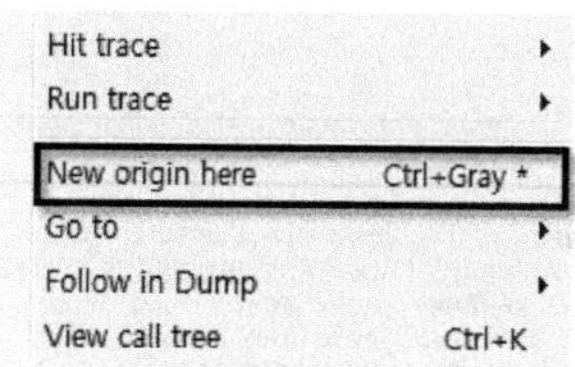

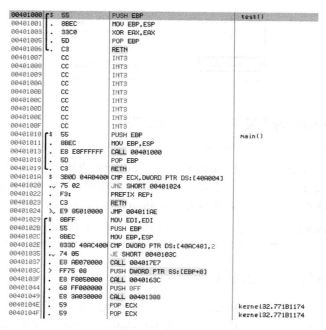

图28-2 New origin here(Ctrl+Gray)菜单命令

执行菜单命令后，EIP地址变为401000，如图28-3所示。

```
C CPU - main thread, module asmtest
00401000 ┌$ 55        PUSH EBP      test()     Registers (FPU)
00401001 │. 8BEC      MOV EBP,ESP              EAX 005C1938
00401003 │. 33C0      XOR EAX,EAX              ECX 00000001
00401005 │. 5D        POP EBP                  EDX 772864F4 ntdll.KiFast
00401006 └. C3        RETN                     EBX 7FFDC000
00401007    CC        INT3                     ESP 0012FF3C
00401008    CC        INT3                     EBP 0012FF40
00401009    CC        INT3                     ESI 00000000
0040100A    CC        INT3                     EDI 00000000
0040100B    CC        INT3
0040100C    CC        INT3                     EIP 00401000 asmtest.0040
0040100D    CC        INT3                     C 0  ES 0023 32bit 0(FFFF
0040100E    CC        INT3                     P 1  CS 001B 32bit 0(FFFF
```

图28-3 更改EIP

调试时常常需要更改EIP值，所以New origin here菜单非常有用，希望各位记住它。

提示

New origin here 命令仅用来改变 EIP 值，与直接通过调试方式转到指定地址是不一样的，因为寄存器与栈中内容并未改变。

在401000地址处执行汇编命令（快捷键：Space），将弹出输入汇编命令的窗口，如图28-4所示。

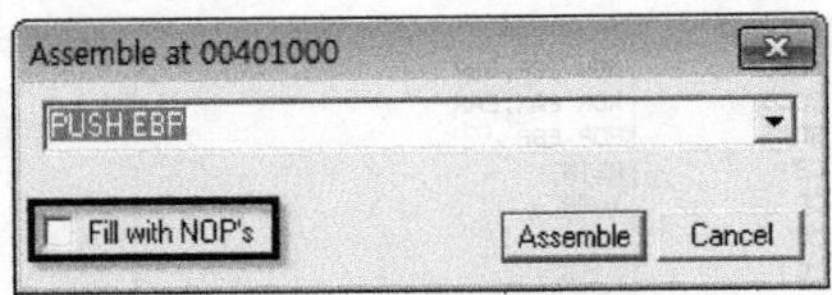

图28-4　汇编功能

接下来就可以在OllyDbg中编写简单的汇编语言程序了。

提示

建议大家在图 28-4 中取消（uncheck）对“Fill with NOP’s”的复选。OllyDbg 的汇编命令用来向相应地址输入用户代码。若“Fill with NOP’s”项处于复选状态，输入代码长度短于已有代码时，剩余长度会填充为 NOP（No Operation）指令，以整体对齐代码（Code Alignment）。为便于本章说明，我取消了对“Fill with NOP’s”项目的复选。

28.3.1　编写 ThreadProc()函数

下面使用汇编语言编写ThreadProc()函数。与前面使用C语言编写的ThreadProc()函数相比，其不同之处在于，需要的Data（字符串）已包含在Code中。请各位参考图28-5输入汇编指令。各条汇编指令的作用将在后面讲解（输入时注意取消对“Fill with NOP’s”的复选，若出现误录，转到相应地址处重新输入即可）。

```
CPU - main thread, module asmtest
00401000   55            PUSH EBP
00401001   8BEC          MOV EBP,ESP
00401003   8B75 08       MOV ESI,DWORD PTR SS:[EBP+8]
00401006   68 6C6C0000   PUSH 6C6C
0040100B   68 33322E64   PUSH 642E3233
00401010   68 75736572   PUSH 72657375
00401015   54            PUSH ESP
00401016   FF16          CALL DWORD PTR DS:[ESI]
00401018   68 6F784100   PUSH 41786F
0040101D   68 61676542   PUSH 42656761
00401022   68 4D657373   PUSH 7373654D
00401027   54            PUSH ESP
00401028   50            PUSH EAX
00401029   FF56 04       CALL DWORD PTR DS:[ESI+4]
0040102C   6A 00         PUSH 0
0040102E   E8 0C000000   CALL 0040103F
00401033
00401035
00401037
0040103C
```

Assemble at 0040102E: CALL 0040103F　Fill with NOP's　Assemble　Cancel

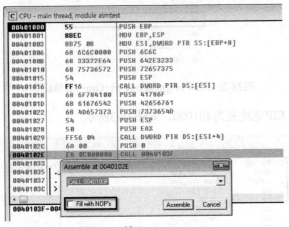

图28-5　输入ThreadProc()

自上而下依次输入汇编指令，直到40102E地址处的CALL指令为止，各位的输入都正确吗？接下来，继续输入字符串。请先关闭Assemble窗口，在OllyDbg代码窗口中，移动光标至401033地址处，打开Edit窗口（快捷键：Ctrl+E），如图28-6所示。

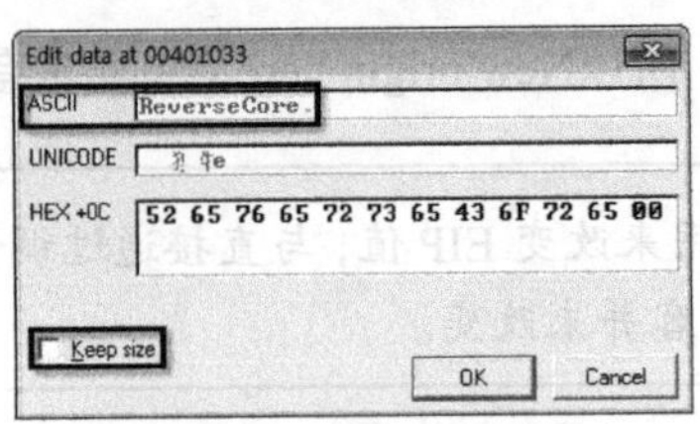

图28-6　输入字符串

在图28-6的Edit窗口向ASCII项输入“ReverseCore”。因字符串必须以NULL结束，故在HEX项的最后输入00值（取消Keep size选项）。像这样完成全部输入后，在OllyDbg中查看代码，如图28-7所示。

```
00401029     FF56 04        CALL DWORD PTR DS:[ESI+4]
0040102C     6A 00          PUSH 0
0040102E     E8 0C000000    CALL 0040103F
00401033     52             PUSH EDX
00401034     65:76 65       JBE SHORT 0040109C
00401037   ⌄ 72 73          JB SHORT 004010AC
00401039     65:43          INC EBX
0040103B     6F             OUTS DX,DWORD PTR ES:[EDI]
0040103C   ⌄ 72 65          JB SHORT 004010A3
0040103E     00E8           ADD AL,CH
00401040  ?  F8             CLC
00401041  ?  05 000068FF    ADD EAX,FF680000
00401046  ?  0000           ADD BYTE PTR DS:[EAX],AL
```

图28-7 “ReverseCore”字符串区域

图28-7中灰色部分即是“ReverseCore”字符串区域，可以看到字符串使用非常奇怪的指令进行显示。这样显示的原因在于，OllyDbg的Disassembler（反汇编器）将字符串误认为IA-32指令了。其实，这是由于输入者在Code位置输入字符串引起的，是输入者的错，而不能怪罪OllyDbg的反汇编器。

提示

调试时常常会遇到这种反汇编（Disassemble）问题，有些反调试技术正是利用了这一点，后面讲解反调试时再向大家介绍。

如图28-7所示，选中字符串后再执行Analysis命令（快捷键：Ctrl+A），得到图28-8。

```
00401000      55             DB 55
00401001      8B             DB 8B
00401002      EC             DB EC
00401003      8B             DB 8B
00401004      75             DB 75
00401005      08             DB 08
00401006   .  68 6C 6C 00    ASCII "hll",0
0040100A      00             DB 00
0040100B      68             DB 68
0040100C      33             DB 33
0040100D      32             DB 32
0040100E      2E             DB 2E
0040100F      64             DB 64
00401010   $  68 75736572    PUSH 72657375
00401015      54             DB 54
00401016      FF             DB FF
00401017      16             DB 16
00401018      68             DB 68
00401019      6F             DB 6F
0040101A   $⌄ 78 41          JS SHORT 0040105D
0040101C   .  0068 61        ADD BYTE PTR DS:[EAX+61],CH
0040101F   .  67:65:42       INC EDX
00401022   .  68 4D657373    PUSH 7373654D
00401027   .  54             PUSH ESP
00401028   .  50             PUSH EAX
00401029   $  FF56 04        CALL DWORD PTR DS:[ESI+4]
0040102C   .  6A 00          PUSH 0
0040102E   .  E8 0C000000    CALL 0040103F
00401033   .  52 65 76 65    ASCII "ReverseCore",0
0040103F   .  E8             ASCII "?
00401040      F8             DB F8
```

图28-8 执行Analysis命令

提示

OllyDbg的Analysis命令用来再次分析代码，再分析Unpack（解码的）代码时经常用到。

图28-8中的代码是执行了Analysis命令之后的形式。在401033地址处可以清晰地看到前面输入的字符串“ReverseCore”，但是401000地址之后的指令却解析有误（OllyDbg 2.0也无法将代码与数据100%区分开来。事实上，机器本身很难分清它是字符串还是指令）。在图28-8中难以查看代码，使用鼠标右键菜单中的Analysis-Remove analysis from module命令可以将代码恢复原样。

使用Remove analysis命令恢复代码，如图28-9所示。

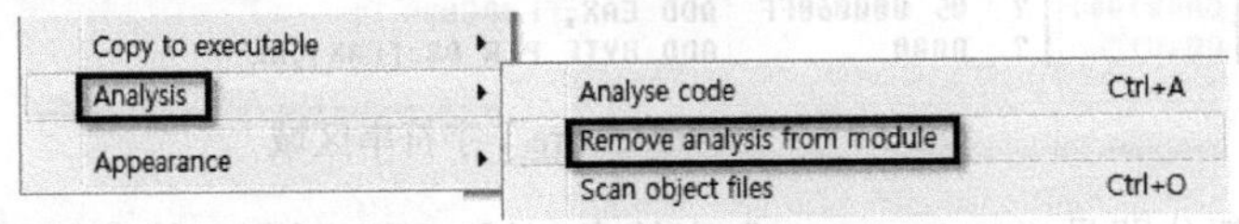

图28-9　Remove analysis from module菜单

接下来，使用汇编命令从40103F地址处（位于401033地址的“ReverseCore”字符串后面的地址）开始继续输入指令如图28-10所示。

图28-10　从40103F地址处开始输入指令

然后使用编辑命令，在401044地址处输入字符串（“www.example.com”，不要忘记在最后添上NULL）如图28-11所示。

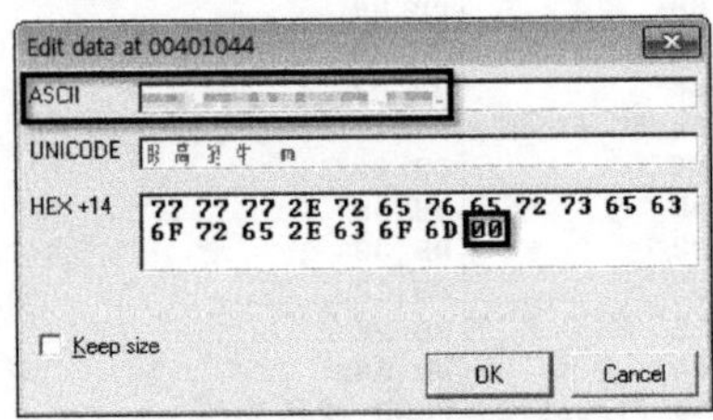

图28-11　输入字符串

再次使用汇编命令从401058地址处开始输入指令，如图28-12所示。

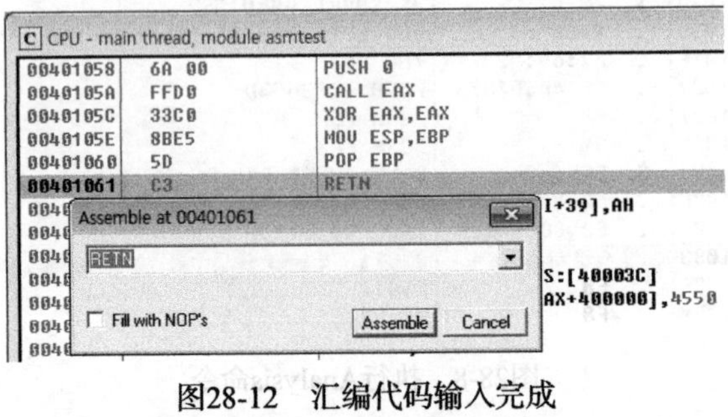

图28-12　汇编代码输入完成

至此已将ThreadProc()代码全部输入。图28-13显示了所有输入的代码，请各位对照查看自己输入的代码是否正确。

```
00401000    55              PUSH EBP
00401001    8BEC            MOV EBP,ESP
00401003    8B75 08         MOV ESI,DWORD PTR SS:[EBP+8]
00401006    68 6C6C0000     PUSH 6C6C
0040100B    68 33322E64     PUSH 642E3233
00401010    68 75736572     PUSH 72657375
00401015    54              PUSH ESP
00401016    FF16            CALL DWORD PTR DS:[ESI]
00401018    68 6F784100     PUSH 41786F
0040101D    68 61676542     PUSH 42656761
00401022    68 4D657373     PUSH 7373654D
00401027    54              PUSH ESP
00401028    50              PUSH EAX
00401029    FF56 04         CALL DWORD PTR DS:[ESI+4]
0040102C    6A 00           PUSH 0
0040102E    E8 0C000000     CALL 0040103F
00401033    52              PUSH EDX
00401034    65:76 65        JBE SHORT 0040109C
00401037  ˅ 72 73           JB SHORT 004010AC
00401039    65:43           INC EBX
0040103B    6F              OUTS DX,DWORD PTR ES:[EDI]
0040103C  ˅ 72 65           JB SHORT 004010A3
0040103E    00E8            ADD AL,CH
00401040    14 00           ADC AL,0
00401042    0000            ADD BYTE PTR DS:[EAX],AL
00401044  ˅ 77 77           JA SHORT 004010BD
00401046  ˅ 77 2E           JA SHORT 00401076
00401048  ˅ 72 65           JB SHORT 004010AF
0040104A  ˅ 76 65           JBE SHORT 004010B1
0040104C  ˅ 72 73           JB SHORT 004010C1
0040104E    65:636F 72      ARPL WORD PTR GS:[EDI+72],BP
00401052    65:             PREFIX GS:
00401053    2E:636F 6D      ARPL WORD PTR CS:[EDI+6D],BP
00401057    006A 00         ADD BYTE PTR DS:[EDX],CH
0040105A    FFD0            CALL EAX
0040105C    33C0            XOR EAX,EAX
0040105E    8BE5            MOV ESP,EBP
00401060    5D              POP EBP
00401061    C3              RETN
```

图28-13　ThreadProc()代码

提示

401033、401044地址中的内容不是指令，而是字符串。由于OllyDbg会将字符串识别为指令，所以字符串看上去有些怪异。

28.3.2 保存文件

编好代码后要保存。在OllyDbg代码菜单中，选择鼠标右键Copy to executable-All modifications菜单（参考图28-14）。

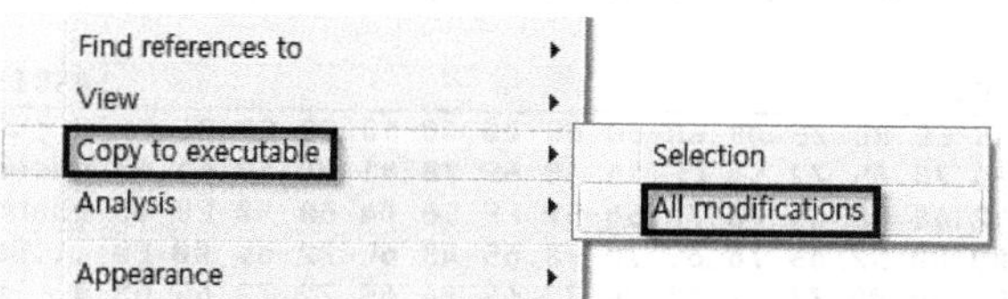

图28-14　Copy to executable-All modifications菜单

如图28-15所示，弹出确认消息框，单击“Copy all”按钮。

图28-15　单击“Copy all”按钮

然后弹出窗口，显示所有修改内容，在鼠标右键菜单中选择Save file项目，如图28-16所示。

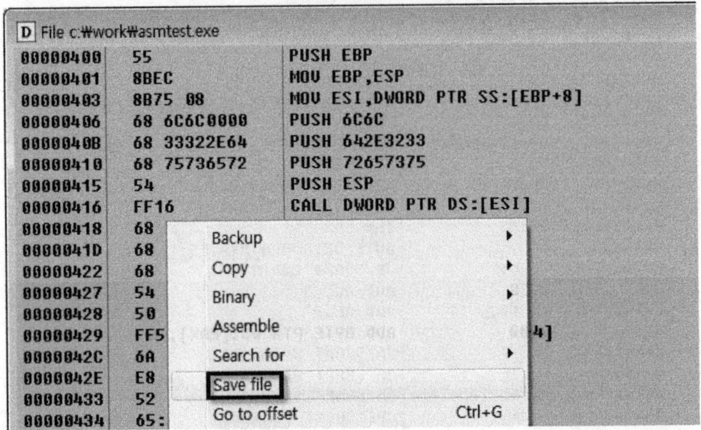

图28-16　Save file菜单项目

之后弹出保存文件对话框，输入文件名称（asmtest_patch.exe）后保存。

常用 OllyDbg 命令快捷键

Assemble(Space)：输入汇编代码。

Analysis(Ctrl+A)：再次分析代码。

New origin here(Ctrl+Gray*)：更改 EIP。

28.4　编写代码注入程序

本节将使用前面创建好的汇编代码编写代码注入程序（Injector）。

28.4.1　获取 ThreadProc()函数的二进制代码

首先，使用OllyDbg工具打开前面创建的asmtest_patch.exe文件。我们前面编写的ThreadProc()函数地址为401000，在内存窗口中转到401000地址处（转移命令Ctrl+G），如图28-17所示。

Address	Hex dump	ASCII
00401000	55 8B EC 8B 75 08 68 6C 6C 00 00 68 33 32 2E 64	U뗑멜■hll..h32.d
00401010	68 75 73 65 72 54 FF 16 68 6F 78 41 00 68 61 67	huserTÿ■hoxA.hag
00401020	65 42 68 4D 65 73 73 54 50 FF 56 04 6A 00 E8 0C	eBhMessTPÿV■j.?
00401030	00 00 00 52 65 76 65 72 73 65 43 6F 72 65 00 E8	...ReverseCore.?
00401040	14 00 00 00 77 77 77 2E 72 65 76 65 72 73 65 63	■...www.reversec
00401050	6F 72 65 2E 63 6F 6D 00 6A 00 FF D0 33 C0 8B E5	ore.com.j.ÿ?곮?
00401060	5D C3 00 66 39 05 00 00 40 00 75 38 A1 3C 00 40	]?F9¥.@.u8?.@

图28-17　转到401000地址处

ThreadProc()函数的地址区间为401000~401061。如图28-17所示，选中该地址区域，在鼠标右键菜单中依次选择Copy-To file项目（参考图28-18）。

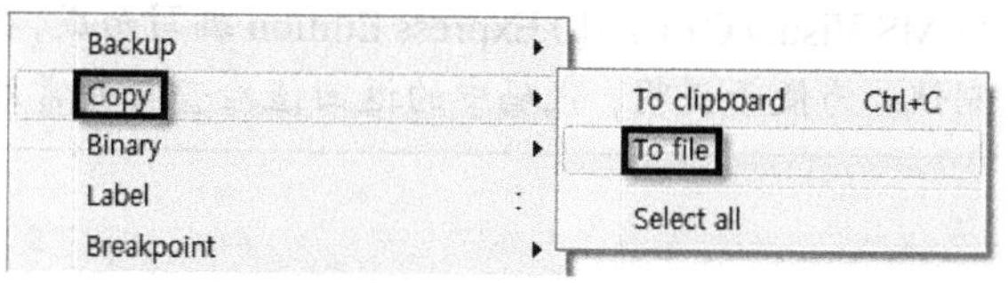

图28-18　Copy-To file菜单

接着，使用文本编辑器打开刚刚保存的文件（我使用的文本编辑器为GVIM，各位也可以使用自己熟悉的文本编辑器）。

图28-19中显示的文本内容即为以Hex值形式表示的ThreadProc()函数，它们其实是一系列的IA-32指令，也是要注入目标进程的代码。

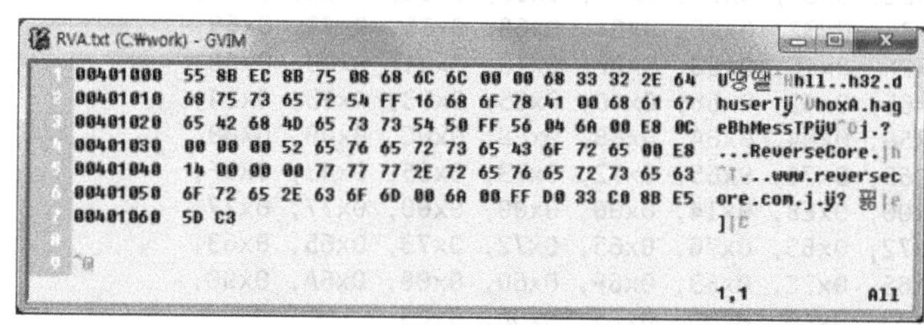

图28-19　文本编辑器

提示

IA-32 指令解析方法请参考第 49 章。

如图28-20所示编辑文本文件，去除不必要的部分，每个字节前面加上前缀0x，各字节以逗号（,）分隔。适当应用文本编辑器的编辑功能（选择列、修改字符串）将带来很大便利。

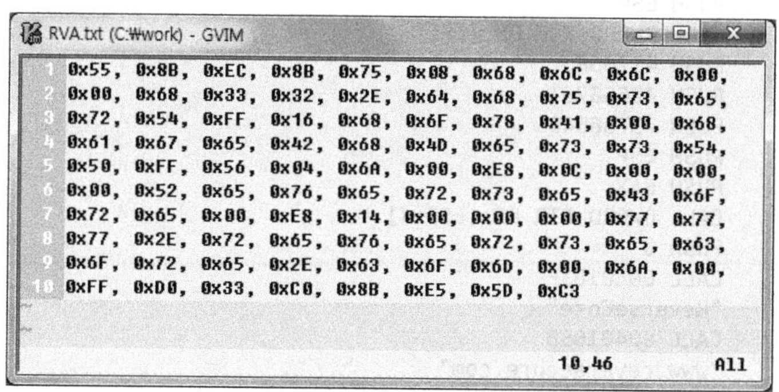

图28-20　编辑内容

观察图28-20中编辑的文本内容，它们看上去就像C语言中的字节数组，这就是要注入的Hex代码（CodeInjection2.cpp文件中会用到）。

28.4.2　CodeInjection2.cpp

本节看看代码注入程序的源代码（CodeInjection2.cpp）。从代码28-1中可以看到，图28-20中使用文本编辑器编辑的Hex代码被保存到名为g_InjectionCode的字节数组。

提示

以下源代码使用MS Visual C++ 2010 Express Edition编写而成，在Windows XP/7 32位操作系统中通过测试。为便于说明，代码中的返回值检查与异常处理代码均已省略。

代码28-1　CodeInjection2.cpp

```
typedef struct _THREAD_PARAM
{
    FARPROC pFunc[2];               // LoadLibraryA(), GetProcAddress()
} THREAD_PARAM, *PTHREAD_PARAM;

// ThreadProc()
BYTE g_InjectionCode[] =
{
    0x55, 0x8B, 0xEC, 0x8B, 0x75, 0x08, 0x68, 0x6C, 0x6C, 0x00,
    0x00, 0x68, 0x33, 0x32, 0x2E, 0x64, 0x68, 0x75, 0x73, 0x65,
    0x72, 0x54, 0xFF, 0x16, 0x68, 0x6F, 0x78, 0x41, 0x00, 0x68,
    0x61, 0x67, 0x65, 0x42, 0x68, 0x4D, 0x65, 0x73, 0x73, 0x54,
    0x50, 0xFF, 0x56, 0x04, 0x6A, 0x00, 0xE8, 0x0C, 0x00, 0x00,
    0x00, 0x52, 0x65, 0x76, 0x65, 0x72, 0x73, 0x65, 0x43, 0x6F,
    0x72, 0x65, 0x00, 0xE8, 0x14, 0x00, 0x00, 0x00, 0x77, 0x77,
    0x77, 0x2E, 0x72, 0x65, 0x76, 0x65, 0x72, 0x73, 0x65, 0x63,
    0x6F, 0x72, 0x65, 0x2E, 0x63, 0x6F, 0x6D, 0x00, 0x6A, 0x00,
    0xFF, 0xD0, 0x33, 0xC0, 0x8B, 0xE5, 0x5D, 0xC3
};

/*
// ThreadProc()
    55              PUSH EBP
    8BEC            MOV EBP,ESP
    8B75 08         MOV ESI,DWORD PTR SS:[EBP+8]
    68 6C6C0000     PUSH 6C6C
    68 33322E64     PUSH 642E3233
    68 75736572     PUSH 72657375
    54              PUSH ESP
    FF16            CALL DWORD PTR DS:[ESI]
    68 6F784100     PUSH 41786F
    68 61676542     PUSH 42656761
    68 4D657373     PUSH 7373654D
    54              PUSH ESP
    50              PUSH EAX
    FF56 04         CALL DWORD PTR DS:[ESI+4]
    6A 00           PUSH 0
    E8 0C000000     CALL 0040103F
    ASCII           "ReverseCore"
    E8 14000000     CALL 00401058
    ASCII           "www.reversecore.com"
    6A 00           PUSH 0
    FFD0            CALL EAX
    33C0            XOR EAX,EAX
    8BE5            MOV ESP,EBP
    5D              POP EBP
    C3              RETN
*/

BOOL InjectCode(DWORD dwPID)
{
```

```
    HMODULE         hMod            = NULL;
    THREAD_PARAM    param           = {0,};
    HANDLE          hProcess        = NULL;
    HANDLE          hThread         = NULL;
    LPVOID          pRemoteBuf[2]   = {0,};

    hMod = GetModuleHandleA("kernel32.dll");

    // set THREAD_PARAM
    param.pFunc[0] = GetProcAddress(hMod, "LoadLibraryA");
    param.pFunc[1] = GetProcAddress(hMod, "GetProcAddress");

    // Open Process
    hProcess = OpenProcess(PROCESS_ALL_ACCESS,
                           FALSE,
                           dwPID);

    // Allocation for THREAD_PARAM
    pRemoteBuf[0] = VirtualAllocEx(hProcess,
                                   NULL,
                                   sizeof(THREAD_PARAM),
                                   MEM_COMMIT,
                                   PAGE_READWRITE);

    WriteProcessMemory(hProcess,
                       pRemoteBuf[0],
                       (LPVOID)&param,
                       sizeof(THREAD_PARAM),
                       NULL);

    // Allocation for g_InjectionCode
    pRemoteBuf[1] = VirtualAllocEx(hProcess,
                                   NULL,
                                   sizeof(g_InjectionCode),
                                   MEM_COMMIT,
                                   PAGE_EXECUTE_READWRITE);

    WriteProcessMemory(hProcess,
                       pRemoteBuf[1],
                       (LPVOID)&g_InjectionCode,
                       sizeof(g_InjectionCode),
                       NULL);

    hThread = CreateRemoteThread(hProcess,
                                 NULL,
                                 0,
                                 (LPTHREAD_START_ROUTINE)pRemoteBuf[1],
                                 pRemoteBuf[0],
                                 0,
                                 NULL);

    WaitForSingleObject(hThread, INFINITE);

    CloseHandle(hThread);
    CloseHandle(hProcess);

    return TRUE;
}
```

代码28-1中的注入代码与前面讲过的CodeInjection.cpp代码类似（调用的API也一样）。但它们最大的不同在于，代码28-1中的注入代码本身同时包含着代码所需的字符串数据。所以

_THREAD_PARAM结构体中并不包含字符串成员，并且图28-20中的指令字节数组（g_InjectionCode）替代了用C语言编写的ThreadProc()函数。若程序编写得更巧妙一些，甚至都可以不用_THREAD_PARAM结构体。每个人的具体实现细节都是不同的，可以根据自己的需要调整。重要的是，方法的实质都是一样的，即编写汇编代码，将生成的指令内联在注入程序的源代码中，进而将其注入目标进程。将代码成功注入目标进程后，下面我们将通过调试来分析各汇编代码的含义。

提示

将上面的 CodeInjection2.cpp 与上一章中的 CodeInjection.cpp 源代码比较，可以明显看出它们的不同之处。

28.5 调试练习

本节将notepad.exe进程注入使用汇编语言编写的代码，并通过调试了解其工作原理。

28.5.1 调试 notepad.exe

使用OllyDbg工具打开notepad.exe文件开始调试。如图28-21所示，按F9运行键，使notepad.exe处于Running（运行）状态。

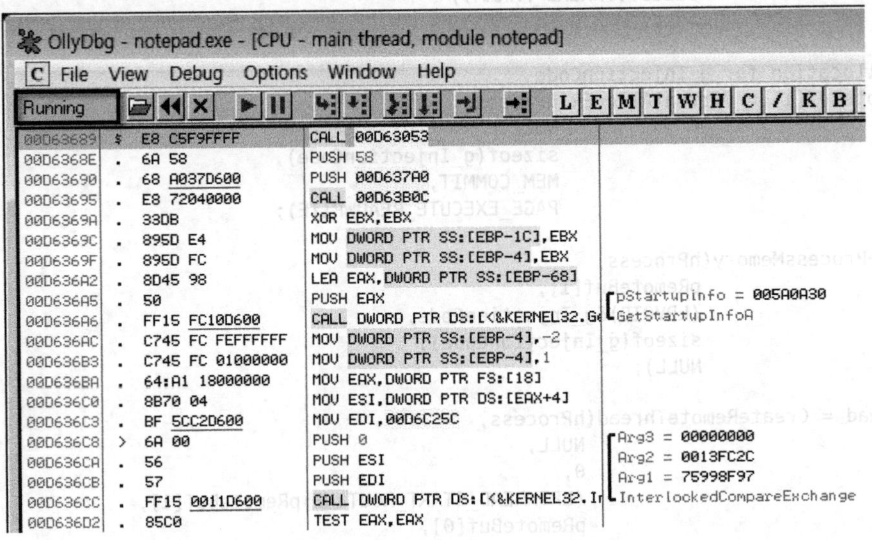

图28-21　调试notepad.exe进程

28.5.2 设置 OllyDbg 选项

进行代码注入时要在目标进程创建新线程，如图28-22所示，设置好OllyDbg的选项即可从注入的线程代码开始调试。

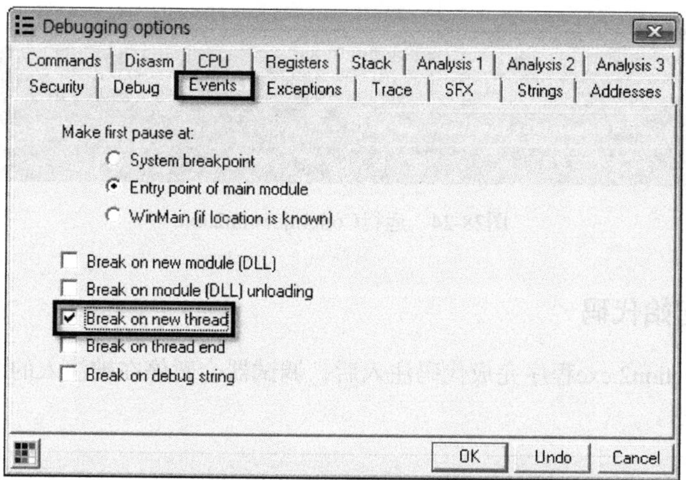

图28-22 复选Break on new thread项

这样，notepad.exe进程中有新线程生成时，调试器就会暂停在相应线程函数的开始代码处。

28.5.3 运行 CodeInjection2.exe

首先，使用Process Explorer查看notepad.exe进程的PID，如图28-23所示。

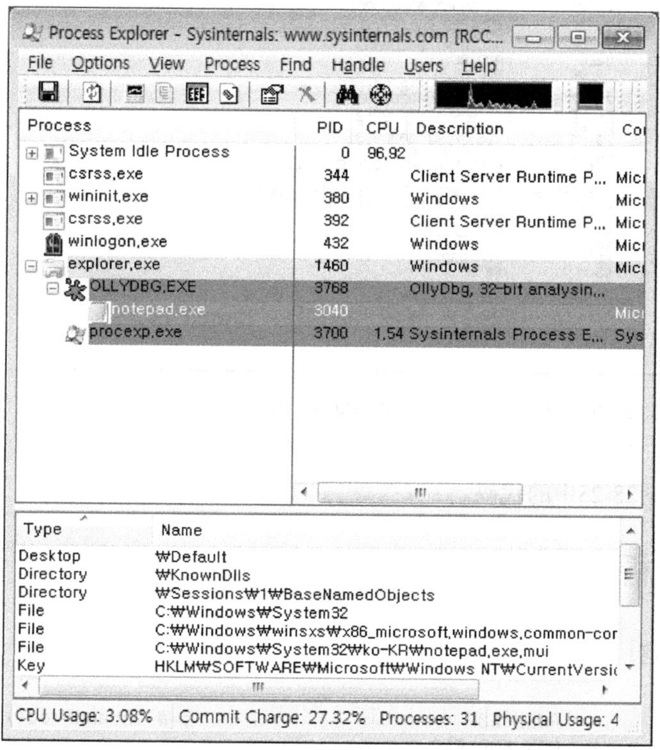

图28-23 notepad.exe进程的PID

以PID值作为参数，在命令行窗口中运行CodeInjection2.exe（以管理员身份运行），如图28-24所示。

```
管理员: C:\Windows\system32\cmd.exe - CodeInjection2.exe  3040
Microsoft Windows [Version 6.1.7600]
Copyright (c) 2009 Microsoft Corporation. All rights reserved.

c:\work>CodeInjection2.exe 3040
```

图28-24　运行CodeInjection2.exe

28.5.4　线程起始代码

运行CodeInjection2.exe程序完成代码注入后，调试器会暂停在被注入的线程代码的起始位置，如图28-25所示。

```
CPU - thread 00000104
002D0000    55              PUSH EBP                          # ThreadProc()
002D0001    8BEC            MOV EBP,ESP
002D0003    8B75 08         MOV ESI,DWORD PTR SS:[EBP+8]
002D0006    68 6C6C0000     PUSH 6C6C
002D000B    68 33322E64     PUSH 642E3233
002D0010    68 75736572     PUSH 72657375
002D0015    54              PUSH ESP
002D0016    FF16            CALL DWORD PTR DS:[ESI]
002D0018    68 6F784100     PUSH 41786F
002D001D    68 61676542     PUSH 42656761
002D0022    68 4D657373     PUSH 7373654D
002D0027    54              PUSH ESP
002D0028    50              PUSH EAX
002D0029    FF56 04         CALL DWORD PTR DS:[ESI+4]
002D002C    6A 00           PUSH 0
002D002E    E8 0C000000     CALL 002D003F
002D0033    52              PUSH EDX
002D0034    65:76 65        JBE SHORT 002D009C
002D0037  v 72 73           JB SHORT 002D00AC
002D0039    65:43           INC EBX
002D003B    6F              OUTS DX,DWORD PTR ES:[EDI]
002D003C  v 72 65           JB SHORT 002D00A3
002D003E    00E8            ADD AL,CH
002D0040    14 00           ADC AL,0
002D0042    0000            ADD BYTE PTR DS:[EAX],AL
002D0044  v 77 77           JA SHORT 002D00BD
002D0046  v 77 2E           JA SHORT 002D0076
002D0048  v 72 65           JB SHORT 002D00AF
002D004A  v 76 65           JBE SHORT 002D00B1
002D004C  v 72 73           JB SHORT 002D00C1
002D004E    65:636F 72      ARPL WORD PTR GS:[EDI+72],BP
002D0052    65:             PREFIX GS:
002D0053    2E:636F 6D      ARPL WORD PTR CS:[EDI+6D],BP
002D0057    006A 00         ADD BYTE PTR DS:[EDX],CH
002D005A    FFD0            CALL EAX
002D005C    33C0            XOR EAX,EAX
002D005E    8BE5            MOV ESP,EBP
002D0060    5D              POP EBP
002D0061    C3              RETN
```

图28-25　被注入的代码：ThreadProc()

提示

不同运行环境下代码起始地址（2D0000）不同。

下面详细分析图28-25中的代码。

28.6　详细分析

28.6.1　生成栈帧

```
002D0000    55        PUSH EBP                ; # ThreadProc()
002D0001    8BEC      MOV EBP,ESP
```

上面是2条典型的生成栈帧指令，对它们感到陌生的朋友可以趁此机会记住：55 8BEC。后面出现的指令使用压字符串入栈的技术，生成栈帧就可以在ThreadProc()函数终止时将栈清理干净。

28.6.2 THREAD_PARAM 结构体指针

```
002D0003    8B75 08         MOV ESI,DWORD PTR SS:[EBP+8]
```

生成栈帧后，[EBP+8]是传入函数的第一个参数，这里指THREAD_PARAM结构体指针。下面是THREAD_PARAM结构体的定义，它的成员是2个函数指针，分别用来保存LoadLibraryA()与GetProcAddress()的函数指针（谁获取了函数指针并保存呢？对，就是前面讲过的CodeInjection2.exe程序，它获取了函数的指针，向notepad.exe注入完成并运行线程时以参数形式保存）。

```
typedef struct _THREAD_PARAM
{
    FARPROC pFunc[2];               // LoadLibraryA(), GetProcAddress()
} THREAD_PARAM, *PTHREAD_PARAM;
```

执行完2D0003地址处的MOV ESI,DWORD PTR SS:[EBP+8]指令后，进入ESI寄存器存储的地址查看，如图28-26所示。

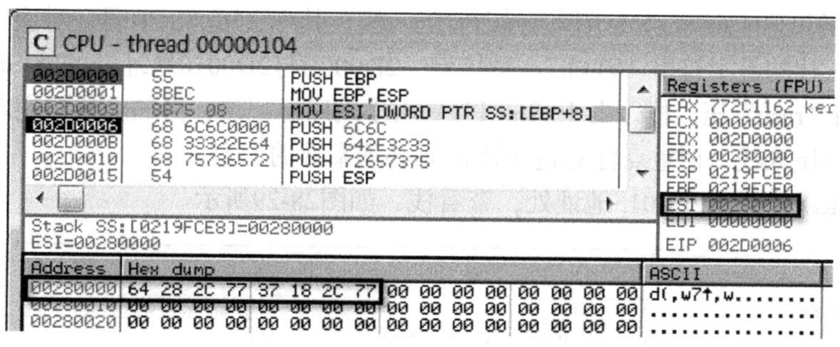

图28-26 查看THREAD_PARAM结构体

寄存器ESI中存储的地址为28000，该地址是CodeInjection2.exe为THREAD_PARAM结构体在notepad.exe进程内存空间中分配的内存缓冲区地址。

提示

不同用户系统环境下 THREAD_PARAM 结构体地址（280000）不同。

观察图28-26中的内存窗口可以看到，280000地址处存储着2个4字节的值，它们就是函数LoadLibraryA()与GetProcAddress()的起始地址。为了更直观地查看函数的起始地址，需要设置OllyDbg内存窗口的视图选项。先移动光标到内存窗口，然后在鼠标右键菜单中依次选择Long-Address项目，如图28-27所示。

图28-27 Long-Address菜单项目

选中图28-27中的菜单后，OllyDbg的内存窗口显示形式改变，如图28-28所示。

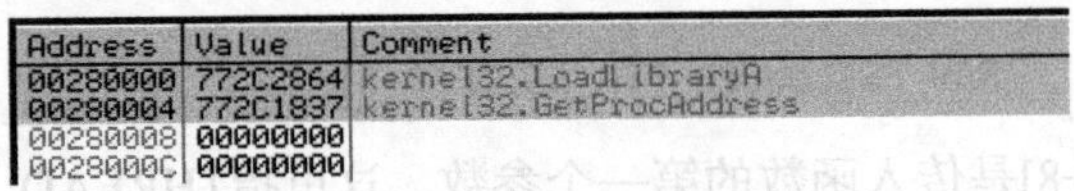

Address	Value	Comment
00280000	772C2864	kernel32.LoadLibraryA
00280004	772C1837	kernel32.GetProcAddress
00280008	00000000	
0028000C	00000000	

图28-28　API起始地址

函数地址如图显示就更直观了。并且，Comment栏中与各行地址对应的API名称也一同出现（在鼠标右键菜单中选择Hex-Hex/ASCII(16bytes)菜单，可以重新显示为Hex形式）。

28.6.3　“User32.dll”字符串

```
002D0006    68 6C6C0000    PUSH 6C6C          ; “\0\0ll”
002D000B    68 33322E64    PUSH 642E3233      ; “d.23”
002D0010    68 75736572    PUSH 72657375      ; “resu”
```

上面3行代码将“User32.dll”字符串压入栈，这种独特技术仅用于使用汇编语言编写的程序。地址2D0006处的PUSH 6C6C指令用来将6C6C压入栈，其中6C是ASCII码，对应字母“l”，所以该指令最终压入栈的是字符串“\0\0ll”。紧接着，2D000B与2D0010地址处的PUSH指令分别将字符串“d.23”与“resu”压入栈。由于x86 CPU采用小端序标记法，再加上栈的逆向扩展特性，所以字符串被逆向压入栈，请重点注意这个调试时必须掌握的内容。

自上而下跟踪代码到2D0015地址处，查看栈，如图28-29所示。

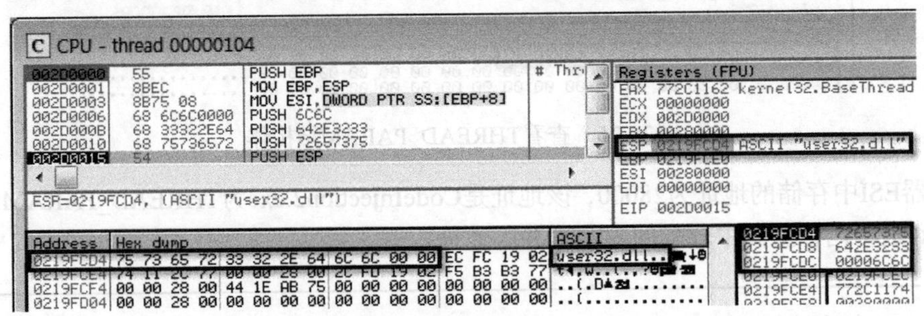

图28-29　栈中存储着“user32.dll”字符串

像这样，使用PUSH指令可以把指定字符串压入栈。并且，注入代码时不必另外注入字符串数据，只要把它们包含到代码中，只注入代码即可。

提示

- 还有一种将字符串数据包含进代码的方法，后面会单独介绍。
- 32位的OS中，PUSH指令一次只能将4字节大小的数据压入栈。

28.6.4　压入“user32.dll”字符串参数

```
002D0015    54    PUSH ESP
```

LoadLibraryA() API拥有1个参数，用来接收1个字符串的地址，该字符串是其要加载的DLL文件的名称。

代码28-2 接收名称字符串地址

```
HMODULE WINAPI LoadLibrary(
  __in  LPCTSTR lpFileName
);
```

出处：MSDN

从图28-29中可知，当前ESP的值为219FCD4，它是“user32.dll”字符串的起始地址。地址2D0015处的PUSH ESP指令用来将“user32.dll”字符串的起始地址（219FCD4）压入栈（参考图28-30）。

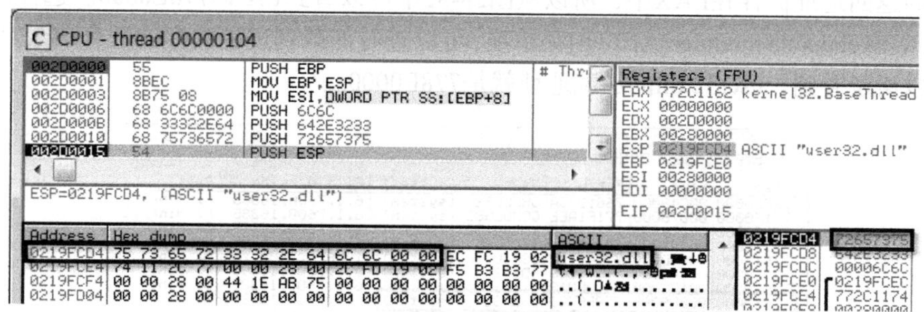

图28-30 2D0015地址处的PUSH指令

28.6.5 调用 LoadLibraryA(“user32.dll”)

```
002D0016    FF16      CALL DWORD PTR DS:[ESI]        ; kernel32.LoadLibraryA
```

如图28-28所示，ESI寄存器中存储的地址值为280000，该地址中保存着LoadLibraryA() API的起始地址（772C2864），请看图28-31。

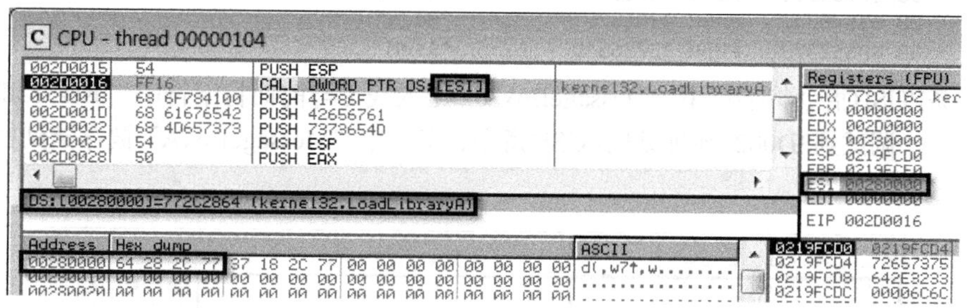

图28-31 ESI寄存器

对汇编语言内存引用语法感到陌生的朋友，可以借此机会记住它。为了帮助大家更好地理解这一个过程，我们把上面的CALL指令展开，形式如下（[]类似于C语言中的指针引用）：

```
*[ESI]=[280000]=772C2864(address of kernel32.LoadLibraryA)
=存储在280000地址中的值
* CALL[ESI]=CALL[280000]=CALL 772C2864=CALL Kernel32.LoadLibraryA
```

执行位于2D0016地址处的CALL DWORD PTR DS:[ESI]指令后，就会调用LoadLibraryA() API，同时加载作为参数传入的user32.dll文件。由于notepad.exe进程运行时已经加载了user32.dll，所以它只会返回加载的地址。

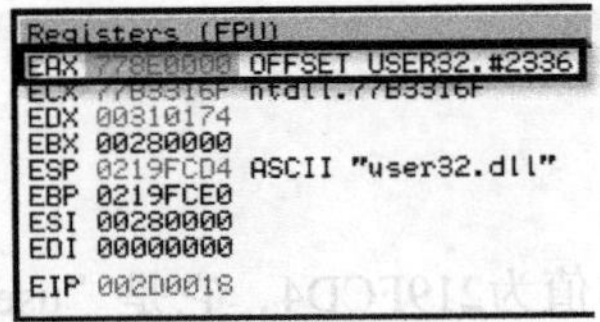

图28-32　USER32.dll加载地址

函数的返回地址保存在EAX中，所以从图28-32中可以看到EAX=778E0000。选择OllyDbg菜单中的View-Executable modules[ALT+E]菜单项，可以查看加载到进程内存的所有DLL，如图28-23所示。可以清楚看到，user32.dll的加载地址就是778E0000.

Executable modules

Base	Size	Entry	Name	(system)	File version	Path
765A0000	00C49000	7661D45A	SHELL32	(system)	6.1.7600.16385	C:\Win
771F0000	0007B000	771F1AEE	COMDLG32	(system)	6.1.7600.16385	C:\Win
77270000	000D4000	772C10C5	kernel32	(system)	6.1.7600.16385	C:\Win
77350000	000A1000	7738AFD4	RPCRT4	(system)	6.1.7600.16385	C:\Win
77510000	0009D000	775447D7	USP10	(system)	1.0626.7600.163	C:\Win
775F0000	0004E000	775FEC49	GDI32	(system)	6.1.7600.16385	C:\Win
77640000	0015C000	77695D13	ole32	(system)	6.1.7600.16385	C:\Win
778E0000	000C9000	778FF7C9	USER32	(system)	6.1.7600.16385	C:\Win
779F0000	0001F000	779F1355	IMM32	(system)	6.1.7600.16385	C:\Win
77A10000	000CC000	77A1168B	MSCTF	(system)	6.1.7600.16385	C:\Win
77AE0000	0013C000		ntdll	(system)	6.1.7600.16385	C:\Win
77C20000	00057000	77C3A24A	SHLWAPI	(system)	6.1.7600.16385	C:\Win
77C80000	00083000	77C823D2	CLBCatQ	(system)	2001.12.8530.16	C:\Win

图28-33　查看USER32.dll加载地址

28.6.6　“MessageBoxA”字符串

```
002D0018    68 6F784100    PUSH 41786F          ; "\0Axo"
002D001D    68 61676542    PUSH 42656761        ; "Bega"
002D0022    68 4D657373    PUSH 7373654D        ; "sseM"
```

上面3条PUSH指令将字符串“MessageBoxA”压入栈（与前面将字符串“user32.dll”压入栈的方法相同）。调试到2D0022地址处的PUSH指令，字符串“MessageBoxA”被存储到栈中，如图28-34所示。

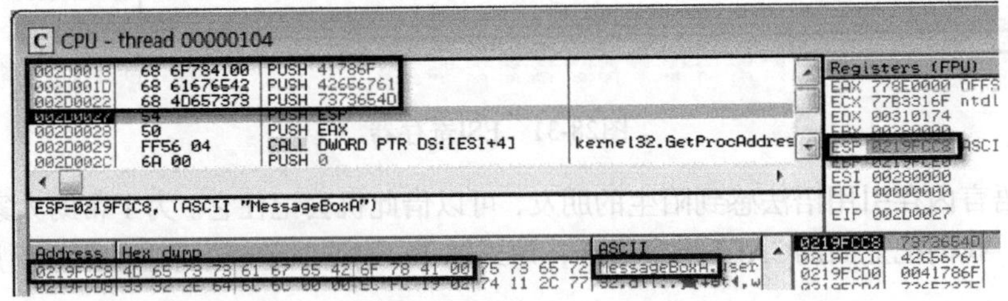

图28-34　存储在栈中的“MessageBoxA”字符串

28.6.7　调用 GetProcAddress(hMod,“MessageBoxA”)

```
002D0027    54         PUSH ESP                      ; - "MessageBoxA"
002D0028    50         PUSH EAX                      ; - hMod (778E0000)
002D0029    FF56 04    CALL DWORD PTR DS:[ESI+4]     ; kernel32.GetProcAddress
```

当前ESP的值为0219FCC8（参考图28-34），所以2D0027地址处的PUSH ESP指令用来将“MessageBoxA”字符串的地址（0219FCC8）压入栈（该字符串的地址被用作GetProcAddress() API

的第二个参数，在2D0029地址处调用此API）。而当前EAX的值为778E0000，它是user32.dll模块的加载地址（参考图28-32），所以2D0028地址处的PUSH EAX指令用来将user32.dll的起始地址（hMod）压入栈（该字符串的地址被用作GetProcAddress() API的第一个参数，在2D0029地址处调用此API）。调试至此查看栈，如图28-35所示。

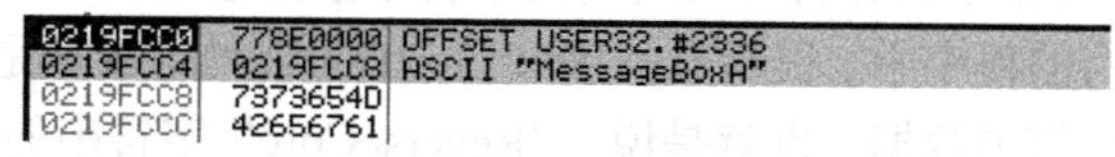

图28-35 栈内情形

ESI寄存器的值为280000，所以可以将[ESI+4]如下展开（参考图28-28、图28-31）：

```
*[ESI+4]=[280004]=772C1837(address of kernel32.GetProcAddress)
=存储在280004地址的值
*CALL [ESI+4]=CALL [280004]=CALL 772C1837=CALL Kernel32.GetProcAddress
```

所以2D0029地址处的CALL DWORD PTR DS:[ESI+4]指令用来调用GetProcAddress(778E0000，“MessageBoxA”) API函数。执行该条CALL指令后，user32.MessageBoxA() API的起始地址就会保存到EAX寄存器（系统环境不同，地址会有所不同。在我的系统环境下，EAX=7793EA71），如图28-36所示。

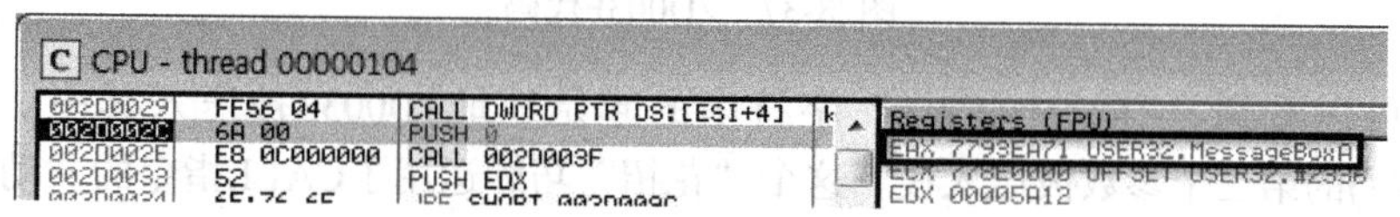

图28-36 MessageBoxA() API的起始地址

28.6.8 压入MessageBoxA()函数的参数1 - MB_OK

```
002D002C    6A 00          PUSH 0
```

PUSH 0指令将0压入栈，0为MessageBoxA() API（后面会调用该API）的第四个参数（uType）。MessageBoxA() API共有4个参数，函数原型如代码28-3所示。

代码28-3 拥有4个参数

```
int WINAPI MessageBox(
  __in_opt  HWND hWnd,
  __in_opt  LPCTSTR lpText,
  __in_opt  LPCTSTR lpCaption,
  __in      UINT uType
);
```

出处：MSDN

提示

uType值为0，表示弹出的消息对话框为MB_OK，仅显示一个OK（确定）按钮。

28.6.9 压入MessageBoxA()函数的参数2 - “ReverseCore”

```
002D002E    E8 0C000000    CALL 002D003F
002D0033    52             PUSH EDX
002D0034    65:76 65       JBE SHORT 002D009C
```

```
002D0037    72 73        JB SHORT 002D00AC
002D0039    65:43        INC EBX
002D003B    6F           OUTS DX,DWORD PTR ES:[EDI]
002D003C    72 65        JB SHORT 002D00A3
002D003E    00E8         ADD AL,CH
```

下面介绍"使用CALL指令将包含在代码间的字符串数据地址压入栈"的技术，该技术也仅能用在使用汇编语言编写的程序中。很明显，2D0033~2D003E地址区域是程序代码区域，但其内容实为"ReverseCore"字符串数据。也就是说，"ReverseCore"字符串的首地址为2D0033，它被用作MessageBoxA() API的第三个参数（lpCaption）。

将字符串作为参数传递给函数前，需要先把字符串地址压入栈，那么采用哪种方式好呢？继续调试位于2D002E地址处的CALL指令（StepIn(F7)），查看栈，如图28-37所示。

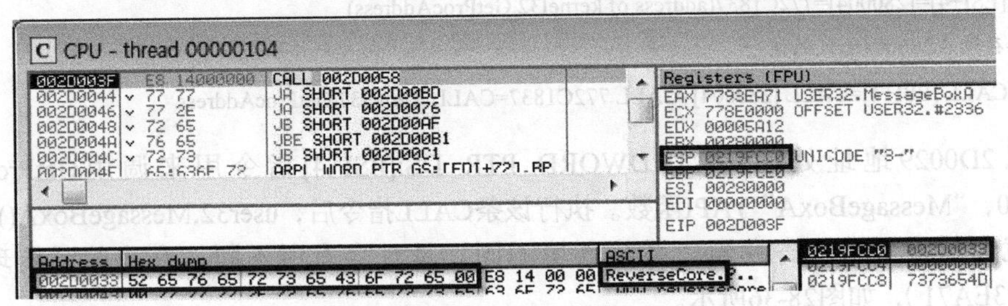

图28-37　2D003F代码

从栈中可以看到，"ReverseCore"字符串的起始地址2D0033被压入其中。也就是说，MessageBoxA()的第三个参数被压入栈。这个"花招"巧妙运用了CALL指令的"动作原理"。执行2D0033地址处的CALL指令后，函数（2D003F）终止并将返回地址（2D0033）压入（PUSH）栈，然后再跳转到（JMP）相应的函数地址（2D003F）。也就是说，执行一条CALL指令相当于执行了PUSH与JMP两条指令。但2D003F实际并不是函数，不具有以RETN指令返回的形态。此处的CALL指令只是用来将紧接其后的"ReverseCore"字符串地址压入栈，然后转到下一条代码指令。大家现在应该理解这个很有意思的CALL指令用法了。

28.6.10　压入MessageBoxA()函数的参数3 - "www.example.com"

```
002D003F    E8 14000000    CALL 002D0058
002D0044    77 77          JA SHORT 002D00BD
002D0046    77 2E          JA SHORT 002D0076
002D0048    72 65          JB SHORT 002D00AF
002D004A    76 65          JBE SHORT 002D00B1
002D004C    72 73          JB SHORT 002D00C1
002D004E    65:636F 72     ARPL WORD PTR GS:[EDI+72],BP
002D0052    65:            PREFIX GS:
002D0053    2E:636F 6D     ARPL WORD PTR CS:[EDI+6D],BP
002D0057    006A 00        ADD BYTE PTR DS:[EDX],CH
```

与"ReverseCore"字符串类似，上面的代码将MessageBoxA() API的第二个参数lpText字符串（"www.example.com"）压入栈。上述代码中的2D0044~2D0057地址区域并非代码指令，而是字符串数据（"www.example.com"）。

2D003F地址处的CALL指令（与前面说明的一样）将紧接其后的"www.example.com"字符串的地址（2D0044）压入栈，然后转到下一条指令的地址处（2D0058）（参考图28-38）。

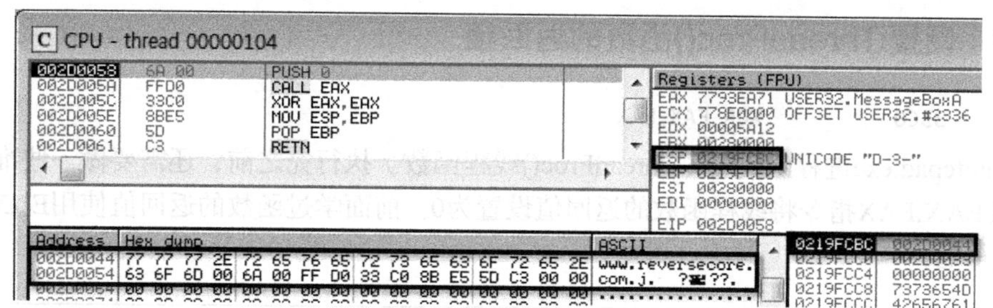

图 28-38

28.6.11 压入 MessageBoxA()函数的参数 4 -NULL

```
002D0058     6A 00          PUSH 0
```

上面这条指令将MessageBoxA() API的第一个参数hWnd压入栈，该参数用来确定消息对话框所属的窗口句柄，这里压入NULL值，创建一个不属于任何窗口的消息对话框。

28.6.12 调用 MessageBoxA()

```
002D005A     FFD0           CALL EAX
```

上面这条CALL指令调用MessageBoxA() API。指令中的EAX寄存器存储着MessageBoxA() API的起始地址（7793EA71），该地址是前面调用GetProcAddress()后返回的值（参考图28-36、图28-38）。调试2D005A地址处的CALL EAX指令后，查看寄存器与栈，如图28-39所示。

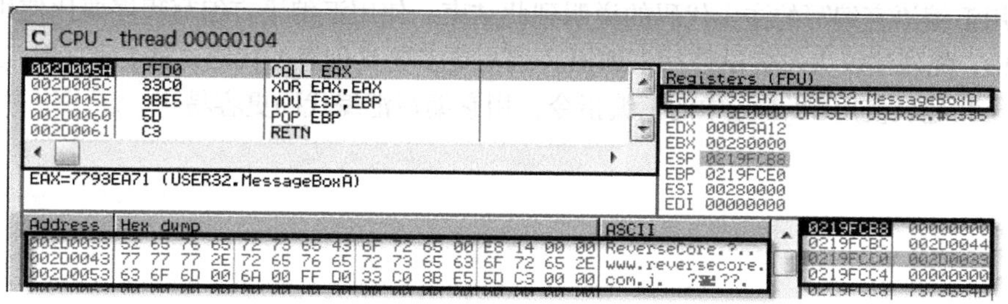

图28-39　调用MessageBoxA()

执行CALL EAX指令即可弹出消息对话框，如图28-40所示。

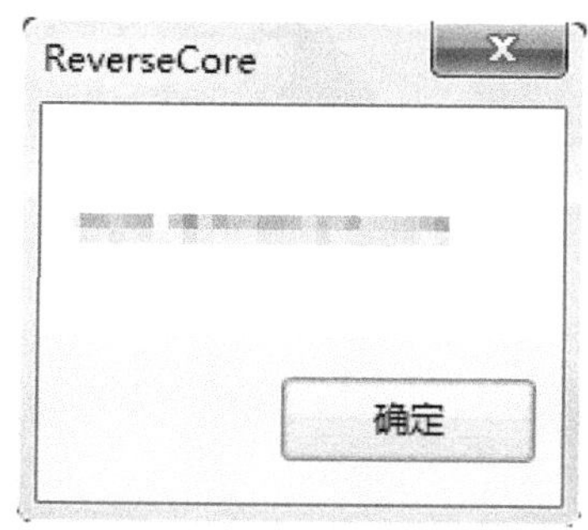

图28-40　消息对话框

28.6.13　设置 ThreadProc()函数的返回值

```
002D005C    33C0          XOR EAX,EAX
```

注入notepad.exe进程的代码（ThreadProc()线程函数）执行完之前，还需要做一些准备工作，即用XOR EAX,EAX指令将线程函数的返回值设置为0。前面学过函数的返回值使用EAX寄存器，各位还记得吧？

提示

XOR EAX,EAX 指令能够又快又好地将 EAX 寄存器初始化为 0（对 CPU 而言，它比使用 MOV EAX,0 指令更简单快捷）。

28.6.14　删除栈帧及函数返回

```
002D005E    8BE5          MOV ESP,EBP
002D0060    5D            POP EBP
002D0061    C3            RETN
```

最后，删除ThreadProc()函数开始时生成的栈帧，并使用RETN命令返回函数。栈帧在ThreadProc()函数中非常重要。对于前面使用PUSH指令压入栈的字符串，我们不需要费力地用POP命令逐个弹出，只要使用上面几条删除栈帧的指令即可快速恢复原状。

28.7　小结

对使用汇编语言编写的注入代码的说明到此结束。使用汇编语言编写程序要比使用C语言更加灵活自由，强烈建议大家尝试使用汇编语言编写更多更具创意的代码。对于刚接触汇编语言不久的朋友，我建议使用OllyDbg中的汇编指令，用它编写汇编代码更容易。

第四部分

API 钩取

第29章 API钩取：逆向分析之“花”

本章将讲解有关API钩取的内容，详细学习在用户模式下进行API钩取的多种技术。

29.1 钩取

代码逆向分析中，钩取（Hooking）是一种截取信息、更改程序执行流向、添加新功能的技术。钩取的整个流程如下：

- 使用反汇编器/调试器把握程序的结构与工作原理；
- 开发需要的“钩子”代码，用于修改Bug、改善程序功能；
- 灵活操作可执行文件与进程内存，设置“钩子”代码。

上述这一系列的工作就是代码逆向分析工程的核心（Core）内容，所以“钩取”被称为“逆向分析之花”。

钩取技术多种多样，其中钩取Win32 API的技术被称为API钩取。它与消息钩取共同广泛应用于用户模式。API钩取是一种应用范围非常宽泛的技术，希望各位认真学习并掌握。

提示

(1) 分析程序时若有程序源代码，大部分情况都不需要使用钩取技术。但是在某些特殊情况（无源代码或难以修改源代码）下使用钩取技术是非常有必要的。

(2) 消息钩取的相关内容请参考第21章。

29.2 API是什么

学习API钩取前首先要了解什么是API（Application Programming Interface，应用程序编程接口）。Windows OS中，用户程序要使用系统资源（内存、文件、网络、视频、音频等）时无法直接访问。这些资源都是由Windows OS直接管理的，出于多种考虑（稳定性、安全、效率等），Windows OS禁止用户程序直接访问它们。用户程序需要使用这些资源时，必须向系统内核（Kernel）申请，申请的方法就是使用微软提供的Win32 API（或是其他OS开发公司提供的API）。也就是说，若没有API函数，则不能创建出任何有意义的应用程序（因为它不能访问进程、线程、内存、文件、网络、注册表、图片、音频以及其他系统资源）。图29-1大致描述出了32位Windows OS进程内存的情况。

为运行实际的应用程序代码，需要加载许多系统库（DLL）。所有进程都会默认加载kernel32.dll库，kernel32.dll又会加载ntdll.dll库。

提示

请注意一些例外情况：某些特定系统进程（如：smss.exe）不会加载kernel32.dll库。此外，GUI应用程序中，user32.dll与gdi32.dll是必需的库。

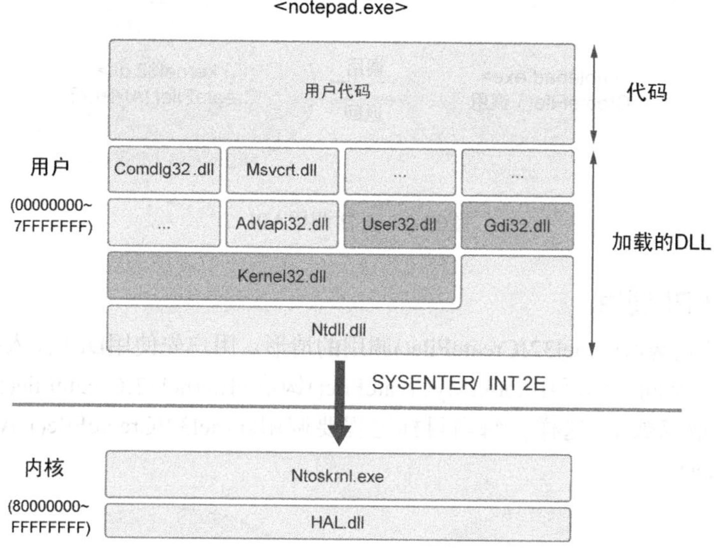

图29-1　用户模式与内核模式

用户模式中的应用程序代码要访问系统资源时，由ntdll.dll向内核模式提出访问申请。下面用一个例子简单说明。

假设notepad.exe要打开c:\abc.txt文件，首先在程序代码中调用msvcrt!fopen() API，然后引发一系列的API调用，如下所示：

```
-msvcrt!fopen()
  kernel32!CreateFileW()
    ntdll!ZwCreateFile()
      ntdll!KiFastSystemCall()
        SYSENTER                        // IA-32 Instruction
          → 进入内核模式
```

如上所示，使用常规系统资源的API会经由kernel32.dll与ntdll.dll不断向下调用，最后通过SYSENTER命令进入内核模式。

29.3　API 钩取

通过API钩取技术可以实现对某些Win32 API调用过程的拦截，并获得相应的控制权限。使用API钩取技术的优势如下：

- 在 API 调用前/后运行用户的“钩子”代码。
- 查看或操作传递给 API 的参数或 API 函数的返回值。
- 取消对 API 的调用，或更改执行流，运行用户代码。

对照图29-2可以更好地理解以上内容。

29.3.1　正常调用 API

图29-2描述了正常调用API的情形。首先在应用程序代码区域中调用CreateFile() API，由于CreateFile() API是kernel32.dll的导出函数，所以，kernel32.dll区域中的CreateFile() API会被调用执行并正常返回。

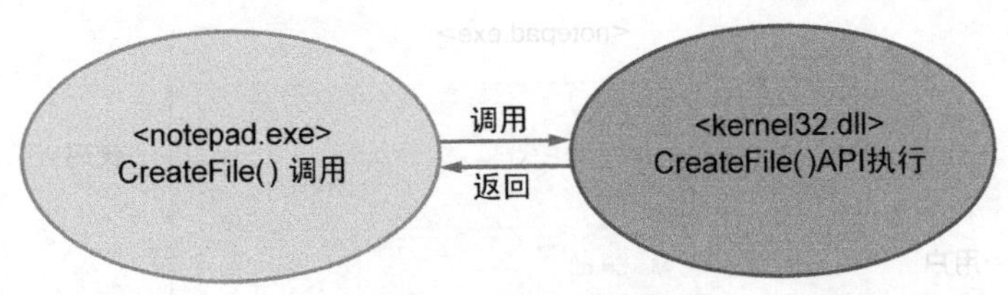

图29-2　正常调用API

29.3.2　钩取 API 调用

图29-3描述的是钩取kernel32!CreateFile()调用的情形。用户先使用DLL注入技术将hook.dll注入目标进程的内存空间，然后用hook!MyCreateFile()钩取对kernel32!CreateFile()的调用（有多种方法可以设置钩取函数）。这样，每当目标进程要调用kernel32!CreateFile() API时都会先调用hook!MyCreateFile()。

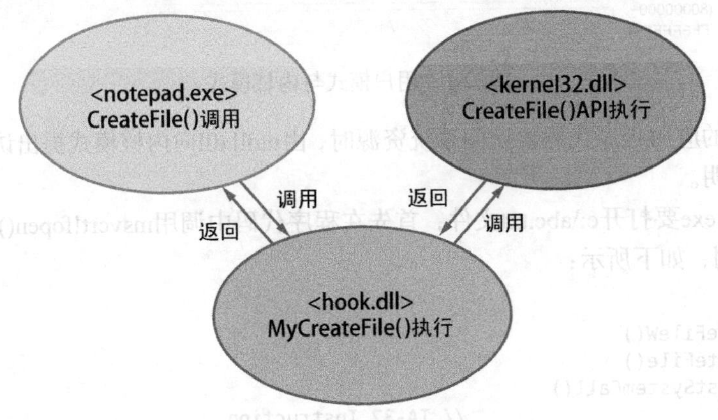

图29-3　钩取API调用

钩取某函数的目的有很多，如调用它之前或之后运行用户代码，或者干脆阻止它调用执行等等。实际操作中只要根据自身需要灵活运用该技术即可。这也是API钩取的基本理念。

实现API钩取的方法多种多样，但钩取的基本概念是不变的。只要掌握了上面的概念，就能很容易地理解后面讲解的具体实现方法。

29.4　技术图表

图29-4是一张技术图表（Tech Map），涵盖了API钩取的所有技术内容。

借助这张技术图表，就能（从技术层面）轻松理解前面学过的（此前都是一头雾水）有关API钩取的内容。钩取API时，只要根据具体情况从图表中选择合适的技术即可（应用最广泛的技术已用下划线标出）。

下面通过示例逐一讲解图表中的技术。

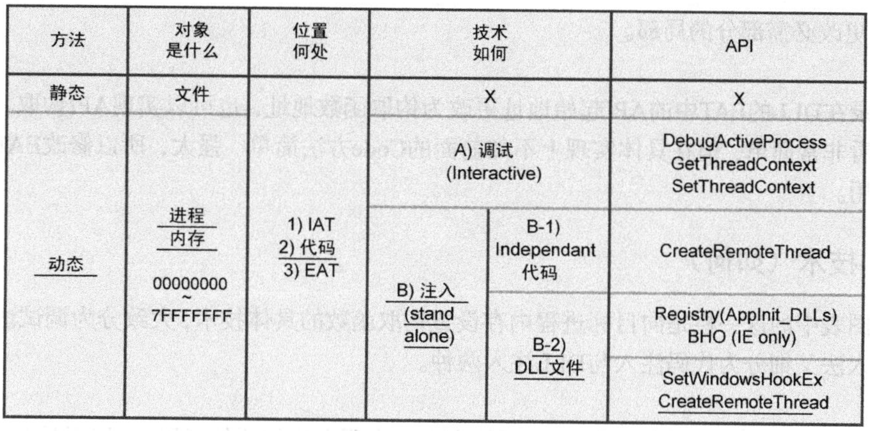

<table>
<tr><th>方法</th><th>对象
是什么</th><th>位置
何处</th><th colspan="2">技术
如何</th><th>API</th></tr>
<tr><td>静态</td><td>文件</td><td></td><td colspan="2">X</td><td>X</td></tr>
<tr><td rowspan="4">动态</td><td rowspan="4">进程
内存
00000000
~
7FFFFFFF</td><td rowspan="4">1) IAT
2) 代码
3) EAT</td><td colspan="2">A) 调试
(Interactive)</td><td>DebugActiveProcess
GetThreadContext
SetThreadContext</td></tr>
<tr><td rowspan="3">B) 注入
(stand
alone)</td><td>B-1)
Independant
代码</td><td>CreateRemoteThread</td></tr>
<tr><td rowspan="2">B-2)
DLL文件</td><td>Registry(AppInit_DLLs)
BHO (IE only)</td></tr>
<tr><td>SetWindowsHookEx
CreateRemoteThread</td></tr>
</table>

图29-4 API钩取技术图表

29.4.1 方法对象（是什么）

首先是关于API钩取方法（Method）的分类，根据针对的对象（Object）不同，API钩取方法大致可以分为静态方法与动态方法。

静态方法针对的是“文件”，而动态方法针对的是进程内存。一般API钩取技术指动态方法，当然在某些非常特殊的情形下也可以使用静态方法。关于这两种方法的说明见表29-1。

表29-1 根据钩取方法分类

静 态	动 态
文件对象	内存对象
程序运行前钩取	程序运行后钩取
只需最初钩取一次	每次运行时都要钩取
用于特殊情况	常规的钩取方法
不可脱钩！	程序运行中可以脱钩（具有很强的灵活性）

提示

静态方法在API钩取中并不常用，这里只简单提及并跳过。

29.4.2 位置（何处）

技术图表中的这一栏用来指出实施API钩取时应该操作哪部分（通常有3个部分）。

IAT

IAT将其内部的API地址更改为钩取函数地址。该方法的优点是实现起来非常简单，缺点是无法钩取不在IAT而在程序中使用的API（如：动态加载并使用DLL时）。

代码

系统库（*.dll）映射到进程内存时，从中查找API的实际地址，并直接修改代码。该方法应用范围非常广泛，具体实现中常有如下几种选择：

- 使用 JMP 指令修改起始代码；
- 覆写函数局部；

- 仅更改必需部分的局部。

EAT

将记录在DLL的EAT中的API起始地址更改为钩取函数地址，也可以实现API钩取。这种方法从概念上看非常简单，但在具体实现上不如前面的Code方法简单、强大，所以修改EAT的这种方法并不常用。

29.4.3　技术（如何）

技术图表中的这一栏是向目标进程内存设置钩取函数的具体技术，大致分为调试法与注入法两类，注入法又细分为代码注入与DLL注入两种。

调试

调试法通过调试目标进程钩取API。可能有人不太明白这句话的意思，“那不是调试吗，怎么会是API钩取呢？”调试器拥有被调试者（被调试进程）的所有权限（执行控制、内存访问等），所以可以向被调试进程的内存任意设置钩取函数。

这里所说的调试器并不是OllyDbg、WinDbg、IDAPro等，而是用户直接编写的、用来钩取的程序。也就是说，在用户编写的程序中使用调试API附加到目标进程，然后（执行处于暂停状态）设置钩取函数。这样，重启运行时就能完全实现API钩取了（XP以上的系统中也可在被调试者终止之前分离（Detach）调试器）。

当然也可以向已有调试器（OllyDbg、WinDbg、IDAPro）使用自动化脚本，自动钩取API。这种方法的优点是，只要顺利实现，就能获得（对一个进程的）非常强大的钩取效果。不仅可以钩取API，还可以根据需要完全控制程序的执行流向。使用这种方法，即便是在钩取API的过程中，用户也可以暂停程序运行，进行添加、修改、删除API钩取等操作（这是与其他方法最大的不同）。不足之处是需要用户具备调试器的相关知识（或自动化脚本的知识），并且需要大量测试以保证行为的稳定性。这些不足导致该方法（尽管非常强大）的实际应用并不广泛。

注入

注入技术是一种向目标进程内存区域进行渗透的技术，根据注入对象的不同，可细分为DLL注入与代码注入两种，其中DLL注入技术应用最为广泛。

- **DLL注入**

使用DLL注入技术可以驱使目标进程强制加载用户指定的DLL文件（关于DLL注入技术的详细说明请参考第23章）。使用该技术时，先在要注入的DLL中创建钩取代码与设置代码，然后在DllMain()中调用设置代码，注入的同时即可完成API钩取。

- **代码注入**

代码注入技术比DLL注入技术更发达（更复杂），广泛应用于恶意代码（病毒、ShellCode等）（杀毒软件能有效检测出DLL注入操作，却很难探测到代码注入操作，所以恶意代码大量使用代码注入技术，以防被杀毒软件查杀）。代码注入技术实现起来要略复杂一些。原因在于，它不像DLL注入技术那样针对的是完整的PE映像，而是在执行代码与数据被注入的状态下直接获取自身所需API地址来使用的。访问代码中的内存地址时必须十分小心，防止访问到错误地址（关于代码注入技术的详细讲解请参考第27章）。

29.4.4　API

技术图表最后一列给出各技术具体实现过程中要使用的API。现在大致浏览即可，后面讲解各技术时会详细说明。

提示

除了技术图表中列出的API外，访问其他进程内存时也常常使用OpenProcess()、WriteProcessMemory()、ReadProcessMemory()等API。

上述讲解十分冗长，虽然令人有些厌倦，但继续学习具体技术之前，先掌握这些理论是十分必要的。若能通过上面的技术图表从理论上掌握所有技术，那么后面的实战中就会轻松得多，并且钩取API时也能快速找到符合具体情况的技术。

后面我们会逐一学习技术图表中的各种方法（省略对静态方法的说明），通过相应的练习示例再详细讲解。

第30章 记事本WriteFile() API钩取

本章将讲解前面介绍过的调试钩取技术。通过钩取记事本的kernel32!WriteFile() API，使其执行不同动作，下图是钩取WriteFile() API的结果。

```
C:\WINDOWS\system32\cmd.exe - hookdbg.exe 1688
Microsoft Windows XP [Version 5.1.2600]
(C) Copyright 1985-2001 Microsoft Corp.

c:\work>hookdbg.exe 1688

### original string ###
"And when you want something,
 all the universe conspires in helping you to acheive it."
- [The Alchemist] : Paulo Coelho

### converted string ###
"AND WHEN YOU WANT SOMETHING,
 ALL THE UNIVERSE CONSPIRES IN HELPING YOU TO ACHEIVE IT."
- [THE ALCHEMIST] : PAULO COELHO
```

练习示例：WriteFile() API钩取

30.1 技术图表 – 调试技术

下面讲解调试方式的API钩取技术（请参考图30-1技术图表中有下划线的部分）。

<table>
<tr><th>方法</th><th>对象
是什么</th><th>位置
何处</th><th colspan="2">技术
如何</th><th>API</th></tr>
<tr><td>静态</td><td>文件</td><td rowspan="5">1) IAT
2) 代码
3) EAT</td><td colspan="2">X</td><td>X</td></tr>
<tr><td rowspan="4">动态</td><td rowspan="4">进程
内存
00000000
~
7FFFFFFF</td><td colspan="2">A) 调试
(Interactive)</td><td>DebugActiveProcess
GetThreadContext
SetThreadContext</td></tr>
<tr><td rowspan="3">B) 注入
(stand alone)</td><td>B-1)
Independant
代码</td><td>CreateRemoteThread</td></tr>
<tr><td rowspan="2">B-2)
DLL文件</td><td>Registry(AppInit_DLLs)
BHO (IE only)</td></tr>
<tr><td>SetWindowsHookEx
CreateRemoteThread</td></tr>
</table>

图30-1 技术图表（调试）

由于该技术借助“调试”钩取，所以能够进行与用户更具交互性（interactive）的钩取操作。也就是说，这种技术会向用户提供简单的接口，使用户能够控制目标进程的运行，并且可以自由使用进程内存。使用调试钩取技术前，先要了解一下调试器的构造。

30.2 关于调试器的说明

30.2.1 术语

先简单整理一下常用术语。

调试器（Debugger）：进行调试的程序
被调试者（Debuggee）：被调试的程序

30.2.2 调试器功能

调试器用来确认被调试者是否正确运行，发现（未能预料到的）程序错误。调试器能够逐一执行被调试者的指令，拥有对寄存器与内存的所有访问权限。

30.2.3 调试器的工作原理

调试进程经过注册后，每当被调试者发生调试事件（Debug Event）时，OS就会暂停其运行，并向调试器报告相应事件。调试器对相应事件做适当处理后，使被调试者继续运行。

- 一般的异常（Exception）也属于调试事件。
- 若相应进程处于非调试，调试事件会在其自身的异常处理或 OS 的异常处理机制中被处理掉。
- 调试器无法处理或不关心的调试事件最终由 OS 处理。

图30-2形象描述了上述说明。

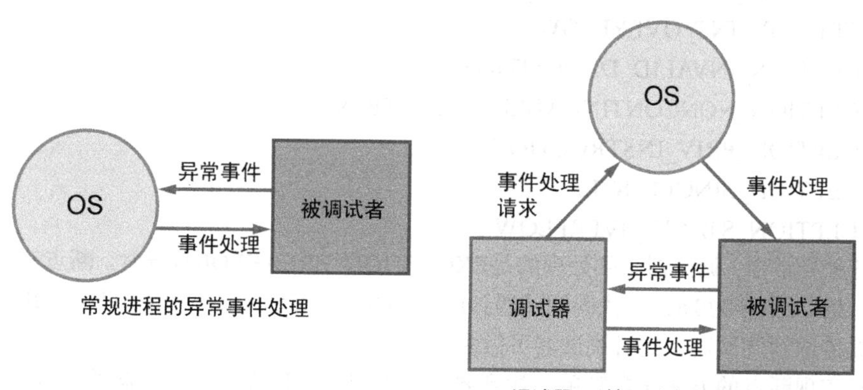

图30-2 调试器工作原理

30.2.4 调试事件

各种调试事件整理如下：

- EXCEPTION_DEBUG_EVENT
- CREATE_THREAD_DEBUG_EVENT
- CREATE_PROCESS_DEBUG_EVENT

- ❑ EXIT_THREAD_DEBUG_EVENT
- ❑ EXIT_PROCESS_DEBUG_EVENT
- ❑ LOAD_DLL_DEBUG_EVENT
- ❑ UNLOAD_DLL_DEBUG_EVENT
- ❑ OUTPUT_DEBUG_STRING_EVENT
- ❑ RIP_EVENT

上面列出的调试事件中，与调试相关的事件为EXCEPTION_DEBUG_EVENT，下面是与其相关的异常列表。

- ❑ EXCEPTION_ACCESS_VIOLATION
- ❑ EXCEPTION_ARRAY_BOUNDS_EXCEEDED
- ❑ EXCEPTION_BREAKPOINT
- ❑ EXCEPTION_DATATYPE_MISALIGNMENT
- ❑ EXCEPTION_FLT_DENORMAL_OPERAND
- ❑ EXCEPTION_FLT_DIVIDE_BY_ZERO
- ❑ EXCEPTION_FLT_INEXACT_RESULT
- ❑ EXCEPTION_FLT_INVALID_OPERATION
- ❑ EXCEPTION_FLT_OVERFLOW
- ❑ EXCEPTION_FLT_STACK_CHECK
- ❑ EXCEPTION_FLT_UNDERFLOW
- ❑ EXCEPTION_ILLEGAL_INSTRUCTION
- ❑ EXCEPTION_IN_PAGE_ERROR
- ❑ EXCEPTION_INT_DIVIDE_BY_ZERO
- ❑ EXCEPTION_INT_OVERFLOW
- ❑ EXCEPTION_INVALID_DISPOSITION
- ❑ EXCEPTION_NONCONTINUABLE_EXCEPTION
- ❑ EXCEPTION_PRIV_INSTRUCTION
- ❑ EXCEPTION_SINGLE_STEP
- ❑ EXCEPTION_STACK_OVERFLOW

上面各种异常中，调试器必须处理的是EXCEPTION_BREAKPOINT异常。断点对应的汇编指令为INT3，IA-32指令为0xCC。代码调试遇到INT3指令即中断运行，EXCEPTION_BREAKPOINT异常事件被传送到调试器，此时调试器可做多种处理。

调试器实现断点的方法非常简单，找到要设置断点的代码在内存中的起始地址，只要把1个字节修改为0xCC就可以了。想继续调试时，再将它恢复原值即可。通过调试钩取API的技术就是利用了断点的这种特性。

30.3 调试技术流程

下面详细讲解借助调试技术钩取API的方法。基本思路是，在"调试器–被调试者"的状态下，将被调试者的API起始部分修改为0xCC，控制权转移到调试器后执行指定操作，最后使被调试者重新进入运行状态。

具体的调试流程如下：

- 对想钩取的进程进行附加操作，使之成为被调试者；
- “钩子”：将 API 起始地址的第一个字节修改为 0xCC；
- 调用相应 API 时，控制权转移到调试器；
- 执行需要的操作（操作参数、返回值等）；
- 脱钩：将 0xCC 恢复原值（为了正常运行 API）；
- 运行相应 API（无 0xCC 的正常状态）；
- “钩子”：再次修改为 0xCC（为了继续钩取）；
- 控制权返还被调试者。

以上介绍的是最简单的情形，在此基础上可以有多种变化。既可以不调用原始API，也可以调用用户提供的客户API；可以只钩取一次，也可以钩取多次。实际应用时，根据需要适当调整即可。

30.4 练习

结合上面学习的内容，我们通过一个示例来练习。该示例钩取Notepad.exe的WriteFile() API，保存文件时操作输入参数，将小写字母全部转换为大写字母。也就是说，在Notepad中保存文件内容时，其中输入的所有小写字母都会先被转换为大写字母，然后再保存。

提示

本示例在 Windows XP 32 位系统环境下通过测试。

首先运行Notepad.exe，获取其PID，如图30-3所示。

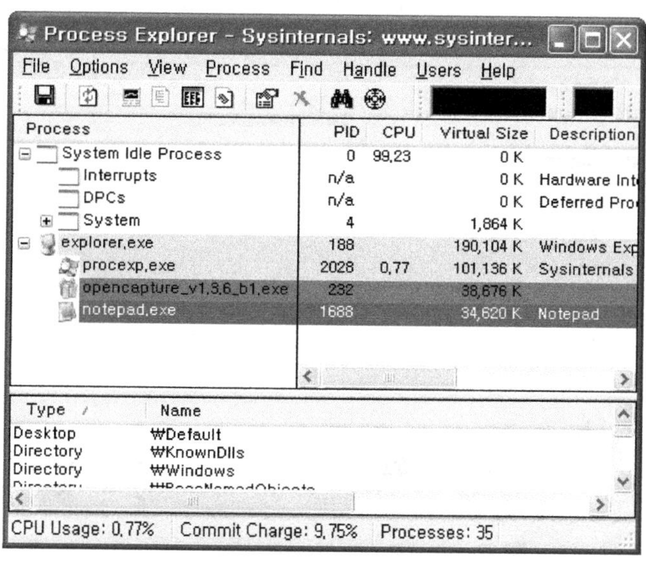

图30-3 Process Explorer

运行示例源文件中的钩取程序（hookdbg.exe）。hookdbg.exe是基于控制台的程序，其运行参数为目标进程的PID，如图30-4所示。

如图30-4所示，运行hookdbg.exe程序后，就开始了对notepad进程（PID为1688）的WriteFile() API的钩取。然后在notepad中随意输入一些英文小写字母，如图30-5所示。

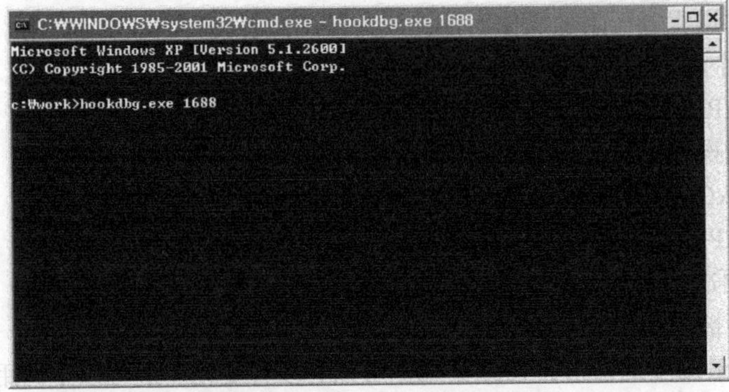

图30-4　运行hookdbg.exe

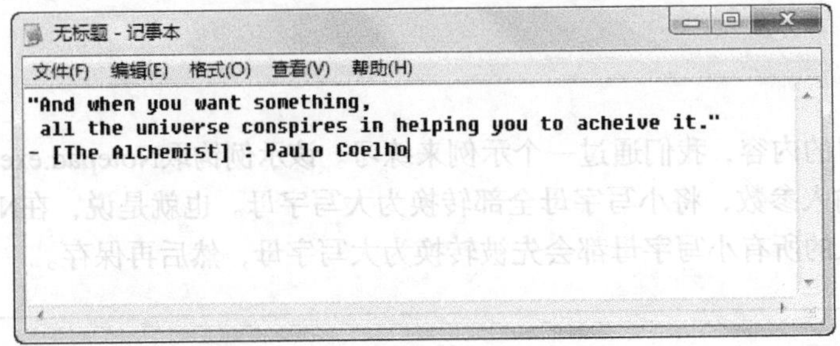

图30-5　在notepad中输入小写字母

完成输入后，保存输入的文本内容，如图30-6所示。

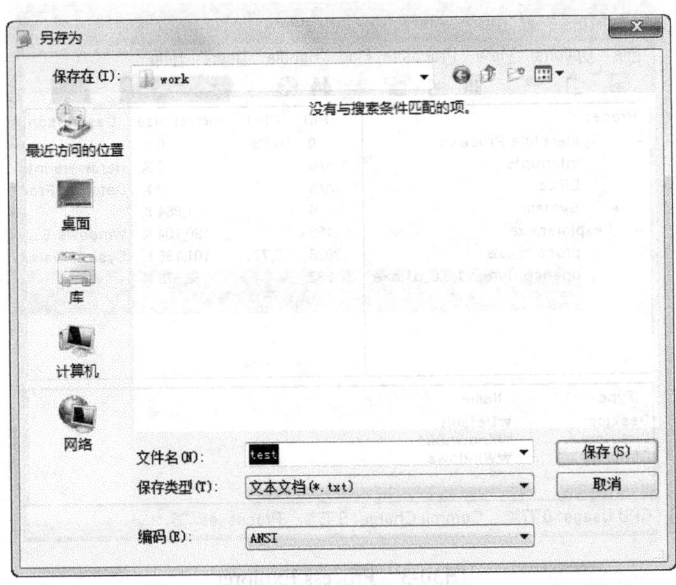

图30-6　保存文件

保存文件后，notepad界面中不会有任何变化（请注意前面只是钩取了WriteFile() API）。关闭notepad，查看hookdbg程序的控制台窗口，如图30-7所示。

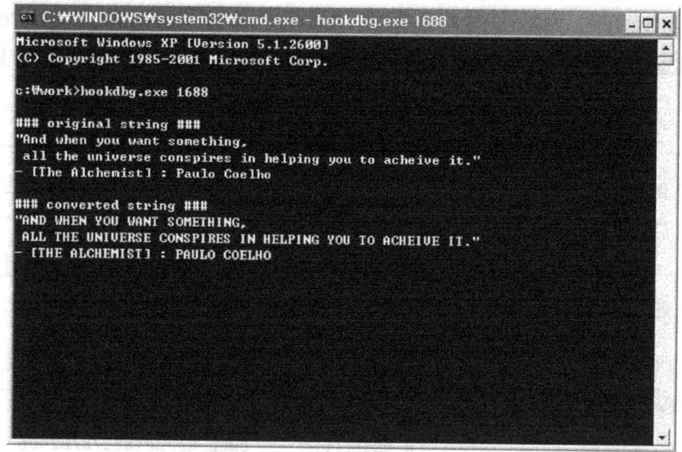

图30-7 hookdbg.exe运行结果

从图30-7中可以看到，“original string”中的部分是原来输入的小写字母，“converted string”中的字符是WriteFile() API钩取之后经过变换得到的字符串（小写字母→大写字母），这是为了显示hookdbg.exe程序内部的钩取过程而输出的字符串。打开保存的test.txt文件，查看实际文本是否以大写字母形式保存，如图30-8所示。

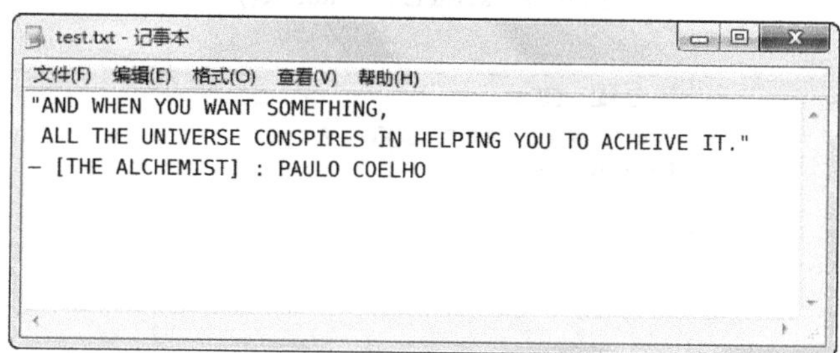

图30-8 test.txt文件内容

从文本内容可知，原来的小写字母全部被转换为大写字母并保存。虽然这个示例功能非常简单，但它能够很好地说明通过调试进行API钩取的技术。

30.5 工作原理

为帮助大家理解示例，先讲解其工作原理。假设notepad要保存文件中的某些内容时会调用kernel32!WriteFile() API（先确定一下假设是否正确）。

30.5.1 栈

WriteFile()定义（出处：MSDN）如下：

```
BOOL WriteFile(
    HANDLE hFile,
    LPCVOID lpBuffer,
    DWORD nNumberOfBytesToWrite,
    LPDWORD lpNumberOfBytesWritten,
    LPOVERLAPPED lpOverlapped
);
```

第二个参数（lpBuffer）为数据缓冲区指针，第三个参数（nNumberOfBytesToWrite）为要写的字节数。顺便提醒一下：函数参数被以逆序形式存储到栈。使用OllyDbg工具调试notepad，并查看程序栈。

提示

示例中使用的是Windows XP SP3（32位）中的notepad.exe记事本程序。

如图30-9所示，使用OllyDbg打开notepad后，在Kernel32!WriteFile() API处设置断点，按(F9)键运行程序。在记事本中输入文本后，以合适的文件名保存，如图30-10所示。

图30-9　kernel32.WriteFile()

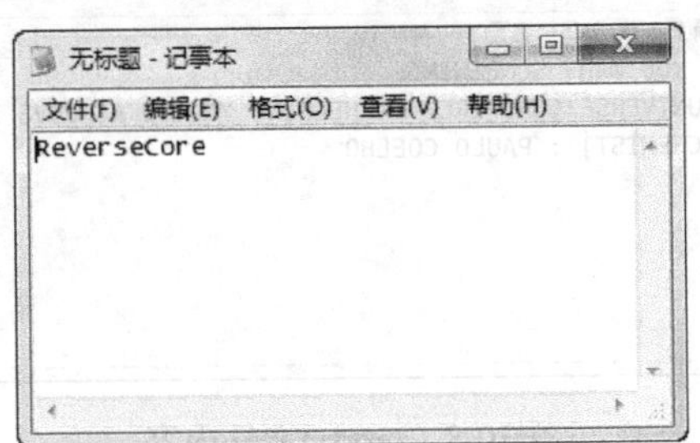

图30-10　在notepad中输入文本

在OllyDbg代码窗口中可以看到，调试器在kernel32!WriteFile()处（设有断点）暂停，然后查看进程栈，如图30-11所示。

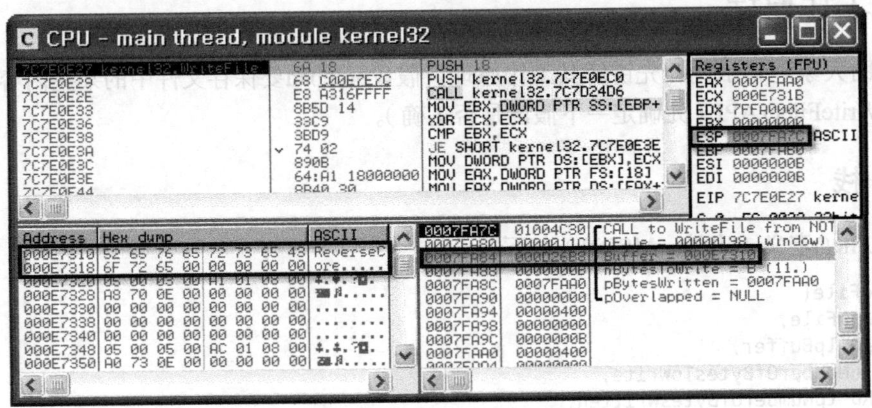

图30-11　查看栈中的参数

当前栈（ESP: 7FA7C）中存在1个返回值（01004C30），ESP+8（7FA84）中存在数据缓冲区的地址（0E7310）（参考图30-11中的栈窗口）。直接转到数据缓冲区地址处，可以看到要保存到notepad的字符串（“ReverseCore”）（参考上图中的内存窗口）。钩取WriteFile() API后，用指定字符串覆盖数据缓冲区中的字符串即可达成所愿。

30.5.2 执行流

我们现在已经知道应该修改被调试进程内存的哪一部分了。接下来，只要正常运行WriteFile()，将修改后的字符串保存到文件就可以了。

下面我们使用调试方法来钩取API。利用前面介绍的hookdbg.exe，在WriteFile() API起始地址处设置断点（INT3）后，向被调试进程（notepad.exe）保存文件时，EXCEPTION_BREAKPOINT事件就会传给调试器（hookdbg.exe）。那么，此时被调试者（notepad.exe）的EIP值是多少呢?

乍一想很容易认为是WriteFile() API的起始地址（7C7E0E27）。但其实EIP的值应该为WriteFile() API的起始地址（7C7E0E27）+1=7C7E0E28。

原因在于，我们在WriteFile() API的起始地址处设置了断点，被调试者（notepad.exe）内部调用WriteFile()时，会在起始地址7C7E0E27处遇到INT3（0xCC）指令。执行该指令（BreakPoint - INT3）时，EIP的值会增加1个字节（INT3指令的长度）。然后控制权会转移给调试器（hookdbg.exe）（因为在“调试器 - 被调试者”关系中，被调试者中发生的EXCEPTION_BREAKPINT异常需要由调试器处理）。修改覆写了数据缓冲区的内容后，EIP值被重新更改为WriteFile() API的起始地址，继续运行。

30.5.3 “脱钩”&“钩子”

另一个问题是，若只将执行流返回到WriteFile()起始地址，再遇到相同的INT3指令时，就会陷入无限循环（发生EXCEPTION_BREAKPOINT）。为了不致于陷入这种境地，应该去除设置在WriteFile() API起始地址处的断点，即将0xCC更改为original byte（0x6A）（original byte在钩取API前已保存）。这一操作称为“脱钩”，就是取消对API的钩取。

覆写好数据缓冲区并正常返回WriteFile() API代码后，EIP值恢复为WriteFile() API的地址，修改后的字符串最终保存到文件。这就是hookdbg.cpp的工作原理。

若只需要钩取1次，那到这儿就结束了。但如果需要不断钩取，就要再次设置断点。只靠说明是理解不了的，下面结合源代码（hookdbg.cpp）详细讲解。

提示

像 OllyDbg 这类应用范围很广的调试器，EIP 值与设置断点的地址是相同的，并不显示 INT3（0xCC）指令，如图 30-11 所示。这是 OllyDbg 为了向用户展示更方便的界面而提供的功能。也就是说，覆写了 INT3(0xCC)之后，若执行该命令，则 EIP 值增 1。此时 OllyDbg 会将 0xCC 恢复为原来的字节，并调整 EIP（最终的实现算法如上所述）。

30.6 源代码分析

本节分析hookdbg.cpp源代码。

30.6.1 main()

代码30-1　main()

```
#include "windows.h"
#include "stdio.h"

LPVOID g_pfWriteFile = NULL;
CREATE_PROCESS_DEBUG_INFO g_cpdi;
BYTE g_chINT3 = 0xCC, g_chOrgByte = 0;

int main(int argc, char* argv[])
{
    DWORD dwPID;

    if( argc != 2 )
    {
        printf("\nUSAGE : hookdbg.exe pid\n");
        return 1;
    }

    // Attach Process
    dwPID = atoi(argv[1]);
    if( !DebugActiveProcess(dwPID) )
    {
        printf("DebugActiveProcess(%d) failed!!!\n"
               "Error Code = %d\n", dwPID, GetLastError());
        return 1;
    }

    // 调试器循环
    DebugLoop();

    return 0;
}
```

main()函数的代码非常简单，以程序运行参数的形式接收要钩取API的进程的PID。然后通过DebugActiveProcess() API（出处：MSDN）将调试器附加到该运行的进程上，开始调试（上面输入的PID作为参数传入函数）。

```
BOOL WINAPI DebugActiveProcess(
    DWORD dwProcessId
);
```

然后进入DebugLoop()函数，处理来自被调试者的调试事件。

提示

另一种启动调试的方法是使用 CreateProcess() API，从一开始就直接以调试模式运行相关进程。更详细的说明请参考 MSDN。

30.6.2 DebugLoop()

代码30-2　DebugLoop()

```
void DebugLoop()
{
    DEBUG_EVENT de;
    DWORD dwContinueStatus;
```

```
    // 等待被调试者发生事件
    while( WaitForDebugEvent(&de, INFINITE) )
    {
        dwContinueStatus = DBG_CONTINUE;
        // 被调试进程生成或者附加事件
        if( CREATE_PROCESS_DEBUG_EVENT == de.dwDebugEventCode )
        {
            OnCreateProcessDebugEvent(&de);
        }
        // 异常事件
        else if( EXCEPTION_DEBUG_EVENT == de.dwDebugEventCode )
        {
            if( OnExceptionDebugEvent(&de) )
                continue;
        }
        // 被调试进程终止事件
        else if( EXIT_PROCESS_DEBUG_EVENT == de.dwDebugEventCode )
        {
            // 被调试者终止-调试器终止
            break;
        }
        // 再次运行被调试者
        ContinueDebugEvent(de.dwProcessId, de.dwThreadId,
                               dwContinueStatus);
    }
}
```

DebugLoop()函数的工作原理类似于窗口过程函数（WndProc），它从被调试者处接收事件并处理，然后使被调试者继续运行。DebugLoop()函数代码比较简单，结合代码中的注释就能理解。下面看看其中比较重要的2个API。

顾名思义，WaitForDebugEvent() API（出处：MSDN）是一个等待被调试者发生调试事件的函数（行为动作类似于WaitForSingleObject() API）。

```
BOOL WINAPI WaitForDebugEvent(
    LPDEBUG_EVENT lpDebugEvent,
    DWORD dwMilliseconds
);
```

DebugLoop()函数代码中，若发生调试事件，WaitForDebugEvent() API就会将相关事件信息设置到其第一个参数的变量（DEBUG_EVENT结构体对象），然后立刻返回。DEBUG_EVENT结构体定义（出处：MSDN）如下所示：

```
typedef struct _DEBUG_EVENT {
    DWORD dwDebugEventCode;
    DWORD dwProcessId;
    DWORD dwThreadId;
    union {
        EXCEPTION_DEBUG_INFO         Exception;
        CREATE_THREAD_DEBUG_INFO     CreateThread;
        CREATE_PROCESS_DEBUG_INFO    CreateProcessInfo;
        EXIT_THREAD_DEBUG_INFO       ExitThread;
        EXIT_PROCESS_DEBUG_INFO      ExitProcess;
        LOAD_DLL_DEBUG_INFO          LoadDll;
        UNLOAD_DLL_DEBUG_INFO        UnloadDll;
        OUTPUT_DEBUG_STRING_INFO     DebugString;
        RIP_INFO                     RipInfo;
    } u;
} DEBUG_EVENT, *LPDEBUG_EVENT;
```

前面的讲解中已经提到过，共有9种调试事件。DEBUG_EVENT.dwDebugEventCode成员会被设置为9种事件中的一种，根据相关事件的种类，也会设置适当的DEBUG_EVENT.u（union）成员（DEBUG_EVENT.u共用体成员内部也由9个结构体组成，它们对应于事件种类的个数）。

提示

例如，发生异常事件时，dwDebugEventCode成员会被设置为EXCEPTION_DEBUG_EVENT，u.Exception结构体也会得到设置。

ContinueDebugEvent() API（出处：MSDN）是一个使被调试者继续运行的函数。

```
BOOL WINAPI ContinueDebugEvent(
    DWORD dwProcessId,
    DWORD dwThreadId,
    DWORD dwContinueStatus
);
```

ContinueDebugEvent() API的最后一个参数dwContinueStatus的值为DBG_CONTINUE或DBG_EXCEPTION_NOT_HANDLED。

若处理正常，则其值设置为DBG_CONTINUE；若无法处理，或希望在应用程序的SEH中处理，则其值设置为DBG_EXCEPTION_NOT_HANDLED。

提示

SEH是Windows提供的异常处理机制。关于这种异常处理及反调试技术将在第49章中详细讲解。

代码30-2的DebugLoop()函数处理3种调试事件，如下所示。

- EXIT_PROCESS_DEBUG_EVENT
- CREATE_PROCESS_DEBUG_EVENT
- EXCEPTION_DEBUG_EVENT

下面分别看看这3个事件。

30.6.3 EXIT_PROCESS_DEBUG_EVENT

被调试进程终止时会触发该事件。本章的示例代码中发生该事件时，调试器与被调试者将一起终止。

30.6.4 CREATE_PROCESS_DEBUG_EVENT-OnCreateProcessDebugEvent()

OnCreateProcessDebugEvent()是CREATE_PROCESS_DEBUG_EVENT事件句柄，被调试进程启动（或者附加）时即调用执行该函数。

代码30-3 OnCreateProcessDebugEvent()

```
BOOL OnCreateProcessDebugEvent(LPDEBUG_EVENT pde)
{
    // 获取WriteFile() API地址
    g_pfWriteFile = GetProcAddress(GetModuleHandle("kernel32.dll"),
                                   "WriteFile");
    // API "钩子" - WriteFile()
    //    更改第一个字节为0xCC (INT3)
    //    originalbyte是g_chOrgByte备份
    memcpy(&g_cpdi, &pde->u.CreateProcessInfo, sizeof(CREATE_PROCESS_DEBUG_
```

```
        INFO));
    ReadProcessMemory(g_cpdi.hProcess, g_pfWriteFile,
                      &g_chOrgByte, sizeof(BYTE), NULL);

    WriteProcessMemory(g_cpdi.hProcess, g_pfWriteFile,
                       &g_chINT3, sizeof(BYTE), NULL);
    return TRUE;
}
```

首先获取WriteFile() API的起始地址，需要注意，它获取的不是被调试进程的内存地址，而是调试进程的内存地址。对于Windows OS的系统DLL而言，它们在所有进程中都会加载到相同地址（虚拟内存），所以以上面这样做是没有任何问题的。

g_cpdi是CREATE_PROCESS_DEBUG_INFO结构体（出处：MSDN）变量。

```
typedef struct _CREATE_PROCESS_DEBUG_INFO {
  HANDLE                 hFile;
  HANDLE                 hProcess;
  HANDLE                 hThread;
  LPVOID                 lpBaseOfImage;
  DWORD                  dwDebugInfoFileOffset;
  DWORD                  nDebugInfoSize;
  LPVOID                 lpThreadLocalBase;
  LPTHREAD_START_ROUTINE lpStartAddress;
  LPVOID                 lpImageName;
  WORD                   fUnicode;
}CREATE_PROCESS_DEBUG_INFO, *LPCREATE_PROCESS_DEBUG_INFO;
```

通过CREATE_PROCESS_DEBUG_INFO结构体的hProcess成员（被调试进程的句柄），可以钩取WriteFile() API（不使用调试方法时，可以使用OpenProcess() API获取相应进程的句柄）。调试方法中，钩取的方法非常简单。

只要在API的起始位置设置好断点即可。由于调试器拥有被调试进程的句柄（带有调试权限），所以可以使用ReadProcessMemory()、WriteProcessMemory() API对被调试进程的内存空间自由进行读写操作。用上面的函数可以向被调试者设置断点（INT3 0xCC）。通过ReadProcessMemory()读取WriteFile() API的第一个字节，并将其存储到g_chOrgByte变量。如图30-12所示，WriteFile() API的第一个字节为0x6A（Windows XP操作系统）。

```
7C7E0E27 kernel32.WriteFile  6A 18         PUSH 18
7C7E0E29                     68 C00E7E7C   PUSH kernel32.7C7E0EC0
7C7E0E2E                     E8 A316FFFF   CALL kernel32.7C7D24D6
7C7E0E33                     8B5D 14       MOV EBX,DWORD PTR SS:[EBP+14]
7C7E0E36                     33C9          XOR ECX,ECX
```

图30-12 WriteFile()第一个字节

g_chOrgByte变量中存储的是WriteFile() API的第一个字节，后面“脱钩”时会用到。然后使用WriteProcessMemory() API将WriteFile() API的第一个字节更改为0xCC（参考图30-13）。

```
7C7E0E27 kernel32.WriteFile  $ CC           INT3
7C7E0E28                       18           DB 18
7C7E0E29                     . 68 C00E7E7C  PUSH kernel32.7C7E0EC0
7C7E0E2E                     . E8 A316FFFF  CALL kernel32.7C7D24D6
7C7E0E33                     . 8B5D 14      MOV EBX,DWORD PTR SS:[EBP+14]
7C7E0E36                     . 33C9         XOR ECX,ECX
```

图30-13 设置0xCC

0xCC是IA-32指令，对应于INT3指令，也就是断点。CPU遇到INT3指令时会暂停执行程序，并触发异常。若相应程序正处于调试中，则将控制权转移到调试器，由调试器处理。这也是一般调试器设置断点的基本原理。

这样一来，被调试进程调用WriteFile() API时，控制权都会转移给调试器。

30.6.5 EXCEPTION_DEBUG_EVENT-OnExceptionDebugEvent()

OnExceptionDebugEvent()是EXCEPTION_DEBUG_EVENT事件句柄，它处理被调试者的INT3指令。代码30-4是OnExceptionDebugEvent()函数代码，下面看一下它的核心部分。

代码30-4 OnExceptionDebugEvent()

```
BOOL OnExceptionDebugEvent(LPDEBUG_EVENT pde)
{
    CONTEXT ctx;
    PBYTE lpBuffer = NULL;
    DWORD dwNumOfBytesToWrite, dwAddrOfBuffer, i;
    PEXCEPTION_RECORD per = &pde->u.Exception.ExceptionRecord;

    // 是断点异常 (INT 3) 时
    if( EXCEPTION_BREAKPOINT == per->ExceptionCode )
    {
        // 断点地址为WriteFile() API地址时
        if( g_pfWriteFile == per->ExceptionAddress )
        {
            // #1. Unhook
            //   将0xCC恢复为original byte
            WriteProcessMemory(g_cpdi.hProcess, g_pfWriteFile,
                               &g_chOrgByte, sizeof(BYTE), NULL);

            // #2.获取线程上下文
            ctx.ContextFlags = CONTEXT_CONTROL;
            GetThreadContext(g_cpdi.hThread, &ctx);

            // #3.获取WriteFile()的param 2、3值
            //   函数参数存在于相应进程的栈
            //   param 2 : ESP + 0x8
            //   param 3 : ESP + 0xC
            ReadProcessMemory(g_cpdi.hProcess, (LPVOID)(ctx.Esp + 0x8),
                              &dwAddrOfBuffer, sizeof(DWORD), NULL);
            ReadProcessMemory(g_cpdi.hProcess, (LPVOID)(ctx.Esp + 0xC),
                              &dwNumOfBytesToWrite, sizeof(DWORD), NULL);

            // #4.分配临时缓冲区
            lpBuffer = (PBYTE)malloc(dwNumOfBytesToWrite+1);
            memset(lpBuffer, 0, dwNumOfBytesToWrite+1);

            // #5.复制WriteFile()缓冲区到临时缓冲区
            ReadProcessMemory(g_cpdi.hProcess, (LPVOID)dwAddrOfBuffer,
                              lpBuffer, dwNumOfBytesToWrite, NULL);
            printf("\n### original string : %s\n", lpBuffer);

           // #6.将小写字母转换为大写字母
            for( i = 0; i < dwNumOfBytesToWrite; i++ )
            {
                if( 0x61 <= lpBuffer[i] && lpBuffer[i] <= 0x7A )
                    lpBuffer[i] -= 0x20;
            }

            printf("\n### converted string : %s\n", lpBuffer);

            // #7. 将变换后的缓冲区复制到WriteFile()缓冲区
```

```
            WriteProcessMemory(g_cpdi.hProcess, (LPVOID)dwAddrOfBuffer,
                               lpBuffer, dwNumOfBytesToWrite, NULL);

            // #8. 释放临时缓冲区
            free(lpBuffer);

            // #9. 将线程上下文的EIP更改为WriteFile()首地址
            //  (当前为WriteFile()+1位置，INT3命令之后)
            ctx.Eip = (DWORD)g_pfWriteFile;
            SetThreadContext(g_cpdi.hThread, &ctx);

            // #10. 运行被调试进程
            ContinueDebugEvent(pde->dwProcessId, pde->dwThreadId, DBG_
                               CONTINUE);
            Sleep(0);

            // #11. API "钩子"
            WriteProcessMemory(g_cpdi.hProcess, g_pfWriteFile,
                               &g_chINT3, sizeof(BYTE), NULL);

            return TRUE;
        }
    }
    return FALSE;
}
```

OnExceptionDebugEvent()函数代码有些多，接下来分析核心部分。首先，if语句用于检测异常是否为EXCEPTION_BREAKPOINT异常（除此之外，还有大约19种异常，请参考前几节内容）。然后，用if语句检测发生断点的地址是否与kernel32!WriteFile()的起始地址一致（OnCreateProcessDebugEvent()已经事先获取了WriteFile()的起始地址）。若满足条件，则继续执行以下代码。

#1. "脱钩"（删除API钩子）

```
//将0xCC恢复为original byte
WriteProcessMemory(g_cpdi.hProcess, g_pfWriteFile, &g_chOrgByte,
                   sizeof(BYTE), NULL);
```

首先需要"脱钩"（删除API"钩子"），因为在将小写字母转换为大写字母后需要正常调用WriteFile()函数（请参考前面"'脱钩'&'钩子'"部分中的相关说明）。类似"钩子"、"脱钩"的方法也非常简单，只要将0xCC恢复原值（g_chOrgByte）即可。

> **提示**
>
> 可以根据实际需要取消对相关API的调用，也可以调用用户自定义的MyWriteFile()函数，所以"脱钩"过程不是必须的。使用时，要根据具体情况灵活选择处理方法。

#2. 获取线程上下文（Thread Context）

这是第一次提到"线程上下文"，所有程序在内存中都以进程为单位运行，而进程的实际指令代码以线程为单位运行。Windows OS是一个多线程（multi-thread）操作系统，同一进程中可以同时运行多个线程。多任务（multi-tasking）是将CPU资源划分为多个时间片（time-slice），然后平等地逐一运行所有线程（考虑线程优先级）。CPU运行完一个线程的时间片而切换到其他线程时间片时，它必须将先前线程处理的内容准确备份下来，这样再次运行它时才能正常无误。

再次运行先前线程时，必须有运行所需信息，这些重要信息指的就是CPU中各寄存器的值。通过这些值，才能保证CPU能够再次准确运行它（内存信息栈&堆存在于相应进程的虚拟空间，不需要另外保护)。负责保存线程CPU寄存器信息的就是CONTEXT结构体(每个线程都对应一个CONTEXT结构体),它的定义如下(出处:MS VC++: winnt.h):

```
typedef struct _CONTEXT {
    DWORD ContextFlags;

    DWORD   Dr0;
    DWORD   Dr1;
    DWORD   Dr2;
    DWORD   Dr3;
    DWORD   Dr6;
    DWORD   Dr7;

    FLOATING_SAVE_AREA FloatSave;

    DWORD   SegGs;
    DWORD   SegFs;
    DWORD   SegEs;
    DWORD   SegDs;

    DWORD   Edi;
    DWORD   Esi;
    DWORD   Ebx;
    DWORD   Edx;
    DWORD   Ecx;
    DWORD   Eax;

    DWORD   Ebp;
    DWORD   Eip;
    DWORD   SegCs;
    DWORD   EFlags;
    DWORD   Esp;
    DWORD   SegSs;

    byte    ExtendedRegisters[MAXIMUM_SUPPORTED_EXTENSION];
} CONTEXT;
```

下面是获取线程上下文的代码。

```
// 获取线程上下文
ctx.ContextFlags = CONTEXT_CONTROL;
GetThreadContext(g_cpdi.hThread, &ctx);
```

像这样调用GetThreadContext() API(出处:MSDN),即可将指定线程(g_cpdi.hThread)的CONTEXT存储到ctx结构体变量(g_cpdi.hThread是被调试者的主线程句柄)。

```
BOOL WINAPI GetThreadContext(
    HANDLE hThread,
    LPCONTEXT lpContext
);
```

#3. 获取WriteFile()的param 2、3值

调用WriteFile()函数时,我们要在传递过来的参数中知道param2(数据缓冲区地址)与param3(缓冲区大小)这2个参数。函数参数存储在栈中,通过#2中获取的CONTEXT.Esp成员可以分别获得它们的值。

```
// 函数参数存在于相应进程的栈
// param 2 : ESP + 0x8
// param 3 : ESP + 0xC
ReadProcessMemory(g_cpdi.hProcess, (LPVOID)(ctx.Esp + 0x8),
```

```
                  &dwAddrOfBuffer, sizeof(DWORD), NULL);
ReadProcessMemory(g_cpdi.hProcess, (LPVOID)(ctx.Esp + 0xC),
                  &dwNumOfBytesToWrite, sizeof(DWORD), NULL);
```

提示

- 存储在 dwAddrOfBuffer 中的数据缓冲区地址是被调试者（notepad.exe）虚拟内存空间中的地址。
- param2 与 param3 分别为 ESP+0x8、ESP+0xC，原因请参考第 7 章。

#4.~#8. 把小写字母转换为大写字母后覆写WriteFile()缓冲区

获取数据缓冲区的地址与大小后，将其内容读到调试器的内存空间，把小写字母转换为大写字母。然后将修改后的大写字母覆写到原位置（被调试者的虚拟内存）。整个代码不难，结合代码中的注释就能轻松理解。

```
// #4.分配临时缓冲区
lpBuffer = (PBYTE)malloc(dwNumOfBytesToWrite+1);
memset(lpBuffer, 0, dwNumOfBytesToWrite+1);

// #5.复制WriteFile()缓冲区到临时缓冲区
ReadProcessMemory(g_cpdi.hProcess, (LPVOID)dwAddrOfBuffer,
                  lpBuffer, dwNumOfBytesToWrite, NULL);
printf("\n### original string : %s\n", lpBuffer);

// #6.将小写字母转换为大写字母
for( i = 0; i < dwNumOfBytesToWrite; i++ )
{
    if( 0x61 <= lpBuffer[i] && lpBuffer[i] <= 0x7A )
        lpBuffer[i] -= 0x20;
}
printf("\n### converted string : %s\n", lpBuffer);

// #7. 将变换后的缓冲区复制到WriteFile()缓冲区
WriteProcessMemory(g_cpdi.hProcess, (LPVOID)dwAddrOfBuffer,
                   lpBuffer, dwNumOfBytesToWrite, NULL);

// #8. 释放临时缓冲区
free(lpBuffer);
```

#9. 把线程上下文的EIP修改为WriteFile()起始地址

下面将#2中获取的CONTEXT结构体的Eip成员修改为WriteFile()的起始地址。EIP的当前地址为WriteFile()+1（参考前面“#执行流”中的说明）。

修改好CONTEXT.Eip成员后，调用SetThreadContext() API。

```
//（当前为WriteFile()+1位置，INT3命令之后）
ctx.Eip = (DWORD)g_pfWriteFile;
SetThreadContext(g_cpdi.hThread, &ctx);
```

下面是SetThreadContext() API（出处：MSDN）：

```
BOOL WINAPI SetThreadContext(
    HANDLE hThread,
    const CONTEXT *lpContext
);
```

#10. 运行调试进程

一切准备就绪后，接下来就要正常调用WriteFile() API了。调用ContinueDebugEvent() API可

以重启被调试进程，使之继续运行。由于在#9已经将CONTEXT.Eip修改为WriteFile()的起始地址，所以会调用执行WriteFile()。

```
ContinueDebugEvent(pde->dwProcessId, pde->dwThreadId, DBG_CONTINUE);
Sleep(0);
```

Sleep(0)有什么用？

首先用源代码运行测试，然后对 Sleep(0)语句进行注释处理，再次运行测试（请在 notepad 中输入文本后，快速反复保存）。比较 2 种测试结果，并思考有什么不同，以及产生不同的原因。

#11. 设置API "钩子"

最后设置API "钩子"，方便下次钩取操作（若略去该操作，由于#1中已经 "脱钩"，WriteFile() API钩取将完全处于 "脱钩" 状态）。

```
WriteProcessMemory(g_cpdi.hProcess, g_pfWriteFile, &g_chINT3,
                   sizeof(BYTE), NULL);
```

DebugLoop()函数的讲解到此结束。建议大家在实际的代码调试过程中分别查看各结构体的值，经过几次调试后，相信大家都能掌握程序的执行流程。

提示

从 Windows XP 开始就可以调用 DebugSetProcessKillOnExit()函数了，我们可以不销毁被调试进程就退出（detach）调试器。需要注意的是，必须在调试器终止前 "脱钩"。否则，调用 API 时就会因为其起始部分仍为 0xCC 而导致 EXCEPTION_BREAKPOINT 异常。由于此时不存在调试器，所以终止被调试进程。

提示

关于调试器工作原理与异常的内容请参考第 48 章。

Q&A

Q. 在OnExceptionDebugEvent()函数中调用了ContinueDebugEvent()函数后，为什么还要调用Sleep(0)函数？

A. 调用Sleep(0)函数可以释放当前线程的剩余时间片，即放弃当前线程执行的CPU时间片。也就是说，调用Sleep(0)函数后，CPU会立即执行其他线程。被调试进程（Notepad.exe）的主线程处于运行状态时，会正常调用WriteFile() API。然后经过一定时间，控制权再次转移给HookDbg.exe，Sleep(0)后面的 "钩子" 代码（WriteProcessMemory() API）会被调用执行。若没有Sleep(0)语句，Notepad.exe调用WriteFile() API的过程中，HookDbg.exe会尝试将WriteFile() API的首字节修改为0xCC。若运气不佳，这可能会导致内存访问异常。

第31章　关于调试器

调试器（Debugger）是代码逆向分析人员常用的调试工具。

本章将讲解目前代码逆向分析领域中常用的调试器。

31.1　OllyDbg

如图31-1所示，OllyDbg是一款免费的调试器，轻量、快速，使用方便。虽然免费，但它仍然拥有强大又多样的功能，且支持插件扩展，得到广大逆向分析人员的青睐。OllyDbg人气很高，使用范围非常广泛，代码逆向分析技术各阶段人员都在使用它。

OllyDbg的优点是体积轻量，运行快速，提供多样化的功能与众多选项，并且支持插件扩展。由于OllyDbg用户群体庞大，基于OllyDbg的代码逆向分析讲座非常多，所以初学者能够更轻松地学习。还有，它是完全免费的，这也是非常大的优势。

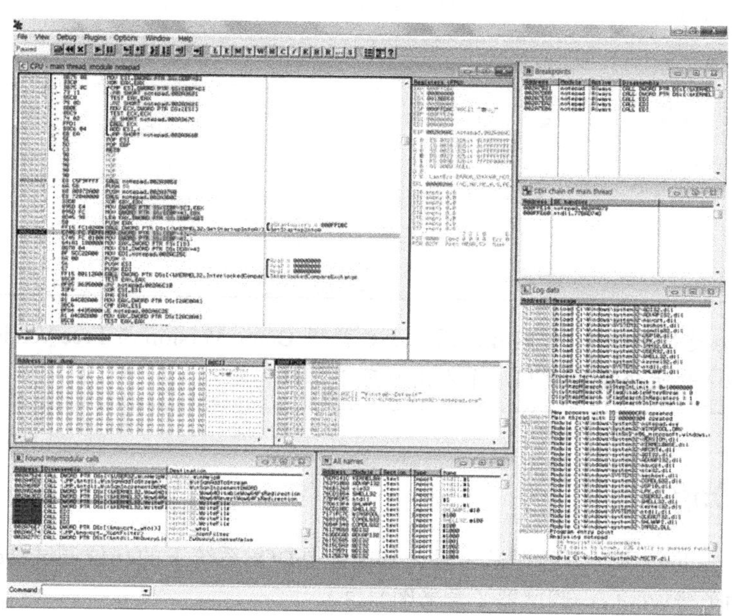

图31-1　OllyDbg

它的缺点是，由于OllyDbg是个人开发的工具（兴趣使然），其更新速度慢，后续版本的开发周期非常长，目前仅更新到Ver2.0版本。Ver2.0与以前版本相比，用户界面一样，但其内部代码完全重写，运行速度与准确性得到极大提升。可令人遗憾的是，它尚不支持64位系统环境下的调试工作。

31.2　IDA Pro

Hex-rays公司出品的IDA Pro可以说是目前最强大的反汇编器&调试器。以前它具有极其明显的反编译器特征，但通过不断升级、调整，其调试器功能也变得相当强大。IDA Pro拥有庞大又多样的功能，市场中甚至出现了专门介绍的图书。安装反编译插件（Decompiler Plugin）可以为代码逆向分析提供极大便利，这也带动了它的价格。现在许多代码逆向分析专家都将它作为主要的分析工具，作为一款专业的代码逆向分析工具，IDA Pro的霸主地位不可动摇（参考图31-2）。

IDA Pro的优点是拥有极其丰富的功能，有些你甚至根本不会用到，并且更新及时、专业、完整，但其价格比较昂贵，使用起来比较复杂，初始加载时间也较长。

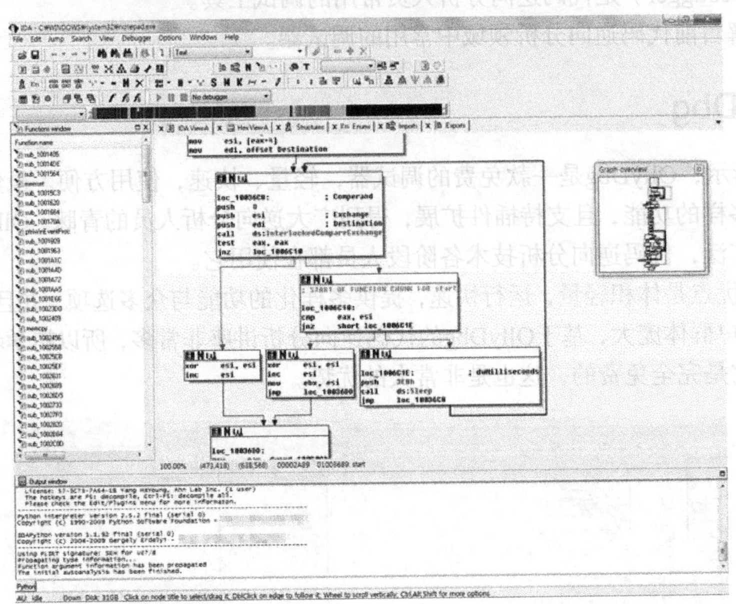

图31-2　IDA Pro

提示

IDA Pro 是收费软件，但其官方网站上也提供 Demo Version 与 Free Version 版本（某些功能受限）供大家免费试用，个人用户可以下载体验。

31.3　WinDbg

WinDbg是Windows平台下的调试工具，其前身是DOS系统下的16位调试器debug.exe，它是微软对外提供的免费Windows调试器（参考图31-3）。

OllyDbg与IDA Pro属于用户态调试器，由于功能强大、使用方便，在用户模式调试中占据统治地位。WinDbg既是用户态调试器也是内核态调试器，但主要用于内核模式调试。自从另一个大名鼎鼎的内核级调试工具SoftICE停止开发后，WinDbg在内核调试领域中成为事实上的霸主（无竞争对手）。WinDbg历史久远，功能丰富而强大，使用方法较为复杂，市面上有专门的讲解图书。

WinDbg调试器的优点是支持内核级别的调试，并且是微软直接开发的调试器。此外，它还是免费的，支持64位系统下的调试，这些都是它不可或缺的优势。借助它，我们可以直接下载系统文件符号（Symbol），获取系统内部结构体（含尚未公开的）及API的相关信息。它还可以用来读取、分析Windows OS的转储文件，帮助分析发生系统崩溃（Crash）的原因。

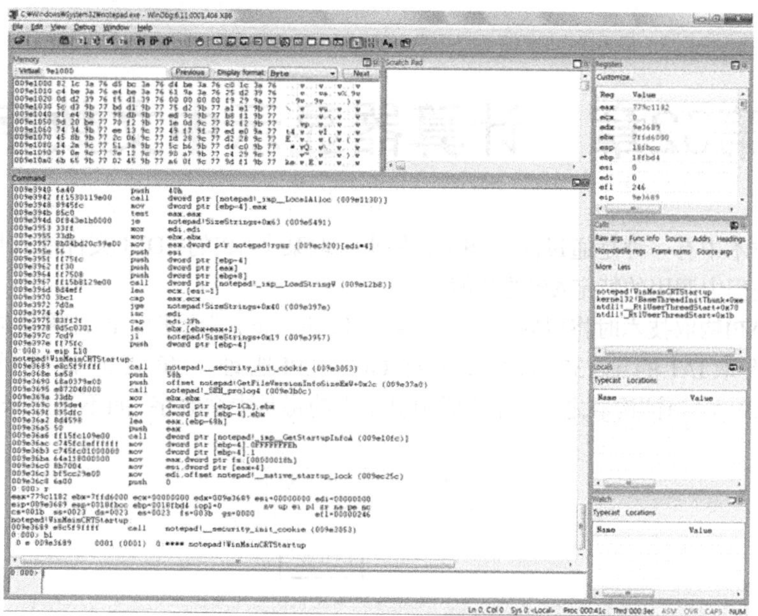

图31-3 WinDbg

虽然WinDbg也提供图形用户界面，但与其他调试器相比却不尽如人意，并不好用（比如，不能直接在代码中输入注释、反汇编代码中调用的API名称显示得不够好等）。尽管如此，WinDbg调试器仍是开发内核驱动与系统维护过程中的必备工具，在代码逆向分析中分析内核驱动文件时也一定会用到。近来，人们进行内核调试时通常会结合使用WinDbg与VirtualPC（或者VMWare）工具。各位的逆向分析技术水平有所提高后，分析内核驱动时会经常用到它。

提示

图 31-4 是 Debug.exe 的运行界面，从 16 位 DOS 操作系统开始就一直是默认提供的。

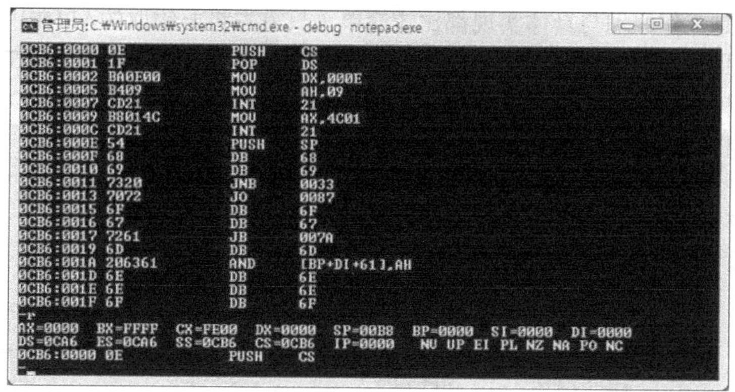

图31-4 Debug.exe

debug.exe 在控制台中通过键盘输入调试，WinDbg 拥有与 debug.exe 相同的用户界面，支持强大的调试命令（我非常喜欢用这种基于控制台命令行的程序，但也有相当多的用户拒绝使用）。

第32章 计算器显示中文数字

API钩取技术中有一种是通过注入DLL文件来钩取某个API的，DLL文件注入目标进程后，修改IAT来更改进程中调用的特定API的功能。

本章讲解API钩取技术时将以Windows计算器（calc.exe）为示例，向计算器进程插入用户的DLL文件，钩取IAT的user32.SetWindowTextW() API地址。负责向计算器显示文本的SetWindowTextW() API被钩取之后，计算器中显示出的将是中文数字，而不是原来的阿拉伯数字，如下图所示。

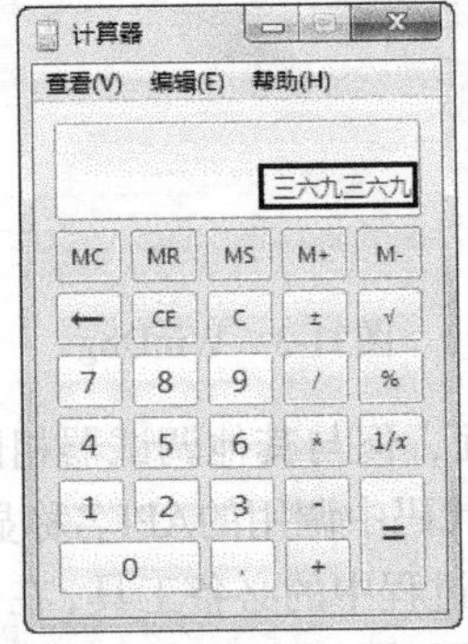

钩取SetWindowTextW() API后

32.1 技术图表

图32-1的API钩取技术图表中，带有下划线的部分就是“通过DLL注入实现IAT钩取的技术”。这项技术的优点是工作原理与具体实现都比较简单（只需先将要钩取的API在用户的DLL中重定义，然后再注入目标进程即可）；缺点是，如果想钩取的API不在目标进程的IAT中，那么就无法使用该技术进行钩取操作。换言之，如果要钩取的API是由程序代码动态加载DLL文件而得以使用的，那么我们将无法使用这项技术钩取它。

方法	对象 是什么	位置 何处	技术 如何		API
静态	文件		X		X
动态	进程 内存 00000000 ~ 7FFFFFFF	1) IAT 2) 代码 3) EAT	A) 调试 (Interactive)		DebugActiveProcess GetThreadContext SetThreadContext
			B) 注入 (stand alone)	B-1) Independant 代码	CreateRemoteThread
				B-2) DLL文件	Registry(AppInit_DLLs) BHO (IE only)
					SetWindowsHookEx CreateRemoteThread

图32-1 技术图表

32.2 选定目标 API

确定了任务目标，并且选择了要使用的API钩取技术后，接下来的重要一步是选定目标API，即要钩取的API。初学者往往不知所措，因为他们不知道究竟哪个API提供了要钩取的那个功能。操作系统中，某项功能最终都是由某个或某些API提供的，比如创建文件由kernel32!CreateFile() API负责，创建注册表新键由advapi32!RegCreateKeyEx() API负责，网络连接由ws2_32!connect() API等负责。对拥有丰富开发经验或逆向技术知识的人来说，他们能够很容易地想起需要的API。而对于尚未掌握这部分知识的人而言，要知道答案必须先学会检索。如果要钩取尚未公开的API（undocumented API），就必须学会使用检索功能。若搜索不到，可以先根据已有经验（或直觉）推测，然后再验证确认。

选定API前要先明确任务目标。本章示例的目标是“把计算器的文本显示框中显示的阿拉伯数字更改为中文数字”。首先，使用PEView工具查看计算器（calc.exe）中导入的API，如图32-2所示。

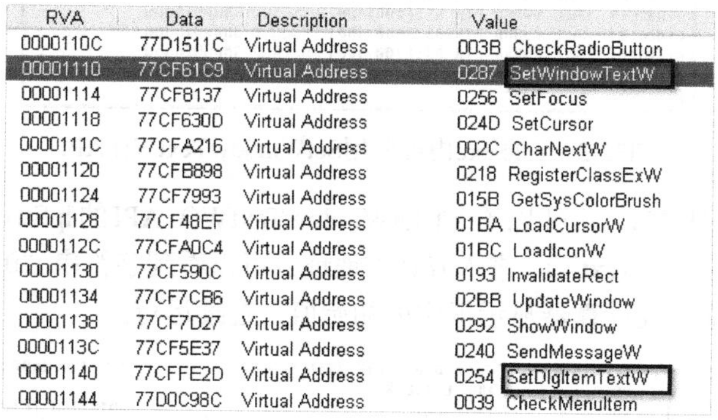

RVA	Data	Description	Value
0000110C	77D1511C	Virtual Address	003B CheckRadioButton
00001110	77CF61C9	Virtual Address	0287 SetWindowTextW
00001114	77CF8137	Virtual Address	0256 SetFocus
00001118	77CF630D	Virtual Address	024D SetCursor
0000111C	77CFA216	Virtual Address	002C CharNextW
00001120	77CFB898	Virtual Address	0218 RegisterClassExW
00001124	77CF7993	Virtual Address	015B GetSysColorBrush
00001128	77CF48EF	Virtual Address	01BA LoadCursorW
0000112C	77CFA0C4	Virtual Address	01BC LoadIconW
00001130	77CF590C	Virtual Address	0193 InvalidateRect
00001134	77CF7CB6	Virtual Address	02BB UpdateWindow
00001138	77CF7D27	Virtual Address	0292 ShowWindow
0000113C	77CF5E37	Virtual Address	0240 SendMessageW
00001140	77CFFE2D	Virtual Address	0254 SetDlgItemTextW
00001144	77D0C98C	Virtual Address	0039 CheckMenuItem

图32-2　calc.exe的IAT

图32-2中有2个API引人注目，分别为SetWindowTextW()、SetDlgItemTextW()，它们负责向计算器的文本显示框中显示文本。由于SetDlgItemTextW()在其内部又调用了SetWindowTextW()，所以我们先假设只要钩取SetWindowTextW()这1个API就可以了。SetWindowTextW() API定义（出处：MSDN）如下：

```
BOOL SetWindowText(
    HWND hWnd,
    LPCTSTR lpString
);
```

它拥有2个参数，第一个参数为窗口句柄（hWnd），第二个参数为字符串指针（lpString）。其中，我们感兴趣的是第二个参数——字符串指针（lpString）。钩取时查看字符串（lpString）中的内容，将其中的阿拉伯数字更改为中文数字就行了。

提示

API名称中最后面的“W”表示该API是宽字符（Wide character）版本。与之对应，若API名称最后面的字符为“A”，则表示该API是ASCII码字符（ASCII character）版本。Windows OS内部使用的宽字符指的就是Unicode码。

如：SetWindowTextA()、SetWindowTextW()

下面使用OllyDbg验证上面的猜测是否正确。

提示

示例中使用的是 Windows XP SP3（32位）中的 calc.exe，Windows Vista、7（32位）中的 calc.exe 工作原理也是一样的。

如图32-3所示，使用鼠标右键菜单的Search for All intermodular calls命令，查找计算器（calc.exe）代码中调用SetWindowTextW() API的部分。然后在所有调用它的地方设置断点，运行计算器（calc.exe），调试器在设置断点的地方暂停，如图32-4所示。

Found intermodular calls

Address	Disassembly	Destination
01001C30	CALL DWORD PTR DS:[1001164]	USER32.SetWindowLongW
01001D1D	CALL DWORD PTR DS:[1001164]	USER32.SetWindowLongW
01001CEA	CALL DWORD PTR DS:[100114C]	USER32.SetWindowPos
01001D39	CALL DWORD PTR DS:[100114C]	USER32.SetWindowPos
01004431	CALL DWORD PTR DS:[100114C]	USER32.SetWindowPos
0100632B	CALL DWORD PTR DS:[100114C]	USER32.SetWindowPos
01002628	CALL DWORD PTR DS:[1001110]	USER32.SetWindowTextW
01005A48	CALL DWORD PTR DS:[1001110]	USER32.SetWindowTextW
010124E3	CALL DWORD PTR DS:[100120C]	msvcrt.__set_app_type
010057B2	CALL DWORD PTR DS:[100109C]	SHELL32.ShellAboutW
01001E19	CALL DWORD PTR DS:[1001138]	USER32.ShowWindow
010062B0	CALL DWORD PTR DS:[1001138]	USER32.ShowWindow
01006701	CALL DWORD PTR DS:[1001138]	USER32.ShowWindow
01006745	CALL DWORD PTR DS:[1001138]	USER32.ShowWindow

图32-3　calc.exe内部调用SetWindowTextW() API

在图32-4中查看栈窗口，可以看到SetWindowTextW() API的lpString参数的值为7FB5C（OllyDbg中指出它是一个“Text”）。进入7FB5C地址，可以看到字符串“0.”被保存为Unicode码形式。该字符串就是显示在计算器显示框中的初始值，继续运行。

```
01002621  .  FF7424 10      PUSH DWORD PTR SS:[ESP+10]    ┌Text = "??.WxA2Wx90???Wx01
01002625  .  8BF8           MOV EDI,EAX                   │
01002627  .  56             PUSH ESI                      │hWnd = 001A01CA (class='Ed
01002628  .  FF15 10110001  CALL DWORD PTR DS:[1001110]   └SetWindowTextW
0100262E  .  56             PUSH ESI                      ┌hWnd = 001A01CA (class='Ed
0100262F  .  FF15 14110001  CALL DWORD PTR DS:[1001114]   └SetFocus
01002635  .  57             PUSH EDI                      ┌lParam = 3
01002636  .  57             PUSH EDI                      │wParam = 3
01002637  .  68 B1000000    PUSH 0B1                      │Message = EM_SETSEL

DS:[01001110]=77D0960E (USER32.SetWindowTextW)

Address   Hex dump                 ASCII        0007FB3C  001A01CA  ┌hWnd = 001A01C
0007FB5C  30 00 2E 00 20 00 00 00  0... ...     0007FB40  0007FB5C  └Text = "0. "
0007FB64  C0 DA 0A 00 F4 FB 07 00  从..慄■.     0007FB44  00000133
```

图32-4　在SetWindowTextW()的断点处暂停

如图32-5所示，计算器（calc.exe）正常运行后，显示框中显示图32-4中的字符串“0.”（“.”是计算器自动添加的字符串）。为了继续调试，在计算器中随意输入数字7。由于前面已经设置了断点，所以调试器会在设置的断点处暂停，如图32-4所示。

图32-5　calc.exe的初始运行画面

如图32-6所示，保存在Text参数中的字符串地址为7F978，与图32-4中的7FB5C不同。进入7F978地址，可以看到输入的字符串“7.”（末尾的“.”是由计算器自动添加的字符串）。下面尝试把阿拉伯数字“7”更改为中文数字“七”，测试一下。请注意：中文数字“七”对应的Unicode码为4e03。

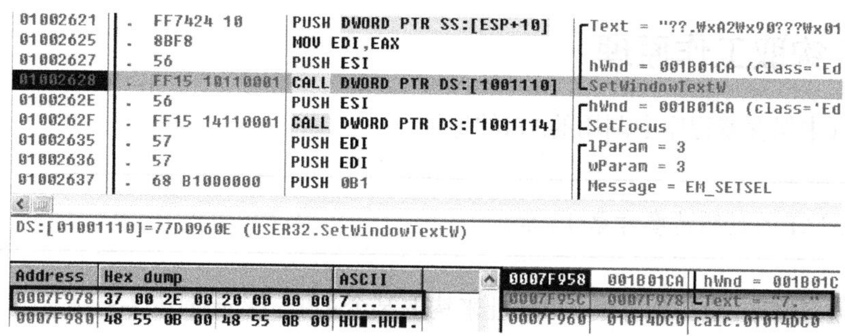

图32-6 在SetWindowTextW()的断点处暂停

提示

Unicode码中每个汉字占用2个字节。

如图32-7所示，将中文数字“七”的Unicode码（4e03）覆写到7F978地址。

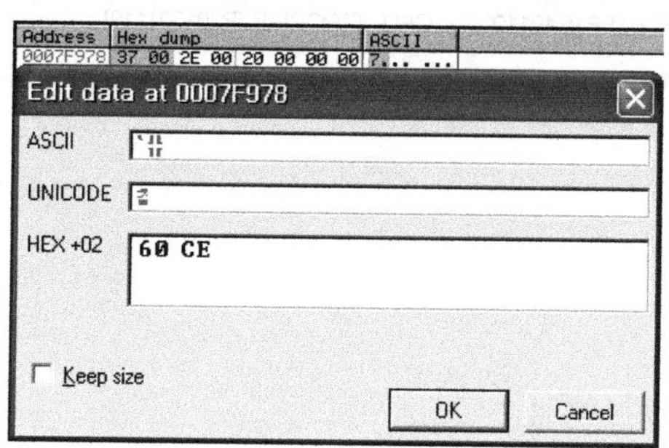

图32-7 更改为中文数字“七”

由于X86系列的CPU采用小端序标记法，所以覆写时要逆序（034e）进行。如上所示，修改了SetWindowTextW() API的lpString（或Text）参数内容后，继续运行计算器，可以看到原本显示在计算器中的阿拉伯数字“7”变为了中文数字“七”，如图32-8所示。

图32-8 变为中文数字“七”

对SetWindowTextW() API的验证到此结束，验证结果表明我们前面的猜测完全正确。经过上述过程，我们知道了代码中调用SetWindowTextW() API的位置（01002628），并且确定了一个事实：只要修改参数字符串中的内容，就能修改计算器中显示的格式。下面继续学习IAT钩取操作及实现原理，并讲解计算器SetWindowTextW() API的IAT钩取源代码。

32.3 IAT钩取工作原理

进程的IAT中保存着程序中调用的API的地址。

提示

有关 IAT 的说明请参考第 13 章。

IAT钩取通过修改IAT中保存的API地址来钩取某个API。请先看图32-9。

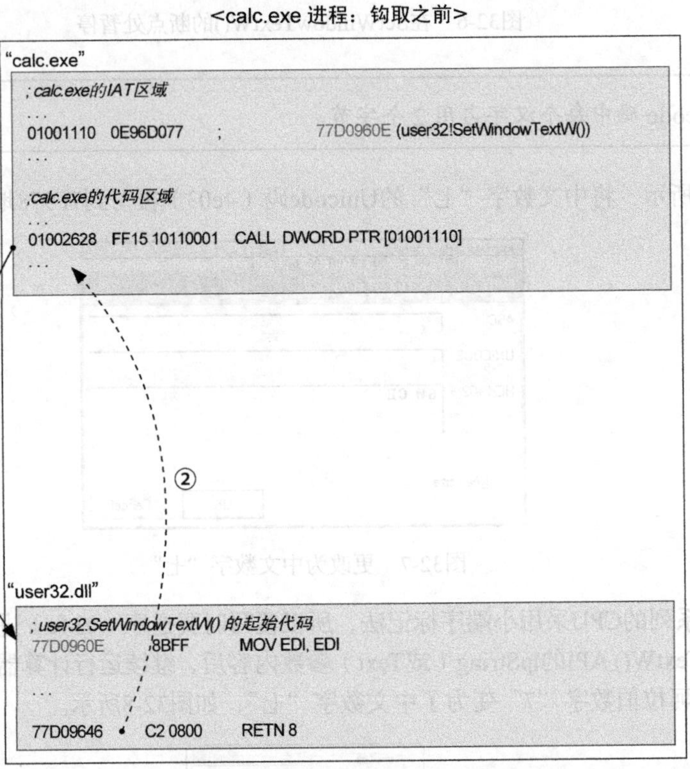

<calc.exe 进程：钩取之前>

图32-9　正常调用SetWindowTextW() API的程序执行流

图32-9描述的是计算器（calc.exe）进程正常调用user32.SetWindowTextW() API的情形。地址01001110属于IAT区域，程序开始运行时，PE装载器会将user32.SetWindowTextW() API地址（77D0960E）记录到该地址（01001110）。01002628地址处的CALL DWORD PTR [01001110]指令最终会调用保存在01001110地址（77D0960E）处的函数，直接等同于CALL 77D0960E命令。

执行地址01002628处的CALL命令后，运行将转移至user32.SetWindowTextW()函数的起始地址（77D0960E）处（①），函数执行完毕后返回（②）。

下面看看IAT被钩取后计算器进程的运行过程，如图32-10所示。

```
<calc.exe进程：钩取之后>
"calc.exe"
;calc.exe的IAT区域
...
01001110  00100010  ;            10001000 (hookiat!MySetWindowTextW())
...

;calc.exe的代码区域
...
01002628  FF15 10110001  CALL DWORD PTR [01001110]
...

"hookiat.dll" ← injected DLL
;hookiat.MySetWindowTextW()的起始代码
10001000      51        PUSH ECX
...
1000107D  FF15 B8B60010  CALL DWORD PTR [      1000B6B8 ]
...
10001087      C2 0800    RETN 8
...
;hookiat的data节区（全局变量）
1000B6B8      0E96D077  ;     77D0960E (user32!SetWindowTextW())

"user32.dll"
;user32.SetWindowTextW()的起始代码
77D0960E      8BFF      MOV EDI, EDI
...
77D09646      C2 0800   RETN 8
```

图32-10　IAT被钩取后SetWindowTextW()的调用流程

钩取IAT前，首先向计算器进程（calc.exe）注入hookiat.dll文件。

提示

关于 DLL 注入的讲解请参考第 23 章。

---

hookiat.dll文件中提供了名为MySetWindowTextW()的钩取函数（10001000）。

地址01002628处的CALL命令与图32-9中的CALL命令完全一致。但是跟踪进入01001110地址中可以发现，它的值已经变为10001000，地址10001000是hookiat.MySetWindowTextW()函数的起始地址。也就是说，在保持运行代码不变的前提下，将IAT中保存的API起始地址变为用户函数的起始地址。这就是IAT钩取的基本工作原理。

执行完01002628地址处的CALL命令后，运行转到hookiat.MySetWindowTextW()函数的起始地址（10001000）（①），经过一系列处理后，执行1000107D地址处的CALL命令，转到（原来要调用的）user32.SetWindowTextW()函数的起始地址（②）。

提示

地址 1000B6B8 位于 hookiat.dll 的 data 节区，它是全局变量 g_pOrgFunc 的地址。注入 DLL 时，DllMain()会获取并保存 user32.SetWindowTextW()函数的起始地址。

---

user32.SetWindowTextW() API执行完毕后，执行会返回到hookiat.dll的1000107D地址的下一条指令（③），然后返回到01002628地址（calc.exe的代码区域）的下一条指令继续执行（④）。也就是说，程序调用user32.SetWindowTextW() API之前，会先调用hookiat.MySetWindowTextW()函数。像这样，先向目标进程（calc.exe）注入用户DLL（hookiat.dll），然后在calc.exe进程的IAT

区域中更改4个字节大小的地址，就可以轻松钩取指定API（这种通过修改IAT来钩取API的技术也称为IAT钩取技术）。希望各位先理解上面讲解的IAT钩取工作原理，再跟着做后面的练习示例。

32.4　练习示例

本练习示例的目标是在计算器的显示框中用中文数字代替原来的阿拉伯数字。为达成目标，本节中我们将使用前面讲过的“通过修改IAT来实现API钩取的技术”。

提示

hookiat.dll与InjectDll.exe文件均使用VC++ Express Edition编写而成，并在Windows XP SP3、Windows 7（32位）中通过测试。

首先复制示例文件到工作目录（c:\work），然后运行计算器（calc.exe）程序，再使用Process Explorer查看计算器进程的PID值，如图32-11所示。

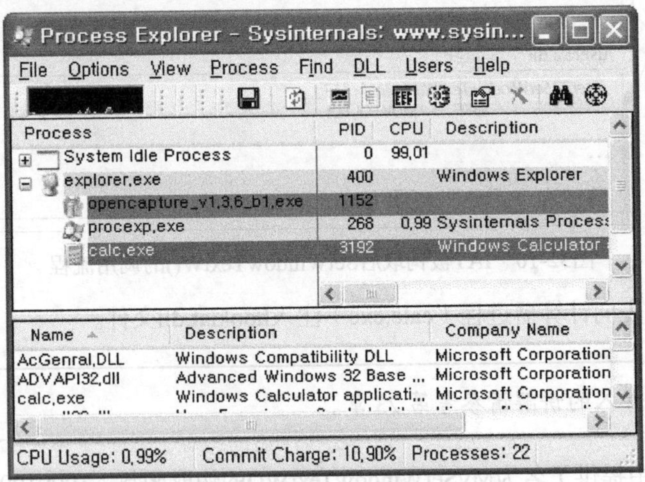

图32-11　calc.exe的PID

在命令行窗口中输入图32-12中的命令，按Enter键执行。

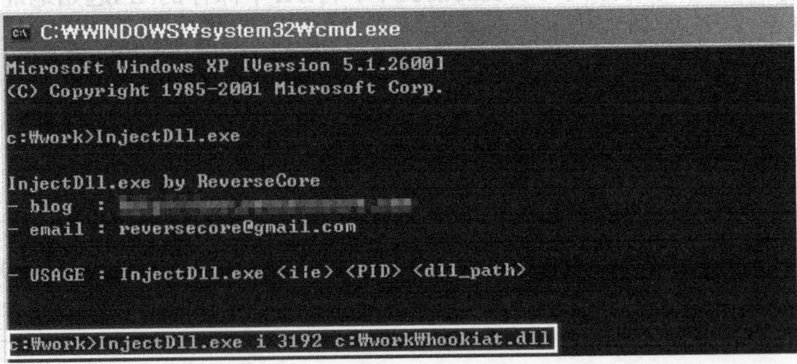

图32-12　向calc.exe注入hookiat.dll文件

可以在Process Explorer中看到hookiat.dll文件已经成功注入calc.exe，如图32-13所示。

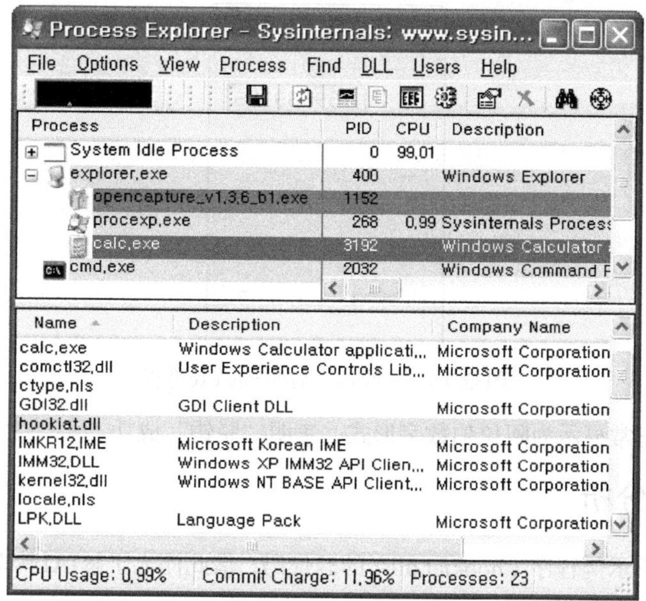

图32-13　注入calc.exe进程的hookiat.dll

接下来在计算器中任意输入一些数字并计算，如图32-14所示。

图32-14　IAT被钩取后的calc.exe进程

从图32-14可以看到，输入的所有数字都被转换成了中文数字形式，并且计算器的计算功能也非常正常（请注意，我们只是钩取了数字的显示，除此之外其他功能均正常运行）。下面尝试一下“脱钩”操作。“脱钩”就是把IAT恢复原值，弹出并卸载已插入的DLL（hookiat.dll）。在命令窗口中输入并执行图32-15中的命令。

图32-15　从calc.exe进程卸载hookiat.dll

执行完上述命令后，再次向计算器中输入数字，如图32-16所示。

图32-16　“脱钩”后的calc.exe进程

可以看到数字正常显示为阿拉伯数字形式，表明“脱钩”成功。

32.5　源代码分析

本节将详细分析示例程序（hookiat.dll）的源代码，借此深入了解IAT钩取的工作原理及具体实现方法。

提示

所有源代码均使用 VC++ 2010 Express Edition 开发而成，且在 Windows XP SP3、Windows 7（32 位）系统环境中顺利通过测试。为便于讲解，后面的源代码中省略了返回值检查与错误处理的语句。

InjectDll.cpp源代码与以前讲解过的内容（注入DLL的代码）基本结构类似（详细说明请参考第23章）。下面将详细讲解hookiat.dll的源代码（hookiat.cpp）。

32.5.1　DllMain()

代码32-1　DllMain()

```
BOOL WINAPI DllMain(HINSTANCE hinstDLL, DWORD fdwReason, LPVOID
                    lpvReserved)
{
    switch( fdwReason )
    {
        case DLL_PROCESS_ATTACH :
            // 保存原始API地址
            g_pOrgFunc = GetProcAddress(GetModuleHandle(L"user32.dll"),
                                        "SetWindowTextW");
            // # hook
            //   用hookiat.MySetWindowText()钩取user32.SetWindowTextW()
            hook_iat("user32.dll", g_pOrgFunc, (PROC)MySetWindowTextW);
            break;

        case DLL_PROCESS_DETACH :
            // # unhook
            //   将calc.exe的IAT恢复原值
            hook_iat("user32.dll", (PROC)MySetWindowTextW, g_pOrgFunc);
            break;
    }
return TRUE;
}
```

DllMain()函数代码一如既往地简单，下面看看其中比较重要的代码。

保存SetWindowTextW()地址

```
case DLL_PROCESS_ATTACH :
    g_pOrgFunc = GetProcAddress(GetModuleHandle(L"user32.dll"),
                                "SetWindowTextW");
```

在DLL_PROCESS_ATTACH事件中先获取user32.SetWindowTextW() API的地址，然后将其保存到全局变量（g_pOrgFunc），后面"脱钩"时会用到这个地址。

提示

由于计算器已经加载了 user32.dll，所以像上面那样直接调用 GetProcAddress()函数不会有什么问题。但实际操作中，必须先确定提供（要钩取的）API 的 DLL 已经正常加载到相应进程（若相应 DLL 在钩取前尚未被加载，则应该先调用 LoadLibrary() API 加载它）。

IAT钩取

```
hook_iat("user32.dll", g_pOrgFunc, (PROC)MySetWindowTextW);
```

上面这条语句用来调用hook_iat()函数，钩取IAT（即将user32.SetWindowTextW()的地址更改为hookiat.MySetWindowTextW()的地址）。上面这两个语句是发生DLL加载事件（DLL_PROCESS_ATTACH）时执行的所有操作。

IAT "脱钩"

```
case DLL_PROCESS_DETACH :
    hook_iat("user32.dll", (PROC)MySetWindowTextW, g_pOrgFunc);
```

卸载DLL时会触发DLL_PROCESS_DETACH事件，发生该事件时，我们将进行IAT"脱钩"（将hookiat.MySetWindowTextW()的地址更改为user32.SetWindowTextW()的地址）。

以上就是对DllMain()函数的讲解。接下来分析MySetWindowTextW()函数，它是user32.SetWindowTextW()的钩取函数（5.3节中将详细说明hook_iat()函数）。

32.5.2　MySetWindowTextW()

下面看看MySetWindowTextW()函数，它是SetWindowTextW()的钩取函数。

代码32-2　MySetWindowTextW()

```
BOOL WINAPI MySetWindowTextW(HWND hWnd, LPWSTR lpString)
{
    wchar_t* pNum = L"零一二三四五六七八九";
    wchar_t temp[2] = {0,};
    int i = 0, nLen = 0, nIndex = 0;

    nLen = wcslen(lpString);
    for(i = 0; i < nLen; i++)
    {
        // 将阿拉伯数字转换为中文数字
        //   lpString是宽字符版本（2个字节）字符串
        if( L'0' <= lpString[i] && lpString[i] <= L'9' )
        {
            temp[0] = lpString[i];
            nIndex = _wtoi(temp);
            lpString[i] = pNum[nIndex];
        }
```

```
    }

    // 调用user32.SetWindowTextW() API
    // (修改lpString缓冲区中的内容)
    return ((PFSETWINDOWTEXTW)g_pOrgFunc)(hWnd, lpString);
}
```

计算器进程（calc.exe）的IAT被钩取后，每当代码中调用user32.SetWindowTextW()函数时，都会首先调用hookiat.MySetWindowTextW()函数。

接下来分析MySetWindowTextW()函数中的重要代码。MySetWindowTextW()函数的lpString参数是一块缓冲区，该缓冲区用来存放要输出显示的字符串。所以，操作lpString参数即可在计算器中显示用户指定的字符串。

```
nLen = wcslen(lpString);
for(i = 0; i < nLen; i++)
{
    if( L'0' <= lpString[i] && lpString[i] <= L'9' )
    {
        temp[0] = lpString[i];
        nIndex = _wtoi(temp);
        lpString[i] = pNum[nIndex];
    }
}
```

上述for循环将存放在lpString的阿拉伯数字字符串转换为中文数字字符串。图35-17描述的是lpString缓冲区更改前后的情形。

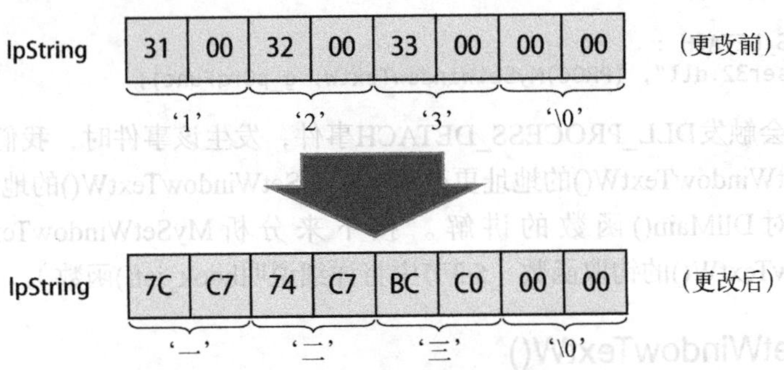

图32-17　更改lpString缓冲区的内容

从图中可以看到，阿拉伯数字“123”被更改为了中文数字“一二三”，即阿拉伯数字与中文数字是1：1的关系。利用这种特性可以不加任何修改地使用原缓冲区，也就是说，把阿拉伯数字转换为对应的中文数字时，缓冲区尺寸并未改变。从代码32-2中可知，lpString字符串的缓冲区中直接保存的是变换之后的（中文）字符串。

提示

若将阿拉伯数字“123”更改为英文数字“ONETWOTHREE”，显然英文数字要长得多，所以不能直接使用原缓冲区（123），而要先开辟一块新缓冲区，再将新缓冲区的地址传递给原始API。

```
return ((PFSETWINDOWTEXTW)g_pOrgFunc)(hWnd, lpString);
```

for循环结束后，最后再调用函数指针g_pOrgFunc，它指向user32.SetWindowTextW() API的起始地址（该地址在DllMain()中已经获取并保存下来）。也就是说，调用原来的SetWindowTextW()

函数，将（变换后的）中文数字显示在计算器的显示框中。总结一下MySetWindowTextW()函数：首先更改作为参数传递过来的lpString字符串缓冲区中的内容，然后调用SetWindowTextW()函数，将lpString字符串缓冲区中的（更改后的）内容显示在计算器的显示框中。

下一小节将分析hook_iat()函数，它具体负责钩取IAT。

32.5.3　hook_iat()

代码32-3　hook_iat()

```
BOOL hook_iat(LPCSTR szDllName, PROC pfnOrg, PROC pfnNew)
{
    HMODULE hMod;
    LPCSTR szLibName;
    PIMAGE_IMPORT_DESCRIPTOR pImportDesc;
    PIMAGE_THUNK_DATA pThunk;
    DWORD dwOldProtect, dwRVA;
    PBYTE pAddr;

    // hMod, pAddr = ImageBase of calc.exe
    //            = VA to MZ signature (IMAGE_DOS_HEADER)
    hMod = GetModuleHandle(NULL);
    pAddr = (PBYTE)hMod;

    // pAddr = VA to PE signature (IMAGE_NT_HEADERS)
    pAddr += *((DWORD*)&pAddr[0x3C]);

    // dwRVA = RVA to IMAGE_IMPORT_DESCRIPTOR Table
    dwRVA = *((DWORD*)&pAddr[0x80]);

    // pImportDesc = VA to IMAGE_IMPORT_DESCRIPTOR Table
    pImportDesc = (PIMAGE_IMPORT_DESCRIPTOR)((DWORD)hMod+dwRVA);

    for( ; pImportDesc->Name; pImportDesc++ )
    {
        // szLibName = VA to IMAGE_IMPORT_DESCRIPTOR.Name
        szLibName = (LPCSTR)((DWORD)hMod + pImportDesc->Name);

        if( !stricmp(szLibName, szDllName) )
        {
            // pThunk = IMAGE_IMPORT_DESCRIPTOR.FirstThunk
            //        = VA to IAT(Import Address Table)
            pThunk = (PIMAGE_THUNK_DATA)((DWORD)hMod +
                                         pImportDesc->FirstThunk);

            // pThunk->u1.Function = VA to API
            for( ; pThunk->u1.Function; pThunk++ )
            {
                if( pThunk->u1.Function == (DWORD)pfnOrg )
                {
                    // 更改内存属性为E/R/W
                    VirtualProtect((LPVOID)&pThunk->u1.Function,
                                   4,
                                   PAGE_EXECUTE_READWRITE,
                                   &dwOldProtect);

                    // 修改IAT值（钩取）
                    pThunk->u1.Function = (DWORD)pfnNew;

                    // 恢复内存属性
                    VirtualProtect((LPVOID)&pThunk->u1.Function,
```

```
                                  4,
                                  dwOldProtect,
                                  &dwOldProtect);

                    return TRUE;
                }
            }
        }
    }

    return FALSE;
}
```

该函数是具体执行IAT钩取的函数。函数代码虽然不长，但其中含有较多注释，使函数自身看上去较长。接下来逐一查看：hook_iat()函数的前半部分用来读取PE文件头信息，并查找IAT的位置（要理解这部分代码需要先了解IAT的结构）。

```
hMod = GetModuleHandle(NULL);              // hMod = ImageBase
pAddr = (PBYTE)hMod;                       // pAddr = ImageBase
pAddr += *((DWORD*)&pAddr[0x3C]);          // pAddr = "PE" signature
dwRVA = *((DWORD*)&pAddr[0x80]);           // dwRVA = RVA of IMAGE_IMPORT_
                                           // DESCRIPTOR
pImportDesc = (PIMAGE_IMPORT_DESCRIPTOR)((DWORD)hMod+dwRVA);
```

上面这几行代码首先从ImageBase开始，经由PE签名找到IDT。pImportDesc变量中存储着IMAGE_IMPORT_DESCRIPTOR结构体的起始地址，后者是calc.exe进程IDT的第一个结构体。IDT是由IMAGE_IMPORT_DESCRIPTOR结构体组成的数组。若想查找到IAT，先要查找到这个位置。上面的代码中，pImportDesc变量的值为01012B80，使用PEView查看该地址，如图32-18所示。

VA	Data	Description	Value
01012B80	00012CA8	Import Name Table RVA	
01012B84	FFFFFFFF	Time Date Stamp	
01012B88	FFFFFFFF	Forwarder Chain	
01012B8C	00012E42	Name RVA	SHELL32.dll
01012B90	0000109C	Import Address Table RVA	
01012B94	00012DC8	Import Name Table RVA	
01012B98	FFFFFFFF	Time Date Stamp	
01012B9C	FFFFFFFF	Forwarder Chain	
01012BA0	00012F60	Name RVA	msvcrt.dll
01012BA4	000011BC	Import Address Table RVA	
01012BA8	00012C0C	Import Name Table RVA	
01012BAC	FFFFFFFF	Time Date Stamp	
01012BB0	FFFFFFFF	Forwarder Chain	
01012BB4	00012FFC	Name RVA	ADVAPI32.dll
01012BB8	00001000	Import Address Table RVA	
01012BBC	00012C2C	Import Name Table RVA	
01012BC0	FFFFFFFF	Time Date Stamp	
01012BC4	FFFFFFFF	Forwarder Chain	
01012BC8	000131D4	Name RVA	KERNEL32.dll
01012BCC	00001020	Import Address Table RVA	
01012BD0	00012C1C	Import Name Table RVA	
01012BD4	FFFFFFFF	Time Date Stamp	
01012BD8	FFFFFFFF	Forwarder Chain	
01012BDC	0001320C	Name RVA	GDI32.dll
01012BE0	00001010	Import Address Table RVA	
01012BE4	00012CB0	Import Name Table RVA	
01012BE8	FFFFFFFF	Time Date Stamp	
01012BEC	FFFFFFFF	Forwarder Chain	
01012BF0	000136A4	Name RVA	USER32.dll
01012BF4	000010A4	Import Address Table RVA	

图32-18　calc.exe进程的IDT

图32-18是计算器进程的IMAGE_IMPORT_DESCRIPTOR表（数组），它在PEView中名为IDT。我们要查找的user32.dll位于图32-18的最下方，接下来使用for循环遍历该IDT。

```
for( ; pImportDesc->Name; pImportDesc++ )
{
    // szLibName = VA to IMAGE_IMPORT_DESCRIPTOR.Name
    szLibName = (LPCSTR)((DWORD)hMod + pImportDesc->Name);
    if( !stricmp(szLibName, szDllName) )
    {
```

在上面的for循环中比较pImportDesc->Name与szDllName（“user32.dll”），通过比较查找到user32.dll的IMAGE_IMPORT_DESCRIPTOR结构体地址。最终pImportDesc的值为01012BF4（参考图32-18）。接下来进入user32的IAT。pImportDesc->FirstThunk成员所指的就是IAT。

```
// pThunk = IMAGE_IMPORT_DESCRIPTOR.FirstThunk
//        = VA to IAT(Import Address Table)
   pThunk = (PIMAGE_THUNK_DATA)((DWORD)hMod +
                                pImportDesc->FirstThunk);
```

以上代码中，pThunk就是user32.dll的IAT（010010A4，参考图32-18）。使用PEView查看该地址，如图32-19所示。

010010A4	77D0BC10	Virtual Address	012C GetMenu
010010A8	77D22697	Virtual Address	0252 SetDlgItemInt
010010AC	77CFA331	Virtual Address	017A GetWindowTextW
010010B0	77CFFF4A	Virtual Address	0038 CheckDlgButton
010010B4	77CF817F	Virtual Address	017F HideCaret
010010B8	77CF741F	Virtual Address	001C CallWindowProcW
010010BC	77CF76C3	Virtual Address	00BF DrawTextW
010010C0	77D1B765	Virtual Address	02D3 WinHelpW
010010C4	77CFB816	Virtual Address	0201 PostQuitMessage
010010C8	77CF6450	Virtual Address	0110 GetDlgCtrlID
010010CC	77CF81CD	Virtual Address	0231 ScreenToClient
010010D0	77D20FEF	Virtual Address	003C ChildWindowFromPoint
010010D4	77CF5A4D	Virtual Address	008F DefWindowProcW
010010D8	77D0D209	Virtual Address	019F IsClipboardFormatAvail
010010DC	77CFC1B3	Virtual Address	00C2 EnableMenuItem
010010E0	77D26326	Virtual Address	02A5 TrackPopupMenuEx
010010E4	77CF7E92	Virtual Address	010E GetDesktopWindow
010010E8	77D0E310	Virtual Address	01F3 OpenClipboard
010010EC	77D0E38C	Virtual Address	0101 GetClipboardData
010010F0	77CF72EC	Virtual Address	002A CharNextA
010010F4	77D0E303	Virtual Address	0042 CloseClipboard
010010F8	77CF432A	Virtual Address	015A GetSysColor
010010FC	77D029CE	Virtual Address	009F DialogBoxParamW
01001100	77CFF5CB	Virtual Address	00C6 EndDialog
01001104	77D0EAE6	Virtual Address	01DB MessageBeep
01001108	77CFC0C8	Virtual Address	0159 GetSubMenu
0100110C	77D1511C	Virtual Address	003B CheckRadioButton
01001110	77CF61C9	Virtual Address	0287 SetWindowTextW
01001114	77CF8137	Virtual Address	0256 SetFocus
01001118	77CF630D	Virtual Address	024D SetCursor

图32-19　calc.exe进程的IAT

可以看到，user32.dll的IAT中导入了相当多的函数。我们要查找的SetWindowTextW位于01001110地址处，其值为77CF61C9。

```
// pThunk->u1.Function = VA to API
for( ; pThunk->u1.Function; pThunk++ )
{
    if( pThunk->u1.Function == (DWORD)pfnOrg )
    {
```

在上面的for循环中比较pThunk->u1.Function与pfnOrg（77CF61C9 SetWindowTextW的起始地址），准确查找到SetWindowTextW的IAT地址（01001110）（当前pThunk=01001110，pThunk->u1.Function=77CF61C9）。

上述代码就是从计算器进程的ImageBase开始查找user32.SetWindowTextW的IAT地址的整个过程。

提示

若不怎么理解上述代码，请参考第13章中有关IAT的部分，使用PEView逐一查找。

查找到IAT地址后，接下来就要修改（hooking）它的值。

```
//修改IAT值
pThunk->u1.Function = (DWORD)pfnNew;
```

pThunk->u1.Function中，原来的值为77CF61C9（SetWindowTextW地址），上面语句将其修改为pfnNew值（10001000 hookiat.MySetWindowTextW的地址）。这样，计算器代码调用user32.SetWindowTextW() API时，实际会先调用hookiat.MySetWindowTextW()函数。

提示

从上述hook_iat()函数代码中可以看到，钩取前先调用了VirtualProtect()函数，将相应IAT的内存区域更改为“可读写”模式，钩取之后重新返回原模式的代码是存在的。该语句用来改变内存属性，由于计算器进程的IAT内存区域是只读的，所以需要使用该语句将其更改为“可读写”模式。

对hook_iat.cpp代码的分析到此结束。如果理解了IAT钩取的内部工作原理，再阅读hook_iat.cpp代码时就会感到很容易，理解起来也不会有什么难度。

32.6　调试被注入的DLL文件

本节将使用OllyDbg调试钩取代码，并查看被钩取的IAT内存区域。此外还要学习如何调试注入进程的DLL文件。我们要调试的是hookiat.dll文件，它被注入计算器（calc.exe）进程。首先运行计算器程序，然后用Process Explorer查看计算器进程的PID值，如图32-20所示。

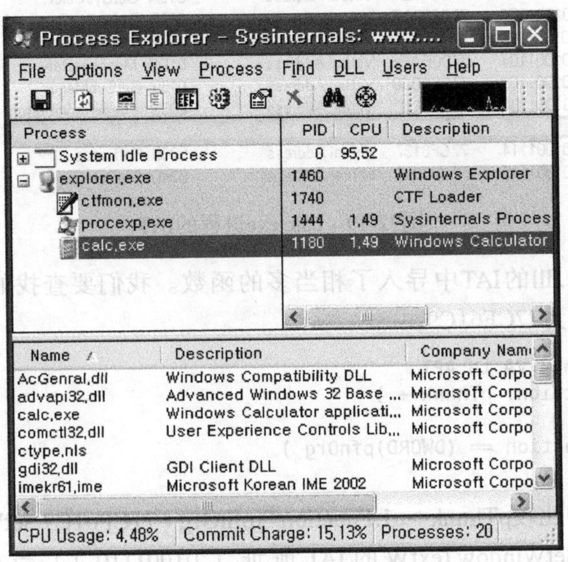

图32-20　calc.exe进程的PID

接下来将calc.exe进程附加到OllyDbg，如图32-21所示。

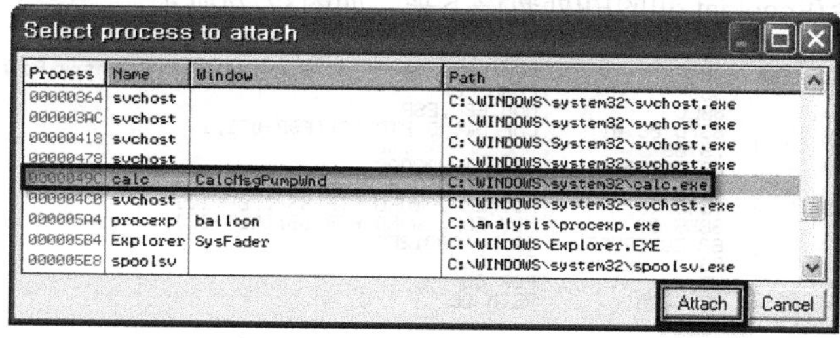

图32-21　OllyDbg附加

提示

我们使用的是 OllyDbg 2.0 版本，用 OllyDbg 1.10 调试被注入的 DLL 会遇到一些 Bug，导致调试进程意外终止。

附加成功后，按F9运行键运行calc.exe进程。然后设置OllyDbg选项，如图32-22所示。这样，注入DLL文件（hookiat.dll）时，控制权就会转给调试器。

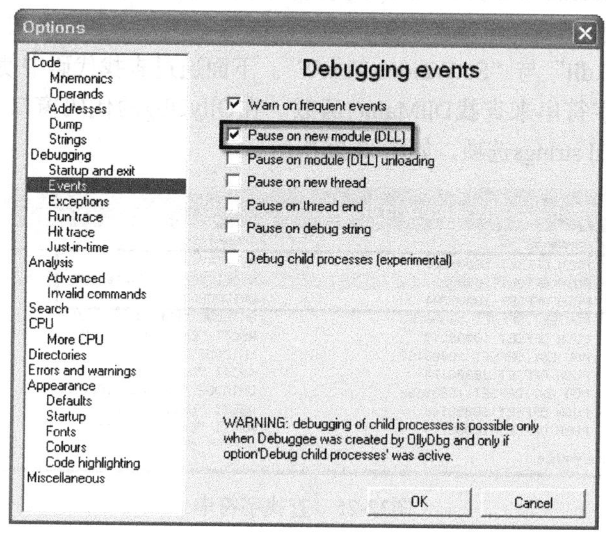

图32-22　复选Pause on new module（DLL）选项

如图32-22所示，在OllyDbg的Options窗口中复选Pause on new module（DLL）选项后，每当有DLL加载（含注入）到被调试进程时，控制权就会转移给调试器。设置好选项后，在OllyDbg中按F9运行键正常运行计算器进程。在命令行窗口中输入相应参数，运行InjectDll.exe，将hookiat.dll注入计算器进程（参考图32-23）。

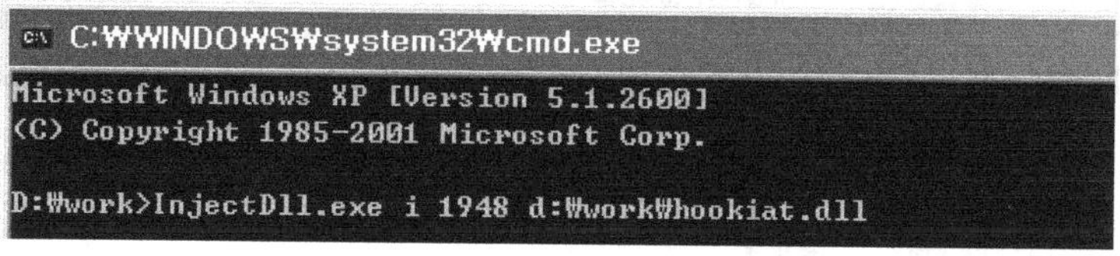

```
C:\WINDOWS\system32\cmd.exe
Microsoft Windows XP [Version 5.1.2600]
(C) Copyright 1985-2001 Microsoft Corp.

D:\work>InjectDll.exe i 1948 d:\work\hookiat.dll
```

图32-23　注入hookiat.dll

calc.exe进程中发生DLL加载事件时，相关事件就会被通知到OllyDbg，如图32-22所示设置好选项后，调试器就会在hookiat.dll的EP处暂停下来，如图32-24所示。

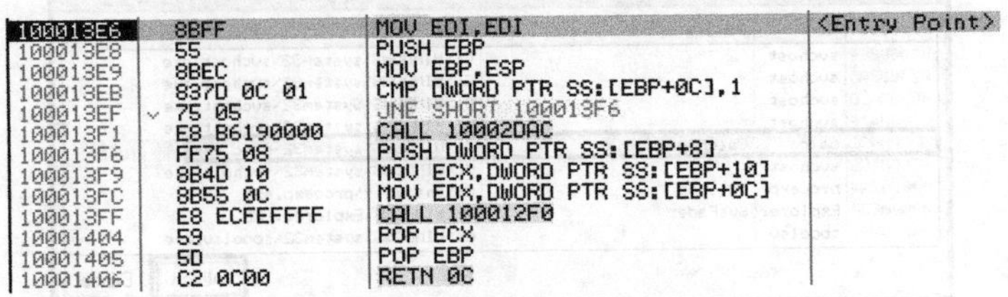

```
100013E6   8BFF            MOV EDI,EDI                          <Entry Point>
100013E8   55              PUSH EBP
100013E9   8BEC            MOV EBP,ESP
100013EB   837D 0C 01      CMP DWORD PTR SS:[EBP+0C],1
100013EF   75 05           JNE SHORT 100013F6
100013F1   E8 B6190000     CALL 10002DAC
100013F6   FF75 08         PUSH DWORD PTR SS:[EBP+8]
100013F9   8B4D 10         MOV ECX,DWORD PTR SS:[EBP+10]
100013FC   8B55 0C         MOV EDX,DWORD PTR SS:[EBP+0C]
100013FF   E8 ECFEFFFF     CALL 100012F0
10001404   59              POP ECX
10001405   5D              POP EBP
10001406   C2 0C00         RETN 0C
```

图32-24　hookiat.dll的EP代码

提示

有DLL被加载时，调试器会自动暂停在被加载的DLL的EP处，这是OllyDbg 2.0中提供的功能。若使用的是OllyDbg 1.1，调试器会在非EP的其他代码位置处（ntdll.dll区域）暂停。

接下来，取消图32-22中复选的Pause on new module（DLL）选项，查找DllMain()代码。

在调试器中查找hookiat.dll的DllMain()函数最简单的方法是，检索DllMain()中使用的字符串或API（当然也可以使用StepIn(F7)命令逐行跟踪查找）。参考代码32-1可知，DllMain()函数中使用的字符串有“user32.dll”与“SetWindowTextW”。下面通过查找代码中使用的“user32.dll”与“SetWindowTextW”字符串来查找DllMain()函数。在OllyDbg的代码窗口中选择鼠标右键菜单Search for All referenced strings选项，如图32-25所示。

Text strings referenced in hookiat

Address	Command	Comments
100010C4	PUSH OFFSET 100092BC	ASCII "user32.dll"
1000113E	PUSH OFFSET 10009294	ASCII "SetWindowTextW"
10001143	PUSH OFFSET 100092A4	UNICODE "user32.dll"
100017F4	MOV ESI,OFFSET 10008158	UNICODE "KERNEL32.DLL"
1000180F	PUSH OFFSET 10008148	ASCII "EncodePointer"
1000186F	MOV ESI,OFFSET 10008158	UNICODE "KERNEL32.DLL"
1000188A	PUSH OFFSET 10008174	ASCII "DecodePointer"
1000192E	MOV ESI,OFFSET 10008158	UNICODE "KERNEL32.DLL"
1000195C	PUSH OFFSET 10008148	ASCII "EncodePointer"
10001970	PUSH OFFSET 10008174	ASCII "DecodePointer"

Found 29 references

图32-25　查找字符串

从图32-25可知，“user32.dll”字符串有2处，“SetWindowTextW”字符串有1处。转到引用“SetWindowTextW”字符串的代码地址1000113E处，如图32-26所示。

```
1000112E    CC              INT3
1000112F    CC              INT3
10001130    8B4424 08       MOV EAX,DWORD PTR SS:[ESP+8]
10001134    83E8 00         SUB EAX,0
10001137  v 74 37           JE SHORT 10001170
10001139    83E8 01         SUB EAX,1
1000113C  v 75 45           JNE SHORT 10001183
1000113E    68 94920010     PUSH OFFSET 10009294                             ASCII "SetWindowTextW"
10001143    68 A4920010     PUSH OFFSET 100092A4                             UNICODE "user32.dll"
10001148    FF15 00800010   CALL DWORD PTR DS:[<&KERNEL32.GetModuleHandleW>]
1000114E    50              PUSH EAX
1000114F    FF15 04800010   CALL DWORD PTR DS:[<&KERNEL32.GetProcAddress>]
10001155    68 00100010     PUSH 10001000
1000115A    50              PUSH EAX
1000115B    A3 B8B60010     MOV DWORD PTR DS:[1000B6B8],EAX
10001160    E8 2BFFFFFF     CALL 10001090
10001165    83C4 08         ADD ESP,8
10001168    B8 01000000     MOV EAX,1
1000116D    C2 0C00         RETN 0C
```

图32-26　DllMain()代码

图32-26黑色线框中的反汇编代码与代码32-1中的C语言代码是一致的。因此该部分（10001130~　）就是DllMain()函数（DllMain()函数的起始地址为10001130）。

这就是调试注入进程的DLL的方法。

32.6.1　DllMain()

下面从DllMain()函数起始位置开始调试（与代码32-1比较查看，理解起来会更容易）。继续调试DllMain()，出现如图32-27所示的代码。

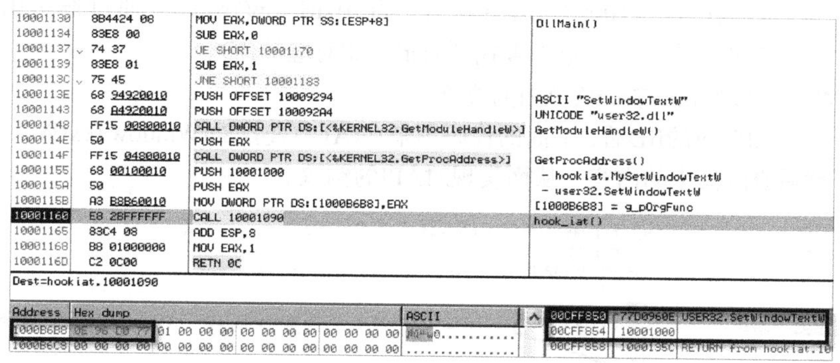

图32-27　调用hook_iat()函数

地址10001160处的CALL 10001090命令就是调用hook_iat()函数的部分。由于函数参数逆序存储在栈中，所以各参数含义与注释的描述一样（请比较代码32-1与图32-27）。需要注意的是，在代码32-1中可以看到hook_iat()函数有3个参数，而图32-27中的hook_iat()的参数只有2个（从栈窗口中可以清楚地看到这一点）。仔细查看可以发现，hook_iat()的第一个参数“user32.dll”字符串的地址被省略了。这是VC++编辑器进行代码优化的结果，字符串的地址（4字节常数）并未作为函数参数传入，而被硬编码到hook_iat()函数中。大家以后调试自己编写的程序时，会经常遇到上述代码优化现象。

32.6.2　hook_iat()

hook_iat()是具体负责实施IAT钩取的核心函数，下面开始调试它。

查找IMAGE_IMPORT_DESCRIPTION

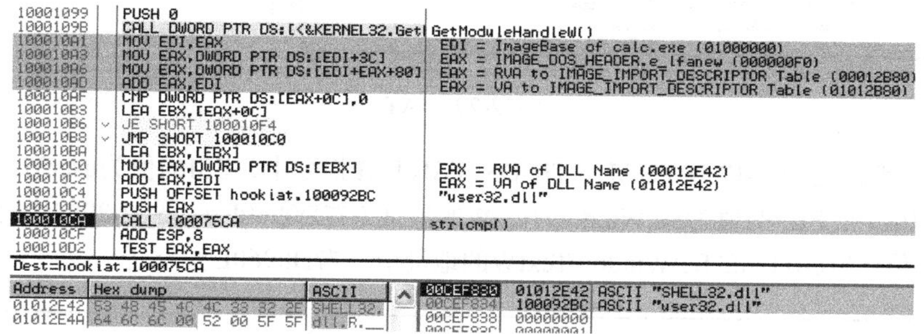

图32-28　查找IMAGE_IMPORT_DESCRIPTION

图32-28灰色部分代码描述了从PE文件头中查找IMAGE_IMPORT_DESCRIPTION Table（下称“IID Table”）的过程（在PEView中可以看到多个IID一起组成了IDT）。以上代码（100010A1~

10010AD）仅用4条汇编指令就找到了IID Table。

提示

如果你尚未掌握PE文件头的结构，或初次接触上面这样的汇编代码，那么很可能不理解代码内容。此时可以同时打开PEView，边参考PE文件结构边调试。其实这不是什么困难的事情，看多了自然就明白了。等以后熟悉了，只要看到[EDI+3C]、[EDI+EAX+80]等代码，也能轻松知道它们是用来跟踪IID Table的代码。

地址10010CA处的CALL 100075CA指令用于调用stricmp()函数。通过遍历IID Table比较IID.Name与“user32.dll”字符串，最终查找到user32.dll对应的IID。

在IAT中查找SetWindowTextW API的位置

查找到user32.dll对应的IID后，下面的代码用来在IAT中查找SetWindowTextW API的位置（参考图32-29）。然后修改其中的内容，从而实现对API的钩取。

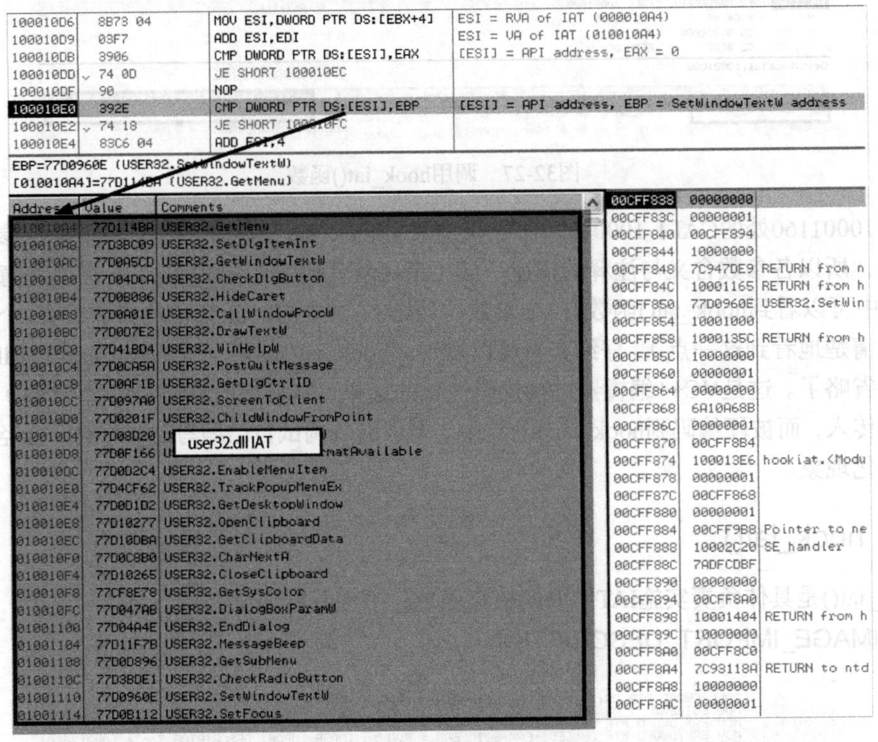

图32-29　IAT

100010E0地址处的CMP DWORD PTR DS:[ESI],EBP指令中，ESI的值为user32.dll的IAT起始地址（010010A4），EBP的值为SetWindowTextW的地址（77D0960E）。图32-29的代码运行循环进入IAT，查找位于01001110的SetWindowTextW的地址值（77D0960E）。

提示

OllyDbg中，将Memory Window（图32-29粗线框部分）的视图更改为Integer Address后，内存将以[Address & API Name]形式呈现出来，如图32-29所示。

IAT钩取

图32-30是实际钩取IAT的代码。

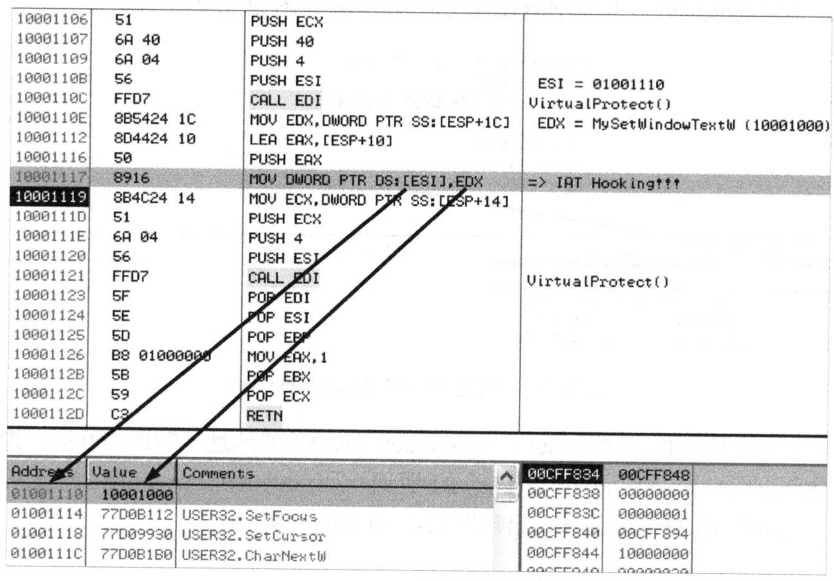

图32-30 IAT钩取

10001117地址处的MOV DWORD PTR DS:P[ESI],EDX指令用来将MySetWindowTextW（hooking函数）的地址覆写到前面从IAT中获取的SetWindowTextW的地址（01001110）。地址01001110在calc.exe进程中位于user32.dll的IAT区域，该地址原来存储着SetWindowTextW地址（77D0960E）（参考图32-29）。

执行10001117地址处的MOV指令后，user32.SetWindowTextW地址（77D0960E）被更改为hookiat.MySetWindowTextW地址（10001000）（参考图32-30）。从现在开始，calc.exe进程代码（通过IAT）调用user32.SetWindowTextW() API时，实际调用的是hookiat.MySetWindowTextW()。

32.6.3 MySetWindowTextW()

完成IAT钩取操作后，在OllyDbg中按F9键正常运行计算器（calc.exe）进程。

在calc.exe进程中调用user32.SetWindowTextW() API的代码处设置断点，调试hookiat.MySetWindowTextW()函数被调用的情形。首先在调用user32.SetWindowTextW() API的代码处设置断点。使用OllyDbg的Search for All intermodular calls功能，打开如图32-31所示的对话框。

Intermodular calls in module 'calc'

Address	Command	Dest	Dest name
01002628	CALL DWORD PTR DS:[<&USER32.SetWindowTextW>]	10001000	hookiat.10001000
01005A48	CALL DWORD PTR DS:[<&USER32.SetWindowTextW>]	10001000	hookiat.10001000
010126A9	CALL <JMP.&msvcrt.??1type_info@@UAE@XZ>	77BD1868	msvcrt.??1type_info@@UAE@XZ
0101269C	CALL <JMP.&msvcrt.??3@YAXPAX@Z>	77BD9CDD	msvcrt.??3@YAXPAX@Z
010126B4	CALL <JMP.&msvcrt.??3@YAXPAX@Z>	77BD9CDD	msvcrt.??3@YAXPAX@Z
0100655E	CALL DWORD PTR DS:[<&USER32.CallWindowProcW>]	77D0A01E	USER32.CallWindowProcW
01005855	CALL DWORD PTR DS:[<&USER32.CharNextA>]	77D0C8B0	USER32.CharNextA
0100164A	CALL DWORD PTR DS:[<&USER32.CharNextW>]	77D0B1B0	USER32.CharNextW
01001682	CALL ESI	77D0B1B0	USER32.CharNextW
010016BA	CALL ESI	77D0B1B0	USER32.CharNextW

图32-31 Search for All intermodular calls对话框

calc.exe进程中调用user32.SetWindowTextW() API的位置共有2处，将它们全部设置上断点（其实，01002628地址处的指令才是我们要查找的位置）。然后在计算器中输入数字“1”，调试器暂停在01002628地址的断点处（上面刚刚设置的断点）（参考图32-32）。

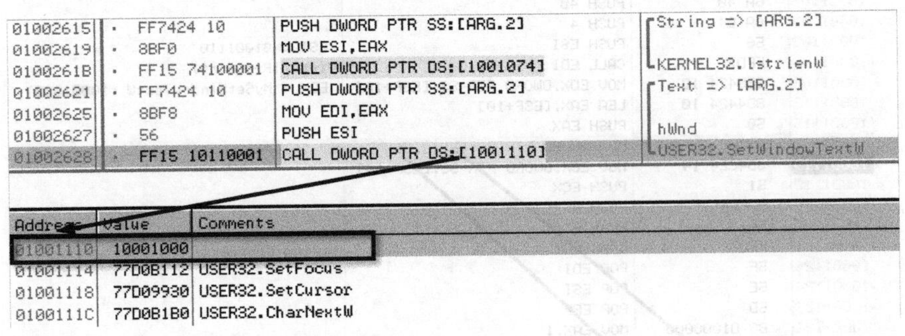

图32-32　调用MySetWindowTextW()

地址01001110中原来保存的是user32.SetWindowTextW()的地址（77D0960E），钩取后，存储的地址变为hookiat.MySetWindowTextW()的地址（10001000），如图32-32所示。进入MySetWindowTextW()函数继续调试，出现图32-33所示的代码。

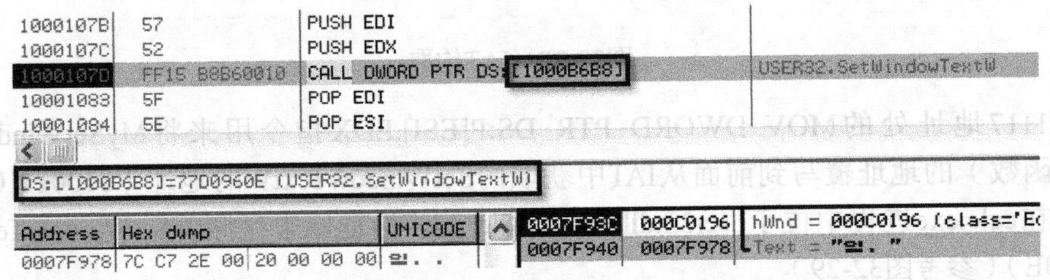

图32-33　调用user32.SetWindowTextW()

MySetWindowTextW()函数主要有2个功能，它首先将阿拉伯数字转换为中文数字（字符串），然后调用原来的user32.SetWindowTextW() API。1000107D地址处的CALL DWORD PTR DS:[1000B6B8]指令就是用来调用user32.SetWindowTextW() API的。1000B6B8地址是hookiat.dll中.data节区的全局变量（g_pOrgFunc），DllMain()函数会事先将SetWindowTextW的地址存入此处（参考代码32-1、图32-27）。至此，对注入calc.exe进程的hookiat.dll的调试就全部结束了。

32.7　小结

IAT钩取是API钩取技术之一，本章详细讲解了该技术的内部工作原理，并通过DLL注入技术将hookiat.dll注入目标进程，由此进行API钩取调试练习。理解了这些工作原理与相关概念后，就可以继续下一章的学习。

第33章　隐藏进程

本章将讲解通过修改API代码（Code Patch）实现API钩取的技术，还要讲一下有关全局钩取（Global hooking）的内容，它能钩取所有进程。此外，还讲解使用上述方法隐藏（Stealth）特定进程的技术，并通过练习示例帮助大家理解掌握。

提示

隐藏进程（stealth process）在代码逆向分析领域中的专业术语为Rootkit，它是指通过修改（hooking）系统内核来隐藏进程、文件、注册表等的一种技术。Rootkit的相关内容不在本章讲解范围内，为便于理解，本书中将统一使用“隐藏进程”这一名称。

33.1　技术图表

正式学习前，先看一下图33-1的技术图表。

方法	对象 是什么	位置 何处	技术 如何		API
静态	文件		X		X
动态	进程 内存 00000000 ~ 7FFFFFFF	1) IAT 2) 代码 3) EAT	A) 调试 (Interactive)		DebugActiveProcess GetThreadContext SetThreadContext
			B) 注入 (stand alone)	B-1) Independant 代码	CreateRemoteThread
				B-2) DLL文件	Registry(AppInit_DLLs) BHO (IE only)
					SetWindowsHookEx CreateRemoteThread

图33-1　技术图表

技术图表标有下划线的部分表示的就是API代码修改技术。库文件被加载到进程内存后，在其目录映像中直接修改要钩取的API代码本身，这就是所谓的API代码修改技术。该技术广泛应用于API钩取，因为可以用它钩取大部分API，使用起来非常灵活。

提示

前面我们讲过IAT钩取技术，如果要钩取的API不在进程的IAT中，那么就无法使用该技术。反之，“API代码修改”技术没有这一限制。

另外，为了灵活使用目标进程的内存空间，我使用了DLL注入技术。

33.2　API代码修改技术的原理

本节将具体讲解使用API代码修改技术钩取API的工作原理。与前一章学过的IAT钩取技术相比，API代码修改技术更易理解。IAT钩取通过操作进程的特定IAT值来实现API钩取，而API代码修改技术则将API代码的前5个字节修改为JMP XXXXXXXX指令来钩取API。调用执行被钩取的API时，（修改后的）JMP XXXXXXXX指令就会被执行，转而控制hooking函数。后面图33-3描述的是，向Process Explorer进程（procexp.exe）注入stealth.dll文件后钩取ntdll.ZwQuery-SystemInformation() API的整个过程（ntdll.ZwQuerySystemInformation() API是为了隐藏进程而需要钩取的API）。

33.2.1　钩取之前

首先看一下钩取之前正常调用API的进程内存。图33-2描述的是（钩取之前）正常调用API的情形。

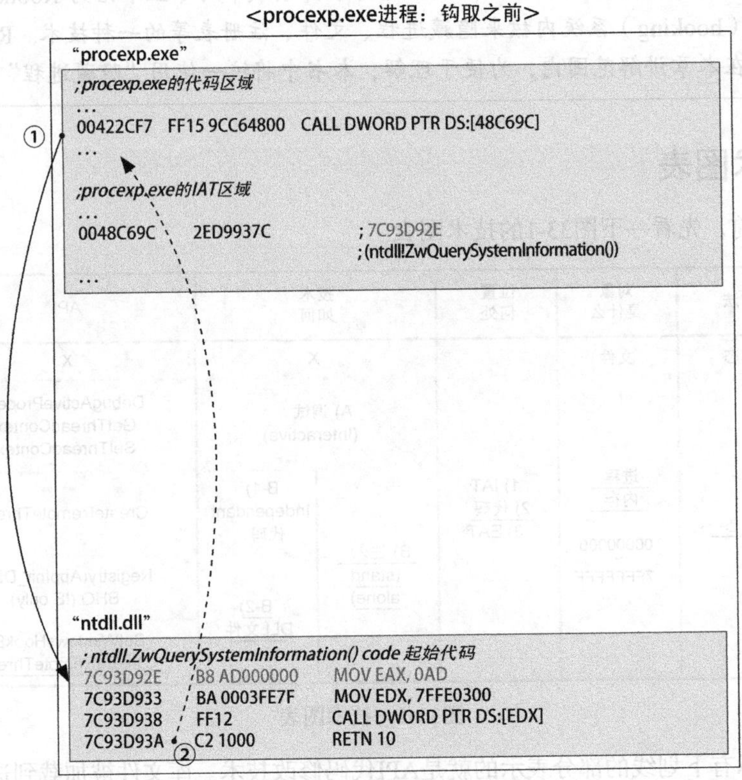

图33-2　钩取之前正常调用API

procexp.exe代码调用ntdll.ZwQuerySystemInformation() API时，程序执行流顺序如下。

① procexp.exe的00422CF7地址处的CALL DWORD PTR DS:[48C69C]指令调用ntdll.ZwQuerySystemInformation() API（48C69C地址在进程的IAT区域中，其值为7C93D92E，它是ntdll.ZwQuerySystemInformation() API的起始地址）。

② 相应API执行完毕后，返回到调用代码的下一条指令的地址处。

33.2.2　钩取之后

下面看看钩取指定API后程序执行的过程。先把stealth.dll注入目标进程（procexp.exe），直接修改ntdll.ZwQuerySystemInformation() API的代码（Code Patch），如图33-3所示。

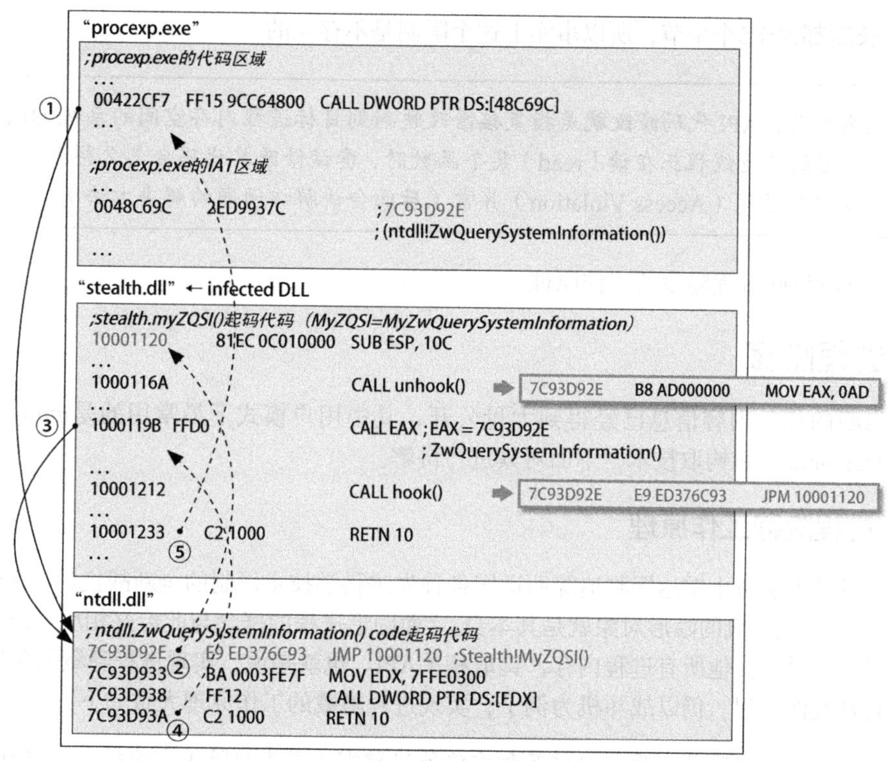

图33-3　钩取之后调用执行API的流程

图33-3看上去相当复杂，下面逐一分析说明。

首先把stealth.dll注入目标进程，钩取ntdll.ZwQuerySystemInformation() API。ntdll.ZwQuerySystemInformation() API起始地址（7C93D92E）的5个字节代码被修改为JMP 10001120（仅修改5个字节代码）。10001120是stealth.MyZwQuerySystemInformation()函数的地址。此时，在procexp.exe代码中调用ntdll.ZwQuerySystemInformation() API，程序将按如下顺序执行。

① 在422CF7地址处调用ntdll.ZwQuerySystemInformation() API（7C93D92E）。

② 位于7C93D92E地址处的（修改后的）JMP 10001120指令将执行流转到10001120地址处（hooking函数）。1000116A地址处的CALL unhook()指令用来将ntdll.ZwQuerySystemInformation() API的起始5个字节恢复原值。

③ 位于1000119B地址处的CALL EAX(7C93D92E)指令将调用原来的函数（ntdll.ZwQuerySystemInformation() API）（由于前面已经“脱钩”，所以可以正常调用执行）。

④ ntdll.ZwQuerySystemInformation()执行完毕后，由7C93D93A地址处的RETN 10指令返回到stealth.dll代码区域（调用自身的位置）。然后10001212地址处的CALL hook()指令再次钩取ntdll.ZwQuerySystemInformation() API（即将开始的5字节修改为JMP 10001120指令）。

⑤ stealth.MyZwQuerySystemInformation()函数执行完毕后，由10001233地址处的RETN 10命令返回到procexp.exe进程的代码区域，继续执行。

上述过程刚开始看似很难，多看几遍，慢慢就会明白的。

使用API代码修改技术的好处是可以钩取进程中使用的任意API。前面讲过的IAT钩取技术仅适用于可钩取的API，而API代码修改技术无此限制，（虽然代码会更复杂一些）使用起来要自由得多。使用API代码修改技术的唯一限制是，要钩取的API代码长度要大于5个字节，但是由于所有API代码长度都大于5个字节，所以事实上这个限制是不存在的。

> **注意**
>
> 顾名思义，API代码修改就是指直接修改映射到目标进程内存空间的系统DLL的代码。进程的其他线程正在读（read）某个函数时，尝试修改其代码会怎么样呢？这样做会引发非法访问（Access Violation）异常（后面会讲解该问题的解决方法）。

接下来继续讲解进程隐藏的工作原理。

33.3 进程隐藏

进程隐藏的相关内容信息已经得到大量公开，其中用户模式下最常用的是ntdll.ZwQuery-SystemInformation() API钩取技术，下面对其进行讲解。

33.3.1 进程隐藏工作原理

隐形战机是为了防止雷达探测追踪而运用各种先进科学技术研制的全新战机（与现有战斗机完全不同）。隐形战斗机的隐形对象就是其本身。[①]而隐形进程的概念与此恰好相反。为了隐藏某个特定进程，要潜入其他所有进程内存，钩取相关API。也就是说，实现进程隐藏的关键不是进程自身，而是其他进程。仍以战斗机为例子，实现进程隐藏的工作原理大致如下：

> 普通战斗机起飞升空后，通过某种方法使追踪雷达发生故障（人为操作、破坏），这样雷达就无法正常工作，普通战斗机就变为隐形战机。

虽然例子举得有些牵强，但描述的工作原理与隐藏进程是完全一样的。

33.3.2 相关API

由于进程是内核对象，所以（用户模式下的程序）只要通过相关API就能检测到它们。用户模式下检测进程的相关API通常分为如下2类（出处：MSDN）。

1. CreateToolhelp32Snapshot() & EnumProcess()

```
HANDLE WINAPI CreateToolhelp32Snapshot(
    DWORD    dwFlags,
    DWORD    th32ProcessID
);
BOOL EnumProcesses(
    DWORD*   pProcessIds,
    DWORD    cb,
    DWORD*   pBytesReturned
);
```

上面2个API均在其内部调用了ntdll.ZwQuerySystemInformation() API。

2. ZwQuerySystemInformation()

```
NTSTATUS ZwQuerySystemInformation(
    SYSTEM_INFORMATION_CLASS     SystemInformationClass,
```

① 隐形战斗机机身涂有高效吸收雷达波的物质，造成雷达无法追踪。隐形战机实现隐形的关键是依靠对自身的处理来屏蔽无线电波、干扰雷达系统。——译者注

```
    PVOID    SystemInformation,
    ULONG    SystemInformationLength,
    PULONG   ReturnLength
);
```

借助ZwQuerySystemInformation() API可以获取运行中的所有进程信息（结构体），形成一个链表（Linked list）。操作该链表（从链表中删除）即可隐藏相关进程。所以在用户模式下不需要分别钩取CreateToolhelp32Snapshot()与EnumProcess()，只需钩取ZwQuerySystemInformation() API就可隐藏指定进程。请大家注意，我们要钩取的目标进程不是要隐藏的进程，而是其他进程（操作的不是“飞机”，而是“雷达”）。

33.3.3 隐藏技术的问题

假如我们要隐藏的进程为test.exe，如果钩取运行中的ProcExp.exe（或者taskmgr.exe）进程的ZwQuerySystemInformation() API，那么ProcExp.exe就无法查找到test.exe。

提示

ProcExp.exe = 进程查看器

taskmgr.exe = 任务管理器

使用上述方法后，test.exe就对ProxExp.exe（或者taskmgr.exe）进程隐藏了。但是，这种方法存在以下两个问题。

问题一：要钩取的进程个数

检索进程的实用工具真的只有上面2种吗？不是的，除了上面提到的ProxExp.exe与taskmgr.exe）之外，还有众多其他的进程检索实用工具，甚至包含许多用户自己编写的进程查看工具。要想把某个进程隐藏起来，需要钩取系统中运行的所有进程。

问题二：新创建的进程

如果用户再运行一个ProcExp.exe（或者taskmgr.exe）会怎么样呢？由于第一个ProcExp.exe进程已经被钩取了，所以它查找不到test.exe进程。第二个ProcExp.exe进程由于尚未被钩取，所以仍然能正常查找到test.exe进程。

解决方法：使用全局钩取

为了解决以上2个问题，我们隐藏test.exe进程时需要钩取系统中运行的所有进程的ZwQuerySystemInformation() API，并且对后面将要启动运行的所有进程也做相同的钩取操作（当然操作是自动进行的）。这就是全局钩取的概念。由于需要在整个系统范围内进行钩取操作，所以才用了“全局”（Global）这个词。

提示

全局 API 钩取相关内容将在本章后半部分与下一章详细讲解。

下面通过练习示例进一步理解、掌握通过修改API代码的方法钩取API的技术。

33.4 练习 #1（HideProc.exe，stealth.dll）

HideProc.exe负责将stealth.dll文件注入所有运行中的进程。Stealth.dll负责钩取（注入stealth.dll文件的）进程的ntdll.ZwQuerySystemInformation() API。接下来我们使用上面2个文件隐藏notepad.exe进程。

> **提示**
>
> 上面两个练习文件不能用来解决“全局钩取–新进程”的问题。也就是说，运行 HideProc.exe 后，新建的进程不会自动钩取，因此这是一种不完全隐藏技术。本练习示例在 Windows XP SP3 & Windows 7（32 位）环境中通过测试。

33.4.1　运行 notepad.exe、procexp.exe、taskmgr.exe

首先分别运行notepad.exe（要隐藏的进程）、procexp.exe（钩取对象1）、taskmgr.exe进程（钩取对象2）。

33.4.2　运行 HideProc.exe

运行HideProc.exe，将stealth.dll文件注入当前运行的所有进程，如图33-4所示。

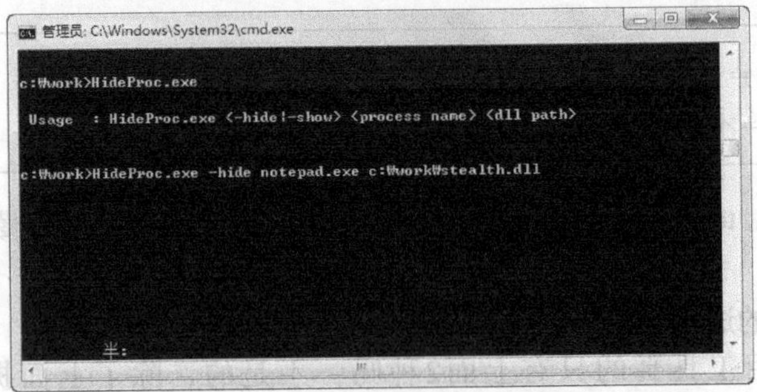

图33-4　运行HideProc.exe（隐藏）

简要介绍一下HideProc.exe命令的几个参数：

- -hide/-show：-hide 用于隐藏，-show 用于取消隐藏。
- process name：要隐藏的进程名称。
- dll path：要注入的 DLL 文件路径。

33.4.3　确认 stealth.dll 注入成功

使用Process Explorer查看所有成功注入stealth.dll文件的进程，如图33-5所示。

Process Explorer Search

Handle or DLL substring: stealth.dll　Search　Cancel

Process	PID	Type	Handle or DLL
[System Process]	2108	DLL	c:\work\stealth.dll
cmd.exe	1064	DLL	c:\work\stealth.dll
conhost.exe	3232	DLL	c:\work\stealth.dll
dwm.exe	1196	DLL	c:\work\stealth.dll
explorer.exe	1460	DLL	c:\work\stealth.dll
OpenCapture.exe	2084	DLL	c:\work\stealth.dll
procexp.exe	2108	DLL	c:\work\stealth.dll
taskhost.exe	192	DLL	c:\work\stealth.dll
taskmgr.exe	2324	DLL	c:\work\stealth.dll
winlogon.exe	432	DLL	c:\work\stealth.dll

10 matching items.

图33-5　向所有运行中的进程注入stealth.dll文件

提示

请注意，鉴于系统安全性的考虑，系统进程（PID 0& PID 4）禁止进行注入操作。

33.4.4 查看 notepad.exe 进程是否隐藏成功

在procexp.exe与taskmgr.exe中可以看到，原来存在的notepad.exe进程消失了（参考图33-6、图33-7）。

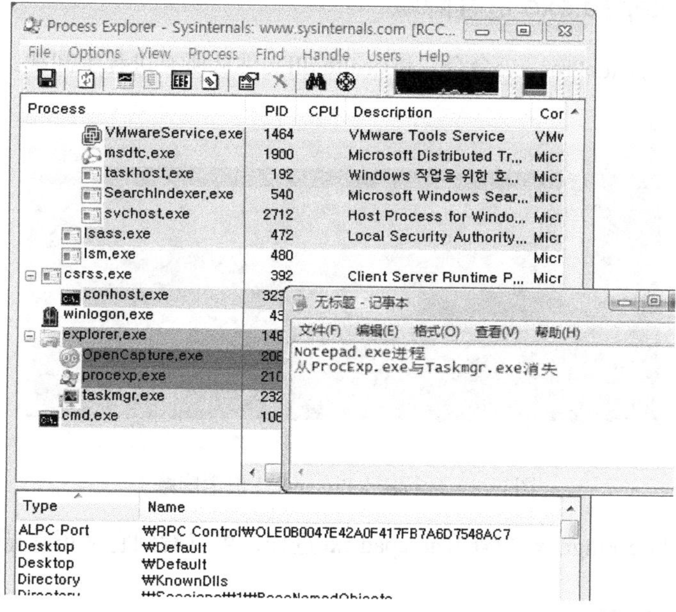

图33-6 procexp.exe中notepad.exe进程消失

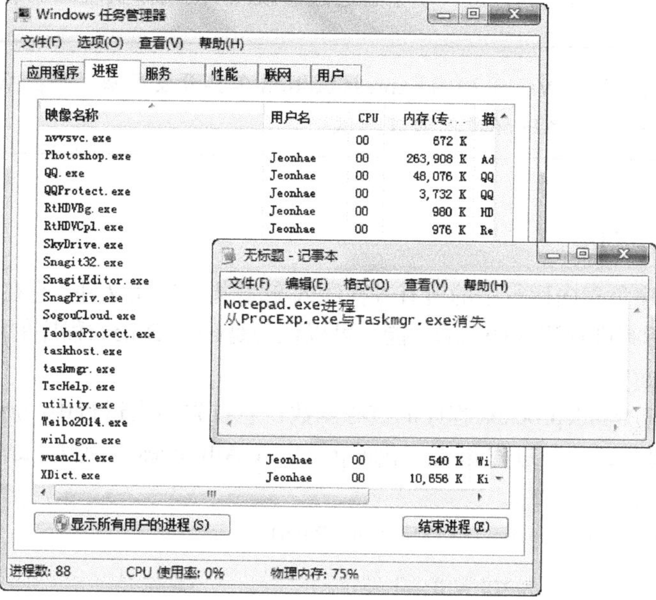

图33-7 task.exe中notpad.exe进程消失

虽然notepad.exe进程的确在运行，但procexp.exe与taskmgr.exe中确实看不到notepad.exe进程，如图33-6与图33-7所示。

提示

由于仍然能看到记事本窗口，所以这种隐藏进程的方法并不算完美。但是请记得，我们的目标只是隐藏线程本身，可以暂时不管程序窗口。

33.4.5　取消 notepad.exe 进程隐藏

以-show模式运行HideProc.exe命令，将stealth.dll文件从所有进程中卸载，如图33-8所示。

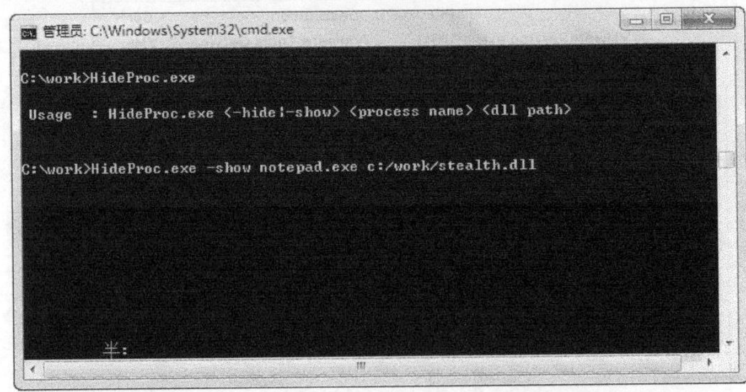

图33-8　运行HideProc.exe（取消隐藏）

在procexp.exe与taskmgr.exe中查看notepad.exe进程，可以看到它又正常显示。

33.5　源代码分析

下面分析练习示例的源代码，进一步了解通过修改API代码来实现API钩取的技术原理。

提示

所有源代码均使用 VC++ 2010 Express Edition 工具开发而成，并在 Widows XP SP3 & Windows 7（32 位）系统环境中通过测试。

33.5.1　HideProc.cpp

HideProc.exe程序负责向运行中的所有进程注入/卸载指定DLL文件，它在原有InjectDll.exe程序基础上添加了向所有进程注入DLL的功能，可以认为是InjectDll.exe程序的加强版。

InjectAllProcess()

InjectAllProcess()是hideproc.exe程序的核心函数，它首先检索运行中的所有进程，然后分别将指定DLL注入各进程或从各进程卸载。下面分析InjectAllProcess()函数，源代码如下：

代码33-1　InjectAllProcess()

```
BOOL InjectAllProcess(int nMode, LPCTSTR szDllPath)
{
    DWORD                   dwPID = 0;
    HANDLE                  hSnapShot = INVALID_HANDLE_VALUE;
    PROCESSENTRY32          pe;
```

```
    // 获取系统快照
    pe.dwSize = sizeof(PROCESSENTRY32);
    hSnapShot = CreateToolhelp32Snapshot(TH32CS_SNAPALL, NULL);

    // 查找进程
    Process32First(hSnapShot, &pe);
    do
    {
        dwPID = pe.th32ProcessID;

        // 鉴于系统安全性的考虑
        // 对于PID小于100的系统进程
        // 不执行DLL注入操作
        if( dwPID < 100 )
            continue;

        if( nMode == INJECTION_MODE )
            InjectDll(dwPID, szDllPath);
        else
            EjectDll(dwPID, szDllPath);
    }while( Process32Next(hSnapShot, &pe) );

    CloseHandle(hSnapShot);

    return TRUE;
}
```

首先使用CreateToolhelp32Snapshot() API获取系统中运行的所有进程的列表，然后使用Process32First()与Process32Next() API将获得的进程信息存放到PROCESSENTRY32结构体变量pe中，进而获取进程的PID。

以下是CreateToolhelp32Snapshot()、Process32First()、Process32Next() API的函数定义（出处：MSDN）：

```
HANDLE WINAPI CreateToolhelp32Snapshot(
  __in  DWORD dwFlags,
  __in  DWORD th32ProcessID
);

BOOL WINAPI Process32First(
  __in     HANDLE hSnapshot,
  __inout  LPPROCESSENTRY32 lppe
);

BOOL WINAPI Process32Next(
  __in   HANDLE hSnapshot,
  __out  LPPROCESSENTRY32 lppe
);
```

注意

请注意，只有先提升 HideProc.exe 进程的权限（特权），才能准确获取所有进程的列表。在 HideProc.cpp 中，main()函数中调用了 SetPrivilege()函数，而 SetPrivilege()函数内部又调用了 AdjustTokenPrivileges() API 为 HideProc.exe 提升权限。

获取了进程的PID后，要根据所用的命令选项（-show/-hide）来选择调用InjectDll()函数还是EjectDll()函数。还需要注意的一点是，某进程的PID小于100时，则忽略它，不进行操作。原因在于，系统进程的PID（PID=0,4,8,...）一般都小于100，为保证系统安全性，不会对这些进程注入DLL文件（这些PID值来自对Windows XP/Vista/7 OS的分析使用经验，其他Windows版本中，系统进程的PID值可能不同）。

33.5.2 stealth.cpp

实际的API钩取操作由Stealth.dll文件负责，下面分析其源代码（Stealth.cpp）。

SetProcName()

首先看导出函数SetProcName()。

代码33-2　SetProcName()

```
// global variable (in sharing memory)
#pragma comment(linker, "/SECTION:.SHARE,RWS")
#pragma data_seg(".SHARE")
    TCHAR g_szProcName[MAX_PATH] = {0,};
#pragma data_seg()

// export function
#ifdef __cplusplus
extern "C" {
#endif
__declspec(dllexport) void SetProcName(LPCTSTR szProcName)
{
    _tcscpy_s(g_szProcName, szProcName);
}
#ifdef __cplusplus
}
#endif
```

以上代码先创建名为“.SHARE”的共享内存节区，然后创建g_szProcName缓冲区，最后再由导出函数SetProcName()将要隐藏的进程名称保存到g_szProcName中（SetProcName()函数在HideProc.exe中被调用执行）。

> **提示**
>
> 在共享内存节区创建g_szProcName缓冲区的好处在于，stealth.dll被注入所有进程时，可以彼此共享隐藏进程的名称（随着程序不断改进，甚至也可以做到动态修改隐藏进程）。

DllMain()

下面看DllMain()函数。

代码33-3　DllMain()

```
BOOL WINAPI DllMain(HINSTANCE hinstDLL, DWORD fdwReason, LPVOID
                    lpvReserved)
{
    char            szCurProc[MAX_PATH] = {0,};
    char            *p = NULL;

    // #1. 异常处理
    // 若当前进程为HideProc.exe，则终止，不进行钩取操作。
    GetModuleFileNameA(NULL, szCurProc, MAX_PATH);
    p = strrchr(szCurProc, '\\');
    if( (p != NULL) && !_stricmp(p+1, "HideProc.exe") )
        return TRUE;
```

```
    switch( fdwReason )
    {
        // #2. API钩取
        case DLL_PROCESS_ATTACH :
        hook_by_code(DEF_NTDLL, DEF_ZWQUERYSYSTEMINFORMATION,
                     (PROC)NewZwQuerySystemInformation, g_pOrgBytes);
        break;

        // #3. API "脱钩"
        case DLL_PROCESS_DETACH :
        unhook_by_code(DEF_NTDLL, DEF_ZWQUERYSYSTEMINFORMATION,
                       g_pOrgBytes);
        break;
    }

    return TRUE;
}
```

如上所见，DllMain()函数的代码非常简单。首先比较字符串，若进程名为“HideProc.exe”，则进行异常处理，不钩取API。发生DLL_PROCESS_ATTACH事件时，调用hook_by_code()函数钩取API；发生DLL_PROCESS_DETACH事件时，调用unhook_by_code()函数取消API钩取。

hook_by_code()

该hook_by_code()函数通过修改代码实现API钩取操作。

代码33-4 hook_by_code()

```
BOOL hook_by_code(LPCSTR szDllName, LPCSTR szFuncName, PROC pfnNew, PBYTE
                  pOrgBytes)
{
    FARPROC pfnOrg;
    DWORD dwOldProtect, dwAddress;
    byte pBuf[5] = {0xE9, 0, };
    PBYTE pByte;

    // 获取要钩取的API地址
    pfnOrg = (FARPROC)GetProcAddress(GetModuleHandleA(szDllName),
             szFuncName);
    pByte = (PBYTE)pfnOrg;

    // 若已经被钩取，则返回FALSE
    if( pByte[0] == 0xE9 )
        return FALSE;

    // 为了修改5个字节，先向内存添加“写”属性
    VirtualProtect((LPVOID)pfnOrg, 5, PAGE_EXECUTE_READWRITE,
                   &dwOldProtect);

    // 备份原有代码（5字节）
    memcpy(pOrgBytes, pfnOrg, 5);

    // 计算JMP地址（E9 XXXXXXXX)
    // XXXXXXXX = (DWORD)pfnNew - (DWORD)pfnOrg - 5;
    dwAddress = (DWORD)pfnNew-(DWORD)pfnOrg - 5;
    memcpy(&pBuf[1], &dwAddress, 4);

    // “钩子”：修改5个字节（JMP XXXXXXXX)
    memcpy(pfnOrg, pBuf, 5);

    // 恢复内存属性
    VirtualProtect((LPVOID)pfnOrg, 5, dwOldProtect, &dwOldProtect);

    return TRUE;
}
```

hook_by_code()函数参数介绍如下：

LPCTSTR szDllName：[IN] 包含要钩取的API的DLL文件名称。

LPCTSTR szFuncName：[IN]要钩取的API名称。

PROC pfnNew：[IN]用户提供的钩取函数地址。

PBYTE pOrgBytes：[OUT] 存储原来5个字节的缓冲区-后面“脱钩”时使用。

正如在工作原理中提到的一样，hook_by_code()函数用于将原来API代码的前5个字节更改为“JMP XXXXXXXX”指令。函数源代码比较简单，结合代码注释很容易理解，中间跳转地址的换算部分是代码逆向分析中相当重要的内容，下面仔细看看。

根据Intel x86（IA-32）指令格式，JMP指令对应的操作码为E9，后面跟着4个字节的地址。也就是说，JMP指令的Instruction实际形式为“E9 XXXXXXXX”。需要注意的是，XXXXXXXX地址值不是要跳转的绝对地址值，而是从当前JMP命令到跳转位置的相对距离。通过下述关系式可求得XXXXXXXX地址值。

XXXXXXXX=要跳转的地址－当前指令地址－当前指令长度（5）

最后又减去5个字节是因为JMP指令本身长度就是5个字节。例如，当前JMP指令的地址为402000，若想跳转到401000地址处，写成“E9 00104000”是不对的，XXXXXXXX地址值要使用上面的等式换算才行。

XXXXXXXX=401000–402000–5=FFFFEFFB

所以JMP指令的Instruction应为“E9 FFFFEFFB”，通过OllyDbg的汇编或编辑功能可以确认这一点，如图33-9所示。

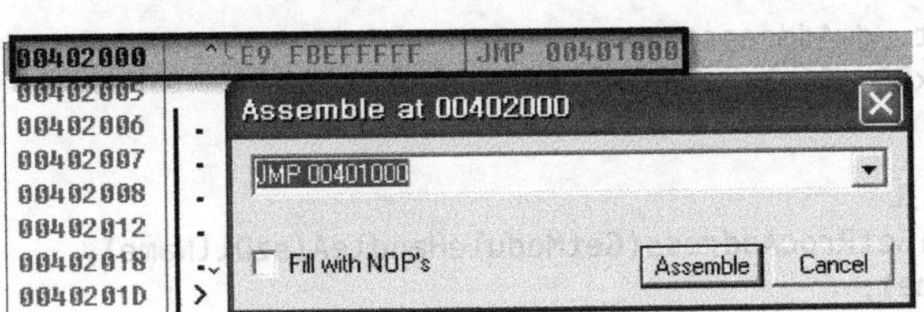

图33-9 OllyDbg的汇编功能

提示

除了 JMP 指令外，还有一种 short JMP 命令，顾名思义，它是用来进行短距离跳转的指令，对应的 IA-32 指令为“EB XX”（指令长度为 2 字节）。希望各位在 OllyDbg 中自己测试一下 EB 指令。

提示

像上面这样每次使用 JMP 指令都要计算相对地址，显得不太方便。当然，也可以使用其他指令直接用绝对地址跳转，但是这样的指令长度往往较为复杂。

例（1）PUSH+RET

68 00104000　PUSH 00401000

C3　RETN

例（2）MOV+JMP

B8 00104000　MOV EAX, 00401000

FFE0　JMP EAX

提示

计算 32 位地址时，使用 Windows 的计算器显得有些不方便。推荐大家试试 32 位的 Calculator v1.7 by cybult，它是一款实用性超强的计算器。

提示

关于解析 Op 代码映射的方法请参考第 49 章。

实际的ZwQuerySystemInformation() API钩取操作由hook_by_code()函数完成，下面使用OllyDbg对ZwQuerySystemInformation() API钩取前/后进行调试，进一步了解钩取技术原理（相应进程为procexp.exe）。

钩取之前

首先看看钩取前的ZwQuerySystemInformation() API代码。

ZwQuerySystemInformation()的地址为7C93D92E，指令代码如图33-10所示。

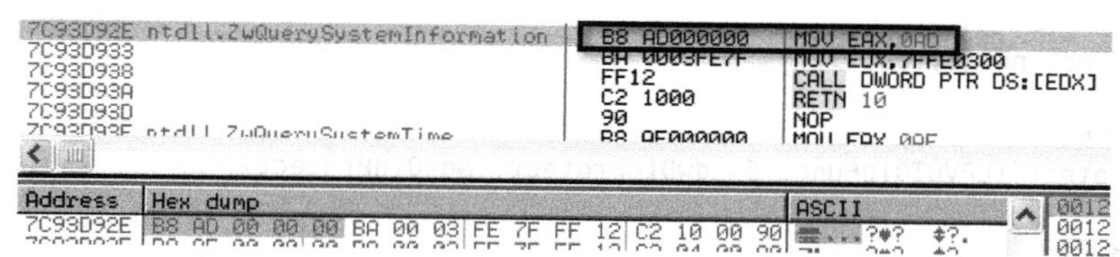

图33-10 钩取前的ZwQuerySystemInformation()代码

```
7C93D92E    B8 AD000000       MOV EAX, 0AD
```

钩取之后

注入stealth.dll文件，由hook_by_code()函数钩取API后，代码如图33-11所示。

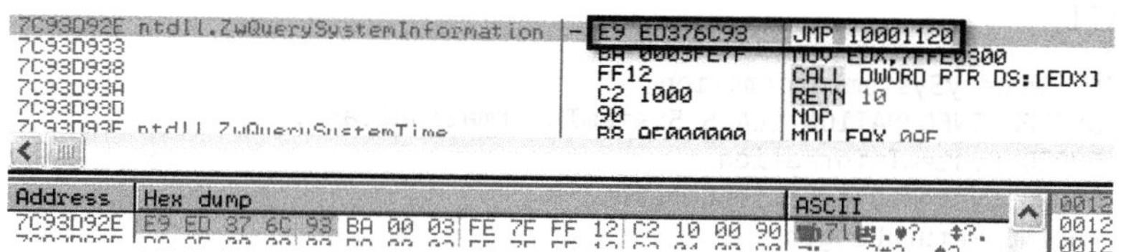

图33-11 钩取后的ZwQuerySystemInformation()代码

ZwQuerySystemInformation()函数起始代码做了如下更改（前5个字节）：

```
7C93D92E    E9 ED376C93       JMP 10001120
```

地址10001120就是钩取数stealth.NewZwQuerySystemInformation()的地址。并且E9后面的4个字节（936C37ED）就是使用前面的公式计算得到的（希望各位自己算一算）。

提示

示例环境中，Stealth.dll 加载到 ProcExp.exe 进程的 10000000 地址。

unhook_by_code()

unhook_by_code()函数是用来取消钩取的函数，如代码33-5所示。

代码33-5　unhook_by_code()

```
BOOL unhook_by_code(LPCTSTR szDllName, LPCTSTR szFuncName, PBYTE
                    pOrgBytes)
{
    FARPROC pFunc;
    DWORD dwOldProtect;
    PBYTE pByte;

    // 获取API地址
    pFunc = GetProcAddress(GetModuleHandleA(szDllName), szFuncName);
    pByte = (PBYTE)pFunc;

    // 若已经“脱钩”，则返回FLASE
    if( pByte[0] != 0xE9 )
        return FALSE;

    // 向内存添加“写”属性，为恢复原代码（5个字节）准备
    VirtualProtect((LPVOID)pFunc, 5, PAGE_EXECUTE_READWRITE,
                   &dwOldProtect);

    // “脱钩”
    memcpy(pFunc, pOrgBytes, 5);

    // 恢复内存属性
    VirtualProtect((LPVOID)pFunc, 5, dwOldProtect, &dwOldProtect);

    return TRUE;
}
```

其实，“脱钩”的工作原理非常简单，就是将函数代码开始的前5个字节恢复原值（代码很简单，请参考注释理解）。

NewZwQuerySystemInformation()

最后，分析钩取函数NewZwQuerySystemInformation()。在此之前，先看看ntdll.ZwQuerySystem-Information() API。

```
NTSTATUS WINAPI ZwQuerySystemInformation(
  __in        SYSTEM_INFORMATION_CLASS SystemInformationClass,
  __inout     PVOID SystemInformation,
  __in        ULONG SystemInformationLength,
  __out_opt   PULONG ReturnLength
);

typedef struct _SYSTEM_PROCESS_INFORMATION {
    ULONG NextEntryOffset;
    ULONG NumberOfThreads;
    byte Reserved1[48];
    PVOID Reserved2[3];
    HANDLE UniqueProcessId;
    PVOID Reserved3;
    ULONG HandleCount;
    byte Reserved4[4];
    PVOID Reserved5[11];
    SIZE_T PeakPagefileUsage;
    SIZE_T PrivatePageCount;
    LARGE_INTEGER Reserved6[6];
} SYSTEM_PROCESS_INFORMATION, *PSYSTEM_PROCESS_INFORMATION;
```

简单讲解：将SystemInformationClass参数设置为SystemProcessInformation(5)后调用ZwQuerySystemInformation() API，SystemInformation [in/out]参数中存储的是SYSTEM_PROCESS

_INFORMATION结构体单向链表（single linked list）的起始地址。该结构体链表中存储着运行中的所有进程的信息。所以，隐藏某进程前，先要查找与之对应的链表成员，然后断开其与链表的链接。接下来看看NewZwQuerySystemInformation()函数的代码，了解具体实现方式。

代码33-6 NewZwQuerySystemInformation()

```
NTSTATUS WINAPI NewZwQuerySystemInformation(
                SYSTEM_INFORMATION_CLASS SystemInformationClass,
                PVOID SystemInformation,
                ULONG SystemInformationLength,
                PULONG ReturnLength)
{
    NTSTATUS status;
    FARPROC pFunc;
    PSYSTEM_PROCESS_INFORMATION pCur, pPrev;
    char szProcName[MAX_PATH] = {0,};

    // 开始前先“脱钩”
    unhook_by_code(DEF_NTDLL, DEF_ZWQUERYSYSTEMINFORMATION, g_pOrgBytes);

    // 调用原始API
    pFunc = GetProcAddress(GetModuleHandleA(DEF_NTDLL),
                           DEF_ZWQUERYSYSTEMINFORMATION);
    status = ((PFZWQUERYSYSTEMINFORMATION)pFunc)
              (SystemInformationClass, SystemInformation,
              SystemInformationLength, ReturnLength);

    if( status != STATUS_SUCCESS )
        goto __NTQUERYSYSTEMINFORMATION_END;

    // 仅针对SystemProcessInformation类型操作
    if( SystemInformationClass == SystemProcessInformation )
    {
        // SYSTEM_PROCESS_INFORMATION类型转换
        // pCur是单向链表的头
        pCur = (PSYSTEM_PROCESS_INFORMATION)SystemInformation;

        while(TRUE)
        {
            // 比较进程名称
            // g_szProcName为要隐藏的进程名称
            // (=在SetProcName()设置)
            if(pCur->Reserved2[1] != NULL)
            {
                if(!_tcsicmp((PWSTR)pCur->Reserved2[1], g_szProcName))
                {
                    // 从链表中删除隐藏进程的节点
                    if(pCur->NextEntryOffset == 0)
                        pPrev->NextEntryOffset = 0;
                    else
                        pPrev->NextEntryOffset += pCur->NextEntryOffset;
                }
                else
                    pPrev = pCur;
            }

            if(pCur->NextEntryOffset == 0)
                break;

            // 链表的下一项
            pCur = (PSYSTEM_PROCESS_INFORMATION)
```

```
                ((ULONG)pCur + pCur->NextEntryOffset);
        }
    }

__NTQUERYSYSTEMINFORMATION_END:

    // 函数终止前，再次执行API钩取操作，为下次调用准备
    hook_by_code(DEF_NTDLL, DEF_ZWQUERYSYSTEMINFORMATION,
                 (PROC)NewZwQuerySystemInformation, g_pOrgBytes);

    return status;
}
```

对NewZwQuerySystemInformation()函数的结构简要说明如下：

- "脱钩" ZwQuerySystemInformation()函数；
- 调用 ZwQuerySystemInformation();
- 检查 SYSTEM_PROCESS_INFORMATION 结构体链表，查找要隐藏的进程；
- 查找到要隐藏的进程后，从链表中移除；
- 挂钩（hook）ZwQuerySystemInformation()。

NewZwQuerySystemInformation()函数代码的中间部分有一个while()语句，它用来检查PROCESS_INFORMATION结构体链表，比较进程名称（pCur->Reserved2[1]）（进程名称为Unicode字符串）。如果掌握了函数的工作原理，再结合代码注释，相信大家在理解上应该没什么困难。

33.6 全局 API 钩取

本节正式开始讲解全局API钩取的概念及具体实现方法。全局API钩取实质也是一种API钩取技术，它针对的进程为：①当前运行的所有进程；②将来要运行的所有进程。

请注意，前面讲解过的示例程序（HideProc.exe、stealth.dll）并不是全局API钩取的例子，因为它并不满足全局API钩取定义中的第②个条件。也就是说，虽然运行HideProc.exe将notepad.exe进程隐藏起来，但是若重新运行新的Process Exploer（或者task manager），notepad.exe进程在它们之中仍然可见。原因在于，运行HideProc.exe后未对新创建的进程（自动）注入stealth.dll文件。有多种方法可以解决这一问题，全局API钩取就是其中一种，下面讲解该技术的具体实现方法。

33.6.1 Kernel32.CreateProcess() API

Kernel32.CreateProcess() API用来创建新进程。其他启动运行进程的API（WinExec()、ShellExecute()、system()）在其内部调用的也是该CreateProcess()函数（出处：MSDN）。

```
BOOL WINAPI CreateProcess(
  __in_opt      LPCTSTR lpApplicationName,
  __inout_opt   LPTSTR lpCommandLine,
  __in_opt      LPSECURITY_ATTRIBUTES lpProcessAttributes,
  __in_opt      LPSECURITY_ATTRIBUTES lpThreadAttributes,
  __in          BOOL bInheritHandles,
  __in          DWORD dwCreationFlags,
  __in_opt      LPVOID lpEnvironment,
  __in_opt      LPCTSTR lpCurrentDirectory,
  __in          LPSTARTUPINFO lpStartupInfo,
  __out         LPPROCESS_INFORMATION lpProcessInformation
);
```

因此，向当前运行的所有进程注入stealth.dll后，如果在stealth.dll中将CreateProcess() API也一起钩取，那么以后运行的进程也会自动注入stealth.dll文件。进一步说明如下：由于所有进程都是由父进程（使用CreateProcess()）创建的，所以，钩取父进程的CreateProcess() API就可以将stealth.dll文件注入所有子进程（父进程通常都是explorer.exe）。怎么样？这个想法不错吧？全局API钩取的实现方法没有想得那么难，但钩取CreateProcess() API时，要充分考虑以下几个方面。

(1) 钩取CreateProcess() API时，还要分别钩取kernel32.CreateProcessA()、kernel32.CreateProcessW()这2个API（ASCII版本与Unicode版本）。

(2) CreateProcessA()、CreateProcessW()函数内部又分别调用了CreateProcessInternalA()、CreateProcessInternalW()函数。常规编程中会大量使用CreateProcess()函数，但是微软的部分软件产品中会直接调用CreateProcessInternalA/W这2个函数。所以具体实现全局API钩取时，为了准确起见，还要同时钩取上面2个函数（若可能，尽量钩取低级API）。

(3) 钩取函数（NewCreateProcess）要钩取调用原函数（CreateProcess）而创建的子进程的API。因此，极短时间内，子进程可能在未钩取的状态下运行。

我们进行全局API钩取时必须解决上面这些问题。幸运的是，很多代码逆向分析高手通过努力发现了比kernel32.CreateProcess()更低级的API，钩取它效果会更好（能够一次性解决上面所有问题）。这个API就是ntdll.ZwResumeThread() API。

33.6.2 Ntdll.ZwResumeThread() API

```
ZwResumeThread(
    IN    HANDLE    ThreadHandle,
    OUT   PULONG    SuspendCount OPTIONAL
);
```

用户模式下，NtXXX系列与ZwXXX系列仅是名称不同，它们其实是相同的API。

ZwResumeThread()函数（出处：MSDN）在进程创建后、主线程运行前被调用执行（在CreateProcess() API内部调用执行）。所以只要钩取这个函数，即可在不运行子进程代码的状态下钩取API。但需要注意的是，ZwResumeThread()是一个尚未公开的API，将来的某个时候可能会被改变，这就无法保障安全性。所以，钩取类似ZwResumeThread()的尚未公开API时，要时刻记得，随着OS补丁升级，该API可能更改，这可能使在低版本中正常运行的钩取操作到了新版本中突然无法正常运行。

33.7 练习#2（HideProc2.exe,Stealth2.dll）

提示

stealth2.dll 用来钩取 CreateProcess，钩取 ZwResumeThread 请参考第 34 章。本练习示例在 Windows XP SP3 & Windows 7（32 位）环境下通过测试。

请注意，为操作简单，本练习中我们将只隐藏notepad.exe。

33.7.1 复制 stealth2.dll 文件到%SystemRoot%\system32 文件夹中

为了把stealth2.dll文件注入所有运行进程，首先要把stealth2.dll文件复制到%SystemRoot%\system32文件夹，所有进程都能识别该路径，如图33-12所示。

图33-12　复制stealth2.dll

33.7.2　运行 HideProc2.exe -hide

与以前的HideProc.exe相比，HideProc2.exe只是运行参数发生了改变。由于要隐藏的进程名称被硬编码为notepad.exe，所以运行隐藏程序时不需要再输入。使用-hide选项运行HideProc2.exe后，全局API钩取就开始了（请各位使用Process Explorer查看c:\windows\system32\stealth2.dll文件是否正常注入运行进程），如图33-13所示。

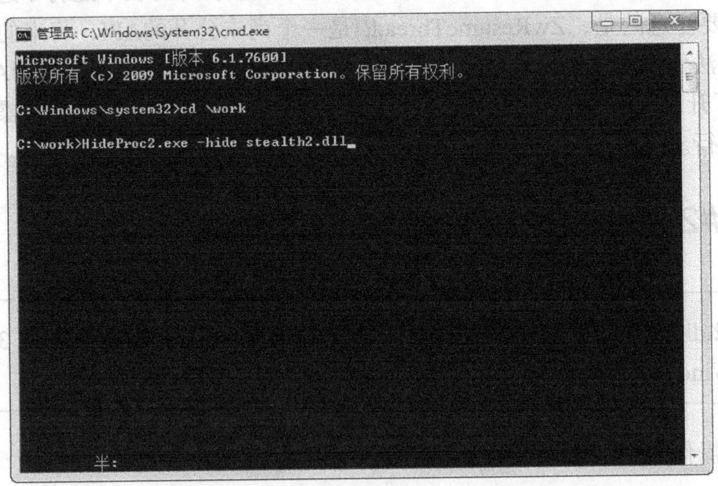

图33-13　运行HideProc2.exe（隐藏）

33.7.3　运行 ProcExp.exe¬epad.exe

请运行多个Process Explorer（或者任务管理器）与notepad程序，如图33-14所示。

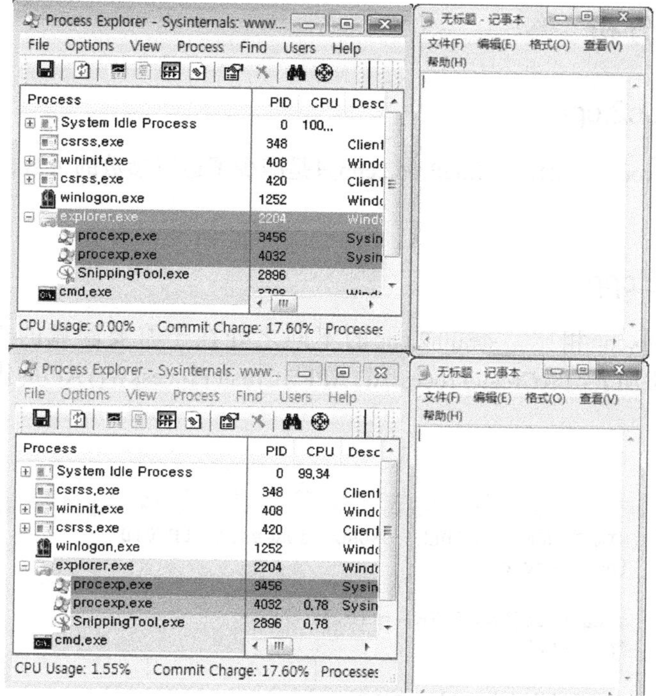

图33-14　Process Explorer与notepad

从图33-14中可以看到，分别运行了2个ProcExp.exe与notepad.exe进程。但是ProcExp.exe中却看不到notepad.exe进程，它被隐藏起来了。大家可以尝试多运行几个ProcExp.exe，最终结果都是一样的，新创建的ProcExp.exe进程中，notepad.exe进程都被隐藏起来、都是不可见的。这就是全局API钩取要实现的效果。

33.7.4　运行 HideProc2.exe -show

运行HideProc2.exe -show命令，撤销全局API钩取操作，如图33-15所示。

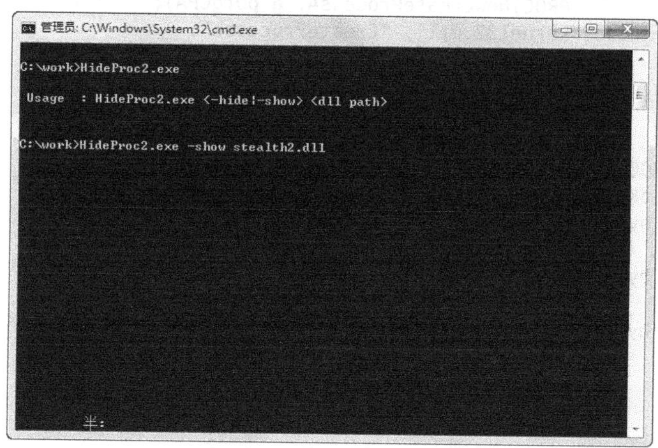

图33-15　运行HideProc2.exe（撤销隐藏）

现在Process Explorer（或者任务管理器）中又能看到notepad.exe进程了。

33.8 源代码分析

33.8.1 HideProc2.cpp

与前面的HideProc.cpp相比，HideProc2.cpp只是减少了运行参数的个数，相关讲解请参考前面的内容。

33.8.2 stealth2.cpp

与前面的stealth.cpp相比，stealth2.cpp的不同之处在于将要隐藏的进程名称硬编码为notepad.exe，并且添加了钩取CreateProcessA() API与CreateProcessW() API的代码，以便实现全局钩取操作。

DllMain()

代码33-7　DllMain()

```
BOOL WINAPI DllMain(HINSTANCE hinstDLL, DWORD fdwReason, LPVOID
                    lpvReserved)
{
    char            szCurProc[MAX_PATH] = {0,};
    char            *p = NULL;

    // 异常处理使注入不会发生在HideProc2.exe进程
    GetModuleFileNameA(NULL, szCurProc, MAX_PATH);
    p = strrchr(szCurProc, '\\');
    if( (p != NULL) && !_stricmp(p+1, "HideProc2.exe") )
        return TRUE;
    // 改变privilege
    SetPrivilege(SE_DEBUG_NAME, TRUE);

    switch( fdwReason )
    {
        case DLL_PROCESS_ATTACH :
            // hook
            hook_by_code("kernel32.dll", "CreateProcessA",
                         (PROC)NewCreateProcessA, g_pOrgCPA);
            hook_by_code("kernel32.dll", "CreateProcessW",
                         (PROC)NewCreateProcessW, g_pOrgCPW);
            hook_by_code("ntdll.dll", "ZwQuerySystemInformation",
                         (PROC)NewZwQuerySystemInformation, g_pOrgZwQSI);
            break;
        case DLL_PROCESS_DETACH :
            // unhook
            unhook_by_code("kernel32.dll", "CreateProcessA",
                           g_pOrgCPA);
            unhook_by_code("kernel32.dll", "CreateProcessW",
                           g_pOrgCPW);
            unhook_by_code("ntdll.dll", "ZwQuerySystemInformation",
                           g_pOrgZwQSI);
            break;
    }

    return TRUE;
}
```

从以上DllMain()函数代码中可以看到，新增了对CreateProcessA()、CreateProcessW() API进

行钩取/“脱钩”的代码。

NewCreateProcessA()

下面看看NewCreateProcessA()函数代码，它是钩取CreateProcessA() API的函数（代码与NewCreateProcessW()几乎一样）。

代码33-8 NewCreateProcessA()

```
BOOL WINAPI NewCreateProcessA(
    LPCTSTR lpApplicationName,
    LPTSTR lpCommandLine,
    LPSECURITY_ATTRIBUTES lpProcessAttributes,
    LPSECURITY_ATTRIBUTES lpThreadAttributes,
    BOOL bInheritHandles,
    DWORD dwCreationFlags,
    LPVOID lpEnvironment,
    LPCTSTR lpCurrentDirectory,
    LPSTARTUPINFO lpStartupInfo,
    LPPROCESS_INFORMATION lpProcessInformation
)
{
    BOOL bRet;
    FARPROC pFunc;

    // unhook
    unhook_by_code("kernel32.dll", "CreateProcessA", g_pOrgCPA);

    // 调用原始API
    pFunc = GetProcAddress(GetModuleHandleA("kernel32.dll"),
                           "CreateProcessA");
    bRet = ((PFCREATEPROCESSA)pFunc)(lpApplicationName,
                                     lpCommandLine,
                                     lpProcessAttributes,
                                     lpThreadAttributes,
                                     bInheritHandles,
                                     dwCreationFlags,
                                     lpEnvironment,
                                     lpCurrentDirectory,
                                     lpStartupInfo,
                                     lpProcessInformation);

    // 向生成的子进程注入stealth2.dll
    if( bRet )
        InjectDll2(lpProcessInformation->hProcess, STR_MODULE_NAME);

    // hook
    hook_by_code("kernel32.dll", "CreateProcessA",
                 (PROC)NewCreateProcessA, g_pOrgCPA);

    return bRet;
}
```

NewCreateProcessA()函数代码比较简单。先执行“脱钩”操作（unhook_by_code），调用执行原函数，再将stealth2.dll注入（InjectDll2）生成的子进程，最后再钩取（hook_by_code），为下次运行做准备。其中需要注意的是，注入stealth2.dll文件用的函数为InjectDll2()。以前的InjectDll()函数通过PID获取进程句柄进行注入（调用OpenProcess() API），但在上述示例中调用CreateProcessA() API时，能自然而然获得子进程的句柄（lpProcessInformation->hProcess），请留意这一点。

到此我们学习了有关全局API钩取的内容。由于它是一种钩取系统全部进程的技术，所以有时会引发意料之外的错误。使用这项技术前必须仔细测试。另外，钩取尚未公开的API时，一定要检查它在当前OS版本中能否正常运行。

33.9 利用“热补丁”技术钩取 API

33.9.1 API 代码修改技术的问题

对代码33-8中NewCreateProcessA()函数的结构简单梳理如下：

```
NewCreateProcessA( ... )
{

    // ① “脱钩”
    // ② 调用原始API

    // ③ 注入

    // ④ 挂钩

}
```

为正常调用原API，需要先①“脱钩”（若不“脱钩”，调用②原始API就会陷入无限循环）。然后在钩取函数（NewCreateProcessA）返回前再次④挂钩，使之进入钩取状态。

也就是说，每当在程序内部调用CreateProcessA() API时，NewCreateProcessA()就会被调用执行，不断重复“脱钩”/挂钩。这种反复进行的“脱钩”/挂钩操作不仅会造成整体性能低下，更严重的是在多线程环境下还会产生运行时错误，这是由“脱钩”/挂钩操作要对原API的前5个字节进行修改（覆写）引起的。

一个线程尝试运行某段代码时，若另一线程正在对该段代码进行“写”操作，这时就会出现冲突，最终引发运行时错误。所以我们需要一种更安全的API钩取技术。

提示

《Windows核心编程》一书中曾指出，运用代码修改技术钩取 API 会对系统安全造成威胁。

33.9.2 “热补丁”（修改 7 个字节代码）

使用“热补丁”（Hot Patch）技术比修改5个字节代码的方法更稳定，本小节将讲解有关“热补丁”技术的内容。

提示

“热补丁”对应的英文为 Hot Patch 或 Hot Fix，与修改 5 个字节代码的技术不同，使用“热补丁”技术时将修改 7 个字节代码，所以该技术又称为 7 字节代码修改技术。

普通API起始代码的形态

讲解“热补丁”技术前，先看看常用API的起始代码部分（参考图33-16至图33-19）。

```
7C802366                          90          NOP
7C802367                          90          NOP
7C802368                          90          NOP
7C802369                          90          NOP
7C80236A                          90          NOP
7C80236B kernel32.CreateProcessA  8BFF        MOV EDI,EDI
7C80236D                          55          PUSH EBP
7C80236E                          8BEC        MOV EBP,ESP
7C802370                          6A 00       PUSH 0
7C802372                          FF75 2C     PUSH DWORD PTR SS:[EBP+2C]
```

图33-16 kernel32.CreateProcessA()

```
7C801D76                          90          NOP
7C801D77                          90          NOP
7C801D78                          90          NOP
7C801D79                          90          NOP
7C801D7A                          90          NOP
7C801D7B kernel32.LoadLibraryA    8BFF        MOV EDI,EDI
7C801D7D                          55          PUSH EBP
7C801D7E                          8BEC        MOV EBP,ESP
7C801D80                          837D 08 00  CMP DWORD PTR SS:[EBP+8],0
7C801D84                          53          PUSH EBX
```

图33-17 kernel32.LoadLibraryA()

```
77D307E5                          90                 NOP
77D307E6                          90                 NOP
77D307E7                          90                 NOP
77D307E8                          90                 NOP
77D307E9                          90                 NOP
77D307EA USER32.MessageBoxA       8BFF               MOV EDI,EDI
77D307EC                          55                 PUSH EBP
77D307ED                          8BEC               MOV EBP,ESP
77D307EF                          833D BC14D577 00   CMP DWORD PTR DS:[77D514BC],0
77D307F6                          74 24              JE SHORT USER32.77D3081C
```

图33-18 user32.MessageBoxA()

```
77E27EA7                          90          NOP
77E27EA8                          90          NOP
77E27EA9                          90          NOP
77E27EAA                          90          NOP
77E27EAB                          90          NOP
77E27EAC GDI32.TextOutW           8BFF        MOV EDI,EDI
77E27EAE                          55          PUSH EBP
77E27EAF                          8BEC        MOV EBP,ESP
77E27EB1                          53          PUSH EBX
77E27EB2                          56          PUSH ESI
```

图33-19 gdi32.TextOutW()

以上列出的API起始代码有如下2个明显的相似点：

(1) API代码以“MOV EDI,EDI”指令开始（IA-32指令：0x8BFF）。

(2) API代码上方有5个NOP指令（IA-32指令：0x90）。

MOV EDI,EDI指令大小为2个字节，用于将EDI寄存器的值再次传送到EDI寄存器，这没有什么实际意义。NOP指令为1个字节大小，不进行任何操作（NOPeration）（该NOP指令存在于函数与函数之间，甚至都不会被执行）。也就是说，API起始代码的MOV指令（2个字节）与其上方的5个NOP指令（5个字节）合起来共7个字节的指令没有任何意义。

很显然，kernel32.dll、user32.dll、gdi32.dll是Windows OS相当重要的库。那么微软到底为什么要使用这种方式来制作系统库呢？原因是为了方便“打热补丁”。“热补丁”由API钩取组成，在进程处于运行状态时临时更改进程内存中的库文件（重启系统时，修改的目标库文件会被完全取代）。

工作原理及特征

要理解“热补丁”钩取方法的核心原理，需要先了解该方法的2种特征。下面使用“热补丁”方法钩取图33-16中的kernel32.CreateProcessA() API，借此理解学习“热补丁”钩取的技术原理。

A. 二次跳转

首先将API起始代码之前的5个字节修改为FAR JMP指令（E9 XXXXXXXX），跳转到用户钩取函数处（10001000）。然后将API起始代码的2个字节修改为SHORT JMP指令（EB F9）。该SHORT JMP指令用来跳转到前面的FAR JMP指令处（参考图33-20）。

```
7C802366                         -E9 95EC7F93   JMP 10001000
7C80236B kernel32.CreateProcessA ^EB F9         JMP SHORT kernel32.7C802366
7C80236D                          55            PUSH EBP
7C80236E                          8BEC          MOV EBP,ESP
7C802370                          6A 00         PUSH 0
7C802372                          FF75 2C       PUSH DWORD PTR SS:[EBP+2C]
7C802375                          FF75 28       PUSH DWORD PTR SS:[EBP+28]
7C802378                          FF75 24       PUSH DWORD PTR SS:[EBP+24]
7C80237B                          FF75 20       PUSH DWORD PTR SS:[EBP+20]
7C80237E                          FF75 1C       PUSH DWORD PTR SS:[EBP+1C]
7C802381                          FF75 18       PUSH DWORD PTR SS:[EBP+18]
```

图33-20　使用“热补丁”技术钩取CreateProcessA() API

调用CreateProcessA() API时，遇到API起始地址（7C80236B）处的JMP SHORT 7C802366指令，就会跳转到紧接在其上方的指令地址（7C802366）。然后遇到JMP 10001000指令，跳转到实际钩取的函数地址（10001000）。像这样经过2次连续跳转，就完成了对指定API的钩取操作（我将这种技术称为“二次跳转”，其优点稍后介绍）。这一过程中需要注意的是，我们修改的7个字节的指令（NOP *5、MOV EDI,EDI）原来都是毫无意义的。

提示

从图33-20中的7C802366、7C80236B地址可以看到，虽然都是JMP指令，但指令形态不同。7C802366地址处的指令形式为E9 XXXXXXXX，大小为5个字节，被称为FAR JMP，用来实现远程跳转（可以跳转到进程内存用户区域中的任意位置）；而7C80236B地址处的指令形式为EB YY，大小为2个字节，被称为SHORT JMP，它只能以当前EIP为基准，在-128~127范围内跳转。IA-32指令中有些相同指令拥有不同指令形态，IA-32指令的解析方法请参考第49章。

提示

若使用前面介绍的5字节代码修改方法修改起始地址的5个字节，使执行跳转到钩取函数处，具体修改如图33-21所示。请比较该图与图33-20。

```
7C802366                          90            NOP
7C802367                          90            NOP
7C802368                          90            NOP
7C802369                          90            NOP
7C80236A                          90            NOP
7C80236B kernel32.CreateProcessA -E9 90EC7F93   JMP 10001000
7C802370                          6A 00         PUSH 0
7C802372                          FF75 2C       PUSH DWORD PTR SS:[EBP+2C]
7C802375                          FF75 28       PUSH DWORD PTR SS:[EBP+28]
7C802378                          FF75 24       PUSH DWORD PTR SS:[EBP+24]
7C80237B                          FF75 20       PUSH DWORD PTR SS:[EBP+20]
```

图33-21　5字节代码修改法

B. 不需要在钩取函数内部进行“脱钩”/挂钩操作

前面讲解过修改代码的前5个字节进行钩取的技术，使用时需要在钩取函数NewCreateProcessA()内部反复“脱钩”/挂钩，这可能导致系统稳定性下降。

而使用“热补丁”技术钩取API时，不需要在钩取函数内部进行“脱钩”/挂钩操作。在5字节代码修改技术中“脱钩”/挂钩是为了“调用原函数”，而使用“热补丁”技术钩取API时，在

API代码遭到修改的状态下也能正常调用原API。这是因为，从API角度看只是修改了其起始代码的MOV EDI,EDI指令（无意义的2个字节），从[API起始地址+2]地址开始，仍然能正常调用原API，且执行的动作也完全一样。

以Kernel32.CreateProcessA()为例，从图33-16所示的原API起始地址（7C80236B）开始执行，与从图33-20中的[API起始地址+2]地址（7C80236D）开始执行，结果完全一样。由于钩取函数中去除了“脱钩”/挂钩操作，在多线程环境下使API钩取变得稳定。这正是二次跳转的优势所在。

33.10 练习 #3：stealth3.dll

stealth3.dll文件中使用了“热补丁”API钩取技术，下面用它练习，如图33-22所示。

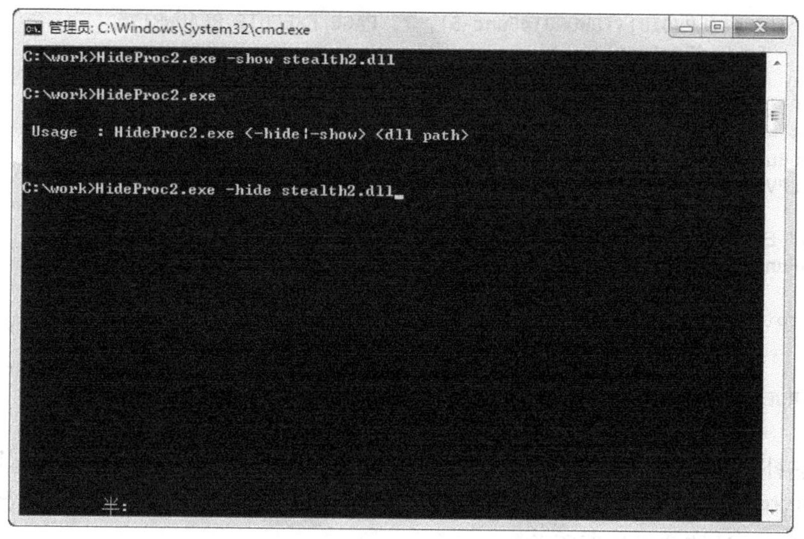

图33-22 stealth3.dll练习（隐藏）

练习方法与stealth2.dll一样。先把stealth3.dll文件复制到%SYSTEM%文件夹，然后在命令行窗口运行HideProc2.exe命令，如图33-22所示（操作步骤与练习2的步骤1~4相同）。由于HideProc2.exe命令未做改动，像之前一样使用就可以了（隐藏notepad.exe进程的行为是相同的）。

提示

练习示例在 Windows XP SP3& Windows 7（32位）系统环境中通过测试。

33.11 源代码分析

下面分析stealth3.cpp源代码，内容大致与stealth2.cpp类似，主要看与实施“热补丁”技术相关的代码。

stealth3.cpp

hook_by_hotpatch()

首先分析hook_by_hotpatch()函数，它运用“热补丁”技术钩取API。

代码33-9 hook_by_hotpatch()

```
BOOL hook_by_hotpatch(LPCSTR szDllName, LPCSTR szFuncName, PROC pfnNew)
{
    FARPROC pFunc;
    DWORD dwOldProtect, dwAddress;
    BYTE pBuf[5] = { 0xE9, 0, };
    byte pBuf2[2] = { 0xEB, 0xF9 };
    PBYTE pByte;

    pFunc = (FARPROC)GetProcAddress(GetModuleHandleA(szDllName),
                                    szFuncName);
    pByte = (PBYTE)pFunc;
    if( pByte[0] == 0xEB )
        return FALSE;

    VirtualProtect((LPVOID)((DWORD)pFunc-5), 7, PAGE_EXECUTE_READWRITE,
            &dwOldProtect);

    // 1. NOP (0x90)
    dwAddress = (DWORD)pfnNew-(DWORD)pFunc;
    memcpy(&pBuf[1], &dwAddress, 4);
    memcpy((LPVOID)((DWORD)pFunc-5), pBuf, 5);

    // 2. MOV EDI, EDI (0x8BFF)
    memcpy(pFunc, pBuf2, 2);

    VirtualProtect((LPVOID)((DWORD)pFunc-5), 7, dwOldProtect,
                   &dwOldProtect);

    return TRUE;
}
```

使用“热补丁”技术钩取API时，操作顺序非常重要。首先要将API起始地址上方的NOP*5指令修改为JMP XXXXXXXX。通过下面公式很容易求出XXXXXXXX值（即上述代码中的dwAddress变量），计算公式如下所示：

dwAddress = (DWORD)pfnNew–(DWORD)pFunc;

提示

上述公式与前面讲解hook_by_code()函数时介绍的地址计算公式实际是一样的。

XXXXXXXX = 要跳转的地址 – 当前指令地址 – 当前指令长度（5）

当前指令（NOP *5）地址 = pFunc – 5，所以上述公式可做如下修改：

XXXXXXXX = (DWORD)pfnNew – ((DWORD)pFunc – 5) –5

= (DWORD)pfnNew – (DWORD)pFunc

*pfnNew = 用户钩取函数

*pFunc = 原 API 地址

求得XXXXXXXX值后，使用下述代码将NOP *5指令（5个字节大小）替换为JMP XXXXXXXX指令。

```
memcpy(&pBuf[1], &dwAddress, 4);
memcpy((LPVOID)((DWORD)pFunc-5), pBuf, 5);
```

接下来，将位于API起始地址处的MOV EDI,EDI指令（2个字节大小）替换为JMP YY指令。

```
memcpy(pFunc, pBuf2, 2);
```

提示

使用 JMP YY 指令时，要先计算出 YY 值，计算公式与前面相同。

YY = 要跳转的地址 – 当前指令地址 – 当前指令长度（2）

要跳转的地址是 pFunc – 5，当前指令地址为 pFunc，YY 值计算如下：

YY = (pFunc – 5)–pFunc – 2 = –7 =0xF9

“热补丁”技术中，YY 值总为 0xF9，将其硬编码到源代码就可以了（0xF9 是–7 的“2 的补码”形式）。

---

unhook_by_hotpatch()

接下来分析unhook_by_hotpatch()函数，它在“热补丁”技术中用来取消API钩取操作。

代码33-10 unhook_by_hotpatch()

```
BOOL unhook_by_hotpatch(LPCSTR szDllName, LPCSTR szFuncName)
{
    FARPROC pFunc;
    DWORD dwOldProtect;
    PBYTE pByte;
    byte pBuf[5] = { 0x90, 0x90, 0x90, 0x90, 0x90 };
    byte pBuf2[2] = { 0x8B, 0xFF };

    pFunc = (FARPROC)GetProcAddress(GetModuleHandleA(szDllName),
                szFuncName);
    pByte = (PBYTE)pFunc;
    if( pByte[0] != 0xEB )
        return FALSE;

    VirtualProtect((LPVOID)pFunc, 5, PAGE_EXECUTE_READWRITE,
                   &dwOldProtect);

    // 1. NOP (0x90)
    memcpy((LPVOID)((DWORD)pFunc-5), pBuf, 5);

    // 2. MOV EDI, EDI (0x8BFF)
    memcpy(pFunc, pBuf2, 2);

    VirtualProtect((LPVOID)pFunc, 5, dwOldProtect, &dwOldProtect);

    return TRUE;
}
```

上述代码用来将修改后的指令恢复为原来的NOP *5与MOV EDI,EDI指令。“热补丁”技术中这些指令都是固定不变的，所以可以将它们硬编码到源代码。

NewCreateProcessA()

下面分析用户钩取函数NewCreateProcessA()。

代码33-11 修改后的NewCreateProcessA()

```
BOOL WINAPI NewCreateProcessA(
    LPCTSTR lpApplicationName,
    LPTSTR lpCommandLine,
    LPSECURITY_ATTRIBUTES lpProcessAttributes,
    LPSECURITY_ATTRIBUTES lpThreadAttributes,
    BOOL bInheritHandles,
    DWORD dwCreationFlags,
    LPVOID lpEnvironment,
    LPCTSTR lpCurrentDirectory,
    LPSTARTUPINFO lpStartupInfo,
```

```
    LPPROCESS_INFORMATION lpProcessInformation
)
{
    BOOL bRet;
    FARPROC pFunc;

    //调用原始API
    pFunc = GetProcAddress(GetModuleHandleA("kernel32.dll"),
                           "CreateProcessA");
    pFunc = (FARPROC)((DWORD)pFunc + 2);
    bRet = ((PFCREATEPROCESSA)pFunc)(lpApplicationName,
                                     lpCommandLine,
                                     lpProcessAttributes,
                                     lpThreadAttributes,
                                     bInheritHandles,
                                     dwCreationFlags,
                                     lpEnvironment,
                                     lpCurrentDirectory,
                                     lpStartupInfo,
                                     lpProcessInformation);

    //向生成的子进程注入stealth2.dll
    if( bRet )
        InjectDll2(lpProcessInformation->hProcess, STR_MODULE_NAME);

    return bRet;
}
```

从上述代码中可以看到，不再调用unhook_by_code()与hook_by_code函数，且与已有函数根本的不同在于添加了计算pFunc的语句，如下所示：

pFunc=(FARPROC)((DWORD)pFunc+2);

该代码语句用于跳过位于API起始地址处的JMP YY指令（2个字节，原指令为MOV EDI,EDI），从紧接的下一条指令开始执行，与调用原API的效果一样。

33.12　使用“热补丁”API 钩取技术时需要考虑的问题

令人遗憾的是，这么优越的“热补丁”API钩取技术也不是万能的，使用时目标API必须满足它的适用条件（NOP *5指令+MOV EDI,EDI指令），但是有些API却不能满足这些条件（参考图33-23、图33-24）。

7C801EED	90	NOP
7C801EEE	90	NOP
7C801EEF	90	NOP
7C801EF0	90	NOP
7C801EF1	90	NOP
7C801EF2 kernel32.GetStartupInfoA	6A 18	PUSH 18
7C801EF4	68 B82F817C	PUSH kernel32.7C812FB8
7C801EF9	E8 D8050000	CALL kernel32.7C8024D6
7C801EFE	64:A1 1800000	MOV EAX,DWORD PTR FS:[18]
7C801F04	8B40 30	MOV EAX,DWORD PTR DS:[EAX+30]

图33-23　难以使用“热补丁”API钩取技术：kernel32.GetStartInfoA()

```
7C93D910 ntdll.ZwQuerySystemInformation   B8 AD000000   MOV EAX,0AD
7C93D915                                  BA 0003FE7F   MOV EDX,7FFE0300
7C93D91A                                  FF12          CALL DWORD PTR DS:[EDX]
7C93D91C                                  C2 1000       RETN 10
7C93D91F                                  90            NOP
7C93D920 ntdll.ZwQuerySystemTime          B8 AE000000   MOV EAX,0AE
7C93D925                                  BA 0003FE7F   MOV EDX,7FFE0300
7C93D92A                                  FF12          CALL DWORD PTR DS:[EDX]
7C93D92C                                  C2 0400       RETN 4
7C93D92F                                  90            NOP
7C93D930 ntdll.ZwQueryTimer               B8 AF000000   MOV EAX,0AF
7C93D935                                  BA 0003FE7F   MOV EDX,7FFE0300
7C93D93A                                  FF12          CALL DWORD PTR DS:[EDX]
7C93D93C                                  C2 1400       RETN 14
7C93D93F                                  90            NOP
7C93D940 ntdll.ZwQueryTimerResolution     B8 B0000000   MOV EAX,0B0
7C93D945                                  BA 0003FE7F   MOV EDX,7FFE0300
7C93D94A                                  FF12          CALL DWORD PTR DS:[EDX]
7C93D94C                                  C2 0C00       RETN 0C
7C93D94F                                  90            NOP
```

图33-24 无法使用“热补丁”API钩取技术：ntdll.dll提供的API

并非所有API都能使用“热补丁”API钩取技术，所以使用前先确认要钩取的API是否支持它。若不支持，则要使用前面介绍过的5字节代码修改技术。

提示

Ntdll.dll 中提供的 API 代码都较短，钩取这些 API 时有一种非常好的方法，使用这种方法时先将原 API 备份到用户内存区域，然后使用 5 字节代码修改技术修改原 API 的起始部分。在用户钩取函数内部调用原 API 时，只需调用备份的 API 即可，这样实现的 API 钩取既简单又稳定。由于 Ntdll.dll API 代码较短，且代码内部地址无依赖性，所以它们非常适合用该技术钩取 API。

33.13 小结

通过修改API代码钩取API技术的讲解到此结束。讲解技术的核心内容时用的篇幅较多。各位阅读学习时不要死记硬背，要把重点放在对技术原理的理解上。学完本章以及下一章要介绍的全局API钩取内容，就能够完全掌握API钩取技术。

Q&A

Q. 运行hideproc.exe程序0.5秒后自动终止，为什么会这样？

A. hideproc.exe进程完成所有工作后会自动终止退出，程序就是这样编写的。若任务管理器中看不到notepad.exe进程，就表示执行成功。

Q. 执行HideProc.exe -hide abc.exe d:\stealth.dll命令，结果出现如下注入失败信息：OpenProcess3976 failed!!! OpenProcess4040 failed!!! 为什么注入会失败呢？

A. Windows Vista/7中使用了会话隔离技术，这可能导致DLL注入失败。出现这个问题时，不要使用kernel32.CreateRemoteThread()，而使用ntdll.NtCreateThreadEx()就可以了。相关内容请参考Session in Windows 7中的说明。有时开启杀毒软件自身的进程保护功能也会导致DLL注入失败。此外，尝试向PE32+格式的进程注入PE32格式的DLL时，也会失败（反之亦然）。注入时必须保证要注入的DLL文件与目标进程的PE格式一致（PE32+格式是Windows 64位OS使用的可执行文件格式）。

Q. 要隐藏的进程在任务管理器的"进程"选项卡中消失了，但在"应用程序"选项卡中仍然可见，且程序窗口也依然可见。如何把程序窗口也一起隐藏起来呢？

A. 是的，若只在进程列表中实现了进程隐藏，则程序窗口仍然可见。若将程序窗口也一起隐藏起来，则在任务管理器的"应用程序"选项卡中也消失不见。正文示例的代码只是为了钩取API，对程序的窗口并未作任何处理（程序窗口确实存在，但是进程却消失不见了，我也有意让各位看看这个现象）。就像隐形战斗机，隐形并不是指用肉眼看不到它，而是仅指用雷达探测不到它。DLL文件注入目标进程后，只要调用与窗口隐藏相关的API即可轻松隐藏程序窗口（SetWindowPos(),MoveWiondow()等）。

Q. 除了前面介绍过的5字节修改方法之外，还有其他钩取API的方法吗？在钩取函数中反复进行"脱钩"/挂钩操作显得相当麻烦啊！

A. 我介绍的5字节修改方法适用范围较广，一般情况下也运行得非常好。除此之外，还有7字节修改方法，在钩取函数中也不需要进行"脱钩"/挂钩操作。但并不适用于所有API，特别是ntdll.dll提供的原生（native）API就无法使用7字节修改技术。关于7字节"热补丁"技术的内容请参看前面正文。此外还有一种方法是，将API代码全部拷贝到其他地方，但是这需要处理好重定位的问题（该方法非常适用于ntdll的原生API，因为这些API的代码都比较简短）。总之，从应用范围以及简便性方面考虑，5字节修改技术是首选。

Q. 使用全局钩取技术注入dll文件时会不会给系统带来很大负担呢？所有进程在创建的时候都要注入dll，那么内存使用量会大幅飙升吧？

A. 首先，任何钩取操作都会给系统带来一定负担。编写程序时若能巧妙运用一些手法，则可以将这种对系统的影响降到最低，不会有什么问题，但一定要充分考虑好系统稳定性与资源利用问题。向所有进程注入DLL时，内存使用量也会随之增加，但并不是以"DLL尺寸*注入进程的个数增加。Windows中，相同DLL只要加载到内存中1次即可，进程通过映射技术使用它。简言之，通过映射技术将代码映射到相同内存，即代码区对所有进程都是一样的，而数据区则要根据相应进程重新创建。

第34章　高级全局API钩取：IE连接控制

本章将学习更高级的全局API钩取技术，在示例中我们将钩取IE，使其试图连接到指定网站时转而连接到我的博客。

练习目标是钩取IE进程的API，在它连接到特定网站的过程中，将其连接到其他网站。无论是在IE地址栏中直接输入地址还是点击某个链接，IE都无法连接到被阻止的网站（把这当作拦截恶意网页功能就比较容易理解）。

提示

在防火墙层面实现恶意网页拦截功能会更有效果。本章示例仅供学习之用，在实际产品开发中实现恶意网页拦截功能时要充分考虑这一点。

34.1　目标 API

API钩取的核心就是选择目标API，即要钩取的API，每个人在这一过程中都有各自不同的绝招。程序开发经验越丰富、API钩取经验越多，对选择目标API就越有利（当然，通过强大的网络检索功能也能解决大部分问题）。开始前先大致“猜测”一下，只要钩取套接字库（ws2_32.dll）或微软提供的网络访问相关库（wininet.dll、winhttp.dll）就可以了（钩取后者更容易）。

下面运行IE进行分析。首先使用Process Explorer查看IE加载了哪些DLL。

从图34-1可以看到，IE不仅加载了ws2_32.dll，还加载了wininet.dll库。Wininet.dll提供的API中有个名为InternetConnect()的API（出处：MSDN），顾名思义，该API用来连接某个网站。

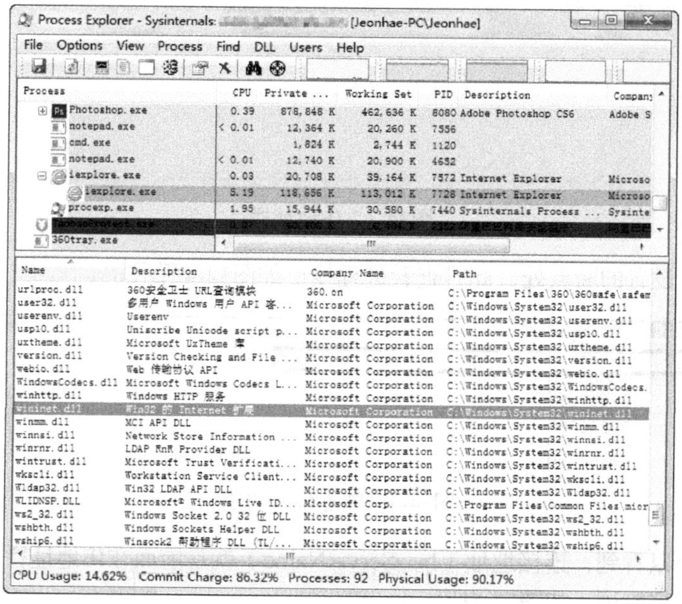

图34-1　IE中加载的库

```
HINTERNET InternetConnect(
  __in  HINTERNET hInternet,
  __in  LPCTSTR lpszServerName,      // 要连接的URL
  __in  INTERNET_PORT nServerPort,
  __in  LPCTSTR lpszUsername,
  __in  LPCTSTR lpszPassword,
  __in  DWORD dwService,
  __in  DWORD dwFlags,
  __in  DWORD_PTR dwContext
);
```

接下来验证Wininet.InternetConnect() API是否就是要钩取的API。

验证：调试 IE 进程

首先使用OllyDbg附加IE进程（PID：3484=0xD9C），然后在wininet!InternetConnectW() API处设置好断点（InternetConnectW() API是InternetConnect()的宽字符版本），如图34-2所示。

```
76D80492 WININET.InternetConnectW   8BFF         MOV EDI,EDI
76D80494                            55           PUSH EBP
76D80495                            8BEC         MOV EBP,ESP
76D80497                            83EC 28      SUB ESP,28
76D8049A                            53           PUSH EBX
76D8049B                            33DB         XOR EBX,EBX
76D8049D                            895D E0      MOV DWORD PTR SS:[EBP-20],EBX
76D804A0                            895D DC      MOV DWORD PTR SS:[EBP-24],EBX
76D804A3                            895D D8      MOV DWORD PTR SS:[EBP-28],EBX
76D804A6                            895D EC      MOV DWORD PTR SS:[EBP-14],EBX
76D804A9                            895D E8      MOV DWORD PTR SS:[EBP-18],EBX
76D804AC                            895D E4      MOV DWORD PTR SS:[EBP-1C],EBX
76D804AF                            895D F4      MOV DWORD PTR SS:[EBP-C],EBX
76D804B2                            895D FC      MOV DWORD PTR SS:[EBP-4],EBX
76D804B5                            895D F8      MOV DWORD PTR SS:[EBP-8],EBX
76D804B8                            895D F0      MOV DWORD PTR SS:[EBP-10],EBX
76D804BB                            395D 0C      CMP DWORD PTR SS:[EBP+C],EBX
76D804BE                            0F84 0ADE0300 JE 76DBE2CE
```

图34-2　在WININET.InternetConnectW()处设置断点

然后在IE地址栏中输入要连接的网站地址，如图34-3所示。

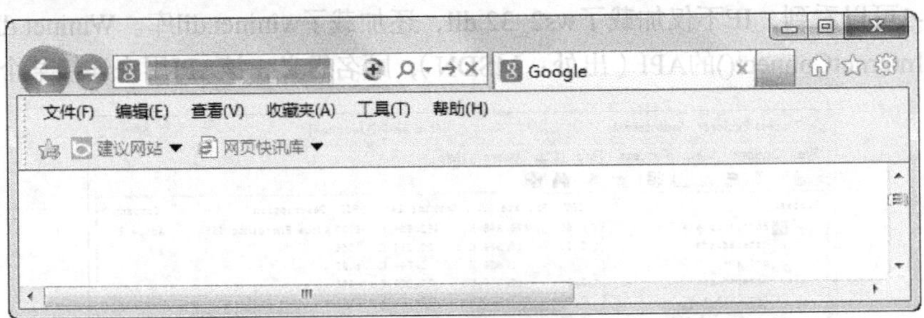

图34-3　IE地址栏

调试器暂停在设置的断点处，此时查看进程栈，如图34-4所示。

```
026AC31C  770C9D22  RETURN to urlmon.770C9D22 from WININET.InternetConnectW
026AC320  00CC0004
026AC324  00468038  UNICODE "                "
026AC328  00000050
026AC32C  00000000
026AC330  00000000
026AC334  00000003
026AC338  00000000
026AC33C  00467590
```

图34-4　断点位置的栈

从栈信息中可以看到，连接地址（lpszServerName）就是前面在IE地址栏中输入的地址。下面修改连接地址进行测试（如图34-5所示）。

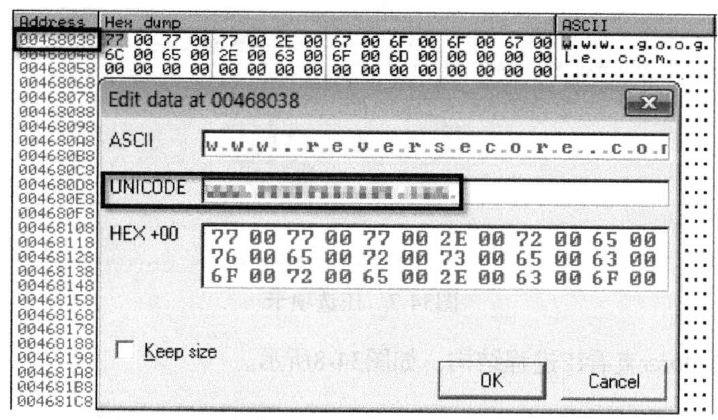

图34-5 修改连接地址

注意

上面地址全为 Unicode 字符串，最后以 2 个字节的 NULL（0000）结束（在 HEX 窗口中向字符串末尾输入 00 00 即可）。

修改连接地址后运行调试器，它会在设置断点的wininet!InternetConnectW()处反复暂停，这是因为一个网站往往由多个链接地址组成。删除断点后继续运行（仅在第一次调用InternetConnectW()时操作一次栈即可）。最终，IE浏览器会连接到修改后的网站，而不是先前的网站，如图34-6所示。

图34-6 连接到修改后的网站

因此，钩取wininet!InternetConnectW()后，修改lpszServerName参数即可控制IE要连接的网站。看来，钩取!InternetConnectW() API是个非常好的选择。原理相当简单，因为IE使用wininet.dll库，所以很容易钩取API。以上这些就是常用的API钩取方法，但具体实现时有一点需要考虑，IE 8具有独特的进程结构，钩取时要使用全局API钩取技术。

34.2 IE 进程结构

重新运行IE浏览器，打开多个选项卡（tab），分别连接到不同网站，如图34-7所示。

图34-7　IE选项卡

使用Process Explorer查看IE进程结构，如图34-8所示。

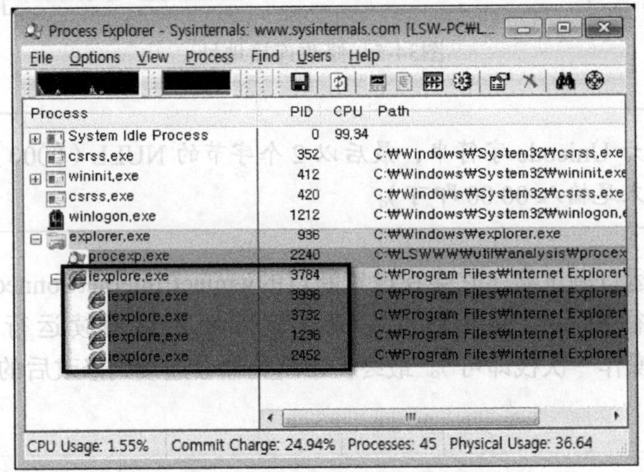

图34-8　iexploer.exe进程结构

从图34-7与图34-8中可以看到，IE中有7个选项卡，共有5个IE进程（iexplore.exe）在运行。并且PID为3784的iexplore.exe进程与其他iexplore.exe进程形成了父子关系。从IE进程结构来看，IE应用程序为父进程（PID：3784），它管理着各选项卡对应的子进程。

提示

IE 7 开始引入“选项卡”这一概念，进程结构也发生了如上所示的变化。这种新进程结构下，每个选项卡都是一个独立运行的进程，其中一个选项卡发生错误，不会影响到其他选项卡或父进程（IE 本身）（最新的网页浏览器中都使用了这项技术）。

像这样，IE应用程序中每个选项卡对应的子iexplore.exe进程实际负载网络连接，创建选项卡进程时，（相关进程的）API就会被执行钩取操作，即采用全局API钩取技术钩取。否则，在新选项卡中连接网站时将无法钩取。前面我们介绍了通过钩取kernel32!CreateProcess() API实现全局API钩取的方法，并且说明了使用CreateProcess() API钩取这一方法的限制条件。

本章将介绍一种更安全、更方便的全局API钩取方法，采用该方法可有效消除因使用CreateProcess() API钩取技术实现全局API钩取而产生的不便。这种新方法是，钩取ntdll!ZwResumeThread() API，创建进程之后，主线程被Resume（恢复运行）时，可以钩取目标API。

34.3　关于全局 API 钩取的概念

下面对全局API钩取进行简单整理。通过前面的学习，我们已经能对特定进程的指定API进行简单的钩取操作。

34.3.1 常规API钩取

使用常规API钩取方法时，每当（要钩取的）目标进程被创建时，都要钩取指定API。图34-9描述了通过DLL注入技术实施常规API钩取操作的情形。

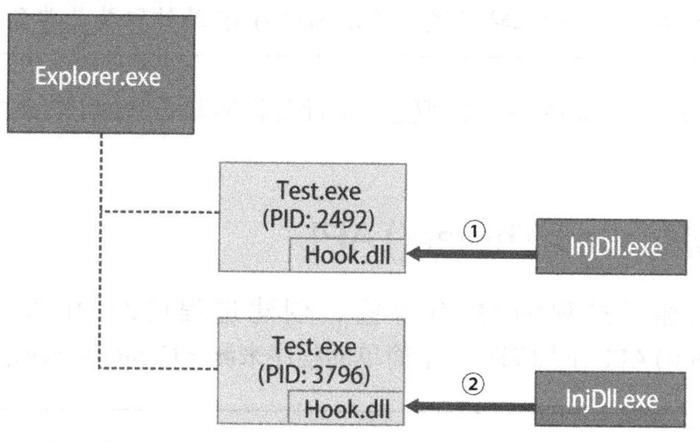

图34-9 常规API钩取

图34-9中要钩取的目标进程为Test.exe(PID：2492)。使用InjDll.exe程序将Hook.dll注入Test.exe进程，然后钩取指定API①。若后面生成了另外一个Test.exe进程（PID：3796），则必须先向它注入Hook.dll才能（对PID为3796的进程）实现正常的API钩取操作②。也就是说，每当要钩取的目标进程生成时都要手动钩取API。

34.3.2 全局API钩取

接下来看一下全局API钩取的操作过程，如图34-10所示。

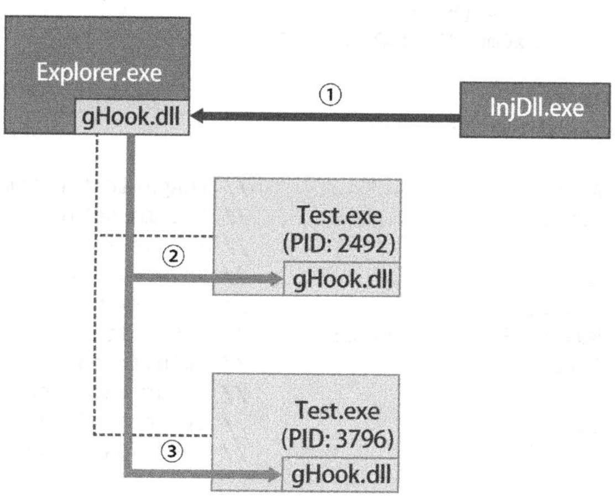

图34-10 全局API钩取

InjDll.exe负责将gHook.dll注入Explorer.exe进程（Windows操作系统的基本Shell）。请注意，我们要钩取的进程不是Test.exe，而是启动运行Test.exe的Explorer.exe进程，这是最核心的部分。gHook.dll扩展了图34-9中Hook.dll的功能，它钩取创建子进程的API，每当子进程被创建时，它都会将自身(gHook.dll)注入新创建的进程(参考图34-10)。所以向Explorer.exe进程(Windows Shell)

注入1次gHook.dll后，随后Explorer.exe创建的所有子进程都会自动注入gHook.dll。这就是自动API钩取的基本概念，将这一概念扩展应用到系统中运行的所有进程，就形成了全局API钩取。

提示

除Explorer.exe之外，其他进程也可以创建子进程。所以要完美实现全局API钩取，必须钩取当前运行的所有进程。但是基于系统稳定性与减少不必要系统开销的考虑，常常（根据实际要求）仅钩取特定进程（示例中对IE的钩取就是典型例子）。

到此我们已经梳理了全局API钩取的概念。下面分析钩取哪些API才能使全局API钩取实现起来更容易。

34.4 ntdll!ZwResumeThread() API

首先，想想创建子进程的API有哪些，创建进程的API中最具代表性的绝对是kernel32!CreateProcess() API。下面编写一个简单的程序来测试CreateProcess() API，代码如下所示。

提示

所有源代码均使用MS Visual C++ Express Edition 2010工具编写而成，在Windows 7 32位 & IE 8中通过测试。

代码34-1　cptest.cpp

```
// cptest.cpp

#include "windows.h"
#include "tchar.h"
void main()
{
    STARTUPINFO             si = {0,};
    PROCESS_INFORMATION     pi = {0,};
    TCHAR                   szCmd[MAX_PATH] = {0,};

    si.cb = sizeof(STARTUPINFO);
    _tcscpy(szCmd, L"notepad.exe");

    if( !CreateProcess(NULL,                        // lpApplicationName
                       szCmd,                       // lpCommandLine
                       NULL,                        // lpProcessAttributes
                       NULL,                        // lpThreadAttributes
                       FALSE,                       // bInheritHandles
                       NORMAL_PRIORITY_CLASS,       // dwCreationFlags
                       NULL,                        // lpEnvironment
                       NULL,                        // lpCurrentDirectory
                       &si,                         // lpStartupInfo
                       &pi) )                       // lpProcessInformation
        return;

    if( pi.hProcess != NULL )
        CloseHandle(pi.hProcess);
}
```

编译代码34-1，生成cptest.exe可执行文件。调试这个文件可以把握与进程创建相关的API调用流程。

提示

CreateProcessW是CreateProcess的宽字符（UNICODE）版本。

图34-11是调用cptest.exe的kernel32!CreateProcessW()的代码。

图34-11 调用CreateProcessW()的代码

跟踪进入kernel32!CreateProcessW()（StepInto(F7)），可以看到在其内部又调用了kernel32!CreateProcessInternalW()，如图34-12所示。

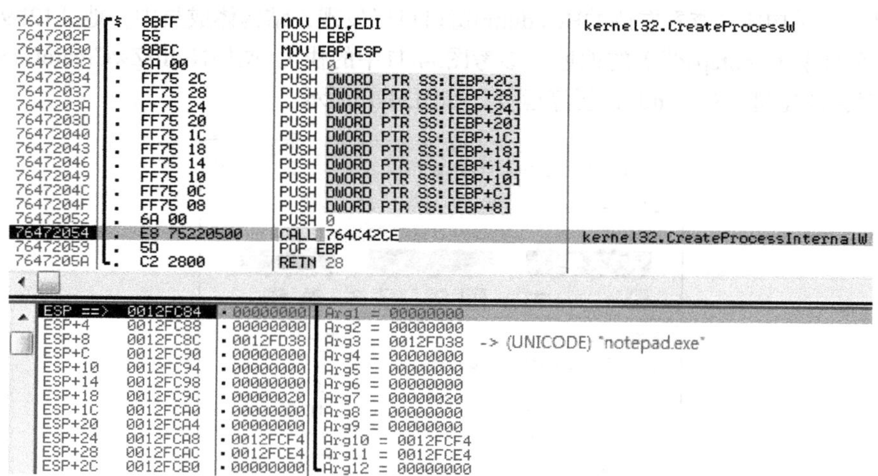

图34-12 调用CreateProcessInternalW()

在图34-12中查看下方栈内存，可以看到它与图34-11中的栈（函数参数）几乎是一样的。继续跟踪进入kernel32!CreateProcessInternalW()，如图34-13所示。

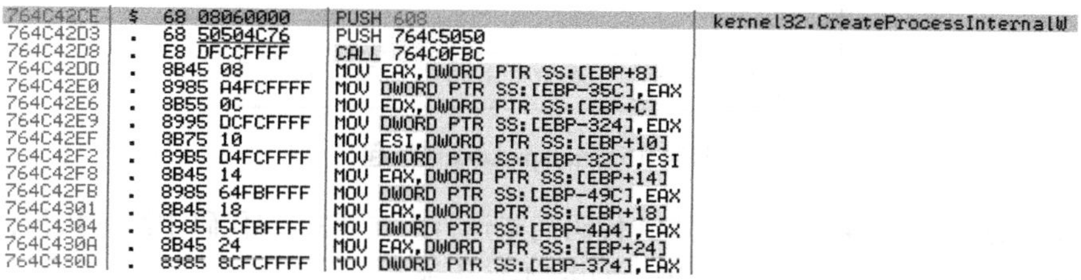

```
764C42CE  $ 68 08060000   PUSH 608                          kernel32.CreateProcessInternalW
764C42D3  . 68 50504C76   PUSH 764C5050
764C42D8  . E8 DFCCFFFF   CALL 764C0FBC
764C42DD  . 8B45 08       MOV EAX,DWORD PTR SS:[EBP+8]
764C42E0  . 8985 A4FCFFFF MOV DWORD PTR SS:[EBP-35C],EAX
764C42E6  . 8B55 0C       MOV EDX,DWORD PTR SS:[EBP+C]
764C42E9  . 8995 DCFCFFFF MOV DWORD PTR SS:[EBP-324],EDX
764C42EF  . 8B75 10       MOV ESI,DWORD PTR SS:[EBP+10]
764C42F2  . 89B5 D4FCFFFF MOV DWORD PTR SS:[EBP-32C],ESI
764C42F8  . 8B45 14       MOV EAX,DWORD PTR SS:[EBP+14]
764C42FB  . 8985 64FBFFFF MOV DWORD PTR SS:[EBP-49C],EAX
764C4301  . 8B45 18       MOV EAX,DWORD PTR SS:[EBP+18]
764C4304  . 8985 5CFBFFFF MOV DWORD PTR SS:[EBP-4A4],EAX
764C430A  . 8B45 24       MOV EAX,DWORD PTR SS:[EBP+24]
764C430D  . 8985 8CFCFFFF MOV DWORD PTR SS:[EBP-374],EAX
```

图34-13 CreateProcessInternalW()代码

kernel32!CreateProcessInternalW()是一个相当大的函数。在代码窗口中向下拖动滑动条，就会出现调用ntdll!ZwCreateUserProcess()的代码，如图34-14所示。

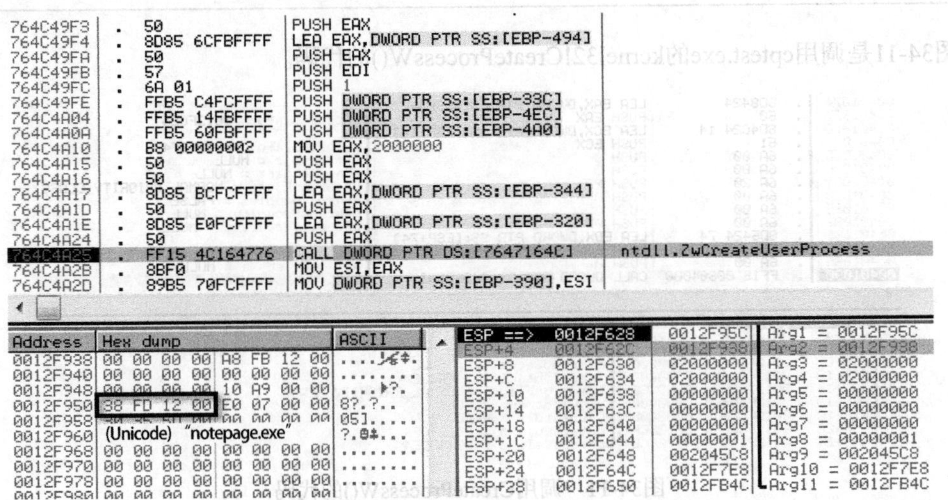

图34-14　调用ZwCreateUserProcess()的代码

在图34-14中查看下方的栈，可以看到它与图34-12中的栈有着非常大的不同。第二个参数（Arg2）是一个结构体，查看左侧的Hex dump窗口可以发现，结构体成员中，地址12F950存储的12FD38是字符串（“notepad”）的地址（参考图34-11中的栈）。调用Ntdll!ZwCreateUserProcess()时子进程就会被挂起（Suspend），暂停运行，如图34-15所示。

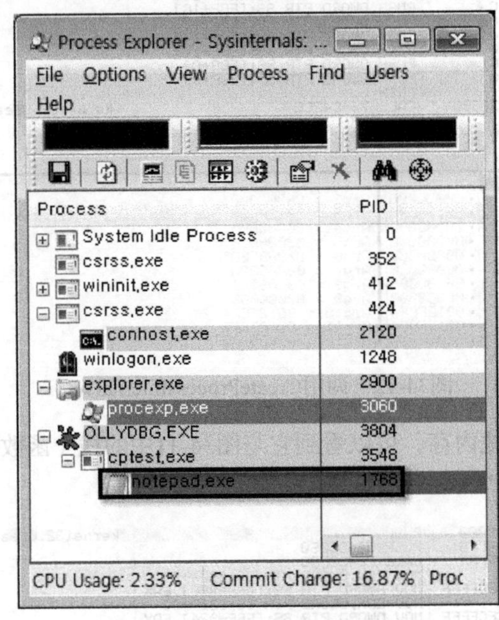

图34-15　notepad.exe被挂起

notepad.exe进程已经生成，但是其EP代码尚未运行。在图34-14代码中继续执行，就会出现调用ntdll!ZwResumeThread() API 的代码，如图34-16所示。

```
764C4F96 | .v 75 1D          | JNZ SHORT 764C4FB5
764C4F98 | .  53             | PUSH EBX
764C4F99 | .  FFB5 BCFCFFFF  | PUSH DWORD PTR SS:[EBP-344]
764C4F9F | .  FF15 3C164776  | CALL DWORD PTR DS:[7647163C]        | ntdll.ZwResumeThread
764C4FA5 | .  8BF0           | MOV ESI,EAX
764C4FA7 | .  89B5 70FCFFFF  | MOV DWORD PTR SS:[EBP-390],ESI
764C4FAD | .  3BF3           | CMP ESI,EBX
764C4FAF | .v 0F8C B77A0200  | JL 764ECA6C
```

图34-16　调用ZwResumeThread()函数的代码

顾名思义，ntdll!ZwResumeThread()函数就是用来恢复运行线程的。该线程即是子进程（notepad.exe）的主线程。所以调用执行该API时，子进程的EP代码才会执行，如图34-17所示。

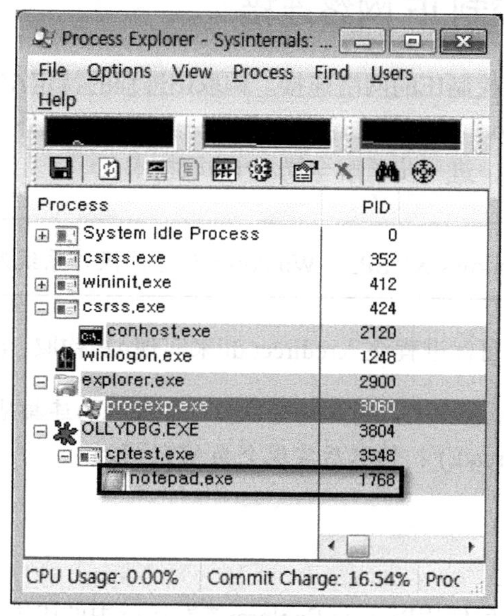

图34-17　恢复运行的notepad.exe

综上所述，CreateProcessW() API的调用流程整理如下：

```
kernel32!CreateProcessW
    kernel32!CreateProcessInternalW
        ntdll!ZwCreateUserProcess     // 创建进程（主线程处于挂起状态）
        ntdll!ZwResumeThread          // 主线程被恢复运行（运行进程）
```

创建子进程的过程中最后被调用的API是ntdll!ZwResumeThread()。所以钩取该API，在子进程的EP代码运行之前，拦截获取控制权，然后钩取指定API。ntdll!ZwResumeThread()是尚未公开的API，函数定义（出处：MSDN）如下：

```
NTSTATUS NtResumeThread(
  IN      HANDLE ThreadHandle,
  OUT     PULONG SuspendCount OPTIONAL
);
```

提示

用户模式中ntdll!ZwResumeThread() API与ntdll!NtResumeThread() API虽然名称不同，但其实是同一函数。

前面介绍的4个API（CreateProcessW、CreateProcessInternalW、ZwCreateUserProcess、ZwResumeThread）中，无论钩取哪个API，都能实现我们的目标——全局API钩取（下面练习中

将钩取ntdll.ZwResumeThread() API）。

提示

若钩取位于上层的 CreateProcessW()函数，则在某个特定情形下（如直接调用 CreateProcessInternalW 时）可能导致无法正常钩取。所以最好钩取 CreateProcessInternalW() 下层的函数（各有优缺点，建议各位都尝试一下）。

34.5　练习示例：控制 IE 网络连接

下面做个练习，目标是控制IE的网络连接。钩取IE进程的特定API，用IE连接指定网站（如Naver、Daum、Nate、Yahoo）时，使之连接到另外一个网站。此外，在IE中添加新选项卡，同时比较新添加的进程的情形，进一步了解全局API钩取技术。

提示

本练习示例在 Windows XP SP3、Windows 7 32 位操作系统及 IE 8 中通过测试。

示例练习中，我们将向目标进程注入redirect.dll来实现API钩取。redirect.dll钩取下面2个API。

wininet!InternetConnectW()：钩取后可以控制IE进程的连接地址。
ntdll!ZwResumeThread()：钩取后实现全局API钩取。

34.5.1　运行 IE

首先运行IE浏览器，然后使用Process Explorer查看运行中的IE进程的结构。

从图34-18中可以看到，IE进程以父子进程的形式运行。只要钩取父进程的ntdll!ZwResumeThread() API，那么后面生成的所有子IE进程都会自动钩取。

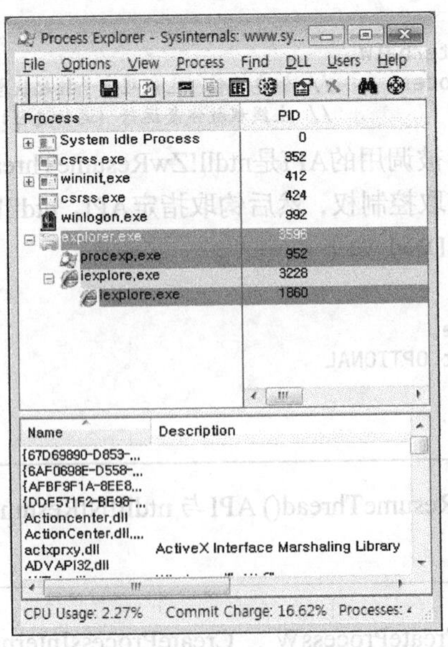

图34-18　iexplore.exe进程

34.5.2 注入 DLL

首先在命令行窗口中使用InjDll.exe命令，将redirect.dll文件注入IE进程（iexplore.exe），如图34-19所示。

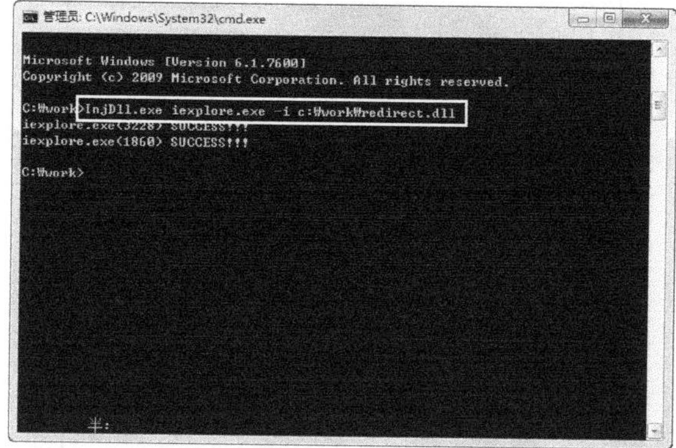

图34-19 运行InjDll.exe – 将redirect.dll注入iexplore.exe

使用Process Explorer工具查看redirect.dll文件是否正常注入IE进程，如图34-20所示。

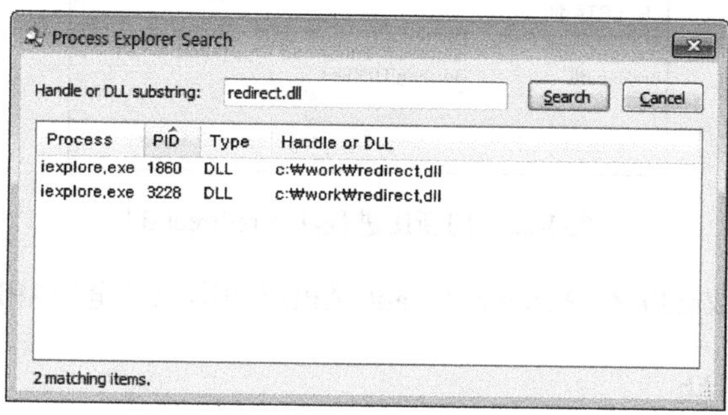

图34-20 查看redirect.dll成功注入

提示

InjDll.exe是专门用于注入的程序。更多相关说明请参考第44章“DLL注入专用工具”。

34.5.3 创建新选项卡

在IE浏览器中创建新选项卡，如图34-21所示。

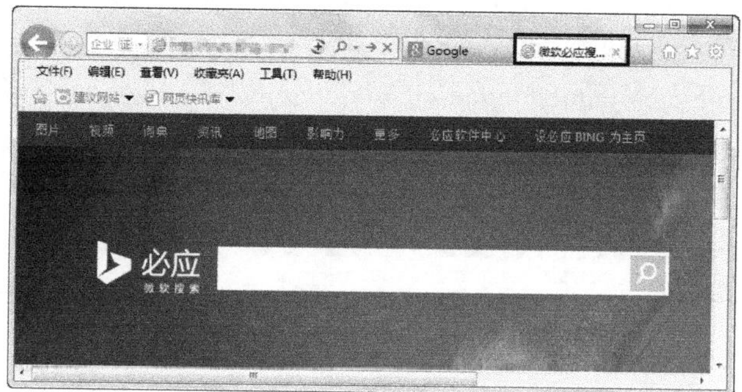

图34-21 新建IE选项卡

使用Process Explorer工具可以看到，redirect.dll已经成功注入新选项卡进程（PID：3136），如图34-22所示。

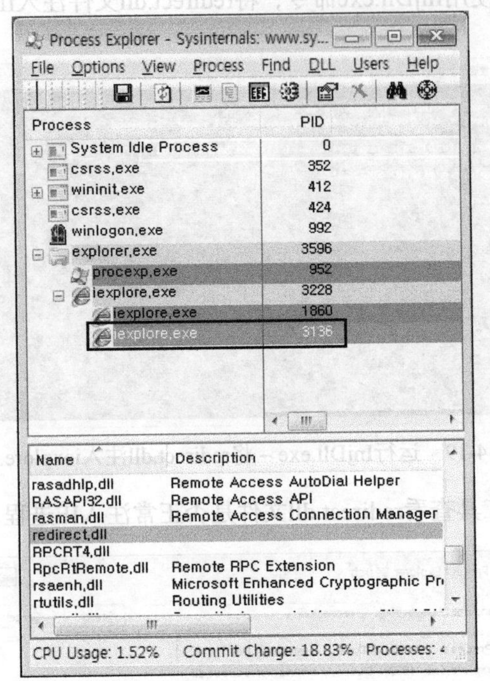

图34-22　向新IE进程注入redirect.dll

由此可见，通过钩取ntdll!ZwResumeThread() API成功实现了全局API钩取。

34.5.4　尝试连接网站

在IE任意一个选项卡中尝试连接你想访问的网站。

如图34-23所示，虽然地址栏中输入的是你想访问的网站，但是浏览器实际连接的网站却是另一个。

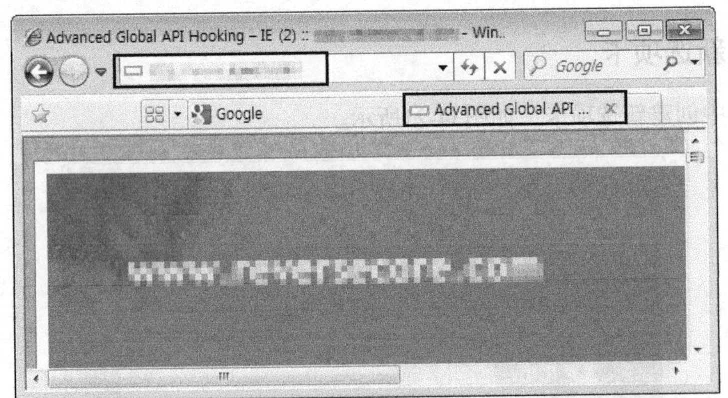

图34-23　被钩取的IE进程

34.5.5　卸载 DLL

下面从IE进程卸载（Unloading）redirect.dll文件，如图34-24所示。

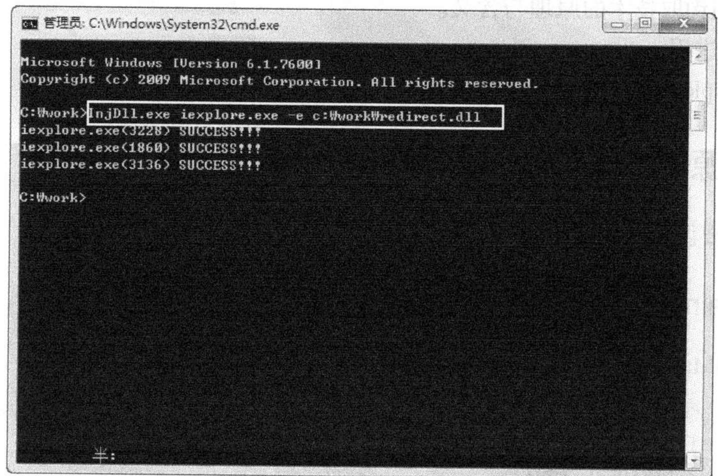

图34-24　从iexplore.exe进程卸载redirect.dll

使用Process Explorer工具可以看到redirect.dll已成功卸载（参考图34-25）。

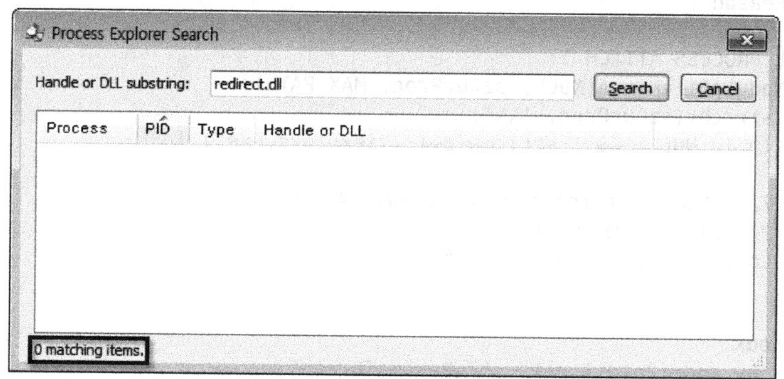

图34-25　redirect.dll成功卸载

现在使用IE浏览器重新连接网站，可以看到IE正常连接，如图34-26所示。

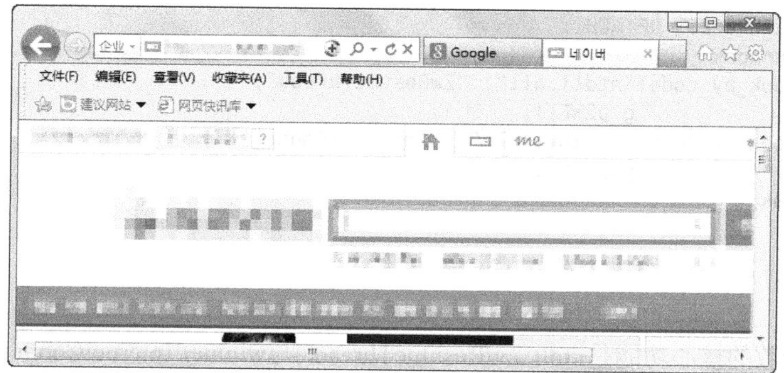

图34-26　“脱钩”后的IE浏览器

34.5.6 课外练习

请各位使用前面介绍的InjDll.exe与redirect.dll文件再多做些课外练习。练习做得多了，才能真正理解全局API钩取技术的原理与含义。

- 钩取所有进程。
- 仅钩取 explorer.exe（以后运行 IE）。

34.6 示例源代码

本节讲解主要函数（为讲解方便，代码中省略了异常处理部分）。

34.6.1 DllMain()

首先看看DllMain()函数。

代码34-2　DllMain()

```
BOOL WINAPI DllMain(HINSTANCE hinstDLL, DWORD fdwReason, LPVOID
                    lpvReserved)
{
    char            szCurProc[MAX_PATH] = {0,};
    char            *p = NULL;

    switch( fdwReason )
    {
        case DLL_PROCESS_ATTACH :
            GetModuleFileNameA(NULL, szCurProc, MAX_PATH);
            p = strrchr(szCurProc, '\\');
            if( (p != NULL) && !_stricmp(p+1, "iexplore.exe") )
            {
                // 钩取wininet!InternetConnectW() API之前
                // 预先加载wininet.dll
                LoadLibrary(L"wininet.dll");
            }

            // hook
            hook_by_code("ntdll.dll", "ZwResumeThread",
                         (PROC)NewZwResumeThread, g_pZWRT);
            hook_by_code("wininet.dll", "InternetConnectW",
                         (PROC)NewInternetConnectW, g_pICW);
            break;

        case DLL_PROCESS_DETACH :
            // unhook
            unhook_by_code("ntdll.dll", "ZwResumeThread",
                           g_pZWRT);
            unhook_by_code("wininet.dll", "InternetConnectW",
                           g_pICW);
            break;
    }

    return TRUE;
}
```

DllMain()函数的核心功能是ntdll!ZwResumeThread()与wininet!InternetConnectW() API的“挂钩/脱钩”功能。其中有条语句显得比较特别，若运行的进程名为iexplorer.exe时，则加载wininet.dll文件。iexplorer.exe进程正常运行时，自然会加载wininet.dll，为什么还要特意增加一条语句加载它呢？这与全局API钩取的特性有关。钩取ntdll!ZwResumeThread() API时，需要在相关进程的主线程开始之前拦截控制权，此时，我们要钩取的wininet.dll模块可能尚未加载。若模块未加载就钩取其内部API，将导致失败。为防止出现这类问题，进程为iexplore.exe时，钩取wininet!InternetConnectW() API之前必须加载wininet.dll文件。

提示

示例代码中，我们使用5字节修改技术钩取Wininet.InternetConnectW() API，当然使用7字节修改技术也是可以的。但是钩取ntdll.ZwResumeThread() API只能使用5字节修改技术（由于没有足够的空间，所以无法使用7字节修改技术）。关于7字节修改技术（“热补丁”）请参考第33章。

34.6.2 NewInternetConnectW()

wininet!InternetConnectW()的钩取函数为NewInternetConnectW()函数，它负责监视IE的连接地址，IE尝试连接到特定网站时，将其转到我们指定的网站。以下是NewInternetConnectW()函数的代码。

代码34-3 NewInternetConnectW()

```
HINTERNET WINAPI NewInternetConnectW
(
    HINTERNET hInternet,
    LPCWSTR lpszServerName,
    INTERNET_PORT nServerPort,
    LPCTSTR lpszUsername,
    LPCTSTR lpszPassword,
    DWORD dwService,
    DWORD dwFlags,
    DWORD_PTR dwContext
)
{
    HINTERNET hInt = NULL;
    FARPROC pFunc = NULL;
    HMODULE hMod = NULL;

    // unhook
    unhook_by_code("wininet.dll", "InternetConnectW", g_pICW);

    // call original API
    hMod = GetModuleHandle(L"wininet.dll");
    pFunc = GetProcAddress(hMod, "InternetConnectW");

    if( !_tcsicmp(lpszServerName, L"网址1") ||
        !_tcsicmp(lpszServerName, L"网址2") ||
        !_tcsicmp(lpszServerName, L"网址3") ||
        !_tcsicmp(lpszServerName, L"网址4") )
    {
        hInt = ((PFINTERNETCONNECTW)pFunc)(hInternet,
                                           L"www.example.com",
                                           nServerPort,
                                           lpszUsername,
                                           lpszPassword,
                                           dwService,
                                           dwFlags,
                                           dwContext);
```

```
    }
    else
    {
        hInt = ((PFINTERNETCONNECTW)pFunc)(hInternet,
                                           lpszServerName,
                                           nServerPort,
                                           lpszUsername,
                                           lpszPassword,
                                           dwService,
                                           dwFlags,
                                           dwContext);
    }

    // hook
    hook_by_code("wininet.dll", "InternetConnectW",
                 (PROC)NewInternetConnectW, g_pICW);

    return hInt;
}
```

从以上代码可以看到，NewInternetConnectW()函数代码并不复杂。函数的第二个参数lpszServerName字符串即是要连接的网站地址。监视该连接地址，IE连接的是特定网站（Naver、Daum、Nate、Yahoo）时，就将连接地址修改为我的博客地址（ReverseCore）。

34.6.3 NewZwResumeThread()

NewZwResumeThread()函数用来对ntdll!ZwResumeThread() API进行全局钩取，代码如下：

代码34-4 NewZwResumeThread()

```
NTSTATUS WINAPI NewZwResumeThread(HANDLE ThreadHandle, PULONG
                                  SuspendCount)
{
    NTSTATUS status, statusThread;
    FARPROC pFunc = NULL, pFuncThread = NULL;
    DWORD dwPID = 0;
    static DWORD dwPrevPID = 0;
    THREAD_BASIC_INFORMATION tbi;
    HMODULE hMod = NULL;
    TCHAR szModPath[MAX_PATH] = {0,};

    hMod = GetModuleHandle(L"ntdll.dll");

    // 调用ntdll!ZwQueryInformationThread()
    pFuncThread = GetProcAddress(hMod, "ZwQueryInformationThread");

    statusThread = ((PFZWQUERYINFORMATIONTHREAD)pFuncThread)
                   (ThreadHandle, 0, &tbi, sizeof(tbi), NULL);

    dwPID = (DWORD)tbi.ClientId.UniqueProcess;
    if ( (dwPID != GetCurrentProcessId()) && (dwPID != dwPrevPID) )
    {
        dwPrevPID = dwPID;

        // 修改privilege
        SetPrivilege(SE_DEBUG_NAME, TRUE);

        // 获取injection dll路径
        GetModuleFileName(GetModuleHandle(STR_MODULE_NAME),
                          szModPath,
```

```
                    MAX_PATH);

        InjectDll(dwPID, szModPath);
    }

    // 调用ntdll!ZwResumeThread()
    unhook_by_code("ntdll.dll", "ZwResumeThread", g_pZWRT);

    pFunc = GetProcAddress(hMod, "ZwResumeThread");
    status = ((PFZWRESUMETHREAD)pFunc)(ThreadHandle, SuspendCount);

    hook_by_code("ntdll.dll", "ZwResumeThread",
                 (PROC)NewZwResumeThread, g_pZWRT);

    return status;
}
```

NewZwResumeThread()函数的第一个参数是要恢复运行的线程句柄（ThreadHandle）。前面说明中已经指出，该线程即是子进程的主线程。在NewZwResumeThread()函数的前半部分调用ZwQueryInformationThread() API，就是为了获取线程句柄所指线程（子进程的线程）所属的子进程的PID。像这样，通过线程句柄参数即可获得（刚刚创建的）子进程的PID，然后使用该PID就可以注入redirect.dll（钩取DLL）文件。相关子进程在主线程运行前就已经注入redirect.dll文件，自动实现了API钩取。最后正常调用ntdll!ZwResumeThread() API，将子进程的主线程恢复运行。这样，子进程就在API被钩取的状态下得以正常运行。

高级API钩取与低级API钩取

钩取 ntdll!ZwResumeThread() API 比钩取 kernel32!CreateProcess() API 更强大、更方便。因为 CreateProcess()在内部调用了 CreateProcessInternal()。如果在程序中直接调用 CreateProcessInternal()，则无法正常钩取（此时直接钩取 CreateProcessInternal()反而更好）。像这样，越钩取低级 API（ntdll.dll 中提供的 API），效果越好。但是大部分低级 API 尚未文档化，根据 OS 版本不同可能变化。相反，高级 API（kernel32.dll 级别 – 公开的）一般不会变化，文档化做得也非常好，用来钩取是比较稳定的，但是钩取性能要差一些。所以，高级 API 钩取与低级 API 钩取各有长短，使用时要根据具体情况选择，这才是明智的做法。

34.7 小结

本章分析了练习示例的源代码，进一步学习了全局API钩取的实现原理，并借此掌握了有关API钩取的所有知识。若想成为API钩取专家就要不断尝试，经历大量失败来积累丰富的实战经验。接触并解决各类问题才能逐渐提高代码逆向分析水平，相信大家会对此深有体会。

第35章　优秀分析工具的五种标准

35.1　工具

无论哪个领域，技术人员（工程师）都有适合自己的工作环境以及用着顺手的工具（装备）。所谓技术人员，就是指熟练使用某一类工具并用这些工具完成特定任务的人。即便是同一套工具，不同水平的技术人员使用时也会产生完全不同的效果（甚至有人会亲自制作要使用的工具）。并且，技术人员拥有并熟悉了一套适合自己的工具后，一般会长期使用，不到万不得已是不会换用其他工具的（即使更换，也会换同一公司生产的新品）。不管怎样，使用别人的工具、在别人的工作环境下做事，总让人感觉不方便。也就是说，只有在自己的工作环境下使用自己用着顺手的工具，才能100%发挥出自己的技术水平。

35.2　代码逆向分析工程师

代码逆向分析工程师（Reverser）是什么样的呢？代码逆向分析工程师是IT工程领域的工作人员，他们与上面提到的普通技术人员在本质上并没有什么不同。代码逆向分析领域中使用的工具有数十种之多，各类工具又有多种不同的产品。此外，IT领域的特性又会导致不断涌现出大量新工具。代码逆向分析中用到的工具种类相当多，常用的列出如下（此外还有大量未提及的工具）：

逆向分析工具的种类：

- disassembler
- debugger-PE、script 等
- development tool-assembly、C/C++等
- editor(viewer)-text、hex、resource、registry、string、PE 等
- monitoring tool-process、file、registry、network、message 等
- memory dump
- classifier
- calculator-hex、binary
- compare tool-text、hex
- packer/unpacker
- encoder/decoder
- virtual machine
- decompiler-C、VB、Delphi 等
- emulator

35.3　优秀分析工具的五种标准

以下是我选择分析工具时使用的5种标准（指导），供各位参考。希望各位根据自身实际情况

确立自己的工具选用标准。

35.3.1 精简工具数量

不能因为别人都用某个工具所以自己也准备很多还不了解功能的工具，这样是没用的。自己需要用的工具每种1个就够了。刚开始要根据自身水平选择相应工具，然后随着水平的提高慢慢增加即可。此外，还有很多工具功能都是重复的，这样的工具用1个就行了。

35.3.2 工具功能简单、使用方便

随着水平的提高，使用的工具数量也会增加。此时工具的功能越简单、用户界面越直观，使用起来就越方便。这里说的“功能简单”是作为代码逆向分析工具而言，从一般人的视角来看，它仍是使用方法非常复杂的工具。所以无论多么简单的逆向分析工具，都要花费相当时间来熟悉。

35.3.3 完全掌握各种功能

再好的工具首先也要懂得使用，不然就毫无用处。很多时候本来是自己所用工具已有的功能，但因为不熟悉，需要该功能时不得不找其他工具来代替。选中某个工具后，要认真阅读使用说明，熟悉各种功能。常用功能的快捷键要记住，这会使工作更加容易，提高工作效率（学会灵活使用工具快捷键就会越来越喜欢，用起来也更得心应手）。

35.3.4 不断升级更新

逆向分析技术发展相当快，随着新技术的不断涌现，与之对应的工具变化也很快，所以经常更新所用工具是非常重要的。因此，建议大家选择能够持续更新的工具。

35.3.5 理解工具的核心工作原理

理解工具的工作原理能够帮助我们更好地使用工具。当然，在此基础上能够开发出测试原型（prototype）更是锦上添花。我们使用某个工具时通常不怎么关心其工作原理，但若想真正提高自身的代码逆向分析水平，了解工作原理是非常必要的。比如，理解了调试器的工作原理后就能很好地避开反调试技术的阻碍。如果不理解工具的工作原理，一味依赖它，程序中的一些简单花招就都无法解决，不得不寻找新的工具，最后沦为“工具的奴隶”（一定要警惕这一点）。

35.4 熟练程度的重要性

各位听说过debug.exe这个程序吗？它从MS-DOS时代就存在，是16位的调试器（Windows XP中也有）。在命令窗口运行debug.exe，输入“？”命令，显示帮助选项。

图35-1显示的就是全部指令，很简单。我曾看到一个朋友使用debug.exe调试分析16位的DOS程序。当时只看见他运行某个工具，快速敲击键盘，画面不断滚动切换，我就站在他身旁，但根本看不出他在干什么（眼睛根本跟不上他的调试速度），甚至没有意识到刚开始运行的是debug.exe程序（那时我接触debug.exe已经一个多月了，但是仍然没有意识到这点）。后来我知道他用的是debug.exe时被惊得目瞪口呆，“只使用那么简单的dcbug.exe，竟然能那么快解决问题？”从那以后，我选择某个工具时就立下了一条规矩，并且有了更深层次的认识。

```
管理员: C:\Windows\System32\cmd.exe - debug.exe
-?
assemble      A [address]
compare       C range address
dump          D [range]
enter         E address [list]
fill          F range list
go            G [=address] [addresses]
hex           H value1 value2
input         I port
load          L [address] [drive] [firstsector] [number]
move          M range address
name          N [pathname] [arglist]
output        O port byte
proceed       P [=address] [number]
quit          Q
register      R [register]
search        S range list
trace         T [=address] [value]
unassemble    U [range]
write         W [address] [drive] [firstsector] [number]
allocate expanded memory        XA [#pages]
deallocate expanded memory      XD [handle]
map expanded memory pages       XM [Lpage] [Ppage] [handle]
display expanded memory status  XS
-
```

图35-1　debug.exe程序帮助

“即便是普通的工具，对其认真研习并运用到极致，它也能成为天下独一无二的优秀工具。”

就像武林高手经过不断修炼、再修炼，丢弃有形的“剑”，他们眼里任何东西都是剑器，如草、木、竹、石等，达到“手中无剑心中有剑”的境界。各位意下如何呢？

第五部分

64 位 &Windows 内核 6

第36章　64位计算

不知不觉间，64位OS得到快速普及，本章讲解代码逆向分析工程师必须学习的64位计算（64bit Computing）相关知识。

36.1　64 位计算环境

80386是Intel于1985年推出的CPU芯片，它是一种32位微处理器。当时由于其价格高昂、支持的OS少，几乎没有得到普及。随着1995年微软发布32位OS Windows 95，计算机正式进入32位计算时代。Windows 95向下兼容支持16位程序，已有的DOS应用程序大部分也能够稳定运行。经过几年16位/32位混用的过渡期，OS进入Windows 2000/XP时代，32位应用程序开始成为主流，并延续至今。此过程中，CPU、OS制造厂商深刻认识到32位PC的局限（主物理内存最大为4GB），纷纷开始开发64位版本，这就是64位CPU与64位OS共同构成的64位计算环境。

36.1.1　64 位 CPU

在32位CPU时代，Intel主导着技术主流（x86），AMD生产x86兼容芯片，形成追击之势。但64位CPU中出现了比较有意思的事情。Intel最初发布的64位CPU IA-64（产品名：Itanium）是一款64位的功能强大的芯片。有意思的是，全新IA-64采用了与原x86系列（IA-32）CPU完全不同的芯片。就像IBM的PowerPC系列一样，搭载的寄存器以及使用的指令都是完全不同的，无法与现有的IA-32直接兼容（使用模拟器可以实现间接兼容，但速度慢）。

其实，IA-64是Intel与HP合作的产物，设计的初衷可能是为了大幅提高计算机性能，霸占整个PC与服务器市场，从而抛弃了向下兼容的特性。但是想要市场（特别是PC市场）放弃向下兼容可不容易。此后AMD发布了AMD64，它是一款兼容IA-32的64位芯片。支持向下兼容的AMD64在PC市场上大受欢迎。为了应对这种情况，Intel从AMD购买使用许可，发布了与AMD64兼容的EM64T，后来改名为Intel64。最近Intel推出的Core 2 Duo、i7/i5/i3等CPU就是Intel64系列的。通常说的x64是AMD64与Intel64的合称，指的是与现有x86（IA-32）兼容的64位CPU，主要用于普通PC和服务器。而IA-64是与x64具有完全不同形态的CPU，主要用在大型服务器与超级计算机中。

术语一览

讲解64位CPU时会遇到相当多的术语，这可能会给各位造成困惑。现将常用术语整理如下。

表36-1　CPU术语一览

术　语	说　明
AMD64	AMD研制的64位CPU（直接向下兼容x86）
EM64T	Intel研制的兼容AMD64的CPU
Intel64	EM64T的新名称
IA-64	Intel与HP合作研发的64位CPU（可通过模拟器间接兼容x86）
x86	Intel的IA-32、IA-16、IA-8系列的CPU
x64	AMD64 & Intel64

36.1.2 64位OS

PC中使用的Windows 64位操作系统有Windows XP/Vista/7的64位版本。微软认为能否向下兼容32位是决定64位OS成败的关键，支持32位也被看作是64位OS的核心功能。为此，微软提供了名为WOW64的机制，现有的32位应用程序能够在这种机制下正常运行，使现有32位源码可以很容易地移植到64位系统。

LLP64数据模型

64位Windows中使用LLP64数据模型实现向下兼容，它将现有32位Windows数据模型（ILP32）中的指针大小更改为64位。所以将现有的32位源代码移植到64位系统时，只要在指针类型变换上下工夫就行了。

表36-2 数据模型

数据模型	short	int	long	longlong	指针	OS
ILP32	16	32	32	64	32	MS Windows 32位
LLP64	16	32	32	64	64	MS Windows 64位
LP64	16	32	64	64	64	UNIX 64位

还有一点需要注意的是，HANDLE类型大小在64位Windows中已经变为64位。

另外，64位UNIX系列使用LP64数据模型，它与LLP64的不同在于长整型类型的大小为64位。

缩略语说明

ILP32：Integer、Long、Pointer-32位。

LLP64：LongLong、Pointer-64位。

LP64：Long、Pointer-64位。

36.1.3 Win32 API

创建64位应用程序时，现有的Win32 API几乎可以照搬使用，而非另外提供一套Win64 API。开发人员不用再熟悉新增的API，没有这个负担也是非常吸引人的地方。通过诸如此类的各种考虑，轻松实现将现有32位源代码移植到64位系统。

提示

微软为了向下兼容并未另外制作 Win64，以后安装 64 位系统时也会一同提供Win64。

36.1.4 WOW64

现在正处于32位到64位的过渡期，在64位OS中正常运行现有的32位应用程序是重中之重。就像先前的Windows 95能够同时支持32位Windows应用程序与16位的DOS程序运行一样。WOW64（Windows On Windows 64）是一种在64位OS中支持运行现有32位应用程序的机制。

64位Windows中，32位应用程序与64位应用程序都可以正常运行。64位应用程序会加载kernel32.dll（64位）与ntdll.dll（64位）。而32位应用程序则会加载kernel32.dll（32位）与ntdll.dll（32位），WOW64会在中间将ntdll.dll（32位）的请求（API调用）重定向到ntdll.dll（64位）。

也就是说，64位Windows提供了32位Windows的系统环境，用来运行32位应用程序。并在中途借助WOW64将其变换为64位环境，如图36-1所示。

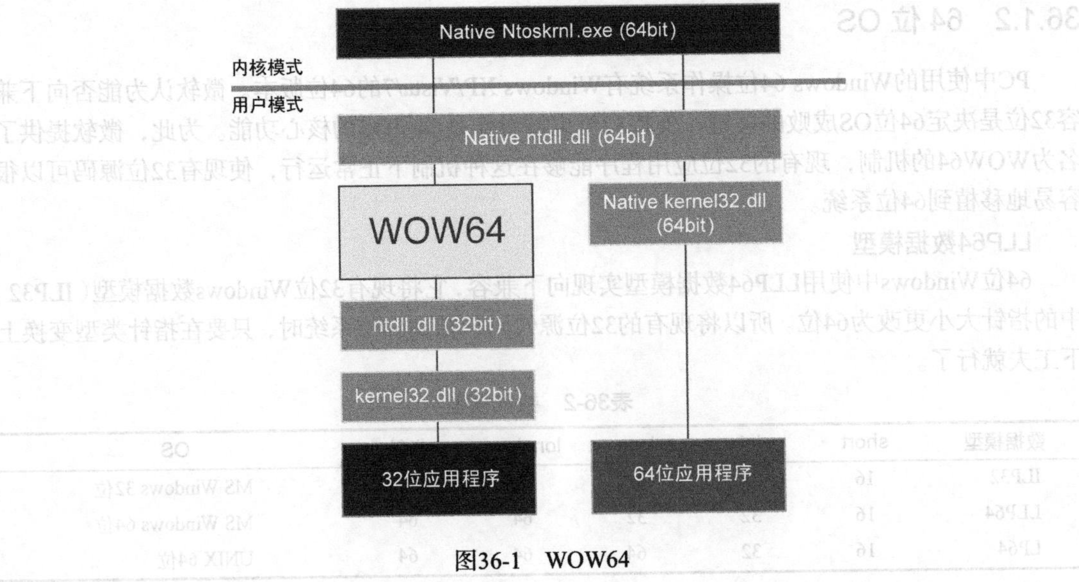

图36-1　WOW64

提示

WOW64仅运行在用户模式下，运行在内核模式中的驱动程序（Driver）文件必须编译成64位。内核模式中发生内存引用错误时，就会引发BSOD（Blue Screen Of Death，蓝屏死机）问题，所以为了保证系统稳定性，WOW64被限制在用户模式下运行。

文件夹结构

64位Windows的文件夹结构中，开发人员与逆向分析人员都需要明确知道一点，那就是System32文件夹。系统文件夹在64位环境中的名称也为System32，并且为了向下兼容32位，单独提供了SysWOW64文件夹，如图36-2所示。

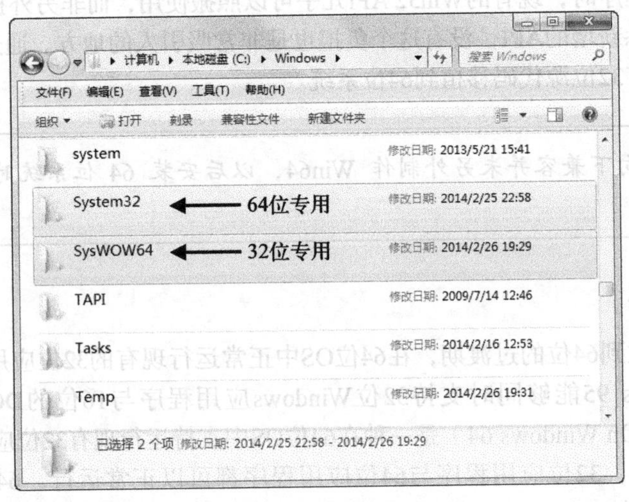

图36-2　2个系统文件夹

System32文件夹中存放着64位的系统文件，而SysWOW64文件夹中则存放着32位的系统文件。向用户提供的重要的系统文件被分别编译成64位与32位（参考图39-3、图39-4）。

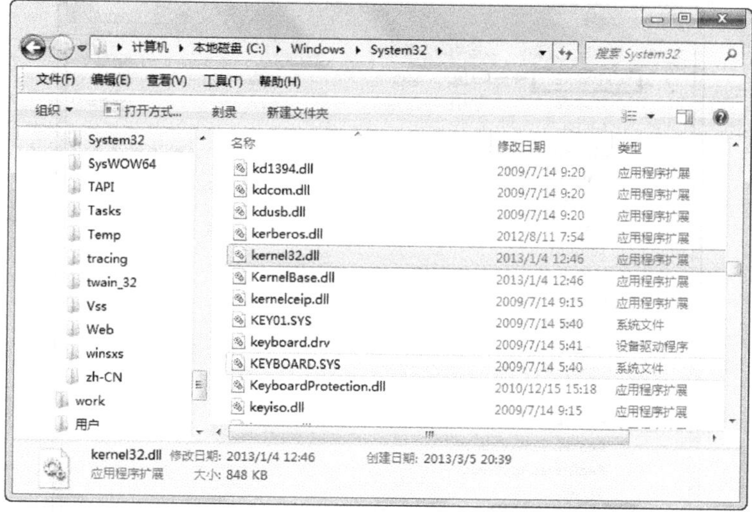

图36-3　System32文件夹中的kernel32.dll（64位）

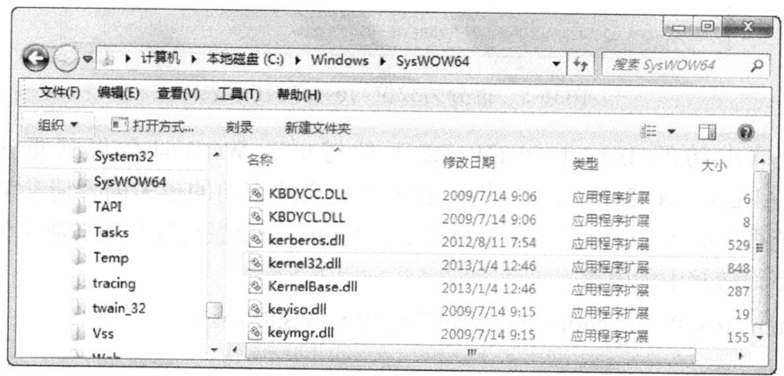

图36-4　SysWOW64文件夹的kernel32.dll（32位）

有意思的是，64位应用程序中使用GetSystemDirectory() API查找系统文件夹，正常返回System32文件夹。32位应用程序中调用GetSystemDirectory()返回的文件夹名称也为System32，文件夹的实际内容与SysWOW64文件夹是一样的。这是WOW64在中间截获了API调用并进行操作后返回的结果，这使32位应用程序可以正常运行。

提示

像 System32/SysWOW64 一样，Program Files 与 Program Files(x86)文件夹并不是直接重定向的对象。32 位应用程序中使用 SHGetSpecialFolderPath() API 获取 Program Files 文件夹路径时，WOW64 会在中间对其截获，并返回 Program Files(x86)路径。32 位应用程序中，SysWOW64 文件夹名称看似被修改成 System32，但是 Program Files(x86) 文件夹会原样显示。

注册表

64位Windows中的注册表分为32位注册表项与64位注册表项，如图36-5所示。

图36-5 拆分为32位与64位的注册表

32位进程请求访问HKLM\SOFTWARE下的键时，WOW64会将其重定向到32位的HKLM\SOFTWARE\Wow6432Node下的键。有关注册表重定向的更多内容请参考下面MSDN链接。与文件系统重定向相比，注册表通常显得更加复杂。需要做精确开发与逆向分析的人员，请务必认真阅读下面链接中的内容。

http://msdn.microsoft.com/en-us/library/aa384232(v=VS.85).aspx

提示

与文件系统不同，注册表无法完全分离为32位与64位两部分，经常出现32/64位共用的情形。有时候向32位部分写入的值会自动写入64位部分。所以对运行在WOW64环境中的程序进行逆向分析时，必须准确知道访问的究竟是注册表的哪一部分（32位还是64位）。

36.1.5 练习：WOW64Test

下面准备了一个简单的示例，用来测试WOW64。WOW64Test_x86.exe被编译为32位文件，在WOW64模式下运行。而WOW64Test_x64.exe被编译为64位文件，运行在64位Native模式下。两个文件的源文件（WOW64Test.cpp）都是一样的。

提示

要正常运行/调试WOW64Test_x64.exe文件，需要Windows XP/Vista/7 64位系统环境支持。

图36-6是分别运行它们得到的结果。

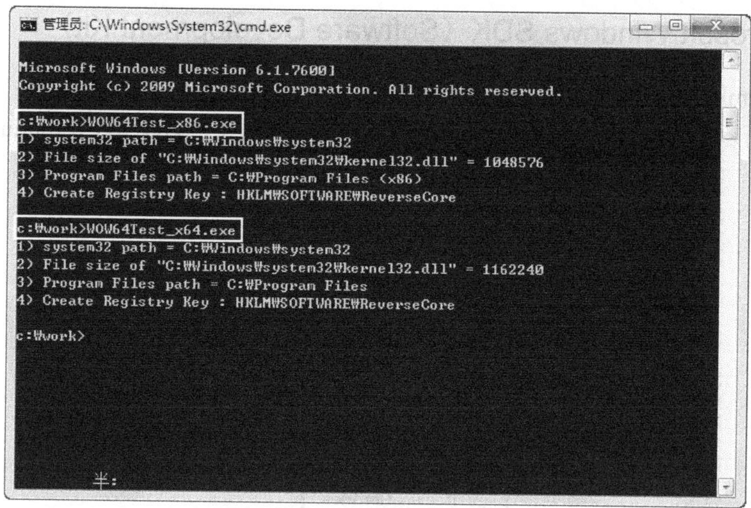

图36-6 WOW64Test_x86.exe、WOW64Test_x64.exe

运行示例程序可以获取以下4种信息：

"system32" path
File size of "kernel32.dll"
"Program Files" path
Create Registry Key: "HKLM\SOFTWARE\ReverseCore"

从运行结果画面可以看到，64位WOW64Test_x64.exe从准确位置（与源代码中的内容一样）获取值并生成了注册表键。但是以WOW64模式运行的32位WOW64Test_x86.exe行为略有不同。它虽然把System32文件夹目录识别为"C:\Windows\system32"，但其内容却指向SysWOW64文件夹（从kernel32.dll的文件尺寸即可得知）。还有Program Files目录被返回为"Program Files(x86)"。创建注册表项时，实际创建的不是HKLM\SOFTWARE\ReverseCore，而是HKLM\SOFTWARE\Wow6432Node\ReverseCore。以WOW64模式运行的32位应用程序会像这样对文件（文件夹）与注册表进行重定向，请各位一定要注意这点。

提示

在 64 位 Windows 环境中逐一运行示例文件，然后利用文件浏览器与注册表编辑器查看运行结果。

36.2 编译 64 位文件

本节将向各位介绍编译64位PE文件（PE+或PE32+）的方法。32位与64位Windows OS中都可以分别交叉编译（Cross Compile）32位/64位PE文件。最简单的方法是安装Visual C++ 2010 Express Edition与Microsoft Windows SDK for Windows 7and .NET Framework 4。

其实，Visual C++ 2010 Professional版本开始就默认提供64位编译环境。但在免费的Express版本中必须先安装最新版本的Windows SDK才能编译64位文件。

36.2.1　Microsoft Windows SDK（Software Development Kit）

原有Platform SDK名称被更改为Windows SDK，下载最新版本安装即可。

如图36-7所示，Windows SDK提供了32位的x86库、64位的x64库以及Itanium库（IA-64）支持。

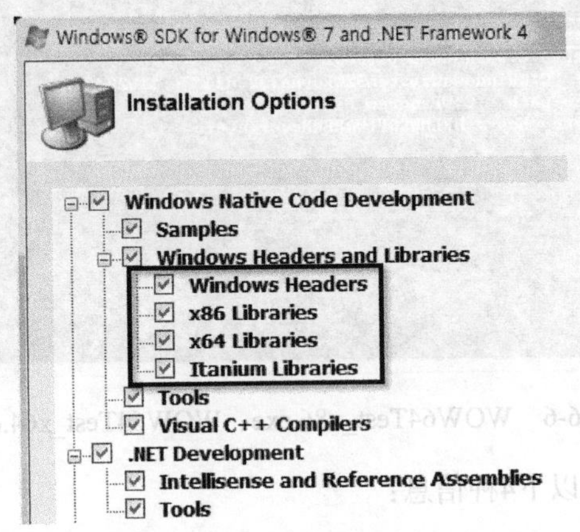

图36-7　Microsoft Windows SDK

36.2.2　设置 Visual C++ 2010 Express 环境

为了进行64位编译，我们需要在VC++中添加编译平台。下面以练习文件为例讲解一下大致的配置步骤。在主菜单栏中依次选择“生成（B）–配置管理器（O）”，打开“配置管理器”，如图36-8所示。

图36-8　配置管理器

为了设置新的编译平台，在配置管理器的“活动解决方案平台（P）”中，选择“<新建...>”，如图36-9所示。

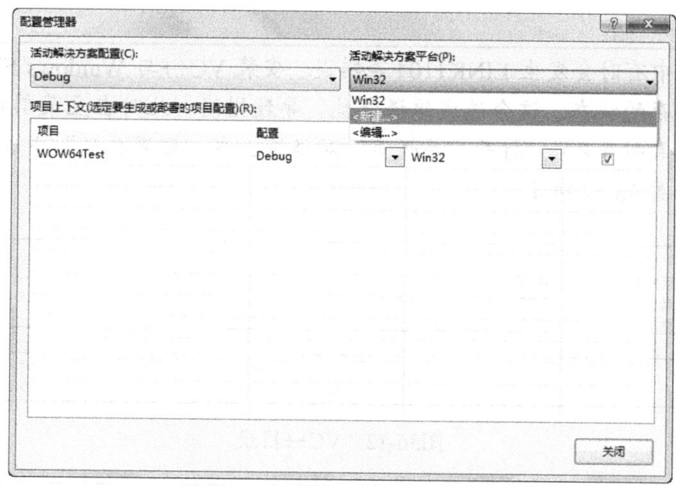

图36-9 活动解决方案平台

如图36-10所示，弹出“新建解决方案平台”对话框。

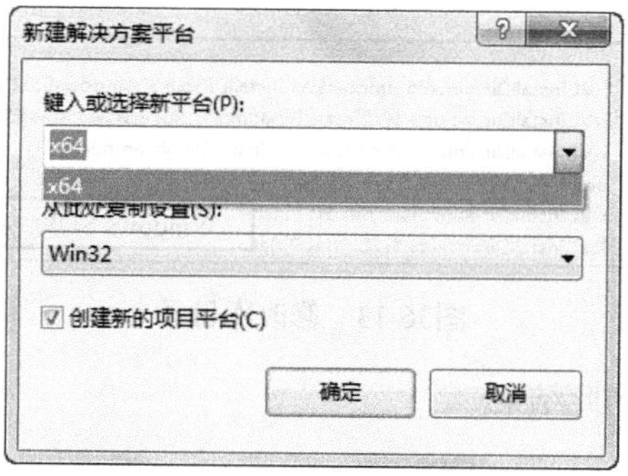

图36-10 新建解决方案平台

在对话框中选择需要的编译平台（Itanium、x64），然后在新创建的64位环境中开始编译即可，如图36-11所示。

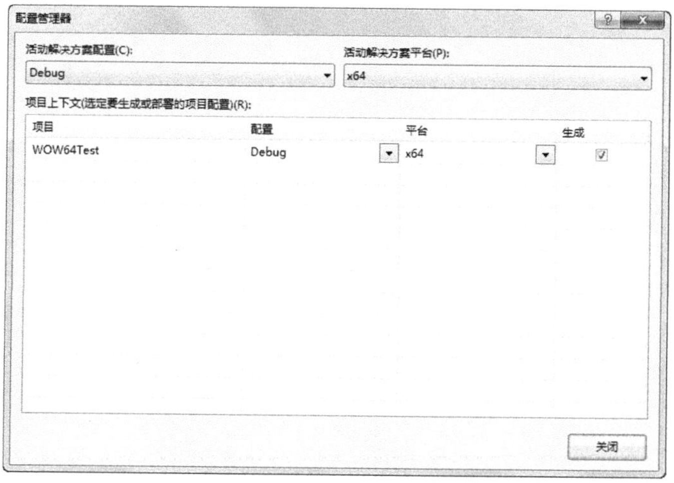

图36-11 新建64位编译环境

提示

编译过程中有时会发生 LINK1104 等错误。安装 VC++与 Windows SDK 时可能出现多个版本并存的状态，这会造成编译紊乱，导致错误。此时在主菜单栏中依次选择“项目（P）–属性（P）”，打开“属性页”对话框，在“配置属性”中选择“VC++目录”项目，如图 36-12 所示。

◢ 常规	
可执行文件目录	$(VCInstallDir)bin\x86_amd64;$(VCInstallDir)bin;$(WindowsSdkDir)bin\NETFX 4.0 Tools;$(Wi
包含目录	$(VCInstallDir)include;$(VCInstallDir)atlmfc\include;$(WindowsSdkDir)include;$(FrameworkSD
引用目录	$(VCInstallDir)atlmfc\lib\amd64;$(VCInstallDir)lib\amd64
库目录	$(VCInstallDir)lib\amd64;$(VCInstallDir)atlmfc\lib\amd64;$(WindowsSdkDir)lib\x64;
源目录	$(VCInstallDir)atlmfc\src\mfc;$(VCInstallDir)atlmfc\src\mfcm;$(VCInstallDir)atlmfc\src\atl;$(VC
排除目录	$(VCInstallDir)include;$(VCInstallDir)atlmfc\include;$(WindowsSdkDir)include;$(FrameworkSD

图36-12　VC++目录

然后在原路径的最后添加Windows SDK的安装文件夹目录就可以了，如图36-13所示（请分别编辑修改Debug/Release）。

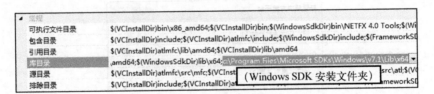

◢ 常规	
可执行文件目录	$(VCInstallDir)bin\x86_amd64;$(VCInstallDir)bin;$(WindowsSdkDir)bin\NETFX 4.0 Tools;$(Wi
包含目录	$(VCInstallDir)include;$(VCInstallDir)atlmfc\include;$(WindowsSdkDir)include;$(FrameworkSD
引用目录	$(VCInstallDir)atlmfc\lib\amd64;$(VCInstallDir)lib\amd64
库目录	amd64;$(WindowsSdkDir)lib\x64;c:\Program Files\Microsoft SDKs\Windows\v7.1\Lib\x64
源目录	$(VCInstallDir)atlmfc\src\mfc;$(VCInst … src\atl;$(VC
排除目录	$(VCInstallDir)include;$(VCInstallDir)at … ameworkSD

（Windows SDK 安装文件夹）

图36-13　修改库目录

对64位计算环境的讲解到此结束。

第37章 x64处理器

要在64位环境中进行代码逆向分析，需要具备x64 CPU的基础知识，本章将与各位一起学习。

37.1 x64 中新增或变更的项目

为了保持向下兼容，x64是在原有x86基础上扩展而来的。要在x64系统中进行代码逆向分析，必须先了解x64中新增或变更的内容。

提示

我们平时很少接触 IA-64，此处略去不谈。x64 中新增的内容比我们想象的要多得多，这里只讲解与代码逆向分析有关的部分。更详细的内容请参考 Intel 用户手册以及 MSDN 等相关信息。

37.1.1 64 位

64位系统中内存地址为64位（8个字节），使用64位大小的指针。所以含有绝对地址（VA）的指令大小比原来增加了4个字节。同样，寄存器的大小以及栈的基本单位也变为64位。

37.1.2 内存

x64系统中进程虚拟内存的实际大小为16TB（Tera Byte：10^{12}）（内核空间与用户空间各占8TB）。与x86的4GB（Giga Byte：10^9）相比，大小增加了非常多。

提示

用 64 位可以表示的数为 2^{64}=16EB（Exa Byte：10^{18}），日常生活中不会看到这么大的数。所以 64 位的 CPU 理论上可以支持 16EB 大小的内存寻址（Memory Addressing），但是考虑到实际性能，x64 与 IA-64 都不支持这么大的虚拟内存，因为它会导致巨大的系统开销耗费在内存管理上。

37.1.3 通用寄存器

x64系统中，通用寄存器的大小扩展到64位（8个字节），数量也增加到18个（新增了R8~R15寄存器）。x64系统下的所有通用寄存器的名称均以字母“R”开头（x86以字母“E”开头），如图37-1所示。

为了实现向下兼容，支持访问寄存器的8位、16位、32位（例：AL、AX、EAX）。

提示

64 位本地模式中不使用段寄存器：CS、DS、ES、SS、FS、GS，它们仅用于向下兼容 32 位程序。

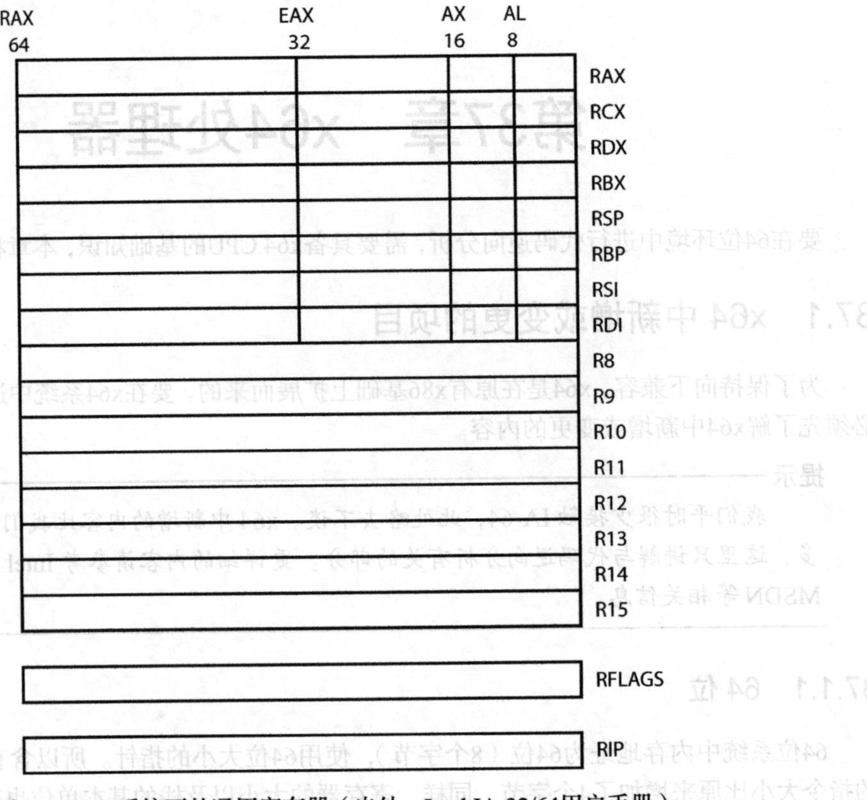

图37-1 x64系统下的通用寄存器（出处：Intel IA-32/64用户手册）

37.1.4 CALL/JMP 指令

32位的x86系统中，CALL/JMP指令的使用形式为“地址 指令 CALL/JMP”。

```
x86中的CALL/JMP地址指令
Address     Instruction     Disassembly
----------------------------------------------------------------------
00401000    FF1500504000    CALL DWORD PTR DS:[00405000]    ; CALL 75CE1E12
                                                             (LoadLibraryW)
...
00401030    FF2510504000    JMP DWORD PTR DS:[00405010]     ; JMP 75CE10EF
                                                             (Sleep)


00405000    121ECE75          ; 75CE1E12 (Kernel32!LoadLibraryW)
...
00405010    EF10CE75          ; 75CE10EF (Kernel32!Sleep)
```

FF15 XXXXXXXX指令用于调用API，其中XXXXXXXX“绝对地址”指向IAT区域的某个位置。x64系统中仍使用相同指令，但解析方法不同。

```
x64中的CALL/JMP地址指令
Address              Instruction     Disassembly
----------------------------------------------------------------------
00000001`00401000    FF15FA3F0000    CALL QWORD PTR DS:[00000001`00405000]
                                     ; CALL 00000000`75CE1E12
...
00000001`00401030    FF250A400000    JMP QWORD PTR DS:[00000001`00405010]
```

```
                              ; JMP 00000000`75CE10EF

00000001`00405000   121ECE7500000000 ; 00000000`75CE1E12
                                       (Kernel32!LoadLibraryW)
...
00000001`00405010   EF10CE7500000000  ; 00000000`75CE10EF (Kernel32!Sleep)
```

首先指令地址由原来的4个字节变为8个字节，然后，x86中FF15指令后跟着4个字节的绝对地址（VA）。若x64中也采用与x86相同的方式，则FF15后面应该跟着8个字节的绝对地址（VA），这样指令的长度就增加了。为了防止增加指令长度，x64系统中指令后面仍然跟着4个字节大小的地址，只不过该地址被解析为“相对地址”（RVA）。所以上面的指令列表中，FF15后面的4个字节（3FFA）被识别为相对地址，并通过下面的方法将相对地址转换为绝对地址。

00000001`00401000+3FFA+6=00000001`00405000

- 00000001`00401000：CALL 指令地址
- 3FFA：相对（地址）
- 6：CALL 指令（FF15XXXXXXXX）长度
- 00000001`00405000：变换后的绝对地址

由于00000001`00405000地址中存储着00000000`75CE1E12值，所以上面出现的第一个CALL指令最后被解析为CALL 00000000`75CE1E12。

提示

关于指令解析方法请参考第49章“IA-32指令”。

37.1.5 函数调用约定

x64系统中另一个重要的不同是函数调用约定。前面介绍过，32位系统中使用的函数调用约定包括cdecl、stdcall、fastcall等几种，但64位系统中它们统一为一种变形的fastcall。64位fastcall中最多可以把函数的4个参数存储到寄存器中传递。

表37-1 64位fastcall参数

参　数	整 数 型	实 数 型
1st	RCX	XMM0
2nd	RDX	XMM1
3rd	R8	XMM2
4th	R9	XMM3

各参数顺序由寄存器确定，比如第一个参数总是存储在RCX（实数时为XMM0）中。若函数的参数超过4个，则与栈并用。也就是说，从第五个参数开始会存入栈来传递。此外，函数返回时传递参数过程中所用的栈由调用者清理。看上去x64系统下的fastcall就像是32位系统下函数调用约定cdecl与fastcall方式的混合（所以前面我们把它称为变形的fastcall）。使用这种新的fastcall可以大大加快函数调用的速度。还有一点比较有意思的是，函数的前4个参数明明使用寄存器传递，但是栈中仍然为这4个参数预留了空间（32个字节）（下面的栈部分会详细讲解）。

37.1.6　栈 & 栈帧

Windows 64位OS中使用栈与栈帧的方式也发生了变化。简言之，栈的大小比函数实际需要的大小要大得多。调用子函数（Sub Function）时，不再使用PUSH命令来传递参数，而是通过MOV指令操作寄存器与预定的栈来传递。使用VC++创建的x64程序代码中几乎看不到PUSH/POP指令。并且创建栈帧时也不再使用RBP寄存器，而是直接使用RSP寄存器来实现。

提示

使用 Visual C++编译 32 位程序时，若开启了编译器的优化功能，则几乎看不到使用 EBP 寄存器的栈帧。

该方式的优点是，调用子函数时不需要改变栈指针（RSP），函数返回时也不需要清理栈指针，这样能够大幅提升程序的运行速度。下面通过一个练习示例进一步了解32位与64位栈工作原理的不同。

37.2　练习：Stack32.exe & Stack64.exe

通过CreateFile() API简单了解一下栈在32位与64位环境下分别是如何工作的，并比较它们工作方式的不同。

代码37-1　Stack.cpp

```
#include "stdio.h"
#include "windows.h"

void main()
{
    HANDLE hFile = INVALID_HANDLE_VALUE;

    hFile = CreateFileA("c:\\work\\ReverseCore.txt",    // 1st - (string)
                        GENERIC_READ,                   // 2nd - 0x80000000
                        FILE_SHARE_READ,                // 3rd - 0x00000001
                        NULL,                           // 4th - 0000000000
                        OPEN_EXISTING,                  // 5th - 0x00000003
                        FILE_ATTRIBUTE_NORMAL,          // 6th - 0x00000080
                        NULL);                          // 7th - 0x00000000

    if( hFile != INVALID_HANDLE_VALUE )
        CloseHandle(hFile);
}
```

首先使用Visual C++ 2010 Express Edtion工具将代码37-1分别编译为32位程序（Stack32.exe）与64位程序（Stack64.exe）。

37.2.1　Stack32.exe

下面先调试32位Stack32.exe程序。使用OllyDbg工具打开Stack32.exe，转到main()函数处（401000），如图37-2所示。

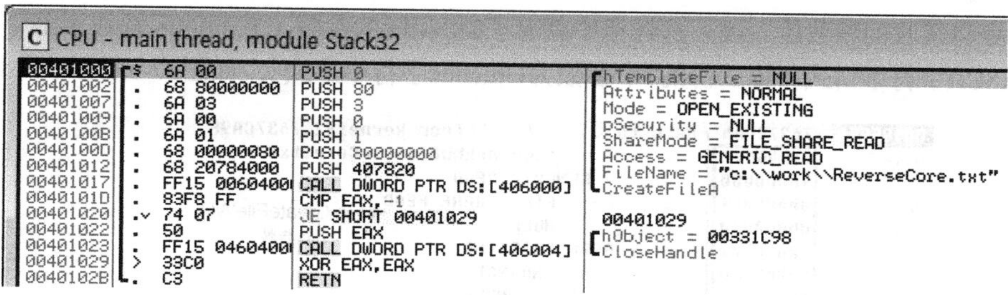

图37-2　Stack32.exe的main()函数

首先分析Stack32.exe的main()函数特征。

特征一，不使用栈帧。由于代码比较简单，变量又少，开启编译器的优化选项后，栈帧会被省略。

特征二，调用子函数（CreateFileA、CloseHandle）时使用栈传递参数。

特征三，使用PUSH指令压入栈的函数参数不需要main()函数清理。在32位环境中采用stdcall方式调用Win32 API时，由被调用者（CreateFileA、CloseHandle）清理栈。在图37-2中跟踪代码到401017地址的CreateFileA()函数处，查看栈，如图37-3所示。

```
0018FF28  00407820  FileName = "c:\\work\\ReverseCore.txt"
0018FF2C  80000000  Access = GENERIC_READ
0018FF30  00000001  ShareMode = FILE_SHARE_READ
0018FF34  00000000  pSecurity = NULL
0018FF38  00000003  Mode = OPEN_EXISTING
0018FF3C  00000080  Attributes = NORMAL
0018FF40  00000000  hTemplateFile = NULL
```

图37-3　调用CreateFileA() API之前的栈

可以看到，函数的7个参数全部被压入栈。接着使用StepInto(F7)命令，进入CreateFileA() API，如图37-4所示。

```
CPU - main thread, module kernel32
7637CA6E  8BFF           MOV EDI,EDI
7637CA70  55             PUSH EBP                        <-- Stack Frame: Prologue
7637CA71  8BEC           MOV EBP,ESP
7637CA73  51             PUSH ECX
7637CA74  51             PUSH ECX
7637CA75  FF75 08        PUSH DWORD PTR SS:[EBP+8]
7637CA78  8D45 F8        LEA EAX,DWORD PTR SS:[EBP-8]
7637CA7B  50             PUSH EAX
7637CA7C  E8 9C81FFFF    CALL 76374C1D                   Basep8BitStringToDynamicUnico
7637CA81  85C0           TEST EAX,EAX
7637CA83  0F84 6C2F0200  JE 7639F9F5                     7639F9F5
7637CA89  56             PUSH ESI
7637CA8A  FF75 20        PUSH DWORD PTR SS:[EBP+20]
7637CA8D  FF75 1C        PUSH DWORD PTR SS:[EBP+1C]
7637CA90  FF75 18        PUSH DWORD PTR SS:[EBP+18]
7637CA93  FF75 14        PUSH DWORD PTR SS:[EBP+14]
7637CA96  FF75 10        PUSH DWORD PTR SS:[EBP+10]      ntdll.77D39F42
7637CA99  FF75 0C        PUSH DWORD PTR SS:[EBP+C]
7637CA9C  FF75 FC        PUSH DWORD PTR SS:[EBP-4]
7637CA9F  E8 5758FFFF    CALL 763722FB                   CreateFileW
7637CAA4  8BF0           MOV ESI,EAX
7637CAA6  8D45 F8        LEA EAX,DWORD PTR SS:[EBP-8]
7637CAA9  50             PUSH EAX
7637CAAA  FF15 5C053776  CALL DWORD PTR DS:[7637055C]    ntdll.RtlFreeUnicodeString
7637CAB0  8BC6           MOV EAX,ESI
7637CAB2  5E             POP ESI                         Stack32.0040101D
7637CAB3  C9             LEAVE                           <-- Stack Frame: Epilogue
7637CAB4  C2 1C00        RETN 1C
```

图37-4　CreateFileA() API

从图37-4中可以看到，CreateFileA() API使用了栈帧。并在调用CreateFileW() API之前使用

PUSH指令将接收的参数压入栈。这样栈中就有了2份相同的参数（它们的区别在于第一份的7个参数为ASCII字符串格式，第二份的7个参数为Unicode字符串形式），如图37-5所示。

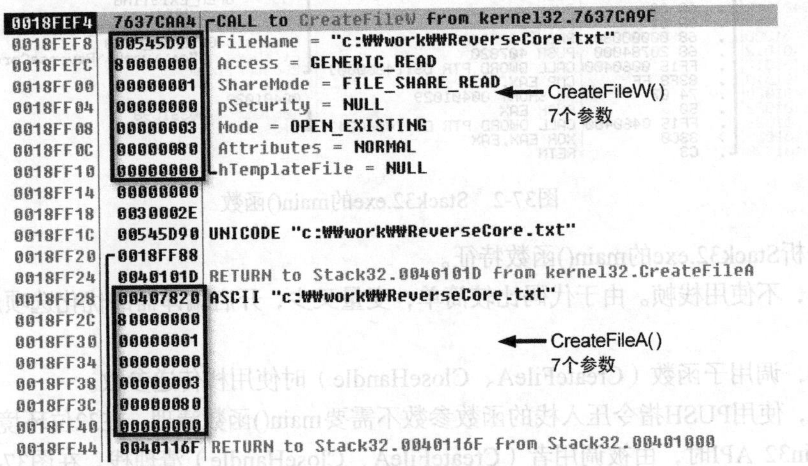

图37-5　CreateFileW() API栈

图37-5描述的是调用CreateFileW() API时栈中的情形。从图中可以清楚看到，相同参数被重复存入栈。以上就是我们熟知的在32位环境中调用函数时栈的工作原理。

37.2.2　Stack64.exe

下面调试64位Stack64.exe程序。使用WinDbg(x64)分析Stack64.exe的反汇编代码，如图37-6所示。

提示

正常运行/调试本示例文件需要 Windows XP/Vista/7 64 位环境支持。

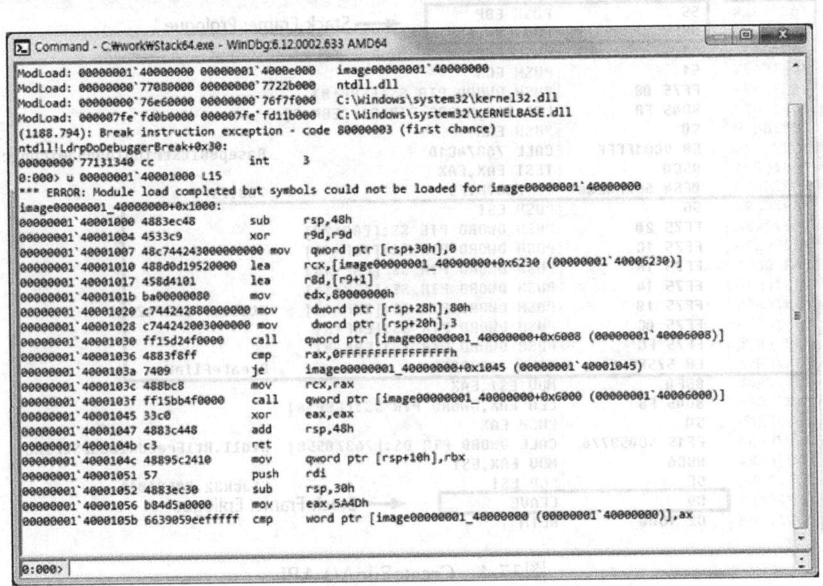

图37-6　WinDbg：Stack64.exe调试画面

图37-6是在WinDbg（64位）中调试Stack64.exe的画面。WinDbg下的64位程序的反汇编代码不带注释，且看上去比较复杂，简单整理如代码37-2所示。

代码37-2 Stack64.exe的main()函数

```
00000001`40001000   sub   rsp,48h
00000001`40001004   xor   r9d,r9d                         ;  4th - pSecurity
00000001`40001007   mov   qword ptr [rsp+30h],0           ;  7th - hTemplateFile
00000001`40001010   lea   rcx,[00000001`40006230]         ;  1st - FileName
00000001`40001017   lea   r8d,[r9+1]                      ;  3rd - ShareMode
00000001`4000101b   mov   edx,80000000h                   ;  2nd - Access
00000001`40001020   mov   dword ptr [rsp+28h],80h         ;  6th - Attributes
00000001`40001028   mov   dword ptr [rsp+20h],3           ;  5th - Mode
00000001`40001030   call  qword ptr [00000001`40006008]   ; CreateFileA()
00000001`40001036   cmp   rax,0FFFFFFFFFFFFFFFFh
00000001`4000103a   je    00000001`40001045
00000001`4000103c   mov   rcx,rax
00000001`4000103f   call  qword ptr [00000001`40006000]   ; CloseHandle()
00000001`40001045   xor   eax,eax
00000001`40001047   add   rsp,48h
00000001`4000104b   ret
```

Stack64.exe代码具有如下几个特征。

特征一，使用“变形”的栈帧。在代码起始部分分配48h（72d）字节大小的栈，最后在RET命令之前释放。这样大小的栈对于存储局部变量、函数参数等足够了。还有一点需要注意的是，栈操作并未使用RBP寄存器，而直接使用RSP寄存器。

特征二，几乎没有使用PUSH/POP指令。请认真看看调用CreateFileA() API时设置参数的代码（00000001`40001004~00000001`40001028）。第1~4个参数使用寄存器（RCX、RDX、R8、R9），第5~7个参数使用栈。main()函数开始执行时，使用MOV指令将参数放入分配的栈。有意思的是，并未看到调用者清理栈（64位fastcall的特征）的代码，原因在于子函数使用的是分配给main()函数的栈，子函数本身不会分配到栈或扩展栈。main()函数的栈管理由main()函数自身负责，子函数不需要管理通过栈传递的参数。

特征三，第五个参数之后的参数在栈中的存储位置。调用CreateFileA() API前要设定参数，设置顺序比较混乱（函数参数在32位程序中会依序压入栈）。第1~4个参数使用寄存器（RCX、RDX、R8、R9），从第五个参数开始使用栈，但第五个参数在栈中的存储位置显得有些奇怪。

```
00000001`40001028   mov   dword ptr [rsp+20h],3      ;  5th - Mode
```

从以上代码可以看到，第五个参数在栈中的存储位置为[rsp+20h]，[rsp]并未指向栈顶。原因在于，虽然x64系统中第1~4个参数使用寄存器传递，但栈中仍然为它们预留了同等大小的空间（20h=32d=4param*8字节）。所以，第五个参数开始的参数从栈的[rsp+20h]位置（非[rsp]位置）开始保存（这样预留的栈空间也可以在子函数中使用）。

接下来进入CreateFileA() API查看。

代码37-3 CreateFileA() API部分代码

```
kernel32!CreateFileA:
00000000`76e82f90   mov    qword ptr [rsp+8],rbx
00000000`76e82f95   mov    qword ptr [rsp+10h],rbp
00000000`76e82f9a   mov    qword ptr [rsp+18h],rsi
00000000`76e82f9f   push   rdi
00000000`76e82fa0   sub    rsp,60h
00000000`76e82fa4   mov    edi,edx
00000000`76e82fa6   mov    rdx,rcx
00000000`76e82fa9   lea    rcx,[rsp+50h]
00000000`76e82fae   mov    rsi,r9
```

```
00000000`76e82fb1  mov    ebp,r8d
00000000`76e82fb4  call   qword ptr [kernel32!_imp_RtlInitAnsiStringEx]
00000000`76e82fba  test   eax,eax
00000000`76e82fbc  js     kernel32!zzz_AsmCodeRange_End+0x8ae8

...

00000000`76e83003  mov    edx,edi
00000000`76e83005  call   kernel32!BaseIsThisAConsoleName
00000000`76e8300a  test   rax,rax
00000000`76e8300d  jne    kernel32!zzz_AsmCodeRange_End+0x8ac3
00000000`76e83013  mov    rax,qword ptr [rsp+0A0h]
00000000`76e8301b  mov    r9,rsi
00000000`76e8301e  mov    r8d,ebp
00000000`76e83021  mov    qword ptr [rsp+30h],rax
00000000`76e83026  mov    eax,dword ptr [rsp+98h]
00000000`76e8302d  mov    edx,edi
00000000`76e8302f  mov    dword ptr [rsp+28h],eax
00000000`76e83033  mov    eax,dword ptr [rsp+90h]
00000000`76e8303a  mov    rcx,rbx
00000000`76e8303d  mov    dword ptr [rsp+20h],eax
00000000`76e83041  call   kernel32!CreateFileW
00000000`76e83046  mov    rbx,rax
00000000`76e8305c  mov    rbp,qword ptr [rsp+78h]
00000000`76e83061  mov    rsi,qword ptr [rsp+80h]
00000000`76e83069  add    rsp,60h
00000000`76e8306d  pop    rdi
00000000`76e8306e  ret
```

先看一下由寄存器与栈传递来的参数（参考图37-7）。栈传递的参数之上是参数1~4的预留空间（00000000`0012FEF0~00000000`0012FF00）（参考图37-8）。虽然未在传递函数参数时使用，但是从代码37-3的前3个指令可以看到向该空间赋值的操作（有时采用这种方式使用）。

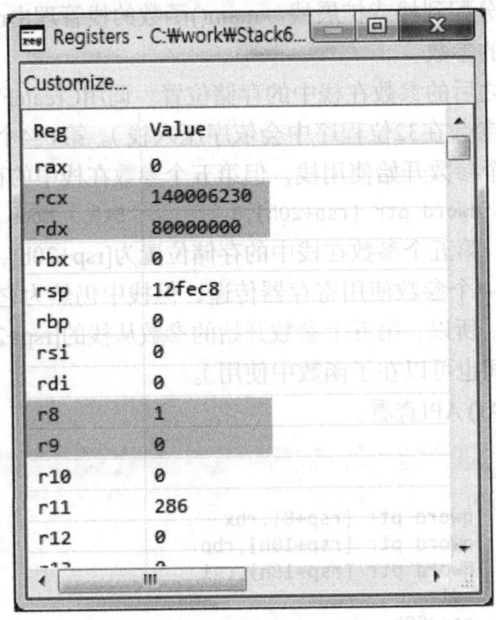

图37-7　由寄存器传递的参数1~4

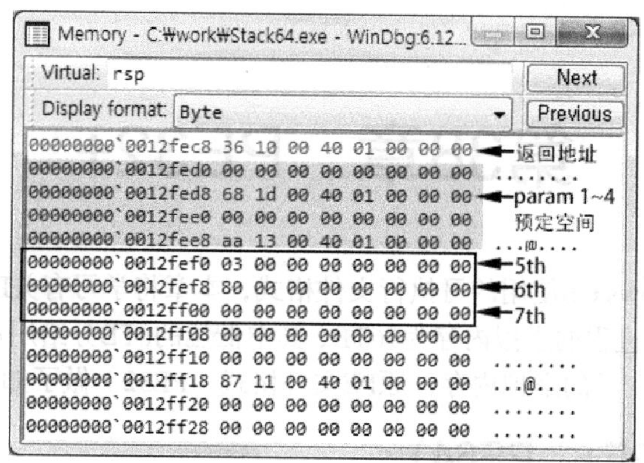

图37-8 由栈传递的参数5~7

最后谈谈代码37-3中的CreateFileA()的栈帧。由于该函数较长且复杂，所以分配了60h（96d）大小的栈。遇到上面这种情况，调用CreateFileW()时使用寄存器和栈，与32位环境下的情形是一致的，重复的值被放入栈。

提示

如果 CreateFileA()是一个非常简单的函数，自身不需要使用栈帧，不向栈放入重复值的情形下，可以原样调用 CreateFileW()函数。函数调用中，64 位的这种调用方式要比 32 位的调用方式好得多。

37.3 小结

x64并不只是x86的扩展，设计时做了非常大的改变，Windows 64位OS与开发工具（VC++）中也存在很多与32位系统不同的部分。现在正处于32位到64位的过渡期，各种信息稀少且杂乱。但制造商非常细心地考虑了HW/SW的向下兼容性，相信能够平稳渡过整个过渡期。64位时代真正到来时，与逆向分析工具及逆向分析方法相关的信息会得到更新升级，进行代码逆向分析会更轻松。

第38章 PE32+

PE32+是64位Windows OS使用的可执行文件格式，本章将学习有关PE32+的知识。

64位Windows OS中进程的虚拟内存为16TB，其中低位的8TB分给用户模式，高位的8TB分给内核模式。为了适应改变后的虚拟内存，原PE文件格式（PE32）做了如上修改。

38.1 PE32+（PE+、PE64）

64位本地模式中运行的PE文件格式被称为PE32+（或PE+、PE64）。为了保持向下兼容性，PE32+在原32位PE文件（PE32）的基础上扩展而来。所以如果你已经熟悉了原PE文件格式，那么就很容易熟悉PE32+这种新的文件格式。下面介绍PE32+文件格式时将主要讲解与原PE文件格式的不同。

38.1.1 IMAGE_NT_HEADERS

IMAGE_NT_HEADERS结构体

```
typedef struct _IMAGE_NT_HEADERS64 {
    DWORD Signature;
    IMAGE_FILE_HEADER FileHeader;
    IMAGE_OPTIONAL_HEADER64 OptionalHeader;
} IMAGE_NT_HEADERS64, *PIMAGE_NT_HEADERS64;

typedef struct _IMAGE_NT_HEADERS {
    DWORD Signature;
    IMAGE_FILE_HEADER FileHeader;
    IMAGE_OPTIONAL_HEADER32 OptionalHeader;
} IMAGE_NT_HEADERS32, *PIMAGE_NT_HEADERS32;

#ifdef _WIN64
typedef IMAGE_NT_HEADERS64                   IMAGE_NT_HEADERS;
typedef PIMAGE_NT_HEADERS64                  PIMAGE_NT_HEADERS;
#else
typedef IMAGE_NT_HEADERS32                   IMAGE_NT_HEADERS;
typedef PIMAGE_NT_HEADERS32                  PIMAGE_NT_HEADERS;
#endif
```

出处：Windows SDK的winnt.h

PE32+使用IMAGE_NT_HEADERS64结构体，而PE32使用的是IMAGE_NT_HEADERS32结构体。这2种结构体的区别在于第三个成员，前者为IMAGE_OPTIONAL_HEADER64，后者为IMAGE_OPTIONAL_HEADER32。后面的#ifdef_WIN64预处理部分中，根据系统类型，将64位/32位结构体重定义为IMAGE_NT_HEADERS/PIMAGE_NT_HEADERS。

38.1.2 IMAGE_FILE_HEADER

PE32+中IMAGE_FILE_HEADER结构体的Machine字段值发生变化。PE32中该Machine的值固定为014C。适用于x64的PE32+文件的Machine值为8664（IA-64中PE32+文件的Machine值为0200）。以下是Winnt.h文件中定义的对应于各种CPU类型的Machine值。

IMAGE_FILE_HEADER.Machine

```
#define IMAGE_FILE_MACHINE_UNKNOWN       0
#define IMAGE_FILE_MACHINE_I386          0x014c  // Intel 386. - x86
#define IMAGE_FILE_MACHINE_R3000         0x0162  // MIPS little-endian,
                                                    0x160 big-endian
#define IMAGE_FILE_MACHINE_R4000         0x0166  // MIPS little-endian
#define IMAGE_FILE_MACHINE_R10000        0x0168  // MIPS little-endian
#define IMAGE_FILE_MACHINE_WCEMIPSV2     0x0169  // MIPS little-endian
                                                    WCE v2
#define IMAGE_FILE_MACHINE_ALPHA         0x0184  // Alpha_AXP
#define IMAGE_FILE_MACHINE_SH3           0x01a2  // SH3 little-endian
#define IMAGE_FILE_MACHINE_SH3DSP        0x01a3
#define IMAGE_FILE_MACHINE_SH3E          0x01a4  // SH3E little-endian
#define IMAGE_FILE_MACHINE_SH4           0x01a6  // SH4 little-endian
#define IMAGE_FILE_MACHINE_SH5           0x01a8  // SH5
#define IMAGE_FILE_MACHINE_ARM           0x01c0  // ARM Little-Endian
#define IMAGE_FILE_MACHINE_THUMB         0x01c2
#define IMAGE_FILE_MACHINE_AM33          0x01d3
#define IMAGE_FILE_MACHINE_POWERPC       0x01F0  // IBM PowerPC Little-
                                                    Endian
#define IMAGE_FILE_MACHINE_POWERPCFP     0x01f1
#define IMAGE_FILE_MACHINE_IA64          0x0200  // IA-64
#define IMAGE_FILE_MACHINE_MIPS16        0x0266  // MIPS
#define IMAGE_FILE_MACHINE_ALPHA64       0x0284  // ALPHA64
#define IMAGE_FILE_MACHINE_MIPSFPU       0x0366  // MIPS
#define IMAGE_FILE_MACHINE_MIPSFPU16     0x0466  // MIPS
#define IMAGE_FILE_MACHINE_AXP64         IMAGE_FILE_MACHINE_ALPHA64
#define IMAGE_FILE_MACHINE_TRICORE       0x0520  // Infineon
#define IMAGE_FILE_MACHINE_CEF           0x0CEF
#define IMAGE_FILE_MACHINE_EBC           0x0EBC  // EFI Byte Code
#define IMAGE_FILE_MACHINE_AMD64         0x8664  // AMD64 (K8) - x64
#define IMAGE_FILE_MACHINE_M32R          0x9041  // M32R little-endian
#define IMAGE_FILE_MACHINE_CEE           0xC0EE
```

出处：Windows SDK的winnt.h

可以看到有多个Machine值，它们分别对应于不同类型的CPU。此处只需先留意014C（x86）、0200（IA-64）、8664（x64）这3个值就可以了（其实IA-64环境是很难遇到的）。

38.1.3 IMAGE_OPTIONAL_HEADER

与原来的PE32相比，PE32+中变化最大的部分就是IMAGE_OPTIONAL_HEADER结构体。

IMAGE_OPTIONAL_HEADER结构体

```
typedef struct _IMAGE_OPTIONAL_HEADER32 {
    WORD     Magic;
    BYTE     MajorLinkerVersion;
    BYTE     MinorLinkerVersion;
    DWORD    SizeOfCode;
    DWORD    SizeOfInitializedData;
    DWORD    SizeOfUninitializedData;
    DWORD    AddressOfEntryPoint;
    DWORD    BaseOfCode;
    DWORD    BaseOfData;
    DWORD    ImageBase;
    DWORD    SectionAlignment;
    DWORD    FileAlignment;
    WORD     MajorOperatingSystemVersion;
    WORD     MinorOperatingSystemVersion;
    WORD     MajorImageVersion;
    WORD     MinorImageVersion;
```

```
    WORD    MajorSubsystemVersion;
    WORD    MinorSubsystemVersion;
    DWORD   Win32VersionValue;
    DWORD   SizeOfImage;
    DWORD   SizeOfHeaders;
    DWORD   CheckSum;
    WORD    Subsystem;
    WORD    DllCharacteristics;
    DWORD   SizeOfStackReserve;
    DWORD   SizeOfStackCommit;
    DWORD   SizeOfHeapReserve;
    DWORD   SizeOfHeapCommit;
    DWORD   LoaderFlags;
    DWORD   NumberOfRvaAndSizes;
    IMAGE_DATA_DIRECTORY DataDirectory[IMAGE_NUMBEROF_DIRECTORY_ENTRIES];
} IMAGE_OPTIONAL_HEADER32, *PIMAGE_OPTIONAL_HEADER32;

typedef struct _IMAGE_OPTIONAL_HEADER64 {
    WORD        Magic;
    BYTE        MajorLinkerVersion;
    BYTE        MinorLinkerVersion;
    DWORD       SizeOfCode;
    DWORD       SizeOfInitializedData;
    DWORD       SizeOfUninitializedData;
    DWORD       AddressOfEntryPoint;
    DWORD       BaseOfCode;
    ULONGLONG   ImageBase;
    DWORD       SectionAlignment;
    DWORD       FileAlignment;
    WORD        MajorOperatingSystemVersion;
    WORD        MinorOperatingSystemVersion;
    WORD        MajorImageVersion;
    WORD        MinorImageVersion;
    WORD        MajorSubsystemVersion;
    WORD        MinorSubsystemVersion;
    DWORD       Win32VersionValue;
    DWORD       SizeOfImage;
    DWORD       SizeOfHeaders;
    DWORD       CheckSum;
    WORD        Subsystem;
    WORD        DllCharacteristics;
    ULONGLONG   SizeOfStackReserve;
    ULONGLONG   SizeOfStackCommit;
    ULONGLONG   SizeOfHeapReserve;
    ULONGLONG   SizeOfHeapCommit;
    DWORD       LoaderFlags;
    DWORD       NumberOfRvaAndSizes;
    IMAGE_DATA_DIRECTORY DataDirectory[IMAGE_NUMBEROF_DIRECTORY_ENTRIES];
} IMAGE_OPTIONAL_HEADER64, *PIMAGE_OPTIONAL_HEADER64;

#define IMAGE_NT_OPTIONAL_HDR32_MAGIC       0x10b
#define IMAGE_NT_OPTIONAL_HDR64_MAGIC       0x20b

#ifdef _WIN64
typedef IMAGE_OPTIONAL_HEADER64             IMAGE_OPTIONAL_HEADER;
typedef PIMAGE_OPTIONAL_HEADER64            PIMAGE_OPTIONAL_HEADER;
#else
typedef IMAGE_OPTIONAL_HEADER32             IMAGE_OPTIONAL_HEADER;
typedef PIMAGE_OPTIONAL_HEADER32            PIMAGE_OPTIONAL_HEADER;
#endif
```

出处：Windows SDK的winnt.h

Magic

首先，Magic字段值发生了改变，PE32中Magic值为010B，PE32+中Magic值为020B。Windows PE装载器通过检查该字段值来区分IMAGE_OPTIONAL_HEADER结构体是32位的还是64位的。

BaseOfData

PE32文件中该字段用于指示数据节的起始地址（RVA），而PE32+文件中删除了该字段。

ImageBase

ImageBase字段（或称成员）的数据类型由原来的双字（DWORD）变为ULONGLONG类型（8个字节）。这是为了适应增大的进程虚拟内存。借助该字段，PE32+文件能够加载到64位进程的虚拟内存空间（16TB）的任何位置（EXE/DLL文件被加载到低位的8TB用户区域，SYS文件被加载到高位的8TB内核区域）。

提示

AddressOfEntryPoint、SizeOfImage 等字段大小与原 PE32 位是一样的，都是 DWORD 大小（4 个字节，32 位）。这些字段的数据类型都是 DWORD，意味着 PE32+格式的文件占用的实际虚拟内存中，各映像的大小最大为 4GB（32 位）。但是由于 ImageBase 的大小为 8 个字节（64 位），程序文件可以加载到进程虚拟内存中的任意地址位置。

※ PE 文件的讲解中经常会提到“映像”（Image）一词，希望各位记住这个常用术语。加载 PE 文件到内存时并非按磁盘文件格式原封不动地进行，而是根据节区头中定义的节区起始地址、节区大小等属性加载。所以磁盘文件中的 PE 与内存中的 PE 状态是不同的。为了区分，我们将加载到内存中的 PE 称为映像。

栈&堆

最后，与栈和堆相关的字段（SizeOfStackReserve、SizeOfStackCommit、SizeOfHeapReserve、SizeOfHeapCommit）的数据类型变为ULONGLONG类型（8个字节）。这样做也是为了与增大的进程虚拟内存相适应。

38.1.4　IMAGE_THUNK_DATA

IMAGE_THUNK_DATA结构体的大小由原来的4个字节变为8个字节。

IMAGE_THUNK_DATA结构体

```
typedef struct _IMAGE_THUNK_DATA64 {
    union {
        ULONGLONG ForwarderString;  // PBYTE
        ULONGLONG Function;         // PDWORD
        ULONGLONG Ordinal;
        ULONGLONG AddressOfData;    // PIMAGE_IMPORT_BY_NAME
    } u1;
} IMAGE_THUNK_DATA64;
typedef IMAGE_THUNK_DATA64 * PIMAGE_THUNK_DATA64;

typedef struct _IMAGE_THUNK_DATA32 {
    union {
        DWORD ForwarderString;      // PBYTE
        DWORD Function;             // PDWORD
        DWORD Ordinal;
        DWORD AddressOfData;        // PIMAGE_IMPORT_BY_NAME
    } u1;
} IMAGE_THUNK_DATA32;
```

```
typedef IMAGE_THUNK_DATA32 * PIMAGE_THUNK_DATA32;

#ifdef _WIN64
typedef IMAGE_THUNK_DATA64              IMAGE_THUNK_DATA;
typedef PIMAGE_THUNK_DATA64             PIMAGE_THUNK_DATA;
#else
typedef IMAGE_THUNK_DATA32              IMAGE_THUNK_DATA;
typedef PIMAGE_THUNK_DATA32             PIMAGE_THUNK_DATA;
#endif
```

出处：Windows SDK的winnt.h

IMAGE_IMPORT_DESCRIPTOR结构体的OriginalFirstThunk（INT）与FirstThunk（IAT）字段值都是指向IMAGE_THUNK_DATA结构体数组的RVA。

IMAGE_IMPORT_DESCRIPTOR结构体

```
typedef struct _IMAGE_IMPORT_DESCRIPTOR {
    union {
        DWORD   Characteristics;
        DWORD   OriginalFirstThunk;     // - INT : RVA of IMAGE_THUNK_DATA
    } DUMMYUNIONNAME;
    DWORD   TimeDateStamp;
    DWORD   ForwarderChain;
    DWORD   Name;
    DWORD   FirstThunk;                 // - IAT : RVA of IMAGE_THUNK_DATA
} IMAGE_IMPORT_DESCRIPTOR;
typedef IMAGE_IMPORT_DESCRIPTOR UNALIGNED *PIMAGE_IMPORT_DESCRIPTOR;
```

出处：Windows SDK的winnt.h

在PE32文件中跟踪INT、IAT值，会见到IMAGE_THUNK_DATA32结构体（大小为4个字节）数组，而PE32+文件中会出现IMAGE_THUNK_DATA64结构体（大小为8个字节）数组。所以跟踪IAT时要注意数组元素的大小，如图38-1所示。

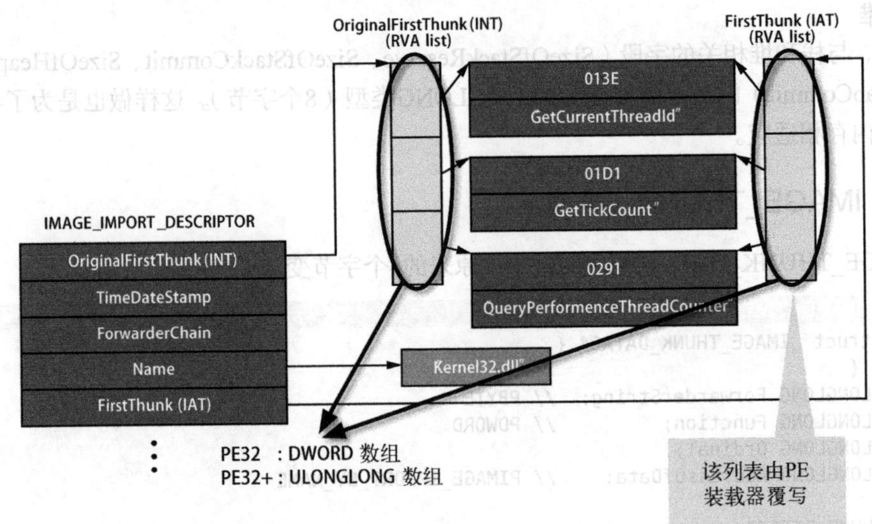

图38-1　IMAGE_IMPORT_DESCRIPTOR结构体

图38-1中圆圈内的部分就是IMAGE_THUNK_DATA结构体数组，一个为INT，另一个为IAT。装载PE文件时，OS的PE装载器会向IAT中写入真正的API入口地址（VA），64位OS中地址（指针）大小为8个字节（64位），所以IMAGE_THUNK_DATA结构体的大小只能增长到8个字节。

38.1.5 IMAGE_TLS_DIRECTORY

IMAGE_TLS_DIRECTORY结构体的部分成员为VA，它们在PE32+中被扩展为8个字节。

IMAGE_TLS_DIRECTORY结构体

```
typedef struct _IMAGE_TLS_DIRECTORY64 {
    ULONGLONG   StartAddressOfRawData;
    ULONGLONG   EndAddressOfRawData;
    ULONGLONG   AddressOfIndex;         // PDWORD
    ULONGLONG   AddressOfCallBacks;     // PIMAGE_TLS_CALLBACK *
    DWORD   SizeOfZeroFill;
    DWORD   Characteristics;
} IMAGE_TLS_DIRECTORY64;
typedef IMAGE_TLS_DIRECTORY64 * PIMAGE_TLS_DIRECTORY64;

typedef struct _IMAGE_TLS_DIRECTORY32 {
    DWORD   StartAddressOfRawData;
    DWORD   EndAddressOfRawData;
    DWORD   AddressOfIndex;             // PDWORD
    DWORD   AddressOfCallBacks;         // PIMAGE_TLS_CALLBACK *
    DWORD   SizeOfZeroFill;
    DWORD   Characteristics;
} IMAGE_TLS_DIRECTORY32;
typedef IMAGE_TLS_DIRECTORY32 * PIMAGE_TLS_DIRECTORY32;

#ifdef _WIN64
typedef IMAGE_TLS_DIRECTORY64              IMAGE_TLS_DIRECTORY;
typedef PIMAGE_TLS_DIRECTORY64             PIMAGE_TLS_DIRECTORY;
#else
typedef IMAGE_TLS_DIRECTORY32              IMAGE_TLS_DIRECTORY;
typedef PIMAGE_TLS_DIRECTORY32             PIMAGE_TLS_DIRECTORY;
#endif
```

出处：Windows SDK的winnt.h

IMAGE_TLS_DIRECTORY结构体的StartAddressOfRawData、EndAddressOfRawData、AddressOfIndex、AddressOfCallBacks字段持有的都是VA值。所以它们被扩展为64位OS的地址大小（8个字节）。对PE+文件格式中改动部分的讲解到此结束。幸运的是，PE32+是在原PE32文件格式的基础上扩展而来的，如果熟悉了PE32文件格式，那么就能很轻松地掌握PE32+。

提示

CFF Explorer

向各位推荐一个多功能的PE实用工具——CFF Explorer，它就像“瑞士军刀”（Swiss Army Knife）一样，提供了多样化的功能，并且支持PE32+文件格式，是一款非常有用的PE工具。

代码逆向分析人员进入64位环境后会遇到很多问题，其中最严重的是，原有的32位代码逆向分析工具无法继续在64位环境下使用。我喜欢用的PEView工具并不支持PE32+文件格式，所以这里向各位介绍CFF Explorer，它是一款支持PE32+的PE Viewer工具，如图38-2所示。

http://www.ntcore.com/exsuite.php

除了PE Viewer功能外，CFF Explorer还提供PE编辑器、PE重建、RVA⟷RAW转换器、反汇编器等综合功能，它是一个集多种功能于一身的强大的代码逆向分析工具。后面需要操作PE32+文件时，希望各位多多使用它。

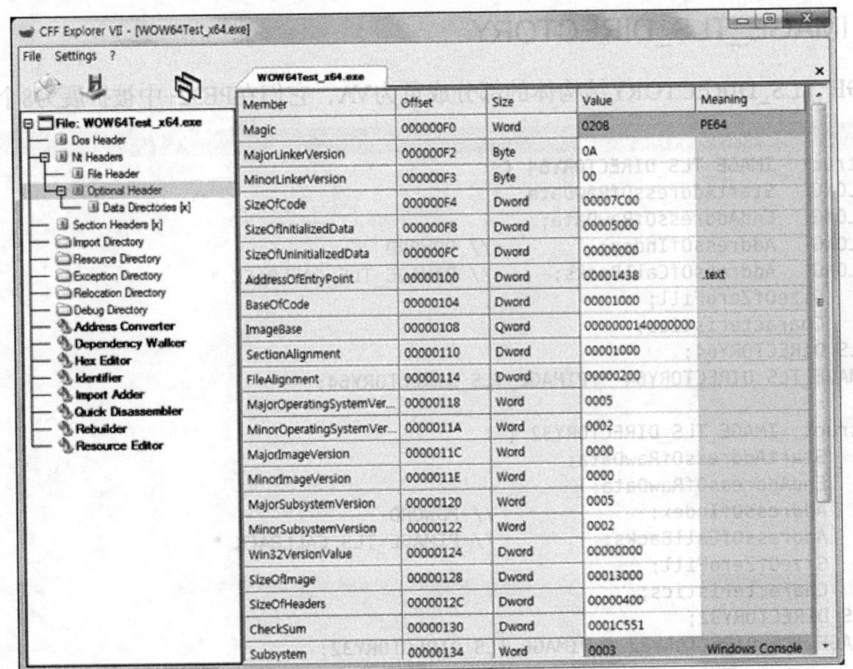

图38-2　CFF Explorer

提示

使用 CFF Explorer 工具可以非常方便地剪掉或添加节区。虽然使用好的工具可以增加处理的便利性，但是过分依赖它们将无益于提高自身的技术水平。所以刚开始学习代码逆向分析技术时，并不建议各位使用好的辅助工具，可以选择一些简单的工具，学习相关知识、了解它们的工作原理，然后通过练习进一步巩固所学的内容，这才是提升自身技术水平的正确途径。

第39章　WinDbg

WinDbg是Windows平台下用户模式和内核模式调试工具，它是一个轻量级的调试工具，但是功能十分强大。本章将学习有关WinDbg调试工具的知识（参考图39-1）。

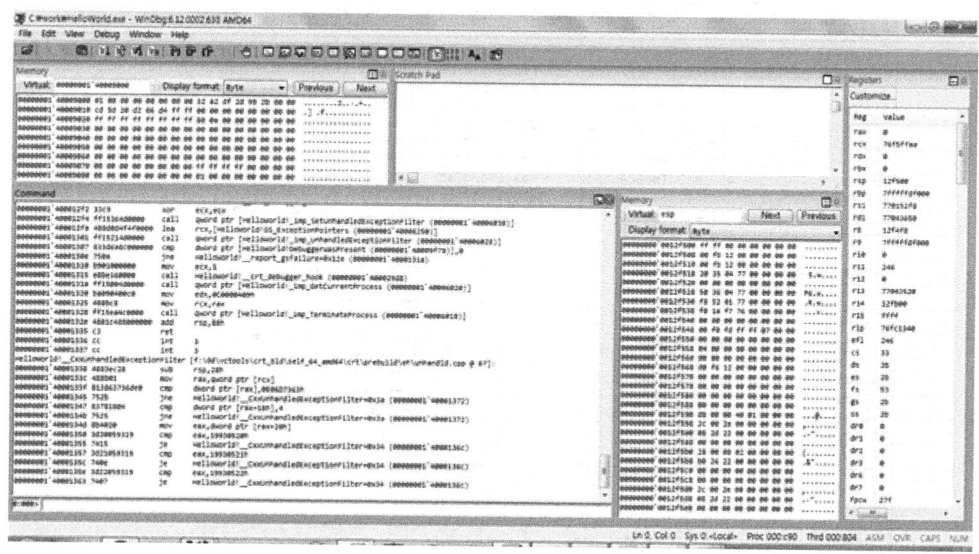

图39-1　WinDbg运行画面

39.1　WinDbg

WinDbg是微软发布的一款免费调试工具，支持用户模式调试与内核模式调试，是一种“全天候”的调试器，但主要还是应用于内核调试。各位可以下载WinDbg调试器。

提示

本章讲解的是64位的WinDbg，它与32位版本在用户界面结构、命令组成上基本没有什么差别。

39.1.1　WinDbg的特征

WinDbg默认运行在CUI（Console User Interface，控制台用户界面）环境下，用户主要通过键盘而非鼠标来操作。要适应这种方式需要花费相当长的时间，可一旦熟悉起来就会非常方便。对于习惯了OllyDbg与IDA Pro等GUI环境的朋友来说，初次接触WinDbg时会感到非常陌生、非常不方便（它们的差别就像Windows用户第一次接触Linux的终端用户环境时的感觉一样）。WinDbg中也提供大量快捷键，以及额外的窗口（反汇编、内存、寄存器、栈等），所以也可以使用类似OllyDbg形态的方式调试（当然，与OllyDbg、IDA Pro的GUI相比还差很远）。

39.1.2　运行 WinDbg

符号

符号（Symbol）指的是调试信息文件（*.pdb）。使用Visual C++编译程序时，除了生成PE文件外，还会一起生成 *.pdb（Program Data Base，程序数据库）文件，该文件包含PE文件的各种调试信息（变量/函数名、函数地址、源代码行等）。为了帮助理解，各位可以比较图39-2和图39-3。

```
Command - C:\work\HelloWorld_.exe - WinDbg:6.12.0002.633 AMD64

0:000> u 00000001`4000128c L20
*** ERROR: Module load completed but symbols could not be loaded for .exe
+0x128c:
00000001`4000128c 488905858d0000  mov     qword ptr [+0xa018 (00000001`4000a018)],rax
00000001`40001293 488b05de8d0000  mov     rax,qword ptr [+0xa078 (00000001`4000a078)]
00000001`4000129a 4889054f8c0000  mov     qword ptr [+0x9ef0 (00000001`40009ef0)],rax
00000001`400012a1 488b842490000000 mov    rax,qword ptr [rsp+90h]
00000001`400012a9 488905508d0000  mov     qword ptr [+0xa000 (00000001`4000a000)],rax
00000001`400012b0 c705268c0000090400c0 mov dword ptr [+0x9ee0 (00000001`40009ee0)],0C0000409h
00000001`400012ba c705208c000001000000 mov dword ptr [+0x9ee4 (00000001`40009ee4)],1
00000001`400012c4 488b053d7d0000  mov     rax,qword ptr [+0x9008 (00000001`40009008)]
00000001`400012cb 4889442468      mov     qword ptr [rsp+68h],rax
00000001`400012d0 488b05397d0000  mov     rax,qword ptr [+0x9010 (00000001`40009010)]
00000001`400012d7 4889442470      mov     qword ptr [rsp+70h],rax
00000001`400012dc ff15564d0000    call    qword ptr [+0x6038 (00000001`40006038)]
00000001`400012e2 8905908c0000    mov     dword ptr [+0x9f78 (00000001`40009f78)],eax
00000001`400012e8 b901000000      mov     ecx,1
00000001`400012ed e8e6160000      call    +0x29d8 (00000001`400029d8)
00000001`400012f2 33c9            xor     ecx,ecx
00000001`400012f4 ff15364d0000    call    qword ptr [+0x6030 (00000001`40006030)]
00000001`400012fa 488d0d4f4f0000  lea     rcx,[+0x6250 (00000001`40006250)]
00000001`40001301 ff15214d0000    call    qword ptr [+0x6028 (00000001`40006028)]
00000001`40001307 833d6a8c000000  cmp     dword ptr [+0x9f78 (00000001`40009f78)],0
00000001`4000130e 750a            jne     +0x131a (00000001`4000131a)
00000001`40001310 b901000000      mov     ecx,1
00000001`40001315 e8be160000      call    +0x29d8 (00000001`400029d8)
00000001`4000131a ff15004d0000    call    qword ptr [+0x6020 (00000001`40006020)]
00000001`40001320 ba090400c0      mov     edx,0C0000409h
00000001`40001325 488bc8          mov     rcx,rax
00000001`40001328 ff15ea4c0000    call    qword ptr [+0x6018 (00000001`40006018)]
00000001`4000132e 4881c488000000  add     rsp,88h
00000001`40001335 c3              ret
```

图39-2　没有符号文件的情形

```
Command - C:\work\HelloWorld.exe - WinDbg:6.12.0002.633 AMD64

0:000> u 00000001`4000128c L20
HelloWorld!__report_gsfailure+0xa0 [f:\dd\vctools\crt_bld\self_64_amd64\crt\src\gs_report.c @ 23
00000001`4000128c 488905858d0000  mov     qword ptr [HelloWorld!GS_ContextRecord+0x98 (00000001`
00000001`40001293 488b05de8d0000  mov     rax,qword ptr [HelloWorld!GS_ContextRecord+0xf8 (00000
00000001`4000129a 4889054f8c0000  mov     qword ptr [HelloWorld!GS_ExceptionRecord+0x10 (0000000
00000001`400012a1 488b842490000000 mov    rax,qword ptr [rsp+90h]
00000001`400012a9 488905508d0000  mov     qword ptr [HelloWorld!GS_ContextRecord+0x80 (00000001`
00000001`400012b0 c705268c0000090400c0 mov dword ptr [HelloWorld!GS_ExceptionRecord (00000001`40
00000001`400012ba c705208c000001000000 mov dword ptr [HelloWorld!GS_ExceptionRecord+0x4 (0000000
00000001`400012c4 488b053d7d0000  mov     rax,qword ptr [HelloWorld!__security_cookie (00000001`
00000001`400012cb 4889442468      mov     qword ptr [rsp+68h],rax
00000001`400012d0 488b05397d0000  mov     rax,qword ptr [HelloWorld!__security_cookie_complement
00000001`400012d7 4889442470      mov     qword ptr [rsp+70h],rax
00000001`400012dc ff15564d0000    call    qword ptr [HelloWorld!_imp_IsDebuggerPresent (00000001
00000001`400012e2 8905908c0000    mov     dword ptr [HelloWorld!DebuggerWasPresent (00000001`400
00000001`400012e8 b901000000      mov     ecx,1
00000001`400012ed e8e6160000      call    HelloWorld!__crt_debugger_hook (00000001`400029d8)
00000001`400012f2 33c9            xor     ecx,ecx
00000001`400012f4 ff15364d0000    call    qword ptr [HelloWorld!_imp_SetUnhandledExceptionFilter
00000001`400012fa 488d0d4f4f0000  lea     rcx,[HelloWorld!GS_ExceptionPointers (00000001`4000625
00000001`40001301 ff15214d0000    call    qword ptr [HelloWorld!_imp_UnhandledExceptionFilter (0
00000001`40001307 833d6a8c000000  cmp     dword ptr [HelloWorld!DebuggerWasPresent (00000001`400
00000001`4000130e 750a            jne     HelloWorld!__report_gsfailure+0x12e (00000001`4000131a
00000001`40001310 b901000000      mov     ecx,1
00000001`40001315 e8be160000      call    HelloWorld!__crt_debugger_hook (00000001`400029d8)
00000001`4000131a ff15004d0000    call    qword ptr [HelloWorld!_imp_GetCurrentProcess (00000001
00000001`40001320 ba090400c0      mov     edx,0C0000409h
00000001`40001325 488bc8          mov     rcx,rax
00000001`40001328 ff15ea4c0000    call    qword ptr [HelloWorld!_imp_TerminateProcess (00000001`
00000001`4000132e 4881c488000000  add     rsp,88h
00000001`40001335 c3              ret
```

图39-3　有符号文件的情形

虽然是相同的PE文件，但是符号文件的有无决定了反汇编代码的可读性。有符号文件时调试更方便快捷。但是通常只有程序的编写者才有符号文件，且一般不会对外发布。所以我们的调试工作大部分是在没有符号文件的情形下进行的。

● 安装符号文件

微软公开了Windows OS系统库的符号文件。在WinDbg中设置好符号的位置后，调试应用程序或驱动程序时会相当方便（因为拥有了系统库的调试信息）。在WinDbg菜单栏中依次选择File-Symbol File path菜单，弹出对话框。像图39-4这样输入符号路径，需要时WinDbg会自动下载与OS相匹配的符号文件。

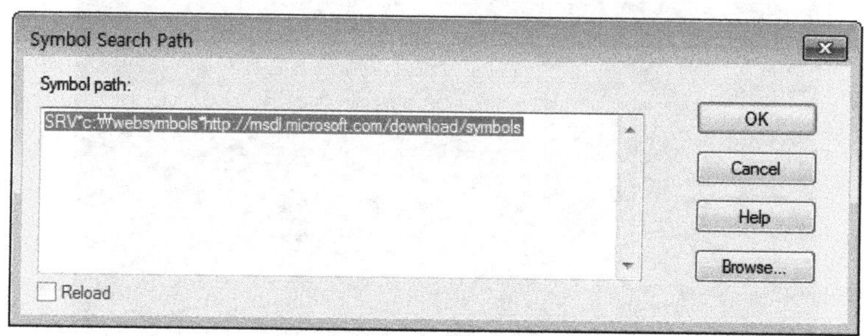

图39-4 Symbol对话框

39.1.3 内核调试

WinDbg的特征之一就是可以进行内核调试（Kernel Debugging）。使用WinDbg进行内核调试时，一般要使用2台PC（调试器–被调试者），调试前需要通过Null Modem、1394、USB、Direct LAN Cable等将2台PC连接起来。近来，使用虚拟机（Virtual Machine）技术可以在同一台PC上同时运行调试器与被调试者，这被称为本地内核调试（Local Kernel Debugging），即在运行WinDbg的PC上调试它（从Windows XP起支持该调试功能）。调试器的许多功能在这种调试方式下都受到限制，但是用来查看一些简单的信息还是非常方便的。

提示

调试普通应用程序时，调试器与被调试者都在同一台 PC 中运行，但内核调试不同。内核调试中，被调试者为系统内核，即 OS 本身，所以 OS 系统自身会暂停。因此，调试内核时一般需要使用 2 台物理 PC。以前 SoftICE 调试器可以完美地支持本地内核调试，受到广泛欢迎，但是由于它已经停止开发，不再有版本更新，所以调试内核时只好使用 WinDbg 调试器。关于内核调试的内容已经超出了本书的讨论范围，在此不再深入探讨。下面学习使用 WinDbg 调试器调试 64 位应用程序及查看 PEB/TEB 等系统结构体。

下面使用WinDbg的本地内核调试功能简单分析一下系统行为。为了进行本地内核调试，首先要把系统修改为调试模式。在控制台窗口输入bcdedit指令，查看当前系统状态，如图39-5所示。

```
Microsoft Windows [版本 6.1.7600]
版权所有 (c) 2009 Microsoft Corporation。保留所有权利。

C:\Windows\system32>bcdedit

Windows 启动管理器
--------------------
标识符                  {bootmgr}
device                  partition=\Device\HarddiskVolume1
description             Windows Boot Manager
locale                  zh-CN
inherit                 {globalsettings}
default                 {current}
resumeobject            {28cc767f-85ca-11e2-b249-ada4cf215305}
displayorder            {current}
                        {28cc7683-85ca-11e2-b249-ada4cf215305}
toolsdisplayorder       {memdiag}
timeout                 5

Windows 启动加载器
-------------------
标识符                  {current}
device                  partition=C:
path                    \Windows\system32\winload.exe
description             Windows 7
locale                  zh-CN
inherit                 {bootloadersettings}
recoverysequence        {28cc7681-85ca-11e2-b249-ada4cf215305}
recoveryenabled         Yes
osdevice                partition=C:
systemroot              \Windows
resumeobject            {28cc767f-85ca-11e2-b249-ada4cf215305}
nx                      OptIn
debug                   No
```

图39-5　bcdedit指令

在最后一行可以看到1个debug项目，其值为No，即“非调试模式”。使用以下命令修改该项的值，转换为调试模式，如图39-6所示。

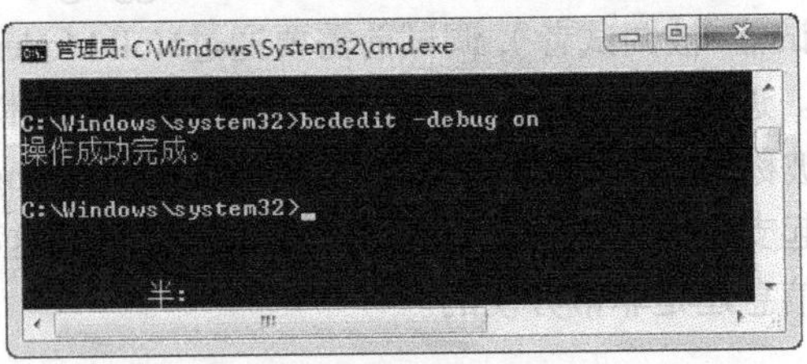

图39-6　转换至调试模式

重启系统后进入内核调试模式，此时本地内核调试功能变为可用（再次使用bcdedit指令确认）。运行WinDbg调试器，在菜单栏中依次选择File-Kernel Debug菜单（快捷键Ctrl+K），弹出Kernel Debugging对话框，如图39-7所示。

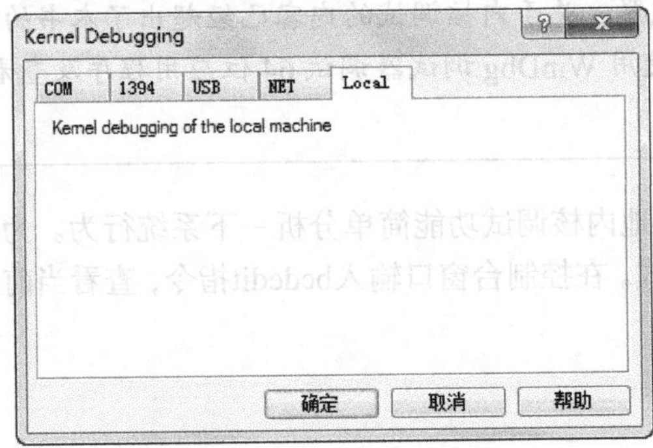

图39-7　内核调试对话框

选择Local选项卡，然后单击“确定”按钮。一段时间后弹出WinDbg运行初始画面，如图39-8所示。

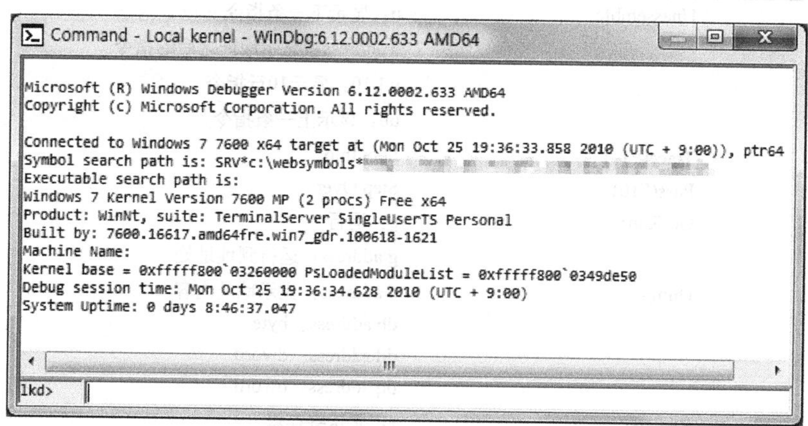

图39-8 本地内核调试

首先出现的是基于控制台的用户界面（看上去包含各种强大功能）。初始运行画面中显示的是基本的系统信息以及内核基址，该地址为ntoskrnl.exe文件的装载地址。Ntoskrnl.exe其实是驱动程序文件，指的是Windows内核本身。从技术上说，Windows内核实体是Ntoskrnl.exe驱动程序文件的内存装载映像。接下来输入简单指令，查看ntoskrnl!ZwCreateFile() API的实际代码，如图39-9所示。

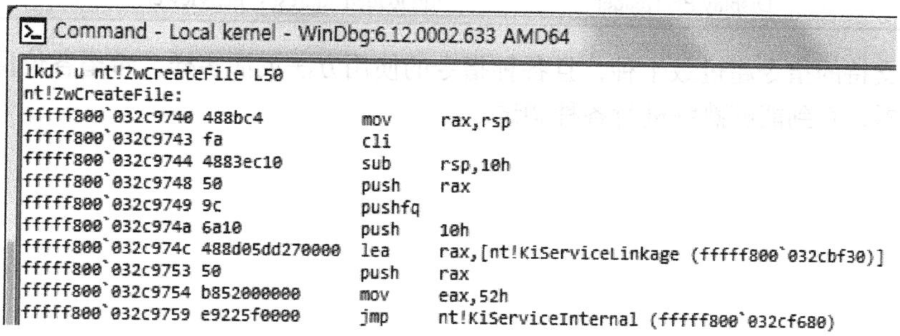

Command - Local kernel - WinDbg:6.12.0002.633 AMD64

```
lkd> u nt!ZwCreateFile L50
nt!ZwCreateFile:
fffff800`032c9740 488bc4          mov     rax,rsp
fffff800`032c9743 fa              cli
fffff800`032c9744 4883ec10        sub     rsp,10h
fffff800`032c9748 50              push    rax
fffff800`032c9749 9c              pushfq
fffff800`032c974a 6a10            push    10h
fffff800`032c974c 488d05dd270000  lea     rax,[nt!KiServiceLinkage (fffff800`032cbf30)]
fffff800`032c9753 50              push    rax
fffff800`032c9754 b852000000      mov     eax,52h
fffff800`032c9759 e9225f0000      jmp     nt!KiServiceInternal (fffff800`032cf680)
```

图39-9 ZwCreateFile() API

ZwCreateFile() API的代码相当简单，它将服务编号（52）设置到EAX寄存器，然后跳转到KiServiceInternal()函数（函数的参数在寄存器与栈中）。其实，大部分ZwXXX系列函数都是由这种结构构成的。可以继续跟踪KiServiceInternal() API查看更详细的代码。查看系统内核代码如此方便，但是若想正式调试系统内核，应当采用PC to PC或虚拟机方式连接。

39.1.4 WinDbg 基本指令

下面简单整理WinDbg基本指令，调试64位应用程序或系统内核时会经常使用它们（更详细的说明请参考WinDbg帮助手册），如表39-1所示。

表39-1　WinDbg基本指令

指　令	说　明	应　用
u	Unassemble	u：显示下一条指令 u address：显示地址之后的指令 u L10：显示10行指令 ub：显示上一条指令
t	Trace(F11)	Step Into
p	Pass(F10)	Step Over
g	Go(Run)	g：运行 g address：运行到地址处
d	Dump	d address：显示地址内容 db address：byte dd address：dword dq address：qword
r	Register	r：显示寄存器 r register：仅显示指定寄存器
bp	Break Point	bp：设置断点 bl：显示断点列表 bc：BP Clear（删除断点）
lm	Loaded Module	lm：显示被调试进程中加载的模块（库）
dt	Display Type	dt struct name：显示结构体成员 dt struct name address：映射地址到结构体并显示
!dh	Display PE Header	!dh loaded address：PE Viewer

WinDbg支持的指令超过数十种，且各种指令的使用方法灵活多样。希望各位反复练习使用WinDbg调试器，直到能够熟练进行各种调试。

第40章　64位调试

本章将学习64位环境中的调试方法。64位环境中（x64+Windows OS 64位），32位进程与64位进程彼此共存，所以在64位环境中应当能够调试PE32与PE32+这2种文件。本章学习过程中还要就各种情形下调试的热点展开讨论，让大家进一步加深对64位环境下调试的理解。

提示

本章讲解中将不会涉及有关IA-64调试的内容。IA-64（Itanium）搭载于高性能服务器中，我们一般不会接触到。由于WinDbg与IDA Pro都支持x64与IA-64，所以可以正常使用它们调试IA-64。需要注意的是，IA-64的指令体系不同于x64/x86，详细分析代码时请参考Intel用户手册。

40.1　x64环境下的调试器

x64芯片从诞生之日起就完全支持X86，所以32位OS与64位OS都可以安装。Windows 64位OS不仅可以运行64位进程（PE32+类型），还可以同时（向下兼容）运行32位进程（PE32类型）。我在32位/64位CPU、OS、进程彼此共存的情形下整理了各OS与进程可用的调试器（参考表40-1）。

表40-1　各OS及PE文件对应的调试器

OS	PE32	PE32+
32位	OllyDbg、IDA Pro、WinDbg	IDA Pro(Disassemble only)
64位	OllyDbg、IDA Pro、WinDbg	IDA Pro、WinDbg

在32位OS中无法调试PE32+文件，但是使用IDA Pro可以查看PE32+文件内的反汇编代码。另外，令人遗憾的是，OllyDbg调试器并不支持PE32+文件。因此，进行PE32+调试时必须在64位OS中使用IDA Pro正式版本和WinDbg 64位版本。下面通过一个练习文件（WOW64Test_x64.exe）来学习在64位环境（x64&Windows 7 64位）下调试的方法。

40.2　64位调试

本节继续以前面的WOW64测试文件（WOW64Test_x64.exe）作为练习示例进行64位调试练习。

练习示例：WOW64Test

先看示例文件的源代码（WOW64Test.cpp）。

代码40-1　WOW64Test.cpp

```
#include "stdio.h"
#include "windows.h"
#include "Shlobj.h"
#include "tchar.h"
```

```
#pragma comment(lib, "Shell32.lib")

int _tmain(int argc, TCHAR* argv[])
{
    HKEY    hKey                = NULL;
    HANDLE  hFile               = INVALID_HANDLE_VALUE;
    TCHAR   szPath[MAX_PATH]    = {0,};

    ////////////////
    // system32 folder
    if( GetSystemDirectory(szPath, MAX_PATH) )
    {
        _tprintf(L"1) system32 path = %s\n", szPath);
    }

    ////////////////
    // File size
    _tcscat_s(szPath, L"\\kernel32.dll");
    hFile = CreateFile(szPath, GENERIC_READ, 0, NULL,
                       OPEN_EXISTING, FILE_ATTRIBUTE_NORMAL, NULL);
    if( hFile != INVALID_HANDLE_VALUE )
    {
        _tprintf(L"2) File size of \"%s\" = %d\n",
        szPath, GetFileSize(hFile, NULL));
        CloseHandle(hFile);
    }
    ////////////////
    // Program Files
    if( SHGetSpecialFolderPath(NULL, szPath,
                               CSIDL_PROGRAM_FILES, FALSE) )
    {
        _tprintf(L"3) Program Files path = %s\n", szPath);
    }

    ////////////////
    // Registry
    if( ERROR_SUCCESS == RegCreateKey(HKEY_LOCAL_MACHINE,
                                      L"SOFTWARE\\ReverseCore", &hKey) )
    {
        RegCloseKey(hKey);
        _tprintf(L"4) Create Registry Key : HKLM\\SOFTWARE\\
            ReverseCore\n");
    }

    return 0;
}
```

WOW64Test示例程序非常简单，它先调用GetSystemDirectory()、CreateFile()、SHGetSpecialFolderPath()、RegCreateKey()这4个API，然后输出运行结果。64位系统环境下，X86应用程序是通过WOW64模式运行的，所以系统文件夹与重要的注册表键都要重定向，本示例明确表明了这一点。

借助Visual C++ 2010 Express Edition工具将上述源代码分别编译为x86(WOW64Test_x86.exe ）与x64程序（ WOW64Test_x64.exe ），然后运行，如图40-1所示。

下节分别调试这2个程序。

提示

在 Windows XP/Vista/7 64 位系统下才能正常调试示例文件。

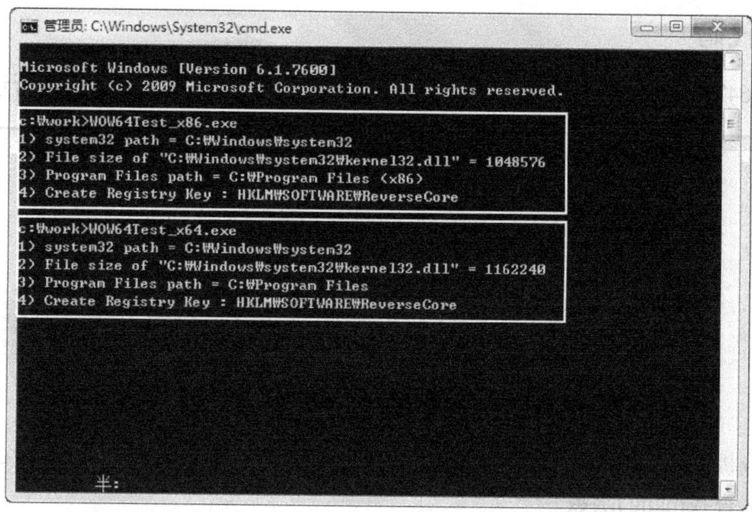

图40-1　WOW64Test_x86.exe & WOW64Test_x64.exe运行画面

40.3　PE32：WOW64Test_x86.exe

Windows 64位OS中，PE32文件（SYS文件除外）通过WOW64模式运行。原32位环境中使用的逆向分析工具大部分可以照常使用，但是OllyDbg 1.10对x64环境支持得并不好，建议使用OllyDbg 2.0版本。

提示

(1) OllyDbg 1.10 无法直接在 WOW64 环境中运行，但是安装 Olly Advanced（或 AdvancedOlly）插件后，复选 x64 选项即可正常运行（参考图 40-2）。

Olly Advanced 是一个非常有用的插件，它修正了 OllyDbg 本身的 Bug，也提供了反调试等功能。大部分 OllyDbg 用户都安装使用。

(2) 使用 VC++ 2010 编写的基于控制台的 EXE 文件中，用户代码一般都存在于代码节区的顶端位置，请记住这一点。

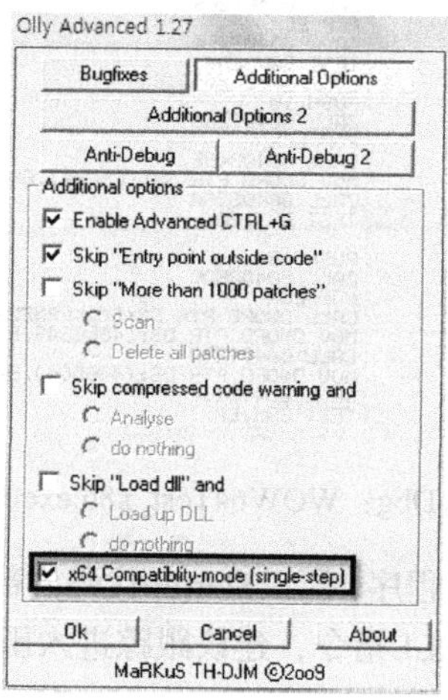

图40-2　设置Olly Advanced

40.3.1 EP代码

打开WOW64Test_x86.exe文件后，调试器自动暂停在EP代码处，如图40-3所示。

```
004013F0  .  E8 88250000        CALL 0040397D
004013F5  .^ E9 95FEFFFF        JMP 0040128F
004013FA  >  8BFF               MOV EDI,EDI
004013FC  .  55                 PUSH EBP
004013FD  .  8BEC               MOV EBP,ESP
004013FF  .  81EC 28030000      SUB ESP,328
00401405  .  A3 D8BE4000        MOV DWORD PTR DS:[40BED8],EAX
0040140A  .  890D D4BE4000      MOV DWORD PTR DS:[40BED4],ECX
00401410  .  8915 D0BE4000      MOV DWORD PTR DS:[40BED0],EDX
00401416  .  891D CCBE4000      MOV DWORD PTR DS:[40BECC],EBX
0040141C  .  8935 C8BE4000      MOV DWORD PTR DS:[40BEC8],ESI
00401422  .  893D C4BE4000      MOV DWORD PTR DS:[40BEC4],EDI
00401428  .  66:8C15 F0BE4000   MOV WORD PTR DS:[40BEF0],SS    Superfluous operand size prefix
0040142F  .  66:8C0D E4BE4000   MOV WORD PTR DS:[40BEE4],CS    Superfluous operand size prefix
00401436  .  66:8C1D C0BE4000   MOV WORD PTR DS:[40BEC0],DS    Superfluous operand size prefix
0040143D  .  66:8C05 BCBE4000   MOV WORD PTR DS:[40BEBC],ES    Superfluous operand size prefix
00401444  .  66:8C25 B8BE4000   MOV WORD PTR DS:[40BEB8],FS    Superfluous operand size prefix
0040144B  .  66:8C2D B4BE4000   MOV WORD PTR DS:[40BEB4],GS    Superfluous operand size prefix
```

图40-3　OllyDbg：WOW64Test_x86.exe的EP代码

前面已经分析过由VC++ 2010工具生成的（基于控制台的）PE32文件的EP代码，此处不再赘述。接下来直接查找main()函数。

40.3.2 Startup代码

跟踪004013F5地址处的JMP 0040128F指令，出现如图40-4所示的Startup代码。

```
0040128F  >  6A 14              PUSH 14
00401291  .  68 309C4000        PUSH OFFSET 00409C30
00401296  .  E8 05140000        CALL 004026A0
0040129B  .  33F6               XOR ESI,ESI
0040129D  .  3935 88DC4000      CMP DWORD PTR DS:[40DC88],ESI
004012A3  .v 75 0B              JNE SHORT 004012B0
004012A5  .  56                 PUSH ESI
004012A6  .  56                 PUSH ESI
004012A7  .  6A 01              PUSH 1
004012A9  .  56                 PUSH ESI
004012AA  .  FF15 20804000      CALL DWORD PTR DS:[<&KERNEL32.HeapSetInformation>]
004012B0  >  B8 4D5A0000        MOV EAX,5A4D
004012B5  .  66:3905 00004000   CMP WORD PTR DS:[<STRUCT IMAGE_DOS_HEADER>],AX
004012BC  .v 74 05              JE SHORT 004012C3
004012BE  >  8975 E4            MOV DWORD PTR SS:[EBP-1C],ESI
004012C1  .v EB 36              JMP SHORT 004012F9
004012C3  >  A1 3C004000        MOV EAX,DWORD PTR DS:[40003C]
004012C8  .  81B8 00004000 50450000  CMP DWORD PTR DS:[EAX+<STRUCT IMAGE_DOS_HEADER>],4550
004012D2  .^ 75 EA              JNE SHORT 004012BE
004012D4  .  B9 0B010000        MOV ECX,10B
004012D9  .  66:3988 18004000   CMP WORD PTR DS:[EAX+400018],CX
004012E0  .^ 75 DC              JNE SHORT 004012BE
004012E2  .  83B8 74004000 0E   CMP DWORD PTR DS:[EAX+400074],0E
004012E9  .^ 76 D3              JBE SHORT 004012BE
004012EB  .  33C9               XOR ECX,ECX
004012ED  .  39B0 E8004000      CMP DWORD PTR DS:[EAX+<STRUCT IMAGE_NT_SIGNATURE>],ESI
004012F3  .  0F95C1             SETNE CL
004012F6  .  894D E4            MOV DWORD PTR SS:[EBP-1C],ECX
004012F9  >  E8 61260000        CALL 0040395F
004012FE  .  85C0               TEST EAX,EAX
00401300  .v 75 08              JNE SHORT 0040130A
00401302  .  6A 1C              PUSH 1C
00401304  .  E8 5DFFFFFF        CALL 00401266
00401309  .  59                 POP ECX
0040130A  >  E8 D5240000        CALL 004037E4
0040130F  .  85C0               TEST EAX,EAX
00401311  .v 75 08              JNE SHORT 0040131B
00401313  .  6A 10              PUSH 10
00401315  .  E8 4CFFFFFF        CALL 00401266
0040131A  .  59                 POP ECX
0040131B  >  E8 7F210000        CALL 0040349F
00401320  .  8975 FC            MOV DWORD PTR SS:[EBP-4],ESI
00401323  .  E8 321F0000        CALL 0040325A
00401328  .  85C0               TEST EAX,EAX
0040132A  .v 79 08              JNS SHORT 00401334
0040132C  .  6A 1B              PUSH 1B
0040132E  .  E8 79180000        CALL 00402BAC
00401333  .  59                 POP ECX
00401334  >  FF15 1C804000      CALL DWORD PTR DS:[<&KERNEL32.GetCommandLineW>]
0040133A  .  A3 84DC4000        MOV DWORD PTR DS:[40DC84],EAX
0040133F  .  E8 BE1E0000        CALL 00403202
00401344  .  A3 C4BD4000        MOV DWORD PTR DS:[40BDC4],EAX
00401349  .  E8 061E0000        CALL 00403154
0040134E  .  85C0               TEST EAX,EAX
00401350  .v 79 08              JNS SHORT 0040135A
```

图40-4　OllyDbg：WOW64Test_x86.exe的Startup代码

WOW64Test_x86是一个控制台程序，所以Startup代码内部存在调用main()函数的CALL指令。若刚开始学逆向分析技术时遇到CALL指令，建议跟踪进入函数，详细了解各函数的代码。

提示

刚开始的时候不要跟踪进入得太深，深入 1-depth 查看代码即可。熟悉调试之后再逐渐加深，熟悉更深层次的代码。这种训练对于把握 Visual C++的 Startup 代码与用户代码的区别有很大帮助。一名经过良好训练的逆向分析人员在实际的代码分析过程中能够快速跳过 Startup 代码，直接找到用户代码，即使在比较混乱的地方也不会轻易迷路而徘徊不定。

40.3.3 main()函数

下面查找main()函数。已知信息罗列如下，我们将通过这些信息来查找main()函数。

(1) 被调试者（WOW64Test_x86.exe）是一个基于控制台的应用程序。

由此我们可以猜想到，WOW64Test_x86.exe调用main()函数前会先调用GetCommandLine() API。这是因为调用main()函数之前需要先把main(int argc,char* argv[])函数的参数存储到栈（x64环境下为寄存器）中。也就是说，在GetCommandLine() API设置好断点后，查看返回地址即可查找到调用main()函数的部分。此外，调用main()函数前argc与argv参数被存储在栈（x64环境下为寄存器）中，仔细查看栈（或者寄存器）也能直接找到调用main()函数的部分。

(2) 调用GetSystemDirectory()、GetFileSize()、CreateFile()等API。

应用程序中使用的API很明确时，直接在相应API上设置断点，通过其返回地址也可以直接查找并进入main()函数代码。

(3) 在画面中输出由上述API获取的信息。

使用OllyDbg强大的字符串检索功能，可以直接查找并定位到指定代码处。

下面我们使用第三项来查找main()函数。在OllyDbg代码窗口的鼠标右键菜单中选择Search for-All referenced strings项，如图40-5所示。

```
Text strings referenced in WOW64Test_x86
Address  Command               Comments
00401058 PUSH OFFSET 004099C0  UNICODE "1) system32 path = %s□"
00401066 PUSH OFFSET 004099F0  UNICODE "\kernel32.dll"
004010B6 PUSH OFFSET 00409A0C  UNICODE "2) File size of "%s" = %d□"
004010E9 PUSH OFFSET 00409A44  UNICODE "3) Program Files path = %s□"
004010FD PUSH OFFSET 00409A7C  UNICODE "SOFTWARE\ReverseCore"
0040111E PUSH OFFSET 00409AA8  UNICODE "4) Create Registry Key : HKLM\SOFTWARE\ReverseCore□"
004028E4 PUSH OFFSET 00408194  UNICODE "mscoree.dll"
004028F3 PUSH OFFSET 00408184  ASCII "CorExitProcess"
00402C5A PUSH OFFSET 00408B6C  UNICODE "Runtime Error!□□Program: "
00402C9B PUSH OFFSET 00408B3C  UNICODE "<program name unknown>"
00402CDC PUSH OFFSET 00408B34  UNICODE "..."
00402CF1 PUSH OFFSET 00408B2C  UNICODE "□□"
00402D22 PUSH OFFSET 00408AE0  UNICODE "Microsoft Visual C++ Runtime Library"
0040357A PUSH OFFSET 00408C40  UNICODE "KERNEL32.DLL"
004037E7 PUSH OFFSET 00408C40  UNICODE "KERNEL32.DLL"
00403808 PUSH OFFSET 00408C7C  ASCII "FlsAlloc"
00403810 PUSH OFFSET 00408C70  ASCII "FlsGetValue"
0040381D PUSH OFFSET 00408C64  ASCII "FlsSetValue"
0040382A PUSH OFFSET 00408C5C  ASCII "FlsFree"
00405560 PUSH OFFSET 004090B0  UNICODE "USER32.DLL"
0040557B PUSH OFFSET 004090A4  ASCII "MessageBoxW"
00405594 PUSH OFFSET 00409094  ASCII "GetActiveWindow"
004055A4 PUSH OFFSET 00409080  ASCII "GetLastActivePopup"
004055B4 PUSH OFFSET 00409064  ASCII "GetUserObjectInformationW"
004055CD PUSH OFFSET 0040904C  ASCII "GetProcessWindowStation"
00407C93 PUSH OFFSET 0040992C  UNICODE "CONOUT$"
Found 26 references
```

图40-5 OllyDbg：All referenced strings功能

图40-5中列出了程序中出现的所有字符串，双击顶端的00401058地址即显示出main()函数代码，如图40-6所示。

可以清楚看到，函数栈帧从401000地址开始，即401000地址是main()函数的开始部分（该地址就是第一个.text节区的起始地址）。在64位环境中调试PE32文件的方法与在32位环境中的调试方法是一样的。但是部分代码逆向分析工具在64位环境中无法正常使用，所以使用前必须确认。

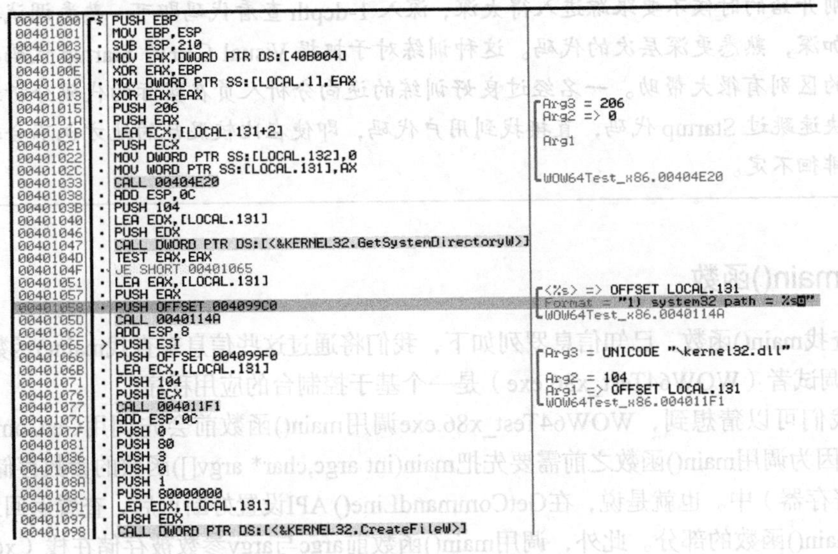

图40-6　OllyDbg：main()函数

40.4　PE32+：WOW64Test_x64.exe

要在64位环境中正常调试PE32+文件，需要使用IDA Pro或WinDbg调试工具（参考表40-1）。此处我们选用免费的WinDbg调试器来调试PE32+文件，学习调试过程中注意与前面介绍过的OllyDbg+PE32的调试方法比较。

运行WinDbg 64调试器，使用Open Executable...菜单，开始调试WOW64Test_x64.exe文件，如图40-7所示。

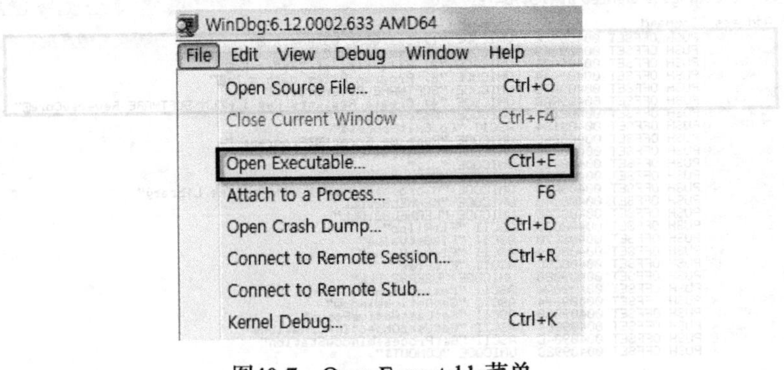

图40-7　Open Executable菜单

40.4.1　系统断点

如图40-8所示，调试暂停在系统断点（ntdll.dll区域）。由于WinDbg中没有“暂停在进程EP处”的选项，所以需要从当前暂停位置直接转到EP处。

```
Command - C:\work\WOW64Test_x64.exe - WinDbg:6.12.0002.633 AMD64

Microsoft (R) Windows Debugger Version 6.12.0002.633 AMD64
Copyright (c) Microsoft Corporation. All rights reserved.

CommandLine: C:\work\WOW64Test_x64.exe
Symbol search path is: SRV*c:\websymbols*http://msdl.microsoft.com/download/symbols
Executable search path is:
ModLoad: 00000001`40000000 00000001`40012000   WOW64Test_x64.exe
ModLoad: 00000000`778f0000 00000000`77a9b000   ntdll.dll
ModLoad: 00000000`776d0000 00000000`777ef000   C:\Windows\system32\kernel32.dll
ModLoad: 000007fe`fdbb0000 000007fe`fdc1b000   C:\Windows\system32\KERNELBASE.dll
ModLoad: 000007fe`ff980000 000007fe`ffa5b000   C:\Windows\system32\ADVAPI32.dll
ModLoad: 000007fe`fe1a0000 000007fe`fe23f000   C:\Windows\system32\msvcrt.dll
ModLoad: 000007fe`ffa60000 000007fe`ffa7f000   C:\Windows\SYSTEM32\sechost.dll
ModLoad: 000007fe`fded0000 000007fe`fdffe000   C:\Windows\system32\RPCRT4.dll
ModLoad: 000007fe`fe4f0000 000007fe`ff276000   C:\Windows\system32\SHELL32.dll
ModLoad: 000007fe`fe2f0000 000007fe`fe361000   C:\Windows\system32\SHLWAPI.dll
ModLoad: 000007fe`fe130000 000007fe`fe197000   C:\Windows\system32\GDI32.dll
ModLoad: 00000000`777f0000 00000000`778ea000   C:\Windows\system32\USER32.dll
ModLoad: 000007fe`ff4e0000 000007fe`ff4ee000   C:\Windows\system32\LPK.dll
ModLoad: 000007fe`ff390000 000007fe`ff45a000   C:\Windows\system32\USP10.dll
(1c4c.11ec): Break instruction exception - code 80000003 (first chance)
ntdll!LdrpDoDebuggerBreak+0x30:
00000000`779a1340 cc              int     3

0:000>
```

图40-8　WinDbg：系统断点

40.4.2　EP代码

首先要获取EP地址，输入显示进程PE文件头的命令，如图40-9所示。

```
!dh <module name或loading address>
```

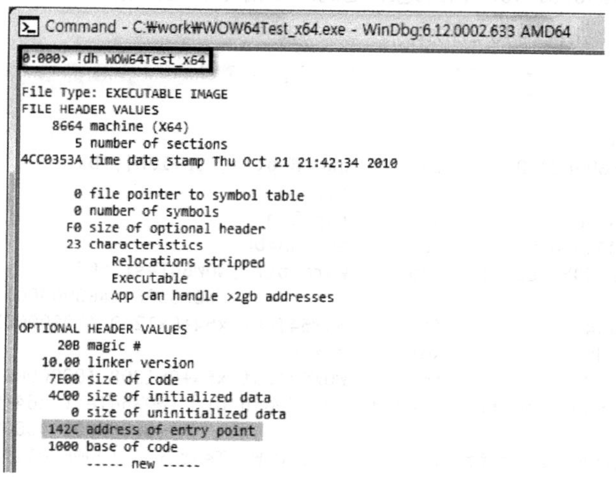

图40-9　WinDbg：显示PE文件头

EP地址（RVA）为142C，使用g命令转到该地址处，如图40-10所示。

```
g<address>
```

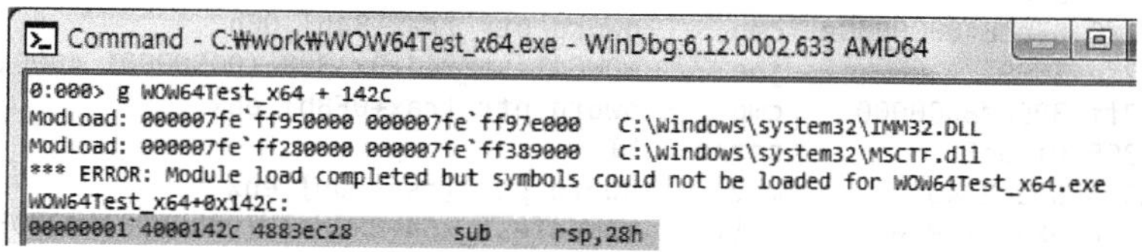

图40-10　WinDbg：EP代码

WinDbg默认仅显示1行命令，使用下列命令增加指令显示的条数。

```
u <address>L<line number>
```

图40-11是使用Visual C++ 2010工具创建的PE32+文件的EP Startup代码。请将它与图40-3中PE32文件的EP代码比较。CALL+JMP指令结构是一样的。

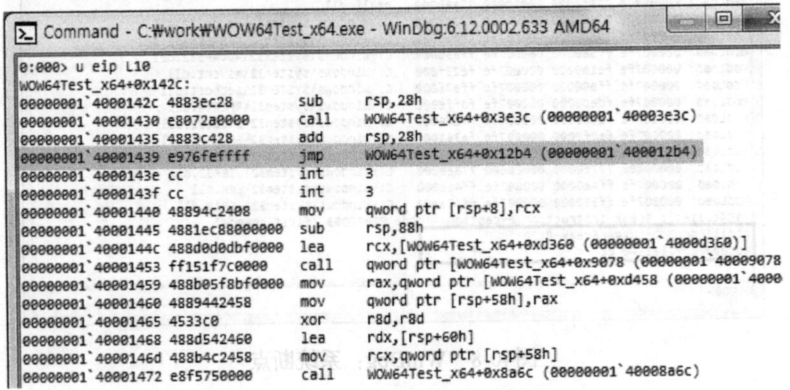

图40-11　WinDbg：EP代码

40.4.3　Startup代码

跟踪（t）位于00000001`40001439地址处的JMP指令，增加指令显示的条数后[u eip L60]，可以看所有Startup代码，如代码40-2所示。

代码40-2　WinDbg：Startup代码

```
0:000 u eip L60
WOW64Test_x64+0x12b4:
00000001`400012b4 48895c2410      mov     qword ptr [rsp+10h],rbx
00000001`400012b9 57              push    rdi
00000001`400012ba 4883ec30        sub     rsp,30h
00000001`400012be b84d5a0000      mov     eax,5A4Dh
00000001`400012c3 66390536edffff  cmp     word ptr [WOW64Test_x64
                                                  (00000001`40000000)],ax
00000001`400012ca 7404            je      WOW64Test_x64+0x12d0 (00000001`400012d0)
00000001`400012cc 33db            xor     ebx,ebx
00000001`400012ce eb38            jmp     WOW64Test_x64+0x1308 (00000001`40001308)
00000001`400012d0 48630565edffff  movsxd  rax,dword ptr [WOW64Test_x64+0x3c
                                                  (00000001`4000003c)]
00000001`400012d7 488d0d22edffff  lea     rcx,[WOW64Test_x64 (00000001`40000000)]
00000001`400012de 4803c1          add     rax,rcx
00000001`400012e1 813850450000    cmp     dword ptr [rax],4550h
00000001`400012e7 75e3            jne     WOW64Test_x64+0x12cc (00000001`400012cc)
00000001`400012e9 b90b020000      mov     ecx,20Bh
00000001`400012ee 66394818        cmp     word ptr [rax+18h],cx
00000001`400012f2 75d8            jne     WOW64Test_x64+0x12cc (00000001`400012cc)
00000001`400012f4 33db            xor     ebx,ebx
00000001`400012f6 83b8840000000e  cmp     dword ptr [rax+84h],0Eh
00000001`400012fd 7609            jbe     WOW64Test_x64+0x1308 (00000001`40001308)
00000001`400012ff 3998f8000000    cmp     dword ptr [rax+0F8h],ebx
00000001`40001305 0f95c3          setne   bl
00000001`40001308 895c2440        mov     dword ptr [rsp+40h],ebx
00000001`4000130c e8d32a0000      call    WOW64Test_x64+0x3de4 (00000001`40003de4)
00000001`40001311 85c0            test    eax,eax
00000001`40001313 7522            jne     WOW64Test_x64+0x1337 (00000001`40001337)
```

```
00000001`40001315 833d94bf000002  cmp    dword ptr [WOW64Test_x64+0xd2b0
                                              (00000001`4000d2b0)],2
00000001`4000131c 7405            je     WOW64Test_x64+0x1323 (00000001`40001323)
00000001`4000131e e8d51d0000      call   WOW64Test_x64+0x30f8 (00000001`400030f8)
00000001`40001323 b91c000000      mov    ecx,1Ch
00000001`40001328 e86b1b0000      call   WOW64Test_x64+0x2e98 (00000001`40002e98)
00000001`4000132d b9ff000000      mov    ecx,0FFh
00000001`40001332 e8b1170000      call   WOW64Test_x64+0x2ae8 (00000001`40002ae8)
00000001`40001337 e8242a0000      call   WOW64Test_x64+0x3d60 (00000001`40003d60)
00000001`4000133c 85c0            test   eax,eax
00000001`4000133e 7522            jne    WOW64Test_x64+0x1362 (00000001`40001362)
00000001`40001340 833d69bf000002  cmp    dword ptr [WOW64Test_x64+0xd2b0
                                              (00000001`4000d2b0)],2
00000001`40001347 7405            je     WOW64Test_x64+0x134e (00000001`4000134e)
00000001`40001349 e8aa1d0000      call   WOW64Test_x64+0x30f8 (00000001`400030f8)
00000001`4000134e b910000000      mov    ecx,10h
00000001`40001353 e8401b0000      call   WOW64Test_x64+0x2e98 (00000001`40002e98)
00000001`40001358 b9ff000000      mov    ecx,0FFh
00000001`4000135d e886170000      call   WOW64Test_x64+0x2ae8 (00000001`40002ae8)
00000001`40001362 e8c1260000      call   WOW64Test_x64+0x3a28 (00000001`40003a28)
00000001`40001367 90              nop
00000001`40001368 e8e7230000      call   WOW64Test_x64+0x3754 (00000001`40003754)
00000001`4000136d 85c0            test   eax,eax
00000001`4000136f 790a            jns    WOW64Test_x64+0x137b (00000001`4000137b)
00000001`40001371 b91b000000      mov    ecx,1Bh
00000001`40001376 e8c91a0000      call   WOW64Test_x64+0x2e44 (00000001`40002e44)
00000001`4000137b ff15b77c0000    call   qword ptr [WOW64Test_x64+0x9038
                                              (00000001`40009038)]
00000001`40001381 488905a8e20000  mov    qword ptr [WOW64Test_x64+0xf630
                                              (00000001`4000f630)],rax
00000001`40001388 e83f230000      call   WOW64Test_x64+0x36cc (00000001`400036cc)
00000001`4000138d 48890514bf0000  mov    qword ptr [WOW64Test_x64+0xd2a8
                                              (00000001`4000d2a8)],rax
00000001`40001394 e843220000      call   WOW64Test_x64+0x35dc (00000001`400035dc)
00000001`40001399 85c0            test   eax,eax
00000001`4000139b 790a            jns    WOW64Test_x64+0x13a7 (00000001`400013a7)
00000001`4000139d b908000000      mov    ecx,8
00000001`400013a2 e89d1a0000      call   WOW64Test_x64+0x2e44 (00000001`40002e44)
00000001`400013a7 e8601f0000      call   WOW64Test_x64+0x330c (00000001`4000330c)
00000001`400013ac 85c0            test   eax,eax
00000001`400013ae 790a            jns    WOW64Test_x64+0x13ba (00000001`400013ba)
00000001`400013b0 b909000000      mov    ecx,9
00000001`400013b5 e88a1a0000      call   WOW64Test_x64+0x2e44 (00000001`40002e44)
00000001`400013ba b901000000      mov    ecx,1
00000001`400013bf e808180000      call   WOW64Test_x64+0x2bcc (00000001`40002bcc)
00000001`400013c4 85c0            test   eax,eax
00000001`400013c6 7407            je     WOW64Test_x64+0x13cf (00000001`400013cf)
00000001`400013c8 8bc8            mov    ecx,eax
00000001`400013ca e8751a0000      call   WOW64Test_x64+0x2e44 (00000001`40002e44)
00000001`400013cf 4c8b05a2c40000  mov    r8,qword ptr [WOW64Test_x64+0xd878
                                              (00000001`4000d878)]
00000001`400013d6 4c8905a3c40000  mov    qword ptr [WOW64Test_x64+0xd880
                                              (00000001`4000d880)],r8
00000001`400013dd 488b157cc40000  mov    rdx,qword ptr [WOW64Test_x64+0xd860
                                              (00000001`4000d860)]
00000001`400013e4 8b0d6ac40000    mov    ecx,dword ptr [WOW64Test_x64+0xd854
                                              (00000001`4000d854)]
00000001`400013ea e811fcffff      call   WOW64Test_x64+0x1000 (00000001`40001000)
00000001`400013ef 8bf8            mov    edi,eax
00000001`400013f1 89442420        mov    dword ptr [rsp+20h],eax
00000001`400013f5 85db            test   ebx,ebx
```

```
00000001`400013f7 7507          jne     WOW64Test_x64+0x1400 (00000001`40001400)
00000001`400013f9 8bc8          mov     ecx,eax
00000001`400013fb e80c1a0000    call    WOW64Test_x64+0x2e0c (00000001`40002e0c)
00000001`40001400 e81f1a0000    call    WOW64Test_x64+0x2e24 (00000001`40002e24)
00000001`40001405 eb17          jmp     WOW64Test_x64+0x141e (00000001`4000141e)
00000001`40001407 8bf8          mov     edi,eax
00000001`40001409 837c244000    cmp     dword ptr [rsp+40h],0
00000001`4000140e 7508          jne     WOW64Test_x64+0x1418 (00000001`40001418)
00000001`40001410 8bc8          mov     ecx,eax
00000001`40001412 e8011a0000    call    WOW64Test_x64+0x2e18 (00000001`40002e18)
00000001`40001417 cc            int     3
00000001`40001418 e8171a0000    call    WOW64Test_x64+0x2e34
                                        (00000001`40002e34)
00000001`4000141d 90            nop
00000001`4000141e 8bc7          mov     eax,edi
00000001`40001420 488b5c2448    mov     rbx,qword ptr [rsp+48h]
00000001`40001425 4883c430      add     rsp,30h
00000001`40001429 5f            pop     rdi
00000001`4000142a c3            ret
```

到现在为止，我们已经通过OllyDbg调试器看到过许多用VC++编写的PE32文件的Startup代码。但这还是第一次通过WinDbg调试器查看VC++编写的PE32+文件，所以我们将Startup代码全部显示出来。与图40-4中PE32文件的Startup代码相比，它们看上去非常相似。像这样调试一般的应用程序时，由于没有符号文件（Symbol：*.pdb），代码中没有任何注释，看上去非常“荒凉”。若调试VC++文件的经验不多，在上述代码中每当遇到CALL指令时可以跟踪进入，查看代码（再次强调，我强烈建议初学者这样做，熟悉Startup代码是非常重要的）。

40.4.4　main()函数

WOW64Test_x64.exe是基于控制台的应用程序，在GetCommandLineW()函数处设置断点后，从断点处开始跟踪到main()函数调用处。首先在kernel32!GetCommandLineW() API处设置断点。

```
bp <address 或模块名称!API 名称>
```

接下来运行（g）调试器，调试器在GetCommandLineW() API处暂停，如图40-12所示。

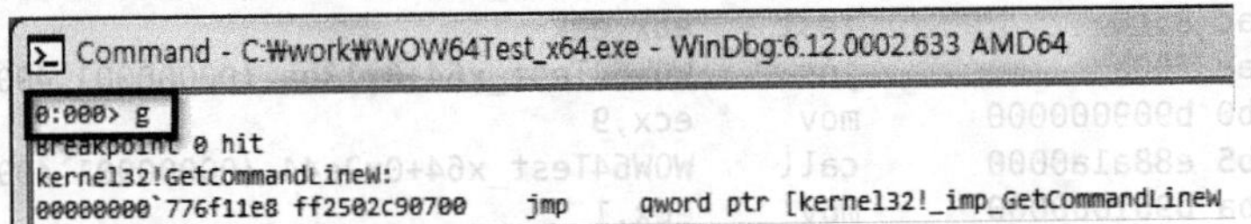

Command - C:\work\WOW64Test_x64.exe - WinDbg:6.12.0002.633 AMD64
0:000> g
Breakpoint 0 hit
kernel32!GetCommandLineW:
00000000`776f11e8 ff2502c90700　jmp　qword ptr [kernel32!_imp_GetCommandLineW

图40-12　WinDbg：暂停在GetCommandLineW()的断点处

然后查看栈中存储的返回地址（Return Address），如图40-13所示。

```
Command - C:\work\WOW64Test_x64.exe - WinDbg:6.12.0002.63
0:000> r rsp
rsp=000000000012ff18
0:000> dq rsp
00000000`0012ff18  00000001`40001381 00000000`00000000
00000000`0012ff28  00000000`00000000 00000000`00000000
00000000`0012ff38  00000062`2c44d129 00000000`00000000
00000000`0012ff48  00000000`00000000 00000000`00000000
00000000`0012ff58  00000000`776ef56d 00000000`00000000
00000000`0012ff68  00000000`00000000 00000000`00000000
00000000`0012ff78  00000000`00000000 00000000`00000000
00000000`0012ff88  00000000`77923021 00000000`00000000
```

图40-13　WinDbg：存储在栈中的返回地址

从图40-14可以看到，返回地址为00000001`40001381，跟踪转到该地址处。

```
Command - C:\work\WOW64Test_x64.exe - WinDbg:6.12.0002.633 AMD64
0:000> g 00000001`40001381
WOW64Test_x64+0x1381:
00000001`40001381 488905a8e20000  mov     qword ptr [WOW64Test_x64+0xf630 (00000001`4000f630)],rax
0:000> u eip L20
WOW64Test_x64+0x1381:
00000001`40001381 488905a8e20000  mov     qword ptr [WOW64Test_x64+0xf630 (00000001`4000f630)],rax
00000001`40001388 e83f230000      call    WOW64Test_x64+0x36cc (00000001`400036cc)
00000001`4000138d 48890514bf0000  mov     qword ptr [WOW64Test_x64+0xd2a8 (00000001`4000d2a8)],rax
00000001`40001394 e843220000      call    WOW64Test_x64+0x35dc (00000001`400035dc)
00000001`40001399 85c0            test    eax,eax
00000001`4000139b 790a            jns     WOW64Test_x64+0x13a7 (00000001`400013a7)
00000001`4000139d b908000000      mov     ecx,8
00000001`400013a2 e89d1a0000      call    WOW64Test_x64+0x2e44 (00000001`40002e44)
00000001`400013a7 e8601f0000      call    WOW64Test_x64+0x330c (00000001`4000330c)
00000001`400013ac 85c0            test    eax,eax
00000001`400013ae 790a            jns     WOW64Test_x64+0x13ba (00000001`400013ba)
00000001`400013b0 b909000000      mov     ecx,9
00000001`400013b5 e88a1a0000      call    WOW64Test_x64+0x2e44 (00000001`40002e44)
00000001`400013ba b901000000      mov     ecx,1
00000001`400013bf e808180000      call    WOW64Test_x64+0x2bcc (00000001`40002bcc)
00000001`400013c4 85c0            test    eax,eax
00000001`400013c6 7407            je      WOW64Test_x64+0x13cf (00000001`400013cf)
00000001`400013c8 8bc8            mov     ecx,eax
00000001`400013ca e8751a0000      call    WOW64Test_x64+0x2e44 (00000001`40002e44)
00000001`400013cf 4c8b05a2c40000  mov     r8,qword ptr [WOW64Test_x64+0xd878 (00000001`4000d878)]
00000001`400013d6 4c8905a3c40000  mov     qword ptr [WOW64Test_x64+0xd880 (00000001`4000d880)],r8
00000001`400013dd 488b157cc40000  mov     rdx,qword ptr [WOW64Test_x64+0xd860 (00000001`4000d860)]
00000001`400013e4 8b0d6ac40000    mov     ecx,dword ptr [WOW64Test_x64+0xd854 (00000001`4000d854)]
00000001`400013ea e811fcffff      call    WOW64Test_x64+0x1000 (00000001`40001000)
00000001`400013ef 8bf8            mov     edi,eax
00000001`400013f1 89442420        mov     dword ptr [rsp+20h],eax
00000001`400013f5 85db            test    ebx,ebx
00000001`400013f7 7507            jne     WOW64Test_x64+0x1400 (00000001`40001400)
00000001`400013f9 8bc8            mov     ecx,eax
00000001`400013fb e80c1a0000      call    WOW64Test_x64+0x2e0c (00000001`40002e0c)
00000001`40001400 e81f1a0000      call    WOW64Test_x64+0x2e24 (00000001`40002e24)
00000001`40001405 eb17            jmp     WOW64Test_x64+0x141e (00000001`4000141e)
```

图40-14　WinDbg：Startup代码内部的main()函数调用代码

地址00000001`40001381的MOV指令将GetCommandLineW() API的返回值（RAX）存储到.data节区的特定区域。接下来是多条CALL指令，调用多个函数切分获取的“command line”字符串，最终形成main()函数的argc、argv参数。00000001`400013cf~00000001`400013e4地址间的MOV指令用来为main()设置参数（RCX、RDX、R8寄存器）。紧接着，00000001`400013EA地址处的CALL指令用来调用main()函数。下面看看存储在寄存器中的main函数的参数，如图40-15所示。

```
Command - C:\work\WOW64Test_x64.exe - WinDbg:6.12.0002.633 AMD64
0:000> g 00000001`400013ea
WOW64Test_x64+0x13ea:
00000001`400013ea e811fcffff      call    WOW64Test_x64+0x1000 (00000001`40001000)
0:000> r
rax=0000000000000000 rbx=0000000000000000 rcx=0000000000000001
rdx=0000000000203080 rsi=0000000000000000 rdi=0000000000000000
rip=00000001400013ea rsp=000000000012ff20 rbp=0000000000000000
 r8=0000000000203100  r9=0000000000000000 r10=0000000000000000
r11=0000000000000286 r12=0000000000000000 r13=0000000000000000
r14=0000000000000000 r15=0000000000000000
iopl=0         nv up ei pl zr na po nc
cs=0033  ss=002b  ds=002b  es=002b  fs=0053  gs=002b             efl=00000246
WOW64Test_x64+0x13ea:
00000001`400013ea e811fcffff      call    WOW64Test_x64+0x1000 (00000001`40001000)
```

图40-15　WinDbg：main()函数参数

main(int argc,char* argv[])函数的第一个参数argc存储在RCX寄存器中，其值为1，表示无额外的命令参数。函数的第二个参数为argv[]数组，数组的起始地址存储在RDX寄存器中，其值为203080，该地址中保存着数组元素argv[0]的值，是第一个命令行字符串的地址，如图40-16所示。

```
Command - C:\work\WOW64Test_x64.exe - WinDbg:6.12.0002.633 AMD64
0:000> db rdx
00000000`00203080  90 30 20 00 00 00 00 00-00 00 00 00 00 00 00 00  .0 .............
00000000`00203090  43 00 3a 00 5c 00 77 00-6f 00 72 00 6b 00 5c 00  C.:.\.w.o.r.k.\.
00000000`002030a0  57 00 4f 00 57 00 36 00-34 00 54 00 65 00 73 00  W.O.W.6.4.T.e.s.
00000000`002030b0  74 00 5f 00 78 00 36 00-34 00 2e 00 65 00 78 00  t._.x.6.4...e.x.
00000000`002030c0  65 00 00 00 ab ab ab ab-ab ab ab ab ab ab ab ab  e...............
00000000`002030d0  ab ab ab ab ee fe ee fe-ee fe ee fe ee fe ee fe  ................
00000000`002030e0  00 00 00 00 00 00 00 00-00 00 00 00 00 00 00 00  ................
00000000`002030f0  ee fe ee fe ee fe ee fe-fc 61 5c 42 7d 33 00 30  .........a\B}3.0
```

图40-16　WinDbg：argv参数

从图40-16中可以看到，argv[]参数（RDX）的起始地址为203080，argv[0]=203090，地址203090中保存着第一个命令行字符串（C:\work\WOW64Test_x64.exe）。

可以像这样查看main()函数的argc与argv这2个参数。图40-15中R8寄存器的值00000000`00203100表示什么呢？main()函数的参数明明只有2个（RCX、RDX），那么这第三个参数R8寄存器中为什么会存储着值呢？下面分析一下图40-17。

```
Command - C:\work\WOW64Test_x64.exe - WinDbg:6.12.0002.633 AMD64
0:000> db r8
00000000`00203100  80 32 20 00 00 00 00 00-f0 32 20 00 00 00 00 00  .2 ......2 .....
00000000`00203110  70 33 20 00 00 00 00 00-20 34 20 00 00 00 00 00  p3 ..... 4 .....
00000000`00203120  c0 34 20 00 00 00 00 00-70 35 20 00 00 00 00 00  .4 .....p5 .....
00000000`00203130  10 36 20 00 00 00 00 00-70 36 20 00 00 00 00 00  .6 .....p6 .....
00000000`00203140  f0 36 20 00 00 00 00 00-70 37 20 00 00 00 00 00  .6 .....p7 .....
00000000`00203150  d0 37 20 00 00 00 00 00-20 38 20 00 00 00 00 00  .7 ..... 8 .....
00000000`00203160  80 38 20 00 00 00 00 00-00 39 20 00 00 00 00 00  .8 ......9 .....
00000000`00203170  60 39 20 00 00 00 00 00-c0 39 20 00 00 00 00 00  `9 ......9 .....
```

图40-17　WinDbg：R8寄存器（3rd parameter of main()）

从图40-17中可以看到，R8寄存器所指的是一个指针数组，数组的所有元素都指向栈区域。第一个元素所指的地址为00000000`00203280，进入该地址查看，如图40-18所示。

```
Command - C:\work\WOW64Test_x64.exe - WinDbg:6.12.0002.633 AMD64
0:000> db 203280 L200
00000000`00203280  41 00 4c 00 4c 00 55 00-53 00 45 00 52 00 53 00  A.L.L.U.S.E.R.S.
00000000`00203290  50 00 52 00 4f 00 46 00-49 00 4c 00 45 00 3d 00  P.R.O.F.I.L.E.=.
00000000`002032a0  43 00 3a 00 5c 00 50 00-72 00 6f 00 67 00 72 00  C.:.\.P.r.o.g.r.
00000000`002032b0  61 00 6d 00 44 00 61 00-74 00 61 00 00 00 ab ab  a.m.D.a.t.a.....
00000000`002032c0  ab ab ab ab ab ab ab ab-ab ab ab ab ab ab ee fe  ................
00000000`002032d0  00 00 00 00 00 00 00 00-00 00 00 00 00 00 00 00  ................
00000000`002032e0  ee fe ee fe ee fe ee fe-ec 61 5c 52 72 33 00 36  .........a\Rr3.6
00000000`002032f0  41 00 50 00 50 00 44 00-41 00 54 00 41 00 3d 00  A.P.P.D.A.T.A.=.
00000000`00203300  43 00 3a 00 5c 00 55 00-73 00 65 00 72 00 73 00  C.:.\.U.s.e.r.s.
00000000`00203310  5c 00 6c 00 73 00 77 00-5c 00 41 00 70 00 70 00  \.l.s.w.\.A.p.p.
00000000`00203320  44 00 61 00 74 00 61 00-5c 00 52 00 6f 00 61 00  D.a.t.a.\.R.o.a.
00000000`00203330  6d 00 69 00 6e 00 67 00-00 00 ab ab ab ab ab ab  m.i.n.g.........
00000000`00203340  ab ab ab ab ab ab ab ab-ab ab ee fe ee fe ee fe  ................
00000000`00203350  00 00 00 00 00 00 00 00-00 00 00 00 00 00 00 00  ................
00000000`00203360  ee fe ee fe ee fe ee fe-ef 61 5c 51 7d 33 00 30  .........a\Q}3.0
00000000`00203370  63 00 6c 00 61 00 73 00-73 00 70 00 61 00 74 00  c.l.a.s.s.p.a.t.
00000000`00203380  68 00 3d 00 2e 00 3b 00-43 00 3a 00 5c 00 50 00  h.=...;.C.:.\.P.
00000000`00203390  72 00 6f 00 67 00 72 00-61 00 6d 00 20 00 46 00  r.o.g.r.a.m. .F.
00000000`002033a0  69 00 6c 00 65 00 73 00-20 00 28 00 78 00 38 00  i.l.e.s. .(.x.8.
00000000`002033b0  36 00 29 00 5c 00 4a 00-61 00 76 00 61 00 5c 00  6.).\.J.a.v.a.\.
00000000`002033c0  6a 00 72 00 65 00 36 00-5c 00 6c 00 69 00 62 00  j.r.e.6.\.l.i.b.
00000000`002033d0  5c 00 65 00 78 00 74 00-5c 00 51 00 54 00 4a 00  \.e.x.t.\.Q.T.J.
00000000`002033e0  61 00 76 00 61 00 2e 00-7a 00 69 00 70 00 00 00  a.v.a...z.i.p...
00000000`002033f0  ab ab ab ab ab ab ab ab-ab ab ab ab ab ab ab ab  ................
00000000`00203400  00 00 00 00 00 00 00 00-00 00 00 00 00 00 00 00  ................
00000000`00203410  ee fe ee fe ee fe ee fe-ee 61 5c 50 7e 33 00 3e  .........a\P~3.>
00000000`00203420  43 00 6f 00 6d 00 6d 00-6f 00 6e 00 50 00 72 00  C.o.m.m.o.n.P.r.
00000000`00203430  6f 00 67 00 72 00 61 00-6d 00 46 00 69 00 6c 00  o.g.r.a.m.F.i.l.
00000000`00203440  65 00 73 00 3d 00 43 00-3a 00 5c 00 50 00 72 00  e.s.=.C.:.\.P.r.
00000000`00203450  6f 00 67 00 72 00 61 00-6d 00 20 00 46 00 69 00  o.g.r.a.m. .F.i.
00000000`00203460  6c 00 65 00 73 00 5c 00-43 00 6f 00 6d 00 6d 00  l.e.s.\.C.o.m.m.
00000000`00203470  6f 00 6e 00 20 00 46 00-69 00 6c 00 65 00 73 00  o.n. .F.i.l.e.s.
```

图40-18　WinDbg：R8寄存器所指的栈区域

在图40-19中可以看得更清楚，main()的第三个参数R8为系统环境变量字符串数组的地址，它不是用户编写的代码，是使用Visual C++ 2010工具编译代码时由编译器自动添加的参数。最后看一下main()函数本身的代码。

```
Command - C:₩work₩WOW64Test_x64.exe - WinDbg:6.12.0002.633 AMD64
0:000> t
WOW64Test_x64+0x1000:
00000001`40001000 4053            push    rbx
0:000> u eip L40
WOW64Test_x64+0x1000:
00000001`40001000 4053            push    rbx
00000001`40001002 4881ec70020000  sub     rsp,270h
00000001`40001009 488b05f8af0000  mov     rax,qword ptr [WOW64Test_x64+0xc008 (00000001`4000c00
00000001`40001010 4833c4          xor     rax,rsp
00000001`40001013 4889842460020000 mov     qword ptr [rsp+260h],rax
00000001`4000101b 33db            xor     ebx,ebx
00000001`4000101d 488d4c2452      lea     rcx,[rsp+52h]
00000001`40001022 33d2            xor     edx,edx
00000001`40001024 41b806020000    mov     r8d,206h
00000001`4000102a 48895c2440      mov     qword ptr [rsp+40h],rbx
00000001`4000102f 66895c2450      mov     word ptr [rsp+50h],bx
00000001`40001034 e897480000      call    WOW64Test_x64+0x58d0 (00000001`400058d0)
00000001`40001039 488d4c2450      lea     rcx,[rsp+50h]
00000001`4000103e ba04010000      mov     edx,104h
00000001`40001043 ff15df7f0000    call    qword ptr [WOW64Test_x64+0x9028 (00000001`40009028)]
00000001`40001049 85c0            test    eax,eax
00000001`4000104b 7411            je      WOW64Test_x64+0x105e (00000001`4000105e)
00000001`4000104d 488d542450      lea     rdx,[rsp+50h]
00000001`40001052 488d0d379c0000  lea     rcx,[WOW64Test_x64+0xac90 (00000001`4000ac90)]
00000001`40001059 e822010000      call    WOW64Test_x64+0x1180 (00000001`40001180)
00000001`4000105e 4c8d055b9c0000  lea     r8,[WOW64Test_x64+0xacc0 (00000001`4000acc0)]
00000001`40001065 488d4c2450      lea     rcx,[rsp+50h]
```

图40-19 WinDbg：部分main()函数代码

至此，我们准确找到了main()函数代码，从这里开始调试就可以了。下面请大家各自动手调试，好好练习一下。

提示

WinDbg的基本使用方法请参考第39章。

40.5 小结

本章学习了64位环境下调试PE32+文件的方法。前一章（64位计算）中我们学习了有关64位环境中新增与改动的内容，如果完全掌握了这些内容，那么在64位环境下调试程序并没有想得那么难。由于x64、Windows OS 64位、PE32+等能够很好地向下兼容，所以如果熟悉了32位环境下的调试技术，就能快速适应64位环境，顺利调试64位程序。

WinDbg调试器的用户界面有些陌生，并且如果没有符号文件（*.pdb），代码的注释（特别是API的名称）会非常少，这给代码的阅读与分析造成了困难。要熟悉WinDbg这个调试工具，必须反复使用它，不断练习，除此之外别无他法（随着代码逆向分析水平的提高，各位调试内核驱动程序文件时会再次使用WinDbg这个调试工具）。当然，如果你还有余力，可以尝试使用IDA Pro，它是一个非常强大的交互式反汇编工具。

第41章 ASLR

ASLR（Address Space Layout Randomization，地址空间布局随机化）是一种针对缓冲区溢出的安全保护技术，微软从Windows Vista开始采用该技术，本章将学习其相关知识。

41.1 Windows 内核版本

表41-1中列出了各Windows OS采用的内核版本。

表41-1 内核版本

OS	内核版本	OS	内核版本
Windows 2000	5.0	Windows Server 2008	6.0
Windows XP	5.1	Windows Server 2008 R2	6.1
Windows Server 2003	5.2	Windows7	6.1
Windows Vista	6.0		

微软从Windows Vista开始升级采用新的Major Kernel Version 6（Major版本号从5升级为6约用了7年）。微软从Windows Vista（Kernel Version 6）开始采用ASLR技术，以进一步加强系统安全性。

41.2 ASLR

借助ASLR技术，PE文件每次加载到内存的起始地址都会随机变化，并且每次运行程序时相应进程的栈以及堆的起始地址也会随机改变。也就是说，每次EXE文件运行时加载到进程内存的实际地址都不同，最初加载DLL文件时装载到内存中的实际地址也是不同的。

微软改用这种方式加载PE文件的原因何在呢？是为了增加系统安全性。大部分Windows OS安全漏洞（一般为缓冲区溢出）只出现在特定OS、特定模块、特定版本中。以这些漏洞为目标的漏洞利用代码（exploit code）中，特定内存地址以硬编码形式编入（因为在以前的OS中，根据OS版本的不同，特定DLL总是会加载到固定地址）。因此，微软采用了这种ASLR技术，增加了恶意用户编写漏洞利用代码的难度，从而降低了利用OS安全漏洞破坏系统的风险（UNIX/Linux OS等都已采用了ASLR技术）。

41.3 Visual C++

请注意，并不是所有可执行文件都自动应用ASLR技术。如上所述，OS的内核版本必须为6以上，并且使用的编程工具（如：VC++）要支持/DYNAMICBASE选项。

一般使用MS Visual C++ 2010创建可执行文件（PE）时，EXE文件的ImageBase默认为00400000，DLL文件的ImageBase为10000000。但编译它们时，如果默认开启了VC++的/DYNAMICBASE选项，那么ASLR技术就会如图41-1所示应用到编译的文件中。

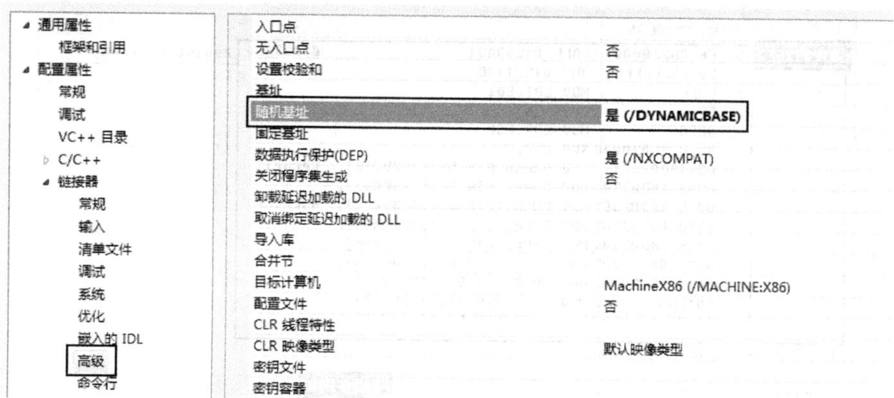

图41-1 /DYNAMICBASE选项

若不想应用ASLR技术，只需将“随机基址”选项改为“/DYNAMICBASE:NO”即可，如图41-2所示。

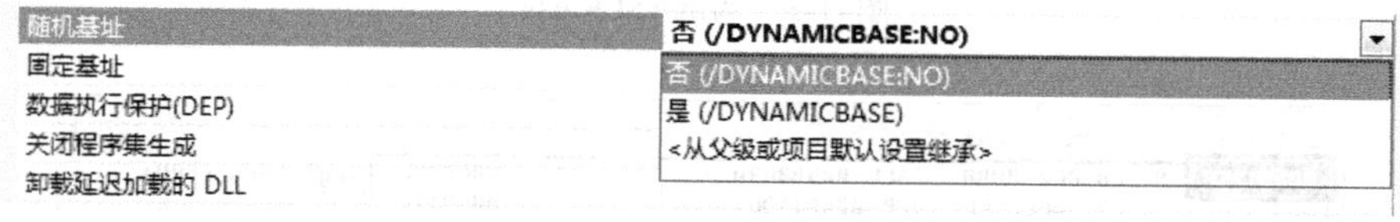

图41-2 /DYNAMICBASE:NO选项

41.4 ASLR.exe

提示

本示例程序使用的所有源代码由 MS Visual C++ 2010 Express Edition 开发而成，在 Windows 7 32 位环境中通过测试。

为了测试ASLR技术，我们首先编写一个简单的基于控制台的程序，程序源代码如下所示。

代码41-1 ASLR.cpp

```
#include “studio.h”

void main()
{
    printf(“ASLR test program...\n”);
}
```

然后打开VC++的/DYNAMICBASE选项，编译得到ASLR.exe程序；再关闭/DYNAMICBASE:NO选项，编译得到ASLR_no.exe程序。接下来使用调试器分别调试。

图41-3是使用OllyDbg调试ASLR.exe的画面，请认真查看EP代码地址与栈地址（如果使用的操作系统是VISTA以上版本的，那么每次运行时地址都会随机变化）。

图41-4是使用OllyDbg调试ASLR_no.exe的画面，EP代码地址与栈地址未变化，就像在XP系统中看到的一样。下面使用PEView工具查看并比较它们。

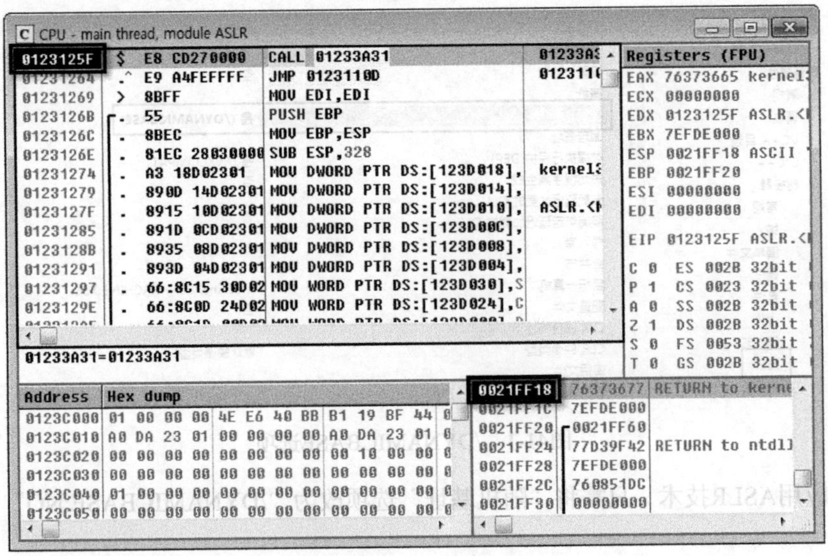

图41-3　调试ASLR.exe

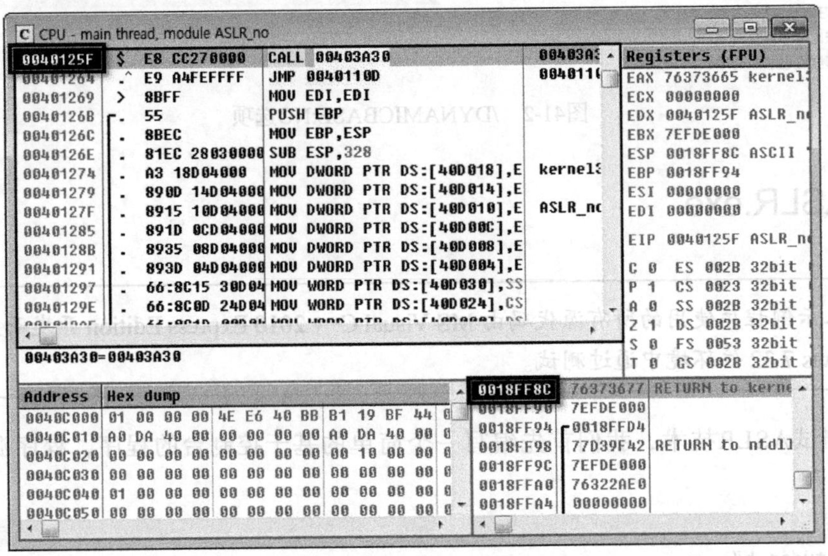

图41-4　调试ASLR_no.exe

41.4.1　节区信息

图41-5左侧为ASLR.exe文件，右侧为ASLR_no.exe文件。可以清楚看到ASLR.exe文件比ASLR_no.exe文件多出1个名为“.reloc”的节区。一般而言，普通的EXE文件中是不存在.reloc节区的，该节区仅在应用了ASLR技术的文件中才会出现，它是编译时由编译器生成并保留在可执行文件中的。PE文件被加载到内存时，该节区被用做重定位的参考，它不是EXE文件运行的必需部分，可将其从PE文件中删除（但是由于DLL文件总是需要重定位，所以在DLL文件中不可将其删除）。最重要的部分是IMAGE_FILE_HEADER\Characteristics与IMAGE_OPTIONAL_HEADER\DLL Characteristics这2个字段，下面分别予以说明。

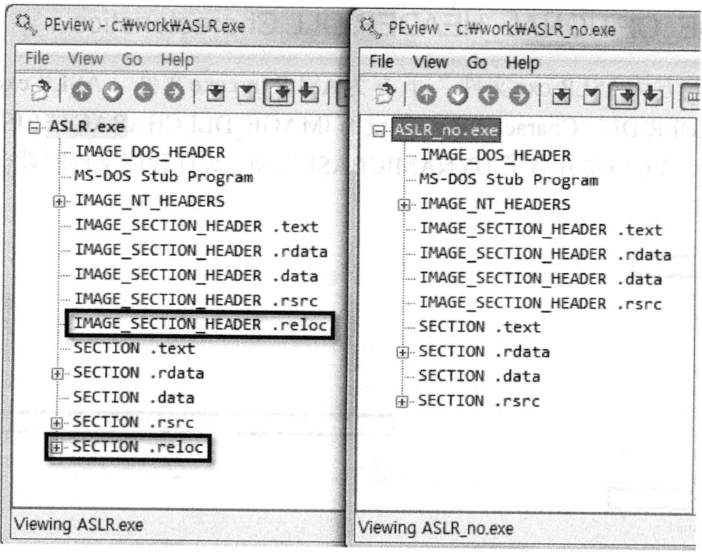

图41-5 ASLR.exe与ASLR_no.exe

41.4.2 IMAGE_FILE_HEADER\Characteristics

如图41-6所示，上方为ASLR.exe文件，下方为ASLR_no.exe文件。对于拥有.reloc节区的ASLR.exe文件来说，IMAGE_FILE_HEADER的Characteristics属性字段中并不存在IMAGE_FILE_RELOCS_STRIPPED(1)标志（由于ASLR.exe文件中多出1个.reloc节区，所以Number of Sections值增1）。

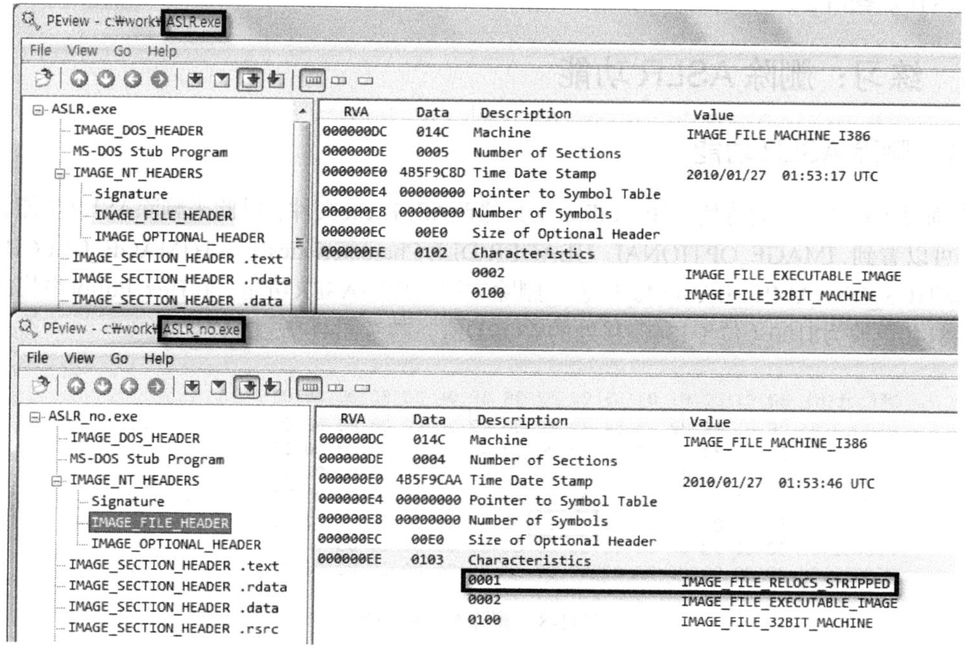

图41-6 IMAGE_FILE_HEADER\Characteristics

41.4.3　IMAGE_OPTIONAL_HEADER\DLL Characteristics

图41-7中，上方为ASLR.exe文件，下方为ASLR_no.exe文件。ASLR.exe文件的IMAGE_OPTIONAL_HEADER\DLL Characteristics中设有IMAGE_DLLCHARACTERISTICS_DYNAMIC_BASE(40)标志。若VC++中开启了/DYNAMICBASE选项，编译程序文件时就会设置上该标志值（参考图41-2）。

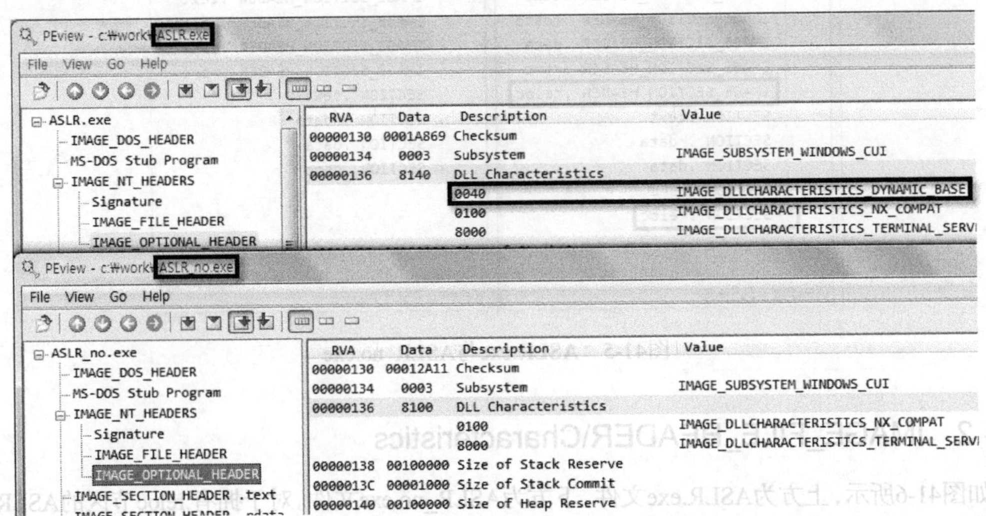

图41-7　MAGE_OPTIONAL_HEADER\DLL Characteristics

以上我们学习了PE文件头中添加的、与支持ASLR功能相关的信息。下面通过一个练习来学习如何操作这些信息。

41.5　练习：删除ASLR功能

41.5.1　删除ASLR功能

本练习示例中，我们将使用Hex Editor工具修改ASLR.exe文件，以此来删除ASLR功能。从图41-7中可以看到，IMAGE_OPTIONAL_HEADER\DLL Characteristics中设有IMAGE_DLLCHARACTERISTICS_DYNAMIC_BASE(40)标志，删除它即可删除ASLR功能。在Hex Edtior中将DLL属性值由8140更改为8100（位于136偏移处的WORD值，参考图41-7、图41-8）。

```
Offset(h) 00 01 02 03 04 05 06 07 08 09 0A 0B 0C 0D 0E 0F
000000F0  0B 01 09 00 00 8A 00 00 00 42 00 00 00 00 00 00  .....Š...B......
00000100  5F 12 00 00 00 10 00 00 00 A0 00 00 00 00 40 00  _........ ....@.
00000110  00 10 00 00 00 02 00 00 05 00 00 00 00 00 00 00  ................
00000120  05 00 00 00 00 00 00 00 00 10 01 00 00 04 00 00  ................
00000130  69 A8 01 00 03 00 00 81 00 00 10 00 00 10 00 00  i¨..............
00000140  00 00 10 00 00 10 00 00 00 00 00 00 10 00 00 00  ................
00000150  00 00 00 00 00 00 00 00 14 B8 00 00 28 00 00 00  .........¸..(...
```

图41-8　删除ASLR功能

保存后在调试器中运行，如图41-9所示。

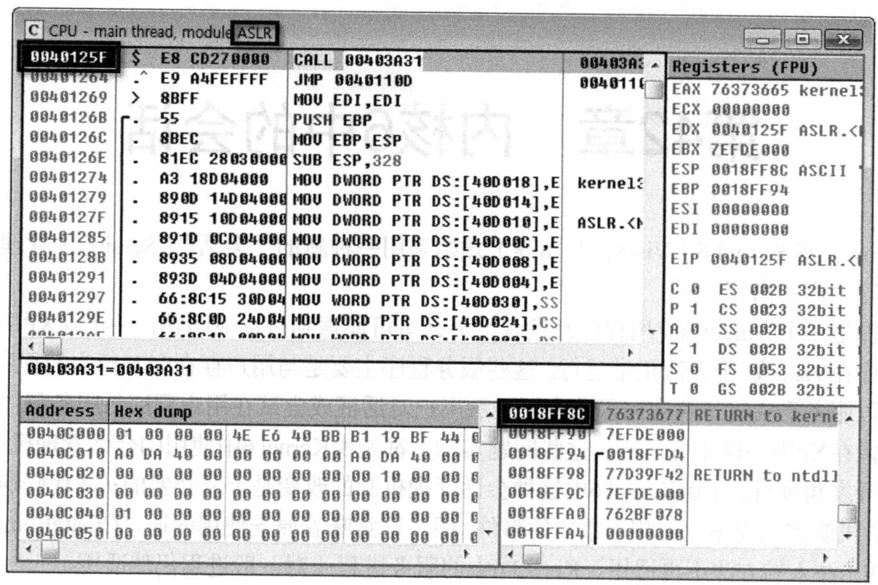

图41-9　删除ASLR功能

从图41-9中可以看到，已经成功删除ASLR功能。

提示

当然，也可以通过修改 PE 文件头向文件中添加 ASLR 功能，但这样做没什么意义，所以一般都不会这么做。因为，向没有重定位节区（.reloc）的 PE 文件添加 ASLR 功能后，文件运行时可能会因不正确的内存引用而发生错误。

如果一个要详细分析的文件应用了ASLR功能，分析前可以暂时将ASLR功能删除，然后再调试分析，由于文件总是被加载到相同的内存地址，所以分析起来会更简便。

第42章　内核6中的会话

Windows OS Kernel 6（Vista、7、8等）开始采用一种新的“会话”（Session）管理机制，本章将学习这方面的内容。

如果你是一个Windows应用程序开发者，那么有可能遇到过以下问题：一个在XP中运行良好的服务程序在Vista或7中无法正常运行。这些服务程序主要是与用户存在交互行为的程序。也就是说，一个以服务形式运行的应用程序中，显示用户对话框或尝试在用户程序与服务程序之间通信时，无法像在XP中一样正常运行。这些问题实际上都是由Kernel 6中使用的会话管理机制引起的。从程序的开发角度看，了解Kernel 6中这种会话管理机制的改变是十分必要的；从代码逆向分析角度看，会话机制的改变是也个相当重要的事件。因为这意味着原先使用的通过CreateRemoteThread() API进行DLL注入的方法不再适用于Kernel 6中的服务进程（对一般进程仍然适用）。

42.1　会话

简单地说，会话指的是登录后的用户环境。大部分OS允许多个用户同时登录，并为每个登录的用户提供独立的用户环境。以Windows操作系统为例，“切换用户”可以创建本地用户会话，“远程桌面连接”可以创建远程用户会话。在Process Explorer的View菜单中选择“Select Columns-Session”后，即可显示当前运行进程所属的会话（参考图42-1）。

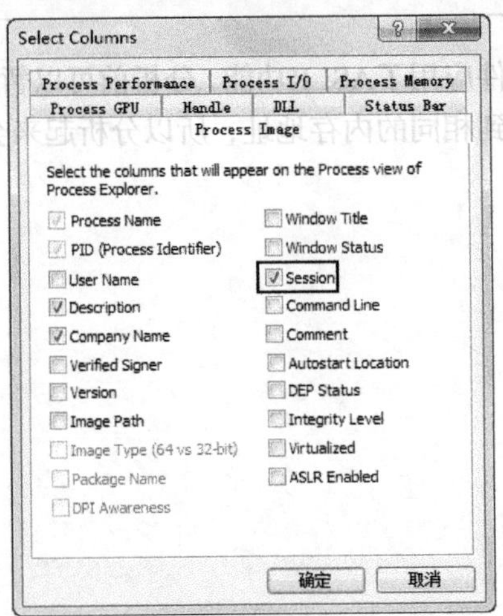

图42-1　Process Explorer的会话选项

为了查看当前会话，使用“切换用户”功能同时登录2个用户。会话的ID（0、1、2、…）是根据登录顺序确定的。图42-2显示出Windows 7中正在运行的进程及其所属会话。

接下来查看Windows XP中正在运行的进程及其所属会话。

提示

用户登录系统后，系统默认为相应会话创建csrss.exe、winlogon.exe、explorer.exe进程。

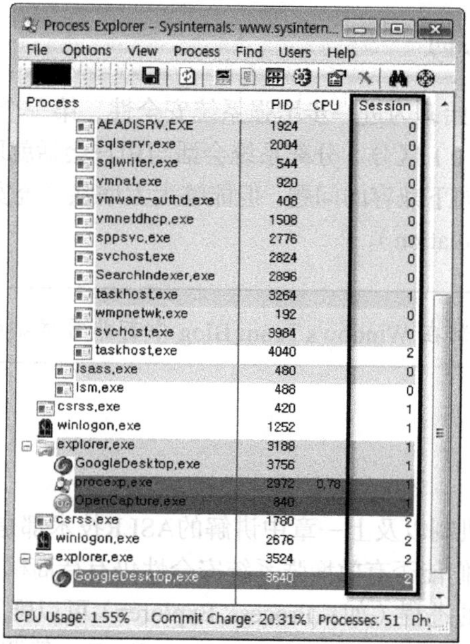

图42-2 Windows 7中正在运行的进程所属的会话

Windows 7（图42-2）与Windows XP（图42-3）有1个非常大的不同。两个操作系统中都登录了2个用户，但Windows 7中共有3个会话（0、1、2），而Windows XP中只有2个会话（0、1）。无论Windows XP还是Windows 7，系统进程与服务进程都在ID为0的会话（系统会话）中运行。二者差别在于，第一个登录的用户的会话ID是不同的。Windows XP中，第一个登录系统的用户的会话ID为0；而Windows 7中，第一个登录系统的用户的会话ID为1，非系统会话。这种细微的差别使在XP系统中可以使用的技术在Windows 7中无法正常使用。请注意，上述测试中我计算机的UAC（用户账户控制）处于关闭状态，如图42-3所示。

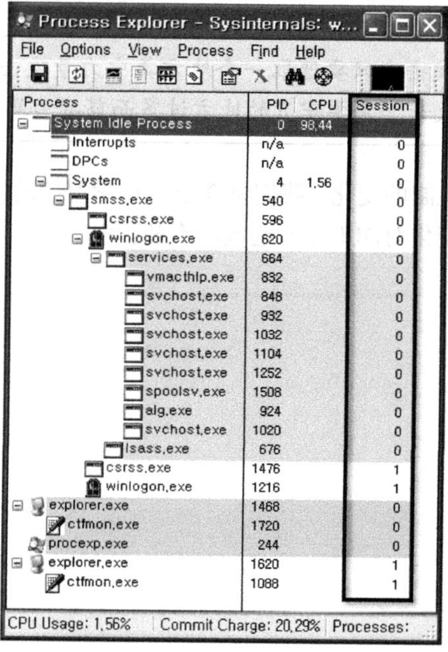

图42-3 Windows XP中正在运行的进程所属的会话

42.2 会话0隔离机制

从Windows内核版本6开始，为进一步增强系统安全性，第一个登录系统的用户会话ID被设为1，使之与系统会话（ID：0）区分。分离系统会话与用户会话就取消了它们之间的相互作用，采用这种机制虽然可能引起向下兼容的问题，但能够大大增强系统安全性。微软把这种机制称为会话0隔离机制（Session 0 Isolation）。

提示

关于会话0隔离机制在Windows Team Blog中有非常详细的说明。

42.3 增强安全性

前面介绍的会话0隔离机制以及上一章中讲解的ASLR技术都是为增强系统安全性而增加的功能。虽然用心良苦，但它们能否有效增强系统安全性仍有待商榷。由于会话0中的进程并未完全实现分离，所以会话1中的进程（如：Process Explorer）可以强行终止会话0中的进程，并且ReadProcessMemory()、WriteProcessMemory()、VirtualAllocEx()等调试API也能正常运行（可以轻松绕开ASLR技术）。无论如何，借助微软的这些新增技术，目前尚能拦截过去常见的一些黑客攻击行为。然而随着逆向技术的不断发展，相信会有更高级、更新的针对它们的攻击技术出现。这是一场无休止的“矛”与“盾”的战争。

提示

这场无休止的“矛”与“盾”的战争中，“盾”方（微软）始终处于不利地位，因为他们要考虑到方方面面，既要提供良好的支持，保证各种应用程序正常运行；又要考虑向下兼容性，为用户提供便利。此外还要考虑对大量硬件提供支持，保证系统能够在大量PC上正常运行。由于系统的用户数量非常多，“矛”方（黑客）只要从中选取微软Windows的部分用户（如：MS XP SP3 IE 8用户）进行攻击就能获得好的攻击效果。以战争来比喻，攻击方只要选取一个地方集中力量攻击就能获得较为有利的局面，防守方却会因战线太长、需要守卫的地方过多而筋疲力竭、力不从心。

为了应对这种会话管理机制的变化，我们将在下一章学习新的DLL注入方法，借助新方法可以很好地克服会话管理机制变化对DLL注入造成的不利影响。

第43章　内核6中的DLL注入

本章将讲解在Windows OS Kernel 6（Vista、7、8等）中实施DLL注入的方法。由于从Kernel 6开始采用了新的会话管理机制，这使得通过CreateRemoteThread() API注入DLL的旧方法对某些进程（服务进程）不再适用。本章将调试相关API，分析注入失败的原因，然后寻求解决之道。

原有的DLL注入技术是通过调用CreateRemoteThread() API进行的，在Windows XP、2000中能够准确完成DLL注入操作。但Windows 7中该方法不太奏效，准确地说就是，在Windows 7中使用CreateRemoteThread() API无法完成对服务（Service）进程的DLL注入操作。原因在于，Windows 7中的会话管理机制已经发生了变化。下面通过一个简单的练习示例再现DLL注入失败的情形，并分析失败原因，进而查找解决之策。

提示

本示例文件在 Windows7 32 位系统中通过测试。

43.1　再现 DLL 注入失败

尝试将Dummy.dll文件注入Windows7的系统进程时，会出现注入失败。本节中再现这种注入失败的情形（注入程序是之前用过的InjectDll.exe）。

43.1.1　源代码

先简单看一下相关源代码。

InjectDll.cpp

InjectDll.cpp源代码中的核心部分是InjectDll()函数。

代码43-1　InjectDll()

```
BOOL InjectDll(DWORD dwPID, LPCTSTR szDllPath)
{
    HANDLE hProcess = NULL, hThread = NULL;
    HMODULE hMod = NULL;
    LPVOID pRemoteBuf = NULL;
    DWORD dwBufSize = (DWORD)(_tcslen(szDllPath) + 1) * sizeof(TCHAR);
    LPTHREAD_START_ROUTINE pThreadProc;
    BOOL bRet = TRUE;

    if ( !(hProcess = OpenProcess(PROCESS_ALL_ACCESS, FALSE, dwPID)) )
    {
        _tprintf(L"OpenProcess(%d) failed!!! [%d]\n", dwPID,
                 GetLastError());
        return FALSE;
    }

    pRemoteBuf = VirtualAllocEx(hProcess, NULL, dwBufSize, MEM_COMMIT,
                                PAGE_READWRITE);

    WriteProcessMemory(hProcess, pRemoteBuf, (LPVOID)szDllPath, dwBufSize,
```

```
                    NULL);

    hMod = GetModuleHandle(L"kernel32.dll");
    pThreadProc = (LPTHREAD_START_ROUTINE)GetProcAddress(hMod,
                  "LoadLibraryW");

    hThread = CreateRemoteThread(hProcess, NULL, 0, pThreadProc,
                                 pRemoteBuf, 0, NULL);
    if( hThread == NULL )
    {
        _tprintf(L"[ERROR] CreateRemoteThread() failed!!! [%d]\n",
                 GetLastError());
        bRet = FALSE;
        goto _ERROR;
    }
    WaitForSingleObject(hThread, INFINITE);

_ERROR:

    if( pRemoteBuf )
        VirtualFreeEx(hProcess, pRemoteBuf, 0, MEM_RELEASE);

    if( hThread )
        CloseHandle(hThread);

    if( hProcess )
        CloseHandle(hProcess);

    return bRet;
}
```

代码43-1是典型的DLL注入代码，前面我们已经多次分析过，相信大家已经非常熟悉了（更多说明请参考第23章）。

Dummy.cpp

接下来查看Dummy.dll文件的源代码（dummy.cpp）。

代码43-2　DllMain()

```
#include "windows.h"
#include "tchar.h"

BOOL WINAPI DllMain(HINSTANCE hinstDLL, DWORD fdwReason, LPVOID
                    lpvReserved)
{
    TCHAR   szPath[MAX_PATH]    = {0,};
    TCHAR   szMsg[1024]         = {0,};
    TCHAR   *p                  = NULL;

    switch( fdwReason )
    {
        case DLL_PROCESS_ATTACH :
            GetModuleFileName(NULL, szPath, MAX_PATH);
            p = _tcsrchr(szPath, L'\\');
            if( p != NULL )
            {
                _stprintf_s(szMsg, 1024 - sizeof(TCHAR),
                            L"Injected in %s(%d)",
                            p + 1,                      // Process Name
                            GetCurrentProcessId());     // PID
                OutputDebugString(szMsg);
            }
```

```
        break;
    }

    return TRUE;
}
```

DllMain()函数代码非常简单，若dummy.dll文件成功注入指定进程，就输出相关调试信息（进程名称、进程ID）。

43.1.2 注入测试

首先运行Process Explorer工具，查看目标进程的PID（svchost.exe（属于会话0，PID为2712）、notepad.exe（属于会话1，PID为4004）），然后再使用InjectDll.exe分别向它们注入dummy.dll文件，如图43-1所示。

注入前先把InjectDll.exe与dummy.dll文件复制到工作文件夹，然后运行InjectDll.exe命令实施注入，如图43-2所示。

dummy.dll文件成功注入notepad.exe进程（属于会话1，PID为4004），但向svchost.exe（属于会话0，PID为2712）注入时却发生了失败（error code=8）。在Process Explorer中搜索dummy.dll模块。

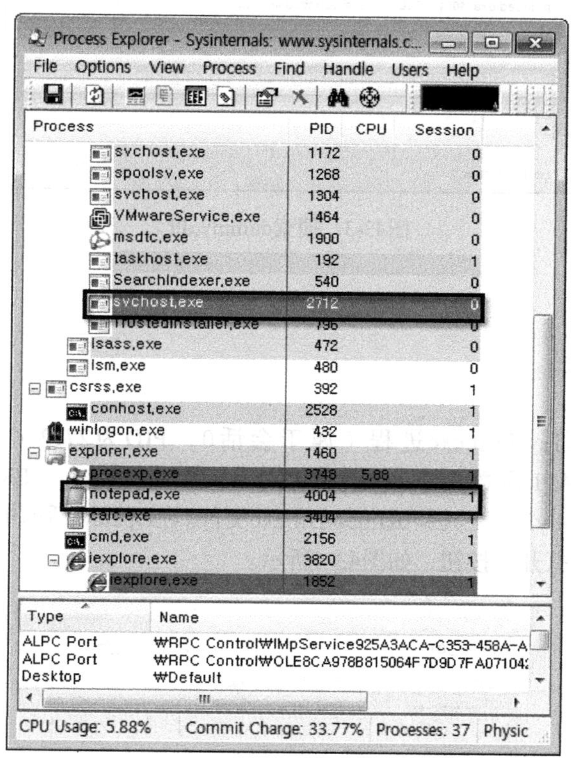

图43-1 svchost.exe与notepad.exe进程

就像在图43-3中看到的一样，dummy.dll文件只成功注入notepad.exe进程（属于会话1，PID为4004）。

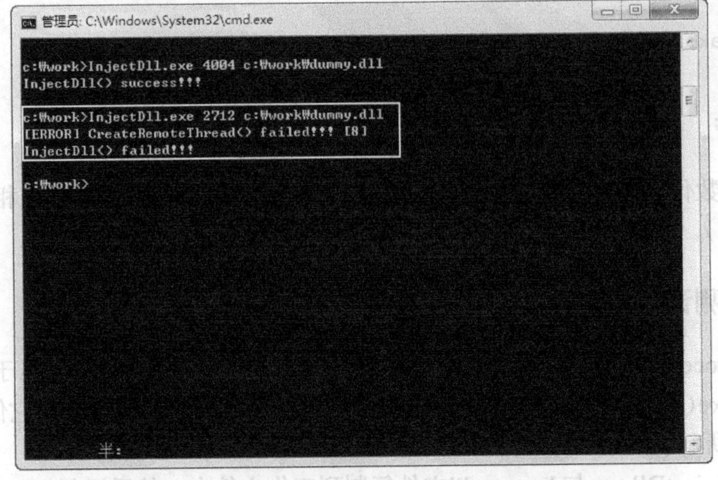

图43-2　运行InjectDll.exe

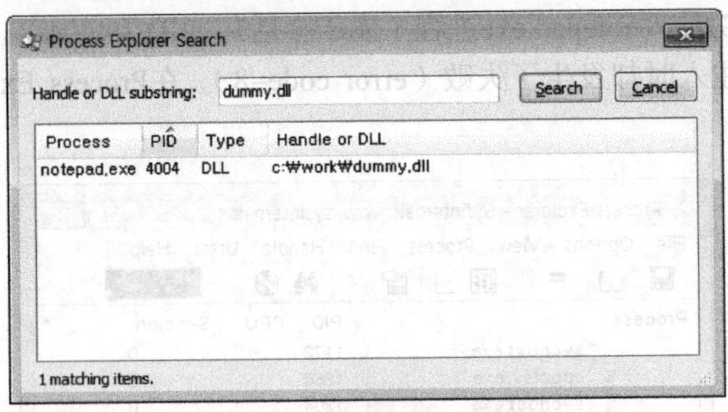

图43-3　搜索dummy.dll

43.2　原因分析

43.2.1　调试 #1

如图43-2所示，向svchost.exe进程（属于会话0，PID为2712）注入的过程中，调用CreateRemoteThread() API函数时发生了失败，错误代码为8（ERROR_NOT_ENOUGH_MEMORY）。下面使用OllyDbg工具调试InjectDll.exe文件。在Open对话框中选择InjectDll.exe文件，输入相应参数后单击“打开”按钮，如图43-4所示。

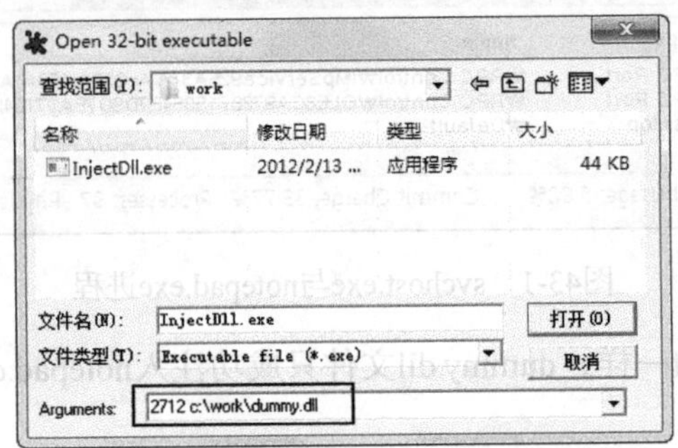

图43-4　OllyDbg的Open File对话框

我们已经知道调用CreateRemoteThread() API时会发生错误，所以使用鼠标右键菜单中的Search for\All intermodular calls菜单，直接在API的调用代码处设置断点，如图43-5所示。

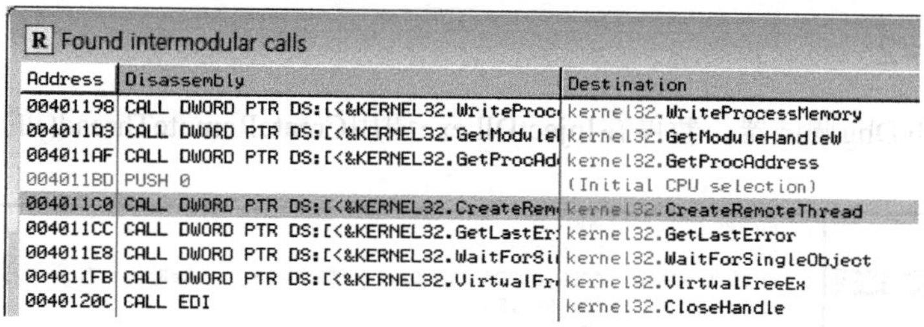

R Found intermodular calls

Address	Disassembly	Destination
00401198	CALL DWORD PTR DS:[<&KERNEL32.WriteProc	kernel32.WriteProcessMemory
004011A3	CALL DWORD PTR DS:[<&KERNEL32.GetModuleH	kernel32.GetModuleHandleW
004011AF	CALL DWORD PTR DS:[<&KERNEL32.GetProcAdd	kernel32.GetProcAddress
004011BD	PUSH 0	(Initial CPU selection)
004011C0	CALL DWORD PTR DS:[<&KERNEL32.CreateRem	kernel32.CreateRemoteThread
004011CC	CALL DWORD PTR DS:[<&KERNEL32.GetLastErr	kernel32.GetLastError
004011E8	CALL DWORD PTR DS:[<&KERNEL32.WaitForSi	kernel32.WaitForSingleObject
004011FB	CALL DWORD PTR DS:[<&KERNEL32.VirtualFr	kernel32.VirtualFreeEx
0040120C	CALL EDI	kernel32.CloseHandle

图43-5　Intermodular calls

提示

InjectDll.exe进程中并未应用ASLR技术。

按F9运行程序，调试器将在断点处暂停，如图43-6所示。

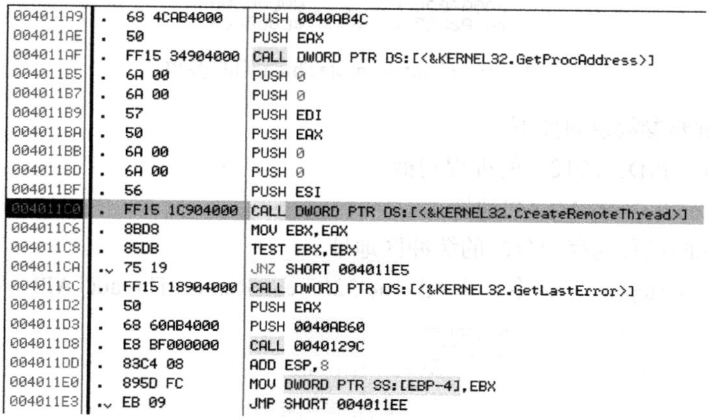

```
004011A9  .  68 4CAB4000    PUSH 0040AB4C
004011AE  .  50             PUSH EAX
004011AF  .  FF15 34904000  CALL DWORD PTR DS:[<&KERNEL32.GetProcAddress>]
004011B5  .  6A 00          PUSH 0
004011B7  .  6A 00          PUSH 0
004011B9  .  57             PUSH EDI
004011BA  .  50             PUSH EAX
004011BB  .  6A 00          PUSH 0
004011BD  .  6A 00          PUSH 0
004011BF  .  56             PUSH ESI
004011C0  .  FF15 1C904000  CALL DWORD PTR DS:[<&KERNEL32.CreateRemoteThread>]
004011C6  .  8BD8           MOV EBX,EAX
004011C8  .  85DB           TEST EBX,EBX
004011CA  .v 75 19          JNZ SHORT 004011E5
004011CC  .  FF15 18904000  CALL DWORD PTR DS:[<&KERNEL32.GetLastError>]
004011D2  .  50             PUSH EAX
004011D3  .  68 60AB4000    PUSH 0040AB60
004011D8  .  E8 BF000000    CALL 0040129C
004011DD  .  83C4 08        ADD ESP,8
004011E0  .  895D FC        MOV DWORD PTR SS:[EBP-4],EBX
004011E3  .v EB 09          JMP SHORT 004011EE
```

图43-6　暂停在CreateRemoteThread()调用处

然后按F8键（StepOver）执行调用指令，在OllyDbg的寄存器窗口中可以看到“LastErr=ERROR_NOT_ENOUGH_MEMORY(8)”字样，如图43-7所示。

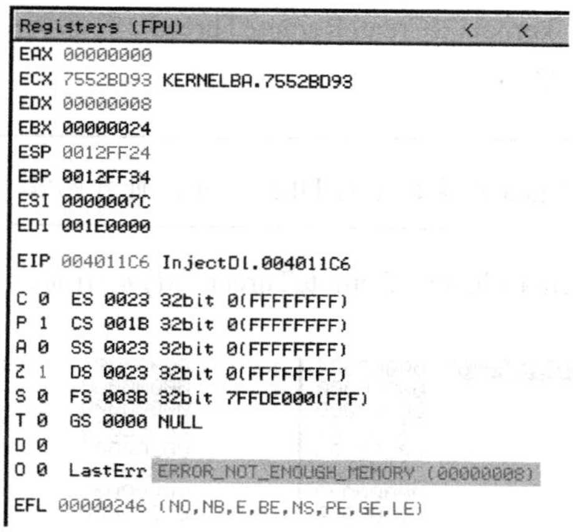

```
Registers (FPU)
EAX 00000000
ECX 7552BD93 KERNELBA.7552BD93
EDX 00000008
EBX 00000024
ESP 0012FF24
EBP 0012FF34
ESI 0000007C
EDI 001E0000

EIP 004011C6 InjectDl.004011C6

C 0  ES 0023 32bit 0(FFFFFFFF)
P 1  CS 001B 32bit 0(FFFFFFFF)
A 0  SS 0023 32bit 0(FFFFFFFF)
Z 1  DS 0023 32bit 0(FFFFFFFF)
S 0  FS 003B 32bit 7FFDE000(FFF)
T 0  GS 0000 NULL
D 0
O 0  LastErr ERROR_NOT_ENOUGH_MEMORY (00000008)

EFL 00000246 (NO,NB,E,BE,NS,PE,GE,LE)
```

图43-7　ERROR_NOT_ENOUGH_MEMORY

以上通过OllyDbg工具再现了注入失败的情形，但仍未能找到确切原因。只有直接调试kernel32!CreateRemoteThread() API才能准确把握失败原因。

43.2.2　调试 #2

重新运行OllyDbg调试器，暂停在InjectDll.exe调用CreateRemoteThread()的代码处（参考图43-8）。

```
004011BD  .  6A 00           PUSH 0
004011BF  .  56              PUSH ESI
004011C0  .  FF15 1C904000   CALL DWORD PTR DS:[<&KERNEL32.CreateRemoteThread>]
004011C6  .  8BD8            MOV EBX,EAX
004011C8  .  85DB            TEST EBX,EBX
```

图43-8　调试到调用CreateRemoteThread()处

查看存储在栈中的CreateRemoteThread() API的参数，如图43-9所示。

```
001BFD08  00000084  Arg1 = 00000084
001BFD0C  00000000  Arg2 = 00000000
001BFD10  00000000  Arg3 = 00000000
001BFD14  76962884  Arg4 = 76962884
001BFD18  002C0000  Arg5 = 002C0000
001BFD1C  00000000  Arg6 = 00000000
001BFD20  00000000  Arg7 = 00000000
```

图43-9　CreateRemoteThread()的参数

对上图中的重要参数说明如下：

① svchost.exe（PID：2712）的进程句柄。

② kernel32!LoadLibraryA() API地址。

③ svchost.exe的进程内存中分配的缓冲区地址。

在图43-8中使用StepIn(F7)命令，进入kernel32!CreateRemoteThread() API，如图43-10所示。

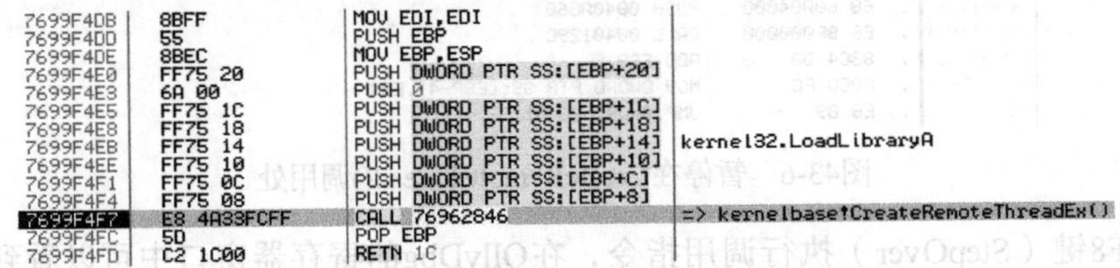

7699F4DB 8BFF MOV EDI,EDI
7699F4DD 55 PUSH EBP
7699F4DE 8BEC MOV EBP,ESP
7699F4E0 FF75 20 PUSH DWORD PTR SS:[EBP+20]
7699F4E3 6A 00 PUSH 0
7699F4E5 FF75 1C PUSH DWORD PTR SS:[EBP+1C]
7699F4E8 FF75 18 PUSH DWORD PTR SS:[EBP+18]
7699F4EB FF75 14 PUSH DWORD PTR SS:[EBP+14] kernel32.LoadLibraryA
7699F4EE FF75 10 PUSH DWORD PTR SS:[EBP+10]
7699F4F1 FF75 0C PUSH DWORD PTR SS:[EBP+C]
7699F4F4 FF75 08 PUSH DWORD PTR SS:[EBP+8]
7699F4F7 E8 4A33FCFF CALL 76962846 => kernelbase!CreateRemoteThreadEx()
7699F4FC 5D POP EBP
7699F4FD C2 1C00 RETN 1C

图43-10　CreateRemoteThread()内部代码

从图43-10中可以看到，kernel32!CreateRemoteThread()内部调用了kernelbase!CreateRemoteThreadEx() API函数（参考图43-10）。

> **提示**
>
> kernelbase.dll 是从 Vista 开始新增的 DLL 文件，负责包装（wrapper）kernel32.dll。

继续按F7键运行到kernelbase!CreateRemoteThreadEx()调用前，查看栈中存储的参数，如图43-11所示。

```
001BFCE0  00000084  Arg1 = 00000084
001BFCE4  00000000  Arg2 = 00000000
001BFCE8  00000000  Arg3 = 00000000
001BFCEC  76962884  Arg4 = 76962884
001BFCF0  002C0000  Arg5 = 002C0000
001BFCF4  00000000  Arg6 = 00000000
001BFCF8  00000000  Arg7 = 00000000
001BFCFC  00000000  Arg8 = 00000000
```

图43-11　CreateRemoteThreadEx()的参数

kernelbase!CreateRemoteThreadEx()的参数与kernel32!CreateRemoteThread()的参数几乎一样，只多了1个lpAttributeList参数（Arg8）。继续进入kernelbase!CreateRemoteThreadEx()代码（StepInto(F7)），在代码窗口中向下拖动滚动条，可以看到调用ntdll!ZwCreateThreadEx() API的代码，如图43-12所示。

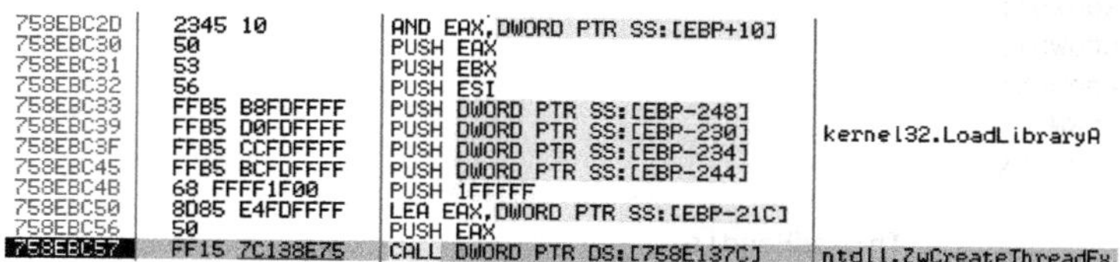

758EBC2D 2345 10 AND EAX,DWORD PTR SS:[EBP+10]
758EBC30 50 PUSH EAX
758EBC31 53 PUSH EBX
758EBC32 56 PUSH ESI
758EBC33 FFB5 B8FDFFFF PUSH DWORD PTR SS:[EBP-248]
758EBC39 FFB5 D0FDFFFF PUSH DWORD PTR SS:[EBP-230] kernel32.LoadLibraryA
758EBC3F FFB5 CCFDFFFF PUSH DWORD PTR SS:[EBP-234]
758EBC45 FFB5 BCFDFFFF PUSH DWORD PTR SS:[EBP-244]
758EBC4B 68 FFFF1F00 PUSH 1FFFFF
758EBC50 8D85 E4FDFFFF LEA EAX,DWORD PTR SS:[EBP-21C]
758EBC56 50 PUSH EAX
758EBC57 FF15 7C138E75 CALL DWORD PTR DS:[758E137C] ntdll.ZwCreateThreadEx

图43-12　调用ZwCreateThreadEx()

运行到ZwCreateThreadEx()调用前，查看栈中存储的参数，如图43-13所示。

```
001BFA30  001BFABC  Arg1 = 001BFABC
001BFA34  001FFFFF  Arg2 = 001FFFFF
001BFA38  00000000  Arg3 = 00000000
001BFA3C  00000084  Arg4 = 00000084
001BFA40  76962884  Arg5 = 76962884
001BFA44  002C0000  Arg6 = 002C0000
001BFA48  00000001  Arg7 = 00000001
001BFA4C  00000000  Arg8 = 00000000
001BFA50  00000000  Arg9 = 00000000
001BFA54  00000000  Arg10 = 00000000
001BFA58  001BFBA8  Arg11 = 001BFBA8
```

图43-13　ZwCreateThreadEx()的参数

从栈中可以看到，ZwCreateThreadEx()拥有很多个参数。比较图43-9与图43-13可以发现，重要的参数①~③都被原样传递过来。继续跟踪进入ntdll!ZwCreateThreadEx() API，可以看到它最终通过SYSENTER指令进入内核模式，无法继续用户模式调试。

实际上，kernelbase!CreateRemoteThreadEx()与ntdll!ZwCreateThreadEx()都是从Vista开始新增的API（XP之前的版本中不存在）。在XP操作系统中，kernel32!CreateRemoteThread()内部会直接调用ZwCreateThreadEx()函数。在Windows XP与Windows 7中调用kernel32!CreateRemoteThread()的流程分别如图43-14所示。

Windows XP	Windows 7
Kernel32!CreateRemoteThread() → ntdll!ZwCreateThread()	Kernel32!CreateRemoteThread() → kernelbase!CreateRemoteThreadEx() → ntdll!ZwCreateThreadEx()

图43-14　在XP与7中调用CreateRemoteThread() API的流程

到此我们可以推测出，DLL注入失败的原因在于系统中这些新增的API，正是它们导致了向运行在会话0中的服务进程注入DLL操作失败。

Ntdll!ZwCreateThreadEx()

由于kernelbase!CreateRemoteThreadEx()只是kernel32!CreateRemoteThread()的包装器（wrapper），所以问题的原因可能在ntdll!ZwCreateThreadEx()中。ntdll!ZwCreateThreadEx()是一个尚未公开的API，MSDN中查不到函数的定义，使用Google搜索查找。

ZwCreateThreadEx()

```
typedef struct
{
```

```
    ULONG       Length;
    ULONG       Unknown1;
    ULONG       Unknown2;
    PULONG      Unknown3;
    ULONG       Unknown4;
    ULONG       Unknown5;
    ULONG       Unknown6;
    PULONG      Unknown7;
    ULONG       Unknown8;
}UNKNOWN, *PUNKNOWN;
DWORD ZwCreateThreadEx
(
    PHANDLE                  ThreadHandle,
    ACCESS_MASK              DesiredAccess,
    POBJECT_ATTRIBUTES       ObjectAttributes,
    HANDLE                   ProcessHandle,
    LPTHREAD_START_ROUTINE lpStartAddress,
    LPVOID                   lpParameter,
    BOOL                     CreateSuspended,
    DWORD                    dwStackSize,
    DWORD                    dw1,
    DWORD                    dw2,
    PUNKNOWN                 pUnknown
);
```

Windows XP以下版本不支持

出处：securityxploded.com/ntcreatethreadex.php

通过Google搜索发现，在Windows Vista以后的OS中进行DLL注入操作时，直接调用ZwCreateThreadEx()而非CreateRemoteThread()就能成功注入DLL。从我的测试结果看，这样做非常成功，且不受所在会话的影响。

比较该方法中使用的参数与图43-13中的参数可以发现，它们的不同在于第七个参数（CreateSuspended）。直接调用ZwCreateThreadEx()成功注入DLL时，CreateSuspended参数值为FALSE(0)，而在CreateRemoteThread() API内部调用ZwCreateThreadEx()时，该CreateSuspended参数值为TRUE(1)。这就是DLL注入失败的原因。

提示

从Windows XP开始，CreateRemoteThread() API内部的实现算法采用了挂起模式，即先创建出线程，再使用“恢复运行”方法继续执行（CreateSuspended=1）。

43.3 练习：使CreateRemoteThread()正常工作

我们现在已经知道了DLL注入失败的原因，也知道了解决方法，下面使用调试器直接修改测试，使调用CreateRemoteThread() API能够成功完成注入操作。

43.3.1 方法#1：修改CreateSuspended参数值

修改ZwCreateThreadEx() API的CreateSuspended参数值，就可在Windows 7中成功调用CreateRemoteThread() API。重启调试器，运行到图43-12中调用ntdll.ZwCreateThreadEx()函数的位置，然后将存储在栈中的CreateSuspended参数值由1修改为0，如图43-15所示。

接下来使用StepOver(F8)命令，运行到ZwCreateThreadEx()调用后，dummy.dll成功注入指定服务进程，如图43-16所示。

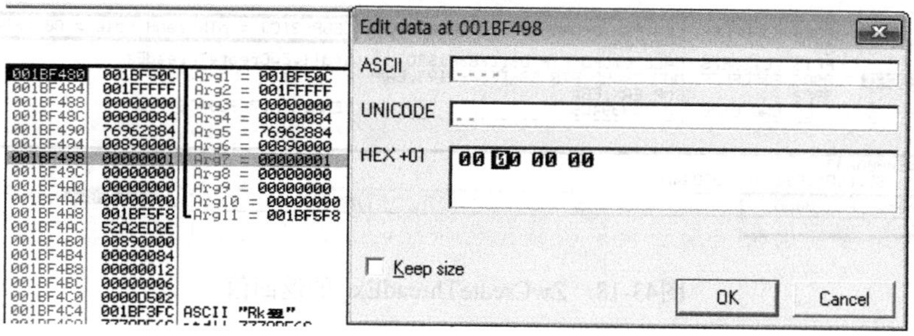

图43-15 修改ZwCreateThreadEx()的CreateSuspended参数值

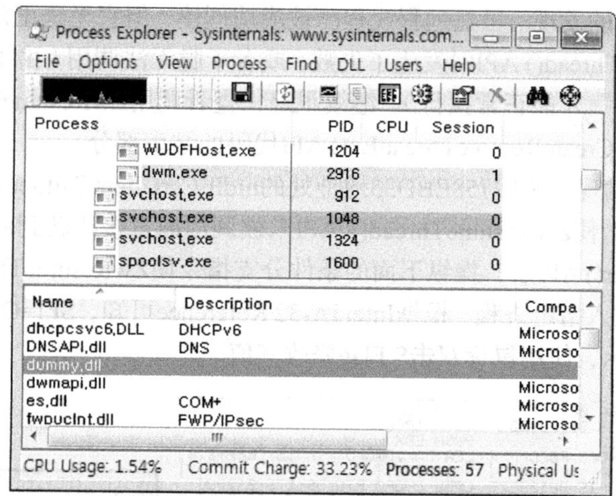

图43-16 dummy.dll成功注入svchost.exe

使用DebugView工具可以查看dummy.dll的DllMain()函数中输出的调试日志，如图43-17所示。

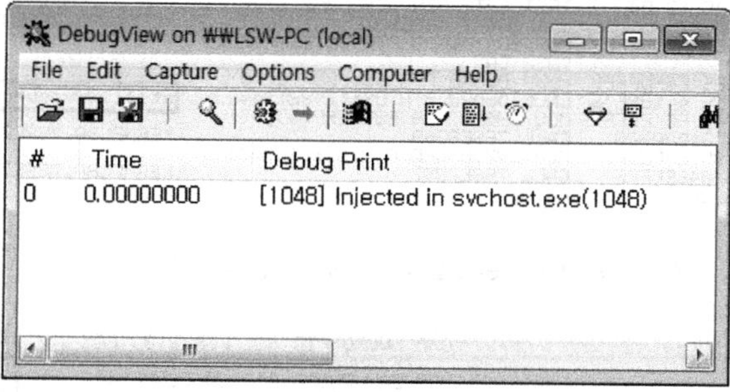

图43-17 DebugView

在Windows 7中修改CreateSuspended参数值，借助CreateRemoteThread()API将指定DLL文件成功注入svchost.exe服务进程。

43.3.2 方法 #2：操纵条件分支

进一步调试kernelbase!CreateRemoteThreadEx()函数可以发现更多内容。在图43-12中，直接使用StepOver(F8)命令，执行到调用ZwCreateThreadEx()函数（CreateSuspended=TRUE）后，第一个参数pThread Handle被赋值，如图43-18所示。

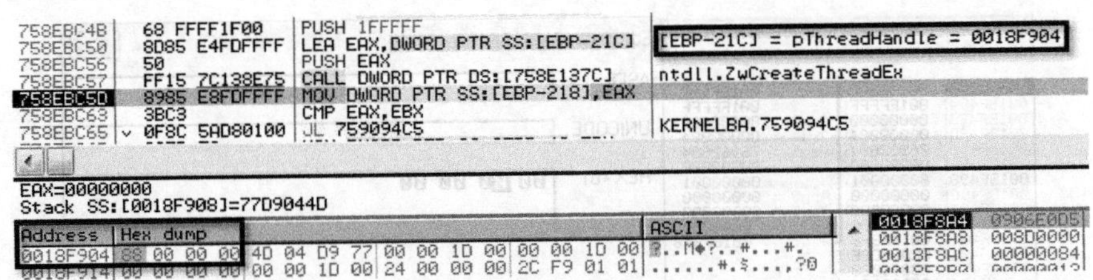

图43-18　ZwCreateThreadEx()的返回值

创建出线程句柄就意味着线程正常创建，也就是说，调用CreateRemoteThread()的过程中成功创建了远程线程。

这是一个非常重要的发现。虽然远程线程已被成功创建，但它无法正常工作，原因可能是后面调用ntdll!ZwResumeThread() API时发生了失败，或者干脆无法调用（由于线程是以挂起模式创建的，必须“恢复运行”才能正常执行）。继续跟踪，查看调用ZwResumeThread() API的部分。图43-19中是kernelbase!CreateRemoteThreadEx() API代码的结束部分。

从图43-19中可以发现，调用758EBD33地址处的ntdll!CsrClientCallServer() API后，其下的条件分支指令（CMP/JL）使ZwResumeThread() API未被调用而直接跳转到后面。在调试器中调用ntdll!CsrClientCallServer() API后，操纵下面的条件分支指令使ZwResumeThread()得以调用执行，从而将DLL文件成功注入指定进程。根据Intel IA-32 Reference可知，SF!=OF时JL指令就会执行发生跳转，如图43-20所示，使用鼠标双击S Flag修改其值。

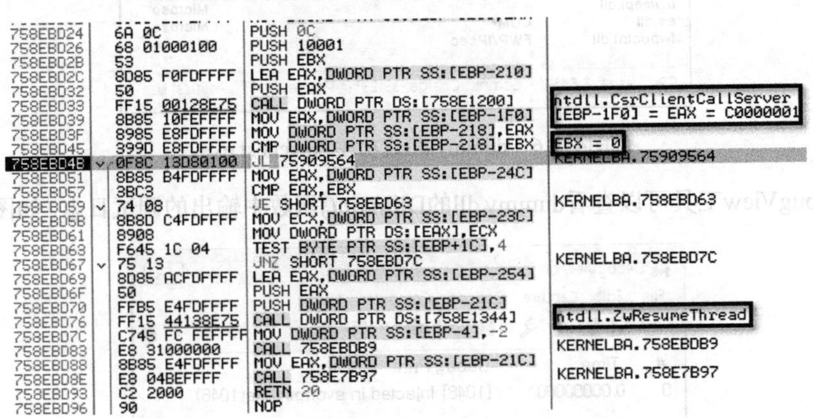

图43-19　CreateRemoteThreadEx()代码的结束部分

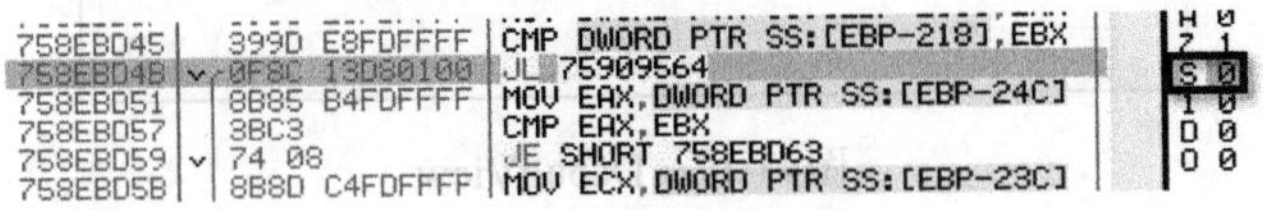

图43-20　修改S Flag

继续执行后，检查DLL文件是否成功注入指定进程。

通过上面的调试，我们掌握了在Windows 7中调用kernel32!CreateRemoteThread() API向服务进程注入DLL文件时失败的原因。并通过操纵kernel32!CreateRemoteThread() API的参数与代码，成功地将DLL文件注入指定服务进程（该方法借助调试器实现，不便推广通用）。接下来，我们要根据上面的方法编写一个新的InjectDll.exe程序，该程序具有较好的通用性，在Windows 7与XP中都能顺利完成DLL注入。

提示

所有源代码均使用 MS Visual C++ 2010 Express Edition 编写而成，并在 Windows 7 & XP SP3 中通过测试。

43.4 稍作整理

正式编写新的DLL注入程序前，先简单整理前面学过的内容。由于Windows 7的会话管理机制发生了变化，kernel32!CreateRemoteThread() API的内部实现代码也发生了变化，最终使借助CreateRemoteThread()进行DLL注入的技术在向Windows7的服务进程（会话0）注入DLL文件时无法正常发挥作用。从调试kernel32!CreateRemoteThread()的结果看，原因在于，在API内部创建远程线程时采用了挂起模式，若远程进程属于会话0，则不会“恢复运行”，而是直接返回错误。

提示

创建远程线程时，先采用挂起模式创建，再“恢复运行”，这是从 XP 就开始使用的一种实现方法。

在kernel32!CreateRemoteThread() API内部调用ntdll!ZwCreateThreadEx() API，操作它的参数，或者强制改变错误条件件分支语句，就可以正常创建远程线程，并成功实现DLL文件注入。

43.5 InjectDll_new.exe

从前面的学习中我们知道，在Windows 7中实施DLL注入时直接调用ntdll!ZwCreateThreadEx() API要比调用kernel32!CreateRemoteThread()好得多。下面以此为基础编写一个新的InjectDll_new.exe程序，使之能够在Windows Kernel 6（Vista、7、8等）中顺利完成DLL注入。

43.5.1 InjectDll_new.cpp

首先看新编写的InjectDll()函数。

代码43-3 新编写的InjectDll()

```
typedef DWORD (WINAPI *PFNTCREATETHREADEX)
(
    PHANDLE                 ThreadHandle,
    ACCESS_MASK             DesiredAccess,
    LPVOID                  ObjectAttributes,
    HANDLE                  ProcessHandle,
    LPTHREAD_START_ROUTINE  lpStartAddress,
    LPVOID                  lpParameter,
    BOOL                    CreateSuspended,
    DWORD                   dwStackSize,
    DWORD                   dw1,
    DWORD                   dw2,
    LPVOID                  Unknown
);

BOOL IsVistaOrLater()
{
    OSVERSIONINFO osvi;
```

```
    ZeroMemory(&osvi, sizeof(OSVERSIONINFO));
    osvi.dwOSVersionInfoSize = sizeof(OSVERSIONINFO);

    GetVersionEx(&osvi);

    // 检查内核版本是否为6以上
    if( osvi.dwMajorVersion == 6 )
        return TRUE;

    return FALSE;
}

BOOL MyCreateRemoteThread(HANDLE hProcess, LPTHREAD_START_ROUTINE
pThreadProc, LPVOID pRemoteBuf)
{
    HANDLE      hThread = NULL;
    FARPROC     pFunc = NULL;

    // 检查OS是否为Vista以上
    if( IsVistaOrLater() )    // Vista, 7, 8
    {
        pFunc = GetProcAddress(GetModuleHandle(L"ntdll.dll"),
                               "NtCreateThreadEx");
        if( pFunc == NULL )
        {
            printf("GetProcAddress(\"NtCreateThreadEx\") failed!!!
                   [%d]\n",
                  GetLastError());
            return FALSE;
        }

        // 调用NtCreateThreadEx()
        ((PFNTCREATETHREADEX)pFunc)(&hThread,
                                    0x1FFFFF,
                                    NULL,
                                    hProcess,
                                    pThreadProc,
                                    pRemoteBuf,
                                    FALSE,
                                    NULL,
                                    NULL,
                                    NULL,
                                    NULL);

        if( hThread == NULL )
        {
            printf("NtCreateThreadEx() failed!!! [%d]\n", GetLastError());
            return FALSE;
        }
    }
    else                    // 2000, XP, Server2003
    {
        hThread = CreateRemoteThread(hProcess,
                                     NULL,
                                     0,
                                     pThreadProc,
                                     pRemoteBuf,
                                     0,
                                     NULL);
        if( hThread == NULL )
        {
            printf("CreateRemoteThread() failed!!! [%d]\n",
```

```
                GetLastError());
            return FALSE;
        }
    }

    if( WAIT_FAILED == WaitForSingleObject(hThread, INFINITE) )
    {
        printf("WaitForSingleObject() failed!!! [%d]\n", GetLastError());
        return FALSE;
    }

    return TRUE;
}

BOOL InjectDll(DWORD dwPID, char *szDllName)
{
    HANDLE hProcess = NULL;
    LPVOID pRemoteBuf = NULL;
    FARPROC pThreadProc = NULL;
    DWORD dwBufSize = strlen(szDllName)+1;

    if ( !(hProcess = OpenProcess(PROCESS_ALL_ACCESS, FALSE, dwPID)) )
    {
        printf("OpenProcess(%d) failed!!! [%d]\n",
                dwPID, GetLastError());
        return FALSE;
    }

    pRemoteBuf = VirtualAllocEx(hProcess, NULL, dwBufSize,
                                MEM_COMMIT, PAGE_READWRITE);

    WriteProcessMemory(hProcess, pRemoteBuf, (LPVOID)szDllName,
                       dwBufSize, NULL);

    pThreadProc = GetProcAddress(GetModuleHandle(L"kernel32.dll"),
                                 "LoadLibraryA");

    if( !MyCreateRemoteThread(hProcess, (LPTHREAD_START_ROUTINE)
                              pThreadProc, pRemoteBuf) )
    {
        printf("MyCreateRemoteThread() failed!!!\n");
        return FALSE;
    }

    VirtualFreeEx(hProcess, pRemoteBuf, 0, MEM_RELEASE);

    CloseHandle(hProcess);

    return TRUE;
}
```

InjectDll()函数中变动的部分是，函数内部并未直接调用kernel32!CreateRemoteThread()，而是调用了名为MyCreateRemoteThread()的用户函数。在MyCreateRemoteThread()函数内部先获取OS的版本，若为Vista以上版本，则调用ntdll!NtCreateThreadEx()函数；若为XP以下版本，则调用kernel32!CreateRemoteThread()。整个代码比较简单，很容易理解。

提示

用户模式下，ntdll.dll库中的NtCreateThreadEx()与ZwCreateThreadEx() API其实是同一函数（二者起始地址是一样的）。而内核模式（ntoskrnl.exe）中，二者是不同的。请记住，用户模式下NtXXX()与ZwXXX()是一样的。

43.5.2 注入练习

首先选择一个合适的服务进程（会话0）进行DLL文件注入练习，如图43-21所示。

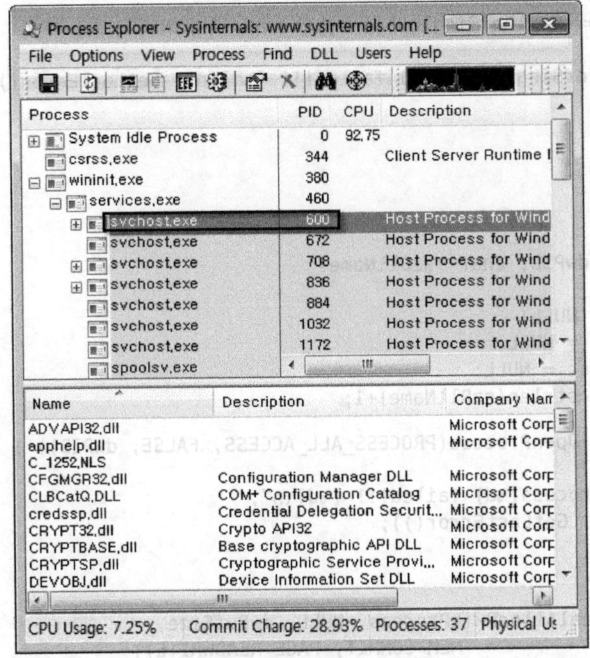

图43-21 svchost.exe进程

然后运行InjectDll_new.exe命令，输入相关参数进行注入操作，如图43-22所示。

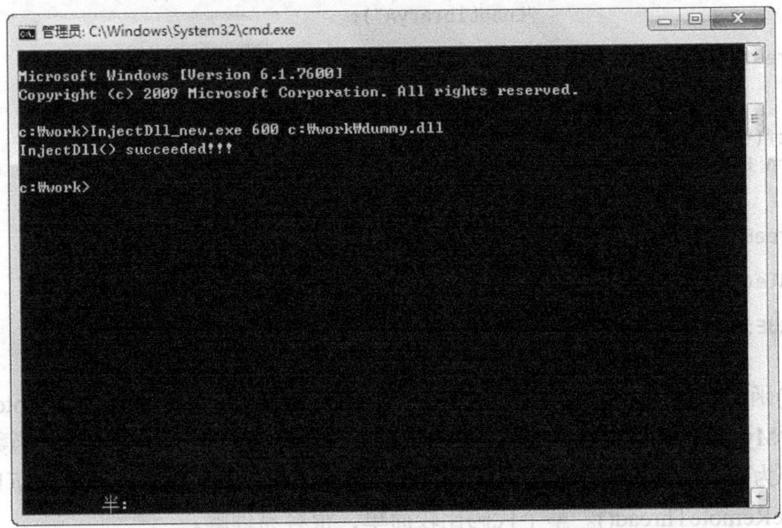

图43-22 运行新编写的InjectDll_new.exe命令

最后使用Process Explorer工具查看svchost.exe（PID：600），可以看到dummy.dll文件成功注入，如图43-23所示。

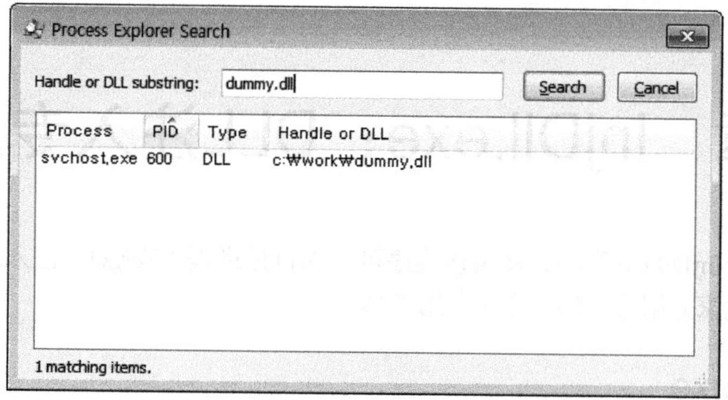

图43-23 dummy.dll成功注入svchost.exe进程

这样就可以在Windows Kernel 6（Vista、7、8等）中向服务进程（会话0）顺利注入指定DLL文件。

提示

ntdll!NtCreateThreadEx() API 是一个尚未公开的 API，所以微软不建议直接调用它，否则将导致系统稳定性失去保障。就我的测试结果来看，调用它之后工作非常正常，但微软可能在以后某个时候修改它。在某个项目中使用该方法时，一定要注意这一点。

第44章　InjDll.exe：DLL注入专用工具

我编写了一个InjDll.exe程序，使用该程序可以向目标进程（Target）注入或卸载指定的DLL文件。本章将向大家介绍这一DLL注入专用工具。

44.1　InjDll.exe

InjDll.exe是前面练习示例中经常使用的程序，我对源代码进行了调整并添加了一些功能，现在正式发布供大家使用。

※ InjDll.exe程序是公开的，大家可以自由使用。

InjDll.exe程序默认支持Windows 2000以上版本的操作系统（不支持Windows 9X系列），并且支持32位/64位操作系统（请根据操作系统选用合适的版本）。

提示

在各平台（32/64位）进行DLL注入时请注意以下几点：

- 若目标进程为32位：Injector & Dll → 全为32位（PE32格式）。
- 若目标进程为64位：Injector & Dll → 全为64位（PE32+格式）。

由于32/64位进程在64位OS中均可运行，所以需要先查看目标进程的PE文件格式，再选用合适的注入程序（InjDll32/InjDll64）和DLL。

44.1.1　使用方法

使用方法如图44-1所示。

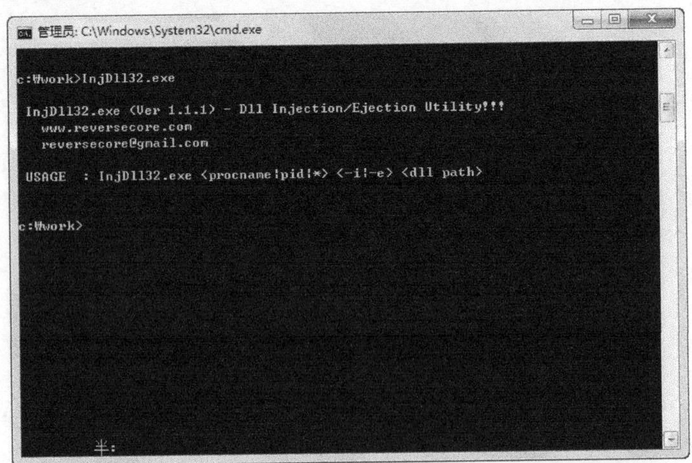

图44-1　使用方法

InjDll32.exe是一个控制台程序，它接收3个参数，各参数的含义说明如下：

```
<procname|pid|*>
  procname      Process name (ex: explorer.exe, notepad.exe 等)
  pid           Process ID
  *             All Processes

<-i|-e>
  -i            Injection Mode
  -e            Ejection Mode

<dll path>      DLL File Path (relative or full)
```

提示

InjDll64.exe（64位版本）的使用方法与InjDll32.exe（32位版本）一样。

44.1.2 使用示例

示例1：向PID为1032的进程注入c:\work\dummy32.dll文件（参考图44-2）。

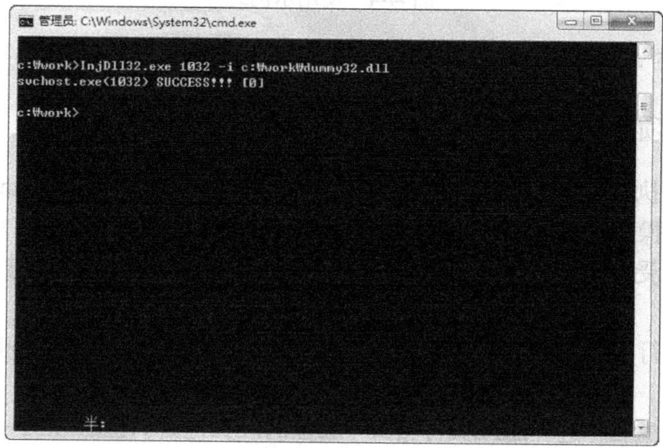

图44-2 使用示例1

示例2：向IE进程注入当前目录下的dummy32.dll文件（参考图44-3）。

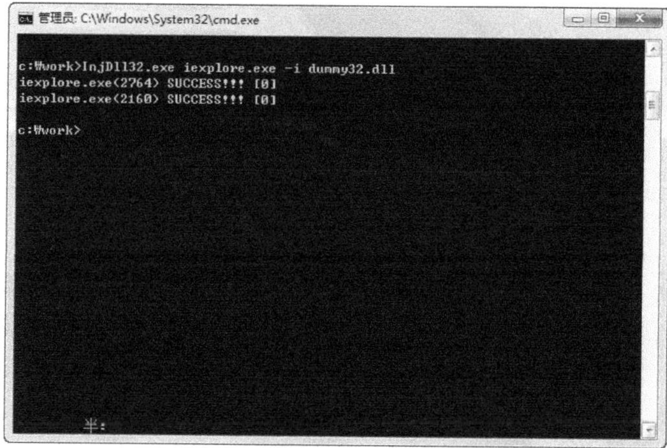

图44-3 使用示例2

示例3：向所有进程注入c:\work\dummy.dll文件（参考图44-4）。

```
管理员: C:\Windows\System32\cmd.exe

c:\work>InjDll32.exe * -i c:\work\dummy32.dll
[System Process](0) => System Process... DLL Injection is impossible!
System(4) => System Process... DLL Injection is impossible!
smss.exe(252) => System Process... DLL Injection is impossible!
csrss.exe(344) => System Process... DLL Injection is impossible!
wininit.exe(380) SUCCESS!!! [0]
csrss.exe(392) => System Process... DLL Injection is impossible!
winlogon.exe(432) SUCCESS!!! [0]
services.exe(460) SUCCESS!!! [0]
lsass.exe(472) SUCCESS!!! [0]
lsm.exe(480) SUCCESS!!! [0]
svchost.exe(600) SUCCESS!!! [0]
svchost.exe(672) SUCCESS!!! [0]
svchost.exe(708) SUCCESS!!! [0]
svchost.exe(836) SUCCESS!!! [0]
svchost.exe(884) SUCCESS!!! [0]
```

图44-4　使用示例3

卸载DLL文件时，用-e选项替换-i选项即可。

44.1.3　注意事项

(1) 由于采用了执行远程线程调用LoadLibrary()的工作方式，所以如果kernel32.dll未加载到目标进程，注入/卸载操作将失败。

(2) 向访问权限受限的（受保护的）进程、或应用了反注入技术的进程进行注入/卸载操作时可能失败。

(3) 原则上，进行N次注入操作后，必须执行相同次数的卸载操作，才能将相关DLL文件完全卸载。

(4) 注入前先查看目标进程的PE文件格式（32位的PE32还是64位的PE32+），然后再选择相应的注入程序（InjDll32.exe、InjDll64.exe）与DLL文件（32位的PE32、64位的PE32+）。

第六部分

高级逆向分析技术

第45章　TLS回调函数

代码逆向分析领域中，TLS（Thread Local Storage，线程局部存储）回调函数（Callback Function）常用于反调试，本章将学习TLS回调函数的相关知识。TLS回调函数的调用运行要先于EP代码的执行，该特征使它可以作为一种反调试技术使用。下面通过练习示例来了解有关TLS回调函数的内容。

提示

所有练习示例在Windows XP & 7（32位）中通过测试。

45.1　练习 #1：HelloTls.exe

运行练习程序文件（HelloTls.exe），弹出一个消息框，单击“确定”按钮后，程序终止运行，如图45-1所示。

图45-1　运行HelloTls.exe程序

下面使用OllyDbg调试练习示例程序。在OllyDbg调试器中打开并运行HelloTls.exe文件，弹出如图45-2所示的消息对话框。

图45-2　在OllyDbg中打开HelloTls.exe文件

如图45-2所示，消息对话框中显示的内容与程序正常运行时显示的内容不同。单击“确定”按钮，HelloTls.exe进程随即终止，如图45-3所示。

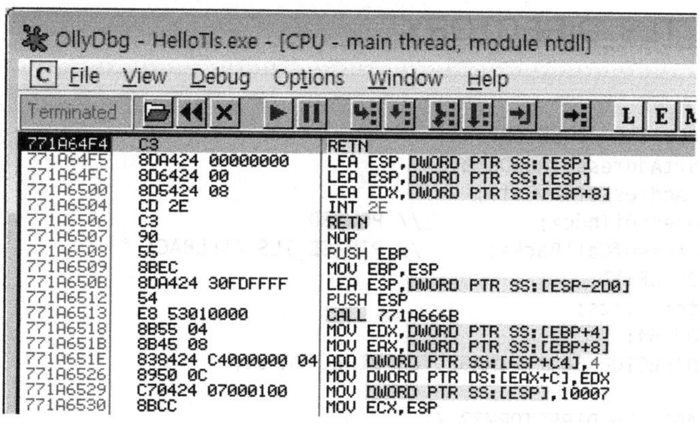

图45-3 OllyDbg：HelloTls.exe进程终止

正常运行与调试运行中出现不同行为的原因在于，程序运行EP代码前先调用了TLS回调函数，而该回调函数中含有反调试代码，使程序在被调试时弹出“Debugger Detected!”消息对话框。如果不理解这一原理，调试将无法继续。以上练习示例虽然简单，但却很好地描述了TLS回调函数的行为特征。接下来讲TLS与TLS回调函数的相关知识，学习其工作原理。

45.2 TLS

讲解TLS回调函数前，先简单了解一下有关TLS的知识。TLS是各线程的独立的数据存储空间。使用TLS技术可在线程内部独立使用或修改进程的全局数据或静态数据，就像对待自身的局部变量一样（编程中这种功能非常有用）。

提示

关于TLS更详细的介绍请参考Windows应用开发文档“线程本地存储”。

45.2.1 IMAGE_DATA_DIRECTORY[9]

若在编程中启用了TLS功能，PE头文件中就会设置TLS表（TLS Table）项目，如下图所示（IMAGE_NT_HEADERS-IMAGE_OPTIONAL_HEADER-IMAGE_DATA_DIRECTORY[9]）。

如图45-4所示，IMAGE_TLS_DIRECTORY结构体位于RVA 9310地址处。

RVA	Data	Description	Value
0000018C	0000001C	Size	
00000190	00000000	RVA	Architecture Specific Data
00000194	00000000	Size	
00000198	00000000	RVA	GLOBAL POINTER Register
0000019C	00000000	Size	
000001A0	00009310	RVA	TLS Table
000001A4	00000018	Size	
000001A8	000092C8	RVA	LOAD CONFIGURATION Table
000001AC	00000040	Size	
000001B0	00000000	RVA	BOUND IMPORT Table
000001B4	00000000	Size	
000001B8	00008000	RVA	IMPORT Address Table

图45-4 PEView：TLS Table

45.2.2 IMAGE_TLS_DIRECTORY

代码45-1 IMAGE_TLS_DIRECTORY结构体

```
typedef struct _IMAGE_TLS_DIRECTORY64 {
    ULONGLONG   StartAddressOfRawData;
    ULONGLONG   EndAddressOfRawData;
    ULONGLONG   AddressOfIndex;         // PDWORD
    ULONGLONG   AddressOfCallBacks;     // PIMAGE_TLS_CALLBACK *;
    DWORD   SizeOfZeroFill;
    DWORD   Characteristics;
} IMAGE_TLS_DIRECTORY64;
typedef IMAGE_TLS_DIRECTORY64 * PIMAGE_TLS_DIRECTORY64;

typedef struct _IMAGE_TLS_DIRECTORY32 {
    DWORD   StartAddressOfRawData;
    DWORD   EndAddressOfRawData;
    DWORD   AddressOfIndex;             // PDWORD
    DWORD   AddressOfCallBacks;         // PIMAGE_TLS_CALLBACK *
    DWORD   SizeOfZeroFill;
    DWORD   Characteristics;
} IMAGE_TLS_DIRECTORY32;
typedef IMAGE_TLS_DIRECTORY32 * PIMAGE_TLS_DIRECTORY32;

#ifdef _WIN64
typedef IMAGE_TLS_DIRECTORY64              IMAGE_TLS_DIRECTORY;
typedef PIMAGE_TLS_DIRECTORY64             PIMAGE_TLS_DIRECTORY;
#else
typedef IMAGE_TLS_DIRECTORY32              IMAGE_TLS_DIRECTORY;
typedef PIMAGE_TLS_DIRECTORY32             PIMAGE_TLS_DIRECTORY;
#endif
```

出处：winnt.h from Microsoft SDK

IMAGE_TLS_DIRECTORY结构体有2种版本，分别为32位版本与64位版本，以上练习示例中使用的是32位版本的结构体（大小为18h）。使用PEView工具查看 IMAGE_TLS_DIRECTORY结构体（RVA：9310），其各成员如图45-5所示。

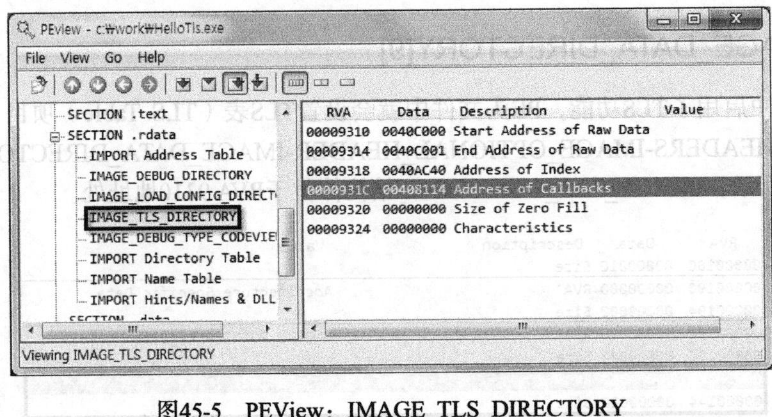

图45-5 PEView：IMAGE_TLS_DIRECTORY

代码逆向分析中涉及的比较重要的成员为AddressOfCallbacks，该值指向含有TLS回调函数地址（VA）的数组。这意味着可以向同一程序注册多个TLS回调函数（数组以NULL值结束）。

45.2.3 回调函数地址数组

图45-6就是TLS回调函数地址数组。

VA	Raw Data	Value
004080E0	7E 9B 00 00 00 00 00 00 78 97 00 00 00 00 00 00	~.......x.......
004080F0	00 00 00 00 00 00 00 00 00 00 00 00 7F 2D 40 00	.............-@.
00408100	E7 3E 40 00 CA 60 40 00 27 13 40 00 00 00 00 00	.>@..`@.'.@.....
00408110	00 00 00 00 00 10 40 00 00 00 00 00 00 00 00 00	......@.........
00408120	00 00 00 00 00 00 00 00 00 00 00 00 00 00 00 00	....
00408130	00 00 00 00 D2 C4 9B 4C 00 00 00 00 02 00 00 00	.......L........
00408140	45 00 00 00 28 93 00 00 28 79 00 00 50 AC 40 00	E...(...(y..P.@.

图45-6 PEView：AddressOfCallbacks

该数组中实际存储的就是TLS回调函数的地址。进程启动运行时，（执行EP代码前）系统会逐一调用存储在该数组中的函数。请注意，虽然以上练习示例中仅注册了1个TLS函数（地址为401000），但其实我们可以通过修改程序注册多个TLS函数。

45.3 TLS 回调函数

接下来从技术层面简单整理之前介绍的TLS回调函数相关内容。

> 所谓TLS回调函数是指，每当创建/终止进程的线程时会自动调用执行的函数。有意思的是，创建进程的主线程时也会自动调用回调函数，且其调用执行先于EP代码。反调试技术利用的就是TLS回调函数的这一特征。

请注意，创建或终止某线程时，TLS回调函数都会自动调用执行，前后共2次（原意即为此）。执行进程的主线程（运行进程的EP代码）前，TLS回调函数会先被调用执行，许多逆向分析人员将该特征应用于程序的反调试技术。

IMAGE_TLS_CALLBACK

TLS回调函数的定义如代码45-2所示。

代码45-2 TLS Callback函数定义

```
typedef VOID
(NTAPI *PIMAGE_TLS_CALLBACK) (
    PVOID DllHandle,
    DWORD Reason,
    PVOID Reserved
);
```

出处：winnt.h from Microsoft SDK

仔细观察TLS回调函数的定义可以发现，它与DllMain()函数的定义类似。代码45-3是DllMain()函数的定义。

代码45-3 DllMain()函数定义

```
BOOL WINAPI DllMain(
  __in  HINSTANCE hinstDLL,
  __in  DWORD fdwReason,
  __in  LPVOID lpvReserved
);
```

观察以上2个函数可以发现，它们的参数顺序与含义都是一样的。其中，参数DllHandle为模块句柄（即加载地址），参数Reason表示调用TLS回调函数的原因，具体原因有4种，如代码45-4所示。

代码45-4 Reason

```
#define DLL_PROCESS_ATTACH   1
#define DLL_THREAD_ATTACH    2
#define DLL_THREAD_DETACH    3
#define DLL_PROCESS_DETACH   0
```

出处：winnt.h from Microsoft SDK

要想准确理解TLS回调函数的工作原理（在哪个时间点调用哪个回调函数），最好的方法就是亲自创建。接下来做第二个练习示例，以进一步学习TLS回调函数的工作原理。

45.4 练习 #2：TlsTest.exe

TlsTest.exe程序是使用Visual C++编写的，它向各位充分展现了注册TLS回调函数的方法。代码45-5（TlsTest.cpp）是TlsTest.exe程序的源代码。

代码45-5 TlsTest.cpp

```
#include <windows.h>

#pragma comment(linker, "/INCLUDE:__tls_used")

void print_console(char* szMsg)
{
    HANDLE hStdout = GetStdHandle(STD_OUTPUT_HANDLE);

    WriteConsoleA(hStdout, szMsg, strlen(szMsg), NULL, NULL);
}

void NTAPI TLS_CALLBACK1(PVOID DllHandle, DWORD Reason, PVOID Reserved)
{
    char szMsg[80] = {0,};
    wsprintfA(szMsg, "TLS_CALLBACK1() : DllHandle = %X, Reason = %d\n",
              DllHandle, Reason);
    print_console(szMsg);
}

void NTAPI TLS_CALLBACK2(PVOID DllHandle, DWORD Reason, PVOID Reserved)
{
    char szMsg[80] = {0,};
    wsprintfA(szMsg, "TLS_CALLBACK2() : DllHandle = %X, Reason = %d\n",
              DllHandle, Reason);
    print_console(szMsg);
}
#pragma data_seg(".CRT$XLX")
    PIMAGE_TLS_CALLBACK pTLS_CALLBACKs[] = {TLS_CALLBACK1, TLS_CALLBACK2,
                                            0};
#pragma data_seg()

DWORD WINAPI ThreadProc(LPVOID lParam)
{
    print_console("ThreadProc() start\n");

    print_console("ThreadProc() end\n");

    return 0;
}

int main(void)
{
    HANDLE hThread = NULL;
```

```
    print_console("main() start\n");

    hThread = CreateThread(NULL, 0, ThreadProc, NULL, 0, NULL);
    WaitForSingleObject(hThread, 60*1000);
    CloseHandle(hThread);

    print_console("main() end\n");
    return 0;
}
```

TlsTest.cpp源代码中注册了2个TLS回调函数（TLS_CALLBACK1、TLS_CALLBACK2）。它们也非常简单，只是将DllHandle与Reason这2个参数的值输出到控制台，然后终止退出。main()函数也非常简单，创建用户线程（ThreadProc）后终止，main()与ThreadProc()内部分别将函数开始/终止日志输出到控制台。图45-7是TlsTest.exe程序运行的画面。

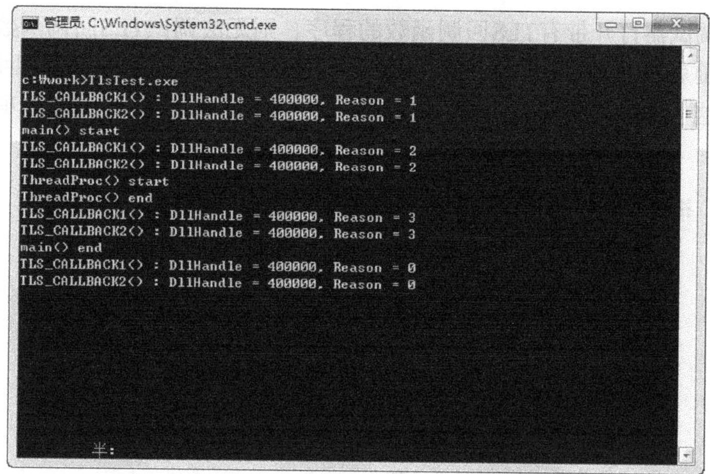

图45-7 TlsTest.exe程序运行画面

下面分别讲解各函数调用顺序。

45.4.1 DLL_PROCESS_ATTACH

进程的主线程调用main()函数前，已经注册的TLS回调函数（TLS_CALLBACK1、TLS_CALLBACK2）会先被调用执行，此时Reason的值为1（DLL_PROCESS_ATTACH）。

45.4.2 DLL_THREAD_ATTACH

所有TLS回调函数完成调用后，main()函数开始调用执行，创建用户线程（ThreadProc）前，TLS回调函数会被再次调用执行，此时Reason=2（DLL_THREAD_ATTACH）。

45.4.3 DLL_THREAD_DETACH

TLS回调函数全部执行完毕后，ThreadProc()线程函数开始调用执行。其执行完毕后Reason=3（DLL_THREAD_DETACH），TLS回调函数被调用执行。

45.4.4 DLL_PROCESS_DETACH

ThreadProc()线程函数执行完毕后，一直在等待线程终止的main()函数（主线程）也会终止。

此时Reason=0（DLL_PROCESS_DETACH），TLS回调函数最后一次被调用执行。以上TlsTest.exe练习示例中，2个TLS回调函数分别被调用执行了4次，总共为8次。现在我们已经对TLS回调函数的注册及工作原理有了深入了解。接下来学习其调试方法。

提示

TlsTest.cpp 源文件中并未使用 printf()函数，因为开启特定编译选项（/MT）编译源程序时，先于主线程调用执行的 TLS 回调函数中可能发生 Run-Time Error（运行时错误）。此时可以直接调用 WriteConsole() API 来以防万一。

45.5　调试 TLS 回调函数

若直接使用调试器打开带有TLS回调函数的程序，则无法调试TLS回调函数，因为TLS回调函数在EP代码之前就被调用执行了。练习示例#1文件（HelloTls.exe）中，TLS回调函数内部还含有反调试代码，这使程序调试无法继续。如图45-8所示，此时修改OllyDbg选项就可以调试TLS回调函数。

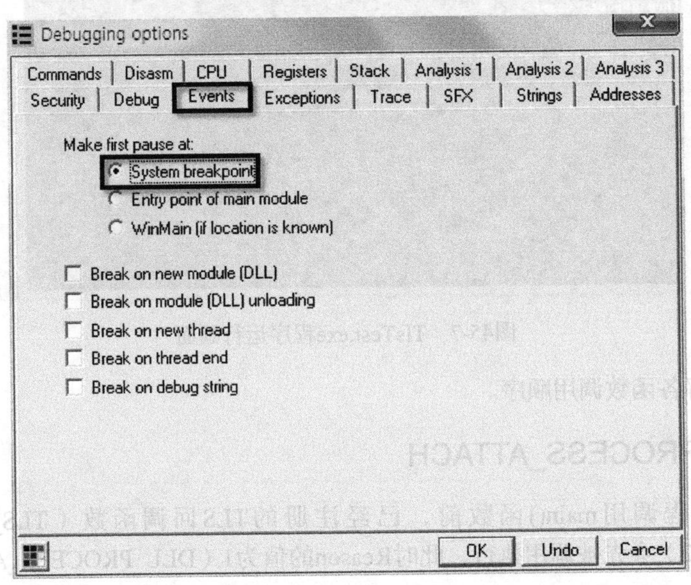

图45-8　OllyDbg：复选“System breakpoint”

然后重启调试器重新调试HelloTls.exe，调试器就会在ntdll.dll模块内部的“System Startup Breakpoint”处暂停，如图45-9所示。

调试器暂停的位置即是系统启动断点（System Startup Breakpoint）。在OllyDbg调试器的默认设置下，调试器会在EP处暂停，而WinDbg调试器默认在系统启动断点暂停。

参考图45-5与图45-6获取TLS回调函数的地址，然后在回调函数的起始地址设置好断点，这样就可以调试TLS回调函数了。

使用特定调试器插件（如Olly Advanced）时，存在一个“暂停在TLS回调函数”的选项，使用起来更加方便。此外，最新版本的OllyDbg（版本2.0以上）默认提供“暂停在TLS回调函数”的选项，如图45-10所示。

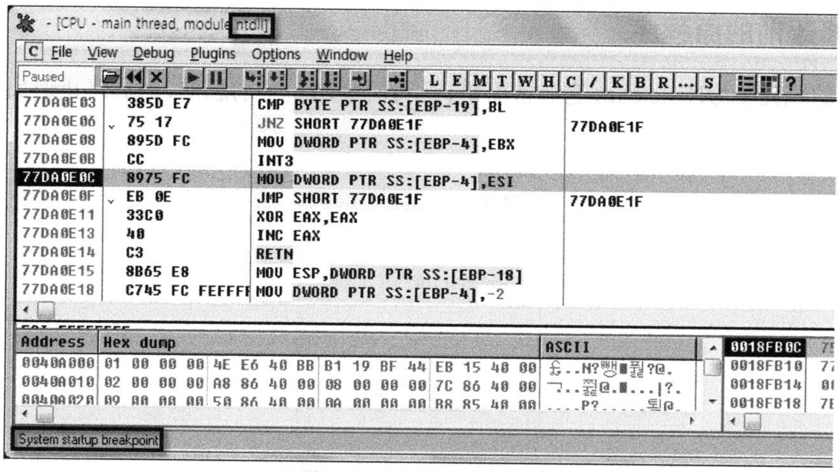

图45-9 OllyDbg：在System Startup Breakpoint处暂停

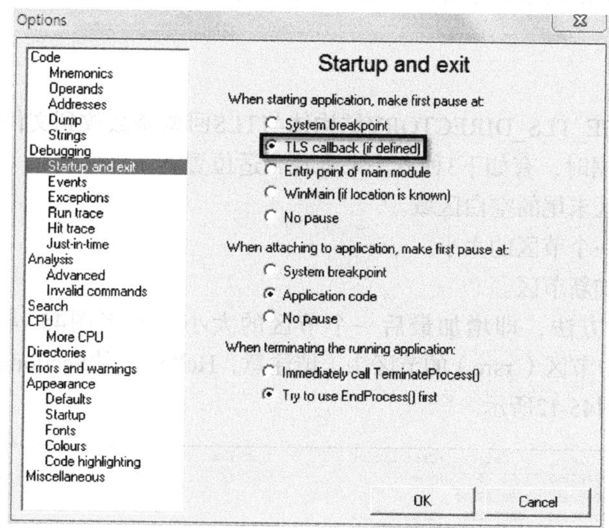

图45-10 OllyDbg 2.0的“TLS callback”选项

请各位亲自调试HelloTls.exe的TLS回调函数。

45.6 手工添加 TLS 回调函数

我比较喜欢翻看并修改PE文件，借助几种工具（OllyDbg、PEView、HxD），我们可以随心所欲地修改PE文件。本节的目标是直接修改Hello.exe文件（PE文件），为其添加TLS回调函数，使之与前面介绍的HelloTls.exe练习文件具有类似的行为功能。下面向大家介绍手工修改PE文件并添加TLS回调函数的过程。

提示

随心所欲地修改 PE 文件前，需要了解 PE 文件格式相关知识，并通过大量练习来熟悉它们。此外，不同版本 Windows OS 的 PE 装载器的行为动作会有细微差别，反复练习即可逐渐掌握。

45.6.1　修改前的原程序

修改前的原程序为Hello.exe，它非常简单，运行时弹出一个消息框，然后终止退出，如图45-11所示。

图45-11　运行Hello.exe程序

我们的目标是手工修改原程序文件，添加TLS回调函数，使之与HelloTls.exe具有类似行为。

45.6.2　设计规划

首先要确定IMAGE_TLS_DIRECTORY结构体与TLS回调函数放到文件的哪个位置。向某个PE文件添加代码或数据时，有如下3种方法来查找合适位置：

第一，添加到节区末尾的空白区域。

第二，增加最后一个节区的大小。

第三，在最后添加新节区。

这里采用第二种方法，即增加最后一个节区的大小（参考图45-14）。使用PEView查看Hello.exe文件最后一个节区（.rsrc）的节区头（请注意，Hello.exe的Section Alignment=1000，File Alignment=200），如图45-12所示。

VA	Data	Description	Value
00400258	2E 72 73 72	Name	.rsrc
0040025C	63 00 00 00		
00400260	000001B4	Virtual Size	
00400264	0000C000	RVA	
00400268	00000200	Size of Raw Data	
0040026C	00009000	Pointer to Raw Data	
00400270	00000000	Pointer to Relocations	
00400274	00000000	Pointer to Line Numbers	
00400278	0000	Number of Relocations	
0040027A	0000	Number of Line Numbers	
0040027C	40000040	Characteristics	
		00000040	IMAGE_SCN_CNT_INITIALIZED_DATA
		40000000	IMAGE_SCN_MEM_READ

图45-12　PEView：Hello.exe的.rsrc

可以看到，最后一个节区（.rsrc）的Pointer to Raw Data=9000，Size of Raw Data=200。所以PE头中定义的文件整体大小为9200。考虑到要添加的代码与数据的大小，我们将最后一个节区的大小增加200（文件的大小增加到9400）。使用HxD工具打开Hello.exe文件，移动光标至最后位置，在菜单栏中选择Edit-Insert bytes菜单，打开插入字节对话框。

如图45-13所示，向Bytecount中输入200，单击OK按钮后，即从光标的当前位置新添加了200h个字节（即512个字节）。

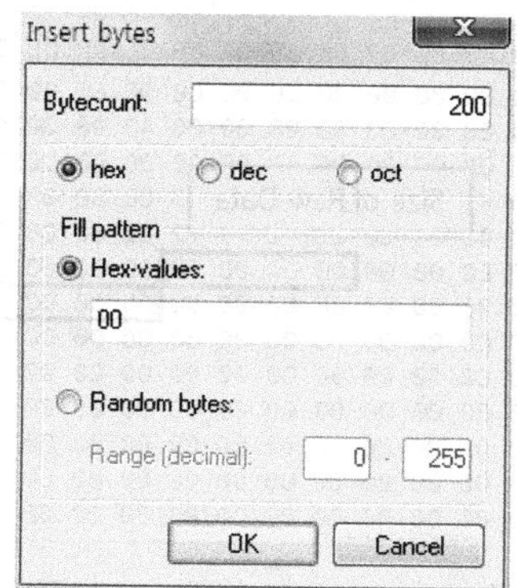

图45-13 HxD：Insert bytes对话框

提示

图 45-12 中 Virtual Size 为 1B4，PE 装载器会按照 Section Alignment 值对齐该值，即加载到内存中的大小为 1000（一定要理解好这个关系）。所以将节区的文件大小增加 200 后，实际 Virtual Size 值变为 3B4，它比加载到内存中的尺寸 1000 要小，所以不需要再单独增大 Virtual Size 的值。

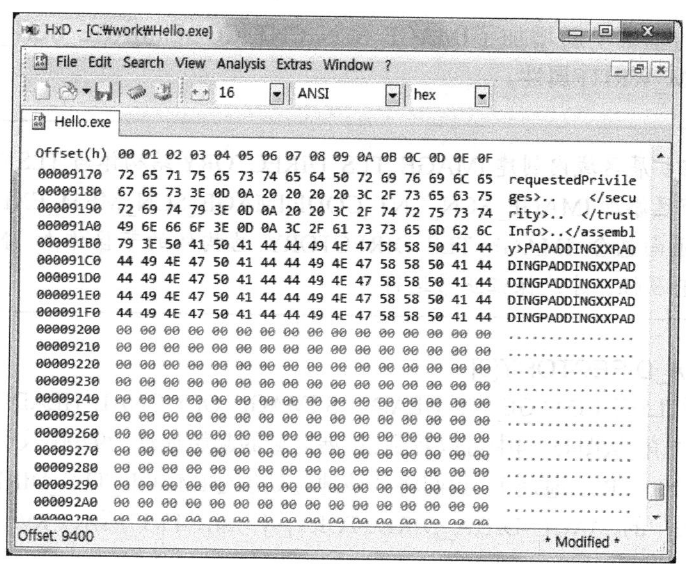

图45-14 HxD：增加最后一个节区的大小

45.6.3 编辑 PE 文件头

.rsrc节区头

请参考图45-12，分别修改.rcrs节区头中Size of Raw Data与Characteristics的值，即Size of Raw Data=400、Characteristics=E0000060，如图45-15所示。

```
Offset(h) 00 01 02 03 04 05 06 07 08 09 0A 0B 0C 0D 0E 0F
00000210  80 1B 00 00 00 80 00 00 00 1C 00 00 00 66 00 00  €....€.......f..
00000220  00 00 00 00 00 00 00 00 00 00 00 00 40 00 00 40  ............@..@
00000230  2E 64 61 74 61 00 00 00 DC 17 00 00 00 A0 00 00  .data...Ü.... ..
00000240  00 0E 00 00 00 8                 0 00 00 00 00  ................
00000250  00 00 00 00 40 00 00 C0 2E 72 73 72 63 00 00 00  ....@..À.rsrc...
00000260  B4 01 00 00 00 C0 00 00 00 04 00 00 00 90 00 00  ´....À..........
00000270  00 00 00 00 00 00 00 00 00 00 00 00 60 00 00 E0  ............`..à
00000280  00 00 00 00 00 00 00 00 00 00 00 00 00 00 00 00  ................
00000290  00 00 00 00 00 00 00 00 00 00 00 00 00 00 00 00  ................
000002A0  00 00 00 00 00 00 00 00 00 00 00 00 00 00 00 00  ................
000002B0  00 00 00 00 00 00 00 00 00 00 00 00 00 00 00 00  ................
000002C0  00 00 00 00 00 00 00 00 00 00 00 00 00 00 00 00  ................
000002D0  00 00 00 00 00 00 00 00 00 00 00 00 00 00 00 00  ................
```

Size of Raw Data

图45-15 HxD：修改.rsrc节区头

Characteristics=E0000060的含义如图45-16所示。

```
0000027C  E0000060  Characteristics
                    00000020  IMAGE_SCN_CNT_CODE
                    00000040  IMAGE_SCN_CNT_INITIALIZED_DATA
                    20000000  IMAGE_SCN_MEM_EXECUTE
                    40000000  IMAGE_SCN_MEM_READ
                    80000000  IMAGE_SCN_MEM_WRITE
```

图45-16 PEView：Characteristics

在原有属性的基础上新增加了IMAGE_SCN_CNT_CODE|IMAGE_SCN_MEM_EXECUTE|IMAGE_SCN_MEM_WRITE属性。

提示

由于要在扩展区域内创建IMAGE_TLS_DIRECTORY结构体与TLS回调函数，所以需要向该节区添加IMAGE_SCN_CNT_CODE|IMAGE_SCN_MEM_EXECUTE属性。此外，还必须向包含IMAGE_TLS_DIRECTORY结构体的节区添加IMAGE_SCN_MEM_WRITE属性，才能保证正常运行。

IMAGE_DATA_DIRECTORY[9]

接下来要设置TLS表（IMAGE_NT_HEADERS-IMAGE_OPTIONAL_HEADER-IMAGE_DATA_DIRECOTRY[9]）的值。从图45-14中可以看到，扩展区域的起始地址为9200（文件偏移）。在PEView中查看该地址为C200（RVA地址），我们将从该地址处创建IMAGE_TLS_DIRECTORY结构体。因此修改PE文件头中的IMAGE_DATA_DIRECTORY[9]，如图45-17所示（RVA=C200，Size=18）。

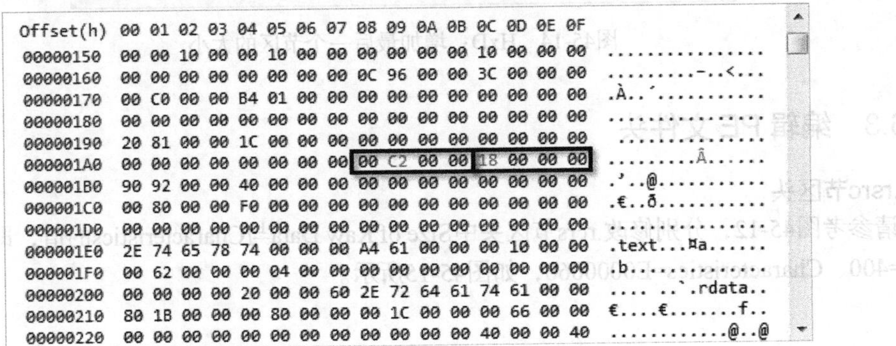

图45-17 HxD：IMAGE_DATA_DIRECTORY

修改后用PEView工具查看，如图45-18所示。

pFile	Data	Description	Value
00000198	00000000	RVA	Architecture Specific Data
0000019C	00000000	Size	
000001A0	00000000	RVA	GLOBAL POINTER Register
000001A4	00000000	Size	
000001A8	0000C200	RVA	TLS Table
000001AC	00000018	Size	
000001B0	00009290	RVA	LOAD CONFIGURATION Table
000001B4	00000040	Size	
000001B8	00000000	RVA	BOUND IMPORT Table
000001BC	00000000	Size	

图45-18 PEView：IMAGE_DATA_DIRECTORY

45.6.4 设置IMAGE_TLS_DIRECTORY结构体

接下来设置IMAGE_TLS_DIRECTORY结构体，只要把TLS回调函数注册到其中即可。编辑设置IMAGE_TLS_DIRECTORY结构体，如图45-19所示。

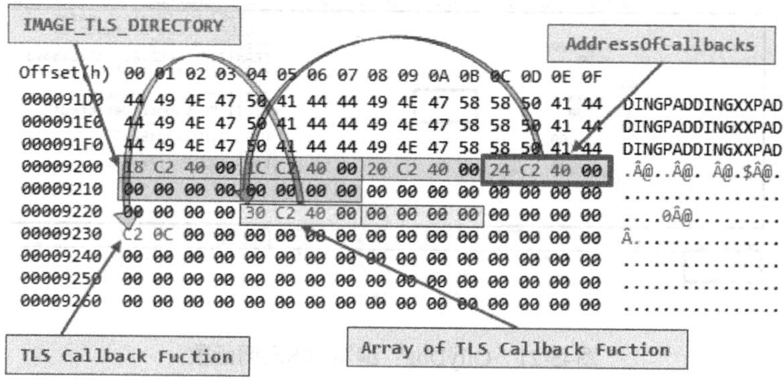

图45-19 HxD：IMAGE_TLS_DIRECTORY

我们在文件偏移9200（RVA C200）地址处创建了IMAGE_TLS_DIRECTORY结构体。AddressOfCallbacks成员的值为VA 40C224（文件偏移9224），它是Array of TLS Callback Function（TLS回调函数数组）的起始地址。只要把TLS回调函数的地址（40C230）放入该数组（VA：40C224，Offset：9224），即可成功注册TLS回调函数。使用PEView工具查看设置后的IMAGE_TLS_DIRECTORY结构体，如图45-20所示。

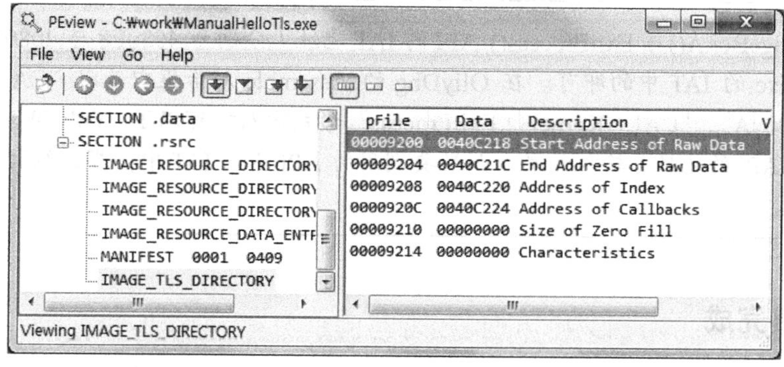

图45-20 PEView：IMAGE_TLS_DIRECTORY结构体

先向TLS回调函数写入“C2 0C00 - RETN 0C”命令，即在TLS回调函数中不执行任何操作，直接返回。

提示

TLS 回调函数的返回指令不是 RETN，而是 RETN 0C 指令，因为函数有 3 个参数（大小为 0C），所以需要修正栈，修正大小为 0C。

现在运行修改后的Hello.exe文件，若修改没有问题，则能正常运行。

45.6.5　编写 TLS 回调函数

上述准备工作全部完成后，接下来编写TLS回调函数。利用OllyDbg的汇编功能，从40C230地址处开始编写反调试代码，如图45-21所示。

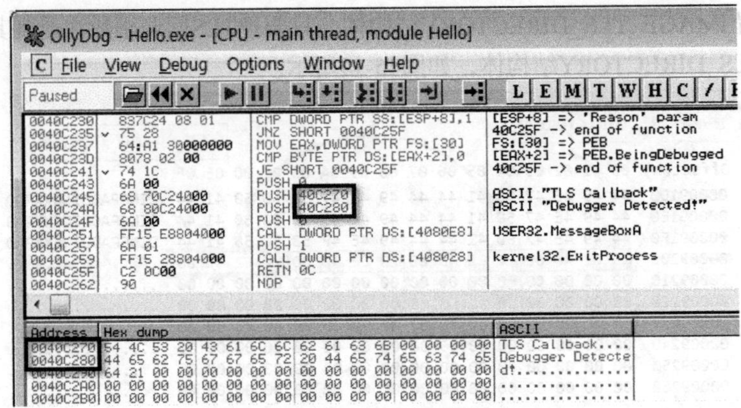

图45-21　OllyDbg：编写TLS回调函数

如图45-21所示，编写好TLS回调函数后，将修改的代码与数据全部选中（40C230~40C291），在鼠标右键中依次选择Copy to executable-Selection - Save file菜单，保存为ManualHelloTls.exe文件。

下面简单讲解TLS回调函数的代码。Reason参数值为1（DLL_PROCESS_ATTACH）时，检查PEB.BeingDebugged成员，若处于调试状态，则弹出消息框（MessageBoxA）后终止并退出进程（ExitProcess）。阅读代码时，参考代码注释就很容易把握代码结构。此外还要注意，传递给MessageBoxA()函数的2个字符串参数分别存储在40C270与40C280地址处。

提示

MessageBoxA()与 ExitProcess() API 的 IAT 地址（分别为 4080E8 与 408028）使用原 Hello.exe 的 IAT 中的即可。在 OllyDbg 的 Assemble 对话框中，以“CALL user32.MessageBoxA”、“CALL Kernel32.ExitProcess”形式输入就可以了。OllyDbg 调试器会自动求得 API 的地址并输入结果。如果要调用的 API 不在 IAT 中，那么编写代码时要复杂得多。

45.6.6　最终完成

在OllyDbg中打开并运行上面编写的ManualHelloTls.exe文件时，弹出“Debugger Detected!”

消息框，如图45-22所示，单击“确定”后，程序终止运行，这表明手工添加TLS回调函数成功。

图45-22　OllyDbg：运行ManualHelloTls.exe

通过手动方式向PE文件添加TLS回调函数的练习到此结束。

45.7　小结

本章我们学习了TLS回调函数的工作原理及具体实现方法，并了解了其调试方法。TLS回调函数常用于反调试，请各位务必掌握本章知识。

第46章　TEB

本章将学习有关TEB（Thread Environment Block，线程环境块）的知识，它们是我们后面要学习的高级调试技术的基础，请大家认真学习，理解并掌握相关概念。

46.1　TEB

TEB指线程环境块，该结构体包含进程中运行线程的各种信息，进程中的每个线程都对应一个TEB结构体。不同OS中TEB结构体的形态略微不同，有关TEB结构体的详细说明都已被文档化，各位可以直接查看并参考。

46.1.1　TEB结构体的定义

首先看看MSDN中关于TEB结构体的说明。

代码46-1　TEB结构体

```
typedef struct _TEB {
  BYTE  Reserved1[1952];
  PVOID Reserved2[412];
  PVOID TlsSlots[64];
  BYTE  Reserved3[8];
  PVOID Reserved4[26];
  PVOID ReservedForOle;
  PVOID Reserved5[4];
  PVOID TlsExpansionSlots;
} TEB, *PTEB;
```

出处：MSDN

正如大家所见，MSDN对TEB结构体的说明太过简单。要想查看关于TEB结构体的更多细节，必须借助类似于WinDbg的内核调试器（Kernel Debugger）才行。

提示

安装并运行WinDbg的方法请参考“WinDbg”一章。

46.1.2　TEB结构体成员

使用WinDbg调试器获取TEB结构体的组成成员，如下所示。

Windows XP SP3中

代码46-2　Windows XP SP3中的TEB结构体成员

```
+0x000 NtTib              : _NT_TIB
+0x01c EnvironmentPointer : Ptr32 Void
+0x020 ClientId           : _CLIENT_ID
+0x028 ActiveRpcHandle    : Ptr32 Void
+0x02c ThreadLocalStoragePointer : Ptr32 Void
+0x030 ProcessEnvironmentBlock : Ptr32 _PEB
+0x034 LastErrorValue     : Uint4B
+0x038 CountOfOwnedCriticalSections : Uint4B
```

```
+0x03c CsrClientThread   : Ptr32 Void
+0x040 Win32ThreadInfo   : Ptr32 Void
+0x044 User32Reserved    : [26] Uint4B
+0x0ac UserReserved      : [5] Uint4B
+0x0c0 WOW32Reserved     : Ptr32 Void
+0x0c4 CurrentLocale     : Uint4B
+0x0c8 FpSoftwareStatusRegister : Uint4B
+0x0cc SystemReserved1   : [54] Ptr32 Void
+0x1a4 ExceptionCode     : Int4B
+0x1a8 ActivationContextStack : _ACTIVATION_CONTEXT_STACK
+0x1bc SpareBytes1       : [24] UChar
+0x1d4 GdiTebBatch       : _GDI_TEB_BATCH
+0x6b4 RealClientId      : _CLIENT_ID
+0x6bc GdiCachedProcessHandle : Ptr32 Void
+0x6c0 GdiClientPID      : Uint4B
+0x6c4 GdiClientTID      : Uint4B
+0x6c8 GdiThreadLocalInfo : Ptr32 Void
+0x6cc Win32ClientInfo   : [62] Uint4B
+0x7c4 glDispatchTable   : [233] Ptr32 Void
+0xb68 glReserved1       : [29] Uint4B
+0xbdc glReserved2       : Ptr32 Void
+0xbe0 glSectionInfo     : Ptr32 Void
+0xbe4 glSection         : Ptr32 Void
+0xbe8 glTable           : Ptr32 Void
+0xbec glCurrentRC       : Ptr32 Void
+0xbf0 glContext         : Ptr32 Void
+0xbf4 LastStatusValue   : Uint4B
+0xbf8 StaticUnicodeString : _Unicode_STRING
+0xc00 StaticUnicodeBuffer : [261] Uint2B
+0xe0c DeallocationStack : Ptr32 Void
+0xe10 TlsSlots          : [64] Ptr32 Void
+0xf10 TlsLinks          : _LIST_ENTRY
+0xf18 Vdm               : Ptr32 Void
+0xf1c ReservedForNtRpc  : Ptr32 Void
+0xf20 DbgSsReserved     : [2] Ptr32 Void
+0xf28 HardErrorsAreDisabled : Uint4B
+0xf2c Instrumentation   : [16] Ptr32 Void
+0xf6c WinSockData       : Ptr32 Void
+0xf70 GdiBatchCount     : Uint4B
+0xf74 InDbgPrint        : UChar
+0xf75 FreeStackOnTermination : UChar
+0xf76 HasFiberData      : UChar
+0xf77 IdealProcessor    : UChar
+0xf78 Spare3            : Uint4B
+0xf7c ReservedForPerf   : Ptr32 Void
+0xf80 ReservedForOle    : Ptr32 Void
+0xf84 WaitingOnLoaderLock : Uint4B
+0xf88 Wx86Thread        : _Wx86ThreadState
+0xf94 TlsExpansionSlots : Ptr32 Ptr32 Void
+0xf98 ImpersonationLocale : Uint4B
+0xf9c IsImpersonating   : Uint4B
+0xfa0 NlsCache          : Ptr32 Void
+0xfa4 pShimData         : Ptr32 Void
+0xfa8 HeapVirtualAffinity : Uint4B
+0xfac CurrentTransactionHandle : Ptr32 Void
+0xfb0 ActiveFrame       : Ptr32 _TEB_ACTIVE_FRAME
+0xfb4 SafeThunkCall     : UChar
+0xfb5 BooleanSpare      : [3] UChar
```

Windows 7中

代码46-3 Windows 7中的TEB结构体成员

```
+0x000 NtTib            : _NT_TIB
+0x01c EnvironmentPointer : Ptr32 Void
+0x020 ClientId         : _CLIENT_ID
+0x028 ActiveRpcHandle  : Ptr32 Void
+0x02c ThreadLocalStoragePointer : Ptr32 Void
+0x030 ProcessEnvironmentBlock : Ptr32 _PEB
+0x034 LastErrorValue   : Uint4B
+0x038 CountOfOwnedCriticalSections : Uint4B
+0x03c CsrClientThread  : Ptr32 Void
+0x040 Win32ThreadInfo  : Ptr32 Void
+0x044 User32Reserved   : [26] Uint4B
+0x0ac UserReserved     : [5] Uint4B
+0x0c0 WOW32Reserved    : Ptr32 Void
+0x0c4 CurrentLocale    : Uint4B
+0x0c8 FpSoftwareStatusRegister : Uint4B
+0x0cc SystemReserved1  : [54] Ptr32 Void
+0x1a4 ExceptionCode    : Int4B
+0x1a8 ActivationContextStackPointer : Ptr32 _ACTIVATION_CONTEXT_STACK
+0x1ac SpareBytes       : [36] UChar
+0x1d0 TxFsContext      : Uint4B
+0x1d4 GdiTebBatch      : _GDI_TEB_BATCH
+0x6b4 RealClientId     : _CLIENT_ID
+0x6bc GdiCachedProcessHandle : Ptr32 Void
+0x6c0 GdiClientPID     : Uint4B
+0x6c4 GdiClientTID     : Uint4B
+0x6c8 GdiThreadLocalInfo : Ptr32 Void
+0x6cc Win32ClientInfo  : [62] Uint4B
+0x7c4 glDispatchTable  : [233] Ptr32 Void
+0xb68 glReserved1      : [29] Uint4B
+0xbdc glReserved2      : Ptr32 Void
+0xbe0 glSectionInfo    : Ptr32 Void
+0xbe4 glSection        : Ptr32 Void
+0xbe8 glTable          : Ptr32 Void
+0xbec glCurrentRC      : Ptr32 Void
+0xbf0 glContext        : Ptr32 Void
+0xbf4 LastStatusValue  : Uint4B
+0xbf8 StaticUnicodeString : _Unicode_STRING
+0xc00 StaticUnicodeBuffer : [261] Wchar
+0xe0c DeallocationStack : Ptr32 Void
+0xe10 TlsSlots         : [64] Ptr32 Void
+0xf10 TlsLinks         : _LIST_ENTRY
+0xf18 Vdm              : Ptr32 Void
+0xf1c ReservedForNtRpc : Ptr32 Void
+0xf20 DbgSsReserved    : [2] Ptr32 Void
+0xf28 HardErrorMode    : Uint4B
+0xf2c Instrumentation  : [9] Ptr32 Void
+0xf50 ActivityId       : _GUID
+0xf60 SubProcessTag    : Ptr32 Void
+0xf64 EtwLocalData     : Ptr32 Void
+0xf68 EtwTraceData     : Ptr32 Void
+0xf6c WinSockData      : Ptr32 Void
+0xf70 GdiBatchCount    : Uint4B
+0xf74 CurrentIdealProcessor : _PROCESSOR_NUMBER
+0xf74 IdealProcessorValue : Uint4B
+0xf74 ReservedPad0     : UChar
+0xf75 ReservedPad1     : UChar
+0xf76 ReservedPad2     : UChar
+0xf77 IdealProcessor   : UChar
```

```
+0xf78 GuaranteedStackBytes : Uint4B
+0xf7c ReservedForPerf   : Ptr32 Void
+0xf80 ReservedForOle    : Ptr32 Void
+0xf84 WaitingOnLoaderLock : Uint4B
+0xf88 SavedPriorityState : Ptr32 Void
+0xf8c SoftPatchPtr1     : Uint4B
+0xf90 ThreadPoolData    : Ptr32 Void
+0xf94 TlsExpansionSlots : Ptr32 Ptr32 Void
+0xf98 MuiGeneration     : Uint4B
+0xf9c IsImpersonating   : Uint4B
+0xfa0 NlsCache          : Ptr32 Void
+0xfa4 pShimData         : Ptr32 Void
+0xfa8 HeapVirtualAffinity : Uint4B
+0xfac CurrentTransactionHandle : Ptr32 Void
+0xfb0 ActiveFrame       : Ptr32 _TEB_ACTIVE_FRAME
+0xfb4 FlsData           : Ptr32 Void
+0xfb8 PreferredLanguages : Ptr32 Void
+0xfbc UserPrefLanguages : Ptr32 Void
+0xfc0 MergedPrefLanguages : Ptr32 Void
+0xfc4 MuiImpersonation : Uint4B
+0xfc8 CrossTebFlags     : Uint2B
+0xfc8 SpareCrossTebBits : Pos 0, 16 Bits
+0xfca SameTebFlags      : Uint2B
+0xfca SafeThunkCall     : Pos 0, 1 Bit
+0xfca InDebugPrint      : Pos 1, 1 Bit
+0xfca HasFiberData      : Pos 2, 1 Bit
+0xfca SkipThreadAttach : Pos 3, 1 Bit
+0xfca WerInShipAssertCode : Pos 4, 1 Bit
+0xfca RanProcessInit    : Pos 5, 1 Bit
+0xfca ClonedThread      : Pos 6, 1 Bit
+0xfca SuppressDebugMsg : Pos 7, 1 Bit
+0xfca DisableUserStackWalk : Pos 8, 1 Bit
+0xfca RtlExceptionAttached : Pos 9, 1 Bit
+0xfca InitialThread     : Pos 10, 1 Bit
+0xfca SpareSameTebBits : Pos 11, 5 Bits
+0xfcc TxnScopeEnterCallback : Ptr32 Void
+0xfd0 TxnScopeExitCallback : Ptr32 Void
+0xfd4 TxnScopeContext   : Ptr32 Void
+0xfd8 LockCount         : Uint4B
+0xfdc SpareUlong0       : Uint4B
+0xfe0 ResourceRetValue : Ptr32 Void
```

如上所示，借助WinDbg的符号文件，我们查看了TEB结构体的所有成员。仔细比较代码46-2与46-3可以发现，Windows 7下的TEB结构体比Windows XP下的TEB结构体大。

46.1.3 重要成员

如上所示，TEB结构体的成员多而复杂，在用户模式调试中起着重要作用的成员有2个，如代码46-4所示。

代码46-4 TEB结构体的重要成员

```
+0x000 NtTib                    : _NT_TIB
...
+0x030 ProcessEnvironmentBlock : Ptr32 _PEB
```

ProcessEnvironmentBlock成员

先看Offset 30处的ProcessEnvironmentBlock成员，它是指向PEB（Process Environment Block，进程环境块）结构体的指针。PEB是进程环境块，每个进程对应1个PEB结构体，下一章将详细讲解。

NtTib成员

TEB结构体的第一个成员为_NT_TIB结构体（TIB是Thread Information Block的简称，意为“线程信息块”），_NT_TIB结构体的定义如下所示：

代码46-5　_NT_TIB结构体

```
typedef struct _NT_TIB {
    struct _EXCEPTION_REGISTRATION_RECORD *ExceptionList;
    PVOID StackBase;
    PVOID StackLimit;
    PVOID SubSystemTib;
    union {
        PVOID FiberData;
        DWORD Version;
    };
    PVOID ArbitraryUserPointer;
    struct _NT_TIB *Self;
} NT_TIB;
typedef NT_TIB *PNT_TIB;
```

出处：SDK的winnt.h

ExceptionList成员指向_EXCEPTION_REGISTRATION_RECORD结构体组成的链表，它用于Windows OS的SEH。Self成员是_NT_TIB结构体的自引用指针，也是TEB结构体的指针（因为TEB结构体的第一个成员就是_NT_TIB结构体）。那么接下来的问题是，该如何在用户模式下访问TEB结构体呢？只有访问它才能使用相应信息。下一节将学习如何在用户模式下访问TEB结构体。

46.2　TEB 访问方法

前面讲解过，借助WinDbg内核调试器可以很容易地访问TEB结构体。那么，该如何在用户模式下访问它呢？答案就是，通过OS提供的相关API访问。

提示

请注意：下面示例中出现的地址会随用户计算机环境的不同而不同。

46.2.1　Ntdll.NtCurrentTeb()

Ntdll.NtCurrentTeb() API用来返回当前线程的TEB结构体的地址。该函数内部是如何实现的呢？下面使用OllyDbg工具查看。首先在OllyDbg中打开Notepad.exe程序（也可以打开其他任一程序），然后在鼠标右键菜单中选择Search for Name in all modules菜单，在Name in all modules对话框中查找ntdll.NtCurrentTeb() API，如图46-1所示（单击Name栏，按Name排序后更易查找）。

N All names

Address	Module	Section	Type	Name
75521270	KERNELBA	.text	Import	ntdll.NtCreateSemaphore
7552137C	KERNELBA	.text	Import	ntdll.NtCreateThreadEx
75521280	KERNELBA	.text	Import	ntdll.NtCreateTimer
7716164C	kernel32	.text	Import	ntdll.NtCreateUserProcess
772DC89D	ntdll	.text	Export	NtCurrentTeb
75521104	KERNELBA	.text	Import	ntdll.NtDelayExecution
75E011C4	RPCRT4	.text	Import	ntdll.NtDelayExecution
76EC124C	ADVAPI32	.text	Import	ntdll.NtDelayExecution
771614B8	kernel32	.text	Import	ntdll.NtDeleteAtom
755215E8	KERNELBA	.text	Import	ntdll.NtDeleteKey
76EC11C0	ADVAPI32	.text	Import	ntdll.NtDeleteKey

图46-1　Name in all modules对话框

如图46-1所示，查找到NtCurrentTeb函数后，使用鼠标双击即可跳转到该API的代码处，如图46-2所示。

```
CPU - main thread, module ntdll
772DC89B                        90              NOP
772DC89C                        90              NOP
772DC89D ntdll.NtCurrentTeb     64:A1 18000000  MOV EAX,DWORD PTR FS:[18]
772DC8A3                        C3              RETN
772DC8A4                        90              NOP
772DC8A5                        90              NOP
772DC8A6                        90              NOP

FS:[00000018]=[7FFDF018]=7FFDF000
EAX=771B1162 (kernel32.BaseThreadInitThunk)

Address   Hex dump
7FFDF000  C4 FF 12 00 00 00 13 00 00 E0 12 00 00 00 00 00
7FFDF010  00 1E 00 00 00 00 00 00 00 F0 FD 7F 00 00 00 00
7FFDF020  68 0D 00 00 AC 0F 00 00 00 00 00 00 2C F0 FD 7F
7FFDF030  00 A0 FD 7F 00 00 00 00 00 00 00 00 00 00 00 00
7FFDF040  00 00 00 00 00 00 00 00 00 00 00 00 00 00 00 00
7FFDF050  00 00 00 00 00 00 00 00 00 00 00 00 00 00 00 00
7FFDF060  00 00 00 00 00 00 00 00 00 00 00 00 00 00 00 00
```

图46-2 NtCurrentTeb() API的内部代码

从上图可以看到，NtCurrentTeb()函数的内部代码非常简单，只返回FS:[18]地址值。在图46-2的OllyDbg的代码注释窗口中可以看到，FS:[18]的实际地址为7FFDF018。在内存窗口中进入7FFDF018地址，发现其值为7FFDF000，即NtCurrentTeb() API返回7FFDF000，该地址就是当前线程的TEB的地址。仔细观察图46-2中TEB结构体的地址（7FFDF000），发现它与FS段寄存器所指的段内存的基址是一样的。也就是说，TEB与FS段寄存器有着某种关联。

46.2.2 FS段寄存器

SDT

其实，FS段寄存器用来指示当前线程的TEB结构体。

IA-32系统中进程的虚拟内存大小为4GB，因而需要32位的指针才能访问整个内存空间。但是FS寄存器的大小只有16位，那么它如何表示进程内存空间中的TEB结构体的地址呢？实际上，FS寄存器并非直接指向TEB结构体的地址，它持有SDT的索引，而该索引持有实际TEB地址。

提示

SDT位于内核内存区域，其地址存储在特殊的寄存器GDTR（Global Descriptor Table Resiger，全局描述符表寄存器）中。

借助示意图描述上述过程，如图46-3所示。

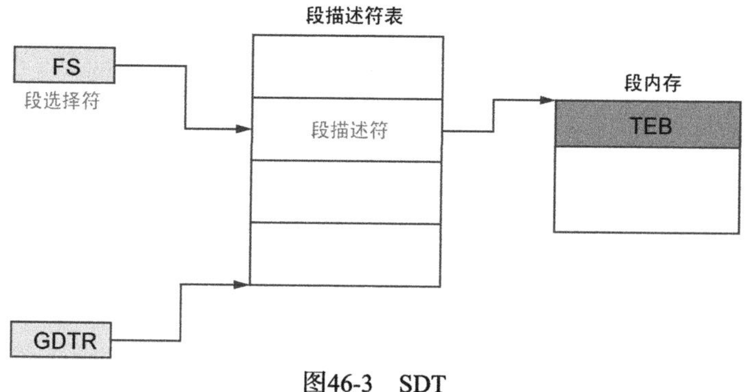

图46-3 SDT

由于段寄存器实际存储的是SDT的索引，所以它也被称为“段选择符”（Segment Selector）。从图46-3中可以看到，TEB结构体位于FS段选择符所指的段内存的起始地址（base address）处。

- FS:[0x18]=TEB起始地址

如果掌握了上述内容，那么就很容易理解下面公式的含义。

```
FS:[0x18] = TEB.NtTib.Self = address of TIB = address of TEB = FS:0 = 7FFDF000
*FS:0是段内存的起始地址，FS寄存器指向（Indexing）一个段描述符，而该描述符又指向段内存的起始地址。
```

从图46-2中可知，FS:[0x18]与[7FFDF018]（→7FFDF000）具有相同含义。由代码46-5中的_NT_TIB结构体的定义得知，结构体的最后一个Self成员恰好位于从TEB结构体偏移018的位置。Self指针变量指向_NT_TIB结构体的起始地址，也就是TEB的起始地址。

- FS:[0x30]=PEB起始地址

根据代码46-2与代码46-3，FS:[0x30]可表示为如下等式：

```
FS:[0x30] = TEB.ProcessEnvironmentBlock = address of PEB
```

从图46-2中可以知道，FS:[0x30]与[7FFDF030]（→7FFD3000）具有相同含义。也就是说，通过TEB的ProcessEnvironment Block成员可以获取PEB结构体的起始地址。PEB结构体多用于反调试，下一章将详细讲解。

- FS:[0]=SEH起始地址

此外还要了解一下FS:[0]。

```
FS:[0] = TEB.NtTib.ExceptionList = address of SEH
```

从图46-2中可以知道，FS:[0]与[7FFDF000]（→1DFF64）具有相同含义。

SEH是Wiondows操作系统中的结构化异常处理机制，常用于反调试技术，详细内容请参考第48章。

46.3　小结

本章我们学习了FS:[0]、FS:[0x18]、FS:[0x30]的含义，调试中会经常见到。只要理解了“FS:[0x18]指向TEB结构体的起始地址”，就能轻松掌握它们表示的含义。为便于说明，本章并未做复杂讲解，大家具备了一定的水平与实力后，我们会另外学习IA-32内存模型的知识。刚开始学习时虽然有些枯燥乏味，但还是要先认真整理这些相关概念，随着各位对IA-32 CPU与Windows OS理解的逐渐深入，再逐步学习更高级的代码逆向分析技术。

第47章　PEB

本章将学习有关PEB（Process Environment Block，进程环境块）的知识。PEB与前面学过的TEB都属于高级调试的基础知识，希望大家认真学习，理解并掌握相关概念。

47.1　PEB

PEB是存放进程信息的结构体，尺寸非常大，其大部分内容都已被文档化。本章只讲解它的几个重要成员，后面的调试中会经常接触。

47.1.1　PEB 访问方法

先了解访问PEB结构体的方法。在前面TEB结构体的学习中我们已经知道，TEB.ProcessEnvironmentBlock成员就是PEB结构体的地址。TEB结构体位于FS段选择符所指的段内存的起始地址处，且ProcessEnvironmentBlock成员位于距TEB结构体Offset 30的位置。所以有如下等式成立：

```
FS:[30] = TEB.ProcessEnvironmentBlock = address of PEB
```

用如下汇编代码表示上述等式：

方法 #1：直接获取PEB地址

```
MOV EAX, DWORD PTR FS:[30]    ; FS[30] = address of PEB
```

方法#2：先获取TEB地址，再通过ProcessEnvironmentBlock成员（+30偏移）获取PEB地址

```
MOV EAX, DWORD PTR FS:[18]    ; FS[18] = address of TEB
MOV EAX, DWORD PTR DS:[EAX+30]  ; DS[EAX+30] = address of PEB
```

方法#2是方法#1的展开形式，它们都引用了TEB.ProcessEnvironmentBlock成员的值。

提示

请注意：下面示例中出现的地址会随用户环境的不同而不同。

接下来使用OllyDbg工具查看PEB结构体。打开Notepad.exe程序后，在EP代码处输入汇编指令（快捷键：Space空格键），如图47-1所示（也可以打开其他任意一个非notepad.exe的程序）。

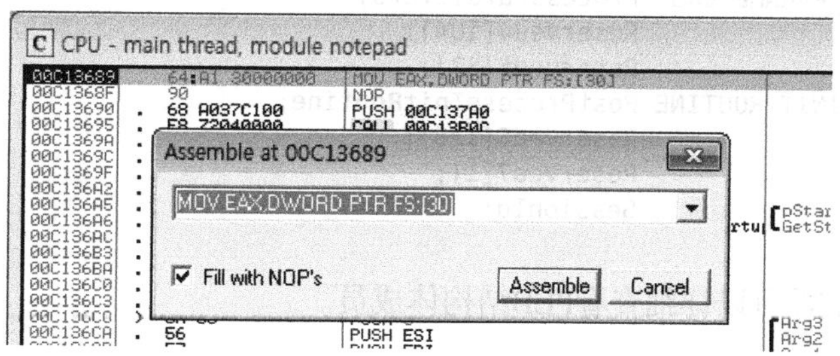

图47-1　OllyDbg的汇编指令

执行上面输入的汇编指令（StepIn(F7)或StepOver(F8)），EAX寄存器中存入FS:[30]的值，即PEB结构体的地址，如图47-2所示。

```
Registers (FPU)
EAX 7FFDF000
ECX 00000000
EDX 00233689 notepad.<ModuleEntryPoint>
EBX 7FFDF000
ESP 0008F960
EBP 0008F968
ESI 00000000
EDI 00000000

EIP 0023368B notepad.0023368B
```

图47-2　存储在EAX寄存器中的PEB地址

在Dump窗口中查看该PEB的地址（7FFDF000），如图47-3所示。

```
Address   Hex dump                                         ASCII
7FFDF000  00 00 01 08 FF FF FF FF 00 00 23 00 80 78 31 77  ..........#. x1w
7FFDF010  38 11 35 00 00 00 00 00 00 00 35 00 80 73 31 77  8■5.......5. s1w
7FFDF020  00 00 00 00 00 00 00 00 01 00 00 00 20 F6 99 75  .........£.. ?u
7FFDF030  00 00 00 00 00 00 00 00 00 00 48 77 00 00 00 00  ..........Hw....
7FFDF040  60 72 31 77 FF FF FF 00 00 00 00 00 00 00 6F 7F  `r1wÿÿÿ.......o■
7FFDF050  00 00 00 00 90 05 6F 7F 00 00 FA 7F 00 00 FA 7F  ....?o■..?..?
7FFDF060  24 00 FD 7F 01 00 00 00 70 00 00 00 00 00 00 00  $.?£..p........
7FFDF070  00 80 9B 07 6D E8 FF FF 00 00 10 00 00 20 00 00  . ?m? ..■.. ..
7FFDF080  00 00 01 00 00 10 00 00 04 00 00 00 10 00 00 00  ..£.■..■...■...
7FFDF090  00 75 31 77 00 00 45 00 00 00 00 00 14 00 00 00  .u1w..E.....■...
7FFDF0A0  40 73 31 77 06 00 00 00 01 00 00 00 B0 1D 00 00  @s1w₩..£..?..
7FFDF0B0  02 00 00 00 02 00 00 00 06 00 00 00 01 00 00 00  ¬..¬..₩..£..
7FFDF0C0  01 00 00 00 00 00 00 00 00 00 00 00 00 00 00 00  £...............
7FFDF0D0  00 00 00 00 00 00 00 00 00 00 00 00 00 00 00 00  ................
7FFDF0E0  00 00 00 00 00 00 00 00 00 00 00 00 00 00 00 00  ................
7FFDF0F0  00 00 00 00 00 00 00 00 00 00 00 00 00 00 00 00  ................
7FFDF100  00 00 00 00 00 00 00 00 00 00 00 00 00 00 00 00  ................
```

图47-3　PEB

下面了解PEB结构体各成员。

47.1.2　PEB 结构体的定义

不同OS下PEB结构体成员略有不同，许多成员都已被文档化。MSDN中关于PEB的定义如下：

代码47-1　PEB结构体的定义

```
typedef struct _PEB {
  BYTE                          Reserved1[2];
  BYTE                          BeingDebugged;
  BYTE                          Reserved2[1];
  PVOID                         Reserved3[2];
  PPEB_LDR_DATA                 Ldr;
  PRTL_USER_PROCESS_PARAMETERS  ProcessParameters;
  BYTE                          Reserved4[104];
  PVOID                         Reserved5[52];
  PPS_POST_PROCESS_INIT_ROUTINE PostProcessInitRoutine;
  BYTE                          Reserved6[128];
  PVOID                         Reserved7[1];
  ULONG                         SessionId;
} PEB, *PPEB;
```

出处：MSDN

借助WinDbg调试器可以详细查看PEB结构体成员。

47.1.3 PEB 结构体的成员

Windows XP SP3下

代码47-2 Windows XP SP3下的PEB结构体成员

```
+000 InheritedAddressSpace : UChar
+001 ReadImageFileExecOptions : UChar
+002 BeingDebugged    : UChar
+003 SpareBool        : UChar
+004 Mutant           : Ptr32 Void
+008 ImageBaseAddress : Ptr32 Void
+00c Ldr              : Ptr32 _PEB_LDR_DATA
+010 ProcessParameters : Ptr32 _RTL_USER_PROCESS_PARAMETERS
+014 SubSystemData    : Ptr32 Void
+018 ProcessHeap      : Ptr32 Void
+01c FastPebLock      : Ptr32 _RTL_CRITICAL_SECTION
+020 FastPebLockRoutine : Ptr32 Void
+024 FastPebUnlockRoutine : Ptr32 Void
+028 EnvironmentUpdateCount : Uint4B
+02c KernelCallbackTable : Ptr32 Void
+030 SystemReserved   : [1] Uint4B
+034 AtlThunkSListPtr32 : Uint4B
+038 FreeList         : Ptr32 _PEB_FREE_BLOCK
+03c TlsExpansionCounter : Uint4B
+040 TlsBitmap        : Ptr32 Void
+044 TlsBitmapBits    : [2] Uint4B
+04c ReadOnlySharedMemoryBase : Ptr32 Void
+050 ReadOnlySharedMemoryHeap : Ptr32 Void
+054 ReadOnlyStaticServerData : Ptr32 Ptr32 Void
+058 AnsiCodePageData : Ptr32 Void
+05c OemCodePageData  : Ptr32 Void
+060 UnicodeCaseTableData : Ptr32 Void
+064 NumberOfProcessors : Uint4B
+068 NtGlobalFlag     : Uint4B
+070 CriticalSectionTimeout : _LARGE_INTEGER
+078 HeapSegmentReserve : Uint4B
+07c HeapSegmentCommit : Uint4B
+080 HeapDeCommitTotalFreeThreshold : Uint4B
+084 HeapDeCommitFreeBlockThreshold : Uint4B
+088 NumberOfHeaps    : Uint4B
+08c MaximumNumberOfHeaps : Uint4B
+090 ProcessHeaps     : Ptr32 Ptr32 Void
+094 GdiSharedHandleTable : Ptr32 Void
+098 ProcessStarterHelper : Ptr32 Void
+09c GdiDCAttributeList : Uint4B
+0a0 LoaderLock       : Ptr32 Void
+0a4 OSMajorVersion   : Uint4B
+0a8 OSMinorVersion   : Uint4B
+0ac OSBuildNumber    : Uint2B
+0ae OSCSDVersion     : Uint2B
+0b0 OSPlatformId     : Uint4B
+0b4 ImageSubsystem   : Uint4B
+0b8 ImageSubsystemMajorVersion : Uint4B
+0bc ImageSubsystemMinorVersion : Uint4B
+0c0 ImageProcessAffinityMask : Uint4B
+0c4 GdiHandleBuffer  : [34] Uint4B
+14c PostProcessInitRoutine : Ptr32     void
+150 TlsExpansionBitmap : Ptr32 Void
+154 TlsExpansionBitmapBits : [32] Uint4B
+1d4 SessionId        : Uint4B
```

```
+1d8 AppCompatFlags     : _ULARGE_INTEGER
+1e0 AppCompatFlagsUser : _ULARGE_INTEGER
+1e8 pShimData          : Ptr32 Void
+1ec AppCompatInfo      : Ptr32 Void
+1f0 CSDVersion         : _Unicode_String
+1f8 ActivationContextData : Ptr32 Void
+1fc ProcessAssemblyStorageMap : Ptr32 Void
+200 SystemDefaultActivationContextData : Ptr32 Void
+204 SystemAssemblyStorageMap : Ptr32 Void
+208 MinimumStackCommit : Uint4B
```

Windows 7下

代码47-3 Windows 7下的PEB结构体成员

```
+000 InheritedAddressSpace : UChar
+001 ReadImageFileExecOptions : UChar
+002 BeingDebugged     : UChar
+003 BitField          : UChar
+003 ImageUsesLargePages : Pos 0, 1 Bit
+003 IsProtectedProcess : Pos 1, 1 Bit
+003 IsLegacyProcess   : Pos 2, 1 Bit
+003 IsImageDynamicallyRelocated : Pos 3, 1 Bit
+003 SkipPatchingUser32Forwarders : Pos 4, 1 Bit
+003 SpareBits         : Pos 5, 3 Bits
+004 Mutant            : Ptr32 Void
+008 ImageBaseAddress  : Ptr32 Void
+00c Ldr               : Ptr32 _PEB_LDR_DATA
+010 ProcessParameters : Ptr32 _RTL_USER_PROCESS_PARAMETERS
+014 SubSystemData     : Ptr32 Void
+018 ProcessHeap       : Ptr32 Void
+01c FastPebLock       : Ptr32 _RTL_CRITICAL_SECTION
+020 AtlThunkSListPtr  : Ptr32 Void
+024 IFEOKey           : Ptr32 Void
+028 CrossProcessFlags : Uint4B
+028 ProcessInJob      : Pos 0, 1 Bit
+028 ProcessInitializing : Pos 1, 1 Bit
+028 ProcessUsingVEH   : Pos 2, 1 Bit
+028 ProcessUsingVCH   : Pos 3, 1 Bit
+028 ProcessUsingFTH   : Pos 4, 1 Bit
+028 ReservedBits0     : Pos 5, 27 Bits
+02c KernelCallbackTable : Ptr32 Void
+02c UserSharedInfoPtr : Ptr32 Void
+030 SystemReserved    : [1] Uint4B
+034 AtlThunkSListPtr32 : Uint4B
+038 ApiSetMap         : Ptr32 Void
+03c TlsExpansionCounter : Uint4B
+040 TlsBitmap         : Ptr32 Void
+044 TlsBitmapBits     : [2] Uint4B
+04c ReadOnlySharedMemoryBase : Ptr32 Void
+050 HotpatchInformation : Ptr32 Void
+054 ReadOnlyStaticServerData : Ptr32 Ptr32 Void
+058 AnsiCodePageData : Ptr32 Void
+05c OemCodePageData  : Ptr32 Void
+060 UnicodeCaseTableData : Ptr32 Void
+064 NumberOfProcessors : Uint4B
+068 NtGlobalFlag      : Uint4B
+070 CriticalSectionTimeout : _LARGE_INTEGER
+078 HeapSegmentReserve : Uint4B
+07c HeapSegmentCommit : Uint4B
+080 HeapDeCommitTotalFreeThreshold : Uint4B
+084 HeapDeCommitFreeBlockThreshold : Uint4B
```

```
+088 NumberOfHeaps     : Uint4B
+08c MaximumNumberOfHeaps : Uint4B
+090 ProcessHeaps      : Ptr32 Ptr32 Void
+094 GdiSharedHandleTable : Ptr32 Void
+098 ProcessStarterHelper : Ptr32 Void
+09c GdiDCAttributeList : Uint4B
+0a0 LoaderLock        : Ptr32 _RTL_CRITICAL_SECTION
+0a4 OSMajorVersion    : Uint4B
+0a8 OSMinorVersion    : Uint4B
+0ac OSBuildNumber     : Uint2B
+0ae OSCSDVersion      : Uint2B
+0b0 OSPlatformId      : Uint4B
+0b4 ImageSubsystem    : Uint4B
+0b8 ImageSubsystemMajorVersion : Uint4B
+0bc ImageSubsystemMinorVersion : Uint4B
+0c0 ActiveProcessAffinityMask : Uint4B
+0c4 GdiHandleBuffer   : [34] Uint4B
+14c PostProcessInitRoutine : Ptr32     void
+150 TlsExpansionBitmap : Ptr32 Void
+154 TlsExpansionBitmapBits : [32] Uint4B
+1d4 SessionId         : Uint4B
+1d8 AppCompatFlags    : _ULARGE_INTEGER
+1e0 AppCompatFlagsUser : _ULARGE_INTEGER
+1e8 pShimData         : Ptr32 Void
+1ec AppCompatInfo     : Ptr32 Void
+1f0 CSDVersion        : _Unicode_String
+1f8 ActivationContextData : Ptr32 _ACTIVATION_CONTEXT_DATA
+1fc ProcessAssemblyStorageMap : Ptr32 _ASSEMBLY_STORAGE_MAP
+200 SystemDefaultActivationContextData : Ptr32 _ACTIVATION_CONTEXT_DATA
+204 SystemAssemblyStorageMap : Ptr32 _ASSEMBLY_STORAGE_MAP
+208 MinimumStackCommit : Uint4B
+20c FlsCallback       : Ptr32 _FLS_CALLBACK_INFO
+210 FlsListHead       : _LIST_ENTRY
+218 FlsBitmap         : Ptr32 Void
+21c FlsBitmapBits     : [4] Uint4B
+22c FlsHighIndex      : Uint4B
+230 WerRegistrationData : Ptr32 Void
+234 WerShipAssertPtr : Ptr32 Void
+238 pContextData      : Ptr32 Void
+23c pImageHeaderHash : Ptr32 Void
+240 TracingFlags      : Uint4B
+240 HeapTracingEnabled : Pos 0, 1 Bit
+240 CritSecTracingEnabled : Pos 1, 1 Bit
+240 SpareTracingBits : Pos 2, 30 Bits
```

比较代码47-2与代码47-3可以看到，Windows 7下的PEB结构体更大。

47.2 PEB的重要成员

PEB结构体非常庞大，且结构复杂，我们只简单讲解其中几个与代码逆向分析相关的重要成员。

代码47-4 几个重要的PEB结构体成员

```
+002 BeingDebugged      : UChar

+008 ImageBaseAddress : Ptr32 Void

+00c Ldr                : Ptr32 _PEB_LDR_DATA

+018 ProcessHeap        : Ptr32 Void

+068 NtGlobalFlag       : Uint4B
```

47.2.1　PEB.BeingDebugged

Kernel32.dll中有个名为Kernel32!IsDebuggerPresent()的API，但普通的应用程序开发中并不常用。

```
BOOL WINAPI IsDebuggerPresent(void);
```
出处：MSDN

顾名思义，该API函数用于判断当前进程是否处于调试状态，并返回判断结果。该API通过检测PEB.BeingDebugged成员来确定是否正在调试进程（是，则返回1；否，则返回0）。图47-4中显示IsDebuggerPresent() API的代码。

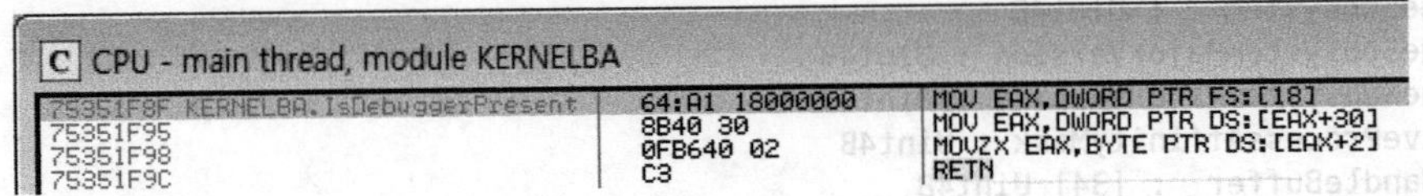

图47-4　IsDebuggerPresent() API

提示

Windows 7中，IsDebuggerPresent() API是在Kernelbase.dll中实现的。而在Windows XP及以前版本的操作系统中，它是在kernel32.dll中实现的。

在图47-4中先获取FS:[18]的TEB地址，然后通过DS:[TEB+30]处的TEB.ProcessEnvironmentBlock成员访问PEB结构体。这与直接使用FS:[30]访问PEB结构体是一样的（如上所述，原则上要先获取TEB结构体）。我的电脑环境中，PEB结构体的地址为7FFDF000，所以PEB.BeingDebugged成员的地址为7FFDF002，其值为1（TRUE），如图47-5所示，表示当前进程处于调试状态。

Address	Hex dump				ASCII
7FFDF000	00 00 01 08	FF FF FF FF	00 00 23 00	80 78 31 77	..■ ..#. x1w
7FFDF010	38 11 35 00	00 00 00 00	00 00 35 00	80 73 31 77	8■5.....5. s1w
7FFDF020	00 00 00 00	00 00 00 00	01 00 00 00	20 F6 99 75	........£.. ?u
7FFDF030	00 00 00 00	00 00 00 00	00 00 48 77	00 00 00 00	..........Hw....
7FFDF040	60 72 31 77	FF FF FF 00	00 00 00 00	00 00 6F 7F	`r1wÿÿÿ.......o■

图47-5　PEB.BeingDebugged成员

该值在代码逆向分析领域主要用于反调试技术。检测该值，若进程处于调试中，则终止进程。如各位所见，这是一种非常简单的基础反调试技术，关于反调试技术的更多内容将在第50章详细讲解。

47.2.2　PEB.ImageBaseAddress

PEB.ImageBaseAddress成员用来表示进程的ImageBase，如图47-6所示。

Address	Hex dump				ASCII
7FFDF000	00 00 01 08	FF FF FF FF	00 00 23 00	80 78 31 77	..■ ..#. x1w
7FFDF010	38 11 35 00	00 00 00 00	00 00 35 00	80 73 31 77	8■5.....5. s1w
7FFDF020	00 00 00 00	00 00 00 00	01 00 00 00	20 F6 99 75	........£.. ?u
7FFDF030	00 00 00 00	00 00 00 00	00 00 48 77	00 00 00 00	..........Hw....
7FFDF040	60 72 31 77	FF FF FF 00	00 00 00 00	00 00 6F 7F	`r1wÿÿÿ.......o■

图47-6　PEB.ImageBaseAddress成员

GetModuleHandle() API用来获取ImageBase。

```
HMODULE WINAPI GetModuleHandle(
  __in_opt  LPCTSTR lpModuleName
);
```
出处：MSDN

向lpModuleName参数赋值为NULL，调用GetModuleHandle()函数将返回进程被加载的ImageBase。图47-7显示了GetModuleHandle() API的部分代码。

```
7533B8E4    64:A1 18000000   MOV EAX,DWORD PTR FS:[18]      FS:[18] = TEB
7533B8EA    8B40 30          MOV EAX,DWORD PTR DS:[EAX+30]  DS:[EAX+30] = PEB
7533B8ED    8B40 08          MOV EAX,DWORD PTR DS:[EAX+8]   DS:[EAX+8] = PEB.ImageBaseAddress
7533B8F0  ^ E9 76B4FFFF      JMP 75336D6B
```

图47-7 GetModuleHandleA()

向lpModuleName参数赋入NULL值后，调用GetModuleHandle()函数时将执行上图中的代码。从中可以看到，PEB.ImageBaseAddress成员的值被设置到EAX寄存器（函数的返回值）。

47.2.3 PEB.Ldr

PEB.Ldr成员是指向_PEB_LDR_DATA结构体的指针。借助WinDbg调试器查看_PEB_LDR_DATA结构体成员，如代码47-5所示。

代码47-5 _PEB_LDR_DATA结构体

```
+000 Length              : Uint4B
+004 Initialized         : UChar
+008 SsHandle            : Ptr32 Void
+00c InLoadOrderModuleList : _LIST_ENTRY
+014 InMemoryOrderModuleList : _LIST_ENTRY
+01c InInitializationOrderModuleList : _LIST_ENTRY
+024 EntryInProgress  : Ptr32 Void
+028 ShutdownInProgress : UChar
+02c ShutdownThreadId : Ptr32 Void
```

当模块（DLL）加载到进程后，通过PEB.Ldr成员可以直接获取该模块的加载基地址，所以PEB.Ldr是非常重要的成员。_PEB_LDR_DATA结构体成员中有3个_LIST_ENTRY类型的成员（InLoadOrderModuleList、InMemoryOrderModuleList、InInitializationOrderModuleList），_LIST_ENTRY结构体的定义如代码47-6所示。

代码47-6 _LIST_ENTRY结构体

```
typedef struct _LIST_ENTRY {
  struct _LIST_ENTRY *Flink;
  struct _LIST_ENTRY *Blink;
} LIST_ENTRY, *PLIST_ENTRY;
```
出处：MSDN

从上述结构体的定义可以看到，_LIST_ENTRY结构体提供了双向链表机制。那么链表中保存着哪些信息呢？是_LDR_DATA_TABLE_ENTRY结构体的信息。该结构体的定义如代码47-7所示。

代码47-7 _LDR_DATA_TABLE_ENTRY结构体

```
typedef struct _LDR_DATA_TABLE_ENTRY {
    PVOID Reserved1[2];
    LIST_ENTRY InMemoryOrderLinks;
    PVOID Reserved2[2];
    PVOID DllBase;
    PVOID EntryPoint;
    PVOID Reserved3;
```

```
    Unicode_STRING  FullDllName;
    BYTE Reserved4[8];
    PVOID Reserved5[3];
    union {
        ULONG CheckSum;
        PVOID Reserved6;
    };
    ULONG TimeDateStamp;
} LDR_DATA_TABLE_ENTRY, *PLDR_DATA_TABLE_ENTRY;
```

出处：MSDN

每个加载到进程中的DLL模块都有与之对应的_LDR_DATA_TABLE_ENTRY结构体，这些结构体相互链接，最终形成_LIST_ENTRY双向链表（参考代码47-6）。需要注意的是，_PEB_LDR_DATA结构体中存在3种链表。也就是说，存在多个_LDR_DATA_TABLE_ENTRY结构体，并且有3种链接方法可以将它们链接起来。

47.2.4　PEB.ProcessHeap & PEB.NtGlobalFlag

PEB.ProcessHeap与PEB.NtGlobalFlag成员（像PEB.BeingDebugged成员一样）应用于反调试技术。若进程处于调试状态，则ProcessHeap与NtGlobalFlag成员就持有特定值。由于它们具有这一个特征，所以常常应用于反调试技术（详解请参考第50章）。

47.3　小结

我们学习了有关TEB、PEB的知识，后面的调试中会经常遇到。即使各位现在还不能完全理解也不要着急，通过后面的调试练习不断重复学习，最终都会理解的。

第48章　SEH

SEH是Windows操作系统默认的异常处理机制。逆向分析中，SEH除了基本的异常处理功能外，还大量应用于反调试程序。本章将学习SEH相关知识。

48.1　SEH

基本说明

SEH是Windows操作系统提供的异常处理机制，在程序源代码中使用__try、__except、__finally关键字来具体实现。本章我们将从代码逆向分析角度来介绍SEH，并通过练习示例详细了解SEH的基本工作原理及其在反调试中的具体使用方法。

提示

SEH与C++中的try、catch异常处理具有不同结构，请各位不要混淆。从时间上看，与C++的try、catch异常处理相比，微软先创建出了SEH机制，然后才将它搭载到VC++中。所以SEH是一种从属于VC++开发工具和Windows操作系统的异常处理机制。

48.2　SEH练习示例 #1

先简单介绍练习示例程序seh.exe，该程序故意触发了内存非法访问（Memory Access Violation）异常，然后通过SEH机制来处理该异常。并且使用PEB信息向程序添加简单的反调试代码，使程序在正常运行与调试运行时表现出不同的行为动作。

提示

示例程序seh.exe并没有相应的源代码，其编写过程如下：先使用VC++编写一个空的main()函数，然后选择合适的选项编译，生成一个不执行任何动作的PE文件。使用OllyDbg打开该文件，借助调试器的汇编功能添加汇编代码，最终保存为seh.exe文件。

提示

本示例程序在Windows XP&7（32位）中正常运行。

48.2.1　正常运行

seh.exe程序非常简单，双击运行，弹出一个消息框，显示“Hello:)”字符串，如图48-1所示。

提示

表面上程序正常运行，其实进程内部已经发生了异常，但由于使用SEH机制进行了处理，所以程序运行正常。

图48-1　运行seh.exe程序弹出消息框

48.2.2　调试运行

使用OllyDbg调试器打开seh.exe示例程序，如图48-2所示。

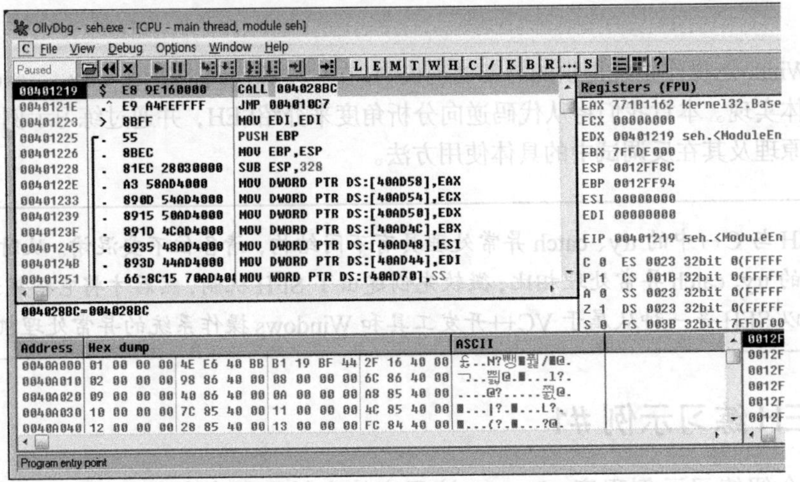

图48-2　使用OllyDbg打开seh.exe

发生异常导致调试暂停

在OllyDbg中打开seh.exe程序后按F9键运行，发生非法访问异常后暂停调试，如图48-3所示。

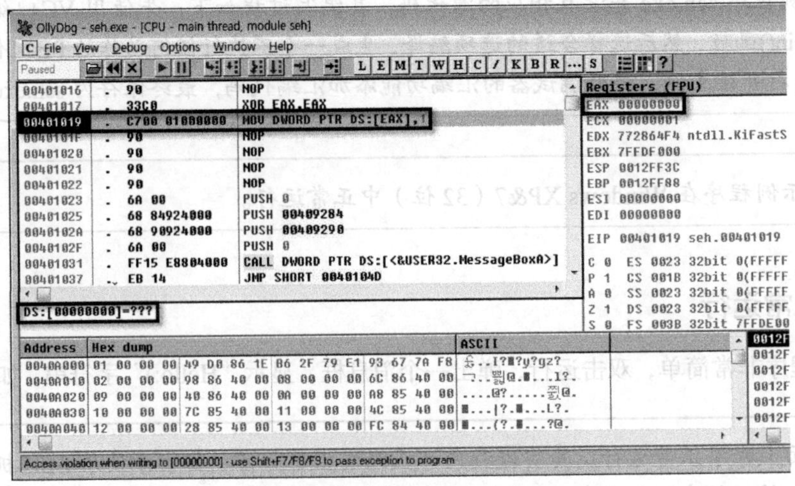

图48-3　调试中发生非法访问异常

401019地址处添加的MOV DWORD PTR DS:[EAX],1指令用来触发异常，当前EAX寄存器的值为0，所以该指令的实际含义是向内存地址0处写入值1。但试图向未分配的内存地址0处写入某个值时，就会触发内存非法访问异常。

提示

内存地址 0 虽然属于 seh.exe 进程的用户内存区域，但由于是未分配的空间，所以无法随意访问。查看 OllyDbg 的内存映射（View-Memory 菜单），可以看到进程中内存地址 0 被标识为未分配区域（参考图 48-4）。

Memory map

Address	Size	Owner	Section	Contains	Type	Access
00010000	00010000				Map 00041004	RW
00020000	00010000				Map 00041004	RW
0012D000	00001000				Priv 00021104	RW Guarded
0012E000	00002000			stack of main thread	Priv 00021104	RW Guarded
00130000	00004000				Map 00041002	R
00140000	00001000				Map 00041002	R
00150000	00001000				Priv 00021004	RW
00160000	00067000				Map 00041002	R
001D0000	00001000				Priv 00021004	RW
001E0000	00003000				Priv 00021004	RW
001F0000	00001000				Priv 00021004	RW
00210000	00003000				Priv 00021004	RW
00280000	00006000				Priv 00021004	RW
00400000	00001000	seh		PE header	Imag 01001002	R
00401000	00007000	seh	.text	code	Imag 01001002	R
00408000	00002000	seh	.rdata	code,imports	Imag 01001002	R
0040A000	00002000	seh	.data	code,data	Imag 01001002	R
0040C000	00001000	seh	.rsrc	code,resources	Imag 01001002	R
00410000	00004000				Map 00041002	R
004D0000	00003000				Map 00041002	R
004E0000	00101000				Map 00041002	R
005F0000	00060000				Map 00041002	R

图48-4 内存映射

如上所述，访问未分配的内存区域时，就会触发非法访问异常。

那么，为什么被调试进程发生异常时会暂停呢？这只是意味着运行的时候很正常，下面仔细分析原因。

发生异常时调试器运行

在图48-3中查看OllyDbg的状态窗口，可以看到如下警告语句：

```
"Access violation when writing to [00000000] - use Shift+F7/F8/F9 to pass exception to program"
- 在内存0处发生写入异常，若想将异常抛给程序，请使用Shift+F7/F8/F9组合键。
```

其中，“将异常抛给程序”是什么意思呢？暂且放下诸多疑问，根据调试器给出的提示按Shift+F9键继续运行程序。调试运行开始后弹出消息对话框，如图48-5所示。

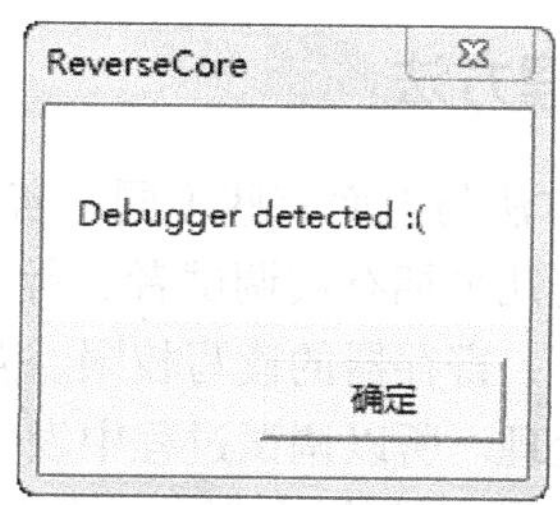

图48-5 调试器运行时弹出的消息框

从图48-5中弹出的消息框可以看到，它与程序正常运行时弹出的对话框是不同的，消息内容为“检测到调试器”（我向程序中插入了一段简单的调试器检测代码）。以上练习示例的目的就在于，观察程序在正常运行与调试运行时表现出的不同行为。其实，程序在这2种形式运行下使用的异常处理方式是不同的（下面会讲解）。以上就是逆向分析中常用的“利用SEH机制的反调试技术”。

接下来详细讲解OS的异常与异常处理机制，还要仔细了解SEH具体的实现方法，以及在调试器中处理异常的方法。

提示

调试运行练习示例时，有时调试器不会像图48-3那样暂停，而会一直正常运行。这是因为设置了OllyDbg的选项，或者安装了某个特定插件。遇到这种情况请参考后面“设置OllyDbg选项”的内容。

48.3 OS的异常处理方法

通过前面的学习我们了解到，同一程序（seh.exe）在正常运行与调试运行时表现出的行为动作是不同的。这是由Windows OS异常处理方法的不同造成的。

48.3.1 正常运行时的异常处理方法

进程运行过程中若发生异常，OS会委托进程处理。若进程代码中存在具体的异常处理（如SEH异常处理器）代码，则能顺利处理相关异常，程序继续运行。但如果进程内部没有具体实现SEH，那么相关异常就无法处理，OS就会启动默认的异常处理机制，终止进程运行（参考图48-6）。

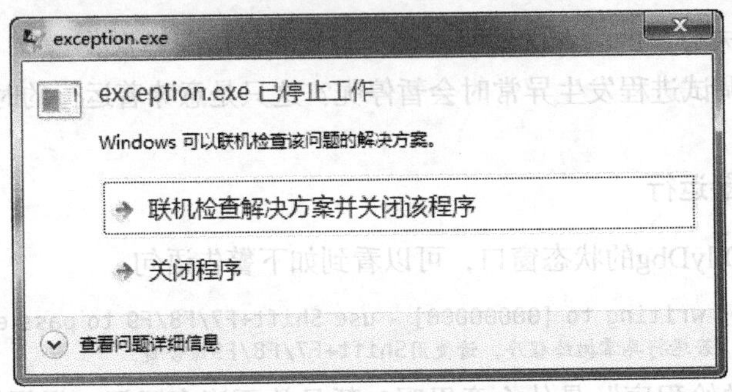

图48-6　Windows 7的默认异常处理机制

48.3.2 调试运行时的异常处理方法

调试运行中发生异常时，处理方法与上面有些不同。若被调试进程内部发生异常，OS会首先把异常抛给调试进程处理。调试器几乎拥有被调试者的所有权限，它不仅可以运行、终止被调试者，还拥有被调试进程的虚拟内存、寄存器的读写权限。需要特别指出的是，被调试者内部发生的所有异常（错误）都由调试器处理。所以调试过程中发生的所有异常（错误）都要先交由调试器管理（被调试者的SEH依据优先顺序推给调试器）。像这样，被调试者发生异常时，调试器就会暂停运行，必须采取某种措施来处理异常，完成后继续调试。遇到异常时经常采用的几种处理方法如下所示。

(1) 直接修改异常：代码、寄存器、内存

被调试者发生异常时，调试器会在发生异常的代码处暂停，此时可以通过调试器直接修改有

问题的代码、内存、寄存器等，排除异常后，调试器继续运行程序。

提示

遇到图 48-3 中的异常时，采用直接修改异常的方法进行如下处理。

- 由于 EAX 寄存器所指的地址值错误，所以只要把 EAX 寄存器的值修改为有效的内存地址即可。
- 由于 401019 地址处的代码触发了异常，使用 OllyDbg 的汇编（Space）或编辑（Ctrl+E）功能将相关代码修改为 NOP 指令，运行后也可排除异常。
- 也可以使用 OllyDbg 的 New Origin here(Ctrl+Gray *)功能改变程序的运行路径（因为无法直接修改 EIP 寄存器，所以需要借助该功能修改）。

请不要随意使用这些修改方法，必须在明确知道程序错误的情形下才能使用。

(2) 将异常抛给被调试者处理

如果被调试者内部存在SEH（异常处理函数）能够处理异常，那么异常通知会发送给被调试者，由被调试者自行处理。这与程序正常运行时的异常处理方式是一样的。前面的seh.exe练习示例中，使用OllyDbg中的Shift+F7/F8/F9命令（StepInto/StepOver/Run）可以直接将当前异常抛还给被调试者。

(3) OS默认的异常处理机制

若调试器与被调试者都无法处理（或故意不处理）当前发生的异常，则OS的默认异常处理机制会处理它，终止被调试进程，同时结束调试。

48.4 异常

学习异常处理前，有必要了解操作系统中定义的异常。

代码48-1 Windows OS中的异常

```
EXCEPTION_DATATYPE_MISALIGNMENT         (0x80000002)
EXCEPTION_BREAKPOINT                    (0x80000003)
EXCEPTION_SINGLE_STEP                   (0x80000004)
EXCEPTION_ACCESS_VIOLATION              (0xC0000005)
EXCEPTION_IN_PAGE_ERROR                 (0xC0000006)
EXCEPTION_ILLEGAL_INSTRUCTION           (0xC000001D)
EXCEPTION_NONCONTINUABLE_EXCEPTION      (0xC0000025)
EXCEPTION_INVALID_DISPOSITION           (0xC0000026)
EXCEPTION_ARRAY_BOUNDS_EXCEEDED         (0xC000008C)
EXCEPTION_FLT_DENORMAL_OPERAND          (0xC000008D)
EXCEPTION_FLT_DIVIDE_BY_ZERO            (0xC000008E)
EXCEPTION_FLT_INEXACT_RESULT            (0xC000008F)
EXCEPTION_FLT_INVALID_OPERATION         (0xC0000090)
EXCEPTION_FLT_OVERFLOW                  (0xC0000091)
EXCEPTION_FLT_STACK_CHECK               (0xC0000092)
EXCEPTION_FLT_UNDERFLOW                 (0xC0000093)
EXCEPTION_INT_DIVIDE_BY_ZERO            (0xC0000094)
EXCEPTION_INT_OVERFLOW                  (0xC0000095)
EXCEPTION_PRIV_INSTRUCTION              (0xC0000096)
EXCEPTION_STACK_OVERFLOW                (0xC00000FD)
```

出处：SDK的winnt.h

以上异常列表中，我们调试时会经常接触5种最具代表性的异常，接下来分别介绍（其他异常请参考MSDN）。

48.4.1 EXCEPTION_ACCESS_VIOLATION(C0000005)

试图访问不存在或不具访问权限的内存区域时，就会发生EXCEPTION_ACCESS_VIOLATION（非法访问异常，该异常最常见）。

代码48-2　EXCEPTION_ACCESS_VIOLATION举例

```
MOV DWORD PTR DS:[0], 1
→ 内存地址0处是尚未分配的区域。

ADD DWORD PTR DS:[401000], 1
→ .text节区的起始地址401000仅具有“读”权限（无“写”权限）。

XOR DWORD PTR DS:[80000000], 1234
→ 内存地址80000000属于内核区域，用户模式下无法访问。
```

48.4.2 EXCEPTION_BREAKPOINT(80000003)

在运行代码中设置断点后，CPU尝试执行该地址处的指令时，将发生EXCEPTION_BREAKPOINT异常。调试器就是利用该异常实现断点功能的。下面仔细了解实现方法。

INT3

设置断点命令对应的汇编指令为INT3，对应的机器指令（IA-32指令）为0xCC。CPU运行代码的过程中若遇到汇编指令INT3，则会触发EXCEPTION_BREAKPOINT异常。在OllyDbg调试器某个地址处设置好断点后，确认该地址处的指令是否真会变为INT3（0xCC）。在OllyDbg中再次打开seh.exe文件，转到401000地址处（Ctrl+G），按F2键设置好断点，如图48-7所示。

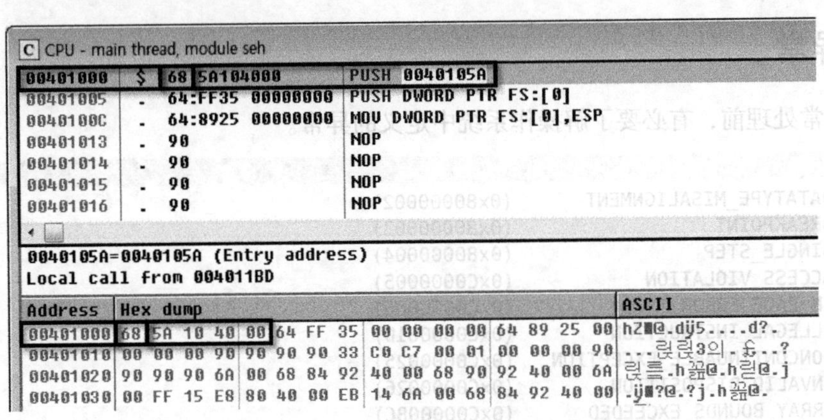

图48-7　在401000地址处设置断点

从图48-7中可以看到，虽然401000地址处设置了断点，但是该地址处的指令并未变为INT3（汇编指令），也未由“68”变为“CC”（机器指令）。为什么跟前面讲的不一样呢？其实，这是OllyDbg耍的一个小花招。由于在OllyDbg中按F2键设置的断点是用户用来调试的临时断点（User Temporary Break Point），所以不需要在调试画面中显示。在代码与内存中将用户设置的临时断点全部显示出来，反而会大大降低代码的可读性，给代码调试带来不便。换言之，实际进程内存中401000地址处的指令“68”已经被更改为“CC”，但是为了调试方便，OllyDbg并未将其显示出来。将进程内存转储之后可以看到更改后的CC指令，先使用PE Tools工具转储进程内存，如图48-8所示。

以seh_dump.exe文件名保存转储文件后，使用Hex Editor工具打开，查看图48-7中位于401000

地址处（文件偏移地址为1000）的指令，如图48-9所示。

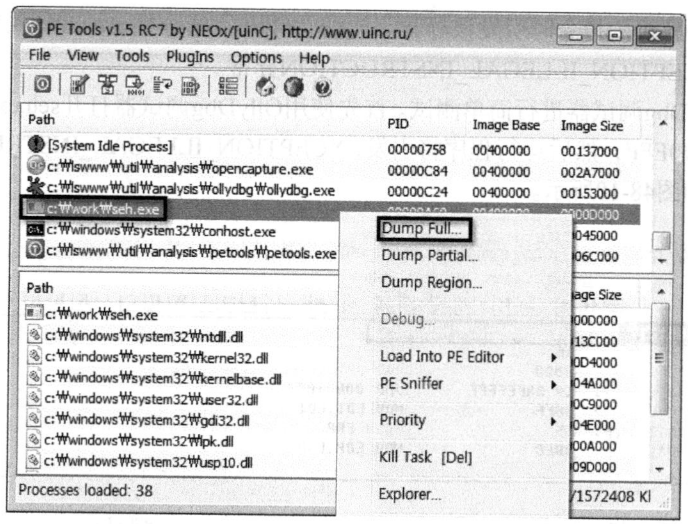

图48-8 使用PE Tools工具转储seh.exe进程内存

提示

seh_dump.exe的ImageBase为400000，所以VA 401000对应RVA 1000（RVA=VA-ImageBase）。由于seh_dump.exe是直接由seh.exe进程内存转储而来的，所以RVA就是RAW（文件偏移量）。

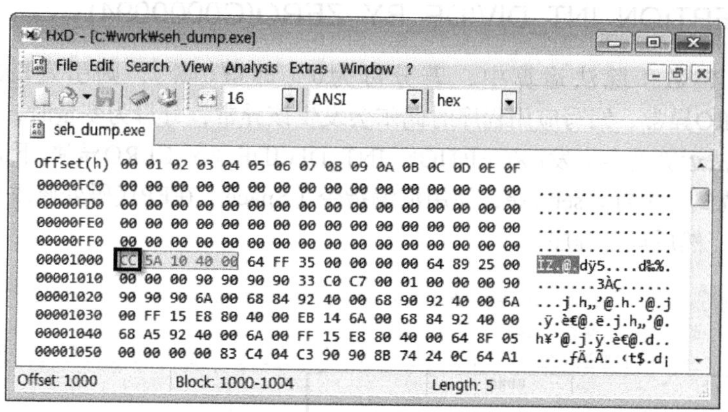

图48-9 使用HxD查看文件偏移1000中的内容

查看文件偏移1000处，可以看到机器指令CC（INT3指令 - BreakPoint）。也就是说，图48-7中进程内存的实际值为0xCC，但是OllyDbg调试器在显示时先将其更改为原来的操作码“68”，然后再显示出来。

以上就是断点内部工作原理，灵活运用这一原理能为程序调试带来很大便利。比如，使用Hex Editor工具打开PE文件，修改EP地址对应的文件偏移处的第一个字节为CC，然后运行该PE文件就会发生EXCEPTION_BREAKPOINT异常，经过OS的默认异常处理后终止运行。若在系统注册表中将默认调试器设置为OllyDbg，那么发生以上异常时OS会自动运行OllyDbg调试器，附加发生异常的进程（第八部分中将详细讲解利用这一原理调试的方法）。

48.4.3 EXCEPTION_ILLEGAL_INSTRUCTION(C000001D)

CPU遇到无法解析的指令时引发该异常。比如“0FFF”指令在x86 CPU中未定义，CPU遇到该指令将引发EXCEPTION_ILLEGAL_INSTRUCTION异常。

下面使用OllyDbg调试器进行简单测试。首先使用OllyDbg调试器打开seh.exe，在EP代码地址处直接修改指令为0FFF，然后运行程序将引发EXCEPTION_ILLEGAL_INSTRUCTION异常，调试器暂停运行，如图48-10所示。

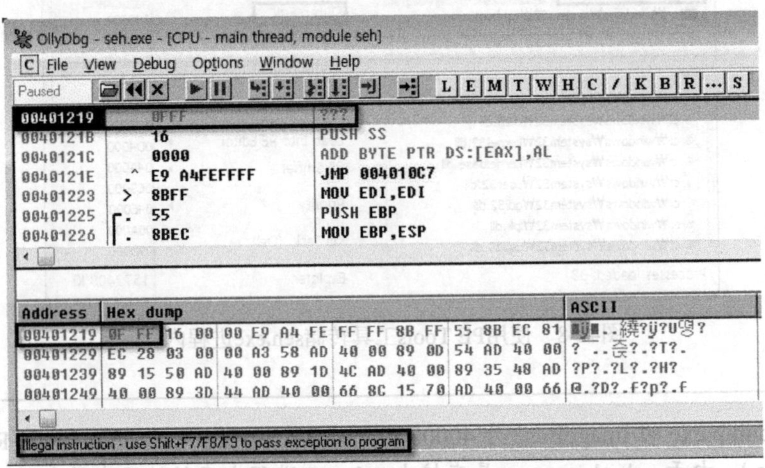

图48-10　EXCEPTION_ILLEGAL_INSTRUCTION异常

48.4.4 EXCEPTION_INT_DIVIDE_BY_ZERO(C0000094)

INTEGER（整数）除法运算中，若分母为0（即被0除），则引发EXCEPTION_INT_DIVIDE_BY_ZERO异常。编写应用程序时偶尔会发生该异常，分母为变量时，该变量在某个瞬间变为0，执行除法运算就会引发EXCEPTION_INT_DIVIDE_BY_ZERO异常。下面进行简单测试，首先在OllyDbg调试器中打开seh.exe，使用汇编指令（Space）在EP代码处修改代码，即图48-11粗线框中的代码，然后运行程序。

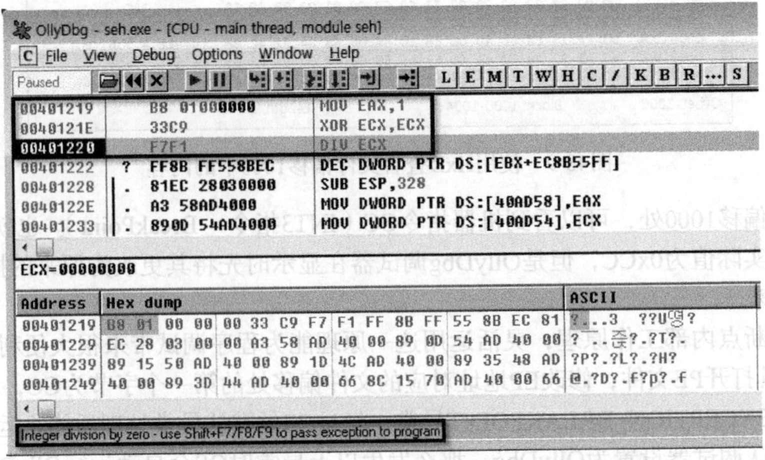

图48-11　EXCEPTION_INT_DIVIDE_BY_ZERO异常

401220地址处的DIV ECX指令执行EAX/ECX运算，然后将商保存到EAX寄存器。但由于此时ECX寄存器的值为0，即除法的分母为0，所以引发EXCEPTION_INT_DIVIDE_BY_ZERO异常，调试器暂停运行。

48.4.5 EXCEPTION_SINGLE_STEP(80000004)

Single Step（单步）的含义是执行1条指令，然后暂停。CPU进入单步模式后，每执行一条指令就会引发EXCEPTION_SINGLE_STEP异常，暂停运行。将EFLAGS寄存器的TF（Trap Flag，陷阱标志）位设置为1后，CPU就会进入单步工作模式。

提示

关于陷阱标志与单步的详细说明请参考第 52 章。

48.5 SEH 详细说明

48.5.1 SEH 链

SEH以链的形式存在。第一个异常处理器中若未处理相关异常，它就会被传递到下一个异常处理器，直到得到处理。从技术层面看，SEH是由_EXCEPTION_REGISTRATION_RECORD结构体组成的链表。

代码48-3 _EXCEPTION_REGISTRATION_RECORD结构体

```
typedef struct _EXCEPTION_REGISTRATION_RECORD
{
    PEXCEPTION_REGISTRATION_RECORD Next;
    PEXCEPTION_DISPOSITION Handler;
} EXCEPTION_REGISTRATION_RECORD, *PEXCEPTION_REGISTRATION_RECORD;
```

出处：MSDN

Next成员是指向下一个_EXCEPTION_REGISTRATION_RECORD结构体的指针，Handler成员是异常处理函数（异常处理器）。若Next成员的值为FFFFFFFF，则表示它是链表的最后一个结点。图48-12直观形象地描述了进程SEH链的结构。

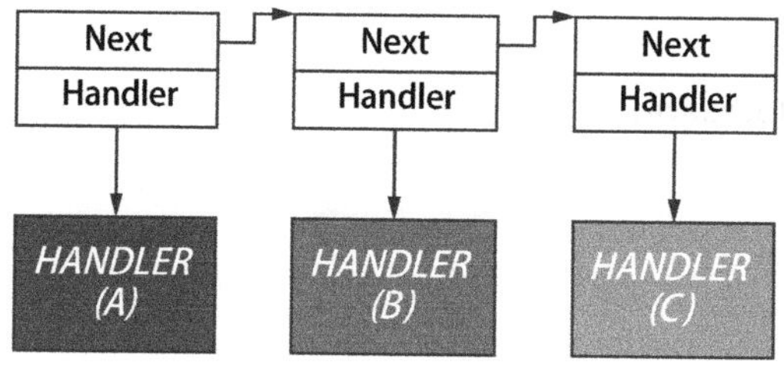

图48-12 SEH链

图48-12中共存在3个SEH（异常处理器），发生异常时，该异常会按照（A）→（B）→（C）的顺序依次传递，直到有异常处理器处理。

48.5.2 异常处理函数的定义

SEH异常处理函数（SEH函数）定义如下：

代码48-4　异常处理器函数定义

```
EXCEPTION_DISPOSITION _except_handler
(
    EXCEPTION_RECORD           *pRecord,
    EXCEPTION_REGISTRATION_RECORD *pFrame,
    CONTEXT                    *pContext,
    PVOID                      pValue
);
```

出处：该函数未在MSDN公开，上述定义是我综合各网站信息给出的。

异常处理函数（异常处理器）接收4个参数输入，返回名为EXCEPTION_DISPOSITION的枚举类型（enum）。该异常处理函数由系统调用，是一个回调函数，系统调用它时会给出代码48-4中的4个参数，这4个参数中保存着与异常相关的信息。首先，第一个参数是指向EXCEPTION_RECORD结构体的指针，EXCEPTION_RECORD结构体的定义如下：

代码48-5　EXCEPTION_RECORD结构体的定义

```
typedef struct _EXCEPTION_RECORD {
    DWORD           ExceptionCode;         // 异常代码
    DWORD           ExceptionFlags;
    struct _EXCEPTION_RECORD  *ExceptionRecord;
    PVOID           ExceptionAddress;      // 异常发生地址
    DWORD           NumberParameters;
    ULONG_PTR       ExceptionInformation[EXCEPTION_MAXIMUM_PARAMETERS];
                                           // 15
} EXCEPTION_RECORD, *PEXCEPTION_RECORD;
```

出处：MSDN

请注意该结构体中ExceptionCode与ExceptionAddress这2个成员，ExceptionCode成员用来指出异常类型，ExceptionAddress成员表示发生异常的代码地址。代码48-4中异常处理函数的第三个参数是指向CONTEXT结构体的指针，CONTEXT结构体的定义如下（供IA-32使用）：

代码48-6　CONTEXT结构体的定义

```
// CONTEXT_IA32
struct CONTEXT
{
DWORD ContextFlags;

    DWORD Dr0; // 04h
    DWORD Dr1; // 08h
    DWORD Dr2; // 0Ch
    DWORD Dr3; // 10h
    DWORD Dr6; // 14h
    DWORD Dr7; // 18h

    FLOATING_SAVE_AREA FloatSave;

    DWORD SegGs; // 88h
    DWORD SegFs; // 90h
    DWORD SegEs; // 94h
    DWORD SegDs; // 98h

    DWORD Edi; // 9Ch
    DWORD Esi; // A0h
    DWORD Ebx; // A4h
    DWORD Edx; // A8h
    DWORD Ecx; // ACh
    DWORD Eax; // B0h

    DWORD Ebp;    // B4h
    DWORD Eip;    // B8h
    DWORD SegCs;  // BCh (must be sanitized)
    DWORD EFlags; // C0h
    DWORD Esp;    // C4h
```

```
    DWORD SegSs;  // C8h

    BYTE ExtendedRegisters[MAXIMUM_SUPPORTED_EXTENSION];  // 512 bytes
};
```

出处：MS SDK的winnt.h

CONTEXT结构体用来备份CPU寄存器的值，因为多线程环境下需要这样做。每个线程内部都拥有1个CONTEXT结构体。CPU暂时离开当前线程去运行其他线程时，CPU寄存器的值就会保存到当前线程的CONTEXT结构体；CPU再次运行该线程时，会使用保存在CONTEXT结构体的值来覆盖CPU寄存器的值，然后从之前暂停的代码处继续执行。通过这种方式，OS可以在多线程环境下安全运行各线程。

提示

众所周知，多线程的实现基于 CPU 的时间片切分机制（Time-Slicing）。这种机制下，CPU 会用一定时间（时间片）依次运行各线程，时间片极短，使多个线程看上去就像在同时运行一样(根据线程的优先级,各线程在获取 CPU 控制权的次数上有差异)。

异常发生时，执行异常代码的线程就会中断运行，转而运行SEH（异常处理器/异常处理函数），此时OS会把线程的CONTEXT结构体的指针传递给异常处理函数（异常处理器）的相应参数。代码48-6的结构体成员中有1个Eip成员（偏移量：B8）。在异常处理函数中将参数传递过来的CONTEXT.Eip设置为其他地址，然后返回异常处理函数。这样，之前暂停的线程会执行新设置的EIP地址处的代码（反调试中经常采用这一技术，练习示例seh.exe中也采用了该技术，后面会详细分析）。在代码48-4中可以看到异常处理函数的返回值为EXCEPTION_DISPOSITION枚举类型，下面了解一下该类型。

代码48-7 EXCEPTION_DISPOSITION枚举类型

```
typedef enum _EXCEPTION_DISPOSITION
{
    ExceptionContinueExecution = 0,     // 继续执行异常代码
    ExceptionContinueSearch = 1,        // 运行下一个异常处理器
    ExceptionNestedException = 2,       // 在OS内部使用
    ExceptionCollidedUnwind = 3         // 在OS内部使用
} EXCEPTION_DISPOSITION;
```

异常处理器处理异常后会返回ExceptionContinueExecution(0)，从发生异常的代码处继续运行。若当前异常处理器无法处理异常，则返回ExceptionContinueSearch(1)，将异常派送到SEH链的下一个异常处理器。

提示

我们在后面会调试 seh.exe 的异常处理函数(异常处理器)来进一步了解其工作原理。

48.5.3 TEB.NtTib.ExceptionList

通过TEB结构体的NtTib成员可以很容易地访问进程的SEH链，方法非常简单。

如图48-13所示，TEB.NtTib.ExceptionList成员是TEB结构体的第一个成员。FS段寄存器指向段内存的起始地址，TEB结构体即位于此，所以通过下列公式可以轻松获取TEB.NtTib.ExceptionListd的地址。

```
TEB.NtTib.ExceptionList=FS:[0]
```

```
<struct TEB>
+0x000 NtTib            : _NT_TIB
+0x01c Enviror
+0x020 ClientI
+0x028 ActiveF
+0x02c ThreadL

typedef struct _NT_TIB {
    struct _EXCEPTION_REGISTRATION_RECORD *ExceptionList;
    PVOID StackBase;
    PVOID StackLimit;
```

图48-13　TEB.NtTib.ExceptionList

提示

关于 TEB 结构体的详细说明请参考第 46 章。

48.5.4　SEH 安装方法

在C语言中使用__ try、__ except、__finally关键字就可以很容易地向代码添加SEH。在汇编语言中添加SEH的方法更加简单，如代码48-8所示。

代码48-8　使用汇编语言安装SEH

```
PUSH @MyHandler                  ; 异常处理器
PUSH DWORD PTR FS:[0]            ; Head of SEH Linked List
MOV DWORD PTR FS:[0], ESP        ; 添加链表
```

看代码48-8就容易理解了。“在程序代码中安装SEH”就是指，将自身的异常处理器添加到已有的SEH链。从技术层面讲，就是将自身的EXCEPTION_REGISTRATION_RECORD结构体链接到EXCEPTION_REGISTRATION_RECORD结构体链表。前面出现的seh.exe程序就是采用上述汇编代码添加的SEH，下面再次调试seh.exe程序以进一步了解添加SEH的方法及其工作原理。

48.6　SEH 练习示例 #2（seh.exe）

首先使用OllyDbg调试器打开seh.exe程序，运行到401000地址处（此处为seh.exe程序的main()函数）。我编写的全部代码如图48-14所示。

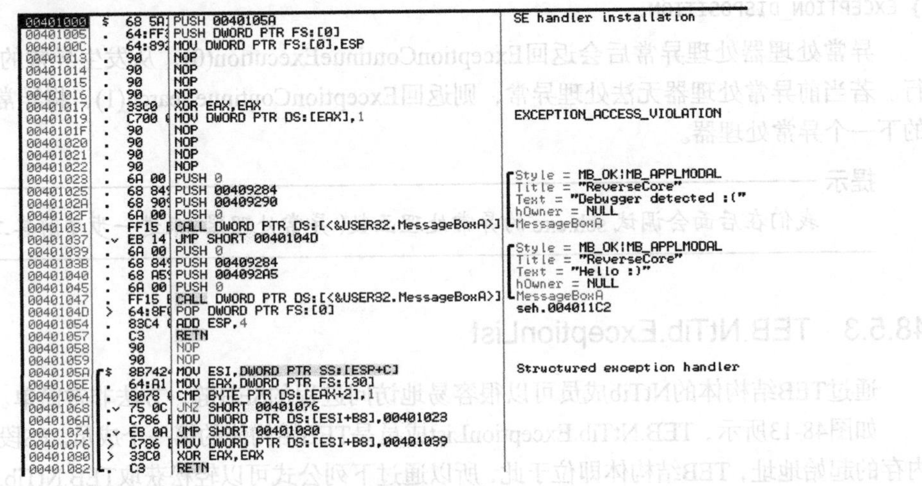

00401000 PUSH 0040105A　SE handler installation
00401005 PUSH DWORD PTR FS:[0]
0040100C MOV DWORD PTR FS:[0],ESP
00401013 NOP
00401014 NOP
00401015 NOP
00401016 NOP
00401017 XOR EAX,EAX
00401019 MOV DWORD PTR DS:[EAX],1　EXCEPTION_ACCESS_VIOLATION
0040101F NOP
00401020 NOP
00401021 NOP
00401022 NOP
00401023 PUSH 0　Style = MB_OK|MB_APPLMODAL
00401025 PUSH 00409284　Title = "ReverseCore"
0040102A PUSH 00409290　Text = "Debugger detected :("
0040102F PUSH 0　hOwner = NULL
00401031 CALL DWORD PTR DS:[<&USER32.MessageBoxA>]　MessageBoxA
00401037 JMP SHORT 0040104D
00401039 PUSH 0　Style = MB_OK|MB_APPLMODAL
0040103B PUSH 00409284　Title = "ReverseCore"
00401040 PUSH 004092A5　Text = "Hello :)"
00401045 PUSH 0　hOwner = NULL
00401047 CALL DWORD PTR DS:[<&USER32.MessageBoxA>]　MessageBoxA
0040104D POP DWORD PTR FS:[0]　seh.004011C2
00401054 ADD ESP,4
00401057 RETN
00401058 NOP
00401059 NOP
0040105A MOV ESI,DWORD PTR SS:[ESP+C]　Structured exception handler
0040105E MOV EAX,DWORD PTR FS:[30]
00401064 CMP BYTE PTR DS:[EAX+2],1
00401068 JNZ SHORT 00401076
0040106A MOV DWORD PTR DS:[ESI+B8],00401023
00401074 JMP SHORT 00401080
00401076 MOV DWORD PTR DS:[ESI+B8],00401039
00401080 XOR EAX,EAX
00401082 RETN

图48-14　seh.exe代码

位于401000、401005、40100C地址处的3条指令与“SEH安装方法”中讲的汇编指令是一样的。从图48-14中可以看到，新添加的异常处理器就是位于40105A地址处的异常处理函数。

48.6.1 查看SEH链

继续运行代码到401005地址处，查看FS:[0]的值，其值就是SEH链的起始地址，如图48-15所示。

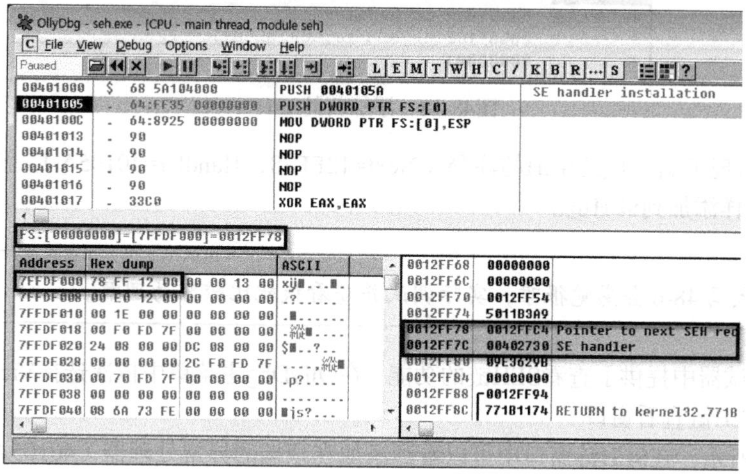

图48-15 FS:[0]=SEH链起始地址

从代码信息窗口中可以看到，FS:[0]=[7FFDF000]=12FF78，其中12FF78就是SEH链的起始地址（即EXCEPTION_REGISTRATION_RECORD结构体链表的起始地址）。在上图的栈窗口中查看地址12FF78，可以发现第一个EXCEPTION_REGISTRATION_RECORD结构体（Next=12FFC4，Handler=402730）。异常处理器地址402730存在于seh.exe进程的代码节区（该异常处理器是VC++生成PE文件时默认添加到其启动函数的，请各位自行查看位于402730地址处的异常处理器代码）。然后转到12FFC4地址处，查看链表中的第二个EXCEPTION_REGISTRATION_RECORD结构体（参考图48-16）。

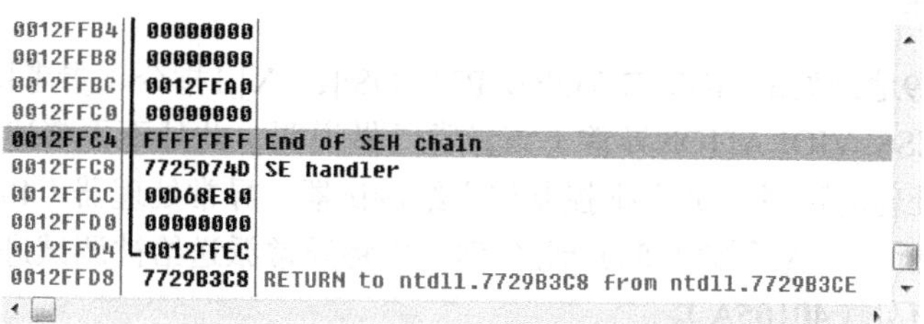

图48-16 最后一个异常处理器

从图48-16可以看到，第二个结构体的Next成员值为FFFFFFFF，所以第二个EXCEPTION_REGISTRATION_RECORD结构体也是SEH链表的最后一个结构体。异常处理器地址为7717D74D，它位于ntdll.dll模块的代码区域，是OS的默认异常处理器（创建进程时，OS会自动产生默认的SEH）。

48.6.2 添加SEH

运行401005地址处的PUSH DWORD PTR FS:[0]指令（参考图48-15），查看栈窗口，如图48-17所示。

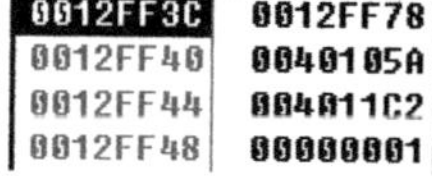

图48-17 栈窗口

栈中新创建了_EXCEPTION_REGISTRATION_RECORD结构体。继续执行40100C地址处的MOV DWORD PTR FS:[0],ESP指令（参考图48-15），查看栈窗口，如图48-18所示。

0012FF3C	0012FF78	Pointer to next SEH record
0012FF40	0040105A	SE handler
0012FF44	004011C2	RETURN to seh.004011C2 from se
0012FF48	00000001	

图48-18　添加新的SEH

栈窗口中出现了新生成的SEH的注释（Next=12FF78，Handler=40105A）。新的异常处理器（40105A）就这样添加到SEH链。

提示

只看代码 48-6 会感觉很难，实际调试并查看栈就比较容易理解。

OllyDbg调试器中提供了查看SEH链的功能。在OllyDbg主菜单中依次选择View-SEH Chain项目，即可打开SEH链查看窗口。

如图48-19所示，在SEH链窗口中可以看到添加在顶端的异常处理器（40105A）。

SEH chain of main thread
Address　SE handler
0012FF3C　seh.0040105A
0012FF78　seh.00402730
0012FFC4　ntdll.7717D74D

图48-19　SEH链查看窗口

48.6.3　发生异常

如果执行401019地址处的MOV DWORD PTR DS:[EAX],1指令（参考图48-14），就会引发EXCEPTION_ACCESS_VIOLATION异常（该异常已做说明，此处不再赘述）。此时程序处在调试之中，根据异常处理的顺序，OS会把控制权交给调试器（异常处理器（40105A）未运行）。在40105A地址处设置断点，然后按Shift+F9组合键，再将异常派送给被调试进程（seh.exe），调试器暂停在设置的断点处（40105A）。

如图48-20所示，被调试者会调用注册在自身SEH链中的异常处理器来处理异常。设置好断点后，接下来即可调试异常处理器。

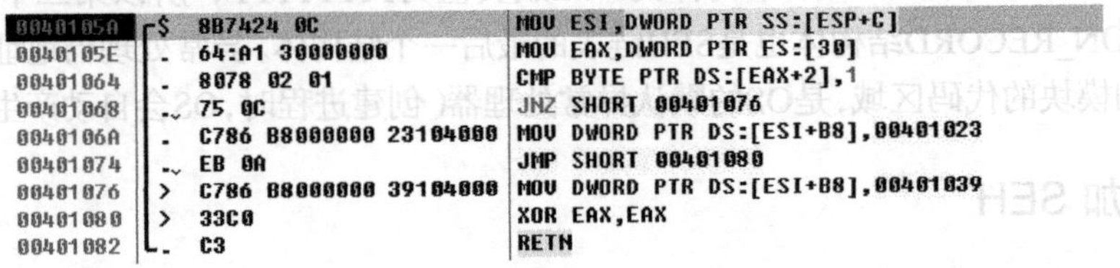

```
0040105A  $ 8B7424 0C             MOV ESI,DWORD PTR SS:[ESP+C]
0040105E  . 64:A1 30000000        MOV EAX,DWORD PTR FS:[30]
00401064  . 8078 02 01            CMP BYTE PTR DS:[EAX+2],1
00401068  . 75 0C                 JNZ SHORT 00401076
0040106A  . C786 B8000000 23104000 MOV DWORD PTR DS:[ESI+B8],00401023
00401074  . EB 0A                 JMP SHORT 00401080
00401076  > C786 B8000000 39104000 MOV DWORD PTR DS:[ESI+B8],00401039
00401080  > 33C0                  XOR EAX,EAX
00401082  . C3                    RETN
```

图48-20　异常处理器（40105A）

48.6.4　查看异常处理器参数

调试SEH时，栈中存储的参数（关于参数的说明请参考代码48-4）如图48-21所示。

```
ESP ==>  0012FB54   771A65F9  RETURN to ntdll.771A65F9
ESP+4    0012FB58   0012FC3C
ESP+8    0012FB5C   0012FF3C
ESP+C    0012FB60   0012FC58
ESP+10   0012FB64   0012FC10
ESP+14   0012FB68   0012FF3C  Pointer to next SEH record
ESP+18   0012FB6C   771A660D  SE handler
ESP+1C   0012FB70   0012FF3C
ESP+20   0012FB74   0012FC24
ESP+24   0012FB78   771A65CB  RETURN to ntdll.771A65CB fro
ESP+28   0012FB7C   0012FC3C
```

图48-21 调用异常处理器时的栈

第一个参数（ESP+4）是指向EXCEPTION_RECORD结构体的指针pReord（12FC3C），查看结构体中的数据，如图48-22所示。

```
Address   Hex dump                                          ASCII
0012FC3C  05 00 00 C0 00 00 00 00 00 00 00 00 19 10 40 00  ¥.?.......■■@.
0012FC4C  02 00 00 00 01 00 00 00 00 00 00 00 3F 00 01 00  ┐..£......?.£
0012FC5C  00 00 00 00 00 00 00 00 00 00 00 00 00 00 00 00  ................
0012FC6C  00 00 00 00 00 00 00 00 7F 02 00 00 00 00 00 00  ........■┐......
0012FC7C  FF FF 00 00 00 00 00 00 00 00 00 00 00 00 00 00  ÿÿ..............
```

图48-22 EXCEPTION_RECORD结构体

参考图48-22以及代码48-5中关于EXCEPTION_RECORD结构体的定义可知，ExceptionCode（pRecord+0）为C0000005（EXCEPTION_ACCESS_VIOLATION），发生异常的代码地址ExceptionAddress为401019（对照图48-14可知发生异常的代码地址是准确的）。

第二个参数（ESP+8）是指向EXCEPTION_REGISTRATION_RECORD结构体的指针（pFrame），其值为12FF3C，它是SEH链的起始地址。

第三个参数（ESP+C）是指向CONTEXT结构体的指针pContext（12FC58），查看指针pContext所指的地址空间。

如图48-23所示，CONTEXT是一个非常大的结构体（大部分成员的值为NULL）。其中需要特别注意的是Eip成员，它位于从结构体偏移B8的位置，存储着发生异常的代码地址。

```
Address   Hex dump                                          ASCII
0012FC58  3F 00 01 00 00 00 00 00 00 00 00 00 00 00 00 00  ?.£.............
0012FC68  00 00 00 00 00 00 00 00 00 00 00 00 7F 02 00 00  ............■┐..
0012FC78  00 00 00 00 FF FF 00 00 00 00 00 00 00 00 00 00  ....ÿÿ..........
0012FC88  00 00 00 00 00 00 00 00 00 00 00 00 00 00 00 00  ................
0012FC98  00 00 00 00 00 00 00 00 00 00 00 00 00 00 00 00  ................
0012FCA8  00 00 00 00 00 00 00 00 00 00 00 00 00 00 00 00  ................
0012FCB8  00 00 00 00 00 00 00 00 00 00 00 00 00 00 00 00  ................
0012FCC8  00 00 00 00 00 00 00 00 00 00 00 00 00 00 00 00  ................
0012FCD8  00 00 00 00 00 00 00 00 00 00 00 00 00 00 00 00  ................
0012FCE8  3B 00 00 00 23 00 00 00 23 00 00 00 00 00 00 00  ;...#...#.......
0012FCF8  00 00 00 00 00 70 FD 7F F4 64 28 77 01 00 00 00  .....p??(w£..
0012FD08  00 00 00 00 88 FF 12 00 19 10 40 00 1B 00 00 00  ....?■.■■@.■...
0012FD18  46 03 01 00 3C FF 12 00 23 00 00 00 7F 02 00 00  F￣£<ÿ■.#...■┐.
0012FD28  00 00 00 00 00 00 00 00 00 00 00 00 00 00 00 00  ................
0012FD38  00 00 00 00 80 1F 00 00 FF FF 00 00 00 00 00 00  ....■..ÿÿ......
0012FD48  00 00 00 00 00 00 00 00 00 00 00 00 00 00 00 00  ................
0012FD58  00 00 00 00 00 00 00 00 00 00 00 00 00 00 00 00  ................
0012FD68  00 00 00 00 00 00 00 00 00 00 00 00 00 00 00 00  ................
0012FD78  00 00 00 00 00 00 00 00 00 00 00 00 00 00 00 00  ................
0012FD88  00 00 00 00 00 00 00 00 00 00 00 00 00 00 00 00  ................
0012FD98  00 00 00 00 00 00 00 00 00 00 00 00 00 00 00 00  ................
0012FDA8  00 00 00 00 00 00 00 00 00 00 00 00 00 00 00 00  ................
0012FDB8  00 00 00 00 00 00 00 00 00 00 00 00 00 00 00 00  ................
0012FDC8  00 00 00 00 00 00 00 00 00 00 00 00 00 00 00 00  ................
```

图48-23 CONTEXT结构体

最后一个参数pValue（ESP+10）供系统内部使用，可以忽略。

48.6.5　调试异常处理器

40105A地址处的异常处理器（参考图48-20）中存在着调试器检测代码。虽然简单，却是非常具有代表性的反调试代码。下面仔细分析一下。

```
0040105A    MOV ESI,DWORD PTR SS:[ESP+C]     ; ESI = pContext
```

[ESP+C]是异常处理器第三个参数pContext的值。以上命令用来将pContext地址（12FC58）传送到ESI寄存器。

```
0040105E    MOV EAX,DWORD PTR FS:[30]        ; EAX = address of PEB
```

上述指令用于将FS:[30]的值传送给EAX寄存器，FS:[30]就是PEB结构体的起始地址（7FFD7000，参考图48-24）。

```
CPU - main thread, module seh
0040105A  $  8B7424 0C                    MOV ESI,DWORD PTR SS:[ESP+C]
0040105E  .  64:A1 30000000               MOV EAX,DWORD PTR FS:[30]
00401064  .  8078 02 01                   CMP BYTE PTR DS:[EAX+2],1
00401068  .v 75 0C                        JNZ SHORT 00401076
0040106A  .  C786 B8000000 23104000       MOV DWORD PTR DS:[ESI+B8],00401023
00401074  .v EB 0A                        JMP SHORT 00401080
00401076  >  C786 B8000000 39104000       MOV DWORD PTR DS:[ESI+B8],00401039
00401080  >  33C0                         XOR EAX,EAX
00401082  .  C3                           RETN
FS:[00000030]=[7FFDF030]=7FFD7000
EAX=00000000
```

图48-24　PEB的起始地址

```
00401064    CMP BYTE PTR DS:[EAX+2],1
```

上述指令用于读取[EAX+2]地址中的1个字节值，然后与1比较。由于EAX当前保存着PEB的起始地址，所以[EAX+2]指的是PEB.BeingDebugged成员。

PEB 结构体部分成员

```
+0x000 InheritedAddressSpace      : UChar
+0x001 ReadImageFileExecOptions   : UChar
+0x002 BeingDebugged              : UChar
+0x003 SpareBool                  : UChar
+0x004 Mutant                     : Ptr32 Void
+0x008 ImageBaseAddress           : Ptr32 Void
+0x00c Ldr                        : Ptr32 _PEB_LDR_DATA
+0x010 ProcessParameters          : Ptr32 _RTL_USER_PROCESS_PARAMETERS
  ⋮
```

从图48-25可以看到，[EAX+2]=[7FFD7002]=PEB.BeingDebugged的值被设置为1，表示进程处于调试状态。

```
00401068    JNZ SHORT 00401076
```

若上一条CMP命令中的2个比较对象不同，则执行JNZ（Jump if Not Zero）命令跳转。由于PEB.BeingDebugged的值为1，所以不跳转，即不执行该JNZ指令，如图48-26所示。

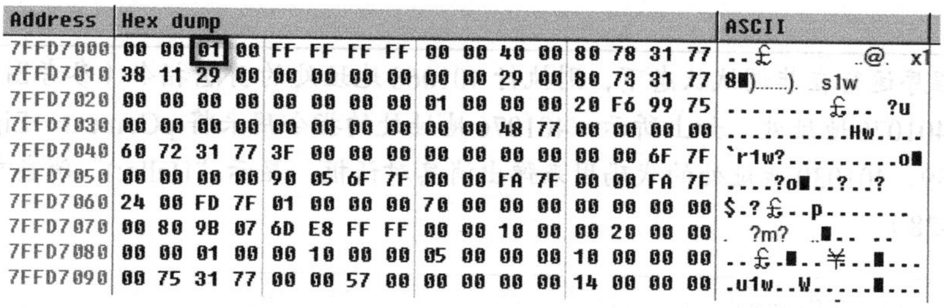

图48-25　PEB.BeingDebugged

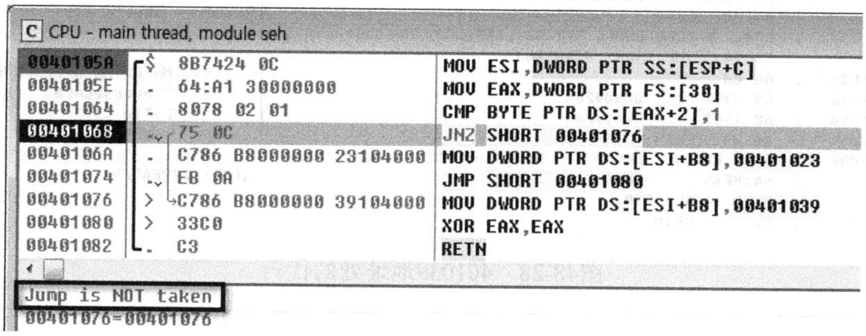

图48-26　JNZ指令

程序非调试运行时，执行此处会跳转到401076地址处。若程序处在调试运行状态，则跳过该JNZ指令，直接执行40106A地址处的指令。

```
0040106A    MOV DWORD PTR DS:[ESI+B8],00401023
```

由于当前进程处于调试之中，所以会执行上述指令。当前ESI寄存器中保存着CONTEXT结构体的起始地址（pContext=12FC58）。从图48-26可知，[ESI+B8]=[12FD10]=pContext→Eip（当前值为401019）。

也就是说，上述指令用来将pContext→Eip值更改为401023。异常处理器终止时，发生异常的线程会运行401023地址处的代码。如图48-27所示，401023地址处的代码用来弹出一个消息框，显示“Debugger Detected:(”消息文本。

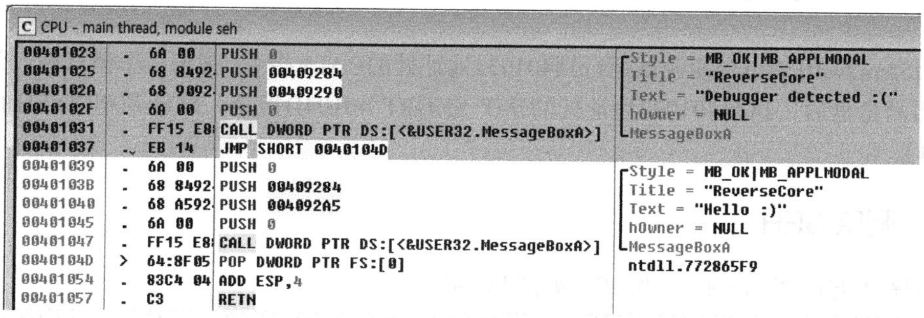

图48-27　401023地址处的代码

为了方便调试，在401023地址处设置断点。

```
00401074    JMP SHORT 00401080
```

由于pContext→Eip值已经发生改变，所以执行流跳转到异常处理器的终止代码处（401080）。

```
00401076    MOV DWORD PTR DS:[ESI+B8],00401039
```

提示

若程序运行在非调试状态下，则执行 401068 地址处的 JNZ 指令（参考图 48-26），跳转到 401076 地址处。如上所示，401076 地址处的指令用来将 pContext→Eip 值更改为 401039，401039 地址处的代码用来弹出消息对话框，显示“Hello:)”消息文本（参考图 48-28）。

图48-28　401039地址处的代码

```
00401080    XOR EAX,EAX
00401082    RETN
```

最后两条指令中先将返回值（EAX）设置为0，然后异常处理器返回。返回值0代表EXCEPTION_CONTINUE_EXECUTION，表示异常得到处理，相关线程可以继续运行（参考代码48-7）。

提示

本练习示例（seh.exe）的目的在于向各位展示使用 SEH 进行反调试的技术。所以在代码中故意引发了异常，然后在 SEH 中根据调试与否修改了运行分支。若熟悉了该技术，调试压缩器/保护器类的文件时会非常有帮助。

运行到401082地址处的RETN指令时，控制权被返回至ntdll.dll模块中的代码区域，它属于系统区域，所以在OllyDbg中按F9运行键后，调试会在401023地址处（设置有断点）暂停（参考图48-27）。

使用StepOver(F8)指令使调试运行到401031地址处的CALL指令，弹出一个消息框。按“确定”按钮关闭消息框后，执行401037地址处的JMP SHORT 40104D指令，跳转到删除SEH的代码处（40104D）。

48.6.6　删除 SEH

在程序终止前删除已注册的SHE，如图48-29所示。

调试运行到40104D地址处查看栈，EXCEPTION_REGISTRATION_RECORD结构体存储在其中（12FF3C），该结构体是SEH链中最初运行的异常处理器。40104D处的POP DWORD PTR FS:[0]指令用来读取栈值（12FF78），并将其放入FS:[0]。FS:[0]是TEB.NtTib.ExceptionList，12FF78就是下一个SEH的起始地址。执行该命令后，前面注册的SEH（12FF3C）被从SEH链中删除。然后执行401054地址处的ADD ESP,4指令，将栈中的异常处理器地址（40105A）也删除。请各位反复调试，查清栈中数据变化的情况。

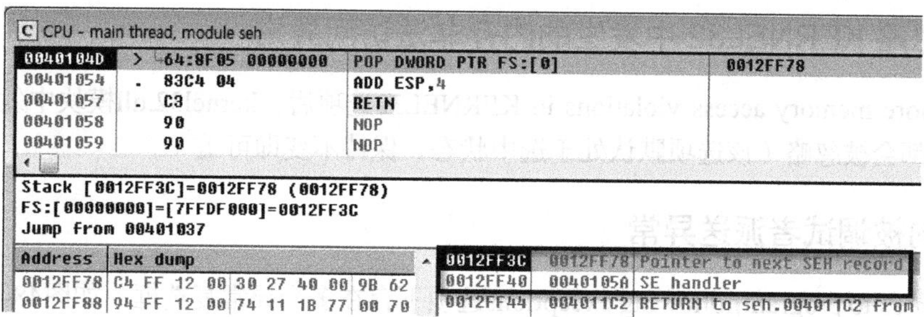

图48-29 删除SEH的代码

48.7 设置 OllyDbg 选项

我们已经学习了SEH的工作原理，并通过练习示例了解了利用SEH进行反调试的技术。本章最重要、最关键的内容概括如下：

通过处理使被调试者将自身异常首先发送给调试器。

上述原理作用下，程序在正常运行与调试运行时有不同的分支代码，借助SEH实现的反调试技术非常多，这为代码调试带来诸多不便，使调试更加困难。那么，有没有更方便的调试方法呢？OllyDbg调试器提供了调试选项，调试中的程序发生异常时，调试器不会暂停，会自动将异常派送给被调试者（看上去与正常运行一样）。在OllyDbg的菜单栏中选择Options - Debugging options菜单（快捷键Alt+O），打开Debugging options对话框，如图48-30所示。

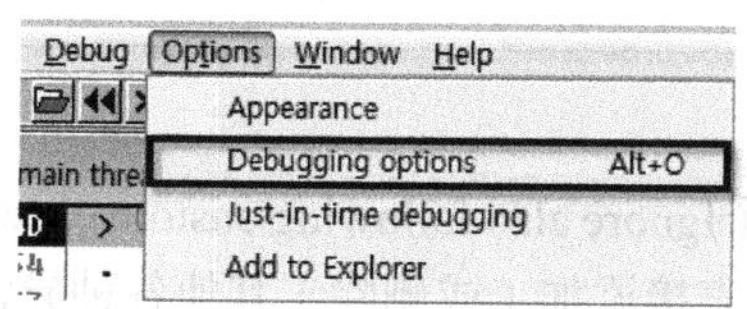

图48-30 Debugging options菜单

然后在Debugging options对话框中选择Exceptions选项卡。

如图48-31所示，Exceptions选项卡包含多个选项，下面逐一介绍。

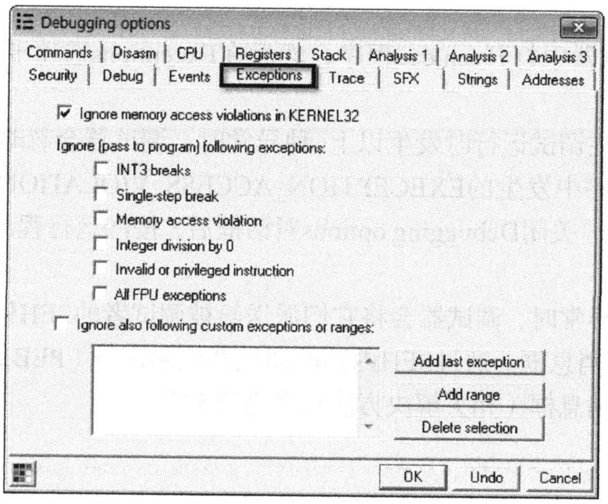

图48-31 Debugging options对话框的Exceptions选项卡

48.7.1　忽略 KERNEL32 中发生的内存非法访问异常

复选Ignore memory access violations in KERNEL32选项后，kernel32.dll模块中发生的内存非法访问异常都会被忽略（该选项默认处于选中状态，保持不变即可）。

48.7.2　向被调试者派送异常

Ignore(pass to program)following exceptions选项下存在多个异常复选框，如图48-32所示。

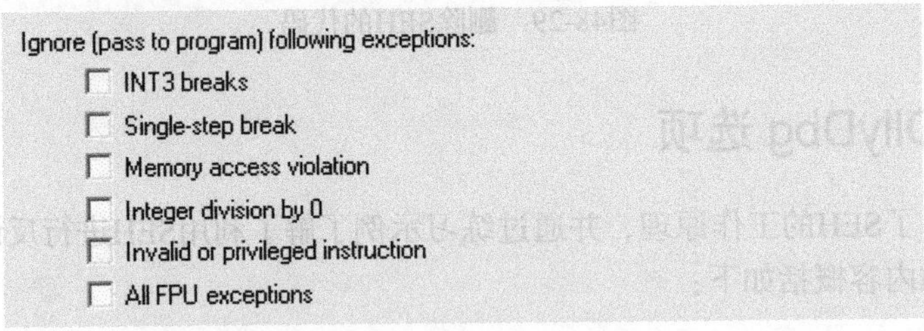

Ignore (pass to program) following exceptions:
- INT3 breaks
- Single-step break
- Memory access violation
- Integer division by 0
- Invalid or privileged instruction
- All FPU exceptions

图48-32　Ignore(pass to program)following exceptions选项

Ignore(pass to program)following exceptions选项共有6个异常选项，前5个已经介绍过了。单击左侧复选框选中后，发生相应异常时OllyDbg调试器就会忽略该异常，并且将其派送给被调试者。

接下来简单介绍All FPU exceptions选项。FPU（Floating Point Unit，浮点运算单元）是专门用于浮点数运算的处理器，它有一套专用指令，与普通x86指令的形态结构不同。复选All FPU exceptions选项后，处理FPU指令过程发生异常时，调试器会无条件将异常派送给被调试者处理。

48.7.3　其他异常处理

Exceptions选项卡中还有一个Ignore also following custom exceptions for ranges选项，如图48-31所示。复选该选项后，用户可以直接添加（或删除）其他各种异常，发生这些异常时，调试器会将它们直接派送给被调试者处理。调试时灵活运用OllyDbg的Exceptions选项，可以在不暂停调试器的前提下自动规避使用SEH实现的反调试“花招”，从而继续调试。

48.7.4　简单练习

首先在OllyDbg调试器中打开seh.exe程序，然后在Exceptions选项卡中进行相应设置，如图48-33所示。

如上设置后，程序在调试运行时发生以上6种异常时，调试器会忽略，将它们直接派送给被调试者。所以seh.exe程序中发生的EXECEPTION_ACCESS_VIOLATION异常会由自身的SEH处理（调试过程不会暂停）。关闭Debugging options对话框后，按F9运行程序，直接弹出“Debugger detected:(”消息框。

程序运行过程发生异常时，调试器会将它们派送给被调试者的SEH处理，调试器不会暂停而直接弹出图48-34所示的消息框。通过SEH内部的调试器检测代码（PEB.BeingDebugged）弹出与正常运行时完全不同的消息框（相关解决方法请参考第50章）。

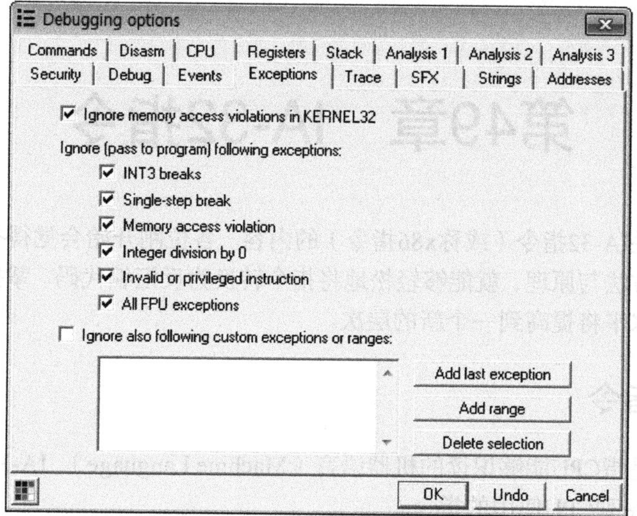

图48-33 忽略6异常

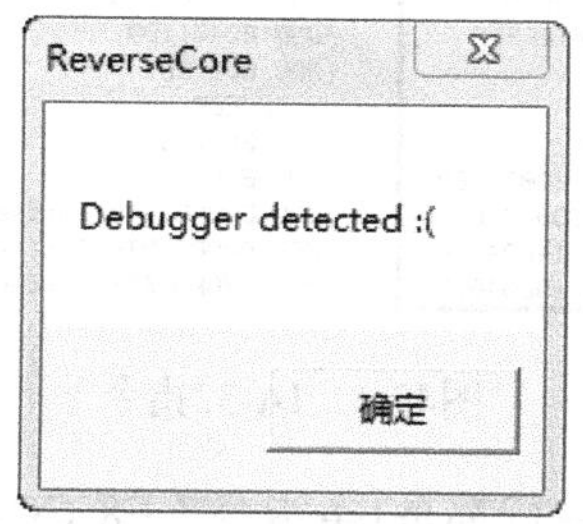

图48-34 消息框“Debugger detected:(”

提示

我并未在一开始的时候就介绍 OllyDbg 调试器的 Exceptions 选项，而是将它放在本章最后，目的在于先向各位讲解 SEH 的内部工作原理。不理解内部工作原理，只学习相关工具的使用技巧，就如同在沙滩上建房子一样。SEH 用途广泛，若想学好逆向分析技术，必须先掌握 SEH 的内部工作原理。

48.8 小结

SEH大量应用于压缩器、保护器、恶意程序（Malware），用来反调试。大家研究与调试SEH的过程中，会进一步加深对Wiondows OS内部结构的认识，提高自身逆向分析技术水平。关于SEH的讲解先到这里，后面的调试练习中还会遇到。

第49章　IA-32指令

本章将学习有关IA-32指令（或称x86指令）的内容。各位刚开始会觉得指令比较复杂，但若理解了指令的解析方法与原理，就能够轻松地将指令转换为反汇编代码。掌握了这些内容后，各位的逆向分析技术水平将提高到一个新的层次。

49.1　IA-32 指令

简言之，指令是指CPU能够识读的机器语言（Machine Language）。IA-32指令指IA-32（Intel Architecture 32位）系列CPU使用的指令。

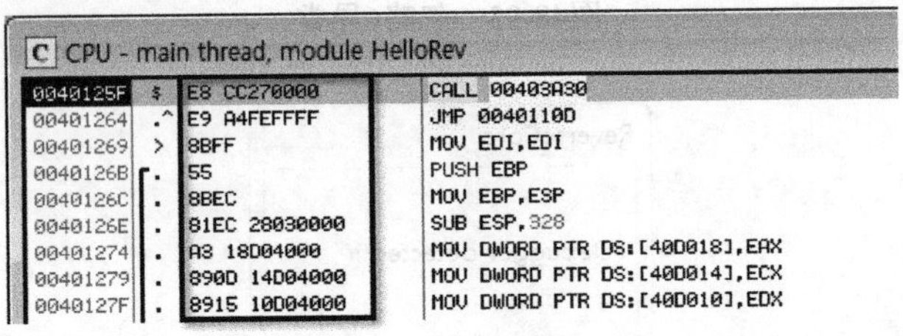

```
C CPU - main thread, module HelloRev
0040125F  $  E8 CC270000      CALL 00403A30
00401264  .^ E9 A4FEFFFF      JMP 0040110D
00401269  >  8BFF             MOV EDI,EDI
0040126B  .  55               PUSH EBP
0040126C  .  8BEC             MOV EBP,ESP
0040126E  .  81EC 28030000    SUB ESP,328
00401274  .  A3 18D04000      MOV DWORD PTR DS:[40D018],EAX
00401279  .  890D 14D04000    MOV DWORD PTR DS:[40D014],ECX
0040127F  .  8915 10D04000    MOV DWORD PTR DS:[40D010],EDX
```

图49-1　IA-32指令

如图49-1所示，粗线框中的每一行都是1条指令（E8 CC270000、E9 A4FEFFFF、8BFF、55等都是IA-32指令）。编程人员使用程序语言（C/C++、JAVA、Python等）编写程序，而CPU则使用机器语言，编程人员编写的程序源代码需要编译/链接后转换为CPU可以识读的机器语言。

49.2　常用术语

下面整理一下逆向分析常用术语。讲解IA-32指令的过程中将用到下列术语，准确理解并运用这些术语将有助于与他人进行顺畅的交流与沟通。

表49-1　常用术语

术　语	说　明
Machine Language	机器语言，CPU可以解析的二进制代码（Binary，0与1）
Instruction	一条机器指令（由OpCode与operand等组成）
OpCode	操作码（Operation Code），指令内的实际指令
Assembly	汇编编程语言
Assemble	将汇编代码转换为机器语言（OpCode）（类似于C/C++的Compile）
Assembler	执行Assemble作业的程序（如：MASM、TASM、FASM等）
Disassemble	将机器语言转换为汇编语言（也用Unassemble一词）
Disassembler	执行Disassemble作业的程序（一般内嵌在调试器中-OllyDbg、IDA Pro等）
Disassembly	经过Disassemble生成的汇编语言（变量名、函数名等被替换为地址，可读性差）
*Compile	将C/C++等编写的源代码转换为机器代码（生成Obj文件）
*Link	将Obj文件链接为可执行文件（生成Exe/Dll文件）

使用C/C++语言（或汇编语言）创建出PE文件后，源代码就被转换成了机器码。一名合格的逆向分析人员必须能够解析这些机器码，并理解其工作原理。但机器码是用二进制（0与1）表示的，我们很难读懂它。因此一般要把机器码转换为16进制代码，转换后可读性提高，但我们识读16进制代码时仍然会感到吃力。所以，最后借助调试器内嵌的反汇编器将机器码转换为反汇编代码，识读这些反汇编代码就容易多了。

49.2.1 反汇编器

图49-2显示的是我们熟悉的OllyDbg调试器的用户界面。OllyDbg调试器内嵌有IA-32反汇编器（Disassembler）。

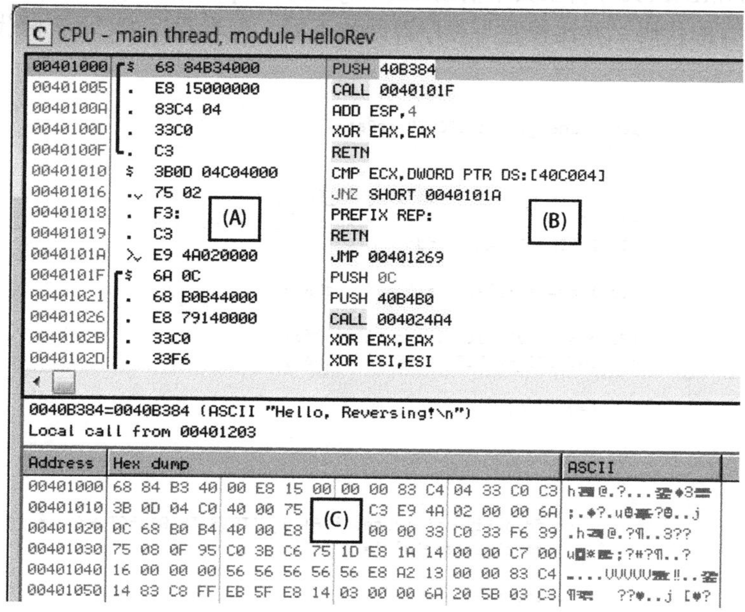

图49-2 OllyDbg用户界面

图49-2中，1行代码就是1条指令。(A)区域中是16进制表示的IA-32指令，(B)区域中是与之对应的反汇编代码，(C)区域是指令在内存（或文件）中的实际形式。

提示

以地址 401000 处的指令为例，(A)区中的“68 84B34000”是 IA-32 指令，(B)区中的“PUSH 0040B384”为反汇编代码。

反汇编代码大致由助记符（Mnemonic）与操作数（Operand）组成，助记符表明指令功能，操作数指示操作对象。“PUSH 0040B384”指令中，PUSH 为助记符，0040B384 为操作数。

内嵌在调试器中的反汇编器解析(C)区中的十六进制机器码，将它们切分为(A)区中的一条条指令，然后将每条指令转换为(B)区中相应的反汇编代码。从易读性来看，(C)中代码低于(A)区代码，(A)区代码又低于(B)区代码。逆向分析人员一般会阅读(B)区中的反汇编代码，并进行相应分析。学习IA-32指令后就能分析(A)区中的代码了。

49.2.2 反编译器

近来，大量PE文件都是使用C/C++/VB/Delphi语言编写的。反编译器（Decompiler）与反汇编器在概念上类似，但是反汇编器用来将机器代码转换为反汇编代码，而反编译器则用来将机器代码反编译为类似于源代码的代码（C/C++/VB+/Delphi）（反编译时需选用相应语言的反编译器）。当然，反编译出的代码与源代码还是有一定差距的，但随着技术的不断发展，这种差距会越来越小。

49.2.3 反编译简介

本节我们将在IDA Pro分析工具中借助Hex-Rays Decompiler插件将C语言程序（机器代码）反编译为类C语言的代码，并比较它与程序源码的不同。先看程序的C语言源代码，如图49-3所示。

```
int get_folder_count(LPCSTR szPath)
{
    int                 nCount = 0;
    char                szFile[MAX_PATH] = {0,};
    HANDLE              hFind = INVALID_HANDLE_VALUE;
    WIN32_FIND_DATAA    fd;

    wsprintfA(szFile, "%s\\*.*", szPath);

    hFind = FindFirstFileA(szFile, &fd);
    if( INVALID_HANDLE_VALUE == hFind )
    {
        return 0;
    }

    do
    {
        if( (fd.dwFileAttributes & FILE_ATTRIBUTE_DIRECTORY) &&
            (fd.cFileName[0] != '.') )
        {
            nCount++;
        }
    } while( FindNextFileA(hFind, &fd) );

    FindClose(hFind);

    return nCount;
}
```

图49-3　C语言源代码

get_folder_count(LPCSTR szPath)是个非常简单的函数，用来计算参数给定路径（szPath）中文件夹的个数。上述源代码经过编译后生成PE文件，在IDA Pro分析工具中使用Hex-Rays Decompiler插件将生成的PE文件反编译（Decompile）为类C语言代码，如图49-4所示。

```
int __thiscall sub_401000(void *this)
{
  int v1; // edi@1
  HANDLE v2; // esi@1
  void *v3; // esi@1
  int result; // eax@2
  char v5; // [sp+Ch] [bp-254h]@1
  struct _WIN32_FIND_DATAA FindFileData; // [sp+10h] [bp-250h]@1
  CHAR FileName; // [sp+150h] [bp-110h]@1
  char v8; // [sp+151h] [bp-10Fh]@1
  unsigned int v9; // [sp+25Ch] [bp-4h]@1

  v9 = (unsigned int)&v5 ^ dword_40C004;
  v1 = 0;
  v3 = this;
  FileName = 0;
  memset(&v8, 0, 0x103u);
  wsprintfA(&FileName, "%s\\*.*", v3);
  v2 = FindFirstFileA(&FileName, &FindFileData);
  if ( v2 == (HANDLE)-1 )
  {
    result = 0;
  }
  else
  {
    do
    {
      if ( FindFileData.dwFileAttributes & 0x10 )
      {
        if ( FindFileData.cFileName[0] != 46 )
          ++v1;
      }
    }
    while ( FindNextFileA(v2, &FindFileData) );
    FindClose(v2);
    result = v1;
  }
  return result;
}
```

图49-4 反编译后的C语言代码

各位一定大吃一惊。从图49-4中可以看到，反编译得到的代码与程序的源代码非常相似，仅函数名称（sub_401000）、变量名称（v1、v2、v3、v8）不同而已。程序的代码较长且较复杂时，反编译得到的代码可读性可能下降，但是借助反编译代码我们能够快速把握程序的代码结构，从这个意义来说，反编译仍然是个非常棒的功能。

拥有这种强大功能的IDA Pro分析工具与Hex-Rays Decompiler插件都是付费的商业软件，且价格昂贵，一般人难以承受，大部分都由公司购买使用。使用OllyDbg调试器打开上面的程序文件，可以看到反汇编后的代码，如图49-5所示。

从图49-5中可以看到，反汇编代码看上去比较复杂，不如反编译后的代码更容易阅读，由此可见反编译器多么有用。

提示

请注意，反编译器也不是万能的。若使用保护器等工具故意打乱程序代码，或在程序运行中使用一些操作技术，就不能反编译，或者使反编译后的代码更加复杂。所以，学习高级逆向分析技术时一定要掌握反汇编代码和指令。

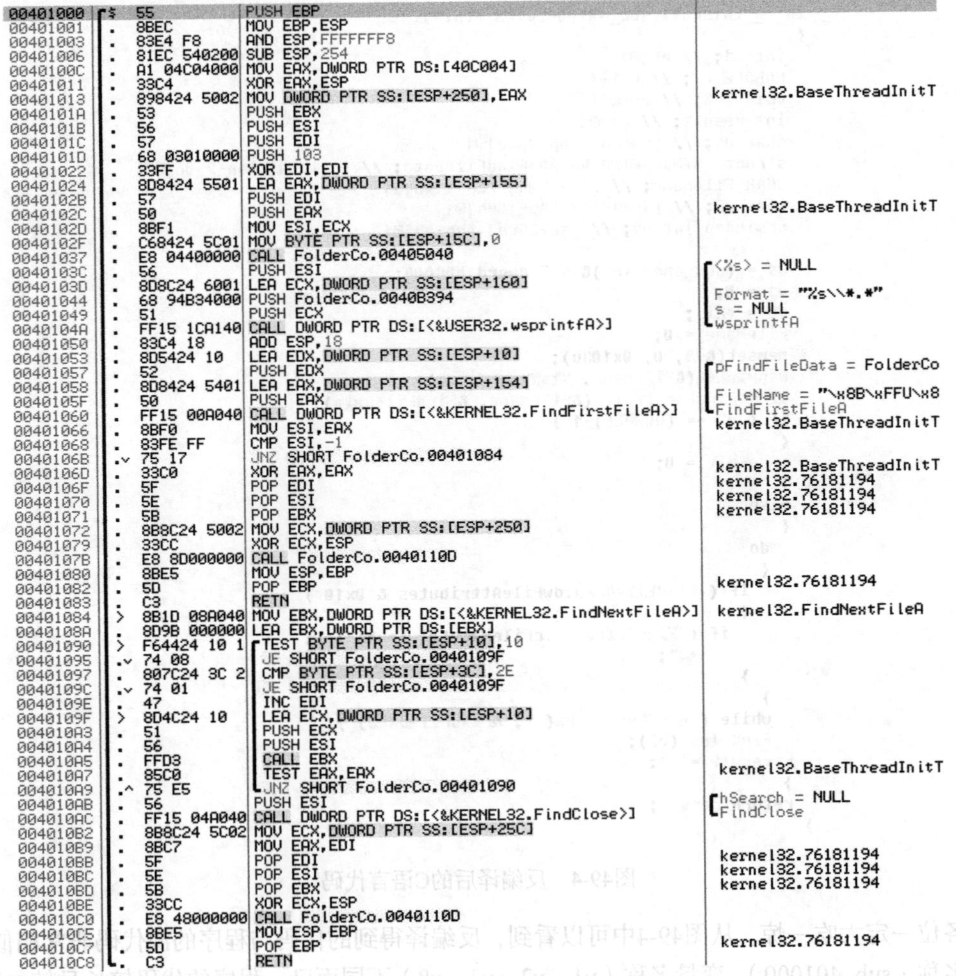

图49-5 反汇编代码

49.3 IA-32指令格式

提示

现在我们学习中级逆向分析技术。如果你仍是逆向分析技术的初学者，不太理解本部分内容，没关系，阅读后直接跳过即可。以后自己的技术水平提高了，需要了解指令相关知识时再学习即可。以下内容是我在“Intel® 64 and IA-32 Architectures Software Developer' s Manuals”基础上整理而来的。更多详细说明请参考相关用户手册。正文中使用的有关IA-32指令的图片均出自Intel的用户手册。

下面学习有关IA-32指令格式的知识。

如图49-6所示，IA-32指令由6部分组成，其中操作码项是必需的，其他项目都是可选的。接下来对指令的各组成部分予以说明。

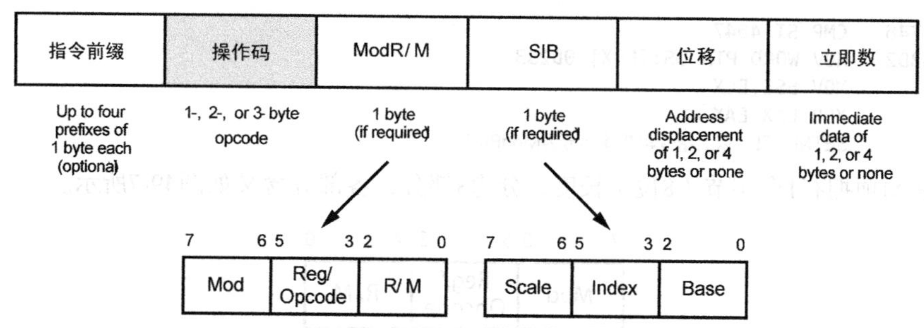

图49-6 IA-32指令格式

49.3.1 指令前缀

指令前缀（Instruction Prefixes）是一个可选项目，后面出现特定操作码时将补充说明其含义。下面举个简单的例子。

```
66:81FE 4746     CMP SI,4647
66:C703 33D2     MOV WORD PTR DS:[EBX],0D233
F3:A4            REP MOVS BYTE PTR ES:[EDI],BYTE PTR DS:[ESI]  以上指令最前面的黑体部分为前缀
```

前缀项大小为1个字节（后面讲解“指令解析方法”（借助操作码映射解析）时会详细说明Prefix 66的含义）。

49.3.2 操作码

Opcode（Operation Code，操作码）是必不可少的部分，用来表示实际的指令。

```
66:81FE 4746     CMP SI,4647
66:C703 33D2     MOV WORD PTR DS:[EBX],0D233
F3:A4            REP MOVS BYTE PTR ES:[EDI],BYTE PTR DS:[ESI]
8BF1             MOV ESI,ECX
E8 04400000      CALL 00405040
56               PUSH ESI
E9 4A020000      JMP 00401366
33C0             XOR EAX,EAX
0F95C1           SETNE CL
C3               RETN
CC               INT3 以上指令黑体部分为操作码
```

操作码长度为1~3个字节，我们在常见的应用程序调试中遇到的操作码大部分都是1个字节，有时也会遇到2个字节的操作码。3个字节长度的操作码主要用在MMX（MultiMedia eXtension，多媒体扩展）相关指令中，一般很少有机会接触到。操作码通常都带有操作数（Operand），操作数种类有寄存器、内存地址、常量（Contanst）。指令中出现的ModR/M与SIB选项辅助操作码确定操作数。

操作码种类很多，解析时一般需要查看Intel用户手册的操作码映射。后面讲解“指令解析方法”时会做一些解析操作码的练习。

49.3.3 ModR/M

ModR/M是个可选项，主要用来辅助说明操作码的操作数（操作数的个数、种类[寄存器、地址、常量]）。

```
66:81FE 4746    CMP SI,4647
66:C703 33D2    MOV WORD PTR DS:[EBX],0D233
8BF1            MOV ESI,ECX
33C0            XOR EAX,EAX
0F95C1          SETNE CL  以上指令黑粗体部分为ModR/M
```

ModR/M项拥有1个字节（8位）长度，分为3部分，各部分含义如图49-7所示。

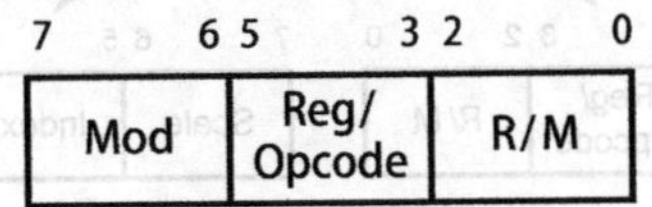

图49-7　ModR/M

```
简单的ModR/M计算练习
Ex1.        ModR/M = FE
            FE的2进制表示 = 11111110
            ModR/M拆分 = 11|111|110(Mod:11, Reg:111, R/M:110)

Ex2.        ModR/M = 03
            03的2进制表示 = 00000011
            ModR/M拆分= 00|000|011(Mod:00, Reg:000, R/M:011)
```

49.3.4 SIB

SIB（Scale-Index-Base）也是一个可选项，用来辅助说明ModR/M。操作码的操作数为内存地址时，需要与ModR/M项一起使用。

```
898424 50020000         MOV [ESP+250], EAX
C68424 5C010000 00      MOV [ESP+15C], 00
8D8428 B1354000         LEA EAX, [EAX+EBP+4035B1]
8B0C01                  MOV ECX, [EAX+ECX]  以上指令黑体部分为SIB
```

SIB项也拥有1个字节（8位）长度，分为3部分，各部分含义如图49-8所示。

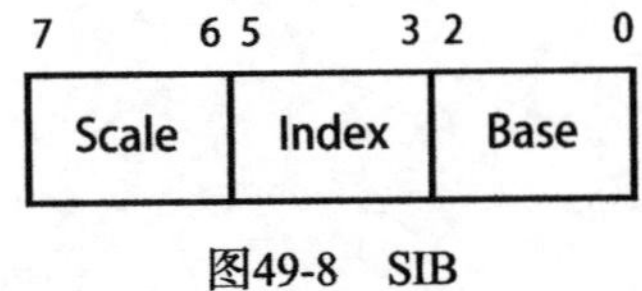

图49-8　SIB

```
*简单的SIB计算练习
Ex1.    SIB = 24
        24的2进制表示 = 00100100
        SIB拆分 = 00|100|100(Scale:00, Index:100, Base:100)

Ex2.    SIB = 01
        01的2进制表示 = 00000001
        SIB拆分 = 00|000|001(Scale:00, Index:000, Base:001)
```

49.3.5 位移

位移（Displacement）也是可选项，操作码的操作数为内存地址时，用来表示位移操作。

```
81B8 00004000 50450000       CMP DWORD PTR DS:[EAX+400000],4550
C705 68CF4000 01000100       MOV DWORD PTR DS:[40CF68],10001
833D 60CF4000 00             CMP DWORD PTR DS:[40CF60],0
814E 0C 00800000             OR DWORD PTR DS:[ESI+C],8000      以上指令黑粗体部分为位移
```

位移的长度为1、2、4字节。

49.3.6 立即数

立即数（Immediate）也是一个可选项，操作码的操作数为常量时，该常量就被称为立即数。

```
81B8 00004000 50450000      CMP DWORD PTR DS:[EAX+400000],4550
C705 68CF4000 01000100      MOV DWORD PTR DS:[40CF68],10001
833D 60CF4000 00            CMP DWORD PTR DS:[40CF60],0
814E 0C 00800000            OR DWORD PTR DS:[ESI+C],8000      以上指令黑粗体部分为立即数
```

立即数的长度为1、2、4字节。

49.4 指令解析手册

首先制作“指令解析手册”，然后借助该手册练习指令解析。

49.4.1 下载IA-32用户手册

Intel公司提供的用户手册对IA-32进行了详细说明。代码逆向分析中会经常参考该用户手册，所以请从Intel官网下载。

进入页面下载以下文件。

Intel® 64 and IA-32 Architectures Software Developer’s Manuals Volume 2A.pdf

Intel® 64 and IA-32 Architectures Software Developer’s Manuals Volume 2B.pdf

49.4.2 打印指令解析手册

下载Intel用户手册后，其中有些表格是解析指令时需要参考的，请将下面列出的表格打印出来。

```
Vol. 2A
  Chapter 2 Instruction Format
    Table 2-2. 32-Bit Addressing Forms with the ModR/M Byte
    Table 2-3. 32-Bit Addressing Forms with the SIB Byte

Vol. 2B
  Appendix A Opcode map
    A.2 Key to Abbreviations
      A.2.1 Codes for Addressing Method
      A.2.2 Codes for Operand Type
      Table A-1. Superscripts Utilized in Opcode Tables

    A.3 One, Two, Three-byte Opcode Maps
      Table A-2. One-byte Opcode Map
      Table A-3. Two-byte Opcode Map

    A.4 Opcode Extensions for One-byte and Two-byte Opcodes
      Table A-6. Opcode Extentions for One- and Two Opcodes by Group Number
```

仅打印粗斜体部分即可

打印上表后，下面通过练习来学习使用操作码映射、ModR/M表、SIB表等表格解析指令。

提示

上面打印的资料用得多了、泛黄的时候，各位也就成了解析 IA-32 指令的高手。我几年间一直使用一部自制的指令手册，有人问有关指令解析的问题时，我就会翻阅它并给出解答。翻阅得多了，就有了感觉，哪些内容在哪页一清二楚，所以查起来非常快。我尊敬的一位前辈也有这样的参考资料，当时看上去都用旧了。从某种意义上说，这种使用痕迹就像一把测量逆向分析人员"年轮"的尺子。希望各位也打印一份这样的资料，需要的时候随时翻阅查看（参考图 49-9）。

图49-9　OpCode用户手册

49.5 指令解析练习

我们从本节开始学习IA-32指令解析方法。

49.5.1 操作码映射

首先解析1条长度为1个字节的操作码指令。

```
41      INC ECX
```

查看前面打印出的操作码手册（或者Intel Manual Vol.2B）中的"Table A-2. One-byte Opcode Map"。

解析指令时，最先要查看表格的名称是否为"Table A-2. One-byte Opcode Map:(00H-F7H)*"。然后将要查找的操作码41拆分为4与1，再在操作码映射中将它们分别作为表格的行与列进行查找。从查找的结果看，操作码41对应的指令为INC，操作数为ECX（同一方格中的REX.B是64位系统专用操作数，忽略即可）。所以指令41最终被解析为INC ECX指令，使用图49-6中的IA-32指令格式表示如下：

```
[Prefixes][Opcode][ModR/M][SIB][Displacement][Immediate]
```

提示

图 49-10 中 INC 指令的上标为 i64，REX 指令的上标为 o64，它们的含义在操作码用户手册的"Table A-1. Superscripts Utilized in Opcode Tables"中给出了讲解。根据表格中的说明，i64 表示不在 64 位模式中使用，o64 表示只在 64 位模式中使用。所以操作码 40~47 在 32 位模式中作为 INC 指令使用，在 64 位模式（o64）中用作 REX 前缀。由于这里解析的是 IA-32 指令，所以应该解析为 INC 指令。操作数亦是如此，在 32 位模式中要选择 ECX，在 64 位模式中要选择 REX.B。

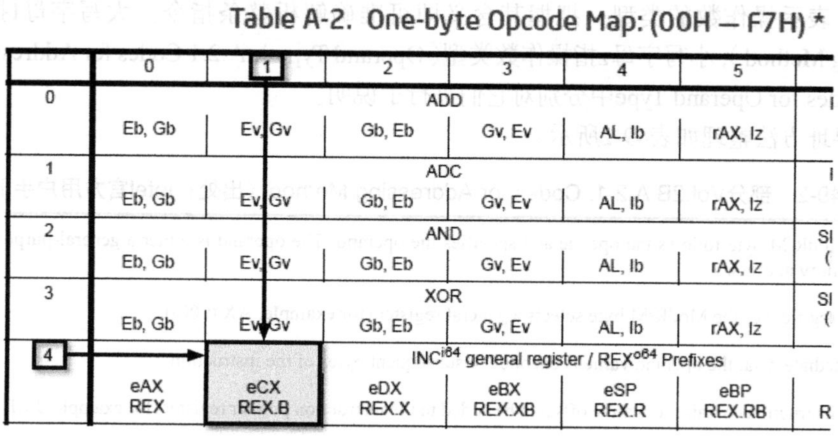

Table A-2. One-byte Opcode Map: (00H — F7H) *

	0	1	2	3	4	5
0	ADD					
	Eb, Gb	Ev, Gv	Gb, Eb	Gv, Ev	AL, Ib	rAX, Iz
1	ADC					
	Eb, Gb	Ev, Gv	Gb, Eb	Gv, Ev	AL, Ib	rAX, Iz
2	AND					
	Eb, Gb	Ev, Gv	Gb, Eb	Gv, Ev	AL, Ib	rAX, Iz
3	XOR					
	Eb, Gb	Ev, Gv	Gb, Eb	Gv, Ev	AL, Ib	rAX, Iz
4	INC^{i64} general register / REX^{o64} Prefixes					
	eAX REX	eCX REX.B	eDX REX.X	eBX REX.XB	eSP REX.R	eBP REX.RB

图49-10 Opcode 41 in Table A-2

49.5.2 操作数

下面继续通过练习来学习操作数的形态结构。

```
68 A0B44000      PUSH 0040B4A0
```

使用前面的方法在Table A-2操作码映射中查找指令的第一个字节68，如图所示。从图49-11中可以看到，操作码68对应于PUSH Iz，为带有1个操作数的PUSH指令。

提示

Table A-2 One-byte Opcode Map 内容繁多，在 Intel 用户手册中占了不少分量，图 49-11 是其中一部分。

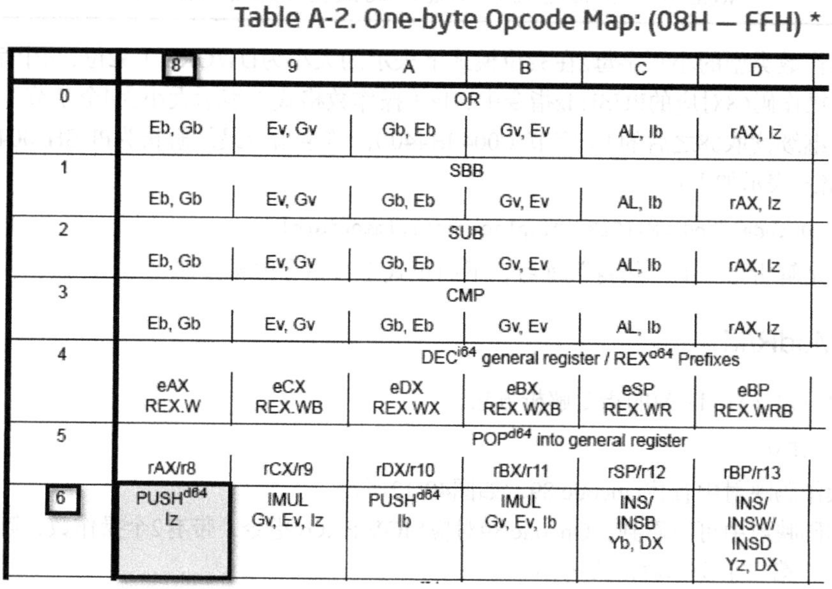

Table A-2. One-byte Opcode Map: (08H — FFH) *

	8	9	A	B	C	D
0	OR					
	Eb, Gb	Ev, Gv	Gb, Eb	Gv, Ev	AL, Ib	rAX, Iz
1	SBB					
	Eb, Gb	Ev, Gv	Gb, Eb	Gv, Ev	AL, Ib	rAX, Iz
2	SUB					
	Eb, Gb	Ev, Gv	Gb, Eb	Gv, Ev	AL, Ib	rAX, Iz
3	CMP					
	Eb, Gb	Ev, Gv	Gb, Eb	Gv, Ev	AL, Ib	rAX, Iz
4	DEC^{i64} general register / REX^{o64} Prefixes					
	eAX REX.W	eCX REX.WB	eDX REX.WX	eBX REX.WXB	eSP REX.WR	eBP REX.WRB
5	POP^{d64} into general register					
	rAX/r8	rCX/r9	rDX/r10	rBX/r11	rSP/r12	rBP/r13
6	$PUSH^{d64}$ Iz	IMUL Gv, Ev, Iz	$PUSH^{d64}$ Ib	IMUL Gv, Ev, Ib	INS/ INSB Yb, DX	INS/ INSW/ INSD Yz, DX

图49-11 Opcode 68 in Table A-2

Iz用来表示操作数的类型，把握其含义即可准确解析整条指令。大写字母I指寻址方法（Addressing Method），小写字母z指操作数类型（Operand Type），A.2.1 Codes for Addressing Method与A.2.2 Codes for Operand Type中分别对它们进行了说明。

常用寻址方法整理如表49-2所示。

表49-2 部分Vol.2B A.2.1. Codes for Addressing Method（出处：Intel官方用户手册）

E	A ModR/M byte follows the opcode and specifies the operand. The operand is either a general-purpose register or a memory address.
G	The reg field of the ModR/M byte selects a general register (for example, AX (000)).
I	Immediate data: the operand value is encoded in subsequent bytes of the instruction.
J	The instruction contains a relative offset to be added to the instruction pointer register (for example, JMP (0E9), LOOP).
M	The ModR/M byte may refer only to memory (for example, BOUND, LES, LDS, LSS, LFS, LGS, CMPXCHG8B).
X	Memory addressed by the DS:rSI register pair (for example, MOVS, CMPS, OUTS, or LODS).
Y	Memory addressed by the ES:rDI register pair (for example, MOVS, CMPS, INS, STOS, or SCAS).

指示寻址方法的大写字母I代表Immediate（立即数）。若想知道立即数的大小，还要参考操作数类型。

常用操作数类型整理如表49-3所示。

表49-3 部分Vol.2B A.2.2. Codes for Operand Type（出处：Intel官方用户手册）

b	Byte, regardless of operand-size attribute.
d	Doubleword, regardless of operand-size attribute.
v	Word, doubleword or quadword (in 64-bit mode), depending on operand-size attribute.
z	Word for 16-bit operand-size or doubleword for 32 or 64-bit operand-size.

指示操作数类型的小写字母z在32位模式下表示的大小为DWORD（32位，4个字节）。综合以上信息，操作码68对应的PUSH Iz指令中，Iz（操作数格式）表示大小为4个字节（32位）的立即数，所以继续读取68之后的4个字节（0040B440），整条指令最终解析为PUSH 0040B4A0，用IA-32指令格式表示如下：

```
[Prefixes][Opcode][ModR/M][SIB][Displacement][Immediate]
```

以上只是解析指令的“热身”练习，下面正式学习指令解析方法。

49.5.3 ModR/M

首先学习包含ModR/M的指令解析方法。

```
89C1 MOV ECX,EAX
```

先在操作码映射中查找Opcode 89，如图49-12所示。

从操作码映射中可以看到，Opcode 89对应MOV Ev,Gv指令，带有2个操作数，第一个操作数的格式为Ev，第二个操作数格式为Gv。

Table A-2. One-byte Opcode Map: (08H — FFH) *

	8	9	A	B	C	D
8	Eb, Gb	MOV Ev, Gv	Gb, Eb	Gv, Ev	MOV Ev, Sw	LEA Gv, M

图49-12 Opcode 89 in Table A-2

由表49-3可知，操作数类型中的小写字母v表示操作数的大小为32位（4个字节）。上面指令中2个操作数的大小均为4个字节。接下来需要把握大写字母E与G代表的含义，这样才能准确解析整条指令。根据表49-2中的说明，大写字母E是寄存器或内存地址形式的操作数，大写字母G只能是寄存器形式的操作数。操作数形式为E或G时，操作码后面一定存在ModR/M选项。

提示

了解操作码后就能掌握操作码映射中的指令格式（Mnemonic、操作数个数、操作数大小）。若操作数的寻址方法为E或G，则分析操作码后面的ModR/M即可准确解析操作数。

所以，整条指令89C1中，紧跟在Opcode 89后面的1个字节C1即为ModR/M选项。ModR/M表格是指操作码手册中的Table 2-2. 32-Bit Addressing Forms with the ModR/M Byte，如图49-13所示。

Table 2-2. 32-Bit Addressing Forms with the ModR/M Byte

r8(/r) r16(/r) r32(/r) mm(/r) xmm(/r) (In decimal) /digit (Opcode) (In binary) REG =			AL AX EAX MM0 XMM0 0 000	CL CX ECX MM1 XMM1 1 001	DL DX EDX MM2 XMM2 2 010	BL BX EBX MM3 XMM3 3 011	AH SP ESP MM4 XMM4 4 100	[illegible]	[illegible]	[illegible]
Effective Address	**Mod**	**R/M**	**Value of ModR/M Byte (in Hexadecimal)**							
[EAX]	00	000	00	08	10	18	20	28	30	38
[ECX]		001	01	09	11	19	21	29	31	39
[EDX]		010	02	0A	12	1A	22	2A	32	3A
[EBX]		011	03	0B	13	1B	23	2B	33	3B
[--][--][1]		100	04	0C	14	1C	24	2C	34	3C
disp32[2]		101	05	0D	15	1D	25	2D	35	3D
[ESI]		110	06	[illegible]	[illegible]	[illegible]	[illegible]	[illegible]	[illegible]	3E
[EDI]		111	07	[illegible]	[illegible]	[illegible]	[illegible]	[illegible]	[illegible]	3F
[EAX]+disp8[3]	01	000	40	[illegible]	[illegible]	[illegible]	[illegible]	[illegible]	[illegible]	78
[ECX]+disp8		001	41	[illegible]	[illegible]	[illegible]	[illegible]	[illegible]	[illegible]	79
[EDX]+disp8		010	42	[illegible]	[illegible]	[illegible]	[illegible]	[illegible]	[illegible]	7A
[EBX]+disp8		011	43	4B	53	5B	63	6B	73	7B
[--][--]+disp8		100	44	4C	54	5C	64	6C	74	7C
[EBP]+disp8		101	45	4D	55	5D	65	6D	75	7D
[ESI]+disp8		110	46	4E	56	5E	66	6E	76	7E
[EDI]+disp8		111	47	4F	57	5F	67	6F	77	7F
[EAX]+disp32	10	000	80	88	90	98	A0	A8	B0	B8
[ECX]+disp32		001	81	89	91	99	A1	A9	B1	B9
[EDX]+disp32		010	82	8A	92	9A	A2	AA	B2	BA
[EBX]+disp32		011	83	8B	93	9B	A3	AB	B3	BB
[--][--]+disp32		100	84	8C	94	9C	A4	AC	B4	BC
[EBP]+disp32		101	85	8D	95	9D	A5	AD	B5	BD
[ESI]+disp32		110	86	8E	96	9E	A6	AE	B6	BE
[EDI]+disp32		111	87	8F	97	9F	A7	AF	B7	BF
EAX/AX/AL/MM0/XMM0	11	000	C0	C8	D0	D8	E0	E8	F0	F8
ECX/CX/CL/MM/XMM1		001	C1	C9	D1	D9	E1	E9	F1	F9
EDX/DX/DL/MM2/XMM2		010	C2	CA	D2	DA	E2	EA	F2	FA
EBX/BX/BL/MM3/XMM3		011	C3	CB	D3	DB	E3	EB	F3	FB
ESP/SP/AH/MM4/XMM4		100	C4	CC	D4	DC	E4	EC	F4	FC
EBP/BP/CH/MM5/XMM5		101	C5	CD	D5	DD	E5	ED	F5	FD
ESI/SI/DH/MM6/XMM6		110	C6	CE	D6	DE	E6	EE	F6	FE
EDI/DI/BH/MM7/XMM7		111	C7	CF	D7	DF	E7	EF	F7	FF

图49-13 Table 2-2. 32-bit ModR/M Byte

图49-13中的ModR/M表看上去比操作码映射复杂得多，但熟悉原理后就能很容易地掌握其使用方法。ModR/M长度为1个字节，在图49-13的ModR/M表中的[ModR/M]区域内，从00开始到FF结束。前面讲解ModR/M时提到过，它按比特位分为3个部分，分别为Mod、Reg、R/M（参考ModR/M说明）。下面以ModR/M C1为例讲解。

```
Ex) ModR/M = C1
C1的二进制形式为 = 11000001
拆分ModR/M = 11|000|001 (Mod:11, Reg:000, R/M:001)
```

ModR/M拆分后的各值在图49-13中的Mod、REG、R/M部分表示出来（二进制）。请各位在图49-13中查找C1，分别确认Mod、Reg、R/M的值。操作数的寻址方法为E时，操作数的形式在图49-13左侧的[E]区域（图49-13表的左侧部分）中显示。

提示

寻址方法“E”代表内存地址或寄存器。从图 49-13 中可以看到，ModR/M 值为 00~BF 时，显示在[E]区域中的操作数为内存地址；ModR/M 值为 C0~FF 时，出现在[E]区域中的操作数为寄存器。

操作数的寻址方法为G时，操作数的形式出现在图49-13中的[G]区域（图49-13的表上端部分）。

提示

寻址方法“G”仅有寄存器形式，表 49-2 中已经说明。从图 49-13 可以看到，根据 ModR/M 的 Reg 值（000~111），从 EAX 变化到 EDI（操作数大小为 32 位时）。

再回来解析指令89C1，Opcode 89对应MOV Ev,Gv指令，且带有ModR/M值。ModR/M为C1，从图49-13中可以得知，Ev=ECX，Gv=EAX。所以，指令89C1最终解析为MOV ECX,EAX。

提示

大写字母 E 与 G 表示寻址方法，在图 49-13 中分别出现在[E]区域与[G]区域。小写字母 v 表示操作数类型，32 位计算中操作数的大小也为 32 位。根据这些信息在图 49-13 中查找 ModR/M 值 C1，可知 Ev、Gv 分别为 ECX、EAX。

用IA-32指令格式表示如下：

```
[Prefixes][Opcode][ModR/M][SIB][Displacement][Immediate]
```

49.5.4 Group

Group指令语句将操作码与ModR/M组合起来，使操作码最多可以表示出8种形式的指令（Mnemonic）。灵活使用Group指令虽然会使解析变得有些复杂，却能较好地扩展操作码映射。

```
83C3 12     ADD EBX,12
```

首先在操作码映射中查找83对应的指令形式。

从图49-14可知，Opcode 83对应的指令为Grp 1 Ev,Ib，带有2个操作数，形式分别为Ev、Ib。由前面的讲解可知，Ev代表4个字节的寄存器（或者内存地址），Ib代表1个字节的立即数（根据表49-3可知，操作数类型的b代表字节大小）。

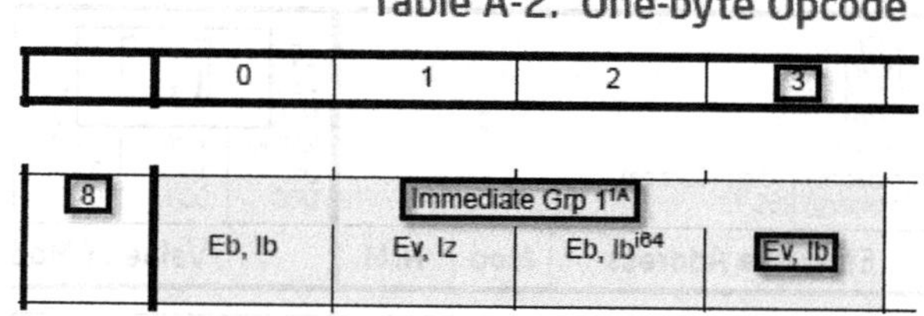

Table A-2. One-byte Opcode
0
1
2
3
8
Immediate Grp 1[1A]
Eb, Ib
Ev, Iz
Eb, Ib[i64]
Ev, Ib

图49-14 Opcode 83 in Table A-2

提示

到现在为止，解析上述语句时仍未出现指令(Mnemonic)，只是表示成了 Immediate Grp 1 的形式，即在多种形式的 Group 中它是 Immediate Grp 1。1 条操作码中包含多种指令，根据后面的 ModR/M 可以最终确定相应指令。前面图中，Immediate Group 1 的第二个操作数是立即数。该 Group 中的指令用来计算（ADD、SUB、XOR 等）这类立即数。

操作数中含有Ev符号，所以紧跟在后面的1个字节（C3）为ModR/M。操作码为Group指令语句时，后面必须紧跟ModR/M。综合目前获取的各种信息，指令83C312解析如下：

```
83C312  -  Grp1 Ev, Ib
```

到现在还是无法确切知道指令（Mnemonic）与操作数的内容。分析ModR/M“C3”后即可准确解析上述指令（解析与顺序无关，但从左到右解析起来会更简便）。

```
Ex) ModR/M = C3
C3的二进制形式为 = 11000011
拆分ModR/M = 11|000|011 (Mod:11, Reg:000, R/M:011)
```

首先参考Group指令表查看对应指令（Mnemonic）。Group指令表是指操作码用户手册中的Table A-6. Opcode Extentions for One- and Two Opcodes by Group Number，如图49-15所示。

Table A-6. Opcode Extensions for One- and Two-byte Opcodes by Group Number *

Opcode	Group	Mod 7,6	pfx	Encoding of Bits 5,4,3 of the ModR/M Byte (bits 2,1,0 in parenthesis)							
				000	001	010	011	100	101	110	111
80-83	1	mem, 11B		ADD	OR	ADC	SBB	AND	SUB	XOR	CMP
8F	1A	mem, 11B		POP							
C0,C1 reg, imm D0, D1 reg, 1 D2, D3 reg, CL	2	mem, 11B		ROL	ROR	RCL	RCR	SHL/SAL	SHR		SAR
F6, F7	3	mem, 11B		TEST Ib/Iz		NOT	NEG	MUL AL/rAX	IMUL AL/rAX	DIV AL/rAX	IDIV AL/rAX
FE	4	mem, 11B		INC Eb	DEC Eb						

图49-15 Opcode 83 in Table A-6

图49-15中操作码为83，所以只看Group 1项目即可。并且，由于ModR/M C3的Reg值为000（二进制），所以对应的指令（Mnemonic）为ADD。综合以上分析，指令83C312解析如下：

```
83C312  -  ADD Ev, Ib
```

接下来，先确定第一个操作数。在ModR/M表中查找C3值。

由图49-16可知，ModR/M“C3”的Ev对应的值为EBX。

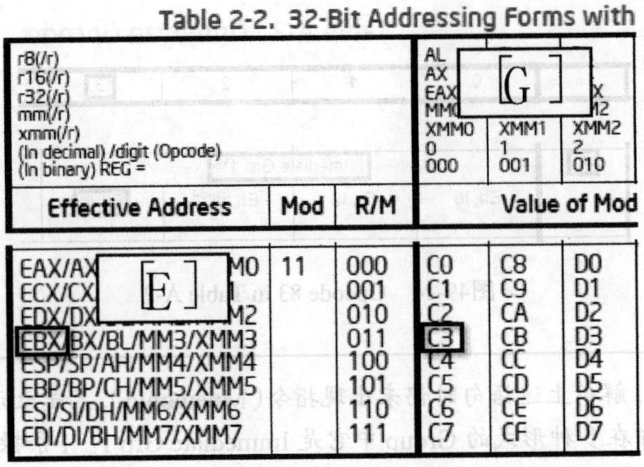

Table 2-2. 32-Bit Addressing Forms with

r8(/r) r16(/r) r32(/r) mm(/r) xmm(/r) (In decimal) /digit (Opcode) (In binary) REG =			AL AX EAX MM0 XMM0 0 000	[G] XMM1 1 001	 X M2 XMM2 2 010
Effective Address	**Mod**	**R/M**	**Value of Mod**		
EAX/AX [E] M0	11	000	C0	C8	D0
ECX/CX		001	C1	C9	D1
EDX/DX M2		010	C2	CA	D2
EBX/BX/BL/MM3/XMM3		011	C3	CB	D3
ESP/SP/AH/MM4/XMM4		100	C4	CC	D4
EBP/BP/CH/MM5/XMM5		101	C5	CD	D5
ESI/SI/DH/MM6/XMM6		110	C6	CE	D6
EDI/DI/BH/MM7/XMM7		111	C7	CF	D7

图49-16　ModR/M “C3” in Table 2-2

提示

从图 49-14 可知，第一个操作数的格式为 Ev。在图 49-13、图 49-16 的[E]区域中查找寻址方法符号 E 对应的值，有 EBX、BX、BL 这 3 种，再加上操作数类型符号是小写字母 v，所以最终选择 4 个字节的 EBX 寄存器（该处的 E 只能为通用寄存器，不可能为 MM3 与 XMM3 寄存器）。也不可以选择[G]区域中的 EAX 值，[G]区域要在寻址方法符号为 G 时使用。ModR/M 表比较复杂，必须准确理解其使用方法。

至此，指令83C312解析如下：

```
83C312  -  ADD EBX, Ib
```

第二个操作数的符号为Ib，表示1个字节大小的立即数，直接读取ModR/M后面的1个字节（12）即可。综上所述，指令83C312最终解析为如下形式：

```
83C312  -  ADD EBX, 12
```

用IA-32指令格式表示如下：

```
[Prefixes][Opcode][ModR/M][SIB][Displacement][Immediate]
```

49.5.5 前缀

本小节介绍含Prefix（前缀）的指令解析方法。有些前缀（66,67）对整条指令的解析有着重要影响，所以必须掌握。

```
66:81FE 3412    CMP SI,1234
```

首先在Table A-2 Opcode Map中查找“66”。

由图49-17可知，“66”表示操作数大小（前缀）。更准确地说，它表示的是Operand-Size Override Prefix，Prefix 66的含义为“将32位大小的操作数识别为16位大小（或者将16位大小的操作数识别为32位大小）”。紧接在Prefix 66后面的1个字节81为操作码，在操作码映射中查找“81”，如图49-18所示。

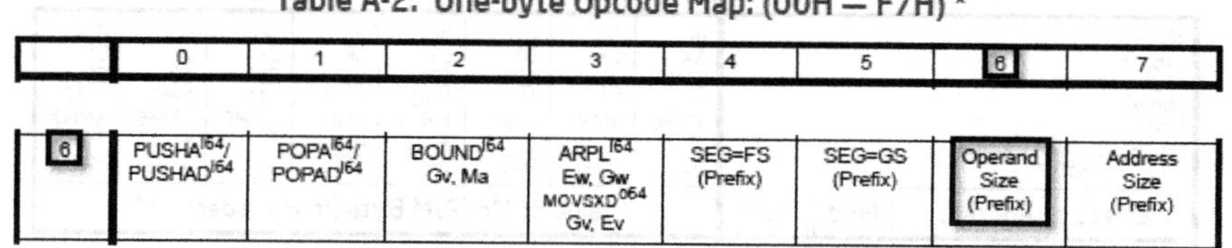
Table A-2. One-byte Opcode Map: (00H — F7H) *

	0	1	2	3	4	5	6	7
6	PUSHA^i64 / PUSHAD^i64	POPA^i64 / POPAD^i64	BOUND^i64 Gv, Ma	ARPL^i64 Ew, Gw MOVSXD^o64 Gv, Ev	SEG=FS (Prefix)	SEG=GS (Prefix)	Operand Size (Prefix)	Address Size (Prefix)

图49-17　Prefix 66 in Table A-2

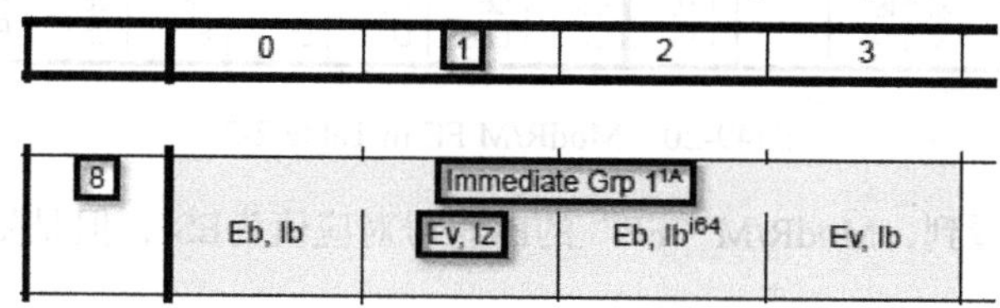
Table A-2. One-byte Opcode

	0	1	2	3
8	Immediate Grp 1^1A			
	Eb, Ib	Ev, Iz	Eb, Ib^i64	Ev, Ib

图49-18　Opcode 81 in Table A-2

Opcode 81为Group指令，带有2个操作数（Ev，Iz）。符号Ev一般表示32位的寄存器（或内存地址），而符号Iv表示32位立即数（参考操作码用户手册A.2.1 & A.2.2）。但因前面有Operand-Size Override Prefix 66，故操作数的大小分别由32位变为16位。操作数格式中出现符号E，则表示后面跟有ModR/M字节（FE）。综合以上分析，指令6681FE3412解析如下（请注意：Prefix 66使操作数大小变为16位）：

```
6681FE 3412  -  Grp1 Ev, Iz      (Operand Size = 16 bit)
```

要想得到准确指令与操作数，还要分析ModR/M值FE代表的含义。

```
Ex) ModR/M = FE
FE的二进制表示 = 11111110
拆分ModR/M = 11|111|110 (Mod:11, Reg:111, R/M:110)
```

接着在Table A-6中查看Group指令，确定其代表的具体指令，如图49-19所示。

Table A-6. Opcode Extensions for One- and Two-byte Opcodes by Group Number *

Opcode	Group	Mod 7,6	pfx	Encoding of Bits 5,4,3 of the ModR/M Byte (bits 2,1,0 in parenthesis) 000	001	010	011	100	101	110	111
80-83	1	mem, 11B		ADD	OR	ADC	SBB	AND	SUB	XOR	CMP
8F	1A	mem, 11B		POP							
C0,C1 reg, imm D0, D1 reg, 1 D2, D3 reg, CL	2	mem, 11B		ROL	ROR	RCL	RCR	SHL/SAL	SHR		SAR
F6, F7	3	mem, 11B		TEST Ib/Iz		NOT	NEG	MUL AL/rAX	IMUL AL/rAX	DIV AL/rAX	IDIV AL/rAX

图49-19　Opcode 81 in Table A-6

由图49-19中的Group表可知，Opcode 81（Group 1）中，ModR/M的REG（值为111）对应的实际指令为CMP。

```
6681FE 3412  -  CMP Ev, Iz      (Operand Size = 16 bit)
```

接下来开始确定第一个操作数。在ModR/M表格中查找“FE”，如图49-20所示。

Table 2-2. 32-Bit Addressing Forms with the ModR/M Byte

r8(/r) r16(/r) r32(/r) mm(/r) xmm(/r) (In decimal) /digit (Opcode) (In binary) REG =			AL AX EAX MM0 XMM0 0 000	CL CX ECX MM1 XMM1 1 001	DL DX EDX MM2 XMM2 2 010	BL BX EBX MM3 XMM3 3 011	AH SP ESP MM4 XMM4 4 100	CH BP EBP MM5 XMM5 5 101	DH SI ESI MM6 XMM6 6 110	BH DI EDI MM7 XMM7 7 111
Effective Address	**Mod**	**R/M**	**Value of ModR/M Byte (in Hexadecimal)**							
EAX/AX/AL/MM0/XMM0	11	000	C0	C8	D0	D8	E0	E8	F0	F8
ECX/CX/CL/MM/XMM1		001	C1	C9	D1	D9	E1	E9	F1	F9
EDX/DX/DL/MM2/XMM2		010	C2	CA	D2	DA	E2	EA	F2	FA
EBX/BX/BL/MM3/XMM3		011	C3	CB	D3	DB	E3	EB	F3	FB
ESP/SP/AH/MM4/XMM4		100	C4	CC	D4	DC	E4	EC	F4	FC
EBP/BP/CH/MM5/XMM5		101	C5	CD	D5	DD	E5	ED	F5	FD
ESI/SI/DH/MM6/XMM6		110	C6	CE	D6	DE	E6	EE	F6	FE
EDI/DI/BH/MM7/XMM7		111	C7	CF	D7	DF	E7	EF	F7	FF

图49-20　ModR/M FE in Table 2-2

从图49-20中可以看到，ModR/M“FE”的Ev符号对应值为ESI，但是受Prefix 66的限制，要选择16位的SI。

```
6681FE 3412   -   CMP SI, Iz      (Operand Size = 16 bit)
```

第二个操作数的符号为Iz，原指4个字节（32位）的立即数值，但受Prefix 66的影响，其变为2个字节（16位）大小，即获取ModR/M后面的2个字节（1234）。所以整条指令最终解析如下：

```
6681FE 3412   -   CMP SI, 1234
```

用IA-32指令格式表示如下：

```
[Prefixes][Opcode][ModR/M][SIB][Displacement][Immediate]
```

49.5.6　双字节操作码

本小节学习操作码为双字节时的指令解析方法。单字节操作码不够用时，可以将其扩展为双字节。双字节操作码中第一个字节恒为0F，故其在操作码映射中的查找方式与单字节操作码是一样的。

```
0F85 FA1F0000     JNZ XXXXXXXX
```

先在单字节操作码映射中查找指令的第一个字节（0F），如图49-21所示。

Table A-2. One-byte Opcode Map: (08H — FFH) *

	8	9	A	B	C	D	E	F
0	OR Eb, Gb	Ev, Gv	Gb, Eb	Gv, Ev	AL, Ib	rAX, Iz	PUSH CS[i64]	2-byte escape (Table A-3)

图49-21　Opcode 0F in Table A-2

由上表可知，“0F”为双字节操作码的Escape符号，指示继续在Table A-3中查找双字节操作码。双字节操作码映射（即Table A-3）在Intel用户手册中的分量是单字节的两倍，如图49-22所示。

Table A-3. Two-byte Opcode Map: 80H — F7H (First Byte is 0FH) *

	pfx	0	1	2	3	4	5	6	7
8		Jcc[f64], Jz - Long-displacement jump on condition O	NO	B/CNAE	AE/NB/NC	E/Z	NE/NZ	BE/NA	A/NBE

图49-22　Opcode 0F85 in Table A-3

从图49-22的表格标题可以看到，第一个字节为“0F”。查找第二个字节85，可以看到它对应的指令为JNE（JNZ）。

提示

Jcc 为 Conditional Jump（条件跳转）指令，一般这种条件跳转指令之前都有比较语句（CMP、TEST），并根据比较的结果决定是否跳转。Jcc 指令有多种形式，示例中的 0F85 被解析为 JNE（Jump Not Equal）或 JNZ（Jump Not Zero）指令（两条指令含义相同）。Jcc 指令（0F80~0F8F）的操作数在图 49-22 中显示为“Long-displacement”。操作数说明中，一般 Long 表示 4 个字节（32 位），Short 表示 1 个字节（8 位）。所以，Jcc 指令的操作数为 4 字节大小的 Displacement（移位值）。

由于JNE指令的操作数为4个字节大小的移位值，继续读取操作码后面的4个字节（00001FFA），整条指令解析如下：

```
0F85 FA1F0000  -  JNE XXXXXXXX
```

用IA-32指令格式表示如下：

```
[Prefixes][Opcode][ModR/M][SIB][Displacement][Immediate]
```

提示

以上指令中的移位值 00001FFA 为相对位移，加上当前的 EIP 才能准确算出跳转地址。比如，上述指令的地址为 401000，执行指令后，EIP 值为 401006（增加 6 个字节（指令长度）），那么实际跳转的地址为 403000（JNE 403000），它是 EIP 值（401006）与移位值（1FFA）相加的结果。调试中会经常遇到“相对位移”这一术语，希望各位理解其含义。

49.5.7　移位值&立即数

若指令中同时存在移位值&立即数，该如何解析呢？下面学习这种指令的解析方法。

```
C705 00CF4000 01000100    MOV DWORD PTR DS:[40CF00], 10001
```

首先在操作码映射中查找“C7”，如图49-33所示。

Table A-2. One-byte Opcode Map: (00H — F7H) *

	0	1	2	3	4	5	6	7
C	Shift Grp 2[1A] Eb, Ib	Ev, Ib	RETN[f64] Iw	RETN[f64]	LES[i64] Gz, Mp	LDS[i64] Gz, Mp	Grp 11[1A] - MOV Eb, Ib	Ev, Iz

图49-23　Opcode C7 in Table A-2

Opcode C7对应Group 11 MOV指令，带有2个操作数（Ev,Iz）。所以上述指令解析如下：

```
C705 00CF4000 01000100  -  Grp11 Ev, Iz
```

出现Group指令或操作数形式中有E、G时，操作码之后必跟着ModR/M选项，上述指令中ModR/M的值为05。

```
Ex.      ModR/M = 05
```

```
05的二进制形式 = 00000101
拆分ModR/M = 00|000|101 (Mod:00, Reg:000, R/M:101)
```

接着在Group指令表（Table A-6）中查找其对应的实际指令（Mnemonic），如图49-24所示。

Table A-6. Opcode Extensions for One- and Two-byte Op

Opcode	Group	Mod 7,6	pfx	Encoding of Bits 5,4,3 of the ModR/M			
				000	001	010	011
C6	11	mem, 11B		MOV Eb, Ib			
C7		mem		MOV Ev, Iz			
		11B					

图49-24　Opcode C7 in Table A-6

Group 11中ModR/M的Reg值（000）对应的指令为MOV，且在Group 11中仅有一个MOV指令（故图49-23中出现了“Group11 - MOV”的标识）。

```
C705 00CF4000 01000100   -  MOV Ev, Iz
```

接下来确定第一个操作数（Ev），在ModR/M表（Table 2-2）中查找“05”，如图49-25所示。

Table 2-2. 32-Bit Addressing Forms with the M

r8(/r) r16(/r) r32(/r) mm(/r) xmm(/r) (In decimal) /digit (Opcode) (In binary) REG =			AL AX EAX MM0 XMM0 0 000	CL CX ECX MM1 XMM1 1 001	DL DX EDX MM2 XMM2 2 010	BL BX EBX MM3 XMM3 3 011
Effective Address	Mod	R/M	Value of ModR/M By			
[EAX]	00	000	00	08	10	18
[ECX]		001	01	09	11	19
[EDX]		010	02	0A	12	1A
[EBX]		011	03	0B	13	1B
[--][--][1]		100	04	0C	14	1C
disp32[2]		101	05	0D	15	1D
[ESI]		110	06	0E	16	1E
[EDI]		111	07	0F	17	1F

图49-25　ModR/M 05 in Table 2-2

第一个操作数（Ev）为“disp32”，代表32位大小的移位值。ModR/M在00~BF范围内时，Ev形式的操作数表示内存地址（ModR/M在C0~FF范围内时，Ev形式的操作数表示寄存器）。所以，ModR/M之后的4个字节（0040CF00）为移位值，表示内存地址（表示地址时一定要用上[]中括号）。

```
C705 00CF4000 01000100   -  MOV [0040CF00], Iz
```

最后，第二个操作数Iz为4个字节大小的立即数，从移位值之后读取4个字节（00010001）即可。

```
C705 00CF4000 01000100   -  MOV [0040CF00], 10001
```

上述指令表示向40CF00地址中放入10001值，使用IA-32指令格式表示如下：

```
[Prefixes][Opcode][ModR/M][SIB][Displacement][Immediate]
```

49.5.8　SIB

操作数指向内存地址时，SIB（Scale、Index、Base）用来辅助寻址。指令中含有SIB时，其本身会变得较为复杂。换言之，如果掌握了含有SIB的指令解析方法，你就达到了大师级别。

```
8B0C01     MOV ECX, [EAX+ECX]
```

首先在操作码映射中查找“8B”，如图49-26所示。

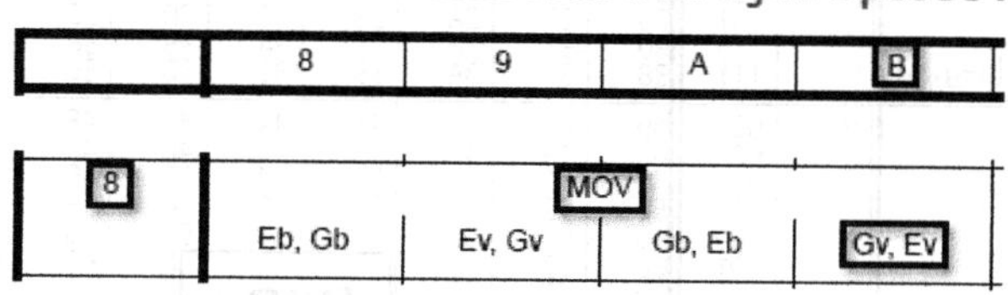

图49-26　Opcode 8B in Table A-2

由图49-26可知，Opcode 8B对应的指令为MOV Gv,Ev，带有2个操作数，第一个操作数为Gv形式，是一个4字节的寄存器；第二个操作数为Ev形式，是一个4字节的寄存器或内存地址。操作数的寻址方法为G、E时，操作码后会跟着ModR/M选项。解析出该ModR/M即可准确解析操作数。上述指令中ModR/M为0C，在ModR/M表中查找，如图49-27所示。

第一个操作数Gv对应的值为ECX，第二个操作数Ev对应的值为[--][--]。符号[--][--]表示需要SIB字节来辅助表示准确地址。综合以上分析，上述指令解析如下：

```
8B0C01  -  MOV ECX, [--][--]
```

第二个操作数的符号[--][--]指向内存地址，要准确解析它需要用到SIB字节，用更直观的方式表示如下：

```
[--][--] = [(Reg. A) + (Reg. B)]
* 寄存器A、B二者可缺其一!
```

重写上述指令如下：

```
8B0C01  -  MOV ECX, [(Reg. A) + (Reg. B)]
```

Table 2-2. 32-Bit Addressing Forms with the M

r8(/r) r16(/r) r32(/r) mm(/r) xmm(/r) (In decimal) /digit (Opcode) (In binary) REG =			AL AX EAX MM0 XMM0 0 000	CL CX ECX MM1 XMM1 1 001	DL DX EDX MM2 XMM2 2 010	BL BX EBX MM3 XMM3 3 011
Effective Address	**Mod**	**R/M**	**Value of ModR/M By**			
[EAX]	00	000	00	08	10	18
[ECX]		001	01	09	11	19
[EDX]		010	02	0A	12	1A
[EBX]		011	03	0B	13	1B
[--][--][1]		100	04	0C	14	1C
disp32[2]		101	05	0D	15	1D
[ESI]		110	06	0E	16	1E
[EDI]		111	07	0F	17	1F

图49-27　ModR/M 0C in Table 2-2

这种表示方法更加直观。接下来在SIB表中查找Reg.A与Reg.B，如图49-28所示。

前面的指令中，SIB的值为01，SIB表就是操作码用户手册中的Table 2-3。

Table 2-3. 32-Bit Addressing Forms with the SIB Byte

r32 (In decimal) Base = (In binary) Base =			EAX 0 000	ECX 1 001	EDX 2 010	[Reg. A]		[*] 5 101	ESI 6 110	EDI 7 111
Scaled Index	SS	Index	Value of SIB Byte (in Hexadecimal)							
[EAX]	00	000	00	01	02	03	04	05	06	07
[ECX]		001	08	09	0A	0B	0C	0D	0E	0F
[EDX]		010	10	11	12	13	14	15	16	17
[EBX]		011	18	19	1A	1B	1C	1D	1E	1F
none		100	20	21	22	23	24	25	26	27
[EBP]		101	28	29	2A	2B	2C	2D	2E	2F
[ESI]		110	30	31	32	33	34	35	36	37
[EDI] [Reg. B]		111	38	39	3A	3B	3C	3D	3E	3F
[EAX*2]	01	000	40	41	42	43	44	45	46	47
[ECX*2]		001	48	49	4A	4B	4C	4D	4E	4F
[EDX*2]		010	50	51	52	53	54	55	56	57
[EBX*2]		011	58	59	5A	5B	5C	5D	5E	5F
none		100	60	61	62	63	64	65	66	67
[EBP*2]		101	68	69	6A	[SIB]		D	6E	6F
[ESI*2]		110	70	71	72			5	76	77
[EDI*2]		111	78	79	7A			D	7E	7F
[EAX*4]	10	000	80	81	82			5	86	87
[ECX*4]		001	88	89	8A	8B	8C	8D	8E	8F
[EDX*4]		010	90	91	92	93	94	95	96	97
[EBX*4]		011	98	89	9A	9B	9C	9D	9E	9F
none		100	A0	A1	A2	A3	A4	A5	A6	A7
[EBP*4]		101	A8	A9	AA	AB	AC	AD	AE	AF
[ESI*4]		110	B0	B1	B2	B3	B4	B5	B6	B7
[EDI*4]		111	B8	B9	BA	BB	BC	BD	BE	BF
[EAX*8]	11	000	C0	C1	C2	C3	C4	C5	C6	C7
[ECX*8]		001	C8	C9	CA	CB	CC	CD	CE	CF
[EDX*8]		010	D0	D1	D2	D3	D4	D5	D6	D7
[EBX*8]		011	D8	D9	DA	DB	DC	DD	DE	DF
none		100	E0	E1	E2	E3	E4	E5	E6	E7
[EBP*8]		101	E8	E9	EA	EB	EC	ED	EE	EF
[ESI*8]		110	F0	F1	F2	F3	F4	F5	F6	F7
[EDI*8]		111	F8	F9	FA	FB	FC	FD	FE	FF

图49-28　Table 2-3. 32-bit SIB Byte

查看SIB表的方法与查看ModR/M表的方法类似，先找到SIB值，然后在表顶部的[Reg.A]区域获取Reg.A寄存器，然后在表左侧的[Reg.B]区域获取Reg.B寄存器。图49-28中与SIB 01对应的Reg.A为ECX，Reg.B为EAX。所以指令最终解析如下：

```
8B0C01   -   MOV ECX, [ECX+EAX]
```

用IA-32指令格式表示如下：

```
[Prefixes][Opcode][ModR/M][SIB][Displacement][Immediate]
```

操作数为（复杂形式的）内存地址时，SIB就像这样用来辅助寻址。接下来解析一条带有更复杂的SIB选项的指令。

```
8D8428 B1354000      LEA EAX, [EAX+EBP+4035B1]
```

如图49-29所示，Opcode 8D对应的指令为LEA Gv,M。

Table A-2. One-byte Opcode Map: (08H — FFH) *

	8	9	A	B	C	D
8	MOV				MOV	LEA
	Eb, Gb	Ev, Gv	Gb, Eb	Gv, Ev	Ev, Sw	Gv, M

图49-29　Opcode 8D in Table A-2

LEA指令是“Load Effective Address”的缩写，是“取有效地址指令”。第一个操作数为Gv形式，是4个字节大小的寄存器；第二个操作数为M形式，仅表示内存地址（参考表49-2）。

```
8D8428 B1354000   -   LEA Gv, M
```

由于操作数的寻址方法为G、M，所以操作码后面跟着ModR/M字节，分析后面的ModR/M即可得到准确的操作数值。上述指令中ModR/M值为84，在Table 2-2中查找它，如图49-30所示。

第一个操作数Gv形式为EAX，第二个操作数M形式为[--][--]+disp32。

提示

各位现在已经非常熟悉ModR/M表格了吧？在表格上端求G形式的值，在表格左侧求E或M形式的值。

综合以上分析，上述指令解析如下：

```
8D8428 B1354000   -   LEA EAX, [--][--]+disp32
```

第二个操作数中的[--][--]+disp32指的是内存地址，要想准确解析，需要使用后面的SIB字节与32位的移位值。使用更直观的方式表示[--][--]+disp32如下：

```
[--][--]+disp32 = [(Reg. A) + (Reg. B) + disp32]
* 寄存器A、B两者可缺其一!
```

Table 2-2. 32-Bit Addressing Forms with the M

r8(/r) r16(/r) r32(/r) mm(/r) xmm(/r) (In decimal) /digit (Opcode) (In binary) REG =			AL AX EAX MM0 XMM0 0 000	CL CX ECX MM1 XMM1 1 001	DL DX EDX MM2 XMM2 2 010	BL BX EBX MM3 XMM3 3 011
Effective Address	**Mod**	**R/M**	**Value of ModR/M By**			
[EAX]+disp32	10	000	80	88	90	98
[ECX]+disp32		001	81	89	91	99
[EDX]+disp32		010	82	8A	92	9A
[EBX]+disp32		011	83	8B	93	9B
[--][--]+disp32		100	84	8C	94	9C
[EBP]+disp32		101	85	8D	95	9D
[ESI]+disp32		110	86	8E	96	9E
[EDI]+disp32		111	87	8F	97	9F

图49-30 ModR/M 84 in Table 2-2

用更直观的方式解析上述指令。

```
8D8428 B1354000   -   LEA EAX, [(Reg. A)+(Reg. B) + disp32]
```

接下来查看SIB表以获取Reg.A与Reg.B对应的值。因SIB为28，故Reg.A为EAX，Reg.B为EBP（参考图49-31）。

Table 2-3. 32-Bit Addressing Forms with

r32 (In decimal) Base = (In binary) Base =			EAX 0 000	ECX 1 001	EDX 2 010	EBX 3 011
Scaled Index	**SS**	**Index**	**Value of SIB Byte**			
[EAX]	00	000	00	01	02	03
[ECX]		001	08	09	0A	0B
[EDX]		010	10	11	12	13
[EBX]		011	18	19	1A	1B
none		100	20	21	22	23
[EBP]		101	28	29	2A	2B
[ESI]		110	30	31	32	33
[EDI]		111	38	39	3A	3B

图49-31 SIB 28 in Table 2-3

上述指令中disp32的值为SIB后的004035B1。综合以上所有分析，整条指令最终解析如下：

```
8D8428 B1354000   -   LEA EAX, [EAX+EBP+4035B1]
```

用IA-32指令格式表示如下：

```
[Prefixes][Opcode][ModR/M][SIB][Displacement][Immediate]
```

49.6 指令解析课外练习

若想完全掌握指令解析方法，需要大量练习。反复看前面的练习示例，熟悉解析方法后，在OllyDbg调试器中打开并运行notepad.exe程序，如图49-32所示。

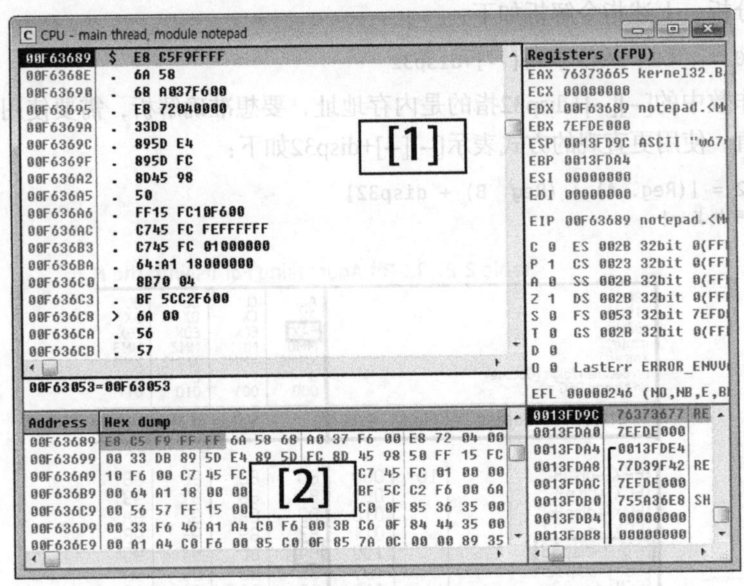

图49-32　通过OllyDbg做指令解析练习

参考前面打印出的操作码用户手册，将区域[1]中的指令逐条解析为反汇编代码（请先隐藏OllyDbg调试器中的反汇编窗口）。指令解析的成功率达到99%以上后，再看区域[2]中的机器代码，将它们解析为反汇编代码。通过这些训练，各位会迅速成长为IA-32指令解析高手。

49.7 小结

本章主要讲解IA-32指令的解析方法，刚接触它的读者朋友可能会觉得有些难度。但若完全掌握了指令解析方法，逆向技术水平就会达到中级以上。

我主要使用IA-32指令来编写查杀恶意代码的函数。检测变形病毒（Polymorphic Virus）时，必须探测出Polymorphic引擎中产生的指令类型，这时就需要分析人员具有丰富的指令知识。此外，了解指令结构也有助于提高代码调试水平。掌握IA-32指令相关知识对于编写“打补丁”代码、分析漏洞Shell代码都非常有帮助。当然，掌握IA-32指令解析方法对于提高各位的逆向分析技术水平也有相当大的帮助。

提示

以上内容仅涉及Intel用户手册中的极少部分。若想深入学习有关IA-32指令的知识，请各位认真研读Intel® 64 and IA-32 Architectures Software Developer’s Manuals（与指令解析相关的部分为Vol. 2A-2.1、Vol.2B-Appendix A）。

第七部分

反调试技术

第50章 反调试技术

有经验的代码逆向分析人员通过调试能够轻松把握程序的代码执行流程与数据结构。这种调试行为使程序的“秘密”一览无遗，这显然是程序开发人员不愿看到的结果，所以发展出了针对程序调试的“反调试”技术。代码逆向分析人员也要学习“反调试”技术，主要基于以下2个原因：

(1) 掌握各种反调试技术的工作原理后可以有效规避。

(2) 学习反调试技术的过程中会学习大量高级逆向分析技术。

本章将向各位介绍一些具有代表性的反调试技术，使大家了解其工作原理，并学习如何规避。

50.1 反调试技术

反调试技术属于高级逆向分析技术范畴，它涵盖了我们前面学过的各种技术，当然也有一些新增的知识。各位可以通过本章温故知新，另外，反调试技术也在不断发展，我们必须坚持学习新知识、新技术。

50.1.1 依赖性

反调试技术对调试器与OS有着很强的依赖性（Dependency）。也就是说，有些反调试技术仅能在特定版本OS下正常工作，而且不同种类调试器应用的反调试技术也略有不同。

提示

本章介绍的大部分技术可以正常应用在 Windows XP SP3（32位）与 Winodows 7（32位）操作系统下。调试某个应用了反调试技术的文件时，要充分考虑它对调试器和 OS 的依赖性。

50.1.2 多种反调试技术

反调试技术多种多样，日新月异。本章只讲解最具代表性的、应用范围最广的技术，同时也会介绍一些应用在各种PE保护器中的高级反调试技术。

50.2 反调试破解技术

反调试技术给逆向分析人员下了个“套”，阻止他们调试程序。而反调试破解技术（Anti-Anti-Debugging）则用来解除程序中的“套”，规避反调试技术。简言之，反调试破解技术就是逆向分析人员用来破解反调试技术的技术。

提示

国外的逆向分析技术论坛中经常出现“反调试破解技术”一词，该术语较长，且语感不佳，我在后面的讲解中将使用“破解方法”、“规避方法”等词汇。

50.3 反调试技术的分类

反调试技术多种多样，分类标准也五花八门。若分类得当，学习和理解就会非常容易。我从逆向分析人员的立场出发，根据破解方法将反调试技术大致分为静态与动态两组，这两组内又可以细分出许多更小的组别。

调试运用了静态技术的程序文件时，只要在开始破解1次即可解除全部反调试限制。而运用动态技术的程序则要一边调试（遇到反调试代码时）一边破解。显然，破解应用了动态反调试技术的程序要困难得多。表50-1对各组别相关特征给出了详细说明，供各位参考。

表50-1 根据破解方法对反调试技术分类

	静　态	动　态
难度	中、低	高
实现原理	灵活运用各种系统信息	反向利用调试器的工作原理
目的	检测调试器	隐藏内部代码与数据
破解时间点	调试开始时	调试过程中
破解次数	1次	随时
破解方法	API钩取，调试器插件	API钩取、调试器插件、实用工具
具有代表性的技术	PEB BeingDebugged (IsDebuggerPresent()) Ldr Heap(Flags, Force Flags) NtGlobalFlag TEB StaticUnicodeString Using Native API NtQueryInformationProcess() ProcessDebugPort(0x7) (CheckRemoteDebuggerPresent()) ProcessDebugObjectHandle(0x1E) ProcessDebugFlags(0x1F) NtQuerySystemInformation() SystemKernelDebuggerInformation (0x23) NtQueryObject() Attack Debugger Detatch Debugger NtSetInformationThread() ThreadHideFromDebugger(0x11) BlockInput() OpenProcess SeDebugPrivilege TLS Calllback Function Using Normal API Parent Process Window Name Process Name File Name Register Resource String in Process Virtual Memory Kernel Mode Driver System Environment Targeting OutputDebugString ( ) Memory Break Point Filename Format String ESI Value (Guard Page - Memory Break Point)	Using SEH Exceptions CloseHandle() Break Points INT3 (CC) INT 3 (CD 03) INT1 (F1) INT 2D (CD 2D) SetUnhandledExceptionFilter() Timing Check RDTSC QueryPerformanceCount() GetTickCount() timeGetTime() _ftime() Single Step Trap Flag PUSHFD/POPFD INT 2D Patching Detection 0xCC Scanning Calc Checksum (Hash) Stack Segment Register Anti-Disassembly PE Image Switching Self-Execution Debug Blocker (Self-Debugging) Nanomite Obfuscated Code Code Permutation Encryption/Decryption Stolen Bytes API Redirection Guard Page Virtual Machine（自己实现）

50.3.1 静态反调试技术

静态反调试技术主要用来探测调试器，若探测到，则使程序无法正常运行。所以在调试器中打开应用了静态反调试技术的文件时，文件将无法正常运行（RUN）。但破解了文件中应用的静态反调试技术后，调试器就可以正常运行该程序文件了（参考图50-1）。

图50-1 静态反调试技术

50.3.2 动态反调试技术

破解了程序文件的静态反调试技术后，并不能解决所有问题。若想了解程序的工作原理，还需要借助调试器中的跟踪技术来掌握程序代码与数据。但如果程序文件中应用了动态反调试技术，则很难再使用调试器中的跟踪技术，因为动态反调试技术会扰乱调试器跟踪的功能，使我们无法查看程序中的代码与数据（参考图50-2）。

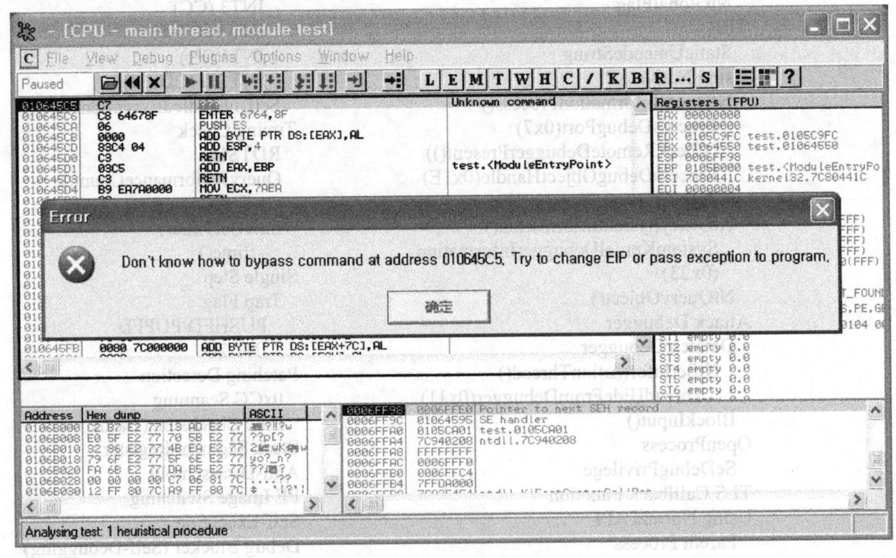

图50-2 动态反调试技术

调试器中运行与跟踪的不同

调试器中，运行命令用来运行被调试进程，而跟踪命令则用来逐条运行被调试者内部指令，并允许用户实时查看寄存器、内存（栈）等。跟踪类似于逐行调试，跟踪过程中，调试器与被调试进程相互往来大量调试事件。动态反调试技术就巧妙运用这些事件与调试器的工作原理来实现反调试。

后面会详细讲解各组别中具有代表性的一些技术。

第51章　静态反调试技术

本章我们将学习静态组别中的反调试技术，了解各技术的工作原理，并学习相应的破解之法。

51.1　静态反调试的目的

被调试进程用静态反调试技术来侦测自身是否处于被调试状态，若侦测到处于被调试状态，则执行非常规代码（主要是终止代码）来阻止。具体的实现方法包括调试器检测方法、调试环境检测方法、强制隔离调试器的方法等等。反调试破解方法主要用来从探测代码获取信息，然后修改信息本身使反调试技术失效。

提示

许多静态反调试技术对 OS 有较强依赖性。这意味着静态反调试技术在 Windows XP 系统下可以正常使用，而在 Windows Vista/7 操作系统中可能失效。本章所有练习示例在 Windows XP 中顺利通过测试。

51.2　PEB

利用PEB结构体信息可以判断当前进程是否处于被调试状态。这些信息值得信赖、使用方便，所以广泛应用于反调试技术。

代码51-1　PEB结构体

```
+0x000 InheritedAddressSpace : UChar
+0x001 ReadImageFileExecOptions : UChar
+0x002 BeingDebugged     : UChar
+0x003 SpareBool         : UChar
+0x004 Mutant            : Ptr32 Void
+0x008 ImageBaseAddress : Ptr32 Void
+0x00c Ldr               : Ptr32 _PEB_LDR_DATA
+0x010 ProcessParameters : Ptr32 _RTL_USER_PROCESS_PARAMETERS
+0x014 SubSystemData     : Ptr32 Void
+0x018 ProcessHeap       : Ptr32 Void
+0x01c FastPebLock       : Ptr32 _RTL_CRITICAL_SECTION
+0x020 FastPebLockRoutine : Ptr32 Void
+0x024 FastPebUnlockRoutine : Ptr32 Void
+0x028 EnvironmentUpdateCount : Uint4B
+0x02c KernelCallbackTable : Ptr32 Void
+0x030 SystemReserved    : [1] Uint4B
+0x034 AtlThunkSListPtr32 : Uint4B
+0x038 FreeList          : Ptr32 _PEB_FREE_BLOCK
+0x03c TlsExpansionCounter : Uint4B
+0x040 TlsBitmap         : Ptr32 Void
+0x044 TlsBitmapBits     : [2] Uint4B
+0x04c ReadOnlySharedMemoryBase : Ptr32 Void
+0x050 ReadOnlySharedMemoryHeap : Ptr32 Void
+0x054 ReadOnlyStaticServerData : Ptr32 Ptr32 Void
```

```
+0x058 AnsiCodePageData : Ptr32 Void
+0x05c OemCodePageData  : Ptr32 Void
+0x060 UnicodeCaseTableData : Ptr32 Void
+0x064 NumberOfProcessors : Uint4B
+0x068 NtGlobalFlag     : Uint4B
+0x070 CriticalSectionTimeout : _LARGE_INTEGER
+0x078 HeapSegmentReserve : Uint4B
+0x07c HeapSegmentCommit : Uint4B
+0x080 HeapDeCommitTotalFreeThreshold : Uint4B
+0x084 HeapDeCommitFreeBlockThreshold : Uint4B
+0x088 NumberOfHeaps    : Uint4B
+0x08c MaximumNumberOfHeaps : Uint4B
+0x090 ProcessHeaps     : Ptr32 Ptr32 Void
+0x094 GdiSharedHandleTable : Ptr32 Void
+0x098 ProcessStarterHelper : Ptr32 Void
+0x09c GdiDCAttributeList : Uint4B
+0x0a0 LoaderLock       : Ptr32 Void
+0x0a4 OSMajorVersion   : Uint4B
+0x0a8 OSMinorVersion   : Uint4B
+0x0ac OSBuildNumber    : Uint2B
+0x0ae OSCSDVersion     : Uint2B
+0x0b0 OSPlatformId     : Uint4B
+0x0b4 ImageSubsystem   : Uint4B
+0x0b8 ImageSubsystemMajorVersion : Uint4B
+0x0bc ImageSubsystemMinorVersion : Uint4B
+0x0c0 ImageProcessAffinityMask : Uint4B
+0x0c4 GdiHandleBuffer  : [34] Uint4B
+0x14c PostProcessInitRoutine : Ptr32     void
+0x150 TlsExpansionBitmap : Ptr32 Void
+0x154 TlsExpansionBitmapBits : [32] Uint4B
+0x1d4 SessionId        : Uint4B
+0x1d8 AppCompatFlags   : _ULARGE_INTEGER
+0x1e0 AppCompatFlagsUser : _ULARGE_INTEGER
+0x1e8 pShimData        : Ptr32 Void
+0x1ec AppCompatInfo    : Ptr32 Void
+0x1f0 CSDVersion       : _Unicode_STRING
+0x1f8 ActivationContextData : Ptr32 Void
+0x1fc ProcessAssemblyStorageMap : Ptr32 Void
+0x200 SystemDefaultActivationContextData : Ptr32 Void
+0x204 SystemAssemblyStorageMap : Ptr32 Void
+0x208 MinimumStackCommit : Uint4B
```

代码51-1列出了Windows XP SP3中PEB结构体的成员，其中与反调试技术密切相关的成员如代码51-2所示。

代码51-2 反调试技术中用到的PEB结构体成员

```
+0x002 BeingDebugged    : UChar
+0x00c Ldr              : Ptr32 _PEB_LDR_DATA
+0x018 ProcessHeap      : Ptr32 Void
+0x068 NtGlobalFlag     : Uint4B
```

BeingDebugged成员是一个标志（Flag），用来表示进程是否处于被调试状态。Ldr、ProcessHeap、NtGlobalFlag成员与被调试进程的堆内存特性相关。

接下来分别讲解以上4个PEB成员。

提示

借助 FS 段寄存器所指的 TEB 结构体可轻松获取进程的 PEB 结构体地址。TEB.ProcessEnvironmentBlock 成员（偏移为+0x30）指向 PEB 结构体地址，有以下 2 种方法可以获取 PEB 结构体的地址。

(1) 直接获取 PEB 的地址

MOV EAX, DWORD PTR FS: [0x30] ; FS[0x30] = address of PEB

(2) 先获取 TEB 地址，再通过 ProcessEnvironmentBlock 成员（偏移为+0x30）获取 PEB 地址

MOV EAX, DWORD PTR FS: [0x18] ; FS[0x18] = address of TEB

MOV EAX, DWORD PTR DS: [EAX+0x30] ; DS[EAX+0x30] = address of PEB

第二种方法其实是第一种方法的展开形式，二者都通过 TEB.ProcessEnvironmentBlock 成员的值来获取 PEB 结构体的地址。更详细的说明请参考第 46、47 章。

51.2.1 BeingDebugged(+0x2)

进程处于调试状态时，PEB.BeingDebugged成员(+0x2)的值被设置为1（TRUE）；进程在非调试状态下运行时，其值被设置为0（FALSE）。

IsDebuggerPresent()

IsDebuggerPresent() API获取PEB.BeingDebugged的值来判断进程是否处于被调试状态。直接查看其代码可以更清楚地理解它（我的系统环境中，PEB的起始地址为7FFDF000），如图51-1所示。

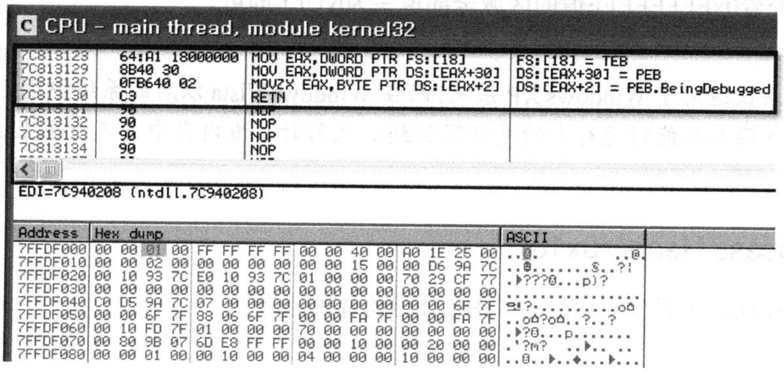

图51-1 IsDebuggerPresent() API代码与PEB结构体

IsDebuggerPresent() API代码非常简单，先获取TEB结构体的地址（FS:[18]），再通过TEB.ProcessEnvironmentBlock成员(+0x30)获取PEB的地址，然后访问PEB.BeingDebugged成员(+0x2)。如图51-1所示，PEB的地址为7FFDF000，PEB.BeingDebugged成员的地址为7FFDF002。因当前正用OllyDbg调试进程，故BeingDebugged的值为1（TRUE）。

- *破解之法*

只要借助OllyDbg调试器的编辑功能，将PEB.BeingDebugged的值修改为0（FALSE）即可。

51.2.2 Ldr(+0xC)

调试进程时，其堆内存区域中就会出现一些特殊标识，表示它正处于被调试状态。其中最醒

目的是，未使用的堆内存区域全部填充着0xEEFEEEFE，这证明正在调试进程。利用这一特征即可判断进程是否处于被调试状态。

PEB.Ldr成员是一个指向_PEB_LDR_DATA结构体的指针，而_PEB_LDR_DATA结构体恰好是在堆内存区域中创建的，所以扫描该区域即可轻松查找是否存在0xEEFEEEFE区域（我的系统环境中，PEB的起始地址为7FFDF000），如图51-2所示。

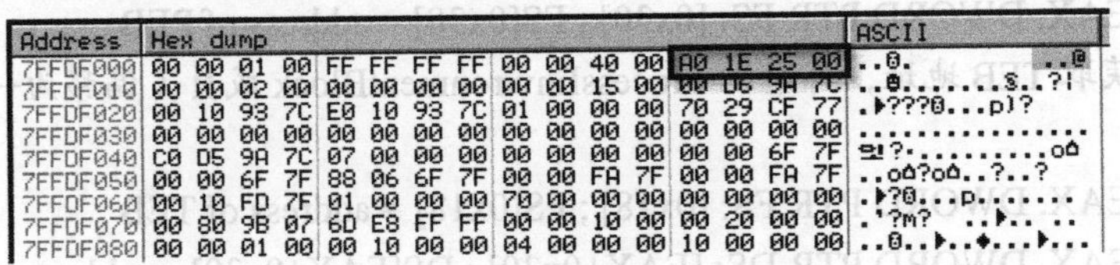

图51-2　PEB.Ldr

进入PEB.Ldr地址（251EA0），向下拖动滑动条，查找0xEEFEEEFE区域，如图51-3所示。

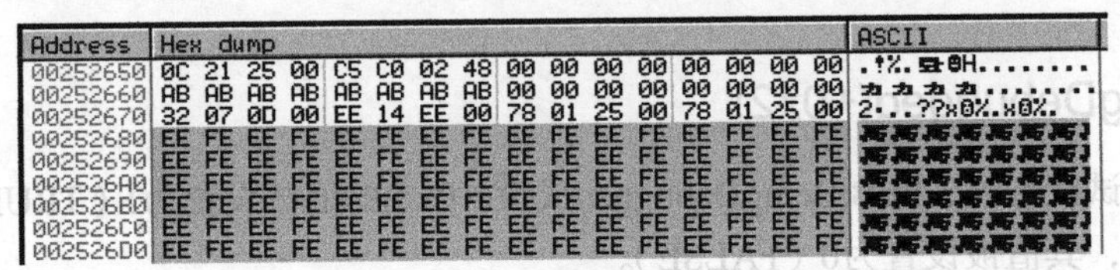

图51-3　堆内存中填充着0xEEFEEEFE的区域

在堆内存中可以看到填充着0xEEFEEEFE的区域。

● *破解之法*

只要将填充着0xEEFEEEFE值的区域全部覆写为NULL即可。

提示

该方法仅适用于Windows XP系统，而在Windows Vista以后的系统中则无法使用。另外，利用附加功能将运行中的进程附加到调试器时，堆内存中并不出现上述标识。

51.2.3　Process Heap(+0x18)

PEB.ProcessHeap成员(+0x18)是指向HEAP结构体的指针。

代码51-3　HEAP结构体的部分成员

```
+0x000 Entry                         : _HEAP_ENTRY
+0x008 Signature                     : Uint4B
+0x00c Flags                         : Uint4B
+0x010 ForceFlags                    : Uint4B
+0x014 VirtualMemoryThreshold        : Uint4B
+0x018 SegmentReserve                : Uint4B
+0x01c SegmentCommit                 : Uint4B
+0x020 DeCommitFreeBlockThreshold    : Uint4B
...
```

以上列出了HEAP结构体的部分成员，进程处于被调试状态时，Flags(+0xC)与Force Flags成员(+0x10)被设置为特定值。

GetProcessHeap()

PEB.ProcessHeap成员(+0x18)既可以从PEB结构体直接获取，也可以通过GetProcessHeap()

API获取。下面看看GetProcessHeap() API的代码（我的系统环境中，PEB的起始地址为7FFDF000）。

GetProcessHeap() API 的代码基本类似于IsDebuggerPresent()，按照TEB→PEB→PEB.ProcessHeap顺序依次访问。

图51-4中进程HEAP结构体的地址为PEB.ProcessHeap=150000。

```
CPU - main thread, module kernel32
7C80AC51  64:A1 18000000  MOV EAX,DWORD PTR FS:[18]      FS:[18] = TEB
7C80AC57  8B40 30         MOV EAX,DWORD PTR DS:[EAX+30]  DS:[EAX+30] = PEB
7C80AC5A  8B40 18         MOV EAX,DWORD PTR DS:[EAX+18]  DS:[EAX+18] = PEB.ProcessHeap
7C80AC5D  C3              RETN
7C80AC5E  90              NOP
7C80AC5F  90              NOP
7C80AC60  90              NOP
7C80AC61  90              NOP

Address   Hex dump                                          ASCII
7FFDF000  00 00 00 00 FF FF FF FF 00 00 40 00 A0 1E 25 00  ....    ..@.
7FFDF010  00 00 02 00 00 00 00 00 00 00 15 00 00 D6 9A 7C  ..@.......S..?|
7FFDF020  00 10 93 7C E0 10 93 7C 01 00 00 00 00 00 00 00  .>???@.......
7FFDF030  00 00 00 00 00 00 00 00 00 00 00 00 00 00 00 00  ................
7FFDF040  C0 D5 9A 7C 01 00 00 00 00 00 00 00 00 00 6F 7F  ?|?@.........o
```

图51-4 GetProcessHeap() API

Flags(+0xC)& Force Flags(+0x10)

进程正常运行（非调试运行）时，Heap.Flags成员(+0xC)的值为0x2，Heap.ForceFlags成员(+0x10)的值为0x0。进程处于被调试状态时，这些值也会随之改变（参考图51-5.）。

```
Address   Hex dump                                          ASCII
00150000  C8 00 00 00 31 01 00 00 FF EE FF EE 62 00 00 50  ?..1@.  ??..P
00150010  60 00 00 40 00 FE 00 00 00 00 10 00 
00150020              00 20 00 00 57 01 00 00              .@.....$@..
00150030              00 00 00 00 00 00 00 00              @.
00150040              98 05 14 00 17 00 00 00 F8 FF FF FF  .....?$.....?
00150050  50 00 14 00 50 00 14 00 40 06 14 00 00 00 00 00  P.¶.P.$.@$$.....
00150060  00 00 00 00 00 00 00 00 00 00 00 00 00 00 00 00  ................
00150070  00 00 00 00 00 00 00 00 00 00 00 00 00 00 00 00  ................
00150080  00 00 00 00 00 00 00 00 00 00 00 00 00 00 00 00  ................
```


图51-5 HEAP.Flags & HEAP.ForceFlags

所以，比较这些值就可以判断进程是否处于被调试状态。

● *破解之法*

只要将HEAP.Flags与HEAP.ForceFlags的值重新设置为2与0即可（HEAP.Flags=2，HEAP.ForceFlags=0）。

提示

该方法仅在Windows XP系统中有效，Windows 7系统则保留ForceFlags属性和Flags属性。此外，将运行中的进程附加到调试器时，也不会出现上述特征。

51.2.4 NtGlobalFlag(+0x68)

调试进程时，PEB.NtGlobalFlag成员(+0x68)的值会被设置为0x70。所以，检测该成员的值即可判断进程是否处于被调试状态（我的系统环境中，PEB的起始地址为7FFDF000），如图51-6所示。

NtGlobalFlag 0x70是下列Flags值进行bit OR（位或）运算的结果。

```
FLG_HEAP_ENABLE_TAIL_CHECK      (0x10)
FLG_HEAP_ENABLE_FREE_CHECK      (0x20)
FLG_HEAP_VALIDATE_PARAMETERS    (0x40)
```

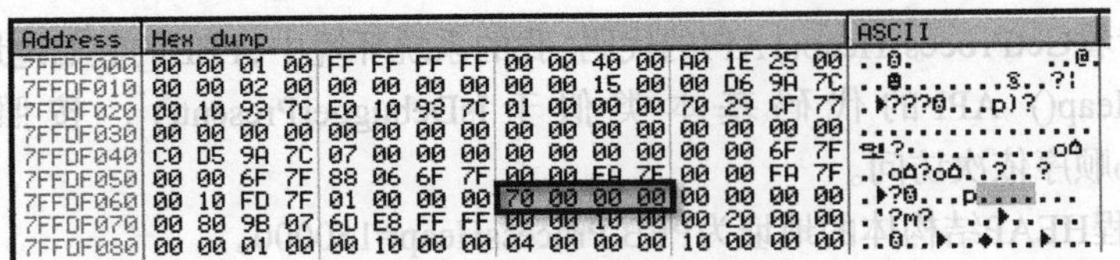

图51-6　PEB.NtGlobalFlag

被调试进程的堆内存中存在（不同于非调试运行进程的）特别标识，因此在PEB.NtGlobalFlag成员中添加了上述标志。

● *破解之法*

重设PEB.NtGlobalFlag值为0即可（PEB.NtGlobalFlag=0）。

提示

将运行中的进程附加到调试器时，NtGlobalFlag的值不变。

51.2.5　练习：StaAD_PEB.exe

下面调试示例文件StaAD_PEB.exe来学习基于PEB的反调试技术，以及相应的破解方法。在OllyDbg中按F9键运行StaAD_PEB.exe文件，如图51-7所示，所有项都显示当前进程处于调试之中，基于PEB的反调试功能工作正常。

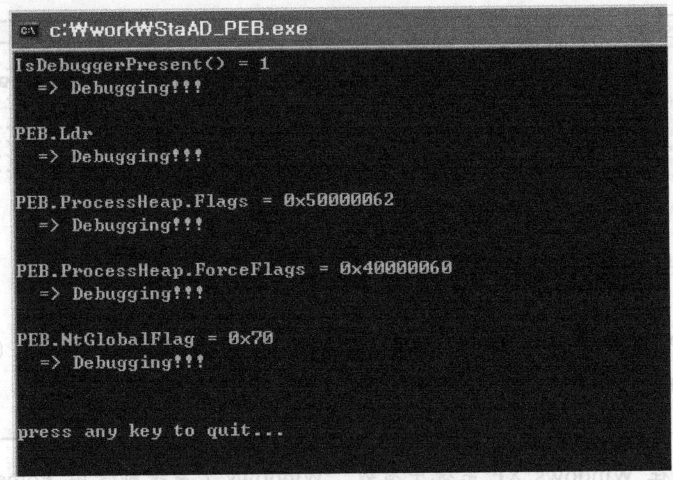

图51-7　StaAD_PEB.exe调试运行

51.2.6　破解之法

下面介绍在OllyDbg中破解PEB反调试技术的方法。按Ctrl+F2重启OllyDbg后，直接到main()函数的起始地址处（401000）。

PEB.BeingDebugged

跟踪调试代码，在401036地址处遇到调用IsDebuggerPresent() API的代码，如图51-8所示。使用StepInto(F7)命令跟踪进入API，出现图51-1所示的代码。只要将PEB.BeingDebugged值修改为0，即可破解基于BeingDebugged检测的反调试技术。

```
00401028  .  57              PUSH EDI                                   ntdll.7C940208
00401029  .  50              PUSH EAX
0040102A  .  8D45 F0         LEA EAX,DWORD PTR SS:[EBP-10]
0040102D  .  64:A3 00000000  MOV DWORD PTR FS:[0],EAX
00401033  .  8965 E8         MOV DWORD PTR SS:[EBP-18],ESP
00401036  .  FF15 08804000   CALL DWORD PTR DS:[<&KERNEL32.IsDel [IsDebuggerPresent
0040103C  .  8BF0            MOV ESI,EAX
0040103E  .  56              PUSH ESI
0040103F  .  68 009D4000     PUSH StaAD_PE.00409D00                     ASCII "IsDebuggerPresent() = %d\n"
00401044  .  E8 CD020000     CALL StaAD_PE.00401316
```

图51-8 调用IsDebuggerPresent() API

PEB.Ldr

继续调试会遇到PEB.Ldr反调试代码，如图51-9所示。

```
00401064  .  68 489D4000     PUSH StaAD_PE.00409D48                     ┌ProcNameOrOrdinal = "NtCurrentTeb"
00401069  .  68 589D4000     PUSH StaAD_PE.00409D58                     │┌pModule = "ntdll.dll"
0040106E  .  FF15 00804000   CALL DWORD PTR DS:[<&KERNEL32.GetM         │└GetModuleHandleW
00401074  .  50              PUSH EAX                                   │hModule = 00000013
00401075  .  FF15 04804000   CALL DWORD PTR DS:[<&KERNEL32.GetP         └GetProcAddress
0040107B  .  FFD0            CALL EAX
0040107D  .  8B58 30         MOV EBX,DWORD PTR DS:[EAX+30]              => EBX = PEB
00401080  .  895D D0         MOV DWORD PTR SS:[EBP-30],EBX
00401083  .  68 6C9D4000     PUSH StaAD_PE.00409D6C                     ASCII "PEB.Ldr\n"
00401088  .  E8 89020000     CALL StaAD_PE.00401316
0040108D  .  83C4 04         ADD ESP,4
00401090  .  B8 FEEEFEEE     MOV EAX,EEFEEEFE
00401095  .  8945 D4         MOV DWORD PTR SS:[EBP-2C],EAX
00401098  .  8945 D8         MOV DWORD PTR SS:[EBP-28],EAX
0040109B  .  8945 DC         MOV DWORD PTR SS:[EBP-24],EAX
0040109E  .  8945 E0         MOV DWORD PTR SS:[EBP-20],EAX
004010A1  .  8B73 0C         MOV ESI,DWORD PTR DS:[EBX+C]               => [EBX+C] = PEB.Ldr
004010A4  .  C745 FC 0000000 MOV DWORD PTR SS:[EBP-4],0
004010AB  .v EB 03           JMP SHORT StaAD_PE.004010B0
```

图51-9 PEB.Ldr

接下来简单讲解代码。40107B地址处的CALL EAX指令用来调用ntdll.NtCurrentTeb() API，40107D地址处的MOV指令用来将PEB地址保存到EBX寄存器。地址401090~40109E间的指令用来将局部变量（[EBP-20]~[EBP-2C]）初始化为EEFEEEFE值。而4010A1地址处的MOV指令用来将PEB.Ldr地址存储到ESI寄存器。继续跟踪到4010C7地址处，如图51-10所示。

```
004010AB  .v EB 03           JMP SHORT StaAD_PE.004010B0
004010AD     8D49 00         LEA ECX,DWORD PTR DS:[ECX]
004010B0  >  B8 10000000     MOV EAX,10
004010B5  .  8D4D D4         LEA ECX,DWORD PTR SS:[EBP-2C]
004010B8  .  8BD6            MOV EDX,ESI
004010BA  .  8D9B 00000000   LEA EBX,DWORD PTR DS:[EBX]
004010C0  >  83F8 04         CMP EAX,4
004010C3  .v 72 17           JB SHORT StaAD_PE.004010DC
004010C5  .  8B3A            MOV EDI,DWORD PTR DS:[EDX]                 EDX = PEB.Ldr
004010C7  .  3B39            CMP EDI,DWORD PTR DS:[ECX]                 ECX = "EEFEEEFE" array
004010C9  .v 75 0B           JNZ SHORT StaAD_PE.004010D6
004010CB  .  83E8 04         SUB EAX,4
004010CE  .  83C1 04         ADD ECX,4
004010D1  .  83C2 04         ADD EDX,4
004010D4  .^ EB EA           JMP SHORT StaAD_PE.004010C0
004010D6  >  46              INC ESI
004010D7  .  8975 CC         MOV DWORD PTR SS:[EBP-34],ESI
004010DA  .^ EB D4           JMP SHORT StaAD_PE.004010B0
004010DC  >  68 1C9D4000     PUSH StaAD_PE.00409D1C                     ASCII "  => Debugging!!!\n\n"
004010E1  .  E8 30020000     CALL StaAD_PE.00401316
004010E6  .  83C4 04         ADD ESP,4
004010E9  .  C745 FC FEFFFFF MOV DWORD PTR SS:[EBP-4],-2
004010F0  .v EB 20           JMP SHORT StaAD_PE.00401112
004010F2  .  B8 01000000     MOV EAX,1
004010F7  .  C3              RETN
004010F8  .  8B65 E8         MOV ESP,DWORD PTR SS:[EBP-18]
004010FB  .  68 309D4000     PUSH StaAD_PE.00409D30                     ASCII "  => Not debugging...\n\n"
00401100  .  E8 11020000     CALL StaAD_PE.00401316
```

图51-10 条件比较语句

地址4010B0~4010DA间的代码由循环构成。下面看看4010C7地址处的CMP EDI,DWORD

PTR DS:[ECX]指令。EDI寄存器中存储着从PEB.Ldr地址读取的4个字节值，[ECX]中的值为EEFEEEFE（ECX寄存器中存储着初始化为EEFEEEFE的数组的起始地址）。也就是说，图51-10中的代码用来查找PEB.Ldr中初始化为EEFEEEFE的区域。

该调试探测技术的破解之法是：先转到（4010C5地址的）EDX寄存器所指的PEB.Ldr，然后查找EEFEEEFE区域并用NULL值覆盖。

选中PEB.Ldr下的整个EEFEEEFE区域，在OllyDbg菜单栏中依次选择“Binary - Fill with 00's”菜单填充（如图51-11所示）。按F2键在4010FB地址处设置断点，然后按F9运行即可安全跳出循环。

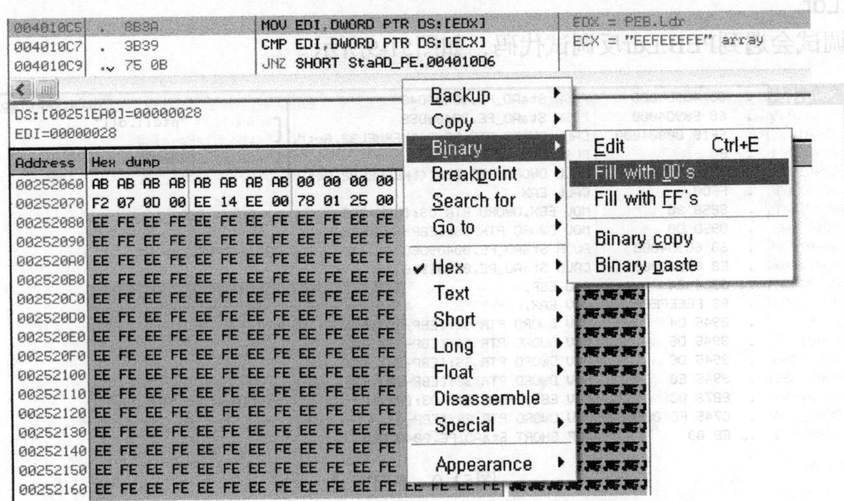

图51-11　Binary - Fill with 00's菜单

PEB.ProcessHeap

继续调试，遇到图51-12所示的代码。

```
00401112  >  8B7B 18       MOV EDI,DWORD PTR DS:[EBX+18]       EDI = PEB.ProcessHeap
00401115  .  8B77 0C       MOV ESI,DWORD PTR DS:[EDI+C]        [EDI+C] = PEB.ProcessHeap.Flags
00401118  .  56            PUSH ESI
00401119  .  68 789D4000   PUSH StaAD_PE.00409D78              ASCII "PEB.ProcessHeap.Flags = 0x%X\n"
0040111E  .  E8 F3010000   CALL StaAD_PE.00401316
00401123  .  83C4 08       ADD ESP,8
00401126  .  83FE 02       CMP ESI,2
00401129  .v 74 07         JE SHORT StaAD_PE.00401132
0040112B  .  68 1C9D4000   PUSH StaAD_PE.00409D1C              ASCII "  => Debugging!!!\n\n"
00401130  .v EB 05         JMP SHORT StaAD_PE.00401137
00401132  >  68 309D4000   PUSH StaAD_PE.00409D30              ASCII "  => Not debugging...\n\n"
00401137  >  E8 DA010000   CALL StaAD_PE.00401316
0040113C  .  83C4 04       ADD ESP,4
0040113F  .  8B77 10       MOV ESI,DWORD PTR DS:[EDI+10]       [EDI+10] = PEB.ProcessHeap.ForceFlags
00401142  .  56            PUSH ESI
00401143  .  68 989D4000   PUSH StaAD_PE.00409D98              ASCII "PEB.ProcessHeap.ForceFlags = 0x%X\n"
00401148  .  E8 C9010000   CALL StaAD_PE.00401316
0040114D  .  83C4 08       ADD ESP,8
00401150  .  85F6          TEST ESI,ESI
00401152  .v 74 07         JE SHORT StaAD_PE.0040115B
00401154  .  68 1C9D4000   PUSH StaAD_PE.00409D1C              ASCII "  => Debugging!!!\n\n"
00401159  .v EB 05         JMP SHORT StaAD_PE.00401160

DS:[0015000C]=50000062
ESI=00252081, (ASCII "

Address   Hex dump                                          ASCII
00150000  C8 00 00 00  BB 01 00 00  FF EE FF EE  62 00 00 50  ?..?..  ??..P
00150010  60 00 00 40  00 FE 00 00  00 00 10 00  00 20 00 00  '..@.?...▶.. ..
```

图51-12　Flags&ForceFlags

以上代码通过检测PEB.ProcessHeap.Flags与PEB.ProcessHeap.ForceFlags的值来反调试。

401112地址处的MOV指令用来将PEB.ProcessHeap结构体的首地址转移到EDI寄存器（图51-12内存窗口显示的地址为150000）。地址401115处的[EDI+C]是PEB.ProcessHeap.Flags值，将该值修改为2。地址40113F处的[EDI+10]是PEB.ProcessHeap.ForceFlags值，将该值修改为0。这样修改就能破解基于PEB.ProcessHeap的反调试代码。

PEB.NtGlobalFlag

继续调试，遇到基于PEB.NtGlobalFlag的反调试代码，如图51-13所示。

```
00401168  .   8B73 68       MOV ESI,DWORD PTR DS:[EBX+68]   [EBX+68] = PEB.NtGlobalFlag
0040116B  .   56            PUSH ESI
0040116C  .   68 BC9D4000   PUSH StaAD_PE.00409DBC          ASCII "PEB.NtGlobalFlag = 0x%X\n"
00401171  .   E8 A0010000   CALL StaAD_PE.00401316
00401176  .   83C4 08       ADD ESP,8
00401179  .   8BC6          MOV EAX,ESI
0040117B  .   83E0 70       AND EAX,70
0040117E  .   3C 70         CMP AL,70
00401180  .v  75 07         JNZ SHORT StaAD_PE.00401189
00401182  .   68 1C9D4000   PUSH StaAD_PE.00409D1C          ASCII "  => Debugging!!!\n\n"
00401187  .v  EB 05         JMP SHORT StaAD_PE.0040118E
00401189  >   68 309D4000   PUSH StaAD_PE.00409D30          ASCII "  => Not debugging...\n\n"
0040118E  >   E8 83010000   CALL StaAD_PE.00401316
```

图51-13 PEB.NtGlobalFlag

地址401168处的[EBX+68]即为PEB.NtGlobalFlag，将其值修改为0即可破解反调试代码。

提示

请注意：在 Windows XP 中使用 OllyDbg 开始调试程序时，EBX 寄存器中存储的是 PEB 的地址。

51.3 NtQueryInformationProcess()

下面介绍另外一种利用NtQueryInformationProcess() API探测调试器的技术。通过NtQuery-InformationProcess() API可以获取各种与进程调试相关的信息，该函数定义如代码51-4所示。

代码51-4 NtQueryInformationProcess() API

```
NTSTATUS WINAPI NtQueryInformationProcess(
  __in        HANDLE ProcessHandle,
  __in        PROCESSINFOCLASS ProcessInformationClass,
  __out       PVOID ProcessInformation,
  __in        ULONG ProcessInformationLength,
  __out_opt   PULONG ReturnLength
);
```

出处：MSDN

为 NtQueryInformationProcess() 函数的第二个参数 PROCESSINFOCLASS ProcessInformationClass 指定特定值并调用该函数，相关信息就会设置到其第三个参数 PVOID ProcessInformation。PROCESSINFOCLASS是枚举类型，拥有的值如代码51-5所示。

代码51-5 PROCESSINFOCLASS

```
enum PROCESSINFOCLASS
{
    ProcessBasicInformation = 0,
    ProcessQuotaLimits,
    ProcessIoCounters,
    ProcessVmCounters,
    ProcessTimes,
```

```
    ProcessBasePriority,
    ProcessRaisePriority,
    ProcessDebugPort = 7,                    // 0x7
    ProcessExceptionPort,
    ProcessAccessToken,
    ProcessLdtInformation,
    ProcessLdtSize,
    ProcessDefaultHardErrorMode,
    ProcessIoPortHandlers,
    ProcessPooledUsageAndLimits,
    ProcessWorkingSetWatch,
    ProcessUserModeIOPL,
    ProcessEnableAlignmentFaultFixup,
    ProcessPriorityClass,
    ProcessWx86Information,
    ProcessHandleCount,
    ProcessAffinityMask,
    ProcessPriorityBoost,
    MaxProcessInfoClass,
    ProcessWow64Information = 26,
    ProcessImageFileName = 27,
    ProcessDebugObjectHandle = 30,           // 0x1E
    ProcessDebugFlags = 31,                  // 0x1F
};
```

出处：MSDN

以上代码中与调试器探测有关的成员为ProcessDebugPort(0x7)、ProcessDebugObject-Handle (0x1E)、ProcessDebugFlags(0x1F)。

51.3.1 ProcessDebugPort(0x7)

进程处于调试状态时，系统就会为它分配1个调试端口（Debug Port）。ProcessInformationClass参数的值设置为ProcessDebugPort(0x7)时，调用NtQueryInformationProcess()函数就能获取调试端口。若进程处于非调试状态，则变量dwDebugPort的值设置为0；若进程处于调试状态，则变量dwDebugPort的值设置为0xFFFFFFFF（参考代码51-6）。

代码51-6　ProcessDebugPort

```
// ProcessDebugPort (0x7)
DWORD dwDebugPort = 0;
pNtQueryInformationProcess(GetCurrentProcess(),
                           ProcessDebugPort,
                           &dwDebugPort,
                           sizeof(dwDebugPort),
                           NULL);
printf("NtQueryInformationProcess(ProcessDebugPort) = 0x%X\n", dwDebugPort);
if( dwDebugPort != 0x0  )  printf("  => Debugging!!!\n\n");
else                       printf("  => Not Debugging...\n\n");
```

CheckRemoteDebuggerPresent()

CheckRemoteDebuggerPresent() API与IsDebuggerPresent() API类似，用来检测进程是否处于调试状态。CheckRemoteDebuggerPresent()函数不仅可以用来检测当前进程，还可以用来检测其他进程是否处于被调试状态。进入CheckRemoteDebuggerPresent() API查看代码，可以看到其调用了NtQueryInformationProcess(ProcessDebugPort) API（参见图51-14）。

```
CPU - main thread, module kernel32
7C85AA22   8BFF           MOV EDI,EDI
7C85AA24   55             PUSH EBP
7C85AA25   8BEC           MOV EBP,ESP
7C85AA27   837D 08 00     CMP DWORD PTR SS:[EBP+8],0
7C85AA2B   56             PUSH ESI
7C85AA2C ˅ 74 35          JE SHORT kernel32.7C85AA63
7C85AA2E   8B75 0C        MOV ESI,DWORD PTR SS:[EBP+C]
7C85AA31   85F6           TEST ESI,ESI
7C85AA33 ˅ 74 2E          JE SHORT kernel32.7C85AA63
7C85AA35   6A 00          PUSH 0
7C85AA37   6A 04          PUSH 4
7C85AA39   8D45 08        LEA EAX,DWORD PTR SS:[EBP+8]
7C85AA3C   50             PUSH EAX
7C85AA3D   6A 07          PUSH 7          ; ProcessDebugPort
7C85AA3F   FF75 08        PUSH DWORD PTR SS:[EBP+8]
7C85AA42   FF15 AC10807C  CALL DWORD PTR DS:[<&ntdll.NtQueryInformationProcess>]
7C85AA48   85C0           TEST EAX,EAX
7C85AA4A ˅ 7D 08          JGE SHORT kernel32.7C85AA54
7C85AA4C   50             PUSH EAX
7C85AA4D   E8 ABE9FAFF    CALL kernel32.7C8093FD
7C85AA52 ˅ EB 16          JMP SHORT kernel32.7C85AA6A
7C85AA54   33C0           XOR EAX,EAX
7C85AA56   3945 08        CMP DWORD PTR SS:[EBP+8],EAX
7C85AA59   0F95C0         SETNE AL
7C85AA5C   8906           MOV DWORD PTR DS:[ESI],EAX
7C85AA5E   33C0           XOR EAX,EAX
7C85AA60   40             INC EAX
7C85AA61 ˅ EB 09          JMP SHORT kernel32.7C85AA6C
7C85AA63   6A 57          PUSH 57
7C85AA65   E8 D8E8FAFF    CALL kernel32.7C809342
7C85AA6A   33C0           XOR EAX,EAX
7C85AA6C   5E             POP ESI
7C85AA6D   5D             POP EBP
7C85AA6E   C2 0800        RETN 8
```

图51-14 CheckRemoteDebuggerPresent() API内部代码

51.3.2 ProcessDebugObjectHandle(0x1E)

调试进程时会生成调试对象（Debug Object）。函数的第二个参数值为ProcessDebugObjectHandle(0x1E)时，调用函数后通过第三个参数就能获取调试对象句柄。进程处于调试状态时，调试对象句柄的值就存在；若进程处于非调试状态，则调试对象句柄值为NULL。

代码51-7 ProcessDebugObjectHandle

```
// ProcessDebugObjectHandle (0x1E)
HANDLE hDebugObject = NULL;
pNtQueryInformationProcess(GetCurrentProcess(),
                           ProcessDebugObjectHandle,
                           &hDebugObject,
                           sizeof(hDebugObject),
                           NULL);
printf("NtQueryInformationProcess(ProcessDebugObjectHandle) = 0x%X\n",
       hDebugObject);
if( hDebugObject != 0x0  )    printf("  => Debugging!!!\n\n");
else                          printf("  => Not Debugging...\n\n");
```

51.3.3 ProcessDebugFlags(0x1F)

检测Debug Flags（调试标志）的值也可以判断进程是否处于被调试状态。函数的第二个参数设置为ProcessDebugFlags(0x1F)时，调用函数后通过第三个参数即可获取调试标志的值：若为0，则进程处于被调试状态；若为1，则进程处于非调试状态。

代码51-8　ProcessDebugFlags

```
// ProcessDebugFlags (0x1F)
BOOL bDebugFlag = TRUE;
pNtQueryInformationProcess(GetCurrentProcess(),
                           ProcessDebugFlags,
                           &bDebugFlag,
                           sizeof(bDebugFlag),
                           NULL);
printf("NtQueryInformationProcess(ProcessDebugFlags) = 0x%X\n",
       bDebugFlag);
if( bDebugFlag == 0x0  )    printf("  => Debugging!!!\n\n");
else                        printf("  => Not Debugging...\n\n");
```

51.3.4　练习：StaAD_NtQIP.exe

下面通过StaAD_NtQIP.exe示例程序练习基于NtQueryInformationProcess()函数的反调试。在OllyDbg调试器中运行示例程序后，借助NtQueryInformationProcess()反调试技术显示“探测到调试器”的信息，如图51-15所示。

```
c:\work\StaAD_NtQIP.exe
NtQueryInformationProcess(ProcessDebugPort) = 0xFFFFFFFF
  => Debugging!!!

NtQueryInformationProcess(ProcessDebugObjectHandle) = 0x1C
  => Debugging!!!

NtQueryInformationProcess(ProcessDebugFlags) = 0x0
  => Debugging!!!


press any key to quit...
```

图51-15　调试运行StaAD_NtQIP.exe

51.3.5　破解之法

要想破解使用NtQueryInformationProcess() API探测调试器的技术，应当对该函数在特定参数值（ProcessInformationClass）下输出的值（返回 - ProcessInformation）进行操作（参考代码51-4）。特定参数值是前面提过的ProcessDebugPort（0x7）、ProcessDebugObjectHandle（0x1E）、ProcessDebugFlags（0x1F）。

若只是调用几次API，则可以在调试器中手动操作输出值。相反，若函数被反复调用，则需要使用API钩取技术。在练习中我们将使用OllyDbg的汇编命令手动设置钩取代码。

> **提示**
>
> 此处介绍的使用 API 钩取破解反调试的方法只是为了说明相关概念与原理。实际操作中直接使用相应的调试器插件（如：advanced olly）即可解决问题。每次在插件中启动调试时，都会自动钩取 API。

首先重新运行OllyDbg调试器。

确定钩取函数的位置

使用DLL注入技术钩取API时，钩取函数一般位于要注入的DLL文件内部。为了操作方便，我们将钩取代码设置在代码节区中的最后一个NULL Padding区域——407E00地址处，如图51-16所示。

```
00407E00    00    DB 00
00407E01    00    DB 00
00407E02    00    DB 00
00407E03    00    DB 00
00407E04    00    DB 00
00407E05    00    DB 00
00407E06    00    DB 00
00407E07    00    DB 00
00407E08    00    DB 00
00407E09    00    DB 00
00407E0A    00    DB 00
00407E0B    00    DB 00
00407E0C    00    DB 00
00407E0D    00    DB 00
00407E0E    00    DB 00
00407E0F    00    DB 00
```

图51-16　代码节区最后的NULL Padding区域

修改原API代码

进入原NtQueryInformationProcess() API代码，如图51-17所示。

```
7C93D7E0 ntdll.ZwQueryInformationProcess   B8 9A000000   MOV EAX,9A
7C93D7E5                                   BA 0003FE7F   MOV EDX,7FFE0300
7C93D7EA                                   FF12          CALL DWORD PTR DS:[EDX]
7C93D7EC                                   C2 1400       RETN 14
```

图51-17　原NtQueryInformationProcess() API代码

在该处设置一条JMP指令，用来跳转到钩取函数地址处（407E00）。利用OllyDbg的汇编功能将7C93D7EA地址处的代码修改为JMP 00407E00指令，如图51-18所示。

```
7C93D7E0 ntdll.ZwQueryInformationProcess   B8 9A000000     MOV EAX,9A
7C93D7E5                                   BA 0003FE7F     MOV EDX,7FFE0300
7C93D7EA                                 - E9 11A6AC83     JMP StaAD_Nt.00407E00
7C93D7EF                                   90              NOP
```

图51-18　修改后的NtQueryInformationProcess() API代码

该JMP指令为5个字节，可以准确覆写原代码中的“CALL DWORD PTR DS:[EDX]” & “RETN 14”指令（位于地址7C93D7EA~7C93D7EC）。

提示

钩取 API 时，一般要在原 API 起始地址处设置 JMP 指令。以上面这种情形为例，JMP 指令要设置在 7C93D7E0 地址处，但是我却将 JMP 命令设置在略微偏下的地址处（7C93D7EA），这是为了回避某些 PE 保护器的 API 钩取探测功能。这些 PE 保护器会检测 NtQueryInformationProcess() API 起始地址的第一个字节，若非“B8”，则认为该 API 被钩取，就会执行某些非正常运行的行为（也算是一种调试器探测技术）。当然，如果采用更精巧的 API 钩取探测技术，那么上面这种回避方法就会失效，必须采用其他更好的方法。

编写钩取函数

在407E00地址处编写钩取函数，如图51-19所示。

地址407E00处的CALL DWORD PTR DS:[EDX]指令与地址407E3B处的RETN 14指令都是原NtQueryInformationProcess() API中的代码，钩取代码就设置在这2条指令之间。

```
00407E00   FF12             CALL DWORD PTR DS:[EDX]
00407E02   50               PUSH EAX
00407E03   837C24 0C 07     CMP DWORD PTR SS:[ESP+C],7
00407E08 ⌄ 75 0C            JNZ SHORT StaAD_Nt.00407E16
00407E0A   8B4424 10        MOV EAX,DWORD PTR SS:[ESP+10]
00407E0E   C700 00000000    MOV DWORD PTR DS:[EAX],0
00407E14 ⌄ EB 24            JMP SHORT StaAD_Nt.00407E3A
00407E16   837C24 0C 1E     CMP DWORD PTR SS:[ESP+C],1E
00407E1B ⌄ 75 0C            JNZ SHORT StaAD_Nt.00407E29
00407E1D   8B4424 10        MOV EAX,DWORD PTR SS:[ESP+10]
00407E21   C700 00000000    MOV DWORD PTR DS:[EAX],0
00407E27 ⌄ EB 11            JMP SHORT StaAD_Nt.00407E3A
00407E29   837C24 0C 1F     CMP DWORD PTR SS:[ESP+C],1F
00407E2E ⌄ 75 0A            JNZ SHORT StaAD_Nt.00407E3A
00407E30   8B4424 10        MOV EAX,DWORD PTR SS:[ESP+10]
00407E34   C700 01000000    MOV DWORD PTR DS:[EAX],1
00407E3A   58               POP EAX
00407E3B   C2 1400          RETN 14
```

图51-19 钩取函数

407C03地址之后的CMP/JNZ指令组合类似于C语言中的switch/case多分支选择语句。ProcessInformationClass参数（DWORD PTR SS:[ESP+C]）值为0x7、0x1E、0x1F之一时，则将ProcessInformation参数（DWORD PTR SS:[ESP+10]）地址所指的返回值分别修改为0、0、1。在该状态下（在调试器中）运行进程，即可破解基于NtQueryInformationProcess() API的反调试技术，如图51-20所示。

```
c:\work\StaAD_NtQIP.exe
NtQueryInformationProcess(ProcessDebugPort) = 0x0
  => Not debugging...

NtQueryInformationProcess(ProcessDebugObjectHandle) = 0x0
  => Not debugging...

NtQueryInformationProcess(ProcessDebugFlags) = 0x1
  => Not debugging...


press any key to quit...
```

图51-20 NtQueryInformationProcess() API被钩取的状态

51.4 NtQuerySystemInformation()

下面介绍基于调试环境检测的反调试技术。

提示

前面介绍的反调试技术中，我们通过探测调试器来判断自己的进程是否处于被调试状态，这是一种非常直接的调试器探测方法。除此之外，还有间接探测调试器的方法，借助该方法可以检测调试环境，若显露出调试器的端倪，则立刻停止执行程序。

运用这种反调试技术可以检测当前OS是否在调试模式下运行。

OS调试模式

为了使用 WinDbg 工具调试系统内核（Kernel Debugging），需要先准备 2 个系统（Host、Target）并连接（Serial、1394、USB、Direct Cable）。其中，Target 的 OS 以调试模式运行，连接到 Host 系统的 WinDbg 上后即可调试。

设置调试模式的方法

(1) Windows XP：编辑 “C:\boot.ini” 后重启

```
[boot loader]
timeout=30
default=multi(0)disk(0)rdisk(0)partition(1)\WINDOWS
[operating systems]
multi(0)disk(0)rdisk(0)partition(1)\WINDOWS="Microsoft Windows
XP Professional" /noexecute=optin /fastdetect /debugport=com1 /
baudrate=115200 /Debug
```

(2) Windows 7：使用 bcdedit.exe 实用程序

```
c:\work>bcdedit /debug on
设置完成

c:\work>bcdedit

Windows启动管理器
--------------------
identifier              {bootmgr}
device                  partition=C:
description             Windows Boot Manager
locale                  ko-KR
inherit                 {globalsettings}
default                 {current}
resumeobject            {8cb2d9b0-7c05-11de-842e-b4611d44fefa}
displayorder            {current}
toolsdisplayorder       {memdiag}
timeout                 30

Windows启动加载器
-------------------
identifier              {current}
device                  partition=C:
path                    \Windows\system32\winload.exe
description             Windows 7
locale                  ko-KR
inherit                 {bootloadersettings}
recoverysequence        {8cb2d9b4-7c05-11de-842e-b4611d44fefa}
recoveryenabled         Yes
bootdebug               No
osdevice                partition=C:
systemroot              \Windows
resumeobject            {8cb2d9b0-7c05-11de-842e-b4611d44fefa}
nx                      OptIn
debug                   Yes
```

ntdll!NtQuerySystemInformation() API是一个系统函数，用来获取当前运行的多种OS信息。

代码51-9　NtQuerySystemInformation() API

```
NTSTATUS WINAPI NtQuerySystemInformation(
  __in       SYSTEM_INFORMATION_CLASS SystemInformationClass,
  __inout    PVOID SystemInformation,
  __in       ULONG SystemInformationLength,
  __out_opt  PULONG ReturnLength
);
```

出处：MSDN

SYSTEM_INFORMATION_CLASS SystemInformationClass参数中指定需要的系统信息类型，将某结构体的地址传递给PVOID SystemInformation参数，API返回时，该结构体中就填充着相关信息。

SYSTEM_INFORMATION_CLASS是枚举类型，拥有的值如代码51-10所示。

代码51-10　SYSTEM_INFORMATION_CLASS

```
typedef enum _SYSTEM_INFORMATION_CLASS {
    SystemBasicInformation = 0,
    SystemPerformanceInformation = 2,
    SystemTimeOfDayInformation = 3,
    SystemProcessInformation = 5,
    SystemProcessorPerformanceInformation = 8,
    SystemInterruptInformation = 23,
    SystemExceptionInformation = 33,
    SystemKernelDebuggerInformation = 35,     // 0x23
    SystemRegistryQuotaInformation = 37,
    SystemLookasideInformation = 45
} SYSTEM_INFORMATION_CLASS;
```

向SystemInformationClass参数传入SystemKernelDebuggerInformation值（0x23），即可判断出当前OS是否在调试模式下运行。

51.4.1　SystemKernelDebuggerInformation(0x23)

查看实际的反调试源代码即可轻松掌握其工作原理。

代码51-11　NtQuerySystemInformation(SystemKernelDebuggerInformation)源代码

```
void MyNtQuerySystemInformation()
{
    typedef NTSTATUS (WINAPI *NTQUERYSYSTEMINFORMATION)(
        ULONG SystemInformationClass,
        PVOID SystemInformation,
        ULONG SystemInformationLength,
        PULONG ReturnLength
    );

    typedef struct _SYSTEM_KERNEL_DEBUGGER_INFORMATION
    {
        BOOLEAN DebuggerEnabled;
        BOOLEAN DebuggerNotPresent;
    } SYSTEM_KERNEL_DEBUGGER_INFORMATION, *PSYSTEM_KERNEL_DEBUGGER_
      INFORMATION;

    NTQUERYSYSTEMINFORMATION NtQuerySystemInformation;

    NtQuerySystemInformation = (NTQUERYSYSTEMINFORMATION)
                               GetProcAddress(GetModuleHandle(L"ntdll"),
                                              "NtQuerySystemInformation");

    ULONG SystemKernelDebuggerInformation = 0x23;
    ULONG ulReturnedLength = 0;
```

```
    SYSTEM_KERNEL_DEBUGGER_INFORMATION DebuggerInfo = {0,};

    NtQuerySystemInformation(SystemKernelDebuggerInformation,
                             (PVOID) &DebuggerInfo,
                             sizeof(DebuggerInfo),    // 2个字节
                             &ulReturnedLength);

    printf("NtQuerySystemInformation(SystemKernelDebuggerInformation) =
           0x%X 0x%X\n",
           DebuggerInfo.DebuggerEnabled, DebuggerInfo.
           DebuggerNotPresent);
    if( DebuggerInfo.DebuggerEnabled ) printf("  => Debugging!!!\n\n");
    else                               printf("  => Not Debugging...\n\n");
}
```

在上述代码中调用NtQuerySystemInformation() API时，第一个参数（SystemInformationClass）的值设置为SystemKernelDebuggerInformation(0x23)，第二个参数（SystemInformation）为SYSTEM_KERNEL_DEBUGGER_INFORMATION结构体的地址。当API返回时，若系统处在调试模式下，则SYSTEM_KERNEL_DEBUGGER_INFORMATION.DebuggerEnabled的值设置为1（SYSTEM_KERNEL_DEBUGGER_INFORMATION.DebuggerNotPresent的值恒为1）。

51.4.2 练习：StaAD_NtQSI.exe

运行练习示例StaAD_NtQSI.exe，如图51-21所示。

```
c:\work\StaAD_NtQSI.exe
NtQuerySystemInformation(SystemKernelDebuggerInformation) = 0x1 0x1
  => Debugging!!!


press any key to quit...
```

图51-21 在调试模式下运行StaAD_NtQSI.exe

我的测试环境启动时默认处于调试模式，所以运行示例程序后显示“探测到调试环境”的信息。

51.4.3 破解之法

在Windows XP系统中编辑boot.ini文件，删除“/debugport=com1 /baudrate=115200 /Debug”值。在Windows 7系统的命令行窗口执行“bcdedit /debug off”命令即可。并且，若重启系统则要以正常模式（Normal Mode）启动。

51.5 NtQueryObject()

系统中的某个调试器调试进程时，会创建1个调试对象类型的内核对象。检测该对象是否存在即可判断是否有进程正在被调试。

ntdll!NtQueryObject() API用来获取系统各种内核对象的信息，NtQueryObject() 函数的定义如下：

代码51-12 NtQueryObject() API

```
NTSTATUS NtQueryObject(
```

```
  __in_opt   HANDLE Handle,
  __in       OBJECT_INFORMATION_CLASS ObjectInformationClass,
  __out_opt  PVOID ObjectInformation,
  __in       ULONG ObjectInformationLength,
  __out_opt  PULONG ReturnLength
);
```

出处：MSDN

调用NtQueryObject()函数时，先向第二个参数OBJECT_INFORMATION_CLASS ObjectInformationClass赋予某个特定值，调用API后，包含相关信息的结构体指针就被返回第三个参数PVOID ObjectInformation。

OBJECT_INFORMATION_CLASS是枚举类型，其拥有的值如代码51-13所示。

代码51-13　OBJECT_INFORMATION_CLASS

```
typedef enum _OBJECT_INFORMATION_CLASS {
    ObjectBasicInformation,
    ObjectNameInformation,
    ObjectTypeInformation,
    ObjectAllTypesInformation,    // 3
    ObjectHandleInformation
} OBJECT_INFORMATION_CLASS, *POBJECT_INFORMATION_CLASS;
```

首先使用ObjectAllTypesInformation值获取系统所有对象信息，然后从中检测是否存在调试对象。NtQueryObject() API使用方法略为复杂。

NtQueryObject() API使用方法

(1) 获取内核对象信息链表的大小

```
ULONG lSize = 0;
pNtQueryObject(NULL, ObjectAllTypesInformation, &lSize, sizeof(lSize),
               &lSize);
```

(2) 分配内存

```
void *pBuf = NULL;
pBuf = VirtualAlloc(NULL, lSize, MEM_RESERVE | MEM_COMMIT, PAGE_
                    READWRITE);
```

(3) 获取内核对象信息链表

```
typedef struct _OBJECT_TYPE_INFORMATION {
Unicode_STRING TypeName;
    ULONG TotalNumberOfHandles;
    ULONG TotalNumberOfObjects;
}OBJECT_TYPE_INFORMATION, *POBJECT_TYPE_INFORMATION;

typedef struct _OBJECT_ALL_INFORMATION {
    ULONG                    NumberOfObjectsTypes;
    OBJECT_TYPE_INFORMATION ObjectTypeInformation[1];
} OBJECT_ALL_INFORMATION, *POBJECT_ALL_INFORMATION;

pNtQueryObject((HANDLE)0xFFFFFFFF, ObjectAllTypesInformation, pBuf, lSize,
               NULL);
POBJECT_ALL_INFORMATION pObjectAllInfo = (POBJECT_ALL_INFORMATION)pBuf;
```

调用NtQueryObject()函数后，系统所有对象的信息代码就被存入pBuf，然后将pBuf转换（casting）为POBJECT_ALL_INFORMATION类型。OBJECT_ALL_INFORMATION结构体由OBJECT_TYPE_INFORMATION结构体数组构成。实际内核对象类型的信息就被存储在OBJECT_TYPE_INFORMATION结构体数组中，通过循环检索即可查看是否存在“调试对象”对象类型。

(4) 确定“调试对象”对象类型

为便于理解，请先看下面一段代码。

代码51-14 NtQueryObject(ObjectAllTypeInformation)示例代码

```
void MyNtQueryObject()
{
    typedef struct _LSA_Unicode_STRING {
        USHORT Length;
        USHORT MaximumLength;
        PWSTR Buffer;
    } LSA_Unicode_STRING, *PLSA_Unicode_STRING, Unicode_STRING, *P Unicode_
      STRING;

    typedef NTSTATUS (WINAPI *NTQUERYOBJECT)(
        HANDLE Handle,
        OBJECT_INFORMATION_CLASS ObjectInformationClass,
        PVOID ObjectInformation,
        ULONG ObjectInformationLength,
        PULONG ReturnLength
    );

    #pragma pack(1)
    typedef struct _OBJECT_TYPE_INFORMATION {
        Unicode_STRING TypeName;
        ULONG TotalNumberOfHandles;
        ULONG TotalNumberOfObjects;
    }OBJECT_TYPE_INFORMATION, *POBJECT_TYPE_INFORMATION;

    typedef struct _OBJECT_ALL_INFORMATION {
        ULONG                   NumberOfObjectsTypes;
        OBJECT_TYPE_INFORMATION ObjectTypeInformation[1];
    } OBJECT_ALL_INFORMATION, *POBJECT_ALL_INFORMATION;
    #pragma pack()

    POBJECT_ALL_INFORMATION pObjectAllInfo = NULL;
    void *pBuf = NULL;
    ULONG lSize = 0;
    BOOL bDebugging = FALSE;

    NTQUERYOBJECT pNtQueryObject = (NTQUERYOBJECT)
                                GetProcAddress(GetModuleHandle(L"ntd
                                               ll.dll"),
                                               "NtQueryObject");

    // 输入链表尺寸
    pNtQueryObject(NULL, ObjectAllTypesInformation, &lSize, sizeof(lSize),
                   &lSize);

    // 分配链表缓冲
    pBuf = VirtualAlloc(NULL, lSize, MEM_RESERVE | MEM_COMMIT, PAGE_
                        READWRITE);

    // 输入实际链表
    pNtQueryObject((HANDLE)0xFFFFFFFF, ObjectAllTypesInformation, pBuf,
                   lSize, NULL);

    pObjectAllInfo = (POBJECT_ALL_INFORMATION)pBuf;

    UCHAR *pObjInfoLocation = (UCHAR *)pObjectAllInfo->
                               ObjectTypeInformation;
```

```
    POBJECT_TYPE_INFORMATION pObjectTypeInfo = NULL;
    for( UINT i = 0; i < pObjectAllInfo->NumberOfObjectsTypes; i++ )
    {
        pObjectTypeInfo = (POBJECT_TYPE_INFORMATION)pObjInfoLocation;
        if( wcscmp(L"DebugObject", pObjectTypeInfo->TypeName.Buffer) == 0 )
        {
            bDebugging = (pObjectTypeInfo->TotalNumberOfObjects > 0) ? TRUE
                        : FALSE;
            break;
        }

        //计算下一个结构体
        pObjInfoLocation = (UCHAR*)pObjectTypeInfo->TypeName.Buffer;
        pObjInfoLocation += pObjectTypeInfo->TypeName.Length;
        pObjInfoLocation = (UCHAR*)(((ULONG)pObjInfoLocation & 0xFFFFFFFC)
                                   + sizeof(ULONG));
    }

    if( pBuf )
        VirtualFree(pBuf, 0, MEM_RELEASE);

    printf("NtQueryObject(ObjectAllTypesInformation)\n");
    if( bDebugging )  printf("  => Debugging!!!\n\n");
    else              printf("  => Not Debugging...\n\n");
}
```

练习：StaAD_NtQO.exe

在OllyDbg调试器中运行示例程序StaAD_NtQO.exe，显示“程序处于调试中”的信息，如图51-22所示。这是因为在NtQueryObject() API中探测到了调试对象。

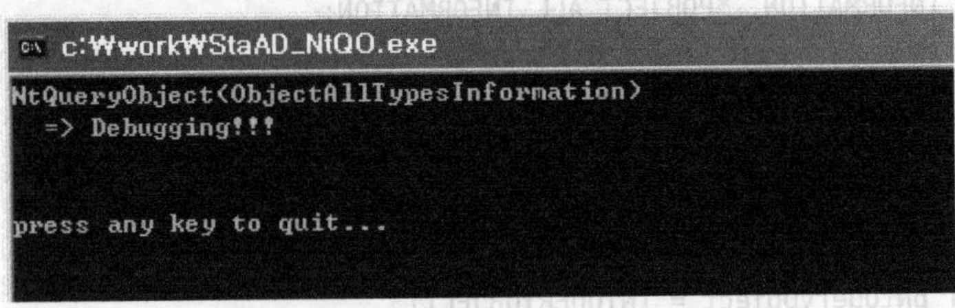

图51-22　StaAD_NtQO.exe调试运行

● *破解之法*

按Ctrl+F2键重新运行OllyDbg调试器，在401059地址处按F2键设置断点，然后按F9键运行程序。

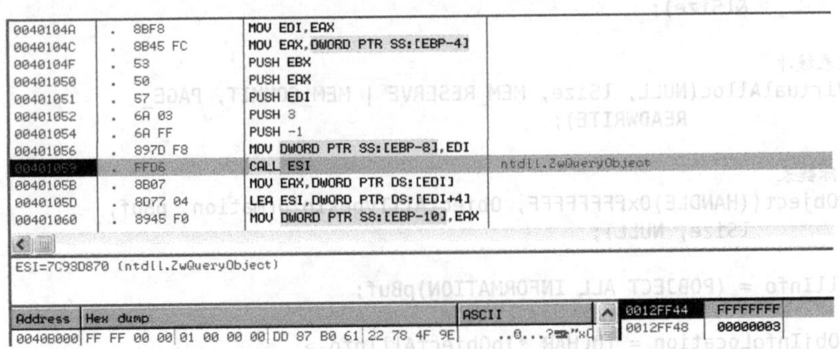

图51-23　调用ZwQueryObject()

位于401059地址处的CALL ESI指令用来调用ntdll.ZwQueryObject() API，如图51-23所示。此时查看栈可以发现，第二个参数的值为ObjectAllTypesInformation(3)，将该值修改为0后再执行401059地址处的指令，这样就无法探测到调试器的存在了。

当然，直接钩取ntdll.ZwQueryObject() API，输入ObjectAllTypesInformation(3)值或操作结果值，也能不被探测到。

51.6 ZwSetInformationThread()

下面介绍强制分离（Detach）被调试者和调试器的技术。利用ZwSetInformationThread() API，被调试者可将自身从调试器中分离出来。

代码 51-15 ZwSetInformationThread() API

```
typedef enum _THREAD_INFORMATION_CLASS {
        ThreadBasicInformation,
        ThreadTimes,
        ThreadPriority,
        ThreadBasePriority,
        ThreadAffinityMask,
        ThreadImpersonationToken,
        ThreadDescriptorTableEntry,
        ThreadEnableAlignmentFaultFixup,
        ThreadEventPair,
        ThreadQuerySetWin32StartAddress,
        ThreadZeroTlsCell,
        ThreadPerformanceCount,
        ThreadAmILastThread,
        ThreadIdealProcessor,
        ThreadPriorityBoost,
        ThreadSetTlsArrayAddress,
        ThreadIsIoPending,
        ThreadHideFromDebugger          // 17 (0x11)
  } THREAD_INFORMATION_CLASS, *PTHREAD_INFORMATION_CLASS;

NTSTATUS ZwSetInformationThread(
  __in  HANDLE ThreadHandle,
  __in  THREADINFOCLASS ThreadInformationClass,
  __in  PVOID ThreadInformation,
  __in  ULONG ThreadInformationLength
);
```

出处：MSDN

ZwSetInformationThread()函数是一个系统原生API（System Native API），顾名思义，它是用来为线程设置信息的。该函数拥有2个参数，第一个参数ThreadHandle用来接收当前线程的句柄，第二个参数ThreadInformationClass表示线程信息类型，若其值设置为ThreadHideFromDebugger(0x11)，调用该函数后，调试进程就会被分离出来。ZwSetInformationThread() API不会对正常运行的程序（非调试运行）产生任何影响，但若运行的是调试器程序，调用该API将使调试器终止运行，同时终止自身进程。

51.6.1 练习：StaAD_ZwSIT.exe

首先在OllyDbg调试器中打开示例程序StaAD_ZwSIT.exe，然后分别在401027与401029地址处按F2键设置断点，按F9运行程序。

如图51-24所示，调试器在401027地址的断点处暂停，位于该地址处（401027）的CALL ESI

指令用来调用ntdll.ZwSetInformationThread() API。按F9键继续执行401027地址处的指令，这样就会分离出被调试进程并终止运行。而且，OllyDbg调试器将无法正常调试401029地址处的指令，出现运行错误。

```
00401000  $ 56              PUSH ESI                            ntdll.ZwSetInformationThread
00401001  . 68 009D4000     PUSH StaAD_Zw.00409D00              ProcNameOrOrdinal = "ZwSetInformationThread"
00401006  . 68 189D4000     PUSH StaAD_Zw.00409D18              pModule = "ntdll.dll"
0040100B  . FF15 00804000   CALL DWORD PTR DS:[<&KERNEL32.      GetModuleHandleW
00401011  . 50              PUSH EAX                            hModule = FFFFFFFE
00401012  . FF15 08804000   CALL DWORD PTR DS:[<&KERNEL32.      GetProcAddress
00401018  . 6A 00           PUSH 0
0040101A  . 6A 00           PUSH 0
0040101C  . 6A 11           PUSH 11
0040101E  . 8BF0            MOV ESI,EAX
00401020  . FF15 04804000   CALL DWORD PTR DS:[<&KERNEL32.      GetCurrentThread
00401026  . 50              PUSH EAX
00401027  . FFD6            CALL ESI                            -> ZwSetInformationThread()
00401029  . 68 2C9D4000     PUSH StaAD_Zw.00409D2C              ASCII "ZwSetInformationThread() -> Debugger detached!!!\n\n"
0040102E  . E8 52010000     CALL StaAD_Zw.00401185
00401033  . 68 609D4000     PUSH StaAD_Zw.00409D60              ASCII 0A,"press any "
00401038  . E8 48010000     CALL StaAD_Zw.00401185
0040103D  . 83C4 08         ADD ESP,8
00401040  . E8 FE000000     CALL StaAD_Zw.00401143
00401045  . 33C0            XOR EAX,EAX
00401047  . 5E              POP ESI                             ntdll.ZwSetInformationThread
00401048  . C3              RETN
```

图51-24　调试StaAD_ZwSIT.exe

51.6.2　破解之法

简单的破解思路是：调用401027地址处的ZwSetInformationThread() API前，查找存储在栈中的第二个参数ThreadInformationClass值，若其值为ThreadHideFromDebugger(0x11)，则修改为0后继续运行即可。

当然也可以钩取ZwSetInformationThread() API，并以同样方式操作函数的参数。

提示

利用 ZwSetInformationThread()进行反调试的工作原理是：将线程隐藏起来，调试器就接收不到信息，从而无法调试。另外，Windows XP 以后新增了 DebugActiveProcessStop() API。

代码51-16　DebugActiveProcessStop() API

```
BOOL WINAPI DebugActiveProcessStop(
  __in  DWORD dwProcessId
);
```

出处：MSDN

DebugActiveProcessStop() API用来分离调试器和被调试进程，从而停止调试。而前面介绍的ZwSetInformationThread() API则用来隐藏当前线程，使调试器无法再收到该线程的调试事件，最终停止调试（2个API易混淆，需牢记）。

51.7　TLS 回调函数

TLS回调函数是反调试技术中常用的函数，像前面介绍的技术一样，如果不明白其工作原理，使用时就会束手无策。

其实，我们并不能将TLS回调本身看作一种反调试技术，但是由于回调函数会先于EP代码执行，所以反调试技术中经常使用它。在TLS回调函数内部使用IsDebuggerPresent()等函数判断调试与否，然后再决定是否继续运行程序。

第45章中对反调试相关内容与破解之法做了详细讲解，请各位参考。

51.8 ETC

首先，要明白我们应用反调试技术的目的在于防止程序遭受逆向分析。不必非得为此费力判断自身进程是否处于被调试状态。一个更简单、更好的方法是，判断当前系统是否为逆向分析专用系统（非常规系统），若是，则直接停止程序。这样就出现了各种各样的反调试技术，这些技术都能从系统中轻松获取各种信息（进程、文件、窗口、注册表、主机名、计算机名、用户名、环境变量等）。这些反调试技术通常借助Win32 API获取系统信息来具体实现。下面简单介绍几个例子。

(1) 检测OllyDbg窗口← FindWindow()。

(2) 检测OllyDbg进程←CreateToolhelp32Snapshot()。

(3) 检查计算机名称是否为“TEST”、“ANALYSIS”等←GetComputerName()。

(4) 检查程序运行路径中是否存在“TEST”、“SAMPLE”等名称 ← GetCommandLine()。

(5) 检测虚拟机是否处于运行状态（查看虚拟机特有的进程名称←VMWareService.exe、VMWareTray.exe、VMWareUser.exe等）。

提示

上述这些反调试技术的破解之法并不难，所以著名的保护器中并不会使用它们（更棒的反调试技术多得是）。但偶尔有一些不怎么出名的保护器/压缩器会使用，恶意代码中也经常用到。如果平时不在意这些，那么很有可能会被它们“套住”，白白浪费许多时间。

51.8.1 练习：StaAD_FindWindow.exe

首先启动OllyDbg调试器，然后双击运行StaAD_FindWindow.exe程序，命令行窗口中就会显示“探测到调试器”的信息，如图51-25所示。

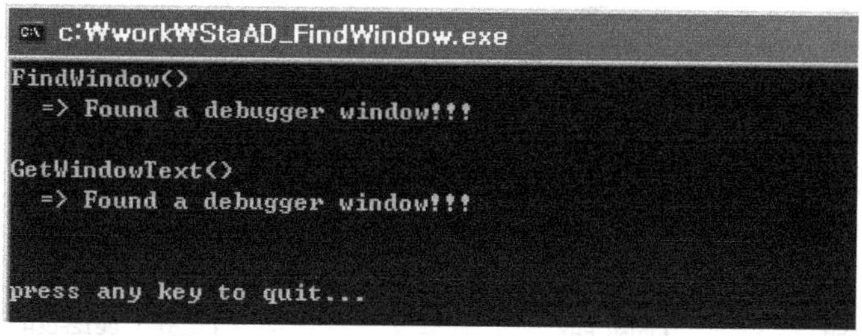

```
c:\work\StaAD_FindWindow.exe
FindWindow()
  => Found a debugger window!!!

GetWindowText()
  => Found a debugger window!!!


press any key to quit...
```

图51-25 StaAD_FindWindow.exe运行画面

StaAD_FindWindow.exe代码中调用了FindWindow()与GetWindowText() API，探测是否存在指定名称（OllyDbg、IDA Pro、WinDbg等）的调试器窗口。

51.8.2 破解之法

首先在OllyDbg调试器中打开练习文件，然后在401023地址处设置好断点并运行程序，如图

51-26所示。

```
0040101D  .  56            PUSH ESI                      ┌Title = NULL
0040101E  .  68 109D4000   PUSH StaAD_Fi.00409D10        │Class = "OllyDbg"
00401023  .  FFD7          CALL EDI                      └FindWindowW
00401025  .  85C0          TEST EAX,EAX
00401027  .v 75 18         JNZ SHORT StaAD_Fi.00401041
00401029  .  50            PUSH EAX                      ┌Title = 4C61C2C3 ???
0040102A  .  68 209D4000   PUSH StaAD_Fi.00409D20        │Class = "TIdaWindow"
0040102F  .  FFD7          CALL EDI                      └FindWindowW
00401031  .  85C0          TEST EAX,EAX
00401033  .v 75 0C         JNZ SHORT StaAD_Fi.00401041
00401035  .  50            PUSH EAX                      ┌Title = 4C61C2C3 ???
00401036  .  68 389D4000   PUSH StaAD_Fi.00409D38        │Class = "WinDbgFrameClass"
0040103B  .  FFD7          CALL EDI                      └FindWindowW

EDI=77D0C9C3 (USER32.FindWindowW)

Address   Hex dump                                         ASCII
00409D10  4F 00 6C 00 6C 00 79 00 44 00 62 00 67 00 00 00  O.l.l.y.D.b.g...
00409D20  54 00 49 00 64 00 61 00 57 00 69 00 6E 00 64 00  T.I.d.a.W.i.n.d.
00409D30  6F 00 77 00 00 00 00 00 57 00 69 00 6E 00 44 00  o.w.....W.i.n.D.
00409D40  62 00 67 00 46 00 72 00 61 00 6D 00 65 00 43 00  b.g.F.r.a.m.e.C.
00409D50  6C 00 61 00 73 00 73 00 00 00 00 00 46 69 6E 64  l.a.s.s.....Find

0012FD54  00409D10  ┌Class = "OllyDbg"
0012FD58  00000000  └Title = NULL
0012FD5C  7C940208  ntdll.7C940208
0012FD60  00000000
0012FD64  00410061
0012FD68  005F0044
```

图51-26　调用FindWindow()的代码

图51-26的代码中共有3处调用FindWindow() API。40101E地址处的PUSH 409D10指令中，地址409D10指向Window Class名称字符串，它是FindWindow() API的第一个参数。转到409D10地址处，使用NULL覆盖Window Class名称字符串缓冲区，那么FindWindow() API将无法探测到相应调试器。

接下来要使GetWindowText() API失效。在401093地址处设置好断点并运行程序，如图51-27所示。

```
00401093  .  FF15 0C814000  CALL DWORD PTR DS:[<&USER32.GetDeskt  [GetDesktopWindow
00401099  .  8B3D 10814000  MOV EDI,DWORD PTR DS:[<&USER32.GetWin  USER32.GetWindow
0040109F  .  6A 05          PUSH 5                                 ┌Relation = GW_CHILD
004010A1  .  50             PUSH EAX                               │hWnd = 0012FD6A
004010A2  .  FFD7           CALL EDI                               └GetWindow
004010A4  .  6A 00          PUSH 0                                 ┌Relation = GW_HWNDFIRST
004010A6  .  50             PUSH EAX                               │hWnd = 0012FD6A
004010A7  .  FFD7           CALL EDI                               └GetWindow
004010A9  .  8BF0           MOV ESI,EAX
004010AB  .  85F6           TEST ESI,ESI
004010AD  .v 0F84 80000000  JE StaAD_Fi.00401133
004010B3  .  53             PUSH EBX
004010B4  .  8B1D 08814000  MOV EBX,DWORD PTR DS:[<&USER32.GetWin  USER32.GetWindowTextW
004010BA  .  8D9B 00000000  LEA EBX,DWORD PTR DS:[EBX]
004010C0  >  68 04010000    ┌PUSH 104
004010C5  .  8D95 F4FDFFFF  │LEA EDX,DWORD PTR SS:[EBP-20C]
004010CB  .  52             │PUSH EDX
004010CC  .  56             │PUSH ESI
004010CD  .  FFD3           │CALL EBX
004010CF  .  85C0           │TEST EAX,EAX
004010D1  .v 74 48          │JE SHORT StaAD_Fi.0040111B
004010D3  .  8D85 F4FDFFFF  │LEA EAX,DWORD PTR SS:[EBP-20C]
004010D9  .  68 B89D4000    │PUSH StaAD_Fi.00409DB8            ┌Arg2 = 00409DB8
004010DE  .  50             │PUSH EAX                          │Arg1 = 0012FD6A
004010DF  .  E8 E2010000    │CALL StaAD_Fi.004012C6            └StaAD_Fi.004012C6
```

图51-27　调用GetDesktopWindow()的代码

调用GetWindowTextW() API的代码在4010B4地址处。若想正常调用GetWindowTextW() API，就不能执行4010AD地址处的条件跳转指令。要实现这一点，可以直接操作条件跳转语句，也可以将其上GetDesktopWindow()与GetWindow() API的返回值（EAX寄存器）修改为NULL值。当然，钩取FindWindow() API与GetWindowText() API也是非常棒的方法。

51.9 小结

本章讲解了静态反调试的方法。其实，除了本章介绍的方法外，还有很多其他方法，而且调试过程中还会遇到更多，这些反调试方法你可能之前从未见过，只要认真分析、查找相关资料，一般都能找到好的破解之道，这是积累经验、不断进步的必经之路。本章还说明了静态反调试技术的破解之法，这些方法虽然不太难，但若完全不了解，调试时可能遭受很大困难。

反调试技术对OS有很强的依赖性，所以应用某个反调试技术时要事先确认：它是否可以应用到目标操作系统。实际调试中会使用多种调试器插件，借助这些插件可以有效回避反调试技术，使用起来非常方便。但调试器的插件也不是万能的，它们无法破解某些反调试技术。此时，了解这些插件的工作原理、学习基本的破解之法就显得非常有用了。

第52章　动态反调试技术

本章讲解动态组别中的反调试技术。运用动态反调试技术可以不断阻止对程序代码的跟踪调试。与静态反调试技术相比，动态反调试技术难度更高，破解难度也更大。

52.1　动态反调试技术的目的

反调试技术的目的就是隐藏和保护程序代码与数据，使之无法进行逆向分析。PE保护器中一般会大量应用动态反调试技术，以保护源程序的核心算法。在调试器中调试运行（应用了动态反调试技术的）程序时，动态反调试技术就会干扰调试器，使之无法正常跟踪查找源程序的核心代码（OEP）。

提示

一名优秀的代码逆向分析人员能够克服各种困难，顺利完成逆向分析任务。但是分析应用了动态反调试技术的程序时，仍然会比较费力，且分析时间也会大大增加。

52.2　异常

异常（Exception）常用于反调试技术。正常运行的进程发生异常时，在SEH机制的作用下，OS会接收异常，然后调用进程中注册的SEH处理。但是，若进程（被调试者）在调试运行中发生异常，调试器就会接收处理。利用该特征可判断进程是正常运行还是调试运行，然后根据不同结果执行不同操作，这就是反调试技术的原理。

提示

关于利用 SEH 的反调试工作原理及破解之法请参考第 48 章。

52.2.1　SEH

代码52-1列出了Windows操作系统中的一些典型异常。

代码52-1　Windows OS的异常

```
EXCEPTION_DATATYPE_MISALIGNMENT          (0x80000002)
EXCEPTION_BREAKPOINT                     (0x80000003)
EXCEPTION_SINGLE_STEP                    (0x80000004)
EXCEPTION_ACCESS_VIOLATION               (0xC0000005)
EXCEPTION_IN_PAGE_ERROR                  (0xC0000006)
EXCEPTION_ILLEGAL_INSTRUCTION            (0xC000001D)
EXCEPTION_NONCONTINUABLE_EXCEPTION       (0xC0000025)
EXCEPTION_INVALID_DISPOSITION            (0xC0000026)
EXCEPTION_ARRAY_BOUNDS_EXCEEDED          (0xC000008C)
EXCEPTION_FLT_DENORMAL_OPERAND           (0xC000008D)
EXCEPTION_FLT_DIVIDE_BY_ZERO             (0xC000008E)
EXCEPTION_FLT_INEXACT_RESULT             (0xC000008F)
EXCEPTION_FLT_INVALID_OPERATION          (0xC0000090)
```

```
EXCEPTION_FLT_OVERFLOW            (0xC0000091)
EXCEPTION_FLT_STACK_CHECK         (0xC0000092)
EXCEPTION_FLT_UNDERFLOW           (0xC0000093)
EXCEPTION_INT_DIVIDE_BY_ZERO      (0xC0000094)
EXCEPTION_INT_OVERFLOW            (0xC0000095)
EXCEPTION_PRIV_INSTRUCTION        (0xC0000096)
EXCEPTION_STACK_OVERFLOW          (0xC00000FD)
```

EXCEPTION_BREAKPOINT

Windows操作系统中最具代表性的异常是断点异常。BreakPoint指令触发异常时，若程序处于正常运行状态，则自动调用已经注册过的SEH；若程序处于调试运行状态，则系统会立刻停止运行程序，并将控制权转给调试器。一般而言，异常处理器中都含有修改EIP值的代码。修改调试器选项可以把处在调试中的进程产生的相关异常转给操作系统，自动调用SEH处理。但即便如此，在异常处理器中适当应用静态反调试技术，也能够轻松判断进程是否处于调试状态。此外，EIP值在异常处理器内部如何变化也不得而知，这意味着，必须跟踪进入异常处理器才能继续调试。

> **提示**
>
> 若程序中仅应用了几个基于SEH的反调试技法，则很容易破解。但若应用了数十乃至数百个这样的反调试技法，调试速度就会大大降低，失误的风险也会大增。

● **练习**

先在OllyDbg调试器中打开示例程序（DynAD_SEH.exe），然后在401000地址处设置好断点并运行，如图52-1所示。

```
CPU - main thread, module DynAD_SE
00401000  $  55               PUSH EBP
00401001  .  8BEC             MOV EBP,ESP
00401003  .  53               PUSH EBX
00401004  .  68 A0994000      PUSH DynAD_SE.004099A0              ASCII "SEH : BreakPoint\n"
00401009  .  E8 69000000      CALL DynAD_SE.00401077
0040100E  .  83C4 04          ADD ESP,4
00401011  .  68 2C104000      PUSH DynAD_SE.0040102C              SE handler installation
00401016  .  64:FF35 00000000 PUSH DWORD PTR FS:[0]
0040101D  .  64:8925 00000000 MOV DWORD PTR FS:[0],ESP
00401024  .  CC               INT3                                => Exception!!!
00401025  .  B8 FFFFFFFF      MOV EAX,-1
0040102A  .- FFE0             JMP EAX
0040102C  r$ 36:8B4424 0C     MOV EAX,DWORD PTR SS:[ESP+C]        Structured exception handler
00401031  .  BB 40104000      MOV EBX,DynAD_SE.00401040
00401036  .  3E:8998 B8000000 MOV DWORD PTR DS:[EAX+B8],EBX
0040103D  .  33C0             XOR EAX,EAX
0040103F  L. C3               RETN
00401040  .  64:8F05 00000000 POP DWORD PTR FS:[0]                => Remove SE handler
00401047  .  83C4 04          ADD ESP,4
0040104A  .  68 B4994000      PUSH DynAD_SE.004099B4              ASCII " => Not debugging...\n\n"
0040104F  .  E8 23000000      CALL DynAD_SE.00401077
00401054  .  83C4 04          ADD ESP,4
00401057  .  5B               POP EBX                             DynAD_SE.00401065
00401058  .  5D               POP EBP                             DynAD_SE.00401065
00401059  .  C3               RETN
```

图52-1 基于INT3的SEH示例代码

图52-1中的代码是基于INT3异常的反调试代码，代码执行流如图52-2所示。

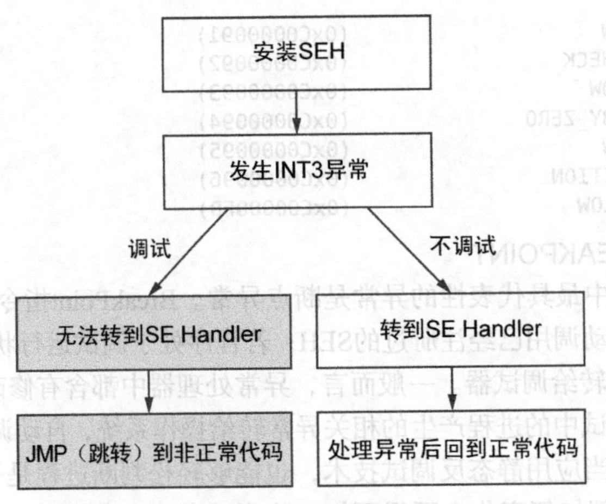

图52-2　代码执行流

下面逐个分析代码执行流各阶段的代码（请各位边调试边跟着学习）。

#1. 安装SEH

首先在以下代码中安装SEH（40102C）。

```
00401011    PUSH 40102C                        ;  SEH
00401016    PUSH DWORD PTR FS:[0]
0040101D    MOV DWORD PTR FS:[0],ESP
```

#2. 发生INT3异常

以下代码用来触发INT3异常。

```
00401024    INT3
```

#3-1. 调试运行－终止进程

若进程处于调试运行状态，则需要由调试器（此处为OllyDbg）处理异常。INT3指令是CPU中断（Interrupt）命令，在用户模式的调试器中什么也不做，继续执行其下的命令。

```
00401025    MOV EAX,-1                         ; -1 (0xFFFFFFFF)
0040102A    JMP EAX
```

因进程处于调试中，故跳转到非法地址处（FFFFFFFF），无法继续调试。

> 提示
>
> 以上练习示例中，进程处于调试状态时会直接终止运行，逆向分析人员能够借此轻松把握在什么地方遭受了反调试。但是有些保护器会将代码执行跳转到垃圾代码。逆向分析人员跟踪这些冗长的垃圾代码时会精疲力尽，而且进程终止时，也很难把握在哪里遭受了反调试技术的“狙击”。这是一种非常狡猾的伎俩，很容易让人陷入迷途。

#3-2. 正常运行（非调试运行）－运行SEH

若进程为非调试运行，那么执行到INT3指令时就会调用执行前面已经注册过的SEH。

```
0040102C    MOV EAX,DWORD PTR SS:[ESP+C]
00401031    MOV EBX,401040
00401036    MOV DWORD PTR DS:[EAX+B8],EBX
0040103D    XOR EAX,EAX
0040103F    RETN
```

SS:[ESP+C]是CONTEXT *pContext结构体的指针，而CONTEXT *pContext结构体正是SEH的

第三个参数，它是一个发生异常的线程CONTEXT结构体。DS:[EAX+B8]指向pContext→Eip成员，所以401036地址处的MOV指令用来将该结构体的EIP值修改为401040。然后，异常处理器返回0（ExceptionContinueExecution）。接下来，发生异常的线程再次从修改后的EIP地址处（401040）开始运行。SEH函数定义如下，请参考。

```
EXCEPTION_DISPOSITION ExceptHandler
(
    EXCEPTION_RECORD    *pRecord,
    EXCEPTION_REGISTRATION_RECORD *pFrame,
    CONTEXT             *pContext,
    PVOID               pValue
);

*该函数未在MSDN中公开，以上定义是我参考多个网站给出的。

typedef enum _EXCEPTION_DISPOSITION {
    ExceptionContinueExecution,          // 0
    ExceptionContinueSearch,
    ExceptionNestedException,
    ExceptionCollidedUnwind
} EXCEPTION_DISPOSITION;
```

出处：MS Visual C++ 2010 Express:excpt.h

以下是CONTEXT结构体的定义（已标出各成员的偏移量）。

```
// CONTEXT_IA32
struct CONTEXT
{
    DWORD ContextFlags;

    DWORD Dr0; // 04h
    DWORD Dr1; // 08h
    DWORD Dr2; // 0Ch
    DWORD Dr3; // 10h
    DWORD Dr6; // 14h
    DWORD Dr7; // 18h

    FLOATING_SAVE_AREA FloatSave;

    DWORD SegGs; // 88h
    DWORD SegFs; // 90h
    DWORD SegEs; // 94h
    DWORD SegDs; // 98h

    DWORD Edi; // 9Ch
    DWORD Esi; // A0h
    DWORD Ebx; // A4h
    DWORD Edx; // A8h
    DWORD Ecx; // ACh
    DWORD Eax; // B0h

    DWORD Ebp;    // B4h
    DWORD Eip;    // B8h
    DWORD SegCs;  // BCh (must be sanitized)
    DWORD EFlags; // C0h
    DWORD Esp;    // C4h
    DWORD SegSs;  // C8h

    BYTE ExtendedRegisters[MAXIMUM_SUPPORTED_EXTENSION];  // 512bytes
};
```

出处：MS SDK的winnt.h

提示

若不处理异常且 EIP 值保持不变，返回 ExceptionContinueExecution 时会再次执行 401024 地址处的 INT3 指令，同时再次调用执行 40102C 地址处的 SEH，最终陷入无限循环，造成栈溢出，导致进程终止。

#4. 删除SEH

```
00401040    POP DWORD PTR FS:[0]
00401047    ADD ESP,4
```

进程正常运行时，#1中注册的SEH（40102C）就会被删除（若进程处于调试运行，#3-1中的代码就会造成进程非正常终止）。

● 破解之法

如图52-3所示，在Debugging options对话框的Exceptions选项卡中，复选“INT3 breaks”后，调试器就会忽略被调试进程中发生的INT3异常，而由自身的SEH处理。

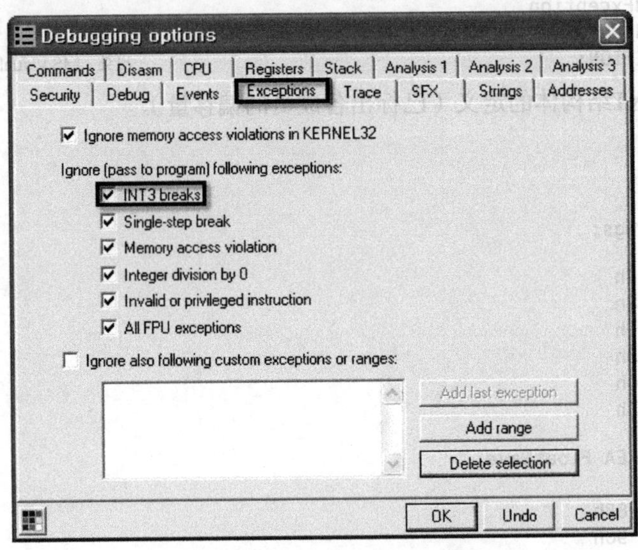

图52-3　OllyDbg选项-Exceptions

如图52-3设置好调试选项，进程调试过程中遇到INT3指令时，调试器不会停下来，而会自动调用执行被调试进程的SEH（与正常运行一样）。请各位自行测试，先分别在SEH（40102C）与代码正常运行处（401040）设置断点，然后按F9键运行程序。

提示

有时，在某些环境（OS、调试器插件 Bug 等）中使用 StepInto(F7)或 StepOver(F8)命令跟踪 INT3 指令会导致调试器非正常终止。遇到这种情况时，请按照以上说明设置好断点后再按 F9 运行程序。

52.2.2　SetUnhandledExceptionFilter()

进程中发生异常时，若SEH未处理或注册的SEH根本不存在，会发生什么呢？此时会调用执行系统的kernel32!UnhandledExceptionFilter() API。该函数内部会运行系统的最后一个异常处理器

（名为Top Level Exception Filter或Last Exception Filter）。系统最后的异常处理器通常会弹出错误消息框，然后终止进程运行，如图52-4所示。

图52-4 系统最后的异常处理

值得注意的是，kernel32!UnhandledExceptionFilter()内部调用了ntdll!NtQueryInformationProcess (ProcessDebugPort) API（静态反调试技术），以判断是否正在调试进程。若进程正常运行（非调试运行），则运行系统最后的异常处理器；若进程处于调试中，则将异常派送给调试器。通过kernel32!SetUnhandledExceptionFilter() API可以修改系统最后的异常处理器（Top Level Exception Filter），函数原型如下：

代码52-2 SetUnhandledExceptionFilter() API

```
LPTOP_LEVEL_EXCEPTION_FILTER WINAPI SetUnhandledExceptionFilter(
  __in  LPTOP_LEVEL_EXCEPTION_FILTER lpTopLevelExceptionFilter
);
```

出处：http://msdn.microsoft.com/en-us/library/ms680634(VS.85).aspx

调用该函数修改系统最后异常处理器时，只要将新的Top Level Exception Filter函数地址传递给函数的lpTopLevelExceptionFilter参数即可（返回值为上一个Last Exception Filter函数地址）。Top Level Exception Filter函数定义如下：

代码52-3 TopLevelExceptionFilter() API

```
typedef struct _EXCEPTION_POINTERS {
  PEXCEPTION_RECORD ExceptionRecord;
  PCONTEXT          ContextRecord;
} EXCEPTION_POINTERS, *PEXCEPTION_POINTERS;

LONG TopLevelExceptionFilter(
  PEXCEPTION_POINTERS pExcept
);
```

出处：MSDN

基于异常的反调试技术中，通常先特意触发异常，然后在新注册的Last Exception Filter内部判断进程正常运行还是调试运行，并根据判断结果修改EIP值。系统在此过程中自行判断调试与否。这种反调试技术融合了静态与动态方法，下面通过练习示例进一步学习。

- 练习

首先在OllyDbg调试器中打开示例程序（DynAD_SUEF.exe），在401030地址处设置断点后运行（参考图52-5）。

下面边调试代码边了解程序执行流及反调试工作原理。首先调用printf()函数输出字符串，代码如下所示：

```
00401030    PUSH EBP
00401031    MOV EBP,ESP
00401033    PUSH 4099A0              ; "SEH : SetUnhandledExceptionFilter()\n"
00401038    CALL 00401087            ; printf()
0040103D    ADD ESP,4
```

```
00401030  $ 55              PUSH EBP
00401031  . 8BEC            MOV EBP,ESP
00401033  . 68 A0994000     PUSH DynAD_SU.004099A0          ASCII "SEH : SetUnhandledExceptionF
00401038  . E8 4A000000     CALL DynAD_SU.00401087
0040103D  . 83C4 04         ADD ESP,4
00401040  . 68 00104000     PUSH DynAD_SU.00401000          pTopLevelFilter = DynAD_SU.00401000
00401045  . FF15 00804000   CALL DWORD PTR DS:[<&KERNEL32.Set SetUnhandledExceptionFilter
0040104B  . A3 3CCB4000     MOV DWORD PTR DS:[40CB3C],EAX
00401050  . 33C0            XOR EAX,EAX
00401052  . 8900            MOV DWORD PTR DS:[EAX],EAX
00401054  .- FFE0           JMP EAX
00401056  . 68 C8994000     PUSH DynAD_SU.004099C8          ASCII " => Not debugging...\n\n"
0040105B  . E8 27000000     CALL DynAD_SU.00401087
00401060  . 83C4 04         ADD ESP,4
00401063  . 5D              POP EBP                         DynAD_SU.00401075
00401064  . C3              RETN
```

图52-5　SetUnhandledExceptionFilter()示例代码

然后，调用SetUnhandledExceptionFilter()来注册新的Top Level Exception Filter（新的Exception Filter函数中包含异常处理代码）。

```
00401040    PUSH 00401000                         ; New Top Level Exception Filter
00401045    CALL DWORD PTR DS:[&KERNEL32.SetUnhandledExceptionFilter]
0040104B    MOV DWORD PTR DS:[40CB3C],EAX   ; 保存Old Filter地址
```

在Top Level Exception Filter（401000）与Kernel32!UnhandledExceptionFilter() API设置好断点。位于401045地址处的CALL指令用来将401000地址处的函数注册为Top Level Exception Filter。然后强制触发异常，代码如下所示：

```
00401050    XOR EAX,EAX                     ; EAX = 0
00401052    MOV DWORD PTR DS:[EAX],EAX      ; Invalid Memory Access Violation!
```

若执行401052地址处的指令，程序将尝试向尚未定义的进程虚拟内存地址（0）写入值，这会引发无效的内存非法访问异常。接着，程序会在设有断点的Kernel32!UnhandledExceptionFilter() API内部自动暂停（因异常未处理，故系统要运行它），如图52-6所示。

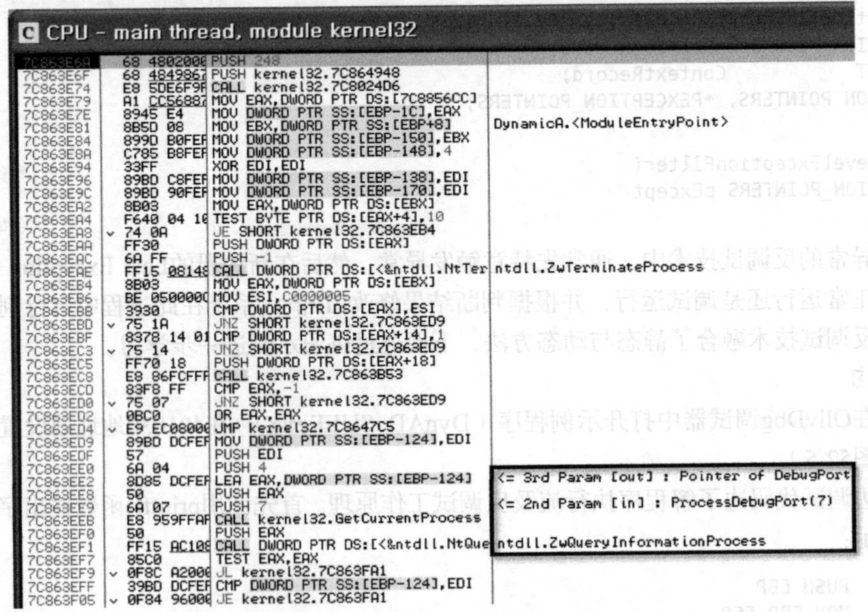

图52-6　Kernel32!UnhandledExceptionFilter() API

请注意7C863EF1地址处的CALL ntdll!NtQueryInformationProcess() API指令，其第二个参数传

入的值为ProcessDebugPort（7）。前一章中讲过，它是一种静态反调试技术，用来探测调试器。为了继续调试，调用该函数后需要将第三个参数[EBP-124]的值（原值为FFFFFFFF）修改为0（参考图52-7）。

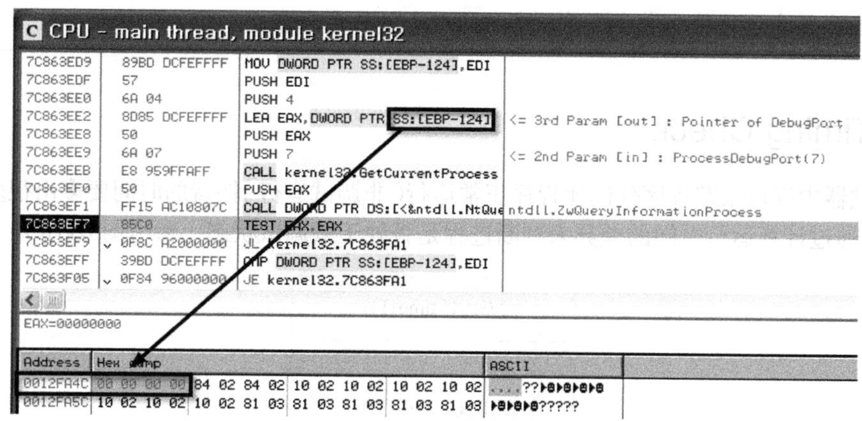

图52-7 修改第三个参数的结果值

继续跟踪调试，出现图52-8所示的代码。

```
7C864022    56              PUSH ESI                                  kernel32.7C885780
7C864023    FF15 8C11807C   CALL DWORD PTR DS:[<&ntdll.RtlLe ntdll.RtlLeaveCriticalSection
7C864029    FFB5 B0FEFFFF   PUSH DWORD PTR SS:[EBP-150]
7C86402F    FFD3            CALL EBX                                  DynAD_SU.00401000
7C864031    83F8 01         CMP EAX,1
7C864034  ˅ 0F84 8B070000   JE kernel32.7C8647C5
7C86403A    83F8 FF         CMP EAX,-1
```

图52-8 调用New Top Level Exception Filter

7C86402F地址处的CALL EBX指令用来调用前面注册的New Top Level Exception Filter函数（401000）。接下来继续跟踪Exception Filter函数，如图52-9所示。

```
00401000 ┌. 55     PUSH EBP
00401001 │. 8BEC   MOV EBP,ESP
00401003 │. A1 3C  MOV EAX,DWORD PTR DS:[40CB3C]     [40CB3C] = Old Top Level Exception Filter
00401008 │. 50     PUSH EAX                          ┌pTopLevelFilter = NULL
00401009 │. FF15   CALL DWORD PTR DS:[<&KERNEL32.    └SetUnhandledExceptionFilter
0040100F │. 8B4D   MOV ECX,DWORD PTR SS:[EBP+8]      [EBP+8] = pExcept
00401012 │. 8B41   MOV EAX,DWORD PTR DS:[ECX+4]      [ECX+4] = pContext
00401015 │. 8380   ADD DWORD PTR DS:[EAX+B8],4       [EAX+B8] = pContext->Eip
0040101C │. 83C8   OR EAX,FFFFFFFF
0040101F │. 5D     POP EBP                           kernel32.7C864031
00401020 └. C2 04  RETN 4
```

图52-9 Top Level Exception Filter函数

地址401003代码中的[40CB3C]是Old Top Level Exception Handler地址（在图52-5的代码中备份过）。在401009地址处再次调用SetUnhandledExceptionFilter()，恢复Exception Filter。401015地址处的ADD指令将EIP的值增加了4。由图52-5可知，发生异常的代码地址为401052，将该值加4变为401056。也就是说，返回Exception Filter后，继续从401056地址处执行代码（在401056地址处设置好断点后即可继续调试）。以上示例代码并不复杂，多调试几次就能充分理解其原理。

● *破解之法*

利用SetUnhandledExceptionFilter() API反调试的技术综合运用了静态&动态技术。因此，破解时要先使Kernel32!UnhandledExceptionFilter()（静态技术）内部调用的ntdll!NtQueryInformation-Process() API失效（使用API钩取等技术）。然后调用SetUnhandledExceptionFilter() API跟踪注册的

Exception Filter，在正常运行时确定要跳到哪个地址即可。

> **提示**
>
> 除上述内容外，还有许多基于异常触发的反调试技术。特别是基于 SEH 的反调试技术在实际中使用得非常多，希望各位通过大量练习来掌握。

52.3 Timing Check

在调试器中逐行跟踪程序代码比程序正常运行（非调试运行）耗费的时间要多出很多。Timing Check技术通过计算运行时间的差异来判断进程是否处于被调试状态（参考图52-10）。

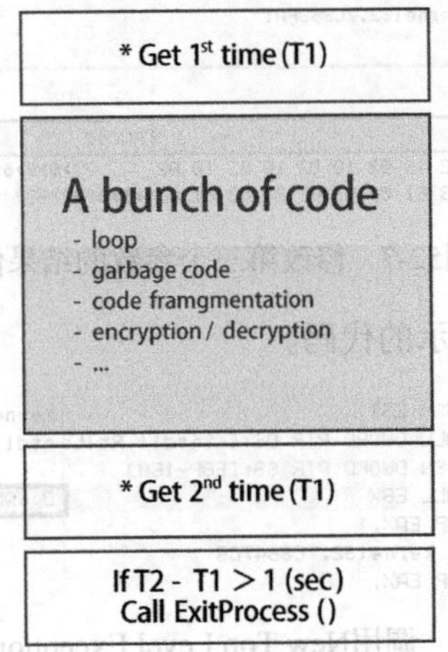

图52-10　Timing Check工作原理

基于Timing Check的反调试原理相当简单，破解之法也不难，只要直接操作获取的时间信息或比较时间的语句即可。但实际操作中，该反调试技术通常与其他反调试技术并用，导致反调试的破解过程变得异常困难（特别是这些代码不明显时，破解的难度会更大）。

> **提示**
>
> Timing Check 技术也常常用作反模拟技术（Anti-Emulating）。程序在模拟器中运行时，运行速度要比程序正常运行（非模拟器中运行）慢很多，所以 Timing Check 技术也能用来探测程序是否在模拟器中运行。

52.3.1 时间间隔测量法

测量时间间隔的方法有很多种，常用方法如下所示：

代码52-4　测量时间间隔的方法

```
1. Counter based method
   RDTSC
   kernel32!QueryPerformanceCounter()/ntdll!NtQueryPerformanceCounter()
   kernel32!GetTickCount()

2. Time based method
   timeGetTime()
   _ftime()
```

如代码52-4所示，测量时间间隔的方法大致分为两大类，一类是利用CPU的计数器(Counter)，另一类是利用系统的实际时间（Time）。接下来学习基于RDTSC（Read Time Stamp Counter，读取时间戳计数器）的反调试技术。

提示

计数器的准确程度由高到低排列如下：

RDTSC>NtQueryPerformanceCounter()>GetTickCount()

NtQueryPerformanceCounter() 与 GetTickCount() 使用相同硬件（Performance Counter），但二者准确程度不同(NtQueryPerformanceCounter()准确度更高)。而 RDTSC 是 CPU 内部的计数器，其准确程度最高。基于时间的方法与基于计数器的方法在实现过程上比较类似，原理也差不多。

52.3.2 RDTSC

x86 CPU中存在一个名为TSC（Time Stamp Counter，时间戳计数器）的64位寄存器。CPU对每个Clock Cycle（时钟周期）计数，然后保存到TSC。RDTSC是一条汇编指令，用来将TSC值读入EDX:EAX寄存器（TSC大小为64位，其高32位被保存至EDX寄存器，低32位被保存至EAX寄存器）。

● 练习：DynAD_RDTSC.exe

为了加深各位对Timing Check反调试技术的认识，下面调试示例程序(DynAD_RDTSC.exe)。在OllyDbg调试器中打开示例程序，转到401000地址处，如图52-11所示。

```
00401000  r$ 55            PUSH EBP
00401001  .  8BEC          MOV EBP,ESP
00401003  .  51            PUSH ECX
00401004  .  53            PUSH EBX
00401005  .  56            PUSH ESI
00401006  .  57            PUSH EDI
00401007  .  68 A0994000   PUSH 4099A0                          ASCII "Timing Check (RDTSC method)"
0040100C  .  C745 FC 000   MOV DWORD PTR SS:[EBP-4],0
00401013  .  E8 5E000000   CALL 00401076
00401018  .  83C4 04       ADD ESP,4
0040101B  .  60            PUSHAD
0040101C  .  0F31          RDTSC                                -> 1st RDTSC
0040101E  .  52            PUSH EDX
0040101F  .  50            PUSH EAX
00401020  .  33C0          XOR EAX,EAX
00401022  .  B9 E8030000   MOV ECX,3E8
00401027  >  40            [INC EAX
00401028  .^ E2 FD         LLOOPD SHORT 00401027
0040102A  .  0F31          RDTSC                                -> 2nd RDTSC
0040102C  .  5E            POP ESI
0040102D  .  5F            POP EDI
0040102E  .  3BD7          CMP EDX,EDI                          compare high order bits
00401030  .v 77 0C         JA SHORT 0040103E
00401032  .  2BC6          SUB EAX,ESI                          compare low order bits
00401034  .  8945 FC       MOV DWORD PTR SS:[EBP-4],EAX
00401037  .  3D FFFFFF00   CMP EAX,0FFFFFF
0040103C  .v 72 04         JB SHORT 00401042
0040103E  >  33C0          XOR EAX,EAX
00401040  .  8900          MOV DWORD PTR DS:[EAX],EAX           : crash code!!!
00401042  >  61            POPAD
00401043  .  8B45 FC       MOV EAX,DWORD PTR SS:[EBP-4]
00401046  .  50            PUSH EAX
00401047  .  68 BC994000   PUSH 4099BC                          ASCII " : delta = %X (ticks)\n"
0040104C  .  E8 25000000   CALL 00401076
00401051  .  68 D4994000   PUSH 4099D4                          ASCII "  => Not debugging...\n\n"
00401056  .  E8 1B000000   CALL 00401076
0040105B  .  83C4 0C       ADD ESP,0C
0040105E  .  5F            POP EDI
0040105F  .  5E            POP ESI
00401060  .  33C0          XOR EAX,EAX
00401062  .  5B            POP EBX
00401063  .  8BE5          MOV ESP,EBP
00401065  .  5D            POP EBP
00401066  L. C3            RETN
```

图52-11 DynAD_RDTSC.exe示例代码

下面简单介绍图52-11中的代码流（请各位亲自调试）。

```
; 第一次执行RDTSC指令 - 将TSC保存到EDX:EAX（64位）
0040101C    RDTSC
; 将结果值放入栈
0040101E    PUSH EDX
0040101F    PUSH EAX

; 用于消耗时间的循环（实际代码相当复杂）
00401020    XOR EAX,EAX
00401022    MOV ECX,3E8
00401027    INC EAX
00401028    LOOPD SHORT 00401027

; 第二次执行RDTSC指令
0040102A    RDTSC

; 在栈中输入第一次求得的TSC
0040102C    POP ESI
0040102D    POP EDI

; 比较1 - Count的high order bits
0040102E    CMP EDX,EDI
00401030    JA SHORT 0040103E

; 比较2 - Count的low order bits
; 若比特定值（0xFFFFFF）大，则断定处于调试状态
00401032    SUB EAX,ESI
00401034    MOV DWORD PTR SS:[EBP-4],EAX
00401037    CMP EAX,0FFFFFF
0040103C    JB SHORT 00401042

; 在比较语句作用下进入异常触发代码，进程非正常终止
0040103E    XOR EAX,EAX
00401040    MOV DWORD PTR DS:[EAX],EAX     ; 异常!!!

; 忽略比较语句，继续运行
00401042    POPAD
```

从上述代码可以看出，2次RDTSC指令调用之间存在一定的时间间隔，通过计算时间差值（Delta）来判断进程是否处于调试状态。Delta值不固定，一般在0xFFFF~0xFFFFFFFF之间取值。40101C~40102A地址间的代码区域中，只要执行1次StepInto(F7)或StepOver(F8)命令，Count的间隔就会大于0xFFFFFFF。

● *破解之法*

有几种方法可以破解以上反调试技术。

(1) 不使用跟踪命令，直接使用RUN命令越过相关代码。

在40102C地址处设置断点后运行。虽然运行速度略慢于正常运行速度，但与代码跟踪相比要快很多。

(2) 操作第二个RDTSC的结果值（EDX:EAX）。

操作第二个RDTSC的结果值，使之与第一个结果值相同，从而顺利通过CMP语句。

(3) 操纵条件分支指令（CMP/Jcc）。

在调试器中强制修改Flags的值，阻止执行跳转至40103E地址处。大部分Jcc指令会受CF或ZF的影响，只要修改这些标志即可控制Jcc指令。

CF与ZF全为0时，JA指令执行跳转动作。只要将CF与ZF之一的值修改为1，JA指令即失效。继续调试，40103C地址处JB指令会直接跳过异常触发代码（401040）（参考图52-12、图52-13）。

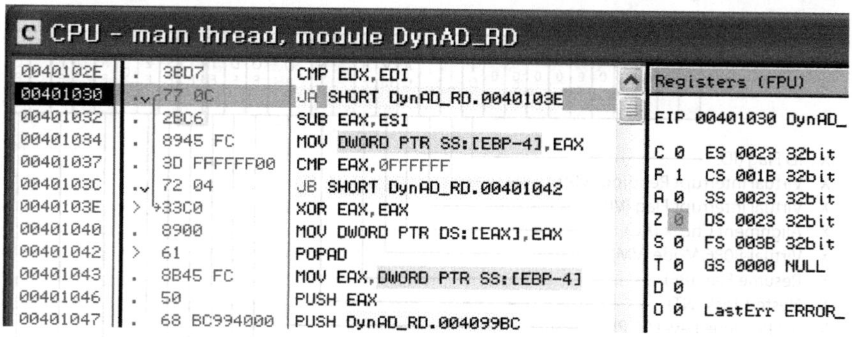

```
CPU - main thread, module DynAD_RD
0040102E  .   3BD7          CMP EDX,EDI
00401030  .v  77 0C         JA SHORT DynAD_RD.0040103E
00401032  .   2BC6          SUB EAX,ESI
00401034  .   8945 FC       MOV DWORD PTR SS:[EBP-4],EAX
00401037  .   3D FFFFFF00   CMP EAX,0FFFFFF
0040103C  .v  72 04         JB SHORT DynAD_RD.00401042
0040103E  >   33C0          XOR EAX,EAX
00401040  .   8900          MOV DWORD PTR DS:[EAX],EAX
00401042  >   61            POPAD
00401043  .   8B45 FC       MOV EAX,DWORD PTR SS:[EBP-4]
00401046  .   50            PUSH EAX
00401047  .   68 BC994000   PUSH DynAD_RD.004099BC

Registers (FPU)
EIP 00401030 DynAD_
C 0  ES 0023 32bit
P 1  CS 001B 32bit
A 0  SS 0023 32bit
Z 0  DS 0023 32bit
S 0  FS 003B 32bit
T 0  GS 0000 NULL
D 0
O 0  LastErr ERROR_
```

图52-12 JA条件分支指令

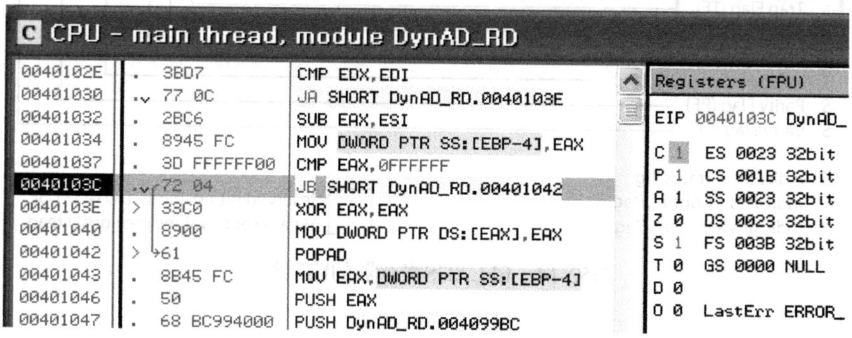

```
CPU - main thread, module DynAD_RD
0040102E  .   3BD7          CMP EDX,EDI
00401030  .v  77 0C         JA SHORT DynAD_RD.0040103E
00401032  .   2BC6          SUB EAX,ESI
00401034  .   8945 FC       MOV DWORD PTR SS:[EBP-4],EAX
00401037  .   3D FFFFFF00   CMP EAX,0FFFFFF
0040103C  .v  72 04         JB SHORT DynAD_RD.00401042
0040103E  >   33C0          XOR EAX,EAX
00401040  .   8900          MOV DWORD PTR DS:[EAX],EAX
00401042  >   61            POPAD
00401043  .   8B45 FC       MOV EAX,DWORD PTR SS:[EBP-4]
00401046  .   50            PUSH EAX
00401047  .   68 BC994000   PUSH DynAD_RD.004099BC

Registers (FPU)
EIP 0040103C DynAD_
C 1  ES 0023 32bit
P 1  CS 001B 32bit
A 1  SS 0023 32bit
Z 0  DS 0023 32bit
S 1  FS 003B 32bit
T 0  GS 0000 NULL
D 0
O 0  LastErr ERROR_
```

图52-13 JB条件分支指令

提示

若想学习更多有关 Jcc 指令分支条件的知识，请前往 Intel 网站参考用户手册（Intel 64 and IA-32 Architectures Software Developer's Manual）。

(4) 利用内核模式驱动程序使RDTSC指令失效。

利用内核模式驱动程序可以从根本上使基于RDTSC的动态反调试技术失效（其实，Olly Advanced PlugIn就采用了该方法）。

提示

以上练习示例仅用于向各位说明相应的工作原理，所以代码都非常简单。但实际的反调试代码中，RDTSC 指令与 CMP/Jcc 条件分支指令并不醒目，而是巧妙地设置到代码各处，再加上与其他反调试技术（SEH、动态方法）并用，效果非常强大，破解起来也比较困难。

52.4 陷阱标志

陷阱标志指EFLAGS寄存器的第九个（Index 8）比特位，如图52-14所示。

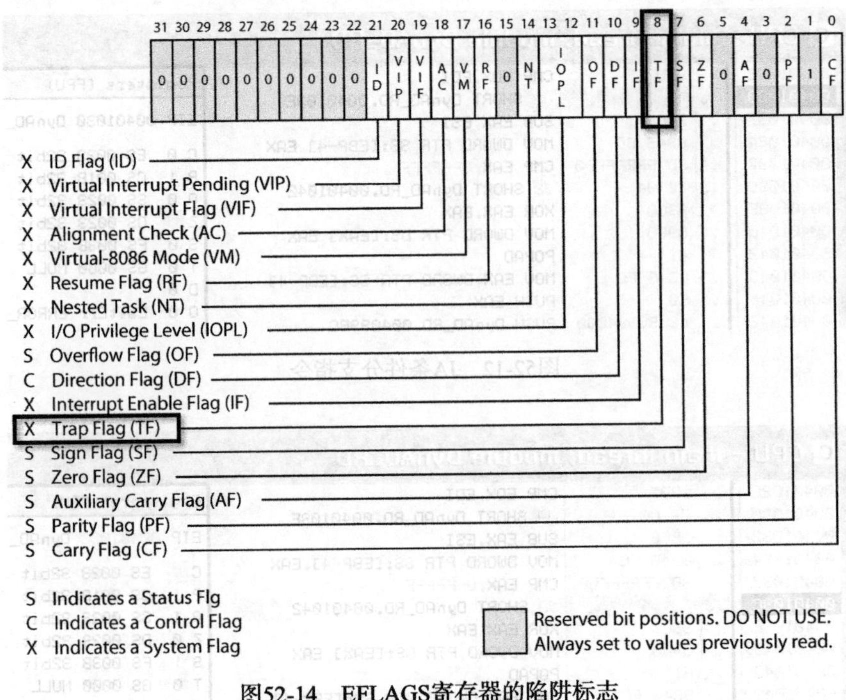

图52-14　EFLAGS寄存器的陷阱标志

52.4.1　单步执行

TF值设置为1时，CPU将进入单步执行（Single Step）模式。单步执行模式中，CPU执行1条指令后即触发1个EXCEPTION_SINGLE_STEP异常，然后陷阱标志会自动清零（0）。该EXCEPTION_SINGLE_STEP异常可以与SEH技法结合，在反调试技术中用于探测调试器。

● 练习

下面用个简单的练习来了解“修改陷阱标志进行反调试”的工作原理。首先在OllyDbg调试器中打开示例程序（DynAD_SingleStep.exe），转到401000地址处，如图52-15所示。

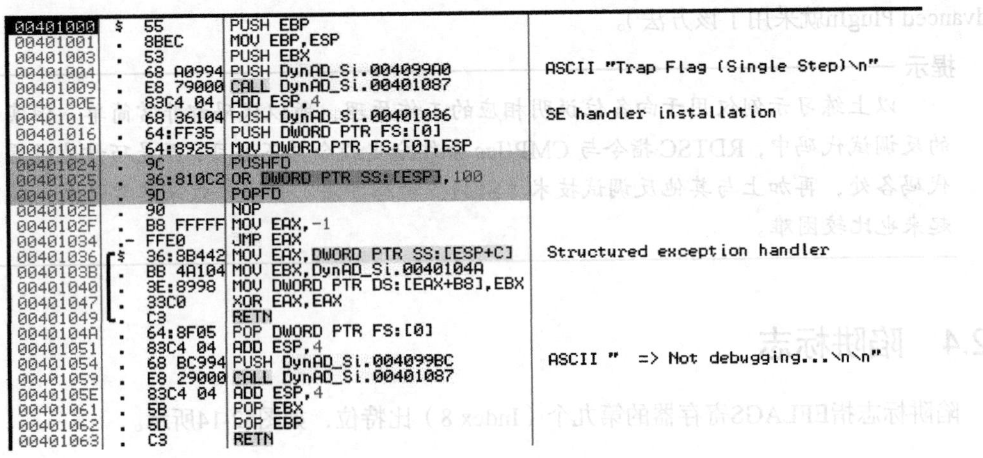

```
00401000  $  55         PUSH EBP
00401001  .  8BEC       MOV EBP,ESP
00401003  .  53         PUSH EBX
00401004  .  68 A0994   PUSH DynAD_Si.004099A0              ASCII "Trap Flag (Single Step)\n"
00401009  .  E8 79000   CALL DynAD_Si.00401087
0040100E  .  83C4 04    ADD ESP,4
00401011  .  68 36104   PUSH DynAD_Si.00401036              SE handler installation
00401016  .  64:FF35    PUSH DWORD PTR FS:[0]
0040101D  .  64:8925    MOV DWORD PTR FS:[0],ESP
00401024  .  9C         PUSHFD
00401025  .  36:810C2   OR DWORD PTR SS:[ESP],100
0040102D  .  9D         POPFD
0040102E  .  90         NOP
0040102F  .  B8 FFFFF   MOV EAX,-1
00401034  .- FFE0       JMP EAX
00401036  $  36:8B442   MOV EAX,DWORD PTR SS:[ESP+C]        Structured exception handler
0040103B  .  BB 4A104   MOV EBX,DynAD_Si.0040104A
00401040  .  3E:8998    MOV DWORD PTR DS:[EAX+B8],EBX
00401047  .  33C0       XOR EAX,EAX
00401049  L. C3         RETN
0040104A  .  64:8F05    POP DWORD PTR FS:[0]
00401051  .  83C4 04    ADD ESP,4
00401054  .  68 BC994   PUSH DynAD_Si.004099BC              ASCII " => Not debugging...\n\n"
00401059  .  E8 29000   CALL DynAD_Si.00401087
0040105E  .  83C4 04    ADD ESP,4
00401061  .  5B         POP EBX
00401062  .  5D         POP EBP
00401063  .  C3         RETN
```

图52-15　DynAD_SingleStep.exe代码

下面对重要的程序代码进行说明。

```
; 注册SEH
00401011    PUSH DynAD_Si.00401036          ; new SEH(401036)
00401016    PUSH DWORD PTR FS:[0]
0040101D    MOV DWORD PTR FS:[0],ESP

; 因无法直接修改EFLAGS，故通过栈修改
00401024    PUSHFD                          ; 将EFLAGS寄存器的值压入栈
00401025    OR DWORD PTR SS:[ESP],100       ; 将TF位设置为1
0040102D    POPFD                           ; 将修改后的TF值存入EFLAGS

; 执行下列指令后触发EXCEPTION_SINGLE_STEP异常
; 1) 若为正常运行，则运行前面注册过的SEH (401036)
; 2) 若为调试运行，则继续执行以下指令
0040102E    NOP

; 调试运行时继续运行以下代码
0040102F    MOV EAX,-1
00401034    JMP EAX
```

从上述代码可以看出，因无法直接修改EFLAGS寄存器的值，故使用PUSHFD/POPFD指令与OR运算指令修改陷阱标志的值。

在OllyDbg调试器中继续运行程序代码到40102E地址处，如图52-16所示。

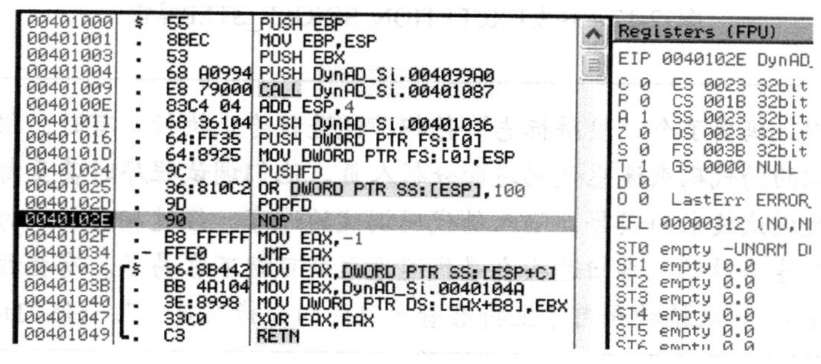

图52-16 设置TF

从寄存器窗口可以看到，EFLAGS寄存器（EFL）的值已经被修改为312，陷阱标志已成功设置为1（我的系统环境下，EFLAGS的初始值为212）。从现在开始，CPU进入单步执行模式。下面执行40102E地址处的NOP指令（使用StepInto(F7)、StepOver(F8)、Run(F9)中的任意一个）。

如预想的一样，发生了EXCEPTION_SINGLE_STEP异常，如图52-17所示。

提示

CPU 在单步执行模式（陷阱标志值为 1）下执行 1 条指令（不管何种指令）就会触发 EXCEPTION_SINGLE_STEP 异常。为了方便，我们在示例中使用了 1 个字节的 NOP 指令。

观察图52-17中的寄存器窗口可以发现，EFLAGS寄存器（EFL）的值又变为了212。也就是说，单步执行模式下，CPU执行完1条指令后，陷阱标志即被自动清零（0）。这也意味着CPU在发生EXCEPTION_SINGLE_STEP异常后又切换至正常运行模式。如图所示，发生异常时，若程序进程非调试运行，则运行SEH执行正常代码；若程序进程处于调试中，则无法转到SEH，继续执行40102F地址处的指令。在40102F地址处执行StepInot(F7)命令，调试继续进行（请注意陷阱标志已经清零了）。然后执行401034地址处的JMP EAX（0xFFFFFFF）指令，进程非正常终止。程序的运行就像这样被分为正常运行与调试运行。

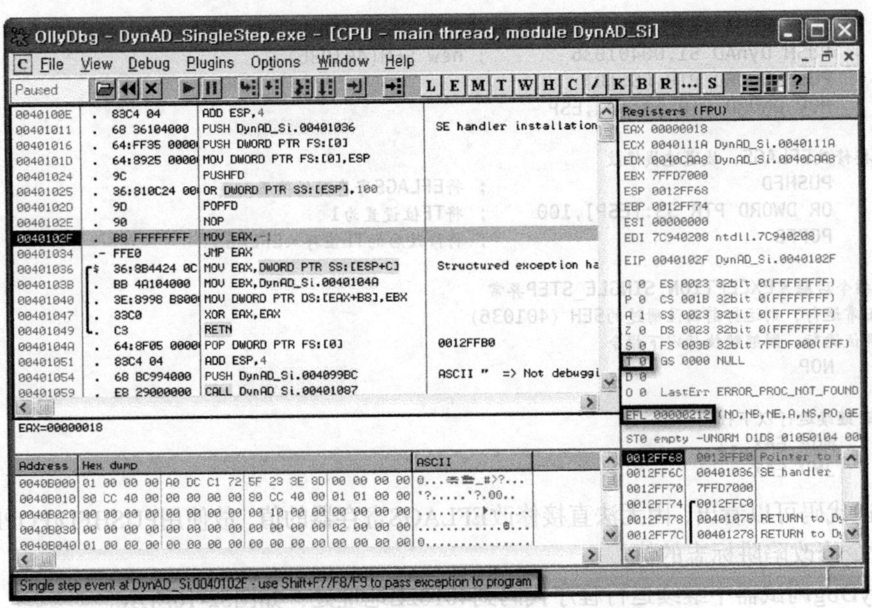

图52-17　触发EXCEPTION_SINGLE_STEP异常

提示

以上示例代码耍了个“陷阱标志”花招，使进程终止执行。有时，程序中可能会包含大量类似的伪代码来迷惑代码逆向分析人员。他们调试程序时甚至都不会发现自己已经遭受反调试技术的误导，陷入伪代码调试的迷雾。经过相当一段时间的调试后才猛然发现有些不对劲，再回过头去寻找迷途之处可就不容易了。有些程序中存在着很多类似“花招”，从精神和肉体上折磨着代码逆向分析人员，防止他们调试程序。

- 破解之法

首先，修改OllyDbg调试器选项（忽略EXCEPTION_SINGLE_STEP异常），让被调试者直接处理EXCEPTION_SINGLE_STEP异常，如图52-18所示。

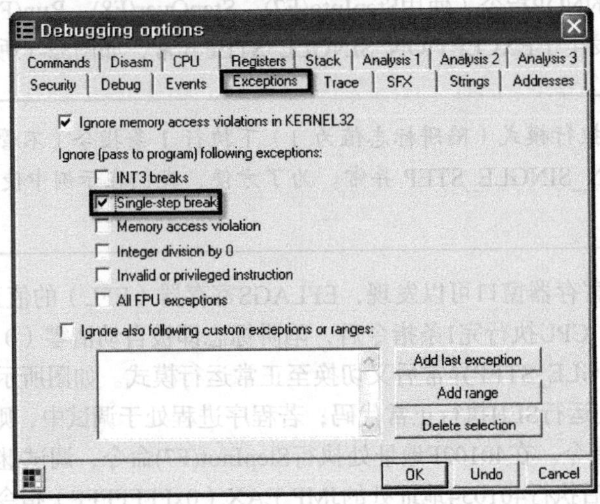

图52-18　忽略EXCEPTION_SINGLE_STEP异常

然后，在注册SEH的地址处（401036）设置断点。执行40102E地址处的指令后，调试器就会停在SEH的断点处。在新的EIP地址处再次设置断点，接着运行即可跟踪正常代码（参考图52-19）。

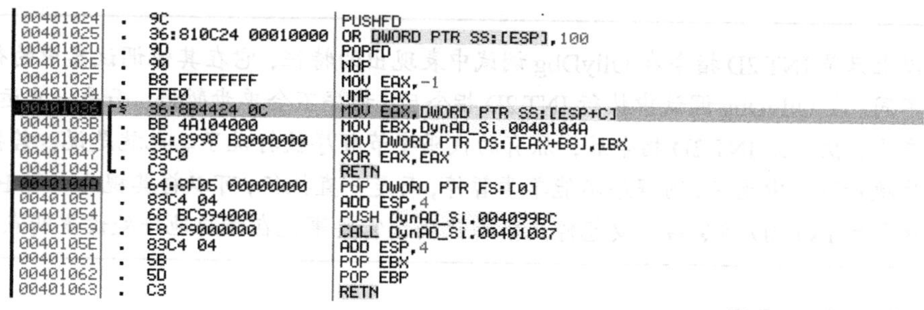

图52-19 在SE Handler与new EIP处设置断点

52.4.2 INT 2D

INT 2D原为内核模式中用来触发断点异常的指令，也可以在用户模式下触发异常。但程序调试运行时不会触发异常，只是忽略。这种在正常运行与调试运行中表现出的不同可以很好地应用于反调试技术。下面调试INT 2D指令，了解其几个有趣的特征。

1. 忽略下条指令的第一个字节

在调试模式中执行完INT 2D指令后（StepInto/StepOver），下条指令的第一个字节将被忽略，后一个字节会被识别为新的指令继续执行，如图52-20所示。

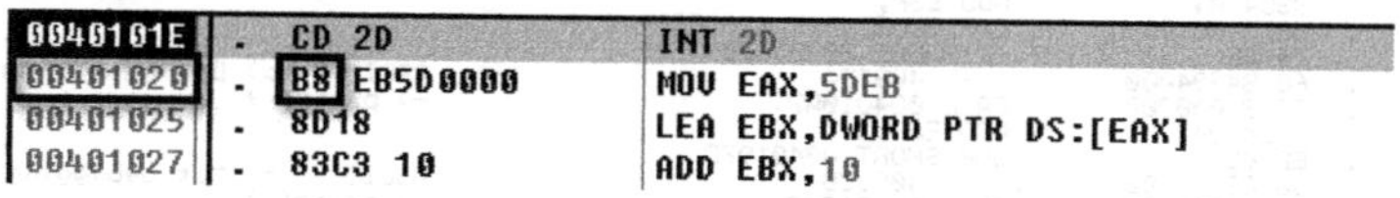

```
0040101E  .  CD 2D         INT 2D
00401020  .  B8 EB5D0000   MOV EAX,5DEB
00401025  .  8D18          LEA EBX,DWORD PTR DS:[EAX]
00401027  .  83C3 10       ADD EBX,10
```

图52-20 执行INT 2D前的正常指令

图52-20中，40101E地址处的INT 2D指令（CD 2D）执行完后，401020地址处的MOV EAX,5DEB指令（B8 EB5D0000）中，第一个字节B8将被忽略（参考图52-21）。

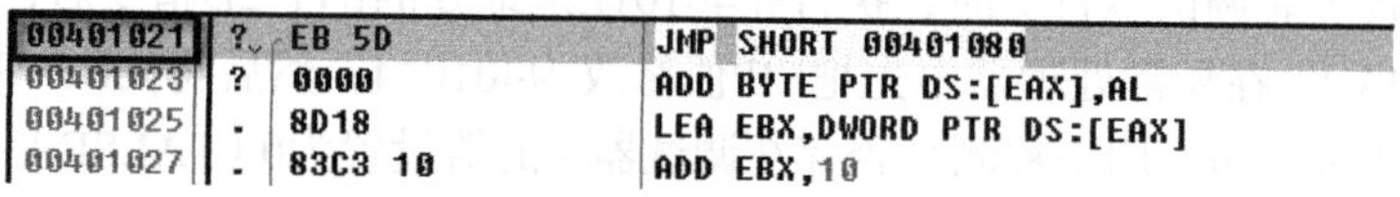

```
00401021  ?  EB 5D         JMP SHORT 00401080
00401023  ?  0000          ADD BYTE PTR DS:[EAX],AL
00401025  .  8D18          LEA EBX,DWORD PTR DS:[EAX]
00401027  .  83C3 10       ADD EBX,10
```

图52-21 INT 2D指令执行后变化的指令

最终，401021地址处的指令被重新解析为2条指令：JMP 401080（EB 5D）、ADD BYTE PTR DS:[EAX],AL（0000），它们完全不同于原指令MOV EAX,5DEB（B8 EB5D0000）。像这样，基于INT 2D的反调试技术能够形成较强的代码混淆（Obfuscated Code）效果，从而在一定程度上防止代码逆向分析人员调试程序。

提示

改变代码字节顺序（Code Byte Ordering）扰乱程序代码的方法称为代码混淆技术，该技术常用于动态反调试技术。

2. 一直运行到断点处

INT 2D指令的另一特征是，使用StepInto(F7)或StepOver(F8)命令跟踪INT 2D指令时，程序不会停在其下条指令开始的地方，而是一直运行，直到遇到断点，就像使用RUN(F9)命令运行程序一样。

> **提示**
>
> 以上只是INT 2D指令在OllyDbg调试中表现出的特征，它在其他调试器中的行为略有不同。在OllyDbg调试中执行INT 2D指令后，程序不会单步暂停，而是一直运行。原因在于，执行完INT 2D指令后，原有的代码字节顺序被打乱了。也就是说，若指令在程序执行过程中改变，则程序不能单步暂停，而是一直执行，可以将其视为一种Bug。所以执行完INT 2D指令后，要想停止跟踪代码，需要事先在相应地址处设置断点。

练习：DynAD_INT2D.exe

为了帮助各位进一步了解基于INT 2D的反调试技术工作原理，下面做个简单的调试练习（DynAD_INT2D.exe）。首先在调试器中打开示例程序，转到401000地址处，如图52-22所示。

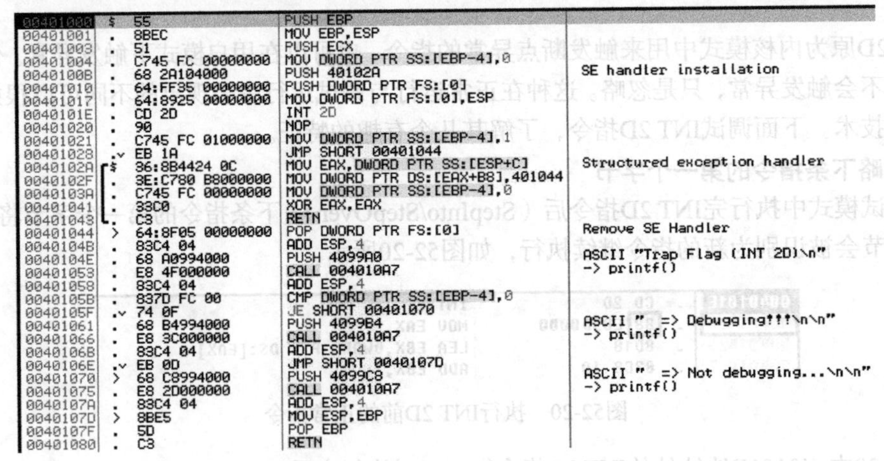

```
00401000  $  55                 PUSH EBP
00401001  .  8BEC               MOV EBP,ESP
00401003  .  51                 PUSH ECX
00401004  .  C745 FC 00000000   MOV DWORD PTR SS:[EBP-4],0
0040100B  .  68 2A104000        PUSH 40102A                       SE handler installation
00401010  .  64:FF35 00000000   PUSH DWORD PTR FS:[0]
00401017  .  64:8925 00000000   MOV DWORD PTR FS:[0],ESP
0040101E  .  CD 2D              INT 2D
00401020  .  90                 NOP
00401021  .  C745 FC 01000000   MOV DWORD PTR SS:[EBP-4],1
00401028  .v EB 1A              JMP SHORT 00401044
0040102A  $  36:8B4424 0C       MOV EAX,DWORD PTR SS:[ESP+C]      Structured exception handler
0040102F  .  3E:C780 B8000000   MOV DWORD PTR DS:[EAX+B8],401044
0040103A  .  C745 FC 00000000   MOV DWORD PTR SS:[EBP-4],0
00401041  .  33C0               XOR EAX,EAX
00401043  .  C3                 RETN
00401044  >  64:8F05 00000000   POP DWORD PTR FS:[0]              Remove SE Handler
0040104B  .  83C4 04            ADD ESP,4
0040104E  .  68 A0994000        PUSH 4099A0                       ASCII "Trap Flag (INT 2D)\n"
00401053  .  E8 4F000000        CALL 004010A7                     -> printf()
00401058  .  83C4 04            ADD ESP,4
0040105B  .  837D FC 00         CMP DWORD PTR SS:[EBP-4],0
0040105F  .v 74 0F              JE SHORT 00401070
00401061  .  68 B4994000        PUSH 4099B4                       ASCII "  => Debugging!!!\n\n"
00401066  .  E8 3C000000        CALL 004010A7                     -> printf()
0040106B  .  83C4 04            ADD ESP,4
0040106E  .v EB 0D              JMP SHORT 0040107D
00401070  >  68 C8994000        PUSH 4099C8                       ASCII "  => Not debugging...\n\n"
00401075  .  E8 2D000000        CALL 004010A7                     -> printf()
0040107A  .  83C4 04            ADD ESP,4
0040107D  >  8BE5               MOV ESP,EBP
0040107F  .  5D                 POP EBP
00401080  .  C3                 RETN
```

图52-22　DynAD_INT2D.exe代码

程序正常运行（非调试运行）时，执行完40101E地址处的INT 2D指令后，发生异常，转去运行SEH（40102A）。在异常处理器中先把EIP值修改为401044，然后将[EBP-4]变量（局部变量[EBP-4]是BOOL类型变量，用来检测是否存在调试器）的值设置为0（FALSE）。然后转到401044地址处继续执行，最后执行40105B地址处的CMP/JE条件分支指令，向控制台输出字符串（"Not Debugging"）。

程序调试运行时，执行INT 2D指令后不会运行SEH，而是跳过1个字节（90），继续执行401021地址处的MOV指令，将[EBP-4]变量设置为1（TRUE），然后跳转到401044地址处继续执行，向控制台输出"Debugging"字符串。可用图52-23简单表示上面2个执行过程。

- *破解之法*

我们可以从以上练习示例中看到，401044地址到40105B地址（条件分支指令（CMP/JE））间的代码都会被执行，所以只要简单修改代码即可破解这种反调试技术。但实际的程序调试过程中，有时必须跟踪SEH逐行调试代码，此时就需要一种方法使程序执行到SEH。利用陷阱标志能够使程序轻松进入SEH执行。

首先，设置OllyDbg调试器的选项，使之忽视EXCEPTION_SINGLE_STEP异常，如图52-18所示。然后运行程序至40101E地址处，如图52-24所示。

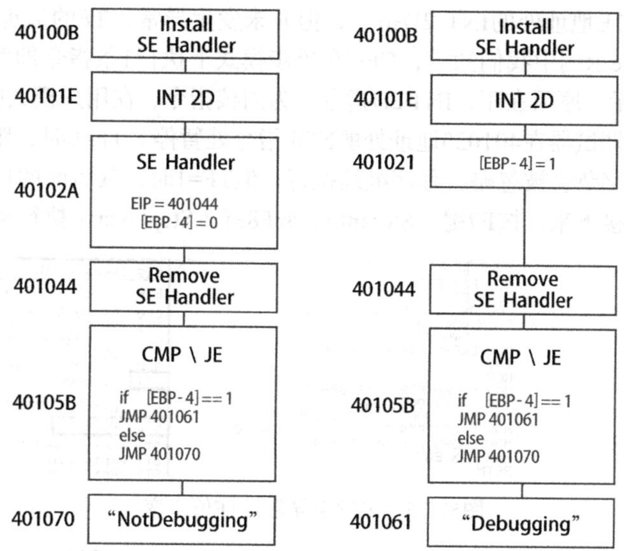

图52-23　正常运行与调试运行的代码流

如图52-24所示，调试器在40101E地址的INT 2D指令处暂停，然后在要前往的（已注册过的）SEH处（40102A）设置断点。

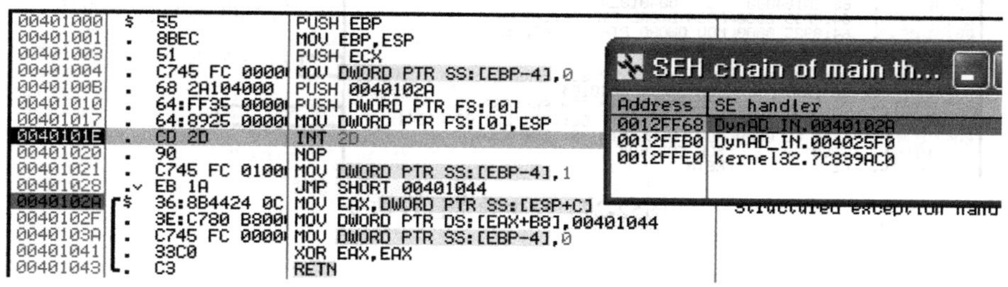

图52-24　执行INT 2D指令之前

如图56-25所示，双击TF或修改EFL值（+0x100），将TF设置为1。从现在开始，CPU进入单步执行模式。单步执行模式下，CPU执行1条指令即触发异常，然后进入SEH处理（请参考前面介绍过的单步执行示例）。接下来，按F7键（StepInto）或F8键（StepOver）执行40101E地址处的INT 2D指令。

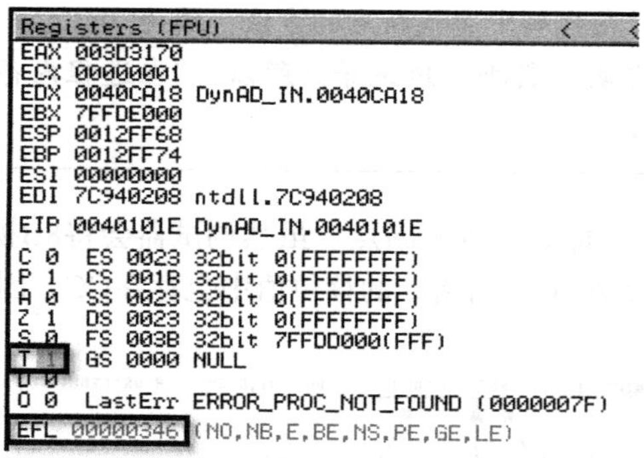

图52-25　寄存器窗口：设置TF

虽然执行了40101E地址处的INT 2D指令，但并未发生异常，TF的值也未变为0（在前面的DynAD_SingleStep.exe示例中我们知道，CPU在单步模式下执行1条指令即触发异常，且TF值会清零），如图52-26所示。原因在于，INT 2D指令原为内核指令，在用户模式的调试器中不会被识别为正常指令。因此调试器在401020地址处的NOP指令处暂停。TF=0时，跟踪INT 2D指令后，其下条指令的第一个字节会被忽略，程序继续执行；但TF=1时，其后面的1个字节不会被忽略，代码仍被正常识别。接下来，按F7键（StepInto）或F8键（StepOver）执行NOP指令。

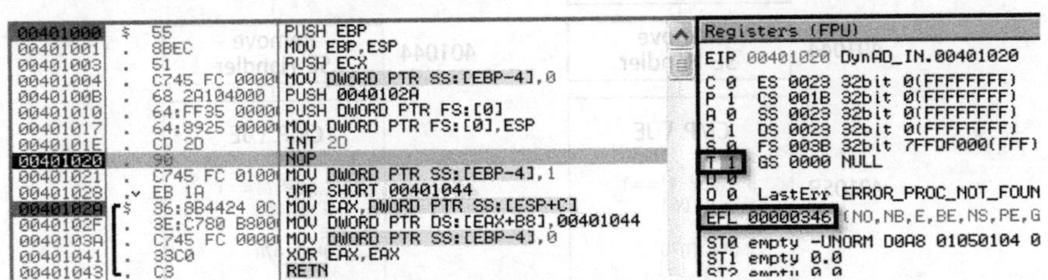

图52-26　未发生异常且TF值未变

在单步执行模式下执行正常指令NOP后，就会触发异常，调试暂停在设有断点的SEH处，同时TF值清零（参考图52-27）。这样我们就能进入指定SEH继续调试了。

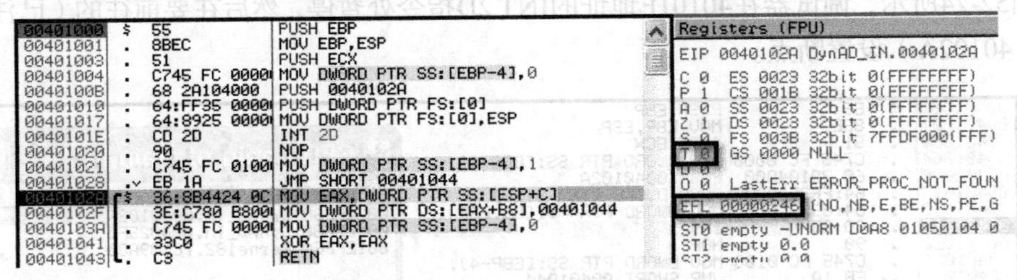

图52-27　发生异常且TF改变

52.5　0xCC 探测

程序调试过程中，我们一般会设置许多软件断点。断点对应的x86指令为“0xCC”。若能检测到该指令，即可判断程序是否处于调试状态。基于这一想法的反调试技术称为“0xCC探测”技术。

提示

我们需要认真思考在代码中查找断点的方法。因为 0xCC 既可以用作操作码，也可以用作移位值、立即数、数据、地址等。所以，“在进程内存的代码区域中只扫描 0xCC”的做法并不可靠。

图52-28中，010073AC地址处设置了断点。虽然调试器会将8B视作操作码，但被调试进程的实际内存中，8B已被修改成CC。而指令的移位值中也存在CC。因此，单纯扫描CC很难准确判断断点。

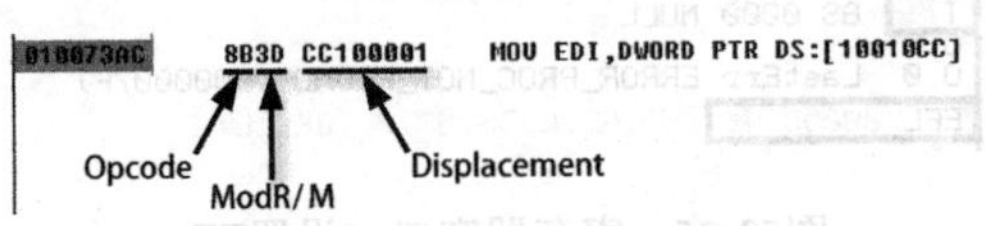

图52-28　0xCC用作移位值

52.5.1 API 断点

若只调试程序中的某个局部功能，一个比较快的方法是先在程序要调用的API处设置好断点，再运行程序。运行暂停在相应断点处后，再查看存储在栈中的返回地址。“跟踪返回地址调试相应部分”的方式能够大幅缩小代码调试范围。反调试技术中，探测这些设置在API上的断点就能准确判断当前进程是否处于调试状态。一般而言，断点都设置在API代码的开始部分，所以，只要检测API代码的第一个字节是否为CC即可判断出当前进程是否处于调试之中。

提示

代码逆向分析人员常用的 API 列表大致如下：

[进程]

CreateProcess	CreateProcessAsUser	CreateRemoteThread
CreateThread	GetThreadContext	SetThreadContext
EnumProcesses	EnumProcessModules	OpenProcess
CreateToolhelp32Snapshot	Process32First	Process32Next
ShellExecuteA	WinExec	TerminateProcess

[内存]

ReadProcessMemory	WriteProcessMemory	VirtualAlloc
VirtualAllocEx	VirtualProtect	VirtualProtectEx
VirtualQuery	VirtualQueryEx	

[文件]

CreateFile	ReadFile	WriteFile
CopyFile	CreateDirectory	DeleteFile
MoveFile	MoveFileEx	FindFirstFile
FindNextFile	GetFileSize	GetWindowsDirectory
GetSystemDirectory	GetFileAttributes	SetFileAttributes
SetFilePointer	CreateFileMapping	MapViewOfFile
MapViewOfFileEx	UnmapViewOfFile	_open
_write	_read	_lseek
_tell		

[寄存器]

RegCreateKeyEx	RegDeleteKey	RegDeleteValue
RegEnumKeyEx	RegQueryValueEx	RegSetValue
RegSetValueEx		

[网络]

WSAStartup	socket	inet_addr
closesocket	getservbyname	gethostbybname
htons	connect	inet_htoa
recv	send	HttpOpenRequest
HttpSendRequest	HttpQueryInfo	InternetCloseHandle

InternetConnect	InternetGetConnectedState	InternetOpen
InternetOpenUrl	InternetReadFile	URLDownloadToFile
[其他]		
OpenProcessToken	LookupPrivilegeValue	AdjustTokenPrivileges
OpenSCManager	CreateService	OpenService
ControlService	DeleteService	RegisterServiceCtrlHandler
SetServiceStatus	QueryServiceStatusEx	CreateMutex
OpenMutex	FindWindow	LoadLibrary
GetProcAddress	GetModuleFileNameA	GetCommandLine
OutputDebugString	…	

● **练习**

下面以保存文件时使用的kernel32!CreateFileW() API为例，向各位介绍基于API断点检测的反调试方法。首先，在OllyDbg调试器中单击鼠标右键，依次选择Search for - Name in all modules菜单，如图52-29所示。

图52-29　Search for - Name in all modules菜单

选择Name in all modules菜单后，在All name对话框中双击CreateFileW() API，然后按F2键在API代码的开始处设置好断点，如图52-30所示。

图52-30　在All names对话框查找API后设置断点

这样就在API代码开始的第一个字节设置好了断点（虽然在调试器中未看到代码发生改变，但其实API代码开始的第一个字节已被改为CC）。然后获取kernel32!CreateFileW() API的起始地址检测代码的第一个字节，即可判断进程是否处于调试之中。

● **破解之法**

针对上面这种反调试技术的行之有效的方法是，向系统API设置断点时尽量避开第一个字节，将之设置在代码的中间部分（图52-30中将断点设置在7C8107F2之下）。此外，设置硬件断点也能避开上面这种反调试技术。

52.5.2 比较校验和

检测代码中设置的软件断点的另一个方法是，比较特定代码区域的校验和（Checksum）值。比如，假定程序中401000~401070地址区域的校验和值为0x12345678，在该代码区域中调试时，必然会设置一些断点（0xCC），如此一来，新的校验和值就与原值不一样了。像这样，比较校验和值即可判断进程是否处于调试状态（参考图52-31）。

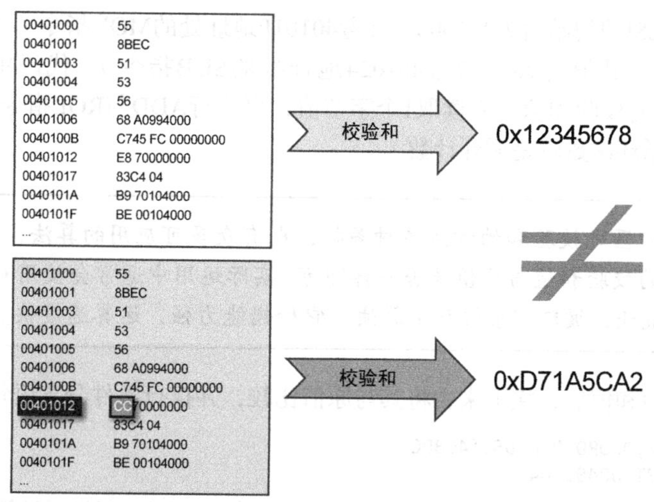

图52-31　比较校验和值判断进程是否被调试

● 练习：DynAD_Checksum.exe

计算校验和来检测软件断点是常用的反调试技术之一，下面做个简单的调试练习，帮助各位理解该反调试技术的工作原理。在OllyDbg调试器中打开示例程序（DynAD_Checksum.exe），并转到401000地址处，如图52-32所示。

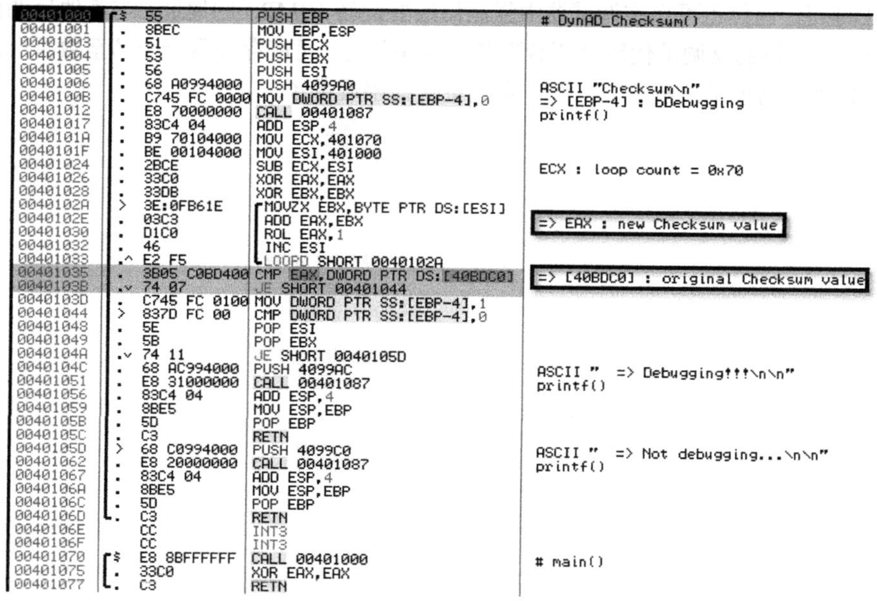

图52-32　DynAD_Checksum.exe代码

如图52-32所示，程序的核心代码是求校验和值的循环（位于40102A地址处），及其下方的CMP/JE条件分支指令（位于401035地址处）。先分析一下求校验和值的循环。

```
0040102A    MOVZX EBX,BYTE PTR DS:[ESI]
0040102E    ADD EAX,EBX
00401030    ROL EAX,1
00401032    INC ESI
00401033    LOOPD SHORT 0040102A
```

40102A地址处ESI的初始值为401000（参考40101F地址处的MOV指令），而ECX被用作Loop Count（循环计数），其值为70（参考401024地址处的SUB指令）。代码中的循环用来计算401000~40106F区域的校验和值，先读取1个字节值，再执行ADD与ROL指令计算，然后将值保存到EAX寄存器（循环次数就是循环计数）。

提示

求代码缓冲区之校验和的方法多种多样，也有众多可应用的算法，只要验证相关内存区域当前的校验和值与原值是否一样即可。实际运用中通常会使用CRC32（Cyclic Redundancy Check，循环冗余校验）算法，它检错能力强，运算速度快。

像这样求得校验和值后，接下来要将其与原值比较，并执行条件分支语句。

```
00401035    CMP EAX,DWORD PTR DS:[40BDC0]
0040103B    JE SHORT 00401044
```

在上面循环中求得的当前校验和值被保存到EAX寄存器，程序开发时计算的校验和值保存在[40BDC0]中。比较它们，若不同，则表明401000~40106F代码区域中设有断点，或者代码已被修改。

- 破解之法

从理论上讲，只要不在计算CRC的代码区域中设置断点或修改其中代码，基于校验和的反调试技术就会失效。但这本身也可能成为反调试技术觊觎的地方（因为调试变得更加困难）。因此，最好的破解方法是修改CRC比较语句。比如在前面的示例中，只要将40103B地址处的指令修改为JMP 40105D即可。当然也可以在调试器中强制修改要跳转（JMP）的地址。与其他反调试技术类似，基于校验和比较的反调试代码会巧妙隐藏于程序各处，可能存在数十个乃至数百个比较校验和的代码，这大大增加了破解难度，调试自然也变得困难多了。

第53章　高级反调试技术

本章将与各位一起学习高级反调试技术（Advanced Anti-Debugging），这些技术大量应用于各种著名的程序保护器。下面调试示例程序来了解各种高级反调试技术，相信各位的水平会得到很大提高。

53.1　高级反调试技术

PE保护器中使用的高级反调试技术有一些共同特征，如技术难度较高等，令代码逆向分析人员身心俱疲。

应用了这些高级反调试技术的程序包含大量垃圾代码、条件分支语句、循环语句、加密/解密代码以及“深不见底”的调用树（Call-Tree），代码逆向分析人员一旦陷入其中便会迷失方向，根本无法访问到实际要分析的代码，只是在无关紧要的地方徘徊。这些混乱加上代码中动态反调试技术的干扰，使代码逆向分析人员处于束手无策的尴尬境地。

当然，这并不是说调试全无可能，只是说调试的难度大大增加了。对于一名经验丰富的代码逆向分析人员而言，分析PE保护器也是一个非常棘手的问题，需要花费大量的时间与精力。而且，“完美分析”本身就是极其艰巨的任务。

本章将向各位介绍几种典型的高级反调试技术，激起大家的学习兴趣，从而帮助各位进一步提高自身的调试水平。

53.2　垃圾代码

向程序添加大量无意义的代码来增加代码调试的难度，这就是“垃圾代码”反调试技术。尤其是，这些垃圾代码中还含有真正有用的代码或者应用其他反调试技术时，调试程序会变得更加困难。图53-1显示的是垃圾代码（Garbage code）示例之一。

图53-1所示的代码中，一些指令（PUSH/POP、XCHG、MOV）拥有相同的操作数，最终执行的是一些毫无意义的运算（命令执行后没有什么变化）。

图53-2的示例二的垃圾代码利用SUB与ADD指令为EBX设置值，最后执行4041A0地址处的JMP EBX指令。除此之外，其余指令全部都是垃圾代码，原本用1条JMP XXXXXXXX指令即可实现操作，结果却用了很长、很复杂的代码来实现。

提示

以上示例代码非常简单，调试过程中很容易跳过它们。但是实际的垃圾代码往往具有精巧又复杂的形态，含有大量条件分支语句和无尽的函数调用，想要跳过它们并非易事。

```
0040B2D3   52          PUSH EDX
0040B2D4   87D2        XCHG EDX,EDX
0040B2D6   87F6        XCHG ESI,ESI
0040B2D8   5A          POP EDX
0040B2D9   87E4        XCHG ESP,ESP
0040B2DB   87D2        XCHG EDX,EDX
0040B2DD   0FAFFE      IMUL EDI,ESI
0040B2E0   0FC1F1      XADD ECX,ESI
0040B2E3   89E4        MOV ESP,ESP
0040B2E5   53          PUSH EBX
0040B2E6   5B          POP EBX
0040B2E7   56          PUSH ESI
0040B2E8   55          PUSH EBP
0040B2E9   89C0        MOV EAX,EAX
0040B2EB   5D          POP EBP
0040B2EC   87F6        XCHG ESI,ESI
0040B2EE   5E          POP ESI
0040B2EF   50          PUSH EAX
0040B2F0   55          PUSH EBP
0040B2F1   C1D6 45     RCL ESI,45
0040B2F4   90          NOP
0040B2F5   87DB        XCHG EBX,EBX
0040B2F7   D1D6        RCL ESI,1
0040B2F9   52          PUSH EDX
0040B2FA   5A          POP EDX
0040B2FB   87C9        XCHG ECX,ECX
0040B2FD   87D2        XCHG EDX,EDX
0040B2FF   87FF        XCHG EDI,EDI
0040B301   F2:         PREFIX REPNE:
0040B302   58          POP EAX
0040B303   89E4        MOV ESP,ESP
0040B305   F7D6        NOT ESI
```

图53-1　垃圾代码 #1

```
0040412D   0FC0C2          XADD DL,AL
00404130   81EB 94200000   SUB EBX,2094
00404136   0FAFC8          IMUL ECX,EAX
00404139   85DA            TEST EDX,EBX
0040413B   87C8            XCHG EAX,ECX
0040413D   53              PUSH EBX
0040413E   81C3 E7020000   ADD EBX,2E7
00404144   D1D1            RCL ECX,1
00404146   0FB7FD          MOVZX EDI,BP
00404149   69FE 1C6F7661   IMUL EDI,ESI,61766F1C
0040414F   81C3 19040000   ADD EBX,419
00404155   0FBEC6          MOVSX EAX,DH
00404158   25 3C0F9601     AND EAX,1960F3C
0040415D   88F0            MOV AL,DH
0040415F   81C3 9E0E0000   ADD EBX,0E9E
00404165   0FA5C1          SHLD ECX,EAX,CL
00404168   8BCD            MOV ECX,EBP
0040416A   D1D1            RCL ECX,1
0040416C   81EB 88040000   SUB EBX,488
00404172   0FA5F7          SHLD EDI,ESI,CL
00404175   F7C3 EFF6E120   TEST EBX,20E1F6EF
0040417B   FECA            DEC DL
0040417D   53              PUSH EBX
0040417E   81EB 75050801   SUB EBX,1080575
00404184   0FC9            BSWAP ECX
00404186   0FBAFF 4C       BTC EDI,4C
0040418A   B9 DC2F3621     MOV ECX,21362FDC
0040418F   81C3 5FF40701   ADD EBX,107F45F
00404195   F6D8            NEG AL
00404197   C7C1 FCCF56C1   MOV ECX,C156CFFC
0040419D   0FC0C2          XADD DL,AL
004041A0 - FFE3            JMP EBX
```

图53-2　垃圾代码 #2

53.3　扰乱代码对齐

熟悉了IA-32指令后，巧妙编写汇编代码即可干扰调试器的反汇编结果，反汇编代码看上去会乱作一团，如图53-3所示。

```
0041510F  ,FFE3              JMP EBX                                EBX = 415117
00415111   C9                LEAVE
00415112   C2 0800           RETN 8
00415115   A3 687201FF       MOV DWORD PTR DS:[FF017268],EAX
0041511A   5D                POP EBP
0041511B   33C9              XOR ECX,ECX
0041511D   41                INC ECX
0041511E  ,E2 17             LOOPD SHORT 00415137
00415120  ,EB 07             JMP SHORT 00415129
00415122   EA EB01EBEB 0DFF  JMP FAR FF0D:EBEB01EB                  Far jump
00415129   E8 01000000       CALL 0041512F
0041512E   EA 5A83EA0B FFE2  JMP FAR E2FF:0BEA835A                  Far jump
00415135  ,EB 04             JMP SHORT 0041513B
00415137   9A EB0400EB FBFF  CALL FAR FFFB:EB0004EB                 Far call
0041513E   E8 02000000       CALL 00415145
00415143   A0 005A81EA       MOV AL,BYTE PTR DS:[EA815A00]
00415148   45                INC EBP
00415149   51                PUSH ECX
0041514A   0100              ADD DWORD PTR DS:[EAX],EAX
0041514C   83EA FE           SUB EDX,-2
```

图53-3 扰乱代码对齐

从图53-3的代码可以看出，41510F地址处的JMP指令用来跳转到415117地址处，但是415117地址处的反汇编代码却未能正常显示。这是由于扰乱代码对齐（Breaking Code Alignment）使OllyDbg调试器生成了错误的反汇编代码。

415115地址处的指令中，操作码为“A3”，对应于MOV指令，用来处理4个字节大小的立即数值。所以该地址处的指令长度最终被解析为5个字节，这正是扰乱代码对齐的花招。415115地址处的“A368”指令是故意添加的代码，用来扰乱反汇编代码，程序中未使用它，实际的代码仅为415117地址处的“7201”。

提示

关于IA-32指令解析的内容请参考第49章。

借助StepInto(F7)命令进入415117地址，显示正常代码，如图53-4所示。

```
00415117  ,72 01             JB SHORT 0041511A
00415119   FF5D 33           CALL FAR FWORD PTR SS:[EBP+33]  Far call
0041511C   C9                LEAVE
0041511D   41                INC ECX
0041511E  ,E2 17             LOOPD SHORT 00415137
```

图53-4 415117地址的实际指令

415117地址处的JB指令也应用了相同技法，打乱了代码对齐。这种“向代码插入（经过精巧设计的）不必要的代码来降低反汇编代码可读性”的技术称为扰乱代码对齐。

尚未完全掌握代码就贸然使用StepOver(F8)等命令追踪调试，很有可能遭遇其他反调试技术拦截。总之，扰乱代码对齐技术是最令代码逆向分析人员苦恼的技术之一。

提示

大部分调试器都拥有IA-32指令智能解析功能，用来生成反汇编代码。OllyDbg调试器也有类似的分析（Analysis）功能，用来提高反汇编代码的可读性。在图53-3中按Ctrl+A快捷键，弹出图53-5所示的警告窗口（初次调试程序时，若有异常，也会弹出该警告窗口）。

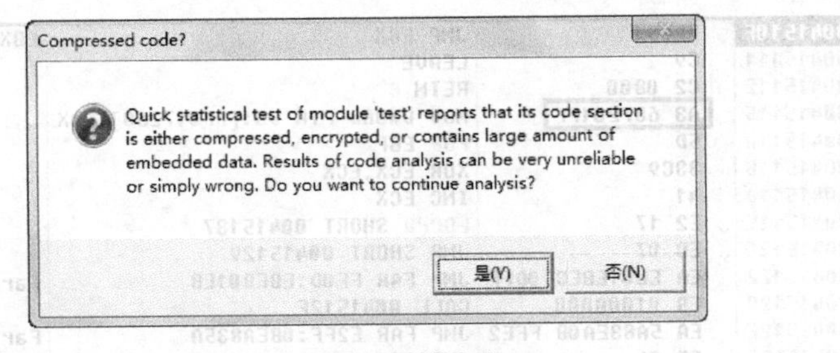

图53-5 OllyDbg警告窗口

单击“是（Y）”，显示图53-6所示的代码。

```
0041510F  .. FFE3        JMP EBX                  EBX = 415117
00415111  .  C9          LEAVE
00415112  >  C2 0800     RETN 8
00415115     A3          DB A3
00415116     68          DB 68                    CHAR 'h'
00415117     72          DB 72                    CHAR 'r'
00415118     01          DB 01
00415119     FF          DB FF
0041511A     5D          DB 5D                    CHAR ']'
0041511B     33          DB 33                    CHAR '3'
0041511C     C9          DB C9
0041511D     41          DB 41                    CHAR 'A'
0041511E     E2          DB E2
0041511F     17          DB 17
00415120     EB          DB EB
00415121     07          DB 07
00415122     EA          DB EA
00415123     EB          DB EB
00415124     01          DB 01
00415125  .^ EB EB       JMP SHORT 00415112
```

图53-6 解析失败的反汇编代码

如图53-6所示，OllyDbg调试器无法正常解析指令，反汇编代码解析（Analysis）从415115地址开始就失败了。这是因为解析结果中415115~415116地址间的指令（“A368”）被认为语义不正确。

从代码流看，程序执行要跳转到415117地址处，但是415112地址与415117地址间的A368指令未能解析为正常的IA-32指令（2字节大小）（A3是总长度为5字节的指令，但根据前后代码看，它仅有2个字节）。此时关闭OllyDbg调试器的解析功能反而会更好。单击鼠标右键，在弹出菜单中依次选择Analysis-Remove analysis from module，如图53-7所示。

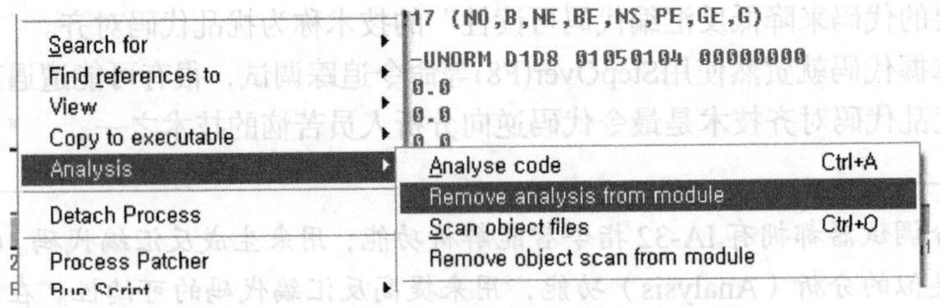

图53-7 Remove analysis from module菜单

这样，OllyDbg调试器就不会对代码进行智能解析，而是直接显示原先的反汇编代码，如图53-3所示。

接下来，使用带有强大反汇编功能的IDA Pro来分析相同代码，如图53-8所示。

```
.taz:0041510E                 ;
.taz:0041510E F9              stc
.taz:0041510F FF E3           jmp     ebx
.taz:0041510F                 ; -------------------
.taz:00415111 C9              db 0C9h ; (
.taz:00415112 C2              db 0C2h ; (
.taz:00415113 08              db    8
.taz:00415114 00              db    0
.taz:00415115 A3              db 0A3h ; (
.taz:00415116 68              db  68h ; h
.taz:00415117 72              db  72h ; r
.taz:00415118 01              db    1
.taz:00415119 FF              db 0FFh
.taz:0041511A 5D              db  5Dh ; ]
.taz:0041511B 33              db  33h ; 3
.taz:0041511C C9              db 0C9h ; (
.taz:0041511D 41              db  41h ; A
.taz:0041511E E2              db 0E2h ; (
.taz:0041511F 17              db  17h
.taz:00415120 EB              db 0EBh ; (
.taz:00415121 07              db    7
```

图53-8 使用IDA Pro查看代码

可以看到出现了相同的现象。去往实际地址前，程序代码在 OllyDbg 与 IDA Pro 中都处在代码非对齐状态。

提示

我们通常把纠缠混合在一起的代码称为“混乱代码”（Obfuscated Code），它们会增加阅读分析代码的难度。灵活运用垃圾代码与扰乱代码对齐技术能够产生非常棒的“混乱代码”。

53.4 加密/解密

加密/解密（Encryption/Decryption）是压缩器与保护器中经常使用的技术，用来隐藏程序代码与数据，从而有效防止调试分析程序。

提示

计算机领域中将“为正常代码加密”的行为称为“编码”（Encoding），而把“解密代码”的行为称为“解码”（Decoding）。

53.4.1 简单的解码示例

下面看个简单的解码示例。

代码53-1 解码循环

```
0040B000   MOV ECX,100
0040B005   MOV ESI,0040B010
0040B00A   XOR BYTE PTR DS:[ESI],7F
0040B00D   INC ESI
0040B00E   LOOPD SHORT 0040B00A
0040B010   POP DS
0040B011   XCHG EAX,EDI
0040B012   JG SHORT 0040B093
0040B014   JG SHORT 0040B095
...
```

40B000~40B00E地址间的代码是解码循环，用来对40B010~40B110地址区域进行解码（XOR 7F）。40B010地址以后的代码只有经过解码才能正常显示。

提示

反转储技术中，加密代码被解码为正常代码后，有时会被再次加密。转储运行中的进程内存代码时，得到的代码仍然处于加密状态。

53.4.2　复杂的解码示例

下面看个更复杂的解码循环，其内部包含大量垃圾代码，如代码53-2所示。

代码53-2　含垃圾代码的解码循环

```
005910D1  CALL 005910E2                      ;(*)
005910D6  HLT
005910D7  SBB EAX,19606392
005910DC  FIDIVR WORD PTR DS:[EDI+DBEAD58C]
005910E2  JNB 005910ED
005910E8  ADC DX,0A953
005910ED  POP EBX                            ; EBX = 5910D6
005910F3  JNB 0059110B
005910F9  JMP 0059110B
0059110B  POP ESI
0059110C  ADD EBX,0A42                       ; EBX = 591B18
00591112  PUSH 7FFFAA31
00591117  MOV EDI,7944ECA2
0059111C  POP ESI
0059111D  MOV EAX,252                        ; EAX = 252 (loop count)
00591122  JMP 00591138
...
00591138  MOV ECX,DWORD PTR DS:[EBX]
0059113A  MOV EDI,22AC5676
0059113F  SUB ECX,425C7573
00591145  MOV ESI,EDI
00591147  ADD ECX,77193C30
0059114D  PUSH EDI
0059114E  CALL 00591164
...
00591164  MOV ESI,4B1DFA57
00591169  POP EDI
0059116A  POP EDI
0059116B  SUB ECX,233570A9
00591171  PUSH ESI
00591172  JG 0059117D
00591178  MOV EDI,0A7E8B74
0059117D  POP EDI
0059117E  MOV DWORD PTR DS:[EBX],ECX
00591180  PUSH EBX
00591181  MOV DX,CX
00591184  POP EDX
00591185  SUB EBX,4E777037
0059118B  JMP 00591197
00591190  RCL DWORD PTR DS:[EAX],CL
00591192  OR DWORD PTR DS:[ESI],ECX
00591194  DAS
00591195  CMP AL,0C5
00591197  ADD EBX,4E777033
0059119D  MOV DH,8B
```

```
0059119F  SUB EAX,1
005911A2  JNZ 005911C3
005911A8  SUB DX,421F
005911AD  JMP 005911D4                          ; 解码结束后跳到解密后的代码
005911B2  XOR EAX,B1583BCA
005911B7  XCHG EAX,ESI
005911B8  POP SS
005911B9  ADD AL,0ED
005911BB  AND DH,BYTE PTR DS:[EBX+F6EE970]
005911C1  PUSHFD
005911C2  MOVS DWORD PTR ES:[EDI],DWORD PTR DS:[ESI]
005911C3  JMP 00591138                   ; 继续解码
```

以上代码中，有效指令与垃圾指令混在一起，看上去比较复杂。但跟踪调试可以发现，上述代码就是解码循环，并且我们能够从中找出有效指令（以上代码用黑粗体表示有效指令）。其中最核心的指令如下所示：

```
00591138  MOV ECX,DWORD PTR DS:[EBX]

0059113F  SUB ECX,425C7573  }
00591147  ADD ECX,77193C30  } "ADD ECX,11875614"
0059116B  SUB ECX,233570A9  }

0059117E  MOV DWORD PTR DS:[EBX],ECX
```

上述代码中，先从EBX寄存器所指地址中读取DWORD（4个字节）值，然后与0x11875614相加，再写入原地址。也就是说，在原值基础上加了0x11875614。

EAX寄存器用来为解码循环计数，它先被59111D地址处的MOV指令初始化为0x252，然后被59119F地址处的SUB指令减去1。要解密区域的地址存储在EBX寄存器中，在005910D1、005910ED、0059110C地址处指令的作用下，EBX寄存器的初始值被设置为591B18，然后在以下2条指令的作用下减去4（EBX的范围为5911D4~591B18）。

```
00591185  SUB EBX,4E777037
00591197  ADD EBX,4E777033
```

最后，所有解码完成后，执行5911AD地址处的JMP指令，跳转到5911D4地址处（解密代码的起始位置）。

```
005911AD  JMP 005911D4
```

提示

从代码 53-2 中删除垃圾指令后，对代码简单整理如下：

```
005910D1  MOV EAX,252
005910D6  MOV EBX,00591B18
005910DB  MOV ECX,DWORD PTR DS:[EBX]
005910DD  ADD ECX,11875614
005910E3  MOV DWORD PTR DS:[EBX],ECX
005910E5  SUB EBX,4
005910E8  DEC EAX
005910E9  JNZ SHORT 005910DB
005910EB  JMP 005911D4
```

53.4.3 特殊情况：代码重组

有些程序保护器为了降低代码可读性，增加代码跟踪难度，采用了实时组合执行代码的技术手法。

图53-9中，4150E3地址处的SUB指令与4150E9地址处的DEC指令用来修改其下的代码（分别为4150EF、4150EC）。执行这2条指令后，其下的代码变形如图53-10所示。

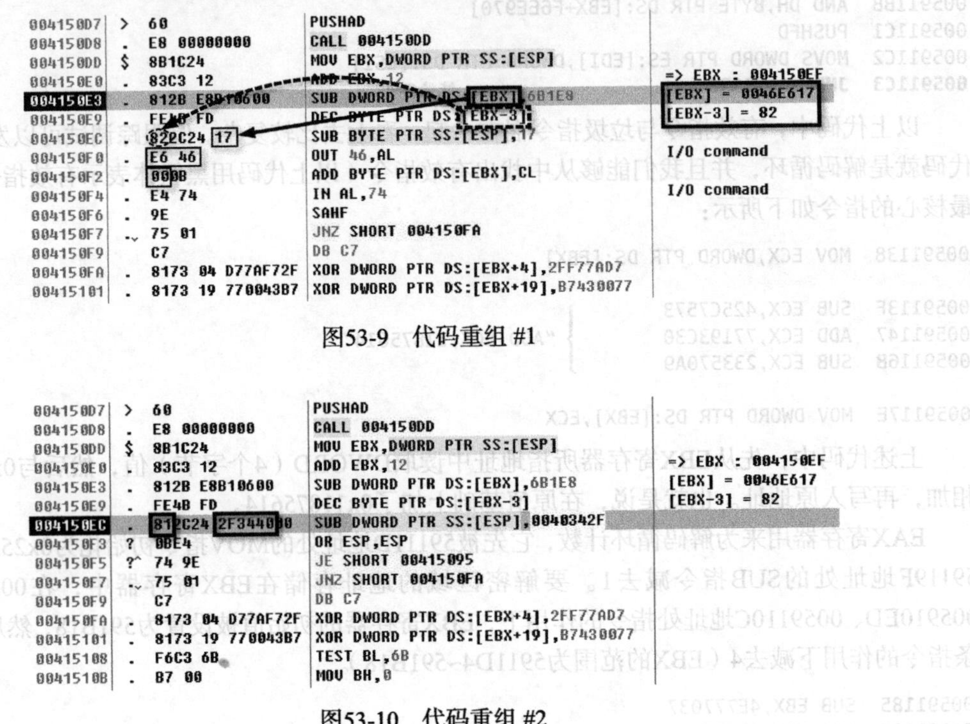

图53-9 代码重组 #1

图53-10 代码重组 #2

可以看到，重新生成了4150EC地址处的指令，CPU会执行新的指令代码。

该技术的另一个优点是，用户在解码的代码处设置软件断点（0xCC）后，程序运行就会引发运行时错误。这是因为，设有断点的区域被0xCC取代，从而出现完全不同的计算结果（OllyDbg调试器中，为了保护设有软件断点的地址中的数据，干脆禁止写入新值）。

提示

以上代码为 PESpin 保护器（PESpin(1.32).exe）的 EP 代码。

53.5 Stolen Bytes（Remove OEP）

Stolen Bytes（或者Remove OEP）技术将部分源代码（主要是OEP代码）转移到压缩器/保护器创建的内存区域运行。

该技术的优点是，转储进程内存时，一部分OEP代码会被删除，转储的文件无法正常运行反转储技术。另一优点是，应用Stolen Bytes技术的文件再次经过压缩器/保护器压缩后，会给逆向分析人员造成很大混乱。文件脱壳后，得到的不是熟悉的OEP代码，而是其他形态的代码，这很难判断是脱壳成功还是需要继续操作，容易引起代码逆向分析人员的混乱（我们常用“迷路、徘徊”等词汇描述这种状态）。为帮助各位理解该技术，下面分析练习示例（stolen_bytes.exe）。首先在OllyDbg调试器中打开示例程序，进入程序的EP代码，如图53-11所示。

```
00401041 r$  55              PUSH EBP                                        <= Entry Point
00401042  .  8BEC            MOV EBP,ESP
00401044  .  6A FF           PUSH -1
00401046  .  68 B0604000     PUSH 004060B0
0040104B  .  68 88264000     PUSH 00402688
00401050  .  64:A1 00000000  MOV EAX,DWORD PTR FS:[0]
00401056  .  50              PUSH EAX
00401057  .  64:8925 00000000 MOV DWORD PTR FS:[0],ESP
0040105E  .  83EC 10         SUB ESP,10
00401061  .  53              PUSH EBX
00401062  .  56              PUSH ESI
00401063  .  57              PUSH EDI
00401064  .  8965 E8         MOV DWORD PTR SS:[EBP-18],ESP
00401067  .  FF15 04604000   CALL DWORD PTR DS:[<&KERNEL32.GetVersion>]     GetVersion()
0040106D  .  33D2            XOR EDX,EDX
0040106F  .  8AD4            MOV DL,AH
00401071  .  8915 18994000   MOV DWORD PTR DS:[409918],EDX
00401077  .  8BC8            MOV ECX,EAX
00401079  .  81E1 FF000000   AND ECX,0FF
0040107F  .  890D 14994000   MOV DWORD PTR DS:[409914],ECX
00401085  .  C1E1 08         SHL ECX,8
00401088  .  03CA            ADD ECX,EDX
0040108A  .  890D 10994000   MOV DWORD PTR DS:[409910],ECX
00401090  .  C1E8 10         SHR EAX,10
00401093  .  A3 0C994000     MOV DWORD PTR DS:[40990C],EAX
00401098  .  6A 00           PUSH 0
0040109A  .  E8 92140000     CALL 00402531
0040109F  .  59              POP ECX
004010A0  .  85C0            TEST EAX,EAX
004010A2  .v 75 08           JNZ SHORT 004010AC
```

图53-11 原来的EP代码

示例程序（stolen_bytes.exe）是用Microsoft Visual C++ 6.0工具编译的可执行文件，图53-11为其EP代码（使用Visual C++ 2008/2010编译的可执行文件的EP代码形态与此不同）。

在PESpin保护器中开启“Remove OEP”选项，打开示例程序文件，执行“Protect”（保护文件）操作（stolen_bytes_pespin.exe）。在OllyDbg调试器中打开stolen_bytes_pespin.exe程序文件，转到OEP附近的地址处（参考图53-12）。

从图53-12可以看到，401088地址之前的代码都被替换为NULL值（请与前图中的EP代码比较）。虽然图53-12并未显示全部代码，但可以看到OEP（401041）~401087区域中的代码已被删除。删除的代码被保存到PESpin添加的节区，脱壳后调用执行。以下代码就是保存在PESpin节区中的“消失的OEP代码”。

```
0040107A     00              DB 00
0040107B     00              DB 00
0040107C     00              DB 00
0040107D     00              DB 00
0040107E     00              DB 00
0040107F     00              DB 00
00401080     00              DB 00
00401081     00              DB 00          ← "Stolen Bytes"
00401082     00              DB 00
00401083     00              DB 00
00401084     00              DB 00
00401085     00              DB 00
00401086     00              DB 00
00401087     00              DB 00
00401088  >  03CA            ADD ECX,EDX                                <= Pseudo OEP
0040108A  .  890D 10994000   MOV DWORD PTR DS:[409910],ECX
00401090  .  C1E8 10         SHR EAX,10
00401093  .  A3 0C994000     MOV DWORD PTR DS:[40990C],EAX
00401098  .  6A 00           PUSH 0
0040109A  .  E8 92140000     CALL stolen_b.00402531
0040109F  .  59              POP ECX
004010A0  .  85C0            TEST EAX,EAX
004010A2  .v 75 08           JNZ SHORT stolen_b.004010AC
```

图53-12 被删除的OEP代码

代码53-3 另外保存的OEP代码

```
0040CCE8    PUSH EBP
0040CCE9    JMP SHORT 0040CCEC

0040CCEC    MOV EBP,ESP
0040CCEE    JMP SHORT 0040CCF1

0040CCF1    PUSH -1
0040CCF3    JMP SHORT 0040CCF6

0040CCF6    PUSH D021EE22                          } "PUSH 004060B0"
0040CCFB    ADD DWORD PTR SS:[ESP],301E728E        }
0040CD02    PUSH 4F6228                            } "PUSH 00402688"
0040CD07    SUB DWORD PTR SS:[ESP],0F3BA0          }
0040CD0E    MOV EAX,DWORD PTR FS:[0]
0040CD14    JMP SHORT 0040CD17

0040CD17    PUSH EAX
0040CD18    JMP SHORT 0040CD1B

0040CD1B    MOV DWORD PTR FS:[0],ESP
0040CD22    JMP SHORT 0040CD25

0040CD25    SUB ESP,10
0040CD28    JMP SHORT 0040CD2B

0040CD2B    PUSH EBX
0040CD2C    JMP SHORT 0040CD2F

0040CD2F    PUSH ESI
0040CD30    JMP SHORT 0040CD33

0040CD33    PUSH EDI
0040CD34    JMP SHORT 0040CD37

0040CD37    MOV DWORD PTR SS:[EBP-18],ESP
0040CD3A    JMP SHORT 0040CD3D

0040CD3D    CALL DWORD PTR DS:[40FE24]             ; kernel32.GetVersion
0040CD43    JMP SHORT 0040CD46

0040CD46    XOR EDX,EDX
0040CD48    JMP SHORT 0040CD4B

0040CD4B    MOV DL,AH
0040CD4D    JMP SHORT 0040CD50

0040CD50    MOV DWORD PTR DS:[409918],EDX
0040CD56    JMP SHORT 0040CD59

0040CD59    MOV ECX,EAX
0040CD5B    JMP SHORT 0040CD5E

0040CD5E    AND ECX,0FF
0040CD64    JMP SHORT 0040CD67

0040CD67    MOV DWORD PTR DS:[409914],ECX
0040CD6D    JMP SHORT 0040CD70

0040CD70    SHL ECX,8
0040CD73    JMP SHORT 0040CD76

0040CD76    JMP 00401088
```

从以上代码可以看出，OEP代码采用了扰乱代码对齐技术拆分保存。最终执行40CD76地址处的JMP指令，将程序执行跳转到源代码节区（401088）。

不同类型保护器的处理方式不同，有些保护器会先保存Stolen Bytes再运行，而有些保护器运行完Stolen Bytes后会将它们直接从内存中删除（分配内存–解密Stolen Bytes代码–运行–释放内存）。

53.6 API重定向

在主要的Win 32 API（文件、注册表、进程、网络等）处设置断点，就能在调试程序时快速掌握代码流。

图53-13是OllyDbg调试器的断点窗口，列出了主要API起始代码中设置的断点。在该状态下运行（RUN(F9)）被调试进程，每当调用以上断点列表中的API时，程序暂停执行，返回地址被存储到栈（参考图53-14）。

Breakpoints

Address	Module	Active	Disassembly
719E2F51 WS2_32.sendto	WS2_32	Always	MOV EDI,EDI
719E2FF7 WS2_32.recvfrom	WS2_32	Always	MOV EDI,EDI
719E4A07 WS2_32.connect	WS2_32	Always	MOV EDI,EDI
719E4C27 WS2_32.send	WS2_32	Always	MOV EDI,EDI
719E676F WS2_32.recv	WS2_32	Always	MOV EDI,EDI
77D082E1 USER32.FindWindowA	USER32	Always	MOV EDI,EDI
77D11211 USER32.SetWindowsHookExA	USER32	Always	MOV EDI,EDI
77F57AAB ADVAPI32.RegQueryValueExA	ADVAPI32	Always	MOV EDI,EDI
77F5EAD7 ADVAPI32.RegSetValueExA	ADVAPI32	Always	PUSH 2C
77FB71E9 ADVAPI32.CreateServiceA	ADVAPI32	Always	PUSH 30
7C801812 kernel32.ReadFile	kernel32	Always	PUSH 20
7C801A28 kernel32.CreateFileA	kernel32	Always	MOV EDI,EDI
7C801D7B kernel32.LoadLibraryA	kernel32	Always	MOV EDI,EDI
7C8021D0 kernel32.ReadProcessMemory	kernel32	Always	MOV EDI,EDI
7C802213 kernel32.WriteProcessMemory	kernel32	Always	MOV EDI,EDI
7C80236B kernel32.CreateProcessA	kernel32	Always	MOV EDI,EDI
7C809B02 kernel32.VirtualAllocEx	kernel32	Always	PUSH 10
7C80AE30 kernel32.GetProcAddress	kernel32	Always	MOV EDI,EDI
7C80B926 kernel32.MapViewOfFileEx	kernel32	Always	MOV EDI,EDI
7C80BA30 kernel32.VirtualQueryEx	kernel32	Always	MOV EDI,EDI
7C80BF19 kernel32.FindResourceA	kernel32	Always	PUSH 20
7C80E9CF kernel32.CreateMutexA	kernel32	Always	MOV EDI,EDI
7C8106C7 kernel32.CreateThread	kernel32	Always	MOV EDI,EDI
7C810E17 kernel32.WriteFile	kernel32	Always	PUSH 18
7C813123 kernel32.IsDebuggerPresent	kernel32	Always	MOV EAX,DWORD PT
7C813869 kernel32.FindFirstFileA	kernel32	Always	MOV EDI,EDI
7C814F7A kernel32.GetSystemDirectoryA	kernel32	Always	MOV EDI,EDI
7C8309D1 kernel32.OpenProcess	kernel32	Always	MOV EDI,EDI
7C839725 kernel32.GetThreadContext	kernel32	Always	MOV EDI,EDI
7C863AA9 kernel32.SetThreadContext	kernel32	Always	MOV EDI,EDI
7C864F68 kernel32.Process32Next	kernel32	Always	MOV EDI,EDI
7C865B1F kernel32.CreateToolhelp32Snapshot	kernel32	Always	MOV EDI,EDI

图53-13　断点

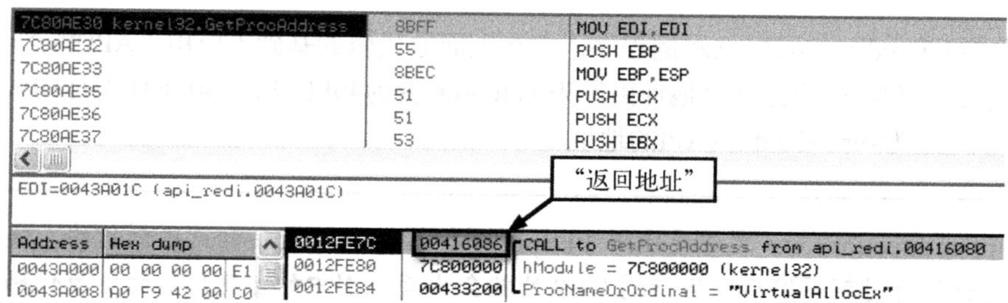

图53-14　断点

接下来，只要从返回地址继续调试就可以了。要调试的代码非常多时，采用该方法非常高效，且能轻松进入核心代码调试。

API重定向就是破解上面这种调试手法的技术。程序保护器通常会先将全部（或部分）主要的API代码复制到其他内存区域，然后分析要保护的目标进程代码，修改调用API的代码，从而使自身复制的API代码得以执行。这样，即使在原API地址处设置断点也没用（此外，该技术还支持反转储功能）。

下面分析一段应用API重定向技术的代码，帮助各位加深理解。

53.6.1 原代码

首先在OllyDbg调试器中打开示例程序（api_redirection_org.exe），原代码如图53-15所示。

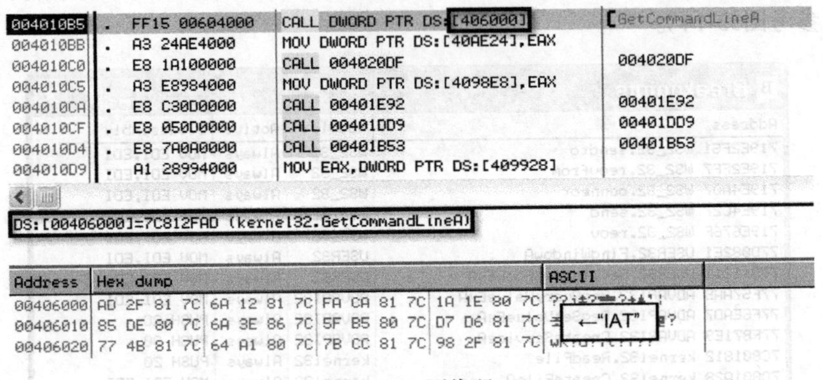

图53-15 原代码

4010B5地址处的CALL DWORD PTR DS:[406000]指令中，地址406000即为IAT区域，其中含有kernel32!GetCommandLineA() API地址（7C812FAD）。kernel32!GetCommandLineA() API的实际代码如图53-16所示。

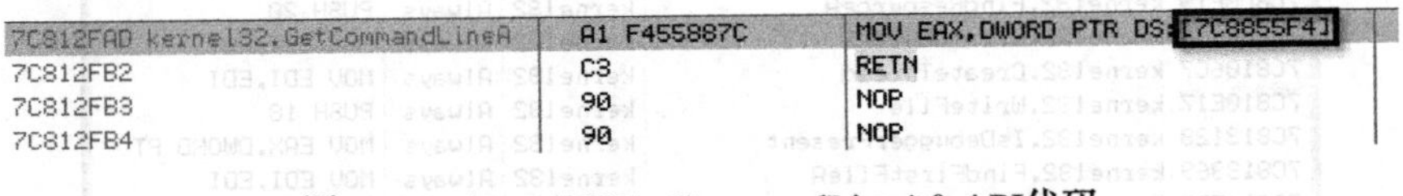

```
7C812FAD kernel32.GetCommandLineA   A1 F455887C   MOV EAX,DWORD PTR DS:[7C8855F4]
7C812FB2                            C3            RETN
7C812FB3                            90            NOP
7C812FB4                            90            NOP
```

图53-16 kernel32!GetCommandLineA() API代码

可以看到其代码非常简单，仅返回7C8855F4地址（kernel32.dll的.data区域）中存储的值。严格地说，DWORD PTR DS:[7C8855F4]为kernel32.dll的全局变量。

53.6.2 API重定向示例#1

下面分析api_redirection1.exe示例程序，它在上面原代码的基础上应用了API重定向技术。

与原代码（图53-15）相比，IAT地址由原来的406000变为40FE1F，且40FE1F地址的值为3F0000（原代码中该地址为kernel32.dll内API的地址）。

提示

api_redirection1.exe文件是使用PESpin保护器的API重定向选项制作的。使用调试器进行运行时解压缩后，运行到OEP处就会出现上图中的（变形后的）原代码。解压缩后也应用API重定向技术。

地址3F0000是保护器分配的内存区域的起始地址，保护器将主要的API代码复制到该地址区域。在图53-17中跟踪（StepInto(F7)）位于4010B5地址处的CALL指令，查看3F0000地址处的代码。

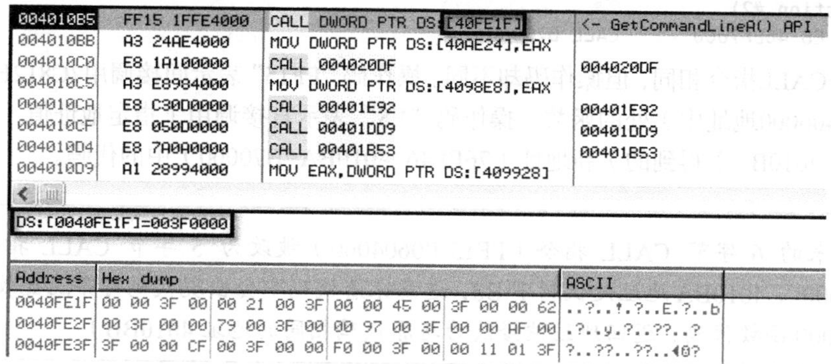

图53-17 API重定向示例 #1

从图53-18可以看到，代码中应用了扰乱代码对齐技术，跟踪JMP指令可以看到实际的API代码。

```
003F0000   EB 01              JMP SHORT 003F0003
003F0002   D9A1 F455887C      FLDENV (28-BYTE) PTR DS:[ECX+7C8855F4]
003F0008   C3                 RETN
003F0009   90                 NOP
```

图53-18 重定向后的API代码

图53-19中的代码与实际的kernel32!GetCommandLineA() API代码（参考图53-16）完全相同。保护器将原API代码复制到该处。

```
003F0003   A1 F455887C        MOV EAX,DWORD PTR DS:[7C8855F4]
003F0008   C3                 RETN
003F0009   90                 NOP
003F000A   90                 NOP
```

图53-19 复制后的kernel32!GetCommandLineA()代码

保护器会像这样重新组织原程序的IAT，并全部修改调用相关API的代码。最终调用的不是Kernel32模块中的原API，而是3F0000地址区域中的API。

53.6.3 API 重定向示例#2

下面看个更复杂的API重定向示例，该示例程序（api_redirection2.exe）是使用ASProtect的Advanced Import Protection与Emulate standard system function功能制作的，如图53-20所示。

```
004010B5   E8 46EF7600        CALL 00B70000
004010BA   B8 A324AE40        MOV EAX,40AE24A3
004010BF   00E8               ADD AL,CH
004010C1   1A10               SBB DL,BYTE PTR DS:[EAX]
004010C3   0000               ADD BYTE PTR DS:[EAX],AL
004010C5   A3 E8984000        MOV DWORD PTR DS:[4098E8],EAX
004010CA   E8 C30D0000        CALL 00401E92
004010CF   E8 050D0000        CALL 00401DD9
004010D4   E8 7A0A0000        CALL 00401B53
004010D9   A1 28994000        MOV EAX,DWORD PTR DS:[409928]
```

图53-20 API Redirection示例#2

在原程序与本示例中比较4010B5地址处的CALL指令（参考图53-15）。

```
(原程序)
004010B5    FF15 00604000    CALL DWORD PTR DS:[406000]     ; 7C812FAD
(API Redirection #2)
004010B5    E8 46EF7600      CALL B70000
```

虽然2条CALL指令相同，但操作码却不同。操作码“FF15”表示间接调用7C812FAD地址（该地址存储在406000地址中）处的函数。操作码“E8”表示直接调用（指定地址值（76EF46）加上Next EIP（4010BA）得到的）新地址（76EF46+4010BA=B70000）中的代码。

提示

原来的 6 字节 CALL 指令（FF15 00604000）被改为 5 字节 CALL 指令（E8 46EF7600），4010BA 地址处仅剩下 B8，这意味着代码中会出现代码对齐混乱效果（运行 B70000 函数代码，返回地址被修改为与原代码相同的地址 4010BB）。

B70000地址区域是ASProtect在脱壳过程中分配的众多内存区域之一（参考图53-21）。

Memory map

Address	Size	Owner	Section	Contains	Type	Access
00400000	00001000	api_redi		PE header	Imag 01001002	R
00401000	00005000	api_redi		code	Imag 01001002	R
00406000	00001000	api_redi		code,data	Imag 01001002	R
00407000	00004000	api_redi		code	Imag 01001002	R
0040B000	0005B000	api_redi	.data	code,imports	Imag 01001002	R
00466000	00001000	api_redi	.adata	code	Imag 01001002	R
00470000	00005000				Map 00041020	R E
00530000	00002000				Map 00041020	R E
00540000	00103000				Map 00041002	R
00650000	000AC000				Map 00041020	R E
00950000	00004000				Priv 00021004	RW
0095C000	0000C000				Priv 00021004	RW
0096C000	00004000				Priv 00021004	RW
00A50000	00050000				Map 00041002	R
00AD0000	00001000				Priv 00021040	RWE
00B10000	00001000				Priv 00021040	RWE
00B20000	00001000				Priv 00021040	RWE
00B30000	00001000				Priv 00021040	RWE
00B40000	00001000				Priv 00021040	RWE
00B50000	00001000				Priv 00021040	RWE
00B60000	00002000				Priv 00021040	RWE
00B70000	00001000				Priv 00021040	RWE
00B80000	00001000				Priv 00021040	RWE
00B90000	00001000				Priv 00021040	RWE
00BA0000	00001000				Priv 00021040	RWE
5A480000	00001000	uxtheme		PE header	Imag 01001002	R
5A481000	00030000	uxtheme	.text	code,imports,exports	Imag 01001002	R
5A4B1000	00001000	uxtheme	.data	code,data	Imag 01001002	R

图53-21　ASProtect创建的内存区域

跟踪进入（StepInto(F7)）B70000函数，代码如图53-22所示。

从图中可以看到，代码中含有垃圾代码，也应用了扰乱代码对齐技术。实际的GetCommandLineA() API代码要一段时间后才显示。

提示

每次使用调试器转到 B70000 地址时，代码形态均不同。因为 ASProtect 的混淆代码生成器每次都会生成新的垃圾代码。我们把这种能产生相同结果而又具有不同形态的代码称为多态代码（Polymorphic Code）。前面还介绍过一种“混乱代码”（Obfuscated Code），今后会经常用到它们，希望各位借此机会记住。图 53-22 中的代码同时具有“多态代码”和“混乱代码”的特征（代码形态随时变化，我们很难把握）。

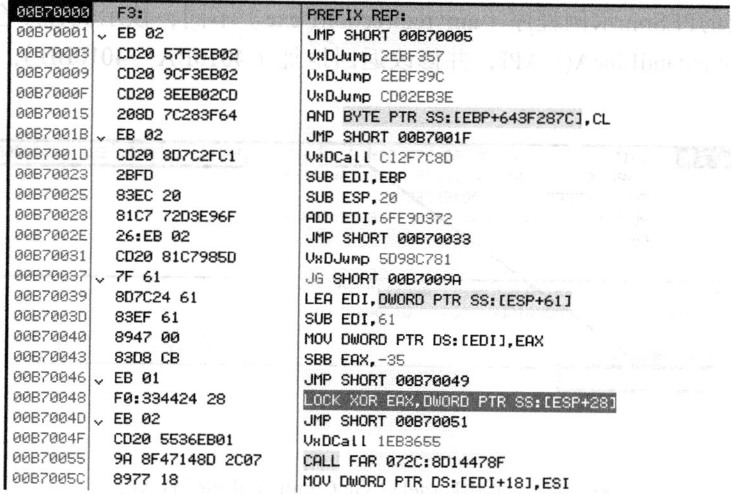

```
00B70000    F3:                  PREFIX REP:
00B70001  v EB 02                JMP SHORT 00B70005
00B70003    CD20 57F3EB02        VxDJump 2EBF357
00B70009    CD20 9CF3EB02        VxDJump 2EBF39C
00B7000F    CD20 3EEB02CD        VxDJump CD02EB3E
00B70015    208D 7C283F64        AND BYTE PTR SS:[EBP+643F287C],CL
00B7001B  v EB 02                JMP SHORT 00B7001F
00B7001D    CD20 8D7C2FC1        VxDCall C12F7C8D
00B70023    2BFD                 SUB EDI,EBP
00B70025    83EC 20              SUB ESP,20
00B70028    81C7 72D3E96F        ADD EDI,6FE9D372
00B7002E    26:EB 02             JMP SHORT 00B70033
00B70031    CD20 81C7985D        VxDJump 5D98C781
00B70037  v 7F 61                JG SHORT 00B7009A
00B70039    8D7C24 61            LEA EDI,DWORD PTR SS:[ESP+61]
00B7003D    83EF 61              SUB EDI,61
00B70040    8947 00              MOV DWORD PTR DS:[EDI],EAX
00B70043    83D8 CB              SBB EAX,-35
00B70046  v EB 01                JMP SHORT 00B70049
00B70048    F0:334424 28         LOCK XOR EAX,DWORD PTR SS:[ESP+28]
00B7004D  v EB 02                JMP SHORT 00B70051
00B7004F    CD20 5536EB01        VxDCall 1EB3655
00B70055    9A 8F47148D 2C07     CALL FAR 072C:8D14478F
00B7005C    8977 18              MOV DWORD PTR DS:[EDI+18],ESI
```

图53-22　B70000地址处的代码

B70000地址处的代码是ASProtect添加的垃圾代码，用来设置调试障碍，增加调试难度。在OllyDbg调试器中跟踪调试时，要运行约3万条指令（包含循环中反复调用的指令），然后返回原代码中的4010BB地址处（参考图53-23）。

```
004010BB    A3 24AE4000          MOV DWORD PTR DS:[40AE24],EAX
004010C0    E8 1A100000          CALL api_redi.004020DF
004010C5    A3 E8984000          MOV DWORD PTR DS:[4098E8],EAX

Run trace
Back    Thread  Module    Address   Command                          Modified registers
30103.  Main    api_redi  004010B5  CALL 00B70000                    ESP=0012FF50
30102.  Main              00B70000  PREFIX REP:
30101.  Main              00B70005  PUSH EDI                         ESP=0012FF4C
30100.  Main              00B70006  PREFIX REP:
30099.  Main              00B7000B  PUSHFD                           ESP=0012FF48
30098.  Main              00B7000C  PREFIX REP:
30097.  Main              00B70011  JMP SHORT 00B70016
30096.  Main              00B70016  LEA EDI,DWORD PTR DS:[EAX+EBP+3  EDI=0012FFDF
30095.  Main              00B7001A  JMP SHORT 00B7001F
30094.  Main              00B7001F  LEA EDI,DWORD PTR DS:[EDI+EBP-3  EDI=0025FF20
30093.  Main              00B70023  SUB EDI,EBP                      FL=P, EDI=0012FFA0
```

图53-23　跟踪结果

也就是说，原代码中的1条CALL DWORD PTR DS:[406000]指令被换成了3万条指令（除Kernel32!GetCommandLineA() API外，其他很多API也采用这种调用方式）。该方式执行效率非常低，但是对保护代码与增加代码逆向分析难度来说，效果非常棒。

垃圾代码中包含实际调用API的代码，如图53-24所示。

```
00BA00A4    5D                   POP EBP
00BA00A5    FF7426 18            PUSH DWORD PTR DS:[ESI+18]
00BA00A9    03F3                 ADD ESI,EBX
00BA00AB    5E                   POP ESI
00BA00AC    C3                   RETN

Return to 7C812FAD (kernel32.GetCommandLineA)

Address   Hex dump                  ASCII      0012FDF4   7C812FAD  kernel32.GetCommandLineA
00406000  AD 2F 01 7C 6A 12 81 7C   ??j‡?      0012FDF8   00465B08  api_redi.00455D08
00406008  FA CA 81 7C 1A 1E 80 7C              0012FDFC   FFFFFFD0
```

图53-24　调用kernel32!GetCommandLineA() API

与前面介绍的PESpin示例程序（api_redirection1.exe）不同，该示例程序会直接调用实际的kernel32!GetCommandLineA() API，并修改返回地址（4010BA→4010BB），代码如图53-25所示。

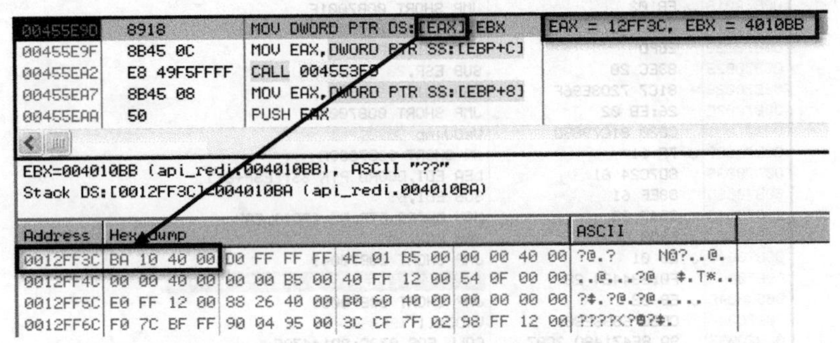

图53-25 调用kernel32!GetCommandLineA() API

通过跟踪图53-20中4010B5地址处的CALL B70000指令调试到此，图53-25中[EAX]=[12FF3C]=4010BA即是调用B70000函数后的返回地址。若直接返回4010BA地址就会引发错误，所以，借助455E9D地址处的MOV指令将返回地址修改为4010BB，如图53-26所示。

提示

图 53-25 的地址区域（455E9D）是 ASProtect 的代码节区区域（参考图 53-21）。与 B70000 区域一样，它不是为了生成垃圾代码而分配的内存区域，而是实实在在的 ASProtect 的代码节区区域。

最后返回原代码的4010BB地址处，代码如图53-26所示。

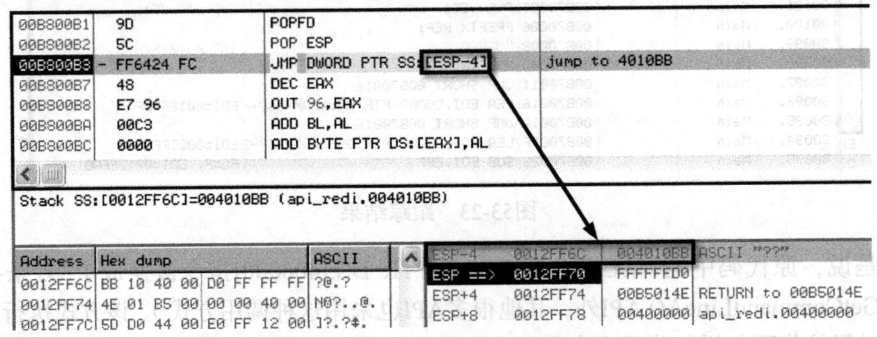

图53-26 返回4010BB地址处的代码

图53-26中的代码（B800B3）也是ASProtect创建的多态&混乱代码，每次调试都会变化。

我们至此学习了具有复杂形态的API重定向示例，API重定向这种方式牺牲了代码的运行速度，却大大提高了代码的复杂性，从而获得了很好的反调试效果。

若代码逆向分析人员事先并不知道程序中调用了哪些API（或者要花很长时间才能查明），就会使代码逆向分析工作变得十分困难。因此，API重定向是一种相当有效的反调试技术，许多程序保护器都支持它。

提示

参考上面学过的内容，请各位亲自跟踪调试B70000处的函数。我借助OllyDbg的"硬件断点"功能，获取了图53-25、图53-26中出现的455E9D与B800B3地址。进入B70000函数后，返回地址存储在栈中，在ESP值（我在12FF3C地址处设置硬件断点后获取了455E9D地址）与4010BB地址处设置断点跟踪，就会见到B800B3地址处的JMP指令。

API重定向技术在结构上与API钩取技术有很多类似的地方：它们都不直接调用原API，而是添加自身代码并执行后再调用。二者最大的不同在于，它们的目的是不一样的：API重定向用来增加代码调试的难度，而API钩取则用来在API调用前/后添加另外的功能。

53.7 Debug Blocker（Self Debugging）

Debug Blocker（Self Debugging）也是一种高级反调试技术，顾名思义，它在调试模式下运行自身进程。

图53-27中的PESpin(1.32).exe进程为PESpin保护器。可以看到，同一进程以父进程（PID：184）/子进程（PID：1424）形式运行。其实，它们是调试器（PID：184）与被调试者（PID：1424）的关系。PESpin运行后会查找自身的可执行文件，然后以调试模式执行。

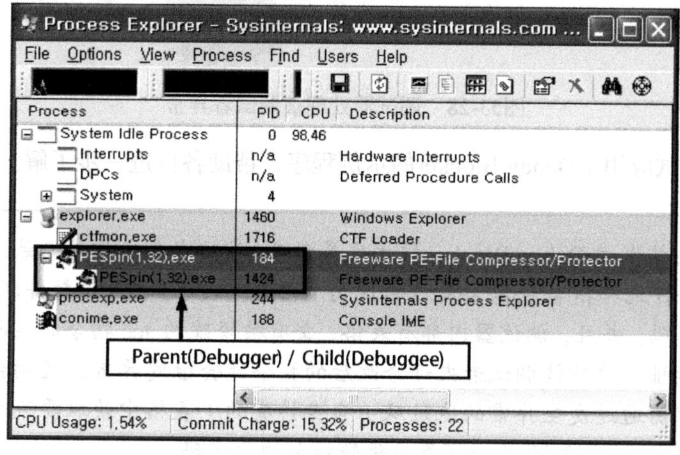

图53-27 Debug Blocker的特征：调试器/被调试者关系

提示

Debug Blocker是自我创建技术（以子进程形式运行自身进程）的演进形式。自我创建技术中，子进程负责执行实际原代码，父进程负责创建子进程、修改内存（代码/数据）、更改EP地址等。所以仅调试父进程将无法转到OEP代码处，这样能起到很好的反调试效果。但调试时若用附加命令将子进程附加到调试器，这种反调试手法就会失去作用。Debug Blocker技术的出现正是为了弥补这一不足。

Debug Blocker技术有如下优点。

第一，防止代码调试。因子进程运行实际的原代码且已处于调试之中，原则上就无法再使用其他调试器进行附加操作了（第57章中将介绍一种方法，它可以解决该问题并顺利实现调试）。

第二，能够控制子进程（Debuggee，被调试者）。调试器–被调试者关系中，调试器具有很大权限，可以处理被调试进程的异常、控制代码执行流程等。

Debug Blocker技术的第二个优点使代码调试变得非常困难。下面比较常规反调试技术与Debug Blocker技术。

图53-28左侧为应用常规SEH技术的反调试示例，右侧为应用Debug Blocker技术的反调试示例。常规SEH技术中，异常处理器代码位于相同的进程内存空间；但Debug Blocker技术中，（处理被调试进程所发异常的）异常处理器代码位于调试进程（请注意，对于被调试进程所发的异常，调试器拥有优先处理权）。

所以，为了调试子进程，必须先断开与已有调试器的连接，但这样子进程又无法正常运行。这正是逆向分析Debug Blocker最难的部分。

图53-28　调试器处理被调试者异常

第57章中将调试应用了Debug Blocker的示例程序，帮助各位进一步了解。

提示

Nanomite技术由Debug Blocker技术发展而来，该技术会查找被调试进程内部的代码，将所有条件跳转指令（Jcc指令）修改为INT3（0xCC）指令（软件断点），或其他触发异常的代码。并且，调试器内部有表格，含有被修改的Jcc指令的实际地址位置以及要跳转的地址。执行被调试者内部修改后的指令就会触发异常，控制权即被转交给调试器。调试器通过发生异常的地址从（自身持有的）表格中获取要跳转的地址，然后通知被调试者。图 53-29 是含有条件跳转指令的原代码。

```
0040122B    881D 14854000    MOV BYTE PTR DS:[408514],BL
00401231  ⌄ 75 3C            JNZ SHORT 0040126F
00401233    A1 F0894000      MOV EAX,DWORD PTR DS:[4089F0]
00401238    85C0             TEST EAX,EAX
0040123A  ⌄ 74 22            JE SHORT 0040125E
0040123C    8B0D EC894000    MOV ECX,DWORD PTR DS:[4089EC]
00401242    56               PUSH ESI
00401243    8D71 FC          LEA ESI,DWORD PTR DS:[ECX-4]
00401246    3BF0             CMP ESI,EAX
00401248  ⌄ 72 13            JB SHORT 0040125D
0040124A    8B06             MOV EAX,DWORD PTR DS:[ESI]
0040124C    85C0             TEST EAX,EAX
0040124E  ⌄ 74 02            JE SHORT 00401252
00401250    FFD0             CALL EAX
00401252    83EE 04          SUB ESI,4
00401255    3B35 F0894000    CMP ESI,DWORD PTR DS:[4089F0]
0040125B  ^ 73 ED            JNB SHORT 0040124A
0040125D    5E               POP ESI
0040125E    68 18604000      PUSH 00406018
```

图53-29　含有条件跳转指令的原代码

使用PESpin保护器向前面的原代码应用Nanomite技术，出现如图53-30所示的代码。

认真比较可以发现，2个字节的Jcc/MOV指令全部被修改为LEA EAX,EAX这类怪异的指令。执行这种代码时就会触发EXCEPTION_ILLEGAL_INSTURCTION异常，系统会将控制权转移给调试器。

```
0040122B    881D 14854000    MOV BYTE PTR DS:[408514],BL
00401231    8DC0             LEA EAX,EAX
00401233    A1 F0894000      MOV EAX,DWORD PTR DS:[4089F0]
00401238    85C0             TEST EAX,EAX
0040123A    8DC0             LEA EAX,EAX
0040123C    8B0D EC894000    MOV ECX,DWORD PTR DS:[4089EC]
00401242    56               PUSH ESI
00401243    8D71 FC          LEA ESI,DWORD PTR DS:[ECX-4]
00401246    3BF0             CMP ESI,EAX
00401248    8DC0             LEA EAX,EAX
0040124A    8DC0             LEA EAX,EAX
0040124C    85C0             TEST EAX,EAX
0040124E    8DC0             LEA EAX,EAX
00401250    FFD0             CALL EAX
00401252    83EE 04          SUB ESI,4
00401255    3B35 F0894000    CMP ESI,DWORD PTR DS:[4089F0]
0040125B    8DC0             LEA EAX,EAX
0040125D    5E               POP ESI
0040125E    68 18604000      PUSH 00406018
```

图53-30 应用Nanomite技术的代码

若想正常调试这种应用了Nanomite技术的代码，需要把修改后的代码恢复为原代码。逐一手动修改会非常费力，大量恢复工作要实现自动化处理，这需要我们具备一定的编程思维与能力。所以，调试这种应用了Nanomite技术的代码是很有难度的。

53.8 小结

本章讲解了PE保护器中常用的高级反调试技术的相关内容（随着反调试技术的不断发展，各种技术会应运而生）。

提示

我刚开始学习代码逆向分析技术时，曾经尝试调试 ASProtector。连续分析了好几天，但是连 OEP 代码的边都没摸到，总是在奇怪的地方徘徊。这是因为受到了反调试代码的阻碍，这些代码常被称为“死亡代码”。若想顺利通过数量庞大的代码，必须坚信自己最后一定能够找到 OEP 代码。其实，陷入“死亡代码”的沼泽是绝对不可能找到 OEP 代码的。调试时会不断出现混乱代码，让人疲惫不堪。我当时跟踪调试这些代码时也深受其苦，最后竟然不知不觉间打起了瞌睡，那时才真正体会到反调试技术的可怕。这些反调试技术从精神与肉体上折磨逆向分析人员，打消他们调试代码的念头。两年后，我再次挑战 ASProtector，学习从网络上获取的各种反调试相关资料，最终顺利达到 OEP 处，当时真是高兴坏了。

但那也只是回避了反调试技术而到达 OEP 处而已，其实仍未能完全掌握 ASProtector 的工作原理（内部算法）。我当时再次感受到自身的不足，觉得要学的东西还很多，一定要虚心学习。另一方面也认为编写该 PE 保护器的人实在太有水平了。各位的逆向分析技术达到一定水平后，我建议大家调试一下 PE 保护器。查找、学习相关资料，在调试过程中认真分析，相信各位会学到大量知识并积累丰富经验，进一步提高代码调试水平。

第八部分

调试练习

第54章　调试练习1：服务

从现在开始，我们将用多种示例程序练习调试，并通过这些调试练习进一步提高各位的调试水平。第一个调试示例是Windows服务程序，本章主要学习其调试方法。

服务程序比较难调试，有时，即使是逆向分析经验丰富的人调试起来也并非易事。本章主要学习服务程序的调试方法，帮助各位掌握。

54.1　服务进程的工作原理

服务（Service）程序由SCM（Service Control Manager，服务控制管理器）管理。运行服务程序时，需要由服务控制器（Service Controller）执行启动命令。服务控制器向SCM提出服务控制请求，SCM向服务程序传递控制命令，并接收其返回的值（参考图54-1）。

图54-1　服务系统组织结构

提示

服务控制器无法直接向服务程序下达命令，必须通过 SCM 传达。

54.1.1　服务控制器

Windows默认提供了服务控制器，在“控制面板”中单击“管理工具”，打开“管理工具”窗口，如图54-2所示。

在图54-2中双击“服务”图标即可运行服务控制器，如图54-3所示（也可以直接在控制台窗口输入“services.msc”命令）。

图54-3列出了设置在系统中的所有服务列表，在服务列表中选择想要控制的服务即可（启动/停止/暂停/重启）。选中指定服务，单击“启动服务”按钮，弹出“服务控制”窗口，显示正在启动指定服务信息，如图所示。

服务进程正常启动后，图54-4中的服务控制窗口消失，服务状态变为“已启动”。下面详细了解服务启动过程。

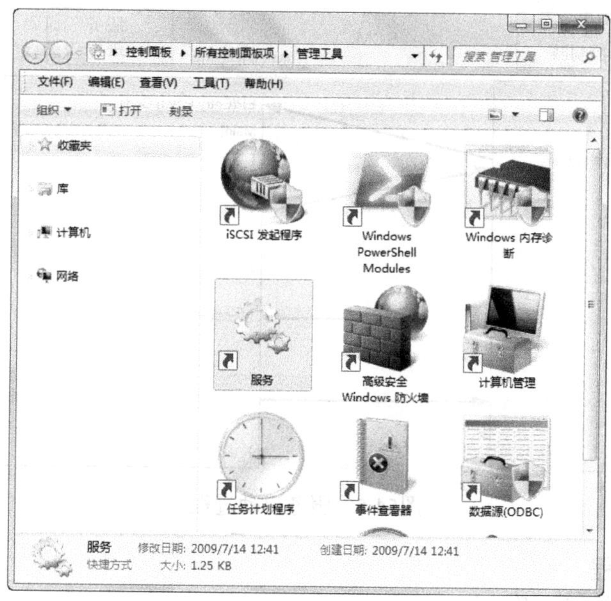

图54-2　控制面板–管理工具–服务

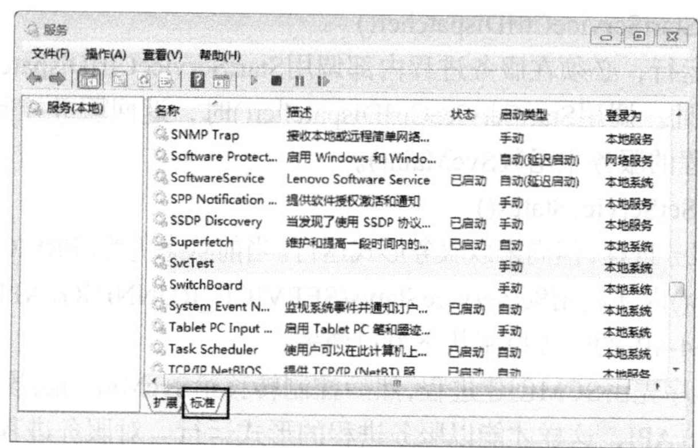

图54-3　服务列表

图54-4　服务控制

54.1.2　服务启动过程

图54-5大致描述了服务程序的启动过程。

所有服务程序都是由外部（服务控制器）调用StartService() API启动的（参考：若服务为自启动服务，则由SCM调用StartService()启动）。

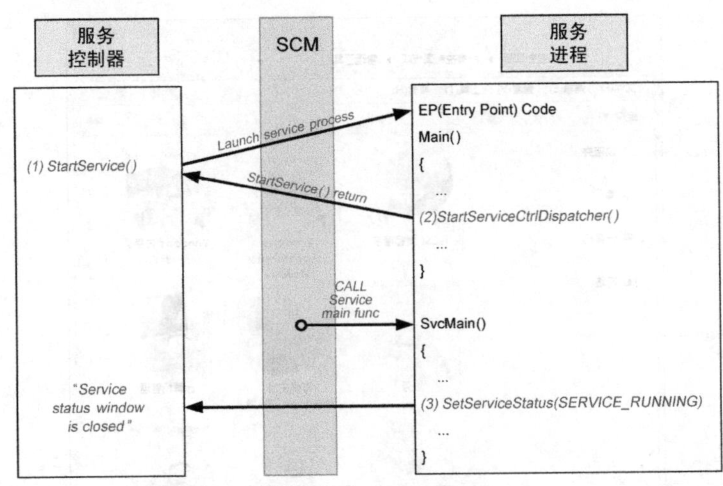

图54-5　服务启动过程

服务进程启动过程

(1) 服务控制器调用StartService()

服务控制器调用StartService()时，SCM会创建相应服务进程，然后执行服务进程的EP代码。

(2) 服务进程调用StartServiceCtrlDispatcher()

为了以服务形式运行，必须在服务进程内部调用StartServiceCtrlDispatcher() API来注册服务主函数SvcMain()的地址。调用StartServiceCtrlDispatcher()时，返回服务控制器的StartService()函数。SCM调用服务进程的服务主函数SvcMain()。

(3) 服务进程调用SetServiceStatus()

虽然已经创建了服务进程，但尚未以服务形式运行。当前状态仍为SERVICE_START_PENDING。在服务主函数SvcMain()内部调用SetServiceStatus(SERVICE_RUNNING) API后，才正式以服务进程形式运行（此时图54-4中的服务控制状态窗口消失）。

综上所述，服务程序先由SCM创建进程，然后控制转移给SvcMain()函数，调用SetServiceStatus (SERVICE_RUNNING) API，这样才能以服务进程的形式运行。对服务进程尚不熟悉的朋友，请认真阅读上面关于服务进程启动过程的描述。下面通过一个简单的示例程序（DebugMe1.exe）来帮助各位进一步了解服务进程的工作原理。

提示

示例程序在 Windows XP/7（32 位）中正常运行。

54.2　DebugMe1.exe 示例讲解

DebugMe1.exe进程以2种形式运行，一种为常规运行形式，负责服务的安装与删除；另一种由SCM以服务形式运行。常规运行时需要接收运行参数（install或者uninstall），以服务形式运行时则不需要。

54.2.1　安装服务

为了将示例程序安装为服务，我们先将其复制到合适的文件夹，然后运行图54-6所示的命令。

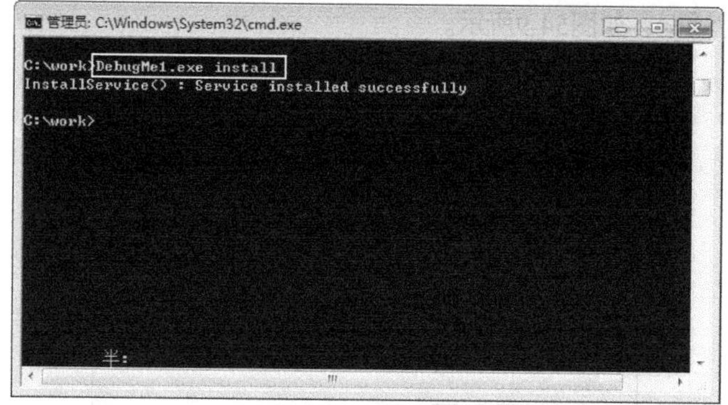

图54-6 安装服务

服务安装成功后，可以在服务列表中看到，如图54-7所示。

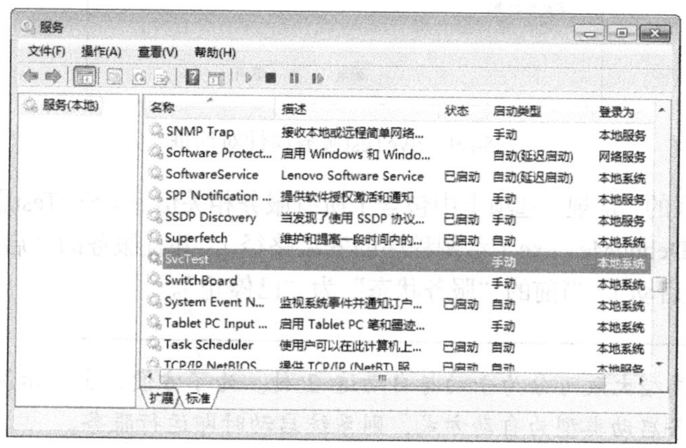

图54-7 安装在系统中的SvcTest服务

从服务列表可以看到，服务名为SvcTest。选中它，在菜单栏中依次选择“操作–属性”菜单，打开属性窗口即可查看有关该服务的更多信息（也可以选择服务，在鼠标右键中选择“属性”菜单），如图54-8所示。

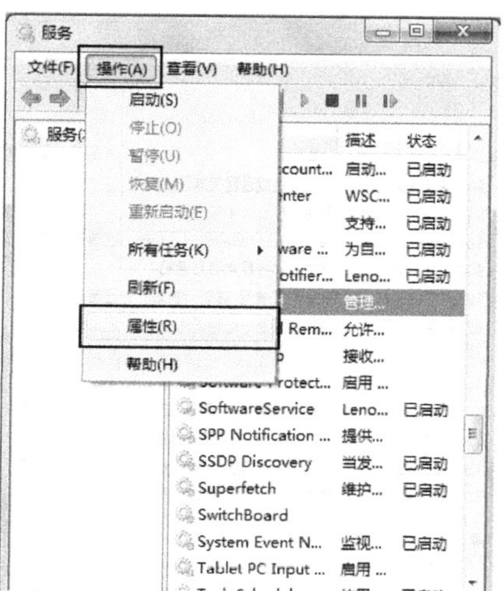

图54-8 “操作–属性”菜单项

弹出服务属性对话框，如图54-9所示。

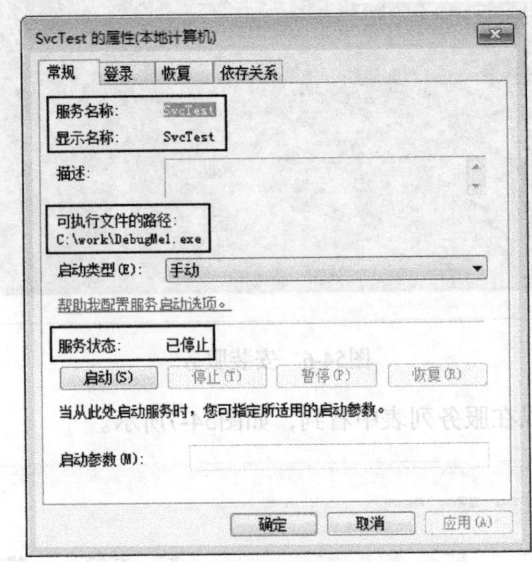

图54-9 SvcTest服务属性对话框

服务属性对话框的“常规”选项卡中包含了所有服务相关信息。SvcTest服务程序的可执行文件路径为：c:\work\DebugMe1.exe（示例程序的安装路径），并且服务的“启动类型”为“手动”（需要运行时要手动启动），当前的“服务状态”为“已停止”。

提示

服务启动类型大致可分为手动与自动这2种。为了方便，上述示例程序采用了手动启动方式。若启动类型为自动方式，则系统启动时即运行服务。

54.2.2 启动服务

下面开始启动服务，选中SvcTest服务，单击“启动服务”按钮，如图54-10所示。

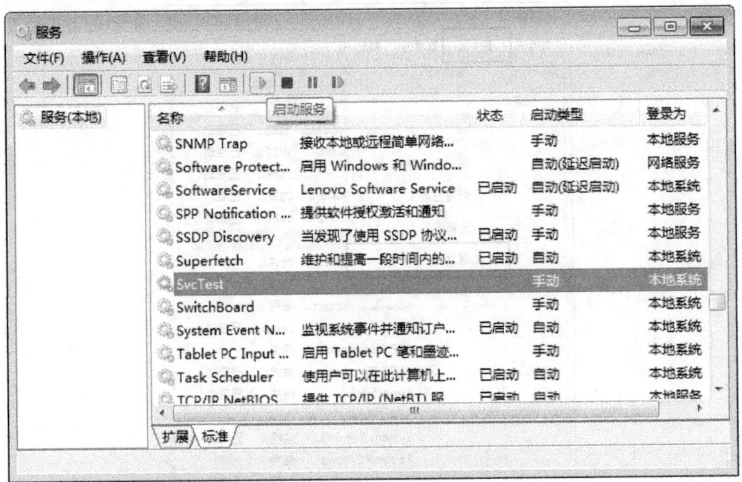

图54-10 启动SvcTest服务

服务成功启动后，服务进程（DebugMe1.exe）也就运行起来，如图54-11所示。

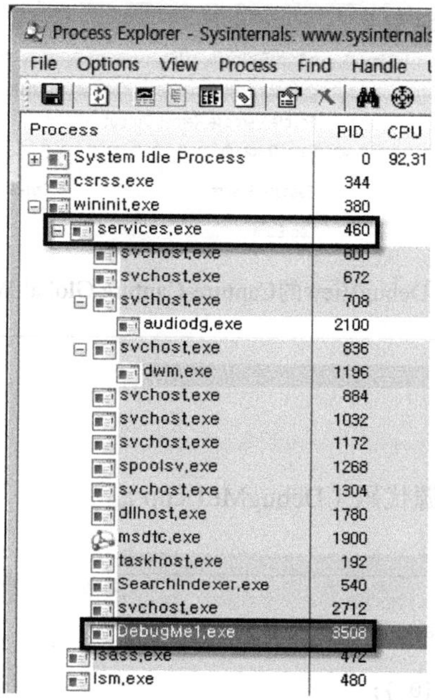

图54-11 SvcTest服务进程（DebugMe1.exe）

图54-11中需要注意的是，SvcTest服务的进程（DebugMe1.exe）是以services.exe进程的子进程（Child）形式运行的。其实，所有服务进程都以该形式运行。Services.exe进程就是SCM。示例程序DebugMe1.exe的功能相当简单，它经过一定时间间隔输出调试字符串（调用OutputDebugString() API）。使用DebugView实用工具可以查看输出的调试字符串，如图54-12所示。

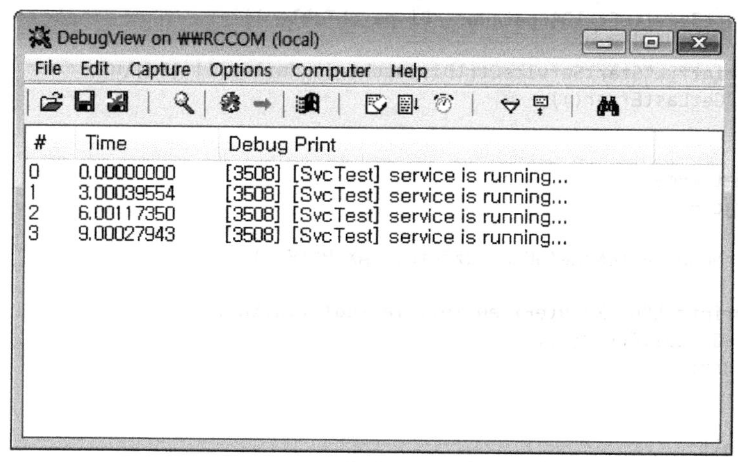

图54-12 SvcTest服务输出的调试字符串

提示

Windows Vista 以上的系统中需要用管理员权限来运行 DebugView，在菜单栏中依次选择 Capture-Capture Global Win32 菜单才能捕获输出的调试字符串，如图 54-13 所示。

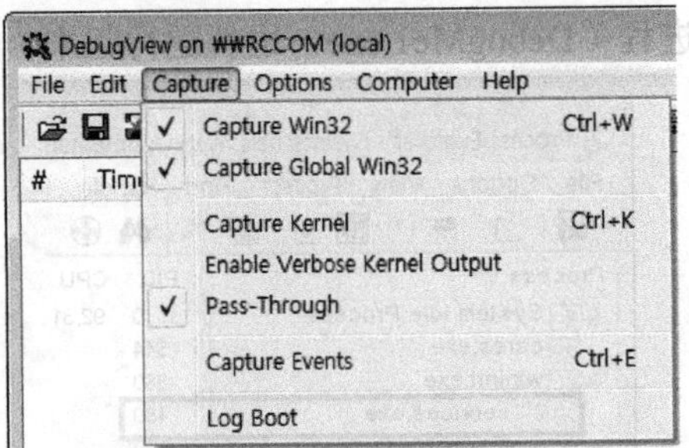

图54-13 DebugView的Capture-Capture Global Win32菜单

54.2.3 源代码

下面看看DebugMe1.exe的源代码（DebugMe1.cpp）。

#main()

代码54-1 main()函数

```
void _tmain(int argc, TCHAR *argv[])
{
    TCHAR szPath[MAX_PATH] = {0,};
    SERVICE_TABLE_ENTRY DispatchTable[] =
    {
        { SVCNAME, (LPSERVICE_MAIN_FUNCTION)SvcMain },
        { NULL, NULL }
    };

    // For service mode
    if( argc == 1 )
    {
        if (!StartServiceCtrlDispatcher( DispatchTable ))
        {
            _tprintf(L"StartServiceCtrlDispatcher() failed!!! [%d]\n",
                GetLastError());
        }
    }
    // For normal mode
    else if( argc == 2 )
    {
        if( !GetModuleFileName(NULL, szPath, MAX_PATH) )
        {
            _tprintf(L"GetModuleFileName() failed! [%d]\n",
                GetLastError());
            return;
        }

        // Install
        if( _tcsicmp(argv[1], L"install") == 0 )
        {
            InstallService(SVCNAME, szPath);
            return;
        }
        // Uninstall
        else if( _tcsicmp(argv[1], L"uninstall") == 0 )
        {
            UninstallService(SVCNAME);
```

```
            return;
        }
        else
        {
            _tprintf(L"Wrong parameters!!!\n");
        }
    }

    _tprintf(L"\nUSAGE : %s install | uninstall\n", argv[0]);
}
```

从main()函数代码可以看到，根据有无运行参数，程序可分别以服务模式（无参数）或常规模式（有参数）运行。以服务模式运行时会调用StartServiceCtrlDispatcher() API，启动服务主函数（SvcMain()）；以常规模式运行时，根据所给参数的种类，分别调用InstallService()/UninstallService()函数，它们分别用来安装或卸载服务（由于这2个函数比较简单，此处不再详细说明，请各位参考示例源码以及MSDN分析）。

#SvcMain()

代码54-2 SvcMain()函数

```
VOID WINAPI SvcMain(DWORD argc, LPCTSTR *argv)
{
    // Service Control Handler
    g_hServiceStatusHandle = RegisterServiceCtrlHandler(
        SVCNAME,
        SvcCtrlHandler);
    if( !g_hServiceStatusHandle )
    {
        OutputDebugString(L"RegisterServiceCtrlHandler() failed!!!");
        return;
    }

    // Service Status - SERVICE_RUNNING
    g_ServiceStatus.dwCurrentState = SERVICE_RUNNING;
    SetServiceStatus(g_hServiceStatusHandle, &g_ServiceStatus);

    // debug输出调试字符串
    while( TRUE )
    {
        OutputDebugString(L"[SvcTest] service is running...");
        Sleep(3 * 1000);        // 3 秒
    }
}
VOID WINAPI SvcCtrlHandler(DWORD dwCtrl)
{
  switch(dwCtrl)
  {
      case SERVICE_CONTROL_STOP:
          g_ServiceStatus.dwCurrentState = SERVICE_STOP_PENDING;
          SetServiceStatus(g_hServiceStatusHandle, &g_ServiceStatus);

          g_ServiceStatus.dwCurrentState = SERVICE_STOPPED;
          SetServiceStatus(g_hServiceStatusHandle, &g_ServiceStatus);

          OutputDebugString(L"[SvcTest] service is stopped...");
      break;

    default:
      break;
  }
}
```

以上是SvcMain()函数代码。先调用RegisterServiceCtrlHandler() API来注册服务处理函数（SvcCtrlHandler），然后调用SetServiceStatus() API将服务状态修改为SERVICE_RUNNING（此时图54-4中的服务控制窗口消失）。最后在while循环中每隔3秒调用1次OutputDebugString()函数，输出调试字符串。本示例服务（SvcTest）的功能非常简单，仅用来输出调试字符串。

54.3　服务进程的调试

要想准确调试服务程序，就不能像对待普通程序一样直接用调试器启动并调试，而需要将调试器附加到SCM运行的服务进程上。这正是调试服务进程的困难之处，但理解了服务的工作原理后，解决起来就变得相当简单。

54.3.1　问题在于 SCM

服务进程由SCM运行，这是服务进程调试的核心所在。

- 服务进程由 SCM 运行。
- 服务核心代码主要存在于服务主函数（SvcMain()）中。
- 服务主函数（SvcMain()）由 SCM 正常调用。

我们要调试的是服务主函数（SvcMain()），但使用调试器打开服务程序的可执行文件并开始调试时，服务主函数并不运行，所以调试时需要将SCM运行的服务进程附加到调试器。

54.3.2　调试器无所不能

使用调试器打开服务可执行文件无法直接调试服务主函数（SvcMain()）代码。原因在于，SCM不会调用服务主函数（因非由SCM运行，故不能运行它）。但这并不意味着没有解决方法。因为调试器拥有被调试进程的强大权限，所以可以先将调试位置强制指定为服务主函数（如：OllyDbg的New orign here菜单），然后再调试。使用这种方法调试服务主函数不会有什么大问题，如果这种方法有效，建议各位使用。不过，使用这种方法必须拥有强大的调试器权限才行，服务进程行为比较复杂时，使用该方法就可能无法顺利完成调试。

54.3.3　常用方法

调试服务最常用的方法是，先将SCM运行的服务进程附加到调试器后再调试。思路很简单，但执行方法可能有问题。因为SCM运行服务后再进行附加操作的话，此时的核心代码（服务主函数）已开始运行。因此，需要在SCM创建服务进程并运行EP代码前附加到调试器，这需要一定的调试技巧，后面的练习示例中将介绍。

54.4　服务调试练习

下面以DebugMe1.exe服务程序为例练习服务调试。

54.4.1　直接调试：强制设置 EIP

首先，使用调试器直接打开服务程序，学习服务程序的调试方法。分析调试服务程序的EP代码与main()函数代码时，采用的调试方法与调试普通应用程序没有什么不同。但一般而言，服务程序的主要代码存在于服务主函数（SvcMain()）与服务处理函数（SvcHandler()）中。

由调试器而非SCM运行的服务进程不会调用SvcMain()与SvcHandler()函数。所以需要先得到这两个函数的地址，然后再将调试位置移动到那里。在OllyDbg调试器中打开DebugMe1.exe程序，调试运行到main()函数处显示代码，如图54-14所示。

在40106C地址处可以看到StartServiceCtrlDispatcher() API。对于EXE文件形态的Windows服务程序而言，必须在其EP代码内部调用StartServiceCtrlDispatcher() API，将服务主函数（SvcMain()）的地址通知给SCM。所以，查找该API即可获得SvcMain()地址。

提示

对于 DLL 文件形式的 Windows 服务而言，服务主函数（默认为 ServiceMain）为导出函数，SCM 会调用运行导出函数，所以不需要另外调用 StartServiceCtrlDispatcher() API（若想把服务主函数的名称修改为其他名称（非 ServiceMain），只要向相关注册表注册即可）。

```
00401000 ┌$  55              PUSH EBP                                   <= main()
00401001 │.  8BEC            MOV EBP,ESP
00401003 │.  81EC 1C020000   SUB ESP,21C
00401009 │.  A1 04C04000     MOV EAX,DWORD PTR DS:[40C004]
0040100E │.  33C5            XOR EAX,EBP
00401010 │.  8945 FC         MOV DWORD PTR SS:[EBP-4],EAX
00401013 │.  56              PUSH ESI
00401014 │.  8B75 0C         MOV ESI,DWORD PTR SS:[EBP+C]
00401017 │.  33C0            XOR EAX,EAX
00401019 │.  68 06020000     PUSH 206
0040101E │.  50              PUSH EAX
0040101F │.  8D8D F6FDFFFF   LEA ECX,DWORD PTR SS:[EBP-20A]
00401025 │.  51              PUSH ECX
00401026 │.  66:8985 F4FDFF  MOV WORD PTR SS:[EBP-20C],AX
0040102D │.  E8 5E380000     CALL 00404890
00401032 │.  8B45 08         MOV EAX,DWORD PTR SS:[EBP+8]
00401035 │.  83C4 0C         ADD ESP,0C
00401038 │.  C785 E4FDFFFF   MOV DWORD PTR SS:[EBP-21C],0040A9CC        UNICODE "SvcTest"
00401042 │.  C785 E8FDFFFF   MOV DWORD PTR SS:[EBP-218],00401320        <= address of SvcMain
0040104C │.  C785 ECFDFFFF   MOV DWORD PTR SS:[EBP-214],0
00401056 │.  C785 F0FDFFFF   MOV DWORD PTR SS:[EBP-210],0
00401060 │.  83F8 01         CMP EAX,1
00401063 │.v 75 2E           JNZ SHORT 00401093
00401065 │.  8D95 E4FDFFFF   LEA EDX,DWORD PTR SS:[EBP-21C]
0040106B │.  52              PUSH EDX                                   ┌pServiceTable = ntdll.KiFast
0040106C │.  FF15 20904000   CALL DWORD PTR DS:[<&ADVAPI32.StartServ    └StartServiceCtrlDispatcherW
00401072 │.  85C0            TEST EAX,EAX
00401074 │.v 0F85 B5000000   JNZ 0040112F
0040107A │.  FF15 28904000   CALL DWORD PTR DS:[<&KERNEL32.GetLastEr    [GetLastError
```

图54-14 DebugMe1.exe文件的main()函数

StartServiceCtrlDispatcher() API的pServiceTable参数为SERVICE_TABLE_ENTRY结构体指针。跟踪该结构体即可得到服务名称字符串（“SvcMain”）与服务主函数（SvcMain()）的地址。

代码54-3 SERVICE_TABLE_ENTRY结构体定义

```
typedef struct _SERVICE_TABLE_ENTRY {
  LPTSTR                 lpServiceName;     // 服务名称
  LPSERVICE_MAIN_FUNCTION lpServiceProc;    // 服务主函数地址
} SERVICE_TABLE_ENTRY, *LPSERVICE_TABLE_ENTRY;
```

出处：MSDN

图54-14中，调试运行到40106C地址处的CALL DWORD PTR DS:[StartServiceCtrlDispatcher()]指令后，查看栈，如图54-15所示。

pServiceTable（12FD24）的第一个成员（40A9CC）为“SvcHost”字符串，第二个成员（401320）为SvcMain()函数的地址。

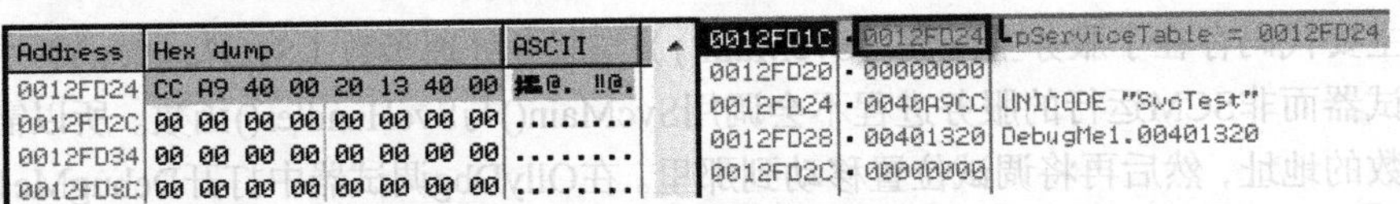

图54-15　StartServiceCtrlDispatcher() API的pServiceTable参数

提示

在图 54-14 中可以看到，从 401038 地址开始为设置 SERVICE_TABLE_ENTRY 结构体的代码。

使用OllyDbg调试器中的Ctrl+G命令，转到SvcMain()函数地址处（401320），如图54-16所示。

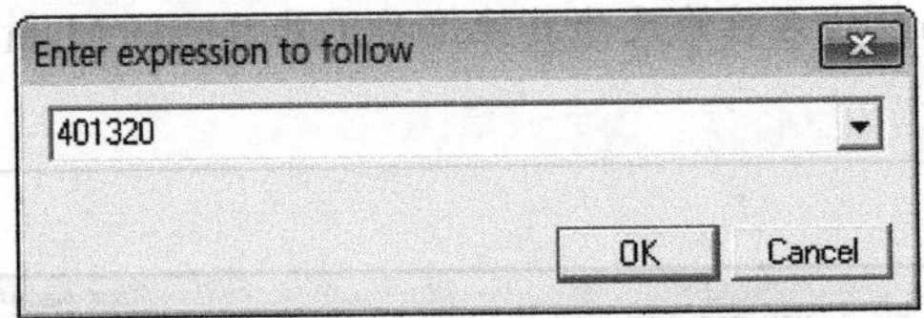

图54-16　转到SvcMain()函数地址处（401320）

SvcMain()函数如图54-17所示。

```
00401320  .   68 80134000     PUSH 00401380
00401325  .   68 CCA94000     PUSH 0040A9CC
0040132A  .   FF15 08904000   CALL DWORD PTR DS:[<&ADVAPI32.RegisterServiceCtrlHandlerW>]
00401330  .   A3 3CDB4000     MOV DWORD PTR DS:[40DB3C],EAX
00401335  .   85C0            TEST EAX,EAX
00401337  .v  75 0E           JNZ SHORT 00401347
00401339  .   68 08AE4000     PUSH 0040AE08
0040133E  .   FF15 34904000   CALL DWORD PTR DS:[<&KERNEL32.OutputDebugStringW>]
00401344  .   C2 0800         RETN 8
00401347  >   68 A4CD4000     PUSH 0040CDA4
0040134C  .   50              PUSH EAX
0040134D  .   C705 A8CD4000   MOV DWORD PTR DS:[40CDA8],4
00401357  .   FF15 0C904000   CALL DWORD PTR DS:[<&ADVAPI32.SetServiceStatus>]
0040135D  .   8B35 34904000   MOV ESI,DWORD PTR DS:[<&KERNEL32.OutputDebugStringW>]
00401363  .   8B3D 30904000   MOV EDI,DWORD PTR DS:[<&KERNEL32.Sleep>]
00401369  .   8DA424 0000000  LEA ESP,DWORD PTR SS:[ESP]
00401370  >   68 58AE4000     PUSH 0040AE58
00401375  .   FFD6            CALL ESI
00401377  .   68 B80B0000     PUSH 0BB8
0040137C  .   FFD7            CALL EDI
0040137E  .^  EB F0           JMP SHORT 00401370
```

图54-17　SvcMain()函数

为了从401320地址开始调试，需要先将调试位置（准确地说，是被调试进程的EIP值）修改到此处。单击鼠标右键，在弹出菜单中选择New origin here菜单，如图54-18所示。

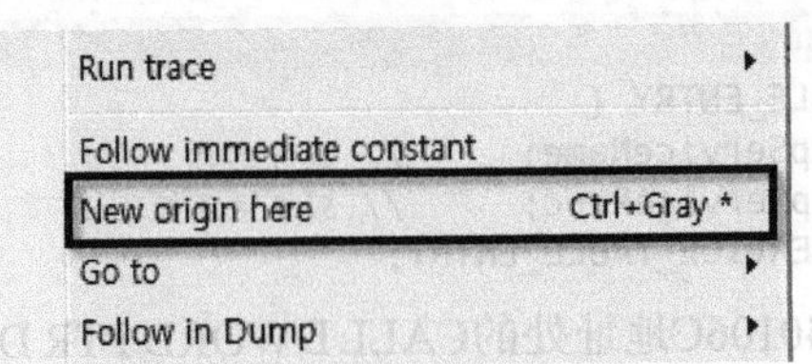

图54-18　New origin here菜单

这样，调试位置即被修改为服务主函数（401320），除EIP寄存器外，其他值（栈、除EIP外的寄存器）都保持不变，如图54-19所示。

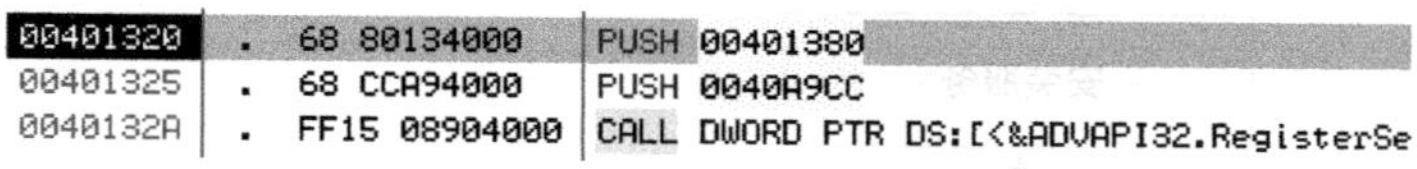

```
00401320 . 68 80134000    PUSH 00401380
00401325 . 68 CCA94000    PUSH 0040A9CC
0040132A . FF15 08904000  CALL DWORD PTR DS:[<&ADVAPI32.RegisterSe
```

图54-19 修改后的调试位置

现在开始调试SvcMain()即可。

提示

采用以上方式调试服务主函数(SvcMain())时需要注意:由于服务进程不是由SCM正常启动运行的,所以调用与服务相关的部分API时可能引发异常。比如,在图54-17中执行40132A地址处的CALL DWORD PTR DS:[RegisterServiceCtrlHandlerW]指令,就会发生EXCEPTION_ACCESS_VIOLATION(0xC0000005)异常。为了避免这种异常,可以在调试器中强制跳过对相关API的调用,也可以像图54-20一样设置调试器选项。

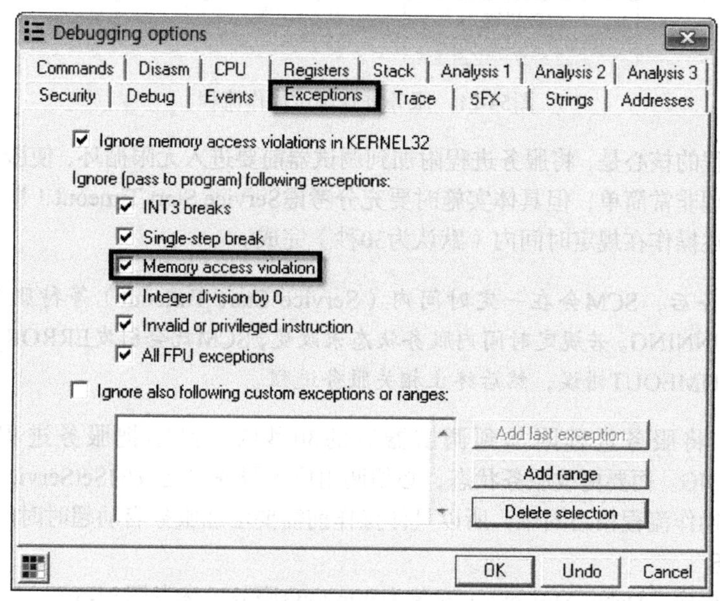

图54-20 设置OllyDbg的Exception选项

若在OllyDbg调试器中复选Memory access violation项,就会忽略内存非法访问异常,调试可以继续。

以上方法虽然不是什么硬性规定,但大多数情况下用来调试服务主函数是不会有什么大问题的。当然,有时上面的方法也会失灵,无法正常帮助我们完成调试,此时可以尝试接下来要讲解的方法。

54.4.2 服务调试的常用方法:"附加"方式

根据不同情况,我们有时需要将SCM正式运行的服务进程附加到调试器调试。这一过程需要应用一些简单的调试技术。为了帮助各位更好地理解该过程,下面用图54-21简单描述调试技术的具体操作步骤(以调试EP代码为准)。

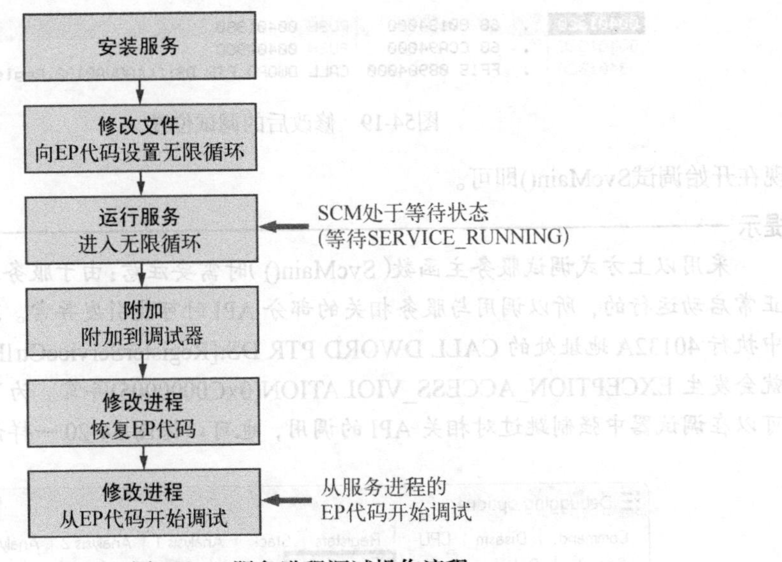

图54-21　服务进程调试操作流程

以上操作流程的核心是，将服务进程附加到调试器前要进入无限循环，使服务进程的重要代码无法运行。原理非常简单，但具体实施时要充分考虑Service Start Timeout（服务启动超时）这一因素，确保上述操作在规定时间内（默认为30秒）完成。

> 启动服务后，SCM会在一定时间内（Service Start Timeout）等待服务状态变为STATUS_RUNNING。若规定时间内服务状态未改变，SCM就会引发ERROR_SERVICE_REQUEST_TIMEOUT错误，然后终止相关服务进程。

也就是说，将服务进程附加到调试器后的30秒内，必须把服务进程的状态变更为STATUS_RUNNING。而要更改服务状态，必须调用位于服务主函数的SetServiceStatus() API。但30秒内完成以上操作流程相当困难，所以具体操作前需要增加服务启动超时时间。

(1) 安装服务

首先将示例程序（DebugMe1.exe）安装为Windows服务（参考图54-6）。

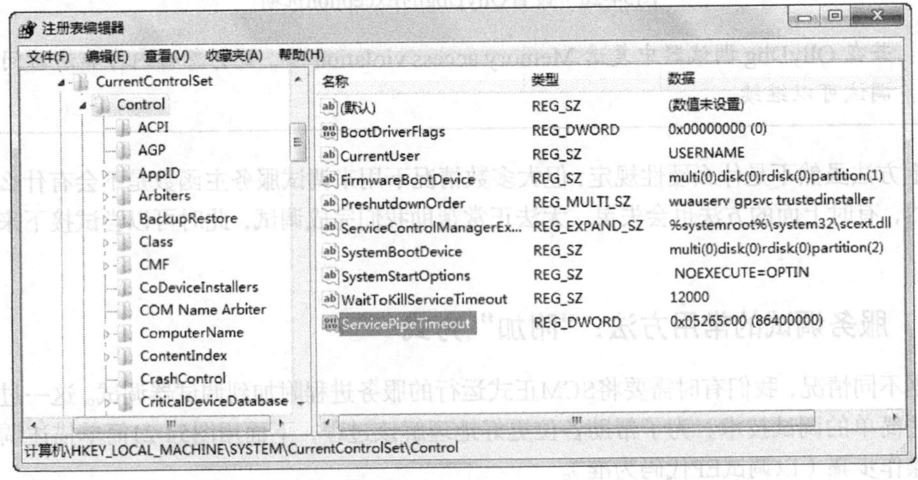

图54-22　在注册表中创建ServicesPipeTimeout注册表项

(2) 增加服务启动超时时间

运行注册表编辑器（regedit.exe），创建ServicePipeTimeout注册表项（DWORD类型），如下所示（参考图54-22）。

```
[HKEY_LOCAL_MACHINE\System\CurrentControlSet\Control] ServicesPipeTimeout
```

ServicePipeTimeout并不存在默认值，所以需要创建新值，单位为毫秒（Millisecond），这里设置其值为60×60×24×1000=86400000（24小时），这个时间足够了。设置好后重启系统，使之生效，然后就有足够时间调试了。

提示

设置ServicePipeTimeout值会对系统中的所有服务产生影响，尽量不要在重要的电脑中设置它，建议各位在调试专用电脑中设置。

(3) 修改文件：设置无限循环

接下来，开始向服务可执行文件（EXE或者DLL）的EP地址覆写无限循环（Infinite Loop）代码。使用Stud_PE实用工具，查看DebugMe1.exe文件的EP地址（RVA/RAW），如图54-23所示。

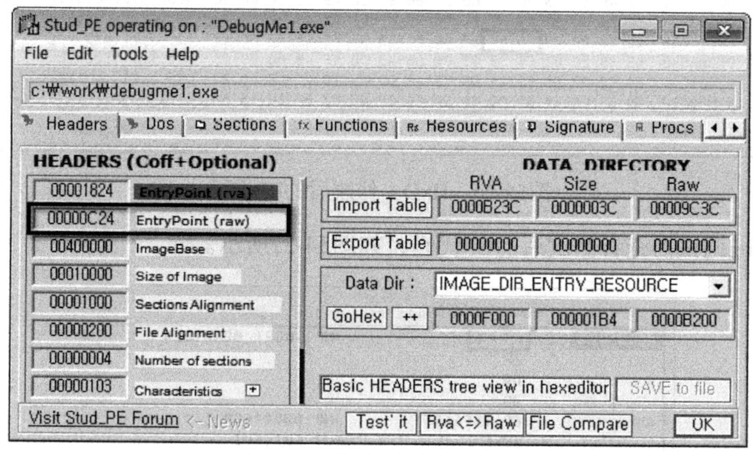

图54-23 使用Stud_PE实用工具查看DebugMe1.exe的EP地址

EP的文件偏移（File Offset=RAW）为C24。然后使用HxD实用工具转到该地址处，如图54-24所示。

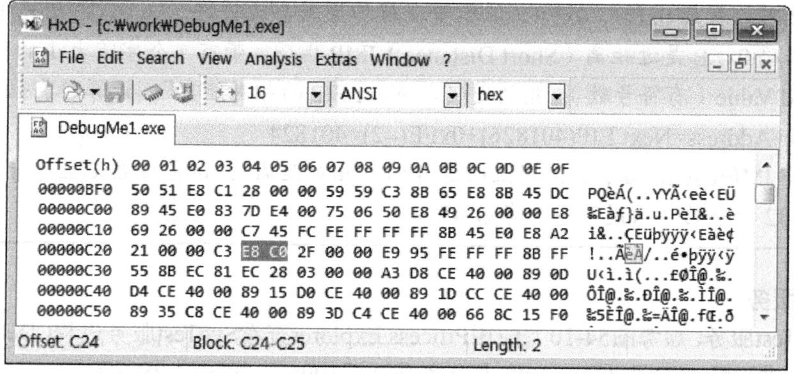

图54-24 HxD：原EP代码

原EP代码的前2个字节为0xEB、0xC0（希望各位记住）。在调试器中查看该位置，如图54-25所示。

CPU - main thread, module DebugMe1
00401824 $ E8 C02F0000 CALL 004047E9
00401829 .^ E9 95FEFFFF JMP 004016C3
0040182E > 8BFF MOV EDI,EDI
00401830 55 PUSH EBP
00401831 . 8BEC MOV EBP,ESP

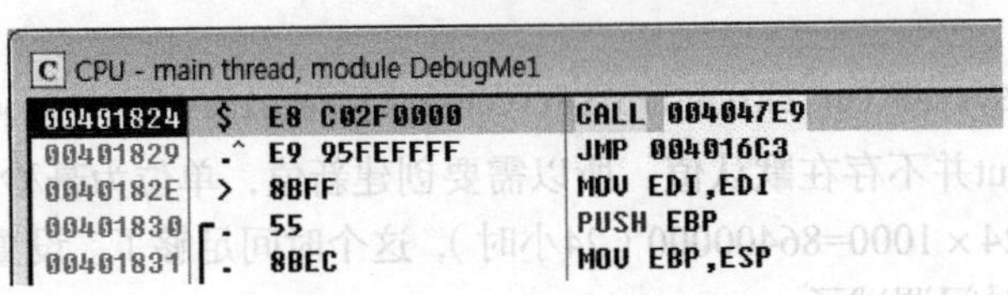

图54-25　OllyDbg：原EP代码

0xEB、0xC0是CALL指令的一部分，把它们分别修改为0xEB、0xFE，如图54-26所示。

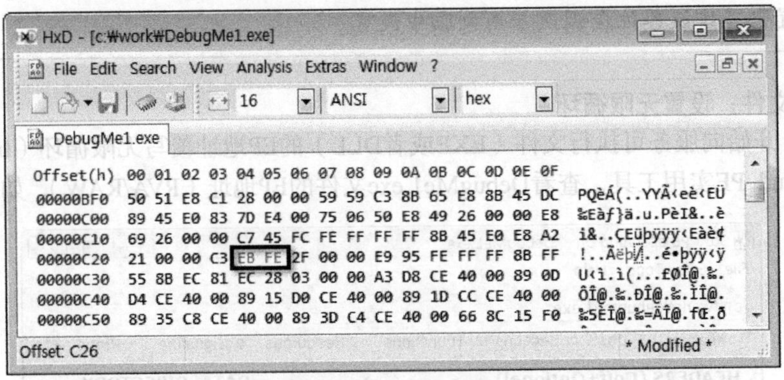

HxD - [c:\work\DebugMe1.exe]
File Edit Search View Analysis Extras Window ?
16
ANSI
hex
DebugMe1.exe
Offset(h) 00 01 02 03 04 05 06 07 08 09 0A 0B 0C 0D 0E 0F
00000BF0 50 51 E8 C1 28 00 00 59 59 C3 8B 65 E8 8B 45 DC
00000C00 89 45 E0 83 7D E4 00 75 06 50 E8 49 26 00 00 E8
00000C10 69 26 00 00 C7 45 FC FE FF FF FF 8B 45 E0 E8 A2
00000C20 21 00 00 C3 EB FE 2F 00 00 E9 95 FE FF FF 8B FF
00000C30 55 8B EC 81 EC 28 03 00 00 A3 D8 CE 40 00 89 0D
00000C40 D4 CE 40 00 89 15 D0 CE 40 00 89 1D CC CE 40 00
00000C50 89 35 C8 CE 40 00 89 3D C4 CE 40 00 66 8C 15 F0
Offset: C26
* Modified *

图54-26　HxD：修改后的EP代码

使用OllyDbg调试器查看修改后的EP代码，如图54-27所示。

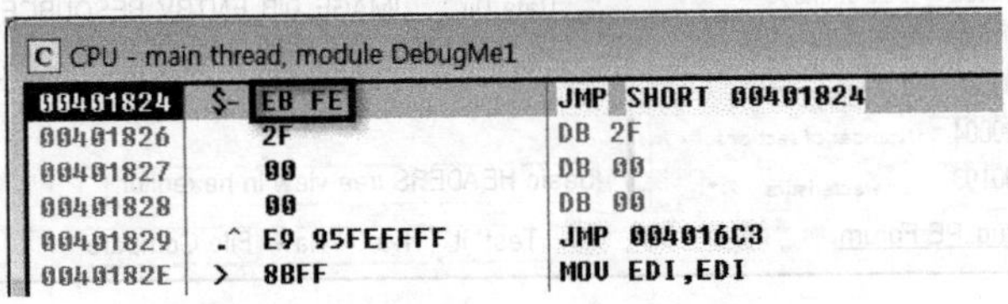

CPU - main thread, module DebugMe1
00401824 $- EB FE JMP SHORT 00401824
00401826 2F DB 2F
00401827 00 DB 00
00401828 00 DB 00
00401829 .^ E9 95FEFFFF JMP 004016C3
0040182E > 8BFF MOV EDI,EDI

图54-27　OllyDbg：修改后的EP代码

0xEB、0xFE即是无限循环指令（跳转到401824地址处）。

提示

虽然可以背诵0xEB、0xFE，但尽量理解其原理会比较好。从IA-32用户手册上可知，操作码0xEB是近距离（Short Distance）JMP指令，带有1个字节大小的值，该值为Signed Value（有符号数），指的是“与Next EIP的相对距离”，计算时有如下公式：

Jump Address=Next EIP(401826)+0xFE(–2)=401824

许多JMP/CALL指令都使用上面这样的“相对距离”，请各位熟记上述计算方法。关于IA-32指令的详细说明请参考第49章。

(4) 启动服务

启动SvcTest服务（参考图54-10）。使用Process Explorer查看SvcTest服务进程（DebugMe1.exe），可以发现服务进程陷入无限循环，CPU占有率升至近100%，如图54-28所示。

msdtc.exe	1896		Microsoft Distributed
VSSVC.exe	2016		Microsoft(R)
taskhost.exe	1564		Windows 20
SearchIndexer.exe	1700		Microsoft Windows S
sppsvc.exe	2220		Microsoft
svchost.exe	2256	1.29	Host Process for Wir
DebugMe1.exe	2380	98.51	
lsass.exe	468		Local Security Autho
lsm.exe	476		
csrss.exe	388		Client Server Runtime
winlogon.exe	428		

图54-28　DebugMe1.exe服务进程陷入无限循环

提示

若系统为 Windows 7，启动服务进程时会弹出警告信息框，如图 54-29 所示。

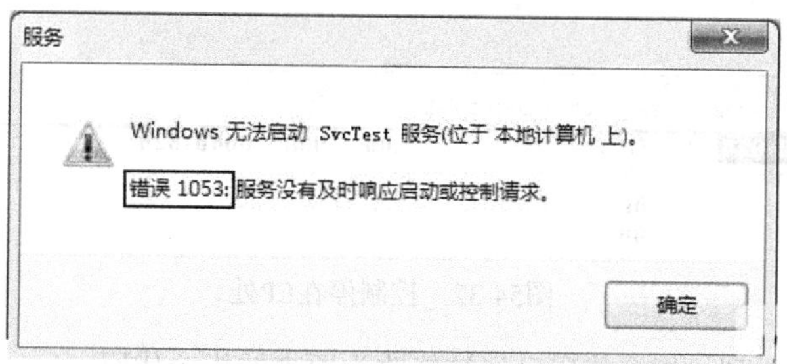

图54-29　服务启动错误

错误 1503 就是 ERROR_SERVICE_REQUEST_TIMEOUT 错误，因为终止的不是服务进程，所以可以继续。

- 若向注册表添加 ServicesPiPeTimeOut之前出现上述错误，服务进程就会终止执行。
- 在 Windows XP 系统下向注册表添加 ServicesTimeOut 后，不会出现上述信息框。

(5) 附加至调试器

在OllyDbg调试器的菜单栏中依次选择File-Attach菜单，弹出如图54-30所示的Attach对话框。

Select process to attach

Process	Name	Window	Path
00000154	csrss		C:\Windows\system32\csrss.exe
00000184	csrss		C:\Windows\system32\csrss.exe
0000094C	DebugMe1		c:\work\DebugMe1.exe
000006EC	dllhost		C:\Windows\system32\dllhost.exe
00000134	Dwm	DWM Notification Win	C:\Windows\system32\Dwm.exe
00000114	Explorer	开始	C:\Windows\Explorer.EXE
000001D4	lsass		C:\Windows\system32\lsass.exe
000001DC	lsm		C:\Windows\system32\lsm.exe
00000844	mmc	服务	C:\Windows\system32\mmc.exe
00000768	msdtc		C:\Windows\System32\msdtc.exe

Attach　Cancel

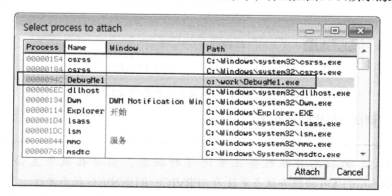

图54-30　OllyDbg：Select process to attach对话框

选择DebugMe1.exe进程，将其附加到调试器后，调试器在系统库区域（ntdll.DbgBreakPoint）暂停，如图54-31所示。

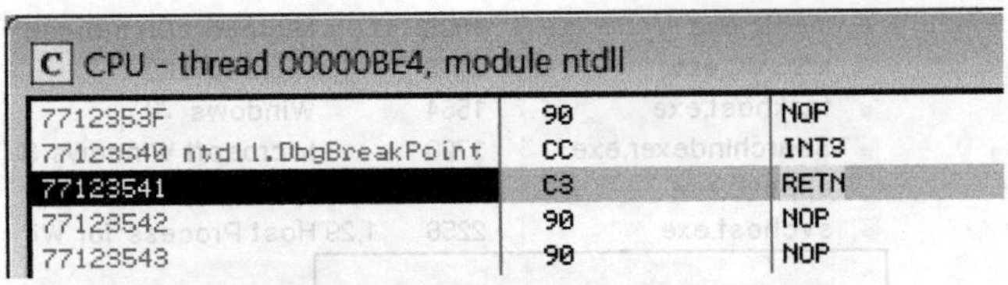

C CPU - thread 00000BE4, module ntdll
7712353F 90 NOP
77123540 ntdll.DbgBreakPoint CC INT3
77123541 C3 RETN
77123542 90 NOP
77123543 90 NOP

图54-31 执行“附加”操作后在系统库暂停

(6) 修改进程：删除无限循环

使用Ctrl+G命令转到DebugMe1.exe进程的EP地址处（VA：401824）（参考图54-23、图54-25、图54-27）。

先按F2键在EP地址处设置断点，然后按F9键运行，如图54-32所示，控制在EP地址处停下来。在401824地址处使用OllyDbg的编辑功能（Ctrl+E），将指令恢复为原来的指令代码（0xE8、0xC0），如图54-33所示。

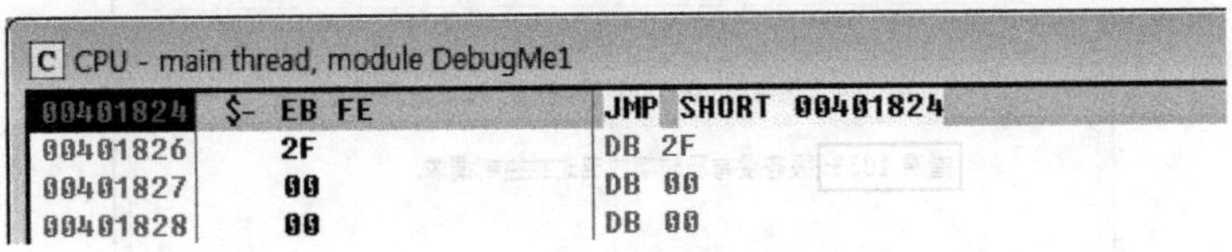

C CPU - main thread, module DebugMe1
00401824 $- EB FE JMP SHORT 00401824
00401826 2F DB 2F
00401827 00 DB 00
00401828 00 DB 00

图54-32 控制停在EP处

从图54-34中可以看到，指令代码已经被修改为原来的指令代码。

Edit code at 00401824
ASCII
UNICODE
HEX +02
E8 C0
Keep size
OK
Cancel

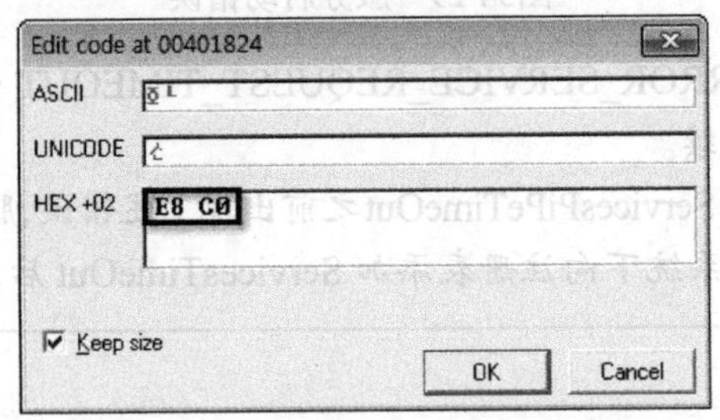

图54-33 恢复为原来的指令代码

C CPU - main thread, module DebugMe1
00401824 E8 C02F0000 CALL 004047E9
00401829 .^ E9 95FEFFFF JMP 004016C3
0040182E > 8BFF MOV EDI,EDI

图54-34 EP代码恢复为原来的指令代码

接下来只要调试目标代码就可以了。

提示

图 54-34 的状态并非服务正常运行的状态，需要在服务主函数中调用 SetServiceStatus() API 将服务状态更改为 SERVICE_RUNNING 状态才行。

在图54-35中继续调试，调用完401357地址处的SetServiceStatus() API后，SvcTest服务进程（DebugMe1.exe）的状态就变为“启动”状态，如图54-36所示。

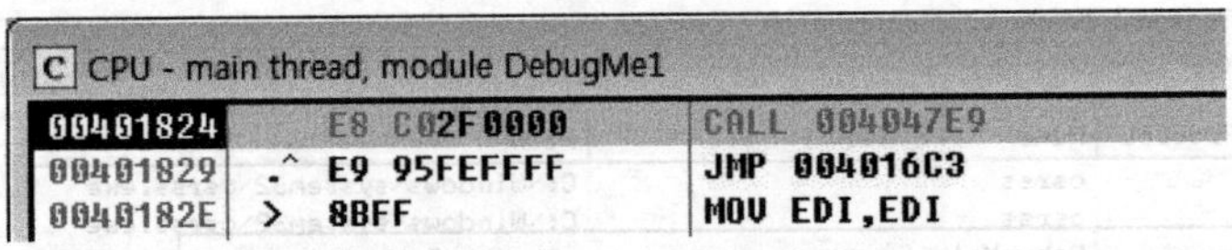

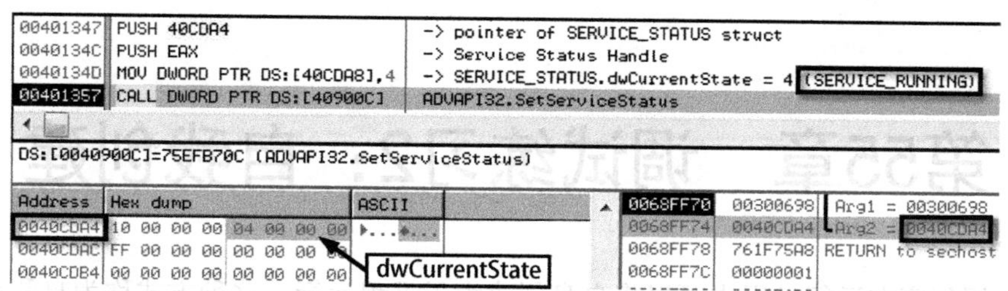

图54-35 调用SetServiceStatus() API

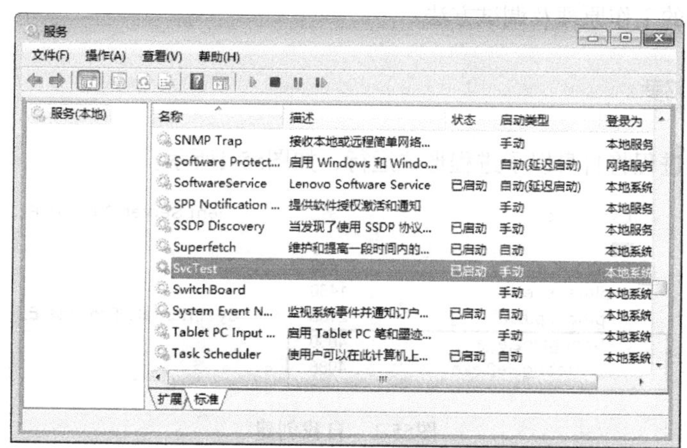

图54-36 SvcTest服务启动

54.5 小结

本章讲解了服务进程的工作原理及调试方法。虽然没有什么特别难的内容，但如果不理解服务工作原理，就无法准确调试服务主函数。因此，不要只是背下服务进程的调试技术，而要把学习重点放在理解其工作原理上。

第55章 调试练习2：自我创建

有些应用程序在运行过程中可以将自身创建为子进程运行，这种方式称为自我创建（Self Creation）。相同的可执行文件在以父进程运行和以子进程运行时分别表现出不同的行为特征。本章将学习这一方式的工作原理及调试方法。

55.1 自我创建

自我创建是指进程将自身以子进程形式运行，如图55-1所示。

csrss.exe	392	Client Server Runtime P...
conhost.exe	4068	
winlogon.exe	432	
explorer.exe	1460	
procexp.exe	2108	Sysinternals Process E...
DebugMe2.exe	4060	
DebugMe2.exe	4088	

图55-1 自我创建

程序以父进程形式运行和以子进程形式运行分别有不同的行为动作时， 自我创建技术才有实际意义。也就是说，借助该技术可使同一可执行文件存在2种执行路径。下面分析具体示例程序，帮助各位进一步理解自我创建技术的工作原理。

如图55-2所示，父进程用来在控制台（Console）窗口中输出字符串“This is a parent process!”，并运行子进程。而子进程则不同，在消息窗口中输出字符串“This is a child process!”。就像这样，我们借助自我创建技术可以在同一可执行文件中执行两种形式的行为动作。虽然有多种编程方法可以帮助我们实现这一目的，但为了增加调试难度，这里只介绍动态修改子进程EP地址的方法。

图55-2 自我创建运行结果

提示

还有更简单的方法是：在程序内部创建不同的运行分支，用来接收不同的运行参数，由此在同一文件中提供多种执行路径。

```
int main(int argc, char *argv[])
{
    if( !strcmp(argv[1], "type1") )
        OperateType1();

    else if( !strcmp(argv[1], "type2") )
        OperateType2();

    else if( !strcmp(argv[1], "type3") )
        OperateType3();

    else if( !strcmp(argv[1], "type4") )
        OperateType4();

    return 0;
}
```

但是，这里我们不采用这种常规的编程方法，而是采用变形的方法以增加调试难度，帮助各位学习更多知识。

55.2 工作原理

下面介绍自我创建技术的工作原理，逐一讲解图55-3中出现的各项。

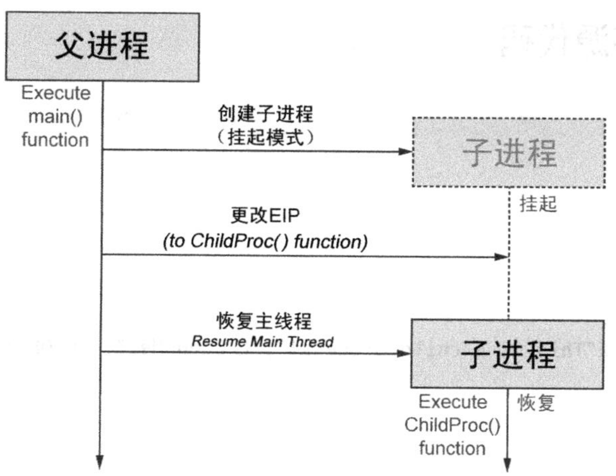

图55-3 自我创建工作原理

55.2.1 创建子进程（挂起模式）

父进程运行时，main()函数就会被调用执行，以挂起模式创建子进程。子进程以挂起模式创建后，导出DLL被加载进来，但进程的主线程处于暂停状态（也称为“线程休眠”）。主线程是创建进程时默认创建的，其最主要的职能是运行EP代码。所以对处于挂起模式的进程来说，其主线程也处于暂停状态，EP代码未运行，且不会执行任何动作。

55.2.2 更改 EIP

先思考这样一个问题：外部进程的线程要执行的代码地址可以随意修改吗？什么时候需要这样做呢？就是处于调试状态时，在调试器–被调试者关系中需要这样做。调试器通过调试API可以随意修改被调试进程的代码运行位置。

提示

关于调试器的工作原理请参考第 30 章。

父进程也采用类似方法随意修改子进程的代码运行地址。当前子进程的主线程处于暂停状态，先获取其上下文，然后将EIP成员修改为指定地址值即可（具体实现方法请参考示例源码说明）。

55.2.3 恢复主线程

最后，恢复运行（处于暂停状态的）子进程的主线程（也称为“线程唤醒”）。接下来，主线程就会运行（我们已经修改过的）新地址处的代码。

提示

对多种可执行文件进行逆向分析的过程中，有时会遇到有类似行为的文件，它们一般与反调试技术并用，以增加调试难度，防止程序被调试。

55.3 示例程序源代码

代码55-1 DebugMe2.cpp源代码

```
#include windows.h
#include tchar.h
#include stdio.h


void ChildProc()
{
    MessageBox(NULL, L"This is a child process!", L"DebugMe2", MB_OK);

    ExitProcess(0);
}


void _tmain(int argc, TCHAR *argv[])
{
    TCHAR                   szPath[MAX_PATH] = {0,};
    STARTUPINFO             si = {sizeof(STARTUPINFO),};
    PROCESS_INFORMATION     pi = {0,};
    CONTEXT                 ctx = {0,};

    _tprintf(L"This is a parent process!\n");

    GetModuleFileName(NULL, szPath, sizeof(TCHAR) * MAX_PATH);

    // 创建子进程
    CreateProcess(szPath, NULL, NULL, NULL, FALSE,
```

```
                    CREATE_SUSPENDED,                       // 挂起模式
                    NULL, NULL, &si, &pi);

    ctx.ContextFlags = CONTEXT_FULL;
    GetThreadContext(pi.hThread, &ctx);

    // 更改EIP
    ctx.Eip = (DWORD)ChildProc;

    SetThreadContext(pi.hThread, &ctx);

    // Resume Main Thread
    ResumeThread(pi.hThread);

    WaitForSingleObject(pi.hProcess, INFINITE);

    CloseHandle(pi.hProcess);
    CloseHandle(pi.hThread);
}
```

正常运行示例程序后，main()函数会被调用执行，借助CreateProcess(...,CREATE_SUSPEND,...) API采用挂起模式创建自身。新创建的子进程会加载所有导出DLL文件，但其主线程将处于暂停状态。返回CreateProcess() API后，与新进程相关的信息即被放入最后一个参数pi，变量pi是PROCESS_INFORMATION结构体变量。

PROCESS_INFORMATION结构体定义

```
typedef struct _PROCESS_INFORMATION {
  HANDLE hProcess;
  HANDLE hThread;
  DWORD  dwProcessId;
  DWORD  dwThreadId;
} PROCESS_INFORMATION, *LPPROCESS_INFORMATION;
```

出处：MSDN

PROCESS_INFORMATION结构体的hThread成员就是子进程的主线程句柄，通过该句柄即可随心所欲地控制相应线程。以hThread作为参数调用GetThreadContext() API，即可获得线程的CONTEXT结构体，线程的所有信息都保存在该CONTEXT结构体中。

IA-32 CONTEXT结构体定义

```
// CONTEXT_IA32
struct CONTEXT
{
    DWORD ContextFlags;

    DWORD Dr0; // 04h
    DWORD Dr1; // 08h
    DWORD Dr2; // 0Ch
    DWORD Dr3; // 10h
    DWORD Dr6; // 14h
    DWORD Dr7; // 18h

    FLOATING_SAVE_AREA FloatSave;

    DWORD SegGs; // 88h
    DWORD SegFs; // 90h
    DWORD SegEs; // 94h
    DWORD SegDs; // 98h

    DWORD Edi; // 9Ch
    DWORD Esi; // A0h
    DWORD Ebx; // A4h
```

```
    DWORD Edx; // A8h
    DWORD Ecx; // ACh
    DWORD Eax; // B0h

    DWORD Ebp;    // B4h
    DWORD Eip;    // B8h
    DWORD SegCs;  // BCh (须删除)
    DWORD EFlags; // C0h
    DWORD Esp;    // C4h
    DWORD SegSs;  // C8h

    BYTE ExtendedRegisters[MAXIMUM_SUPPORTED_EXTENSION];  // 512字节
};
```

出处：MS SDK的winnt.h

EIP为CONTEXT结构体的Eip成员（指EIP寄存器），将该值修改为ChildProc()函数的地址，如下所示：

```
ctx.Eip = (DWORD)ChildProc;
```

然后调用SetThreadContext() API，将修改后的CONTEXT结构体设置给子进程的主线程。最后，调用ResumeThread() API唤醒子进程的主线程，执行更改后的EIP指示的指令（=要执行的代码地址=ChildProc()）。请注意，更改线程上下文是以上实现方法的核心。

55.4 调试练习

55.4.1 需要考虑的事项

调试应用了自我创建技术的程序时，由于子进程是调试中新创建的，所以必须考虑如何从启动时开始调试。调试时，首先要调试父进程，查看子进程的EP被修改为哪一地址，然后利用第54章中介绍的方法（在EP地址处设置无限循环），就能轻松解决这一问题。但是这里我们将采用新的调试方法——JIT（Just-In-Time）调试法（从学习代码逆向分析技术的角度来说，尽量多接触各种调试方法是非常有好处的）。

Suspended 进程

如图 55-4 所示，示例程序中采用的方式是：先以挂起模式创建出子进程，然后修改其主线程的 EIP。那么，调试父进程的过程中，不可以在子进程生成瞬间即运行调试器进行附加操作吗？

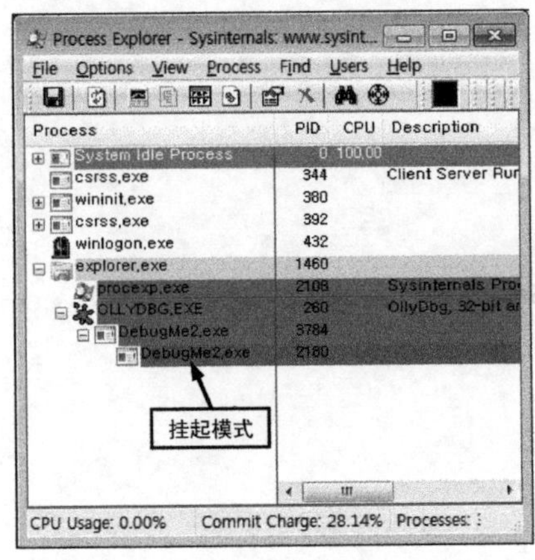

图55-4　处于挂起模式的子进程

但令人遗憾的是，调试器无法附加 Suspended 进程（被挂起的进程）（若调试器可以直接附加处于挂起模式的子进程，则可以在调试器中直接修改 EIP 来实现调试）。

图 55-5 是 OllyDbg 调试器可附加的目标进程列表，子进程（PID 2180(0x884)）根本不在其中。只有主线程为唤醒状态，它才会出现。

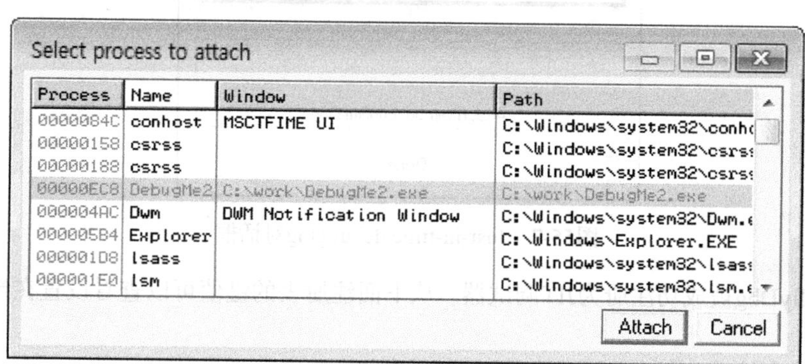

图55-5 可附加的目标进程列表

55.4.2 JIT 调试

JIT调试是指，运行中的进程发生异常时，OS会自动运行指定调试器附加发生异常的进程。由于可以从异常发生的位置开始调试，所以采用这种方式很容易把握出现异常的原因。

提示

JIT 调试主要用于应用程序的开发过程，将 Visual C++设置为 JIT 调试器后，发生异常时可以直接查看发生异常的源代码（拥有源代码时）。

设置JIT调试器

OllyDbg调试器有个功能可以非常方便地将其本身设置为JIT调试器，在菜单栏中依次选择Options-Just-in-time debugging，如图55-6所示。

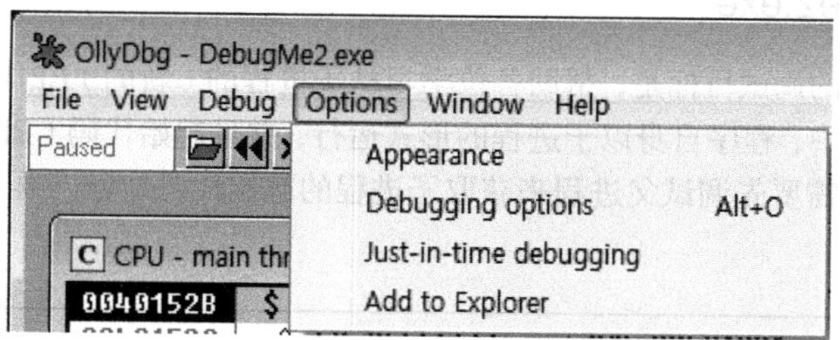

图55-6 Just-in-time debugging菜单

然后弹出图55-7所示的对话框，单击“Make OllyDbg just-in-time debugger”按钮。

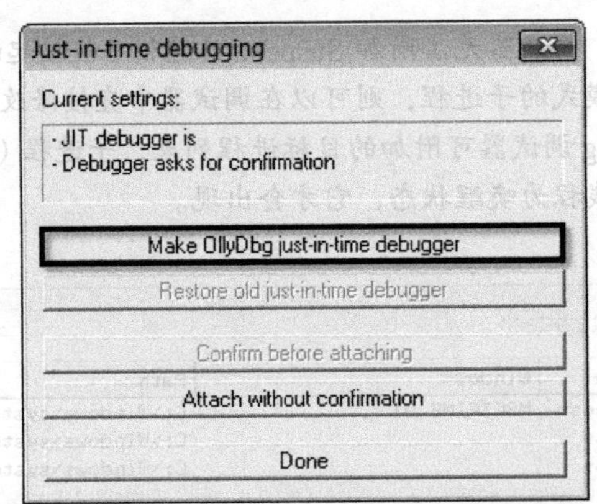

图55-7　Just-in-time debugging对话框

至此，OllyDbg被成功注册为JIT调试器。从下面注册表的键值可以查看设置在当前系统中的JIT调试器。

```
HKEY_LOCAL_MACHINE\SOFTWARE\Microsoft\Windows NT\CurrentVersion\ AeDebug
```

运行注册表编辑器（RegEdit.exe），查看上述注册表键值，如图55-8所示。

注册表编辑器
文件(F)　编辑(E)　查看(V)　收藏夹(A)　帮助(H)
Windows Messaging Subsystem
Windows NT
CurrentVersion
Accessibility
AdaptiveDisplayBrightness
AeDebug
APITracing
AppCompatFlags
ASR
BootMgr
Compatibility

名称	类型	数据
(默认)	REG_SZ	(数值未设置)
Auto	REG_SZ	0
Debugger	REG_SZ	C:\OllyDbg\OLLYDBG.EXE" -AEDEBUG %ld %ld
UserDebuggerHotKey	REG_DWORD	0x00000000 (0)

计算机\HKEY_LOCAL_MACHINE\SOFTWARE\Microsoft\Windows NT\CurrentVersion\AeDebug

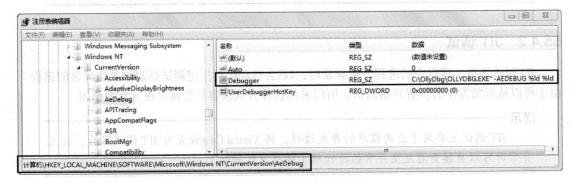

图55-8　OllyDbg被注册为JIT调试器

在AeDebug注册表键的Debugger项中，可以看到被注册为JIT调试器的OllyDbg的安装路径。

55.4.3　DebugMe2.exe

本小节示例程序的调试目标是，帮助各位学习从子进程的（新的）EP代码开始调试。应用了自我创建技术的程序中，程序自身以子进程的形式运行，并且起始代码（EP代码）的位置发生了改变。因此，调试时需要先调试父进程来获取子进程的起始代码地址，再采用JIT调试法调试子进程。

提示

示例程序在Windows XP、7（32位）系统中运行正常。

调试父进程

在OllyDbg调试器中打开DebugMe2.exe，调试运行到main()函数处，如图55-9所示。

使用SepOver(F8)命令继续跟踪，遇到调用CreateProcess() API的代码（位于401102地址处），如图55-10所示。

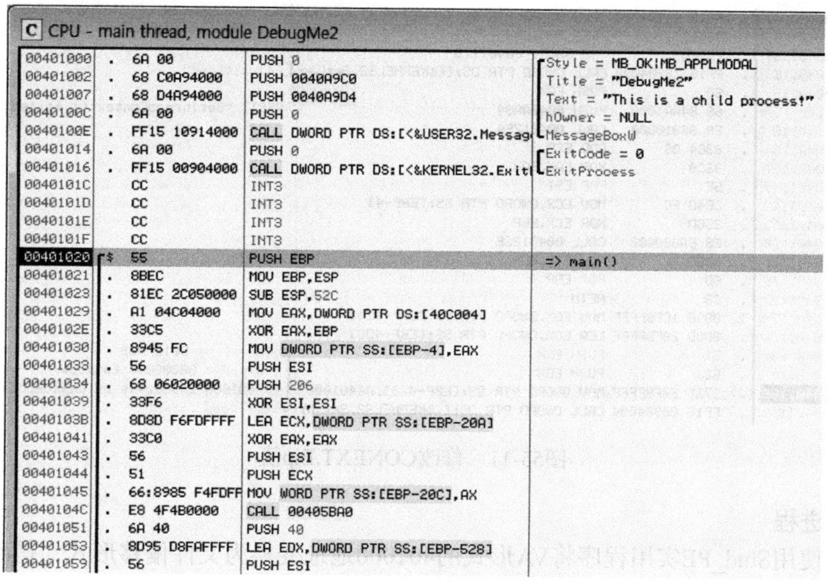

图55-9 调试运行到main()函数处

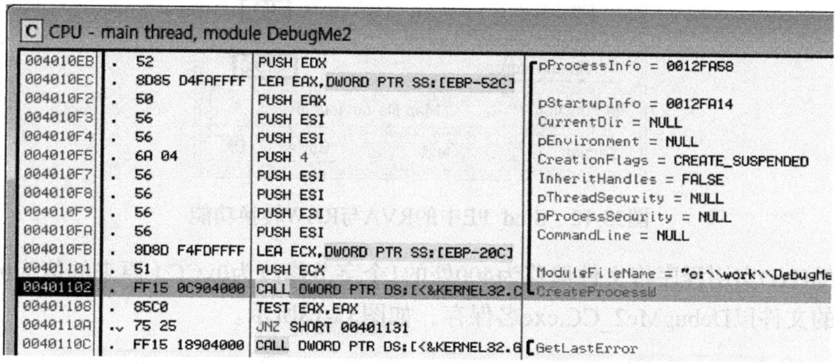

图55-10 调用CreateProcess()的代码

调用执行完401102地址处的CreateProcessW() API后，子进程即以挂起模式创建（参考图55-4）。继续调试会遇到调用GetThreadContext()/SetThreadContext() API的代码，如图55-11所示。这部分用来获取子进程的主线程的CONTEXT结构体，并将CONTEXT.Eip的值修改为ChildProc()函数地址。

需要特别关注图55-11中401186地址处的MOV DWORD PTR SS:[EBP-420],00401000指令，其中[EBP-420]地址即为CONTEXT.Eip，而401000是ChildProc()函数的起始地址。

提示

查看 GetThreadContext()/SetThreadContext() API 的第二个参数，即可获取 CONTEXT 结构体的起始地址。如图 55-11 所示，401184 地址处的 PUSH ECX 指令中，ECX 寄存器的值即是 CONTEXT 结构体的起始地址（12FA68）。

然后调用ResumeThread(pi.hThread) API启动子进程的主线程，再调用WaitForSingleObject(pi.hProcess,INFINITE) API进入等待状态，直到子进程终止运行（请各位亲自在调试器中确认）。

```
00401149  .  FF15 04904000  CALL DWORD PTR DS:[<&KERNEL32.GetThr  └GetThreadContext
0040114F  .  85C0           TEST EAX,EAX
00401151  .v 75 25          JNZ SHORT 00401178
00401153  .  FF15 18904000  CALL DWORD PTR DS:[<&KERNEL32.GetLas  [GetLastError
00401159  .  50             PUSH EAX
0040115A  .  68 84AA4000    PUSH 0040AA84                         ASCII "GetThreadContext() failed!"
0040115F  .  E8 80010000    CALL 004012E4
00401164  .  83C4 08        ADD ESP,8
00401167  .  33C0           XOR EAX,EAX
00401169  .  5E             POP ESI
0040116A  .  8B4D FC        MOV ECX,DWORD PTR SS:[EBP-4]
0040116D  .  33CD           XOR ECX,EBP
0040116F  .  E8 BA000000    CALL 0040122E
00401174  .  8BE5           MOV ESP,EBP
00401176  .  5D             POP EBP
00401177  .  C3             RETN
00401178  >  8B95 1CFBFFFF  MOV EDX,DWORD PTR SS:[EBP-4E4]
0040117E  .  8D8D 28FBFFFF  LEA ECX,DWORD PTR SS:[EBP-4D8]
00401184  .  51             PUSH ECX                              ┌pContext = 0012FA68
00401185  .  52             PUSH EDX                              │hThread = 0000003C (window)
00401186  .  C785 E0FBFFFF  MOV DWORD PTR SS:[EBP-420],00401000   │<= 401000 : address of ChildProc()
00401190  .  FF15 08904000  CALL DWORD PTR DS:[<&KERNEL32.SetThr  └SetThreadContext
```

图55-11　修改CONEXT.Eip值

调试子进程

首先，使用Stud_PE实用程序将VA形式的401000地址变换为文件偏移形式，得到400，如图55-12所示。

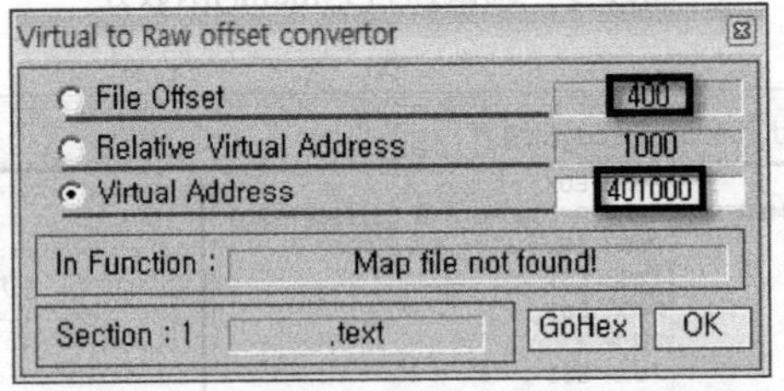

图55-12　Stud_PE中的RVA与RAW转换功能

然后借助HxD实用程序将文件偏移为400处的1个字节修改为0xCC（原来的值为0x6A），然后再将修改后的文件以DebugMe2_CC.exe名保存，如图55-13所示。

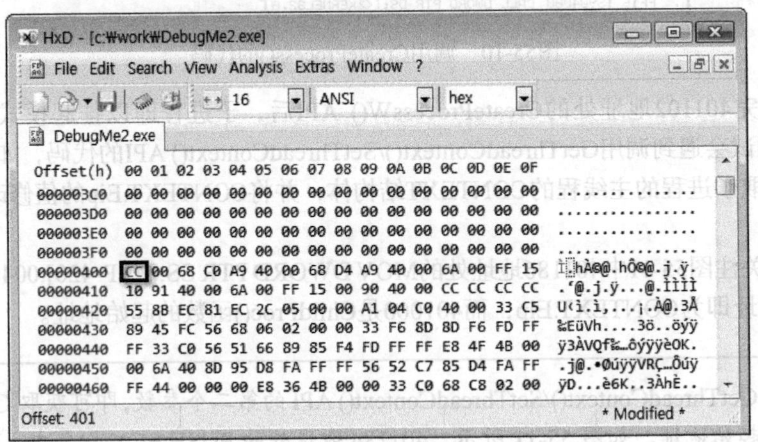

图55-13　借助HxD修改文件偏移为400处的值

0xCC是长度为1个字节的IA-32指令，对应于INT3（断点）指令。文件偏移0x400处的0xCC代码被执行时，就会触发EXCEPTION_BREAK_POINT异常。接下来，运行DebugMe2_CC.exe程序，弹出异常对话框，如图55-14所示。

DebugMe2_CC.exe
DebugMe2_CC.exe 已停止工作
出现了一个问题，导致程序停止正常工作。如果有可用的解决方案，Windows 将关闭程序并通知您。
调试(D)
关闭程序(C)

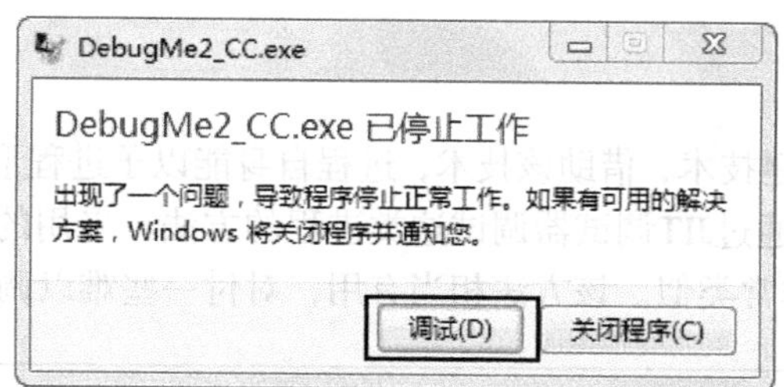

图55-14　发生异常时弹出的对话框

由于JIT调试器已被注册到当前系统，所以异常对话框中显示“调试程序”按钮，单击该按钮。

提示

不同 OS 版本显示的异常对话框是不同的。但它们都提供了调试选择按钮，选择它就可以了（图 55-14 是 Windows 7（32 位）环境下显示的对话框）。

因为OllyDbg调试器已经被注册为JIT调试器，所以它会被系统自动调用运行，并将其附加到DebugMe2_CC.exe进程。此时在OllyDbg调试器中即可看到发生异常的代码，如图55-15所示。

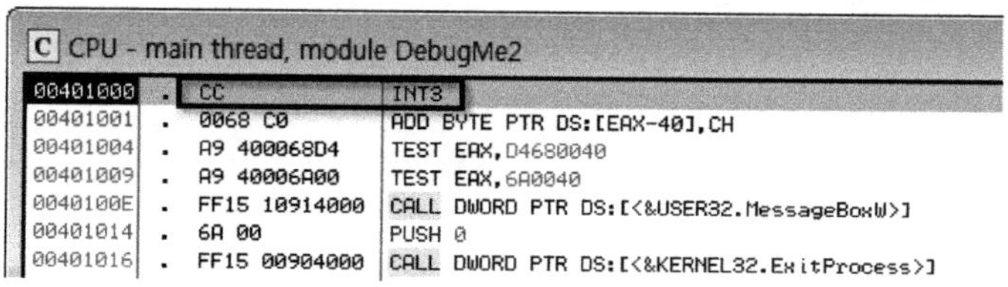

C CPU - main thread, module DebugMe2
00401000 . CC INT3
00401001 . 0068 C0 ADD BYTE PTR DS:[EAX-40],CH
00401004 . A9 400068D4 TEST EAX,D4680040
00401009 . A9 40006A00 TEST EAX,6A0040
0040100E . FF15 10914000 CALL DWORD PTR DS:[<&USER32.MessageBoxW>]
00401014 . 6A 00 PUSH 0
00401016 . FF15 00904000 CALL DWORD PTR DS:[<&KERNEL32.ExitProcess>]

图55-15　设置有0xCC的ChildProc()函数

接下来，将401000地址处的0xCC代码恢复为原代码（0x6A）（快捷键Ctrl+E），如图55-16所示。

Edit code at 00401000
ASCII j
UNICODE ?
HEX +01 6A
Keep size
OK
Cancel

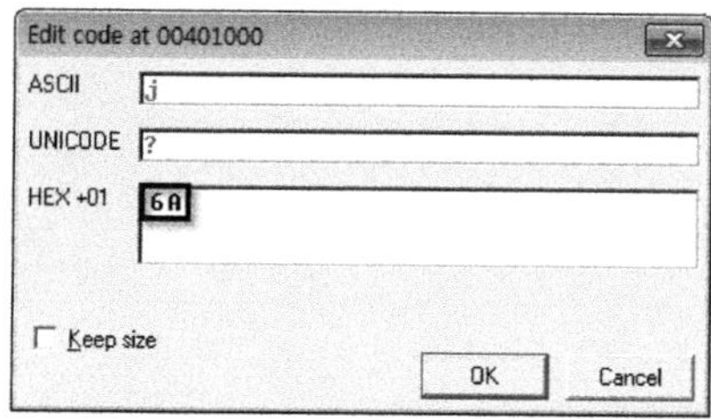

图55-16　修改为原代码（0x6A）

然后在正常代码中调试就可以了，如图55-17所示。

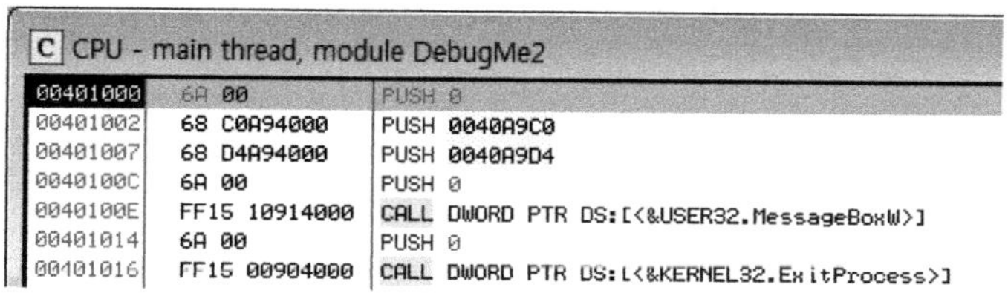

C CPU - main thread, module DebugMe2
00401000 6A 00 PUSH 0
00401002 68 C0A94000 PUSH 0040A9C0
00401007 68 D4A94000 PUSH 0040A9D4
0040100C 6A 00 PUSH 0
0040100E FF15 10914000 CALL DWORD PTR DS:[<&USER32.MessageBoxW>]
00401014 6A 00 PUSH 0
00401016 FF15 00904000 CALL DWORD PTR DS:[<&KERNEL32.ExitProcess>]

图55-17　原ChildProc()函数

55.5 小结

本章先介绍了自我创建技术，借助该技术，进程自身能以子进程形式运行，并可以修改起始代码的地址。然后讲解了通过JIT调试器调试这类进程的方法，采用的方法与上一章中介绍过的“设置无限循环”的方法非常类似。该方法相当有用，对付一些难以调试的进程时可以尝试。

提示

像示例程序这种可执行代码与行为动作比较简单、纯粹的程序，有许多方法可以实现对 ChildProc()函数的调试（如将文件的 EP 修改为 ChildProc()起始地址，或在 OllyDbg 中直接将 EIP 值修改为 ChildProc()函数地址），不必非得使用 JIT 调试器。希望各位了解并学习这些方法、技术，掌握各种调试技巧。调试由复杂的压缩器/保护器处理过的程序时，掌握 JIT 调试与无限循环设置等方法是非常有必要的。

第56章　调试练习3：PE映像切换

先运行某个进程，然后将其虚拟内存中的PE映像切换为另一个PE映像，这称为PE映像切换（PE Image Switching）。本章将学习该技术及调试方法。

56.1　PE 映像

代码逆向分析中有个常用术语为“PE映像”（或者Process Image(进程映像)或Image(映像)）。简言之，“PE映像”就是PE文件在进程内存中的映射形态（参考图56-1）。

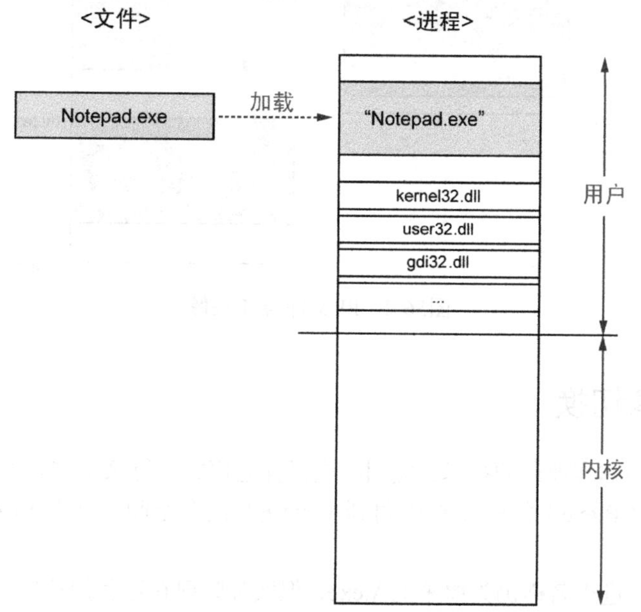

图56-1　PE文件与进程的关系

PE文件（notepad.exe）以进程形式运行时，其进程的虚拟内存如图56-1所示。OS先为进程开辟虚拟内存空间，然后将notepad.exe文件映射到USER内存空间，并且notepad.exe中使用的导出DLL文件（kernel32.dll、user32.dll、gdi32.dll等）也会依次映射进来。此时映射在进程USER内存空间中的Notepad.exe区域称为（notepad.exe文件的）PE映像。PE文件与PE映像形态不同，差异如图56-2所示。

一般而言，PE文件①File Alignment（文件对齐）与Section Alignment（节区对齐）是不同的，②各节区中的Raw Data Size（原始数据大小）与Virtual Size（虚拟大小）也是不同的，所以PE文件与PE映像在形态上会有不同，如图56-2所示。

提示

前面的图与第 13 章中介绍的图是一样的，PE 文件在进程内存中映射的相关内容请参考第 13 章。

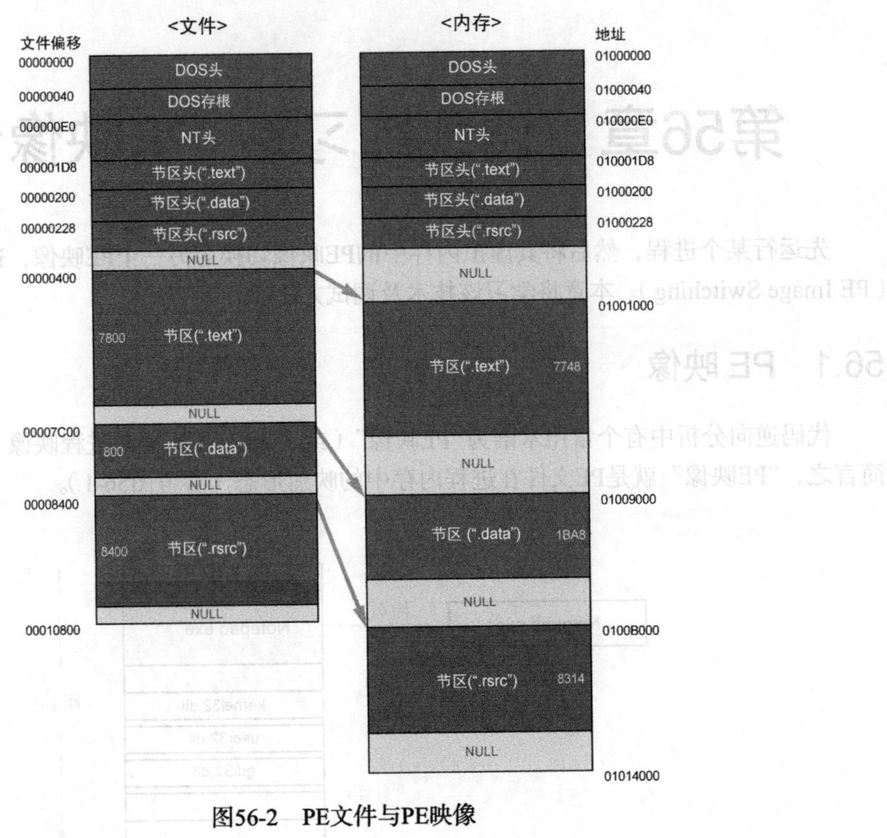

图56-2 PE文件与PE映像

56.2 PE 映像切换

PE映像切换是种非常神奇的技术，应用时先以挂起模式运行某个进程（A.exe），然后将完全不同的一个PE文件（B.exe）的PE映像映射到A.exe进程内存空间，并在A.exe进程的内存空间中运行。

修改PE映像后，进程名称仍为原来的A.exe，但实际映射在进程内存中的PE映像为B.exe，所以最终会产生与原来（A.exe）完全不同的行为动作。此时，A.exe为“外壳进程”，实际运行的B.exe为“内核进程”（参考图56-3）。

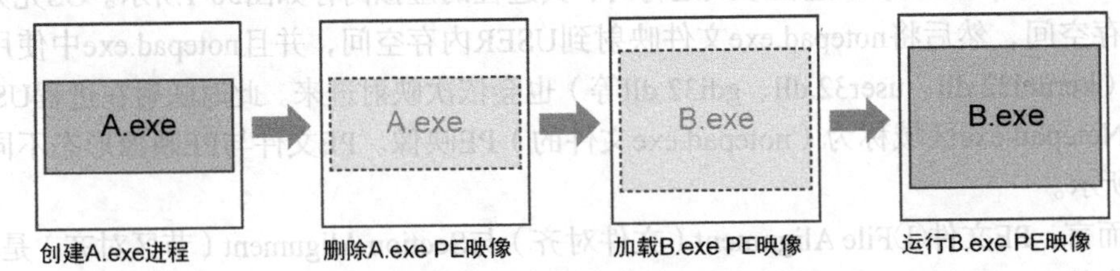

图56-3 PE映像切换示意图

56.3 示例程序：Fake.exe、Real.exe、DebugMe3.exe

本节我们准备了几个简单的示例程序（Fake.exe、Real.exe、DebugMe3.exe），借此帮助各位进一步了解PE映像切换的工作原理。

提示

示例程序在 Windows XP、7（32位）中正常运行。

首先是fake.exe程序的运行画面，如图56-4所示。

图56-4 fake.exe程序运行画面

fake.exe是基于CUI的程序，用来在控制台窗口输出简单的字符串。接下来运行real.exe程序，其运行画面如图56-5所示。

图56-5 real.exe的运行画面

real.exe是基于GUI的程序，用来在图形窗口输出简单的字符串。从上面运行画面可以看到，fake.exe与real.exe程序拥有不同的用户环境。接下来，我们将运用PE映像切换技术，尝试以“外壳进程”形式运行fake.exe，以“内核进程”形式运行real.exe。打开控制台窗口，运行DebugMe3.exe程序，如图56-6所示（请务必输入正确的运行参数）。

在控制台窗口输入运行命令时，命令的第一个参数为充当“外壳进程”的可执行文件路径（fake.exe），第二个参数为充当“内核进程”的可执行文件路径（real.exe）。

提示

若 3 个可执行文件存在于相同路径下，输入命令时只输入程序名称即可。但是，若命令的第一个与第二个参数指示的程序不在同一路径下，输入时就需要输入完整的路径名称（Full path）。

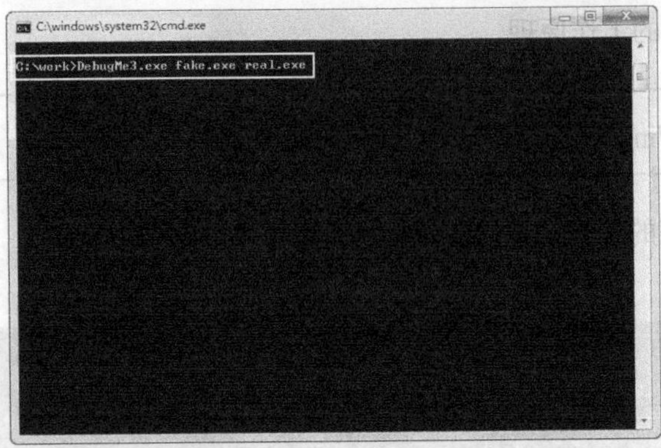

图56-6　运行DebugMe3.exe

使用Process Explorer查看fake.exe进程，如图56-7所示。

从图中可以看到，运行的进程名称分明为fake.exe，但是实际运行的却是real.exe进程。DebugMe3.exe进程删除了fake.exe的PE映像（使之无效），将real.exe的PE映像映射到fake.exe的进程内存空间并运行。

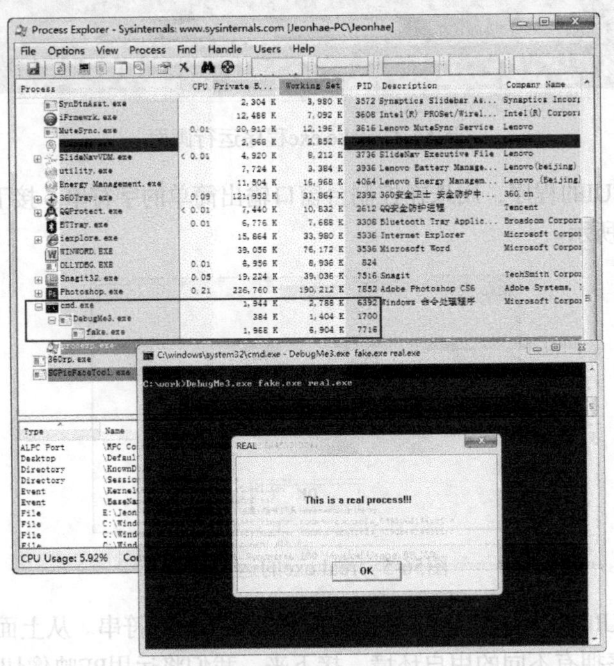

图56-7　运用PE映像切换技术运行fake.exe

提示

在 Windows XP 中针对系统文件（notepad.exe、calc.exe 等）应用 PE 映像切换技术，程序得以顺利运行。在 Windows XP 环境下输入如下命令。

例如，DebugMe3.exe c:\windows\system32\notepad.exe c:\windows\system32\calc.exe

Windows 7 中，系统进程安全得到加强，（向系统进程应用时）PE 映像切换技术无法正常工作。所以，在 Windows 7 中选择向普通应用程序应用 PE 映像切换技术，这样才能获得预想的运行结果。

56.4 调试 1

下面开始调试DebugMe3.exe程序，学习PE映像切换技术的具体工作原理。

56.4.1 Open – 输入运行参数

首先，在OllyDbg调试器的“打开”对话框（File\Open）中选择DebugMe3.exe程序，输入运行参数，然后单击“打开”按钮，如图56-8所示。

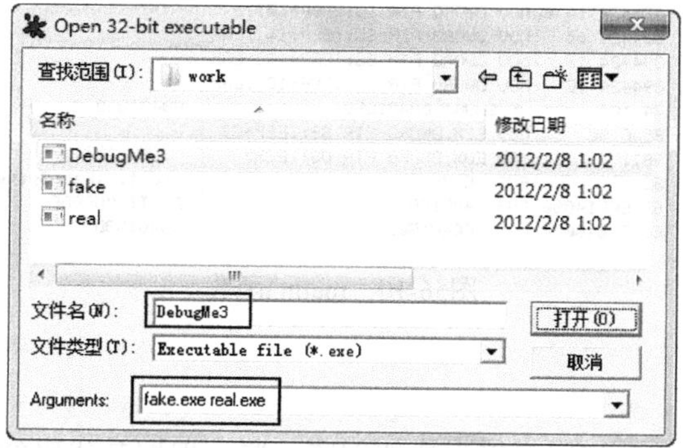

图56-8 OllyDbg的File\Open菜单

如图56-9所示，显示出DebugMe3.exe的EP代码。

```
00401000 $ 55            PUSH EBP
00401001 . 8BEC          MOV EBP,ESP
00401003 . 83E4 F8       AND ESP,FFFFFFF8
00401006 . 83EC 5C       SUB ESP,5C
00401009 . 53            PUSH EBX
0040100A . 56            PUSH ESI
0040100B . 57            PUSH EDI
0040100C . 6A 40         PUSH 40
0040100E . 8D4424 28     LEA EAX,DWORD PTR SS:[ESP+28]
00401012 . 6A 00         PUSH 0
00401014 . 50            PUSH EAX
00401015 . C74424 2C 44  MOV DWORD PTR SS:[ESP+2C],44
0040101D . E8 CE450000   CALL 004055F0                    004055F0
00401022 . 33C0          XOR EAX,EAX
00401024 . 83C4 0C       ADD ESP,0C
00401027 . 837D 08 03    CMP DWORD PTR SS:[EBP+8],3
0040102B . C74424 10 00  MOV DWORD PTR SS:[ESP+10],0
00401033 . 894424 14     MOV DWORD PTR SS:[ESP+14],EAX
00401037 . 894424 18     MOV DWORD PTR SS:[ESP+18],EAX
0040103B . 894424 1C     MOV DWORD PTR SS:[ESP+1C],EAX
0040103F .v 74 1C        JE SHORT 0040105D                0040105D
00401041 . 8B4D 0C       MOV ECX,DWORD PTR SS:[EBP+C]
00401044 . 8B11          MOV EDX,DWORD PTR DS:[ECX]
00401046 . 52            PUSH EDX                         ntdll.KiFastSystemCallRet
00401047 . 68 E0B14000   PUSH 40B1E0                      ASCII "USAGE : %s <fake file
0040104C . E8 BC040000   CALL 0040150D                    0040150D
```

图56-9 DebugMe3.exe的EP代码

这些代码是由Visual C++生成的启动函数。跟踪第二行（40191A）中的JMP地址，到达main()函数，如图56-10所示。

提示

即使认不出图 56-9 中的 Visual C++ Stub Code，也不需要死记硬背。大量调试不同文件，慢慢就会熟悉它们，再次见到时（即使讨厌也）就能一眼认出来。

```
00401000  $ 55          PUSH EBP
00401001  . 8BEC        MOV EBP,ESP
00401003  . 83E4 F8     AND ESP,FFFFFFF8
00401006  . 83EC 5C     SUB ESP,5C
00401009  . 53          PUSH EBX
0040100A  . 56          PUSH ESI
0040100B  . 57          PUSH EDI
0040100C  . 6A 40       PUSH 40
0040100E  . 8D4424 28   LEA EAX,DWORD PTR SS:[ESP+28]
00401012  . 6A 00       PUSH 0
00401014  . 50          PUSH EAX
00401015  . C74424 2C 4 MOV DWORD PTR SS:[ESP+2C],44
0040101D  . E8 CE450000 CALL 004055F0                    004055F0
00401022  . 33C0        XOR EAX,EAX
00401024  . 83C4 0C     ADD ESP,0C
00401027  . 837D 08 03  CMP DWORD PTR SS:[EBP+8],3
0040102B  . C74424 10 0 MOV DWORD PTR SS:[ESP+10],0
00401033  . 894424 14   MOV DWORD PTR SS:[ESP+14],EAX
00401037  . 894424 18   MOV DWORD PTR SS:[ESP+18],EAX
0040103B  . 894424 1C   MOV DWORD PTR SS:[ESP+1C],EAX
0040103F  .v 74 1C      JE SHORT 0040105D                0040105D
00401041  . 8B4D 0C     MOV ECX,DWORD PTR SS:[EBP+C]
00401044  . 8B11        MOV EDX,DWORD PTR DS:[ECX]
00401046  . 52          PUSH EDX                         ntdll.KiFastSystemCallRet
00401047  . 68 E0B14000 PUSH 40B1E0                      ASCII "USAGE : %s <fake file
0040104C  . E8 BC040000 CALL 0040150D                    0040150D
```

图56-10　main()函数

56.4.2　main()函数

main()函数代码很长，分析时可以先快速浏览一遍，把握其代码的组织结构（骨架），把握main()函数的代码流向（Code Flow）。调试分析代码时，先把握整体代码的组织结构，再调试分析会轻松许多。

提示

调试分析某个程序代码时，“快速把握代码的大致组织结构”是个非常重要的环节。把握 main()函数的代码组织结构的过程中，可以使用调试器提供的 StepOver(F8)功能逐行调试代码，最终掌握整个代码的组织结构。在此期间要重点关注 Win32 API的调用代码，也要留心观察函数的参数与返回值。逐行调试时若遇到调用子函数的代码，可以跟踪进入子函数，但是跟踪仍然要以 API 调用为主，查明 API 的调用关系后迅速退出，不要在子函数内部过分纠缠，以免影响对代码整体组织结构的把握。这样调试浏览 main()函数代码几次之后，可以大致把握其工作原理，并能明白哪些子函数需要详细分析。

main()

下列代码是我调试完main()函数后从中抽取的比较重要的部分。仔细分析即可把握程序的工作原理。

代码56-1　main()

```
; main()

00401000    PUSH EBP
00401001    MOV EBP,ESP
00401003    AND ESP,FFFFFFF8
00401006    SUB ESP,5C

...

00401063    CALL 00401150                    ; SubFunc_1()
```

```
...

00401079    PUSH EAX                      ; -pProcessInfo = 0012FEE8
0040107A    LEA ECX,DWORD PTR SS:[ESP+24]
0040107E    PUSH ECX                      ; -pStartupInfo = 0012FEF8
0040107F    PUSH 0                        ; -CurrentDir = NULL
00401081    PUSH 0                        ; -pEnvironment = NULL
00401083    PUSH 4                        ; -CreationFlags = CREATE_
                                                           SUSPENDED
00401085    PUSH 0                        ; -InheritHandles = FALSE
00401087    PUSH 0                        ; -pThreadSecurity = NULL
00401089    PUSH 0                        ; -pProcessSecurity = NULL
0040108B    PUSH EDX                      ; -CommandLine = "fake.exe"
0040108C    PUSH 0                        ; -ModuleFileName = NULL
0040108E    CALL DWORD PTR DS:[40900C]    ; CreateProcessW()

...

004010B2    CALL 004011D0                 ; SubFunc_2()

...

004010D1    CALL 00401320                 ; SubFunc_3()

...

004010F0    PUSH ECX                      ; -hThread = 00000024 (window)
004010F1    CALL DWORD PTR DS:[409038]    ; ResumeThread()

...

00401116    PUSH -1                       ; -Timeout = INFINITE
00401118    PUSH EDX                      ; -hObject = 00000028 (window)
00401119    CALL DWORD PTR DS:[409010]    ; WaitForSingleObject()

...

00401149    MOV ESP,EBP
0040114B    POP EBP
0040114C    RETN
```

代码流程图

根据上面的代码画出main()函数的代码流程图，如图56-11所示（请各位自己分析上述代码，画出代码流程图）。

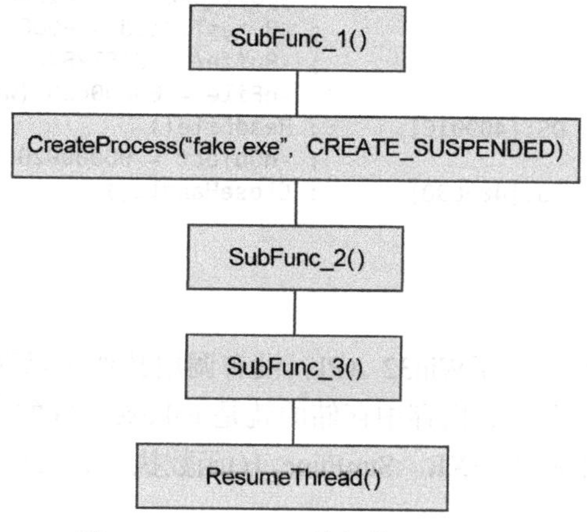

图56-11　main()函数的代码流程图

由于CreateProcess()与ResumeThread() API的行为动作非常明确，所以下面的调试以main()调用的3个子函数（SubFunc_1~3）为主。

56.4.3 SubFunc_1()

首先按Ctrl+F2快捷键重启调试器，调试运行至main()函数的401063地址处。

```
00401063    CALL 00401150                    ; SubFunc_1()
```

401063地址处有函数调用指令CALL 401150，401150地址处的函数就是SunFunc_1()函数。跟踪进入函数，其代码（主要代码）如图56-2所示。

代码56-2　SunFunc_1()函数

```
;  SubFunc_1()

00401150    PUSH EBP
00401151    MOV EBP,ESP
00401153    PUSH ECX
00401154    PUSH ESI
00401155    PUSH 0                           ; -hTemplateFile = NULL
00401157    PUSH 80                          ; -Attributes = NORMAL
0040115C    PUSH 3                           ; -Mode = OPEN_EXISTING
0040115E    PUSH 0                           ; -pSecurity = NULL
00401160    PUSH 1                           ; -ShareMode = FILE_SHARE_READ
00401162    PUSH 80000000                    ; -Access = GENERIC_READ
00401167    PUSH EAX                         ; -FileName = "real.exe"
00401168    MOV DWORD PTR SS:[EBP-4],0
0040116F    CALL DWORD PTR DS:[409020]       ; CreateFileW()

...

00401185    PUSH 0                           ; -pFileSizeHigh = NULL
00401187    PUSH ESI                         ; -hFile
00401188    CALL DWORD PTR DS:[409004]       ; GetFileSize()
0040118E    MOV EBX,EAX
00401190    PUSH EBX                         ; -bufsize = A000 (40960)
00401191    CALL 00401624                    ; new()

...

004011A6    PUSH 0                           ; -pOverlapped = NULL
004011A8    LEA ECX,DWORD PTR SS:[EBP-4]
004011AB    PUSH ECX                         ; -pBytesRead = 0012FECC
004011AC    PUSH EBX                         ; -BytesToRead = A000 (40960)
004011AD    PUSH EDI                         ; -Buffer = 00572B40
004011AE    PUSH ESI                         ; -hFile = 00000020 (window)
004011AF    CALL DWORD PTR DS:[40901C]       ; ReadFile()
004011B5    PUSH ESI                         ; -hObject = 00000020 (window)
004011B6    CALL DWORD PTR DS:[409030]       ; CloseHandle()

...

004011C4    RETN
```

SunFunc_1()函数内部仅调用了Win32 API，没有调用其他子函数。SunFunc_1()函数用来将real.exe文件整个读入内存，此后，内存中存储的就是real.exe文件的内容。为了方便，我们将该内存地址称为MEM_FILE_REAL_EXE。SunFunc_1()函数执行完成后，执行程序将其返回main()函数。

56.4.4 CreateProcess(“fake.exe”, CREATE_SUSPENDED)

程序执行至main()函数的401079地址处，出现调用CreateProcess() API的代码，如图所示。

```
00401079    PUSH EAX                        ; -pProcessInfo = 0012FEE8
0040107A    LEA ECX,DWORD PTR SS:[ESP+24]
0040107E    PUSH ECX                        ; -pStartupInfo = 0012FEF8
0040107F    PUSH 0                          ; -CurrentDir = NULL
00401081    PUSH 0                          ; -pEnvironment = NULL
00401083    PUSH 4                          ; -CreationFlags = CREATE_SUSPENDED
00401085    PUSH 0                          ; -InheritHandles = FALSE
00401087    PUSH 0                          ; -pThreadSecurity = NULL
00401089    PUSH 0                          ; -pProcessSecurity = NULL
0040108B    PUSH EDX                        ; -CommandLine = “fake.exe”
0040108C    PUSH 0                          ; -ModuleFileName = NULL
0040108E    CALL DWORD PTR DS:[40900C] ; CreateProcessW()
```

上述代码中调用CreateProcess() API创建fake.exe进程，其参数CREATE_SUSPENDED用来指定该进程处于挂起状态。进程被挂起时处于暂停状态，此时可以自由操作其对应的内存。

56.4.5 SubFunc_2()

继续调试，出现调用SubFunc_2()函数的代码，如下所示。

```
004010B2    CALL 004011D0                   ; SubFunc_2()
```

跟踪进入SubFunc_2()函数，其代码（主要代码）如下所示。

代码56-3 SubFunc_2()函数

```
004011D0    PUSH EBP
004011D1    MOV EBP,ESP

...

0040120C    PUSH ECX                            ; -pContext
0040120D    PUSH EDX                            ; -hThread
0040120E    MOV DWORD PTR SS:[EBP-2D0],10007
00401218    CALL DWORD PTR DS:[409000]          ; GetThreadContext()

...

00401246    MOV ECX,DWORD PTR SS:[EBP-22C]      ; CONTEXT.Ebx = address of
                                                                  PEB
0040124C    MOV EDX,DWORD PTR DS:[ESI]
0040124E    PUSH 0                              ; -pBytesRead = NULL
00401250    PUSH 4                              ; -BytesToRead = 4
00401252    LEA EAX,DWORD PTR SS:[EBP-2D4]
00401258    PUSH EAX                            ; -Buffer
00401259    ADD ECX,8
0040125C    PUSH ECX                            ; -pBaseAddress
                                                  = PEB.ImageBase
0040125D    PUSH EDX                            ; -hProcess
0040125E    CALL DWORD PTR DS:[409018]          ; ReadProcessMemory()
...

0040128C    MOV EAX,DWORD PTR DS:[EDI+3C]       ; EDI = MEM_FILE_REAL_EXE
                                                        = Address of IDH
                                                ; [EDI+3C] = IDH.e_lfanew
0040128F    MOV ECX,DWORD PTR DS:[EAX+EDI+34] ; EAX+EDI = Address of INH
```

```
                                              ; EAX+EDI+34
                                                = INH.IOH.ImageBase
00401293    LEA EAX,DWORD PTR DS:[EAX+EDI+34]
00401297    CMP ECX,DWORD PTR SS:[EBP-2D4]    ; ECX = ImageBase of real.exe
                                              ; [EBP-2D4] = ImageBase
                                                of fake.exe
0040129D    JNZ SHORT 004012EA

;;;;;;;;;;;;;;;;;;;;;;;;;;;;;;;;;;;;;;;;;;;;;;;;;;;;;;;;;;;;;;;
; case 1 : ImageBase of real.exe == ImageBase of fake.exe
0040129F    PUSH 40B258                     ; -Name = "ZwUnmapViewOfSection"
004012A4    PUSH 40B270                     ; --pModule = "ntdll.dll"
004012A9    CALL DWORD PTR DS:[409014]      ; --GetModuleHandleW()
004012AF    PUSH EAX                        ; -hModule
004012B0    CALL DWORD PTR DS:[409028]      ; GetProcAddress()
004012B6    MOV EDX,DWORD PTR SS:[EBP-2D4]
004012BC    MOV ECX,DWORD PTR DS:[ESI]
004012BE    PUSH EDX                        ; -ProcHandle = Process Handle
                                                            of fake.exe
004012BF    PUSH ECX                        ; -BaseAddress = ImageBase of
                                                             fake.exe
004012C0    CALL EAX                        ; ZwUnmapViewOfSection()

...

;;;;;;;;;;;;;;;;;;;;;;;;;;;;;;;;;;;;;;;;;;;;;;;;;;;;;;;;;;;;;;;
; case 2 : ImageBase of real.exe != ImageBase of fake.exe
004012EA    MOV EDX,DWORD PTR SS:[EBP-22C] ; Address of PEB ("fake.exe")
004012F0    PUSH 0                         ; -pBytesWritten = NULL
004012F2    PUSH 4                         ; -BytesToWrite = 4
004012F4    PUSH EAX                       ; -Buffer = ImageBase of
                                                       "real.exe"
004012F5    MOV EAX,DWORD PTR DS:[ESI]
004012F7    ADD EDX,8
004012FA    PUSH EDX                       ; -Address = PEB.ImageBase
004012FB    PUSH EAX                       ; -hProcess
004012FC    CALL DWORD PTR DS:[409034]     ; WriteProcessMemory()
...

00401311    MOV ESP,EBP
00401313    POP EBP
00401314    RETN
```

SubFunc_2()函数内部应用了PE映像切换技术，下面详细分析。

获取fake.exe进程的实际映射地址

在401218地址处调用GetThreadContext() API，获取fake.exe进程的主线程上下文。

```
0040120C    PUSH ECX                        ; -PContext
0040120D    PUSH EDX                        ; -hThread
0040120E    MOV DWORD PTR SS:[EBP-2D0],10007
00401218    CALL DWORD PTR DS:[409000]      ; GetThreadContext()
```

获取fake.exe进程的主线程上下文后，通过它来获得进程的PEB，然后再由PEB.ImageBase得到进程的实际映射地址（进程的实际映射地址存储在PEB.ImageBase成员中）。在40125E地址处调用ReadProcessMemory() API来获取fake.exe进程的映射地址。

```
00401246    MOV ECX,DWORD PTR SS:[EBP-22C] ; CONTEXT.Ebx = address of PEB
0040124C    MOV EDX,DWORD PTR DS:[ESI]
0040124E    PUSH 0                         ; -pBytesRead = NULL
00401250    PUSH 4                         ; -BytesToRead = 4
```

```
00401252    LEA EAX,DWORD PTR SS:[EBP-2D4]
00401258    PUSH EAX                             ; -Buffer
00401259    ADD ECX,8
0040125C    PUSH ECX                             ; -pBaseAddress = PEB.ImageBase
0040125D    PUSH EDX                             ; -hProcess
0040125E    CALL DWORD PTR DS:[409018]           ; ReadProcessMemory()
```

各位可能会对上述代码感到陌生。当前fake.exe进程是以挂起模式创建的，处于暂停状态。进程被创建出来时，PE装载器就会将PEB结构体的地址设置给EBX寄存器。所以，要获取EBX寄存器的值必须先获取进程主线程的上下文。用语言描述以上各结构体的关系显得有些复杂，可以用图56-12简单表示，从图中我们能够清晰把握各结构体之间的关系。

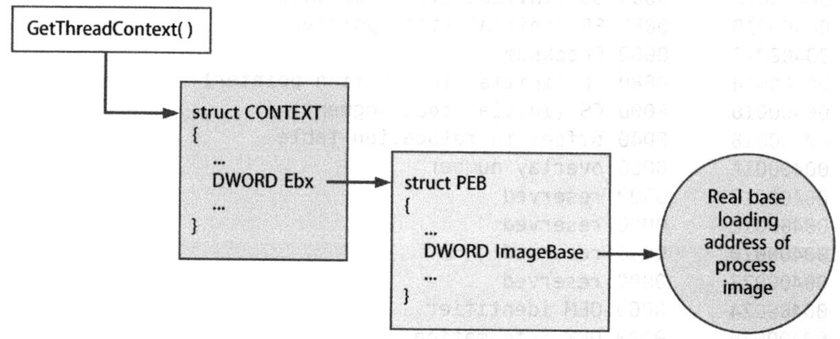

图56-12 获取进程实际映射地址的方法

提示

对于Windows XP系统下的EXE文件而言，PE文件头中的ImageBase值就是进程的实际映射地址。但是从Windows Vista系统开始，微软引入了ASLR技术，PE文件头中的ImageBase值与进程的实际映射地址不再相同。

获取real.exe文件的ImageBase

40128C、40128F地址处的指令用来读取real.exe文件的PE文件头信息，获取ImageBase。

```
0040128C    MOV EAX,DWORD PTR DS:[EDI+3C]      ; EDI = MEM_FILE_REAL_EXE (*)
                                                     = Address of IDH
                                               ; EDI+3C = IDH.e_lfanew
```

EDI寄存器的值为MEM_FILE_REAL_EXE地址（该地址是在SubFunc_1()中分配得到的内存起始地址，real.exe文件的内容被原封不动地保存其中）。也就是说，EDI指向real.exe文件的PE文件头。所以EDI+3C指的就是IMAGE_DOS_HEADER结构体的e_lfanew成员（IDH.e_lfanew），上述指令用来将它的值保存到EAX。

```
0040128F    MOV ECX,DWORD PTR DS:[EAX+EDI+34] ; EAX+EDI = Address of INH
                                               ; EAX+EDI+34
                                                 = INH.IOH.ImageBase
```

上面的指令中，EAX+EDI=IDH.e_lfanew+Start of PE是IMAGE_NT_HEADER结构体的起始地址，EAX+EDI+34指的是IMAGE_OPTION_HEADER.ImageBase成员。执行上述指令后，real.exe文件的ImageBase值将被存入ECX寄存器。

提示

下面显示的是real.exe文件的实际PE文件头。为了计算方便，取EDI=0，则[EDI+3C]=D0，将其存入EAX后，[EAX+EDI+31]=[D0+0+34]=[104]=400000。

real.exe的PE文件头

```
==============================================
 pFile    | pMem     | Value    | Description
==============================================
[ IMAGE_DOS_HEADER ]
00000000 00400000     5A4D IMAGE_DOS_SIGNATURE (MZ)
00000002 00400002     0090 bytes on last page of file
00000004 00400004     0003 number of pages in file
00000006 00400006     0000 relocations
00000008 00400008     0004 size of header in paragraphs
0000000A 0040000A     0000 minimum extra paragraphs
0000000C 0040000C     FFFF maximum extra paragraphs
0000000E 0040000E     0000 SS (initial stack segment)
00000010 00400010     00B8 SP (initial stack pointer)
00000012 00400012     0000 Checksum
00000014 00400014     0000 IP (initial instruction pointer)
00000016 00400016     0000 CS (initial code segment)
00000018 00400018     0040 offset to relocation table
0000001A 0040001A     0000 overlay number
0000001C 0040001C     0000 reserved
0000001E 0040001E     0000 reserved
00000020 00400020     0000 reserved
00000022 00400022     0000 reserved
00000024 00400024     0000 OEM identifier
00000026 00400026     0000 OEM information
00000028 00400028     0000 reserved
0000002A 0040002A     0000 reserved
0000002C 0040002C     0000 reserved
0000002E 0040002E     0000 reserved
00000030 00400030     0000 reserved
00000032 00400032     0000 reserved
00000034 00400034     0000 reserved
00000036 00400036     0000 reserved
00000038 00400038     0000 reserved
0000003A 0040003A     0000 reserved
0000003C 0040003C 000000D0 offset to new EXE header

[ DOS STUB ]
00000040 00400040          start
000000CF 004000CF          end

[ IMAGE_NT_HEADERS \ SIGNATURE ]
000000D0 004000D0 00004550 IMAGE_NT_SIGNATURE (PE)

[ IMAGE_NT_HEADERS \ IMAGE_FILE_HEADER ]
000000D4 004000D4     014C machine
000000D6 004000D6     0004 number of sections
000000D8 004000D8 4DCCC652 time date stamp (Fri May 13 14:49:06 2011)
000000DC 004000DC 00000000 offset to symbol table
000000E0 004000E0 00000000 number of symbols
000000E4 004000E4     00E0 size of optional header
000000E6 004000E6     010F characteristics
                               IMAGE_FILE_RELOCS_STRIPPED
                               IMAGE_FILE_EXECUTABLE_IMAGE
                               IMAGE_FILE_LINE_NUMS_STRIPPED
                               IMAGE_FILE_LOCAL_SYMS_STRIPPED
                               IMAGE_FILE_32BIT_MACHINE

[ IMAGE_NT_HEADERS \ IMAGE_OPTIONAL_HEADER ]
000000E8 004000E8     010B magic
000000EA 004000EA       06 major linker version
```

```
000000EB 004000EB       00 minor linker version
000000EC 004000EC 00004000 size of code
000000F0 004000F0 00005000 size of initialized data
000000F4 004000F4 00000000 size of uninitialized data
000000F8 004000F8 00001060 address of entry point
000000FC 004000FC 00001000 base of code
00000100 00400100 00005000 base of data
00000104 00400104 00400000 image base
00000108 00400108 00001000 section alignment
0000010C 0040010C 00001000 file alignment
00000110 00400110     0004 major OS version
00000112 00400112     0000 minor OS version
00000114 00400114     0000 major image version
00000116 00400116     0000 minor image version
00000118 00400118     0004 major subsystem version
0000011A 0040011A     0000 minor subsystem version
0000011C 0040011C 00000000 win32 version value
00000120 00400120 0000A000 size of image
00000124 00400124 00001000 size of headers
00000128 00400128 00000000 Checksum
0000012C 0040012C     0002 subsystem
0000012E 0040012E     0000 DLL characteristics
00000130 00400130 00100000 size of stack reserve
00000134 00400134 00001000 size of stack commit
00000138 00400138 00100000 size of heap reserve
0000013C 0040013C 00001000 size of heap commit
00000140 00400140 00000000 loader flags
00000144 00400144 00000010 number of directories
```

比较：ImageBase of fake.exe & ImageBase of real.exe

比较fake.exe进程的实际映射地址与real.exe文件的ImageBase值。

```
00401297    CMP ECX,DWORD PTR SS:[EBP-2D4]    ; ECX = ImageBase of real.exe
                                              ; [EBP-2D4] = ImageBase of
                                                          fake.exe
0040129D    JNZ SHORT 004012EA
```

比较2个ImageBase的值，并根据结果确定要执行的分支。若相同，则跳转到40129F地址处，否则跳转到4012EA地址处。

两值相同时

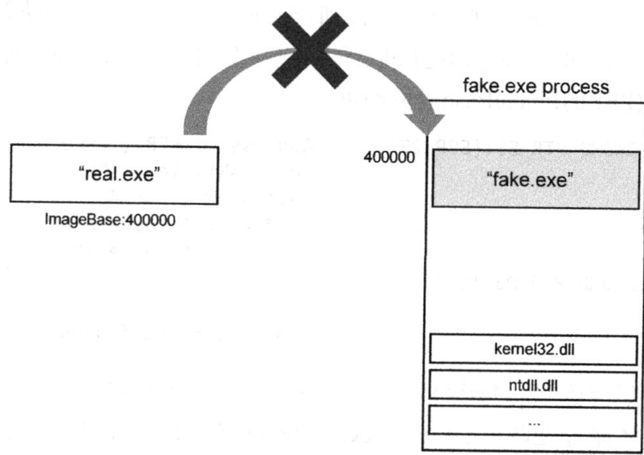

图56-13　两值相同时

如图56-13所示，此种情形下，fake.exe的PE映像已经映射到400000地址处，地址400000也是real.exe的PE映像要映射的地址。若将real.exe强行映射到该地址处，就会发生冲突，所以必须先卸载（Unmapping）fake.exe的PE映像的映射。由于fake.exe进程处于挂起状态，所以卸载PE映像时进程中也不会发生错误。

```
004012BE    PUSH EDX              ; -ProcHandle = Process Handle of fake.exe
004012BF    PUSH ECX              ; -BaseAddress = ImageBase of fake.exe
004012C0    CALL EAX              ; ZwUnmapViewOfSection()
```

卸载进程的PE映像时，调用的是ntdll!ZwUnmapViewOfSection() API，其函数原型如下所示：

代码56-4　ZwUnmapViewOfSection() API

```
NTSTATUS ZwUnmapViewOfSection(
  __in      HANDLE ProcessHandle,
  __in_opt  PVOID BaseAddress
);
```

两值不同时

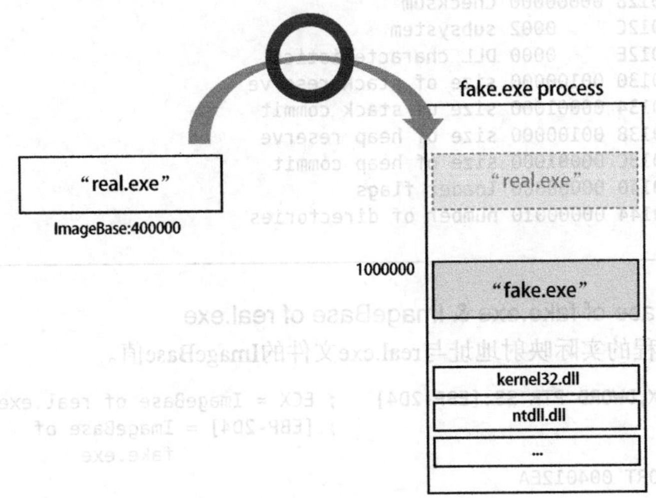

图56-14　两值不同时

如图56-14所示，2个ImageBase值不同时，不必非得卸载fake.exe的PE映像，可以先在fake.exe进程的虚拟内存空间中为real.exe的PE映像分配所需空间，然后将real.exe映射进去就可以了。接下来还要告知PE装载器，fake.exe进程的PE映像是40000地址处的real.exe，而不是1000000地址处的fake.exe。简单修改PEB的ImageBase成员即可。

```
004012EA    MOV EDX,DWORD PTR SS:[EBP-22C]    ; Address of PEB ("fake.exe")
004012F0    PUSH 0                            ; -pBytesWritten = NULL
004012F2    PUSH 4                            ; -BytesToWrite = 4
004012F4    PUSH EAX                          ; -Buffer = ImageBase of
                                                  "real.exe"
004012F5    MOV EAX,DWORD PTR DS:[ESI]
004012F7    ADD EDX,8
004012FA    PUSH EDX                          ; -Address = PEB.ImageBase
004012FB    PUSH EAX                          ; -hProcess
004012FC    CALL DWORD PTR DS:[409034]        ; WriteProcessMemory()
```

以上代码的4012FC地址处调用了WriteProcessMemory() API，将fake.exe进程的PEB.ImageBase值修改为real.exe文件的ImageBase值。

提示

前面已获取 fake.exe 进程的 PEB 地址与 real.exe 文件的 ImageBase 值。

经过上述一系列操作，fake.exe进程的PE映像就被卸载（PEB.ImageBase被修改）了，即fake.exe进程的PE映像被删除了。

56.4.6 SubFunc_3()

接下来要把real.exe文件映射到fake.exe进程。main()函数的4010D1地址处是调用SubFunc_3()函数的指令。

```
004010D1    CALL 00401320                             ; SubFunc_3()
```

跟踪进入SubFunc_3()函数（401320起始地址），出现图56-15所示代码。

```
00401320  r$  55              PUSH EBP
00401321  .   8BEC            MOV EBP,ESP
00401323  .   81EC DC020000   SUB ESP,2DC
00401329  .   A1 3CC04000     MOV EAX,DWORD PTR DS:[40C03C]
0040132E  .   33C5            XOR EAX,EBP
00401330  .   8945 FC         MOV DWORD PTR SS:[EBP-4],EAX
00401333  .   8B45 08         MOV EAX,DWORD PTR SS:[EBP+8]
00401336  .   56              PUSH ESI
00401337  .   57              PUSH EDI
00401338  .   68 C8020000     PUSH 2C8
0040133D  .   8D8D 34FDFFFF   LEA ECX,DWORD PTR SS:[EBP-2CC]
00401343  .   6A 00           PUSH 0
00401345  .   51              PUSH ECX
00401346  .   8985 2CFDFFFF   MOV DWORD PTR SS:[EBP-2D4],EAX
0040134C  .   C785 30FDFFFF   MOV DWORD PTR SS:[EBP-2D0],0
```

图56-15　SubFunc_3()函数起始代码

下面开始详细调试SubFunc_3()函数，请各位亲自逐行调试，理解各条指令的含义。

为real.exe的PE映像分配内存

使用StepOver(F8)命令调试运行，在401383地址处遇到调用VirtualAllocEx()函数的指令，如图56-16所示。

```
00401383  .  FF15 2C904000   CALL DWORD PTR DS:[40902C]          kernel32.VirtualAllocEx
00401389  .  8985 24FDFFFF   MOV DWORD PTR SS:[EBP-2DC],EAX

DS:[0040902C]=7719B42C (kernel32.VirtualAllocEx)

Address   Hex dump                  ASCII      0012FBD4  00000028  Arg1 = 00000028
0040C000  48 92 40 00 00 00 00 00   H?.....    0012FBD8  00400000  Arg2 = 00400000
0040C008  2E 3F 41 56 62 61 64 5F   .?AVbad_   0012FBDC  0000A000  Arg3 = 0000A000
0040C010  61 6C 6C 6F 63 40 73 74   alloc@st   0012FBE0  00003000  Arg4 = 00003000
0040C018  64 40 40 00 48 92 40 00   d@@.H?.    0012FBE4  00000040  Arg5 = 00000040
```

图56-16　调用VirtualAllocEx()：为real.exe的PE映像分配内存

此时查看存储在栈中的函数参数。函数的第二个参数Arg2为欲分配的内存起始地址，其值为real.exe的ImageBase（400000）；函数的第三个参数Arg3为欲分配的内存大小，其值为real.exe的SizeOfImage（A000）。总之，调用VirtualAllocEx() API后，即在fake.exe进程中为real.exe的PE映像分配了内存空间。

映射PE文件头

为real.exe的PE映像分配好内存空间后，接下来就要将real.exe映射到fake.exe进程。

如图56-17所示，在401405地址处调用WriteProcessMemory() API，将real.exe的PE文件头写入

刚刚分配的内存区域（582B40地址即是real.exe文件（MEM_FILE_REAL_EXE），由SubFunc_1()函数读入）。

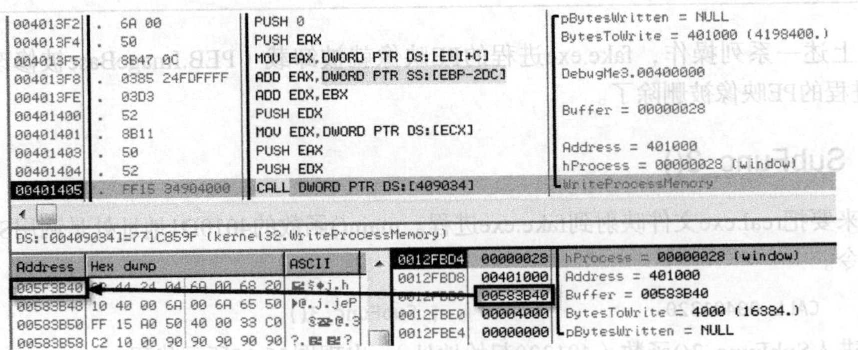

图56-17 映射PE文件头

提示

图56-17中BytesToWrite参数为real.exe的SizeOfHeader值（4000），前面的代码中有从PE文件头获取该信息的代码，请各位亲自调试并确认。

映射PE节区

接下来该映射PE节区（PE Section）了，代码如图56-18所示。

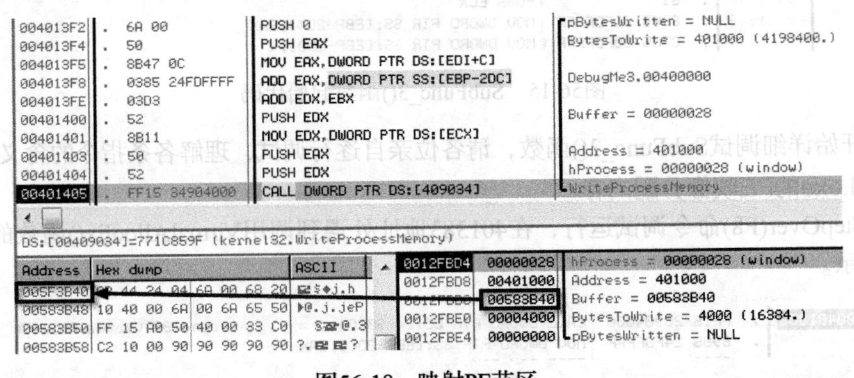

图56-18 映射PE节区

启动循环，根据节区数量反复调用WriteProcessMemory() API（图56-18为部分循环代码），映射PE节区。该过程需要的信息（地址、大小等）是读取PE文件头的IMAGE_SECTION_HEADER获取的（请各位亲自调试并确认）。上述循环结束后，real.exe文件即被完全映射至fake.exe进程的40000地址处（real.exe的ImageBase）。但是此时real.exe代码还无法正常运行，需要修改进程的EP。

修改EP

当前fake.exe进程正处于挂起状态，将其恢复运行后，进程的主线程会运行何处的代码呢？为了解答这一问题，需要先获取主线程的CONTEXT结构体，然后查看其Eip成员值，如图56-19所示。

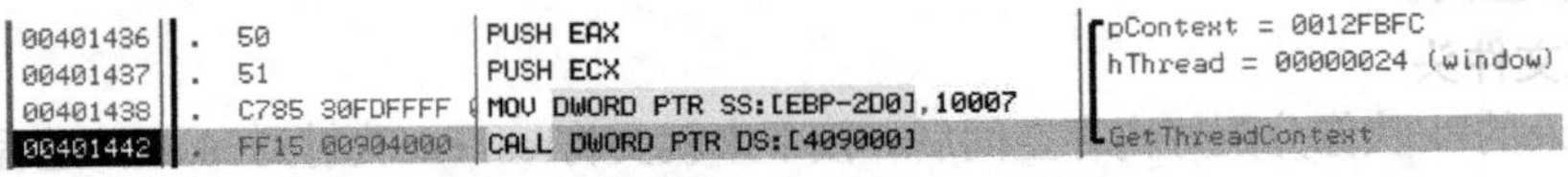

```
00401436 | .  50             PUSH EAX                                   ┌pContext = 0012FBFC
00401437 | .  51             PUSH ECX                                   │hThread = 00000024 (window)
00401438 | .  C785 30FDFFFF  MOV DWORD PTR SS:[EBP-2D0],10007           │
00401442 | .  FF15 00904000  CALL DWORD PTR DS:[409000]                 └GetThreadContext
```

图56-19 调用GetThreadContext()

如图56-19所示，在401442地址处调用GetThreadContext() API，获取fake.exe进程的主线程的CONTEXT结构体。图56-20中，黑色粗线框部分就是调用函数获取的主线程的CONTEXT结构体。

```
Address   Hex dump                                         ASCII
0012FBFC  07 00 01 00 00 00 00 00 00 00 00 00 00 00 00 00  ..0.............
0012FC0C  00 00 00 00 00 00 00 00 00 00 00 00 00 00 00 00  ................
0012FC1C  00 00 00 00 00 00 00 00 00 00 00 00 00 00 00 00  ................
0012FC2C  00 00 00 00 00 00 00 00 00 00 00 00 00 00 00 00  ................
0012FC3C  00 00 00 00 00 00 00 00 00 00 00 00 00 00 00 00  ................
0012FC4C  00 00 00 00 00 00 00 00 00 00 00 00 00 00 00 00  ..  CONTEXT   ..
0012FC5C  00 00 00 00 00 00 00 00 00 00 00 00 00 00 00 00  ................
0012FC6C  00 00 00 00 00 00 00 00 00 00 00 00 00 00 00 00  ................
0012FC7C  00 00 00 00 00 00 00 00 00 00 00 00 00 00 00 00  ................
0012FC8C  3B  Eax  00 23 00 00 00 23  Eip  00 00 00 00 00  ;...#...#.......
0012FC9C  00       00 00 A0 FD 7F 00       00 00 00 00 00  ................
0012FCAC  41 10 40 00 00 00 00 00 D8 64 28 77 1B 00 00 00  A▶@.....?(w+...
0012FCBC  00 02 00 00 F0 FF 12 00 23 00 00 00 00 00 00 00  .0..?‡.#.......
```

图56-20　CONTEXT结构体

CONTEXT结构体中有2个成员需要注意，它们是Eax与Eip成员，分别位于从结构体开始偏移为B0与B8的位置（参考图56-20）。首先查看CONTEXT.Eax成员，其值为401041，该地址很可能位于fake.exe进程，借助Stud_PE工具确认，如图56-21所示。

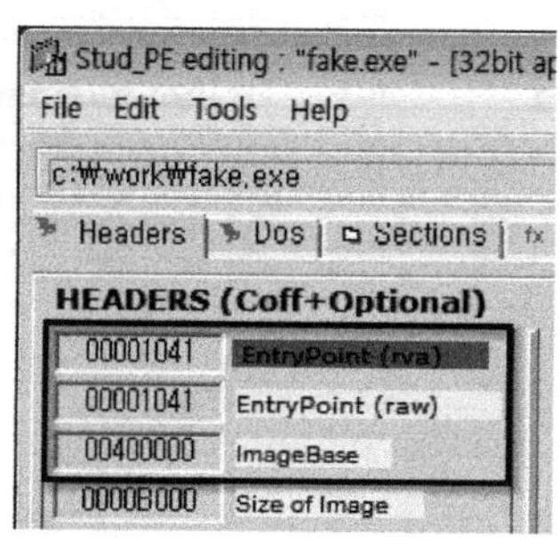

图56-21　Stud_PE：fake.exe

如图56-21所示，Eax（401041）值为fake.exe进程的EP地址（VA形式）。接下来看CONTEXT.Eip成员，从图56-20中可知其值为772864D8，在调试器中转到该地址处查看，如图56-22所示。

```
772864D8 ntdll.RtlUserThreadStart   894424 04      MOV DWORD PTR SS:[ESP+4],EAX
772864DC                            895C24 08      MOV DWORD PTR SS:[ESP+8],EBX
772864E0                          ⌄ E9 C84E0100    JMP 7729B3AD
```

图56-22　ntdll.RtlUserThreadStart()

由图56-22可知，该地址为ntdll.RtlUserThreadStart() API的起始地址。已知EIP寄存器存储的是要执行的指令代码的地址，而EAX寄存器则用来存储返回地址。查看CONTEXT.Eip与CONTEXT.Eax成员后，可将上述代码的执行过程整理为：处于挂起状态的fake.exe进程恢复运行后，首先会调用ntdll.RtlUserThreadStart() API（CONTEXT.Eip），跳转至EP地址处（CONTEXT.Eax）。由于前面已经将fake.exe进程的PE映像替换为real.exe，所以需要将CONTEXT.Eax修改为real.exe的EP地址（401060）。

观察图56-23中的代码，位于4014A2~4014A5地址处的MOV、ADD指令用来将401060地址（real.exe的EP地址）设置到EDX寄存器。而4014B3地址处的MOV指令又将该地址值传送到[EBP-220]（CONTEXT.Eax）。然后调用SetThreadContext() API，将更改应用到fake.exe进程。这样就将fake.exe进程的PE映像由原来的fake.exe更换为real.exe。

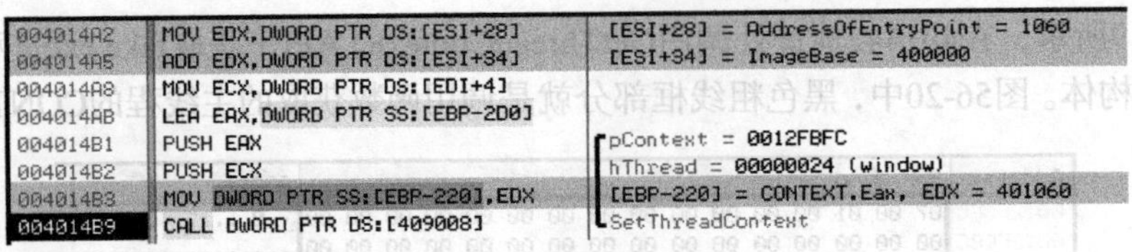

```
004014A2  MOV EDX,DWORD PTR DS:[ESI+28]     [ESI+28] = AddressOfEntryPoint = 1060
004014A5  ADD EDX,DWORD PTR DS:[ESI+34]     [ESI+34] = ImageBase = 400000
004014A8  MOV ECX,DWORD PTR DS:[EDI+4]
004014AB  LEA EAX,DWORD PTR SS:[EBP-2D0]
004014B1  PUSH EAX                          pContext = 0012FBFC
004014B2  PUSH ECX                          hThread = 00000024 (window)
004014B3  MOV DWORD PTR SS:[EBP-220],EDX    [EBP-220] = CONTEXT.Eax, EDX = 401060
004014B9  CALL DWORD PTR DS:[409008]        SetThreadContext
```

图56-23　SetThreadContext()

56.4.7 ResumeThread()

最后，调用ResumeThread()，恢复运行fake.exe进程。

```
; Resume Thread
004010F0    PUSH ECX                       - hThread = 00000024 (window)
004010F1    CALL DWORD PTR DS:[409038]     ResumeThread()
```

如图56-24所示，拥有real.exe的PE映像核心的fake.exe进程重新运行起来。

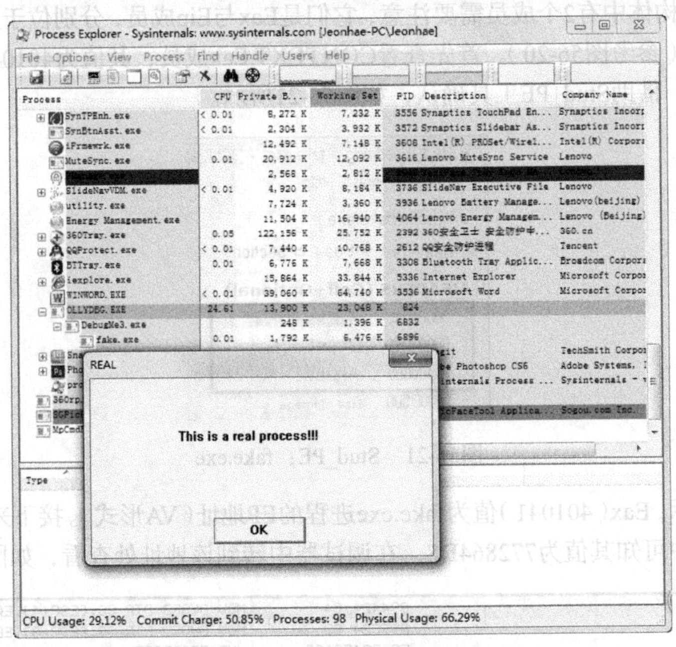

图56-24　fake.exe进程的PE映像被更改为real.exe

通过上面的调试练习，我们学习了PE映像切换技术的工作原理。希望各位亲自调试，切实掌握PEB、CONTEXT等结构体的操作方法。

56.5 调试 2

运行fake.exe进程时应用了PE映像切换技术，下面学习调试fake.exe进程的方法。

提示

调试 1 中，我们学习了调试 DebugMe3.EXE 的方法。撇开调试技术不谈，其调试步骤与调试普通的应用程序没有什么不同。对代码逆向分析人员而言，了解 PE 映像切换技术的工作原理是非常重要的，但他们更感兴趣的是调试应用该技术的进程。调试不同文件会遇到多种突发情况，所以必须学习多种调试技巧。

56.5.1 思考

通过前面的学习，我们已经了解了PE映像切换技术的工作原理，所以能够比较容易想到调试fake.exe进程（PE映像已被改变）的方法。

那么，怎样才能从fake.exe进程（PE映像已被更改为real.exe）启动时开始调试呢？我的想法是，将real.exe文件映射到fake.exe进程前，向real.exe的EP代码设置无限循环（关于设置无限循环的方法请参考第54章）。向fake.exe进程映射完real.exe文件并恢复运行时，它的EP代码会被执行，导致程序运行陷入已设置好的无限循环。此时，借助调试器的附加功能将其附加到调试器即可调试。此外还有许多方法，从这些方法中选择适合自己的就可以了。

56.5.2 向 EP 设置无限循环

首先要查看real.exe文件的EP代码的位置。

如图56-25所示，借助Stud_PE工具查看，获知real.exe文件的EP偏移为1060。SubFunc_1()函数负责将real.exe文件读入内存，所以只要在EP处设置无限循环代码就可以了。先在调试器中打开DebugMe3.exe（参考图56-8），然后调试运行到4011B5地址处，如图56-26所示。

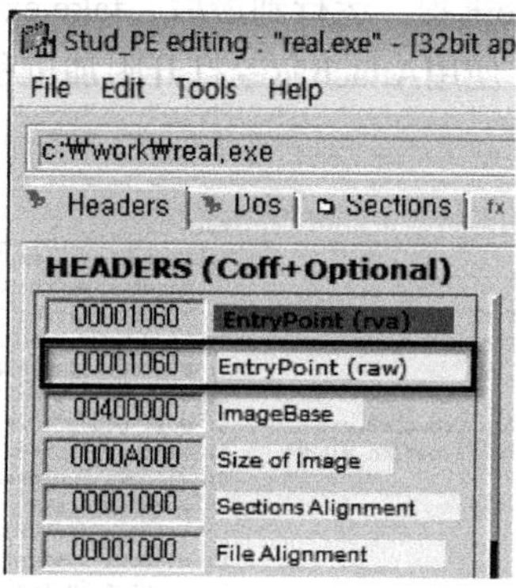

图56-25 Stud_PE：real.exe

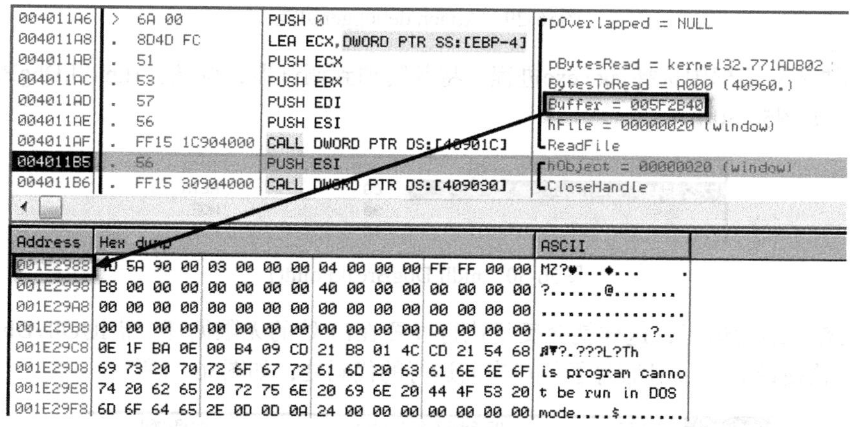

图56-26 将real.exe文件读入内存

缓冲区的起始地址为1E2988，real.exe的EP偏移量为1060，将二者相加得到real.exe的EP代码的实际地址1E39E8。

图56-27中，EP代码的前2个字节为558B，借助调试器的代码编辑功能（快捷键Ctrl+E）将其修改为无限循环代码（EBFE），如图56-28所示。

Address	Hex dump	ASCII
001E39E8	55 8B EC 6A FF 68 A8 50 40 00 68 2C 1D 40 00 64	U■j h■@.h,#@.
001E39F8	A1 00 00 00 00 50 64 89 25 00 00 00 00 83 EC 58	?...Pd?...■X
001E3A08	53 56 57 89 65 E8 FF 15 18 50 40 00 33 D2 8A D4	SUW■?$↑P@.3??

图56-27　real.exe的EP代码

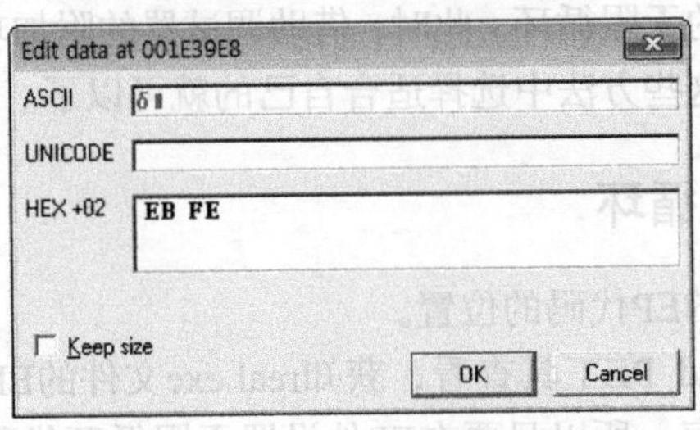

图56-28　修改real.exe的EP代码

然后按F9键运行DebugMe3.exe进程，运行到最后，fake.exe进程（其PE映像已被更改）就会陷入无限循环。再打开新调试器，使用Attach命令打开附加进程对话框，如图56-29所示。

Select process to attach

Process	Name	Window	Path
000006A8	calc		C:\Windows\system32\calc.exe
00000A1C	cmd		C:\Windows\system32\cmd.exe
000009D4	conhost	MSCTFIME UI	C:\Windows\system32\conhost.exe
00000A24	conhost	MSCTFIME UI	C:\Windows\system32\conhost.exe
00000158	csrss		C:\Windows\system32\csrss.exe
00000188	csrss		C:\Windows\system32\csrss.exe
00000CFC	DebugMe3	C:\work\DebugMe3.exe	C:\work\DebugMe3.exe
000004AC	Dwm	DWM Notification Window	C:\Windows\system32\Dwm.exe
000005B4	Explorer	.	C:\Windows\Explorer.EXE
0000087C	fake		C:\work\fake.exe
000001D8	lsass		C:\Windows\system32\lsass.exe
000001E0	lsm		C:\Windows\system32\lsm.exe
0000076C	msdtc		C:\Windows\System32\msdtc.exe

Attach　Cancel

图56-29　Attach debugger功能

在附加进程对话框中选择fake.exe进程，将其附加到调试器，调试会在ntdll.DbgBreakPoint() API处暂停，如图56-30所示。

```
77273540 ntdll.DbgBreakPoint   CC   INT3
77273541                       C3   RETN
77273542                       90   NOP
77273543                       90   NOP
```

图56-30　ntdll.DbgBreakPoint()

在该状态下继续运行，这样就会反复执行设置在EP处的无限循环。借助OllyDbg调试器的Pause命令（快捷键 F12），让程序暂停在当前运行的代码处，如图56-31所示。

```
00401060  - EB FE        JMP SHORT 00401060    00401060
00401062    EC           IN AL,DX              I/O command
00401063    6A FF        PUSH -1
00401065    68 A8504000  PUSH 4050A8
0040106A    68 2C1D4000  PUSH 401D2C
```

图56-31　设置EP处的无限循环

从图56-31可以看到设置在EP地址处（401060）的无限循环。然后使用编辑命令（快捷键Ctrl+E）将其恢复为原来的指令代码（558B），如图56-32所示。

```
00401060  55           PUSH EBP
00401061  8BEC         MOV EBP,ESP
00401063  6A FF        PUSH -1
00401065  68 A8504000  PUSH 4050A8
0040106A  68 2C1D4000  PUSH 401D2C
```

图56-32 恢复为原来的EP代码

接下来就可以从EP代码开始调试fake.exe进程（PE映像已被更换）了。

56.6 小结

本章讲解了PE映像切换技术，借助这种神奇的技术可以将B进程作为“内核”加载到充当“外壳”的A进程，并在其中正常运行。该技术不但作为反调试技术应用于PE保护器，也常常被恶意代码用来将自己伪装成正常程序。除了本章讲解的实现方法之外，还有其他实现方法，以后还会层出不穷。虽然这些方法在具体实现上有不同，但大家只要掌握了前面讲解的调试方法，都能轻松调试程序。

第57章　调试练习4：Debug Blocker

Debug Blocker是众多反调试技术之一，常应用在一些PE保护器中。本章将分析应用Debug Blocker技术的示例程序，学习其工作原理及调试方法。此外，还向各位讲解、展示实际调试中的常用方法、技巧，大家掌握这些内容能进一步提高自己的调试水平。

57.1　Debug Blocker

Debug Blocker技术是进程以调试模式运行自身或其他可执行文件的技术。

图57-1是DebugMe4.exe程序的运行画面，该程序应用了Debug Blocker技术。父进程DebugMe4.exe（PID：1208）是调试器，子进程DebugMe4.exe（PID：2284）是被调试者，且DebugMe4.exe程序作为调试器与被调试者时分别执行不同的代码。

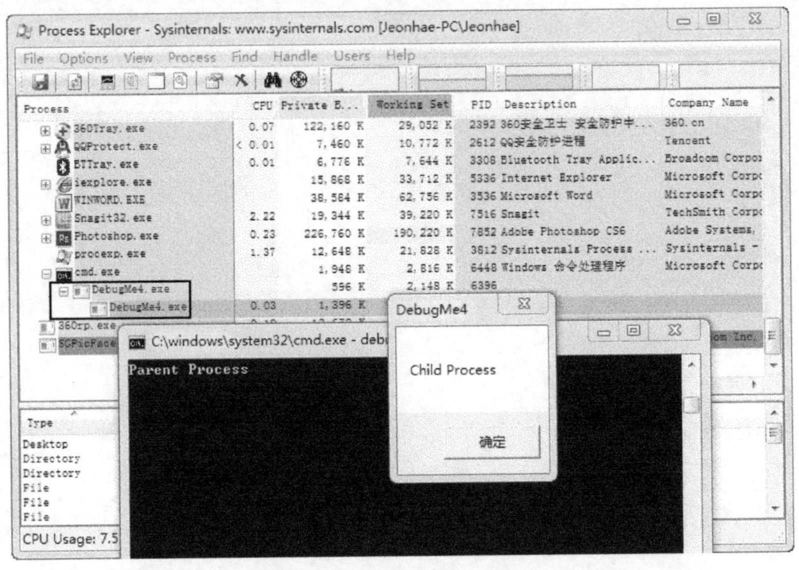

图57-1　运行DebugMe4.exe

若重要代码运行于被调试进程中，我们就必须调试它。但又由于调试器-被调试者关系本身具有反调试功能，所以调试被调试进程显得比较困难。

提示

使用CreateProcess() API创建进程时，若选用了DEBUG_PROCESS|DEBUG_ONLY_THIS_PROCESS参数，则创建出的父子进程会形成调试器与被调试者的关系。

57.2　反调试特征

作为一种反调试技术，Debug Blocker拥有以下几个特征。

57.2.1 父与子的关系

调试器与被调试者关系中，调试进程与被调试进程首先是一种父子关系。第55章中曾经讲过，若同一进程作为父进程与子进程运行时分别表现出不同的行为动作，则调试子进程时会比较困难。

57.2.2 被调试进程不能再被其他调试器调试

Windows操作系统中，同一进程是无法同时被多个调试进程调试的。也就是说，图57-1中的子进程（被调试进程PID：2284）不能再附加到OllyDbg调试器。若想调试被调试进程（PID：2284），必须先切断原调试器与被调试者的关系（具体方法将在后面的调试练习中详细说明）。

57.2.3 终止调试进程的同时也终止被调试进程

强制终止调试进程（PID：1208）以切断调试器–被调试者关系时，被调试进程也会同时终止。

这样就陷入了两难境地：一方面，要调试被调试进程，必须先终止调试进程，切断二者关联；另一方面，终止调试进程时被调试进程也会终止，导致无法调试。

57.2.4 调试器操作被调试者的代码

Debug Blocker技术中，调试器用来操纵被调试进程的运行分支，生成或修改执行代码等。并且，调试器会对被调试进程的代码运行情况产生持续影响。换言之，缺少调试进程的前提下，仅凭被调试进程无法正常运行（编写程序时有意为之）。

57.2.5 调试器处理被调试进程中发生的异常

调试器-被调试者关系中，被调试进程中发生的所有异常均由调试器处理。被调试进程中故意触发某个异常（如：内存非法访问异常）时，若该异常未得到处理，则代码将无法继续运行，被调试进程中发生的异常必须在调试器进程中处理。

被调试进程中发生异常时，进程会暂停，控制权转移到调试进程。此时调试器可以修改被调试者的执行分支，此外也可以对被调试进程内部的加密代码解密，或者向寄存器、栈中存入某些特定值等（参考图57-2）。

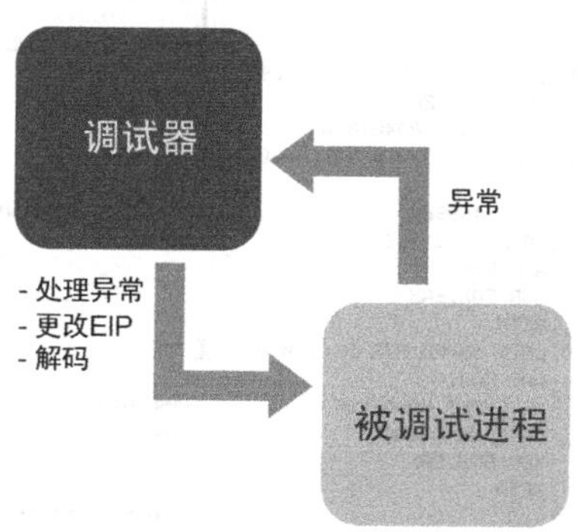

图57-2 DebugMe4.exe运行示意图

所以，代码逆向分析人员必须对调试进程分析调试，确定调试进程到底如何处理异常。只有这样才能准确获取被调试进程的运行代码。以上介绍的几个特征使Debug Blocker成为比较有效的反调试技术之一。

提示

读完以上说明后，各位脑海里一定会不禁产生疑问："调试 DebugMe4.exe 进程，直接分析其作为被调试进程运行时的代码不就行了吗？ 为什么非得费劲地去调试它这个进程呢？"如果分析代码这种方法可行，我们当然会这样做。但问题在于有时这样做是行不通的，此时就必须调试程序作为被调试者运行时的进程，这样才能准确分析。

57.3　调试练习：DebugMe4.exe

调试前先运行示例程序。如图57-1所示，示例程序运行时，父进程（Debugger）会在控制台窗口输出字符串"Parent Process"，而子进程（Debuggee）会在消息框输出字符串"Child Process"。观察程序运行时的行为动作可以大致了解DebugMe4.exe程序的功能。

提示

示例程序在 Windows XP、7（32 位）系统中正常运行。

57.4　第一次调试

先进行第一次调试，目的在于把握程序的整体结构。

57.4.1　选定调试的起始位置

由上面的运行结果可知，DebugMe4.exe是一个基于控制台的程序，根据已有经验，我们可以很容易地判断出它的调试起始位置为main()函数。此外，查找程序的核心代码时经常使用的方法还有：①借助程序内部使用的"字符串"；②预测程序中调用的Win32 API并设置断点。

57.4.2　main()

在OllyDbg调试器中打开DebugMe4.exe程序文件，调试运行至main()函数，如图57-3所示。

```
00401000  $  68 C0994000    PUSH 4099C0                      MutexName = "ReverseCore:DebugMe4"
00401005  .  6A 00          PUSH 0                           InitialOwner = FALSE
00401007  .  6A 00          PUSH 0                           pSecurity = NULL
00401009  .  FF15 04804000  CALL DWORD PTR DS:[408004]       CreateMutexW
0040100F  .  85C0           TEST EAX,EAX
00401011  .v 75 17          JNZ SHORT 0040102A               0040102A
00401013  .  FF15 1C804000  CALL DWORD PTR DS:[40801C]       GetLastError
00401019  .  50             PUSH EAX
0040101A  .  68 EC994000    PUSH 4099EC                      ASCII "CreateMutex() failed! [%d]\n"
0040101F  .  E8 21030000    CALL 00401345                    00401345
00401024  .  83C4 08        ADD ESP,8
00401027  .  33C0           XOR EAX,EAX
00401029  .  C3             RETN
0040102A  >  FF15 1C804000  CALL DWORD PTR DS:[40801C]       GetLastError
00401030  .  3D B7000000    CMP EAX,0B7
00401035  .v 74 08          JE SHORT 0040103F                0040103F
00401037  .  E8 24000000    CALL 00401060                    00401060
0040103C  .  33C0           XOR EAX,EAX
0040103E  .  C3             RETN
0040103F  >  8DC0           LEA EAX,EAX                      Illegal use of register
00401041     15             DB 15
00401042     7F             DB 7F
00401043     17             DB 17
00401044     77             DB 77                            CHAR 'w'
```

图57-3　DebugMe4.exe的main()函数

main() 函数的代码非常简单。先调用CreateMutexW() API创建名称为"ReverseCore:

DebugMe4"的互斥体对象（Mutex）。

```
00401009    CALL DWORD PTR DS:[408004]     ; CreateMutexW()
```

CreateMutexW() API正常返回后，调用GetLastError()获取Last Error，再将其与B7（ERROR_ALREADY_EXISTS）比较。

```
0040102A    CALL DWORD PTR DS:[40801C]     ; GetLastError()
00401030    CMP EAX,0B7
```

以上代码通过互斥体对象来检测进程是否重复运行。DebugMe4.exe作为父进程运行并正常创建名为"ReverseCore: DebugMe4"的互斥体对象后，Last Error值为0。但其作为子进程运行时，由于父进程中已经创建并存在同名互斥体对象，所以Last Error值为B7。利用这一原理，我们可以判断出DebugMe4.exe进程是以父进程形式运行，还是以子进程形式运行。若以父进程形式运行（初次创建互斥体对象，Last Error=0），则转到401037地址处；若以子进程形式运行（存在同名互斥体，Last Error=B7），则转到40103F地址处。

```
00401035    JE SHORT 0040103F              ;  0040103F
00401037    CALL 00401060                  ;  00401060
0040103C    XOR EAX,EAX
0040103E    RETN
0040103F    LEA EAX,EAX                    ;  Illegal use of register
00401041    DB 15
00401042    DB 7F
```

由于程序当前以父进程形式运行，所以会调用401060地址处的函数。401060地址处的函数代码相当长，简单浏览函数代码，确定图57-1中出现的子进程是以何种方式创建的（后面将详细调试），如图57-4所示。

```
00401160 . 50      PUSH EAX                          ┌pProcessInfo = 0012F980
00401161 . 8D4C2   LEA ECX,DWORD PTR SS:[ESP+24]     │
00401165 . 51      PUSH ECX                          │pStartupInfo = 0012F990
00401166 . 56      PUSH ESI                          │CurrentDir = NULL
00401167 . 56      PUSH ESI                          │pEnvironment = NULL
00401168 . 6A 03   PUSH 3                            │CreationFlags = DEBUG_PROCESS|DEBUG_ONLY_THIS_PROCESS
0040116A . 56      PUSH ESI                          │InheritHandles = FALSE
0040116B . 56      PUSH ESI                          │pThreadSecurity = NULL
0040116C . 56      PUSH ESI                          │pProcessSecurity = NULL
0040116D . 8D942   LEA EDX,DWORD PTR SS:[ESP+3D8     │
00401174 . 52      PUSH EDX                          │CommandLine = "c:\\work\\DebugMe4.exe"
00401175 . 56      PUSH ESI                          │ModuleFileName = NULL
00401176 . FF15    CALL DWORD PTR DS:[40800C]        └CreateProcessW
```

图57-4 调用CreateProcessW()

跟踪进入401060函数，遇到调用CreateProcessW()函数的代码，该函数使用DEBUG_PROCESS|DEBUG_ONLY_THIS_PROCESS参数（调试模式）创建自身进程。DebugMe4.exe以子进程形式运行自身进程，以Debug模式运行后，父进程为调试器，子进程为被调试者。最后，将以上内容归纳如下：

- 通过名为"ReverseCore: DebugMe4"的互斥体对象区分父进程与子进程；
- 父子进程中存在执行分支代码（父进程：401037，子进程：40103F）；
- 父子进程的关系为调试器与被调试者的关系。

我们通过第一次调试大致把握了程序的运行结构，下面仔细调试程序的各项功能。

57.5 第二次调试

应用了Debug Blocker技术的程序中，核心代码一般都在子进程（Debuggee）中运行。接下来，我们操纵基于互斥体的条件分支，调试要在子进程形式下运行的代码（其实，只要掌握这部分代码就可以了，其他代码不怎么重要）。在OllyDbg调试器中按Ctrl+F2快捷键，重启对DebugMe4.exe的调试，然后在401035地址处设置断点，运行DebugMe4.ex程序，如图57-5所示。

```
00401035  .v 74 08        JE SHORT 0040103F     Registers (FPU)
00401037  .  E8 24000000  CALL 00401060         EAX 00000000
0040103C  .  33C0         XOR EAX,EAX           ECX 7FFDF000
0040103E  .  C3           RETN                  EDX 00000000
0040103F  > >8DC0         LEA EAX,EAX           EBX 7FFD6000
00401041     15           DB 15                 ESP 0012FF44
00401042     7F           DB 7F                 EBP 0012FF88
00401043     17           DB 17                 ESI 00000000
00401044     77           DB 77                 EDI 00000000
00401045     E5           DB E5
00401046     3F           DB 3F                 EIP 00401035 DebugMe4.00401035
00401047     7F           DB 7F
00401048     F2           DB F2                 C 1  ES 0023 32bit 0(FFFFFFFF)
00401049     BF           DB BF                 P 0  CS 001B 32bit 0(FFFFFFFF)
0040104A     E5           DB E5                 A 1  SS 0023 32bit 0(FFFFFFFF)
0040104B     3F           DB 3F                 Z 1  DS 0023 32bit 0(FFFFFFFF)
0040104C     7F           DB 7F                 S 1  FS 003B 32bit 7FFDF000(FFF)
                                                T 0  GS 0000 NULL
```

图57-5　位于401035地址处的条件分支代码

在图57-5右侧的Registers窗口中使用鼠标双击ZF，将其修改为1。然后执行401035地址处的JE指令，跳转到40103F地址处（修改ZF标志强制跟踪子进程的执行分支）。下面看40103F地址处的指令代码：

```
40103F    8DC0    LEA EAX, EAX
```

执行以上指令就会触发ILLEGAL INSTRUCTION（非法指令）异常，表明指令错误。在IA-32用户手册中查看LEA指令的格式定义，如图57-6所示。

LEA—Load Effective Address

Opcode	Instruction	Op/En	64-Bit Mode	Compat/Leg Mode	Description
8D /r	LEA *r16*,*m*	A	Valid	Valid	Store effective address for *m* in register *r16*.
8D /r	LEA *r32*,*m*	A	Valid	Valid	Store effective address for *m* in register *r32*.
REX.W + 8D /r	LEA *r64*,*m*	A	Valid	N.E.	Store effective address for *m* in register *r64*.

图57-6　LEA（Load Effection Address，载入有效地址）指令格式

LEA指令的第一个操作数为寄存器（r16/r32/r64），第二个操作数为内存。常见的LEA指令形式如下：

```
LEA EAX, DWORD PTR DS:[12FF48]     ; EAX ← 12FF48
```

执行上述指令后，地址12FF48就被存储到EAX寄存器。

观察40103F地址处的指令（LEA EAX,EAX），其第二个操作数不是内存而是寄存器（EAX）（与EAX值无关），导致指令格式发生错误。通过IA-32操作码映射可以随意组合出类似的错误指令，CPU无法正常执行它们。代码逆向分析中，我们可以借助这些错误指令故意触发非法指令异常。在子进程（被调试者）中执行40103F地址处的错误指令（LEA EAX,EAX）时，就会触发非法指令异常，控制权将转移到父进程（调试器）。获得控制权后，父进程会处理子进程中发生的异常，同时还会做一些其他事情。在图57-5中观察从401041地址开始的指令，可以发现它们并不是正常形式的指令（OllyDbg无法反汇编这些代码），看上去就像是加了密的代码。我们只能大致猜想：父进程（调试器）获取控制权后可能会使用这些指令对加密的代码解密，或者将执行分支修改为其他地址。到这里，我们已经不能继续采用这种方式调试了。要继续调试程序，必须详细分析父进程（调试器）的运行代码，除此之外别无他法。第二次调试的结果整理如下：

- 子进程（被调试者）的运行代码中存在故意触发异常的代码；
- 后面代码为非正常代码（加密代码、数据、无意义的代码）；
- 必须详细分析父进程（调试器）的运行代码。

DebugMe4.exe程序制作者有意这样安排，使代码逆向分析人员无法顺利分析子进程（被调试者）的运行代码。

57.6 第三次调试

下面详细分析父进程（调试器）中的401060函数。重启OllyDbg调试器，进入401060函数，调试运行到40115C地址处。

```
...

0040115C    LEA EAX,DWORD PTR SS:[ESP+10]
00401160    PUSH EAX                          ; -pProcessInfo
00401161    LEA ECX,DWORD PTR SS:[ESP+24]
00401165    PUSH ECX                          ; -pStartupInfo
00401166    PUSH ESI                          ; -CurrentDir
00401167    PUSH ESI                          ; -pEnvironment
00401168    PUSH 3                            ; -CreationFlags = DEBUG_PROCESS |
                                                           DEBUG_ONLY_THIS_PROCESS
0040116A    PUSH ESI                          ; -InheritHandles
0040116B    PUSH ESI                          ; -pThreadSecurity
0040116C    PUSH ESI                          ; -pProcessSecurity
0040116D    LEA EDX,DWORD PTR SS:[ESP+3D8]
00401174    PUSH EDX                          ; -CommandLine
00401175    PUSH ESI                          ; -ModuleFileName
00401176    CALL DWORD PTR DS:[40800C]        ; CreateProcessW()
...

004011A9    PUSH 409A58                       ; ASCII "父进程\n"
004011AE    CALL 00401345                     ; printf()

...

004011C3    PUSH -1                           ; -Timeout
004011C5    LEA ECX,DWORD PTR SS:[ESP+6C]
004011C9    PUSH ECX                          ; -pDebugEvent
004011CA    CALL DWORD PTR DS:[408024]        ; WaitForDebugEvent()
...
```

401176地址处调用了CreateProcessW() API，以调试模式运行自身进程（DebugMe4.exe）。然后在4011CA地址处调用WaitForDebugEvent() API，等待被调试进程发生Debug事件。WaitForDebugEvent() API定义如下：

```
BOOL WINAPI WaitForDebugEvent(
  __out  LPDEBUG_EVENT lpDebugEvent,
  __in   DWORD dwMilliseconds
);
```

出处：MSDN

若调用WaitForDebugEvent() API，将在指定时间内（dwMilliseconds）等待被调试进程发生Debug事件（异常也是一种Debug事件）。被调试进程发生异常时，将返回WaitForDebugEvent() API，然后，相关异常信息就会填充到lpDebugEvent指针所指的DEBUG_EVENT结构体。下面仔细看看DEBUG_EVENT结构体。

```
typedef struct _DEBUG_EVENT {
  DWORD dwDebugEventCode;
  DWORD dwProcessId;
  DWORD dwThreadId;
  union {
    EXCEPTION_DEBUG_INFO      Exception;
    CREATE_THREAD_DEBUG_INFO  CreateThread;
    CREATE_PROCESS_DEBUG_INFO CreateProcessInfo;
    EXIT_THREAD_DEBUG_INFO    ExitThread;
    EXIT_PROCESS_DEBUG_INFO   ExitProcess;
    LOAD_DLL_DEBUG_INFO       LoadDll;
    UNLOAD_DLL_DEBUG_INFO     UnloadDll;
    OUTPUT_DEBUG_STRING_INFO  DebugString;
    RIP_INFO                  RipInfo;
  } u;
} DEBUG_EVENT, *LPDEBUG_EVENT;

// dwDebugEventCode
#define EXCEPTION_DEBUG_EVENT       1
#define CREATE_THREAD_DEBUG_EVENT   2
#define CREATE_PROCESS_DEBUG_EVENT  3
#define EXIT_THREAD_DEBUG_EVENT     4
#define EXIT_PROCESS_DEBUG_EVENT    5
#define LOAD_DLL_DEBUG_EVENT        6
#define UNLOAD_DLL_DEBUG_EVENT      7
#define OUTPUT_DEBUG_STRING_EVENT   8
#define RIP_EVENT                   9
```

出处：MSDN

dwDebugEventCode成员用来指示Debug事件类型，共有9种Debug事件。u成员保存着与各Debug事件对应的结构体（u成员为union类型，将9个结构体联合在一起）。比如，dwDebugEventCode=1（EXCEPTION_DEBUG_EVENT）时，u.Exception成员会被保存起来；dwDebugEventCode=3（CREATE_PROCESS_DEBUG_EVENT）时，u.CreateProcessInfo即被保存下来。如图57-7所示，继续调试程序到4011CA地址处。

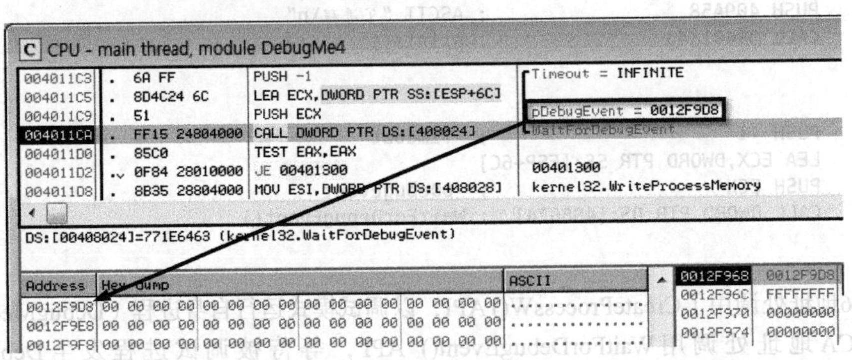

图57-7　调用WaitForDebugEvent()前的DEBUG_EVENT结构体

pDebugEvent所指地址为12F9D8。

提示

pDebugEvent所指地址随系统环境不同而不同。请在自己的系统环境中记下它所指的地址，继续跟踪调试就行了。

按F8键（StepOver）执行4011CA地址处的指令，调用WaitForDebugEvent() API，然后查看12F9D8地址中存储的值。

如图57-8所示，dwDebugEventCode值为3（CREATE_PROCESS_DEBUG_EVENT），它是被调试进程运行时最初发生的事件。继续往下调试接即可见到图57-9所示的条件分支代码。

```
Address  Hex dump                                         ASCII
0012F9D8 03 00 00 00 38 0E 00 00 84 0B 00 00 60 00 00 00  ♦...8♬..?..'...
0012F9E8 50 00 00 00 54 00 00 00 00 00 40 00 00 00 00 00  P...T.....@.....
0012F9F8 00 00 00 00 00 F0 FD 7F 8C 15 40 00 00 00 00 00  .....?@.....
0012FA08 01 00 00 00 00 00 00 00 00 00 00 00 00 00 00 00  ☺...............
0012FA18 00 00 00 00 00 00 00 00 00 00 00 00 00 00 00 00  ................
```

图57-8　调用WaitForDebugEvent() API后的DEBUG_EVENT结构体

```
004011F0 >  8B44 ┌MOV EAX,DWORD PTR SS:[ESP+68]        [ESP+68] = [12F9D8] = dwDebugEventCode
004011F4 .  83F8 │CMP EAX,1
004011F7 .v 0F85 │JNZ 004012C0                          004012C0
004011FD .  817C │CMP DWORD PTR SS:[ESP+74],C000001D
00401205 .v 0F85 │JNZ 004012C5                          004012C5
0040120B .  8B84 │MOV EAX,DWORD PTR SS:[ESP+80]         DebugMe4.00400000
00401212 .  3D 3 │CMP EAX,40103F
00401217 .v 0F85 │JNZ 00401299                          00401299
```

图57-9　比较dwDebugEventCode值

4011F0地址处的MOV指令中，[ESP+68]为12F9D8。将该值传送到EAX寄存器后，再在4011F4地址处的指令中将其与1（EXCEPTION_DEBUG_EVENT）比较。由于当前dwDebugEventCode值为3，所以将执行4011F7地址处的JNZ指令，跳转到4012C0地址处，如图57-10所示。

```
004012C0 >  83F8 CMP EAX,5
004012C3 .v 74 4 JE SHORT 00401314                    00401314
004012C5 >  8B44 MOV EAX,DWORD PTR SS:[ESP+70]
004012C9 .  8B4C MOV ECX,DWORD PTR SS:[ESP+6C]
004012CD .  68 0 PUSH 10002                           ┌ContinueStatus = DBG_CONTINUE
004012D2 .  50   PUSH EAX                             │ThreadId = 3
004012D3 .  51   PUSH ECX                             │ProcessId = 7FFDF000
004012D4 .  FF15 CALL DWORD PTR DS:[408020]           └ContinueDebugEvent
004012DA .  6A 6 PUSH 60
004012DC .  8D54 LEA EDX,DWORD PTR SS:[ESP+6C]
004012E0 .  6A 0 PUSH 0
004012E2 .  52   PUSH EDX
004012E3 .  E8 C CALL 00404FB0                        00404FB0
004012E8 .  83C4 ADD ESP,0C
004012EB .  6A F PUSH -1                              ┌Timeout = INFINITE
004012ED .  8D44 LEA EAX,DWORD PTR SS:[ESP+6C]        │
004012F1 .  50   PUSH EAX                             │pDebugEvent = 0012F9D8
004012F2 .  FF15 CALL DWORD PTR DS:[408024]           └WaitForDebugEvent
004012F8 .  85C0 TEST EAX,EAX
004012FA .^ 0F85 └JNZ 004011F0                         004011F0
```

图57-10　比较dwDebugEventCode值

在4012C0地址处再次将EAX（dwDebugEventCode）值与5（EXIT_PROCESS_DEBUG_EVENT）比较。由于当前EAX值为3，所以跳过4012C3地址处的JE指令，继续执行。在4012D4地址处调用ContinueDebugEvent() API，继续运行处于暂停状态的被调试进程。然后调用4012F2地址处的WaitForDebugEvent() API，进入等待状态，等待被调试进程发生Debug事件。再次发生Debug事件时，就转到图57-9中的4011F0地址处（4011F0~4012FA地址间的代码为循环代码）。观察图57-9中4011F0~4011F7地址间的指令代码可知，该循环用来等待来自被调试者的EXCEPTION_DEBUG_EVENT(1)异常。只要集中调试这种情况就可以了，最简单的方法就是，先在4011FD地址处设置断点(F2)，再按F9键运行。被调试者中发生EXCEPTION_DEBUG_EVENT(1)时，循环就会准确停在4011FD地址处。另外一种方法是，在4011FD地址处设置条件记录（Conditional Log）断点（SHIFT+F4），输出用户日志，然后根据条件停止运行。这一方法有助于把握整个程序的工作原理，使程序调试更加轻松，唯一的不足是调试耗费时间较长，后面会详细介绍。

57.7　第四次调试

下面借助OllyDbg的CLBP（条件记录断点）功能分析4011F0~4012FA地址间循环代码的执行流程。首先输出被调试者中发生的所有Debug事件。重启OllyDbg调试器后，通过Go To Expression（快捷键CTRL+G）命令转到4011F0地址处，如图57-11所示。

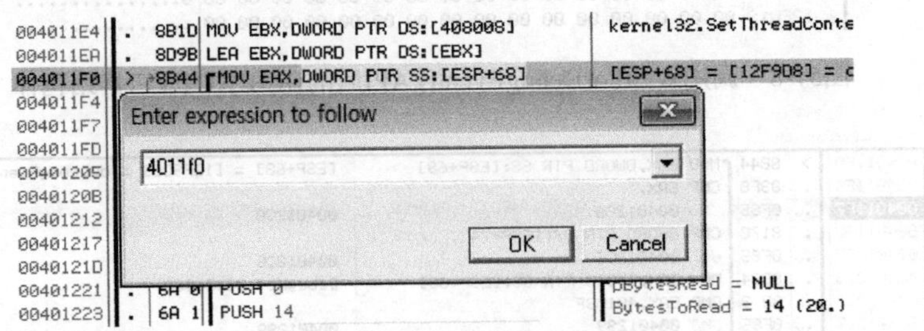

图57-11　转到4011F0地址

光标移到4011F0地址处后，按SHIFT+F4快捷键，打开设置CLBP对话框，如图57-12所示。

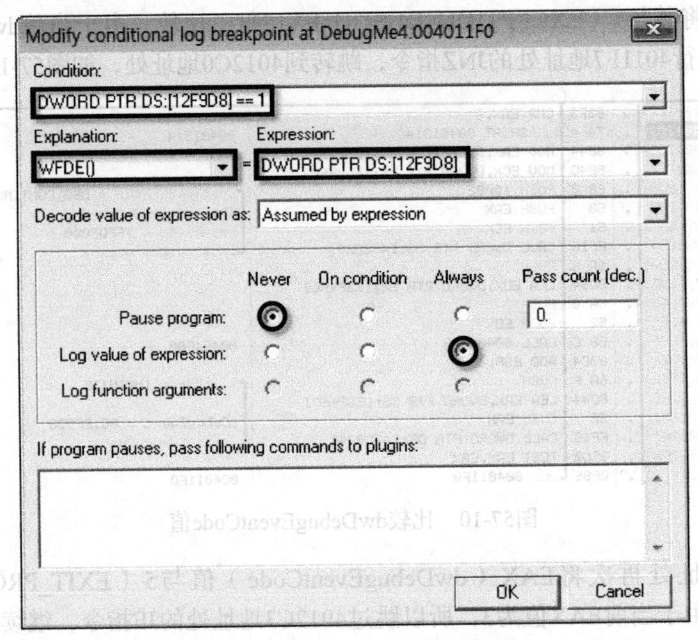

图57-12　在4011F0地址处设置CLBP

图57-12即为设置CLBP的对话框。

Condition项用来输入所需条件（该项可选）。在图57-12中输入条件表达式，检测dwDebugEventCode是否为1（EXCEPTION_DEBUG_EVENT）（12F9D8是在图57-7中获取的DEBUG_EVENT结构体的起始地址。DWORD PTR DS:[12F9D8]表示DEBUG_EVENT.dwDebugEventCode成员）。

Explanation与Expression项用来输入要输出至Log窗口中的内容。

将Pause program项设置为Never时，程序将会一直执行到最后。将Log value of expression项设置为Always时，总是输出日志，不受指定条件的约束。

在设置CLBP对话框中进行相应设置后，单击OK按钮，即在相应地址处（4011F0）设置好CLBP，显示为粉红色，以便与红色的断点区分开来。Breakpoints窗口的Active栏显示出图57-12中Explanation项的内容（参考图57-13）。然后执行OllyDbg调试器中的“Run”命令（F9键），使DebugMe4.exe正常运行，输出图57-14所示的运行日志。

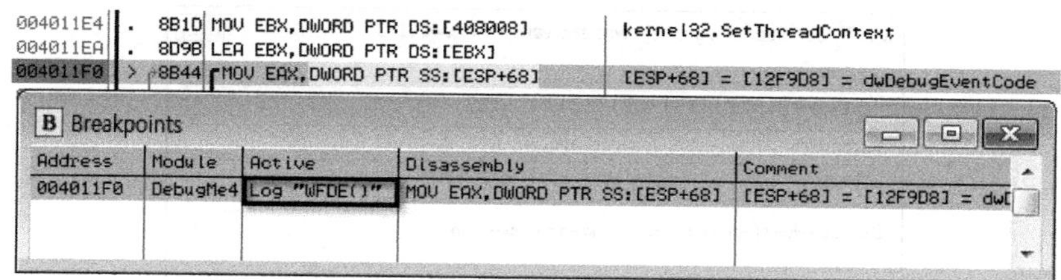

图57-13 设置在4011F0地址处的CLBP

观察图57-14中的输出日志可以看到，被调试进程中共发生3次EXCEPTION_DEBUG_EVENT(1)（日志的大部分为LOAD_DLL_DEBUG_EVENT(6)）。

L Log data

Address	Message
0040158C	Program entry point
75F30000	Module C:\Windows\system32\MSCTF.dll
004011F0	COND: WFDE() = 00000003
004011F0	COND: WFDE() = 00000006
004011F0	COND: WFDE() = 00000006
004011F0	COND: WFDE() = 00000006
004011F0	COND: WFDE() = 00000006
004011F0	COND: WFDE() = 00000006
004011F0	COND: WFDE() = 00000006
004011F0	COND: WFDE() = 00000006
004011F0	COND: WFDE() = 00000006
004011F0	COND: WFDE() = 00000001
004011F0	COND: WFDE() = 00000006
004011F0	COND: WFDE() = 00000006
004011F0	COND: WFDE() = 00000001
004011F0	COND: WFDE() = 00000001
004011F0	COND: WFDE() = 00000006
004011F0	COND: WFDE() = 00000006
004011F0	COND: WFDE() = 00000006
004011F0	COND: WFDE() = 00000006
004011F0	COND: WFDE() = 00000006
004011F0	COND: WFDE() = 00000006
004011F0	COND: WFDE() = 00000006
004011F0	COND: WFDE() = 00000006
004011F0	COND: WFDE() = 00000006
004011F0	COND: WFDE() = 00000006
004011F0	COND: WFDE() = 00000006
004011F0	COND: WFDE() = 00000006
004011F0	COND: WFDE() = 00000006
004011F0	COND: WFDE() = 00000006
004011F0	COND: WFDE() = 00000006
004011F0	COND: WFDE() = 00000002
004011F0	COND: WFDE() = 00000006
004011F0	COND: WFDE() = 00000006
004011F0	COND: WFDE() = 00000002
004011F0	COND: WFDE() = 00000002
004011F0	COND: WFDE() = 00000002
004011F0	COND: WFDE() = 00000004
004011F0	COND: WFDE() = 00000004
004011F0	COND: WFDE() = 00000004

图57-14 运行日志

提示

如图57-12所示，在设置CLBP对话框中将Pause program设置为Never，DebugMe4.exe程序就会正常运行到最后，而不会在中间暂停。CLBP是一个非常有用的功能，它让程序调试更加方便。希望各位尝试在不同地址上设置它，并设置各种不同条件详细了解、掌握该功能。

57.8　第五次调试

下面集中调试EXCEPTION_DEBUG_EVENT(1)事件。重启OllyDbg调试器，在4011F0地址处设置CLBP，如图57-15所示。

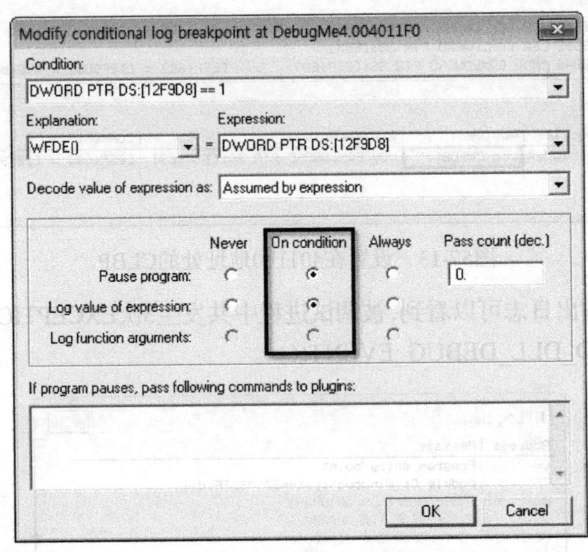

图57-15　设置CLBP选项

在Pause program项中点选On condition，满足指定条件时，程序将暂停。在Log value of expression项中点选On condition，只有满足指定条件时，才会输出运行日志。

57.8.1　系统断点

设置好CLBP后，按F9键执行OllyDbg的"RUN"命令。dwDebugEventCode=1（EXCEPTION_DEBUG_EVENT）时，程序将停在4011F0地址处。继续跟踪运行至4011FD地址处（参考图57-16）。

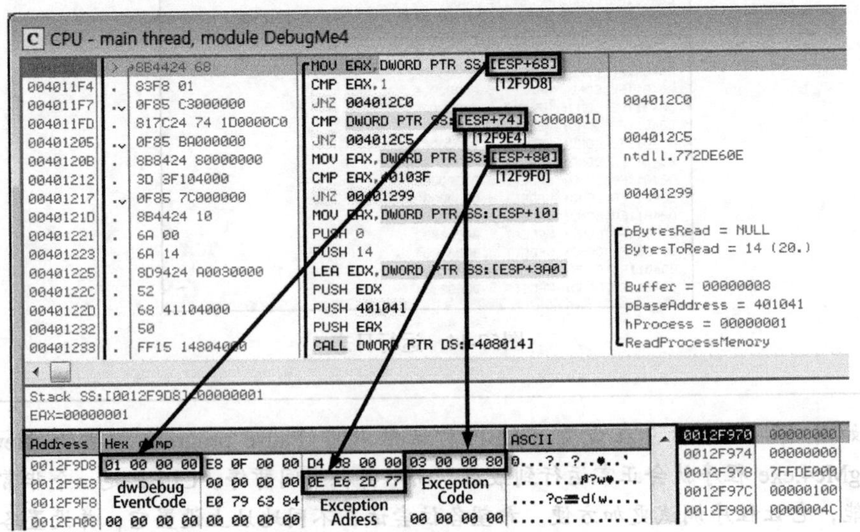

图57-16　比较ExceptionCode

图57-16的代码中用到的内存地址如下所示：

```
[ESP+68] = [12F9D8] = DEBUG_EVENT.dwDebugEventCode
[ESP+74] = [12F9E4] = DEBUG_EVENT.EXCEPTION_DEBUG_INFO.EXCEPTION_RECORD.
                      ExceptionCode
[ESP+80] = [12F9F0] = DEBUG_EVENT.EXCEPTION_DEBUG_INFO.EXCEPTION_RECORD.
                      ExceptionAddress
```

这意味着当前被调试进程在772DE60E（ExceptionAddress）地址处发生了80000003（ExceptionCode-EXCEPTION_BREAKPOINT）异常。查看772DE60E地址处的指令可以看到，它是ntdll.dll模块的系统断点。程序以被调试者身份运行时，必定会触发该异常，如图57-17所示。

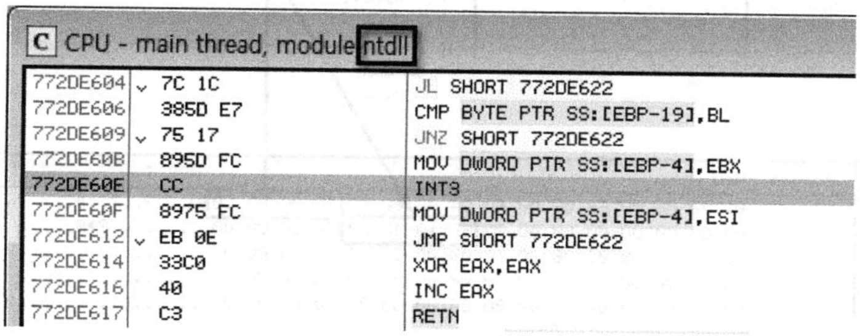

```
C CPU - main thread, module ntdll
772DE604  7C 1C      JL SHORT 772DE622
772DE606  385D E7    CMP BYTE PTR SS:[EBP-19],BL
772DE609  75 17      JNZ SHORT 772DE622
772DE60B  895D FC    MOV DWORD PTR SS:[EBP-4],EBX
772DE60E  CC         INT3
772DE60F  8975 FC    MOV DWORD PTR SS:[EBP-4],ESI
772DE612  EB 0E      JMP SHORT 772DE622
772DE614  33C0       XOR EAX,EAX
772DE616  40         INC EAX
772DE617  C3         RETN
```

图57-17 系统断点

系统断点并不是我们关心的，按F9键继续运行程序。

提示

EXCEPTION_DEBUG_INFO与EXCEPTION_RECORD结构体的定义如下：

```
typedef struct _EXCEPTION_DEBUG_INFO {
  EXCEPTION_RECORD ExceptionRecord;
  DWORD            dwFirstChance;
} EXCEPTION_DEBUG_INFO, *LPEXCEPTION_DEBUG_INFO;

typedef struct _EXCEPTION_RECORD {
  DWORD                    ExceptionCode;
  DWORD                    ExceptionFlags;
  struct _EXCEPTION_RECORD *ExceptionRecord;
  PVOID                    ExceptionAddress;
  DWORD                    NumberParameters;
  ULONG_PTR                ExceptionInformation[EXCEPTION_MAXIMUM_PARAMETERS];
} EXCEPTION_RECORD, *PEXCEPTION_RECORD;
```

出处：MSDN

DEBUG_EVENT结构体的起始地址为pDebugEvent（12F9D8），pDebugEvent→dwDebugEventCode=EXCEPTION_DEBUG_EVENT(1)时，有如下关系：

ExceptionCode=pDebugEvent+C=[12F9D8+C]=[12F9E4]=80000003

ExceptionAddress=pDebugEvent+18=[12F9D8+18]=[12F9F0]=772DE60E

对于上述结构体（DEBUG_EVENT、EXCEPTION_DEBUG_INFO、EXCEPTION_RECORD）的主要成员（dwDebugEventCode、ExceptionCode、ExceptionAddress）与图57-16中实际内存缓冲间的映射关系，大家刚开始可能觉得比较难理解。希望各位仔细查看实际结构体的定义，熟悉并掌握其结构。

57.8.2 EXCEPTION_ILLEGAL_INSTRUCTION(1)

程序运行再次停在4011F0地址处，如图57-18所示。

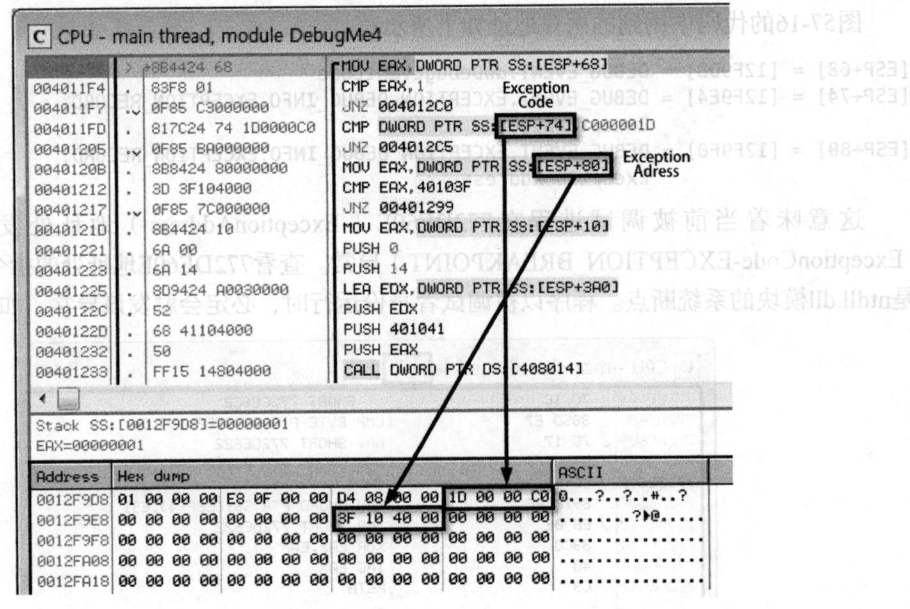

图57-18　40103F地址处发生EXCEPTION_ILLEGAL_INSTRUCTION异常

如图57-18所示，ExceptionCode=C000001D（EXCEPTION_ILLEGAL_INSTRUCTION），ExceptionAddress=40103F。这表明被调试进程的40103F地址处发生了EXCEPTION_ILLEGAL_INSTRUCTION错误。第二次调试中，我们已经知道40103F地址处的指令为LEA EAX,EAX（见图57-3、图57-5），这是条错误指令。被调试进程遇到40103F处的错误指令时，就会触发非法指令异常。图57-18代码中有3个条件分支代码，如下所示：

```
004011F0    MOV EAX,DWORD PTR SS:[ESP+68]
004011F4    CMP EAX,1                               ; 1) dwDebugEventCode == 1
004011F7    JNZ 004012C0
004011FD    CMP DWORD PTR SS:[ESP+74],C000001D  ; 2) ExceptionCode ==
                                                     C000001D
00401205    JNZ 004012C5
0040120B    MOV EAX,DWORD PTR SS:[ESP+80]
00401212    CMP EAX,40103F                          ; 3) ExceptionAddress ==
                                                     40103F
00401217    JNZ 00401299
0040121D    MOV EAX,DWORD PTR SS:[ESP+10]
...
```

若3个条件都满足，则执行40121D地址处的指令代码（只要有一个条件不满足，就跳转到其他地方）。由此可见，第一个EXCEPTION_ILLEGAL_INSTRUCTION异常发生后，就会执行40121D地址处的指令代码。并且出现了一段很明显的代码，用来处理被调试进程中的异常并再次运行它（稍后将详细分析）。从图57-14（第四次调试）中可以知道，EXCEPTION_DEBUG_EVENT共发生了3次，所以后面应该还有1次EXCEPTION_DEBUG_EVENT。接下来按F9键继续运行。

57.8.3 EXCEPTION_ILLEGAL_INSTRUCTION(2)

第三个EXCEPTION_DEBUG_EVENT发生于401048地址处，ExceptionCode与之前相同，为EXCEPTION_ILLEGAL_INSTRUCTION。由图57-5可知，401048地址处的指令并非正常形式的IA-32指令，看上去像是加密后的代码。图57-19中，401212~401217地址处的CMP/JNZ指令组合

（条件分支语句）使程序执行跳转到401299地址处。也就是说，发生第二个EXCEPTION_ILLEGAL_INSTRUCTION异常后，会运行401299地址处的指令代码。在此状态下运行OllyDbg调试器的“RUN”（F9）命令将弹出消息框，显示字符串“Child Process”，如图57-1所示（表明被调试进程得以正常运行）。

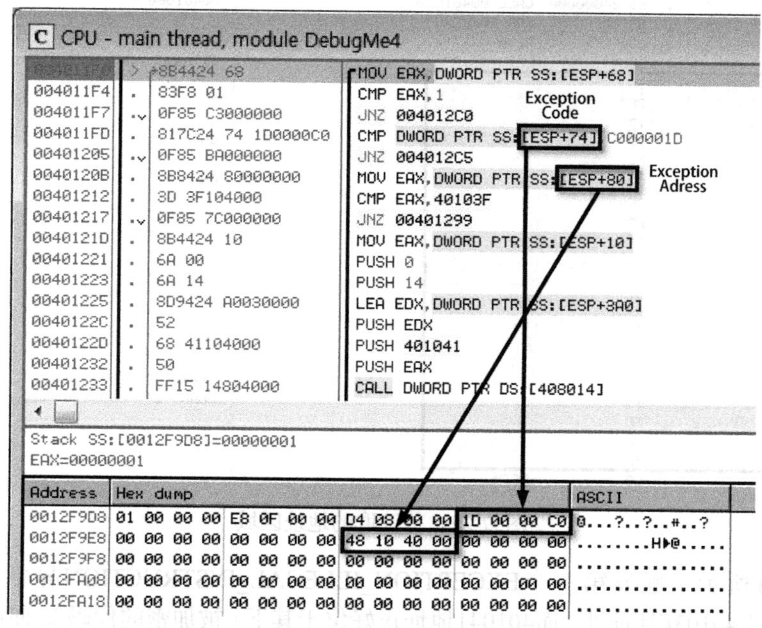

图57-19 401048地址处发生EXCEPTION_ILLEGAL_INSTRUCTION

综合以上分析得知，被调试进程中共发生2次EXCEPTION_ILLEGAL_INSTRUCTION异常，之后程序分别跳转到调试器进程中的40121D、401299地址处，继续执行代码。接下来，只要调试这2处代码就能准确把握程序的工作原理。

57.9 第六次调试

下面开始调试DebugMe4.exe进程的核心代码（40121D、401299）。

57.9.1 40121D（第一个异常）

如前所述，发生第一个EXCEPTION_ILLEGAL_INSTRUCTION异常时，将执行40121D地址处的代码。下面先调试该地址处的代码。重启OllyDbg调试器（快捷键Ctrl+F2），在40121D地址处设置断点，再按F9键运行。程序停在40121D地址处，继续跟踪调试到401233地址处，遇到调用ReadProcessMemory() API的代码，如图57-20所示。

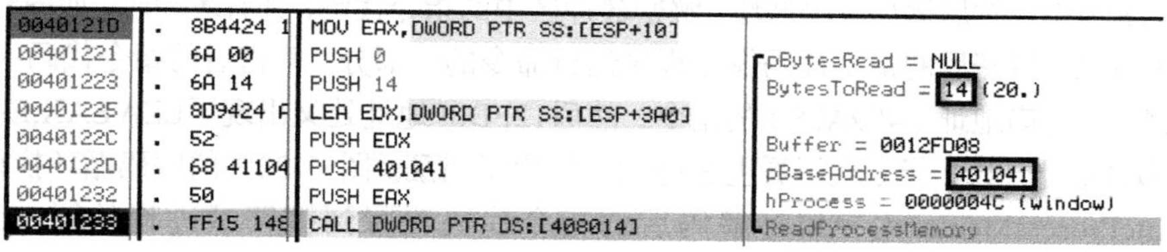

```
0040121D  .  8B4424 1   MOV EAX,DWORD PTR SS:[ESP+10]
00401221  .  6A 00      PUSH 0                           pBytesRead = NULL
00401223  .  6A 14      PUSH 14                          BytesToRead = 14 (20.)
00401225  .  8D9424 A   LEA EDX,DWORD PTR SS:[ESP+3A0]
0040122C  .  52         PUSH EDX                         Buffer = 0012FD08
0040122D  .  68 41104   PUSH 401041                      pBaseAddress = 401041
00401232  .  50         PUSH EAX                         hProcess = 0000004C (window)
00401233  .  FF15 148   CALL DWORD PTR DS:[408014]       ReadProcessMemory
```

图57-20 调用ReadProcessMemory() API

在401233地址处调用ReadProcessMemory() API，从被调试进程的401041地址处读取14H字节大小（即20个字节）的数据（待读取的地址区域为图57-21中黑色粗线框内的部分）。

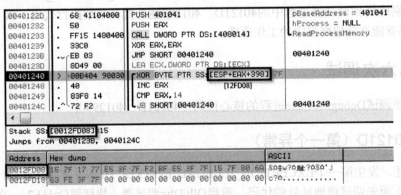

```
0040102A  >  FF15 1C804000  CALL DWORD PTR DS:[40801C]   GetLastError
00401030  .  3D B7000000    CMP EAX,0B7
00401035  .v 74 08          JE SHORT 0040103F            0040103F
00401037  .  E8 24000000    CALL 00401060                00401060
0040103C  .  33C0           XOR EAX,EAX
0040103E  .  C3             RETN
0040103F  >  8DC0           LEA EAX,EAX                  Illegal use of register
00401041     15             DB 15
00401042     7F             DB 7F
00401043     17             DB 17
00401044     77             DB 77                        CHAR 'w'
00401045     E5             DB E5
00401046     3F             DB 3F                        CHAR '?'
00401047     7F             DB 7F
00401048     F2             DB F2
00401049     BF             DB BF
0040104A     E5             DB E5
0040104B     3F             DB 3F                        CHAR '?'
0040104C     7F             DB 7F
0040104D     15             DB 15
0040104E     7F             DB 7F
0040104F     80             DB 80
00401050     6A             DB 6A                        CHAR 'j'
00401051     63             DB 63                        CHAR 'c'
00401052     FE             DB FE
00401053     3F             DB 3F                        CHAR '?'
00401054     7F             DB 7F
00401055  .  C3             RETN
```

图57-21　待读取的地址区域

如图57-21所示，触发第一个EXCEPTION_ILLEGAL_INSTRUCTION异常的指令（LEA EAX,EAX）位于40103F地址处，而401041地址正好位于其下（被加密的代码）。使用StepOver（快捷键F8）命令执行完调用ReadProcessMemory() API的指令后，在401240地址处见到XOR解码循环（用7F进行XOR操作），如图57-22所示。

```
0040122D  .  68 41104000    PUSH 401041                        pBaseAddress = 401041
00401232  .  50             PUSH EAX                           hProcess = NULL
00401233  .  FF15 1480400   CALL DWORD PTR DS:[408014]         ReadProcessMemory
00401239  .  33C0           XOR EAX,EAX
0040123B  .v EB 03          JMP SHORT 00401240                 00401240
0040123D     8D49 00        LEA ECX,DWORD PTR DS:[ECX]
00401240  >  80B404 98030   XOR BYTE PTR SS:[ESP+EAX+398],7F
                                             [12FD08]
00401248  .  40             INC EAX
00401249  .  83F8 14        CMP EAX,14
0040124C  .^ 72 F2          JB SHORT 00401240                  00401240

Stack SS:[0012FD08]=15
Jumps from 0040123B, 0040124C

Address   Hex dump                                          ASCII
0012FD08  15 7F 17 77 E5 3F 7F F2 BF E5 3F 7F 15 7F 80 6A  §⌂‡w?⌂?⌂§⌂'j
0012FD18  63 FE 3F 7F 00 00 00 00 00 00 00 00 00 00 00 00  c?⌂.........
```

图57-22　解码循环

首先调用ReadProcessMemory() API，将读取的指令代码（处于加密状态）放入缓冲区（12FD08~12FD1B），然后运行解码循环，解密缓冲区中的指令代码，查看缓冲区，如图57-23所示。

从图中看到，解密后的指令代码像是程序运行命令的一部分。解密后的指令代码中，先引用“DebugMe4”字符串地址（409A08）的指令，然后12FD0F地址处又出现了LEA EAX,EAX非法指令，从12FD11地址开始，指令代码看上去好像又发生了错乱。图57-22中的解码循环执行完毕后，再调用WriteProcessMemory() API将解码后的指令代码覆写到被调试进程的同一地址空间（401041~401054），如图57-24所示。

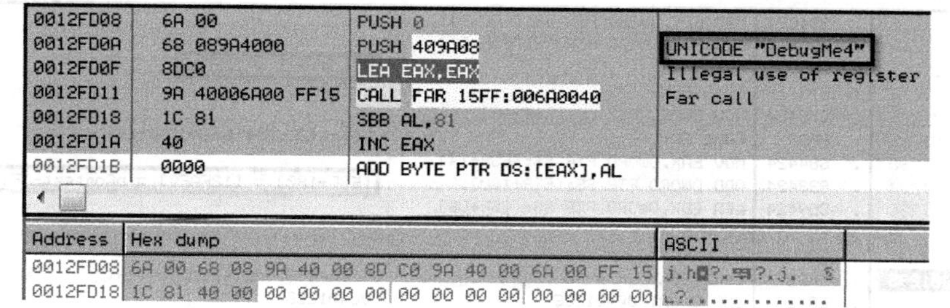

图57-23 解密后的指令代码（Decoded code）

```
00401240  >  80B404   ┌XOR BYTE PTR SS:[ESP+EAX+398],7F
00401248  .  40       │INC EAX
00401249  .  83F8 1   │CMP EAX,14
0040124C  .^ 72 F2    └JB SHORT 00401240                   00401240
0040124E  .  8B5424   MOV EDX,DWORD PTR SS:[ESP+10]
00401252  .  6A 00    PUSH 0                               -pBytesWritten = NULL
00401254  .  6A 14    PUSH 14                              -BytesToWrite = 14 (20.)
00401256  .  8D8C24   LEA ECX,DWORD PTR SS:[ESP+3A0]
0040125D  .  51       PUSH ECX                             -Buffer = 12FD08
0040125E  .  68 411   PUSH 401041                          -pBaseAddress = 401041
00401263  .  52       PUSH EDX                             -hProcess = 00000014
00401264  .  FFD6     CALL ESI                             kernel32.WriteProcessMemory

Address   Hex dump                                         ASCII
0012FD08  6A 00 68 08 9A 40 00 8D C0 9A 40 00 6A 00 FF 15
0012FD18  1C 81 40 00 00 00 00 00 00 00 00 00 00 00 00 00
```

图57-24 WriteProcessMemory() API

从被调试进程的角度看，加密地址区域（401041~401054）已经被解密了。

提示

在图 57-24 中调用执行 401264 地址处的 WriteProcessMemory() API 后，被调试进程的 401041 地址区域如图 57-25 所示。

```
0040103F  >  8DC0             LEA EAX,EAX                Illegal use of register
00401041     6A 00            PUSH 0
00401043     68 089A4000      PUSH 409A08                UNICODE "DebugMe4"
00401048     8DC0             LEA EAX,EAX                Illegal use of register
0040104A     9A 40006A00 FF15 CALL FAR 15FF:006A0040     Far call
00401051     1C 81            SBB AL,81
00401053     40               INC EAX                    DebugMe4.00401048
00401054     00C3             ADD BL,AL
```

图57-25 解码后的指令代码

继续调试。如图57-26所示，401266~401295地址间的指令代码用于修改被调试进程的EIP值（准确地说，是主线程上下文的EIP值）。

在40127E地址处调用GetThreadContext() API，读取被调试进程的主线程的CONTEXT结构体，并将读到的数据信息放入其第二个参数pContext指示的缓冲区（pContext=12FA38）。

当前被调试进程的EIP地址为40103F（发生第一个EXCEPTION_ILLEGAL_INSTRUCTION异常的地址）。401284地址处的ADD指令将当前EIP值加2，存入pContext→Eip，此时其值为401041。这样就处理了被调试进程40103F地址处发生的EXCEPTION_ILLEGAL_INSTRUCTION异常。

```
00401266  .  8B4C24  MOV ECX,DWORD PTR SS:[ESP+14]
0040126A  .  8D8424  LEA EAX,DWORD PTR SS:[ESP+C8]
00401271  .  50      PUSH EAX                         -pContext = 12FA38
00401272  .  51      PUSH ECX                         -hThread
00401273  .  C78424  MOV DWORD PTR SS:[ESP+D0],10007
0040127E  .  FFD7    CALL EDI                         kernel32.GetThreadContext
00401280  .  8B4424  MOV EAX,DWORD PTR SS:[ESP+14]
00401284  .  838424  ADD DWORD PTR SS:[ESP+180],2     [ESP+180] = [12FAF0] = pContext->Eip
0040128C  .  8D9424  LEA EDX,DWORD PTR SS:[ESP+C8]
00401293  .  52      PUSH EDX
00401294  .  50      PUSH EAX
00401295  .  FFD3    CALL EBX                         kernel32.SetThreadContext
00401297  .v EB 2C   JMP SHORT 004012C5               004012C5

Address   Hex dump                                          ASCII
0012FA38  07 00 01 00 00 00 00 00 00 00 00 00 00 00 00 00  ..0.............
0012FA48  00 00 00 00 00 00 00 00 00 00 00 00 00 00 00 00  ................
0012FA58  00 00 00 00 00 00 00 00 00 00 00 00 00 00 00 00  ................
0012FA68  00 00 00                                00 00 00 00  ................
0012FA78  00 00 00            上下文              00 00 00 00  ................
0012FA88  00 00 00 00 00 00 00 00 00 00 00 00 00 00 00 00  ................
0012FA98  00 00 00 00 00 00 00 00 00 00 00 00 00 00 00 00  ................
0012FAA8  00 00 00 00 00 00 00 00 00 00 00 00 00 00 00 00  ................
0012FAB8  00 00 00 00 00 00 00 00 00 00 00 00 00 00 00 00  ................
0012FAC8  3B 00 00 00 23 00 00 00 23 00 00 00 00 00 00 00  ;...#...#.......
0012FAD8  00 00 00 00 00 B0 FD 7F B7 00 00 00 00 F0 FD 7F  .....?.......
0012FAE8  B7 00 00 00 88 FF 12 00 41 10 40 00 1B 00 00 00  ?..?$.A?@.+...
0012FAF8  46 02 01 00 44 FF 12 0( CONTEXT.Eip 00 00 00 00  F?0.D  $.#.....
0012FB08  00 00 00 00 00 00 00 00 00 00 00 00 00 00 00 00  ................
```

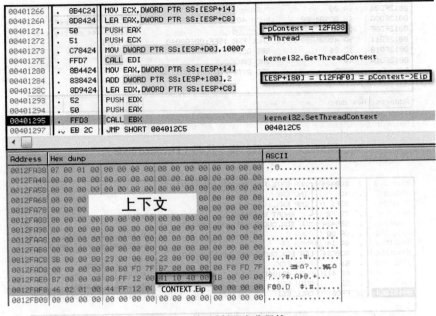

图57-26　修改被调试进程的EIP

提示

原Eip值为40103F，对应指令为LEA EAX,EAX，该指令长度为2个字节。所以将Eip值加2后，即可跳过非正常指令LEA EAX,EAX。最后，控制权再次转移到被调试进程后，就会执行401041地址处的正常指令代码（解密后的指令代码）。也就是说，被调试进程中发生的异常得到了处理。

在图57-26中401295地址处调用SetThreadContext() API，向Eip中放入新值（401041），然后跳转到4012C5地址处继续执行，如图57-27所示。

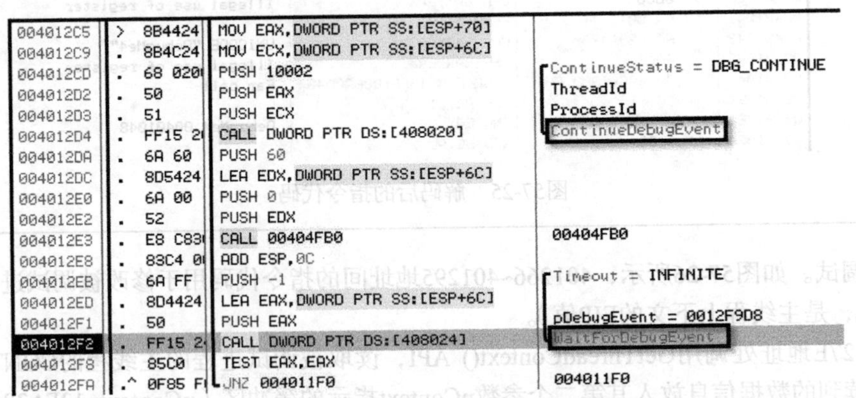

图57-27　调用WaitForDebugEvent() API

在4012D4地址处调用ContinueDebugEvent() API，使处于暂停状态的被调试进程再次运行起来（被调试进程运行401041地址处的代码）。然后再调用4012F2地址处的WaitForDebugEvent() API，进入等待状态，等待被调试进程发生Debug事件。

综上所述，被调试进程中发生第一个EXCEPTION_ILLEGAL_INSTRUCTION异常时，就会执行调试进程中的处理代码（40121D）。为了帮助各位更好地理解上述过程，我将40121D地址处代码的执行流程整理如下：

1. 普通异常（被调试者/被调试进程）

首先，在被调试进程的40103F地址处，由LEA EAX,EAX指令触发EXCEPTION_ILLEGAL_INSTRUCTION异常。此时被调试进程暂停，将控制权转移给调试进程（更准确地说，返回调试进程中调用的WaitForDebugEvent() API）。

2. 解码循环（调试器）

调试器从被调试进程读取401041~401054内存区域中的数据，并使用XOR（7F）指令解码，将解码后的实际代码覆写到被调试进程的同一块内存区域，如图57-28所示。

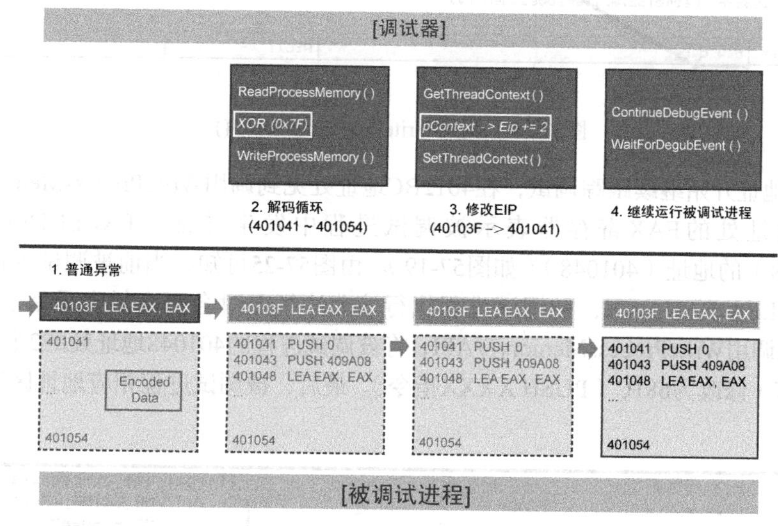

图57-28 40121D代码执行流程

3. 修改EIP（调试器）

修改被调试进程的代码执行地址（EIP：40103F→401041）。

> **提示**
>
> 若不执行该操作，再次运行被调试进程时，会再次执行当前EIP地址处（40103F）的异常触发指令（LEA EAX,EAX），不断重复前面的过程，陷入无限循环。

4. 继续运行被调试进程（调试器）

调试器处理完40103F地址处发生的异常后，会使被调试进程再次运行起来。然后进入“待机”模式，继续等待来自被调试进程的异常。

请注意！被调试进程要运行的代码地址为401041。

大家理解以上这些内容后再细细品读全部讲解，相信会对各位理解代码工作原理有所帮助。

57.9.2 401299（第二个异常）

发生第二个EXCEPTION_ILLEGAL_INSTRUCTION异常时，程序将执行401299地址处的代码。首先在401299地址处设置断点。在图57-27中调用WaitForDebugEvent() API（401299地址处）

的代码处按F9键继续运行，程序就会在401299地址处暂停（也可以在401299地址处设置好断点后，再按F9键运行到该处），如图59-29所示。

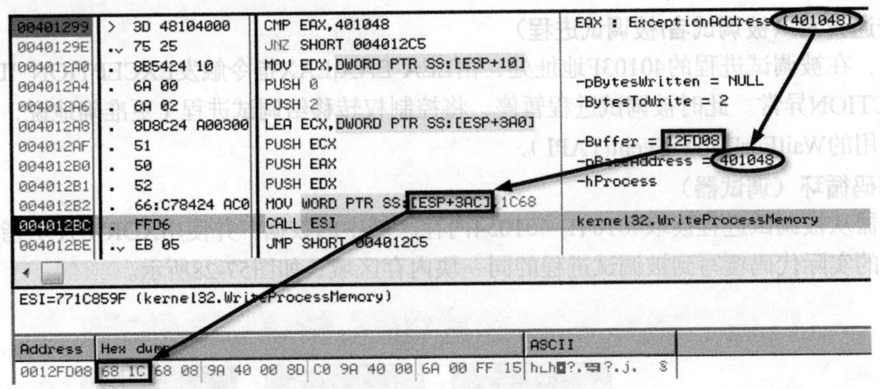

图57-29　调用WriteProcessMemory()

从401299地址开始继续跟踪调试，在4012BC地址处见到调用WriteProcessMemory() API的代码。401299地址处的EAX寄存器表示被调试进程中发生异常（EXCEPTION_ILLEGAL_INSTRUCTION）的地址（401048）（如图57-19）。由图57-25可知，当前被调试进程的401048地址处的指令为LEA EAX,EAX，被调试进程执行该非法指令时会再次触发异常。在图57-29的4012BC地址处调用WriteProcessMemory() API，将被调试进程的401048地址处的2个字节（8DC0，LEA EAX,EAX）修改为681C（PUSH XXXX指令）。最后，被调试进程相应地址区域中的代码如图57-30所示。

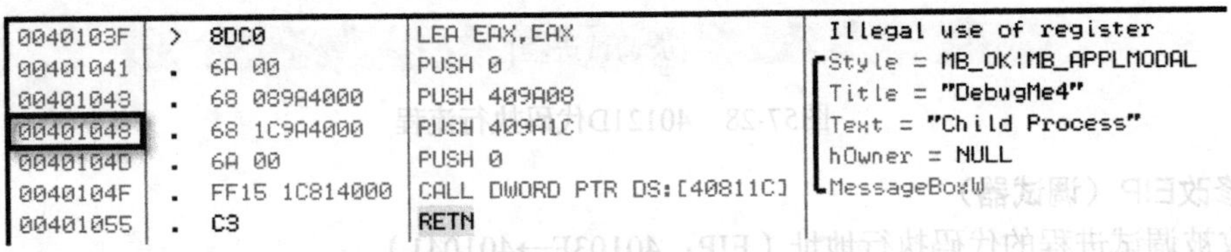

```
0040103F  >  8DC0           LEA EAX,EAX            Illegal use of register
00401041  .  6A 00          PUSH 0                 Style = MB_OK|MB_APPLMODAL
00401043  .  68 089A4000    PUSH 409A08            Title = "DebugMe4"
00401048  .  68 1C9A4000    PUSH 409A1C            Text = "Child Process"
0040104D  .  6A 00          PUSH 0                 hOwner = NULL
0040104F  .  FF15 1C814000  CALL DWORD PTR DS:[40811C]  MessageBoxW
00401055  .  C3             RETN
```

图57-30　解码后的被调试进程的代码

可以看到，401048地址处被修改了2个字节，其后的指令代码也正常解析出来。最后看到被调试进程中调用MessageBox() API的代码。

提示

虽然只修改了2个字节，但是图57-25与图57-30中的反汇编代码有很大不同。这是因为，OllyDbg的反汇编器会将图57-25中40104A地址处的9A解析为操作码（其实它是PUSH指令的立即数的一部分）。像图57-25一样，代码逆向分析中将代码从中间断裂的现象称为“代码对齐错乱”，它常被视为一种反调试技术，应用于PE保护器，用来增加代码逆向分析的难度。

接下来，在OllyDbg中使用StepOver命令（快捷键F8）执行完调用WriteProcessMemory() API的指令，程序跳转到4012C5地址处，如图57-29所示。然后调用ContinueDebugEvent()继续运行被调试进程，再调用WaitForDebugEvent()进入“待机”模式，等待被调试进程发生异常。以上过程与前面图57-27中介绍的是一样的。

提示

请各位注意，第一次异常与第二次异常的处理方法不同。第一次异常发生在40103F地址处，处理时修改被调试进程的 Eip 值，使执行跳过异常触发指令代码。而第二次异常发生在401048地址处，处理时先直接将（发生异常的地址处的）非正常代码修改为正常代码，然后再运行。

最后，被调试进程正常运行，弹出消息框，如图57-1所示。为了帮助各位更好地理解401299处代码的执行流程，我将上述内容归纳如图57-31所示。

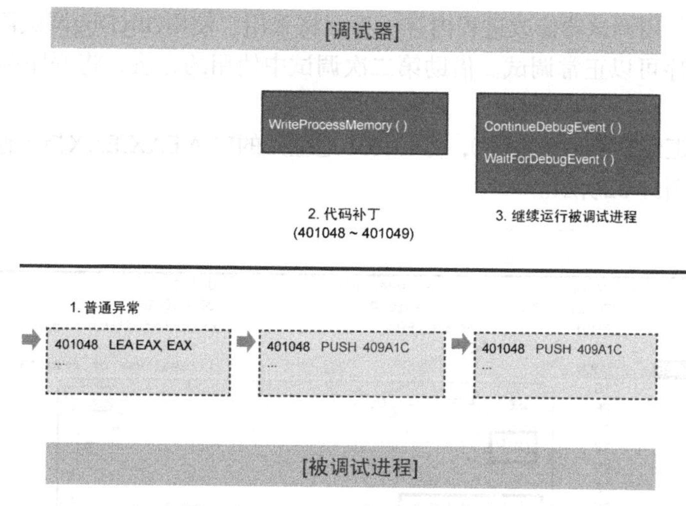

图57-31 401299代码的执行流程

1. 普通异常（被调试者）

首先，在被调试进程的401048地址处由LEA EAX,EAX指令触发EXCEPTION_ILLEGAL_INSTRUCTION异常。

2. 代码补丁（调试器）

调用WriteProcessMemory() API，将681C覆写到被调试进程的401048~401049内存区域（2个字节）。681C是PUSH指令的一部分，被调试进程的最终代码如图57-30所示。

3. 继续运行被调试进程（调试器）

处理完异常后，调试器会再次运行被调试进程，然后进入“待机”状态，等待被调试进程发生异常。

提示

被调试进程要运行的代码还在401048地址处，只是由之前的异常触发指令覆写成了正常指令。

我们详细分析了调试进程的代码，理解了DebugMe4.exe（父/子）进程的工作原理。希望各位自己调试分析，把握各部分代码的含义。

57.10 第七次调试

对一个应用了Debug Blocker技术的程序进行代码逆向分析的过程中，有时需要直接调试它的子进程（被调试进程）。子进程已经处于被父进程调试的状态时，我们该如何调试子进程呢？实际上有许多调试方法，下面将它们分为静态与动态两大类向各位介绍。

57.10.1　静态方法

首先详细分析调试进程，得到解码代码，然后直接修改程序的PE文件或进程内存，从而达到用OllyDbg调试器调试的目的。第二次调试失败的原因就在于，被调试进程要运行的代码（401041）处于加密状态（见图57-5）。先将这些代码解码（见图57-30），再将解码后的代码覆写到原区域，这样就能轻松调试程序了。具体操作过程中，我们既可以直接使用Hex Editor修改DebugMe4.exe文件，也可以直接使用调试器修改进程内存。下面将采用“使用OllyDbg调试器直接修改进程内存”的方法，使程序可以正常调试。借助第二次调试中使用的方法，将程序调试运行到40103F地址处。

借助调试器的汇编功能（空格键），将40103F地址处的LEA EAX,EAX指令修改为NOP，以防该处发生异常，如图57-32所示。

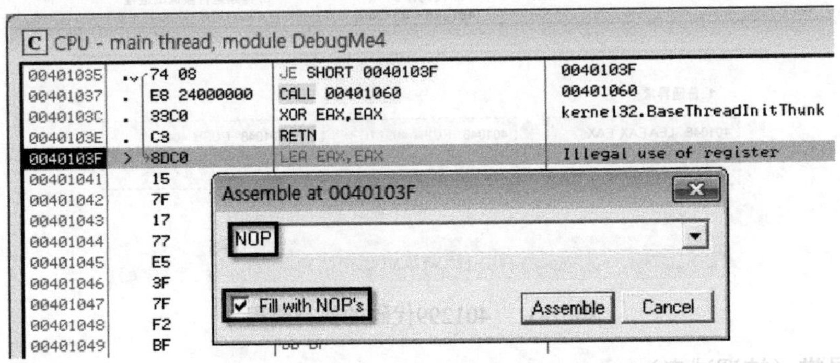

图57-32　将40103F地址处的指令修改为NOP

提示

401035 地址处有 JE 40103F 指令（2 个字节），也可以将其修改为 JMP 401041（2 个字节），直接跳过 40103F 地址处的 LEA EAX,EAX 指令。

然后，参考图57-30，借助OllyDbg调试器中的编辑功能（Ctrl+E），修改401041~401054地址区域中的指令代码，如图57-33所示。

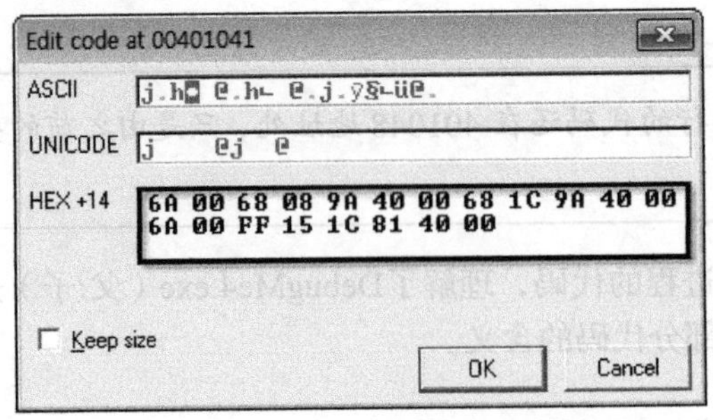

图57-33　用解码后的代码覆写401041地址区域

最后，修改后的代码如图57-34所示。

```
00401035  .v 74 08          JE SHORT 0040103F            0040103F
00401037  .  E8 24000000    CALL 00401060                00401060
0040103C  .  33C0           XOR EAX,EAX
0040103E  .  C3             RETN
0040103F     90             NOP
00401040     90             NOP
00401041     6A 00          PUSH 0
00401043     68 089A4000    PUSH 409A08                  UNICODE "DebugMe4"
00401048     68 1C9A4000    PUSH 409A1C                  UNICODE "Child Process"
0040104D     6A 00          PUSH 0
0040104F     FF15 1C814000  CALL DWORD PTR DS:[40811C]   USER32.MessageBoxW
00401055  .  C3             RETN
```

图57-34　修改后的代码

修改代码后即可顺利调试程序。要修改的代码非常简单时，使用以上方法会非常方便。但是要修改的代码比较长，又比较复杂，且分布在程序各处时，上述方法使用起来就不怎么方便了。

57.10.2　动态方法

与静态方法相比，动态方法更有意思。使用动态方法的大致顺序如下：

(1) 使用OllyDbg调试父进程（调试器），调试运行到要分析的地方（或者子进程代码完成解码的地方）；

(2) 在子进程（被调试进程）中要分析的代码处设置无限循环；

(3) 将父进程（调试器）从子进程（被调试进程）中分离（Detach）；

(4) 附加OllyDbg调试器到子进程。

下面分别讲解各步骤。

选择合适的位置

首先要选择从子进程（被调试进程）的哪一部分开始调试，尽量选择EP处。我们已经在第一次与第二次调试中分析了程序的EP代码。

子进程（被调试进程）中的加密代码解码后，从代码的起始地址（401041）开始调试会比较好，为此，需要先将程序调试运行到父进程相应的代码部分（解码循环）。首先按Ctrl+F2快捷键重启OllyDbg调试器，在401233地址处设置断点，然后按F9键运行程序。

希望各位记住图57-35中ReadProcessMemory() API的hProcess参数值（子进程句柄-0x4C），后面的调试会再次用到。接下来的代码对子进程（被调试者）的加密代码解码，前面已经分析过了。

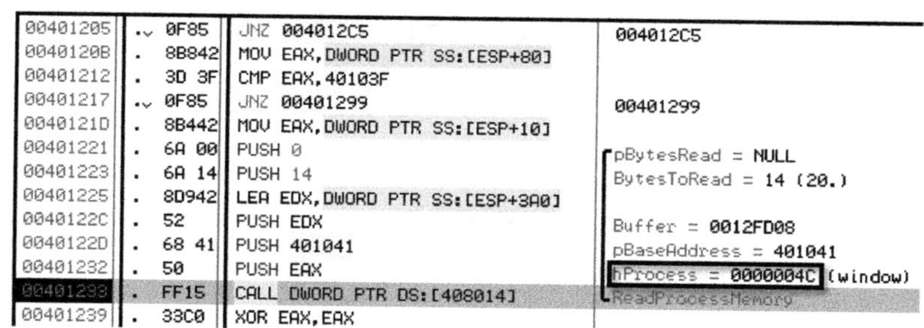

图57-35　401233地址处的代码

提示

子进程（被调试者）中发生第一个 EXCEPTION_ILLEGAL_INSTRUCTION 异常时，父进程（调试器）就会执行 40121D 处的代码（参考第六次调试）。401233 地址恰好位于该地址之下，选择这里是为了方便说明。

继续调试至4012D4地址处，见到调用ContinueDebugEvent() API的代码，如图57-36所示。

```
004012C5  >  8B442  MOV EAX,DWORD PTR SS:[ESP+70]
004012C9  .  8B4C2  MOV ECX,DWORD PTR SS:[ESP+6C]
004012CD  .  68 02  PUSH 10002                         ContinueStatus = DBG_CONTINUE
004012D2  .  50     PUSH EAX                           ThreadId = 248
004012D3  .  51     PUSH ECX                           ProcessId = 578
004012D4  .  FF15   CALL DWORD PTR DS:[408020]         ContinueDebugEvent
004012DA  .  6A 60  PUSH 60
004012DC  .  8D542  LEA EDX,DWORD PTR SS:[ESP+6C]
004012E0  .  6A 00  PUSH 0
004012E2  .  52     PUSH EDX                           ntdll.KiFastSystemCallRet
004012E3  .  E8 C8  CALL 00404FB0                      00404FB0
004012E8  .  83C4   ADD ESP,0C
004012EB  .  6A FF  PUSH -1                            Timeout = INFINITE
004012ED  .  8D442  LEA EAX,DWORD PTR SS:[ESP+6C]
004012F1  .  50     PUSH EAX                           pDebugEvent = 00000248
004012F2  .  FF15   CALL DWORD PTR DS:[408024]         WaitForDebugEvent
004012F8  .  85C0   TEST EAX,EAX
004012FA  .^ 0F85   JNZ 004011F0                       004011F0
```

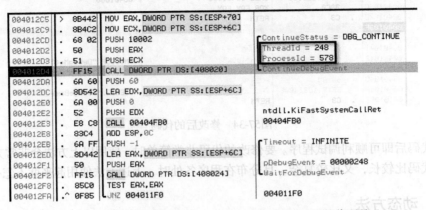

图57-36　跟踪调试到调用ContinueDebugEvent() API的代码处

此时，子进程（被调试进程）中的大部分加密代码已经被解码，EIP中的地址值也被修改为401041（见“第六次调试”）。请各位记住ContinueDebugEvent() API的2个参数值（ThreadId=248，ProcessId=578），后面调试会再次用到。

提示

hProcess、ThreadId、ProcessId 的值随调试环境不同而不同。

父进程（调试器）代码的作用到此为止。进行分离操作前，还有一些事情要处理。

设置无限循环

图57-36中，调用ContinueDebugEvent() API后，子进程（被调试进程）就会再次运行，这样就无法将其附加至OllyDbg调试器。因此，需要先在子进程（被调试进程）的代码运行地址处（EIP）设置无限循环。但是，应该采用什么方法才能将指定代码写入子进程（被调试者）内存呢？通过前面的学习我们已经知道，调试器可以随意操作被调试者的内存。调试示例中，子进程（被调试进程）被父进程（调试器）调试，而父进程又正在被OllyDbg调试器调试，它们之间的关系如图57-37所示。

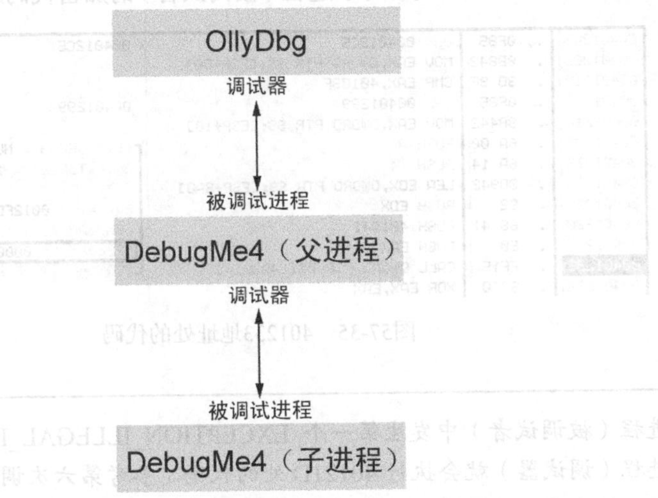

图57-37　OllyDbg-DebugMe4（父进程）与DebugMe4（子进程）

所以，我们可以先借助OllyDbg向DebugMe4（父进程）进程编写代码，修改DebugMe4进程（子进程）代码，然后再运行。这一原理用文字叙述起来显得有些复杂，但实际操作非常简单。如图57-38所示，借助OllyDbg的编辑功能（快捷键Ctrl+E），向4012D2地址处写入2个字节的无限循环代码（EBFE）。

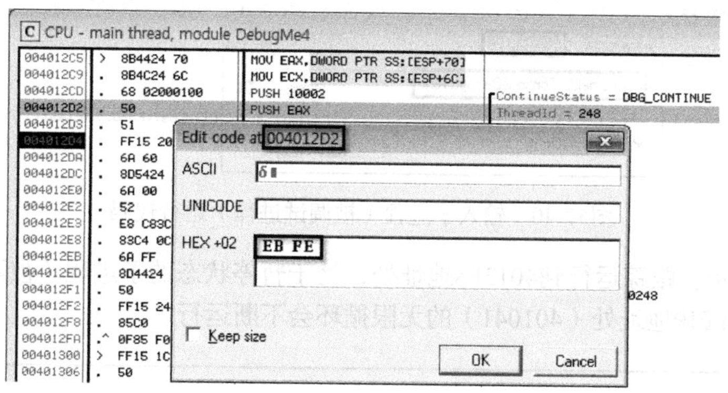

图57-38 无限循环代码

然后，借助汇编功能（快捷键Space）向4012D4~4012E4地址区域写入汇编代码，如图53-39所示。

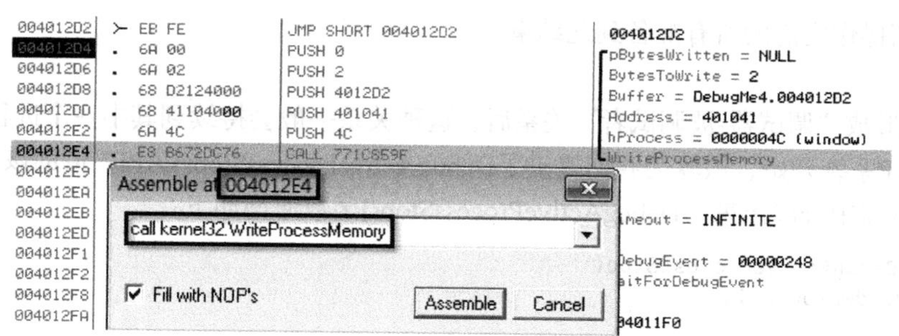

图57-39 输入设置无限循环的代码

我们借助OllyDbg的汇编功能对父进程（调试器）进行了简单的汇编编程，编写的汇编代码调用WriteProcessMemory() API，将无限循环代码（图57-38）设置到子进程（被调试进程）。

提示

向 4012E2 地址输入 PUSH hProcess 指令时，hProcess 要取图 57-35 中记下的值，不同环境中该值有所不同。并且，不同系统环境中 kernel32.WriteProcessMemory() API 的地址也不同，所以向 4012E4 地址输入调用该 API 的指令时，不要直接输入“CALL 771C859F”，而要输入 CALL WriteProcessMemory，这样 OllyDbg 调试器会直接从当前系统中获取 kernel32.WriteProcessMemory() API 的实际地址。由于不需要再运行父进程代码，所以可以像上面这样直接覆盖原代码。

在图57-39中使用StepOver命令（快捷键F8），从当前EIP（4012D4）地址开始调试运行到4012E4地址处（对应指令为CALL WriteProcessMemory()），即在子进程的401041地址处设置好了无限循环。设置好无限循环后，接下来就要运行子进程。先使用与前面相同的方法，在4012E9~4012F8地址区域中输入汇编代码，如图57-40所示。

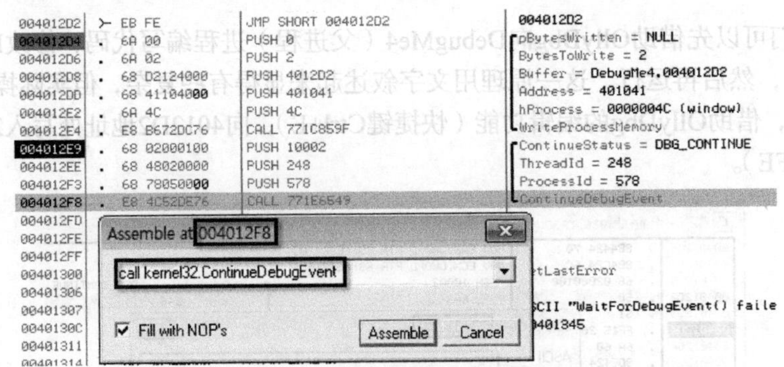

图57-40　输入子进程（被调试进程）运行代码

如图57-40所示，跟踪运行到4012F8地址处，处于暂停状态的子进程（被调试者）就会再次运行起来（设置在EIP地址处（401041）的无限循环会不断运行）。

提示

图57-40中，4012EE与4012F3地址中的ThreadId、ProcessId参数要取图57-36中记下的值。在4012F8地址处输入调用ContinueDebugEvent() API的代码时，要输入“CALL kernel32.ContinueDebugEvent”。

进行分离操作之前的所有准备到此结束。

分离

2个进程形成“调试器-被调试者”关系后，这种关系一般会持续到其中一个进程终止。但是从Windows XP系统开始，微软为我们提供了DebugActiveProcessStop() API，借助该API可以将被调试者从调试器中分离出来。DebugActiveProcessStop()函数原型如下：

```
BOOL WINAPI DebugActiveProcessStop(
  __in  DWORD dwProcessId
);
```

出处：MSDN

再次使用OllyDbg的汇编功能，在4012FD~401302地址间编写汇编代码，如图57-41所示。

在图57-41中继续调试运行到401302地址处，执行CALL DebugActiveProcessStop指令，这样子进程（被调试者）就从父进程（调试器）中分离出来，此时父进程（调试器）-子进程（被调试进程）关系就断开了，二者成为彼此独立的进程。

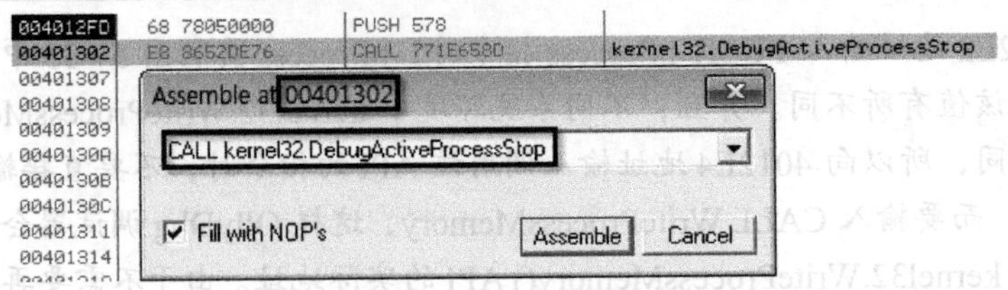

图57-41　输入分离代码

附加

重新运行新OllyDbg进程，附加到DebugMe4.exe进程（子进程）。

如图57-42所示，调试在ntdll.DbgBreakPoint()中暂停。由于它是个系统断点，按F9键跳过继续运行。当前DebugMe4.exe进程就陷入401041地址处的无限循环。按F12键暂停后，OllyDbg就在当前运行的代码处暂停，如图57-43所示。

77273540 ntdll.DbgBreakPoint	CC	INT3
77273541	C3	RETN
77273542	90	NOP
77273543	90	NOP
77273544	90	NOP
77273545	90	NOP
77273546	90	NOP
77273547	90	NOP

图57-42 ntdll.DbgBreakPoint()

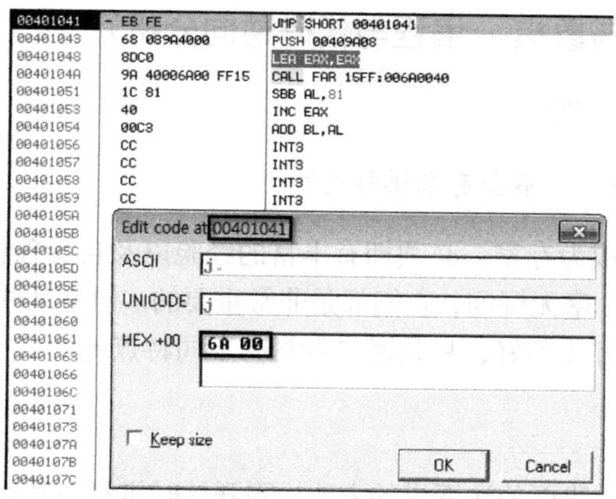

图57-43 恢复401041地址处的指令代码

如图57-43所示，将401041地址处的指令代码恢复为原代码（6A00）（删除无限循环）。然后参考图57-34，将401048地址处的错误指令（8DC0）修改为原指令（681C），如图57-44所示。

00401041	6A 00	PUSH 0	
00401043	68 089A4000	PUSH 00409A08	UNICODE "DebugMe4"
00401048	68 1C9A4000	PUSH 00409A1C	UNICODE "Child Process"
0040104D	6A 00	PUSH 0	
0040104F	FF15 1C814000	CALL DWORD PTR DS:[<&US	USER32.MessageBoxW
00401055	C3	RETN	
00401056	CC	INT3	
00401057	CC	INT3	
00401058	CC	INT3	
00401059	CC	INT3	

图57-44 恢复为原指令代码

图57-44显示的是恢复后的正常代码。使用前面介绍的方法即可调试应用了Debug Blocker技术的程序的子进程。

57.11 小结

Debug Blocker技术是一种相当繁琐的反调试技术。即便是结构非常简单的DebugMe4.exe示例程序，应用了Debug Blocker技术之后，调试也变得非常困难，仅调试方法的说明就占据了相当大的篇幅。虽然说明很长，但从原理来看其实并不复杂，即先强制割断调试器-被调试者关系，然后附加到OllyDbg中调试。只要理解了这一原理，调试起来就不会有什么大问题。Debug Blocker技术中有意思的是，子进程（被调试者）先故意触发异常，然后由父进程（调试器）处理该异常，并且父子进程运行时紧密联系在一起，这就给调试带来很大困难。OllyDbg调试器提供了CLBP功能，借助该功能，我们可以把握程序代码的运行结构。该方法对代码逆向分析有非常大的帮助。本章选取的练习示例简单又有意思，且具有一定代表性，希望各位亲自调试，相信会非常有助于提高大家的代码逆向分析水平。

结 束 语

1. 创新与经验（围棋与象棋 – 编程与代码逆向分析）

下面跟各位聊聊创新与经验。

“世上有围棋神童，却不会有象棋神童？”

不论哪个领域，要想成为专家，必须拥有丰富的经验以及自身独特的想法（创意），也就是需要兼具创新意识与经验。毫无疑问，它们都是非常重要的。但是某些特定领域会更侧重其中一方面（这并不是说哪一个好或不好，只是说二者具有不同特点）。

围棋与象棋

● 围棋

首先说围棋。围棋中，我更关注下棋的方法。刚开始时棋盘一片空白，双方在棋盘上分别放入棋子，游戏不断进行。所以围棋是一种从无到有的创造性游戏，棋手在空白的地方创造着什么。围棋手拥有无限自由，棋子放在哪儿、怎么放，每人每次下棋都不同。李昌镐、李世石这样的围棋高手从小（10岁左右）就表现出很高的天赋，他们主宰着围棋界，代表围棋界的最高水平。围棋高手中，比李昌镐、李世石棋龄更长（30年以上）的大有人在，从经验上讲，他们不亚于李昌镐、李世石二人。但围棋大赛中，像李昌镐、李世石这样的围棋天才几乎总是能够战胜所有对手，原因就在于，决定一个人围棋水平的不是他已有的经验，而是他本身具有的创新能力。也就是说，围棋天才们下棋时总有自己的想法，能够下出自己的特点，这就是他们能够战胜其他棋手的秘密所在。所以，围棋中决定成败的关键是棋手的创意，而不是他拥有的经验。

● 象棋

象棋的情况又如何呢？象棋中有象棋盘，棋盘上绘有固定路线，还有各种棋子，下棋方法也比围棋复杂得多。开始前先根据规则摆放好固定数量的棋子，然后就可以根据固定路线移动棋子对弈。下棋过程中不允许增加棋子，只能在原有棋子的基础上进行，并且象棋开始时的章法几乎是一样的（炮居中，上马，为车让路）。下象棋时，要在固定的框子中根据既定规则移动固定数量的棋子，也就是说，象棋手的自由是受限的。象棋棋手的经验越丰富，获胜的可能性就越大。这是因为，限制自由时，只要在心里记下各种棋谱、记住各种情形的走法，遇到相似情况就能根据脑中记忆的棋路移动自己的棋子，最终战胜对手。所以象棋高手大部分都是上了年纪的人。总之，象棋中决定成败的最关键因素不是棋手的创新能力，而是他们的经验。

几年前，IBM的“深蓝”计算机战胜了国际象棋大师，于是有报道小题大做，说计算机终于战胜了人类。在自由受到限制的这类游戏中，人类是无法战胜计算机的，因为计算机拥有人类无法企及的计算能力。如果将应对各种情形的棋谱数据化，存入计算机的数据库，再运用优秀的算法查询，那么在象棋人机对抗中，计算机战胜人类就不足为奇了。但是在需要创造能力的围棋中，由于本身并不存在应对各种情形的棋谱，所以计算机很难战胜人类，人类具有创造性意识，而机器没有。

编程与代码逆向分析

● 编程

编程类似于围棋，都是一种从无到有的创造行为。与围棋相似，编程就是从无到有创造某件东西（程序）的过程。创造行为本身就已经包含了创新的含义。编程过程中，从程序编写方法到程序本身，都需要编写者具有相当的创造能力（若编制出的程序与已有程序雷同，这样的程序是不会有市场的。只有含有某些创新元素，人们才有可能喜欢它）。所以，程序编写过程中，创意是最受重视、最被人们关注的。

● 代码逆向分析

什么是代码逆向分析呢？代码逆向分析类似于象棋，它利用现有的工具、方法对已经编制好的程序进行逆向分析。并且，代码逆向分析人员经验越丰富，水平就越高，这一点也与象棋类似。也就是说，这世上有编程天才，但不会有代码逆向分析天才，换一种说法如下：

> “我不是什么天才，但只要不断努力，照样能成为代码逆向分析高手。”

是的。要想成为编程高手，编程者本身必须具有很好的创新意识与创新能力（当然，不论哪个领域，只要有足够的创意，都能得到令人满意的成果）。而要成为一名代码逆向分析专家则不需要这样，不论是谁，只要下定决心、不断努力，就能梦想成真。

有志于献身代码逆向分析的朋友们！

学习代码逆向分析时，刚开始的时候虽然要学的东西很多，水平也不怎么见长，但是就像上面说的一样，只要肯不断努力，就能获得相应回报，取得进步。

就像现在这样不断努力吧！！！只要不断努力，就一定能如愿以偿获得成功，只是需要一些时间而已。一起抖擞精神，加油吧！

2. 致读者

首先，祝贺各位读完了这本代码逆向分析入门书。

虽然各位对本书内容的理解程度各不相同，但确实都读完了。对于完全不懂代码逆向分析的人来说，这的确是个令人自豪的成就，就像自己的愿望变成了现实，好好品味这种让人幸福的成就感吧！

对于刚接触代码逆向分析技术的读者而言，眼前就像刚开启了一片新天地，里面充满了让人热血沸腾的挑战以及无限可能。不论是个人兴趣还是工作需要，学习逆向分析技术前后的心态很明显会不一样。正是这些许不同引导各位进入一片新天地，一个充满无限可能而又极具挑战的地方。

接下来，各位还要把学到的各种技术应用到实际工作或个人项目中，不断积累实战经验，在实践中成长。这一过程中有两样东西是必备的：一本翻阅了无数次的参考书（希望本书能担此任）和互联网（在互联网上不仅可以了解最新信息，还可以获得更多灵感）。大家在实践中可能会遇到各种各样的问题，通过不断思考来逐一解决并积累经验，自身的技术水平会得到极大提高。

请大家始终坚持亲自尝试，积累丰富的实际经验，这是提高逆向分析水平的不二法门。

2012年9月

索　引

A

B

C

D

E

F

G

H

I

J

K

L

M

N

O

Q

R

S

T

U

V

W

X

Y

Z